AF468177

DICTIONNAIRE

DE

MINÉRALOGIE,

DE GÉOLOGIE,

ET DE MÉTALLURGIE,

PAR M. LANDRIN,

INGÉNIEUR CIVIL.

PARIS,

LIBRAIRIE DE FIRMIN DIDOT FRÈRES,

IMPRIMEURS DE L'INSTITUT DE FRANCE,

RUE JACOB, 56.

—

1856.

DICTIONNAIRE
DE MINÉRALOGIE,
DE GÉOLOGIE,
ET DE MÉTALLURGIE.

TYPOGRAPHIE DE H. FIRMIN DIDOT. — MESNIL (EURE).

INTRODUCTION.

Si l'on ne connaissait la tendance de l'esprit humain à sortir sans cesse des limites étroites des faits réels pour se jeter dans le domaine sans bornes de l'imagination, il suffirait de remonter à l'origine des sciences géologiques et minéralogiques pour en trouver un exemple frappant. L'homme aime les brillantes théories, parce qu'elles l'élèvent au-dessus de lui-même; il est inquiet de l'inconnu, qui le gêne, et dont il veut, à toute force, soulever le voile : c'est ainsi qu'il crée les systèmes. Mais, architecte peu habile, il cherche souvent à bâtir l'édifice avant d'en avoir amassé les matériaux. Il est plus facile, en effet, de se lancer dans le vague des hypothèses, que d'en étudier péniblement les éléments. Aussi ne doit-on pas s'étonner de voir la *géogonie*, qui a pour but la connaissance do la formation de la terre, précéder de plusieurs siècles la *minéralogie*, dont l'objet est l'étude minutieuse des éléments de sa composition; par la même raison que la *cosmogonie* a eu, dès l'origine de la race humaine, le pas sur la *géologie*, comme si l'intelligence de l'homme se fût agrandie proportionnellement à l'essor qu'elle prenait dans l'étendue.

Le plus ancien monument qui nous soit resté de cette tendance à expliquer la formation de l'univers avant d'en avoir étudié les matériaux, est le livre attribué à Moyse, et connu sous le nom de *Genèse*.

On ne doit pas s'attendre à trouver dans un livre qui n'est, à proprement parler, que l'histoire des premiers temps du peuple juif, une application nette et spéciale des théories les mieux établies et un résumé complet des grands faits géologiques, ainsi que l'a prétendu M. Beudant. La Genèse n'a pas traversé les siècles sans subir des altérations plus ou moins importantes dans son texte original.

Il n'est donc pas étonnant que ce livre, qui remonte à la plus haute antiquité, contienne des omissions, dans sa partie géogénique surtout, la moins bien appréciée et la moins utile dans ces temps primifs.

La division de la création en plusieurs époques, dont la dernière fut celle de l'apparition de l'homme sur la terre, est le point le plus important de la cosmogonie de Moyse, en ce qu'elle coïncide assez bien avec la disposition des restes fossiles enfouis dans les formations successives qui composent l'écorce du globe; mais là se borne à peu près tout ce qui regarde la géologie et ce qu'un illustre minéralogiste a cru entrevoir de si net et de si bien établi. Le premier chapitre de la Genèse ne contient et ne pouvait contenir qu'une spéculation plus ou moins précise touchant la création première des êtres organisés; mais rien, absolument rien sur les énormes bouleversements qui ont changé à plusieurs reprises la surface de notre planète; catastrophes bien autrement importantes, au point de vue géogénique, que la création de quelques petits êtres que le moindre cataclysme anéantit par milliers.

Le récit de Moyse ne doit donc être considéré que comme un coup-d'œil rapide jeté sur la création; aussi a-t-il laissé au code de Manou le soin d'expliquer ces grandes révolutions terrestres. Le philosophe indou est beaucoup plus explicite, et donne, à ce sujet, carrière à son imagination pleine de grandeur : il fait des cataclysmes une condition de l'équilibre du monde, et déclare qu'il y a eu une longue succession de ces périodes de révolutions (*manwantaras*), dont chacune a duré plusieurs milliers de siècles. « Ainsi, dit-il, l'immuable puissance revivifie et détruit tour à tour, dans un ordre éternel, cet immense assemblage de créatures « vivantes ou matérielles. »

Nous ne prétendons pas que Manou, dont les *Institutes* sont le livre sacré des Indous, ait été plus instruit que Moyse, qui l'a précédé de sept siècles; mais il est difficile de n'être pas frappé de l'exactitude de certaines théories astronomiques contenues dans la loi indoue, telles que la division de l'année en un long jour et une longue nuit aux pôles, l'égalité des jours de la lune avec les mois de la terre, etc. A cet égard, rien de précis ne se rencontre dans la Genèse, qui parle à peine d'astronomie.

Quoi qu'il en soit, le premier catalogue minéralogique est dû au législateur juif. C'est celui des pierres précieuses qui ornaient le pectoral du grand pontife Aaron [1]. Elles étaient au nombre de douze, disposées sur quatre rangs. Les commentateurs et les interprètes sont loin d'être d'accord sur le nom vulgaire de ces pierres et sur les minéraux qui leur correspondent aujourd'hui. D'après l'opinion d'Épiphanius [2], de Braunius [3], de Wedelius [4], de Matthæus Hiller [5], de Wilmanhausen [6], etc., ce serait :

Noms hébreux.	Noms modernes.
Odem,	Cornaline,
Phitdeh,	Topaze,
Bareketh,	Émeraude,
Nophecth,	Rubis,
Saphir,	Saphir,
Jahalom,	Diamant [7],
Leschem,	Hyacinthe,
Schebo,	Agate,
Achlamah,	Améthyste,
Tarschisch,	Chrysolite,
Schoham,	Sardoine,
Jaspeh.	Jaspe.

Suivant l'*Exode* encore, l'éphod d'Aaron était orné de deux onyx montés en or, sur lesquels on avait gravé le nom des douze tribus [8].

Ainsi, dès les temps les plus reculés dont les hommes aient conservé la mémoire, non-seulement les pierres précieuses et le premier des métaux étaient connus des Juifs, mais encore l'art de les travailler était assez avancé pour qu'on pût graver les unes et façonner l'autre.

[1] *Exod.*, cap. XXVIII, vers. 5, 6, 8, 10, 15 et 20.

[2] *De XII gemmis quæ erant in veste Aaronis*, etc.; 1565.

[3] *De vestitu sacerdotum hebræorum*, lib. II, cap. VIII.

[4] *De jaspide Scripturæ*, dec. X, ex. VIII.

[5] *Tract. de gemmis XII in pectorali pontificum hebræorum*, etc.; 1698.

[6] *Quæst. philolog.*, 1701.

[7] Un grand nombre d'interprètes rejettent le diamant de cette liste; c'est aussi l'avis de Goguet : mais Scheuchzer, dans sa *Physica sacra*, s'est rangé du côté de Braunius, qui s'appuie cependant sur une étymologie fort douteuse.

[8] *Exod.*, cap. XXVIII, v. 9.

L'or (zahab) était déjà très répandu dans ces temps antiques : l'Éternel est censé avoir dit à Moyse : « Vous recevrez de l'*or*, de l'*argent* et de l'*airain*[1]. » Job parle de l'*or d'Ophir*[2]. Ce métal était plus particulièrement réservé aux ornements sacrés et à la parure. Tout le monde connaît l'histoire du veau d'or réduit en poudre par Moyse. Éliézer fit présent à Rebecca de pendants d'oreille et d'anneaux d'or[3]. Les Israélites dérobèrent aux Égyptiens, avant de fuir, un grand nombre de vases d'or et d'argent; dans le désert, ils vinrent faire offrande de leurs joyaux d'or, de leurs bracelets, de leurs boucles d'oreilles, de leurs colliers, de leurs vases. L'arche d'alliance était entourée d'une couronne d'or; la table des pains offrait une bordure d'or; le chandelier à sept branches était d'or; etc.

Les Égyptiens exploitaient de leur côté, et depuis longtemps, les paillettes d'or des sables du Nil; ils attribuaient la découverte de l'or à un de leurs premiers monarques *Helios;* Athénée et saint Grégoire de Nazianze donnent à ce fleuve l'épithète de *Chrysorroas*[4] (qui roule de l'or). Près d'Alexandrie, se trouvait la ville de *Canope,* dont le nom signifie *sol d'or;* l'or natif venait aussi de la Nubie[5].

Quant aux autres métaux, le nombre de ceux connus était fort borné dans ces siècles reculés : après l'or, les peuples primitifs firent usage de l'argent et du cuivre, qui furent longtemps les seuls métaux employés; et cela paraît naturel, puisque ce sont aussi les seuls qui se trouvent à l'état natif, et qui, par conséquent, sont les plus faciles à reconnaître et à travailler.

Quoiqu'il paraisse, par quelques passages des Écritures[6], que les premiers Juifs connurent l'argent, c'est en Égypte néanmoins qu'on retrouve les plus anciennes traces de son emploi. Les Grecs en attribuaient la découverte à Érichthonius[7], fils de Vulcain[8], que les Égyptiens regardaient comme une de leurs premières divinités, et qui passait pour avoir découvert le feu[9]; la coupe de Joseph, à la cour de Pharaon, était d'argent[10]; les Israélites, en quittant l'Égypte, emportèrent des vases d'argent qu'ils avaient empruntés[11]; le tabernacle avait plusieurs colonnes, portées sur des bases d'argent ou de bronze, et surmontées de chapiteaux d'or et d'argent[12]; l'argent, du temps des rois, était aussi commun que les pierres[13]; dès le vingt-troisième siècle, il servait à la fabrication des monnaies.

Mais le métal qui recevait le plus d'emploi était, sans contredit, l'*airain;* il se tirait d'un minerai analogue à l'*orichalcite* des Grecs, à l'*æs montanum* des Latins, et qui formait une association de deux carbonates de cuivre et de zinc; minéral facile à fondre, qui produisait du laiton ou cuivre jaune. *L'airain s'obtient par la fusion d'une pierre,* dit Job[14].

L'airain fut connu bien longtemps avant le cuivre et le fer : cependant il paraît, d'après la Genèse, que Tubal-Caïn forgeait, à la même époque, le fer et l'airain.

1 *Exod.*, cap. XXV, v. 3.

2 Job, cap. XXVIII, v. 16.

3 *Gen.*, cap. XXIV, v. 47.

4 *Voy.*, pour l'étymologie du mot *or*, l'introduction de mon *Traité de l'or*, in-12, 1831.

5 Le mot *Canope* est traduit par les Grecs χρυσοῦν ἔδαφος, *sol d'or*. Ce mot venait de l'égyptien de la basse Égypte KA'HI (*cahi*); or, en dialecte du Saïd, KA'H (*cah*) signifie *terre*, *sol*, et NOYB (*noub*) veut dire *or* : ainsi KA'NOYB (*Cahnoub*), ou, si l'on veut, avec le signe du génitif, KA'HNNOYB (*Cahnnoub*), signifie *terre d'or*, *sol d'or*.

6 *Pentat.*, nombr. XXXI, 22 et 23.

7 Plin., lib. VII, cap. LVII.

8 Apollod., lib. III.

9 Diodore, lib. I.

10 *Gen.*, cap. XLIV, v. 2 et 3.

11 *Exod.*, cap. XII, v. 35.

12 *Exod.*, cap. XXVI, v. 32; XXVII, v. 17.

13 *Idem*, cap. X, v. 27.

14 Job, cap. XXVIII, v. 2.

Job cite l'argent, l'or, le fer et l'airain, comme étant les quatre métaux précieux connus de son temps. Il est probable néanmoins que le fer ne fut employé que plus tard. L'airain était assez commun chez les Israélites, puisque, pour l'ouvrage du sanctuaire, on en recueillit le poids de soixante-dix talents, deux mille quatre cents sicles, qui équivalent à un peu plus de deux mille neuf cent soixante-six kilogrammes[1]. Chacun sait que la mer d'airain était un des principaux ornements du temple de Salomon[2]; le *Livre des Rois* cite également les dix cuves d'airain[3]. Au siége de Troie, 1200 ans avant J.-C., les Grecs ne se servaient que d'armes de cuivre : ils avaient, dit Hésiode, des armes d'airain, des ustensiles d'airain, des maisons d'airain : le fer était encore inconnu[4].

Job, que les interprètes de la *Bible* placent entre Joseph et Moyse, vers le vingt-troisième siècle de la naissance d'Adam, paraît avoir eu quelques connaissances de la métallurgie et des mines : dans son chap. XXVIII[5], il cite, outre les quatre métaux, quelques pierres précieuses. Mais Mathesius se trompe, lorsqu'il fait un mineur de ce pasteur patriarche[6]; de même que c'est à tort que Scheuchzer lui donne le titre d'habile métallurgiste[7], et cite son livre comme une école de physique et un abrégé de théologie naturelle.

Job s'est borné à donner, en termes assez obscurs, et tels que le comportait la poésie emphatique de ces temps primitifs, une notion rapide des connaissances de l'époque. Les commentateurs ont mis beaucoup de complaisance dans la paraphrase des faits que contient ce livre, dont le véritable auteur est inconnu; mais au fond on n'y trouve que l'image de quelques révolutions terrestres, telles que les tremblements de terre[8], les éboulements de montagnes[9], l'assèchement des fleuves, et la lente mais puissante influence des eaux[10].

Cependant, pour être exact, il faut dire que l'on trouve dans Job la première idée du feu central : *c'est de la surface de la terre*, traduit la Vulgate, *que sortira le pain; au-dessous, elle est renversée et en feu*[11].

Ce que dit Job de l'art d'exploiter les mines est encore plus vague : *L'homme*, dit-il, *entame les rochers et sape les montagnes jusque dans leurs fondements; il ouvre aux eaux un passage à travers les roches, et y découvre des richesses souterraines; il arrête le cours des rivières*[12], *et met au jour ce que la terre cachait*[13]. *L'argent a ses veines*, ajoute le patriarche; *l'or a un lieu d'où on le tire pour l'affiner; le fer est extrait de la terre, et l'airain s'obtient de la pierre par la fusion*[14].

L'enclume et le marteau étaient connus du temps de Job[15]; le *Deutéronome* parle des mines de fer[16] et des fourneaux où on l'affinait[17]; mais rien ne prouve, comme le prétend Goguet, qu'on forgeât, à cette époque, des glaives et des instruments tranchants en fer.

[1] *Exod.*, cap. XXX, v. 13.
[2] *Rois*, I à III, cap. VII, v. 23.
[3] *Idem*, v. 37 à 39.
[4] *Opera et Dies*, v. 149.
[5] V. 1-2.
[6] *Sarepta*, p. 17 b.
[7] *Phys. sacr.*, liv. de Job.
[8] Cap. IX, v. 5, 6.
[9] Cap. XIV, v. 18, 19.
[10] *Idem*, v. 10, 11, 12.
[11] Job, cap. XXVIII, v. 5.
[12] L'hébreu dit : *Il lie les pleurs des fleuves.* Vatable traduit : *Il retient les pleurs des rivières.*
[13] Job, cap. XXVIII, v. 9 à 11.
[14] *Idem*, v. 1, 2.
[15] *Idem*, cap. XLI, v. 15 et 20.
[16] Cap. VIII, v. 9.
[17] *Deut.*, IV, 20.

Du reste, la minéralogie paraît avoir été presque exclusivement le partage de la tribu d'Aser, tribu de mineurs, suivant Cobius (*Aser metallifossor*) : c'est du mont Carmel, situé dans cette tribu, que venait l'airain [1]; et *Sarepta*, ville limitrophe du pays d'Aser, entre Tyr et Sidon, semble avoir tiré son nom de ses fabriques de métaux [2] : *Je suis fier d'être de Sidon*, fait dire Homère à Eumée, *car c'est un pays qui produit de l'airain* [3]. Plus tard, nous voyons David tirer ce métal du mont Liban, et notamment de trois villes situées au pied de la chaîne [4]. Mathesius [5] prétend que c'est là que furent exploitées les premières mines d'airain.

Il est probable que le fer ne fut employé que longtemps après l'airain, quoique sa découverte se perde dans l'antiquité la plus reculée : nous avons vu que Job le mettait au nombre des quatre métaux précieux. Moyse en attribue la découverte à Tubal-Caïn, dont le père naquit 3130 ans avant l'ère chrétienne; les Égyptiens le connaissaient plus de 2,000 ans avant J.-C.; Og, roi de Bascan, avait un lit de fer [6]; *Ta chaussure sera de fer et d'airain*, dit le Deutéronome [7]; les Dactyles du mont Ida prétendaient avoir appris aux hommes l'art de travailler ce métal; ils étaient prêtres de Cybèle, et habitaient, les uns la Phrygie, les autres l'île de Crète; Prométhée possédait des forges en Scythie, ce qui est probablement la cause de la fable qui veut qu'il ait dérobé le feu du ciel.

Si l'on suivait avec soin les progrès de la métallurgie chez les peuples primitifs, il est probable qu'on la verrait se développer à mesure que la découverte du feu faisait des progrès. Les Égyptiens l'attribuaient à Vulcain. Ce peuple en effet, ainsi que les Chinois et les Juifs, paraît avoir été des premiers à en connaître l'usage. La connaissance du feu est, du reste, assez moderne chez quelques nations : du temps de Pomponius Méla [8], de Pline [9], de Plutarque [10], etc., plusieurs peuples ignoraient complétement le moyen de produire une grande chaleur; et lorsque Magellan découvrit les îles Mariannes, les habitants prirent la flamme pour un animal qui se nourrissait de bois [11].

Le catalogue des connaissances minéralogiques de l'époque de Job se bornait aux quatre métaux connus alors, au *bitume*, dont on retrouve le premier emploi dans la construction de l'arche, au *soufre* [12], aux perles qu'on classait avec les pierres précieuses, et à quelques-unes de celles-ci [13].

Les anciens Juifs avaient reconnu dans ces dernières des propriétés que l'on y

[1] Hesychius a dit : Κέρμηλος, ἀφ' οὗ χαλκὸς γίνεται.

[2] C'est ce que signifie *tsaraph* en hébreu.

[3] *Odyss.*, XV, v. 424.

[4] *Hudalaser*, *Bethach* et *Berothai*.

[5] P. 99 B.

[6] *Deut.*, cap. III, v. 11.

[7] *Idem*, cap. XXXIII, v. 25.

[8] Lib. III, p. 296.

[9] Lib. VI, art. 35.

[10] Tom. II, p. 986 B.

[11] P. Gobien, p. 44. — Le feu fut considéré, dans les temps anciens, comme une chose des plus importantes : les Perses l'avaient divinisé; il était défendu, par leurs lois et celles des Égyptiens, de brûler les corps morts. Ces derniers croyaient que le feu était un animal féroce qui dévorait tout ce qu'on lui présentait, et mourait après s'en être rassasié (Hérod., lib. III, § 16). Lorsque le roi de Perse sortait en grande cérémonie, il était d'usage de porter le feu devant lui. On en voit un exemple dans la marche triomphale de Cyrus (*Cyropæd.*, lib. VIII, cap. III, § 12). Les empereurs romains avaient emprunté cette coutume des Perses.

[12] *Le soufre sera répandu sur son logis de plaisance* (Job, cap. XVI, v. 15).

[13] On a prétendu, d'après la version des Septante, que l'*émeri* était connu du temps de Job; et Goguet cite, à ce propos, le vers. 15 du cap. XLI; mais tous les autres commentateurs sont d'accord pour dire qu'il s'agit de la *pierre à meule*; encore le sens du verset est-il tout à fait métaphorique.

chercherait vainement aujourd'hui : c'est ainsi que, suivant Pineda, Noé se servait de leur éclat pour s'éclairer dans l'arche [1].

Peu à peu, la collection minéralogique s'augmenta de quelques noms dont l'analogie avec les minéraux actuels n'a pas été établie d'une manière certaine : la pierre *abel* ou *abela*, sur laquelle l'arche sainte fut déposée quand les Philistins la rendirent aux Juifs; la *pierre de Moyse*, d'où sortit l'eau dans le désert, et que le crédule P. Roxo assure exister à Venise, dans l'église de Saint-Marc [2]; la pierre *toph* ou *tophis* dont parle Comestor [3], laquelle était spongieuse et lançait du feu; la pierre *dabir*, qui fut plus tard ajoutée au rational du grand prêtre; celle *betyle*, sur laquelle s'endormit Jacob, et qui donna, dit-on, son nom à la ville de *Beth-El* [4], et quelques autres, sont celles dont on trouve les traces avant Aristote.

La trempe du fer avait été inventée et pratiquée par les Égyptiens plus de cinq siècles avant Moyse; mais c'est de son temps qu'on commence à voir figurer le *mercure* parmi les corps métalliques.

En Égypte, on se servait alors d'un vomitif que quelques-uns croient être l'*antimoine*, mais sur la nature duquel il n'y a que des conjectures très-incertaines.

C'est vers cette époque que Minos introduisit chez les Grecs l'art de forger le *fer*, métal qui fut regardé pendant trois siècles comme si précieux, qu'Achille en offrit une boule, pour prix de la lutte, dans les jeux qui furent célébrés en l'honneur de Patrocle [5].

De Moyse à Salomon, les arts métallurgiques se développèrent d'une manière fort remarquable : non-seulement on forgeait l'or au marteau pour en faire des rondelles, des boucliers [6] et des vases, comme chez les Égyptiens [7], mais encore on dorait les statues des chérubins sculptées en bois [8]; on en faisait des incrustations dans l'ivoire [9]; on en fabriquait des chaînes; on en revêtait les murs intérieurs du temple [10].

Les soubassements du sanctuaire étaient d'argent, ainsi que les chapiteaux et les crochets. On tissait l'argent pour en faire les filets du temple [11].

Pour cette grande construction des Juifs, l'architecture avait appelé à son aide les ressources des grandes carrières : les murs étaient en *pierres de Soum*, que les hommes avaient appris à tailler dès le vingt-troisième siècle. Ces pierres étaient probablement l'*onychites* des Grecs, le *marbre de Paros* des Latins.

C'est vers cette époque qu'on inventa les scies et le compas. Les cuirasses ne furent connues qu'un siècle plus tard, une centaine d'années avant le siége de Troie.

Un peu avant la prise de cette ville, eut lieu la première tentative de médecine empirique, dans laquelle on vit figurer, comme médicaments, les matières minérales. On s'imagina que certaines argiles avaient quelque influence sur certaines maladies, et, soit avidité, soit bonne foi, on en pétrit des bols qu'on vendit au vulgaire, sous des noms divers qui presque toujours rappelaient le lieu de leur origine. Bientôt le monopole s'empara de cette idée; nul ne put vendre de ces bols

[1] Il serait possible, à la rigueur, que Noé eût connu le *chlorophane*, variété de fluorure de calcium, qui brille constamment dans l'obscurité. *Voy.* le mot PHOSPHORESCENCE, du Dictionnaire.

[2] *Theurgia general.*, in-8°, 1717, p. 117.

[3] *Hist. Schol.*, l. IV; *Reges*, c. XXV, p. 312.

[4] *Genèse*, cap. XXVIII, vers. 18, 19. La Vulgate traduit בדיל (betil) par *stannum*.

[5] *Iliade*, lib. XXIII.

[6] *Rois*, cap. X, v. 16, 17.

[7] *Nombres*, cap. VII, v. 84 à 86.

[8] *Rois*, cap. VI, v. 28.

[9] *Idem*, v. 18.

[10] *Idem*, cap. VI, v. 21, 22.

[11] *Exode*, cap. XXX, v. 13.

sans que le prince ou le prêtre du lieu y eût apposé un cachet ; de là le nom de *terre sigillée*. C'est ainsi que la terre de Lemnos était vendue par les prêtresses du temple d'Éphèse, qui la marquaient du sceau de Diane, une chèvre.

A dater de ce moment, la minéralogie fut du domaine de la médecine, et acquit ainsi quelque importance. Elle a conservé ce caractère pendant longtemps ; et c'est dans les livres de Théophraste, de Dioscoride, de Galien et d'Avicène, destinés à la description des médicaments, qu'il faut suivre les progrès et les développements de cette science.

De Salomon à Homère, les connaissances minéralogiques s'étendirent peu : les Phéniciens avaient fondé la ville de *Gadir*[1], en Espagne, et en avaient fait le centre d'un commerce actif d'or, d'argent, de cinabre ou vermillon, de fer, de plomb et de cuivre ; mais l'étain était encore peu connu. Ce ne fut qu'après l'an 2700 du monde, date de la sortie, hors du détroit, des vaisseaux de ces hardis navigateurs, que ce dernier métal fut abondamment répandu dans le commerce. Ils découvrirent les iles *Cassidérides*, où les mines d'étain étaient abondantes, et qui probablement étaient situées sur la côte de Portugal ou d'Espagne, en face de la Galice[2], et allèrent chercher ce métal devenu précieux jusque sur les côtes de l'Armorique et de la Cornouaille anglaise.

Un siècle après, l'usage de l'étain était tellement répandu, que les guerriers grecs, au siége de Troie, l'échangeaient contre du vin de Lemnos[3].

La description du bouclier d'Achille par Homère nous fait connaître l'état de la métallurgie et les progrès qu'elle avait faits à cette époque : l'or, l'argent, le cuivre, l'étain y étaient habilement combinés et soudés ensemble ; et, ce qui est surtout remarquable, l'habile ouvrier avait su, à l'aide du feu et de la soudure, faire varier la couleur des métaux suivant les divers objets qu'ils représentaient[4]. Cette alliance de plusieurs métaux soudés ensemble se retrouve dans quelques joyaux de l'antiquité, notamment dans la corbeille d'argent, bordée d'or, dont Alcandra fit présent à Hélène[5].

Jusqu'à présent, et à l'exception des pierres nommées dans les livres de l'historien Moyse, nous n'avons vu figurer les minéraux que dans les vers des poëtes, tels que Job et Homère ; on en pourrait déduire une division de la minéralogie en deux classes : celle *sacrée*, bien pauvre d'individus, et telle qu'on pouvait l'attendre de l'enfance du monde ; celle *poétique*, dont la nomenclature déjà plus riche était aussi plus confuse, et se perdait dans les exagérations du langage ou les figures du style. La minéralogie *empirique* s'est déjà révélée par la découverte des terres sigillées chez les Grecs ; nous allons voir paraître chez les Chaldéens les premiers éléments de la minéralogie *astronomique*.

Les Chaldéens ne connaissaient que trois cent soixante-quinze minéraux ; encore le *Catalogue* du Maure *Abolays* contient-il plusieurs redites, qui en réduisent le nombre à trois cent vingt-cinq. Il existe à la bibliothèque de San-Lorenzo de l'Escorial un manuscrit de *Jehudah Mosca*, dit Qaton, ou le Petit, qui fut médecin du roi Alfonse X, lequel est la traduction de l'ouvrage arabe d'Abolays. Ce manus-

[1] Aujourd'hui *Cadix*.

[2] *Voy*. sur ces îles l'ouvrage de J. Cornide, intitulé *las Casiterides o islas del Estaño, restituidas a los mares de Galicia* ; Madrid, 1790. De là vient le nom de κασσίτερος, donné par les Grecs à l'étain.

[3] *Iliad.*, lib. VII, v. 402.

[4] *Idem*, lib. XVIII, v. 474.

[5] *Odyss.*, lib. IV, v. 125.

crit est un lapidaire dans lequel les trois cent soixante pierres [1] sont réparties entre les douze signes du zodiaque, selon l'influence qu'on suppose à chaque constellation sur les trente pierres qui forment le contingent alloué à chacune. Cette répartition et la description des pierres prennent toute la première partie de l'ouvrage. La seconde est consacrée à l'influence du soleil, et à la computation des époques les plus et les moins favorables au développement des vertus des minéraux. La troisième traite des changements opérés dans ces vertus par les dispositions des planètes et des étoiles que les Chaldéens plaçaient dans le huitième ciel.

A ce lapidaire, qui résume les connaissances minéralogiques les plus anciennes de ce peuple, il faut ajouter celui qu'écrivait, à une époque plus moderne, le rabin *Mahomat Abenquich*, qui, partant du même Catalogue, remontait à l'origine de ces trois cent soixante minéraux; il décrivait la forme extérieure qu'ils avaient reçue lors de leur formation, leurs couleurs naturelles, et l'altération de ce caractère par l'eau.

Ses descriptions partielles des minéraux, de même que celles d'Abolays, sont tellement obscures, que, lorsque ces deux auteurs ne nomment pas les pierres, il est à peu près impossible de les reconnaitre. Ainsi, à l'exception de six métaux dans lesquels l'étain ne figure pas, de quelques pierres précieuses, telles que l'émeraude, la topaze, la turquoise, la cornaline, l'agate, le cristal, le diamant, trois sortes de jargons et le rubis; de quelques roches d'ornement ou d'arts utiles, comme le marbre, le jaspe, la serpentine, l'alun, le sel gemme, l'écume de mer, l'émeril, l'aimant, les marcassites, le bitume, la sanguine, le soufre, l'hématite, le talc et quelques autres, le reste est inintelligible.

On remarque d'ailleurs dans la nomenclature du Maure Abolays un singulier caractère qu'il attribue à quelques pierres : c'est la propriété qu'elles avaient de se montrer dans la mer au lever ou au coucher seulement de la Lune, de Mars, de Mercure, de Vénus et de Saturne; une douzaine d'autres, dont les noms ne sont pas donnés, avaient la propriété d'attirer divers objets, parmi lesquels figurent l'or, le vin, le suif, la viande, le sel, etc. Abolays comprenait d'ailleurs divers calculs dans la liste des minéraux [2].

Il est probable qu'au lieu de rassembler de nouveaux matériaux, les anciens philosophes se jetèrent plus particulièrement dans des recherches et des divagations sur l'origine et la formation des métaux, surtout de l'or, dont l'inaltérabilité et les propriétés physiques étaient de nature à le faire considérer comme une substance

[1] Le *Catalogue* en contient 375, y compris les doubles. Il est probable que l'erreur provient des traducteurs. Le manuscrit original était en chaldéen, et de la plus haute antiquité; la date de la traduction qu'en fit, en arabe, l'astronome Abolays est aussi fort ancienne; mais la traduction espagnole conservée à l'Escorial ne remonte qu'à 1250.

[2] Pour ne pas revenir sur l'opinion qui attribuait aux astres une influence directe sur les pierres, nous anticiperons ici sur l'ordre des dates, et nous dirons que dans sa *Magia natural* le P. Hernando Castrillo adoptait comme principe que les étoiles concouraient à la génération des minéraux. Aussi, dans le cap. II, passe-t-il en revue, avec une sorte de complaisance, les noms donnés par les astrologues aux six métaux connus anciennement. Pour cela, il admet, d'après l'autorité de Mayole, d'Ovet, de Pierre Hispa, de Rodrigue Pal, etc., que les pierres croissent et vivent à la manière des plantes, et ne manque pas de s'appuyer de l'assertion d'Aristote, qui n'a pas craint d'assurer qu'à Philippos, en Macédoine, l'or se semait et se récoltait comme le blé, et qu'à Chypre on en faisait autant du fer. Cette ridicule opinion a trouvé récemment (en 1848) un interprète dans la chambre des députés de Madrid, lors de la discussion sur la loi des mines.

à part. Les sciences naturelles ont cela de propre, qu'elles prêtent d'autant plus à l'imagination qu'elles ont acquis moins de développement et ont moins d'exactitude dans leurs détails. Une opinion singulière était née dans les sanctuaires sacrés des Égyptiens, et y avait pris une importance extraordinaire : elle consistait à considérer l'or comme le seul métal parfait, et voulait que tous les autres métaux pussent être convertis en or par une addition ou une épuration convenables. La découverte du mercure date de cette époque : il est probable qu'elle donna naissance à cette opinion, et par suite à la philosophie hermétique, qui prit son nom d'Hermès, l'un des fondateurs, à qui on attribue le livre du *Pymandre*, ou de la *Table d'émeraude*.

D'Égypte, Démocrite d'Abdère rapporta cette science en Grèce, 500 ans avant l'ère chrétienne ; elle prit alors le nom de χυμεία. Elle passa ensuite chez les Arabes, qui, en y ajoutant leur article *al*, en firent l'*alchimie*, dénomination qu'elle a conservée de nos jours [1].

L'époque de la naissance de la science d'Hermès fut une ère nouvelle pour la minéralogie : des études plus sérieuses, des observations et des travaux plus persévérants, succédèrent aux vagues investigations des historiens naturalistes.

La philosophie hermétique eut bientôt un double but : acquérir de la richesse en même temps que de la santé. Il n'est donc pas étonnant que les premiers adeptes et la plupart de leurs successeurs aient cultivé la médecine, et que la minéralogie ait été considérée, à cette époque et longtemps après, comme une branche de l'art de guérir.

Il nous reste peu de documents sur les connaissances lithologiques acquises dans ces temps reculés : les philosophes qui ont traité des pierres dans l'antiquité sont nombreux, mais la plus grande partie de leurs ouvrages ne sont pas parvenus jusqu'à nous. On sait que Socrate de Rhodes, Xénocrate, Sudines, Mégasthène, Isménias, Horus, Bocchus, Nicanor, Jacchus, Juba, Zactalias, Héraclite le Sicyonien, Dorothée de Chaldée, Théophile, Dercylle, Denis Afer, Diogène, Orphée, Épiphanius, Didyme d'Alexandrie, ont traité plus ou moins longuement des pierres : il ne reste rien d'un livre sur les pierres précieuses écrit par Agatharchide de Samos, cité par Plutarque et qui vivait vers la 150ᵉ olympiade ; ni d'un traité du même genre de Callistrate, dont parle Pline dans son XXVIIᵉ livre. Les ouvrages de Nicias de Mélos, de Tacus, de Thrasyllus, de Mendis, de Sotacus et de Satyrus, sur les pierres précieuses, cités par plusieurs auteurs anciens, nous sont inconnus. Satyrus est le premier qui ait parlé de l'*ambre ;* Sotacus est l'un des plus anciens auteurs qui aient traité de l'*hématite*, dont il distinguait cinq espèces, sans compter l'aimant. Le traité des métaux de Timæus ne nous est également connu que par des citations.

Hérodote, qui écrivait plus de quatre siècles après Homère, nous a laissé des détails souvent très-circonstanciés sur les minéraux connus à cette époque ; mais il ne cite guère que trois pierres dont le nom et la description ne se trouvent chez aucun de ses prédécesseurs.

La première est le *marbre porus*, qu'il ne faut pas confondre avec le paros, quoiqu'il en eût la couleur et la dureté [2]. On en avait bâti le temple de Delphes [3]. Ce marbre est inconnu aujourd'hui. La seconde est le *basalte*, nommé par l'historien

[1] La transmutation des métaux en or se nommait, en grec, la *chrysopæia*.

[2] Théophraste, *De lapid.*, p. 384.

[3] Herod., lib. V, § 62.

grec *pierre d'Éthiopie* [1], qui, suivant Ptolémée [2], se tirait d'une montagne d'Arabie, dite de *basanite;* la troisième est le *tophus*, qui très-probablement est le *toph* de Comestor, dont nous avons déjà parlé, pierre raboteuse, spongieuse et fragile, qui paraît être analogue au moellon de Paris, et dont le nom pourrait bien être l'étymologie de celui de tuf ou tufeau.

Hérodote est le premier qui ait parlé de ces émeraudes gigantesques dont on retrouve ensuite la description dans Théophraste, Apion et Pline. Dans le chapitre 1er d'Esther [3], on voit déjà que le salon d'Assuérus était pavé d'émeraudes et de marbre blanc ; mais l'erreur paraît évidente : il est probable qu'il faut entendre ici le jaspe, et non l'émeraude proprement dite. Hérodote [4] assure que dans le temple d'Hercule, à Tyr, en Phénicie, il y avait une colonne d'émeraude qui jetait un grand éclat. Les registres publics de l'Égypte rapportaient qu'un roi de ce pays reçut en présent une émeraude de quatre coudées de long sur trois de large [5]; les mêmes registres faisaient aussi mention de quatre émeraudes de quarante coudées de longueur, dont une en avait quatre de large, et une autre deux ; elles étaient enchâssées dans l'obélisque de Jupiter : Apion, surnommé Plistonicès, écrivait, au dire de Pline [6], qu'on voyait dans le labyrinthe d'Égypte un Sérapis colossal, fait d'une émeraude de neuf coudées [7].

Ces prétendues pierres précieuses gigantesques, ainsi que l'observent judicieusement Goguet et Frugère [8], et même le superstitieux P. Roxo [9], pourraient bien n'avoir été que des verres colorés, que les anciens savaient travailler parfaitement et sur des dimensions extraordinaires [10].

Il est difficile de croire que ces erreurs soient l'effet de l'imagination ; elles proviennent plus probablement d'une confusion de noms. Tout ce qu'on en peut déduire, c'est que les anciens admettaient deux espèces d'émeraudes : l'une, qui avait des dimensions extraordinaires, et qui, si ce n'était pas du verre, pouvait être un péridot, un spath fusible, une prime, comme le pense Dutemps ; l'autre, qui est notre émeraude, et qui ornait la bague si célèbre de Polycrate [11].

1 Herod., lib. II, § 131.

2 *Geogr.*, lib. IV, p. 117.

3 *Super pavimentum smaragdino et pario stratum lapide.*

4 Lib. II, § 44.

5 Lib. XXXVII, cap. V.

6 Theophrast., Θεοφράστου τοῦ Ἐρεσίου περὶ τῶν λίθων βιβλίον.

7 Ces descriptions erronées se retrouvent dans des temps moins reculés : Cédrien prétend que, sous le règne de l'empereur Théodose, on voyait, à Constantinople, une statue de Minerve d'une seule émeraude, haute de quatre coudées. C'était, disait-on, un présent fait par Sésostris au roi des Lydiens (p. 322). La tradition rapporte qu'Hermès Trismégiste avait gravé sur une pierre semblable le procédé du grand œuvre, et qu'il l'avait fait enfermer dans son tombeau. C'est ce que les alchimistes nomment encore la *table smaragdine* (Coring., *de Hermet. med.*, lib. I, cap. III ; Fabricius, *Bibl. grec.*, t. I, lib. I, cap. X, p. 62). Aranda assure que, de son temps, on gardait précieusement à Genève le plat d'émeraude dans lequel Jésus-Christ avait mangé, et auquel on donnait le nom de *Paroside Domini* (Geron. Cortès, *Secret. nat.*, *tract.* 4, f° 31).

8 *De l'origine des lois, des arts et des sciences.*

9 *Theurgia general y espicifica*, etc., p. 6.

10 Les Égyptiens possédaient des ateliers de verrerie très-remarquables ; Thèbes fabriquait des verres colorés. Le théâtre construit par les soins de Scaurus avait des colonnes de verre (Plin., lib. XXXVI, sect. 24). Le septième livre des *Recognitions* de saint Clément nous apprend que, dans un temple de l'île d'Arad, il y avait des colonnes de verre d'une grandeur et d'une grosseur démesurées. Les Éthiopiens, dit Diodore de Sicile (lib. II, § 15), embaumaient les morts, et, après avoir fondu tout autour une grande quantité de verre, les plaçaient sur une colonne à la vue des passants.

11 Herod., lib. III, § 41.

Cette petite espèce parait avoir été tirée de deux mines en Égypte : l'une, à l'ouest du Nil, au pied de la côte de Libye, entre Ipson et Tata; l'autre, vers la rive du golfe Arabique, un peu au delà du vingt-cinquième degré.

Cette dernière est célèbre dans l'histoire; elle appartenait aux rois d'Éthiopie, qui soutinrent à cette occasion plusieurs guerres, et qui réclamaient, comme faisant partie de leur domaine, et la ville de Phylé, et la mine d'émeraude [1]. L'Arabe Abder-rahman, qui l'avait visitée, lui donne une gangue blanche, et prétend qu'on la clarifiait au moyen de l'huile chaude [2].

Quant à la minéralurgie, du temps d'Hérodote, l'art de faire les galeries de mines était très-avancé : il raconte que les Perses assiégeant Barcé s'avancèrent souterrainement jusqu'aux murailles; mais qu'un ouvrier en cuivre ayant découvert la marche de leurs travaux, à l'aide d'un bouclier d'airain qui répétait le bruit des coups de pioches, les Barcéens firent des contre-mines, et tuèrent les mineurs des assiégeants [3].

On a rejeté parmi les fables ce que raconte cet historien [4], de petits quadrupèdes qui, en creusant leurs terriers dans le sable, mettaient au jour une grande quantité de paillettes d'or. Ces animaux, qu'on a confondus à tort avec les fourmis, appartenaient aux environs de Caspatyre et de la Pactyice, dans l'Inde; ils avaient la taille du renard. Pline [5] en donne une description très-détaillée; Néarque [6] en avait vu des peaux dans le camp des Macédoniens; Démétrius Tryclinus [7] en parle; Soliman, en 1559, en reçut un dont le schah Thamar-Sophi lui fit présent [8]. Il n'est donc guère possible de révoquer en doute ce moyen curieux de se procurer de l'or. Il est d'ailleurs attesté par M. Cordier, qui faisait partie de la commission d'Égypte, et qui assure que le cas n'est pas rare en Asie.

Si les Grecs, au dire de Gognet [9], étaient fort ignorants dans la dorure et dans l'art de filer l'or, il n'en était point de même des Perses. Après la bataille de Platée, les Hilotes ayant pillé leur camp y trouvèrent des tentes tissues d'or et d'argent, des lits dorés, argentés, etc.; les Issédons faisaient dorer le crâne de leurs pères, et s'en servaient comme de vases précieux [10].

Je ne dois pas passer sous silence une pierre sigillaire dont parle Ctésias, contemporain de Xénophon, dans son *Histoire de l'Inde* [11]; il lui donne le nom de *pantarbe*, et lui attribue des vertus attractives invraisemblables. Philostrate [12] en fait un récit également fabuleux, et Héliodore [13] prétend qu'elle éteignait le feu. On ne trouve nulle autre part trace de cette pierre.

Aristote, né 384 ans avant J. C., ne parle des minéraux que superficiellement, et seulement à la fin de ses quatre livres des *Météores* [14]. Il attribue leur génération à la chaleur, au froid, à la sécheresse et à l'humidité; mais il n'y suit aucune division ni méthode. Sa cosmogonie est empreinte des idées de Manou et de Pythagore. Il est beaucoup plus explicite que Job sur les changements inorganiques qui

[1] Heliodor., *Æthiopic.*, lib. IX.
[2] *Recherches philos. sur les Égyptiens et les Chinois*, t. I, p. 405, édition de 1773, in 12.
[3] Herod., lib. IV, § 200.
[4] *Idem*, lib. III, § 102 à 105.
[5] Lib. XI, cap. XXXI.
[6] *Arriani Hist. Indica*, cap. XV, § 4 et seq.
[7] *Ad soph. antiq.*; 1037.
[8] *De Thou*, lib. XXXIII, p. 461.
[9] *Origine des lois*, etc., liv. II.
[10] Herod., lib. IV, § 36, et lib. IX, § 79.
[11] § 2.
[12] *Vita Apollonii Tyan.*, lib. III, c. XLVI.
[13] *Æthiopic.*, lib. IV et VIII.
[14] *Meteor.*, lib. IV, t. I, édition de 1629.

s'opèrent à la surface du globe, et semble avoir posé le premier, d'après les principes de la philosophie indoue toutefois, l'hypothèse des inondations marines, et du retour des eaux sur les terrains qu'elles avaient quittés.

« *Le temps est éternel, s'écrie-t-il*; l'univers ne périt point : le Tanaïs et le Nil « n'ont pas toujours coulé sur les lieux qu'ils arrosent actuellement : leur lit dut « être jadis à sec. Ils cesseront un jour ; le temps seul ne cesse pas. Il en est « ainsi de tous les fleuves, de la mer elle-même, qui envahit *certains lieux et en* « abandonne certains autres. La terre a plusieurs fois changé de forme et d'aspect ; « car le sol que nous foulons aujourd'hui d'un pied sec a été couvert par les eaux, « et le sera un jour encore ; et la mer en changeant de lit découvrira de nouveaux « continents. *Tout se modifie avec le temps.* »

Mais l'idée des révolutions périodiques des continents n'avait point amené chez les Grecs celle des changements successifs de la nature organisée. Les stoïciens pensaient qu'après chaque cataclisme les mêmes espèces étaient *reproduites : cette croyance s'était* continuée parmi les philosophes latins [1]. Ce n'est guère que chez les Égyptiens qu'on rencontre l'idée des races éteintes ; encore n'est-elle relative qu'à l'existence de quelques animaux monstrueux.

Les Gébanites sont les premiers chez qui on trouve la tradition de la succession des races d'animaux et des plantes. Ces astronomes enseignaient que tous les trente-six mille quatre cent vingt-cinq ans, il naissait deux individus de chaque espèce, mâle et femelle, qui produisaient une nouvelle série d'habitants de la terre ; qu'après une période du *même nombre d'années*, de nouvelles espèces succédaient aux premières, et étaient détruites à leur tour [2].

Néanmoins Aristote pensait que les révolutions du globe étaient soumises à certaines lois, et que les changements s'opéraient dans le cours d'une période *déterminée* [3], *mais toujours* dans la nature inorganique : le philosophe de Stagyre ne paraît pas avoir eu l'idée de rechercher l'origine des coquilles fossiles, qui cependant ont occupé Ératosthène et plusieurs autres savants grecs.

Son disciple Théophraste, qui vivait dans la 114e olympiade, a *écrit un traité des Pierres* dont une partie seulement est parvenue jusqu'à nous [4], et qui a été commentée par Jean Laet d'Anvers, et par John Hill de Londres. Les pyrites, les fluors, les marbres, les albâtres, la pierre de lynx, l'ambre, l'ocre, la pierre de touche, le vert-de-gris, le gypse, les sulfures d'arsenic, etc., figurent pour la première fois dans la nomenclature minéralogique : ces corps y sont classés d'après leur manière de se comporter au feu, leur résistance à la section, leur couleur, et quelques autres caractères extérieurs. Cet auteur, plein de lacunes et qui n'est que peu méthodique, se distingue par la singulière prétention de diviser les pierres en mâles et femelles, rangeant dans la première classe celles qui ont le plus d'éclat. On conçoit que cette opinion n'ait été adoptée par aucun de ses successeurs. Suivant lui, les minéraux sont formés ou par l'eau ou par la terre ; les métaux doivent leur origine à l'eau, tandis que les pierres, dont il décrit deux cent soixante-treize espèces ou variétés, sont dues à la terre.

1 *Omne ex integro animal generabitur.* (Sénèque, *Quæst. natur.*, III, cap. XXIX.)

2 *Histor. orient. suppl.*, per Abrahamum Ecchellensum, cap. VII et VIII ; Paris, 1658.

3 *De Meteor.*, lib. II, cap. XIV, XV et XVI.

4 ΘΕΟΦΡΑΣΤΟΥ τοῦ ΕΡΕΣΙΟΥ περὶ τῶν λίθων βιβλίον. Il existe une traduction anglaise de cet ouvrage sous le titre de *Theophrastus's History of stones*, etc., by John Hill ; 1 vol. in-8°.

Dioscoride ne traite des minéraux que sous le rapport de la médecine; il n'établit aucune classification et ne suit aucun ordre : dans les quatre-vingt-dix-sept chapitres consacrés à *toutes sortes de minéraux*, il confond des produits artificiels tels que la cadmie, le ferret, l'acier, le verdet, etc., avec des substances naturelles[1]. Son ouvrage ne peut donner aucune notion exacte sur l'étendue des connaissances minéralogiques de son temps, puisque, dans les soixante-seize pierres qu'il décrit, on est étonné de n'en pas trouver plusieurs qui étaient découvertes à cette époque; d'où l'on est en droit de conclure que la liste qu'il en donne est incomplète, comme les descriptions qu'il en fait[2]. Dioscoride rejette les bitumes minéraux parmi les plantes grasses et les résines végétales.

Quelques années plus tard, Pline écrivait ses trente-sept livres sur l'histoire naturelle[3]. On était en droit d'attendre de cet illustre écrivain un catalogue des pierres plus complet que celui d'aucun de ses devanciers, puisqu'il a traité de toute l'histoire de la nature, et qu'en conséquence il entrait dans son plan de n'omettre aucun minéral important. On peut donc regarder comme le résumé général des connaissances minéralogiques du temps ce qu'il a écrit de relatif à cette science. Quant à la nomenclature, il ne s'est pas donné la peine d'en faire une : des trente-sept livres écrits sur l'histoire naturelle, quatre sont exclusivement consacrés aux métaux, aux pierres, aux marbres, et aux pierres précieuses; quelques minéraux, tels que l'alun, le soufre, la craie, etc., sont rejetés dans les chapitres qui traitent des arts ou de la médecine. A tout prendre, et à part les quatre chapitres *des métaux, des pierres et des pierres précieuses*, les minéraux ne sont considérés que sous le rapport des arts qui en tirent parti; et l'ouvrage de Pline, véritable encyclopédie des anciens, renferme une foule d'anecdotes et de contes historiques propres à jeter de la variété sur un sujet toujours plus ou moins aride, mais, en même temps, à laisser bien des doutes dans l'esprit des gens positifs.

Pline cite un métal qui se trouvait dans les sables aurifères et dans les filons d'or (*elutia*), dont le poids était égal à celui de l'or, et qui se présentait sous forme de calculs noirs, tachés de blanc[4]. Ne serait-ce point le platine?

Pline avait une connaissance exacte du diamant; il en a décrit les deux formes cristallines les plus ordinaires : l'octaèdre régulier et celui hémitrope[5]; mais il confond avec le diamant une pierre précieuse qu'il nomme *sidérite*, à cause de sa couleur de fer poli, et qui se laissait facilement percer.

[1] Dioscoridis (Pedacii), *De materia medica*; ed. Parisiis, 1549, in-8°. Presque tous les auteurs qui se sont occupés de l'histoire de la minéralogie veulent que Dioscoride ait classé les minéraux en corps terrestres et corps marins. J'ai lu attentivement cet auteur dans l'original grec et dans les commentaires, et je n'y ai rien trouvé de semblable.

[2] Le docteur Andrès Laguna, médecin de Jules III, a essayé de compléter les descriptions de Dioscoride, mais sans beaucoup de succès; plus tard, le docteur Francisco Suarez de Ribera, médecin de la cour d'Espagne, a repris l'œuvre de Laguna, qu'il a traduite en espagnol, ainsi que le texte grec; il discute avec beaucoup de sagacité les annotations de son prédécesseur, et fournit lui-même des illustrations très-remarquables. Cet ouvrage fort rare a été imprimé à Valence en 1636, en un vol. in-fol., et à Madrid en 1733, en 2 volumes in-fol. Il existe en outre plusieurs commentaires sur Dioscoride. Le plus estimé est celui de Mathiole, médecin siennois, qui a été traduit du latin en français par Antoine du Pinet. L'original est de 1548.

[3] *Caii Plinii Secundi Historiæ naturalis*, lib. XXXVII, *quos interpretatione et notis illustravit J. Harduinus, ex societate Jesu*, etc., 12 vol. in-fol.; Parisiis, 1723.

[4] Lib. XXXIV, cap. XVI.

[5] *Laterum sexangulo lævore turbinatus in mucronem; aut duabus contrariis partibus, ut si duo turbines latissimis suis partibus jungantur* (lib. XXXII, cap. IV).

Cette confusion, habituelle au naturaliste romain, ne se montre nulle part avec autant d'évidence qu'à propos de l'émeraude ; et, à cet égard, il s'en est trop rapporté aux dires d'Hérodote, d'Apion et de Théophraste.

Il ne serait pas difficile de montrer que la même confusion a eu lieu pour les métaux, quoique quelques-uns aient été connus de toute antiquité, comme nous l'avons dit : Pline et Dioscoride nomment indifféremment *galena* et *molybdena* le plomb, dont on faisait alors deux variétés ; et ils appliquent ces noms soit au minerai ou sulfure de plomb, soit au métal pur obtenu du minerai.

Il y a plus : ils nomment plomb blanc (*plumbum album*) le même métal que les Grecs nommaient *kassitéros*, et qui, suivant l'opinion de B. Caryophile[1] et d'Andr. Cæsalpinus[2], aurait été de l'étain[3].

Ce n'est point ici le cas d'entrer dans l'examen et la critique de ces erreurs, inséparables des temps dans lesquels vivaient les naturalistes. On sait avec quelle légèreté d'ailleurs Pline l'Ancien admettait toutes les assertions. Il est temps de rentrer dans l'histoire de la minéralogie proprement dite.

Je n'entreprendrai point d'analyser les différents auteurs qui, depuis Pline, ont traité des pierres ou de l'histoire naturelle des minéraux ; je ne dirai rien de Gallien, qui n'en parle que très-succinctement et en passant, comme matière médicale ; d'Athénée, qui, sous Marc-Aurèle, introduisait dans les quinze livres de son *Deipnosophistæ* des conversations sur toutes les parties de l'histoire naturelle ; de Zozime, qui, dans vingt-huit livres restés manuscrits, ne traite de la minéralogie que comme un annexe au grand œuvre ; d'Archélaüs et d'Athénagore, qui vivaient avant la prise d'Alexandrie (vers 640) ; de Geber, premier alchimiste arabe, qui dans ses recherches docimastiques, vers 830, découvrit l'acide nitrique[4] ; d'Al-Farabi, dont les manuscrits déposés à la bibliothèque de Leyde sont à peine connus, mais qui paraît avoir porté, vers le milieu du dixième siècle, quelque méthode dans le classement du petit nombre de pierres découvertes alors ; du poëme latin de Mardobée, natif du Mans, qui chante les vertus des minéraux dans soixante articles, avec toute l'exagération des poëtes[5] ; d'Avicène, Ebensina, ou Abou-Ali-Hussein de Cordoue, qui, dans le onzième siècle, rangeait les minéraux en quatre classes : les pierres, les minéraux fusibles, les sulfureux et les sels, et en établissait deux divisions, fondées sur leur état d'agrégation et sur leur résistance à la pression et au marteau[6].

Faisons remarquer, en passant, que c'est dans la nomenclature d'Avicène que

[1] *De antiquis fodinis*, p. 17 et 18.

[2] *De metallicis*, p. 183 et 184.

[3] Le texte de Pline ne laisse aucun doute : les anciens le tiraient de la Galice, où encore aujourd'hui l'étain est abondant, et où il ne se trouve point de plomb. Dans ma *Minéralogie des anciens*, je prouve que la description de Pline ne peut se rapporter qu'à l'étain. Tout ce qu'il dit ensuite confirme cette opinion : *Stannum illitum æneis vasis* : c'est l'étamage ; *specula quoque ex eo laudatissima Brundisii temperabantur* : ce sont les miroirs métalliques d'étain et de cuivre ; *tierciarium vocant in quo duæ negri portiones sunt, et tertia albi* : c'est la soudure ; *hoc fistulæ solidantur* (lib. XXXIV, cap. XVII.)

[4] *Gebri, regis Arabum philosophi, summa perfectio magisterii in natura, ex bibliothecæ Vaticanæ exemplarii, undique emendatissimo edita*, etc. ; Gedani, 1682, in-8°.

[5] *Mardobee galli Cenomanensis, De gemmarum lapidumque pretiosorum formis, naturis atque viribus, ad rei medicæ et Scripturæ sacræ cognitionem.*

[6] Il vivait au commencement du onzième siècle, et mourut en 1036, à l'âge de cinquante-six ans. Son traité *De congelatione et conglutinatione lapidum* se trouve à la fin du livre de Geber.

prit naissance la division des minéraux en quatre classes : les pierres, les métaux, les soufres et les sels, division que nous verrons plus tard régner dans toutes les méthodes qui ont précédé celle de Bromel. Cette classification, dite *empirique*, est sans doute remarquable pour le temps où elle fut imaginée; mais elle était loin d'être complète, et d'avoir acquis le degré d'exactitude que, depuis, lui donna l'école de Wallerius.

Avicène a consacré un chapitre à l'origine des montagnes. C'est là qu'on trouve la première idée des soulèvements : « Les montagnes, dit-il, sont dues ou à un sou« lèvement du sol causé par un violent tremblement de terre, ou à l'érosion des « eaux qui creusent des vallées en se frayant un passage... Il a fallu des temps con« sidérables pour opérer ces révolutions. Peut-être aujourd'hui les montagnes « s'affaissent-elles lentement... Ce qui prouve l'influence des eaux dans ces change« ments, c'est le grand nombre d'empreintes d'animaux aquatiques et autres qu'on « rencontre dans les roches. »

A cette époque les alchimistes, considérant l'analogie qui semblait exister entre le nombre des métaux connus et les sept planètes alors découvertes, s'avisèrent de donner le nom du soleil à l'or, de la lune à l'argent, de Mars au fer, de Vénus au cuivre, de Mercure au métal du même nom, de Saturne au plomb, et de Jupiter à l'étain. C'est aussi vers ce temps que l'imposteur Arthephius découvrit une nouvelle propriété de la pierre philosophale : celle de prolonger la vie. Dans son traité, qui parut avant Bacon, il va jusqu'à annoncer qu'il a déjà vécu plus de mille ans.

Cependant les alchimistes avaient introduit dans l'étude des minéraux un nouveau moyen de recherches qui devait, tôt ou tard, conduire à la découverte du secret de leur composition intime. La minéralurgie, qui prenait de grands développements, devait aussi prêter son concours aux observations et aux essais. Le douzième siècle fut signalé par les grandes exploitations de houille de Liége et d'Angleterre [1], et surtout par l'apparition d'Albert le Grand, qui, quoiqu'il ait suivi presque servilement la classification d'Avicène, n'en a pas moins fait des remarques d'une haute importance en minéralogie [2] (c'est lui qui le premier a indiqué la véritable composition du cinabre); le treizième siècle, par l'emploi de la coupellation [3], que dès le neuvième Geber avait décrite dans tous ses détails [4]; au quatorzième, les mines de Suède, de Norwége, de Silésie et du Hartz étaient en grande activité [5]; le quinzième siècle s'ouvrit par la connaissance de la véritable nature de l'*antimoine*, que, depuis Dioscoride, on avait pris pour une variété du plomb [6], et se termina par une découverte d'un autre ordre qui devait avoir la plus grande influence sur la civilisation du monde : la fusion du fer à l'état de carbure [7].

Signalons cependant, en passant, l'observation d'Eck de Sulzbach [8] sur l'augmentation de poids éprouvée par les métaux soumis à la calcination, sans qu'il pût en assigner la cause. Nous verrons plus tard Cesalpinus découvrir que cette

[1] *Mémoires de l'Académie de Bruxelles*, t. II, p. 291; *Histoire de Liége*, t. I, p. 129.

[2] *De rebus metallicis et mineralibus*, lib. V; Coloniæ, 1541, in-8°.

[3] *Mémoire pour les fabricants d'ouvrages d'or et d'argent*, par H. Fournel, p. 48.

[4] *Summa collectionis complementi secretorum naturæ*, manusc. n° 6314 de la Bibl. royale.

[5] *Voyages métallurgiques* de Jars, t. II, p. 90 et 260; *Richesse minérale*, t. I, p. 307 et suivantes.

[6] *Currus triumphalis antimonii*. Ce traité de Basile Valentin a été commenté par Kerkringius, et annoté par le P. Fabre.

[7] *Manuel de la métallurgie du fer*, par Karsten, 1824, p. 27.

[8] *Clavis philosophorum*, 1489.

augmentation était due à une substance aérienne. Il est impossible de passer plus près d'une découverte qui plus tard a fait la gloire de Lavoisier.

Alors parut George Agricola, médecin allemand, considéré à juste titre comme le père de la métallurgie, et qui naquit sous l'empereur Charles V. Son ouvrage *De re metallica* [1] est l'œuvre la plus originale et la meilleure qui eût paru jusqu'alors. Ses deux traités *De natura fossilium* et *De ortu subterraneorum* [2] n'ont pas tout à fait le même mérite. Le premier de ces deux traités adopte une classification meilleure que celle d'Avicène, et qu'on peut résumer ainsi : 1° les *terres;* 2° les *sucs concrets,* dans lesquels sont compris les bitumes, le succin et autres combustibles; 3° les *pierres,* qu'il divise en pierres communes, pierres précieuses, marbres et roches; 4° les *métaux.* Mais de ses ouvrages le plus curieux sans contredit, et peut-être le moins connu, c'est son traité historique *De veteribus et novis metallis,* dans lequel il a résumé toutes les connaissances acquises à son époque.

Tout ce qu'a écrit Agricola est fait avec conscience et originalité; on y trouve d'excellents renseignements sur la minéralogie de l'antiquité. C'est lui qui le premier a parlé du *bismuth;* il en fait une variété du plomb, qu'il divise en plomb blanc, ou kassitéros des Grecs ; plomb noir, ou molybdène, et plomb cendré, ou bismuth [3]. On voit qu'il y a encore loin de là à la découverte, qu'on lui a prêtée bien gratuitement, du métal élémentaire qui porte ce nom.

Après lui, Christophe Encelius divisa les minéraux en trois classes : les métaux et minéraux, les demi-métaux, les pierres [4]. On lui doit quelques observations originales, mais rien qui fût de nature à faire avancer la science.

Il en fut de même des métallurgistes que fit surgir Agricola, et qui tous se montrèrent bien inférieurs à leur maître : de Lazar Erker [5], de Mathesius [6], de Weiner [7], de Libavius [8], de Fachs [9], de Biringuccio [10], qui le premier décrivit le procédé de l'inquartation.

Avec Ludovico Dolce, on vit peu à peu revenir dans les études lithologiques des idées superstitieuses sur les vertus secrètes de certaines pierres, notamment des gemmes. Ces idées, qu'on retrouve encore de nos jours dans les montagnes d'Afrique et dans les provinces d'Espagne, et qui remontent à Dioscoride, avaient eu pour interprètes, dans les temps anciens, l'Arabe Habdarrahamano ; le roi de Perse Kiranidas, auteur d'un traité sur les pierres ; le roi arabe Evax, dont l'ouvrage grec fut traduit en vers latins en 1585. On en retrouve la trace dans Jean de la Taille de Boudarroy, Boèce, Cardan, et même dans Agricola.

Ludovico Dolce s'est approprié sans façon l'ouvrage latin de Camille Léonard, médecin de Pesaro [11], et n'a fait que le traduire en italien [12]. L'original et la traduction ne contiennent d'ailleurs rien de remarquable.

[1] *De re metallica;* Basileæ, 1546, 1556, 1558, 1561, 1571.

[2] *De ortu et causis subterraneorum,* lib. V; *De natura eorum quæ effluunt ex terra,* lib. IV ; *De natura fossilium,* lib. X, 1 vol. in-fol.; Basileæ, 1546.

[3] *De natura fossilium,* lib. VIII, p. 339.

[4] *De re metallica,* etc., lib. III ; Francof., 1557.

[5] *Aula subterranea,* etc.; Prag., 1574.

[6] *Sarepta,* 1573.

[7] *Geheimes Kunstbüchlein für Schmelzer,* etc. ; 1574.

[8] *Ars probandi mineralia.*

[9] *Probier-Büchlein,* etc.; Leips., 1595.

[10] *De la Pirotechnia,* lib. X; Venet., 1540.

[11] *Speculum lapidum ;* 1511.

[12] *Libri tre negli quali si tratta delle diverse sorte delle gemme che produce la natura, della qualita, grandezza, belleza e virtu loro ;* Venetia, 1565.

Le seizième siècle vit encore paraître le traité *De gemmis*, de François Rucus[1], médecin de Lille, qui s'attacha particulièrement à exalter les propriétés théologales des pierres de l'*Apocalypse*, et donna le moyen de distinguer les pierres fausses des véritables gemmes. André Cesalpinus d'Arrazo, dans des descriptions fort bien faites, résuma toutes les connaissances minéralogiques de l'époque, et adopta trois divisions : 1° les terres, dans lesquelles il comprend les sels, les bitumes et les aluns; 2° les pierres, dans lesquelles il fait entrer les calculs; 3° les métaux[2]. Son ouvrage est remarquable sous plusieurs rapports : sous celui géologique, parce qu'il contient la grande idée de la formation des métaux, *vapores a frigore congelati*, et celle de l'origine des fossiles délaissés par l'Océan qui s'était retiré; sous le rapport cristallographique, car on y trouve la remarque de la similitude constante des cristaux d'un même sel; sous le rapport minéralogique, puisque l'on y voit apparaître, pour la première fois, le *graphite* (*lapis molybdoides*); enfin, sous le rapport chimique, grâce à l'observation faite par l'auteur d'une augmentation de poids produite par une substance aérienne à la surface du plomb. On doit encore citer : Ulysse Aldrovandus, professeur de philosophie et de médecine à Bologne, qui donne, dans son treizième volume, le détail diffus et ennuyeux des minéraux connus de son temps[3]; Fabricius, qui compléta le livre *De re metallica* d'Agricola, et se renferma conséquemment dans la spécialité des métaux[4]; Conrad Gessner, qui adopta trois divisions analogues à celles de Cesalpinus[5]; Lazar Ereken, qui publia le premier traité complet de minéralogie, comme corps de science, mais se borna aux descriptions faites et à la division adoptée avant lui[6]; le P. Kircher, qui, dans son *Mundus subterraneus*[7], après avoir passé en revue la plupart des matériaux géognostiques, donne une sorte de nomenclature des pierres qui ne peut soutenir l'examen, et qui prouve le peu de profondeur du père jésuite[8].

Le dix-septième siècle trouva de nombreux éléments rassemblés. Il ne parut pas d'abord devoir en tirer un grand avantage; car Cléandre Arnobio, qui publia en 1602 son *Merveilleux traité*, comme il l'appelle modestement[9], continua à marcher dans la voie superstitieuse qu'avaient adoptée ses devanciers, en traitant des

[1] *De gemmis aliquot, iis præsertim quarum divus Joannes apostolus in sua Apocalypsi meminet, de aliis quoque*, etc., lib. II, 1568.

[2] *De metallicis*, libri III; Noribergæ, 1602.

[3] *Museum metallicum.*

[4] *G. Fabricii De metallicis rebus et nominibus observationes variæ et eruditæ*, etc. Tiguri, 1568, in-8°.

[5] *De omni rerum fossilium genere; gemmis, lapidibus, metallis libri aliquot collecti*; Tiguri, 1565, in-8°.

[6] *Beschreibung aller furnemsten mineralischen erts und bergwerksarten*; Praga, 1573, in-fol.

[7] *Mundus subterraneus, in quo universa naturæ majestas et divitiæ summa rerum varietate exponuntur*, etc.; Amstelodami, 1664, in-fol.

[8] Je ne dois pas passer sous silence, à cause de sa singularité, cette étrange classification qu'il suffit d'énoncer pour en montrer le ridicule : les minéraux y forment deux grandes divisions, les *petits* et les *grands*; chacune de ces divisions embrasse deux subdivisions, les pierres *communes*, les pierres *rares*; puis, les quatre subdivisions forment, à leur tour, chacune deux classes, les *dures* et les *molles*; et les classes sont divisées en deux genres, les *beaux* et les *laids*. Tout est rejeté ici dans le domaine de l'arbitraire : les pyrites, qui forment le genre *laid* des pierres *dures* appartenant à la subdivision *commune* des *grands* minéraux, sont confondues avec le silex, le cos et le rocher; le gypse appartient au même genre que la ponce; l'agate et le lapis lazuli figurent à côté de la corne d'Ammon, etc. On conçoit que cette nomenclature des plus empiriques ne devait pas survivre au temps de Kircher, où l'on en était encore à décrire les dragons et les démons souterrains.

[9] *Il tesoro delle gioie, trattato maraviglioso*, 1602.

douze pierres sacrées, des pierres fines et des pierres médicinales; Boèce ou Boots, de Bruges, essaya mollement de remettre un peu d'ordre dans la matière[1]; Conrad Hornejus se borna à imiter les anciens[2]; Grosschedel ab Aicha se jeta, à propos des pierres et des métaux, dans les divagations abstraites de la philosophie du temps[3].

Chaque fois qu'une science positive est stationnaire, elle tourne à l'abstraction. L'imagination humaine, sans cesse en activité, lorsqu'elle n'est pas retenue dans la limite des recherches de détails positifs, s'élance dans l'espace, et court à la poursuite de l'inconnu et de l'idéalisme. Le seizième siècle semblait avoir épuisé tous les modes d'investigation, et avait poussé l'esprit de découverte jusqu'à la superstition[4]; la première moitié du dix-septième s'en ressentit : on abandonna la voie du positif pour revenir aux doctrines du Portique de Grèce. Étienne Claves discuta la génération des métaux, et admit l'existence du feu central, dont l'origine remonte à Job, et qui est le fondement de la nouvelle géologie[5]; Cœsius adopta l'hypothèse du neptunisme, et attribua la formation des pierres à la matière aqueuse[6]; Ferrante se rangea du parti de Claves, mais sans admettre comme lui que les pierres se nourrissent par assimilation, plutôt qu'elles ne s'accroissent par agrégation[7]; tandis que Boyle tentait de ramener aux lois physiques générales l'origine et les propriétés des minéraux[8].

Le siècle s'acheva au milieu de ces préoccupations nouvelles, et deux ouvrages en marquèrent la fin d'une manière nette et tranchée : le livre de Lemery[9], qui détruisit pour toujours la philosophie d'Hermès et montra à la chimie sa véritable route; et celui de Luidius, qui fixa à 1766 le nombre des minéraux connus jusqu'à lui[10].

Il ne faut cependant pas passer sous silence deux découvertes dont l'origine remonte à la fin de ce siècle : l'une, qui a donné depuis à la minéralogie un rang élevé parmi les sciences d'observation, et lui a imprimé un caractère positif et mathématique; l'autre, qui a conduit à l'explication d'un des plus grands faits géologiques.

[1] *De lapidibus et gemmis*; 1609

[2] *Compendium naturalis philosophiæ de lapidibus, metallicis et mineralibus mediis*; Helmstadii, 1624.

[3] *Mineralis seu physici metallorum lapidis diligens et accurata descriptio*, etc.; Francofurti, 1620.

[4] La superstition, à l'égard des minéraux, se plaisait à revêtir toutes les formes : un médecin italien dédia au fameux César Borgia un livre où il prétendait que les sept métaux connus sympathisaient avec sept pierres précieuses, et étaient en rapport avec les sept planètes. Ces minéraux étaient :

1° La *turquoise*,	sympathisant avec le *plomb*,	et en rapport avec	*Saturne*.
2° La *cornaline*,	— l'*étain*,	—	*Jupiter*.
3° L'*émeraude*,	— le *fer*,	—	*Mars*.
4° Le *diamant*,	— l'*or*,	—	le *Soleil*.
5° L'*améthyste*,	— le *cuivre*,	—	*Vénus*.
6° L'*aimant*,	— le *mercure*,	—	*Mercure*.
7° Le *cristal*,	— l'*argent*,	—	la *Lune*.

Il prétendait que des anneaux faits de l'un de ces métaux, et portant sur le chaton la pierre correspondante, rendait heureux pendant tout le temps de l'élévation de la planète avec laquelle les deux minéraux sympathisaient, et faisait connaître les pensées d'autrui.

[5] *Paradoxes*, ou *Traités philosophiques des pierres ou pierreries contre l'opinion vulgaire*, 1638.

[6] *Mineralogia, sive naturalis philosophiæ thesauri*, etc.; Lugduni Gallorum, 1636.

[7] *Istoria naturale, nella quale si tratta della diversa conditione di miniere, pietre preciose*, etc. *Da Ferrante Imperato*; Venetia, 1672.

[8] *An essay about the origine and virtues of gems*; London, 1672.

[9] *Cours de chimie*; Paris, 1677, in-8°.

[10] *Eduardi Luidii lithophilacii Britanici ichnographia*; 1698.

Parmi les moyens docimastiques employés par les naturalistes, Leeuerwenhoeck eut l'heureuse idée d'appliquer le microscope, dont la découverte, comme on le sait, ne datait guère que d'un demi-siècle : il fit, à l'aide de cet instrument, de nombreuses observations sur la figure des diamants et sur la formation des cristaux dans les dissolutions acides; il en consigna le résultat, d'abord dans les *Transactions philosophiques*[1], puis dans un traité *ex professo* sur les formes extérieures des sels[2]. Seize ans auparavant, un livre imprimé à Florence avait appelé l'attention des savants sur les formes géométriques minérales[3]; et, quelques années plus tard, Ph. Bonnani avait fait remarquer, comme objet de pure curiosité, la singulière figure symétrique de quelques pierres[4], après qu'un missionnaire capucin de Milan, nommé le P. Raphaël, eut rapporté de Tartarie des minéraux cubiques auxquels il attribuait de nombreuses vertus médicinales, et que le P. Zahn eut donné à ces cristallisations le nom de *quadras*, à cause de leur forme.

C'est alors que J. H. Hottinguer publia sa *Cristallographie*[5], qui fut l'ouvrage le plus complet qui eût paru sur la matière, mais qui laissa à découvrir toutes les lois de la cristallisation, dont Hottinguer et ses devanciers n'eurent aucune idée.

Cette nouvelle manière d'envisager les formes extérieures des minéraux signale le commencement du dix-huitième siècle. Scheuchzer réimprima à Bâle le livre de Hottinguer; Bourguet publia ses *Lettres philosophiques* sur le même sujet[6]; Capeller éleva une polémique au sujet des formes géométriques, sur lesquelles, tout en niant leur constance, il appela les lumières de l'investigation[7].

Ces observations sans portée apparente semblaient destinées à alimenter seulement la curiosité, sans qu'il fût possible de prévoir alors qu'elles étaient les premiers pas vers la découverte des plus profonds secrets de la nature. Elles servirent plus tard à établir la méthode de Linné, et devinrent, entre les mains de Romé de Lisle et surtout d'Haüy, la source d'une science toute nouvelle, à laquelle la découverte de l'isomorphisme semble devoir mettre un jour le cachet de la perfection.

Cependant, en même temps que la cristallographie posait son premier jalon, une autre science, d'une portée plus philosophique peut-être, la paléontologie, naissait sans bruit, et éveillait l'attention des savants.

Déjà, depuis plusieurs siècles, Érastosthène, Hérodote, Pausanias et quelques autres écrivains avaient remarqué le nombre prodigieux de coquilles renfermées dans la pâte des roches, ou semées à la surface de la terre; Xanthus le Lydien avait avancé que les mers, en se retirant, laissaient ainsi à sec certaines parties des continents. Strabon, regardant cette théorie des renouvellements comme insuffisante, avait attribué le passage des eaux à l'élévation ou à la dépression des terres; plus tard, et dès le commencement du seizième siècle, Léonard de Vinci avait combattu, par des observations d'un ordre élevé, l'opinion italienne qui attribuait la formation des

[1] Vol. XXVI, n° 324, p. 479; vol. XXVII, n° 328, p. 20.

[2] *Outdekkingen en Outledingen van sout-figuren van Verschide souten; van levendige dierkens in Mannelyke saden de Baarmoeder ingestort, en van de Voortelinge*; Leida, 1685.

[3] Stenon, *De solido intra solidum naturaliter contento*; Florence, 1669.

[4] *De lapidibus, fossilibus atque glebis a natura effigie aliqua donatis*, qui forme la sixième partie du *Museum Kircherarium*; publié à Amsterdam en 1670.

[5] Κρυσταλλολογία, *seu dissertatio de cristallis, horum natura*, etc.; Tiguri, 1698.

[6] *Lettres philosophiques sur la formation des sels et des cristaux*, etc.; Amsterdam, 1729.

[7] Capeller (Mauritii Antonii), *Prodromus crystallographiæ, de crystallis improprie sic dictis commentarium*; Lucernæ, 1723.

coquilles fossiles à l'influence des étoiles; il avait remarqué qu'elles étaient d'espèces et d'âges différents, et avait rapproché la cause de leur origine de celle des cailloux roulés et des empreintes végétales trouvées dans les collines. Frascatoro n'avait pas balancé à reconnaître qu'elles avaient appartenu toutes à des êtres vivants, et avait combattu avec d'excellentes raisons l'opinion qui les attribuait au déluge universel.

Une fois engagée dans cette voie, l'école géologique italienne remua toutes les théories possibles sur la nature des débris organiques. Agricola avait émis l'opinion que ces formes curieuses étaient dues à une matière grasse (*materia pinguis*) fermentée par la chaleur; Mattioli, tout bon anatomiste qu'il était, adopta cette idée, et Mercati crut devoir y ajouter l'influence des astres. La théorie de la génération spontanée d'Aristote [1] prêta à ces opinions une apparence de raison qui contribua à retarder la vérité; mais enfin le siècle ne devait pas se passer sans qu'elle se fit jour : et si les faits d'observation n'étaient pas assez nombreux pour en constituer un corps de science, Cardan, Cesalpinus, Majoli, Imperati, et surtout Palissy, devaient du moins en poser les premiers et impérissables points de départ.

Cardan, qui, dans un ouvrage publié en 1552 [2], avait sacrifié au goût de l'époque en se jetant dans les subtilités philosophiques des écoles, dit positivement néanmoins que la présence des coquilles pétrifiées annonçait, sans aucun doute, l'ancien séjour de la mer sur les montagnes [3]; Cesalpinus pensa que la mer, en se retirant, les avait abandonnées sur les continents, où leur pétrification s'était opérée depuis la solidification des terres [4]; Majoli [5] mit en outre en jeu l'action volcanique, qui, en 1538, avait soulevé le Monte-Nuovo, près de Pouzzoles; Imperati [6] se déclara pour l'origine animale des fossiles; et Palissy enfin soutint, à Paris, que les débris des testacés et des poissons avaient jadis appartenu à des animaux marins.

Ce n'est pas que de temps en temps le dogme du déluge universel ne revînt jeter quelque obscurité sur la question; mais déjà cette opinion, repoussée justement par la majorité des savants, ne réapparaissait plus qu'avec un entourage de faits nouveaux qui restaient acquis à la science, et qu'il ne fallait plus que savoir dépouiller de la fausse théorie qui leur servait d'introducteur.

Ainsi, Colonna [7], tout en admettant l'universalité du déluge de Noé, auquel il attribuait l'origine des débris fossiles, détruisit la théorie de Stelluti, qui la trouvait dans les eaux sulfureuses et la chaleur souterraine du globe. Colonna sut distinguer de l'*empreinte* le *moule* des coquilles, et fut le premier à séparer les testacés marins des testacés terrestres. Sténon [8] chercha à défendre les idées de Moyse sans grand succès, et avec des arguments qui depuis ont été tournés contre les récits de ce législateur; il fut plus heureux dans sa division des masses minérales, dans sa distinction entre les formations d'origine marine et celles d'origine fluviale, dans ses observations sur l'horizontalité primitive des strates sédimentaires, dont l'inclinaison était due à des soulèvements ou à des affaissements, et prouva que certains fossiles étaient des dents ou des os de poissons.

[1] *Traité des animaux*, chap. I et XV.

[2] *De subtilitate.*

[3] Brocchi, *Con. foss. subap. Disc. sui progressi*, vol. I, p. 87.

[4] *De metallicis.*

[5] *Dies caniculares.*

[6] *Storia naturale.*

[7] *Osserv. sugli animali aquat. e terrest.*; 1626.

[8] *De solido intra solidum naturaliter contento*; 1669.

Cette singulière alliance de faits positifs bien observés avec la théorie illusoire du déluge biblique continua encore pendant longtemps, et les progrès de la géologie ne furent qu'une longue lutte entre la science nouvelle et la foi ancienne. Quirini [1] fut le premier qui osa secouer les erreurs qui reposaient sur l'autorité des saintes Écritures; mais son explication de la formation des coquilles, bien qu'elle ait depuis servi de base au système allemand du développement des germes existants par l'humidité, est une théorie qui n'est plus aujourd'hui soutenable.

Pendant que l'école italienne ouvrait ainsi les portes de la vérité aux investigations paléontologiques, à la tête desquelles elle se trouvait naturellement placée, l'Angleterre, qui depuis a pris un essor si élevé dans ces spéculations d'un haut intérêt, restait encore en arrière. L'état de ses connaissances dans la fossiliologie peut se résumer dans l'ouvrage du docteur Plot [2], qui attribue la formation des coquilles et des poissons à l'action plastique de la terre. Cependant le moment était arrivé où les savants anglais devaient prendre dans la science le premier rang qu'ils n'ont cessé d'y occuper depuis.

Burnet venait de publier sa théorie de la terre [3]. Littérateur distingué, mais théologien avant tout, il créa, dans un style nombreux et pittoresque, un magnifique roman géologique : il peignit, avec des couleurs poétiques, la création du monde, à laquelle il semblait avoir assisté. Chaos fluide, sorti de la main de Dieu, à sa voix puissante l'équilibre qui maintenait toutes les matières en suspension se rompit; chaque substance prit la place que lui indiquait sa pesanteur spécifique : un noyau solide se forma au centre du globe; les eaux l'environnèrent de toutes parts, et au-dessus d'elles le limon uni au bitume forma le sol végétable, la première habitation des hommes et des animaux. Ce sol était uni, sans montagnes, et la terre présentait une sphère parfaite. Mais cet état ne dura que seize siècles : le soleil dessécha la croûte limoneuse; il se produisit des fentes énormes, le sol s'écroula, et tomba dans l'abîme. Voilà comment Burnet explique le déluge universel.

Pendant que cet illustre savant se livrait à tous les écarts de son imagination, Leibniz [4], plus mathématicien que théologien, cherchait à la formation de la terre une explication plus systématique, et approchait beaucoup plus de la vérité. Il partait de l'incandescence primitive du globe, dont la croûte n'avait cessé de se refroidir depuis sa création. Une atmosphère immense de vapeurs produites par la réduction des liquides et de certains solides en gaz, sous l'influence d'une chaleur intense, entourait la croûte refroidie, jusqu'à ce que la condensation en eût formé les mers. La terre avait donc été entièrement recouverte par les eaux. Jusqu'ici tout est plausible; la présence des coquilles fossiles sur la terre s'explique naturellement; mais l'auteur du système s'arrête là : il oublie de dire comment les continents se sont formés, et surtout comment se sont dessinés les reliefs si accidentés des chaînes de montagnes, au-dessus desquelles on rencontre encore des restes organiques.

Cependant, en même temps que les savants italiens et anglais cherchaient, avec une grande profondeur d'observation, les causes qui avaient semé les coquilles sur la surface de la terre, et les avaient même enfouies jusque dans le sein des roches,

[1] *De testaceis fossilibus mus. septaliani*; 1676.

[2] *Natural history of Oxfordshire*; 1677.

[3] *Telluris theoria sacra*, etc.; Londres, 1681.

[4] *Actes de Leipsik*; 1683.

la France en était encore aux conjectures les plus ridicules, et le reste de l'Europe n'était pas plus avancé.

Les pierres figurées, comme on les appelait alors, n'avaient d'abord été pour les observateurs français, qui avaient partagé les idées de Johnston [1], que des jeux de la nature; mais lorsque Jacob Scheuchzer eut établi des rapports entre les plantes fossiles et les vingt-deux classes de Tournefort [2], et que G. Charletown eut étudié les zoolites sous le rapport anatomique [3], travaux que, vingt ans plus tard, résuma Em. Konig dans son *Regnum minerale* [4], un nouveau champ de conjectures fut ouvert dans cette science d'observation qu'on remuait depuis si longtemps, et qui se présentait sans cesse sous de nouvelles formes.

En 1703, on s'avisa d'examiner avec soin des empreintes de poissons qui se trouvaient en abondance dans une carrière de pierres; et, deux ans plus tard, un pharmacien d'Angers, M. Delille, découvrit, dans une autre carrière, des dents fossiles connues déjà à Malte sous le nom de *glossopètres*. Les os trouvés en 1719 près de Bordeaux, la branche et le fruit d'un pin cités par le P. Étienne Souciet en 1729, dont la découverte rappelait le saule pétrifié recueilli à Maintenon en 1688, et mille autres pétrifications restées inaperçues auparavant, firent ouvrir les yeux, et recourir à plusieurs systèmes pour expliquer de prétendues anomalies qui commençaient à devenir, pour certains savants moins crédules, des formations régulières.

On se rappela que, vers la fin du dix-septième siècle, un médecin romain, nommé George Ballivo, dans un traité *De vegetatione lapidum*, avait prétendu, ainsi que le docteur Étienne de Clave [5], que les pierres croissaient, ressuscitant ainsi l'opinion de Démocrite qui leur accordait une âme végétative; que, dans deux mémoires présentés à l'Académie des sciences en 1700 et 1702, Tournefort avait avancé qu'un suc nutritif lapidifique était la cause de cette croissance, et que ce suc agissait dans les pierres d'une manière analogue à la synovie dans les os. M. Homberg avait même été plus loin, puisqu'il n'avait pas craint de soutenir que les pierres provenaient de semences comme les plantes, et avait cherché à expliquer ainsi la naissance, la formation et le développement de certains minéraux, tels que le corail, les madrépores, etc. Ce dernier système surtout était spécieux : il offrait une explication facile de la constance des formes de certains minéraux rencontrés en grand nombre dans certaines localités. Le comte de Marsilly, général des galères de France, s'empara de cette idée et vint la compléter, en prétendant avoir découvert les fleurs du corail [6].

Mais toutes ces opinions hasardées ne devaient pas tenir devant un examen sérieux et approfondi : on ne tarda pas à considérer les pierres dites figurées sous deux aspects; à séparer les corps organisés restés dans les roches à l'état d'empreintes fossiles, des corps pétrifiés par une circonstance inconnue, qu'expliquait assez bien le *suc lapidifique* de Tournefort.

Quant à ces derniers, on remarqua qu'il y avait des eaux qui avaient la propriété

[1] *Thaumaturgia naturalis*; 1665.

[2] *Iter alpinum, herbarum diluviarum collectum*; 1672.

[3] *Exercitationes de differentiis et nominibus animalium*, etc.; Oxford, 1677.

[4] *Regnum minerale physice, medice, anatomice, chymice*, etc., *investigatum*; Basileæ Raucororum, 1686.

[5] *Paradoxes*, ou *Traités philosophiques des pierres ou pierreries contre l'opinion vulgaire*; 1635.

[6] *Mémoires de l'Académie royale des sciences*; 1710.

de pétrifier, et l'on faisait en cela confusion avec les fontaines incrustantes. Les sources d'Arcueil, près de Paris; celles de Sainte-Allyre, à Clermont, étaient connues depuis longtemps; le P. Duchats, en 1692, avait fait connaître la vertu pétrifiante de la rivière de Bakan, dans le royaume d'Ava. Dès lors tout parut expliqué : on ne rêva plus que pétrifications. M. Litré cita un bras d'homme pétrifié; l'abbé de Louvois envoya deux palmiers agatisés à l'Académie; Thomas Bartholin et le jeune de Verney découvrirent des cervelles de bœufs converties en pierres; le grand *Dictionnaire historique* affirma qu'on avait trouvé un fœtus pétrifié dans le corps de la femme d'un savetier de Bourgogne, morte depuis peu; le P. Zahn[1] cita un buste humain devenu pierre, dans le musée de Worms; et un squelette dans le même état, trouvé dans le palais Luisien à Rome.

L'exagération alla plus loin et fut poussée jusqu'au ridicule : Alexandro degli Alexandri[2] affirma que depuis la Macédoine jusqu'à Élis, cité d'Achaïe, la mer convertissait en pierres tout ce qu'on y plongeait; d'autres, prenant pour point de départ l'histoire fabuleuse de la femme de Lot, donnèrent à ces changements de nature une spontanéité et une étendue qu'ils n'avaient pas. Le P. Kircher[3] prétendit que dans le dix-septième siècle, en une seule nuit, un village d'Afrique, nommé *Bledoblo*, avait été entièrement pétrifié; Helmontius[4] rapporta qu'en 1520, vers la latitude de 64°, entre la Russie et la Tartarie, près du lac Kitaya, une horde entière de Baskirs, hommes, chevaux, ustensiles, etc., avaient été convertis en pierres. Il est vrai que la plupart des auteurs cités expliquaient ces événements miraculeux à l'aide de la colère divine, moyen dont on s'est servi de tout temps pour expliquer ce qui n'est ni vrai ni vraisemblable. Le P. Kircher faisait précéder l'effroyable pétrification de Bledoblo d'un tremblement de terre; et le P. Feyjoo, dans son *Theatro critico*, trouva l'explication suffisante[5], et l'appliqua même au récit d'Helmontius.

Ainsi l'existence des corps organisés fossiles n'était plus mise en doute; il restait seulement à expliquer la cause qui les avait placés si loin de leur lieu natal apparent, notamment sur les montagnes les plus élevées.

Sténon avait été le premier à attribuer les inflexions des strates minérales aux mouvements du sol; mais il avait été bien loin de poser, comme l'a prétendu M. de Boucheporn[6], les deux grandes bases de la géologie moderne, à savoir, la classification des terrains par ordre d'âge, et la théorie de leurs soulèvements successifs.

A l'égard de la première, Woodward[7] avait fait faire un grand pas à la géologie, en classant les couches terrestres d'une manière méthodique, et en composant la collection de roches de l'université de Cambridge. Peut-être ce grand géognoste eût-il réussi à créer un système rationnel sur la formation de l'écorce solide du globe, s'il n'eût été dominé par le désir de faire concorder les récits de la Bible avec les observations de la science. C'est lui qui le premier, prétendant que la croûte de la terre avait été créée à l'état de boue liquide, émit l'idée fausse que les fossiles marins occupaient dans les couches des positions analogues à leur pesanteur; assertion qui fut victorieusement combattue par Ray[8].

[1] *Mund. mirab.*, t. II.
[2] Lib. V, *Genial. dier.*, cap. IX.
[3] *Mundus subter.*, lib. VIII, sect. 2, cap. II.
[4] *Tract. de Lithiasi*, cap. I.
[5] *Peregrinaciones de la Naturaleza*, t. VII, disc. 2, n° 21.
[6] *Études sur l'histoire de la terre*, etc.; Paris, 1844.
[7] *Essay towards a natural history of the Earth*; 1695.
[8] *On the deluge*; 1692.

Le curieux phénomène de la présence des coquilles sur les montagnes donna lieu aux explications les plus étranges : les *Mémoires de Trévoux* [1] imaginèrent d'imprimer à la terre un mouvement péristaltique, qui lui faisait reporter à la surface, d'une manière lente et successive, les corps fossiles qu'elle contenait dans son intérieur; Philippe la Hire voulut que les poissons pétrifiés, trouvés bien loin des mers, fussent dus à des semences portées à distance par des vapeurs marines, d'une manière analogue au transport des têtards dans les pluies de crapauds; Boyle, prenant avantage des cours d'eaux et des lacs qui se trouvent à une certaine profondeur sous l'écorce terrestre, les fit remonter à l'aide de tremblements de terre, et rejeter les poissons et les coquilles sur les roches; le plus grand nombre, parmi lesquels il faut compter le docteur Scheuchzer [2], et, après lui, le jésuite Souciet, attribuèrent les dépôts de coquilles, de testacés, etc., au déluge universel qui avait dû recouvrir les monts les plus élevés. Ce fut l'opinion généralement adoptée.

L'impossibilité d'un déluge universel était cependant parfaitement démontrée par les lois physiques : comment se rendre compte, en effet, de la disparition de cette masse énorme d'eau nécessaire pour couvrir toute la surface du globe jusqu'à la hauteur des plus hautes montagnes? Le calcul démontre que la masse des mers actuelles formerait à peine les cinq centièmes de celle qui aurait produit un tel phénomène. Comment d'ailleurs expliquer, dans un cataclysme de quarante jours, les dépôts de fossiles placés à des étages de couches différentes, dont la moindre a nécessité, pour sa formation, plusieurs milliers d'années? L'historien sacré, chez qui le monde est créé en six jours, pouvait seul concevoir un déluge de quarante jours sur toute la surface de la terre, puisqu'il s'appuie sur les miracles; mais les géologues sont tombés dans les plus graves erreurs en voulant expliquer par les lois naturelles des choses qui en sont tout à fait en dehors [3].

Aussi Whiston, encore plein du souvenir de la fameuse comète de 1680, qui, selon lui, avait dû passer, à l'époque du déluge, à moins de quatre mille lieues de la terre, eut-il recours à la queue et à l'atmosphère de ce météore pour expliquer la *rupture des fontaines du grand abîme et l'ouverture des cataractes du ciel.*

Dans son système, l'atmosphère de la comète avait atteint notre globe vers les monts Gordiens, qui avaient absorbé la queue tout entière de l'astre. Notre atmosphère s'était chargée en conséquence d'une immense quantité de vapeurs aqueuses, qui avaient donné naissance aux pluies torrentielles dont parle la Bible.

La bizarrerie de ce système frappa Halley; mais la possibilité de la rencontre d'une comète suggéra à cet illustre astronome l'idée du choc d'un de ces astres avec le globe terrestre, et tout lui parut expliqué. Cependant ce choc, qui ne pouvait durer que quelques instants, était encore moins propre que le déluge de quarante jours à donner raison de la disposition des couches fossilifères des terrains aqueux.

Pour expliquer la présence des coquilles sur le sommet des montagnes, il fallut avoir recours à la théorie déjà si ancienne de Strabon au sujet de la formation des

[1] An 1708, art. XVII.

[2] *Piscium querelle et vindiciæ.*

[3] Si l'on suppose qu'à l'époque du déluge de Noé, il tomba pendant quarante jours journellement autant d'eau qu'il en tombe annuellement à Paris, on trouve que la couche de liquide accumulée par la colère divine aurait à peine atteint une hauteur de 26 mèt. Cette couche n'aurait pas monté jusqu'au sol de Paris, dont on ne peut cependant nier l'origine aqueuse.

montagnes; théorie que Hooke[1] avait appliquée avec un rare bonheur au déluge de Noé, et que le P. Feyjoo[2], compilateur habile et d'une rare érudition, se chargea de mettre en lumière avec cette logique serrée et cette sagacité qui ressort à tout moment dans ses écrits.

Il admit d'abord l'existence des corps fossiles marins à la surface de la terre, sans avoir recours à d'autres arguments que ceux employés par ses prédécesseurs pour expliquer leur origine dans le fond des vallées et dans les plaines : mais quant aux corps organiques minéralisés sur le haut des montagnes, il eut recours au système des soulèvements, et le fit en philosophe habile et en observateur judicieux[3].

Il montra que des îles se formaient en se soulevant du fond de la mer. Sous la huitième année de l'empire de Lothaire, une montagne de six milles de large avait apparu en Saxe, suivant le récit de Marc-Antoine Sabelicus; Zeiler, cité par Zahn, avait formellement dit que le mont Interlaken s'était élevé peu à peu sous les yeux mêmes des contemporains[4]; *là où il y avait eu autrefois des mers, des terres s'étaient produites; là où des terres existaient auparavant, des mers s'étaient formées; peut-être à cause de la violence des tremblements de terre et des feux souterrains qui soulevaient de grandes masses d'îles, des montagnes dans certaines localités, ou les détruisaient dans d'autres*[5].

Ainsi, près d'un siècle avant qu'un illustre géologue français vînt donner à la théorie des soulèvements la sanction des calculs scientifiques et rigoureux, un pauvre bénédictin, caché dans le fond de la province des Asturies, soupçonnait cette théorie et s'en servait pour expliquer un des faits les plus curieux et les plus inexplicables jusque-là de la paléontologie.

Cependant, en même temps que la science prenait un essor philosophique, la minéralogie chimique continuait à s'avancer dans la carrière que les alchimistes lui avaient ouverte sur un terrain mobile et obscur, éclairé depuis peu par Lemery.

Il y avait plus de soixante ans que Becher, l'alchimiste, s'était occupé de soumettre les minéraux à l'action du feu et d'étudier les effets de cette méthode docimastique[6], lorsque Bromel publia un traité de minéralogie fondé sur des principes pyrognostiques[7]. Ce fut le pas le plus hardi qu'eût encore fait la chimie dans cette partie de l'histoire naturelle. Abandonnant l'ancienne division des pierres, Bromel les classa en *apyres*, ou résistantes au feu; en *calcaires* ou calcinables, et en *fondantes* ou vitrifiables.

Cette méthode est loin d'être à l'abri de la critique.

Ainsi, dans la première division, il plaçait l'asbeste et le granite; dans la troisième, le quartz et le grenat : or ces quatre substances sont également apyres, si on les considère d'une manière absolue, et également vitrifiables, si on les rap-

[1] *Œuvres posthumes*; 1688.

[2] *Theatro critico*, etc.; 1730-1738.

[3] *Theat. crit. solucion del gran problema historico*, etc., t. V, disc. XV.

[4] *Hic* (mons) *quotidie nova sumit incrementa, ita ut nullum ibi constare queat ædificium.*

[5] *Mucho de lo que hoy es mar fué tierra; y mucho de lo que hoy es tierra fué mar : ya porque la violencia de terremotos y fuegos subterraneos levanto' grandes masas de islas o' de montes en unas partes, y las demolio' en otras*, etc. (*Th. crit.*, t. V, disc. XV, n° 70).

[6] *Experimentum chimicum novum, quo artificialis et instantanea metallorum generatio et transmutatio ad oculum demonstratur*; Francofurti, 1671.

[7] *Mineralogia, eller Inledning til nödig kundskap at igenkianna och up fünna allahanda bergarter*, etc.; Stockholm, 1730.

proche d'une terre qui leur serve de *flux :* il n'y avait donc aucune raison pour les séparer et les jeter dans deux classes entièrement contraires, de même qu'il n'y avait pas de motif suffisant pour réunir dans la classe des pierres calcinables le spath calcaire et le gypse, qui se comportent si différemment au feu, et dont la composition chimique n'est pas la même. Bien plus encore, Bromel associait à ces deux sels calcaires le schiste, qui se vitrifie à moitié par la chaleur, et qui eût dû plutôt appartenir à la classe apyre ou à celle fondante. Il manquait évidemment ici une division qui permît de distinguer les pierres fusibles par elles mêmes, de celles vitrescibles par intermédiaires; et cette nomenclature avait le défaut, inhérent à la méthode pyrognostique, de classer parmi les minéraux vitrescibles des substances réfractaires tant qu'elles sont seules, et de ranger dans la division des minéraux réfractaires celles qui ne résistent souvent au feu que jusqu'à un certain degré de chaleur.

Quoi qu'il en soit des vices de cette classification, elle eut du moins le mérite de la nouveauté, et tira pour quelque temps, de l'ornière des quatre divisions, la minéralogie, dont la langue n'était encore soumise à aucun principe fixe et déterminé. Elle eut, en outre, l'avantage d'ouvrir une nouvelle voie aux recherches.

Huit ans ensuite, en effet, Anton Swab, conseiller des mines de Suède, appliquait aux essais minéralogiques le chalumeau, dont vingt ans plus tard Cronstedt devait tirer un si grand parti, et qui est devenu de nos jours, dans les mains habiles de Berzelius, l'instrument indispensable d'une nouvelle docimasie.

La méthode de Bromel produisit une telle sensation, que les esprits les plus éclairés s'empressèrent de l'adopter, non sans toutefois la modifier.

Linné, qui écrivait en 1735 son *Systema naturæ*[1], en fit la base de sa nomenclature; mais ce classificateur par excellence ne développa point, dans sa taxologie minérale, le génie investigateur et profond qui brille, à un si haut degré, dans sa classification des végétaux. Adoptant comme caractère générique unique la forme cristalline, il apporta dans le système de Bromel une nouvelle confusion, en réunissant dans un même genre des substances minérales qui n'avaient de commun entre elles que la forme géométrique, et en rejetant dans des classes différentes des minéraux dissemblables quant à cette forme, mais dont tout démontrait l'analogie quant aux principes constituants.

Comme on le voit, Linné s'occupa particulièrement de la cristallographie, et cette partie importante de la science lui doit ses premiers progrès; mais ce n'est pas la seule obligation qu'eût à ce grand homme l'histoire naturelle inorganique : le premier, il fit parler à la science une langue raisonnée et méthodique, et fit succéder aux capricieuses nomenclatures de ses devanciers une précision admirable dans ses dénominations, et une sagacité inouïe dans l'appréciation de ses caractères distinctifs.

L'élan était donné : l'art de l'essai docimastique s'était glissé dans la science, grâce aux travaux de Bromel; la forme extérieure s'était subdivisée sous l'œil du savant Suédois; de nouvelles voies d'investigation étaient ouvertes : on pouvait déjà entrevoir le temps où la minéralogie prendrait le rang d'une science exacte, à côté de la chimie et des sciences physiques.

[1] *Systema naturæ, sive tria regna naturæ, a Carolo Linnæo;* Lugduni Batavorum, 1735.

On vit tour à tour paraître Cramer, qui introduisit dans la classification l'eau comme espèce minéralogique[1]; Ginna, qui donna des observations curieuses sur la lithologie volcanique[2]; Wallerius, dont les premiers essais ne furent qu'une pâle imitation du système de Bromel[3], mais qui plus tard devait prendre un rang élevé parmi les nomenclateurs; Woltersdorff, qui conserva tous les vices de la classification pyrognostique[4], en retranchant cependant la classe des pétrifications; Cartheuser, qui, ne s'attachant qu'au tissu extérieur des pierres, en fit quatre classes : *lamelleuses, fibreuses, solides* et *grenues*, et réunit, par un singulier abus de l'application des ressemblances extérieures, le quartz et le calcaire, le grès et le jaspe, le talc et le mica, l'amiante et le gypse strié[5].

Cette première moitié du dix-huitième siècle fut le beau temps de la métallurgie, et les recherches furent principalement dirigées vers l'application de la minéralogie à l'art des mines, à l'extraction des métaux, et à la chimie métallurgique : c'est ainsi qu'on vit tour à tour paraître les traités de minéralogie métallique de Chambon[6], de Snellen[7], de Lehmann[8], de Schmiedel[9], de Jugels[10]; et ceux de métallurgie de Schlütter[11], de Beyer[12], de Gellert[13], de Jugels déjà cité[14]; des ouvrages spéciaux se produisirent : le docteur Venette, en sa qualité de médecin, s'occupa des calculs, que beaucoup de minéralogistes avaient compris dans la lithologie[15]; Henckel fit son traité des pyrites[16]; Brandt publia ses recherches sur le cobalt[17]; Swedenborg écrivit l'histoire des métaux[18]; le platine fit sa première apparition en Europe, et fut tour à tour examiné par Watson, qui en donna la première connaissance[19], par Scheffer, qui en fit connaître la nature[20], et par Lewis[21], qui le décrivit dans les *Transactions philosophiques*; Hoffmann trouva la magnésie[22]. Des statistiques minéralogiques particulières ajoutèrent encore à la masse des connaissances qui se rassemblaient de toutes parts : Baierus écrivit la minéralogie des en-

[1] J. Andr. Cramer, *Elementa artis docimasticæ*; Lugd. Batav., 1739.

[2] *Della istoria naturale delle gemme, delle pietre, é di tutti i minerali overo della fisica sotterranea*; Napoli, 1730.

[3] *J. Gott. Wallerii mineralogia*; Stockholm, 1747.

[4] *Systema minerale, in quo regni mineralis producta omnia systematice per classes, ordines, genera et species proponuntur*; Berolini, 1748.

[5] *Elementa mineralogiæ systematice dispositæ*; Francofurti ad Viadrum, 1755.

[6] *Traité des métaux et des minéraux*; Paris, 1714.

[7] *Dissertatio metallurgico-physico-medica de historia metallorum*; Lugd. Batav, 1717.

[8] *Abhandlung von dem metall-müttern*, etc.; Berlin, 1753.

[9] *Fossilium metalla et res metallicas concernentes glebæ suis coloribus expressæ, descriptæ et digestæ*; Norimbergæ, 1753.

[10] *Grundliche nachricht von dem wahren metallischen saamen, oder prima materia metallorum*; Zittau, 1754.

[11] *Grundlicher unterricht von hütte-werken, worin geseiget wird*, etc.; Braunschwig, 1738.

[12] *Otia metallica, oder Bergmanische nebenstuden*, etc.; 1748-1751.

[13] *Éléments de chimie métallurgique*; Leipzig, 1750.

[14] *Mineralicher hauptschlüssel, das ist sonderbehre entdeckungaller seiner geheine Röst-und schmeltz arbeiten*, etc.; Zittau, 1753.

[15] *Traité des pierres qui s'engendrent dans les terres et les corps des animaux*; 1701.

[16] *Pyritologia, oder Kiess-historie, als des Vornehunsten minerals*, etc.; Leipsig, 1725.

[17] *Cobalti nova species examinata et descripta*, 1742; in *Act. Upsal.*

[18] *Regnum subterraneum*, etc.; Dresdæ et Lipsiæ, 1734.

[19] *Philosophical Transactions of London*; 1750.

[20] *Das weisse Gold oder siebente metal, in Spanien Kleines silber von Pinto genannt*; 1752.

[21] *Experimental examination of a white metallic substance*, etc.; *Philos Transact. of London*, vol. XLVIII.

[22] *Dissertatio physico-medic.*; 1708.

virons de Nuremberg[1]; Langius entreprit celle de la Suisse[2]; Woodwart esquissa la lithologie de l'Angleterre[3]; tandis que A. de Jussieu, Villars, Réaumur, Astruc, Dunod, le Monnier, d'Hérouville, Sauvage, Gensanne, Hellot, Châteauneuf, etc., tracèrent l'histoire naturelle des diverses provinces de la France.

Je me hâte de passer rapidement sur l'examen des ouvrages de Justi[4], qui, ne tenant point compte des progrès faits depuis Bromel, apporta de nouvelles divisions au genre apyre de ce naturaliste. Il eut la malencontreuse idée de joindre le diamant à l'améthyste et à l'opale, sous le nom de *pierres nobles;* le cristal de roche et la malachite, sous celui de *demi-nobles ;* le mica et le jaspe, comme espèce *ignoble;* de conserver dans le genre *calcinable* le marbre et le gypse sur la même ligne, et, dans celui *vitrifiable,* le grès, le silex et le granite.

Je laisse de côté les travaux de Lehmann, que nous avons déjà vu figurer comme métallurgiste dans le commencement du siècle, et qui, s'attachant comme minéralogiste à un seul caractère extérieur, distribua les pierres en *susceptibles de poli, sablonneuses, feuilletées* et *figurées.* Ce fut lui qui, le premier, admit la tourbe comme espèce[5].

J'arrive à Cronstedt, qui, s'ouvrant une route toute nouvelle, abandonna le chemin suivi par les imitateurs de Bromel, et qui a joui longtemps d'une réputation de savoir justement méritée.

Cronstedt n'est pas, à la vérité, un de ces hommes qui marquent leur passage dans les sciences par une découverte inattendue, d'une portée immense, dont la lumière, divergente de toutes parts, jette un éclat qui se prolonge longtemps après eux; mais c'était un savant laborieux, chimiste distingué, minéralogiste profond, qui tenta avec succès de réunir dans sa méthode[6] les caractères extérieurs avec les principes constituants : tentative difficile alors, si l'on remarque que les caractères extérieurs étaient pris seulement dans les propriétés empiriques, si bizarres qu'elles ne semblent dépendre d'aucune loi, et si peu fixes que mille circonstances peuvent les modifier et même les changer entièrement.

A cette époque, où les formes symétriques n'avaient pas encore été soumises à l'analyse géométrique, Cronstedt fit tout ce que son siècle pouvait lui permettre de faire; et sa méthode serait irréprochable, s'il n'avait pas placé le manganèse et le wolfram dans la classe des pierres, et réuni le spath avec la sélénite, les gemmes et les feldspath avec le quartz. C'est à lui qu'on doit la connaissance de la zéolite et du nickel[7].

Cronstedt imprima à la minéralogie un mouvement tout chimique, qui fut suivi

[1] *Oryktographia Noricæ, sive rerum fossilium et ad minerale regnum pertinentium, in territorio Nurembergensi, succincta descriptio;* 1719.

[2] *Historia lapidum figuratorum Helvetiæ;* 1728.

[3] *An attempt towards a natural history of the fossils of England,* etc.; 1729.

[4] *Gesammelte chymische Schriften,* etc.; Gottingue, 1787.

[5] *Physikalisch-chymische Schriften,* etc.; Berlin, 1761.

[6] *Försök til Mineral-Rikets upställning;* Stockholm, 1758.

[7] Van Engestrom, qui publia en 1765 une traduction du système de Cronstedt, y joignit un *Traité du chalumeau* qui ne parut qu'en 1770, et fut traduit et publié en suédois, par Retzius, en 1775. Ce n'est qu'en 1779 que Bergman écrivit, à son tour, un ouvrage sur les essais pyrognostiques; il fut imprimé en latin à Vienne, et traduit en suédois par Hjelm, en 1781.

par Vogel [1], quoiqu'à une grande distance. Celui-ci, en cherchant à réunir les méthodes empirique, pyrognostique et chimique, ne fit que jeter de nouveau de la confusion dans la science. Baumer et Valmont de Bomare [2] ne furent pas plus heureux, en ramenant à quatre divisions toutes les classes de pierres, les argileuses, les calcaires, les gypseuses et les vitreuses; lesquelles résumaient à peine quatre des principales combinaisons de la minéralogie chimique : les aluminates, les carbonates, les sulfates et les silicates.

Linné, profitant des améliorations apportées par Cronstedt, fit quelques changements à sa première distribution méthodique des pierres; mais il ne toucha point au défaut essentiel de son système, puisqu'il conserva dans le genre des sels les pierres cristallisées qui ont une forme semblable [3]. Le chimiste français Bucquet, qui suivit l'ancienne division de Bromel, osa le premier renvoyer à la classe des sels le gypse et la sélénite [4]; le docteur Hill s'attacha à décrire les fossiles dans leurs rapports organiques [5], et de Born ajouta aux descriptions des minéraux celles de leur gangue, dont on ne s'était pas occupé avant lui; Scheele découvrit la baryte et le molybdène, et donna la première description exacte du manganèse.

C'est à cette époque que parut la seconde édition du *Systema mineralogicum* de Wallerius, qui ne fut cependant complétée qu'en 1778 [6].

On a fait beaucoup de bruit de cette nouvelle édition, et elle est, il est vrai, remarquable sous le rapport des notes érudites dont elle est enrichie, et qui en feront toujours une œuvre d'un rang distingué. Elle a servi pendant longtemps de règle à l'école allemande et aux minéralogistes du Nord; mais elle n'est, en réalité, guère meilleure, quant à la distribution, que les autres méthodes qui l'avaient précédée.

Wallerius adopte, pour les pierres, les trois divisions de Bromel : apyres, calcinables, vitrescibles; il y ajoute la classe des pierres fusibles, dont la nécessité était sentie depuis longtemps; mais il ne remédie en rien aux défauts du système, vicieux par sa base, qui l'oblige à réunir, par cela seul qu'elles ont une manière semblable de se comporter au feu, des substances entièrement différentes par leur composition. C'est ainsi qu'on voit accouplés, dans la classe des minéraux calcaires, le gypse et la baryte; parmi ceux vitrescibles, le quartz et le diamant. De pareilles fautes ne peuvent guère être évitées dans le système pyrognostique, puisqu'il n'est, pour ainsi dire, aucune substance minérale, quelque réfractaire qu'on la suppose, qui, mise en contact avec un fondant convenable, ne puisse être vitrifiée et rendue liquide à une certaine chaleur : propriété qui est commune à des minéraux de couleurs, de formes et de caractères empiriques entièrement différents, et qui conséquemment tend à jeter dans la même classe, à cause d'un caractère unique, des individus que tout le reste doit séparer.

Jusqu'à présent nous avons vu les naturalistes suivre quatre voies différentes pour atteindre à une classification exacte et méthodique : les uns, depuis Avicenne, s'attachant aux caractères extérieurs seulement, avaient créé l'école empirique, qui

[1] *Försök til Mineral-Rikets upställning*; Stockholm, 1762.

[2] *Minéralogie, ou Nouvelle exposition du règne minéral*; Paris, 1762-1764.

[3] *Systema naturæ*, 12e édition; 1768.

[4] *Introduction à l'étude des corps naturels tirés du règne minéral*; 1771.

[5] *The history of fossils containing the history of metals and gems, or fossils buried in the earth at the Deluge, and since petrified*, etc.; London, 1748.

[6] *Systema mineralogicum*, etc.; Vindobonæ, 1778.

réunissait dans le même genre des minéraux entièrement différents par la composition ; les autres, adoptant avec Bromel une seule propriété, celle de la fusion et de la résistance au feu, s'étaient égarés dans leur route, en donnant à un principe tout à fait secondaire l'importance d'une base de classification : ce sont les pyrognostes ; les troisièmes, dont Linné est le chef, s'étaient attachés à la forme géométrique ; mais n'ayant pas su démêler, dans la symétrie des cristaux, un principe qui donnât à ce système une unité et un ensemble véritablement scientifiques, ils se mirent en désaccord avec les chimistes. Ceux-ci, formant la quatrième classe de minéralogistes, suivaient, depuis Cronstedt, une route qui ne pouvait les égarer, mais dédaignaient trop les caractères extérieurs, qui semblaient cependant à tous les autres la base d'une méthode naturelle.

Tel était l'état de la science quand parut le célèbre professeur de Freyberg, A. T. Werner, vénéré encore dans tout le Nord comme le réformateur de la minéralogie. Minutieux observateur, descripteur exact, savant méthodique, Werner, dans ses cours, entreprit une nomenclature raisonnée des minéraux, en n'employant que les caractères faciles à reconnaître par le seul usage des sens, mais en rattachant ses descriptions à des classes fondées sur la composition chimique.

Son système contient quatre grandes sections : 1° les terres et les pierres; 2° les sels ; 3° les combustibles ; 4° les métaux. On voit que, sous une division d'une simplicité antique, il a compris tout ce que renfermaient avant lui les méthodes minéralogiques connues, soit qu'on considère la science sous le point de vue empirique, comme dans les terres et les pierres; soit qu'on l'envisage dans ses formes géométriques, comme dans les sels; soit qu'on apprécie ses caractères pyrogéniques, comme dans les combustibles; soit enfin qu'on y applique les connaissances chimiques, comme dans les sels et les métaux.

La première classe comprend huit genres, dans la désignation desquels il est facile de voir qu'il manquait à Werner la connaissance exacte de la composition chimique des corps : c'est à cette cause qu'on doit la singulière association, dans le genre argileux, d'un sel magnésien, tel que la *serpentine*, avec le *quartz opale* qui est de la *silice* pure, avec le *feldspath* qui est un *silicate alcalin d'alumine*. Les sels forment seulement quatre classes, rangées suivant quatre éléments négatifs : l'acide *sulfurique*, celui *nitrique*, l'acide *muriatique* et l'acide *carbonique*. Les combustibles comprennent le *soufre*, les *bitumes* et les *houilles*, et se divisent ainsi en trois genres. Enfin la classe des métaux renferme dix-neuf genres, dont chacun répond à un métal.

Cette classification, tout entière empirique, ne pouvait être à l'abri de nombreuses erreurs : mais si l'on entre dans l'examen des éléments de cette méthode, qui a porté, d'un seul coup, la lumière dans une nomenclature longtemps confuse et embrouillée, on s'aperçoit d'abord que l'analyse chimique y joue le principal rôle, et qu'elle a servi à former les quatre grandes divisions. Chez Werner, les minéraux se présentent ou sous l'aspect concret, plus ou moins terreux, et il les range suivant la terre qui y domine ; ou sous la forme de sels, et sa classification suit l'acide salifiant ; ou comme combustibles, et il ne manque à cette classe ou section, pour la rendre complète, que le genre *diamant*, rejeté à tort dans celui des terres ; ou comme métaux, et cette section ne laisse rien à désirer même aujourd'hui.

Werner devint le chef de l'école dite empirique. Sa méthode se répandit rapidement en Allemagne, quoiqu'il n'ait jamais publié de traité, attendu son antipathie pour le travail manuel de l'écriture, suivant l'expression de Lyell. Les élèves de ce *nouveau Socrate de la minéralogie*[1] la dispersèrent de toutes parts dans leurs écrits : Karsten, Suckow, Emmerling, Lenz, Widenmann, Kirwan, Estner, Klaproth, Napione, Reuss, G. Wad, Brochant, etc., adoptèrent ses principes et sa nomenclature, ou les publièrent, et la minéralogie ne fut longtemps enseignée que par son école.

On a reproché à Werner d'avoir négligé la partie mathématique de la minéralogie[2] : mais il faut se reporter à l'époque où ce célèbre professeur occupait la chaire de Freyberg, et tenir compte de l'obscurité qui couvrait alors la cristallographie. Il reconnait d'ailleurs des formes simples et régulières, auxquelles il rapporte chacun des cristaux connus; mais comme il ignorait l'usage du clivage, il n'a pu découvrir les formes primitives, et a été obligé de s'en tenir aux polyèdres principaux que la nature lui présentait.

Werner attacha le premier au groupement des minéraux dans les roches et à leur relation géognostique une importance dont il fit ressortir la grandeur dans l'art des mines; il signala l'application de ces études spéculatives à l'usage pratique de l'exploitation, et porta, grâce à son enseignement philosophique, la petite école de Freyberg à la hauteur d'une grande université.

Mohs, qui remplaça dignement Werner dans la chaire de minéralogie de Freyberg, adopta pour type de classification les propriétés extérieures naturelles, et pour base de son système la pesanteur spécifique. Tous les minéraux dont la densité est au-dessous de 1.80, qui n'ont point d'odeur bitumineuse et qui ont une saveur à l'état solide, forment la première classe, qu'il divise en quatre ordres : *gaz, eau, acides, sels;* les corps d'une densité supérieure à 1.80, et qui sont sans saveur, donnent lieu à la seconde classe, divisée en treize ordres; la troisième classe comprend les substances dont la pesanteur spécifique dépasse 1.80, et qui donnent une odeur bitumineuse à l'état fluide : tels sont la houille et les bitumes.

Cette classification, qui est encore suivie dans une partie de l'Allemagne, devait nécessairement entraîner de la confusion et des erreurs : la seconde classe surtout présente des anomalies inévitables dans ce système. Le second ordre de cette classe renferme les minéraux les plus hétérogènes, parce qu'il est fondé sur quelques-uns des caractères de la *baryte,* à laquelle on a réuni le *carbonate de fer,* le *chromate de plomb,* etc. L'ordre *malachite,* qui est le quatrième, fait figurer l'*arséniate de fer* à côté des cuivres colorés en vert; dans le cinquième ordre, fondé sur la structure micacée, le *mica*, l'*arséniate de cobalt*, le *phosphate d'urane*, l'*arséniate de cuivre rhomboédrique,* sont groupés confusément; dans le huitième, dit *ordre oxyde,* on voit avec surprise figurer le *tungstate de fer,* la *cérite,* l'*yénite*, etc.

La classification de Mohs, qui se distingue par une grande précision dans la caractérisation des espèces, tendrait à faire croire à l'impossibilité d'une méthode naturelle en minéralogie, puisqu'elle a si peu réussi à ce savant de premier ordre. Les

[1] *Il nuevo Socrate de la mineralogia* (*Mineralogia di Napione; Turino*, 1797).

[2] *Ojeado sobre los progresos y estado actual de la Mineralogia*, por D. Rafael de Amar de la Torre (*Anales de minas de España*, t. Ier, 1838).

caractères extérieurs n'ont de fixité que dans la forme géométrique ; encore faut-il les rapporter aux types primitifs, et nous avons vu que le célèbre Werner n'avait pas même soupçonné cette relation importante.

Il était réservé aux minéralogistes français d'aller chercher sous cette enveloppe extérieure le secret de la formation cristalline qui semblait s'y cacher avec tant de soin.

Il s'agissait, avant tout, de bien poser l'état de la question. Or, elle était assez complexe pour que sa solution exigeât une certaine finesse d'observation, jointe à une profondeur scientifique d'un ordre élevé.

Les corps homogènes, c'est-à-dire composés des mêmes principes constituants, cristallisent-ils toujours de la même manière lorsqu'ils se trouvent dans les mêmes circonstances? Cette forme cristalline est-elle invariablement affectée aux seuls corps qui résultent d'une même constitution chimique, et ne se rencontre-t-elle pas dans des substances d'une autre espèce?

Romé de Lisle résolut affirmativement la première question [1] ; il démontra que les corps qui admettent dans leur composition non-seulement les mêmes principes, mais encore une quantité déterminée de ces mêmes principes, donnent constamment, lorsqu'ils sont placés dans des circonstances parfaitement égales, une forme cristalline particulière, avec des angles déterminés, toujours les mêmes pour la même espèce.

Mais il reconnut, en même temps, que ces caractères n'étaient point exclusifs, que la même forme cristalline pouvait appartenir à des substances très-différentes entre elles ; tandis que des corps résultant des mêmes principes constituants, et qui conséquemment étaient de la même espèce, pouvaient avoir des formes symétriques différentes.

D'où il conclut que la forme cristalline seule était insuffisante pour déterminer la nature et l'espèce des substances où elle se rencontre.

Mais considérant que, si deux substances d'espèce différente ont souvent la même forme géométrique, les atomes qui entrent dans leur composition ne sont ni de même nature, ni en même nombre ; qu'il doit résulter de cette hétérogénéité une pesanteur différente sous un même volume ; qu'enfin la dureté d'un cristal dépend de la force d'agrégation ou d'affinité qui réunit ses molécules, affinité qui varie pour chaque substance ; il en vint à conclure qu'en faisant concourir toutes ensemble la forme cristalline, la pesanteur spécifique et la dureté, à l'établissement des caractères, on pouvait, à l'aide seule de ces trois propriétés, déterminer toujours l'espèce minérale ; car il n'existe point dans la nature deux substances chimiquement différentes qui les présentent à la fois [2].

Ainsi Romé de Lisle est bien certainement le premier qui ait pu dire que, dans la détermination des espèces minérales, on pouvait à la rigueur se passer de l'analyse chimique.

Cet habile observateur posa pour principe que, dans les cristaux identiques, les angles sont toujours constants pour le même minéral, et il inventa le *goniomètre*,

[1] *Cristallographie, ou description des formes propres à tous les corps du règne minéral* ; Paris, 1774.

[2] *Des caractères extérieurs des minéraux* ; Paris, 1784.

instrument propre à les mesurer. Mais il s'arrêta là après avoir soupçonné seulement que, sous l'enveloppe polyédrique de chaque individu, il y avait un noyau primitif unique qui ne variait jamais.

Pendant que de Lisle posait ainsi les bases de la méthode géométrique, Bergman traçait, d'une main hardie et savante, l'esquisse de la nomenclature chimique.

Fourcroy avait essayé, peu de temps avant lui, de fonder sur les principes constituants une distribution méthodique des roches, qui fût à la hauteur qu'avaient tout à coup prise les sciences chimiques ; mais ses genres, moins nettement dessinés et appuyés d'ailleurs d'un moins grand nombre d'analyses, n'eurent point le caractère de simplicité et de grandeur qui est si remarquable dans la *Sciagraphie* de Bergman [1].

Il n'a manqué à ce dernier chimiste que d'avoir employé la nomenclature de Guyton-Morveau, dont il n'a eu connaissance que vers la fin de sa vie, pour que son système minéralogique pût être encore suivi de nos jours, tel qu'il était sorti des mains de son illustre auteur.

Bergman forme quatre grandes classes de substances minérales : les sels, les terres, les combustibles et les métaux. La classe des sels est subdivisée en sels acides, alcalins, neutres et moyens ; les terres forment cinq genres, qui ont pour base les cinq terres élémentaires connues alors ; les combustibles, ou substances phlogistiquées, sont le soufre, les bitumes et le diamant ; et la quatrième classe est divisée en treize genres, nombre des métaux découverts à cette époque. Rien de plus simple, rien de plus complet, et rien en même temps de plus conforme à la véritable théorie chimique.

Cependant quelques taches avaient marqué ce beau travail, tout à fait hors ligne à l'époque où il fut publié. Kirwan, qui adopta la nomenclature de Bergman [2], tenta de les effacer, mais il ne fit que classer d'après la base quelques corps que Bergman avait classés, d'après l'acide, à la section des sels ; ou bien, donnant la préférence à une base sur l'autre, reporter à la silice ce que le célèbre professeur d'Upsal avait rangé dans les argiles.

Je passe sous silence les nomenclatures de Monnet [3], de Sage [4], de la Metherie [5], de Daubenton [6], qui n'offrent que des efforts plus ou moins heureux pour ramener à la méthode empirique modifiée les deux systèmes chimique et géométrique, qui déjà envahissaient la science tout entière.

Je me hâte d'arriver à l'époque la plus remarquable de l'histoire de la minéralogie, celle du savant et modeste Haüy, qui dans le silence de l'étude, et loin du champ où s'agitaient tant de discussions scientifiques, soumettait à la division mécanique les formes cristallines ; formes si variées et si nombreuses, qu'elles semblent n'avoir d'autres lois qu'une capricieuse fécondité, et s'éloigner à tout moment du caractère de simplicité, de constance et d'uniformité qui distingue les œuvres de la nature.

[1] *Sciagraphia regni mineralis, secundum principia proxima Digesti* ; in-8°, Lipsiæ et Dessaviæ, 1782.

[2] *Elements of Mineralogy* ; London, 1794.

[3] *Nouveau Système de minéralogie* ; 1779.

[4] *Éléments de minér. docimastique* ; 1777.

[5] *Manuel du minéralogiste de Mongez*, 1792, t. II, p. 329 et suiv. ; *Théorie de la terre*, 1797.

[6] *Tableau méthodique des minéraux, suivant leurs différentes natures* ; 1784.

Haüy reconnut qu'à l'aide d'une opération facile qu'on appelle le *clivage*, et qui était déjà en usage chez les lapidaires, on pouvait détacher les surfaces symétriques et secondaires, qui dérobent à l'observation le cristal primitif sur lequel elles se sont, pour ainsi dire, entées : il disséqua, par ce moyen, toutes les substances minérales cristallisées, pour remonter au noyau central, et reconnut qu'il n'existait dans la nature que cinq formes primitives.

Il poussa plus loin l'observation, et, soumettant à une nouvelle division ces cinq polyèdres fondamentaux, il découvrit qu'ils étaient dus à la réunion de plusieurs molécules intégrantes, qui ne présentaient plus, à leur tour, que trois formes uniques, lesquelles conséquemment étaient les bases les plus simples de tout le système de la cristallisation.

Puis, reprenant en mathématicien les observations qu'il avait faites jusqu'alors en minéralogiste, et remontant, par la synthèse, du noyau élémentaire central aux formes secondaires cristallines, il parvint à soumettre au calcul les surfaces additionnelles qui modifient chaque cristal, et découvrit les véritables lois du décroissement symétrique.

Si bien qu'étant donné un cristal quelconque, il détermina, par la géométrie, la forme précise de ses molécules intégrantes, leur arrangement respectif, et leurs lois de modification dans la nature.

Là s'arrêta la puissance du génie d'Haüy : il avait atteint le but. Désormais la minéralogie ne serait plus une science confuse, capricieuse, sans règles fixes : elle venait de prendre place parmi les sciences exactes. Il restait bien quelques découvertes de détail à faire ; mais la voie était tracée, la place de chacune était désignée, le champ des conjectures venait de se fermer pour toujours.

C'est ainsi que cet illustre savant découvrit une nouvelle base de méthode minérale, et que, s'appuyant en même temps sur la composition chimique comme élément de classification, il créa le système méthodique le plus exact et le plus vrai, en lui donnant pour fondement deux principes distincts : l'analyse chimique et le calcul géométrique, sans négliger néanmoins les caractères empiriques extérieurs, comme moyen de distinction des variétés d'une même espèce [1].

Le dix-huitième siècle, qui avait vu naître Linné, Werner, Bergman, Cronstedt, Dolomieu, Haüy, Klaproth, Vauquelin, Romé de l'Isle, etc., fut réellement l'âge d'or de la minéralogie ; il fut enrichi par de nombreuses découvertes, et augmenta d'une manière remarquable le catalogue des substances inorganiques : outre celles que nous avons citées, Crawfort et Cruikshank découvrirent la strontiane, W. Gregor le titane, Klaproth l'urane et la zircone, Gadolin l'yttria, Vauquelin le chrome et la glucine, etc.

[1] Il fit cinq classes de minéraux, qui sont : 1° les *acides* ; 2° les *substances métalliques hétéropsides* ; 3° les *silicates* ; 4° les *métaux hétéropsides* ; 5° les *combustibles* ; plus, un appendice : les genres étaient établis dans chaque division suivant les bases. Cette classification, dans l'état actuel des connaissances, est sujette à plus d'un reproche. Dans le genre *chaux*, par exemple, qui forme le premier de l'espèce *alcali*, toutes les combinaisons de la chaux avec un acide sont rangées suivant la base, et l'acide ne forme que l'élément secondaire ; tandis que, dans la classe *silicates*, c'est l'élément négatif qui domine la classification, et les bases ne servent plus qu'à former les genres. Une autre erreur d'Haüy est d'avoir placé l'anthracite dans la cinquième classe, tandis que la houille est rejetée dans l'appendice avec les bitumes. Le savant cristallographe, qui n'a tenu aucun compte des relations intimes des deux combustibles, avait supposé à l'anthracite une cristallisation qui n'appartient qu'au graphite.

A ces noms si justement célèbres, il convient d'ajouter celui de l'illustre naturaliste français Buffon, qui, dans une hypothèse hardie[1], osa avancer, *contrairement à la foi de l'Église*[2], que « ce sont les eaux de la mer qui ont produit les montagnes « et les vallées de la terre ;... que les eaux du ciel, ramenant tout au niveau, ren- « dront un jour cette terre à la mer, qui s'en emparera successivement, en laissant « à découvert de nouveaux continents semblables à ceux que nous habitons. » C'est ainsi qu'il expliquait le délaissement des coquilles sur les montagnes ; car il n'eut point recours au soulèvement, et il attribuait l'inclinaison des strates au mouvement des eaux courantes. Ce n'est que pour les plus hautes montagnes de la terre qu'il semble invoquer *le combat des éléments* qui a produit des inégalités, des aspérités, des profondeurs, des hauteurs, des cavernes, à la surface et dans les premières couches de ces grandes masses[3].

Buffon ne fit pas faire de progrès à la géologie ; il ne sut pas se rendre compte de la cause de la stratification des couches terrestres ; il ne construisit qu'un roman brillant, revêtu de la pompe de son style, mais dont le fond est entièrement contraire à l'expérience et à l'observation. C'était le pendant des idées de Burnet, que Buffon lui-même avait traité de *très-beau roman historique*, avec les changements qu'avait amenés un demi-siècle écoulé entre les deux publications. Il y avait loin de ces systèmes à la belle théorie de Hooke.

La géologie compta encore dans ce siècle Lazzaro Moro[4], qui revint avec une grande sagacité à la théorie des soulèvements, fut commenté par le carme Cirillo Generelli, et profita du jaillissement subit d'une île au milieu de la Méditerranée[5], pour appuyer son système de la sanction d'un fait accompli aux yeux de ses contemporains. Marsilly[6], Spada, Matani, Costantini, Vitaliano Donati, Baldassari, Brander[7], Fortis, Testa[8], Cortesi, Spallandini, etc., multiplièrent les observations sur les fossiles et sur leur ordre de disposition dans les couches du globe ; Gessner les dépassa tous, en cherchant les rapports de ces fossiles avec les phénomènes géologiques ; Targioni, Lehman et plusieurs autres s'attachèrent à l'origine des montagnes et des vallées ; Arduino[9] fut le premier qui distingua les roches en primitives, secondaires et tertiaires, et ses doctrines furent confirmées, deux ans plus tard, par Fortis et Desmarets ; Michell prouva que les strates primitivement horizontales avaient été fracturées et relevées par les convulsions du globe ; Odoardi[10] distingua fort ingénieusement la différence d'âge de certaines couches apennines ; et le célèbre Pallas[11] enseigna à diviser en groupes les roches qui, en apparence, appartenaient à un même système géologique. De Saussure enfin, par des observations multipliées avec la plus rare sagacité, prépara la voie à la géologie positive, et fut celui qui, dans ce siècle, contribua le plus à ses progrès.

1 *Théorie de la terre* ; 1744.

2 Sur l'invitation de la Sorbonne, Buffon fut obligé de rétracter quatorze propositions géologiques qui avaient été trouvées *répréhensibles, et contraires à la foi de l'Église.* L'une de ces quatorze propositions est celle que je cite, et qui aujourd'hui est aussi fortement établie que la rotation de la terre sur son axe.

3 Les *Époques de la nature.*

4 *Sui crostacei ed altri corpi marini que si trovano sui monti* ; 1740.

5 Près de Santorin, en 1707.

6 *Saggio fisico intorno alla storia de mare.*

7 *Fossilia Hantoniensia* ; 1766.

8 *Lett. sui pesci fossili di monte Bolca* ; Milan, 1793.

9 *Giornale del Griselini* ; 1759.

10 *Sui corpi marini del Feltrino* ; 1761.

11 *Observations sur la formation des montagnes* ; 1778.

Ce n'est pas que de temps en temps quelques esprits, infatués des doctrines de l'école biblique qui s'éteignait, ne vinssent rapporter au déluge de Moyse les grands phénomènes qui avaient bouleversé la terre : Whitehurst[1] et Wallerius reprirent la vieille hypothèse de Woodward, et soutinrent que toutes les roches avaient été formées par le déluge de Noé ; Catcott insista sur son universalité, malgré l'opinion de l'évêque Clayton, qui avait déclaré que ce cataclysme « ne pouvait « être considéré comme un fait rigoureusement vrai, si ce n'est pour la localité « qu'habitait Noé avant cette grande catastrophe. » Catcott jeta les fondements du travail de G. Cuvier sur le cataclysme diluvien, en rassemblant les traditions des diverses inondations qui ont affligé le monde.

Je termine ici cette notice historique, dans laquelle on a pu voir qu'après une longue suite d'efforts et de travaux persévérants, trois naturalistes justement célèbres ont élevé la science minéralogique sur trois bases qui semblent, au premier coup d'œil, entièrement différentes : la forme empirique extérieure, qui n'est soumise à aucune loi certaine ; la structure cristalline, qui a ses règles fixes ; la composition chimique, dont les principes sont déterminés. Je n'appellerai pas sur le terrain glissant de la critique les savants actuels qui ont adopté l'une ou l'autre méthode : les minéralogistes chimistes, à la tête desquels se trouvent MM. Berzelius[2] et Beudant[3], qui ont suivi la voie tracée par Bergman, en y introduisant le principe

[1] *Inquiry into the original state and formation of the earth* ; 1778.

[2] Berzelius fonde uniquement sa classification sur la composition chimique ; il fait deux grandes classes des corps minéraux : les *métaux* et les *oxydes*. Ces deux dénominations, en effet, comprennent tous les corps existants. Mais si dans la première il est facile de diviser les métaux en corps simples et en alliages sans oxygène, il n'en est pas de même des substances oxydées, dont la classification entraîne des sous-divisions nombreuses.

Berzelius range les combinaisons oxydées en deux sections : les *oxydes électro-positifs* et ceux *électro-négatifs* ; il réunit dans un même genre les minéraux qui ont le même élément électro-négatif ; et comme les bases sont souvent isomorphes, cette méthode a l'avantage de réunir les combinaisons qui ont des formes analogues.

Malgré la clarté de cette classification, l'illustre chimiste n'a pu éviter l'inconvénient qui résulte du peu d'accord qu'on remarque entre les caractères empiriques extérieurs et la composition chimique ; il en est résulté l'inconvénient inévitable de ranger dans des genres différents des substances que l'ordre naturel semblait devoir réunir. D'un autre côté, les bases ne présentent pas seules le phénomène de l'isomorphisme : quelques acides jouissent de cette propriété : l'*acide phosphorique* et l'*acide arsénique*, par exemple ; l'*acide sulfurique* et l'*acide sélénique* ; l'*acide borique* et la *silice*, etc. La classification par l'élément négatif présente donc presque autant d'inconvénients que celle par les bases.

[3] M. Beudant, comme Berzelius, adopte la classification chimique, et forme ses genres d'après le principe électro-négatif. Il divise les minéraux en trois classes, qu'il nomme *gazolytes*, *leucolydes*, *chroïcolites* : la première comprend les corps gazeux, liquides ou solides qui peuvent former des combinaisons gazeuses permanentes avec l'oxygène, l'hydrogène, ou l'acide fluorique ; il en forme quatorze familles, dans lesquelles figurent les silicates, les combinaisons du carbone, les sulfures, etc. La seconde classe porte le nom de leucolyde (*leukos*, blanc), et renferme, comme principe électro-négatif, des corps solides qui ne peuvent former de gaz permanents, et sont susceptibles de donner des solutions blanches avec les acides. Il en résulte huit familles, qui comprennent l'antimoine, l'étain, le bismuth, le mercure, etc. La troisième classe enfin, qui présente, avec la seconde, la réunion de tous les métaux natifs et oxydés, se compose des corps qui ne se réduisent jamais en gaz permanents, et forment avec les acides des dissolutions colorées. Le titane, le tantale, le manganèse, etc., appartiennent à cette classe.

Cette classification toute philosophique a le grand inconvénient d'enlever à la minéralogie son caractère de science naturelle.

électro-chimique ; M. Mohs, qui, se plaçant à part, a repris avec bonheur l'idée de Romé de Lisle, et a créé une méthode entièrement fondée sur les caractères extérieurs ; ceux enfin qui, cherchant une méthode naturelle, et puisant dans les trois sources la base de leurs classifications, n'en ont exclu aucun des principes admis dans les trois nomenclatures. A la tête de ces derniers il faut citer MM. Brongniart [1] et Dufrénoy [2]. Les travaux si remarquables de ces illustres minéralogistes ne peuvent guère être considérés que comme les éléments d'une méthode scientifique naturelle dont l'ensemble est encore à créer, et à laquelle il ne manquera plus bientôt qu'un Haüy pour en réunir tous les matériaux. Déjà des considérations toutes scientifiques laissent entrevoir la possibilité de cette création nouvelle.

Un dernier mot à ce sujet.

La théorie newtonienne avait conduit à trouver que les corpuscules de la matière s'attirent, comme les corps planétaires, en raison inverse du carré de la distance. La forme des molécules cristallines intégrantes n'était donc point indifférente, puisque leurs axes entrent nécessairement comme éléments dans la distance. Aussi Wollaston critiqua-t-il la figure des molécules intégrantes d'Haüy, et, confondant l'atome, qui est l'élément infiniment petit et indivisible des corps simples, avec la molécule, qui est un groupe d'atomes, il crut devoir assigner au corpuscule la forme sphérique, laquelle est affectée par la matière lorsqu'elle n'est soumise à l'influence d'aucune force étrangère.

Cette nouvelle manière d'envisager les corpuscules inorganiques offrait un point de contact entre la cristallographie et la chimie. Il fut saisi par Berzelius, génie ardent, observateur à vues larges et profondes, qui avait débuté dans la science par la découverte du silicium.

Berzelius, laissant de côté la forme des atomes, qui n'était pour lui qu'une question secondaire, montra dans sa théorie des proportions chimiques, qui est entre

[1] Le célèbre professeur Brongniart a pris pour caractère de première valeur, dans sa nomenclature, la composition chimique ; mais en même temps il fait reposer la classification sur les bases, de préférence aux acides. Toutefois, comme il est à remarquer que certaines bases se trouvent dominer dans des minéraux d'aspect et d'analogie empirique différente, telle par exemple que l'*alumine* dans l'*alun*, le *corindon*, le *feldspath*, il n'a pas cru devoir s'astreindre à une seule exigence scientifique, et grouper conséquemment les substances minérales suivant un seul principe : il s'est servi tour à tour, et suivant l'observation, de l'élément électro-négatif ou de celui électro-positif. C'est ainsi qu'il a classé les substances pierreuses suivant l'acide et en a fait la grande classe des *silicates*, tandis que tous les composés métalliques sont rangés suivant la base.

Toutes les substances minérales forment, dans le système de Brongniart, trois grandes divisions : les *corps inorganiques*, qui comprennent les minéraux proprement dits, et forment les *oxydes*, les *hydrates* et les *sels* ; les *corps organiques*, ou *acidifères* et *hydro carbonates*, et les *corps organisés*, ou *charbons fossiles*.

[2] L'ouvrage de M. Dufrénoy, intitulé *Traité de minéralogie*, 4 vol. in-8°, 1844-1845, est aussi complet que possible, et laisse peu de chose à désirer sous le rapport des formes cristallines ; mais il est loin d'être satisfaisant sous celui de la composition chimique. Les analyses y sont écrites avec une négligence des plus grandes, et il est rare qu'une des additions en soit exacte. La plupart des formules atomiques sont erronées, et il est le plus souvent impossible de remonter, par la synthèse, des parties constituantes atomiques à la composition de l'analyse. Il est à regretter qu'un livre destiné à l'étude et aux commençants n'ait pas été revu avec plus de soin, et que les grandes occupations de l'auteur ne lui aient pas permis de suivre lui-même la correction des épreuves. C'est, du reste, le plus complet des traités de minéralogie, et l'un de ceux dans lesquels l'esprit de méthode se fait le plus remarquer.

les mains de tout le monde, le mécanisme des atomes simples et des molécules composées; et, remaniant le travail de Bergman, d'Hassenfratz et d'Adet, représenta, par des caractères simples et faciles, le secret intime de la constitution chimique des corps.

Quoique cet illustre savant ait négligé la forme des corpuscules, il n'en est pas moins vrai que la composition intime et l'arrangement mécanique des molécules présentent des phénomènes qui se touchent de près, et que la forme est souvent modifiée dans une même substance par le seul fait d'une influence chimique.

On conçoit très-bien qu'un corps composé d'atomes simples, en nombre déterminé, doive toujours prendre, comme l'a démontré Romé de Lisle, la même forme cristalline, en même temps qu'il aura le même poids et qu'il acquerra la même dureté.

Mais si l'on introduit, dans sa composition, un corps étranger, la forme primitive homogène devra nécessairement être altérée, en même temps que la densité et les autres caractères physiques seront modifiés; car la force d'affinité qui réunira ces nouveaux atomes aux anciens n'aura pas la même intensité que celle qui rassemblait les atomes primitifs, et les poids des uns et des autres seront également différents.

Si, au lieu d'entrer en combinaison, la substance nouvelle est admise à l'état de mélange mécanique, la forme du cristal sera également changée; car chaque molécule de matière mélangée deviendra, par son interposition, un obstacle à la cristallisation la plus directe.

Il y a plus : le liquide même dans lequel la cristallisation a lieu influe sur la forme polyédrique de la substance dissoute, quoique cependant il n'entre en aucune manière dans sa constitution chimique ou mécanique. C'est ainsi que le sel commun cristallise dans l'eau pure en cubes à arêtes et angles vifs, tandis que dans l'acide borique les angles sont tronqués; que le sel ammoniac cristallise en octaèdre dans l'eau, et en cube dans l'urine. La même chose se remarque dans les gîtes minéraux où le liquide cristallisant a disparu : l'aragonite prend la figure d'une pyramide aiguë dans les terrains d'hydroxyde de fer, et de prisme dans les gypses des dépôts salifères. Le carbonate de chaux présente encore plus de variation : au Hartz, où gisent des sulfures d'antimoine, d'argent et d'arsenic, il est en hexaèdres réguliers; dans la galène du Derbyshire, en dodécaèdres; dans les terrains purement calcaires, en rhomboïdes aigus.

Lorsque des expériences suivies auront donné à ces simples indications un caractère méthodique, et rassemblé les observations isolées faites dans ce sens, il n'y a point de doute que l'histoire du globe trouvera des pages nouvelles dans ces modifications curieuses de la forme cristalline rapportées à la nature des terrains, et qu'alors seulement on pourra songer à déterminer avec quelque certitude l'âge relatif des diverses formations de la croûte terrestre.

En attendant, il est bien certain qu'il existe un rapport constant entre la forme cristalline, le poids de l'atome, et la pesanteur spécifique des substances; c'est ce que Romé de Lisle avait soupçonné, et ce que M. Kupfer a démontré par le calcul.

On a reconnu également que des substances de nature différente, mais dont la composition était représentée par le même nombre d'atomes, affectaient le même système cristallin.

Cette doctrine de l'isomorphisme, que nous devons à M. Mitscherlich, ouvre une carrière toute nouvelle ; elle tend à faire penser qu'on pourrait bien arriver un jour à connaître la composition exacte d'un corps par l'examen de sa forme.

Mais si toutes les parties des sciences semblent s'entendre pour apporter à l'histoire naturelle inorganique leur contingent de travaux et de découvertes, il faut avouer que la nomenclature minéralogique ne s'est guère prêtée à ce mouvement général. Je sais bien que les sciences ont une marche commune dans leur origine ; qu'elles naissent de faits accumulés sans ordre et sans analogie apparente d'abord ; puis, à un moment donné, elles sortent radieuses des langes qui les embarrassaient, toutes formées, et promptes à se développer elles-mêmes. La nomenclature vient quand la science est faite ; c'est ce qui est arrivé pour la géologie : mais il est vrai de dire aussi que les dénominations exactes, en fixant mieux les idées, rendent la marche scientifique plus sûre et plus directe, et abrégent ainsi le temps du noviciat.

Or, sur ce point nulle science n'est plus en arrière que la minéralogie. C'est ce dont on restera convaincu, pour peu qu'on veuille suivre le développement de l'histoire de la taxologie proprement dite.

Les premières dénominations employées par les minéralogistes de l'antiquité furent, comme on doit bien s'en douter, tirées de la figure ou de quelque circonstance externe des minéraux : on trouve dans Dioscoride la pierre *sélénite*, gemme ainsi nommé parce que, dit-on, il portait une petite image de la lune (sélénê) qui croissait ou décroissait, suivant les phases de cet astre ; la *trochite*, pierre rayonnée qui avait l'apparence d'une roue (trochos) ; la *pyrite*, qui brûlait au feu (pyros) ; la *galactite*, qui donnait à l'eau la couleur du lait (gala, galactos). L'*eschite* ou *aétite* (aétos), que les aigles emportaient dans leurs nids, date d'Isaïe. Le plus souvent les minéraux portaient le nom du pays d'où on supposait qu'ils étaient tirés : ainsi Théophraste cite la *pierre de Ligurie ;* Dioscoride, celles de *Cimolis*, de *Naxos*, de *Phrygie ;* Galien parle de la *pierre de Judée ;* Aristote, de celle de *Libye ;* Pline, de celle de *Syro*. Les Hébreux eux-mêmes avaient adopté ce mode de dénomination à l'égard des pierres précieuses ; quelquefois même ils n'y mettaient pas tant de façon : le principal gemme du *rational* du grand prêtre, celui qui leur apprenait si Dieu leur était propice ou défavorable, se nommait *dabir*, qui signifie tout simplement un oracle [1].

Cette manière de nommer les minéraux d'après un certain caractère qui, le plus souvent, était commun à plusieurs substances différentes, avait le même inconvénient qu'aujourd'hui. Souvent les Grecs ont confondu diverses pierres qui n'avaient entre elles d'autre analogie que la couleur. C'est ainsi que le minium natif était appelé, du temps de Théophraste, *anthrax*, dénomination qu'on appliquait également à l'escarboucle, que Pline nomma depuis *carbunculum*, et même au charbon de terre qu'on retirait de la Ligurie, et dont se servaient les fabricants d'airain de l'Élide [2].

On ne sait pas encore bien ce qu'était ce minium natif que Dioscoride ne distingue pas du cinabre, et dont le régule obtenu dans les fourneaux portait le nom

[1] דביר *Dabir*, en hébreu, désigne surtout le lieu, la partie du temple où Jéhovah communiquait ses ordres à ses élus. C'est ainsi que ce mot est employé dans les *Nombres*, VII, 89.

[2] Plus tard les Germains adoptèrent le mot *lithanthrax*, formé de la dénomination grecque et du mot *lithos*, pierre, pour désigner la houille.

d'*ammion*, et servait dans la peinture. Pline confond quelquefois ce produit artificiel avec la résine connue sous le nom de *sang de dragon*.

Lorsqu'on relit ces anciens ouvrages, dont malheureusement des parties importantes ont disparu, on est frappé de la confusion qui résulte de ces dénominations vicieuses, inévitables pourtant dans ces siècles reculés et dans l'état des sciences naturelles.

Que d'erreurs a causées le mot SPATH des Allemands, employé longtemps avant Agricola? On a eu le *spath calcaire*, le *spath fluor*, le *spath pesant*, le *spath étincelant*, le *spath d'Islande*, le *feldspath*, etc.; comme on a eu en France la *pierre calcaire*, la *pierre pesante*, la *pierre de paille*, la *pierre de poix*, etc.

A ces dénominations d'une simplicité triviale, et qui souvent avaient une signification trop générale, on fit succéder des noms qui ne représentaient rien que le nom d'un savant ou d'un voyageur.

C'est ainsi que Werner, embarrassé pour dénommer le carbonate de baryte qu'avait découvert le docteur Withering, lui donna le nom de *withérite*; le colonel Prehn ayant rapporté du Cap l'hydro-silicate d'alumine et de chaux, découvert en 1774 par Rochon, ce minéral fut nommé *prehnite*; M. Reuss ayant fait connaître un certain sulfate de soude et de magnésie, Karsten appliqua à cette variété la dénomination de *réussine*.

Cette nomenclature, qui était loin d'être propre à éclairer sur la nature des minéraux ainsi dénommés, n'avait d'autre avantage que de faire honneur aux savants qui s'occupaient de recherches minéralogiques; mais bientôt l'abus s'introduisit dans ce mode de désignation, et la flatterie se glissa dans le sanctuaire de la science.

La *zurlite* ou *zurolite* fut dédiée au ministre napolitain Zurlo, qui ne l'a pas découverte; la *johannite*, à l'archiduc Jean d'Autriche; la *miloschine*, au prince Milosch; la *cancrinite*, au ministre russe Cancrin; la *herderite*, au baron Herder; etc.

Quel rapport y avait-il donc entre ces grands seigneurs et la science qui nous occupe?

On conçoit, à la rigueur, qu'on ait imaginé les dénominations de *humboldtite*, *haüyne*, *brongnartine*, *berzéline*, *bucholzite*, *wernérite*, *œrstedtite*, *kirwanite*, *klaprothine*, etc., parce qu'elles rappellent des noms chers aux minéralogistes, et qu'on peut dire, avec toute raison, que ces grands maîtres de la science les ont noblement et justement conquises : mais à des souverains, à des princes, à des ministres, dont le mérite scientifique peut être souvent contesté à juste titre, dédier des minéraux qu'ils n'ont peut-être jamais vus, si ce n'est pas un acte de flatterie blâmable, c'est au moins une maladresse qui n'a, au bout du compte, d'autre résultat que l'avilissement de la science, en même temps que la confusion de la nomenclature.

On s'étonnera peu, après cela, qu'un chimiste moderne ait dédié l'*ostranite* à la déesse du printemps, comme Klaproth avait dédié le *tellure* à la terre, et le *titane* aux géants ses enfants; comme Berzelius a dédié le *cérium* à Cérès, et la *thorite* à l'ancien dieu scandinave *Thor*; Rose, le *pelopium* à Pélops, et le *niobeum* à Niobé; comme récemment Breithaupt a nommé *castor et pollux* deux minéraux trouvés ensemble dans le granite de l'île d'Elbe; etc. Avec le temps, et chacun travaillant à la confusion minéralogique, nous reverrons tous les dieux du paganisme donner peu à peu leurs noms aux éléments du globe, d'où la raison humaine semblait les avoir exilés pour toujours.

Des noms de savants, de princes et de dieux, on a passé, à l'imitation des minéralogistes grecs, aux noms des localités. Ici l'emprunt paraissait plausible jusqu'à un certain point; car il semblait naturel qu'une substance nouvelle, à laquelle on n'avait conséquemment pu donner encore aucun nom, prît celui du lieu où elle se rencontrait: ainsi, la *killinite* reçut son nom de Killiney, village d'Irlande, où ce silicate se rencontre; la *marmatite* indiqua que le sulfure de ce nom venait de Marmato, dans la Colombie; la *wichtine*, que ce minéral se trouvait à Wichty, en Finlande; la *ménilite*, que certaine variété de calcédoine se recueillait au village de même nom, près de Paris; etc. Encore fallait-il le plus souvent une certaine érudition géographique pour retrouver ces noms de villages, omis sur la plupart des cartes[1].

Peu à peu on donna une extension abusive à cette manière de nommer : ce ne fut plus le lieu même où se trouvait la substance minérale qui lui prêta son nom; on l'emprunta au district, à la province tout entière : la *ligurite*, silicate de chaux des environs de Stura, dans les Apennins, prit son nom de la partie de cette contrée qui formait l'ancienne Ligurie; la *couzéranite*, d'une partie de la chaîne des Pyrénées connue autrefois sous le nom de Couzéran; la *dévonite* emprunta le sien au comté de Devon; la *pyrénéite* fut ainsi dénommée de la chaîne immense où elle occupe à peine une place imperceptible. La géologie même n'a pas été exempte de cet entraînement; et nous avons eu, de nos jours, les noms de *siluriens* et *cambriens* donnés au calcaire qui forme les montagnes de l'ancienne contrée des Silures et des Cambres, dans le pays de Galles.

Et qu'on ne croie pas, comme cela semble naturel, que les substances ainsi dénommées appartiennent exclusivement à la localité qui leur a prêté son nom : la *labradorite* ne se rencontre pas seulement dans les roches granitiques du Labrador, on la trouve aussi dans les montagnes de la Finlande; l'*epsonite* n'existe pas seulement à Epsom, dans le comté de Surrey; elle se montre dans les houillères embrasées de Saint-Etienne, dans les solfatares, dans les dépôts salifères du Tyrol, de Salzburg, de Catalayud, etc.; l'*anglésite* se rencontre aussi bien en Écosse, dans le grand-duché de Bade, en Espagne, en Sibérie, que dans l'île d'Anglesea qui lui a donné son nom. Les géologues ont adopté le nom de *silurien*, donné par Murchison à la formation calcaire si étendue dans la Grande-Bretagne; et cependant la même formation est bien autrement développée dans les Asturies, depuis la Liébana jusqu'au delà de Cangas de Tineo. Nul doute que si quelque géologue eût étudié la masse secondaire en Espagne avant que Murchison se fût occupé de celle du pays de Galles, on eût admis le nom de *calcaire cantabrien*, tout aussi applicable que l'autre à ces terrains.

Que dirait-on si les noms donnés si légèrement désignaient souvent une autre localité que celle où s'est rencontrée la substance?

C'est cependant ce qui arrive pour le carbonate de chaux et de magnésie nommé

[1] Le nom du lieu et celui du minéral ne sont pas toujours tellement orthographiés, qu'on ne puisse s'y méprendre facilement : de Bavalon (Côtes-du-Nord), on a fait *bavalite*, au lieu de bavalonite; de Brevig (Norwége), on a fait *brévicite*, au lieu de brévigite; de Skaraberg (Suède), on a fait *skarbroïte*, etc.

gurhoflane, de la localité Gurhof, dans la haute Autriche, où ce minéral ne se trouve nullement, puisqu'il n'existe que dans les environs d'Anspach; c'est ce qui a lieu également pour l'*andalousite*, qui tire son nom d'une province espagnole où on en a rencontré quelques échantillons, tandis qu'elle existe à Cadoso et à Tolède, dans la Castille-Nouvelle.

Prendre tour à tour, et sans autre règle que le caprice, des noms de pays ou des noms d'hommes pour désigner les individus minéralogiques, c'était sans doute montrer peu d'unité de méthode. On a cependant été plus loin : on a pris dans le caractère extérieur des substances une circonstance particulière, une propriété quelconque; et, sans s'inquiéter si cette circonstance ou cette propriété appartenait à tel minéral à l'exclusion de tout autre, on l'a *hellénisée*, pour l'appliquer ensuite comme dénomination propre à ce minéral.

En suivant ces errements, on a donné au tellurure de plomb natif le nom d'*élasmose*, qui signifie lame, lamellaire, feuilleté. Ce caractère est-il cependant distinctif? appartient-il spécialement à l'amalgame du tellure et du plomb? Non sans doute : ce nom pouvait également appartenir à l'*eudialite*, au *fer micacé*, au *talc*, au *mica*, au *sulfure de molybdène* dit *molybdénite*, à la *berthiérite*, etc. [1].

Le nom d'*exhantalose* [2] convient-il uniquement à l'*hydro-sulfate de soude*, ou *sel de Glauber*? N'exprime-t-il pas également la propriété de certains *sulfures de fer*, de la *laumonite*, de la *paranthine*, etc., qui tombent en efflorescence au contact plus ou moins prolongé de l'air?

L'*oxyde de cuivre* noir a été appelé *mélaconise* [3], parce que sa poussière est noire : ce caractère appartient également à l'*oxyde de manganèse* dit *pyrolusite*, ou *fer oxydulé*, etc.

Le nom d'*eudialite* nous apprend que ce *silicate de soude et de zircone* est facilement soluble [4] : c'est une qualité qu'il partage avec le *sulfate de magnésie*, l'*alun*, et la plupart des sels formés par les acides sulfurique, nitrique et hydrochlorique.

L'*arsénite de cobalt hydraté* porte le nom de *rhodoïse*, qui veut dire rose; comme si certain *spath calcaire*, une variété du *gypse*, le *manganèse rose*, l'*opale rougeâtre*, etc., n'étaient pas également de cette couleur?

Est-ce que le sulfure d'argent et d'antimoine, nommé *psaturose*, est le seul minéral fragile? Est-ce que le silicate d'alumine et de chaux, appelé *scorilite*, est le seul qui ressemble à une scorie? La couleur bleue n'appartient-elle donc qu'à l'hydro-sulfate de cuivre qu'on désigne sous le nom de *cyanose*? Celle rouge orange est-elle donc particulière au chromate de plomb qu'on nomme *crocoïse*?

[1] Le nom d'élasmose avait d'abord été donné par M. Beudant au *tellurure de plomb et d'or*, dans son *Traité élémentaire* de 1832; M. Brongniart l'adopta dans son *Tableau de la distribution méthodique des espèces minérales* de 1833. Sur ces entrefaites, le *tellurure de plomb* simple fut découvert; et comme il était plus lamelleux que le premier, on lui appliqua le nom d'élasmose. M. d'Omalius d'Halloy suivit cette dernière marche : si bien que, d'une part, on trouve deux espèces différentes qui portent le même nom dans des ouvrages classiques, et que, de l'autre, le *tellurure de plomb et d'or* attend une dénomination nouvelle. M. Huot a proposé de lui donner celle d'*élasmosine*, qui rentre, comme on le voit, dans les inconvénients que je signale.

[2] *Exanthéô*, j'effleuris; *als, alos*, sel.

[3] *Mélas*, noir; *konis*, poussière.

[4] *Eudialytos*, facile à dissoudre.

Le sulfure d'argent dit *polybasite* est-il donc le seul qui ait cinq bases? ce nom ne serait-il pas mieux appliqué à certain *sulfure de mercure bituminifère* qui en a six?

La *miargyrite* a été nommée ainsi, parce que, dit M. Rose, elle contient moins d'argent que la plupart des sulfures de cette classe [1] : mais alors pourquoi avoir donné la préférence à cette variété, plutôt qu'au *schilfglarerz* et à la *sternbergite*, qui en contient encore moins?

M. L. Swanberg a nommé *aftonite* un sulfure de cuivre *riche* en argent : il contient quarante-neuf onces et demi pour un quintal de minéral pur. Mais alors le *cuivre gris de Wolbach*, analysé par M. Rose, et qui donne deux cent quatre-vingt-trois onces par quintal, méritait mieux ce nom.

On peut en dire autant d'une foule d'autres noms bizarres qui ont été appliqués à un minéral, et peuvent appartenir, par leur signification étymologique, à plusieurs autres espèces ou variétés; tels sont : *acerdèse*, de peu d'utilité; *allomorphite*, qui a une autre forme; *pélokonite*, à poussière brune; *péristérite*, presque solide; *pharmacite*, *pharmacolite*, *pharmacosidérite*, qui sert de médicament; *picnotrope*, compacte; *polymignite*, qui contient beaucoup de bases; *polybasite*, qui a plusieurs bases; *polyhydrite*, qui renferme beaucoup d'eau, etc., etc.

Dirai-je dans quelles singulières puérilités sont tombés les esprits les plus élevés, lorsqu'entraînés par la pente où on a placé la minéralogie, ils ont voulu donner de nouveaux noms à des espèces nouvelles?

Le nom de *xénotime* [2] a été appliqué à un phosphate d'yttria *à qui on avait fait l'honneur de le prendre pour un autre*, pour un oxyde de thorium.

La dénomination de *kakoxène* [3] appartient à l'hydro-phosphate alumineux de fer, parce que dans sa composition entre l'acide phosphorique, *mauvais corps étranger* qui peut nuire à la qualité du fer, si on cherchait à en tirer de ce minerai, qui n'a encore été trouvé qu'en petite quantité dans les fissures des mines de Herbeck, en Bohême.

On a nommé *euxénite* [4] un tantalate d'yttria uranifère qui admet volontiers, outre ses trois principes constituants, six autres substances étrangères.

Voilà où nous en sommes arrivés au dix-neuvième siècle, lorsque autour de nous les sciences d'observation se créaient des nomenclatures simples, naturelles, claires pour tout le monde! Le désir de réduire à un seul mot le nom de substances minérales, quelquefois très-compliquées dans leur composition, nous a amenés à prendre des dénominations qui n'ont aucun rapport avec la nature du sujet, qui sont conséquemment très-difficiles à classer dans la mémoire, et que les savants eux-mêmes confondent bien souvent.

Cette dernière assertion peut paraître paradoxale : appuyons-la de quelques exemples.

Le nom de *philipsite* est tour à tour appliqué au cuivre panaché et à un hydro-silicate d'alumine; celui de *humboldtite* est également donné à un boro-silicate de chaux de Sonthofen, et à l'eisen-resin des Allemands; la *berzéline* est généralement regardée comme un séléniure de cuivre : cependant M. Necker de Saussure

[1] Du grec *méiôn*, moins; *argyros*, argent.
[2] *Xénos*, étranger; *timê*, honneur.
[3] *Kakos*, mauvais; *xénos*, étranger.
[4] *Euxénos*, hospitalier.

donne ce nom à une espèce de zéolite qui a été trouvée à Galloro, dans les États romains; le silicate d'alumine, connu sous le nom d'*andalousite*, et le sulfure d'antimoine et de plomb, compris quelquefois dans l'espèce *bournonite*, ont été confondus sous la dénomination commune de *jamesonite;* le nom de *brongniartine* se trouve également appliqué à l'hydro-sulfate de cuivre et au sulfate de soude et de chaux de Vic.

La confusion a quelquefois frappé les savants eux-mêmes qui avaient le plus contribué, par leurs découvertes, à la faire naître; ils ont été souvent obligés d'y ramener l'ordre. M. Rose est un de ceux qui ont le plus osé à cet égard.

Ainsi, dans ses *Éléments de cristallographie,* il propose de supprimer le nom de *cérine*, qui a beaucoup trop de consonnance avec la *cérite* [1], pour lui conserver celui d'*allanite*, que le premier minéral portait concurremment avec celui de cérine; M. Mitscherlich a cru devoir réunir la *davyne* et la *néphéline*, dont non-seulement les angles sont les mêmes, mais dont encore la composition chimique diffère très-peu; et il a proposé d'en faire autant de la *covellinite* et de la *beudantite*, qu'il rapporte à la néphéline. Ne pourrait-on pas le faire également de la *hornblende* et de l'*anthophyllite*, qui ont pour formule commune $CaO\ SiO^3 + (bO)^3 (SiO^3)^2$, et d'une foule d'autres substances que nous citons dans le corps de ce dictionnaire[2]? Avec la belle découverte de l'isomorphisme, ces réunions deviendront plus nombreuses, et permettront de ramener la nomenclature à une unité plus conforme à la haute raison qui préside à la marche des sciences dans notre siècle, et plus facile à classer dans la mémoire des étudiants et des gens du monde.

Parmi ces derniers, en effet, il n'est personne qui, en lisant dans les ouvrages de minéralogie les noms de *beudantite*, *goethite*, *franklinite*, *philipsite*, *tennantite*, *achirite*, *boulangérite*, *volzine*, *villemite*, *proustite*, *sternbergite*, et plusieurs milliers d'autres, n'ait été embarrassé pour savoir à quels minéraux ces dénominations appartiennent, et n'ait perdu plus ou moins de temps à chercher dans les livres classiques leur synonymie vulgaire. Plus d'un, maudissant cette malheureuse facilité avec laquelle, depuis quelques années surtout, on jette dans la science des noms nouveaux qui ne se rattachent à aucune nomenclature raisonnable, aura désiré rencontrer un vocabulaire spécial qui lui apprenne, sans autre recherche que celle d'ouvrir un dictionnaire, que la goethite et la franklinite sont tout simplement des *minerais de fer;* que la philipsite, la tennantite, l'achirite sont des *minerais de cuivre;* que la boulangérite est un *silicate de plomb et d'antimoine;* la voltzine et la willemite, des *minerais de zinc*, etc.; qui, en un mot, établisse l'analogie et la synonymie des diverses espèces et variétés minérales, et ramène à une nomenclature raisonnée les noms quelquefois bizarres donnés à des minéraux plus ou moins rares, avec une prodigalité dont, je le répète, le résultat

[1] On pourrait en faire autant de l'un des mots: *berzéline* et *berzélite*, *berthiérine* et *berthiérite*, *humboldite*, *humboldtite* et *humboldtilite*, *dufrénite* et *dufrénoysite*, etc., qui s'appliquent à des substances très-différentes.

[2] Déjà la *perikline* et l'*albite*, que MM. Gmelin et Breithaupt avaient séparées, à cause d'un peu de potasse qui se trouve dans la première substance, sont reconnues ne former qu'un seul et même minéral. Il en est de même de quelques autres sur lesquelles l'attention des savants s'est portée depuis peu.

inévitable est de jeter de la confusion et de l'obscurité sur une science qui demande, au contraire, à être simplifiée.

C'est ce dictionnaire que je livre au public.

Je l'avais d'abord entrepris pour faciliter mes propres recherches en Espagne, où les livres de science manquent assez généralement, et je devais me borner à un vocabulaire aride; mais je n'ai pas tardé à m'apercevoir que ce travail était plus compliqué que je ne l'avais d'abord pensé.

En effet, chaque terme bizarre devait être rapporté à une variété, à une espèce, à un genre, à une classe, à une famille minérale. Il convenait donc, avant tout, d'adopter une classification, une méthode déterminée, invariable, qui joignit à une certaine simplicité l'avantage d'être à la hauteur actuelle de la science; il fallait, en un mot, choisir dans les trois systèmes qui se partagent le domaine de la minéralogie.

Or, la méthode empirique, outre qu'elle exige une grande pratique, a le défaut de n'être pas toujours sûre, et de laisser confondre souvent deux minéraux dont les caractères extérieurs sont les mêmes, mais qui diffèrent essentiellement par leur composition. Il n'est pas rare, par exemple, de voir prendre pour du sulfure de cuivre la pyrite de fer; pour du cinabre bitumineux, certains oxydes de fer; pour de la galène, certain sulfure de zinc, et même certain fer oligiste; et je ne sache guère de moyen empirique immédiat de distinguer, à l'instant et sur place, un des minéraux de celui qui lui est assimilé.

La méthode géométrique, quoique beaucoup plus sûre, a l'inconvénient d'être rarement applicable, surtout dans les voyages; car le minéral se trouve exceptionnellement à l'état de cristal, et elle n'a aucune prise sur celui qui est à l'état terreux; elle ne suffit pas d'ailleurs à elle seule pour établir une classification complète.

La méthode chimique paraît la plus exacte, ou du moins la moins trompeuse: cependant, comme elle ne manifeste point ses moyens distinctifs à l'extérieur, elle est, sans contredit, la plus difficile. Elle exige quelques connaissances scientifiques préliminaires, et une pratique bien entendue des manipulations chimiques.

On voit qu'entre ces trois systèmes l'embarras était de choisir la plus convenable à mon dictionnaire.

Dans un traité de minéralogie cet embarras n'existe pas au même degré, attendu qu'on peut à volonté prendre, dans un ou plusieurs systèmes, la dénomination qui paraît convenir, sauf à l'accompagner de caractères empruntés à toutes les méthodes; mais dans un vocabulaire il faut, aussitôt qu'on a écrit le nom, déterminer en peu de mots à quelle espèce ou à quel genre il appartient, afin qu'en retournant à la description de cette classe, le lecteur puisse y trouver les caractères généraux qui ne peuvent être répétés à chaque variété, sous peine de prolixité ou de redites.

Après avoir longtemps tâtonné, je me suis arrêté à la méthode chimique, comme étant la moins sujette à erreurs.

Il est bien démontré aujourd'hui qu'aucune méthode naturelle n'est possible dans la chimie inorganique; toute nomenclature empirique doit donc être écartée, car elle repose presque toujours sur des exceptions, et ses caractères ne sont propres qu'à aider quelques recherches, sans qu'elle puisse jamais prétendre à former classification. C'est aux deux sciences exactes, la chimie et la géométrie, que ce rôle est réservé : la chimie, parce qu'elle enseignera, par l'analyse, la nature même du minéral ; la géométrie, parce que ses formes cristallographiques viendront corroborer les résultats chimiques, et prêter aide aux investigations.

Nul doute que ces deux grands caractères suffisent à la science ; mais pour cela il faut qu'ils soient complets et exacts : or, sur un grand nombre de points, nous sommes encore dans le champ des conjectures : beaucoup de minéraux n'ont pas été trouvés cristallisés ; les angles d'un grand nombre d'autres n'ont pas été mesurés exactement ; quelques formes même ne sont que soupçonnées, sur la foi de clivages douteux ou sur quelques indices de réfraction. Quant à la composition chimique, nos moyens d'analyse sont loin d'être complets ; la loi de l'isomorphisme est à peine découverte ; les proportions de la substitution ne sont pas bien connues. Le dimorphisme est encore une énigme, et les phénomènes de l'astérisme semblent devoir ouvrir une nouvelle voie aux recherches sur la composition mécanique des corps.

Les belles lois de la théorie atomique, qui, sous l'influence du puissant génie de Berzelius, ont donné à la science un nouveau développement, détermineront, sans aucun doute, les derniers progrès de la chimie inorganique, lorsqu'on sera parvenu à connaître bien exactement le poids des atomes des corps simples. Mais là, comme sur beaucoup de points de la minéralogie, il existe une tendance à la confusion, contre laquelle on ne saurait trop s'élever.

Les caractères inventés par Berzelius ont l'immense avantage de représenter fort exactement la loi des combinaisons des corps, soit haloïdes, soit oxygénés : Al^2O^3, par exemple, qui représente l'alumine, apprend que deux atomes de la base métallique sont combinés avec trois atomes d'oxygène ; $Al^2O^3(SiO^3)^3$, formule du silicate d'alumine, non-seulement montre que ce minéral est formé de la combinaison d'un atome d'alumine avec trois atomes de silice, mais encore décèle la composition intime de chacun des atomes des deux corps. Eh bien ! on n'a pas trouvé cette belle langue suffisante pour la minéralogie, on en a créé une nouvelle ; on a représenté par Al l'alumine, par Si la silice, en supprimant les signes de l'oxygène, et par $Al\,Si^3$, le silicate que nous avons cité. Cette nouvelle manière d'exprimer la composition des minéraux a, dès l'abord, le grave inconvénient de supposer *à priori* la connaissance parfaite de la composition intime de Al et Si ; elle peut être bonne pour le savant qui a une mémoire prodigieuse ; mais rien dans ces deux signes n'indique à l'étudiant, au savant privé de mémoire, quelle différence de constitution existe entre Al et Si, qui, dans les formules minéralogiques, semblent être composés de la même manière ; tandis que dans la langue chimique Al^2O^3 représente un corps formé de deux atomes de base et de trois atomes du corps électro-négatif ; ce qui est bien différent de SiO^3, qui ne contient qu'un atome de silicium.

Les deux langues abréviatives présentent d'ailleurs le danger d'une confusion presque inévitable, si elles sont employées concurremment dans un traité, comme il arrive fréquemment dans les meilleurs ouvrages de minéralogie. Il faut adopter l'une ou l'autre, sous peine de n'être pas entendu : c'est ce que j'ai fait dans mon dictionnaire, où je n'ai pas balancé à me servir uniquement des caractères chimiques, les seuls qui représentent exactement les combinaisons binaires des minéraux.

Puisque le poids des atomes des corps simples a été établi par comparaison avec celui de l'oxygène qu'on a pris pour unité, il est évident que dans les formules binaires l'élément électro-négatif de l'un des composants est un multiple ou un sous-multiple de la quantité du même élément dans l'autre composant. Cela donne nécessairement un nouveau moyen de comparaison des analyses ; mais cette comparaison ne conduit à aucun but utile, à aucun résultat qui rentre dans la constitution atomique des minéraux. Il y a plus : ce mode de comparaison est un nouveau sujet de confusion jeté au milieu de la science, sans qu'elle en puisse retirer aucun avantage nouveau. Il faut toujours ramener la formule oxygénique à l'expression chimique, si l'on veut revenir à l'analyse par la synthèse ; et pour cela il faut avoir continuellement présent à la pensée le mode de formation chimique des corps oxygénés. C'est ainsi que la formule oxygénique de la strogonowite : $6\,Al\,Si + b^2\,Si^3 + Ca\,C^2$ (1), doit être réduite à : $2\,Al^2O^3\,SiO^3 + (bO)^2\,SiO^3 + CaO\,CO^2$, si l'on veut retrouver l'analyse et la véritable composition du minéral.

C'est de cette véritable composition que j'ai déduit mes formules atomiques, par un calcul simple et que tout le monde peut vérifier : ce procédé m'a permis de réunir sous une même dénomination d'espèce des minéraux qui avaient été décrits séparément par les auteurs. J'ai eu, pour cela, recours tout à la fois à la composition et à la forme. En suivant cette marche, j'ai reconnu l'analogie des roches ignées entre elles, soit qu'elles appartiennent à l'écorce primordiale de la terre, soit qu'elles proviennent de déjections plus ou moins modernes ; et j'ai pu expliquer le mélange de certaines roches talqueuses, en soumettant pour la première fois, je crois, leur composition à des calculs mathématiques.

Dans la méthode que j'ai adoptée, le corps électro-négatif domine et sert de type ; mais je n'en ai pas moins conservé la double expression, en renvoyant la dénomination basique à celle qui est désignée par l'acide ou l'élément négatif.

La chimie, écartée autrefois de nos études générales, en est devenue, grâce à la marche ascendante de l'esprit humain, la branche la plus importante ; elle s'est glissée peu à peu, et comme furtivement d'abord, dans les sciences d'observation, et porte aujourd'hui sa lumière dans toutes les recherches de l'histoire naturelle. La minéralogie s'est laissé entrainer elle-même à cet ascendant : depuis Bromel, elle s'est incorporée à la chimie générale, dont elle fait partie sous le nom de chimie inorganique, et n'a gardé de son caractère de science spéciale que ce qui est relatif à l'aspect, à la composition et à la forme géométrique des espèces minérales, et à leur manière d'être dans le sein de la terre.

Encore ces derniers vestiges de son intégrité lui sont-ils vivement disputés par la géognosie, qui, laissant à peine à la minéralogie la précision et la distribution analytique des détails, s'empare de ces détails pour les grouper synthétiquement et découvrir la structure du globe ; et même par la géogonie qui s'approprie, à son tour, les découvertes de celles-ci pour jeter les premières fondations de l'histoire ancienne du globe.

C'est ainsi que le cercle que je m'étais d'abord tracé s'étendait et s'élargissait autour de moi : j'avais dans l'origine pensé à la minéralogie simple ; la chimie revendiquait l'art de distinguer les caractères des espèces, et la géologie s'emparait des

(1) *b* représente ici les bases protoxydées.

genres, et allait fouiller dans les strates les plus profondes pour y chercher les fossiles, sortes de médailles d'un monde antique éteint depuis des milliers de siècles.

Bon gré, mal gré, j'ai cédé à la pente, et je me suis trouvé entraîné à publier un dictionnaire de minéralogie et de géologie, nécessairement très-abrégé quant à cette dernière science.

J'ai donné à la géogonie l'attention que mérite cette partie hypothétique, qui prend néanmoins de jour en jour plus de caractère d'exactitude; mais je me suis bien gardé d'admettre des opinions hasardées, assez ordinaires dans les investigations de cette nature, investigations dont le but est de remonter à l'origine des choses.

Une dernière partie m'a paru devoir accompagner les dénominations et descriptions minéralogiques et géologiques : c'est l'explication des termes employés dans la métallurgie et dans l'art d'exploiter les mines. Cette partie pourra être utile aux mineurs et aux propriétaires d'établissements métallurgiques.

J'ai la conscience d'avoir fait un ouvrage utile. Puissé-je ne m'être pas trompé!

DICTIONNAIRE

DE

MINÉRALOGIE.

A

AABAM (*Alchimie*), m. Nom que les alchimistes donnaient au plomb.

ABADIR, ABADDIR ou **ABDIR** (*Minéralogie historique*), m. Pierre que Cybèle présenta à Saturne lors de la naissance de Jupiter, et que Saturne avala, croyant dévorer ses fils. C'est le nom arabe d'une pierre nommée *bétyle* qui était adorée dans l'Orient, et dont on ne connaît pas la description. On peut en trouver l'étymologie ou dans *Abadir*, qui signifie père magnifique, ou dans *abu dir*, pierre ronde.

ABBADINI (*Minér.*), m. Nom italien des ardoises destinées à la couverture des maisons. Les *abbadini* sont exploités dans les carrières de Gênes.

ABRAXAS (*Minéralogie ancienne*), m. Pierre précieuse gravée, et présentant des caractères particuliers. Elle se portait chez les anciens comme un amulette.

ABRAZITE (*Minér.*), f. Hydrosilicate d'alumine, de chaux et de potasse, décrit sous le nom de *gismondine*.

ABROTONOÏDE (*Paléontologie*), m. Variété de coralloïde à vésicules poreuses, d'un gris jaunâtre, ayant quelque ressemblance avec l'aurone. Du grec *abrotonon*, aurone; *éidos*, forme. Quelques auteurs écrivent à tort *abrotanoïde*.

AC (*Minér.*), m. Nom suédois vulgaire d'une variété d'*amphibole* qu'on rencontre dans le marbre de Gillebeck, en Norwége.

ACADIALITE (*Minér.*), f. Variété de *chabasie* de la Nouvelle-Écosse, offrant la réunion du rhomboèdre obtus de 94° 46' et du rhomboèdre équiaxe.

ACANTHIODE (*Paléontol.*), m. Variété de *glossopètre* qu'on croit être une dent d'anguille. Ce nom, dû à sa forme pointue, vient du grec *akantha*, épine; *éidos*, forme.

ACANTOÏDE (*Minér.*), f. Cette substance, qui n'a encore été trouvée que dans une téphrine provenant de l'éruption du Vésuve en 1831, est d'un blanc rougeâtre, en petites aiguilles très-déliées. Sa composition est inconnue.

ACANTICONE, m.; **ACANTICONITE, AKANTICONITE**, et mieux **AKANTHICONITE**, f. (*Minér.*), du grec *akantha*, épine; variété bacillaire de l'*épidote*.

ACCIDENT (*Minéral.*), m. Changement ou modification dans l'allure régulière d'une couche ou d'un filon. Les accidents qui affectent les couches appartiennent à deux causes distinctes : ou ils sont le résultat du dépôt, et alors ils présentent des phénomènes plus ou moins réguliers et prévus, tels que l'*inclinaison*, les *plis*, les *nerfs*, etc.; ou ils sont dus à un mouvement violent postérieur à l'époque du dépôt, et alors ils forment des *brouillages*, des *crains*, des *couflées*, des *failles*, des *étranglements*, des *renflements*, quelquefois même des *disparitions* totales.

ACCROCHEUR DE SONDE (*Exploitation*), m. Branche de sonde destinée à recevoir les parties restées dans le trou de sondage. La *caracole*, la *cloche*, la *souricière*, sont des accrocheurs, qui sont employés suivant que la tige de sonde est cassée au-dessus ou au-dessous d'un épaulement.

ACCROISSEMENT DES CRISTAUX (*Cristallographie*), m. Propriété des cristaux de grossir sans changer de forme, de manière qu'en même temps que de nouvelles couches les enveloppent de toutes parts et causent l'augmentation extérieure, le cristal primitif qui sert de noyau s'accroît aussi de son côté, en conservant toujours le même rapport symétrique avec le cristal entier.

ACERDÈSE (*Minér.*), f. *Oxyde de manganèse*, ainsi nommé par M. Beudant, du grec *akerdês*, non profitable, à cause du peu d'utilité dont il est dans les arts. Voyez le mot OXYDE DE MANGANÈSE.

ACÉTABULE (*Paléont.*), m. Variété de polypier ayant la forme d'un champignon attaché par sa tige ou son pédicule à un rocher plongé dans la mer, du grec *akê*, pointe; *bôlitês*, champignon. C'est aussi le nom d'un glossopètre fossile appartenant aux terrains modernes, et dont les analogues sont encore vivants.

ACHMITE (*Minér.*), f. Variété de *silicate de fer*.

ACHYRITE (*Minér.*), f. Variété aciculaire, ou en fibres déliées (du grec *achyron*, paille), du cuivre dioptase décrit au mot SILICATE DE CUIVRE.

ACICULAIRE (*Minér.*), adj. Forme aciculaire, texture aciculaire, se présentant sous forme d'aiguilles fines. Ces aiguilles sont des cristaux prismatiques allongés, quelquefois revêtus d'un pointement. Lorsqu'ils sont isolés, ou groupés ensemble, on conserve le mot *aciculaire*, et l'on dit du minéral qu'il est en cristaux aciculaires, en masse aciculaire; mais lorsque les aiguilles sont droites et parallèles, de manière à donner au minéral une apparence fibreuse, on dit qu'il est en masse *bacillaire*. Le tissu *fibreux* appartient à certains minéraux dans lesquels la cristallisation a été arrêtée par un obstacle, et n'a pu se développer assez complétement pour produire des aiguilles; on dit que le minéral est en masse bacillaire ou fibreuse *rayonnée*, quand les aiguilles ou les fibres convergent vers un centre : cela arrive surtout pour les substances en rognons, en mamelons, qui sont alors en *masse radiée*. Les minéraux qui ont la structure aciculaire, bacillaire ou fibreuse, forment trois classes : ceux qui sont solubles dans l'eau, ce sont des sels; ceux qui ont l'éclat métallique, et ceux qui n'ont point d'éclat et offrent une apparence pierreuse.

Minéraux solubles dans l'eau :

Sulfate d'alumine,	Sulfate de zinc,
Aluns,	— de soude,
Hydrochlorate d'ammoniaque,	Carbonate de soude,
Nitrate de chaux,	Sel gemme,
Sulfate de cobalt,	Nitrate de potasse,
— de cuivre,	Polyhalite,
— de fer,	Sulfate de magnésie.

Minéraux ayant l'éclat métallique :

Acerdèse,	Haidingérite,
Plagionite,	Jamesonite,
Argent natif,	Mésotype,
Arsenic natif,	Sulfure de nickel,
Sulfure de bismuth,	Pyrolusite,
Cuivre natif,	Zinkénite.

Minéraux ayant l'éclat pierreux :

Alunite,	Kakoxène,
Amiante,	Karpholite,
Amphibole,	Kirwanite,
Actinote,	Krokidolite,
Anglésite,	Lignite,
Oxyde rouge d'antimoine,	Carbonate de manganèse,
Arragonite,	Mésolite,
Orpiment,	Mésotype,
Arsénio-sidérite,	Natrolite,
Asbeste,	Némalite,
Carbonate de baryte,	Okénite,
Sulfate de baryte,	Orthite,
Brochantite,	Pectolite,
Breislakite,	Phyllite,
Bucholzite,	Arséniate de plomb,
Arséniate de chaux,	Arséniure de plomb,
Carbonate de chaux,	Carbonate de plomb,
Sulfate de chaux,	Chloro-carbonate de plomb,
Arséniate de cobalt,	Phosphate de plomb,
Commingtonite,	Plomb sulfato-carbonaté,
Cotumnite,	Prehnite,
Arséniate de cuivre,	Pycnite,
Carbonate de cuivre,	Pyrophyllite,
Chlorure de cuivre,	Pyrorthite,
Hydro-phosphate de cuivre,	Diopside,
Oxydule de cuivre,	Quartz,
Cuivre velouté,	Raphilite,
Disthène,	Scolézite,
Dyclasite,	Sillimanite,
Édelforsite,	Stilbite,
Épidote,	Carbonate de strontiane,
Carbonate de fer,	Sulfate de strontiane,
Hydroxyde de fer,	Talc,
Hématite,	Carbonate de tellure,
Fibrolite,	Oxyde de titane,
Gabronite,	Tourmaline,
Hydro-boracite,	Trémolite,
Idocrase,	Wawélite,
Carbonate de zinc,	Webstérite,
Oxyde de zinc silicifère,	Zoïzite.
Sulfure de zinc.	

ACIDES (*Minéralogie chimique*), m. Du grec *akis*, génitif, *akidos*, pointe, à cause de la saveur piquante des substances. Quoique les acides en général jouent un très-grand rôle dans la nature inorganique, nous pensons que leur histoire appartient plus particulièrement à la chimie; nous nous contenterons ici de décrire ceux qui se trouvent libres dans les roches, et nous suivrons, pour cette description, l'ordre alphabétique, comme étant plus en rapport avec la forme de dictionnaire que nous avons adoptée.

ACIDE BORACIQUE OU BORIQUE. Substance blanche, en paillettes nacrées, onctueuses au toucher, faciles à écraser, très-volatiles; fusible à la flamme d'une bougie en un globule de verre qui s'électrise résineusement par le frottement, et sans être isolé; soluble dans l'alcool, auquel il communique la propriété de brûler avec une flamme verte ; insoluble dans l'acide nitrique ; donnant par sa fusion avec le cobalt un produit d'un beau violet, et avec le chrome une masse vitreuse verte ; densité : 1.479 lorsqu'il est naturel et cristallisé, et 1.83 lorsqu'il est fondu. L'acide borique est composé de

Bore.	31.22
Oxygène.	68.78
	100.00

d'où l'on tire la formule atomique BO^3, représentant un atome de bore uni à trois atomes d'oxygène. Mais il admet presque toujours dans sa composition trois atomes d'eau, et forme alors un *acide borique hydraté*, connu sous le nom de *sassoline*, de Sasso, dans le comté de Sienne. Sa formule est alors $BO^3 + 2$ Aq, ou, en poids :

Bore.	17.62
Oxygène.	38.86
Eau.	43.52
	100.00

L'acide borique fut découvert en 1702 par Hombert, et considéré comme un corps simple jusqu'en 1808, époque à laquelle MM. Gay-Lussac et Thenard parvinrent à le décomposer. Il se trouve sur les bords des Lagoni, ou petits lacs de Toscane, en dissolution dans les eaux, ou solidifié sur les rives ; il s'échappe quelquefois de terre avec de la vapeur d'eau et de l'hydrogène carboné, et constitue les *fumarolles*. M. Lucas fils l'a découvert en efflorescence dans l'intérieur du cratère de *Vulcano*, où il se trouve non-seulement blanc, mais encore coloré par le soufre. Lorsqu'on le trouva pour la première fois au Tibet, les naturels le prirent pour du savon. Cette substance est employée dans la pharmacie.

ACIDE CARBONIQUE. Synonymie : *acide calcaire*, *acide crayeux*, *acide méphitique*, *acide aérien*, etc. Substance gazeuse, composée essentiellement de carbone et d'oxygène, dans la proportion de 1 atome de carbone pour 2 atomes d'oxygène ; — incolore, inodore, éteignant les corps en combustion, asphyxiant. — Il est soluble dans l'eau, à laquelle il donne un petit goût aigrelet ; il forme dans l'eau de chaux un précipité blanc qui se redissout dans un excès d'acide ; il possède la propriété de faire mousser les liquides, et de faire effervescence dans les acides, lorsqu'il s'y dégage des bases avec lesquelles il est combiné. — Sa densité est 1.5196 (celle de l'air étant 1), et sa composition est

Carbone.	27.30
Oxygène.	72.70
	100.00

dont la formule atomique est $CO^2 = 275.12$.

L'acide carbonique se trouve à l'état de gaz pur dans quelques grottes, telles que celle du Chien, près de Naples ; dans celle de Typhon (Asie Mineure), celle d'Aubenas (Ardèche), la cave du mont Joli (Auvergne) ; il s'échappe avec force de certaines cavités du sol volcanique ancien, comme on le voit auprès de Royat (Puy-de-Dôme) ; il existe dans certaines exploitations souterraines, où il apparaît subitement et asphyxie les ouvriers ; les éruptions volcaniques le produisent en plus ou moins grande quantité, notamment les volcans des Andes, dont il est un produit constant. Il se trouve à l'état de mélange dans l'air atmosphérique, dont il ne forme plus aujourd'hui que 0.00315 à 0.00574, mais dans la composition duquel il a dû entrer pour une partie énorme, à une époque très-reculée. Il existe en dissolution dans certaines eaux minérales gazeuses, telles que l'eau de Seltz, celle de Vichy, du Mont-Dor, de Châtel-Guyon, de Pozello près de Pise, de Spa, de Saint-Parise, de Pyrmont, de Pougues, etc. ; c'est à sa présence dans certaines sources que les eaux doivent la propriété de dissoudre certains carbonates, qu'elles déposent sous forme de concrétions lorsque l'acide carbonique se dégage. Les produits curieux des fontaines de Sainte-Allyre et de Saint-Nectaire, dans l'Auvergne ; les dépôts de plusieurs sources en Normandie, et même à Saint-Cloud ; les stalactites de carbonate de chaux et d'albâtre ; l'engorgement des tuyaux de fonte de certains conduits d'eaux minérales, etc., sont dus à cette curieuse réaction. — Enfin, l'acide carbonique joue un des rôles les plus importants dans certaines roches de la croûte terrestre, dans la composition desquelles il entre en forte proportion ; il forme alors les *carbonates* qui couvrent une immense partie du globe.

ACIDE CHLORHYDRIQUE. Synonymie : *acide hydrochlorique*, *acide marin*, *acide muriatique*, *esprit de sel*, *chlorure d'hydrogène*, etc. Substance gazeuse, incolore, à odeur vive et piquante, répandant des vapeurs blanches dans son contact avec l'atmosphère, dont il absorbe l'humidité ; éteignant les corps en combustion. — Cet acide est soluble dans l'eau, à laquelle il communique la propriété de rougir le papier de tournesol. Cette solution précipite le nitrate d'argent en un chlorure blanc qui noircit bientôt à la lumière et se dissout dans l'ammoniaque. — Sa densité est 1.2847, et sa composition :

Chlore.	97.26
Hydrogène.	2.74
	100.00

qui répond à la formule HCl.

L'acide chlorhydrique, qui offre le phénomène remarquable de se volatiliser par la chaleur, existe dans l'atmosphère qui environne les volcans en activité ; il se trouve dans certaines eaux du même voisinage, et a été rencontré à l'état d'hydrochlorate de cuivre dans quelques laves du Vésuve ; quelques ruisseaux qui coulent des environs de ce volcan sont chargés de cet acide. Il réagit sur les roches volcaniques, et les recouvre d'une couche jau nâtre, assez semblable à du soufre, mais qui n'est qu'un muriate de fer insoluble. Il entre dans la combinaison du sel ammoniaque, et forme des chlorures dans les eaux de la mer.

ACIDE SULFUREUX. Corps gazeux, incolore, d'une odeur suffocante d'allumettes brûlées; il est soluble dans l'eau et rougit la couleur de tournesol, qu'il décolore ensuite; il a la propriété d'éteindre les corps en combustion. Sa densité est 2.24, et sa composition :

Soufre.	50.10
Oxygène.	49.90
	100.00

ou SO^2. C'est le premier degré d'oxydation du soufre, dont le second est SO^3 (*acide sulfurique*). — L'acide sulfureux est le produit de la combustion du soufre; il se dégage abondamment des solfatares et de certains volcans en activité; mais, par son contact prolongé avec l'air, il ne tarde pas à se transformer en acide sulfurique. — On met à profit, dans les incendies de cheminées, sa propriété d'éteindre instantanément le feu, en jetant du soufre sur le brasier du foyer. On l'emploie dans les arts au blanchiment de la soie et de la paille des chapeaux; il enlève les taches de fruits sur le linge. Il sert surtout à produire l'acide sulfurique.

ACIDE SULFURIQUE. Synonymie : *huile de vitriol*. Acide incolore, à saveur brûlante; ordinairement liquide, oléagineux lorsqu'il est concentré par l'évaporation; noircissant les corps végétaux presque instantanément. Densité, 1.85. — Cet acide ne se congèle que par un froid de 4 à 5° au-dessous de zéro; — il cristallise en prismes hexaèdres pyramidés; il donne de l'acide sulfureux par l'action d'une substance charbonneuse ou végétale. Sa composition est, suivant Berzelius :

Soufre.	40.09
Oxygène.	59.91
	100.00

d'où la formule $SO^3 = 500.75$.

L'acide sulfurique a été trouvé en Toscane, dans une grotte des environs de Sienne, où il imprègne des concrétions de chaux sulfatée. Il forme quelquefois aussi des concrétions cristallines sur du carbonate de chaux; dans d'autres grottes il est mêlé avec de l'eau, et suinte à travers les parois et les voûtes : c'est ainsi qu'il pénètre sur plusieurs points du Rio-Vinagre, au moyen des roches riveraines d'où il découle, et qui sont en communication avec des terrains volcaniques. Sa solution y est la cause de l'absence de poissons dans différentes parties du Rio. M. Leschenaud l'a trouvé dans un lac du mont Idenne, à Java; il y est mélangé à quelques sulfates et à un peu d'acide hydrochlorique. L'acide sulfurique est le principe acidifiant des *sulfates*, genre important de substances minérales.

Tels sont les principaux acides qui se rencontrent à l'état libre dans la nature, ou qui jouent un rôle important dans la composition des roches et des minéraux. Nous croyons devoir renvoyer au Dictionnaire de M. Hoefer pour les acides qui ne se rencontrent qu'à l'état de combinaison, et sont moins du domaine de la minéralogie que de celui de la chimie. Tels sont notamment ceux qui suivent :

ACIDE CRÉNIQUE, trouvé dans les eaux d'une fontaine, circonstance de laquelle il tire son nom (*krênê*, fontaine). Le seul minéral qui contienne cet acide est un hydrochlorate de cuivre, découvert par M. Jackson.

ACIDE HUDÉSEUX, découvert par M. Jonhston dans la *pigotite*, et dont la formule à l'état anhydre est $C^{12} H^5 O^8$.

ACIDE NITRIQUE, à l'état de combinaison dans certains sels naturels qui tous sont solubles dans l'eau; il existe également dans les gouttes de pluie qui tombent par un orage accompagné de beaucoup d'éclairs; sa formation est, en ce cas, attribuée à la combustion de l'azote par la foudre. M. Ducros en a trouvé de petites quantités dans des grêlons qui avaient une saveur piquante.

ACIDE PHOSPHORIQUE, formant des sels importants connus sous la dénomination de phosphates.

Nous renvoyons au mot HYDROGÈNE SULFURÉ les acides auxquels on a quelquefois donné les noms qui suivent :

ACIDE HYDROGÈNE SULFURÉ,
ACIDE HYDROSULFURIQUE,
ACIDE HYDROTHIONIQUE,
ACIDE SULFHYDRIQUE.

Quant à diverses autres substances minérales qui jouent quelquefois le rôle d'acides, ou qui portent improprement ce nom dans quelques traités, nous croyons devoir les renvoyer à des dénominations plus naturelles. Tels sont les corps ci-après :

ACIDE ANTIMONIEUX. *Voy.* OXYDE D'ANTIMOINE.

ACIDE ARSÉNIEUX. *Voy.* OXYDE D'ARSENIC.

ACIDE MOLYBDIQUE. *Voy.* OXYDE DE MOLYBDÈNE.

ACIDE SCHÉELIQUE. *Voy.* OXYDE DE TUNGSTÈNE.

ACIDE SILICIQUE. *Voy.* SILICE.

ACIDE STANNIQUE. *Voy.* OXYDE D'ÉTAIN.

ACIDE TANTALIQUE. *Voy.* OXYDE DE TANTALE.

ACIDE TITANIQUE. *Voy.* OXYDE DE TITANE.

ACIDE TUNGSTIQUE. *Voy.* OXYDE DE TUNGSTÈNE.

ACOPIS (*Minér. anc.*), m. Du grec *a*, augmentatif; *kópa*, collier. Pierre précieuse du temps de Pline, employée aux ornements de la toilette. Elle était limpide, et avait des taches d'or. Cette description ne se rapporte à aucune substance connue aujourd'hui.

ACTINOCRINITE (*Paléont.*), m. Genre de polypiers fossiles, ayant trois espèces, qui se trouvent dans les terrains anciens.

ACTINOLITE (*Minér.*), f. Variété verte d'*amphibole* qui autrefois faisait une espèce à part. Elle est ordinairement bacillaire et radiée, ce qui lui a valu son nom, emprunté au grec *aktin*, rayon, *lithos*, pierre. On rapporte à cette variété celle dite *asbestoïde*, qui est en masse et en cristaux capillaires, élastiques, groupés; celle *cristallisée*, où en prismes très-allongés et obliques, striés ou aciculaires; celle *vitreuse*, en cristaux hexaèdres, striés en travers.

ACTINOTE (*Minér.*), m. Variété verte de l'*amphibole*, en cristaux aciculaires, bacillaires, allongés. C'est le synonyme d'actinolite.

ADAMAS (*Minér. anc.*), m. Nom du diamant chez les anciens, du grec *a* privatif, et *damaô*, je dompte, qu'on ne peut user ni brûler. Les peuples de l'antiquité prétendaient même qu'on ne pouvait le rompre sur une enclume, à moins de le tremper dans le sang frais d'un bouc.

ADAMIQUE (*Minér.*), adj. *Voy.* TERRE ADAMIQUE.

ADAPIS (*Paléont.*), m. Genre de mammifères fossiles des terrains modernes.

ADARCÉ (*Minér. anc.*), m. Nom donné par les anciens au sel qui s'attache aux rochers battus par la mer.

ADÉLITE (*Minér.*), f. Du grec *a* privatif, et *dêlos*, visible, difficile à voir; par allusion aux aiguilles fines ou aux fibres délicates de ce minéral, que Bergman a nommé *zéolite siliceuse*, et d'autres *zéolite en aiguilles*, et qui est une véritable *mésotype* aciculaire.

ADINOLE (*Minér.*), m. Nom donné par M. Beudant à une variété de *pétrosilex* en masse compacte et serrée (du grec *adinos*, compacte), couleur rouge de sang, qui provient du Salberg, en Suède, et dont nous donnons l'analyse au mot PÉTROSILEX. Sa densité est de 2.689.

ADIPOCIRE MINÉRALE (*Minér.*), f. *Hatchétine;* cire fossile décrite au mot SUIFS DE MONTAGNE.

ADULAIRE (*Minér.*), m. Feldspath adulaire, feldspath. de potasse, rencontré dans une branche du Saint-Gothard qui portait anciennement le nom d'Adule.

ÆDELFORSITE (*Minér.*), f. Variété de *stilbite* contenant de la chaux et du fer. C'est une zéolite rouge qui se trouve à Ædelfors.

ÆGIRINE (*Minér.*), f. *Voy.* ÉGIRINE.

ÆGYPTUM (*Minér. anc.*), m. Nom donné par les anciens au marbre rouge antique.

ÆQUINOLITE (*Minér.*), f. Variété d'obsidienne et de feldspath; résinite en rognons sphéroédriques isolés, et soudés ensemble. Ce minéral est le même que la *sphérolite*, et doit son nom à sa régularité symétrique.

AÉRAGE DES MINES (*Minér.*), m. Moyen de procurer de l'air pur dans les travaux souterrains. Ces moyens se réduisent aux *cloisons d'aérage*, aux *tuyaux d'aérage*, aux *ventilateurs*, aux *fourneaux d'appel*.

AÉRO-HYDRE (*Minér.*), m. Variété de *quartz hyalin* qui renferme intérieurement, dans ses cavités, des bulles d'air et d'un liquide qu'on a cru être de l'eau (d'où le nom du minéral, du grec *aêr*, air; *udôr*, eau), et que Brewster a démontré être un bitume. Cette découverte peut servir à expliquer l'odeur empyreumatique de certains quartz, et la couleur du quartz enfumé.

AÉROLITES (*Minér.*), m. Synonymes: *météorites*, *bolides*, *pierres de foudre*, etc. Ces minéraux, dont l'existence appartient à un ordre d'idées étrangères à notre sujet, tombent sur la terre depuis la plus haute antiquité; on en a trouvé en Sibérie, près de la mine d'or de Pétropawlowsk, enfoncés à trente et un pieds de profondeur, et qui étaient bien antérieurs à la formation diluvienne; à Slaniez, dans les Karpathes occidentaux, il s'en est rencontré en telle quantité, qu'on a pu les employer dans les forges.

Les savants paraissent être d'accord aujourd'hui sur l'origine des pierres météoriques. On est disposé à les regarder comme une espèce de poussière du monde, ou des fragments de petites planètes qui, se trouvant errer dans l'espace, s'engagent dans notre système solaire, et circulent autour du soleil, jusqu'à ce que, cédant à l'attraction terrestre, elles se précipitent vers notre globe avec une vitesse capable de les enflammer, brûlent au contact de l'atmosphère, et tombent sur la surface de la terre, où elles s'enfoncent à des profondeurs diverses. Leur chute est accidentelle, et leur apparition en grand nombre paraît être périodique vers le milieu d'août et de novembre de chaque année. Les aérolites forment des masses plus ou moins arrondies, sans angles ni arêtes saillantes; ils sont le plus souvent recouverts d'un vernis ou croûte noire, vitreuse et luisante, qui semble avoir été fondue et avoir coulé à la surface du bolide. La texture du minéral est grossièrement grenue, à la manière du granit; la grosseur de ces grains cristallins le rend, comme les différents granits, plus ou moins dur et plus ou moins facile à égrener. La cassure des aérolites est grise, avec des grains plus foncés, et des veines noires qui proviennent de l'infiltration de la matière de la croûte.

La composition des aérolites n'est point uniforme. M. Rose, qui a soumis à l'analyse mécanique la météorite tombée à Juvenas en 1821, l'a trouvée composée de sept ou huit espèces de minéraux différents, qu'on retrouve d'ailleurs dans le calcul. Il est probable qu'en dépit des analyses faites par les chimistes, le fer ne se trouve pas dans ces minéraux à l'état purement d'oxyde, et que la plus grande proportion est du fer métallique. La pierre de Juvenas, analysée par M. Laugier, a donné :

Silice.	40.00
Alumine.	10.40
Oxyde de fer.	23 50
— de manganèse.	6.50
Chaux.	9.20
Magnésie.	0.80
Chrome.	1.00
Soufre.	0.50
Potasse.	0.20
Cuivre.	0.10
	92.20

L'expression atomique de cette analyse serait $2\ Al^2O^3\ (SiO^3)^3 + (CaO)^2\ SiO^3 + 2\ (CaO, FO)^3\ MnO^3$; mais pour se rendre compte de l'état des matières mélangées, il convient de la décomposer, et de supposer qu'une partie seulement du fer est à l'état d'oxyde. Cette décomposition conduira à la formule : $18\ Fe + 6\ Al^2O^3\ SiO^3 + 8\ CaO\ SiO^3 + (CaO)^2\ SiO^3 + (FeO)^2\ SiO^3 + 3\ FeO\ MnO$, savoir :

1° 18 parties de fer métallique : 18 Fe ;

2° 6 parties de feldspath calcaire : $6\ Al^2O^3\ SiO^3 + 6\ CaO\ SiO^3$;

3° 1 partie de pyroxène : $2\ CaO\ SiO^3 + (CaO)^2\ SiO^3$;

4° 1 part. de silicate bi-ferreux : $(FeO)^2\ SiO^3$;

5° 3 part. de manganate de fer : $3\ FeO\ MnO^3$.

Comme on le voit, il s'agit plutôt ici d'un mélange que d'une combinaison ; aussi, dans le grand nombre d'analyses faites d'aérolites, n'y en a-t-il pas deux qui se ressemblent. On peut néanmoins les diviser en deux espèces : ceux qui renferment un silicate d'alumine, et ceux dans lesquels c'est un silicate de magnésie qui domine. L'échantillon analysé par M. Laugier appartient à la première classe ; les analyses suivantes, à la seconde.

Et d'abord nous ferons observer que les aérolites magnésiens présentent deux compositions distinctes : l'une, dans laquelle un silicate bi-magnésique est uni à un silicate magnésique simple, union qui ne se trouve que dans une variété de saponite ; l'autre, dans laquelle le silicate bi-basique est allié à un silicate tri-aluminique, composition qui a quelque analogie avec la serpentine. La présence du fer et quelquefois du sous-sulfure ferrique est un caractère distinctif. Dans la première catégorie il convient de ranger les minéraux suivants, tombés à

	L'Aigle.	Chassigny.	Timochin.
Silice.	54.00	35.90	43.00
Magnésie.	9.00	32.00	22 00
Oxyde de fer.	36.00	31.00	00.00
Fer.	»	»	29.00
Soufre.	2.00	»	3.50
Oxyde de nickel.	1.00	»	»
Chaux.	3.00	»	0.50
Chrome ou oxyde.	»	2.00	»
Nickel.	»	»	0.50
Alumine.	»	»	»
Ox. de manganèse	»	»	0.25
	105.00	98.90	98.75

Ces analyses donnent lieu aux expressions atomiques suivantes :

La première, $4\ (MgO, FeO)^2\ SiO^3 + 12\ (FeO, NiO)\ SiO^3$.

La deuxième, $4\ (MgO, FeO)^2\ SiO^3 + 8\ MgO\ SiO^3 + 8\ Fe$.

La troisième, $4\ (MgO)^2\ SiO^3 + 9\ MgO\ SiO^3 + 3\ Fe^2S + 10\ Fe$.

Dans la seconde catégorie se trouvent les météorites dont les analyses présentent le silicate tri-basique ; savoir :

	PIERRES TOMBÉES A	
	Kostritz.	Erxleben.
Silice.	38.06	36.32
Magnésie.	29.93	23.58
Oxyde de fer.	4.90	5.58
Fer.	17.49	24.42
Soufre.	2.70	2.95
Alumine.	3.47	1.60
Oxyde de manganèse.	1.15	0.71
Nickel.	1.36	1.58
Chaux.	»	1.93
Chrome.	»	0.23
Soude.	»	0.74
	99.06	99.66

d'où l'on tire les formules atomiques suivantes :

La première, $4\ (MgO)^2\ SiO^3 + 8\ (MgO)^3\ SiO^3 + 2\ FeO\ (SiO^3)^2 + 2\ Fe^2S + 6\ Fe$.

La deuxième, $4\ (MgO)^2\ SiO^3 + 3\ (MgO)^3\ SiO^3 + 3\ FeO\ (SiO^3)^2 + 3\ Fe^2S + Fe$.

On avait trouvé, dans quelques météorites de l'Amérique, du chlorure de fer qu'on croyait être partie essentielle du minéral. M. Shepard a montré que cette substance n'y était qu'accidentellement, et que sa présence était une conséquence de l'altération que subissent les aérolites à la surface de la terre, sous l'influence du sel marin. Il a observé que la fonte de fer qui avait été exposée pendant longtemps dans la terre présentait la même propriété. Cependant les essais faits récemment par M. Jackson sur du fer météorique d'Alabama, et les analyses de M. Hayes, prouvent évidemment que le chlorure appartient bien au bolide. Berzelius en a conservé pendant un an dans sa collection ; au bout de ce temps, le papier sur lequel il reposait était pénétré de chlorure de fer. Il faut donc admettre, comme un fait reconnu, que le fer d'Alabama contient du chlorure ferreux, qui, sous l'influence de l'humidité et de l'air, se liquéfie et s'oxyde.

M. Haidinger a trouvé que dans les aérolites d'Ava la pyrite de fer est remplacée par du graphite, qui en conserve exactement la forme. Dans quelques-uns des cristaux convertis en graphite, on trouve encore des débris de pyrite de fer.

AÉROSITE (*Minér.*), f. Synonyme de l'argent rouge, décrit au mot SULFURE D'ARGENT. L'aérosite se trouve aux mines de Kolywan.

ÆRSTEDTIDE (*Minér.*), f. Variété de *titanate de zircon*, contenant du silicate de chaux et de magnésie.

ÆSCHYNITE (*Minér.*), f. Variété de *titanate de zircon*, accompagnée de divers tantalates.

ÆS USTUM (*Métall.*), m. Battiture résultant du travail du cuivre, et dont les artistes se servent pour colorer les émaux, les verres et les poteries en vert foncé. Ce nom, qui a été donné par les alchimistes, vient du latin *æs*, cuivre; *ustum*, brûlé.

AÉTITE (*Minér.*), f. *Pierre d'aigle*. Du grec *aétos*, aigle. Hydroxyde de fer; géode ferrugineuse. Ce nom vient de l'opinion très-ancienne que les aigles portaient cette géode dans leurs nids pour faciliter la ponte. C'est une masse creuse, à couches concentriques jaunâtres, mêlées de couches brunes, dont la cavité est quelquefois remplie d'un noyau, ou d'une matière pulvérulente, qui résonne lorsqu'on agite la géode. Lachmundus en a décrit neuf variétés, qui se rapportent plutôt aux géodes qu'à l'aétite proprement dite. Les anciens lui attribuaient des vertus médicinales, notamment dans les accouchements; ils donnaient au noyau intérieur le nom de *callyme*.

Voyez son analyse au mot *hydrate de fer* de l'article OXYDE DE FER.

AFFLEUREMENT (*Exploitation*), m. Extrémité d'une couche, d'un filon ou d'un dyke qui vient affleurer à la surface de la terre. Les affleurements se trouvent le plus ordinairement dans les ravins, les carrières, les roches escarpées, les torrents, etc. Ils indiquent la présence du minéral, mais ils ne font point préjuger sa richesse. Un petit fragment de cuivre gros comme une noisette suffit pour colorer de vert de gris un énorme rocher. Il n'y a cependant pas là de gîte exploitable.

AFTONITE (*Minér.*), f. Nom donné par M. L. Svanberg à un sulfo-stibiure de cuivre décrit au mot SULFURE DE CUIVRE, assez riche en argent; ce qui lui a valu le nom d'aftonite, du grec *aphnos*, richesse.

AGALLOCHITE (*Paléont.*), f. Fossile qui imite le tissu de l'aloès.

AGALMATOLITE (*Minér.*), f. Synonymes: *talc glaphique*; *pierre de lard*; *lardite*; *koréite*; *pagodite* de Beudant; *bildstein* des Allemands, etc. Minéral de couleur blanche, avec teintes rose, grise, jaune, verte, rouge ou brune très-claires; cassure inégale et esquilleuse; aspect mat; à grains très-serrés; rayant le gypse, se laissant rayer par le carbonate de chaux; sa densité est 2.815; elle est infusible, mais elle donne de l'eau au feu, et y devient dure, luisante et écailleuse. Elle se laisse facilement couper et modeler avec un couteau; aussi nous vient-elle de la Chine en petites statuettes et en pagodes qui servent d'ornement; c'est ce qui lui a fait donner son nom, du grec *agalmatos*, d'ornement; *lithos*, pierre; pierre d'ornement. Ses analyses ont donné:

	LOCALITÉS.		
	Chine.		*Nagyag.*
	Jaune.	Rouge.	Rouge.
Silice.	56.00	55.50	54.50
Alumine.	29.00	31.00	34.00
Potasse.	7.00	5.25	6.25
Chaux.	2.00	2.00	»
Protoxyde de fer.	1.00	1.25	0.50
Eau.	5.00	5.00	4.00
	100.00	100.00	99.25

donnant pour formule atomique: $3\ Al^2O^3\ SiO^3 + (KO, CaO, FeO)(SiO^3)^3 + 3\ Aq$.

On associe à l'agalmatolite un minéral vert passant au grisâtre et au brunâtre, qui est disséminé en petites masses dans une dolomie, à Possegen, près de Jamsberg, dans le Salzbourg. Kobell lui a donné le nom d'*onchosine*; ses caractères extérieurs ont beaucoup d'analogie avec l'agalmatolite; sa cassure est esquilleuse, son éclat gras; sa dureté est la même; elle pèse 2.810; sa composition est identique avec une agalmatolite rouge de la Chine analysée par Thomson, et que nous mettons en regard.

	Agalmatolite.	Onchosine.
Silice.	49.82	52.32
Alumine.	29.60	30.88
Potasse.	6.80	6.38
Chaux.	6.00	2.92
Protoxyde de fer.	1.50	0.80
Eau.	5.50	1.60
	99.22	96.00

donn. la formule $3\ Al^2O^3\ SiO^3 + (KO, CaO, FeO)^2\ (SiO^3)^3 + \left\{ \begin{matrix} 3 \\ 1 \end{matrix} \right\} Aq$, est presque identique avec les agalmatolites précédentes.

La *catlinite* des États-Unis peut encore se rapporter à la même espèce, quoique sa constitution atomique présente au premier coup d'œil une certaine différence. L'analyse faite par Jackson a donné:

Silice.	48.20
Alumine.	28.02
Protoxyde de fer.	5.00
— de manganèse.	0.60
Chaux.	2.60
Magnésie.	6.00
	90.42

et sa formule est $Al^2O^3\ SiO^3 + (MgO, FeO, CaO)\ SiO^3$.

AGAPHITE (*Minér.*), f. Variété bleu-ciel de la *turquoise*, décrite au mot PHOSPHATE D'ALUMINE.

AGARIC (*Paléont.* et *Minér.*), m. Variété de fongite en forme de champignons à couches concentriques, formées par des filaments pierreux. Ce nom est grec: *agarikon*; il désignait à Athènes une racine qu'on tirait d'Agarie, région de Sarmatie. Les anciens minéralogistes ont désigné, sous le nom d'*agaric* *minéral* (*agaricus mineralis* des pharmacies), une variété de craie ou de talc, fine, blanche, friable, douce au toucher, très-commune en Suisse, où on l'emploie à blanchir les maisons. On lui donne aussi le nom de *moelle de pierre* et de *lait de montagne*. C'est une variété de *carbonate de chaux*.

AGATE (*Minér.*), f. Troisième sous-espèce de la silice, dont le nom paraît venir du fleuve *Akatès* en grec, en latin *Achates*, aujourd'hui Drillo, en Sicile, sur les bords duquel les premières agates furent trouvées. Cette sous-espèce, qui a tous les caractères chimiques de la silice, est divisée en deux variétés : le *quartz agate*, ou agate grossière et en roche ; l'*agate* proprement dite, ou agate en concrétions.

Le *quartz agate grossier* a été désigné par Werner sous le nom de *quartz néopètre*. Il est blanc grisâtre, quelquefois bleuâtre, mais toujours d'une couleur claire ; il ne présente pas, comme l'agate, des traces de couches concentriques, quoiqu'il paraisse dû à des causes analogues ; il forme très-souvent la gangue des filons, comme au Huelgoat en Bretagne, à Schnéeberg en Saxe, à Schemmitz en Hongrie, à Hiendelencina en Espagne. On remarque, dans ce dernier endroit, que cette gangue est souvent stérile, et que le sulfure d'argent se trouve de préférence dans la baryte. Le quartz agate est mat et sans éclat ; sa cassure est esquilleuse ; il est transparent sur les bords. On a longtemps considéré cette roche comme un *pétrosilex* ; mais son infusibilité l'en a fait distinguer par Werner, qui, tout en conservant la dénomination de *hornstein* donnée à l'un et à l'autre, a cependant désigné le pétrosilex sous le nom de *hornstein fusible*, et le quartz agate sous celui de *hornstein infusible*.

L'*agate* proprement dite, ou *agate des bijoutiers*, est le produit de concrétions, et est toujours marquée par des couches de couleurs différentes, souvent des plus vives ; elle est presque toujours translucide, et sa cassure est esquilleuse à la manière de la cire. Lorsqu'elle est en nodules, la matière siliceuse s'est introduite par couches, et l'on aperçoit souvent le canal par lequel elle est entrée dans le moule. L'agate se trouve en stalactite dans les sources du Geyser, en Islande ; dans les environs de Clermont, elle forme des rosaces laiteuses souvent très-régulières. Sa pesanteur spécifique est de 2.60 à 2.70 ; sa cassure passe parfois à la cassure unie ; elle est translucide, et présente souvent des veines transparentes qui forment un passage au jaspe.

Quand les agates offrent des bandes ondulées de couleurs distinctes, on dit qu'elles sont *rubanées* ; quand les bandes sont épaisses et de couleurs bien tranchées, on les nomme *onyx* : si les couleurs sont irrégulièrement jetées, les agates sont *jaspées* ; ou *mousseuses*, si elles forment des herborisations. L'agate gris de perle, celle gris de fumée, celle bleuâtre, fortement translucides, portent le nom de *calcédoine* ; lorsque les couches sont concentriques, orbiculaires et diversement colorées, la calcédoine prend l'apparence d'un œil. Les anciens donnaient à cette jolie variété le nom d'*œil d'adad* ou *triophthalme*. C'est l'*agate œillée* des lapidaires ; celles rouge de sang, brun-jaune clair, et translucides, se nomment *cornalines* ; la *sardoine* est brun-foncé ou rouge-orangé ; la *saphirine* est bleu de ciel et translucide ; la *chrysoprase* est d'un beau vert de pomme ; l'*héliotrope*, d'un vert poireau foncé : le passage d'une de ces deux couleurs à l'autre forme le *plasma*. On donne à une certaine agate rubanée, dont les bandes sont disposées en cercle, le nom d'*œil de chat* ; l'*agate arborisée*, *herborisée* ou *dendritique*, forme des buissons, des arbres, des rameaux, qui ressemblent à des végétaux cryptogames, sur un fond de calcédoine ; quelquefois ses bandes se replient sur elles-mêmes, et forment des angles rentrants et saillants qui ont quelque ressemblance avec ceux des fortifications ; elle prend alors le nom d'*agate périgone*, ou d'*agate à fortifications* ; l'*agate ponctuée* présente un fond de calcédoine avec des points rouges ou bruns ; si le fond est vert avec des points rouges de sang, elle porte le nom vulgaire de *jaspe sanguin*. On nomme encore *agate léontine*, celle qui est fauve et ondée ; *pardalion*, celle qui est mouchetée comme la peau d'une panthère ; l'*agate sacrée* porte de petits points rouges sur un fond rouge-brun ; l'*agate brèche* présente des fragments d'autre agate empâtée dans le ciment siliceux : l'*agate fleurie* est blanche, translucide, et offre des filaments ou des dendrites entremêlées de pyrite ; l'*agate moka* est une variété d'agate arborisée qui paraît venir du golfe de Cambaye ; celle dite *panachée* est composée de calcédoine, de cornaline et de sardoine assemblées irrégulièrement ; certaine agate pâle et translucide semble renfermer des cheveux gris, et a pris le nom de *polithrix*, à poils gris ou blancs. Dutens a nommé *agate zoomorphyte* une variété de quartz qui offre des apparences de figures d'animaux plus ou moins distinctes ; enfin, pour finir cette longue liste, qui est cependant loin d'être complète, on donne le nom d'*agate thermogène* à une variété incrustante, un tuf siliceux, blanc ou rosé, taché d'oxyde de fer, à cassure terne, en masses concrétionnées, qui est déposé par les eaux alcalines bouillantes du Geyser et du Strock, en Irlande.

L'agate se trouve en filons et en nodules dans des terrains plus ou moins anciens. L'agate rubanée forme dans le grès rouge une amygdaloïde ou nodule creux, tapissé de cristaux hyalins. Presque toutes les agates employées dans le commerce sont tirées des carrières d'Oberstein.

Les anciens connaissaient un certain nombre de variétés d'agate, dont Pline nous a conservé les noms : la *jaspagate* (jaspachates), dont parle Aétius, était probablement le jaspe même ; la *ceragate*, ou agate couleur de cire, avait peu de valeur, suivant Marbodæus ; la *sardagate*, ou cornaline ; l'*æmagate*, dont la couleur était sanguine ; la *leukagate*, ou calcédoine ; l'*antagate*, qui donnait au feu l'odeur de la myrrhe ; la *coralloagate*, qui, d'après la description de Solin, paraît être une variété d'aventurine, etc., etc., sont soigneusement citées par Pline.

AGATHINE (*Paléont.*), f. Genre de colimacées, dont une espèce a été trouvée dans un dépôt marin.

AGE DES TERRAINS (*Géol.*), m. Age des diverses formations de roches ; ordre de succession des substances minérales stratifiées et non stratifiées, calculé par leur rang d'antériorité et les dispositions qui en dépendent.

AGELASTE (*Minér. historique*), f. Pierre célèbre dans l'Attique, sur laquelle la Fable prétend que s'assit Cérès, fatiguée de chercher sa fille. C'est là, suivant Pausanias, que commencèrent les fêtes Éleusiennes. Du grec *agelastos*, triste.

AGGLESTON (*Minér. hist.*), m. Pierre énorme ayant la forme d'un cône renversé, élevée par les anciens Bretons dans la presqu'île de Purbeck, en Angleterre.

AGNOSTE (*Paléont.*), m. Espèce de trilobite, représentant une ellipse tronquée. Il se trouve en quantité considérable dans un calcaire noirâtre, sublamellaire, fétide, des terrains d'ampélite, où il varie de grosseur, depuis celle d'un grain de moutarde jusqu'à celle d'un pois. On a remarqué que les individus d'un même banc de pierre sont tous de la même taille, et qu'ils sont si nombreux qu'ils donnent à cette roche calcaire l'apparence d'un oolite. Leur nom vient du grec *a* privatif, *gnôsis*, connaissance ; c'est-à-dire inconnu.

AGOLLOCHITE (*Paléont.*), m., ou **AGALLOCHITE**. Bois d'aloès pétrifié.

AGRÉGAT (*Géogn.*), m. Masse amorphe, composée de parties réunies par un ciment.

AGUSTITE (*Minér.*), f. Du grec *a* privatif ; *geuô*, je goûte, sans saveur, parce qu'on croyait anciennement que ce minéral avait la propriété de donner avec les acides des sels sans saveur. On a appliqué cette dénomination tour à tour au *phosphate de chaux* et à l'*émeraude*. Quelques auteurs disent **AGUSTINE** ; mais ce dernier mot s'employait plus spécialement pour désigner une terre que Tromsdorff retirait de la phosphorite.

AIGUE-MARINE (*Minér.*), f. Du latin *aqua*, eau ; *maris*, de la mer ; par allusion à cette variété d'émeraude qui est transparente et d'un beau vert d'eau. On la trouve en France, dans la Bretagne, la Vendée, l'Auvergne, le Limousin, etc. Les lapidaires distinguent les aigues-marines en deux variétés : celle dite *orientale* est plus fine, plus dure et plus belle que la variété *occidentale*.

AIGUILLES CRISTALLINES (*Minér.*), f. Cristaux aciculaires, de forme allongée et déliée qui appartient à certaines substances, telles que le sulfate simple d'alumine, qu'on ne peut jamais obtenir autrement. Quelquefois la cristallisation en aiguilles est due au degré de température de la solution au moment où le sel se forme : le nitrate d'ammoniaque s'obtient ainsi à volonté ; quelquefois la cristallisation en aiguilles dépend des solutions trop concentrées.

AIMANT (*Minér.*), m. Voyez *Oxydule de fer* au mot **OXYDE DE FER**. On donne le nom d'*aimant de Ceylan* à une variété de *tourmaline* qui acquiert, par la chaleur, la propriété attractive et polaire.

AIR (*Géolog.*), m. Substance gazeuse, transparente, invisible, inodore, insipide, pesante et compressible, qui forme une couche épaisse et enveloppe la terre de toutes parts. On donne plus particulièrement le nom d'*air* au mélange qui compose la couche, et celui d'*atmosphère* à l'enveloppe elle-même. Quoique l'air joue, à la longue, un rôle dans l'altération des roches, soit en modifiant leur couleur et leur texture à la surface, soit en prêtant son acide carbonique aux eaux qui rongent les dépôts calcaires, nous renvoyons aux traités de physique et de chimie pour ce qui regarde son action mécanique et sa composition. L'air en mouvement produit les vents, qui soulèvent, dans certaines parties du monde, des masses énormes de sables, les accumulent, en forment des collines ou des plages immenses. C'est à une cause semblable qu'est dû l'envahissement des landes. La mobilité de ces dépôts, qui avancent dans les terres de vingt à vingt-cinq mètres par année, produit les *dunes*, dont la marche n'est arrêtée que par des plantations vigoureuses, et qui dans les pays peu habités finissent par couvrir toutes les plaines voisines de la mer, et pénètrent à la longue dans l'intérieur à plusieurs centaines de lieues.

On donnait anciennement le nom d'*air fixe* à l'acide carbonique, à cause de sa pesanteur ; et celui d'*air puant* à l'hydrogène sulfuré, à cause de son odeur.

ALABANDA (*Minér.*), m. Marbre alabandique ; ce nom vient de la ville d'Alabanda, dans l'Asie Mineure, d'où les anciens l'extrayaient.

ALABANDINE (*Minér.*), f. Variété de *sulfure de manganèse*. Ce nom fut d'abord donné à une espèce de rubis-spinelle qui venait d'Alabanda, en Carie, et qu'on a depuis nommé, par corruption, *almandine*. C'est un grenat de fer transparent. Théophraste lui a donné le nom de pierre incombustible de Milet.

ALABASTRITE (*Minér.*), m. Variété saccharoïde de *sulfate de chaux*, avec laquelle on sculpte des vases, des statuettes, et diverses sortes d'ornements. Cette roche se tirait anciennement d'Alabastre, en Égypte. C'est de là que vient son nom. Les Grecs donnaient celui d'*alabastron* à des vases où ils mettaient les parfums. L'alabastrite se distingue du carbonate de chaux, en ce que le premier ne fait point effervescence dans les acides, se laisse rayer à l'ongle, présente en général une teinte d'un blanc mat un peu fade, et se change en plâtre lorsqu'on le calcine. Le poli dont il est susceptible, et qui le fait glisser entre les doigts, a fait penser aux étymologistes que son nom venait de *a* privatif, et *lambanô*, je saisis; c'est-à-dire qui ne peut être saisi. La première étymologie est beaucoup plus probable. L'alabastrite, dont le blanc est quelquefois très-éclatant, a été employé dans des monuments d'une certaine importance : on en a fait le mausolée du connétable de Lesdiguières, à Gap. L'hôtel de la monnaie à Paris, et la galerie de Rubens au Luxembourg, en possèdent des colonnes et des vases. On en trouve dans les basses Pyrénées; près d'Embrun, dans les basses Alpes; à Volterra, en Toscane; sur le fleuve Nise, et à Taormina, en Sicile; à Riquevire, dans le Haut-Rhin; dans l'île de Goze, près de Malte; à Château-Salins; à Lagay, près de Paris; au Piul, près de Madrid; etc.

Dans ces derniers temps on a employé avec succès l'alabastrite réduit en une sorte de gelatine, pour donner de la blancheur et ôter la transparence au papier; mais on ne doit l'employer que dans une faible proportion, car son emploi diminue sensiblement la solidité du papier.

ALALITE (*Minér.*), f. Variété cristallisée et transparente de *diopside*, décrite au mot PYROXÈNE, et qui se trouve dans la vallée d'Ala en Piémont. C'est de là que vient son nom, dont la terminaison *lite* est empruntée au grec *lithos*, pierre.

ALBÂTRE (*Minér.*), m. Nom appliqué quelquefois à l'*alabastrite* ou *sulfate de chaux*, variété *saccharoïde*. Les marbriers nomment ainsi le marbre blanc, carbonate de chaux, qu'ils distinguent par la dénomination d'*albâtre calcaire* ou *albâtre antique*. Celui-ci a des zones de différentes couleurs, et provient de concrétions stalactiteuses. Le mot albâtre a la même origine que celui d'*alabastrite*, à moins qu'on ne le fasse venir du latin *album*, blanc; ce qui est assez probable, attendu que les Latins savaient distinguer l'albâtre de l'alabastrite, ce qu'on ne trouve point chez les Grecs. Les variétés d'albâtre sont : celle *antique*, qui est unie et blanche, et dont les carrières près de Rome sont perdues; l'*albâtre oriental*, d'un blanc légèrement jaunâtre, demi-transparent, traversé de quelques veines laiteuses; l'*albâtre tacheté*, à taches inégales et irrégulières, produites souvent par la manière dont les blocs sont taillés. On en voit deux colonnes à l'entrée de la salle du Gladiateur, au Musée de Paris; l'*albâtre veiné* blanc, jaunâtre, formé de couches parallèles, dont les unes sont translucides, les autres opaques, et dont la structure est compacte et l'éclat gras. C'est l'*onyx* ou *onychite* des Grecs (*voy.* ces mots).

On exploite à Aracena, en Andalousie, un marbre uni, d'un blanc nébuleux, presque limpide, renfermant quelquefois des veines d'un jaune aurore, opaques; ou bien prenant une teinte verte translucide. On lui donne le nom d'*albâtre d'Aracena*; le palais de Madrid est décoré d'un marbre blanc, dit *albâtre de Malaga*, qui présente des veines jaunes de cire plus ou moins régulières, suivant le sens dans lequel il est scié; l'*albâtre de Bastia*, en Corse, est rubané de jaune plus clair ou plus foncé que le fond; la Sicile fournit plusieurs variétés d'albâtres calcaires : celle de *Caputo* est veinée de jaune clair et de blanc sale; celle de *Montréal* offre des veines d'un rouge vif, mêlées de bandes jaunes de diverses nuances; l'*albâtre de Saguna* est brun foncé, avec des veines plus claires; on exploite à *Sienne* un albâtre uni, jaune de miel et transparent; l'*albâtre de Volterra*, en Toscane, est tacheté d'un blanc sale veiné de noir foncé : c'est un *sulfate de chaux* qui a pour gisement la marne grise et bleuâtre de l'époque tertiaire, dans laquelle se trouvent des sources salées. C'est donc à tort que quelques minéralogistes l'ont décrit comme un albâtre antique. A *Trapani* on exploite un albâtre tacheté rose-clair; celui de *Monte Pellegrino* a des veines étroites jaunes et noires; il offre une variété d'un blanc sale avec des lignes jaunes, et une autre d'un jaune clair veiné de linéaments rouges; l'*albâtre de Malte*, qui est fort rare, est veiné de jaune clair et de blanc; une variété présente des ondes noires, brunes et blanches; une autre, jaune de miel, unie, presque transparente, analogue à l'albâtre de Sienne.

Quelques anciens lapidaires ont donné le nom d'*albâtre vitreux* à une variété de *fluorure de chaux* qui a l'apparence de l'albâtre.

ALBIN, m., ou **ALBINE**, f. (*Minér.*). Nom donné par Werner à une variété blanche d'*apophyllite* qui provient de Marienberg, en Bohême.

ALBIQUE (*Minér. anc.*), adj. Terre albique. Variété blanche de *terre sigillée*; sorte de craie analogue à l'*aguric minéral*.

ALBITE (*Minér.*), m. *Feldspath de soude*, d'un brun blanc.

ALCALI (*Minér.*), m. De l'arabe *kali*, préparer par le feu; à cause de l'ancienne manière d'obtenir la soude, en brûlant certaines plantes. Substance caustique, âcre, d'une saveur urineuse, se volatilisant à une certaine température, soluble dans l'eau, se combinant avec les acides et formant des sels, verdissant les couleurs bleues végétales, rougissant la couleur du curcuma. On regarde comme alcalis la *potasse*, la *soude*, l'*ammoniaque*, la *lithine*, la *baryte*, la *strontiane* et la *chaux*. On donne plus particulièrement le nom d'*al-*

cali minéral à un *carbonate de soude* que les anciens nommaient *alcali minéral aéré ; l'alcali minéral boracique* est un *borate de soude*, et celui *muriatique* est un *hydrochlorate;* la potasse, au contraire, prenait chez les anciens minéralogistes la dénomination d'*alcali végétal*.

ALCARRAZAS (*Minér.*), m. Vases poreux faits avec une argile calcaire, et dans lesquels les liquides acquièrent une grande fraîcheur, qui est due à la transsudation.

ALCYONITE (*Paléont.*), f. Sorte de fongite en forme de cylindre ou de cône, avec un chapeau fermé comme dans certains champignons.

ALEXANDRITE (*Minér.*), f. Nom donné par quelques minéralogistes à la *cymophane* de l'Oural, et par d'autres à la *phenakite*, en l'honneur de l'empereur Alexandre de Russie. Voyez les mots ALUMINATE DE GLUCINE et SILICATE DE GLUCINE.

ALIOS (*Géog.*), m. Nom donné dans la Gironde à une espèce de poudingue grossier, tantôt mou, tantôt extrêmement dur, formé de gros sablons liés par une argile ferrugineuse. Cette roche, lorsqu'elle est près de la surface du sol, s'oppose à la culture, et rend le terrain stérile.

ALLAGITE (*Minér.*), f. *Silicate de manganèse* uni à du carbonate du même métal.

ALLANITE (*Minér.*), f. Synonyme de *cérine*, décrite au mot SILICATE DE CÉRIUM.

ALLIAGE (*Métall.*), m. Union de deux ou de plusieurs métaux au moyen de la fusion. Les alliages ont une tendance générale à devenir cassants, même lorsqu'un métal ductile entre dans le mélange; ils ne conservent pas toujours la densité due aux métaux qui les constituent.

ALLOCHROÏTE (*Miner.*), m. Variété de grenat, d'une couleur plus foncée que les autres; du grec *allos*, autre; *chroa*, couleur. C'est le *grenat mélanite*, que nous décrivons au mot GRENAT.

ALLOÏTE (*Minér.*), f. Variété de tuf volcanique ou de pouzzolane.

ALLOMORPHITE (*Minér.*), m. Variété de *sulfate de baryte*, décrite sous ce titre. Son nom vient du grec *allos*, autre, et *morphé*, forme; parce que la présence du sulfate de chaux en altère quelquefois la forme primitive.

ALLOPHANE (*Minér.*), f. Variété d'argile, hydro-silicate d'alumine, dont les premiers échantillons furent trouvés par MM. Reinman et Rœpert, à Saalfield, en Thuringe; ce qui lui fit donner le nom de *reinmanite*. C'est une substance opaline, blanche quand elle est pure, colorée en bleu par du cuivre carbonaté, ou en jaune brun par de l'hydrate de fer; sa cassure est conchoïde; sa pesanteur spécifique est de 1.88 à 1.90; elle est rayée par la fluorine et raye le gypse; elle indique des clivages parallèles aux faces d'un prisme rhomboïdal; elle se résout en gelée dans l'acide nitrique; elle ne fond point au chalumeau; elle y abandonne de l'eau en abondance, se boursoufle, et tombe ensuite en poussière. Sa composition résulte des analyses suivantes :

	Beauvais.	Saalfield.	Gersbach.	Firmy.
Silice.	26.30	21.92	24.11	23.76
Alumine.	34.20	32 20	38.76	39.68
Eau.	38.00	41.30	35.75	35.74
Carbon. de cuivre.	»	3.06	2.33	0.65
Oxyde de fer.	»	0,28	»	»
Ox. de manganèse.	»	»	»	»
Carbon. de chaux.	»	0.73	»	»
Sulfate de chaux.	»	0.51	»	»
	98 50	100.00	100 95	99.83
atomes d'eau représentés par *m*	39	36	32	32

Ces analyses répondent aux formules :
Les deux premières :

$$4\ Al^2O^3\ Si\ O^3 + Al^2O^3\ H^2O + m\ Aq$$

les deux secondes :

$$8\ Al^2O^3\ SiO^3 + Al^2O^3\ H^2O + 32\ Aq.$$

ALLOTROPIE (*Cristall.*), f. Nom donné par Berzelius à l'état particulier du carbone dans le *diamant*.

ALLOTROPIQUE (*Cristall.*), adj. Nom donné par M. Breithaupt à un rhomboèdre de carbonate de chaux dont l'angle est de 107° 11', qui raye l'apatite et se laisse rayer par le feldspath, et dont la pesanteur spécifique est de 2.992. Son nom est emprunté au grec *allos*, autre; *tropos*, tournure.

ALLUAUDITE (*Minér.*), f. Nom donné par quelques auteurs au *phosphate de fer hydraté*, plus connu sous le nom de *dufrénite*.

ALLURE (*Minér.*), f. Manière d'être des filons ou des couches minérales dans le sein de la terre. On dit aussi l'allure d'un feu ou d'un fourneau, pour désigner sa manière de se comporter lorsque les matières y sont soumises à quelque opération métallurgique.

ALMANDIN, m., ou **ALMANDINE**, f. (*Miner.*). Voyez GRENAT ALMANDIN. Ce nom est une corruption du mot *alabandine*, fait d'Alabanda, ville de l'Asie Mineure, où fut trouvé ce grenat.

ALMAS (*Minér.*), m. Nom du *diamant* chez les Orientaux. C'est probablement le même mot que l'*adamas* des Grecs.

ALOUETTE DE MER (*Paléont.*), f. Fossile d'un oiseau dont une espèce a été trouvée dans les terrains postérieurs à la craie.

ALQUIFOUX (*Minér.*), m. Nom donné au *sulfure de plomb*, employé pour la couverture ou le vernissage des poteries. Le minéral pulvérisé est délayé dans l'eau jusqu'à ce qu'il acquière la consistance d'une bouillie; on y plonge ensuite la poterie qui a reçu une première fusion; elle s'y couvre d'une couche d'alquifoux, qui forme un enduit très-adhérent par l'exposition à un feu violent. En y ajoutant de l'oxyde de manganèse, on donne à la couverture une couleur brune ou chinée; avec de l'oxyde de cuivre elle devient verte. Dans l'Orient les femmes se servent d'alquifoux réduit en poudre impalpable, mêlé avec le noir de fumée, pour se teindre les sourcils et les cils des yeux.

ALSTONITE (*Minér.*), m. Nom donné par M. Breithaupt à la *barito-calcite* d'Alston-Moor, dans le Cumberland.

ALUMINATE DE GLUCINE (*Minér.*), m. Synonymes : *cymophane*, *chrysolite orientale*, *chrysopale*, *chrysobéryl*, etc. Minéral d'un jaune verdâtre ou d'un vert d'émeraude, quelquefois complétement hyalin; rayant la topaze, se laissant rayer par le corindon; sa densité varie entre 3.689 et 3.733; sa cassure est inégale, conchoïde, et légèrement vitreuse; il est infusible au chalumeau. Sa forme primitive est, d'après M. Descloizeaux, un prisme rhomboïdal droit de 119° 51', dont les dimensions sont 1 : 4 : : 62 : 55. Sa composition ressort des analyses suivantes, dues à MM. Awdjew et Damour :

	LOCALITÉS.		
	Brésil.	Sibérie.	Haddam.
Alumine.	78.10	78.92	76.99
Glucine.	17.94	18.02	18.88
Peroxyde de fer.	4.46	3.12	4.12
Oxyde de chrome.	»	0.36	»
Oxyde de cuivre et de plomb.	»	0.29	»
Sable.	»	»	1.10
	100.50	100.71	101.09

Ces analyses conduisent à la formule Gl^2O^3 Al^2O^3.

La cymophane se trouve en cristaux roulés dans les sables de Ceylan et du Brésil, où se rencontrent les topazes et les corindons; on l'a recueillie à Haddam, dans le Connecticut; elle existe aussi dans l'Oural en beaux cristaux verts.

ALUMINATE DE MAGNÉSIE (*Minér.*), m. Synonymes : *alumine magnésiée*, *rubis spinelle*, *ceylanite*, *candite*, *pléonaste*, etc. Ce minéral, de couleurs très-variées et généralement très-vives, a pour forme primitive le cube; il présente deux formes dominantes, l'octaèdre et le dodécaèdre; sa cassure est conchoïde, son éclat vitreux; ses variétés blanches, rouges, violettes et bleues, sont hyalines ou translucides; celles vertes et noires sont opaques. L'aluminate de magnésie raye le quartz, et est rayé par le corindon; sa pesanteur spécifique est de 3.523 à 3.585. Il est infusible, et inattaquable par les acides. Au feu, les variétés rouges deviennent noires et opaques; elles passent au vert en se refroidissant, puis deviennent incolores, et enfin retournent au rouge.

La variété rouge ponceau est connue des joailliers sous le nom de *rubis spinelle*; le *rubis balais* est d'un rose violacé, d'un rouge de vinaigre. Sa composition est :

Alumine.	69.01
Magnésie.	26.21
Silice.	2.02
Protoxyde de fer.	0.71
Oxyde de chrome.	1.10
	99.05

dont la formule atomique est MgO^1 Al^2O^3.

Un peu plus de fer donne à ce minéral une teinte bleuâtre. Tel est le spinelle trouvé à Aker en Sudermanie, et analysé par Abich; sa composition a été trouvée de

Alumine.	68.94
Magnésie.	25.72
Protoxyde de fer.	3.49
Silice.	2.25
	100.40

La présence de la chaux ou du protoxyde de fer en proportion considérable détermine la couleur verte. Le *spinelle* d'Amity, analysé par Thomson, et la *ceylanite*, en offrent l'exemple. La *ceylanite* est d'un vert foncé, et se présente en cristaux octaèdres opaques.

	D'Amity.	Ceylanite.
Alumine.	62.79	65.00
Magnésie.	17.87	13.00
Chaux.	10.56	2.00
Protoxyde de fer.	»	16.50
Silice.	4.59	2.00
Calcaire.	2.80	»
Eau.	0.98	»
	99.59	98.50

Dans le *spinelle pléonaste*, remarquable par sa couleur et sa forme dodécaédrique régulière, le peroxyde de fer est à l'état d'aluminate, et donne la composition suivante, trouvée par Abich :

Alumine.	67.46
Peroxyde de fer.	25.94
Magnésie.	5.06
Silice.	2.38
	100.84

Ce minéral est un véritable aluminate de fer, uni à un aluminate de magnésie, répondant à la formule $3\ Fe^2O^3\ (Al^2O^3)^3 + 2\ MgO^1\ Al^2O^3$.

Dans le *chlorospinelle* de l'Oural, le peroxyde de fer se substitue à une portion d'alumine, et joue le rôle d'isomorphe. Il se présente en petits octaèdres d'un vert d'herbe, infusibles au chalumeau. Sa pesanteur spécifique est de 3.594, et sa composition a été trouvée, par Rose, de :

Alumine.	64.13	57.34
Peroxyde de fer.	8.70	14.77
Magnésie.	26.77	27 69
Oxyde de cuivre.	0.27	0.62
Chaux.	0.27	»
	100.14	100.42

Ces analyses conduisent à la formule MgO (Al^2O^3, Fe^2O^3).

Outre les éléments ordinaires du spinelle,

M. Breithaupt a trouvé de l'oxyde de zinc dans le pléonaste de Bodenmais.

Les aluminates de magnésie appartiennent à divers terrains : les variétés rouges et vertes se trouvent disséminées dans les granites; les gneiss et les roches amphiboliques, les cristaux se rencontrent de préférence dans les sables provenant de la destruction de ces terrains. M. Dufrénoy en a recueilli des quantités considérables dans les lavages de Pyriac, en Bretagne. Le spinelle noir existe dans les roches volcaniques de la Somme, dans celles du Puy, de la haute Loire; on l'a rencontré à Snarum, en Norwége.

ALUMINATE DE PLOMB HYDRATÉ (*Minér.*), m. Syn. : *plomb-gomme, plomb hydro-alumineux, plomgomme* de Beudant, *blei-gummi* des Allemands. Minéral d'un gris jaunâtre, d'un blanc rougeâtre, ou d'un jaune verdâtre; en petites concrétions globuleuses, assez semblables à des gouttes de gomme; son éclat est résineux, sa cassure conchoïde et testacée; il raye la fluorine, et se laisse rayer par le feldspath; sa densité est de 4.88; au chalumeau il perd de l'eau, blanchit, et se fritte; avec la soude il se réduit; il est soluble dans l'acide nitrique bouillant. Sa composition résulte des deux analyses suivantes, dues à MM. Dufrénoy et Berzelius :

	LOCALITÉS.	
	La Huissière.	Huelgoat.
Oxyde de plomb.	37.51	40.14
Alumine.	34.23	37.00
Eau.	16 13	18.80
Phosphate de plomb.	7.79	»
Gangue.	2.11	2.60
	97.77	98.54

Ces analyses conduisent à la formule PbO $Al^2O^3 + 6$ Aq.

La présence du plomb-gomme au milieu des phosphates de plomb, et l'altération de la couleur de ceux-ci, qui semblent être en relation intime avec l'aluminate, ont fait penser à M. Damour que le plomb-gomme pourrait bien n'être que le résultat de la concentration de l'hydrate d'alumine par une action électro-chimique, et que ce minéral serait alors une combinaison de cet hydrate avec un phosphate de plomb. Les trois analyses suivantes semblent indiquer la marche de cette décomposition :

	Plomb phosphaté.		Plomb gomme.
Chlorure de plomb.	8.24	9.18	2.27
Acide phosphorique.	12.05	15.18	8.06
Oxyde de plomb.	62.15	70.85	35.40
Alumine.	11.05	2.88	34.32
Eau.	6.18	1.24	18.70
Chaux.	»	»	0.80
Oxyde de fer.	»	»	0.20
Acide sulfurique.	0.25	0.40	0.30
	99.92	99.73	100.05

La première de ces analyses conduit à l'expression atomique : $4(PbO)^3P^2O^5 + Al^2O^3(H^2O)^3$, qui indique une grande quantité de phosphate associé à un cinquième d'hydrate d'alumine.

La seconde répond à la formule $(PbO)^3 P^2O^5 + Al^2O^3(H^2O)^3 +$ Aq, dans laquelle déjà la proportion de phosphate n'est plus que de moitié, et qui peut être mise sous cette forme : $(PbO)^2 P^2O^5 +$ PbO $Al^2O^3 + 4$ Aq.

La troisième enfin peut être exprimée par $2(PbO(Al^2O^3)^2 + 6$ Aq$) +$ PbO $P^2O^5 + 2 Al^2O^3(H^2O)^3$; formule qui montre que déjà le plomb-gomme s'est mis à découvert, mais qu'il reste encore dans la combinaison un peu de phosphate de plomb et d'hydrate d'alumine.

De cette dernière formule à celle que nous avons donnée comme appartenant au plomb-gomme pur, il n'y a plus qu'un faible pas.

Dans ces déductions, nous avons considéré le chlorure de plomb comme accidentel et à l'état de mélange.

ALUMINATE DE ZINC (*Minér.*), m. Syn. : *gahnite, spinelle zincifère, automalite*, etc. Minéral d'un vert foncé, en octaèdres réguliers dans un schiste talqueux; il raye le quartz et se laisse rayer par le corindon; sa densité est de 4.232; son éclat est vitreux; sa cassure est conchoïdale; il est translucide sur les bords; infusible seul au chalumeau, il donne, avec la soude, une auréole de fumée de zinc. Sa composition est, suivant Abich :

	LOCALITÉS.	
	Francklin.	Fahlun.
Alumine.	57.09	55.14
Peroxyde de fer.	»	5.85
Oxyde de zinc.	34.80	30.02
Protoxyde de fer.	4.55	»
Magnésie.	2.22	5.25
Silice.	1.22	3.84
Manganèse.	trace	»
Cadmium.	»	trace
	99.88	100.10

La formule qui découle de ces analyses est (ZnO, MgO, FeO) (Al^2O^3, Fe^2O^3).

Peut-être faut-il rapporter à l'aluminate de zinc le minéral nommé *dysluite* qui accompagne la franklinite et le fer oxydulé à Sterling, dans la Nouvelle-Jersey; sa couleur est d'un jaune brunâtre, variant d'intensité; il est disséminé dans un calcaire noir; il raye la fluorine et est rayé par le feldspath; sa densité est de 4.55; il se brise facilement par le choc, et présente une cassure vitreuse; au chalumeau il rougit sans se fondre; avec le borax, il donne un verre transparent, de couleur grenat. Sa composition est, d'après Thomson :

Alumine.	30.49
Oxyde de fer.	41.93
Protoxyde de manganèse.	7.60
Oxyde de zinc.	16.80
Silice.	2.97
Eau.	0.40
	100.19

En considérant les oxydes métalliques comme étant au minimum d'oxydation, on trouve pour la formule de ce minéral (FeO, MnO, ZnO)^3 Al^2O^3.

Mais Rammelsberg prétend que le fer est ici tout à la fois à l'état de peroxyde et de protoxyde; il donne à l'analyse de Thomson cette forme :

Alumine.	30.49
Peroxyde de fer.	27.98
Protoxyde de fer.	12.88
— de manganèse.	7.60
Oxyde de zinc.	16.80
	95.40

Cette nouvelle combinaison conduit à (ZnO, FeO, MnO) (Al^2O^3, Fe^2O^3), identique avec l'expression de la gahnite.

ALUMINE (*Minér.*), f. Oxyde d'aluminium des chimistes, dont le nom est emprunté au latin *alumen*, alun. Cette terre est composée théoriquement de deux atomes d'alumine et trois atomes d'oxygène; son symbole atomique est Al^2O^3, et le poids de son atome 641.80.

L'alumine ne se trouve jamais à l'état de pureté dans la nature; elle contient toujours quelque oxyde terreux. Elle porte alors le nom de *corindon*, et son caractère distinctif est de rayer tous les corps, excepté le diamant. Ce minéral est infusible au chalumeau, et inattaquable par les acides; sa pesanteur spécifique est de 3.70 à 4.16; sa forme primitive est un rhomboèdre aigu. Il possède la réfraction double, et reçoit par le frottement la vertu électrique, qu'il conserve quelquefois pendant une ou deux heures.

Le corindon se présente sous trois aspects : ou il est hyalin, et il est alors connu sous le nom de *télésie*; ou il est opaque, et il porte celui de *spath adamantin*, ou *harmophane*, ou enfin il est granulaire, et il sert dans les arts sous le nom d'*émeri*. Ces trois dénominations, qui appartiennent à Werner, ont été remplacées chez les minéralogistes modernes par celles de *corindon hyalin*, *corindon lamelleux*, et *corindon granulaire*.

Le corindon hyalin n'est pas toujours diaphane, il n'est souvent que transparent; sa cassure conchoïde est éclatante dans un sens; son aspect est vitreux; sa forme la plus générale consiste en deux dodécaèdres triangulaires isocèles; il est susceptible d'être taillé, et fournit des pierres précieuses, qui prennent des noms différents, suivant les diverses couleurs.

Le corindon incolore est appelé saphir blanc; celui bleu d'azur, saphir oriental; celui bleu indigo, saphir indigo; le corindon d'un beau rouge cramoisi ou rose, rubis oriental; le jaune fournit la topaze orientale; le vert, l'émeraude orientale; le violet, l'améthyste orientale. Ces couleurs ne sont pas toujours uniformément répandues : elles se dégradent peu à peu, et quelquefois même, surtout dans les saphirs, la couleur bleue s'arrête tout à coup.

La pesanteur spécifique du corindon est un moyen de reconnaissance, puisqu'elle varie avec la couleur : le bleu pèse 3.979; le rubis, 3.909; le vert, 3.949; le violet, 3.921. Leur composition résulte des analyses suivantes :

	Rubis par	*Saphirs par*	
	Chenevix.	Klaproth.	Vauquelin.
Alumine.	97.60	98.50	92.00
Oxyde de fer.	0.80	1.00	2.40
Silice.	1.20	»	4.80
Chaux.	»	0.50	»
	99.60	100.00	99.20

Le corindon harmophane est d'un gris brûnâtre, jaunâtre, verdâtre; quelques échantillons sont roses, mais toujours d'un teinte sale et d'une transparence imparfaite; son tissu est éminemment lamelleux; sa cassure présente des lamelles dans trois sens, et ses clivages conduisent à un rhomboèdre aigu sous l'angle de 86° 8'; ses cristaux les plus ordinaires sont en prismes hexaèdres.

Les diverses variétés d'harmophane, ou spath adamantin, sont : le cristal basé, qui offre un octaèdre irrégulier; le prisme hexaèdre, dont les angles sont rarement nets; la variété laminaire; celle compacte, celle fusiforme, en dodécaèdre bipyramidal très-allongé.

Klaproth a donné les deux analyses suivantes du spath adamantin :

	LOCALITÉS.	
	Chine.	Bengale.
Alumine.	84.00	89.50
Oxyde de fer.	7.50	1.25
Silice.	6.50	5.50
	98.00	96.25

On peut déjà remarquer que le corindon harmophane, beaucoup moins transparent que celui hyalin, est aussi plus chargé de terres étrangères à l'alumine.

Le corindon granulaire ou *émeri* est mat; sa couleur est le gris de fumée, le gris bleuâtre, le brun foncé; sa cassure est unie, ou inégale et opaque; sa dureté est son principal caractère; il est souvent associé avec du fer oxydulé, ce qui lui donne une action sensible sur l'aiguille aimantée; il est aussi mélangé de mica. Sa composition est, suivant

	M. Tennant;	M. Vauquelin :
Alumine.	86.00	53.85
Oxyde de fer.	4.00	24.66
Silice.	3.00	12.66
Chaux.	»	1.66
	93.00	92.81

Le corindon hyalin n'a point encore été trouvé sur place; on le ramasse dans les alluvions et dans le sable des rivières. C'est ainsi qu'on le recueille à Ceylan, au Pégu, et en France à Expailly, près du Puy; l'harmophane appartient aux terrains anciens de la Chine, du Pégu, du Bengale, du Carnate, du Tibet, du Malabar; on le trouve en Suède, dans le fer oxydulé de Gellivara; au Saint-Gothard, près de Chamouny; à Mozzo, sur le mont Baron; dans le val de Seissara; etc. L'émeri venait anciennement de Naxos, d'où on le transportait à Jersey pour le moudre; on en exploite aujourd'hui à Ochsenhopf, en Saxe. L'émeri sert à polir les corps durs et à tailler les pierres fines.

L'alumine est quelquefois combinée avec de l'eau, et forme deux hydrates : l'un qui a pour type la *gibsite*, hydrate aluminique des chimistes, exprimé par la formule Al^2O^3 $(H^2O)^3$; l'autre qui est représenté par le *diaspore*, ou hydrate tri-aluminique, exprimé par Al^2O^3 H^2O. Ces combinaisons sont décrites au mot HYDRATE D'ALUMINE.

Dans certaines substances l'alumine joue le rôle d'acide, et forme deux sortes d'aluminates : ceux de protoxyde, tels que le *rubis spinelle* et la *gahnite*; et ceux de peroxyde, tels que la *cymophane* et l'*aluminate de fer*. (Les premiers ont pour formule bO Al^2O^3, bO étant la base protoxydée qui ici représente la magnésie ou l'oxyde de zinc); les seconds s'expriment par B^2O^3 Al^2O^3, forme dans laquelle B^2O^3 désigne la glucine ou le peroxyde de fer. On trouvera la description de ces corps au mot ALUMINATE, qui précède. Quant aux combinaisons de magnésie, de zinc et de glucine, l'aluminate de fer est si intimement lié avec les mélanges siliceux, que nous avons dû le décrire au mot SILICATE DE FER. Quant à l'*aluminate de plomb*, connu sous le nom de *plomb-gomme*, c'est un corps dans lequel l'alumine contient six fois autant d'oxygène que la base métallique, et qui est en outre associé à six atomes d'eau. Il forme donc une exception au milieu des aluminates; c'est ce qui a fait supposer qu'il pourrait bien n'être que le résultat de la concentration de l'hydrate d'alumine.

ALUMINE BORATÉE (*Minér.*), f. *Voy.* BORATE D'ALUMINE.

ALUMINE HYDRATÉE (*Minér.*), f. *Voy.* HYDRATE D'ALUMINE.

ALUMINE MAGNÉSIÉE (*Minér.*), f. *Voy.* ALUMINATE DE MAGNÉSIE.

ALUMINE NATIVE (*Minér.*), f. Nom donné anciennement au *sulfate d'alumine*, décrit à ce titre sous le nom de *websterite*.

ALUMINE PHOSPHATÉE (*Minér.*), f. *Voy.* PHOSPHATE D'ALUMINE.

ALUMINE SULFATÉE (*Minér.*), f. *Voy.* SULFATE D'ALUMINE.

ALUMINITE (*Minér.*), f. Variété de *sulfate d'alumine*. Le nom d'aluminite a été également donné à un *hydro-silicate d'alumine*, plus connu sous le nom de *collyrite*.

ALUMINIUM (*Chimie minér.*), m. Métal élémentaire qui sert de base à l'alumine, ou oxyde d'aluminium. C'est le premier des métaux terreux qui ait été obtenu à l'état métallique. Il n'existe point dans la nature, et on ne l'a encore obtenu dans les laboratoires qu'en poudre grise, qui, broyée dans un mortier d'agate, se comprime, et forme des paillettes brillantes et blanches comme l'étain. Chauffé au rouge dans l'air, il brûle vivement, s'oxyde, et forme l'*alumine*. Son symbole atomique est Al, et son poids = 170.90.

ALUMINOXYDE (*Chimie minér.*), m. *Voy.* ALUMINE, ou oxyde d'aluminium des chimistes.

ALUMO-CALCITE (*Minér.*), m. Nom donné par Kersten à un *silicate d'alumine* hydraté très-siliceux, et que M. Dufrénoy rapporte aux *halloysites*. C'est une argile d'un blanc de lait, tirant sur le bleu ou le jaune; sa cassure est esquilleuse; elle happe fortement la langue, et devient demi-translucide quand on la plonge dans l'eau. Elle renferme, suivant Kersten :

Silice.	66.60
Alumine.	22 20
Oxyde de fer.	6.2[illegible]
Eau.	4.00
	99.0[illegible]

composition qui répond à la formule

$$2\,(Al^2O^3\,(SiO^3)^3 + Aq) + FeO\,SiO^3.$$

L'alumo-calcite a été trouvée à Lybenstock, dans l'Erzgebirge.

ALUN (*Minér.*), m. *Sulfate alcalin d'alumine*. Sous ce dernier titre nous avons décrit plusieurs sortes d'alun, et nous avons prouvé que les alcalis s'y remplaçaient dans des proportions exactement égales. Dans le commerce et dans les arts industriels, on ne considère comme alun que le sulfate d'alumine qui contient de la potasse. On le prépare de différentes manières : quand il se rencontre à l'état d'efflorescence, comme dans la solfatare de Naples, on le recueille et on le fait dissoudre, pour le précipiter ensuite à l'état de cristallisation. A la Tolfa, en Italie, on calcine la pierre d'alun à une douce chaleur, on la lessive, et on évapore. Les cristaux ainsi recueillis portent le nom d'*alun de Rome*. C'est ainsi qu'on traite la terre d'alun et les fossiles bitumineux qui en contiennent. En France on fabrique l'alun de toutes pièces : on dissout l'alumine dans l'acide sulfurique, et l'on ajoute du sulfate potassique à la dissolution; puis on fait cristalliser par évaporation.

L'usage de l'alun, dont le nom grec, *als*, signifie *sel*, est assez étendu : il sert de mordant pour la teinture des étoffes et le fixage des couleurs : on l'emploie pour clarifier les liqueurs; c'est un excellent astringent pour les hémorragies, et pour restreindre les chairs qui se boursouflent sur le bord des blessures.

ALUN DE PLUME (*Minér.*), m. Variété fibreuse de *sulfate de fer* uni à du *sulfate d'alumine*.

ALUN DE ROCHE (*Minér.*), m. Alun de la ville de Roca, en Syrie, où jusqu'au quinzième siècle on fabriqua exclusivement l'alun qui se consommait en Europe.

ALUN DE ROME (*Minér.*), m. Alun provenant du gîte d'*alunite* de la Tolfa, près de Civita-Vecchia, dans les États romains. Il s'obtient au moyen du lavage et du grillage. Cet alun était autrefois très-estimé dans le commerce, parce qu'il est exempt d'oxyde de fer, qui, quoiqu'en faible proportion, exerce toujours une influence nuisible sur plusieurs couleurs.

ALUNITE (*Minér.*), f. Roche de *sulfate d'alumine*, d'où l'on tire, en grande partie, l'alun du commerce.

ALUNOGÈNE (*Minér.*), m. Nom donné par M. Beudant au *sulfate d'alumine*, d'où se tire l'alun : du grec *als*, sel ; *gennaô*, j'engendre.

AMALGAMATION (*Métall.*), f. Du grec *ama*, ensemble ; *gamos*, alliance. Opération par laquelle on met une certaine quantité de mercure en présence d'un minerai d'argent pulvérisé et préparé, et l'on obtient un amalgame d'argent qu'on traite ensuite par la chaleur. Ce traitement, employé longtemps pour les matières riches, est appliqué aujourd'hui, à froid et à chaud, pour les sulfures et les minerais pauvres. On commence par les griller, bocarder et porphyriser ; puis on mélange le résultat avec du muriate de soude, pour former, d'une part, du sulfate d'alcali, et de l'autre du muriate d'argent. Au Mexique on ajoute encore du *magistral*, que l'on mélange de suite, ou vingt-quatre heures après la formation des boues, dites *torta*. Après cette première opération, on met six fois autant de mercure que l'on doit obtenir d'argent ; on remue, et on attend qu'il se forme un amalgame sec, ce qui se reconnaît en en essayant une petite quantité. Ce premier amalgame dure quinze, vingt et trente jours. Lorsqu'il est bien formé, on ajoute encore du mercure peu à peu, et jusqu'à ce que l'amalgame ne se solidifie plus, ce qui demande une dizaine de jours. Le magistral sert à activer l'amalgame et à le réchauffer, suivant l'expression des ouvriers ; si cependant il allait trop vite, ce qui se reconnaît à une pellicule gris-foncé qui se forme, on y verserait de la chaux ou des cendres. Une fois l'amalgame achevé, on ajoute de nouveau du mercure, et on lave dans des cuves en bois ; puis on filtre dans des chausses de toile. L'amalgame liquide passe ; l'autre est comprimé dans des marquettes, des moules triangulaires en bois ; on en forme des tourtes qui sont placées les unes sur les autres sous des cloches de fer ou de bronze superposées à un courant d'eau froide, et entourées de charbon. On pousse le feu pendant huit ou dix heures, et le mercure volatilisé va se condenser dans l'eau ; on fond le résidu, qui est de l'argent presque pur ; on le coule en lingots. Cette opération est ce que les Américains nomment *beneficio de patio*, exploitation en cour, parce qu'en effet elle s'opère dans une vaste cour dont le sol a été bien battu, et est imperméable à l'eau et au mercure. Dans l'Amérique du Sud on se sert du procédé à chaud, ou *beneficio de cazo*, exploitation en chaudière. Après avoir réduit le minerai en poussière grossière, on le verse dans un cazo, ou chaudière de cuivre, placée au-dessus d'un foyer ; on ajoute de l'eau pour former une bouillie, et on allume le feu. Quand le mélange commence à bouillir, on ajoute le sel marin, et l'on remue sans cesse. Alors on jette le mercure dans la cuve, en suivant la proportion de deux parties de mercure pour une partie d'argent, et on continue jusqu'à ce que l'épreuve annonce que l'amalgame est complet. On verse alors le tout dans une eau courante ; les terres sont entraînées, et le métal amalgamé reste. L'opération s'achève enfin comme pour le résultat du *beneficio de patio*.

AMALGAME NATIF OU NATUREL (*Minér.*), m. Nom vulgaire de l'amalgame d'argent. Le mot amalgame vient du grec *ama*, ensemble ; *gamein*, marier, unir : union de deux métaux.

AMALGAME D'ARGENT (*Minér.*), m. Synonymie : *argent amalgamé*, *mercure argental*, *natülicher amalgam* de Werner, *arquérite*, etc. Substance essentiellement composée d'argent et de mercure, d'un beau blanc d'argent, et appartenant au système cristallin régulier. Au chalumeau, le mercure se volatilise, et il reste sur le charbon un bouton métallique d'argent. — Les deux variétés d'amalgame, le *mercure argental* et l'*arquérite*, présentent d'assez grandes différences pour que beaucoup de bons esprits aient cru devoir en faire deux espèces distinctes.

Le *mercure argental* a toujours l'éclat métallique ; il est en cristaux, en masses amorphes, ou en plaques ; il raye le gypse, et est rayé par le carbonate de chaux ; sa densité est 14.119 ; frotté sur une lame de cuivre, il lui communique une couleur argentée ; il donne, dans un tube, du mercure par distillation ; il est fragile, et sa cassure est conchoïde. Sa forme cristalline la plus habituelle est le dodécaèdre régulier ; cependant on le trouve sous la forme unitaire, c'est-à-dire, en octaèdre dont toutes les arêtes sont remplacées par des facettes, en dodécaèdre dit *biforme*, où six angles solides sont remplacés par des facettes carrées, en lamelles tapissant de petites fentes, en grains, en filaments contournés, etc. — On a rencontré les plus beaux cristaux et les plus belles lames à Moschel-Landsberg, les uns implantés sur les psammites, les autres appliqués sur l'argile colorée et endurcie ; on dit aussi qu'il en existe à Roseneau, en Hongrie.

L'*arquérite* d'un blanc d'argent est souvent terne à la surface, à moins qu'elle ne soit en plaquettes ou en cristaux ; elle est malléable, plus tendre que l'argent fin, et se laisse couper au couteau ; sa densité est 10.8s ; elle est soluble dans l'acide nitrique. Sa forme cristalline est l'octaèdre régulier ; elle se trouve souvent en petits cristaux disposés en dendrites ou en aiguilles fines dendritiques, groupées autour d'un octaèdre dont les arêtes se trouvent indiquées par les pointes des aiguilles.

La composition de ces deux variétés d'amalgame est :

	Mercure argental.	Arquérite.
Argent.	36	86.50
Mercure.	64	13.50
	100	100.00

répondant aux formules Ag Hg^2 et Ag^6 Hg, qui expliquent l'énorme différence de densité des deux minéraux.

AMAS (*Minér.*), m. Manière d'être de certaines substances minérales dans le sein de la terre en morceaux notables, mais sans continuité et sans forme déterminée. L'origine des amas est liée à celle des filons; mais ils appartiennent à des phénomènes géogéniques plus puissants; ils ont plus de connexion avec les formations ignées. Lorsque les amas sont lenticulaires, allongés, ils portent plus spécialement le nom d'*amas-couches ;* ils sont souvent entre deux couches de roches, qui les resserrent au point qu'on les prendrait pour une couche, sans le manque de continuité qui se découvre tôt ou tard.

AMAUSITE, AMAUZITE ou **AMAUTITE** (*Minér.*), f. Variété de *pétrosilex* d'un blanc grisâtre, à cassure esquilleuse, trouvée à Ædelfors, en Suède.

AMAZONITE (*Minér.*), f. Variété verte de *feldspath*, opaque, susceptible d'un beau poli, renfermant de petites paillettes luisantes, plus pâles que la masse. On l'a rencontrée près du fleuve des Amazones, dans l'Amérique méridionale. Elle existe dans l'Orient, en Sibérie, aux monts Ourals, etc. Elle a été confondue à tort avec le jade.

AMBIA (*Minér.*), m. Nom donné dans l'Inde au *bitume.*

AMBLYGONE (*Cristall.*), adj. Qui a un angle obtus; du grec *amblus*, obtus; *gônia*, angle.

AMBLYGONITE (*Minér.*), f. Variété blanche du *phosphate d'alumine*, en masses lamelleuses, dont les clivages se coupent sous l'angle obtus de 105° 48'; ce qui lui a fait donner son nom. *Voy.* PHOSPHATE D'ALUMINE.

AMBRE (*Minér.*), m. Ancien nom du *succin*; de l'arabe *anbar*, qui a la même signification.

AMÉLITHYSONILES (*Minér. anc.*), m. Nom que donne Pline à une pierre précieuse qui paraît être un grenat rouge.

AMÉTHYSTE (*Minér.*), f. Variété violette du *quartz hyalin*, qui tire son nom du grec *amethystos*, formé de deux mots : *a* privatif, *methyô*, je suis ivre. Suivant Pline, on donnait ce nom aux pierres de couleur du vin altéré ou modifié. Quelques étymologistes prétendent qu'on en faisait des vases qui ne servaient pas au vin; l'étymologie serait alors : *a* privatif; *méthy*, vin : sans vin. Il est plus probable que ce nom vient de ce qu'on attribuait à cette pierre précieuse la propriété de préserver de l'ivresse; ce qui expliquerait pourquoi les Romains s'en mettaient au doigt pendant leurs libations. Cette pierre était en grande vénération chez les Juifs; elle paraît avoir été placée sur le *rational* d'Aaron au troisième rang, suivant plusieurs versions, et notamment le *Rabboth-schemoth*, qui la nomme Hamisin, pour *Hamitisin*; elle orne, chez les chrétiens, l'anneau pastoral des évêques ; elle est quelquefois en masse assez considérable pour qu'on puisse en faire des colonnettes et des ornements d'incrustation; l'améthyste foncée a une certaine valeur pour la bijouterie; elle se marie très-bien avec l'or. Les améthystes les plus estimées viennent du Brésil et de la Sibérie. L'Espagne, l'Allemagne, l'Auvergne, en produisent aussi. Soumise à une forte chaleur, l'améthyste perd sa couleur; lorsqu'on la plonge dans l'eau, cette couleur semble fuir les bords de la pierre et se reporter vers le milieu. Sa composition est :

Silice.	97.50
Alumine.	0.25
Oxyde de fer.	0.50
— de manganèse.	0.25
	98.50

C'est, comme on le voit, de la silice colorée par l'oxyde de manganèse.

Le nom d'améthyste a été donné à plusieurs minéraux qui n'appartiennent point au quartz ; tels sont :

L'AMÉTHYSTE BASALTINE, nom donné par Sage au *phosphate de chaux;*

L'AMÉTHYSTE FAUSSE, variété violette du *fluorure de chaux ;*

L'AMÉTHYSTE ORIENTALE, variété violette du *corindon* hyalin, décrite au mot ALUMINE ;

L'AMÉTHYSTE VERTE, nom donné au *prase.*

AMIANTE (*Minér.*), m. Variété d'*asbeste* à filaments très-déliés, libres, faciles à séparer, doux, flexibles, quelquefois semblables à de la soie, et ayant 0 mèt. 30 de long. La couleur de l'amiante est le blanc laiteux, le blanc verdâtre, le fauve; sa pesanteur spécifique varie entre 1.90 et 2.30; mais la densité de sa poussière est de 2.70 à 2.90. Le nom de l'amiante vient du grec *a* privatif; *miainô*, je corromps; d'où *amiantos*, incorruptible, incombustible, par allusion aux tissus incombustibles qu'en faisaient les anciens, qui étaient parvenus à le filer, et à en former des toiles dans lesquelles on recueillait les cendres des morts illustres. De nos jours on en a fait de la dentelle, des mouchoirs, du papier; en Russie et en Corse, les bergers en tressent des bonnets et des bourses.

AMIANTHOÏDE (*Minér.*), f. Variété bacillaire d'*épidote bissolite*, ayant quelque ressemblance avec l'*amiante.*

AMIATITE (*Minér.*), f. Variété mamelonnée de *quartz résinite*, trouvée au mont Amiata, en Toscane.

AMIE (*Paléont.*), f. Fossile d'un poisson appartenant aux terrains postérieurs à la craie.

AMMITE (*Minér.*), f. Minéral en grains arrondis ; du grec *ammos*, sable. On rapporte à l'ammite un grand nombre de minéraux plus ou moins arrondis, tels que le *cenchrite*, la *méconite*, la *pisolite*, l'*oolite*, etc.

AMMOCHRYSE (*Minér. anc.*), m. Nom donné par les anciens au *mica jaune*, connu vulgairement sous celui d'*or de chat*; du grec *ammos*, sable ; *chrysos*, or : sable d'or.

AMMODYTE (*Paléont.*), f. Poisson fossile des terrains modernes.

AMMONALUN (*Minér.*), m. Nom donné par quelques auteurs à l'*alun ammoniacal*.

AMMONIAQUE (*Minér. chim.*), f. Alcali volatil; corps gazeux à la température ordinaire, et qui se rencontre dans la nature en petites quantités dans les oxydes de fer, dans les argiles, etc. Il se produit presque toujours pendant l'oxydation d'un corps, au moyen de l'air et de l'eau. L'ammoniaque est soluble dans l'eau ; elle est caractérisée par une odeur très-pénétrante qui produit l'éternument ; sa pesanteur spécifique est de 0.5912, et sa composition est :

Nitrogène.	82.37
Hydrogène.	17.63
	100.00

Sa formule et son poids atomiques sont N^2H^3, = 212.50.

L'ammoniaque est la base des engrais animaux. Les fumiers employés dans l'agriculture ont d'autant plus de valeur qu'ils contiennent plus d'ammoniaque.

Berzelius a donné le nom d'*ammonium* au métal qui sert de base à l'ammoniaque. Le nom du minéral vient du grec *ammoniakon*, formé d'*ammôn*, parce que l'ammoniaque se trouvait près du temple de Jupiter Ammon, dans les sables (*ammos*) de la Libye, où, dit-on, il se formait par sublimation naturelle de l'urine des chameaux, dans les fréquents pèlerinages faits à ce temple.

On donne les noms de

AMMONIAQUE MURIATÉE, à l'*hydrochlorate d'ammoniaque* ;

AMMONIAQUE SULFATÉE, au *sulfate* du même alcali.

AMMONITE (*Paléont.*), f. Corne d'Ammon, couleuvre de pierre, etc. Coquille fossile univalve, orbiculaire, en spirale, de la famille des ammonées, ayant la forme de la corne de Jupiter Ammon. Les anciens minéralogistes ont quelquefois donné à une variété de l'oolite le nom d'ammonite, du grec *ammos*, sable, ou grain arrondi. Ce nom aujourd'hui s'applique uniquement à des coquilles discoïdes, en spirales, contiguës, apparentes, à cloisons transverses, lobées et découpées, sans siphon dans leur disque, mais percées par une sorte de tube marginal ; elles appartiennent aux terrains crétacés et à toute la série inférieure, jusqu'aux couches secondaires les plus anciennes. On en rencontre plus de cent vingt espèces, ordinairement à l'état calcaire ; parfois aussi en pyrite de fer, comme dans le Jura ; et même à l'état d'oxyde de fer, comme à la Voulte. Sa grosseur varie depuis un centimètre jusqu'à deux mètres de diamètre.

AMMONOCÉRATE (*Paléont.*), f. Genre de coquilles ammonées, présentant deux espèces fossiles, dont l'une, l'*ammonocéralite*, répond à l'*ammonite*.

AMORPHE (*Minér.*), adj. Qui n'a point de forme régulière, qui ne présente rien de distinct dans sa contexture. Du grec *a* privatif, et *morphê*, forme ; sans forme. Les minéraux amorphes présentent trois aspects différents : ou ils sont compactes, ce qui se retrouve dans leur cassure ; ou ils ont la cassure et la texture terreuse, et l'on range dans cette classe les minéraux pulvérulents ; ou ils sont en rognons, en nodules, en grains plus ou moins gros, plus ou moins ronds.

Minéraux amorphes compactes.

Ils forment trois divisions : ceux solubles dans l'eau, ceux à éclat métallique ou métalloïde, et ceux vitreux ou pierreux.

Minéraux compactes solubles :

Alun,	Glaubérite,
Hydrochlorate d'ammoniaque,	Polyhalite,
Borax,	Sel gemme,
Sulfate de cuivre,	Carbonate de soude,
— de fer,	Sulfate de soude,
	Thenardite.

Minéraux à éclat métallique ou métalloïde :

Acerdèse,	Bournonite,
Amalgame natif,	Braunite,
Antimoine natif arsénifère,	Arséniure de cuivre,
Sulfure d'antimoine,	Sulfure de cuivre,
Argent antimonial.	Arséniure de cobalt,
Sulfure d'antimoine,	Sulfure de cobalt,
Séléniure d'antimoine,	Danaïte,
Arséniure d'argent,	Sulfure d'étain,
Arsenic natif,	Eukairite,
Sulfure de bismuth,	Arséniure de fer,
Chromate de fer,	Cuivre panaché,
Fer oligiste,	Polybasite,
Fer oxydulé,	Plomb natif,
Sulfure de fer blanc,	Sulfure de plomb,
Géokronite,	Séléniure de plomb,
Graphite,	Proustite,
Hausmanite,	Psilomélane,
Ilménite,	Sulfure de cuivre,
Arséniure de manganèse,	— de fer,
Sulfure de manganèse,	Pyrite magnétique,
Miargyrite,	Pyrolusite,
Sulfure de molybdène,	Sulfure d'argent antimonifère,
Antimoniure de nickel,	Séléniure de plomb,
Nickel antimonié-sulfuré,	— de zinc,
Arséniure de nickel,	— de zinc argentifère,
Nickel gris,	Tantalite,
Sulfure de nickel,	Tellurure d'argent,
Nigrine,	— de plomb,
Or natif,	Tennantite.

Minéraux à éclat vitreux ou pierreux :

Aerstedtite,
Agalmatolite,
Allanite,
Allophane,
Alunite,
Andalousite,
Anthracite,
Chlorure d'argent,
Iodure d'argent,
Argent rouge,
Arragonite,
Hydro-silicate de cuivre,
Copal fossile,
Émeri,
Cornéenne dure,
Cronstedtite,
Oxydule de cuivre,
Cymophane,
Datholite,
Delvauxine,
Dichroïte,
Dolomie,
Émeraude,
Erlan,
Oxyde d'étain,
Fahlunite,
Carbonate de fer,
Hydrate de fer,
Oxyde de fer rouge,
Gadolinite,
Péridot,
— olivine,
Grenat,
Grès lustré,
Hydrate d'urane (oxyde),
Gypse,
Halloisite,
Houille,
Ittnérite,
Jaspe,
Krokidolite,
Pyrrorthite,
Pyroskiérite,
Agate,
Quartz compacte,
— hyalin,
— lydien,
— résinite,
Silex,
Quincite,
Réalgar,
Rétinalite,
Rétinite,
Rubellane,
Saussurite,
Tungstate de chaux,
Topaze,
Tschewkinite,
Wagnérite,
Willemite,
Vanadiate de plomb,
Oxydule d'urane,
Pétalite,
Pétrosilex,
Glaucolite,
Asphalte,
Sulfate de baryte,
Basicérine,
Batrachite,
Calamine,
Cancrinite,
Oxyde de cérium,
Fluorure de cérium,
Carbonate de chaux,
Fluorure de calcium,
Phosphate de chaux.
Sulfate de chaux anhydre,
Lenzinite,
Léelite,
Lherzolite,
Lignite,
Carbon. de manganèse,
Phosph. de manganèse,
Silicate de manganèse,
Chlorure de mercure,
Sulfure de mercure,
Monazite,
Nontronite,
Obsidienne,
Opale,
Orthite,
Ottrélite,
Parantine,
Scoulérite,
Phonolite,
Pierre ollaire,
Pittizite,
Pléonaste,
Arséniate de plomb,
Carbonate de plomb,
Chromate de plomb,
Phosphate de plomb,
Molybdate de plomb,
Sulfate de plomb,
Ponce,
Proustite,
Pyrochlore,
Scorodite,
Serpentine,
Silex meulière,
Sodalite,
Sordawalite,
Soufre,
Spinelle vert,
Staurotide,
Stéatite,
Sulfate de strontiane calcarifère,
Succin,
Terre à foulon,
Thorite,
Thraulite,
Thulite,
Phosphate d'Yttria,
Yttrocérite,
Yttrotantalite.
Sulfure de zinc.

Minéraux à cassure et texture terreuses.

Solubles dans l'eau.

Les sels solubles.

Insolubles.

Acide antimonieux,
— arsénieux,
— molybdique,
Alunite,
Oxysulf. d'antimoine,
Argiles,
Oxyde de bismuth,
Bitumes,
— élastique,
Carton de montagne,
Arséniate de chaux,
Carbonate de chaux,
Phosphate de chaux,
Sulfate de chaux,
Chloropale,
Oxyde de chrome,
Arséniate de cobalt,
Oxyde de cobalt noir,
Craie,
Arséniate de cuivre,
Oxyde de cuivre,
Dolomie,
Dusodile,
Arséniate de fer,
Carbonate de fer,
Humboldtite,
Hydrate de fer,
Fer oxydé rouge,
Phosphate de fer,
Hattchettine,
Heulandite farineuse,
Houille terreuse,
Carbonate hydraté de magnésie,
Carbonate hidraté de zinc,
Kaolin,
Léelite,
Lenzinite,
Lignite terreux,
Lithomarge,
Orpiment,
Sulfate de baryte,
Berthiérine,
Arséniure de bismuth,
Carbonate de bismuth,
Magnésite,
Carbonate de magnésie,
Iodure de mercure,
Sulfure de mercure,
Minium natif,
Mysorine,
Arséniate de nickel,
Oxyde noir de nickel,
Oxy-chlorure de cuivre,
Ozokérite,
Peroxyde de manganèse hydraté,
Terre de pipes,
Carbonate de plomb,
Oxyde jaune de plomb,
Pyrolusite,
Quartz nectique,
Randanite,
Réalgar,
Retinasphalte,
Scarbroïte,
Schéérérite,
Stéatite,
Stilbite farineuse,
Soufre,
Terre à foulon,
— de Vérone,
— d'ombre,
Tourbes,
Turquoise,
Oxyde d'urane hydratée,
Sulfate d'urane,
Vauquelinite,
Vermiculite,
Wacke.
Wolkonskite.

AMPÉLITE (*Géol.* et *Minér.*), f. Roche à structure schisteuse, passant au schiste argileux, appartenant à la partie supérieure de la série métamorphique. Son nom vient du grec *ampelos*, vigne, soit parce qu'on lui attribuait la propriété de favoriser la végétation de la vigne, soit parce que, suivant d'anciens auteurs, on en frottait les ceps pour détruire les insectes. Cette roche, qui porte les noms vulgaires de *pierre noire*, *crayon noir*, *crayon des charpentiers*, *craie noire*, etc., est, en effet, le plus souvent d'une belle couleur noire. Ce qui n'a pas été suffisamment remarqué, c'est que cette couleur est due à la présence du carbone à l'état de charbon, et devrait avoir alors une origine organique, ainsi que l'anthracite, qui appartient cependant à un terrain supérieur. — Quoi qu'il en soit, l'ampélite est tachante et noire ; mais elle blanchit au chalumeau, sous l'action duquel elle se couvre d'un léger vernis vitreux. — Elle sert à tracer dans les arts industriels, et l'on en fabrique des crayons à dessiner. Les anciens en faisaient usage pour se teindre les cheveux. — On distingue deux sous-espèces d'*ampélite* : l'une, qui est d'un noir grisâtre et devient jaune par la calcination, c'est l'AMPÉLITE GRAPHIQUE, qui est plus particulièrement destiné au dessin et au tracé ; l'autre, qui est plus bleuâtre ou grisâtre, et prend la couleur rouge au chalumeau, est l'AMPÉLITE ALUMINIFÈRE, roche à éclat terne, rarement luisant; elle renferme du soufre et du fer, outre les deux silicates caractéristiques (ceux de fer et d'alumine). Aussi se décompose-t-elle à l'air, en se couvrant d'efflorescences de sulfates de fer et d'alumine. C'est à cette variété que les anciens ont attribué une influence bienfaisante sur la végétation de la vigne.

La composition de l'ampélite est, suivant Wieglieb :

Silice.	64.10
Alumine.	11.00
Carbone.	14.00
Fer.	2.70
Eau.	7.20
	99.00

Cette composition ne conduit qu'à un mélange de silicate d'alumine hydraté, de silice libre, et de carbone.

AMPHIBIOLITE (*Paléont.*), f. Pétrification d'animaux amphibies; du grec *amphibios*, amphibie; *lithos*, pierre.

AMPHIBOLE (*Minér.*), f. Synonymes : *trémolite*, *hornblende*, *anthophyllite*, etc. Ce minéral a été longtemps confondu avec d'autres minéraux qui ont avec lui une ressemblance extérieure; c'est de là qu'il a pris son nom, formé du grec *amphibolos*, ambigu, douteux.

On range dans la classe des amphiboles des roches de couleurs diverses, dont la base est le blanc, le noir et le vert, qui ont pour forme primitive un prisme rhomboïdal oblique avec un angle de 124°, dont la densité varie de 2.93 à 3.17, et qui donnent à l'analyse deux silicates, dont l'un est un silicate simple de chaux ou de ses isomorphes, et l'autre un silicate sesqui-basique, dont les éléments principaux sont tantôt la magnésie, tantôt le protoxyde de fer, tantôt les deux oxydes réunis. L'amphibole fond au chalumeau, et donne un verre ou émail dont la couleur correspond à la pièce qui a été essayée.

D'après ce qui précède, on ne peut classer les variétés d'amphibole que d'après leur couleur ou leur composition, puisque le caractère géométrique appartient à toute l'espèce : les anciens minéralogistes, qui se servaient de préférence des caractères extérieurs, ont distingué l'*amphibole blanche*, qu'ils appelaient *trémolite*, *grammatite*, *jade oriental*, de l'*amphibole noire*, à laquelle ils donnaient le nom de *hornblende*, et de l'*amphibole verte*, nommée par eux *actinote* ; mais depuis on a trouvé, par l'analyse, que diverses substances dont les couleurs s'éloignaient plus ou moins des trois citées, avaient une composition analogue à l'amphibole : telles sont la *cornéenne*, ou hornblende, d'un vert noirâtre; l'*anthophyllite*, d'un gris jaunâtre passant au brun, etc.; force est donc de s'en rapporter à la composition, comme présentant les caractères les moins équivoques. Nous diviserons, en conséquence, l'espèce amphibole en trois variétés : la première, blanche, dite *trémolite*, est un silicate de chaux associé à un silicate sesqui-magnésien, donnant $CaO\ SiO^3 + (MgO)^3\ (SiO^3)^2$; son angle = 124° 34'. La deuxième, dite *hornblende*, est noire, et ne diffère point de la trémolite dans sa mesure angulaire ; mais sa composition est représentée par la formule $CaO\ SiO^3 + (FeO)^3\ (SiO^3)^2$. La troisième diffère des deux autres, et par sa couleur qui passe du vert clair au brun et au noir le plus foncé, et par sa composition, dans laquelle l'isomorphisme fait entrer plusieurs substances protoxydées, et qui se distingue par la présence d'un silicate d'alumine.

La *trémolite*, ou *grammatite*, est blanche, grisâtre, ou légèrement verdâtre ; elle ne forme point de roches, mais elle se trouve disséminée, en cristaux ou en masses fibreuses, dans les calcaires anciens et les roches schisteuses des terrains de transition ; sa texture fibreuse est quelquefois radiée ; elle a l'éclat soyeux ; elle raye la chaux carbonatée, et pèse 2.931 ; au chalumeau, elle fond en émail ou en verre blanc ou gris ; elle possède des clivages faciles, parallèlement aux faces. Sa composition est :

	LOCALITÉS.				
	Gullsjo.	Fahlem.	Taberg.	Pensylvanie.	Criklowa.
Silice.	59.75	60.10	59.75	56.33	59.80
Chaux.	14.11	12.73	14.25	10,67	12.30
Magnésie.	25.00	24.31	21.10	24.00	26.80
Prot. de fer.	0.50	1.00	3.95	4.50	trace
Prot. de manganèse.	»	0.47	0,31	»	»
Alumine.	»	0.42	»	1.67	1.40
Ac. fluorique.	0.94	0.83	0.76	»	»
Eau.	0.10	0.13	»	1.03	»
	100.40	100.01	100.12	98.00	100.00

Ces analyses correspondent à la formule générale des amphiboles : $CaO\ SiO^3 + (MgO)^3\ (SiO^3)^2$.

La *tremolite compacte*, vulgairement *jade oriental*, et qu'on a aussi nommée *néphrite* et *plaque sonnante*, ne diffère point de composition avec la trémolite cristallisée ; elle est d'un blanc laiteux, demi-transparente, ayant l'apparence du blanc de baleine ; sa cassure est esquilleuse, et ses caractères extérieurs sont ceux de la *néphrite*, décrite à un autre article; elle fond lentement en un émail blanc de lait, et n'est pas attaquée par l'acide hydrochlorique. Les analyses ci-après prouvent que cette variété doit être rapportée à l'amphibole blanche :

	Jade de Turquie.	Néphrite de l'Inde.	Plaque sonnante.
Silice.	54.68	58.91	58.46
Chaux.	16.06	12.28	12.06
Magnésie.	26.01	22.43	27.09
Protox. de fer.	2.15	2.70	1.15
— de mang.	1.39	0.91	»
Alumine.	»	1.32	»
Potasse.	»	0.80	»
Eau.	»	0.23	»
	100.29	99.60	98.76

d'où l'on tire CaO SiO^3 + (MgO, FeO, MnO) ^{3} (SiO^3 $)^2$, formule identique avec celle qui précède.

La *hornblende* est noire et opaque; sa texture est lamelleuse, quelquefois fibreuse; elle miroite dans le sens de ses deux clivages, qui sont très-nets. On la rencontre souvent cristallisée en prismes à six faces ; sa pesanteur spécifique est 3.167; elle fond facilement en émail noir, et ne se laisse attaquer que difficilement par les acides ; elle se présente parfois en aiguilles parallèles et divergentes; c'est la variété aciculaire, ou le *strahlstein* des Allemands; quelquefois elle est en grains d'un vert plus ou moins foncé, et constitue une variété à laquelle on a donné le nom de *pargasite*, attendu qu'elle se trouve à Pargas, en Finlande, dans un carbonate de chaux blanc lamellaire. Il existe aussi une variété globuliforme, en grains noirs disséminés dans un feldspath blanc ou rosé granulaire ; elle se trouve en Carinthie. Sa cassure est en aiguilles radiées très-fines. C'est ce que les Allemands ont nommé *tigererz*, *mine tigrée*. La variété grenue a l'apparence du calcaire saccharoïde ; mais on peut voir les clivages à la loupe ou au microscope. Enfin, la variété compacte ou cornée, qui porte le nom de *cornéenne*, ou *pierre de corne*, est d'un vert plus ou moins foncé, à cassure unie, à texture lisse et à éclat luisant; elle est sonore et très-tenace ; elle raye le verre, et fond en un émail noir.

La composition de la *hornblende* est :

	LOCALITÉS.		
	Pyrénées.	Nantes.	Zillerthal.
Silice.	54.60	57.60	53.10
Chaux.	10.43	9.56	11.40
Magnésie.	19.30	7.85	7.40
Protoxyde de fer.	12.10	22.67	25.60
— de manganèse.	»	»	0.20
Alumine.	0.85	0.75	1.70
Eau.	1.55	»	»
	98.85	98.43	99.40

Ces analyses donnent la formule CaO SiO^3 + (MgO, FeO $)^3$ (SiO^3 $)^2$, dans laquelle une partie du protoxyde de fer est remplacée par de la magnésie dans les proportions suivantes :

Première analyse (Pyrénées) : CaO SiO^3 + (MgO, FeO $)^3$ (SiO^3 $)^2$.

Deuxième analyse (Nantes) : CaO SiO^3 + (MgO, FeO) ^{3} SiO^3 $)^2$.

Troisième analyse (Zillerthal) : CaO SiO^3 + (MO, FeO) ^{3} (SiO^3 $)^2$.

Ainsi, la hornblende est le passage de l'amphibole de magnésie à l'amphibole de fer.

Dans l'*amphibole alumineuse*, la hornblende est associée à un silicate d'alumine dont il n'est pas facile d'expliquer la présence. Bourdorf veut que l'alumine remplace une portion de silice, et que le minéral ne soit plus qu'un silico-aluminate de magnésie et de fer, associé à un trisilicate de chaux ; mais alors la formule sort de la composition ordinaire de l'amphibole. L'opinion de M. Dufrénoy est beaucoup plus probable, et c'est celle que nous adoptons, en faisant de l'amphibole alumineuse une hornblende mélangée d'un silicate alumineux. Les analyses ci-après corroborent cette manière de voir.

	LOCALITÉS.			
	Kirschpiel.	Stattmyran.	Vogelsberg.	Nora.
Silice.	53.60	47.62	42.24	42.00
Chaux.	4.65	12.70	12.21	11.00
Magnésie.	11.35	14.81	13.74	2.25
Protoxyde de fer.	22.52	15.78	14.59	30.00
— de manganèse.	0.35	0.32	0.33	0.25
Alumine.	4.40	7.38	13.92	12.00
Eau.	0.60	»	»	0.75
	97.47	98.61	97.06	98.25

dont la formule moyenne est : CaO SiO^3 + (FeO, MgO, MnO $)^3$ (SiO^3 $)^2$ + Al^2O^3 SiO^3.

Les silicates restent ici les mêmes que dans la hornblende; les proportions atomiques seules sont changées.

La même chose a lieu dans l'*anthophyllite*, variété d'amphibole d'un gris jaunâtre passant au brun, qui se laisse cliver sous l'angle de 124° 30', et qui présente deux différences : la première consiste dans l'éclat, qui est métalloïde comme dans la diallage ; la seconde, dans la formation du silicate du premier membre de la formule, dans lequel le protoxyde de fer remplace la chaux. Ce minéral est en masses lamelleuses ; il raye la fluorine, et quelquefois le verre ; sa cassure est fibro-laminaire. Au chalumeau il abandonne un peu d'eau, et perd sa transparence. Il est formé des éléments suivants :

	KONGSBERG.		PERTH.
	Gmelin.	Vopilius.	(Canada).
Silice.	56.00	56.74	57.60
Magnésie.	23.00	24.35	29.30
Protoxyde de fer.	13.00	13.94	2.10
Prot. de mangan.	4.00	2.38	»
Chaux.	2.00	»	3.55
Alumine.	3.00	»	3.20
Eau.	»	1.67	3.55
	101.00	99.08	99.30

La formule moyenne de ces analyses est (FeO, CaO) SiO^3 + (MgO)^3 (SiO^3)^2, dans laquelle le fer remplace une forte portion de chaux. L'analyse de Vopilius donne FeO SiO^3 + (MgO)^3 (SiO^3)^2, qui montre la substitution complète.

M. Brooke a donné le nom d'*arfvedstonite* à une variété d'amphibole, dans laquelle la magnésie a disparu entièrement dans le second membre de la formule, et a été remplacée par le fer. Cette variété est d'un beau noir opaque; son éclat est résineux; ses deux clivages présentent un angle de 123° 55', bien voisin de celui de l'amphibole; elle donne au chalumeau un émail noir. Son analyse est :

	LOCALITÉS.	
	Faroë.	Groënland.
Silice.	50.51	49.27
Chaux.	1.56	01.50
Magnésie.	»	0.42
Protoxyde de fer.	31.55	36.12
Protox. de manganèse.	8.92	0.62
Alumine.	2.49	2.00
Soude.	»	8.00
Chlore.	»	0.24
Eau.	0.96	»
	95.99	98.17

La formule moyenne donne 6 (CaO, MgO, MnO, NaO) SiO^3 + 6 (FeO)^3 (SiO^3)^2 + Al^2O^3 (SiO^3)^2 ; ou, en faisant abstraction du silicate sesqui-alumineux, (CaO, MgO, MnO, NaO) SiO^3 + (FeO)^3 (SiO^3)^2.

Peut-être convient-il ici de parler d'un double silicate qui a quelque analogie avec l'arsvedstonite quant à sa formule atomique, mais qui, au lieu de l'atome supplémentaire de silicate alumineux, contient un atome de titanate de même base; il a été nommé *ægyrine*, et se trouve près de Brévig, dans une syénite zirconienne; il ne se distingue de la hornblende que par une densité beaucoup plus considérable. Son analyse a donné à M. Plantamour :

Silice.	46.57
Chaux.	5.91
Magnésie.	5.87
Protoxyde de fer.	24.38
— de manganèse.	2.06
Soude.	7.79
Potasse.	2.96
Alumine.	3.41
Acide titanique.	2.01
	100.96

Sa formule est CaO SiO^3 + 2 (FeO, MgO MnO, NaO, KO)^3 (SiO^3)^2 + Al^2O^3 TiO^2.

Les minéralogistes américains rapportent à l'espèce amphibole un silicate compliqué qui porte le nom de *phyllite*, et qui n'a que quelques caractères extérieurs qui justifient cette réunion. La composition de la *phyllite* est trop différente pour que nous admettions cette opinion, que semble partager cependant M. Dufrénoy. La *polylite* aurait plus de droit à être admise comme amphibole; mais sa composition diffère, sa densité est trop forte; elle ne possède qu'un seul clivage, et elle ne fond pas au chalumeau. Nous pensons, au contraire, qu'il y a des analogies suffisantes pour admettre comme variété la *diastatite* de M. Breithaupt, dont l'angle ne diffère que d'un degré avec celui de l'amphibole, et dont la pesanteur spécifique rentre dans celle des autres variétés. — Le *pyroxène* est aussi un minéral qui a plus d'un rapport de composition et de forme avec l'amphibole. On peut voir à la fin de l'article PYROXÈNE, et surtout à celui de l'OURALITE, les motifs qui ont porté M. Rose à réunir ces deux minéraux dans une même espèce.

L'amphibole se trouve à l'état de roche dans certaines localités; elle constitue le *hornblende rock* des Allemands; et lorsqu'elle est terreuse, elle est plus connue sous le nom d'*aphanite* ou de *cornéenne*. Le plus ordinairement elle est disséminée dans certaines roches, et forme une espèce à part : c'est ainsi que dans les *diorites* elle se trouve associée avec l'*albite* granitoïde, et forme quelquefois des cristaux assez gros pour présenter un véritable porphyre; l'*amphibolite* est une roche à base de hornblende; la *mélaphyre* est une pâte noire d'amphibole pétrosiliceuse, enveloppant des cristaux de feldspath; la *syenite* est essentiellement composée de feldspath lamellaire et d'amphibole avec du quartz; la *diabase* est un mélange de hornblende et de feldspath compacte; l'*hémithrène* est formée d'amphibole et de calcaire : elle appartient aux terrains schisteux anciens, au gneiss, et en général aux formations métamorphiques et ignées. La hornblende se rencontre dans les laves anciennes et modernes; c'est un produit volcanique qui se trouve abondamment dans les roches volcaniques anciennes.

AMPHIBOLITE (*Géogn.*), f. Roche formée en grande partie d'amphibole en masses lamellaires ou compactes, et passant au *diorite* ou grunstein des Allemands; elle empâte souvent du mica, du quartz, du grenat; elle est subordonnée aux terrains anciens, et prend les noms de *micacée*, *quartzeuse* ou *grenatique*, suivant l'élément qui domine. Lorsque le mica manque et est remplacé par le feldspath, la roche est alors nommée amphibolite granitoïde; elle a, en effet, l'aspect du granite; elle contient quelquefois de la chaux, outre le mica et le feldspath; plus rarement c'est du fer aimantaire. Enfin la serpentine verte s'y trouve aussi disséminée.

AMPHICÔNE (*Paléont.*), m. *Voy.* MÉANDRITE.

AMPHIGÈNE (*Minér.*), m. Du grec *amphi*, doublement; *ginomai*, je nais. Ce nom a été choisi par Haüy, parce qu'il trouva que la structure du minéral était du nombre de celles qui s'appliquent à deux formes primitives différentes. Syn. : *leucite, grenat du Vésuve, leucolite*, etc.

C'est un silicate double d'alumine et de potasse, constamment cristallisé en trapézoèdre ; sa couleur est le blanc laiteux, ce qui lui avait fait donner le nom de *leucite* ; il est quelquefois altéré par l'oxyde de fer, et devient gris ou rouge de chair ; sa cassure est ondulée, son éclat vitreux ; il raye l'apatite, mais se laisse rayer par le quartz ; sa densité est de 2.483. Au chalumeau il fond, avec le borax, en un verre transparent ; il est soluble par digestion dans les acides. Sa composition est :

	Albano.	Pompéi.	Somma.	
Silice.	54.00	54.50	53.75	56.05
Alumine.	23.00	23.50	21.63	23.03
Potasse.	22.00	19.50	21.35	20.40
Soude.	»	»	»	1.02
	99.00	97.50	96.73	100.50

ce qui donne la formule atomique :

$$(Al^2O^3)^3\ SiO^3 + 2\ KO\ SiO^3.$$

La variété cristallisée d'amphigène est celle trapézoïdale, composée de vingt-quatre faces semblables ; quelquefois elle a perdu ses angles et ses arêtes, par l'effet d'une cristallisation précipitée. Rarement ce minéral est transparent ; il est le plus souvent translucide, et même opaque. Il se rencontre à la Somma, au Vésuve, et dans les terrains volcaniques ; les roches basaltiques des bords du Rhin en contiennent ; mais M. Dufrénoy annonce l'avoir inutilement cherché dans le gneiss de Gavarnie, où Lelièvre l'avait reconnu.

AMPHIGÉNITE (*Minér.*), m. *Voy.* LEUCITOPHIRE.

AMPHIHÉXAÈDRE (*Cristall.*), m. Cristal qui présente deux hexaèdres en deux sens différents. Du grec *amphi*, doublement ; hexaèdre (*ex*, six ; *édra*, base).

AMPHITOÏTE (*Paléont.*), m. Genre de fossile trouvé par M. Desmarets dans la marne jaunâtre. Il est formé d'anneaux emboîtés les uns dans les autres.

AMPHODÉLITE (*Minér.*), f. Variété de *wernérite*, d'un gris verdâtre ou rougeâtre, à cassure esquilleuse ou lamelleuse, rayant la fluorine, rayée par le phosphate de chaux, pesant 2.763. M. de Nordenskiold, qui l'a analysée, annonce que ce minéral possède deux clivages sous l'angle de 94° 19', qui est bien proche de l'angle droit. Comme le clivage en est peu net, il serait possible d'admettre l'identité d'angles, et alors l'amphodélite serait une véritable *wernérite*, ce qui se trouverait assez d'accord avec sa composition, résultant de l'analyse suivante de M. de Nordenskiold :

Silice.	45.80
Alumine.	35.45
Chaux.	10.15
Magnésie.	5.05
Protoxyde de fer.	1.70
Eau.	1.85
	100.00

dont la formule 3 $Al^2O^3\ SiO^3 + (CaO,\ MgO)^3\ SiO^3$, est bien voisine de celle de la wernérite.

AMPLEXUS (*Paléont.*), m. Fossile encore peu connu des terrains antérieurs à la craie.

AMPO (*Minér.*), m. Nom donné, dans les îles de la Sonde, à une argile rougeâtre ferrugineuse que les habitants font torréfier, et qu'ils mangent avec avidité.

AMPULLAIRE (*Paléont.*), f. Genre de péristoniens dont on connaît dix-sept espèces à l'état fossile, dans les terrains postérieurs à la craie.

AMULETTES (*Minér. hist.*), f. Pierres auxquelles on attachait jadis des vertus particulières contre certaines maladies ou certains événements : ainsi, l'*aimant* facilitait la dentition ; l'*aétite* soulageait les femmes en couches, et étranglait les voleurs ; le *jade néphrétique* apaisait les coliques ; le *grenat* donnait de la gaieté et fortifiait le cœur ; l'*améthyste* préservait de l'ivresse, rendait l'esprit heureux, et mettait bien en cour ; l'*émeraude* ôtait le mal caduc ; la *calcédoine* donnait de la charité ; le *saphir*, de l'espérance ; la *malachite* chassait le tonnerre, etc., etc. Ces superstitions, heureusement tombées sous la puissance du ridicule, sont encore en vogue en Espagne, en Afrique, en Asie, etc., etc., et, il faut bien l'avouer, en France et surtout en Angleterre.

AMYGDALITE ou **AMYGDALOÏDE** (*Minér.*), f. Du grec *amygdalé*, amande. Dénomination que l'on applique à toutes les roches à base de vacke, de basalte, de grünstein, ou de toute autre sorte de trapp dans lesquelles sont disséminés des noyaux arrondis, ou en forme d'amande, d'agate, de calcédoine, de spath calcaire ou de zéolite. Le mot amygdaloïde est aussi synonyme de *variolite*, roche verdâtre, qui empâte des noyaux d'orthose de couleur plus pâle que la masse.

ANACARDITE (*Minér. anc.*), f. Du grec *ana*, manque de ressemblance, et *kardia*, cœur. Nom donné par Dioscoride à un fossile argileux qui présentait la forme d'un cœur.

ANACHITE (*Minér. anc.*), m. Nom donné par les anciens à des pierres polies, auxquelles on attribuait des vertus magiques. Du grec *an*, privatif ; *aké*, pointe, qui n'a pas de pointes, qui est poli. Il devrait s'écrire alors *anakite*. Pline prétend que ce nom appartenait au *diamant*, parce que, selon lui, il possédait la propriété d'amortir les poisons, de dissiper l'ennui et les troubles d'esprit, et de chasser les craintes mal fondées ; son étymologie serait alors : *an*, privatif ; *achos*, ennui ; sans ennui, qui chasse l'ennui.

ANAGÉNITE (*Géogn.*), f. Grauwake à gros grains ; roche dont la pâte schisteuse ou pétro-siliceuse renferme des fragments de roches ignées, tels que du granite, du porphyre, etc. Lorsque cette roche prend l'aspect poudingiforme, elle passe à l'*eurite*.

ANALCIME (*Minér.*), f. *Silicate hydraté d'alumine et de soude*, dont la composition a de l'analogie avec la *stilbite*, mais qui cristallise en cube; ce qui l'avait fait nommer *cubicite* par Werner. L'analcime est blanche, avec des nuances couleur de chair; elle est opaque, transparente ou hyaline; elle a beaucoup d'éclat, elle raye l'apatite et le verre, et n'est rayée que par le quartz hyalin; sa densité est 2.068 à 2.278; elle fond au chalumeau en un globule vitreux, mais sans ébullition, ce qui l'éloigne des zéolites, dans l'espèce desquelles elle avait été rangée sous le nom de *zéolite dure*; elle fait gelée dans l'acide hydrochlorique, est très-difficile à électriser par le frottement; et c'est cette difficulté qui lui a valu le nom d'*analcime*, fait du grec *a, an*, privatif; *alkê*, force; qui n'a point de force électrique. Sa forme habituelle est le trapézoèdre; mais on la trouve aussi en cristaux trépointés, c'est-à-dire, en cubes dont tous les angles solides sont remplacés par trois petites facettes triangulaires; il existe une variété cubo-octaèdre. Celles en masses sont radiées, globuliformes, amorphes, etc. La variété rose a été nommée *sarcolite* par Thomson. — La composition de l'analcime donne :

LOCALITÉS.	Olde Kilpatrick.	Chaussée des Geants.	Fassa.	Sarcolite.
Silice.	55.07	55.60	55.12	56.47
Alumine.	22.23	23.00	22.99	21.98
Soude	13.71	14.65	13 53	13.78
Eau.	8.22	7.90	8.27	8.81
	99.23	101.15	99.91	101.04

Ces analyses répondent à la formule $2Al^2O^3(SiO^3)^2 + (NaO)^3 SiO^3 + 4$ Aq, qui ne diffère que peu de celle de l'amphigène.

L'analcime se trouve dans les mêmes gisements que la stilbite et la mésotype; elle est disséminée dans le basalte des îles des Cyclopes et de l'île de Sky; dans le tuf basaltique, ou la wake du Vésuve; dans la vallée de Fassa, en Tyrol, où elle est enveloppée par des lames d'apophyllite rose; elle existe aussi dans le filon d'argent de Neskiel, près d'Arendal; elle tapisse souvent les cavités des trapps, et se trouve dans les amygdaloïdes porphyriques de Dumbarton.

ANAMORPHIQUE (*Cristall.*), m. Cristal dans lequel la position du noyau est comme renversée par rapport à la position naturelle du polyèdre. Ce mot est fait du grec *ana*, à l'envers; *morphê*, forme : forme renversée.

ANANCHITE (*Paléont.*), f. Genre d'échinide fossile, formant douze espèces fossiles appartenant aux terrains crétacés.

ANATASE (*Minér.*), f. *Oxyde de titane*, ainsi nommé du grec *anatasis*, extension, parce que les premiers cristaux étaient des octaèdres allongés.

ANATINE (*Paléont.*), f. Genre de myaires, dont une espèce seulement a été rencontrée à l'état fossile dans un terrain encore mal défini.

ANATITE (*Paléont.*), f. *Voy.* TELLINITE.

ANATRON (*Minér.*), m. Nom donné par les anciens au *natron*, ou *carbonate de soude*.

ANAUXITE (*Minér.*), f. *Silicate hydraté d'alumine* encore peu connu, et provenant de Bilin, en Bohême. Cette substance est d'un blanc verdâtre, en masses grenues, à éclat nacré, translucide et transparente sur les bords; elle raye la chaux sulfatée, et se laisse rayer par la chaux carbonatée; sa densité est de 2.264 à 2.267; elle contient 55.70 de silice, beaucoup d'alumine, et 11.30 d eau; elle forme des veines irrégulières dans une masse blanchâtre analogue à du calcaire siliceux.

ANCILLAIRE (*Paléont.*), m. Genre de coquilles enroulées, dont on a trouvé six espèces à l'etat fossile dans les terrains postérieurs à la craie.

ANCRAMITE (*Minér.*), f. Variété manganésifère de l'*oxyde de zinc*.

ANCYLE (*Paléont.*), m. Genre de calyptraciens, dont une espèce est à l'état fossile dans les terrains modernes.

ANDALOUSITE (*Minér.*), f. Ce minéral, observé pour la première fois par M. de Bournon dans le Forez, a reçu son nom de l'Andalousie en Espagne, où on en a rencontré à peine quelques échantillons, tandis qu'il se trouve assez abondamment dans quelques contrées plus au nord, telles que la Bretagne, le Forez, la Saxe, etc. Les synonymes de l'andalousite sont la *mâcle hyaline*, le *feldspath apyre*, le *spath adamantin*, la *stanzaite*, la *micaphyllite*, le *schorl en prisme quadrangulaire*, le *hohlspath* des Allemands, etc. L'andalousite est rouge de chair, brunâtre ou grisâtre; elle est translucide, et vitreuse sur les bords; sa cassure est esquilleuse et lamelleuse verticalement, et esquilleuse en travers; elle raye le quartz, et est rayée par la topaze; sa pesanteur spécifique est 3.104 à 3.200; elle est infusible au chalumeau. — Sa forme primitive est le prisme rhomboïdal droit, de 91° 26'; elle contient quelquefois de la potasse, d'après les analyses de Vauquelin et de Brandes; mais sa composition la plus ordinaire est, suivant

	M. Bunsen.	M. Svanberg.
Silice.	40.17	37.65
Alumine.	58.62	59.87
Peroxyde de fer ou de manganèse.	0.51	1.87
Chaux et magnésie.	0.28	0.96
	99.58	100.35

qui se rapporte à la formule $(Al^2O)^3 (SiO^3)^2$. La présence de la potasse dans l'analyse de Vauquelin conduit à $4 Al^2O^3 SiO^3 + KO Al^2O^3$, circonstance dans laquelle il faut faire jouer à l'alumine le rôle d'acide. D'ailleurs, en admettant la potasse comme partie constituante de l'andalousite, les formules deviennent compliquées et invraisemblables. — L'andalousite appartient aux terrains cristallins anciens : on la trouve dans le gneiss en Écosse, dans le granite de Montbrison, dans le micaschiste de Landeck, en Sibérie, et de Tolède, en Espagne; mais on la rencontre aussi, suivant M. Champeaux, dans la dolomie du Simplon, où elle est accompagnée d'aiguilles d'amphibole grise, et dans un carbonate de chaux, d'après M. Charpentier, qui l'a reconnue à Couledoux, dans la vallée du Ger (Haute-Garonne).

Une variété très-remarquable de ce minéral a reçu le nom d'*andalousite bacillaire*; elle se trouve en Bretagne, dans le Forez, et en Saxe. Sa couleur est rose, et sa dureté considérable. Cette substance est composée de prismes imparfaits, terminés par des parties anguleuses; elle est quelquefois radiée.

Les minéralogistes modernes, notamment MM. Beudant, de Bunsen et Cordier, réunissent la *macle* à l'andalousite : cette réunion est fondée sur la grande analogie qui existe entre ces minéraux dans la forme extérieure et dans la composition. La macle cristallise en prisme rhomboïdal droit, sous l'angle de 91° environ; sa densité est 3.037, et sa formule atomique est $(Al^2O^3)^3\ (SiO^3)^2$. Ces circonstances justifient suffisamment la réunion des deux minéraux : mais la macle présente un phénomène de cristallisation qui doit lui faire conserver son nom.

La macle se présente en cristaux prismatiques presque carrés; ces cristaux sont composés de deux parties distinctes, l'une d'un blanc grisâtre, l'autre noire, disposées symétriquement, et en rapport avec la cristallisation. Le plus souvent c'est un prisme noir incrusté dans le cristal blanchâtre, occupant le centre, et disposé de manière à ce que toutes ses faces soient parallèles au prisme principal; quelquefois cinq prismes noirs, dont un au centre et quatre aux angles, reliés par des surfaces noires dans le plan des diagonales; c'est la variété *pentarhombique*; parfois les prismes des angles n'existent pas, et les lignes noires partant du prisme noir central se prolongent jusqu'aux angles du cadre blanc : on lui donne alors le nom de *tetragramme*; lorsque les lignes noires diagonales sont garnies de chaque côté par d'autres petites lignes de même couleur, parallèles aux bords de la base du prisme, la variété prend le nom de *polygramme*; enfin une variété dite *quaternée* présente quatre prismes blancs disposés en croix. — Les deux matières qui composent la macle ont des caractères essentiellement différents : la partie blanche est de la nature de l'andalousite; elle est dure, infusible, et pèse 2.944 à 3.0 : la partie noire est rayée par une pointe d'acier, se fond en un verre noir ou brun foncé, et pèse 2.832. Cette dernière paraît due à la matière du schiste dans lequel la macle existe, laquelle s'est insinuée dans le cristal, et devient quelquefois tellement dominante, que le passage de la macle à la roche schisteuse ne laisse aucun doute. — On conçoit, d'après cela, combien les diverses analyses de ce minéral peuvent présenter de différences. M. Bunsten, qui en a examiné la partie blanche, assigne à la macle de Lancaster la composition suivante :

Silice.	39.00
Alumine.	58.86
Oxyde de manganèse.	0.53
Chaux.	0.21
	98.30

qui répond parfaitement à la formule de l'andalousite $(Al^2O^3)^3\ (SiO^3)^2$. — Les macles sont fort abondantes; elles se trouvent au point de réunion des terrains granitiques aux roches de transition. Le département du Morbihan paraît avoir fourni les plus anciens et les plus beaux échantillons : les environs des forges des Salles, appartenant à la famille de Rohan, en renferment de beaux cristaux; et il paraît que la connaissance de ce minéral remonte, en Bretagne, à une assez haute antiquité, puisque les macles font partie de l'écusson de cette maison princière.

M. Dufrénoy associe à l'andalousite, sous le nom d'*andalousite compacte*, le steinmark ou talksteinmark des Allemands. C'est un minéral amorphe, d'un blanc rougeâtre, peu dur, et à cassure compacte et esquilleuse. Sa pesanteur spécifique est 2.50. On le trouve en petits rognons dans le porphyre de Rochlitz, en Saxe. — Sa composition, suivant Kersten, est :

Silice.	37.62	37.51
Alumine.	60.50	60.01
Oxyde de fer.	0.63	1.49
Potasse.	0.82	»
Chaux.	»	0.48
Magnésie.	»	0.46
	99.57	99.95

composition analogue à celle de l'andalousite : $(Al^2O^3)^3 (SiO^3)^2$; mais deux analyses faites par Klaproth et par Rammelsberg, d'un steinmark de Rochlitz et d'un autre de Zerge, au Hartz, conduisent, l'un à la formule du silicate bi-alumineux hydraté $(Al^2O^3)^2\ (SiO^3)^3 + Aq$, et l'autre à celle $KO\ SiO^3 + 2\ MgO\ SiO^3 + 4\ (Al^2O^3)^2\ SiO^3 + 4\ Aq$, qui donne un silicate tri-alumineux hydraté. Ces deux formules s'éloignent conséquemment de la composition de l'andalousite.

ANDÉSITE (*Minér.*), f. *Silicate d'alumine et de soude* de la Cordillère des Andes, décrit au mot FELDSPATH, et dont l'analyse se trouve à l'art. OLIGOCLASE, ou feldspath de soude.

ANDRAPODITE (*Paléont.*), f. Nom donné par Plot à une pierre longue, cendrée, ayant la forme d'un pied humain; du grec *andros*, homme; *pous*, *podos*, pied.

ANDRÉASBERGOLITE (*Minér.*), f. Variété d'*harmotome*, *andréolite*, trouvée dans les filons de plomb d'Andréasberg, au Hartz.

ANDRÉOLITE (*Minér.*), f. Variété d'*har-*

motome en cristaux opaques, venant d'Andréasberg.

ANDROCÉPHALOÏDE (*Paléont.*), f. Pierre à laquelle on trouve la forme d'une tête humaine. Du grec *andros*, homme; *kêphalê*, tête.

ANENCHELUM (*Paléont.*), m. Poisson fossile des terrains antérieurs à la craie.

ANGLARITE (*Minér.*), f. Variété de *vivianite*, décrite au mot PHOSPHATE DE FER; provenant du village d'Anglar (Haute-Vienne).

ANGLE DES CRISTAUX (*Cristall.*), m. Les angles des cristaux sont déterminés par l'inclinaison d'une face sur l'autre; leur sommet est sur l'arête, et ils se mesurent par deux perpendiculaires à cette arête. Les angles des minéraux sont toujours saillants et jamais rentrants; ils sont formés de lignes droites, quoique quelquefois les faces du diamant paraissent courbes. Cette apparente anomalie est due à la multiplicité de petites facettes que possède ce minéral; ce qui fait qu'il présente alors une espèce d'arrondissement. On remarque aussi des angles rentrants dans certaines espèces minérales, telles que les minerais d'étain. Ce phénomène, auquel on a donné le nom de *bec d'étain*, est dû à la jonction de deux cristaux qui se pénètrent de manière à laisser une gorge ou un bec rentrant. Le plan de jonction des deux cristaux est presque toujours parallèle à une des faces du cristal simple, ou à un de ses plans diagonaux. On a désigné, sous le nom d'*hémitropie*, les cristaux qui présentent des angles rentrants dus à un accroissement symétrique de deux cristaux.

La mesure des angles des cristaux sert à déterminer leur forme primitive. Cette mesure se prend à l'aide du *goniomètre*.

Romé de Lisle a le premier démontré la constance des angles dans les mêmes espèces; M. Mitscherlich a reconnu que cette constance était susceptible de variation à différentes températures; M. Beudant a remarqué l'influence de la composition sur ces variations.

ANGLE D'INCLINAISON (*Minér.*), m. Angle que fait une couche avec l'horizon.

ANGLÉSITE (*Minér.*), f. Nom donné par M. Beudant à une variété de *sulfate de plomb*, trouvée par le docteur Withering dans l'île d'Anglesea. Elle est en cristaux octaèdres cunéiformes.

ANHYDRE (*Minér.*), adj. Minéral anhydre, qui ne contient point d'eau; du grec *a*, privatif; *hydôr*, eau : sans eau.

ANHYDRITE (*Minér.*), f. Synonyme de *sulfate de chaux* anhydre. On nomme *anhydrite barytique* une variété calcifère de sulfate de baryte, analogue à l'*allomorphite*.

ANKÉRITE (*Minér.*), f. Variété cristallisée de *dolomie* (*Voyez* ce mot). L'ankérite, qui a été trouvée dans la Styrie et au Salzbourg, contient une certaine proportion d'oxyde de fer.

ANNÉLIDES (*Paléont.*), f. Famille d'animaux sans vertèbres, formant trois genres et quarante-six espèces, dont vingt-neuf sont fossiles.

ANODONTE (*Paléont.*), m. Genre de naïade, dont les fossiles sont encore douteux.

ANOMITE (*Paléont.*), f. Anomie fossile; coquille bivalve, du genre des huîtres; du grec *a*, privatif; *omos*, égal; par allusion aux écailles, qui ne sont pas égales. On en trouve dix espèces dans les terrains supercrétacés.

ANOPLOTERIUM (*Paléont.*), m. Genre de mammifères fossiles des couches supérieures à la craie.

ANORHURUS (*Paléont.*), m. Poisson fossile des terrains modernes.

ANORTHITE (*Minér.*). Nom donné par M. Rose à un silicate alumineux à double base, qui présente un angle oblique de 94° 12' ou 85° 48 (du grec *a*, privatif; *orthos*, droit; sans angle droit). Cette roche est presque toujours en cristaux très-souvent limpides, ou blancs comme l'albite, avec un éclat vitreux ou perlé; sa forme primitive est un prisme oblique non symétrique, comme celui du feldspath de soude; elle est dure, quoique fusible; sa densité est 2.76 à 2.763; au chalumeau elle fond en émail blanc; elle se dissout dans l'acide hydrochlorique. Sa composition est peu variable, si l'on fait ses éléments protoxydés isomorphes; mais on remarque que ses cristaux engagés dans des blocs contenant du pyroxène et du mica renferment plus d'alcali et moins de magnésie que ceux qui proviennent de la dolomie.

	Dans la dolomie.		Dans le pyroxène et le mica.	
Silice.	44.49	44.98	44.12	43.79
Alumine.	34.16	33.84	33.12	35.49
Perox de fer.	0.74	0.33	0.70	0.87
Chaux.	13.68	18.07	19.02	18.93
Magnésie.	5.26	1.36	0.56	0.34
Potasse.	»	0.88	0.25	0.84
Soude.	»	»	0.27	0.68
	100.63	99.66	100.04	100.34

répondant à la formule : $3\ Al^2O^3\ SiO^3 + (CaO, MgO, KO, FeO, NaO)^3\ SiO^3$.

ANTALITE (*Paléont.*), f. *Tubulite* fossile en cône allongé.

ANTÉDILUVIEN (*Géol.*), adj. Terrain qui renferme les roches antérieures au *diluvium*.

ANTHOPHIS (*Minér.*), m. Nom donné dans les monts Ourals au *diaspore* de Sibérie.

ANTHOPHYLLITE (*Minér.*), f. Variété d'*amphibole*, décrite sous ce dernier titre.

ANTHOSIDÉRITE (*Minér.*), f. Hydro-silicate de fer, décrit au mot SILICATE DE FER.

ANTHRACITE (*Minér.*), f. Du grec *anthrax*, charbon; combustible minéral riche en carbone, appartenant aux terrains de transition. *Voy.* COMBUSTIBLES MINÉRAUX.

ANTHRACOLITE (*Minér.*), f. Nom donné

par de Born à l'*anthracite*. Du grec *anthrax*, charbon; *lithos*, pierre.

ANTHRACONITE (*Minér.*), m. Nom donné par M. Dumesnil à une variété de *carbonate calcaire* compacte, fétide, trouvée à Mendorf. Ce minéral contient fort peu de bitume, ainsi qu'on le voit par l'analyse suivante, due à M. Dumesnil :

Carbonate de chaux.	98.05
Charbon et bitume.	0.76
Sulfure de fer.	0.83
Silice.	0.36
	100.00

Il est d'un noir foncé, donnant l'odeur bitumineuse par le frottement; sa densité est celle du carbonate de chaux. Il est probable que ce mot est formé du grec *anthrax*, charbon, et *konis*, poussière.

ANTHRACOTERIUM (*Paléont.*), m. Genre de mammifères, dont deux espèces fossiles sont reconnues dans les terrains supercrétacés.

ANTHROPÉIEN (*Géol.*), adj. Terrain anthropéien, qui appartient à la formation dans laquelle a apparu l'homme. Du grec *anthrôpos*, homme.

ANTHROPOGLYPHITE (*Paléont.*), m. Pierre dont la forme a de la ressemblance avec quelque partie du corps humain; du grec *anthrôpos*, homme; *glyphô*, je taille, je forme.

ANTHROPOÏDE, m., et **ANTHROPOLITE**, f. (*Paléont.*). Nom donné par les anciens géologues aux prétendues pétrifications humaines trouvées dans quelques terrains anciens, et qui ne paraissent bien constatées que dans les terrains d'alluvion de la Guadeloupe. Ces mots viennent du grec *anthrôpos*, homme; *eidos*, forme; *lithos*, pierre. On dit aussi *anthropomorphite*, mot dans la formation duquel *morphê*, forme, remplace *eidos*.

ANTICLINALE (*Minér.*), adj. Ligne anticlinale, qui passe par les sommets des angles que forme une couche inclinée dans deux sens opposés, en forme de toit. Du grec *anti*, contre, du côté opposé; *klinein*, incliner.

ANTIÉDRITE (*Minér.*), f. Nom donné par Brochant à une variété d'*édigtonite*.

ANTIENNAÈDRE (*Cristall.*), m. Cristal qui a neuf faces de deux côtés opposés; du grec *anti*, contre; *ennéa*, neuf; *hedra*, base.

ANTIGORITE (*Minér.*), f. Sorte de *bronzite* du val d'Antigorio, à cassure lamello-fibreuse, qu'on a confondue à tort avec la *diallage*, dont elle a tous les caractères extérieurs. Sa composition, donnée plus bas, l'en sépare entièrement :

Silice.	46.90
Magnésie.	34.79
Protoxyde de fer.	12.86
— de manganèse.	1.98
Eau.	3.70
	99.83

ce qui conduit à la formule 2 (MgO, FeO)^3 SiO^3 + Aq.

C'est probablement à l'antigorite qu'il convient de rapporter certains minéraux confondus avec la diallage, tels que ceux dont les analyses suivent :

	LOCALITÉS.		
	Tyrol.	Baste.	
Silice.	41.00	43.90	43.07
Magnésie.	29 00	25.85	26.16
Chaux.	1.00	2.64	2.73
Protoxyde de fer.	14.00	13.02	12.99
— de manganèse.	»	0.53	0.57
Alumine.	3.00	1.28	1.73
Eau.	10.00	12.43	12.43
	98.00	99.65	99.70

dont la formule est (MgO, FeO)^3 SiO^3 + 2 Aq. Cette constitution atomique est très-voisine de celle de la *serpentine* et de la *baltimorite*.

ANTIMOINE NATIF (*Minér.*), m. Ce minéral, qui avait été découvert en 1748 par Antswab, dans la mine de plomb de Sahla, en Suède, est blanc d'étain argentin très-éclatant, fragile, sans ductilité ni malléabilité, facile à réduire en poussière; il se présente en masses cristallines, souvent même en lames larges et développées, de manière à pouvoir en extraire facilement un solide de clivage : ses nombreux clivages, en donnant des faces qui se croisent dans des sens divers, jettent de l'indécision sur la forme primitive de l'antimoine : Haüy lui avait assigné le système régulier; mais les mesures de MM. Brooke et Haidinger désignent un rhomboèdre obtus de 117° à 117° 15'. Cependant, comme cette dernière forme est une exception à la théorie de la cristallisation des métaux natifs, il faut attendre de nouveaux essais pour l'admettre définitivement. Il faut néanmoins remarquer que le rhomboèdre obtus est la forme de l'arsenic natif, qui est isomorphe avec l'antimoine, et le remplace dans une foule de combinaisons. L'antimoine raye le gypse et est rayé par la fluorine; sa pesanteur spécifique est de 6.646; il est soluble dans l'acide hydrochlorique, d'où l'eau le précipite en blanc; dans l'acide nitrique il dégage du gaz nitreux et donne un précipité blanc, qui est de l'oxyde antimonique; il fond au chalumeau en produisant des vapeurs blanches abondantes, et finit par s'évaporer complétement. Il existe une variété d'antimoine natif à grains d'acier; elle offre le passage à l'antimoine arsénifère, que nous décrivons sous le nom d'*arséniure d'antimoine*.

L'antimoine natif se trouve à Allemont, dans le Dauphiné; dans la mine de plomb de Sahla, en Suède; à Andréasberg, au Hartz, etc., etc.

Le principal minerai d'où l'on tire le *régule d'antimoine* est le sulfure de ce métal. L'essai docimasique en est très-facile : on prend quatre parties du minéral sulfuré, trois parties de tartre cru et une demie de nitre; on les pulvérise et on les mêle exactement; puis on jette le mélange, par petites portions, dans un creuset rouge; il se fait une détonnation, après quoi on laisse le creuset au feu jusqu'à ce que la fusion s'opère. Il faut remarquer cependant que plus elle est rapide, moins il se perd d'antimoine. On coule ensuite en lingot, ou bien on laisse refroidir le creuset pour en extraire le culot. Il faut, après cela, extraire l'arsenic, dont il reste toujours un peu dans le régule.

L'exploitation en grand du sulfure diffère un peu de l'essai docimasique. On commence par le fondre, pour le dégager de sa gangue; et pour cela on le place dans des vases percés, ou sur la sole inclinée d'un four à réverbère; le métal se fond, passe à travers les trous, ou coule sur le plan incliné, et se sépare ainsi en petites aiguilles d'un gris sombre. La gangue une fois à part, on grille le métal, qui est un sulfure, et qui porte le nom d'*antimoine cru*; on en chasse le soufre, et on l'amène à l'état d'oxyde gris. On mêle alors le nouveau produit avec moitié de son poids de tartre; on le place dans des creusets, et, après une légère fusion, on obtient le *régule* du commerce, qui présente une surface étoilée et dentelée, en forme de fougères.

La France compte quarante-six exploitations d'antimoine; elles produisent 77,600,000 kilogrammes de sulfure fondu, 72,200 kilogrammes d'antimoine, et 3,800 kilogrammes de crocus.

L'antimoine sert à la fabrication des caractères d'imprimerie, dont la matière en renferme quinze à vingt pour cent; l'émétique est une combinaison d'oxyde d'antimoine, d'acide tartrique et de potasse; le kermès est composé de sulfure d'antimoine et de potasse: ce métal forme encore le soufre doré, la poudre d'algaroth, le crocus metallorum, etc.

L'antimoine, sur lequel l'alchimie s'est exercée avec beaucoup de soin, n'a été connu à l'état métallique que depuis Basilius Valentinus, nommé par quelques auteurs le prince des chimistes, et qui en introduisit l'usage en médecine. Après quelque temps d'oubli, Paracelse en renouvela le crédit, et quelques médecins l'adoptèrent; mais la faculté de Paris le prohiba comme étant vénéneux, et sa déclaration fut appuyée d'un arrêt du parlement de 1566. La prohibition fut telle, que Julien de Paulmier, célèbre praticien, en ayant fait usage, fut exclu de la Faculté. Cependant, l'antimoine reparut dans l'antidotaire de 1637, publié par ordre de la faculté de Paris. Les opinions se divisèrent alors, et il y eut de grandes disputes à cette occasion. Guy-Patin fit paraître une liste des morts occasionnées par ce minéral, sous le titre de *Martyrologe de l'antimoine*. Le parlement s'en mêla; et la Faculté, ayant réuni cent deux docteurs, décréta, à la majorité de quatre-vingt-douze contre dix, l'emploi de l'antimoine en médecine.

On s'est donné beaucoup de peine pour découvrir l'étymologie de son nom; les uns l'ont fait venir du grec *anti*, contre; *monos*, seul; parce que, disent-ils, on ne le rencontre jamais seul, ou à l'état de pureté. Furetière et les faiseurs d'anecdotes le font dériver du grec *anti*, contre; *monos*, moine; attendu que des moines sont morts en voulant se purger avec cette substance. Je pense que ce nom vient du mot arabe *aitmad* ou *atmel*, que lui donnaient les alchimistes bien avant la ridicule histoire de Furetière.

L'antimoine, que les tables de Berzelius désignent sous le nom de *stibium*, a pour symbole Sb, et pour poids atomique 806.452.

Les combinaisons de l'antimoine avec l'oxygène forment deux acides et un oxyde. Celui-ci est une base salifiable; des deux acides, l'un se trouve à l'état natif dans la nature: c'est l'*acide antimonieux*, décrit au titre des oxydes d'antimoine.

On ne connait dans la nature que deux espèces de combinaisons d'acides d'antimoine: l'une est une combinaison d'acide antimonieux avec de la chaux, et a été assez improprement nommée *antimoniate de chaux*, expression que nous conservons, faute d'autre meilleure; l'autre est un antimoniate de plomb, dont la composition atomique n'est pas encore bien arrêtée.

Quant aux sels haloïdes formés par l'antimoine, on n'en connait également que deux espèces pures: l'*antimoniure d'argent* et celui de *nickel*; mais l'isomorphisme de l'antimoine avec l'arsenic lui fait jouer un rôle dans un grand nombre d'arséniures; il forme aussi avec le soufre des sulfo-stibiures, qu'on retrouvera à l'article des *Sulfures métalliques*.

Tous les sels d'antimoine ont une saveur métallique faible; leurs dissolutions se troublent par l'eau; elles précipitent en orange par les sulphydrates; le fer et le zinc y produisent un précipité d'antimoine métallique.

ANTIMOINE ARSENICAL (*Minér.*), m. *Voy.* ARSÉNIURE D'ANTIMOINE.

ANTIMOINE BLANC (*Minér.*), m. *Voy.* OXYDE D'ANTIMOINE.

ANTIMOINE BLENDE (*Minér.*), m. Synonyme d'*oxy-sulfure d'antimoine*.

ANTIMOINE EN PLUMES (*Minér.*), m. Variété aciculaire de la *plagionite*, décrite au mot SULFURES MÉTALLIQUES. C'est le *federerz* des Allemands.

ANTIMOINE NATIF ARSÉNIFÈRE (*Minér.*), m. *Voy.* ARSÉNIURE D'ANTIMOINE.

ANTIMOINE OXYDÉ (*Minér.*), m. *Voy.* OXYDE D'ANTIMOINE.

ANTIMOINE OXYDÉ SULFURÉ (*Minér.*), m. *Voy.* OXY-SULFURE D'ANTIMOINE.

ANTIMOINE ROUGE (*Minér.*), m. *Voy.* OXY-SULFURE D'ANTIMOINE.

ANTIMOINE SULFURÉ (*Minér.*), m. *Voy.* SULFURES MÉTALLIQUES.

ANTIMOINE SULFURÉ PLOMBO-CUPRIFÈRE (*Minér.*), m. Nom donné par Haüy à un sulfure décrit sous le nom de *bournonite*, à l'art. SULFURES MÉTALLIQUES.

ANTIMOINE SULFURÉ NICKELLIFÈRE (*Minér.*), m. *Voy.* SULFURE D'ANTIMOINE, à l'article des *Sulfures metalliques*.

ANTIMONIATE DE CHAUX (*Minér.*), m. Synonyme : *roméine*. La couleur de ce minéral est jaune-hyacinthe ; ses faces sont miroitantes ; il raye le verre ; il ne présente point de clivage ; sa cassure est granuleuse ; au chalumeau, il fond lentement dans le verre de borax et dans le sel de phosphore ; le verre reste incolore au feu de réduction ; il prend une teinte violette au feu d'oxydation ; il est inattaquable par les acides ; il paraît appartenir au système régulier. Sa composition, suivant M. Damour, est :

Acide antimonieux.	79.31
Oxyde ferreux.	1.20
— manganeux.	2.16
Chaux.	16.67
Silice.	0.64
	99.98

répondant à la formule $(CaO, FeO, MnO)^2 (Sb\,O^2)^3$, qui ne diffère en rien de celle de M. Beudant : $(CaO)^2 (Sb\,O^2)^3$. Les rapports donnés par M. Dufrénoy : : 5 : 1 ne sont pas admissibles.

La roméine a été trouvée par M. Bertrand de Lou dans la mine de Saint-Marcel, en Piémont ; elle forme des filons ramifiés dans du feldspath, et est accompagnée d'oxyde de manganèse, d'épidote manganésifère, et de greenowite.

ANTIMONIATE DE PLOMB (*Minér.*), m. Minéral en masses testacées, composées de zones successives différemment colorées de gris brunâtre et de brun jaunâtre, à éclat vif et à cassure vitreuse ; il raye la phosphorite, et se laisse rayer par le feldspath et le verre ; il paraît être le résultat de la réunion de deux substances, dont l'une, brunâtre, occupe la croûte extérieure des concrétions, et l'autre, jaunâtre, est dans le centre du filon. La densité de la première est de 5.468 ; celle de la seconde, de 4.288 ; l'antimoniate de plomb est soluble dans l'acide nitrique avec dépôt d'acide antimonieux ; il fond sur les charbons, et donne des gouttelettes de plomb cassant. Sa composition est, suivant M. Rivot :

	Zones	
	Jaunâtre.	Brune.
Oxyde de plomb.	42.00	37.00
Acide antimonieux.	55.50	53.00
Oxyde de fer.	0.50	1.00
Gangue quartzeuse.	1.00	8.50
	99.00	99.50

Ces analyses ne conduisent à aucune formule rationnelle, tant qu'on y suppose l'acide au minimum. Si on admet un mélange des deux sels minimum et maximum, on obtient l'expression $(PbO)^2 (Sb\,O^2)^3 + 4\,PbO\,Sb^2O^5$; si enfin on convertit l'acide antimonieux en acide antimonique, on arrive au résultat très-simple $PbO\,Sb^2O^5$.

Le plomb antimonié a été trouvé à Zamora, en Espagne.

M. Hermann a fait connaître un antimoniate de plomb de Nertschinsk, qui diffère essentiellement de celui qui précède ; il est jaune de soufre compacte, à cassure plate et d'un éclat gras ; ou bien il se présente sous forme terreuse, grisâtre, noirâtre, verte ou marbrée ; la partie compacte raye le carbonate de chaux, et se laisse rayer par la phosphorite ; sa densité est de 4.60 à 4.76 ; elle prend une couleur plus foncée au feu. Sa composition s'est trouvée :

Oxyde de plomb.	61.83
Acide antimonique.	31.71
Eau.	6.46
	100.00

qui répond à la formule $(Pb\,O)^3\,Sb^2O^5 + 4\,Aq$, expression anormale et peu scientifique.

ANTIMONICKEL (*Minér.*), m. *Voy.* ANTIMONIURE DE NICKEL.

ANTIMONIURE D'ARGENT (*Minér.*), m. Synonymes : *discrase* de Beudant, *argent antimonial* des minéralogistes français, *antimonsilber* des Allemands, *speisglanz silber* de Werner. Substance composée d'antimoine et d'argent, d'un blanc argentin métallique ; lamelleuse, cassante lorsqu'on ne la martelle pas avec précaution. L'argent antimonial raye le carbonate de chaux, et est rayé par la fluorine ; sa densité est 9.4 à 9.8 ; il est fusible au chalumeau, en donnant des vapeurs antimoniales, et s'y réduit en un grain d'argent malléable ; mis dans l'acide nitrique, il commence par s'y couvrir d'un enduit blanc qui est de l'oxyde d'antimoine, s'y dissout en partie, et laisse un résidu qui, après avoir été lavé, se dissout dans l'acide hydrochlorique, et donne alors les réactions de l'antimoine. — Ses cristaux, qui se présentent souvent sous forme de prismes cannelés imparfaits, se déduisent d'un prisme rhomboïdal droit de cent vingt degrés environ, dans lequel un des côtés de la base est à la hauteur : : 8 : 5. — L'antimoniure d'argent est composé, suivant Klaproth, de

	Wolfach.	Andréasberg.
Argent.	76	77
Antimoine.	24	23
	100	100

sa formule atomique est conséquemment $Ag^2\,Sb$. On le rencontre dans le granite du Furstemberg, à Venceslas, près de Wolfach, dans le grès psammite d'Andréasberg, au Hartz, à Guadalcanal, en Espagne.

ANTIMONIURE DE NICKEL (*Minér.*), m. Syn. : *nickel antimonial*. Ce minéral est d'un

3.

rouge de cuivre clair, tendant un peu au violet; sa poussière est d'un brun rougeâtre; il raye la phosphorite, et se laisse rayer par le feldspath; il donne au chalumeau et sur le charbon la réaction de l'antimoine, sans odeur d'ail lorsqu'il est pur; sa forme primitive est un prisme hexaèdre régulier. Son analyse a donné à Stromeyer :

Nickel.	28.60
Antimoine	61.72
Fer.	0.86
Galène.	9 39
	99.96

analyse qui conduit à la formule Ni Sb.

Ce minéral a été découvert à Andréasberg par M. Ch. Wolkmar, de Brunswick; il est en petites tables à six faces très-minces, isolées ou en dendrites, ou bien dans de la galène ou de l'arséniure de cobalt.

L'antimoniure de nickel est rarement pur; l'isomorphisme de l'antimoine et de l'arsenic produit des substitutions qui donnent des arsénio-antimoniures, que nous décrivons à l'article ARSÉNIURE DE NICKEL; il forme aussi des *sulfo stibiures*, qui se trouvent à l'article SULFURE DE NICKEL.

ANTIMONOCRE (*Minér.*), f. Variété terreuse jaunâtre de l'*oxyde d'antimoine*; *acide antimonieux*.

ANTIMONPHYLLITE (*Minér.*), m. Variété d'*oxyde d'antimoine*, en aiguilles ou en masse feuilletée; du grec *phyllon*, feuille.

ANTRIMOLITE (*Minér.*), f. Nom donné par M. Thomson à une variété de *mésotype* contenant de la chaux et de la potasse, trouvée sur la côte nord d'Antrim en Irlande.

APATÉLITE (*Minér.*), f. Nom donné à une variété de *sulfate de fer*, décrite sous ce dernier titre.

APATITE (*Minér.*), f. Nom donné par Werner à une variété de *phosphate de chaux* dont les cristaux sont terminés par une base, et qu'on prendrait facilement pour une pierre précieuse, à cause de sa transparence trompeuse; d'où vient son nom, tiré du grec *apataô*, je trompe.

APHANÈSE (*Minér.*), m. Variété d'*arséniate de fer* contenant de l'hydrate de cuivre. Ce nom a été également donné à une variété d'*arséniate* de cuivre. Son peu d'éclat lui a mérité ce nom, qui est pris du grec *aphanès*, peu apparent.

APHANITE (*Géogn.*), f. *Diorite compacte*; *roche cornéenne*; nom donné par Haüy à une roche composée d'amphibole et de feldspath; *amphibolite* de quelques géologues. Sa couleur est grisâtre, noirâtre, verdâtre, rougeâtre, etc.; sa dureté est variable, sa texture compacte ou grenue; elle est fusible en émail noir. Cette roche est peu abondante dans la nature, et appartient à plusieurs sortes de terrains. Sa composition est variable, suivant la proportion des éléments qui la composent : lorsqu'elle est composée de parties égales d'amphibole et de feldspath, elle donne à l'analyse :

Silice.	54.86
Alumine.	15.56
Magnésie.	9.39
Chaux.	7.29
Potasse.	6.83
Oxyde de fer.	4.03
— de manganèse.	0.11
Acide fluorique.	0.75
	98.82

Cette composition conduit à la formule atomique : 3 (MgO, CaO, KO, FeO) SiO^3 + Al^2O^3 SiO^3; ou, en substituant bO à l'expression des bases protoxydées : bO SiO^3 + Al^2O^3 SiO^3.

Le nom d'aphanite a été donné par M. Cordier à des roches pyroxéniques du genre des *trapps*.

APHÉRÈSE (*Minér.*), f. Nom donné par M. Beudant à une variété cristalline de *phosphate de cuivre*, formée de l'octaèdre, auquel les sommets manquent, et sont remplacés par deux facettes; du grec *aphairésis*, retranchement, soustraction.

APHRISITE (*Minér.*), f. Variété terreuse de la tourmaline, dont le nom, emprunté au grec *aphrizô*, j'écume, fait allusion à son apparence floconneuse.

APHRITE (*Minér.*), f. Variété de *carbonate de chaux* en masse spongieuse, ressemblant à de l'écume de mer. Du grec *aphros*, écume.

APHRODITE (*Minér.*), f. Variété de *magnésite*, ou *écume de mer*, décrite au mot SILICATE DE MAGNÉSIE, et qui est souvent en efflorescence assez semblable à de l'écume. Du grec *aphros*, écume.

APHRONATRON (*Minér.*), m. Nom donné par quelques anciens minéralogistes à certains sels sodiques naturels. Ce nom tire son origine de son apparence écumeuse; du grec *aphros*, écume, et de *natron*, nom de la soude. Linné a donné cette dénomination au *nitrate de potasse* qui est en efflorescence sur les vieux murs.

APHTALOSE (*Minér.*), f. Nom donné par Haüy au *sulfate de potasse*, de deux mots grecs : *aphthitos*, inaltérable; *alos*, sel; à cause de son principal caractère d'être inaltérable à l'air.

APHTITALITE (*Minér.*), f. *Aphtalose*. Variété de *sulfate de potasse*, inaltérable à l'air; du grec *aphthitos*, inaltérable; *lithos*, pierre.

APICIFORME (*Minér.*), adj. Qui ressemble à des aiguilles réunies en houppes.

APIOCRINITE (*Paléont.*), f. Genre de polypiers fossiles, appartenant à la craie et aux formations antérieures.

APLITE (*Minér.*), f. Nom donné par Retz à une roche composée de feldspath laminaire et de quartz. *Voy.* PEGMATITE.

APLOME (*Minér.*), m. Nom donné à une variété de *grenat grossulaire*.

APOPHYLLITE (*Minér.*), f. Synonymes : *ichthyophtalme*, *albine*, *tesselite*, *zéolite d'hellesia*, *mésotype épointée;* substance incolore, blanchâtre, grisâtre, gris verdâtre, rouge de chair, nacrée, en masse lamelleuse et en cristaux; sa forme primitive est un prisme à base carrée, dont les rapports de côté et de hauteur sont :: 9 : 11 ; ses cristaux portent un pointement sur les angles de la forme primitive ; elle possède un clivage très-net, parallèlement à la base ; elle est transparente ou translucide ; elle raye la fluorine, et se laisse rayer par l'apatite ; sa densité est 2.335; elle s'exfolie lorsqu'on la frotte sur un corps dur, ou lorsqu'on la chauffe au chalumeau sur le charbon. C'est ce qui lui a mérité le nom d'*apophyllite*, du grec *apophyllizô*, j'effeuille. Elle s'électrise vitreusement par le frottement, sans être isolée; elle se boursoufle et fond au chalumeau en un verre bulleux et incolore; sa poussière est soluble en gelée dans les acides. Ses analyses donnent :

LOCALITÉS.

	Faroë.	Fassa.	Disco.	Utoë.
Silice.	52.58	51.86	51.86	52.90
Chaux.	24.98	25.20	25.22	25.21
Potasse.	5.37	5.14	5.31	5.27
Eau.	16.20	16.04	16.90	16.00
Acide fluorique.	0.64	»	»	0.82
	99.77	98.24	99.29	100.20

d'où ressort la formule 3 CaO SiO^3 + 8 Aq.

M. Dufrénoy réunit l'apophyllite aux silicates alumineux, à cause de quelques caractères extérieurs; mais cette réunion est loin d'être d'accord avec la composition, puisque ce minéral ne contient pas de trace d'alumine.

Les variétés de l'apophyllite sont peu nombreuses ; la forme primitive se trouve à Uto, en Suède, aux îles Naalsoé et Faroé ; les dimensions des cristaux sont presque égales, et leur donnent l'apparence de cubes ; leur éclat est très-nacré. A Faroé, ils ont huit faces rhomboïdales et quatre faces hexagonales. C'est là qu'on trouve, dans les roches volcaniques, la variété nacrée connue sous le nom d'*œil de poisson*, ou d'*ichthyophtalme*. — Lorsque les sommets des cristaux sont fortement tronqués, il en résulte une variété dite *mésotype épointée*, qui se rencontre à Uto, à Faroé, en Bohême. — La *tessélite* jouit de la double réfraction à deux axes. — L'*albite* est opaque et d'un blanc mat; elle provient de Marienberg, en Bohême. — L'*oxahvérite* est d'un jaune pâle, et se trouve en Islande sur des bois pétrifiés, en petits cristaux de la forme de l'apophyllite.

Ce minéral appartient à plusieurs gisements ; il se trouve dans les roches amphiboliques de la Suède et de la Finlande; quelquefois il adhère au fer oxydulé; il se montre dans les formations volcaniques de l'Islande ; au Hartz, il est associé avec la stilbite dans un filon de galène; en Auvergne, il forme de petits cristaux bien nets, dans un calcaire d'eau douce à Friganes; au Groenland et à Fassa, dans le Tyrol, il enveloppe de gros cristaux d'analcime sous forme de lames roses, et est accompagné de carbonate de chaux lamellaire, dans une vacke verdâtre.

APOTOME (*Cristall.*), adj. Cristal apotome ; nom donné par Haüy à un prisme surmonté d'un pointement à quatre faces, très-aigu, placé sur les arêtes horizontales de ce prisme, et donné par un décroissement intermédiaire sur le primitif.

APPAUVRIR (*Exploitation*). Un filon s'appauvrit lorsqu'il devient moins épais, ou moins riche en parties métalliques.

APPUIS DE FOURCHETTES (*Métall.*), m. Traverses qui supportent les fourchettes des équipages de fenderie.

APSEUDÉSIE (*Paléont.*), f. Genre de polypier fossile des terrains anciens.

APYRE (*Minér.*), adj. du grec *a* privatif; *pyr*, feu ; qui résiste au feu.

APYRITE (*Minér.*), f. Variété rouge de *tourmaline* complétement infusible, et qu'Haüy avait nommée *tourmaline apyre*.

ARACHNÉOLITE (*Paléont.*), f. Crabe ou araignée de mer fossile. Du grec *arachné*, araignée; *lithos*, pierre.

ARANÉE (*Minér.*), f. Minerai d'argent du Potose.

ARBÉLAGE (*Métall.*), m. Lame de fer aplatie pour la fabrication de la tôle.

ARBORISATION (*Minér.*), f. Groupement dendroïde de petits cristaux, soit à la surface des corps minéraux, soit dans leur intérieur ; il en résulte des espèces de plantes dans lesquelles les cristaux, souvent émoussés, défigurés, ressemblent plutôt à des aiguilles entrelacées. Les arborisations sont dues à des cristallisations de manganèse ou de fer ; les agates, certains calcaires et des marnes y sont sujets. Le calcaire marneux de Florence en offre de fort jolis échantillons.

ARBRE (*Métall.*), m. Longue pièce de bois ou de fer qui sert d'axe à des roues, à des ordons à cames, aux cames des bocards, ou aux bras des patouillets.

ARBRE DE TROMPE (*Métall.*), m. Arbre creux, canal qui reçoit l'eau, corps principal de la trompe.

ARBUE (*Métall.*), f. *Voy.* HERBUE.

ARCACITE (*Paléont.*), f. Arche fossile.

ARCANE (*Métall.*), m. Composition métallique qu'on emploie dans l'étamage des métaux.

ARCEAUX (*Métall.*), m. Petits arcs sur lesquels reposent les caisses de cémentation.

ARCHE (*Paléont.*), f. Genre d'arcacées, dont vingt-cinq espèces sont fossiles.

ARCOT (*Métall.*), m. Alliage impur de cuivre et de zinc, qui a besoin d'une seconde opération avant de devenir *laiton*. L'arcot est, à proprement parler, un alliage qui n'est pas suffisamment saturé de zinc : pour qu'il soit bien fait, on ajoute à ce premier mélange de la calamine mêlée de charbon.

ARDOISE (*Minér.*), f. Schiste tégulaire, tabulaire, ou ardoisier, phyllade; roche d'un gris bleuâtre, quelquefois jaunâtre, verdâtre, rougeâtre, terne, rarement luisante, dure, fusible en un émail bulleux, résistant longtemps à l'influence atmosphérique, ne se détériorant qu'à la longue, et formant alors une terre onctueuse qui ne fait point pâte avec l'eau; en couches composées de feuillets très-minces; employée à la couverture des maisons, à faire des tables, des planches à écrire; prenant mal le mortier, et conséquemment peu propre aux constructions. Variétés : pailletée, micacée, ferrifère, maclifère, staurotique, porphyroïde, etc. Une ardoise d'Angers analysée par M. d'Aubuisson a donné la composition suivante :

Silice.	48.60
Alumine.	23.50
Oxyde de fer.	11.30
Magnésie.	1.60
Potasse.	4.70
Eau.	7.60
	97.30

ARDOISIÈRE, m. Gisement et exploitation d'ardoises.

ARÉNACÉ, adj. Roche arénacée, qui est incohérente; sable, roche sableuse, composée de grains siliceux, arrondis ou cristallisés.

ARENDALITE (*Minér.*), f. Variété d'*épidote* provenant d'Arendal.

ARÉTRIGONALE (*Cristall.*), adj. Nom donné par M. Breithaupt à un cristal rhomboédrique de carbonate de chaux, dont l'angle est de 108°, qui raye la fluorine et est rayé par l'apatite, et dont la pesanteur spécifique est de 2.742 à 2.750.

ARFVEDSTONITE (*Minér.*), f. Nom donné par M. de Brooke à une variété d'*amphibole* qu'il a dédiée à Arfvedston.

ARGENT (*Métall.*), m. Du grec *argos*, blanc, parce que ce minéral est le plus blanc des métaux; *silber* des Allemands; *silver* des Anglais; *plata* chez les Espagnols modernes, qui, avant la conquête du nouveau monde, se servaient du mot *argent*, qu'on retrouve dans les anciens manuscrits arabes et espagnols de l'Escurial. L'argent portait dans l'alchimie le nom de la *lune*; il est plus dur que l'or, mais il est moins ductile; il s'étend parfaitement sous le marteau, raye l'or, l'étain et le plomb, et se laisse rayer par le fer, le platine et le cuivre; il entre en fusion à 1023° du thermomètre à air, et à 1061° du pyromètre de Daniell; il donne un son éclatant, qu'on a nommé son argentin; sa densité est 10.474 à 10.542; son atome est exprimé par Ag, et pèse 1351.607; il se dissout dans l'acide nitrique avec dégagement d'acide nitreux; sa solution incolore donne, par l'acide hydrochlorique, un précipité blanc qui se redissout dans l'ammoniaque liquide; un fil de cuivre trempé dans la dissolution se couvre d'argent métallique. L'argent a très-peu d'affinité pour l'oxygène; aussi ses oxydes métalliques ne se rencontrent-ils point seuls dans la nature; c'est à peine s'il s'en trouve un, le protoxyde, en combinaison avec l'acide carbonique, dans le carbonate d'argent; il forme, au contraire, une foule d'alliages naturels avec différents corps, au nombre desquels il convient de ranger l'or. — Ses principaux minerais sont l'*argent natif*, l'*amalgame d'argent*, l'*antimoniure*, l'*arséniure*, le *sulfure*, le *séléniure*, le *chlorure*, l'*iodure*, le *bromure* et le *carbonate d'argent*; mais le minerai le plus répandu est, sans contredit, le *sulfure de plomb argentifère*, qui fournit la plus grande partie de l'argent consommé en Europe. — Ces minerais se trouvent fréquemment dans les mêmes gîtes : les mines de Kongsberg (Norwége), d'Himmelfürst (Saxe), d'Andréasberg (Hartz), renferment tout à la fois de l'argent natif, de l'antimoniure, et différents sulfures d'argent; dans celles du Mexique et du Chili on exploite, outre l'argent natif, de l'amalgame d'argent et des chlorures de ce métal.

Les différents minerais argentifères sont connus dans les ouvrages sous des noms très-divers; nous croyons en conséquence devoir renvoyer nos lecteurs aux titres généraux sous lesquels sont décrits les espèces différentes. C'est ainsi qu'il faut pour :

ARGENT AMALGAMÉ, voir *Amalgame d'argent.*

— **ANTIMONIAL**, voir *Antimoniure d'argent.*

— **ANTIMONIÉ-SULFURÉ NOIR**, voir *Sulfure d'argent.*

— **ARSÉNICAL**, voir *Arséniure d'argent.*

— **ARSÉNIO-SULFURÉ**, voir *Sulfure d'argent.*

— **BLANC**, voir *Sulfure d'antimoine*, etc.

— **BROMURÉ**, voir *Bromure d'argent.*

— **CARBONATÉ**, voir *Carbonate d'argent.*

— **CHLORO-BROMURÉ** (Domeyko), voir *Bromure d'argent.*

— **CHLORURÉ OU CORNÉ**, voir *Chlorure d'argent.*

— **GRIS ANTIMONIAL** (Romé de Lisle), voir *Sulfure d'antimoine argentifère.*

— **IODURÉ**, voir *Iodure d'argent.*

— **JAUNE**, voir *Iodure d'argent.*

— **NOIR**, voir *Sulfure d'argent.*

— **ROUGE**, voir *Sulfure antimonifère.*

— **SÉLÉNIURÉ**, voir *Séléniure d'argent.*

— **SULFURÉ**, voir *Sulfure d'argent.*

— **AIGRE OU FRAGILE**, voir *Sulfure d'argent.*

— **SULFURÉ, ANTIMONIFÈRE, ARSÉNIFÈRE** et **CUPRIFÈRE** (Lévy), voir *Sulfure d'argent.*

— SULFURÉ, ANTIMONIFÈRE et PLOMBIFÈRE, voir *Sulfure d'argent.*

— SULFURÉ, FERRIFÈRE (Thomson), voir *Sulfure d'argent.*

— SULFURÉ, FLEXIBLE (Sternbergite), voir *Sulfure d'argent.*

— VITREUX, voir *Sulfure d'argent.*

— VERT, voir *Bromure d'argent.*

Ce métal précieux s'extrait par la *coupellation*, par l'*amalgamation* avec le mercure, ou par l'*imbibition*. On peut voir ces divers traitements aux mots qui les regardent. Depuis quelques années, M. Becquerel a appliqué les forces électro-chimiques à l'extraction de l'argent, sans employer l'amalgamation. C'est surtout sur la galène qu'il opère avec le plus de facilité. Dans les diverses opérations métallurgiques employées au traitement de l'argent, le plomb joue un rôle important, et sa présence détermine le procédé qu'on doit suivre. Les minerais d'argent sont très-répandus dans la nature ; mais ils exigent, pour être amenés à l'état métallique, des procédés longs et coûteux ; c'est ce qui fait que l'argent est toujours d'un prix élevé. On peut voir au mot MÉTAUX PRÉCIEUX quelques détails à ce sujet. Le Mexique renferme le plus d'exploitations de ce genre ; on y compte plus de 3,000 filons ; au Pérou, au Chili, à Potosi, à Guanaxuato, les exploitations sont riches et nombreuses ; les mines d'Asie sont peu considérables ; celles de Hongrie sont les plus importantes d'Europe. En Espagne, il n'existe que des galènes argentifères et les sulfures de Hiendelencina. La France compte quatre exploitations où l'on traite l'argent par l'amalgamation, et trois où ce métal est extrait par coupellation : les premières produisent 20,000, et les secondes 250,000 kilogrammes.

ARGENT BLANC (*Minér.*), m. *Sulfure de plomb* antimonifère et argentifère, décrit sous le nom de *weissgültigerz* à l'article des SULFURES MÉTALLIQUES.

ARGENT DES CHATS (*Minér.*), m. Nom vulgaire donné par le peuple à une variété de *mica* à éclat argentin.

ARGENT DES MORTS (*Minér.*), m. Obsidienne, agate noire d'Irlande.

ARGENT EN ÉPIS (*Minér.*), m. *Sulfure de cuivre argentifère* en petites écailles allongées qui présentent la disposition de petites tiges.

ARGENT EN FEUILLES DE FOUGÈRE (*Minér.*), m. *Argent natif*, variété dentritique.

ARGENT EN PLUMES (*Minér.*), m. *Sulfure d'antimoine*, variété capillaire.

ARGENT ET CUIVRE SULFURÉS (*Minér.*), m. *Sulfure d'argent et de cuivre.*

ARGENT MERDE D'OIE (*Minér.*), m. Ce nom vulgaire a été donné tour à tour à l'*arséniate de cobalt argentifère* et à la *chenocopsolite*, à cause de sa couleur verdâtre, jaunâtre, rougeâtre.

ARGENT MOLYBDIQUE (*Minér.*), m. Ancien nom du *tellurure de bismuth*, dont la composition n'était pas bien connue.

ARGENT MURIATÉ (*Minér.*), m. *Chlorure d'argent.*

L'*argent natif* est plus terne que l'argent poli ; quelquefois même sa surface est noircie par des vapeurs sulfureuses ; la raclure a de l'éclat ; il est ductile, s'étend sous le marteau, et a toutes les propriétés de l'argent pur. Il accompagne assez ordinairement le sulfure, le chlorure et le sulfo-antimoniure, d'argent, et doit souvent son origine à la décomposition de ces minéraux ; il se trouve en cristaux, en rameaux divergents, en filaments droits et réticulés, en dendrites qui, vues à la loupe, paraissent composées d'octaèdres ou de cubes implantés les uns au-dessus des autres, en filets capillaires frisés comme la laine, en lames glissées dans les fissures de la gangue, en grains, en masses plus ou moins considérables. On cite des morceaux de cinquante à soixante livres trouvés à Sainte-Marie-aux-Mines (Vosges) ; une chronique de 1478 prétend qu'à Schneiberg on a trouvé un bloc de près de cent quintaux. L'argent natif se trouve très-souvent en filaments contournés à la surface du sulfure d'argent. On a remarqué qu'en exposant le sulfure à une chaleur douce et constante, il se forme, aux dépens de l'intérieur, des filaments d'argent métallique ; on en a induit que ces fils naturels pourraient bien être dus à la chaleur produite par la décomposition des pyrites. Ses formes cristallines sont le cube, le cube tronqué sur les arêtes, ou cubo-dodécaèdre, l'octaèdre régulier, le dodécaèdre rhomboïdal, l'octaèdre émarginé, le triforme. L'argent métallique est souvent associé au chlorure d'argent ; il apparaît de préférence dans les roches non stratifiées ; il est accompagné par l'arsenic, le cobalt, le mercure ; au Canada, il se trouve avec du cuivre natif dans un trapp du lac Supérieur ; celui du Pérou est, suivant M. de Humboldt, disséminé en parcelles presque imperceptibles dans un fer oxydé brun ; il y existe aussi dans un quartz gras ; en Europe, c'est dans le terrain le plus ancien, même dans le granite, qu'il se rencontre ; telles sont les mines de Saxe, de Bohême, de Norwége, de Souabe, etc.

Dans le département du Calvados, à Curcy, on trouve, dans le schiste ardoisier du terrain de transition, l'argent allié au cuivre dans la proportion exacte de l'alliage des monnaies ; il y est en petits grains ronds, disséminés dans les fissures transversales du schiste ; quelques fragments pèsent jusqu'à dix grammes. Les terres rouges du Huelgoat (Finistère) sont identiques avec les *pacos* et les *colorados* du Pérou et du Mexique : c'est un quartz carrié, imprégné d'oxyde de fer, renfermant de l'argent natif, associé à du chlorure et à du bromure. Les minerais d'argent d'Allemont (Isère) forment un stockwerk, composé d'un grand nombre de petits filons contenant de l'argent natif, des antimoniure, sulfure, chlorure, etc.

d'argent; leur gangue est une roche d'oxyde de fer, de calcaire, d'épidote, d'amiante, etc.; ils sont associés à un grand nombre d'espèces minérales. Le gîte de Château-Lambert, dans la Haute-Saône, offre un système de filons encaissés dans de la syénite, et tenant de l'argent natif, du cuivre pyriteux, du cuivre gris argentifère, et de la pyrite aurifère; à la Croix-aux-Mines, dans les Vosges, on trouve dans le gneiss, et presque sur la limite du granite, un filon de cinquante à quatre-vingts mètres de puissance, qui a été reconnu sur une longueur de treize mille mètres. Ce filon, dont l'encaissement est assez semblable à celui de Hiendelencina, dans la province de Guadalaxara, en diffère sous plusieurs rapports : il est composé de la roche même de la montagne, chargée de quartz et de minerai de fer, tandis que la matière du filon d'Espagne est de la baryte; la masse métallique dominante est de la galène, contenant du phosphate et du carbonate de plomb, de l'argent natif, de l'antimoniure de plomb, de l'argent rouge, etc.; tandis que le minerai dominant à Hiendelencina est le sulfure, associé à du chlorure et à du bromure d'argent.

La composition différente des minerais d'argent exige des préparations et des traitements différents pour en extraire le métal : si l'on traite de la galène argentifère, on commence par bocarder le minerai; puis on lave pour séparer la roche broyée, qui est plus légère, du sulfure qui va au fond du lavoir; on fait sécher, et l'on grille dans des fourneaux particuliers, afin de brûler le soufre.

Lorsque le minerai est suffisamment désulfuré, on le fond avec du charbon, et on soumet le plomb ainsi obtenu à la *coupellation* (voir ce mot) ou à la *cristallisation* sèche. Lorsque l'argent n'est point à l'état de mélange avec la galène, on se sert du procédé que nous avons décrit au mot AMALGAMATION.

ARGENT SPICIFORME (*Minér.*), m. *Argent en épis*. Variété de *cuivre sulfuré gris*, dite spiciforme.

ARGENT TELLURÉ (*Minér.*), m. *Voy. Tellurure d'argent*, au mot TELLURURES MÉTALLIQUES.

ARGENT TRICOTÉ (*Minér.*), m. *Arséniure de cobalt* contenant de l'argent.

ARGENT VIERGE (*Minér.*), m. *Voy.* ARGENT NATIF.

ARGENT-VIF, m. Mot improprement employé pour désigner le vif-argent ou *mercure*.

ARGENT VITREUX (*Minér.*), m. *Sulfure d'argent*.

ARGENTINE (*Minér.*), f. Nom donné par Kirwan à une variété de *carbonate de chaux* schisto-spathique, composé de rhomboèdres tronqués au sommet, et se réduisant à des lamelles appliquées les unes sur les autres, à la manière des schistes. C'est aussi le spath chisteux de Brochant, le schieferspath des Allemands.

Les lapidaires donnent le nom d'argentine à une variété nacrée d'*adulaire*.

ARGILE (*Minér.*), f. Du grec *argos*, blanc; à cause de la couleur la plus ordinaire de ces roches, qui est le blanc sale ou le gris clair. Ce minéral est aussi quelquefois jaunâtre, brunâtre, même noirâtre; il forme des masses terreuses, plus ou moins endurcies, souvent onctueuses, et dont le caractère est d'avoir le grain très-fin, de faire pâte avec l'eau, et de durcir ensuite au feu. La plupart des argiles happent la langue, et donnent par l'insufflation une odeur particulière, dite *odeur argileuse*.

On range ordinairement dans les argiles le *kaolin*, ou terre à porcelaine; mais, outre que pour en agir ainsi les classificateurs n'ont d'autre raison que l'emploi même du silicate dans la fabrication des poteries transparentes, le kaolin passe, par tant de nuances, au feldspath, qu'il paraît beaucoup plus convenable d'en faire une espèce à part.

Toutes les argiles sont des combinaisons de silice, d'alumine et d'eau, qui ont pour formule générale : $[(Al^2O^3)^m(SiO^3)^n]^p + vAq$, et qui admettent comme mélange de petites proportions de carbonates de chaux et de magnésie, de silicate de chaux, d'oxyde de fer, etc. On les distingue en *argiles plastiques*, ou terre à poterie; *argiles smectiques*, ou terres onctueuses; et *marnes*, ou *argiles calcaires*. — M. Dufrénoy en fait, de son côté, deux groupes distincts : les silicates alumineux amorphes insolubles dans les acides; les silicates solubles. Les premiers ne renferment que dix à douze pour cent d'eau; ce sont les argiles plastiques; les seconds contiennent vingt-deux à vingt-cinq pour cent d'eau : ce sont les argiles smectiques. Il fait une classe à part des marnes. — Cette triple distinction est fondée non-seulement sur l'état hydrométrique des argiles, mais encore sur leur position relative dans la série des terrains : l'argile plastique est placée au-dessus des dépôts mécaniques, tels que les grès qui forment la base des hydro-silicates, et au-dessous des calcaires déposés par voie de dissolution, et qui forment des sédiments chimiques. L'argile plastique est donc une roche arénacée, à grains très-fins, formée par voie de transport, et conséquemment d'une composition variable. — L'argile smectique, au contraire, se trouve en couches au milieu des calcaires de sédiment; elle est elle-même le résultat d'un dépôt chimique; aussi sa composition est-elle assez uniforme. Cependant, comme les sédiments calcaires se sont faits bien avant que les dépôts mécaniques eussent cessé de se produire, il a dû se former des argiles mixtes, dont la composition présente de singulières différences.

Les argiles plastiques sont d'un blanc sale, gris clair, noirâtre, jaunâtre, etc.; elles fournissent la terre à faïence, parce qu'elles se façonnent avec une grande facilité; mais il n'y a que celles qui sont exemptes de mélanges étrangers, et qui conséquemment donnent une pâte blanche, qui soient propres à la fabrication de la porcelaine fine; elles sont inattaquables par les acides, ou ne s'y dissolvent qu'en faible partie, le plus souvent après une calcination modérée. Si la calcination est poussée trop loin, au contraire, les argiles deviennent insolubles. — On possède un grand nombre d'analyses des argiles plastiques : celles ci-après sont choisies parmi l'essai des échantillons les plus purs :

	LOCALITÉS.			
	Valendar.	Montereau.	Abondant.	Gaujacq.
Silice.	66.70	64.10	50.60	46.50
Alumine.	24.00	24.60	35.20	38.10
Eau.	6.75	10.00	13.10	14.50
Oxyde de fer.	1.20	»	0.40	»
Chaux.	»	»	»	»
Magnésie.	1.20	»	»	»
	99.85	98.70	99.30	99 10

Ces analyses conduisent à la formule générique : $(Al^2O^3)^2 (SiO^3)^3 + m\,Aq$, dans laquelle *m* est tour à tour représenté par 2, 3, 4 et 5, nombres qui indiquent un mélange d'eau.

A ces analyses se rapportent les variétés ci-après :

1° Avec deux atomes d'eau, l'*argile d'Harfort ;*

2° Avec trois atomes, la *cymolite* et les argiles de *Forges-les-Eaux*, *Stourbridge*, etc. ;

3° Avec quatre atomes, celles de *Provins*, du *Devonshire*, et la *smélite* de M. Glocker, qui, d'après l'analyse de M. Osvald, contient deux pour cent de soude ;

4° Avec cinq atomes, celles de *Hesse* et du *Rôchiltz*.

D'où l'on est en droit de conclure que les argiles véritablement plastiques sont des silicates bi-aluminiques avec de l'eau hygrométrique, lesquels, privés de cette eau, ont pour composition générale :

Silice.	57.42
Alumine.	42.58
	100.00

ou $(Al^2O^3)^2 (SiO^3)^3$.

C'est la conclusion à laquelle est arrivé, par une autre voie, M. Brongniart, qui admet que hors de cette limite les propriétés des argiles varient. D'après cela, les analyses qui suivent n'appartiendraient qu'à des qualités secondaires :

	LOCALITÉS.	
	Bavière.	Scheffield.
Silice.	41.20	53.40
Alumine.	14.70	22.50
Eau.	5.60	10.30
Charbon.	30.90	5.80
Oxyde de fer.	5.60	3.00
Magnésie.	1.00	»
	99.00	100.00

Ces deux analyses répondent à la formule

$$Al^2O^3 (SiO^3)^3 + \left\{ \begin{matrix} 2 \\ 3 \end{matrix} \right\} AqO.$$

Ces deux argiles portent le nom d'*argile bitumineuse* et *argile plombagine ;* elles sont infusibles, et servent à la fabrication des creusets de fusion destinés à l'acier. A l'exposition au feu, le charbon contenu dans la pâte se brûle; les parois deviennent poreuses, et les creusets résistent mieux aux changements de température.

Les trois argiles suivantes sont réfractaires, et, sous ce rapport, d'une grande utilité dans les arts ; elles servent à la fabrication des pots de verrerie, des gazettes à cuire la porcelaine, etc. Leurs analyses donnent :

	LOCALITÉS.		
	Vanvres.	Kosemütz.	Andennes.
Silice.	51.84	54.50	52.00
Alumine.	26.10	27.25	27.00
Oxyde de fer.	4.91	0,25	2.00
Eau.	14.58	14.25	19.00
Chaux.	2.25	»	»
Magnésie.	0.25	»	»
	99.91	96.25	100.00

On en tire l'expression atomique

$$Al^2O^3 (SiO^3)^2 + \left\{ \begin{matrix} 5 \\ 3 \\ 5 \end{matrix} \right\} Aq.$$

Il convient de ranger parmi les argiles plastiques quelques terres employées à différents usages, et qui sont des magmas dont les éléments varient beaucoup ; telles sont les *argiles schisteuses*, qui doivent leur nom à leur structure, contiennent beaucoup de silice, et ne font que difficilement pâte avec l'eau ; les *argiles à polir*, terres siliceuses à grains d'une ténacité plus ou moins grande, très-avantageuses pour le polissage ; les *argiles légères*, qui, renfermant des silicates de magnésie, font à peine pâte avec l'eau, mais donnent des briques légères, fort utiles dans certaines constructions ; les *argiles ocreuses* et *ferrugineuses*, colorées par une forte proportion de fer : les premières contiennent le métal à l'état d'hydrate, et passent à l'état d'*ocre*, qui s'emploie dans la peinture ; dans les secondes, le fer est à l'état de péroxyde simple, etc. C'est de celles-ci que se tirent la *sanguine*, le *rouge de mars*, les *terres bolaires*. La *plinthite* de M. Thomson, et le *feltbol* trouvé près de Freiberg, sont des argiles ferrugineuses. Les *argiles figulines* mériteraient peut-être d'être distinguées des argiles plastiques, à cause de plusieurs caractères qui présentent des différences ; mais comme elles sont généralement employées à la poterie commune, elles doivent être, industriellement parlant, rangées dans la même classe ; elles contiennent de la chaux, sont toujours souillées par du fer, et rougissent plus ou moins au feu. Telles sont les terres de Provins, de Vanvres, de Nevers, etc.

Les *argiles smectiques* diffèrent essentiellement des argiles qui précèdent, par deux caractères principaux : elles contiennent beaucoup plus d'eau (presque toujours le double), et la proportion de silice est plus considérable, ce qui les empêche généralement de faire pâte avec l'eau. Nous avons dit qu'on pouvait regarder l'argile plastique comme représentée par $(Al^2O^3)^2 (SiO^3)^3$; celle smectique doit être alors représentée, suivant M. Dufrénoy, par $(Al^2O^3)^2 (SiO^3)^5$. Il est bien difficile néanmoins de ramener toutes les argiles smectiques à cette formule unique, qui ne se rencontre tout au plus que dans l'argile à foulon de Reigate et dans la lenzinite de Saint-Sever. Aussi n'est-ce point entièrement dans la composition qu'il faut chercher une classification exacte de ces terres, dont les analyses présentent de notables différences ; mais bien dans les caractères extérieurs et dans la position géologique, en s'aidant cependant de l'analyse comme moyen de contrôle. — C'est ainsi qu'on peut diviser les argiles smectiques en deux classes distinctes : les *terres à foulon* et les *halloysites*. Les premières sont moins riches en alumine que les secondes ; elles ne sont pas ou elles sont moins translucides sur les bords ; elles ne deviennent point transparentes dans l'eau comme les halloysites ; leur cassure est plutôt inégale, et toujours moins esquilleuse que celle des dernières roches ; enfin la pesanteur spécifique des terres à foulon est de 2.30 à 2.50, tandis que celle des halloysites est 2.00 à 2.20. D'un autre côté, les premières se rencontrent en couches dans les calcaires des terrains crétacés inférieurs ; les secondes se présentent en filons liés, comme gangue ou salbande, à la formation des minerais métalliques, ou bien se trouvent répandus dans la pâte même des arkoses qui séparent les terrains anciens des terrains secondaires. Enfin, si l'on doit admettre, comme type de composition des terres à foulon, la formule de M. Dufrénoy $(Al^2O^3)^2 (SiO^3)^5$, il convient de regarder l'analyse de l'halloysite comme donnant $(Al^2O^3)^2 SiO^3)^3$, qui ne diffère de la formule de l'argile plastique que par une plus grande quantité d'eau, ainsi qu'on le verra plus bas.

La *terre à foulon* est généralement d'un gris verdâtre, quelquefois jaunâtre et rougeâtre ; elle a une cassure inégale, rarement esquilleuse ; sa pâte est onctueuse, savonneuse, et se laisse couper comme de la cire ; elle happe la langue, ne fait point pâte avec l'eau, mais s'y réduit en fragments. Au chalumeau elle fond en un émail d'un gris verdâtre ; dans le tube, elle bouillonne, se grumelle, et tombe bientôt en poussière. Sa pesanteur spécifique est 2.50 à 2.80. Les analyses ci-après, citées par M. Dufrénoy, donnent une idée de la composition des argiles à foulon. J'omets l'analyse faite par Thomson d'une argile appartenant à une localité inconnue, qui me paraît trop différer des autres.

	LOCALITÉS.		
	Reigate.	Hampshire.	Silésie.
Silice.	50.80	51.00	48.50
Alumine.	23.00	17.00	18.50
Chaux.	2.30	0.50	»
Oxyde de fer.	0.70	5.75	6.00
Magnésie.	0.20	1.25	1.50
Eau.	24.50	24.00	25.50
	101.50	99.50	100.00

La formule qui résulte de ces analyses est $(Al^2O^3 Fe^2O^3) (SiO^3)^3 + (Al^2O^3 Fe^2O^3) (SiO^3)^2 + 12$ Aq ; elle peut être mise sous cette forme $Al^2O^3 (SiO^3)^3 + Al^2O^3 (SiO^3)^2 + 12$ Aq, et semble formée de la réunion de deux argiles : celle de Bavière et celle de Vanvres ; elle n'en diffère que par la présence du peroxyde de fer, qui est ici isomorphe avec l'alumine.

Les *halloysites* ont des caractères beaucoup plus fixes que les argiles à foulon : leur couleur est généralement d'un blanc laiteux ou opalin, mais elle est quelquefois changée par la présence de silicates métalliques ; elles sont fortement translucides sur les bords, et leur cassure est esquilleuse ; à l'air, elles perdent leur demi-transparence et deviennent terreuses ; lorsqu'on en met de petits fragments dans l'eau, ils reprennent leur translucidité ; il se dégage de l'air, et leur poids augmente ; elles sont tendres, ont l'aspect cireux, et se laissent rayer à l'ongle ; elles se coupent comme un morceau de savon, et on peut en enlever des copeaux qui se contournent comme la cire ; cette substance est onctueuse et savonneuse ; elle happe la langue, et fait difficilement pâte avec l'eau. Sa pesanteur spécifique est 2.00 à 2.20, et son analyse donne :

	LOCALITÉS.				
	Miechowitz.	Saint-Martin.	Anglar.	Guatégué.	La Tweed.
Silice.	40.25	43.10	39.50	46.00	46.70
Alumine.	35.00	32.45	34.00	40.20	36.19
Eau.	21.25	22.30	26.50	14.80	16.00
Magnésie et chaux.	0.25	1.70	»	»	»
	96.75	99.55	100.00	101.00	98.89

Il résulte de ces analyses deux formules : la première, qui comprend les deux premiers échantillons, donne :

$$Al^2O^3 (SiO^3)^3 + 4\,Al^2O^3\,SiO^3 + \left\{\begin{matrix}19\\20\\24\end{matrix}\right\} AqO;$$

la seconde, qui se rapporte aux deux autres variétés, est :

$$Al^2O^3 (SiO^3)^3 + 5\,Al^2O^3\,SiO^3 + \left\{\begin{matrix}13\\14\end{matrix}\right\} Aq.$$

Pour plus d'exactitude, il convient de dire que plusieurs silicates d'alumine, qui par quelques points ont de l'analogie avec les *halloysites*, présentent des compositions très-différentes de celles ci-dessus. Tels sont l'*allopkane*, alliance d'un silicate très-aluminique avec de l'hydrate d'alumine et de l'eau ; la *lenzinite*, qui offre la réunion d'un silicate bi-aluminique avec un silicate tri-aluminique hydraté; le *savon de montagne*, qui à la composition des argiles plastiques joint un atome de silicate ferreux; la *collyrite* et la *scarbroïte*, qui réunissent, à deux différents silicates, de l'hydrate d'alumine et beaucoup d'eau.

Ces variétés, qui ne sauraient constituer des espèces, puisque ce ne sont que le résultat de mélanges divers, offrent un passage gradué d'une variété d'argile à une autre, et confirment l'opinion des minéralogistes modernes, que ces roches plus ou moins terreuses sont des magmas en proportions peut-être indéfinies, au milieu desquels se sont constitués, par cristallisation, des espèces déterminées. Les variétés intermédiaires et mixtes peuvent presque toujours être ramenées à une formule générale, ou, en supposant qu'elles contiennent de la silice, à l'état de mélange, ou en en séparant de l'alumine sous forme d'hydrate.

C'est ainsi qu'on peut ramener à la formule $(Al^2O^3)^2 (SiO^3)^3$ des argiles, les variétés suivantes :

Argiles bitumineuses : $Al^2O^3 (SiO^3)^3 = (Al^2O^3)^2 (SiO^3)^3 + 3 SiO^3$;

Argile de Vanvres, etc. : $Al^2O^3 (SiO^3)^2 = (Al^2O^3)^2 (SiO^3)^3 + SiO^3$;

Terre à foulon : $Al^2O^3 (SiO^3)^3 + Al^2O^3 (SiO^3)^2 = (Al^2O^3)^2 (SiO^3)^3 + 2 SiO$;

Et les balloysites : $Al^2O^3 (SiO^3)^3 + m\, Al^2O^3\, SiO^3$ à $(Al^2O^3)^2 (SiO^3)^3 + m\, Al^2O^3\, H^2O$.

2

L'argile dans laquelle l'alumine domine fortement est infusible; elle a peu de liant; sa pâte ne peut s'étendre sans se gercer; elle prend au feu un retrait considérable. Fortement chargée de silice, elle peut se porcelaniser, et éprouver un commencement de fusion. Enfin, si on y ajoute de la chaux, la fusibilité devient d'autant plus grande que la proportion des trois terres approche plus de celle qui est donnée à l'article FONDANTS. — Le fer, lorsqu'il n'est qu'en petite quantité, ne colore point les argiles, tant que ces terres n'éprouvent point l'effet d'un feu violent; en plus forte dose, il leur donne une couleur bleu d'ardoise ou verte, qui devient jaune au feu, et même rouge, selon la proportion du métal. S'il est très-abondant, il les rend fusibles, si elles contiennent surtout un peu de chaux. — Dans les arts céramiques, on s'oppose au retrait de l'argile très-alumineuse, en y ajoutant du sable ou de l'argile très-cuite et pulvérisée; le sable a aussi la propriété d'empêcher cette terre de se fendre. Dans les ateliers on appelle l'opération qui consiste à ajouter du sable, le *dégraissage*. — La propriété que possède l'argile de se pétrir et façonner dans l'eau, a donné naissance à une foule d'industries, qu'on peut diviser en deux classes : celles qui emploient l'argile non lavée, et celles qui donnent des produits résultant du lavage des terres. Les briques, les carreaux, les tuiles, les fourneaux, les réchauds, etc., sont dans les fabrications de la première catégorie; la poterie appartient à la seconde.

ARGILE À LIGNITES (*Minér.*), f. *Argile figuline.*

ARGILE À MEULIÈRES (*Minér.*), f. Argile de terrain tertiaire, grise, verdâtre, blanchâtre et rougeâtre, marbrée, dans laquelle sont disséminées des meulières.

ARGILE À PORCELAINE (*Minér.*), f. *Kaolin.*

ARGILE À POTIER (*Minér.*), f. *Argile, terre à poterie, argile plastique.*

ARGILE BITUMINEUSE (*Minér.*), f. Schiste contenant du bitume, d'où on extrait de l'alun.

ARGILE CALCARIFÈRE (*Minér.*), f. *Voy.* MARNE.

ARGILE CIMOLITHE (*Minér.*), f. *Terre sigillée, pierre à détacher*, provenant de l'île de Cimolis (aujourd'hui île d'Argentière), dans l'archipel grec.

ARGILE D'ABONDANT (*Minér.*), f. *Argile plastique* des environs de Dreux (Eure-et-Loir); blanche, très-tenace; servant à fabriquer les étuis ou gazettes à porcelaine.

ARGILE DE BRADFORD (*Minér.*), f. Nom donné par les géologues anglais à une marne argileuse bleue, de la formation oolitique, laquelle est cependant beaucoup plus développée sur le continent.

ARGILE DE COLOGNE (*Minér.*), f. *Argile plastique, terre de pipe*; argile blanche, qui se trouve à Andernach, et sert à faire des pipes qui s'expédient en Belgique et en Hollande.

ARGILE DE FORGES (*Minér.*), f. *Argile plastique, terre de pipe*, provenant des environs de Forges-les-Eaux, dans la Seine-Inférieure : elle sert à modeler, à faire des pipes, et à fabriquer des pots pour la manufacture de glaces de Saint-Gobain.

ARGILE DE GROSSALMERODE (*Minér.*), f. Argile réfractaire avec laquelle on fait les creusets de Hesse employés dans la docimasie et les arts. On ajoute à cette argile un tiers de sable quartzeux.

ARGILE DE HALLE (*Minér.*), f. *Argile plastique* de Halle, en Saxe, analogue à celle de Savelgnies, en France. C'est avec cette terre que se fabriquent les cruchons dans lesquels on renferme les eaux gazeuses de Seltz.

ARGILE DE KIMMERIDGE (*Minér.*), f. (Kimmeridge-clay). Argile et marne argileuse de l'étage supérieur du *terrain jurassique.*

ARGILE DE LODÈVE (*Minér.*), f. *Argile plastique*, grise et foncée quand elle est fraîche; blanchissant au feu. On en fait une faïence blanche de bonne qualité.

ARGILE DE MONTEREAU (*Minér.*), f. *Argile plastique*; hydro-silicate d'alumine et de fer. Argile grise, friable, mais très-liante, blanchissant à un feu médiocre, prenant une teinte fauve à un feu violent.

Composition :

Silice.	70
Alumine.	15
Eau.	15
Oxyde de fer.	trace
	100

ARGILE DE PARIS (*Minér.*), f. Argile employée à la fabrication des briques et de quelque poterie commune.

Composition, suivant M. Gazeran :

Silice.	63
Alumine.	32
Oxyde de fer.	4
	99

ARGILE DE PERRECY (*Minér.*), f. *Argile plastique* des environs de Charolles (Saône-et-Loire); elle sert à faire des vases de grès, et est très-estimée.

ARGILE DE SAVEIGNIES (*Minér.*), f. *Argile plastique* des environs de Beauvais (Oise); elle se colore en cuisant, mais acquiert une espèce de lustre. C'est avec cette argile qu'on fait les cruchons de grès, les bouteilles à encre, les vases de laboratoires, ceux à salaisons, etc., etc. Cette argile était connue du temps de Bernard de Palissy.

ARGILE D'OXFORD (Oxford-clay). *Minér.*, f. Marnes un peu siliceuses renfermant des sphérites, appelées par les Anglais *septaria*. Cette roche appartient à l'étage moyen de la formation *oolithique*.

ARGILE DU DEVONSHIRE (*Minér.*), f. *Argile plastique*, grise, onctueuse, blanchissant au feu, ne faisant point effervescence avec les acides. Elle sert à faire la faïence blanche anglaise.

ARGILE ENDURCIE (*Minér.*), f. *Argilolite*.

ARGILE FEUILLETÉE (*Minér.*), f. Nom donné par Cordier et Brongniart au *schiste happant* d'Omalius d'Halloy.

ARGILE FIGULINE (*Minér.*), f. Fausse glaise, argile à lignites; nom donné par Brongniart à une argile brune, bleuâtre, jaunâtre, ou gris verdâtre; moins malléable que l'argile plastique, mais plus pure et conséquemment moins réfractaire. Elle est souvent mélangée à du calcaire, quelquefois à du sable; elle appartient au terrain tertiaire dit supercrétacé.

ARGILE LITHOMARGE (*Minér.*), f. Argile blanche, jaunâtre, rougeâtre, bleuâtre, brunâtre, etc., douce et grasse au toucher, à grains très-fins, cassure presque conchoïdale, fusible en masse spongieuse, susceptible d'un certain poli, tombant en poussière dans l'eau.

Composition, suivant M. Vène :

Argile.	63.4
Carbonate de chaux.	36.2
Eau.	0.4
	100.0

ARGILE MARNEUSE (*Minér.*), f. Substance grise, tendre, douce au toucher, se délitant à l'air et tombant en petits fragments; faisant partie des terrains de molasse du département de l'Aude.

ARGILE NATIVE (*Minér.*), f. *Sous-sulfate d'alumine*.

ARGILE PYRITEUSE (*Minér.*), f. *Mine d'alun*, formée d'argile, de bitume et de sulfure de fer.

ARGILE SAVONNEUSE (*Minér.*), f. *Argile smectique*.

ARGILE SCHISTEUSE (*Géogn.*), f. Argile feuilletée, schiste happant, *klebschiefer* des Allemands; roche de couleur grisâtre, brunâtre, blanchâtre, terne, tendre, rude au toucher, à moins qu'elle ne soit humide, happant la langue, et absorbant l'eau avec sifflement; texture schistoïde, en feuillets très-minces. P. s. : 2.08.

Composition, suivant Bucholz :

Silice.	58
Alumine.	5
Magnésie.	7
Chaux.	2
Oxyde de fer. / — de manganèse.	9
Eau.	19
	100

ARGILE SCHISTEUSE GRAPHIQUE (*Minér.*), f. *Ampélite graphique*.

ARGILE SCHISTEUSE NOVACULAIRE (*Minér.*), f. *Pierre à rasoir*.

ARGILE SULFURÉE (*Minér.*), f. *Mine d'alun*; pierre alumineuse. Blanche, compacte, dure.

ARGILE TALQUEUSE (*Minér.*), f. *Silicate d'alumine*. Substance blanche, légèrement jaunâtre ou rougeâtre, luisante, assez tendre, en petits rognons qui se divisent en écailles; p. s. : 2.48 à 2.50; gisement : dans le porphyre de Rochlitz, en Saxe.

Composition, suivant M. Kersten :

Silice.	37 60
Alumine.	60.50
Magnésie.	0 82
Oxyde de manganèse.	0.63
Oxyde de fer.	trace
	99.55

Formule atomique : $(Al^2O^3)^3\ (SiO^3)^2$.

ARGILE TÉGULAIRE (*Minér.*), f. Argile schisteuse, *ardoise*.

ARGILE TRIPOLÉENNE (*Minér.*), f. *Tripoli*.

ARGILEUX, adj. Nom donné aux roches dans la composition desquelles il entre une grande proportion d'alumine. La propriété des roches argileuses est de donner par l'insufflation une odeur particulière qui n'appartient pas cependant à l'alumine pure, mais bien à l'alumine combinée avec de l'oxyde de fer.

ARGILITE (*Minér.*), f. Nom donné par Kirwan au schiste argileux.

ARGILOLITE (*Minér.*), f. Roche dont la

composition n'est pas bien connue ; argile endurcie, *verharterton* des Allemands ; jaunâtre, rougeâtre, verdâtre, grisâtre, blanchâtre, tachetée ou veinée ; à texture compacte, terreuse, grenue, schistoïde, bréchiforme ; friable, rude au toucher ; rayant le fer ; infusible au chalumeau ; happant la langue ; se délitant dans l'eau, mais n'y faisant point pâte ; en filons et en amas dans les porphyres de la Saxe et les trachytes d'Auvergne. L'argilolite est considérée comme provenant de l'altération des eurites.

ARGILOPHYRE (*Géogn.*), f. Porphyre argileux, *thonporphyr* des Allemands ; roche à pâte d'argilolite, avec cristaux de feldspath ; couleur rougeâtre, aunâtre, verdâtre, brunâtre ; tachetée par des cristaux blancs ou roses, altérés et friables ; terreuse, friable, fragile ; en filons et en amas. Elle est considérée comme une altération du porphyre.

ARGYRITHROSE (*Minér.*), f. Nom donné par M. Beudant à un *sulfure d'argent et d'antimoine*, décrit sous le nom d'*argent rouge*, et décrit au mot *Sulfure d'argent* de l'article SULFURES MÉTALLIQUES. Ce nom est tiré du grec *arguros*, argent ; *rodon*, rose ; par allusion à sa couleur.

ARGYRODAMAS (*Minér.*), m. Espèce de talc couleur d'argent, et qui résiste au feu le plus violent ; ce qu'exprime son nom, qui vient du grec *arguros*, argent ; *damaô*, je dompte : argent qui dompte le feu.

ARGYROGONIE (*Minér.*), f. Pierre philosophale ; du grec *arguros*, argent ; *gonos*, génération, production.

ARGYROSE (*Minér.*), m. Nom donné par M. Beudant au *sulfure d'argent*, du grec *arguros*, argent. C'est l'*argent vitreux* décrit à l'article des SULFURES MÉTALLIQUES.

ARICITE (*Minér.*). Synonyme de *phillipsite*.

ARKOSE (*Géogn.*), f. Grès feldspathique ; grès avec kaolin ; grauwake feldspathique, hyalomicte granitoïde, mimophire quartzeux, sable feldspathique ; roche à base de quartz uni au feldspath, blanchâtre, grisâtre, rougeâtre, verdâtre, etc., etc. ; tenace, friable ou meuble ; en couches, en amas, en filons dans les terrains situés entre le granite et les autres dépôts. Variétés : grésiforme, bréchiforme, poudingiforme, granitoïde, porphyroïde, arénacée, micacée, etc.

ARKOSE MICACÉE, f. Variété de *greisen*, ou quartz micacé, dans laquelle il entre du feldspath.

ARKOSE MILIAIRE, f. *Arkose* à texture grésiforme.

ARKTIZITE (*Minér.*), f. Synonyme de *wernérite*.

ARMATURE, f. Espèce de croûte qui enveloppe quelques fossiles organiques, tels que la corne d'Ammon, et qui n'appartient ni au fossile ni à la roche dans laquelle elle est.

ARMÉNITE (*Minér.*), f. Nom donné anciennement à un *carbonate de cuivre* bleu, regardé comme une pierre précieuse qui venait d'Arménie.

AROMATITE (*Minér.*), f. Nom donné anciennement à une variété de quartz qui ressemblait à la myrrhe, et en avait, disait-on, l'odeur ; d'où lui vient son nom (du grec *arôma*, parfum). On la tirait d'Arabie et d'Égypte. Cæsalpinus pense que c'est l'ambre gris.

ARQUATULE (*Paléont.*), f. Variété de *glossopètre*, marquée de points.

ARQUÉRITE (*Minér.*), f. Nom donné par M. Domeyko à un *amalgame d'argent* qui se trouve dans les mines d'Arqueros, au Chili.

ARRACHE-SONDE (*Exploit.*), m. Outils qui servent à retirer les sondes lorsqu'elles sont engagées ou brisées dans le trou. Ces outils sont la caracole, les cloches, et la souricière.

ARRACHE-TUYAUX (*Exploit.*), m. Outil muni de deux crochets horizontaux, qui se déploient lorsqu'on tourne la sonde dans un certain sens.

ARRAGONITE (*Minér.*), f. *Carbonate de chaux* renfermant du *carbonate de strontiane*, et cristallisant en prisme rectangulaire droit, sous l'angle de 116° 10'. Ce minéral est décrit au mot CARBONATE DE CHAUX. Il a été rencontré pour la première fois en Aragon.

ARROSOIR (*Paléont.*), m. Genre de tubicolées, dont deux espèces sont à l'état fossile dans les terrains postérieurs à la craie.

ARSÉNIATE, m. Famille minéralogique comprenant les corps qui sont formés d'acide arsénique et d'une base métallique. Le caractère de ces sels est de se décomposer par le charbon à une haute température, et de répandre une odeur d'ail très-prononcée. Les arséniates alcalins précipitent les sels d'argent en rouge, et ceux de cuivre en bleu.

ARSÉNIATE DE CHAUX (*Minér.*), m. Syn. *pharmacolite*, *arsénicite*. Les sels que forme l'acide arsénique saturant la chaux ne sont pas très-nombreux dans la nature. Ce sont ou des arséniates simples, ou des arséniates sesqui-calciques. Ils sont tous hydratés.

Celui qui se présente au premier rang comme ayant une constitution atomique conforme aux principes de la chimie est la *pharmacolite*, ou arséniate simple hydraté ; elle est en houppes soyeuses blanches, ou colorées en rose par la présence du cobalt. Sa forme primitive est un prisme rhomboïdal droit, sous l'angle de 117° 24' ; elle est quelquefois fort dure, et quelquefois elle s'écrase sous les doigts ; elle donne de l'eau par la calcination. Au chalumeau, elle fond difficilement en un émail blanc, et donne au feu une odeur caractéristique d'ail. Elle est soluble dans l'acide nitrique. Klaproth a trouvé pour la composition de l'arséniate calcique de Witticken, en Souabe :

Chaux.	25.00
Acide arsénique.	50,54
Eau.	24.46
	100 00

donnant l'expression atomique : $(CaO)^3\ As^2O^5 + 6\ Aq$.

Malgré l'autorité de Stromeyer, il faut réunir à la pharmacolite le minéral d'Andréasberg qu'il a désigné sous le nom de *pikropharmacolite*, et qui se trouve en globules fibreux rayonnés, ou en masses terreuses. L'analyse suivante, faite par John, ne laisse aucun doute sur cette réunion :

Chaux.	27.28
Acide arsénique.	45 68
Eau.	23.86
	96.82

Cette analyse répond exactement à la constitution atomique de la pharmacolite.

La pikropharmacolite de Riechelsdorff, au contraire, ne doit pas être confondue avec la variété précédente : la présence de la magnésie, qui y joue le rôle d'isomorphe avec la chaux, fait du minéral un arséniate sesquicalcique, ainsi que le prouve l'analyse suivante, due à Stromeyer :

Chaux.	24.65
Magnésie.	03.22
Acide arsénique.	46.97
Eau.	23.98
Oxyde de cobalt.	1.00
	99.82

dont la formule est $(CaO,\ MgO)^3\ As^2O^5 + 6\ Aq$.

Nous avons présenté la pharmacolite en première ligne, comme étant le minéral dont les rapports atomiques étaient les plus conformes aux principes de la science. Cependant M. Gustave Rose croit que ce minéral n'est pas la racine des arséniates calciques; il pense que l'espèce décrite par M. Haidinger, et que M. Brongniart a désignée sous le nom de HAIDINGÉRITE, est l'arséniate le plus simple, la véritable chaux arséniatée, et que la pharmacolite est une haidingérite qui a reçu une quantité d'eau supplémentaire; ce qui en a changé la forme et la composition. C'est, en effet, ce qui résulte et des caractères extérieurs et de la composition des deux espèces.

L'*haidingérite* dérive bien d'un prisme droit rhomboïdal, mais elle cristallise plus ordinairement en octaèdre tronqué, tandis que les cristaux de la pharmacolite sont le plus souvent des prismes hexaèdres symétriques; l'haidingérite est blanche, fortement translucide, presque tendre, et rayée par le carbonate de chaux ; sa pesanteur spécifique est de 2.848; enfin, sa composition, suivant M. Turner, est :

Arséniate de chaux.	85.68
Eau.	14.32
	100.00

Ce qui donne exactement $(CaO)^3\ As^2O^5 + 6\ Aq) - 3\ Aq = (CaO)^3\ As^2O^5 + 3\ Aq$; c'est-à-dire, 3 atomes d'eau de moins que la pharmacolite.

La dernière espèce d'arséniate de chaux qu'on rencontre dans la nature est un arséniate calcico-magnésique, dont la constitution atomique n'est pas encore bien déterminée, et que M. Dufrénoy nomme à tort *chaux arséniatée anhydre*, puisqu'elle renferme de l'eau de cristallisation. Elle est d'un blanc mat jaunâtre, ou couleur de miel; son aspect est cireux et lustré. Ce minéral a été désigné par M. Anderson sous le nom de *berzelite;* sa pesanteur spécifique est de 2.52; il raye le gypse, et est rayé par le carbonate calcaire. La composition de ce minéral, trouvé à Langsbanshitta, en Suède, est, suivant M. Anderson :

Chaux.	20.96
Magnésie.	15.61
Protoxyde de manganèse.	4.26
Acide arsénique.	56.46
Eau et perte.	2.71
	100.00

La formule la plus simple qui réponde à cette composition est : $2\ (CaO + MgO)^3\ As^2O^5 + Aq$; mais il faut remarquer que l'expression $(MgO)^3\ As^2O^5$ n'est point admise dans la science. La formule reste donc douteuse jusqu'à nouvelles observations.

ARSÉNIATE DE COBALT (*Minér.*), m. Substance composée essentiellement de protoxyde de cobalt, d'acide arsénique, et d'eau. Synonymes : *érythrine* de Beudant, *arseniksaurer kobalt* des Allemands, *rosélite*, etc. L'arséniate de cobalt est d'une couleur rose qui approche plus ou moins de la fleur de pêcher; sa poussière est de la couleur de la masse; il est tendre; la variété terreuse s'écrase entre les doigts; ses cristaux rayent la chaux carbonatée, et sont rayés par le phosphate de chaux; ils pèsent 2.948; sa forme primitive est un prisme rhomboïdal droit, sous l'angle de 109° 46', et dont le côté de la base est à la hauteur :: 11 : 29. Au feu il donne de l'eau par calcination, prend une couleur plus foncée, fume abondamment, en exhalant une odeur arsénicale prononcée; il colore le borax en bleu, et fond à un bon feu de réduction, en se convertissant en arséniure. — Dans l'acide nitrique, il donne une solution rose. — Sa variété aciculaire présente de jolies rosaces composées d'aiguilles satinées et radiées; quelquefois il est mamelonné, et les petites masses sont composées d'aiguilles divergentes, dont la couleur est altérée et passe à la lie de vin; lorsqu'il est pulvérulent, il a l'aspect farineux, et présente tantôt une couleur rose foncé, tantôt un rose clair. Il porte alors le nom de *rhodoïse* chez les Français, et de *kobalt blüthe* chez les Allemands. Il paraît être le résultat de la décomposition des minerais de cobalt arsénifère. Il contient quelquefois de l'oxyde de fer; M. Plattner a cité un échantillon qui renfermait des oxydes de nickel et de cuivre, et que

M. Breithaupt a nommé *lavendulan*; la *rosélite* admet une petite quantité de chaux en remplacement d'un peu de protoxyde de cobalt, sans que, par cela, la forme atomique soit changée. — Les analyses suivantes donnent une idée de la composition de tous les arséniates connus :

	LOCALITÉS.		
	Wolfrang-Massen.	Rappold.	Rosite de Schnée-berg.
Protox. de cobalt.	36.52	33.42	29.19
Protox. de fer.	1.01	4.01	»
Acide arsénique.	38.43	38.30	38.10
Chaux.	»	»	8.00
Eau.	23.10	24 08	23.90
Oxyde de nickel.	trace	»	»
	99.06	99.81	99.19

Les deux premières analyses donnent $(CoO, FeO)^3 As^2O^5 + 8 Aq$;

La dernière $(CoO, CaO)^3 As^2O^5 + 8 Aq.$, formules parfaitement identiques; c'est l'*arséniate sesqui-cobaltique hydraté* de Berzelius, moins 2 atomes d'eau. — M. Dufrénoy cite un minéral de Wolfrang-Massen et d'Annaberg, dont les parties terreuses contiennent de l'acide arsénieux libre. M. Karsten les a analysées, et a trouvé :

	LOCALITÉS.	
	Wolfrang-Massen.	Annaberg.
Acide arsénieux.	50.10	48.10
— arsénique.	19.10	20.00
Protoxyde de cobalt.	16.60	18.30
— de fer.	2.10	1.10
Eau.	11.90	12.13
Nickel et acide sulf.	traces	traces
	99.80	99.63

La formule atomique $(CoO)^3 As^2O^5 + 8 Aq) + 3 As^2O^3$ indique évidemment que l'arséniate sesqui-cobaltique hydraté est ici accompagne de 3 atomes d'acide arsénieux, sans moyen de combinaison. C'est donc à tort que Berzelius avait fait de cette variéte un *arsenite de cobalt*. Ce sel ne paraît pas exister dans la nature. — Le gisement de l'*arséniate de cobalt* est le même que celui de l'*oxyde noir*. Nous ne pensons donc pas devoir le répéter ici, et renvoyons au mot OXYDE DE COBALT.

ARSÉNIATE DE CUIVRE (*Minér.*), m. Syn. : *olivénite*, *euchroïte*, *érinite*, *kupferschaüm*, *liroconite*, *aphanèse*, etc. Tous les arséniates de cuivre naturels sont des sels bi-cupriques, dans lesquels un atome d'acide arsénique est allié à 4 atomes d'oxyde de cuivre. Ils sont tous hydratés.

On peut les ranger en trois espèces distinctes :

1° L'arséniate de cuivre hydraté simple, qui peut être représenté par la formule $(CuO)^4 As^2O^5 + mAq$;

2° Le même, contenant de l'hydrate de cuivre, et représenté par $(CuO)^4 As^2O^5 + n\ CuO\ H^2O + m\ Aq$;

3° Le même, dans lequel l'hydrate de cuivre est remplacé par de l'hydrate d'alumine, et dont le rapport atomique est $(CuO)^4 As^2O^5 + Al^2O^3 (H^2O)^3 + m\ Aq$.

A la première classe appartiennent l'*olivénite* et l'*euchroïte*, dérivant toutes deux d'un prisme rhomboïdal droit, quoique sous des angles différents; à la seconde, l'*aphanèse*, le *kupferschaüm* et l'*érinite*, qui paraissent cependant appartenir à deux systèmes cristallins différents; enfin, à la troisième, la *liroconite*, cristallisant en octaèdre obtus.

Tous les arséniates de cuivre sont d'un vert plus ou moins foncé, ou d'un vert bleuâtre; ils décrépitent au chalumeau, se réduisent en un bouton métallique blanc, et donnent une forte odeur arsénicale. Leur solution dans l'acide nitrique se fait sans effervescence, et est légèrement colorée en vert.

L'olivénite est de couleur vert sombre; sa poussière est vert olive pâle; elle raye la fluorine; sa cassure est vitreuse; sa pesanteur spécifique, de 4.378. Elle donne sur le charbon un globule de cuivre malléable. Sa forme primitive est un prisme rhomboïdal droit, sous l'angle de 110° 47', donnant le rapport B : H : : 83 : 69; elle offre des variétés en aiguilles déliées, et en masses fibreuses radiées. Sa composition résulte des analyses ci-après, faites par MM. Kobell, Richardson et Damour :

	VARIÉTÉS			
	de Carrarack.	Cristallisée.	Fibreuse.	de Huel-Unity.
Oxyde de cuivre.	56.43	56.38	54.54	56.56
Acide arsénique.	36.71	33.50	40.50	34.87
Ac. phosphorique.	3.36	5.96	1.16	3.43
Eau.	3.50	3.83	3.80	3.72
	100.00	99.67	100.00	98.88

dont la formule atomique est $(CuO)^4 As^2O^5 + Aq$.

La couleur de l'euchroïte est d'un vert d'émeraude; l'angle du prisme est de 117° 20', et le rapport de la base à la hauteur, 203 : 280; elle est un peu plus dure que l'olivénite, et sa pesanteur spécifique est moindre (3.389). Elle contient, suivant

	M. Turner,	M. Kühn,	M. Wohler.
Ox. de cuivre.	47.85	46.97	48.09
Ac. arsénique.	33.02	34.42	33.32
Eau.	18.80	19.31	18.32
Chaux.	»	1.12	»
	99.67	101.82	99.73

composition qui répond à l'expression atomique $(CuO)^4 As^2O^5 + 7 Aq$.

Ainsi, outre la mesure de l'angle et des côtés des cristaux, l'euchroïte diffère de l'olivénite par la proportion d'eau qu'elle contient.

L'aphanèse renferme, outre l'arséniate, de l'hydrate de cuivre; elle est d'un vert bleuâtre très-foncé; sa poussière est bleu-verdâtre; elle raye le gypse, et est rayée par le carbonate de chaux. Sa pesanteur spécifique est de 4.312; sa forme primitive est un prisme rhomboïdal oblique, dont le rapport est B : H : : 23 : 41. M. Damour a trouvé que sa composition était :

Acide arsénique.	27.08
Acide phosphorique.	1.30
Oxyde de cuivre.	62.80
Oxyde de fer.	0.49
Eau.	7.57
	99.44

d'où l'on tire $(CuO)^4 As^2O^5 + 2 CuO H^2O + Aq$.

Le *kupferschaüm*, nommé aussi *kupaphrite*, se présente en masses laminaires courbes, de couleur vert-pomme, vert de gris, ou vert légèrement bleuâtre; il est friable et s'écrase entre les doigts; sa pesanteur spécifique est de 3.10. Kobell a analysé le kupferschaüm de Halkenstein, dans le Tyrol, et l'a trouvé composé de :

Oxyde de cuivre.	43.66
Acide arsenique.	25.37
Eau.	19.82
Carbonate de chaux.	11.18
	100.00

En mettant de côté l'atome $CaO CO^2$ contenu dans le minéral, la formule reste $(CuO)^4 As^2O^5 + CuO H^2O + 9 Aq$.

L'*erinite* contient un peu plus de cuivre et d'eau. C'est un minéral d'un beau vert d'émeraude, en petites tables minces, à six faces. Sa forme primitive est un rhomboèdre aigu, de 69° 48 : il a un clivage extrêmement facile, et jouit d'une double réfraction très-forte. L'érinite a la même dureté que l'aphanèse, et est friable comme le kupferschaüm. Sa pesanteur spécifique est de 2.639. Les échantillons du Cornouailles ont donné à

	M. Chenevrix,	M. Vauquelin,	M. Damour,
Oxyde de cuivre.	58.00	58.71	52.92
Acide arsénique.	21.00	21.31	19.35
Acide phosphorique.	»	»	1.29
Eau.	21.00	19.48	23.94
Alumine.	»	»	1.80
	100.00	99.50	99.30

répondant à la formule $(CuO)^4 As^2O^5 + 4 CuO H^2O + 9 Aq$.

La *liroconite* se distingue des arséniates précédents par sa belle couleur bleu-céleste, ayant quelquefois une tendance au bleu verdâtre. Sa forme primitive est un prisme rhomboïdal droit, sous l'angle de 107° 8', et avec le rapport B : H : : 83 : 86; sa dureté est celle de l'érinite et de l'aphanèse, et sa pesanteur spécifique, 2.964, diffère peu de celle de l'érinite; au chalumeau elle verdit d'abord, et passe au brun ensuite; elle fond lentement sur le charbon en un globule rouge très-cassant. La composition de la liroconite de Cornouailles est, suivant

	M. Hermann,	M. Damour,	M. Trolle-Wachtmeister,
Acide arsénique.	23.05	22.40	20.79
Acide phosphorique.	3.73	3.24	3.61
Oxyde de cuivre.	36.38	37.40	35.19
Alumine.	10.85	10.09	8.03
Oxyde de fer.	0.98	»	3.41
Eau.	25.01	25.44	22.24
Gangue.	»	»	7.09
	100.00	98.57	100.36

Ces trois analyses répondent à la *formule* : $(CuO)^4 As^2O^5 + CuO H^2O + 12 Aq$, en écartant le phosphate de fer et l'alumine, qui ne sont ici qu'à l'état de mélange.

L'arséniate de cuivre le plus répandu est l'olivénite; sa variété aciculaire et radiée se trouve dans les mines de Huel-Unity (Cornouailles) et dans celles de Carrarack; l'euchroïte ne s'est encore rencontrée qu'à Libethen (Hongrie); le kupferschaüm existe à Falkenstein, dans le Tyrol. A Aterkirken (Nassau-Hissengen), l'arséniate est associé, avec le cuivre oxydulé et le phosphate, dans une gangue de quartz ferrugineux.

ARSÉNIATE DE FER (*Miner.*), m. Synonymes : *pharmacosidérite*, *scorodite*, *arsénio-sidérite*, *néoctèse*, *würfelerz* des Allemands, etc. L'acide arsénique paraît se combiner, dans la nature, en trois proportions avec le fer à l'état de peroxyde; il en résulte trois espèces distinctes et par leur composition et par leur forme cristalline.

La première, qui a pris le nom de pharmacosidérite, dérive d'un cube; ses échantillons sont d'un vert foncé; elle est transparente lorsqu'elle est en lames minces; sa cassure est inégale, conchoïde, grasse. A l'extérieur son éclat est souvent vif et adamantin; elle raye le gypse, et se laisse rayer par la fluorine; sa pesanteur spécifique est 3; exposée au feu, elle devient électrique; à la flamme d'une bougie, elle brunit et se fond en un globule métallique; au chalumeau, elle répand une abondante fumée, donne une odeur d'ail très-prononcée, et une scorie attirable à l'aimant. Elle est soluble dans l'acide hydrochlorique. Sa composition est, suivant Berzelius :

Acide arsénique.	37.82
Acide phosphorique.	2.53
Peroxyde de fer.	39.20
Oxyde de cuivre.	0.65
Eau.	18.61
	98.81

Les savants ne sont pas d'accord sur la constitution atomique qui ressort de cette analyse : Berzelius a adopté l'expression très-compliquée : $(FeO)^3 As^2O^5 + (Fe^2O^3)^3 (As^2O^5)^2 + 36 Aq$, dans laquelle l'oxyde est minimum et maximum; M. Beudant donne la formule

$(Fe^2O^3)^3\ As^2O^5 + (Fe^2O^3)^2\ (As^2O^5)^2 + 18$ Aq, qui ne répond point à l'analyse chimique, mais qui est d'accord avec les analyses modernes, en ce sens qu'elle tend à prouver que l'acide arsénique ne se combine qu'avec le peroxyde. La formule qui me paraît le plus approcher de la vérité est $(Fe^2O^3)^3\ (As^2O^5)^2 + 12$ Aq, qu'on peut décomposer en plusieurs arséniates.

Il existe une variété de *pharmacosidérite*, dont M. Lévy avait fait une espèce particulière sous le nom de *beudantite;* ses cristaux sont tantôt noirs, tantôt d'un vert foncé; ils sont ondulés. On les rencontre à Hornhausen, en Nassau, engagés dans une mine de fer brune.

La pharmacolite est souvent associée aux filons d'étain. C'est ainsi qu'on la trouve en Cornouailles et à Saint-Léonard, près de Limoges.

La seconde espèce de fer arséniaté est désignée sous le nom de *scorodite.* Elle est d'un vert bleuâtre, analogue au sulfate de fer; ses cristaux dérivent d'un prisme rhomboïdal droit, sous l'angle de 98° 2', et avec le rapport : : 143 : 208; ils sont transparents ou fortement translucides; leur éclat est vitreux, leur cassure inégale. Ses caractères au feu et dans les acides sont les mêmes que ceux du minéral précédent. Sa pesanteur spécifique 3.162 à 3.180 est un peu plus forte. Les analyses de M. Damour ont fourni la composition suivante :

	LOCALITÉS.			
	Vaulry.	Saxe.	Cornouailles.	Brésil.
Acide arsénique.	50 95	52.13	51.06	50.96
Peroxyde de fer.	31.89	33.00	32.74	33.20
Eau.	15.64	15.58	15.68	15.70
	98.48	100.73	99.48	99.86

analyses qui répondent toutes à la formule $Fe^2O^3\ As^2O^5 + 4$ Aq.

La scorodite se rencontre à Schwarzemberg (Saxe), Saint-Austle (Cornouailles), Vaulry, près de Limoges; dans les filons d'étain qui traversent le granite; à San-Antonio-Perreira (Brésil), elle tapisse les fissures d'une hématite brune, qui existe en filon dans les terrains anciens.

On a trouvé à Loaysa, près de Marmato (Colombie), un minéral en masse terreuse d'un vert blanchâtre, que M. Boussingault a décrit, et dont il a donné l'analyse suivante :

Acide arsénique.	49.60
Peroxyde de fer.	34.30
Oxyde de plomb.	0.40
Eau.	16.90
	101.20

La formule qui répond à cette analyse est $Fe^2O^3\ As^2O^5 + 4$ Aq. Cette substance serait donc une *scorodite terreuse.*

M. Breithaupt a désigné sous le nom de *symplésite* un arséniate de fer très-hydraté, renfermant du manganèse, et contenant le fer à l'état de protoxyde. Nous manquons de notions sur cette découverte, qui serait une anomalie dans la science, mais qui n'est pas encore bien constatée.

M. Lacroix, de Mâcon, a trouvé dans le gîte de manganèse de la Romanèche un minéral de couleur d'ocre foncée, en masses concrétionnées fibreuses, à structure testacée : il est très-tendre, s'écrase entre les doigts, et tache le papier; sa pesanteur spécifique est de 3.52; il se dissout lentement à froid dans les acides, mais promptement à chaud dans ceux nitrique et hydrochlorique. Au chalumeau, il fond en un émail noir avec l'odeur d'ail. Sa composition est, suivant M. Dufrénoy :

Acide arsénique.	34.26
Peroxyde de fer.	41.31
Peroxyde de manganèse.	1.29
Chaux.	8.43
Silice.	4.04
Potasse.	0 76
Eau.	8.78
	98.84

Cette substance paraît être un arséniate de fer uni à un silicate de chaux : encore cette opinion est-elle bien hasardée. En considérant la silice gélatineuse comme étrangère au minéral, ainsi que le fait M. Dufrénoy, on arrive à la formule $(Fe^2O^3)^3\ As^2O^5 + ((CaO)^2\ As^2O^5 + 6$ Aq).

C'est à cette formule qu'il faut rapporter l'arsénio-sidérite analysée par Ramelsberg, et dans laquelle il a trouvé :

Acide arsénique.	39.16
Peroxyde de fer.	40.00
Chaux.	12.18
Eau.	8.66
	100.00

Cette analyse prouve que la silice n'est pas indispensable à ce minéral, et que la chaux s'y rencontre à l'état d'arséniate et non de silicate.

ARSÉNIATE DE MAGNÉSIE (*Minér.*), m. Ce sel n'existe dans la nature qu'à l'état d'union avec l'arséniate de chaux; il constitue alors la *berzélite;* mais sa constitution atomique n'a pas encore été suffisamment déterminée. On trouvera sa description à l'article ARSÉNIATE DE CHAUX.

ARSÉNIATE DE NICKEL (*Minér.*), m. On n'a jusqu'à présent trouvé dans la nature que deux combinaisons de l'acide avec l'oxyde de nickel : l'un est un arséniate, l'autre un arsénite.

L'arséniate de nickel se présente en une poudre verte-pâle, ou en filaments groupés d'une manière indistincte. Ils paraissent se rapporter au prisme hexaèdre régulier. Ce minéral provient de la décomposition de l'arséniure de nickel, sur lequel il forme ordinairement un enduit tendre, peu épais. Il dégage, en fondant sur le charbon, des vapeurs arsénicales abondantes, et donne un globule d'arséniure; il est attaquable par l'acide nitrique, et produit une solution verte. Ses différentes analyses ont donné à MM. Stromeyer, Berthier, Kersten et Schneeberg :

	Riechelsdorf.	Allemont.	Adamheben.	Weisenhirsh.	Gotesgeschik.
Ac. arsénique.	36.97	36.80	38.90	37.21	38.30
Ox. de nickel.	37.35	36.20	35.00	36.10	36.20
— de cobalt.	»	2.50	2.21	1.10	1.53
— de fer.	1.13	»	»	»	»
Eau.	24.32	25.50	24.02	23.92	23.91
Ac. sulfurique.	00.23	»	»	»	»
— arsénieux.	»	»	»	0.52	»
	100.00	101.00	100.13	98.85	99.94

Ces analyses répondent toutes à la formule $(NiO)^3 As^2O^5 + 8 Aq$, qui diffère de dix atomes d'eau de l'arséniate de Berzelius.

Arséniate de plomb (*Minér.*), m. Syn. : *hédiphane, mimetèse, plomb phospho-arséniaté, arsenik saures-blei* des Allemands. Ce minéral, dans lequel l'acide arsénique et l'acide phosphorique jouent le plus souvent le rôle d'isomorphes, et qui appartient conséquemment tantôt aux arséniates, tantôt aux phosphates, est généralement d'une belle couleur jaune; cependant on en trouve des cristaux incolores et hyalins, d'autres blancs ou gris jaunâtres. Sa couleur la plus ordinaire est le jaune de cire, le jaune de paille, et le jaune verdâtre; il est facile à pulvériser : dans les variétés compactes, sa cassure est céreuse et conchoïde; sa pesanteur spécifique est de 5.01; il se réduit au chalumeau, en répandant une odeur d'ail. Il est quelquefois en petites masses aciculaires, dont les aiguilles sont courtes et divergentes; ou en filaments soyeux, légèrement flexibles et très-fragiles; rayé par la fluorine, il raye le gypse; sa pesanteur spécifique est 5.80 à 7.20, selon l'acide qui domine; sa forme primitive est celle du phosphate de plomb, le prisme hexaèdre régulier, mais avec le rapport B : H :: 19 : 14. Sa composition donne :

Acide arsénique.	22.10
— phosphorique.	0.62
Oxyde de plomb.	68.15
Chlorure de plomb.	9.80
	100.67

qui répond, quant à l'arséniate pur, à la formule $(PbO)^3 As^2O^5$, et dans laquelle un atome de chlorure de plomb est uni à trois atomes d'arséniate, sous la forme atomique $3(PbO)^3 As^2O^5 + Pb Cl^2$.

Dans l'échantillon de Johann-Georgenstadt, analysé par Wohler, l'isomorphisme des deux acides est mis en évidence.

Arséniate de plomb.	82.71
Phosphate de plomb.	7.50
Chlorure de plomb.	9.60
	99.81

Il en résulte l'expression $3(PbO)^3 (As^2O^5, P^2O^5) + Pb Cl^2$, identique avec la formule précédente.

L'*hédiphane*, décrite par M. Breithaupt comme espèce, n'est qu'un arséniate sesqui-plombique, dans lequel une certaine quantité de chaux remplace une égale quantité de plomb, sans que la forme en soit changée. Ce jeu de l'isomorphisme permet donc de placer l'hédiphane comme variété à la suite de l'arséniate sesqui-plombique, quoique, outre la substitution des bases, elle contienne encore du phosphate de chaux. Kersten a trouvé qu'elle contenait :

Arséniate de plomb.	60.10
— de chaux.	12.98
Phosphate de chaux.	15.51
Chlorure de plomb.	10.29
	98.88

ce qui donne la formule $3(PbO, CaO)^3 As^2O^5 + PbO Cl^2 + 2 (CaO)^3 P^2O^5$.

Le minéral de Saint-Prix-sous-Beuvray (Saône-et-Loire) est un arséniate sesqui-plombique hydraté, qui contient du silicate bi-ferreux, probablement à l'état de mélange. Il est en filaments déliés, soyeux, soudés ensemble, et de couleur jaune de paille. M. Bindheim a décrit une substance analogue trouvée dans le Brisgau, et en a donné l'analyse suivante :

Acide arsénique.	25.00
Oxyde de plomb.	35.00
Eau.	10.00
Oxyde de fer.	14.00
Silice et alumine.	10.00
Argent.	1.15
	95.15

La formule probable de cette composition est $2(PbO, FeO)^3 As^2O^5 + FeO (SiO^3)^2 + 11 Aq$.

Le plomb arséniaté se trouve dans le pays de Baden, à Hornhausen, en cristaux incolores; en cristaux gris-jaunâtres dans le Cornouailles, et d'une belle couleur jaune à Johann-Georgenstadt. A Schemnitz (Hongrie), les cristaux forment un pointement à six faces; à Badenweiler, ils sont striés horizontalement, et ressemblent à du quartz sali par de l'oxyde de fer; aux Rosiers, près de Pontgibaud (Puy-de-Dôme), se trouve la variété concrétionnée botryoïde; enfin, le plomb arséniaté hydraté se rencontre dans le département du Puy-de-Dôme, à Huel-Unity (Cornouailles), à Nertsching (Sibérie), et dans les mines de plomb d'Andalousie.

Arsenic natif (*Minér.*), m. Minéral d'un gris d'acier, à éclat métallique, noircissant à l'air. Il prend de l'éclat par la raclure, et donne une poussière grise métallique; il répand une forte odeur d'ail par le choc et par le feu; il raye le gypse et même la chaux carbonatée, mais il est rayé par la fluorine; sa pesanteur spécifique est de 5.70; au chalumeau il se volatilise avec une fumée épaisse :

son symbole est As, et son poids atomique = 470.042. Ses variétés sont peu nombreuses : on distingue celle lamellaire, dont les lames sont petites et entrelacées, comme dans le marbre ordinaire ; celle bacillaire, en petites baguettes accolées les unes aux autres, d'une couleur noire, et n'offrant d'éclat métallique que dans leur cassure ; celle testacée ou mamelonnée, formée de couches concentriques qui s'enlèvent par calottes, et dans le centre de laquelle on trouve quelquefois un noyau d'argent natif ou de sulfure d'argent antimonifère. En Transylvanie, une variété globuliforme a été trouvée dans une gangue de carbonate de chaux manganésifère rose.

L'arsenic natif accompagne ordinairement le sulfure d'argent, le cobalt, le nickel, le sulfure de plomb, etc. Ses gangues les plus ordinaires sont le carbonate de chaux, la baryte et le quartz ; ses usages sont très-bornés : on l'emploie dans le travail du platine et dans l'alliage dit métal blanc. La poudre qui sert à tuer les mouches est de la poussière d'arsenic.

M. Walchner a constaté la présence de l'arsenic dans l'ocre de fer ; il l'a également trouvé dans l'eau ferrugineuse de Wiesbaden, qui, d'après M. Figuier, en contiendrait 4.3 centigrammes sur cent litres d'eau ; la source ferrugineuse de Versailles paraît en contenir 28 millig. sur 28,000 litres, suivant M. Chatin.

ARSENIC ARGENTIFÈRE (*Minér.*), m. Arsenic compacte, disséminé en morceaux dans un carbonate de chaux de Valparaiso, et contenant du plomb argentifère.

ARSENIC BISMUTHIQUE (*Minér.*), m. *Arséniure de bismuth.*

ARSENIC BLANC (*Minér.*), m. *Voy.* OXYDE D'ARSENIC. C'est l'*arsenikôn* des Grecs.

ARSENIC-COBALT-KISE (*Minér.*), m. *Arséniure de cobalt* ; substance à texture radiée, passant du gris d'acier au gris de plomb, brillante, métallique.

Composition, suivant M. Kersten :

Arsenic.	77.96
Cobalt.	9.88
Fer.	4.77
Bismuth.	3.88
Cuivre.	1.30
Nickel.	1.11
Soufre.	1.01
	99.91

ARSENIC EN FLEUR (*Miner.*), m. *Arséniate de chaux hydratée.*

ARSENIC OXYDÉ (*Minér.*), m. *Voy.* OXYDE D'ARSENIC.

ARSENIC SULFURÉ (*Minér.*), m. *Voy.* SULFURE D'ARSENIC.

ARSÉNICITE (*Minér.*), m. Nom donné par M. Beudant à l'*arséniate de chaux.*

ARSENICUM (*Chimie minér.*), m. Métal dont l'arsenic serait un oxyde, dans l'opinion de quelques chimistes, mais qu'on ne rencontre pas dans la nature.

ARSÉNIO-SIDÉRITE (*Minér.*), f. Variété d'*arséniate de fer* décrite sous ce dernier titre.

ARSÉNIO-SULFURE DE COBALT (*Minér.*), m. Minéral décrit au mot SULFURES MÉTALLIQUES.

ARSÉNIO-SULFURE DE CUIVRE (*Minér.*), m. Sulfure décrit au mot SULFURES MÉTALLIQUES.

ARSÉNIO-SULFURE DE FER (*Minér. chimique*), m. Minéral composé d'arsenic, de soufre et de fer, décrit à l'article SULFURES MÉTALLIQUES.

ARSÉNIO-SULFURE DE PLOMB (*Minér.*), m. *Dufrénoysite* ; minéral décrit à l'article SULFURES MÉTALLIQUES.

ARSÉNIO-SULFURE DE NICKEL (*Minér.*), m. Genre de substances composées essentiellement d'arsenic, de soufre et de nickel ; disomose, nickel gris ; substance d'un gris d'acier, métalloïde, fragile, en petites masses compactes ou lamelleuses, donnant au feu une odeur d'ail prononcée ; soluble dans l'acide nitrique solution verte, qui devient violâtre par l'ammoniaque, et précipite en vert par les alcalis fixes ; p. s. 6.12 ; gisement : dans les mines de cobalt de la Suède.

Composition, suivant Berzelius :

Soufre.	19.34
Arsenic.	45.34
Nickel.	29.94
Cobalt.	0.92
Fer.	4.11
Silice.	0.90
	100.55

Formule atomique : $Ni\,S^2 + Ni\,As^2$.

ARSÉNIOXYDE, m. *Acide arsénieux.*

ARSÉNITE DE COBALT (*Minér.*), m. Nom donné à tort par Berzelius à l'*arséniate de cobalt* de Wolgang-Massen et d'Annaberg, qui contient de l'acide arsénieux libre, que le célèbre chimiste avait cru à l'état de combinaison avec l'oxyde de cobalt. *Voy.* le mot ARSÉNIATE DE COBALT.

ARSÉNITE DE CUIVRE (*Minér.*), m. Synonymes : *condurite*, *cuivre arsénié.* Ce minéral, dans lequel l'oxyde de cuivre est saturé par l'acide arsénieux, est en masses terreuses brunâtres, qui tendent au bleuâtre ; il est tendre, se polit sous l'ongle et par la raclure ; sa cassure est conchoïde ; sa pesanteur spécifique est de 5.208 ; il donne au chalumeau des fumées blanches épaisses, et se réduit en un bouton métallique. M. Faraday a trouvé qu'il était composé de :

Acide arsénieux.	25.94
Oxyde de cuivre.	60.80
Eau.	8.99
Soufre.	3.06
Arsenic	1.31
	100.00

Cette analyse conduit à la formule $(CuO)^6 As^2O^3 + 4\,Aq$, à moins que l'on ne considère le minéral comme composé d'un arsénite de cuivre uni à quatre atomes d'hydrate cuivrique; on aurait alors $(CuO)^2 As^2O^3 + 4 CuO H^2O$, ce qui est plus conforme à la science. Il paraît du reste que l'arsénite de cuivre, qui ne s'est encore rencontré qu'à Condorrow, en Cornouailles, est le produit de la décomposition de minéraux dans lesquels l'arsenic et le cuivre sont en présence. L'analyse qu'en a faite Kobell vient à l'appui de cette opinion; il a trouvé :

Oxyde de cuivre.	79.00
Oxyde de fer.	3.47
Acide arsénieux.	8.03
Eau.	9.50
	100.00

Cette analyse indique un mélange d'oxyde cuivreux, sous forme de cuivre oxydulé, avec un arsénite et un hydrate de cuivre, puis un peu d'oxyde ferrique.

ARSÉNITE DE NICKEL (*Minér.*), m. Synonymes : *nickel arsénié*, substance composée d'oxyde de nickel et d'acide arsénieux. C'est un minéral terreux, de couleur noire ou grise, attaquable par l'acide nitrique, et produisant une solution verte. Il donne de l'eau par la calcination. Sa constitution atomique est, suivant Berzelius, $(NiO)^2 As^2O^3 + 18$ Aq.

ARSÉNIURES, m. pl. Classe de minéraux qui forment un véritable alliage d'arsenic avec un autre métal, et dans lesquels il y a deux atomes d'arsenic pour un de métal. Les arséniures sont cassants, et exhalent une odeur d'ail prononcée lorsqu'on les soumet au grillage.

ARSÉNIURE D'ANTIMOINE (*Minér.*), m. Synonyme : *antimoine arsénical*. Ce minéral, dans lequel les proportions d'arsenic paraissent varier singulièrement, et sur la composition duquel on n'est pas encore d'accord, est d'un gris d'acier ou de fer; il est en masses, dont la surface est ondulée et testacée; sa cassure est grenue, parfois lamelleuse; sa dureté est supérieure à celle de l'antimoine natif; sa pesanteur spécifique est de 6.10. Il se comporte au chalumeau et dans les acides comme l'antimoine natif.

ARSÉNIURE D'ARGENT (*Minér.*), m. Synonymes : *argent arsénical*, *arsenik silber* des Allemands; espèce de substances composées d'arsenic et d'argent, avec des quantités plus ou moins considérables de fer et de soufre, et quelquefois de l'antimoine. Ce sont, à proprement parler, de véritables sulfo-arséniures de fer et d'argent, qu'on ne classe parmi les minerais d'argent qu'à cause de l'importance de ce dernier métal. — L'arséniure d'argent est d'un blanc argentin, d'un gris d'étain, ou même d'un gris d'acier; il est fragile, et se distingue de l'antimoniure par une forte odeur d'ail qu'il donne sous le choc du briquet, ou au chalumeau en développant des fumées abondantes; sa densité varie comme sa couleur et sa composition; il se trouve en masses grenues, lamellaires ou mamelonnées. Les analyses de différents échantillons d'Andréasberg donnent,

	Par Duménil,			Par Klaproth,
Argent.	14.06	14.06	6.86	12.75
Fer.	17.89	20 23	58.25	44.25
Arsenic.	62.90	59.94	38.29	35.00
Antimoine.	»	»	»	4.00
Soufre.	5.75	5.76	16.87	4.00
	100.60	100.01	99.97	100.00

On en tire les formules ci-après :

Pour les deux premières : $(Ag^2 S + As^2 S^5) + 12 Fe As^2$;

Pour les deux secondes : $(Ag^2 S + As^2 S^5) + 12 Fe As^2 + 10 Fe^2 S$.

La première est un sulfo-arséniure argentique, uni à douze atomes de bi-arséniure de fer; la seconde contient en outre dix atomes de sous-sulfure de fer, probablement accidentels. La première formule serait donc l'expression générique de l'arséniure d'argent.

ARSÉNIURE DE BISMUTH (*Minér.*), m. *Bismuth arsénical*.

ARSÉNIURE DE COBALT (*Minér.*), m. Synonymes : *cobalt arsénical*, *smaltine* de Beudant, *speis-kobalt* de Werner, *arsenik-kobalt* des Allemands; combinaison d'arsenic et de cobalt d'un gris de fer lorsqu'elle est amorphe, et d'un blanc d'argent dans ses cristaux; à éclat métallique, noircissant à l'air. Ce minéral raye le phosphate de chaux, et est rayé par le feldspath; il est aigre et cassant; sa cassure est raboteuse; il pèse 6.335 à 6.6. — Au chalumeau et même à la simple flamme d'une bougie, il répand une fumée épaisse avec une odeur d'ail prononcée, qu'on obtient même par la simple percussion; après grillage, il donne un bouton métallique cassant, d'un gris clair, et attire l'aiguille aimantée; il communique au borax une belle couleur bleue; soluble dans l'acide nitrique, il colore la solution en rose, et en lilas par la chaleur. Ses cristaux sont le plus ordinairement cubiques. Ses variétés sont en cristaux octaèdres, cubo-octaèdres et triformes, ou dérivant à la fois du cube et du dodécaèdre rhomboïdal; celle concrétionnée se trouve en Saxe, en petits mamelons brillants; à Schnéeberg, on en trouve dont la cassure est fibreuse et radiée; la variété filiforme, dite *tricotée*, présente des filaments qui indiquent une pseudomorphose de l'argent natif, qui, du reste, se trouve abondamment dans les échantillons de cette sorte. L'arséniure de cobalt est composé comme il suit :

	Analyse théorique.	Échantillon de Schnéeberg.
Arsenic.	71.81	65.75
Cobalt.	28.19	28.00
Ox. de fer et mangan.	»	6.25
	100.00	100.00

répondant à la formule $Co As^2$. — Mais la plupart des minéraux de cette espèce donnent des expressions atomiques plus compliquées; ils sont en général formés de plusieurs atomes de bi-arséniure de cobalt ci-dessus, unis à un atome de bi-arséniure de fer; les trois analyses ci-après en fournissent l'exemple :

	LOCALITÉS.		
	Riechelsdorff.	Tunaberg.	Biéber.
Arsenic.	74.22	69.16	68.50
Cobalt.	20.31	23.44	9.60
Fer.	3.42	4.93	9.70
Cuivre.	0.16	»	»
Silice.	»	»	1.00
Soufre.	0.89	0.90	7 00
	99.00	98.43	95.80

d'où l'on tire la formule (Co Fe) As^3.

M. Wohler a fait connaitre un minéral de Norwége d'un gris de plomb, qui se trouve sous deux formes différentes : il est tantôt cristallisé en cubes, tantôt amorphe seulement. Sa composition est :

	VARIÉTÉS.	
	Cristallisée.	Amorphe.
Cobalt.	18.50	19.50
Fer.	1.30	1.40
Arsenic.	79.20	79.00
	99.00	99.90

La formule qui répond à ces analyses est Co As^4, qui diffère des formules précédentes.

L'arséniure de cobalt appartient aux terrains de granite, de gneiss et de schistes anciens; il y forme des filons. C'est ainsi qu'on le trouve, dans le granite rose de Wittichen, associé à l'arséniate de chaux; à Scuterud, en Norwége, où il est accompagné de bismuth natif; à Biéber (Hanau), Schnéeberg (Saxe), dans une gangue de quartz; à Sainte-Marie (Vosges), à Allemont (Dauphiné), à Juset, près Bagnères-de-Luchon, etc.

ARSÉNIURE DE CUIVRE (*Minér.*), m. Minéral blanc d'étain, blanc-jaunâtre, très-fragile, à éclat métallique, mais peu brillant. Sa pesanteur spécifique est de 4.50. Il est en masses amorphes, à cassure inégale et grenue. On le trouve à Huel-Gorland, en Cornouailles; à Annaberg, dans l'Erzgebirge; à Kamsdorf, en Thuringe; à Halsbrücke, en Saxe. Sa composition est, suivant Henkel :

Cuivre.	40 à 45
Arsenic.	55 à 50
	95 à 95

ce qui répond à la formule Cu As.

Dans les mines de Calabazo, au Chili, M. Domeyko a trouvé un arséniure de cuivre assez semblable au premier, mais qui prend à l'air les couleurs du cuivre panaché; il est amorphe, compacte, à cassure grenue, à grains fins. Il contient :

Cuivre.	71.64
Arsenic.	28.36
	100.00

Cette composition, très-différente de l'arséniure de Henkel, conduit à la formule Cu^3 As.

ARSÉNIURE DE FER (*Minér.*), m. Synon. : *fer arsénical axotome.* Ce minéral, qui se lie avec les *arsénio-sulfures de fer,* que nous avons décrits au mot SULFURE DE FER, cristallise aussi en prisme rhomboïdal droit sous l'angle de 122° 17'; il admet un clivage très-facile, parallèlement à la base du prisme. Sa pesanteur spécifique est de 7.228. M. Hoffmann l'a analysé, et a trouvé pour sa composition :

Soufre.	1.94
Arsenic	65.99
Fer.	28.06
Gangue.	2.17
	98.16

ce qui répond à la formule Fe As^2.

Le fer arsenical axotôme se trouve près d'Hultenberg (Carinthie), à Reichenstein (Silésie), et à Schladming (Styrie).

ARSÉNIURE DE MANGANÈSE (*Minér.*), m. Substance blanche tirant sur le gris, d'un éclat assez vif, dure, cassante, à texture grenue, composée de couches mamelonnées; se recouvrant à l'air d'une poussière noire; brûlant, au chalumeau, avec une flamme bleuâtre, en répandant une odeur d'ail; soluble dans l'acide nitrique et dans l'eau régale. p. s. 5 : 55.

Composition, suivant M. J. Kane :

Manganèse.	45.5
Arsenic.	51.8
Oxyde de fer.	2.7
	100.0

Formule atomique : Mn As.

ARSÉNIURE DE NICKEL (*Minér.*), m. Syn. : *nickel arsenical, nickeline* de Beudant, *kupfernickel* des Allemands. La couleur de ce minéral est d'un rouge de cuivre; son éclat est métallique; il est très-fragile; sa cassure est inégale et grenue; il répand une odeur d'ail par le choc; sa densité varie entre 6.60 et 7.65; il raye la phosphorite, et se laisse rayer par le feldspath. Au chalumeau, il donne une fumée abondante, répand l'odeur d'ail de l'arsenic, et se réduit en un globule blanc et cassant; avec le borax, il donne un vert jaunâtre qui perd peu à peu sa couleur en se refroidissant; dans l'acide nitrique, il rend la solution verte, et produit subitement un dépôt de même couleur. L'arséniure de nickel a pour forme primitive un prisme hexagonal régulier, dont les angles sont de 139° 48' et 86° 50'. Sa composition est, suivant Stromeyer :

Arsenic.	54.72
Nickel.	42.21
Fer.	0.34
Plomb.	0.32
Soufre.	0.40
	97.99

dont la formule est Ni As.

L'échantillon analysé provenait de Riechelsdorf. Celui qui a servi à l'analyse suivante, de M. Berthier, a été recueilli à Allemont (Isère):

Arsenic.	48.80
Nickel.	39.94
Antimoine.	8.00
Cobalt.	0.16
Soufre.	2.00
	98.90

Cette composition conduit à la même formule Ni As, si l'on néglige la petite portion de sulfure d'antimoine qu'elle contient; la formule complète serait, dans le cas contraire: Ni As + m Sb^2S^3, qui semble annoncer un mélange.

M. Pfaff a donné une analyse de l'arséniure de Riechelsdorf, dans lequel il a trouvé assez de soufre pour constituer un sulfure de nickel uni à un arséniure; il donne:

Arsenic.	46.42
Nickel.	48.90
Soufre.	6.80
Fer.	0.34
Plomb.	0.56
	103.02

Cette analyse conduit à 3 Ni As + Ni S. En la comparant à l'analyse de Stromeyer, il est évident qu'elle ne constitue pas un arsénio-sulfure d'arsenic; mais que le sulfure y est à l'état de mélange, d'autant plus que le calcul synthétique exact donne, pour la composition qui précède: 10 Ni As + 7 Ni S; formule qui ne peut être le résultat de l'union chimique de deux sels haloïdes.

L'arsenic étant isomorphe avec l'antimoine, il arrive quelquefois qu'ils se substituent l'un à l'autre; ce qui rend la classification des deux sels difficile: c'est ce qui arrive pour l'arséniure de Balen, qui a d'ailleurs tous les caractères extérieurs de l'arséniure simple. M. Berthier a trouvé qu'il était composé de:

Nickel.	33.78
Arsenic.	32.06
Antimoine.	27.90
Fer.	1.04
Soufre.	2.63
Quartz.	2.00
	99.40

dont la formule est Ni (As, Sb), parfaitement analogue à celles qui précèdent.

Breithaupt a donné le nom de *plakodine* à un minéral en tables plates, dérivant d'un prisme rhomboïdal oblique, sous l'angle de 165° 28', de couleur jaune-bronze, un peu plus clair que la pyrite magnétique; son éclat est métallique, sa cassure inégale et conchoïde; il donne au feu une forte odeur d'ail. Plattner a trouvé qu'il contenait:

Arsenic.	39.71
Nickel.	57 04
Cobalt.	0.91
Cuivre.	0.86
Fer.	trace
Soufre.	0.61
	98.13

La formule qui ressort de cette combinaison est Ni^2 As. C'est conséquemment un sous-arséniure de nickel.

On donne le nom de *nickel arsénical blanc* à une espèce particulière d'arséniure de nickel, qui répond au bi-arséniure des chimistes; il est d'un gris plus ou moins clair; il se trouve en masses amorphes et en cristaux; sa forme primitive est un prisme hexaèdre régulier, dont tous les angles et toutes les arêtes sont tronqués; il donne au chalumeau les réactions de l'arsenic, et quelquefois du cobalt et du bismuth, car il admet ces deux métaux en combinaison. Son analyse a donné:

	LOCALITÉS.	
	Riechelsdorf.	Schnéeberg.
Arsenic.	72.64	71.30
Nickel.	20.74	28.14
Cobalt.	3.37	»
Bismuth.	»	2.19
Fer.	3.25	»
Cuivre.	»	0.50
Soufre.	»	0.14
	100.00	102.27

Ces analyses répondent aux formules:
La première (Ni, Co, Fe) As^2;
La seconde (Ni, Bi, Cu) As^2;
dont l'expression générique est Ni As^2.

L'arséniure de nickel, qui, jusqu'à ce jour, n'a été d'aucun usage, se trouve avec d'autres minerais métalliques à Schnéeberg, en Saxe, où il accompagne l'arséniure de cobalt; dans la baryte sulfatée de Bieberg; dans le Hanau, où il est associé au cuivre natif; à Saalfeld (Thuringe); à Leadhills et à Wanloklead, en Écosse; à Riechelsdorf, Freyberg, Gersdorf, etc., en Saxe; à Allemont, dans le Dauphiné; en Cornouailles, etc. La plakodine a été trouvée dans la mine de Jungfer, à Müssen.

ARTOLITE (*Minér.*), f. Nom donné à des fossiles ayant la forme de numulites de grande dimension; ils ressemblent à des pains ou gâteaux, ce qui leur a valu ce nom, du grec *artos*, pain. C'est le *panis dæmonum* des anciens. On en rencontre dans le Hartz et dans les environs de Bologne.

ASAPHE (*Paléont.*), m. Espèce de trilobite qui fait le passage du genre calymène au genre ogygie, et est assez difficile à séparer de l'un ou de l'autre de ces deux genres. C'est pour cela qu'on lui a donné son nom, du grec *a* privatif, et *saphês*, évident; c'est-à dire, difficile à déterminer, douteux. On en a fait cinq variétés: l'asaphe cornigère, l'asaphe de Debuch, celui d'Hansman, l'asaphe caudigère, et celui à large queue.

ASBESTE (*Minér.*), f. *Silicate de magnésie et de fer*, quelquefois hydraté, et dont la composition est très-diverse. Ce minéral est caractérisé par son tissu fibreux, et sa propriété de se fondre en un émail grisâtre; ses filaments sont droits, déliés, de consistance coriace, se déchirant plutôt qu'ils ne se rompent; plus ou moins souples; ils présentent en général une disposition prismatique. La pesanteur spécifique de l'asbeste est de 2.70 à 2.80. L'asbeste ne forme pas une espèce spéciale : elle appartient tantôt à l'*amphibole*, tantôt au *pyroxène*, tantôt à une espèce particulière que le docteur Thomson a réunie sous la dénomination de *baltimorite*. On peut voir à ce dernier mot, et à celui de PYROXÈNE, ce qui a été dit sur cette singulière substance minérale. — Les variétés d'asbeste sont assez nombreuses : celle en filaments flexibles porte plus spécialement le nom d'*amiante*, sous lequel elle est connue dans les arts; elle ressemble quelquefois à du coton en laine, ou à de la belle soie blanche; parfois ses fils sont courts et grossiers; quelquefois ils sont durs et cassants, comme dans le *gemeiner asbest* de Werner; plus rarement on la trouve radiée, bacillaire, réunie en faisceaux; enfin elle se présente aussi en fibres tressées, formant un tissu solide et continu : cette variété prend alors, suivant son aspect, les noms de *papier fossile, liége fossile, cuir fossile, bois de montagne, carton de montagne*, etc. Ses diverses couleurs sont le blanc soyeux, le gris, le jaunâtre, le verdâtre, et le brun de bois. — L'asbeste se trouve en Tarentaise, dans la Corse, aux environs du petit Saint-Bernard, en Dauphiné, en Sibérie, à Baltimore, etc.; elle remplit les fissures des roches primitives, et se trouve également dans les roches serpentineuses.

ASCLÉRINE (*Minér.*), f. *Voyez* TRASS.

ASELLOTE (*Paléont.*), m. Famille de crustacés qui paraît avoir deux représentants fossiles, du genre sphérome.

ASPARAGOLITE (*Minér.*), f. *Voyez* PIERRE D'ASPERGE; du grec *asparagos*, asperge; *lithos*, pierre.

ASPASIOLITE (*Minér.*), f. Nom donné par M. Scheerer à une variété de *cordiérite*, décrite sous ce dernier titre.

ASPHALTE (*Minér.*), m. Substance solide, décrite au mot BITUME, et dont le nom vient d'*asphaltos*, bitume, en grec.

ASPILOTE (*Minér.*), m. Pierre précieuse, de couleur argentine.

ASSIE OU ASSIENNE (*Minér.*), f. Pierre spongieuse, parsemée de veinules jaunes, et que les anciens tiraient d'*Asso*, ville d'Asie. C'est une variété de ponce.

ASSORTIR LES MINERAIS (*Métall.*). Mélanger plusieurs espèces, afin que leurs gangues de différentes natures soient plus facilement fusibles. *Voyez* le mot FONDANT.

ASTACOLITE (*Paléont.*), f. Écrevisse pétrifiée; du grec *astakos*, écrevisse; *lithos*, pierre.

ASTACOPODIUM (*Paléont.*), m. Désignation des pattes de crustacés fossiles, isolées.

ASTÉRIE, f., et **ASTÉRISME**, m. (*Minér.*) On désigne sous cette dénomination, empruntée au grec *aster*, étoile, la propriété qu'ont certains minéraux, mis devant une vive lumière, de produire une étoile brillante à plusieurs rayons. Cette propriété appartient aux minéraux striés et aux structures fibreuses; et le nombre des rayons de l'étoile est en raison du nombre de stries qui se croisent.

Ainsi, lorsqu'on regarde la lumière d'une bougie à travers un cristal sur lequel on a tracé une suite de stries parallèles très-serrées, on aperçoit deux bandes lumineuses, placées chacune de chaque côté de la flamme, perpendiculairement aux stries; si celles-ci sont croisées perpendiculairement, deux autres bandes apparaissent à angles droits avec les premières; une troisième série de stries, dans une autre direction, produit deux nouvelles bandes; si bien qu'avec deux directions de stries on a une étoile à quatre rayons; avec trois, une étoile à six rayons.

Le saphir, qui présente souvent trois séries de stries parallèles aux diagonales de la base du prisme hexaèdre, produit une astérie à six rayons; et cette apparence persiste même dans celui de la Chine, lorsque le travail du lapidaire en a poli la surface. Elle tient donc à la structure intérieure du minéral : aussi peut-on dire des substances qui chatoient par réflexion, qu'elles sont fibreuses, et que la direction des fibres est perpendiculaire à la ligne de reflet lumineux. On peut en juger par le gypse, le carbonate de chaux fibreux, le quartz fibreux, le quartz œil-de-chat asbestifère, etc. Le saphir donne des étoiles à six rayons, parce que sa section, faite perpendiculairement à l'axe du prisme hexagone, présente des stries croisées formant des triangles équilatéraux; le prisme de l'émeraude produit le même effet. L'idocrase en prisme carré offre des stries rectangulaires; aussi donne-t-il des étoiles à quatre rayons. Dans le prisme de sulfate de baryte, deux systèmes de lignes se croisent obliquement; d'où il résulte une astérie à quatre branches croisées sous des angles correspondants.

En faudra-t-il conclure que les prismes du saphir et de l'émeraude sont formés de prismes triangulaires équilatéraux; que ceux d'idocrase sont formés de prismes carrés; ceux de sulfate de baryte, de prismes rhomboïdaux? Cela est très-probable; et ce qui achève de le rendre plus probable encore, c'est qu'une section faite de ces minéraux dans le sens parallèle à l'axe ne produit qu'une seule ligne lumineuse, ou tout au plus deux, à cause du clivage de la base.

Les minéralogistes sont ici sur une nouvelle voie qui doit les conduire à découvrir la structure intérieure des corps, par le sens et le nombre des rayons lumineux.

Quelquefois, et dans les substances astériques, on aperçoit, en regardant la lumière à travers un minéral, un cercle lumineux passant par la flamme, qui sert de point de mire. Ce phénomène, auquel on a donné le nom de *cercle parhélique*, tient aux systèmes de stries parallèles à l'axe, lesquelles sont déterminées par les arêtes des prismes qui composent le cristal, et sont la cause de la réflexion lumineuse. Ce cercle se voit et dans les minéraux cristallisés et dans ceux qui sont irrégulièrement fibreux, à fibres parallèles, perpendiculaires à leur direction.

Lorsque les fibres sont régulières, parallèles, et qu'on taille les plaques perpendiculairement à leur direction, on remarque, au lieu du cercle parhélique, une *couronne* circulaire autour de la lumière qui sert de point de mire. La grandeur de la couronne est proportionnelle à la grosseur des fibres du minéral; en sorte qu'on peut parvenir à les évaluer rigoureusement, en mesurant le diamètre du cercle.

ASTÉRIE RUBIS (*Minér.*), f. *Corindon hyalin;* variété astérique.

ASTÉRIE SAPHIR (*Minér.*), f. *Corindon hyalin*, variété astérique.

ASTÉRITE (*Minér.*), f. *Agate pseudomorphique;* madrépore agatisé; pierre rayonnée, ou en forme d'étoile

ASTÉROPHYLLITE (*Paléont.*), m. Végétal fossile trouvé dans les terrains antérieurs et postérieurs à la craie, et qui a quelque ressemblance avec le gallium.

ASTRAKANITE (*Minér.*), m. Nom donné par M. G. Rose à un sulfate hydraté de magnésie et de soude, recueilli dans l'Oural en cristaux prismatiques imparfaits, blanchâtres et translucides.

ASTRAPYALITE (*Minér.*), f. *Quartz hyalin;* variété tubuleuse, fulgurite, tubes fulminaires; tubes produits par l'action de la foudre dans des dépôts sableux. Ces tubes, en partie fondus et provenant de l'agglutination des sables, se prolongent quelquefois à plusieurs mètres dans le sol. On en cite qui avaient la longueur énorme de dix à douze mètres; ils se rétrécissent à mesure qu'ils s'enfoncent, et ont presque toujours une position verticale. La paroi intérieure est entièrement vitrifiée, unie et très-brillante; elle raye le verre, et fait feu au briquet. Ces tubes, découverts pour la première fois par le pasteur Herman de la Silésie, en 1711, ont été retrouvés en 1805, par le docteur Heutzen, dans la lande de la Senne; ce savant a indiqué leur origine. On en a recueilli à Massel (Silésie); à Pillau, près de Kœnisberg; près de Halle sur Saale; à Drigg, dans le Cumberland; près de Blankenburg, et dans les sables de Bahia, au Brésil. C'est dans des sables qu'ils se trouvent ordinairement.

ASTRÉE (*Paléont.*), f. Genre de polypier, dont un grand nombre d'espèces est à l'état fossile dans les terrains postérieurs à la craie.

ASTROBOLE (*Minér.*), m. Nom donné par les anciens au feldspath nacré, ou *orthose*, dont ils se servaient pour la magie.

ASTROÏTE (*Minér.*), f. Pétrification, ou variété de polypier en forme d'étoile; du grec *astêr*, étoile, et *oitos*, mort; étoile morte ou pétrifiée.

ATAKAMITE (*Minér.*), f. Nom donné par M. Beudant au *chlorure de cuivre.*

ATAR-ENNABI (*Minér. histor.*), m. Pierre qui est déposée dans une mosquée sur les bords du Nil, et sur laquelle les mahométans prétendent que sont empreintes les marques d'un des pieds de Mahomet; de l'arabe *athar-an-Nabi*, vestiges du prophète.

ATÉLÉCYCLE (*Paléontol.*), m. Genre de crustacé fossile des terrains modernes; on n'en connait qu'une espèce, qui a été trouvée dans le calcaire grossier des environs de Montpellier.

ATÉLESTITE (*Minér.*), f. Minéral jaune de soufre, en petits cristaux hyalins ou fortement translucides, ressemblant au sphène; il raye le gypse, mais est rayé par l'apatite; son éclat est résineux, presque adamantin. Il donne au feu des indices de bismuth. L'atélestite provient de Schneeberg, en Saxe.

ATOLL (*Géogn.*), m. Récif annulaire, composé d'une bande de terre en forme d'anneau circulaire ou ovale, entourée de toutes parts de brisants, renfermant intérieurement une lagune tranquille, en communication avec la mer. Cette bande est généralement formée de coraux élevés du fond de la mer, et couverte d'arbres et de verdure. Elle offre quelquefois un bon abri aux vaisseaux.

ATOMES, m. Corpuscules dont la petitesse échappe à nos sens, et qui résulteraient de la division de la matière, poussée jusqu'à ce qu'on obtienne des particules dont la continuité ne peut être détruite par aucune force mécanique.

Les premiers philosophes qui eurent l'idée de la divisibilité de la matière durent, dès le principe, remonter aux éléments de cette propriété, et penser que les corps étaient composés de petites particules séparables elles-mêmes à l'infini, et invisibles par leur extrême division. On a donné à ces particules le nom d'*atomes*, de deux mots grecs qui signifient qu'elles sont tellement petites qu'elles ne peuvent plus être divisées.

Leucippe, qui vivait environ quatre cent vingt ans avant l'ère vulgaire, passe pour être le premier qui ait conçu l'existence des atomes. Depuis ce temps presque tous les philosophes s'en sont occupés, et plusieurs ont recherché avec soin quelle pouvait être leur forme originaire. Platon leur donnait la figure triangulaire; Haüy leur assignait trois formes géométriques primitives, et Wollaston démontra qu'ils devaient être sphériques. C'est, en effet, cette dernière figure qui présente le plus de points de contact entre des corps de même forme; et c'est celle qu'affecte la matière, quand elle n'est point soumise à des influences étrangères.

Adoptant donc cette dernière, on peut concevoir qu'à l'exemple des grands corps du système astronomique, les petites sphères atomiques ont chacune un axe, lequel a également deux pôles, l'un négatif, l'autre positif, et que les petites particules s'attirent mutuellement lorsqu'elles se trouvent suffisamment rapprochées, et lorsqu'elles se présentent réciproquement leurs pôles de nature opposée.

Si alors les atomes appartiennent au même élément, à la même matière simple, il y aura lieu à une réunion que les physiciens appellent *cohésion*. Si, au contraire, l'union a lieu entre des atomes de nature élémentaire différente, elle prendra le nom de *combinaison*. C'est là le premier point de départ de la théorie chimique.

L'expérience a démontré que tel corps possédait une électricité différente de tel autre, et l'on a en conséquence donné à certains éléments matériels le nom d'*électro-négatifs*, tandis que certains autres prenaient le nom d'*électro-positifs*. Cela ne veut point dire que les axes des particules sphériques, dites atomes, ne possèdent point deux pôles différents ; mais cela s'explique en disant que, pour les corps électro-négatifs, le pôle négatif l'emporte sur le pôle positif, et que le contraire arrive dans les corps électro-positifs.

Si donc deux atomes, l'un électro-négatif, l'autre électro-positif, se trouvent en présence, et qu'ils soient suffisamment mobiles, le pôle influent de l'un se tournera plus ou moins rapidement vers le pôle influent de l'autre ; il y aura combinaison, c'est-à-dire, neutralisation d'électricité, et conséquemment production de chaleur.

En résumé, la combinaison de deux atomes exigera : 1° qu'ils soient mobiles ; 2° qu'ils se trouvent assez rapprochés pour que l'attraction ait lieu de l'un à l'autre ; 3° que leurs électricités soient différentes.

Dans les corps solides, ces trois conditions se trouvent très-rarement réunies, il n'y a presque jamais de combinaison ; dans les corps gazeux, les molécules de chaleur interposées entre les atomes des substances tiennent le plus souvent ces derniers hors de leur sphère d'attraction réciproque, il ne s'opère alors qu'un mélange ; dans les corps liquides, les atomes sont presque toujours dans les conditions nécessaires à leur union intime. De là vient l'axiome des alchimistes : *Corpora non agunt, nisi soluta ;* Les corps ne se combinent qu'à l'état liquide.

Il est facile de concevoir que les atomes d'une même substance simple ont toujours le même volume et le même poids, de même que les matières simples de natures différentes offrent, sous le même volume, des poids différents en rapport avec les pesanteurs spécifiques de ces divers corps. Cela posé, il a été possible de dresser des tables des poids de l'atome des différents corps simples. C'est ce qu'a fait Berzelius, en prenant l'oxygène pour unité, comme dans le calcul des pesanteurs spécifiques ordinaires on prend l'eau pour terme de comparaison ; il est parti de là pour établir le poids de chaque atome élémentaire. Nous donnons ici le tableau du poids atomique des cinquante-quatre substances simples :

Aluminium,	Al	171.166
Antimoine,	Sb (*Stibium*)	806.452
Argent,	Ag	1351.607
Arsenic,	As	470.042
Azote,	N (*Nitricum*)	88.518
Baryum,	Ba	856.880
Bismuth,	Bi	1330.377
Bore,	B	136.204
Brome,	Br	489.153
Cadmium,	Cd	696.767
Calcium,	Ca	256.019
Carbone,	C	75.120
Cérium,	Ce	571.696
Chlore,	Cl ou Ch	221.325
Chrome,	Cr	351.819
Cobalt,	Co	368.991
Columbium ou Tantale,	Ta	1153.715
Cuivre,	Cu	395.695
Étain,	Sn (*Stannum*)	735.291
Fer,	Fe	349.800
Fluor,	F	116.900
Glucynium,	G ou B (*Beryllium*)	87.124
Hydrogène,	H	62.393
Iode,	I	789.750
Iridium,	Ir	1233.499
Lithium,	L	80.578
Magnesium,	Ma	158.352
Manganèse,	Mn	345.887
Mercure,	Hg (*Hydrargyrum*)	1265.825
Molybdène,	Mo	598.520
Nickel,	Ni	369.675
Or,	Au (*Aurum*)	1243.015
Osmium,	Os	1244.487
Oxygène,	O	100.000
Palladium,	Pa	665.899
Phosphore,	P	196.143
Platine,	Pl	1233.499
Plomb,	Pb	1294.498
Potassium,	Po ou K (*Kalium*)	489.916
Rhodium,	R	651.387
Sélénium,	Se	494.581
Silicium,	Si	277.469
Sodium,	(So ou Na (*Natrium*)	290.897
Soufre,	S	201.165
Strontium,	St	547.285
Tellure,	Te	802.120
Thorinium,	Th	744.900
Titane,	Ti	303.662
Tungstène,	Tu ou W (*Wolfram*)	1183.000
Urane,	U	742.875
Vanadium,	V	855.840
Yttrium,	Y	402.514
Zinc,	Zn	403.226
Zirconium,	Zr	420.220

Les lettres qui se trouvent, dans le tableau précédent, en face du nom de la substance, sont des formules ou signes abrégés que Berzelius a adoptés pour représenter chaque nature de substance. La première idée de ces formules appartient aux alchimistes, qui employaient des signes bizarres et peu faciles à retenir ; les chimistes français Hassenfratz et Adet, s'appuyant sur la nouvelle nomenclature, essayèrent d'exprimer par des figures plus simples les différentes combinaisons du corps ; mais il appartenait à Berzelius, grâce à la théorie atomique, d'imaginer des formules qui ont toute la rigueur mathématique, et à l'aide desquelles on peut toujours, comme dans l'algèbre, retrouver la loi de chaque combinaison.

Berzelius représente l'oxygène par O ; mais si ce corps entre en combinaison avec un autre, de manière à former un oxyde ou un acide, il se sert d'autant de points que la nouvelle combinaison contiendra d'atomes d'oxygène. C'est ainsi qu'il représentera par $\dot{Cu}$ le protoxyde de cuivre qui renferme un atome de cuivre et un atome d'oxygène ; qu'il formulera par $\ddot{Cu}$ le peroxyde du même métal, contenant deux atomes d'oxygène pour un de cuivre. D'après cela, l'acide sulfureux aura pour formule $\ddot{S}$, et l'acide sulfurique $\dddot{S}$, qu'on peut exprimer également par SO^2 et SO^3. Les combinaisons des atomes composés se représentent d'une manière analogue : ainsi le sulfate de chaux s'exprime par la formule $\dot{Ca}\dddot{S}$, qui donne un atome d'oxyde de calcium $\dot{Ca}$, combiné à un atome d'acide sulfurique ; ce que nous avons désigné dans le cours de ce dictionnaire par $CaO\ SO^3$.

On se tromperait fort, si l'on croyait que les combinaisons chimiques entre deux ou un plus grand nombre de corps s'opèrent dans des proportions infinies. Les éléments se combinent dans certaines proportions simples et déterminées, entre lesquelles il n'y a point de degrés intermédiaires. Pour mettre de la méthode dans cette nouvelle théorie corpusculaire, on a divisé les diverses combinaisons en plusieurs *ordres*, suivant la complication des éléments combinés : l'atome du premier ordre se compose de deux éléments. L'acide sulfurique, la potasse, l'eau, etc., sont des atomes composés du premier ordre, parce qu'ils ne renferment que le radical et l'oxygène ; le sulfate de potasse, le sulfate d alumine, sont des atomes composés du second ordre, parce qu'ils sont formés de la combinaison de deux éléments du premier ordre ; l'alun sec, qui est composé de sulfate de potasse et de sulfate d'alumine, offre l'exemple d'un atome du troisième ordre, et ainsi de suite.

Il est à remarquer qu'à mesure que la combinaison devient d'un ordre plus élevé, l'affinité qui réunit les atomes décroît d'une manière rapide. Il est donc extrêmement probable que le nombre des ordres des atomes composés est très-limité ; mais on n'est pas encore parvenu à découvrir les lois de ces limites. Au surplus, cette matière est plus spécialement du ressort de la chimie ; nous n'avons eu pour but ici que de montrer le mécanisme de la nouvelle théorie corpusculaire, théorie qui a envahi la science et lui a imprimé un grand essor.

ATRAMENTAIRE (*Minér.*), m. *Sulfate de fer*, pierre de vitriol ; du latin *atramentum*, encre, dérivé d'*ater*, noir.

AUBRÈGNE (*Minér.*), f. Terre argilo-calcaire, espèce de marne commune dans l'Aveyron.

AUGITE (*Minér.*), f. Variété de *pyroxène*, décrite à ce mot. Rammelsberg donne le nom d'augite à tous les pyroxènes ; M. Dufrénoy ne comprend sous cette dénomination que le pyroxène noir, ou pyroxène des volcans ; suivant Werner, les cristaux d'augite entrent comme éléments constitutifs dans les roches volcaniques, ou dans quelques porphyres ; ils ont un certain éclat qui leur a valu le nom d'augite, du grec *augitês*, fait d'*augê*, splendeur.

AURICHALCITE (*Minér.*), m. Nom donné par M. Bœttger à un double *carbonate de zinc et de cuivre* exploité à Lotwesk, dans l'Altaï. Ce mot, qui viendrait de l'alliance un peu monstrueuse du latin *aurum*, or, et du grec *chalkos*, cuivre, semblerait désigner un alliage d'or et de cuivre, ce qui est ridicule. L'*aurichalcum* de Pline est très-probablement une corruption de l'*orichalcite* des Grecs ; mot qui, comme il est dit à l'article *Orichalcite*, du titre CARBONATE DE CUIVRE, signifie airain de montagne.

AURICULE (*Paléont.*), f. Genre de colimacée, dont neuf espèces fossiles appartiennent aux terrains postérieurs à la craie.

AURO-POUDRE (*Minér.*), m. Alliage d'or et de palladium, décrit à l'article OR.

AURUM PROBLEMATICUM (*Minér.*), m. Nom donné au *tellure natif* auro-ferrifère.

AURURE D'ARGENT (*Minér.*), m. Genre de substances essentiellement composées d'or et d'argent. On en peut compter deux espèces : l'*aurure d'argent* pur, ou électrum ; et l'*aurure d'argent palladifère*, ou auro-poudre.

AUTEL (*Métall.*), m. Partie d'un four à réverbère qui sépare la *sole* de la *chauffe*, et qui a pour but d'empêcher le contact immédiat du combustible ou de sa fumée avec le métal. *Voyez* le mot FOUR A RÉVERBÈRE.

AUTOMALITE (*Minér.*), f. Variété de *gahnite*, décrite au mot ALUMINATE DE ZINC.

AVALER (*Métall.*), *Gaaraufbrechen*. Dernière opération de l'affinage allemand, qui consiste à exposer la masse devant la tuyère, et à achever d'en chasser le carbone et les matières étrangères.

AVANT (*Métall.*), m. Mettre avant : c'est faire avancer dans le feu d'affinerie la gueuse placée sur un rouleau. Cette expression est principalement employée dans la Haute-Saône.

AVENTURINE (*Minéral.*), f. Variété de *quartz* présentant de petites parties brillantes disséminées dans un ciment plus obscur, ordinairement d'un brun jaunâtre ou rougeâtre, de nature quartzeuse, à éclat résineux. Le plus ordinairement les parties scintillantes, à reflet doré, sont dues à de petites lamelles de mica jaune qui réfléchissent la lumière dans tous les sens, et produisent un effet agréable ; les aventurines des environs de Nantes doivent leur éclat scintillant à un tissu granuleux du quartz; celles des environs de Bordeaux et du Périgord, à des fissures produites par une agglomération de petits prismes. Les aventurines du commerce sont presque toutes factices, et dues à de petits cristaux tétraèdres de cuivre mêlés à une pâte vitreuse colorée; elles sont faciles à reconnaître en ce qu'elles sont fusibles au chalumeau, et que leur poussière jetée dans l'acide nitrique, le colore en vert pâle. Les aventurines naturelles n'ont encore été trouvées qu'à l'état de cailloux roulés; on en rencontre à Nantes, dans les graves de Bordeaux, dans le Périgord, près de Rennes, en Saxe, en Espagne, etc. Il ne faut pas confondre ces minéraux avec certaines variétés de *feldspath* décrites par quelques auteurs sous les noms d'*aventurine jaune à pluie d'or*, ou *pierre de soleil*, et d'*aventurine verte à pluie d'argent* : ce sont des *silicates d'alumine et de potasse*, qui ont la propriété de blanchir dans les acides. Le premier, qui se trouve à Archangel, présente une infinité de points brillants sur un fond jaune d'or ; le second, trouvé à Catherimbourg, en Sibérie, offre un fond vert tendre parsemé de points argentins. Ces reflets paraissent dus à de petits cristaux ou à de petites lames de fer intercalés dans le sens du clivage. Au mot OBSIDIENNE nous avons cité la variété du Mexique, qui doit sa structure aventurinée à de petites bulles de gaz emprisonnées dans le sens du courant.

AVICULE (*Paléont.*), f. Genre de Maléacées, dont douze espèces sont fossiles, dans les terrains antérieurs et postérieurs à la craie.

AXE DE SOULÈVEMENT (*Géol.*), m. Ligne parallèle à la direction d'une chaîne de montagnes, et autour de laquelle s'est opéré le mouvement de rejet, sur l'un et l'autre versant, des roches qui la composent. Si on suppose cette chaîne parfaitement semi-cylindrique, l'axe de soulèvement sera l'axe même du cylindre.

AXE D'UN FOURNEAU (*Métall.*), m. Ligne verticale qui passe par le milieu de la cuve, en partant du milieu du creuset, pour arriver au milieu du gueulard.

AXE PRINCIPAL (*Cristall.*), m. C'est l'axe que l'on place verticalement lorsqu'on veut examiner un cristal de forme simple. Les autres axes deviennent alors secondaires par rapport au premier. Le choix de l'axe principal est à peu près arbitraire dans les formes qui ont plusieurs axes; mais une fois choisi, il faut le conserver pendant tout l'examen.

AXE OCTAÈDRE (*Cristall.*), m. Dans le système cristallin régulier de M. G. Rose, les formes qui appartiennent à ce système sont caractérisées par trois axes de même espèce, perpendiculaires entre eux. On les nomme *axes octaèdres*.

AXES HEXAÈDRES (*Cristall.*), m. Dans le système cristallin régulier de M. G. Rose, il existe, outre les trois *axes octaèdres*, quatre autres axes dits *hexaèdres*, d'une espèce différente des premiers. Chaque axe hexaèdre est incliné sur l'axe hexaèdre voisin d'un angle de 70° 32', et sur l'axe octaèdre voisin de 54° 34'.

AXE DES CRISTAUX (*Cristall.*), m. On donne ce nom à une ou plusieurs lignes mathématiques, autour desquelles les faces d'un cristal sont ordonnées symétriquement, ou toutes ensemble, ou seulement une partie. L'incidence des angles l'un sur l'autre est une chose importante à bien examiner en minéralogie. En effet, en considérant que les faces peuvent être symétriques suivant trois axes, on trouvera ce trilemme cristallographique : Ou les trois axes seront perpendiculaires entre eux; ou l'un d'eux sera perpendiculaire sur les deux autres, qui se couperont obliquement; ou sur l'un seul de ces deux axes obliques tombera perpendiculairement le troisième axe; ou enfin les trois axes seront obliques les uns sur les autres. D'un autre côté, ou les trois axes sont égaux, ou deux sont égaux et le troisième inégal, ou les trois axes sont inégaux ; et comme les axes peuvent être réduits à deux manières d'être : ou rectangulaires, ou obliques, il en résulte six types cristallins, qui répondent à ces diverses dispositions :

1° Le *cube*, dans lequel tous les axes sont égaux et perpendiculaires;

2° Le *prisme droit. à base carrée*, dont tous les axes sont perpendiculaires, deux sont égaux et le troisième inégal;

3° *Prisme droit à base rectangle*, qui présente trois axes inégaux, mais rectangulaires;

4° Le *rhomboèdre*, dont toutes les faces sont égales, les axes égaux, mais obliques ;

5° Le *prisme rhomboïdal oblique*, ou prisme oblique symétrique, ayant tous ses axes obliques, deux égaux, le troisième inégal ;

6° Le *prisme oblique non symétrique*, ou prisme à trois axes inégaux et obliques.

AXE DE DOUBLE RÉFRACTION, m. Direction suivant laquelle un rayon lumineux traverse un corps cristallisé, en se divisant en un double faisceau. Les axes de double réfraction sont simples ou doubles, et s'écartent plus ou moins, suivant les diverses substances; ce qui a permis de poser comme règle que le mode de réfraction peut indiquer avec précision la forme, ou au moins le système de forme dont une substance est susceptible, lors même qu'elle ne présente aucune trace de cristallisation.

AXINITE (*Minér.*), f. Minéral décrit au mot SILICO-BORATE, et qui se présente en prismes aplatis, ayant une forme assez ressemblante à une hache (en grec *axiné*, hache).

AZABACHE, m. Nom espagnol du *jayet*.

AZUR DE CUIVRE (*Minér.*), m. *Carbonate de cuivre bleu*.

AZURITE (*Minér.*), f. Synonyme de *klaprothine*, dont la belle couleur bleu céleste est remarquable. M. Beudant a également donné ce nom à la variété bleue du *carbonate de cuivre*.

B

BABINGTONITE (*Minér.*), f. Minéral noir en cristaux opaques sur l'*albite* de Norwége, où elle est parfois accompagnée d'amphibole vert foncé. La babingtonite a l'éclat vitreux, la cassure inégale; elle raye le phosphate de chaux, et est rayée par le quartz; sa densité est de 3.338; elle fond en un émail noir, et donne avec le borax un globule transparent, d'un violet pâle, qui devient vert au feu de réduction. Sa composition est, suivant Arppe et M. Thomson :

Silice.	51.40	47.46
Chaux.	19.60	14.74
Protoxyde de fer.	21.30	16.81
— de manganèse.	1.80	10.16
Magnésie.	2.20	2.21
Alumine.	0.30	6.48
	99.60	97.86

La formule qui répond à ces analyses est : $CaO\ SiO^3 + (FeO)^3\ (SiO^3)^2$, qui a beaucoup de rapport avec celle de l'amphibole; mais il est impossible, malgré cette demi-analogie de composition et l'identité des caractères extérieurs, de rapporter la babingtonite à l'amphibole; leurs formes extérieures cristallines diffèrent essentiellement. La babingtonite cristallise ordinairement en un prisme à huit faces, qui conduit à un prisme oblique non symétrique, terminé par une base ou, au moins, un biseau très-obtus, et elle offre un clivage facile parallèle à cette base, ce qui n'existe point dans l'amphibole. Quant à la tourmaline noire, avec laquelle on pourrait confondre la babingtonite, la forme extérieure et la composition séparent encore plus ces deux minéraux.

BAC (*Exploit.*), m. Espèce de chariot à roue de fer qui sert aux transports de la houille dans les mines d'Anzin.

BÂCHE (*Métall.*), f. Petite caisse qui sert à mesurer le minerai. — Caisse employée pour jeter le minerai dans le haut-fourneau. — Auge dans laquelle on refroidit les scories.

BACILLAIRE (*Minér.*), adj. Structure bacillaire, disposition en longs prismes striés plus ou moins profondément, en forme de baguettes. *Voy.* au mot ACICULAIRE la différence de ces deux manières d'être des minéraux.

BACILLE ENTOMOLITE (*Paléont.*), m. L'un des noms appliqués aux fragments des pattes isolées de crustacés fossiles.

BACULITE (*Paléont.*), f. Genre d'ammonées fossiles dont on ne connaît encore qu'une espèce, laquelle appartient à la craie inférieure. Elle a la forme d'un cône très-allongé.

BADIÈRE (*Exploit.*), f. *Laves* dont on se sert pour couvrir les maisons en Savoie.

BADOURS (*Métall.*), m. Tenailles moyennes.

BAIÉRINE (*Minér.*), f. Synonyme de *tantalate de fer et de manganèse.*

BAÏKALITE (*Minér.*), f. Variété verte de *pyroxène*, trouvée sur les bords du lac Baïkel, en Asie.

BALANE (*Paléont.*), m. Genre de cirrhipèdes, dont seize espèces fossiles appartiennent aux terrains antérieurs et postérieurs à la craie.

BALANITE (*Minéral. anc.*), f. Nom donné par Pline à un minéral verdâtre ou couleur de bronze, qui avait la forme d'un gland; du grec *balanos*, gland.

BALDISSÉRITE (*Minér.*), f. Variété terreuse de *carbonate de magnésie*, provenant de Baldissero, près de Turin, et décrite au mot CARBONATE DE MAGNÉSIE.

BALISTE FOSSILE (*Paléont.*), m. Poisson qui se trouve dans les terrains supercrétacés.

BALLAGE (Balling) (*Métall.*), m. Corroyage qui a lieu entre le réchauffage et l'étirage définitif, dans l'affinage anglais.

BALTIMORITE (*Minér.*), f. Nom donné par M. Thomson à une variété d'*asbeste* qui contient de l'eau, et dont le type a été trouvé à Baltimore. Ce minéral a tous les caractères extérieurs de l'asbeste, mais il présente une composition analogue à celle de l'*antigorite*, avec la constitution atomique de la *serpentine*. Son analyse donne :

	LOCALITÉS.	
	Baltimore.	Reichenstein.
Silice.	40.95	43.50
Magnésie.	34.70	40.00
Protoxyde de fer.	10.05	2.08
Alumine.	1.50	0.40
Eau.	12.60	13.80
	99.80	99.78

dont la formule est : $(MgO, FeO)^2\ SiO^3 + 3\ Aq.$

BALWANES (*Exploit.*), m. Nom donné dans les mines de Pologne à des blocs de sel gemme, taillés en cylindre d'un mètre de haut sur 0 mèt. 70 à 0 mèt. 80 de diamètre, pour l'exploitation.

BAMLITE (*Minér.*), f. *Silicate d'alumine anhydre*, trouvé par Erdmann à Bamla, en Norwége; il est grisâtre, rayonné, translucide; sa cassure est inégale et esquilleuse; il raye le feldspath et les calcaires, et est rayé par le quartz. Sa densité est 2.984, et sa composition :

Silice.	56.90
Alumine.	40.73
Oxyde de fer.	1.04
Chaux.	1.04
Fluor.	traces
	99.71

Formule atomique : $(Al^2O^3)^2\ (SiO^3)^3$, silicate bi-alumineux.

BANC (*Exploit.*), m. *Couche*, terme de mineurs. Assises de roches parallèles entre elles.

BANC (*Métall.*), m. Banc de mouleur, banc sur lequel s'exécute le moulage des ouvrages dont les châssis sont maniables. — *de forgeron*, banc sur lequel le marteleur s'assied pour forger au martinet. — *de tréfilerie*, établi sur lequel s'étire le fil de fer. — *de botteleur*, établi sur lequel on réunit les verges ou barres de fer, pour les lier en bottes. — *des écureurs*, sur lequel on blanchit le fer blanc. — *de redressage*, sur lequel on redresse les barres après l'étirage.

BANC BLANC (*Géogn.*), m. Calcaire grossier du terrain tertiaire.

BANC DE ROCHE (*Exploit.*), m. Couche de calcaire grossier contenant les traces en creux de coquilles du genre cerithe.

BANC FRANC (*Exploit.*), m. *Pierre d'appareil*, à grain fin, voisine du *cliquart*. Cette roche, qui est fort dure, doit être mise à couvert pour être conservée longtemps.

BANC VERT (*Exploit.*), m. *Chaux carbonatée compacte*, tendre, de couleur gris verdâtre ou jaune verdâtre, appartenant à la roche du calcaire grossier de l'etage supérieur du terrain tertiaire.

BANCHE (*Minér.*), f. Nom donné par Réaumur à une argile feuilletée de couleur grise ou blanchâtre.

BANQUETTES (*Métall.*), f. Bandes de fer qu'on place du côté du laiterol des foyers à la catalane, pour soutenir une portion de la charge du minerai et du charbon, et faciliter l'affinage ou le chauffage.

BARDIGLIO (*Minér.*), m. Nom italien d'un marbre gris de Laguilaya, en Corse. On donne le nom de *bardiglio di Carrara*, ou *bardiglio di Stazzemma*, à un marbre bleu turquin qu'on retire de Carrare. Le marbre blanc qui porte le même nom n'est qu'un *sulfate de chaux quartzifère*; il est quelquefois d'un beau gris bleu, et s'exploite à Vulpino, dans le Milanais.

BARLE (*Exploit.*), f. Terme de mineurs pour désigner une *faille*.

BAROLITE (*Minér.*), f. Synonyme de *carbonate de baryte*.

BAROSÉLÉNITE (*Minér.*), f. Variété du *sulfate de baryte*.

BARSOWITE (*Minér.*), f. *Silicate d'alumine et de chaux* trouvé dans les roches disséminées en bloc dans les sables aurifères de Barsowisky, où il accompagne le corindon et le spinelle. Son état ordinaire est amorphe, son aspect gras et légèrement nacré, sa densité 2.752; elle est rayée par le feldspath, et raye le phosphate de chaux; on l'a rangée parmi les wernérites; mais sa composition, qui est celle de l'ekerbite, donne :

Silice.	49.01
Alumine.	33.85
Chaux.	15.46
Magnésie.	1.55
	99.87

dont la formule atomique est $Al^2O^3\ SiO^3 + CaO\ SiO^3$.

BARYSTRONTIANITE (*Minér.*), f. Carbonate de strontiane avec sulfate de baryte; substance décrite au mot STROMNITE.

BARYTE (*Minér.*), f. Oxyde de *baryum*; protoxyde découvert en 1774 par Schéell; substance blanche, poreuse, caustique, verdissant le sirop de violettes, rougissant la couleur de curcuma. Sa solution précipite par l'arséniate de soude; ce qui la distingue de la strontiane. Composition :

Baryum.	89.55
Oxygène.	10.45
	100.00

Formule atomique, BaO. Poids atomique : 956.880; p. s. : 4,284 à 4.626.

Le nom de la baryte vient du grec *barys* pesant; par allusion à sa grande pesanteur, comparée aux roches qui lui ressemblent.

BARYTE AÉRÉE (*Minér.*), f. *Carbonate de baryte.* Nom de l'ancienne chimie, qui donnait à l'acide carbonique la dénomination d'acide aérien.

BARYTE CARBONATÉE (*Minér.*), f. *Voy.* CARBONATE DE BARYTE.

BARYTE SULFATÉE (*Minér.*), f. *Voy.* SULFATE DE BARYTE.

BARYTINE (*Minér.*), f. Nom donné par M. Beudant au *sulfate de baryte*.

BARYTINE FÉTIDE (*Minér.*), f. Variété de sulfate de baryte, ou barytine, qui donne une odeur hépatique par le frottement ou par la chaleur. C'est le *schwerleberspath* des Allemands, qui sert ordinairement de gangue à l'argent.

BARYTINE QUARTZIFÈRE (*Minér.*), f. *Sulfate de baryte* mélangé mécaniquement de silice; en masses globuleuses, de la grosseur d'une noisette à un œuf de poule; p. s. : 3.228.

BARYTO-CALCITE (*Minér.*), f. Double carbonate de baryte et de chaux, décrit au mot CARBONATE DE BARYTE.

BARYTO-SULFATE DE STRONTIANE (*Minér.*), m. Nom donné par M. Thomson à une variété de *sulfate de strontiane*, décrite à ce dernier mot.

BASALTE (*Géogn.*), m. On suppose que ce mot vient de trois mots barbares orientaux, dont les racines sont : *ba*, faux; *salt*, pierre; *ès*, fer. Cette étymologie est fort douteuse. Le basalte est une roche d'origine ignée, d'une couleur noirâtre ou d'un noir bleuâtre, très-résistante, composée de parties distinctes, parfois visibles à l'œil nu, quelquefois tellement fondues, que la roche paraît homogène; le pyroxène y domine ordinairement, mais il faut l'analyse microscopique pour le distinguer. Le nom de basalte a été donné à des substances assez différentes : à une roche composée de petites parties de pyroxène et de feldspath compacte; à un mélange d'amphibole et de feldspath; enfin, à des agglomérations de pyroxène, de fer oxydulé, et de zéolite. La séparation de ces trois derniers éléments est facile à faire dans les basaltes, attendu que la zéolite est soluble dans les acides, et que le fer oxydulé est attirable à l'aimant. M. Lowe a trouvé par ce moyen que le basalte se composait de :

Pyroxène noir ou augite.	55.58
Fer oxydulé.	4.61
Zéolite.	39.81
	100.00

Le basalte de Stolpen, d'après M. Sinding, contiendrait 57.74 de parties insolubles et 42.26 de parties solubles ; ce qui donne la même proportion, en faisant abstraction du fer oxydulé mélangé mécaniquement. La portion soluble, suivant ce minéralogiste, serait composée d'olivine, de zéolite et d'oxyde ferreux ; la portion insoluble contiendrait du pyroxène et du Labrador, dont la soude lui aurait échappé. Ces opinions nous paraissent devoir être modifiées. La partie insoluble tient, il est vrai, du mode de composition de l'augite ; mais la partie soluble paraît avoir une composition plus compliquée que celle des mésotypes.

Les analyses de MM. Lowe et Sinding conduisent aux résultats suivants, en faisant abstraction, comme il a été dit plus haut, du fer oxydulé qui existerait à l'état de mélange mécanique évident :

	M. Lowe.			M. Sinding.		
	Soluble.	Insoluble.	Total.	Soluble.	Insoluble.	Total.
Silice.	15.28	26.28	41.56	22.66	22.48	45.14
Alumine.	11.34	5.48	16.82	12.09	5.10	17.19
Prot. de fer.	»	8.96	8.96	10.08	4.54	14.62
Chaux.	4.09	07.83	11.92	4.47	6.61	11.08
Magnésie.	»	7.03	7.03	2 43	3.53	5.96
Soude.	5.44	»	5.44	3.00	»	3.00
Potasse.	0.56	»	0.56	1.60	»	1.60
Eau.	3.10	»	3.10	1.41	»	1 41
	39.81	55.58	95.39	57.74	42.26	100.00
Fer oxydulé.			4.61			
			100.00			

En mettant de côté le fer oxydulé, qui n'est ici qu'accidentel, et en donnant aux substances protoxydées l'expression *b*O, on trouve pour les analyses de M. Lowe, en ajoutant ensemble les deux parties, l'une S soluble, l'autre I insoluble :

$$\text{S.} = 2\,Al^2O^3\,SiO^3 + (bO)^2\,(SiO^3) + 3\,Aq.$$
$$\text{I.} = Al^2O^3\,SiO^3 + (bO)^7\,(SiO^3)^4.$$
$$\text{Total} := 3\,Al^2O^3\,SiO^3 + (bO)^9\,(SiO^3)^5 + 3\,Aq.$$

Les analyses de M. Sinding fournissent à leur tour :

$$\text{S.} = 2\,Al^2O^3\,SiO^3 + (bO)^5\,(SiO^3)^2 + Aq.$$
$$\text{I.} = Al^2O^3\,SiO^3 + (bO)^4\,(SiO^3)^3.$$
$$\text{Total} := 3\,Al^2O^3\,SiO^3 + (bO)^9\,(SiO^3)^5 + Aq.$$

L'eau seule varie dans ces deux analyses.

Il semblerait résulter de cette comparaison, que la proportion des parties solubles et insolubles est sujette à varier, et forme des combinaisons différentes dans les échantillons, mais qu'en résultat la composition du basalte est assez uniforme.

Si l'on veut maintenant rechercher de quels minéraux mélangés la roche est formée, on sera conduit par des tâtonnements à admettre le mélange suivant :

$$\text{1 at. de zéolite,} = Al^2O^3\,SiO^3 + bO\ \ SiO^3$$
$$\text{2 at. de pyroxène,} = (bO)^6\,(SiO^3)^3$$
$$\text{1 at. de méionite,} = 2\,Al^2O^3\,SiO^3 + (bO)^2\ \ SiO^3$$
$$\text{Total} : = 3\,Al^2O^3\,SiO^3 + (bO)^9\,(SiO^3)^5$$

Outre + 3 Aq. qui appartiennent à l'atome de zéolite, et que nous ne représentons pas à la colonne d'addition, parce que notre format s'y oppose.

BASALTE EN COLONNE (*Minér.*), m. Basalte prismatique en fragments allongés.

BASALTE NOIR (*Minér.*), m. *Granite noir*.

BASALTE ORIENTAL (*Minér.*), m. *Granite noir* très-fin.

BASALTE ORIENTAL POUILLEUX (*Minér.*), m. Nom donné par les marbriers romains au *granite noir* verdâtre, dans lequel le feldspath, devenu sensible à la vue, rend la roche pointillée de blanc.

BASALTE OCCIDENTAL (*Minér.*), m. *Granite noir*, moins dur que celui nommé basalte oriental.

BASALTINE (*Minér.*), f. Variété d'*augite*, décrite au mot PYROXÈNE.

BASANITE (*Minér.*), f. Basalte renfermant des cristaux de pyroxène disséminés.

BASANOMELAN (*Minér.*), m. Synonyme de *coquimbite*, minéral décrit au mot SULFATE DE FER.

BASICÉRINE (*Minér.*), f. Nom donné par M. Beudant au *fluorure de cerium* hydraté. Ce fluorure est à l'état de sel basique ; ce qui lui a valu les noms de *cérium fluaté avec excès de base*, et de *cérium fluaté basique*.

BASSIN (*Géol.*), m. Courbure concave d'un groupe de couches, dans laquelle le sommet de l'angle curviligne forme le fond du vallon, et les côtés forment les versants de droite et de gauche.

BASTAÉSITE, ou plutôt BASTNAÉSITE (*Minér.*), f. Nom donné au *fluorure de cérium*, trouvé à Bastnaës, et analysé par M. Hisinger. *Voy.* FLUORURE DE CÉRIUM.

BATAILLES (*Métall.*), m. Murs élevés qui entourent le gueulard d'un haut-fourneau.

BÂTARDE (*Exploit.*), f. Nom de l'une des couches de houille du bassin de la Loire. Ce nom appartient plus particulièrement au bassin de Rive-de-Gier. C'est la seconde couche, qui à Saint-Étienne est plus connue sous celui de *Crue*, et qui précède la grande masse.

BATEAU (*Exploit.*), m. Allure d'un terrain, d'une couche ou d'un filon, en très-petit *bassin*.

BATOLITE (*Minér.*), m. Nom donné par Monfort à une variété d'*hippurite*.

BATRACHITE (*Minér.*), f. Nom donné par Breithaupt à une variété de *péridot* du Tyrol, dont la couleur approche de celle du frai de grenouilles (du grec *batrachos*, grenouille). La batrachite est décrite au mot PÉRIDOT. Pline cite une batrachite, sans en donner la description.

BATTERIE (*Métall.*), f. Usine où l'on aplatit le fer, pour en faire de la tôle ou tout autre ouvrage en tôlerie.

BATTITURES (*Métall.*), f. Écailles ou paillettes de fer qui se détachent pendant l'étirage, et qui sont le produit de l'oxydation successive du fer. En considérant attentivement les battitures, on s'aperçoit que la couche qui est le plus immédiatement en contact avec l'air est oxydée au maximum, et celle qui adhère au fer est un protoxyde. Suivant Mosander, la formule des battitures serait $6\,FeO + Fe^2O^3$.

BATTRANT (*Métall.*), m. Gros marteau carré qui sert à enfoncer les coins dans la roche.

BAUDISSÉRITE ou **BALDISSÉRITE** (*Minér.*), f. Carbonate de magnésie, globertite.

BAUDROIE FOSSILE (*Paléont.*), f. Poisson qui se rencontre dans les terrains postérieurs à la craie.

BAULITE (*Minér.*), f. Silicate hydraté et alcalin d'alumine, que les minéralogistes associent au *feldspath résinite*, ou *pechstein*, et qui me paraît appartenir à la variété hydratée du silicate que nous avons décrit, au mot OBSIDIENNE, sous le nom local de *telkebanya*. C'est un verre volcanique blanchâtre, qui se trouve en abondance dans la montagne de Baula, en Islande; il est en masses globuleuses, à cassure quelquefois radiée et concentrique, quelquefois grenue, et mélangée de petits cristaux de quartz, ainsi que d'aiguilles d'un minéral noir, soluble dans l'acide hydrochlorique. Sa densité est 2.623; il est soluble dans l'acide hydrochlorique. Forchhammer a trouvé qu'il contenait:

Silice.	74.38
Alumine.	13.78
Oxyde de fer.	1.94
Protoxyde de manganèse.	1.19
Chaux.	0.86
Magnésie.	0.38
Potasse.	2.63
Soude.	3.87
Chlore.	0.12
Eau.	2.08
	101.12

analyse qui répond à la formule $4\,Al^2O^3\,(SiO^3)^3 + 3\,(FeO, MnO, MgO, KO, NaO)\,(SiO^3)^3 + 3$ Aq., et qui rentre dans celle de l'obsidienne de telkebanya : $4\,B^2O^3\,(SiO^3)^3 + 3\,bO\,(SiO^3)^3$, associés à trois atomes d'eau.

BAUME DE MOMIE (*Minér.*), m. Nom donné au *malthe* et à l'*asphalte* avec lesquels les anciens embaumaient les morts.

BAUME DES FUNÉRAILLES (*Minér.*), m. *Asphalte*.

BAVALITE (*Minér.*), f. Variété de *silicate de fer* analogue à la chamoisite, de couleur un peu plus foncée, à structure oolitique, et qu'on trouve à Bavalon, en Bretagne.

BEAUMONTITE (*Minér.*), f. Silicate hydraté d'alumine et de chaux, dédié par M. Lévy à M. Élie de Beaumont. La beaumontite est d'un blanc jaunâtre; elle est translucide; elle raye la fluorine, et est rayée par le feldspath; sa densité est 2.24; sa forme primitive est un prisme droit à base carrée, dont les rapports sont : : 23 : 10; elle fond au chalumeau comme les zéolites, mais elle n'est pas attaquée par les acides. Sa composition est, d'après M. Delesse :

Silice.	64.20
Alumine.	14.10
Protoxyde de fer.	1.20
Chaux.	4.80
Magnésie.	1.70
Soude et perte.	0.60
Eau.	13.40
	100.00

d'où l'on tire la formule : $Al^2O^3\,(SiO^3)^2 + (CaO, MgO)\,(SiO^3)^3 + 8$ Aq. La beaumontite se trouve à Baltimore, aux États-Unis.

BEAUXITE (*Minér.*), f. Hydrate d'alumine et de fer, trouvé dans la commune de Beaux, près d'Arles. Ce minéral est décrit au mot HYDRATE D'ALUMINE.

BÉCASSE (*Métall.*), f. Sonde en fer, à l'aide de laquelle on mesure la descente de la charge dans le haut-fourneau.

BEC-D'ÂNE (*Métall.*), m. Espèce de ciseau ou de coin placé à l'extrémité d'un long manche de bois, ou mieux d'osier tressé, et qui sert à couper le métal.

BEC D'ÉTAIN (*Minér.*), m. Expression employée vulgairement pour désigner une hémitropie fort singulière qui appartient presque exclusivement aux minerais d'étain, et devient un caractère pour les distinguer. Elle résulte du groupement de deux cristaux qui, en se pénétrant, forment un angle rentrant qui est dû à l'intersection des faces qui se coupent. Le plan de jonction des deux cristaux est parallèle à une des faces du cristal simple, ou à un de ses plans diagonaux.

BECKITE (*Minér.*), f. Substance encore peu connue, et qui a de l'analogie avec la *calcédoine*; elle se rencontre en petites masses concrétionnées, à structure botrioïde, d'un gris rougeâtre, ou sale; elle raye le verre; elle est infusible au chalumeau, et donne avec le carbonate de soude un verre limpide et incolore.

BEDEL (*Métall.*), m. Terme usité parmi les mineurs de l'Arriége, pour désigner toute matière hétérogène qui sert de noyau aux grands blocs d'hématite.

BEINE (*Exploit.*), f. *Voyez* TINE.

BEL ALBÂTRE (*Minér.*), m. *Albâtre antique*.

BÉLEMNITE (*Paléont.*), f. Ce singulier fossile, qui a longtemps excité l'attention des savants et exercé leur sagacité, commence à apparaître dans le lias, continue à exister dans la craie, et disparait dans les terrains supérieurs. C'est un corps dur, calcaire, en forme de pointe, tantôt conique, tantôt cylindrique, tantôt renflé vers le milieu comme un fuseau. Sa longueur est de deux à dix centimètres. On a trouvé dans quelques-uns de ces fossiles, notamment à Lime-Regis, dans le lias, des poches d'encre analogues à celle des seiches. On en a tiré de la sépia propre au lavis. Les anciens croyaient que ce fossile provenait de l'urine des lynx, d'où vient le nom de *pierre de lynx* qu'ils lui avaient donné; d'autres, à cause de leur forme, appelaient la bélemnite *chandelle des spectres*; plusieurs enfin, la croyant produite par la foudre, lui donnaient le nom de *pierre de tonnerre*, qui se retrouve dans toutes les langues de l'Europe.

BÉLIÈVRE (*Minér.*), f. Nom donné à la *terre à potier;* elle résiste à un feu violent, et se tire de Forges, en Normandie.

BELLEROPHE (*Paléont.*), m. Genre de céphalopodes fossiles, appartenant aux roches antérieures à la craie.

BÉNIBEL (*Chimie minér.*), m. Mercure des alchimistes.

BENNE (*Exploit.*), f. *Voyez* TINE.

BÉRAUNITE (*Minér.*), f. Phosphate hydraté de fer, trouvé à Hradeck, près de Beraun (Bohême). Il est d'un rouge hyacinthe foncé, à éclat nacré, suivant les faces de clivage, et vitreux dans les autres sens; sa rayure est jaune d'ocre; on le trouve dans un filon d'hématite brune compacte, en esquilles minces, demi-transparentes, ou houpes fibreuses et rayonnées; il possède deux clivages, dont un facile; il raye à peine le gypse, et est rayé par la fluorine; il fond au chalumeau, en colorant la flamme en vert bleuâtre intense; il laisse, en se dissolvant dans l'acide hydrochlorique, un résidu siliceux.

BÉRENGÉLITE (*Minér.*), f. Sorte de *résine fossile*, provenant de la province de San-Juan de Berengela, dans l'Amérique du Sud, et décrite au mot RÉSINES FOSSILES.

BÉRÉNICE (*Paléont.*), f. Genre de polypiers fossiles, dont trois espèces sont connues, et qui appartient aux terrains antérieurs à la craie.

BERGMANITE (*Minér.*), f. Ce minéral, qui porte le nom du célèbre chimiste Bergman, est différemment classé par les minéralogistes: les uns le regardent comme une variété de mésotype fibreuse, rougeâtre; les autres, comme une variété de wernérite; l'échantillon que M. Heuland a donné à l'École des mines de Paris est favorable à cette dernière opinion: il est en petits cristaux aciculaires brillants, terminés par une base horizontale; et son éclat le rapproche des cristaux hyalins de Norwége. La bergmanite est d'un gris verdâtre ou rougeâtre; elle est fibreuse, et en petites lames distinctes; elle raye le verre. Au chalumeau, elle se fond en un émail blanc; elle est soluble en gelée dans les acides. La localité où on l'a rencontrée est Friedrischwarn, en Norwége; elle est en rognons dans la siénite zirconienne. M. Scheerer a donné l'analyse d'un échantillon trouvé à Bervig, d'après laquelle la bergmanite devrait être envisagée comme étant une mésotype.

BERNACHE (*Paléont.*), f. *Voyez* TELLINITE.

BERNARD L'ERMITE (*Paléont.*), m. Nom donné par Faujas à des pinces fossiles de crustacés qu'il a trouvées dans la montagne de Saint-Pierre de Maestricht. Leur enveloppe est blanche; elles se trouvent toujours par paires, sans traces de corps ou d'autres parties; elles appartiennent, suivant M. Latreille, à l'espèce de pagure Bernhardus. Leur gisement est une craie grossière renfermant beaucoup de coquilles fossiles.

BERTHIÉRINE (*Minér.*), f. Minerai de fer, dédié à M. Berthier par M. Beudant. *Voyez*, au mot SILICATE DE FER, la description de ce minéral.

BERTHIÉRITE (*Minér.*), f. Minerai de fer, dédié à M. Berthier. C'est une variété de la *chamoisite*, décrite au mot SILICATE DE FER. Poggendorff a également donné ce nom à un *sulfure d'antimoine et de fer* décrit au mot SULFURES MÉTALLIQUES, et que M. Berthier a cru devoir dédier à Haidinger, sous le nom d'*haidingérite*.

BÉRYL (*Minér.*), m. Du grec *bêrullos*, nom du minéral; en latin, *beryllus*.

Variété d'émeraude transparente, bleue, bleu verdâtre; elle se tire de Sibérie, des Indes orientales, etc. Les plus beaux viennent du district de Coimbatoor; ceux de Sibérie offrent le plus grand nombre de formes cristallines. Nous avons cité l'analyse d'un béryl de Sibérie au mot ÉMERAUDE. On écrivait autrefois *béryle:* c'est l'orthographe adoptée par les minéralogistes du dix-huitième siècle. Elle était plus conforme à l'étymologie grecque, et a été adoptée par Sage.

BERZÉLINE (*Minér.*), f. Nom donné par M. Beudant au *séléniure de cuivre*, en l'honneur de Berzelius.

BERZÉLITE (*Minér.*), f. Ce nom a été donné, en l'honneur de Berzelius, 1° à un *arséniate de chaux et de magnésie*, décrit au mot ARSÉNIATE DE CHAUX; 2° à une variété de *chlorure de plomb* trouvée à Churchill, dans le Sommersetshire, en Angleterre.

BESTEG (*Minér.*), m. Argile qui accompagne les filons métalliques; de l'allemand *besteck*, étui, entourage, garniture.

BÉTOIRE (*Géol.*), f. Sorte de gouffre en forme plus ou moins conique, dans lequel viennent s'engloutir les eaux pluviales, les ruisseaux et quelquefois des rivières entières, qui disparaissent à travers la couche arénacée du fond.

BÉTYLE (*Minér. histor.*), m. *Baitulos* des Grecs. Pierre sur laquelle reposa Jacob, et qu'on croit être la même que l'*abdir*. Suivant la Genèse, cette pierre aurait donné le nom de Béthel à la ville voisine du lieu où dormit le patriarche. Elle fut ensuite placée dans le temple de Salomon. Quelques auteurs, au nombre desquels se trouve Scheuchzer, ont confondu le bétyle avec la *céraunie* des anciens et la *pierre de foudre*; Pline en fait la distinction avec beaucoup de clarté. Hesychius prétend que c'est la pierre dévorée par Saturne, à la place de Jupiter.

BEUDANTINE (*Minér.*), f. Variété de *népheline*, dédiée à M. Beudant.

BEUDANTITE (*Minér.*), f. Nom donné par M. Lévy à une variété de *pharmacosidérite* dédiée à M. Beudant, et qui a été décrite au mot ARSÉNIATE DE FER.

BEURRE DE MONTAGNE (*Minér.*), m. Sulfate hydraté d'alumine et de fer, mou et souvent terreux. C'est le *bergbutter* ou *steinbutter* des Allemands; le *kamina masla* des Russes.

BÉZOARD MINÉRAL (*Minér.*), m. *Carbonate de chaux*, variété pisolitique ou globuliforme; du persan *bedzahar*, antidote; par allusion à la vertu qu'on attribuait aux pierres qui se forment dans le corps de certains animaux des Indes, de résister au venin. Le nom de *bézoard animal* appartient aussi à l'*oxyde d'antimoine* préparé par les chimistes, et qui a des propriétés analogues à celles attribuées au *bézoard* des animaux.

BIAUTY (*Minér.*), m. Variété d'ocre rouge qui sert à polir les glaces.

BIBLIOLITE (*Géogn.*), f. Schistes qui portent l'empreinte de feuilles de végétaux, et qui se divisent en lames minces ressemblant aux feuillets d'un livre; du grec *biblion*, livre; *lithos*, pierre.

BI-CALCARÉO-CARBONATE DE BARYTE (*Minér.*), m. Nom donné à tort à la *barytocalcite*, décrite au mot CARBONATE DE BARYTE. M. Thomson avait d'abord cru que ce minéral contenait deux atomes de carbonate de chaux unis à un atome de carbonate de baryte, ce qu'exprime le nom qu'il lui avait donné. On a reconnu que c'était un double carbonate, composé d'un atome de chacun d'eux.

BIGIO-BIANCO (*Minér.*), m. Nom italien d'une variété du *marbre de Trapani*.

BINAIRE (*Minér.*), adj. *Système binaire* de Weiss, répondant au *prisme droit rectangulaire*.

BINO-SINGULAXE (*Cristall.*), adj. *Système bino-singulaxe* de Weiss, qui répond au *prisme droit à base carrée*, dont tous les axes sont perpendiculaires; mais deux seulement sont égaux (*bino*), et différents du troisième (*singulo*). Le type bino-singulaxe se divise en deux classes : celle *homoèdre*, qui comprend les cristaux complets; celle *hémiédre*, qui renferme les demi-cristaux.

BIOTINE (*Minér.*), f. Nom donné par M. de Monticelli à une variété d'*anorthite*, qu'il a dédiée à M. Biot. Ce sont des cristaux dans lesquels une des faces a pris un grand développement, tandis que les faces verticales sont très-raccourcies. Ils sont limpides et brillants, et proviennent de la Somma.

BI-RHOMBOÈDRE (*Cristall.*), m. Nom donné par M. Rose à un solide résultant de l'association de deux rhomboèdres de même angle, placés inversement. C'est un dodécaèdre triangulaire isocèle. Le *fer oligiste*, le *corindon*, le *carbonate de chaux*, offrent des exemples de cette forme.

BIROSTRITE (*Paléont.*), f. Genre de rudistes fossiles qui appartient à la craie.

BIROUSA (*Minér.*), m. Synonyme de *turquoise*.

BISEAU (*Cristall.*), m. Modification que présente un prisme dont la base est remplacée par deux facettes qui font angle, et présentent une arête. Lorsqu'au lieu de deux faces il s'en rencontre plusieurs qui se coupent en un point, le biseau prend le nom de *pointement*.

BISMUTH NATIF (*Minér.*), m. Ce minéral est l'état le plus ordinaire de tous les minerais de bismuth; il est d'un blanc d'antimoine tirant un peu sur le rouge; il a beaucoup d'éclat, est très-cassant, et facile à pulvériser. On le trouve en masses lamellaires ou au moins laminaires; quelques échantillons ont la forme ramuleuse ou dendritique; il raye le gypse, et est rayé par le carbonate de chaux; sa pesanteur spécifique est de 9.02 à 9.82; il est soluble avec effervescence dans l'acide nitrique, qu'il colore en vert jaune, et d'où un peu d'eau suffit pour le précipiter en poudre blanche; fusible à la flamme d'une bougie, il se volatise au chalumeau, et donne un oxyde jaune qui couvre le charbon; il a beaucoup de tendance à cristalliser; sa forme primitive est le cube. L'atome du bismuth pèse 1330.377; son symbole est Bi.

Le bismuth est souvent accompagné d'arsenic en proportions variables; les échantillons de Schneeberg en contiennent jusqu'à 32 pour 100. C'est ce minéral que Thomson a décrit sous le nom de *bismuth arsénical*, et Haüy sous celui de *bismuth arsénifère*.

Le bismuth ne joue qu'un rôle accessoire dans les filons de cobalt, d'argent, et même de galène; c'est ainsi qu'on le trouve en Saxe, en Bohême, et dans la mine de plomb de Poullaonen. La variété ramuleuse provient de Schneeberg en Saxe; elle est engagée dans un quartz jaspe brunâtre.

Ce métal forme des alliages précieux dans les arts; il donne à l'étain plus d'éclat et de dureté; il produit avec le plomb et l'étain l'alliage fusible de Darcet; il s'amalgame avec le mercure pour l'étamage des glaces; le nitrate de bismuth obtenu à l'aide de l'eau par la précipitation est employé par les femmes pour se blanchir la peau.

BISMUTH CARBONATÉ (*Minér.*), m. *Voy.* CARBONATE DE BISMUTH.

BISMUTH OXYDÉ (*Minér.*), m. *Voy.* OXYDE DE BISMUTH.

BISMUTHINE (*Minér.*), f. Nom donné par M. Beudant au *sulfure de bismuth*, décrit à l'article SULFURES MÉTALLIQUES.

BISMUTHOCRE (*Minér.*), m. *Oxyde de bismuth.*

BISMUTH SÉLÉNIÉ BISMUTHIFÈRE (*Minér.*), m. *Tellurure de bismuth*, qui contient toujours ou du sélénium ou des traces de ce métal. Il est décrit au mot TELLURURES MÉTALLIQUES.

BISMUTH SULFURÉ (*Minér.*), m. *Voy. Sulfure de bismuth*, à l'article SULFURES MÉTALLIQUES.

BISMUTH SULFURÉ CUPRIFÈRE (*Minér.*), m. Minéral décrit à l'article SULFURES MÉTALLIQUES.

BISMUTH SULFURÉ PLOMBO-CUPRIFÈRE (*Minér.*), m. Sulfure triple, décrit à l'article SULFURES MÉTALLIQUES.

BISMUTH TELLURÉ (*Minér.*), m. *Voy. Tellurure de bismuth*, à l'article TELLURURES MÉTALLIQUES.

BISSOLITE ou BYSSOLITE (*Minér.*), f. Du grec *byssos*, lin; *lithos*, pierre; pierre de lin, *épidote* bacillaire en prismes déliés et allongés. Ce nom est aussi donné à une variété bacillaire d'*amphibole* verte.

BITUME (*Minér.*), m. Du latin *bitumen*, fait de *pitys*, qui en grec signifie *pin;* parce que les anciens croyaient que le bitume de Judée était une poix qui coulait des pins. On donne le nom de bitume à une substance jaunâtre, grasse, plus ou moins liquide, plus ou moins inflammable, et qui paraît due à la décomposition des corps organiques. On peut ranger les bitumes en trois classes, qui néanmoins passent de l'une à l'autre par des degrés souvent insensibles: le bitume liquide, ou *naphte;* le bitume glutineux, ou *malthe;* et *l'asphalte*, ou bitume solide.

Le *naphte* est presque incolore; il a une teinte jaunâtre peu prononcée; il est fluide comme l'alcool, et ne laisse à la distillation aucun résidu lorsqu'il est pur; son odeur est faible; il dissout l'asphalte, et passe ainsi de la liquidité la plus complète aux espèces visqueuses et solides; sa vapeur s'enflamme par le contact d'un fer rouge; sa densité est de 0.753. Son analyse donne, suivant MM.

	De Saussure.	Dumas.	Blanchet et Sell.	Hess.
Carbone.	84.65	86.40	85.40	85.96
Hydrogène.	13.31	12.70	14.23	14.04
	97.96	99.10	99.63	100.00

Toutes ces analyses répondent à la formule CH^2, et non à celle C^3H^5 adoptée par MM. de Saussure, Dumas et Berzelius. L'analyse de M. de Saussure a été faite sur du naphte très-pur, dont la densité ne s'élevait qu'à 0.753. Il est vrai que de Saussure et Blanchet ont donné deux analyses différentes de celles qui précèdent, savoir :

	De Saussure.	Blanchet et Sell.
Carbone.	88.02	87.70
Hydrogène.	11.98	13.00
	100.00	100.70

qui conduisent en effet à la formule C^3H^5; mais il faut remarquer que ces deux analyses ont été faites sur du naphte impur, dont la pesanteur spécifique s'élevait à 0.836 et 0.849, et dont le point d'ébullition était extrêmement élevé : celui de Blanchet et Sell ne bouillait qu'à 213°, tandis que le naphte pur bout à 78°.

Ce *naphte* impur contient une substance charbonneuse, qui est de l'asphalte; il constitue le *pétrole*, huile d'un jaune brunâtre plus ou moins foncé, moins fluide que le naphte et passant à l'état sirupeux; sa pesanteur spécifique est de 0.836 à 0.878; son odeur est plus forte que celle du naphte. Lorsqu'on la distille, elle donne d'abord de l'huile de naphte, légèrement souillée d'asphalte, d'une densité de 0.778, entrant en ébullition entre 75 et 79°; en continuant la distillation, on obtient une autre huile moins fluide, ayant une odeur fortement prononcée, et pesant spécifiquement 0.812; son point d'ébullition est à 112° 5'. Enfin, achevant de distiller le résidu, on obtient une troisième huile, qui n'entre plus en ébullition qu'à 313°.

De ces expériences, il résulte que le pétrole est un naphte chargé d'une certaine portion d'asphalte, et que c'est à tort que jusqu'à présent on en a fait deux espèces. A mesure que la quantité d'asphalte augmente, l'huile s'épaissit; elle devient sirupeuse, puis glutineuse, et passe ainsi au *malthe.*

Le *malthe*, ou *goudron minéral*, avait été assez bien nommé *pétrole tenace* par les anciens minéralogistes. C'est, en effet, un pétrole visqueux qui passe à l'asphalte; il est de la couleur du goudron ordinaire, se durcit à froid lorsqu'il contient beaucoup d'asphalte, et devient alors si dur, qu'on peut le casser; il laisse beaucoup de cendres après sa combustion. La composition du malthe offre un point remarquable : c'est la présence constante du nitrogène, en petite proportion, il est vrai; mais ce caractère est de nature à le séparer du pétrole, qui ne donne pas une trace d'azote. Quatre analyses de malthe ont fourni :

	LOCALITÉS.			
	Pont du Château.	Naples.	Bastennes.	Pont-navey.
Carbone.	77.52	81.83	85.74	67.43
Hydrogène.	9.58	8.26	9.58	7.22
Nitrogène.	2.37	1.06	1.80	1.37
	89.47	91.17	97.12	76.02

Ces analyses donnent les formules progressives C^3H^4, C^5H^6, C^8H^9, CH, dans lesquelles considérant l'hydrogène comme unité, le carbone augmente comme les nombres 27, 30, 32, 36.

A dater du malthe de Pontnavey, l'azote disparait et fait place à l'oxygène. Il en résulte un nouveau produit naturel absolu, qui, avec le naphte, forme les deux extrémités de la série : c'est l'*asphalte*.

L'asphalte est un corps solide qui ressemble un peu à la houille, mais tire plus sur le brun noirâtre que le combustible minéral ; sa densité est 1.07 à 1.20 ; il fond à la température de l'eau bouillante, s'enflamme avec facilité, répand une fumée épaisse, et laisse un résidu peu considérable en cendres ; par le frottement, il se charge d'électricité négative. L'asphalte pur paraît être insoluble dans l'éther ; il est, au contraire, très-soluble dans l'huile de térébenthine et dans le naphte. Boussingault lui a donné le nom d'*asphaltène*. Le minéral trouvé à Coxitambo paraît être de l'asphalte presque pur. Les deux analyses d'asphaltène, l'un obtenu par la distillation et l'autre de Coxitambo, donnent :

	Asphaltène.	Asphalte.
Carbone.	75.50	75.00
Hydrogène.	9.90	9.50
Oxygène.	14.80	15.50
	100.20	100.00

Ces deux compositions sont identiques, et donnent la formule $C^2 H^3 + O^n$; l'exposant de O étant 0.3.

Les bitumes minéraux sont assez abondants sur le globe : le naphte se trouve dans les Pyrénées, à Salies ; à Amiano, dans le duché de Parme ; à Basku, sur la mer Caspienne. Dans cette dernière localité, il imbibe le terrain de marne argileuse, et il suffit d'y creuser des puits pour que l'huile s'y dépose et qu'on puisse l'enlever. Les habitants du pays, comme ceux d'une partie de la Chine, font un trou en terre, mettent le feu à la vapeur bitumineuse, et y font cuire leurs aliments ; le naphte existe encore à l'état de pétrole, à Brookdale, en Angleterre ; à Gabian, dans le Languedoc ; il est associé à des lignites tertiaires à Neufchâtel, en Suisse ; on en recueille à Amiano ; au mont Ziblio, près de Modène ; au mont Ciaro, près de Plaisance ; il surnage dans la mer près des îles du cap Vert. Les environs de Rainanghong, dans le pays des Birmans, offrent plus de cinq cents sources de pétrole. Le malthe coule naturellement, à l'époque des grandes chaleurs, au Puy-de-la-Poix, à Malintrat, à Macholles, près de Clermont-Ferrant ; il agglomère les sables argileux de Chamaillères, du Puy-de-Cœur, dans le même pays ; de Bastennes, près de Dax ; de Lobsann ; de Basconcillos, près de Burgos, etc. ; le malthe imprègne les mollasses calcaires de Seyssel (Ain) et de Val-Travers, en Suisse ; d'Alcobaca, près de Lisbonne. L'asphalte est beaucoup plus rare. Je ne connais en France que la mine de Saint-Lon, près de Peyrhorade, qui en fournisse. J'ai déjà cité l'asphalte de Coxitambo, dans l'Amérique méridionale.

Les bitumes sont souvent en relation avec les combustibles minéraux : le pétrole de Coalbrookdale prend son origine dans une couche de houille ; à Saint-Lon, l'asphalte est voisin d'une couche de stipite exploitée depuis peu de temps ; la masse asphaltique de l'île de la Trinidad a toutes les allures d'une couche de houille dont la carbonisation n'est pas encore achevée, mais s'avance progressivement et journellement vers son terme.

M. Dufrénoy a placé à la suite des bitumes la singulière substance dite *bitume élastique* ou *élatérite*. Ce minéral fort rare est en rognons brunâtres, tirant sur le vert ; il se comprime, s'étend, et présente une certaine élasticité ; c'est ce qui l'a fait nommer aussi *caoutchouc fossile* ; il est plus léger que l'eau, et sa densité, 0.905, est celle de certains malthes ; il fond avec facilité, en s'altérant ; à une température plus élevée, il prend feu, et brûle avec une flamme fuligineuse et luisante. M. Henry jeune a trouvé beaucoup d'oxygène dans deux analyses qu'il a faites des échantillons du Derbyshire et de Montrelais, ce qui rapprocherait le bitume élastique de l'asphalte ; mais les analyses de Johnston n'en portent qu'une quantité assez petite pour qu'il ait pu la négliger dans l'analyse moyenne suivante :

Carbone.	85.15
Hydrogène.	12.63
Perte due à l'oxygène.	2.24
	100.00

La formule qui répond à cette composition est analogue à celle du naphte CH^2.

C'est à cette constitution atomique qu'il faut rapporter l'*ozokérite*, minéral qui a beaucoup de ressemblance avec la cire, par sa consistance et sa translucidité ; il est vert grisâtre par réflexion, et brun jaunâtre par réfraction ; il fond à 78°, et se volatilise à 135, il brûle avec une flamme claire et sans résidu ; il est soluble dans l'alcool, dans l'éther et l'essence de térébenthine ; sa pesanteur spécifique est de 0.955 ; son analyse a donné :

	LOCALITÉS.	
	Moldavie.	Urpech.
Carbone.	85.75	86.80
Hydrogène.	15.15	14.06
	100.90	100.86

qui conduit à l'expression CH^2.

L'*hatchétine*, nommée vulgairement *suif de montagne*, a la même composition que l'ozokérite. C'est un minéral jaune clair, un peu verdâtre, à éclat nacré translucide, en fragments minces, et qui fond à 76° ; sa consistance est celle de la cire ; à la distillation, il laisse un faible résidu de charbon. Il est soluble dans l'éther. La composition de la hatchétine fournit l'analyse suivante :

Carbone.	85.91
Hydrogène.	14.62
	100.53

répondant à la formule CH^2.

On cite encore, comme se rapportant à la même espèce, le *suif de Loch-fine*, en Écosse, qui nage à la surface d'une tourbière. Sa pesanteur spécifique est de 0.607 · il est incolore; sa fusion a lieu à 47°, et sa distillation à 143; il est transparent quand il est fondu, mais il devient opaque en se figeant; l'alcool, l'éther, les huiles grasses, les huiles volatiles et le pétrole, le dissolvent également.

Les bitumes dont nous venons de parler sont fort rares : l'élatérite ne s'est encore rencontrée que dans la mine de plomb de Matloch, dans le Derbyshire; dans la houillère de Montrelais, près d'Ancenis, et dans celle de Southbury, dans le Massachusets; l'ozokérite provient de Slanick, en Moldavie, où elle est disséminée dans un grès associé à du sel gemme et à du bois bitumineux; on la trouve aussi près de Vienne et à Urpech, dans le Northumberland; la hatchétine remplit de petits filons entourés de spath calcaire, dans une mine de fer appartenant à la formation houillère du pays de Galles.

La classe des minéraux connus sous le nom de *suifs de montagne*, qui seraient beaucoup mieux nommés *cires de montagne*, forme un produit intermédiaire entre les bitumes et les résines. Ce sont des corps gras, de couleurs claires, en petites masses écailleuses, tantôt transparentes, tantôt opaques; elles sont ordinairement d'un blanc grisâtre ou jaunâtre; leur éclat est nacré; elles fondent facilement, et se dissolvent dans l'alcool, l'éther, les huiles grasses et les huiles volatiles. On leur a donné divers noms; mais les principales sont la *scheerérite*, la *fichtélite*, la *koulite*, la *hartite*, etc.

La *scheerérite* est en petites écailles cristallines incolores, translucides et nacrées; elle pèse un peu plus que l'eau; elle est grasse au toucher et fragile entre les doigts; elle se distille sans altération, et cristallise par condensation; elle s'enflamme à l'air, et brûle à la manière du bitume élastique; elle est soluble dans l'alcool.

Le *fichtélite* présente beaucoup d'analogie avec la scheerérite; elle fond à 45°, et se dissout à 92. Bromeis en a donné l'analyse suivante :

Carbone.	89.30
Hydrogène.	10.70
	100.00

qui est représentée par la formule $C^2 H^3$, qui approche beaucoup de celle de l'asphalte.

On a rencontré dans la même localité une autre variété de suif de montagne, qui fond seulement à 114°. On l'a nommée *koulite*. Kraüs en a fait l'analyse, et a trouvé pour sa composition :

Carbone.	87.45
Hydrogène.	11.16
	98.61

qui donne la même formule $C^2 H^3$.

La *hartite* a la couleur et la translucidité de la cire; elle se présente en petites tables hexaèdres, qui paraissent dériver d'un prisme de 100°, et qui sont renfermées dans des troncs d'arbres bitumineux ou dans les cavités d'arbres agatisés; elle est incolore, inodore et insipide; sa densité est de 1.046; elle est tendre comme le talc; son éclat est gras; elle fond à 74°. Deux analyses de Schrotter donnent pour sa composition.

Carbone.	87.47	87.50
Hydrogène.	12.05	12.10
	99.52	99.60

dont la réduction en formule fournit l'expression $C^2 H^3$.

On a donné le nom d'*ixolyte* à une variété de suif de montagne qui se ramollit à 76° et fond à 100; elle est tendre comme la hartite, et sa densité est 1,008; sa couleur est le rouge hyacinthe; son éclat est gras; ses fragments sont translucides; sa poussière est jaune ou brun jaunâtre; elle se dissout dans l'éther.

On range parmi les bitumes minéraux un minéral particulier qu'on a nommé *idrialine*; il est d'un brun noirâtre avec une teinte rouge, fusible entre 200 et 240°. Sa composition, suivant Schrotter, est :

Carbone.	94.50	94.80
Hydrogène.	5.19	5.49
	99.69	100.29

dont la formule est $C^3 H^2$, fort différente de celles qui précèdent.

La scheerérite se trouve à Saint-Gall, dans les Grisons, en petites écailles disséminées à la surface et dans les fissures de bois fossile; la fichtélite et la koulite proviennent du bois bitumineux d'Uznach, près Redwitz, dans le Fichtelgebirge; on recueille la hartite à Oberhart, près Gloggnitz, en Autriche, où elle est recouverte par l'ixolyte; l'idrialine est disséminée dans une roche bitumineuse avec le mercure d'Idria, en Carinthie.

BITUME DE JUDÉE (*Minér.*), m. Nom donné au *malthe*, parce qu'on le tirait anciennement du lac Asphaltite.

BITUME ÉLASTIQUE (*Minér.*), m. Espèce de bitume doué d'une certaine extensibilité et d'élasticité. Il est décrit à la suite du mot BITUME.

BLANC DE BARYTE (*Minér.*), m. *Sulfate de baryte* que les marchands de couleur introduisent en fraude dans le blanc de céruse.

BLANC DE BOUGIVAL (*Minér.*), m. *Craie*.

BLANC DE CHAMPAGNE (*Minér.*), m. *Craie* friable et terreuse.

BLANC DE CHAUX (*Minér.*), m. Chaux vive qui sert à badigeonner les façades ou l'intérieur des maisons. On donne à ce blanc du mordant, en faisant dissoudre la chaux dans de l'eau où l'on a fait bouillir des pommes de pin.

BLANC DE CRAIE (*Minér.*), m. *Voy.* CRAIE.

BLANC DE MEUDON, BLANC DE TROYES, etc. (*Minér.*), m. Nom donné, dans les arts, à la *craie* ou *carbonate de chaux* friable.

BLANC DE MONTEREAU (*Minér.*), m. *Craie* presque aussi tendre que le blanc d'Espagne, et ayant sur ce dernier l'avantage de ne pas jaunir.

BLANC DE PLOMB (*Minér.*), m. *Céruse, carbonate de plomb.*

BLANC DE TROYES (*Minér.*), m. *Craie.*

BLANC D'ESPAGNE (*Minér.*), m. Ce nom, donné improprement à la craie, appartient plus particulièrement au nitrate de bismuth, qui sert de fard. Il est connu également sous les dénominations de *blanc de perle* et de *blanc de bismuth.*

BLANCHIR LA FONTE (*Métall.*). La décarburer dans l'affinage, ou empêcher la formation du graphite par un refroidissement subit.

BLATTE FOSSILE (*Paléont.*), f. Insecte qui se trouve dans le succin.

BLATTERINE (*Minér.*), f. Synonyme de tellurure de plomb aurifère, décrit sous le nom d'*elasmose*, au mot TELLURURES MÉTALLIQUES.

BLATTÉZÉOLITE (*Minér.*), f. *Stilbite,* trisilicate d'alumine et de chaux.

BLENDE (*Minér.*), f. Ce nom, qui vient de l'allemand *blenden*, trompeur, par analogie à la ressemblance de certaine blende avec la galène, ce qui lui a fait donner le nom de *pseudo-galena* par Wallerius, s'applique aujourd'hui uniquement au *sulfure de zinc.* Il a été longtemps donné à plusieurs autres minéraux, à cause de leur aspect extérieur. C'est ainsi qu'on a appelé *blende de fer* ou *galène de fer* certain fer oligiste lamelleux, strié, qui paraît être le *wolfram* des anciens minéralogistes.

BLENDE DE MARMATO (*Minér.*), f. Marmatite, sulfure de zinc et de fer, décrit à l'article SULFURE DE ZINC.

BLENDE DE POIX (*Minér.*), f. Nom donné par quelques minéralogistes anciens à l'*oxydule d'urane*, nommé par les Allemands *pechblente*, et à une variété concrétionnée du *sulfure de zinc*, ayant la couleur et l'aspect luisant de la poix.

BLENDE CADMIFÈRE (*Minér.*), f. Sulfure de zinc et de cadmium ; przibramite. *Voy.* l'article SULFURE DE ZINC.

BLENNIE FOSSILE (*Paléont.*), f. Poisson qui se rencontre dans les terrains supercrétacés.

BLEU (*Exploit.*), m. Terme des mineurs des environs de Valenciennes, avec lequel ils désignent les bancs d'argile qui se rencontrent dans les mines de houille.

BLEU DE MONTAGNE (*Minér.*), m. Argile colorée par du carbonate de cuivre bleu.

BLEU DE PRUSSE NATIF (*Minér.*), m. Nom donné dans la peinture et les arts au *phosphate de fer* bleu.

BLEU D'OUTREMER (*Minér.*), m. Nom vulgaire du *lapis-lazuli,* autrement dit *outremer.*

BLEYNIÈRE (*Minér.*), m. Minéral qui provient de la décomposition ou carbonate et de l'arséniate de plomb ; il est d'un brun jaunâtre ; sa cassure est esquilleuse, il est tendre, et a de l'analogie avec le fer résinite. Sa composition est, d'après Pfaff et Bindheim :

Oxyde de plomb.	33.10
Acide carbonique.	45.96
Acide arsénique.	16.42
Oxyde de cuivre.	3.24
Oxyde de fer.	0.24
Silice.	2.34
Acide sulfurique.	0.62
	99.92

Cette analyse ne conduit et ne doit conduire à aucune formule, puisque toutes les combinaisons y sont altérées et dans un état anormal.

BLOCAILLES (*Exploit.*), f. Terme d'architecture ; roches trop minces, trop peu agrégées, ou trop pleines de fissures, pour servir de *pierres d'appareil.*

BLOCHIE FOSSILE (*Paléont.*), f. Poisson qui se trouve dans les terrains supérieurs à la craie.

BLOCS ERRATIQUES (*Géol.*), m. Gros fragments de roches qui se rencontrent, quelquefois en nombre considérable, loin de la roche dont ils ont été séparés.

BLOEDITE (*Minér.*), f. Variété de *sulfate de soude hydratée.*

BOCAGE (*Métall.*), m. Fonte de bocage ; c'est la fonte qu'on retire en petits morceaux des laitiers provenant des hauts fourneaux, et soumis à un cassage ou à un bocardage quelconques.

BOCARD (*Métall.*), m. Machine qui sert à briser ou à pulvériser les minerais et les scories.

BOCARDAGE (*Métall.*), m. Opération qui s'exécute à l'aide du bocard.

BODEN (*Métall.*), m. Fonte ou fer cru de seconde fusion, qui a été décarburé.

BODÉNITE (*Minér.*), f. Minéral composé de silice, d'oxyde de cérium, de lanthane, d'yttria, d'alumine, de chaux, de magnésie, d'oxyde de fer, de manganèse et d'eau. Il a de l'analogie avec l'allanite et l'orthite, et se trouve engagé dans l'oligoclase de Boden, en Saxe. Il est d'un noir brunâtre, à cassure résineuse.

BOGUE (*Métall.*), f. Gros anneau de fer qui ceint le manche du gros marteau, et est muni de deux pivots.

BOIS AGATISÉ (*Minér.*), m. *Agate pseudomorphique*, provenant de troncs ou de branches d'arbres changés en matière siliceuse, et qui ont conservé leur forme extérieure, leur tissu réticulaire, etc. Ces roches passent quelquefois à l'état de jaspe par une surabondance de fer et d'argile. On les emploie dans les arts d'ornement, la bijouterie, etc.

BOIS ALTÉRÉ (*Minér.*), m. Lignite fibreux.

BOIS FOSSILE ou **BOIS BITUMINEUX** (*Minér.*), m. Variété de *lignite*, décrite au mot COMBUSTIBLES MINÉRAUX.

BOIS OPALISÉ (*Minér.*), m. *Opale ligniforme*, opale xéloïde, bois silicifié, holzopal.

BOL (*Minér.*), m. Terre bolaire, terre sigillée; variété assez pure d'argile qui était employée en médecine, après avoir été lavée, broyée et réduite en petites masses, sur lesquelles on apposait un sceau; de là les noms de bol, du grec *bôlos*, morceau de terre; et de terre sigillée, *terra sigillata*, terre marquée d'un sceau. Le bol le plus en réputation parmi les anciens était celui préparé avec la terre de Lemnos. Galien, qui avait visité l'île de ce nom, raconte que cette argile était recueillie par une prêtresse de Diane, qui la purifiait, la pétrissait et lui apposait le sceau de la déesse, lequel représentait une chèvre; de là vient que les Grecs nommaient ce bol *sphragida aigos*, sceau de chèvre. Aujourd'hui ce même bol est marqué du sceau du Grand Seigneur, et porte, parmi les charlatans, le nom de bol oriental, ou terre d'Arménie; il est d'un rouge pâle. On en tire aussi de Malte, sous le nom de terre de Saint-Paul. Goldkron, dans le margraviat de Bareuth, fournit un bol vert, décrit par Wallerius; les Brachmanes se servent d'une terre sigillée brune pour faire leurs enchantements, suivant Valentin; la terre de Malta, près de Lisbonne, est regardée comme propre à guérir les affections cancéreuses. On compte plus de quatre cents bols différents en Saxe.

BOLÉTITE (*Minér.*), f. Pierre argileuse ou calcaire, de couleur cendrée, qui a la forme d'une morille; du grec *bôlitês*, champignon.

BOLIDE (*Minér.*), m. Synonyme d'*aérolite*. Voyez ce mot. Le nom de bolide a la même étymologie que celui de bol.

BOLTONITE (*Minér.*), f. Nom donné par le docteur Thomson à un silicate anhydre de magnésie, d'un blanc verdâtre ou gris jaunâtre, qui se trouve dans le calcaire blanc de Bolton (Massachusets). Ses cristaux, irrégulièrement agrégés, paraissent appartenir à un prisme rhomboïdal oblique. La boltonite raye le carbonate de chaux, mais elle se laisse rayer par la fluorine; sa densité est 2.973, et sa composition :

Silice.	56.64
Magnésie.	36.82
Peroxyde de fer.	2.46
Alumine.	5.07
	100.69

Cette analyse, en éliminant les bases peroxydées, conduit à la formule du silicate sesquimagnésien anhydre : $(MgO)^3 (SiO^3)^2$, analogue au *talc* de Chamouny.

Le docteur Thomson a réuni à la boltonite un autre silicate magnésien qui a reçu le nom de *picrosmine*, et qui est d'un vert grisâtre, opaque, ou légèrement translucide sur les bords; il est un peu plus dur que le gypse, mais se laisse rayer par la chaux carbonatée; son éclat est nacré; la variété fibreuse ressemble à l'asbeste qui accompagne le talc. Il cristallise en prisme rhomboïdal, dans lequel la base est remplacée par un biseau; sa densité est 2.596 à 2.660; il est infusible au chalumeau, y blanchit à la manière de la *pyrallolite*, et acquiert assez de dureté pour rayer la fluorine. Sa composition est, d'après Magnus :

Silice.	54.88
Magnésie.	33.33
Peroxyde de fer.	1.40
Peroxyde de manganèse.	0.42
Alumine.	0.79
Eau.	7.30
	98.14

La formule qui répond à cette analyse est celle du *talc* de Zillerthall : $(MgO)^4 (SiO^3)^3 +$ 2 Aq. M. Dufrénoy rapporte ce minéral à la composition du pyroxène; c'est l'avis de la plupart des minéralogistes. J'avoue que j'ai peine à concevoir ce qui a pu les conduire à opérer cette réunion, qui ne me paraît appuyée que sur ce que la variété fibreuse a de la ressemblance avec l'asbeste : il suffit de jeter les yeux sur les deux formules pour en voir toute la différence.

C'est à la picrosmine qu'il convient de rapporter un silicate magnésique très-hydraté que M. Delesse a décrit dans la *Revue scientifique et industrielle*, et qui se trouve dans une serpentine d'Allemagne. Ce minéral, auquel on n'a point jugé à propos de donner de nom, est faiblement diaphane, gras au toucher, et a un éclat cireux; il présente des parties blanches et des parties jaunâtres, et blanchit au chalumeau. Sa densité est 2.358, et sa composition, d'après M. Delesse :

Silice.	53.50
Magnésie.	28.60
Alumine et oxyde de fer.	0.90
Eau.	16.40
	99.40

En considérant la moitié de l'eau comme hygroscopique, on est conduit à la formule du *talc* de Bareuth : $(MgO)^5 (SiO^3)^4 +$ 3 Aq, qui est formé de la réunion de deux atomes de stéatite avec un atome de boltonite.

On peut voir d'ailleurs à l'article TALC ce que nous disons des expressions anormales, et peu conformes à la science, tirées des analyses précédentes; elles doivent toutes être ramenées à la formule générale des talcs : l MgO $SiO^3 + (MgO)^2 SiO^3 + m$ Aq., dans laquelle l et m sont tour à tour : : 1 : 2 . 3.

BOMBE DU VÉSUVE (*Géogn.*), f. *Basalte*

en boule; nom donné par Sage à des masses arrondies que le Vésuve lance quelquefois, qui se solidifient un peu dans l'air, retombent dans le cratère, s'y recouvrent d'une nouvelle couche de fritte, et sont relancées de nouveau à l'extérieur.

BOMBITE (*Minér.*), f. Silicate d'alumine, de fer, de chaux et de magnésie, trouvé par M. Leschenault aux environs de Bombay; il est en masse amorphe, d'un noir bleuâtre, à grains fins; il raye le quartz et pèse 2.21. Au chalumeau, il fond avec bouillonnement. On ne l'a encore rencontré qu'en fragments roulés. M. Laugier a trouvé qu'il contenait:

Silice.	50.00
Alumine.	10.50
Oxyde de fer.	25.00
Magnésie.	3.50
Chaux.	8.50
Charbon.	3.00
Soufre.	0.30
	100.80

On en tire la formule $3\,(FeO, CaO, MgO)^2\,SiO^3 + Al^2O^3\,(SiO^3)^3$.

BONBANC (*Exploit.*), m. Nom donné par les carriers des environs de Paris à un grès très-blanc.

BONNET CARRÉ (*Exploit.*), m. Trépan de sonde terminé par une pyramide quadrangulaire, dont la diagonale est égale au diamètre du trou. Il est employé dans les roches quartzeuses, et doit conséquemment être fortement trempé. Son effet, du reste, est peu considérable; sa pointe ne fait qu'amorcer le trou, et on est toujours obligé de faire intervenir le trépan ordinaire pour tailler le reste.

BONNET DE NEPTUNE (*Minér.*), m. Nom vulgaire du *fongite*.

BONNET D'ÉVÊQUE (*Exploit.*), m. Trépan de sonde, dont l'extrémité acérée est pyramidale.

BONSDORFITE (*Minér.*), f. Variété d'*esmarkite*, dédiée à Bonsdorff, et décrite au mot ESMARKITE.

BORACITE (*Minér.*), f. Synonyme de *borate de magnésie*.

BORACH, BORECH ou BURACK (*Minér.*), m. Nom du *borate*, ou du *carbonate de soude*; du mot arabe *burach*, qui désigne le borax.

BORATES, m. Sels composés d'acide borique et d'une base : solubles dans l'acide nitrique, ils y laissent un résidu d'acide borique. Leur solution dans l'eau précipite par le nitrate de baryte.

BORATE D'ALUMINE (*Minér.*), m. Minéral composé de trois atomes d'acide borique et d'un atome d'alumine. Les petits cristaux que possède l'École des mines de Paris sont d'un gris sale, opaques, en tables rhomboïdales, de 82° environ, passant, par une modification, à une table hexaèdre. Ils proviennent du Tibet. M. Dufrénoy doute qu'ils soient naturels.

BORATE DE CHAUX (*Minér.*), m. Syn. : *hayesénite*. Minéral en masse globulaire, à structure rayonnée fibreuse; son éclat est soyeux, sa couleur jaunâtre; il s'écrase facilement entre les doigts; il forme pâte dans l'eau bouillante; il est soluble dans l'acide nitrique. M. Hayes l'a trouvé composé de

Acide borique.	46.11
Chaux.	18.89
Eau.	35.00
	100.00

On en tire la formule $CaO\,(BO^3)^2 + 8\,Aq$, du bi-borate calcique hydraté des chimistes.

Le borate de chaux a été trouvé dans la province de Tarapaca, au Pérou. M. Beudant l'a rencontré, en croûtes superficielles, sur des fragments de calcaire provenant de la Toscane. Il est probablement dû à la double décomposition du borax et du carbonate de chaux. L'absence de la silice rend ce minéral distinct de la *datholite*, qui est décrite au mot SILICO-BORATE, et que quelques minéralogistes nomment également *borate de chaux*.

BORATE DE FER (*Minér.*), m. Synonyme : *lagonite*. C'est un minéral terreux, jaune d'ocre, qui provient des lagoni de la Toscane, et qui n'est pas encore bien connu.

BORATE DE MAGNÉSIE (*Minér.*), m. Syn. : *boracite* de Beudant; *würfelstein* des Allemands. Substance blanche ou grisâtre, translucide, rarement hyaline; cassure légèrement ondulée; elle raye le verre, et est rayée par le quartz; sa densité est de 2.974; elle se boursoufle au chalumeau, et fond, avec production d'étincelles, en un globule blanc et opaque, qui se hérisse d'aiguilles cristallines en se refroidissant; elle est soluble dans l'acide nitrique. Sa forme primitive est le cube, que l'on ne rencontre que modifié, de manière à ce qu'il manque toujours la moitié des facettes placées sur les angles. Cette anomalie de cristallisation tient à ce que le borate de magnésie offre quatre axes d'électricité, correspondant aux quatre diagonales du cube; ce qui entraîne pour les pôles différents des modifications différentes; une plaque de ce minéral interposée entre deux tourmalines croisées a la propriété de rétablir ou de polariser la lumière. M. Arfvedson a trouvé pour sa composition :

Magnésie.	30.30
Acide borique.	69.70
	100.00

dont la formule est : $(MgO)^3\,(BO^3)^4$, borate de magnésie basique des chimistes.

On a donné le nom d'*hydro-boracite* à un borate de magnésie contenant de l'eau. Ce minéral est en masses fibreuses, lamelleuses, d'un beau blanc nacré; il est quelquefois coloré en rouge par de l'oxyde de fer; il ressemble beaucoup au gypse, dont il a la dureté; sa pesanteur spécifique est de 1.90.

MM. Thomson et Hess ont trouvé pour sa composition :

Magnésie.	10.57	10.71
Chaux.	13.52	13.74
Acide borique.	49.57	49.22
Eau.	26.33	26.33
	99.99	100.00

ce qui conduit à la formule $(MgO, CaO)^3 (BO^3)^4 + 9$ Aq.

La magnésie boratée de Kalberg, dont M. Westrumb a fait connaître la composition, paraît être une espèce particulière, s'il faut en juger par l'analyse suivante :

Magnésie.	13.50
Chaux.	11.00
Acide borique.	68 00
Silice.	2.00
Alumine.	1.01
Oxyde de fer.	0.75
	96.25

Cette analyse conduit à deux résultats hypothétiques différents : ou la chaux et la magnésie sont ici isomorphes, et la formule à adopter est celle du bi-borate magnésique de la chimie $(MgO, CaO) (BO^3)^2$; ou la chaux provient de la gangue, et alors on est forcé d'admettre l'expression atomique : $MgO (BO^3)^3$ du tri-borate, qui n'existe pas en chimie. Dans aucun de ces deux cas le minéral de Kalberg ne peut être admis comme un borate de magnésie, de l'espèce de la boracite.

Je ne sais pas s'il faut en dire autant du minéral que M. G. Rose a nommé *rhodizite*, et qu'il a trouvé en petits cristaux dodécaèdres sur la tourmaline rouge de Sibérie ; ses caractères extérieurs et chimiques paraissent être analogues à la boracite ; mais les huit angles du cube sont modifiés contrairement à ce qui arrive pour le borate basique. Les cristaux sont blancs, transparents ; à éclat vitreux ; la flamme, d'abord verte, puis rouge pourpre au chalumeau, semble indiquer la présence de la lithine.

La magnésie boratée se trouve en cristaux dans le gypse intercalé dans la craie ; on en rencontre à Lunebourg (Brunswick) et à Segeberg, dans le Holstein. L'hydro-boracite provient du Caucase.

BORATE DE SOUDE (*Minér.*), m. Syn. : *borax*, *tinkal*, *soude boratée*, etc. Ce sel, qui est une combinaison de soude et d'acide borique, est en dissolution dans certaines eaux, et n'a été rencontré jusqu'à ce jour à l'état solide, en poussière efflorescente, que dans l'Asie méridionale. On l'obtient en faisant évaporer et cristalliser les eaux ; c'est donc presque un produit artificiel que nous décrivons ici ; il est cependant d'une telle utilité en minéralogie, que nous ne pouvons le passer sous silence.

Le borax est d'un beau blanc ; ses cristaux sont des prismes rhomboïdaux obliques, sous les angles de 86° 30' et 101° 30', avec le rapport :: 100 : 182 ; il est soluble dans douze fois son poids d'eau froide, et la moitié de cette quantité d'eau chaude ; sa saveur est douceâtre, et analogue à celle du savon ; sa densité est de 1.716 ; il fond au chalumeau en une masse poreuse et boursouflée, qui se convertit en un bouton de verre ; sa cassure est ondulée et brillante ; sa composition à l'état de pureté est :

Acide borique.	36.52
Soude.	16.37
Eau.	47.10
	99.99

répondant à la formule $NaO (BoO^3)^2 + 10$ Aq.

Le borax vient du Tibet, de Perse et de Ceylan, à l'état impur ; on le raffine en Europe ; celui de Perse est en grands cristaux recouverts d'un enduit qui paraît artificiel ; celui de Chine paraît le moins impur ; la Tartarie et la Saxe en fournissent aussi ; les eaux des mines de Viguntizon et d'Escapa, dans le Potosi, en contiennent en abondance ; mais c'est surtout dans les lagoni de Toscane que le commerce d'Europe va chercher celui qu'il consomme.

Il est employé dans l'orfévrerie à la bronzure des métaux ; dans les essais docimastiques il sert à la fusion des minerais, ainsi qu'à celle du verre dans sa fabrication.

BORAX (*Minér.*), m. Ce minéral, nommé par les Arabes *burack*, est décrit au mot BORATE DE SOUDE.

BORDON OU BOUT DE BARRE (*Métall.*), m. C'est l'extrémité de la partie forgée de la maquette, extrémité qui est toujours un peu plus grosse que la barre, quoique toujours moins forte que la partie réservée du massiau, nommé *tête de maquette*.

BORNINE (*Minér.*), f. Nom donné par M. Beudant, en l'honneur de de Born, qui en a le premier parlé, au *tellurure de bismuth*, décrit au mot TELLURURES MÉTALLIQUES.

BOSTRYCHITE (*Minér.*), f. Pierre figurée, amiante, qui ressemble à la chevelure d'une femme ; du grec *bostrychos*, touffe de cheveux.

BOTRYOGÈNE (*Minér.*), m. Nom donné par M. Haidinger à un *sulfate de fer* rouge dont les cristaux se groupent en grappe ; du grec *botrys*, grappe.

BOTRYOÏDE (*Minér.*), m. Fossile en forme de grappe de raisin. Quelques stalactites et certaines mines de fer appartiennent à cette variété.

BOTRYOLITE (*Minér.*), f. *Silico-borate de chaux* ; variété de *datholite*, décrite à ce mot, formant des concrétions globulaires, dont les couches concentriques se séparent par écailles, et qui sont ordinairement réunies sous forme de grappe ; c'est de là que vient le nom de *botryolite*, formé du grec *botrys*, grappe, et *lithos*, pierre. Zoroastre a donné le nom de *bostrychite*, du grec *bostrychos*, boucle de cheveux, à une de ces concrétions qui ressemblent à des cheveux de femme.

BOUCAR, m. Nom donné à la soude, dans le Poitou et la Saintonge.

BOUCARDITE, m. *Voyez* BUCARDITE.

BOUCHAGE (*Métall.*), m. Terre pétrie et délayée, qui sert à boucher les trous de coulée des fourneaux.

BOUE (*Géogn.*), f. Couches de boue noire, ou brun foncé, contenant beaucoup de lignite terreux, des fragments de pierre arrondis, des troncs d'arbres conifères, et des débris de plantes des tiges silicifiées.

BOULANGÉRITE (*Minér.*), f. Sulfo-stibiure de plomb, dédié à M. Boulanger, et décrit à l'article SULFURES MÉTALLIQUES.

BOULES CRISTALLINES ISOLÉES (*Minér.*), f. Boules dont la surface est hérissée de cristaux, et qui se rencontrent dans des matières homogènes, de peu de solidité, quelquefois terreuses, qui ont pu être à l'état pâteux ou gélatineux. On obtient ces cristallisations d'une manière artificielle, en forçant une solution à cristalliser au milieu d'un dépôt de matières gélatineuses; ce qui explique la formation des boules cristallines naturelles.

BOUQUE (*Métall.*), f. Terme employé dans l'Ariége pour désigner la panne d'un marteau.

BOURLET (*Métall.*), m. Trace que forme l'étain qui coule et se fige sur les feuilles de fer blanc qu'on place sur le châssis.

BOURNONITE (*Minér.*), f. Sulfure de plomb et de cuivre antimonifère, dédié à M. de Bournon, à qui on doit les premières observations cristallographiques faites sur ce minéral. On en trouvera la description à l'article SULFURES MÉTALLIQUES.

BOURROIR (*Exploit.*), m. Espèce de fleuret plat à son extrémité; il est échancré dans toute sa longueur, pour laisser la place de l'épinglette.

BOURRUE (*Exploit.*), f. L'une des couches de houille du bassin de la Loire.

BOUSIN (*Exploit.*), m. Terme de carrier, qui désigne la partie inférieure d'un banc de *roche* employé comme pierre d'appareil; laquelle partie est tendre, souvent terreuse, et ne peut servir aux constructions.

BOUSSOLE DE MINEUR (*Exploit.*), f. Boussole divisée en degrés ou en heures. En degrés, la meilleure division est celle de 360° continus, à partir du nord; en heures, midi est placé sur le nord, trois heures sur l'est ou 90°, six heures sur le sud ou 180°, et neuf heures sur l'ouest ou 270°. Quelques boussoles allemandes sont divisées en vingt-quatre heures : alors le nord répond à midi et le sud à minuit.

BOUTON DE RETOUR (*Métall.*), m. Les essayeurs nomment ainsi le bouton d'argent qui résulte de l'essai du plomb d'œuvre par la *coupellation*. *Voyez* ce mot.

BRACHE (*Exploit.*), f. Nom des galeries d'écoulement dans le département de l'Isère.

BRACHYTIPIQUE (*Cristallog.*), adj. Nom donné par M. Breithaupt à un cristal rhomboédrique de carbonate de chaux, dont l'angle est de 107° 23' 30", qui raye la phosphorite et est rayé par le feldspath, et dont la pesanteur spécifique est de 3.123.

BRANCHITE (*Minér.*), f. Nom donné par M. Savi à une *résine fossile* dédiée à M. Branchi. *Voyez* RÉSINE FOSSILE.

BRAORDITE (*Minér.*), f. Variété d'*argent rouge* ou *sulfure d'argent*.

BRASIER (*Exploit.*), m. Nom donné, dans la Dordogne, aux *meulières* poreuses qu'on y extrait.

BRATHITE (*Minér.*), f. Pierre figurée représentant les feuilles de la sabine. *Sabinite*.

BRAUNITE (*Minér.*), f. *Voy.* OXYDE DE MANGANÈSE.

BRAZURE (*Métall.*), f. Opération par laquelle on soude deux métaux différents, ou deux morceaux d'un même métal, à l'aide d'un métal intermédiaire plus fusible.

On donne indifféremment le nom de brasure ou soudure à ce métal intermédiaire. Nous lui conserverons la première dénomination, pour éviter la confusion avec la soudure, qui consiste à réunir deux parties d'un même métal sans aucun intermédiaire.

Il existe trois espèces de brazure : la brazure de cuivre, celle d'argent, et celle d'étain.

1° La brazure de cuivre se fait avec du cuivre rouge, dit *rosette*, et du zinc; elle est difficile à employer, et demande une grande habitude; c'est ce qui fait que les ouvriers lui préfèrent la brazure d'argent. Plus on met de zinc dans l'alliage, plus le mélange est fusible; mais aussi plus il est aigre. Les mélanges les plus employés sont ceux ci-après :

Brazure forte.

Cuivre.	83.34,	ou plus simplement	5 parties.
Zinc.	16.66	»	1
	100.00		6

Brazure ordinaire.

Cuivre jaune	75.00,	ou plus simplem.	3 parties.
Zinc.	25 00	»	1
	100.00		4

Brazure aigre.

Cuivre.	66.67,	ou plus simplement	2 parties.
Zinc.	33.33	»	1
	100.00		3

Pour préparer ces brazures on place d'abord le cuivre dans un creuset de Hesse neuf; on le fait fondre, et on jette le zinc dans le bain. On coule l'alliage dans un lingot, et on laisse refroidir. Le métal est ensuite aplati et mis en feuille mince, soit en le frappant sur l'enclume, soit en le passant au laminoir.

2° La brazure d'argent est composée d'argent et de cuivre jaune. On dit qu'elle est au tiers, au quart, au sixième, suivant que la quantité de cuivre employée est le tiers, le quart ou le sixième de l'argent allié. Pour la préparer, on met le cuivre et l'argent fondre dans le même creuset; quand le mélange est en fusion, on le moule dans une lingotière.

Aussitôt qu'il est froid, on le forge avec précaution pour l'aplatir, et on continue jusqu'à ce qu'il soit réduit en une feuille mince comme une carte.

Il faut avoir bien soin de ne pas forger ce métal à chaud, car il se couvrirait de crevasses; on doit donc le laisser refroidir de temps en temps, et même le tremper dans l'eau froide, afin de hâter le refroidissement. Si pendant l'aplatissement il se formait une crevasse, on cesserait à l'instant de frapper, et on mettrait le lingot au feu. Il ne faudrait reprendre le forgeage qu'après l'avoir fait refroidir de nouveau.

3° La brazure d'or se fait avec de l'or, de l'argent et du cuivre rouge. La proportion la plus usitée est celle-ci :

Or.	25,	ou 1 partie.
Argent.	50	2
Cuivre.	25	1
	100	4

Si l'on veut donner plus de couleur à l'alliage, on augmente la dose d'or, mais on diminue aussi la fusibilité. La préparation du mélange est absolument la même que celle de la brazure d'argent; elle se forge de la même manière, et se réduit également en feuillet très-mince.

Pour réunir deux pièces de métal, il faut auparavant les lier avec du fil d'archal qui, pour cette cause, porte le nom de *fil à lier.* Cela fait, on humecte les pièces avec du borax, de l'acide borique, ou tout composé dont la base est le bore, qui a une affinité très-prononcée pour l'oxygène, et empêche ainsi l'oxydation du métal. Depuis quelques années, on se sert, au lieu de borax, de chlorure de zinc à l'état liquide, ou même d'acide hydro-chlorique, que l'on étend en frottant avec un morceau de zinc; quelques ouvriers se servent de sel marin, ce qui revient au même. Lorsque la pièce est suffisamment décapée, et mise, par ce flux, à l'abri du contact de l'air, on pose la brazure en poudre ou en petits paillons sur la jointure des deux objets; on les approche d'une lampe allumée, et on souffle la brazure avec le *chalumeau.* On commence par faire rougir les endroits qui doivent être réunis; puis on dirige le jet de flamme sur la brazure même, et on ne tarde pas à la voir fondre et couler. Aussitôt on cesse de souffler, et on fait porter l'alliage liquide vers l'endroit où doit s'opérer la réunion.

L'essentiel dans la brazure est de rapprocher et d'ajuster le mieux possible les deux pièces à souder; il faut qu'il reste très-peu de vide entre elles, car la brazure étant très-coulante, elle passerait à travers les jours, s'il en existait dans les jonctions; tandis qu'elle ne doit y pénétrer qu'avec une certaine difficulté, et remplir les vides en s'y insinuant.

On éprouve ordinairement beaucoup de peine pour brazer l'or sur l'acier. Voici un moyen bien simple de se tirer d'embarras : On braze sur l'acier une légère lame de cuivre rosette, on en enlève le plus possible à la lime, et sur la pellicule qui reste on braze l'or à son tour, en se servant de brazure d'or.

BRECCIA DI PORTA SANCTA (*Minér.*), f. *Carbonate de chaux*; nom italien du *marbre brèche antique de la Porte-Sainte.*

BRECCIA DI SARRAVEZZA (*Minér.*), f. *Carbonate de chaux; marbre de Sarravezza,* dont les taches sont bien marquées.

BRECCIA DORATA (*Minér.*), f. *Carbonate de chaux; marbre brèche jaune antique,* ainsi nommé par les marbriers italiens. Il présente des taches jaunes, séparées par des intervalles rouges et blancs.

BRECCIA PAVONAZZETTA (*Minér.*), f. *Carbonate de chaux;* marbre blanc, dont le fond et les fragments ne se distinguent que par des linéaments gris qui les entourent. On remarque dans la salle d'Isis, au Musée, un vase, n° 284, fait de ce marbre.

BRECCIA TRACCAGUINA (*Minér.*), f. *Carbonate de chaux*; nom italien du *marbre brèche arlequine antique.*

BRECCIA VERDE D'EGITTO (*Minér.*), f. Nom donné par les marbriers de Rome à la *brèche d'Égypte*, dans laquelle le feldspath compacte verdâtre domine.

BRECCIOLE (*Géogn.*), f. Roches diverses réunies par un ciment en parties angulaires, de la grosseur d'un pois.

BRECCIOLE D'ARGILOLITE, f. Variété bréchiforme de l'*argilolite.*

BRECCIOLE TRAPPÉENNE, f. *Pépérine.*

BRÈCHE (*Géogn.*), f. Du nom italien de *Breschia*, lieu où on l'exploitait anciennement. La brèche est un conglomérat de fragments anguleux et irréguliers, empâtés dans

un ciment (fig. A); elle diffère du poudingue (fig. B) en ce que dans celui-ci les fragments empâtés sont des galets ovoïdes, arrondis ou roulés. On distingue deux sortes de brèches : celle calcaire, ou de carbonate de chaux, qui est un marbre à taches anguleuses; celle siliceuse, formée en grande partie de quartz ou de fragments siliceux.

Il y a un grand nombre de variétés de brèches : nous donnons ci-après le nom des brèches les plus connues, et les plus employées dans l'industrie et l'architecture.

BRÈCHE AFRICAINE ANTIQUE, f. *Carbonate de chaux; marbre africain.*

BRÈCHE ANTIQUE DE PORTE-SAINTE, f. *Carbonate de chaux. Voy.* MARBRE BRÈCHE ANTIQUE DE PORTE-SAINTE.

BRÈCHE ARLEQUINE ANTIQUE, f. *Carbonate de chaux*. *Voy.* MARBRE BRÈCHE ARLEQUINE ANTIQUE.

BRÈCHE CAROLINE, f. *Carbonate de chaux*; nom donné par les marbriers à une variété du *marbre sarencolin*.

BRÈCHE D'AIX, f. *Carbonate de chaux*, *marbre brèche*, à fragments jaunes et violets.

BRÈCHE D'ALEP, f. *Carbonate de chaux*; marbre à fragments rouges, jaunâtres ou grisâtres, lié par un ciment grisâtre tacheté de noir; exploité en Syrie, dans les environs d'Alep.

BRÈCHE DE BERGAMASQUE, f. *Carbonate de chaux*, composé de fragments noirs et gris, réunis par une matière verdâtre. Elle se tire de la vallée de Seriana, en Italie.

BRÈCHE DE BRENTONICO, f. *Carbonate de chaux* à grandes taches jaunes, gris de fer et roses.

BRÈCHE DE DOURLAIS, f. *Carbonate de chaux*. *Voy.* MARBRE BRÈCHE DE VAULFORT.

BRÈCHE D'ÉGYPTE, f. *Poudingue* formé de fragments roulés et arrondis de plusieurs variétés de roches primitives, telles que le granite, le porphyre, et le feldspath compacte verdâtre.

BRÈCHE DE MEMPHIS, f. *Carbonate de chaux*. *Voy.* MARBRE BRÈCHE DE MARSEILLE.

BRÈCHE DES PYRÉNÉES, f. *Carbonate de chaux*; marbre d'un rouge brun, avec des taches noires, grises ou rouges. On trouve dans les hautes Pyrénées une petite brèche jaune orange clair, avec des fragments d'un beau blanc, et une autre dont les taches noires sont réunies par un ciment jaune.

BRÈCHE DE TAORMINA, f. *Carbonate de chaux* d'un rouge foncé, avec des taches jaunes et d'un blanc sale.

BRÈCHE DE TARENTAISE, f. *Carbonate de chaux* à pâte violette, avec de petits fragments blancs, jaunes, noirâtres; quelquefois des coquilles. Il s'exploite à la Villette, sur l'Isère. Non loin de là, se trouve une autre brèche jaune, avec des fragments de couleur plus claire.

BRÈCHE DE VAULFORT, f. *Voy.* MARBRE BRÈCHE DE VAULFORT.

BRÈCHE DE VÉRONE, f. *Carbonate de chaux*; marbre présentant des fragments bleus, rouges, rouges pâles, cramoisis, etc., cimentés par une pâte rouge.

BRÈCHE DE VILLETTE, f. *Carbonate de chaux*; marbre brèche, à fond violet un peu cendré, avec des taches blanches ou jaunâtres.

BRÈCHE D'ITALIE, f. *Carbonate de chaux*; marbre dont le fond est d'un brun rougeâtre, avec des veines blanches.

BRÈCHE DURE, f. Nom donné par Delisle à une brèche siliceuse, formée de fragments de quartz anguleux, liés entre eux par un ciment siliceux.

BRÈCHE DU TRENTIN, f. *Carbonate de chaux*. *Voy.* BRÈCHE DE VÉRONE.

BRÈCHE GRAND-DEUIL, f. *Carbonate de chaux*; variété du *marbre grand-antique*.

BRÈCHE JAUNE ANTIQUE, f. *Carbonate de chaux*; *marbre brèche jaune antique*.

BRÈCHE OSSEUSE, f. Dépôts appartenant au terrain diluvien, composé d'argile ferrugineuse, de sable et de calcaire, qui enveloppent des ossements quelquefois entiers, le plus souvent brisés, comme s'ils avaient été transportés par les eaux.

BRÈCHE PETIT-DEUIL, f. *Carbonate de chaux*. Variété du *marbre grand-antique*.

BRÈCHE ROSE ANTIQUE, f. *Carbonate de chaux*; *marbre brèche rose antique*.

BRÈCHE ROUGE ET BLANCHE ANTIQUE, f. *Carbonate de chaux*. *Voy.* MARBRE BRÈCHE ROUGE ET BLANC ANTIQUE.

BRÈCHE SARENCOLINE, f. *Carbonate de chaux*; nom vulgaire donné au marbre sarencolin.

BRÈCHE SILICEUSE, f. *Brèche* formée de quartz blanc, rose et vert; de feldspath blanc, grisâtre et rose; de jaspe de diverses couleurs, empâtés par un ciment quartzeux; elle renferme souvent des fragments de roches siliceuses, telles que l'agate, etc.

BRÈCHE UNIVERSELLE, f. *Carbonate de chaux*; *marbre brèche* qui présente des espaces isolés de toutes couleurs. — *Eurite* bréchiforme, contenant des fragments granitiques réunis par un ciment d'albite. — Poudingue granitique et porphyritique de la haute Égypte, dit *brèche d'Égypte*.

BRÈCHE VIERGE ANTIQUE, f. *Carbonate de chaux*. *Voy.* MARBRE BRÈCHE VIERGE ANTIQUE.

BRÈCHE VIOLETTE ANTIQUE, f. *Carbonate de chaux*. *Marbre brèche violet antique*, à fond blanc, à bandes croisées violâtres.

BRÈCHE VIOLETTE TARENTAISE, f. *Carbonate de chaux*; *marbre brèche* à fond violet pâle, parsemé de taches jaunes ou blanchâtres.

BRÈCHE VOLCANIQUE, f. *Tuf volcanique* à fragments grossiers.

BREISLACKITE (*Minér.*), f. Silicate d'alumine de fer et de cuivre, dédié au célèbre géologue Breislack. Ce minéral est d'un brun rougeâtre, en filaments capillaires, ou aiguilles fines; il se trouve dans les cavités de certaine lave de la Somma, en compagnie de néphéline, de méionite et de pyroxène; il fond en une scorie noire, brillante et aimantaire; donne avec le borax un vert rouge de sang au feu d'oxydation, et vert à celui de réduction. On n'en connaît pas encore d'analyse.

BREUNÉRITE (*Minér.*), m. Variété de *carbonate de magnésie*, décrite sous ce dernier titre.

BREVICITE (*Minér.*), f. Nom donné par Berzelius à une variété de *mésotype* trouvée à Brevig, en Norwége; c'est la même que le *radiolite*.

BREWSTÉRITE (*Minér.*), f. Variété de *stilbite*, dédiée à Brewster; elle contient de la baryte et de la strontiane.

BRILLANT, m. Taille du diamant composée d'une *table* ou face plane supérieure, en-

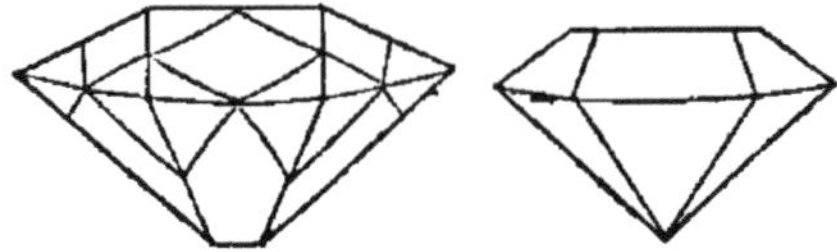

tourée de facettes ou *dentelle*, et ayant une *culasse* composée de facettes allongées, dites *pavillons*. La culasse a ordinairement une épaisseur double de celle de la dentelle, et est cachée dans la monture. Le diamant de la couronne de France, *le Régent*, est taillé en brillant.

BRIOÏDE ou **BRYOIDE** (*Minér.*), f. Nom donné par Brongniart à une variété aciculaire de *phosphate de plomb*, dont les aiguilles très-déliées sont implantées, et groupées de manière à ressembler à la mousse courte nommée *brium*; du grec *bryon*, mousse.

BRIQUET (Choc du), m. Un des caractères empiriques de certaines substances minérales est de donner des étincelles par le choc du briquet. Ce phénomène est produit par la combustion subite des particules d'acier qui se détachent du briquet en frappant un corps plus dur que lui; il suppose donc deux conditions : 1° que le corps choqué soit plus dur que l'acier; 2° que la cohésion entre ses particules soit telle, qu'elles ne se séparent pas trop facilement. Or ces deux conditions se trouvent réunies dans une foule de substances qui diffèrent beaucoup entre elles · l'essai par le briquet est donc un mauvais moyen pour reconnaître les caractères. C'est cependant sur cette propriété fugitive que Daubenton avait fondé la première classe de sa nomenclature. Les minéraux qui étincellent le plus ordinairement au briquet sont le quartz, l'agate, la calcédoine, la cornaline, la sardoine, le silex pyromaque, le prase, le jade, le pétrosilex, le jaspe, le feldspath, le grenat, la labradorite, les rubis, l'hyacinthe, la topaze, le péridot, l'émeraude, l'aigue-marine, les saphirs, les grès, les sables siliceux, les pyrites de fer.

BRIQUET D'ÉCLAIRAGE (*Exploit.*), m. Roue d'acier qui, frottant contre du silex, projette une suite d'étincelles suffisante pour éclairer le mineur, sans enflammer les gaz.

BROCATELLE (*Minér.*), f. *Carbonate de chaux; marbre brèche* à petits fragments, ayant quelque peu l'aspect des anciennes étoffes dites *brocarts*, qui étaient brochées d'or, d'argent et de soie.

BROCATELLE DE BOULOGNE, f. *Carbonate de chaux. Voy.* MARBRE DE BOULOGNE.

BROCATELLE DE MOULINS, f. *Carbonate de chaux*; marbre gris bleuâtre veiné de brun, de jaune doré, et renfermant beaucoup de corps organisés.

BROCATELLE DE SIENNE, f. *Carbonate de chaux. Voy.* MARBRE DE SIENNE.

BROCATELLE D'ESPAGNE, f. *Carbonate de chaux.* Marbre couleur lie de vin, tacheté de grains ronds jaune isabelle, gris jaunâtre ou blanc cristallin. Les taches grises sont dues à des coquilles. Il se trouve dans une carrière antique, à Tortose, en Catalogne.

BROCATELLE DE TORTOSE, f. *Carbonate de chaux. Voy.* BROCATELLE D'ESPAGNE.

BROCHANTITE (*Minér.*), f. Nom donné au sous-sulfate de cuivre, en l'honneur de M. Brochant. *Voy.* SULFATE DE CUIVRE.

BROMLITE (*Minér.*), f. Nom donné par M. Thomson au double carbonate de baryte et de soude, connu sous le nom de *barytocalcite*, et qui avait été rencontré à Bromley-Hill, dans le Cumberland.

BROMURE (*Chimie minéralogique*), m. Corps composés de brome et d'une base métallique; ils ont une grande analogie avec les chlorures et les iodures, et sont isomorphes avec les premiers; ils précipitent les sels de protoxyde de mercure, de plomb et d'argent.

BROMURE D'ARGENT (*Minér.*), m. Substance composée d'argent et de brome, d'un vert prononcé, à structure lamellaire, et paraissant, comme l'iodure d'argent, avoir des clivages. Ce minéral cristallise en cube et en cubo-octaèdre, mais il est aussi en grains irréguliers et en sable; ses cristaux sont brillants et facilement fusibles; ils se laissent rayer à l'ongle; sa densité est 4.2 à 4.4; réduit en poussière, il est d'abord vert olive, passe au vert pâle, prend à la lumière une couleur plus foncée, et finit par devenir gris. La couleur verte de ce minéral n'existe qu'à la surface; dans le minéral en poudre, l'intérieur est jaune, mais il devient vert sous l'influence de la lumière. L'acide nitrique ne l'attaque pas, mais il se dissout dans l'ammoniaque en excès. Sa composition est, suivant M. Berthier, qui l'a découvert :

Argent.	57,50
Brome.	42.50
	100.00

répondant à la formule : Ag Br². — Il existe dans les mines de fer du Huelgoat, associé au chlorure d'argent; dans les minerais d'argent de Plataros, à dix-sept lieues de Zacatecas, dans les *Pacos* de Chanavello, près de Coquimbo, à l'état de chloro-bromure d'argent, etc. Ce dernier minéral est un cristal transparent de couleur vert olive; il se laisse couper au couteau, et pèse 4.702.

BROMURE DE ZINC (*Minér.*), m. Le brome a été trouvé par M. Mentzel dans un minerai de zinc cadmifère de Silésie : mais on n'a pu encore que constater sa présence, sans acquérir aucune autre notion sur ce composé. — Les chimistes donnent au bromure de zinc des laboratoires la composition suivante :

Zinc.	29.19
Brome.	70.81
	100,00

dont la formule est $Zn\,Br^2$.

BRONGNIARTINE (*Minér.*), f. Nom donné au sulfate double de soude et de chaux, en l'honneur de Brongniart, qui a fait connaître cette substance. *Voy.* GLAUBÉRITE, au mot SULFATE DE SOUDE.

BRONTIAS, m. Nom donné par les anciens à certains aérolites, à certaines pyrites de fer, à des jaspes ou silex qui servaient d'armes, et à des échinides fossiles.

BRONTOLITE, f. *Voy.* BRONTIAS.

BRONZE (*Métall.*), m. Syn. : *airain*, *métal de cloche*, *métal de canon*, etc. Alliage de métaux dans lesquels le cuivre et l'étain jouent le premier rôle, mais dont la composition et les parties varient selon l'emploi qu'on lui destine. On le renforce quelquefois avec du fer, qu'on ajoute dans le bain à l'état de fonte. L'étain procure au cuivre une grande dureté. M. Darcet est parvenu à en faire un alliage qui produisait des objets de coutellerie aussi durs que ceux d'acier, tels que des canifs et des lames de couteaux. Il ne faut donc pas s'étonner si les anciens l'employaient à la fabrication de leurs armes de préférence au fer, qui est beaucoup plus difficile à travailler; ils en faisaient varier la proportion entre 4 et 13 centièmes d'étain, et 96 à 87 de cuivre. Dans la fonte des canons, on porte l'addition de l'étain à 10 pour 100 : c'est la proportion qui atteint le mieux les deux conditions de résistance, savoir : la dureté et la non-fragilité. Au delà de 12 pour 100, la dureté diminue singulièrement, et à 20 ou 25 pour 100 le métal devient élastique, sonore et cassant. C'est alors le *métal des cloches*. On y ajoute quelquefois de l'antimoine et de l'argent. Le bronze qui sert à faire les *miroirs métalliques*, si utiles dans les télescopes, se compose de :

Cuivre.	59.67
Laiton.	7.43
Étain.	30.68
Arsenic.	2.32
	100.00

Les statues de bronze exigent du plomb dans leur alliage. Les frères Keller, habiles fondeurs du siècle de Louis XIV, qui n'ont pas été surpassés depuis, et qui ont fait les statues de Versailles, avaient adopté la proportion suivante :

Cuivre.	91.40
Étain.	1.70
Zinc.	5.53
Plomb.	1.37
	100.00

Le *potin* des robinets, des chandeliers, des mortiers, etc., est encore un bronze qui n'a pas de proportions fixes, et qui admet, outre le cuivre et l'étain, du plomb, du zinc, du fer et de l'antimoine. Les fondeurs ambulants le composent de vieux cuivre et d'étain; mais lorsqu'ils sont obligés de le faire avec des métaux purs, ils emploient de préférence 78 parties de cuivre contre 22 d'étain : ils obtiennent alors un alliage gris, dur, sonore, et difficile à limer.

Le cuivre allié à l'étain sert encore à composer la petite monnaie courante dite de *billon*; il entre aussi en petite quantité dans les monnaies d'or et d'argent; il les durcit, et s'oppose à leur altération par le frai.

Le *tamtam* et les *cymbales*, dont nous devons la connaissance aux Chinois, contiennent 80 parties de cuivre contre 20 d'étain; le *lo*, instrument de musique militaire chinois, est composé de :

Cuivre.	10
Étain.	3
Bismuth.	1
	14

L'airain de Corinthe, si célèbre chez les Romains, et dont nous avons donné l'histoire dans notre introduction, n'était pas un bronze proprement dit, mais bien un alliage de cuivre et de zinc naturel, connu sous le nom d'*orichalcite* (*Voy.* ce mot). C'est le *laiton* des modernes, dont nous donnons la composition et la fabrication à ce dernier article.

L'alliage de cuivre et d'étain a, contrairement à ce qui arrive pour l'acier, la propriété de se ramollir par la trempe dans l'eau froide. Cette singulière anomalie, découverte par M. Darcet, est mise à profit pour le travailler et le forger. Il suffit, en effet, de porter la pièce à la chaleur rouge et de la tremper comme le fer, pour qu'elle puisse être ciselée, martelée et burinée. Pour lui rendre sa dureté première, on la chauffe de nouveau, et on la laisse refroidir lentement.

BRONZITE (*Minér.*), f. Variété de *diallage* d'un brun verdâtre foncé, à éclat métalloïde, qui se rapproche de celui du bronze.

BROOKITE (*Minér.*), f. *Oxyde de titane*, dédié à M. Brooke.

BROUETTEUR (*Exploit.*), m. Ouvrier qui transporte dans les galeries le minerai au moyen d'une brouette. Ce mode de transport n'est praticable que sur des pentes au-dessous de 4 à 5° d'inclinaison. L'effet utile produit par le brouetteur est, à Sarrebruck, de 360 kilos portés à 1 kilomètre, pour une journée de huit à dix heures; à Rives de Gier, il est de 720 kilos, parce que le sol y est plus favorable. Lorsque la brouette roule sur une voie régulière en bois, l'effet utile s'élève à 1,000 ou 1,100 kilogrammes; une brouette se charge de 60 kilogrammes.

BROUILLAGE (*Exploit.*), m. État d'une couche dans laquelle le parallélisme du toit et des murs est interrompu par un mouvement qui a réduit le minéral en blocs anguleux, et a mélangé confusément tous les éléments du gisement. — Dérangement dans l'allure d'une couche ou d'un filon ; terrain bouleversé, dans lequel la matière exploitable est confondue avec ses salbandes et les roches voisines. Le brouillage est souvent dû à la présence ou à l'approche d'une roche plus ancienne.

BROUILLAMINI (*Exploit.*), m. Nom donné à une argile rouge, visqueuse, ayant peu d'odeur et de saveur, qui accompagne ordinairement les gîtes d'oxyde de fer. Les anciens la croyaient bonne contre les venins.

BRUCITE (*Minér.*), f. Nom donné par M. Beudant à l'*hydrate de magnésie*, en l'honneur de M. Bruce ; ce nom a été également donné à la *condrodite*, que nous avons décrite au mot FLUO-SILICATE DE MAGNÉSIE ; enfin il a été appliqué à un *silicate de zinc manganésifère*.

BRUN DE MONTAGNE (*Minér.*), m. *Voy.* TERRE D'OMBRE.

BRUN ROUGE (*Minér.*), m. Ocre d'un rouge foncé et brunâtre, dont on se sert dans la peinture.

BRUNONE (*Minér.*), m. Variété de *sphène*.

BRYONITE (*Minér.*), f. Fossile ressemblant à une racine de bryone pétrifiée.

BUCARDE (*Paléont.*), f. Genre de cardiaires, dont quarante espèces appartiennent aux terrains antérieurs et postérieurs à la craie.

BUCARDITE (*Paléont.*), f. Coquille fossile bivalve, dite communément *cœur de bœuf*.

BUCAROS (*Minér.*), m. Argile blanche, et que l'on emploie en Espagne pour faire des vases à contenir les liquides. Ces vases n'étant point vernis donnent lieu à une évaporation, et conséquemment refroidissent les boissons qu'ils contiennent.

BUCCIN (*Paléont.*), m. Genre de purpurifères, dont trente-six espèces se rencontrent dans les terrains supérieurs à la craie.

BUCCINITE (*Paléont.*), f. Buccin fossile; coquille en volute, à plusieurs spirales.

BUCKLANDITE (*Minér.*), f. *Silicate de fer* dédié par M. Lévy à Buckland. Il est en petits cristaux noirâtres, rayant le verre ; sa cassure est inégale, et sa densité 3.943 ; il est complétement soluble dans l'acide hydrochlorique ; la bucklandite appartient à un prisme oblique rhomboïdal, et mesure assez exactement les angles de l'*épidote* ; elle a d'ailleurs une formule atomique identique avec ce dernier minéral. M. Lévy l'a trouvée dans l'amphibole et la paranthine d'Arendal, et M. Rose dans les laves du lac de Laach, sur les bords du Rhin.

BUCHOLZITE (*Minér.*), f. Silicate d'alumine anhydre en masses fibreuses blanches ou grises, ou partie blanche et partie noire, à éclat soyeux ; il est infusible, et blanchit seulement au feu. Cette substance raye le phosphate de chaux, et est rayée par le quartz ; sa pesanteur spécifique est 3.193. Les analyses de la bucholzite donnent, suivant

	M. Brandes,	M. Thomson,
Silice.	46.00	46.40
Alumine.	50 00	52.92
Protoxyde de fer.	2.50	»
Potasse.	1.50	»
	100.00	99.32

Ce qui répond à la formule Al^2O^3 SiO^3, qui est analogue à celle de la *sillimanite*. — La bucholzite se trouve à Fassa, dans le Tyrol, et à Chester, près de Philadelphie, où l'on a également rencontré la *fibrolite*, autre silicate alumineux, dont la composition a quelque analogie avec le minéral ci-dessus.

BUFONITE (*Paléont.*), f. Dent fossile de loup-marin, que les anciens croyaient provenir de la tête du crapaud, et qu'ils nommaient, pour cette raison, crapaudine.

BUGLOSSE, f. Variété d'*ichthyolite*.

BUISSON D'OR (*Minér.*), m. Nom vulgaire d'une *agate* dont les dendrites sont formées par de petits cristaux métalliques d'un jaune brillant. C'est un produit artificiel.

BUKITE (*Géogn.*), f. Roche qui semble une variété de gneiss des Alpes ; elle est très-feldspathique, et présente des parties verdâtres, blanches, grenues, cristallines, et d'autres moins abondantes, d'un vert foncé.

BULIME (*Paléont.*), m. Genre de colimacés, dont trente-sept espèces fossiles appartiennent aux terrains antérieurs et postérieurs à la craie.

BULLE (*Paléont.*), f. Genre de bulléens, dont douze espèces fossiles appartiennent aux terrains postérieurs à la craie.

BULLÉE (*Paléont.*), f. Genre de bulléens, dont deux espèces fossiles se trouvent dans les terrains supercrétacés.

BURATITE (*Minér.*), f. Nom donné par M. Delesse, en l'honneur de M. Burat qui le lui avait envoyé de Toscane, à un carbonate de zinc et de cuivre décrit, sous le nom d'*Orichalcite*, au mot CARBONATE DE ZINC.

BURE (*Exploit.*), f. Galène souterraine.

BUSCECHIA (*Minér.*), f. Nom arabe de la *turquoise pierreuse*.

BUSE (*Exploit.* et *Métall.*), m. Tuyau rond qu'on enfonce dans le trou de sonde des puits artésiens, pour servir de conduite aux eaux. — Petit tuyau qui conduit l'air dans un fourneau. — Panne d'un marteau.

BUSTAMITE (*Minér.*), f. *Silicate de manganèse* trouvé à Réal de Minas de Fetela, dans la province de Pullo, au Mexique. Ce nom provient de celui de M. *Bustamente*, minéralogiste du pays.

BYSSOLITE (*Minér.*), f. Nom donné par

de Saussure à l'*actinote*; du grec *byssos*, lin très-fin, et *lithos*, pierre.

BYTOWNITE (*Minér.*), f. Variété hydratée de *saussurite* des environs de Bytown (haut Canada), d'un gris bleuâtre clair, à texture grenue, et cassure lamelleuse ayant une tendance cristalline; elle est translucide; son éclat est vitreux; elle raye le verre, mais se laisse rayer par le quartz: sa densité est 2.801; elle est infusible au chalumeau, mais devient blanche et friable; avec le carbonate de soude, elle donne un globule opaque et blanc. Sa composition est, d'après Thomson :

Silice.	47.87
Alumine.	29.63
Chaux.	9.06
Peroxyde de fer.	3.57
Magnésie.	4.00
Soude.	7.60
Eau.	1.98
	103.43

D'où l'on tire la formule: $3\,Al^2O^3\,SiO^3 + (CaO, NaO, MgO)^3\,(SiO^3)^2 + Aq$; qui ne diffère de celle de la saussurite que par la surabondance $Al^2O^3\,SiO^3 + Aq$.

C

CABOCHON (*Paléont.*), m. Genre de la famille des calyptraciens, dont on a trouvé plusieurs espèces dans les terrains modernes. On croit que ces mollusques ont vécu sur un support testacé.

On donne aussi le nom de cabochon à la forme qu'il est d'usage de donner à la turquoise. C'est une sorte de *goutte de suif* qu'on taille sur une roue de plomb, et qu'on polit ensuite sur une meule de bois enduite de pierre ponce.

CACHIMIE (*Minér.*), f. Nom donné par Paracelse aux oxydes terreux et aux substances minérales que les anciens croyaient être des métaux imparfaits.

CACHOLONG (*Minér.*), m. Calcédoine, variété d'agate, opale mère de perle, de couleur blanche, mate à l'intérieur, nacrée à la surface; cassure conchoïdale, fragile, susceptible d'un beau poli, happant la langue. Ce nom est tartare.

CACTONITE (*Minér.*), f. Nom donné par les anciens à une variété jaunâtre de *cornaline*, à laquelle ils attribuaient des vertus préservatrices.

CADMIE (*Minér.*), f. Mot que l'on croit venir de Cadmus, célèbre fondeur phénicien, et que les Grecs exprimaient par *kadmeia*, les Arabes par *climia*. Ce nom a été tour à tour appliqué à l'arsenic, au cobalt, à la calamine et à des produits artificiels de fourneaux, qui s'attachent aux parois des cheminées. Dioscoride distinguait quatre variétés de cadmies : l'*onychite*, qui est bleue, avec des taches d'onyx; l'*ostracite*, qui est noire; la *botryite*, et le *placode*.

CADMIUM SULFURÉ (*Minér.*), m. *Sulfure de cadmium*, décrit à l'article des SULFURES MÉTALLIQUES.

CADRAN (*Paléont.*), m. Genre de turbinacées, dont dix-sept espèces fossiles appartiennent à la craie tuffeau et au calcaire grossier.

CADRE (*Exploit.*), m. Assemblage de trois ou de quatre pièces, qui se compose de deux potes et d'un chapeau, et quelquefois d'une semelle, pour soutenir le toit d'une couche ou d'un filon, ou les parois d'un puits.

CAILLASSE (*Exploit.*), f. Nom donné par les carriers aux couches fragiles des dépôts marins et lacustres de la partie inférieure du terrain quaternaire, composés de marnes, de sables et de calcédoine. Cette roche, d'une fragilité remarquable, ne résiste point à la gelée. On donne aussi ce nom à la *marne caillouteuse* des environs de Paris, qui sert de pierre à aiguiser.

CAILLOU (*Minér.*), m. Petit galet siliceux arrondi. Les anciens minéralogistes donnaient ce nom au silex et à certaines agates; les ouvriers des fabriques de porcelaine appellent ainsi les morceaux de feldspath non décomposé, ou *petunzé*, qui se trouve mêlé au kaolin.

CAILLOU COUENNEUX (*Exploit.*), m. Nom donné par les ouvriers au silex pyromaque qui se refuse à la taille des pierres à feu.

CAILLOU DE CAYENNE (*Minér.*), m. Variété de quartz hyalin, en petites masses arrondies par le frottement.

CAILLOU D'ÉGYPTE (*Minér.*), m. Calcédoine panachée et zonaire; *jaspe* zonaire; quartz en bandes alternatives opaques, les unes d'un brun noirâtre, les autres d'un brun jaunâtre. On l'emploie dans la grosse bijouterie. On donne aussi le nom de caillou d'Égypte à un poudingue composé de galets de jaspe jaune et brun, réunis par un grès quartzeux lustré.

CAILLOU DE PAPHOS (*Minér.*), m. Variété de quartz hyalin.

CAILLOU DE RENNES (*Minér.*), m. Quartz-agate brèche, à fragments roulés jaunâtres, liés par un ciment de quartz-jaspe rouge.

CAILLOU DU RHIN (*Minér.*), m. Variété de quartz hyalin.

CAILLOU FRANC (*Exploit.*), m. Nom donné dans les carrières de silex pyromaque au caillou qui est propre à la taille des pierres à feu.

CAILLOU GRAINCHU (*Exploit.*), m. Nom donné par les ouvriers au silex pyromaque qui ne se prête pas bien à la taille des pierres à feu.

CAILLOU VERT (*Minér.*), m. Pierre à aiguiser, calcaire silicéo-argileux très-dur et très-compacte, que l'on tire des environs de la Rochelle, de l'Allemagne et de l'Espagne. Cette pierre donne aux instruments de chirurgie délicats un tranchant et un fini précieux elle est connue dans les arts sous le nom de pierres à lancettes.

CAILLOUTAGE (*Exploit.*), m. *Terre à pipes.*

CAILLOUX ROULÉS (*Géogn.*), m. Fragments arrondis de roches qui ont été transportés loin de leur lieu natal par une cause plus ou moins puissante.

CAISSE DE CÉMENTATION (*Métall.*), m. Caisse faite en métal ou en briques, dans laquelle le fer qui doit être soumis à la cémentation est renfermé au milieu de poussier de charbon de bois. Cette caisse doit être bien close, et soumise ensuite extérieurement a une haute température.

CALAÏTE (*Minér.*), f. Phosphate d'alumine et de chaux, agaphite, johnite; variété de *turquoise* bleu céleste clair, opaque, compacte ou terreuse, décrépitant par la calcination et donnant de l'eau, en laissant une matière noire; infusible, inattaquable par les acides; rayant le verre, rayée par le quartz; p. s : 2.86 à 3.00. Gisement : le Korasan, en Perse. Voir le mot CALLAÏTE.

CALAMINE (*Minér.*), f. Nom vulgaire du *carbonate de zinc*; on l'applique également au *silicate* du même métal. Le mot de calamine parait venir du pays de *Calmine*, situé sur les confins du duché de Limbourg, qui est très-riche en minerais de zinc.

CALAMITE (*Minér.*), f. Variété de *trémolite* ou d'*amphibole blanche*, d'un gris verdâtre clair, à texture fibro-lamelleuse; il a deux clivages sous un angle obtus, et raye le verre; sa densité est 3.06. Il a été trouvé à Normark, en Norwége.

On donne aussi ce nom à l'aimant, du grec *kalamos*, roseau; parce que dans l'origine l'aiguille aimantée était placée sur des brins de paille ou de roseau, et flottait sur des vases d'eau. C'est aussi une plante fossile des terrains secondaires anciens.

CALCAIRE (*Géogn.*), m. Synonyme de *carbonate de chaux*; expression plus spécialement employée à l'égard des roches.

CALCAIRE À CAVERNES, m. Calcaire compacte du terrain jurassique, présentant un grand nombre de grottes. Couleur passant du blanc au gris foncé; texture cristalline, oolithique dans sa partie inférieure, renfermant souvent des masses de dolomie.

CALCAIRE À DICÉRATES, m. Division de l'oolite des Alpes, renfermant des coquilles bivalves de *diceras arietina*.

CALCAIRE À GRYPHITES, m. Calcaire du terrain jurassique, chargé de coquilles univalves dites griphées ou griphites.

CALCAIRE À HÉLICES, m. *Calcaire lacustre*, renfermant un grand nombre de coquilles univalves dites hélix.

CALCAIRE À NÉRINÉES, m. Nom donné par M. Thirria à des calcaires jurassiques renfermant des coquilles univalves de *nérinées*.

CALCAIRE ALPIN, m. Nom donné par M. Boué à la formation *oolitique* du terrain jurassique. On donne aussi ce nom à la formation magnésifère du *terrain triasique*.

CALCAIRE BITUMINIFÈRE, m. Carbonate de chaux bituminifère : *antrachonite*; *calcaire carbonifère*.

CALCAIRE BRÈCHE, m. *Marbre brèche.*

CALCAIRE CALP, m. *Calcaire carbonifère.*

CALCAIRE CARBONIFÈRE (*Géogn.*), m. Syn. *calcaire de montagne*. Roche d'une couleur foncée, formant de vastes dépôts qui se rattachent au grès houiller par des matières arénacées. Ce terrain est très-développé en Angleterre, en Belgique, dans le nord de la France et dans le nord de l'Espagne; il fournit les marbres noirs, dits *petit granit*, qu'on exploite dans les environs de Dinan et aux Échaussines, sous le nom de marbres de Flandre. Les fossiles qui distinguent cette roche sont surtout les encrinites de la division des crinoïdes; quelques couches en sont entièrement composées. On y rencontre aussi des débris de mollusques, des spérifères, et des productus très-variés.

CALCAIRE CHLORITÉ, m. *Voy.* GLAUCONIE.

CALCAIRE CONCHYLIEN, m. Calcaire coquiller du *terrain triasique*. *Mushelkalk* des Allemands.

CALCAIRE CRAYEUX GRIS, m *Tufeau.*

CALCAIRE CORALLIQUE, m. *Coral rag* des Anglais, calcaire à polypiers.

CALCAIRE CRAYEUX, m. Carbonate de chaux, *craie*.

CALCAIRE DE DUDLEY, m. Calcaire de la formation *silurienne*, qu'on exploite à Dudley pour faire de la chaux.

CALCAIRE DE MONTAGNE, m. *Voy.* CALCAIRE CARBONIFÈRE.

CALCAIRE DE PORTLAND (*Portland stone*), m. Couches calcaires de la partie supérieure du terrain jurassique, jaunes ou jaunâtres, à grains compactes et oolithiques, contenant des silex pyromaques.

CALCAIRE DES ALPES, m. *Chaux carbonatée compacte.*

CALCAIRE FÉTIDE, m. *Carbonate de chaux* à odeur fétide, pierre de porc, pierre puante; roche qui dégage une odeur hépatique prononcée, lorsqu'on la frappe ou la frotte.

CALCAIRE GLOBULIFORME, m. *Oolite*, en petits globules isolés, à couches concentriques, renfermant quelquefois un noyau de substance étrangère, à la manière des aétites.

CALCAIRE GROSSIER, m. Calcaire à texture lâche, gris calcaire à gros grains, de couleurs très-variées, mélangé de sable, de glauconie, etc. Il appartient à l'étage supérieur du terrain tertiaire dont il forme plusieurs assises.

CALCAIRE GROSSIER GLAUCONIEUX, m.

Calcaire grossier, composé de sables siliceux calcarifères, mélangés de grains de silicate de fer ou de glauconie.

CALCAIRE HYDRAULIQUE (*Minér.*), m. *Voy.* CHAUX HYDRAULIQUE et CARBONATE DE CHAUX COMPACTE.

CALCAIRE JURASSIQUE, m. Formation oolitique. *Voy.* le mot OOLITIQUE.

CALCAIRE LACUSTRE, m. Calcaire d'eau douce, couches marneuses blanches et jaunâtres, tuf d'eau douce, renfermant des sables siliceux blancs, ou des rognons de silex noirâtres. Ce calcaire appartient à différentes assises des terrains tertiaire et quaternaire.

CALCAIRE LAMELLAIRE, m. *Carbonate de chaux.* Marbre statuaire de Paros, un peu translucide.

CALCAIRE MAGNÉSIEN, m. *Carbonate de chaux et de magnésie*, Dolomie.

CALCAIRE MANGANÉSIFÈRE DE COCONUCO, m. *Carbonate alcalin de chaux, de manganèse et de magnésie,* déposé sur le sol par l'eau thermale de Coconuco, en Colombie.

CALCAIRE ONDULÉ, m. Couches inférieures de la formation conchylienne, présentant une stratification ondulée. C'est le *wellenkalk* des Allemands.

CALCAIRE OOLITIQUE (*Géogn.*), m. Série de couches calcaires en rapport avec les dépôts jurassiques, et recouverte de couches de sable, d'argile et de marne. L'oolite, souvent ferrugineuse, y est accompagnée de bancs très-épais de calcaire compacte, dans lesquels sont empâtés d'autres oolites, en grains très-fins. C'est dans les marnes et les calcaires fissiles qui commencent les couches oolitiques, qu'ont apparu les premiers mammifères fossiles trouvés dans les schistes de Stonesfield; ils appartiennent aux marsupiaux, l'un des ordres les plus imparfaits de la classe. Cette partie des couches oolitiques renferme aussi des ossements de grands animaux, qu'on croit être ceux de cétacés. Quant aux plantes, les conifères, des cycadées, des fougères et un *equisetum*, forment la flore de cette formation.

CALCAIRE PARISIEN, m. Calcaire grossier.

CALCAIRE PISOLITHIQUE, m. Calcaire blanc ou jaune à texture grossière, lâche, plus ou moins consistant, présentant des grains ou des concrétions pisolithiques. Il appartient aux couches inférieures du terrain tertiaire.

CALCAIRE POLYPIER, m. *Carbonate de chaux madréporique.*

CALCAIRE POUDINGIFORME, m. *Voy.* GOMPHOLITE.

CALCAIRE PRIMITIF, m. Calcaire métamorphique, calcaire hypogène. Roche en couches puissantes, consistant ou en marbre statuaire blanc, ou en schiste foliacé.

CALCAIRE PSEUDOMORPHIQUE, m. Calcaire qui a pris la forme des corps organiques qu'il a remplacés, ou sur lesquels il s'est moulé.

CALCAIRE SACCHAROÏDE, m. *Carbonate de chaux*, marbre statuaire de Carrare, dont les lames extrêmement petites offrent l'aspect et la texture du sucre.

Composition, suivant M. Vène :

Carbonate de chaux.	90.00
Carbonate de magnésie.	6.80
Silice.	2.80
Eau.	0.40
	100.00

CALCAIRE SILICEUX, m. Roche dans laquelle le carbonate de chaux est mélangé intimement avec le silex, et qui est d'autant plus dure que le silex y prédomine. Il raye souvent le verre, et laisse toujours dans les acides un résidu grenu de silice.

Composition, suivant M. Vène :

Carbonate de chaux.	44.60
Carbonate de magnésie.	3.60
Silice.	51 40
Eau et perte.	0.40
	100.00

CALCAIRE SUBLAMELLAIRE, m. *Carbonate de chaux.* Marbres veinés.

CALCAIRE XILOÏDE, m. *Carbonate de chaux xiloïde.*

CALCANTHE (*Minér.*), m. Nom donné par les anciens au sulfate de cuivre.

CALCARÉO-SULFATE DE STRONTIANE (*Minér.*), m. Nom donné par M. Thomson à une variété de *sulfate de strontiane*, décrite à ce dernier mot.

CALCÉDOINE (*Minér.*), f. Variété d'*agate* à transparence nébuleuse, plus ou moins laiteuse, légèrement teinte de gris, de bleu ou de jaune; elle est ordinairement en couches peu épaisses, quelquefois en gouttelettes, en rosaces; lorsqu'elle contient de petits nuages arrondis, on la nomme *orientale*; on en trouve en cristaux rhomboïdaux. Le commerce des calcédoines se faisait anciennement à Carthage; elle est appelée en grec *karchêdôn*. Ce mot corrompu est probablement l'origine du mot calcédoine.

CALCÉOLE (*Paléont.*), f. Coquille bivalve, de la famille des rudistes. Elle appartient aux terrains antérieurs à la craie.

CALCHITE (*Minér.*), m. Sorte de cuivre vitreux, d'un rouge pourpre ou orange, que les anciens rencontraient parfois dans les mines d'airain, et qui paraît être le *misy* des Grecs. Ce nom vient du grec *kalchion*, rouge de pourpre.

CALCHOLITE (*Minér.*), f. Nom donné par Werner à l'*oxyde d'urane*.

CALCICHLORE (*Minér.*), m. *Chlorure de calcium.*

CALCINATION (*Métall.*), f. Opération par laquelle on expose un minéral à l'action plus ou moins prolongée de la chaleur, soit pour l'oxyder, soit pour en chasser quelque substance étrangère, comme le soufre, l'eau, etc. En métallurgie, cette opération porte le nom de grillage.

CALCINITRE, m. *Nitrate de chaux.*

CALCIPHYRE (*Géogn.*), m. Variété de *carbonate de chaux saccharoïde*, mélangé de cristaux d'*albite*.

CALCITE (*Minér.*), f. Variété de carbonate de chaux en petits cristaux mal conformés, en octaèdres aigus et en grains ellipsoïdaux, depuis la grosseur d'un grain d'orge jusqu'à plusieurs centimètres de longueur. Les faces de ce minéral sont tellement ondulées, qu'on ne peut en mesurer les angles avec exactitude. Les cristaux de calcite ont été trouvés à Sangerhausen, en Saxe, et à Touningem, en Schleswig. L'analyse d'un échantillon de la première localité a donné à M. Karsten :

Carbonate de chaux.	96.40
Sulfate de chaux.	1.90
Oxyde de fer et de manganèse.	1.30
	99.60

C'est donc tout simplement un carbonate de chaux.

CALCITIS, m. Ancien nom donné au *sulfate de fer*, quelquefois au sulfure de cuivre.

CALCUL DE TIVOLI, m. Variété de stalactite en forme de dragée ou d'oolite.

CALÉDONITE (*Minér.*), f. Variété cuprifère de *sulfate de plomb*.

CALENDRE (*Exploit.*), f. Petite machine employée, à Saint-Étienne, pour l'épuisement des eaux dans les mines exploitées par fendues. C'est une roue dentée horizontale, engrenant dans des lanternes dont l'axe se termine par une manivelle. La manivelle fait mouvoir des varlets, et par suite des tirants de pompe.

CALICHE (*Minér.*), m. Nom donné par MM. Hayes et Blake au *nitrate de soude* du Pérou.

CALÏLATE (*Minér. anc.*), f. Nom donné par les anciens à une pierre verte qu'ils tiraient du Caucase, et qu'ils regardaient comme une variété de topaze. Quelques auteurs pensent que c'est la turquoise. Pline dit que ce minéral ressemble au saphir, mais qu'il est un peu plus pâle.

CALLIME (*Minér.*), m. Nom donné par les anciens au noyau intérieur de l'*aétite*.

CALOMEL (*Minér.*), m. Nom donné par M. Beudant au *chlorure de mercure*. Ce nom était autrefois employé par les pharmaciens pour désigner le chlorure obtenu par voie de sublimation, afin de le distinguer du *mercure doux*, obtenu par précipitation. C'est un purgatif puissant.

CALOPODE (*Paléont.*), m. Variété de *glossopètre* ayant l'apparence d'un soulier.

CALOTTE (*Métall.*), f. Extrémité supérieure et convexe des meules de carbonisation.

CALP (*Géogn.*), m. Variété du *calcaire charbonneux*.

CALSCHISTE (*Géogn.*), m. Schiste calcarifère; roche formée de calcaire et de schiste, variant de couleur, bleuâtre, grisâtre, verdâtre, rougeâtre, quelquefois veinée ou tachetée de blanc; texture schistoïde, parfois à noyaux calcaires, faisant effervescence avec l'acide nitrique; gisements : les Alpes, les Apennins.

CALSCHISTE TÉGULAIRE, m. Calschiste en grands feuillets assez semblables à l'ardoise, et servant en Ligurie à couvrir les maisons. On le retire de Lavagna.

CALSTRON-BARYTE (*Minér.*), m. Nom donné par M. Shépart à un minéral trouvé à Schohanée (New-York); décrit au mot **SULFATE DE BARYTE.**

CALYMÈNE (*Paléont.*), m. Genre fossile de crustacés, dont on connaît quatre espèces dans les terrains anciens.

CALYPTRÉE (*Paléont.*), f. Genre de calyptraciens, dont on connaît quatorze espèces dans les terrains modernes.

CAMAÏEU (*Minér.*), m. Agate de deux couleurs; pierre sur laquelle se trouvent figurées des espèces de plantes, d'arbrisseaux, des figures diverses peu distinctes. Ce mot vient de *camehuia*, nom de l'onyx dans l'Inde.

CAMBRIEN (Groupe) (*Géogn.*), m. Formation cambrienne. Nom donné par le professeur Sedgwisck à des roches stratifiées, peu riches en coquilles, et qui présentent un grand développement dans le nord du pays de Galles, dans le Cornouailles, et dans la région des lacs de Cumberland. Cette formation est immédiatement inférieure à la formation silurienne, et s'appuie sur des roches stratifiées de la série métamorphique.

CAME (*Paléont.*). Genre de camacées, dont dix espèces fossiles appartiennent aux terrains postérieurs à la craie.

CAME (*Métall.*), f. Pièce de fer saillante appartenant au cadre d'un arbre qui, en tournant, fait soulever le marteau des forges, ou les pilons d'un bocard. On en met ordinairement quatre au cadre. La courbe des cames de marteau est épicycloïde, celle des cames du bocard est circulaire.

CAMEHUIA, f. Nom donné par les Orientaux à l'*onyx*.

CAMELLES (*Exploit.*), f. Pyramides formées dans les marais salants, pour laisser le sel égouter et se purger des substances étrangères.

CAMÉRINE (*Paléont.*), f. Coquille lenticulaire fossile.

CAMITE (*Paléont.*), f. Coquille fossile du genre *came*.

CAMPAGNOL (*Paléont.*), m. Ce mammifère a laissé les traces de deux espèces fossiles dans les terrains supercrétacés.

CAMPULOTTE (*Paléont.*), f. Coquille fossile, univalve, magile.

CANAANITE (*Minér.*), . Minéral trouvé dans le comté de Canaan (États-Unis), et que plusieurs minéralogistes considèrent à tort comme une wernérite; il est en masses amorphes, d'un blanc grisâtre ou bleuâtre; il raye le phosphate de chaux, et se laisse rayer par le quartz; sa densité est 3.07; il se boursoufle en fondant, au chalumeau, en un verre blanc, légèrement bleuâtre ou verdâtre. Sa composition est, suivant M. Dana :

Silice.	53.37
Alumine.	10 38
Protoxyde de fer.	4.80
Chaux.	25.00
Magnésie.	1.62
Acide carbonique.	4.00
	99.67

La formule qui répond à cette analyse est $2\ Al^2O^3\ SiO^3 + 10\ (CaO,\ FeO)\ SiO^3 + MgO\ CO^2$, qui n'a aucune analogie avec celle de la wernérite.

CANALITE (*Paléont.*), f. Dentale fossile striée.

CANARDS (*Exploit.*), m. Conduits d'air ou tubes destinés à recevoir et à porter le vent, et posés dans les angles ou au sol des galeries souterraines.

CANCELLAIRE (*Paléont.*), f. Genre de canalifères, dont vingt espèces fossiles se rencontrent dans les terrains postérieurs à la craie.

CANCRINITE (*Minér.*), f. Variété de *sodalite*, de couleur rose.

CANCRITE (*Paléont.*), f. Astacolite, carcinite, etc.; fossile représentant une écrevisse.

CANDAS DES INDES (*Minér.*), m. Pyrite cubique, sulfure de fer cristallisé.

CANDITE (*Minér.*), f. Nom donné par Bournon à une variété noire d'*aluminate de magnésie*, en cristaux octaédriques. Elle se trouve dans des sables qui contiennent des tourmalines, des zircons, des grenats, etc.

CANNEL COAL, m. Nom anglais d'une houille compacte, dure, ressemblant au jayet, brûlant avec une flamme brillante, plus dure que la houille schisteuse; p. s. : 1.23; gisement : le comté de Warwick, en Angleterre. Le nom de *cannel coal* vient de deux mots anglais qui signifient *charbon chandelle*, par allusion à la vivacité de la lumière que donne ce combustible en brûlant.

Composition, suivant Thomson :

Carbone.	29.00
Matière volatile.	60.00
Matière terreuse.	11.00
	100.00

CANNETTE (*Exploit.*), f. Petit tube de papier, de paille, de roseaux, ou de tuyau de plume, dans lequel on met de la poudre simple ou délayée, et séchée, pour porter le feu à la cartouche d'une mine.

CANTALITE (*Minér.*), f. Variété de *quartz résinite*.

CAOUAC (*Minér.*), m. Nom donné dans les Antilles à une variété jaunâtre d'argile bolaire, dont les nègres sont fort avides.

CAOUTCHOUC FOSSILE (*Minér.*), m. Nom vulgaire du *bitume élastique*, décrit à la suite du mot BITUME.

CAPILLAIRE, adj. Qui a la contexture filamenteuse des cheveux; du latin *capillus*, cheveu.

CAPNITE (*Minér.*), f. Du grec *kapnos*, fumée; nom donné par les anciens à une variété de quartz enfumé.

CAPORCIANITE (*Minér.*), f. Nom donné par Savi à une variété de *mésotype*, qu'il a trouvée à Caporciano, dans la vallée de Cecina, en Toscane.

CAPROLITES (*Paléont.*), f. Excréments fossiles d'ichthyosaures et d'ornithocéphales qui se rencontrent fréquemment dans la formation *liasique*. *Voy.* COPROLITES.

CAPUCINES, f. Nom ancien donné aux crayons de *plombagine*.

CARABE (*Paléont.*), m. Insecte qui se trouve dans les pierres fissiles, suivant les anciens auteurs.

CARACOLE (*Exploit.*), f. Crochet à tire-bouchon destiné à retirer du trou une tige ou un outil cassé au-dessus de l'épaulement de jonction. Pour que cette opération réussisse, il est nécessaire de connaître exactement la grosseur de la tige qu'on doit retirer.

CARACTÈRE (*Minér.*), m. On entend par caractère d'un minéral, suivant Haüy, tout ce qui peut être le sujet d'une observation propre à le faire reconnaître; les caractères sont physiques, géométriques ou chimiques, suivant que l'observation porte sur l'extérieur du minéral, sur la détermination de sa forme primitive et des angles de ses cristaux, ou sur sa composition intime. Lorsqu'un seul ou un très-petit nombre de caractères appartenant à une ou à plusieurs de ces trois sortes suffit pour distinguer une substance de toutes les autres, on nomme ce caractère *essentiel*. Le caractère *spécifique* sert à distinguer entre elles toutes les variétés d'une même espèce; mais c'est le caractère *distinctif*, marquant les différences entre les variétés, qui sert à retrouver le caractère *essentiel*.

CARAPATINITE (*Paléont.*), f. Nom donné à des dents fossiles de dorade.

CARAUXOMORE (*Paléont.*), m. Genre de poisson dont deux espèces fossiles se trouvent dans les terrains postérieurs à la craie.

CARBOCÉRINE (*Minér.*), f. Nom donné par M. Beudant au *carbonate de cérium*.

CARBONATE D'ARGENT (*Minér.*), m. Substance composée d'oxyde d'argent et d'acide carbonique, d'un gris cendré passant au gris de fer, légèrement ductile, prenant de l'éclat par la râclure, à cassure finement grenue. — Isolé et frotté, ce minéral prend l'électricité résineuse; il est réductible au chalumeau en un bouton d'argent; il fait effervescence dans l'acide nitrique. Sa composition est, suivant M. Selb :

Protoxyde d'argent.	72,00
Acide carbonique,	12.00
Oxyde d'antimoine avec trace d'oxyde de cuivre.	15.50
	99.50

correspondant à 6 AgO CO^2 + Sb^2O^3, d'où l'on tire AgO CO^2 pour la formule du carbonate d'argent.

CARBONATE DE BARYTE (*Minér.*), m. Syn. : *barolite*, *spath pesant*, *aéré*, *whitérine*, *whitérite* des Allemands. Minéral blanc, en cristaux ou en masses fibreuses rayonnées. Ce sel raye la chaux carbonatée, et se laisse rayer par la fluorine ; sa pesanteur spécifique 4.301 est remarquable, et forme un caractère distinctif ; il fond au chalumeau en un globule transparent, qui devient opaque en refroidissant. Sa forme primitive est un prisme rhomboïdal droit, sous les angles de 118° 30 et 61° 30' avec le rapport :: 16 : 24. 8. La variété cristallisée se présente ordinairement en prismes à six faces, portant des bordures sur les arêtes de la base. La variété fibreuse est en rognons, dont la cassure est rayonnée et esquilleuse. La composition de la baryte carbonatée est, suivant MM. Beudant et Klaproth :

	VARIÉTÉS.	
	Cristallisée.	Fibreuse.
Baryte.	77.10	78.00
Acide carbonique.	22.50	22.00
Chaux.	0.40	0.00
	100.00	100.00

Cette composition est représentée par BaO CO^2.

Le carbonate de baryte est parfois associé à du carbonate de chaux, comme il arrive dans le minéral trouvé à Alston-Moor, dans le Cumberland. Ce minéral raye la chaux carbonatée comme le carbonate pur ; il est d'un blanc grisâtre, avec une teinte verte ; sa pesanteur spécifique est de 3.66 ; il ne fond pas seul au chalumeau, et se dissout avec effervescence dans l'acide nitrique. On lui a donné le nom de *barito-calcite*. Sa composition est :

Carbonate de baryte.	65.90
Carbonate de chaux.	33.60
	99.50

Sa formule BaO CO^2 + CaO CO^2 répond à sa pesanteur spécifique.

M. Brookes donne pour forme primitive à ce minéral le prisme rhomboïdal oblique, sous les angles de 106° 54' et 102° 58, avec les rapports H : B :: 100 : 99.

M. Thomson a nommé *bicalcaréo-carbonate de baryte* un minéral composé de carbonate de chaux et de carbonate de baryte avec un peu de carbonate de strontiane ; il provient de la mine de *Bromley-Hill*, et, pour cette raison, avait été nommé *bromlite* ; il a la forme de la baryte carbonatée, ce qui ferait croire que ce n'est qu'un mélange de plusieurs carbonates. Ce qui vient à l'appui de cette opinion, c'est la présence de la strontiane qui ne peut entrer dans la proportion atomique, comme le montre la composition suivante :

Carbonate de baryte.	65.25	62.16
Carbonate de chaux.	32.88	32.16
Carbonate de strontiane.	2.87	6.41
	101.00	100.73

ou BaO CO^2 + CaO CO^2.

Quelquefois le carbonate de baryte est uni à des sulfates de même terre. On lui donne alors le nom de *sulfato-carbonate de baryte* ; mais il ne forme pas pour cela une espèce particulière, comme l'a pensé M. Thomson : il se présente sous la même forme que la baryte carbonatée, et sa composition vient corroborer cette opinion ; elle est, suivant M. Thomson :

Carbonate de baryte.	64 22
Sulfate de baryte.	34.80
Carbonate de chaux.	0.28
Eau.	0.60
	100.50

on en tire 2 BaO CO^2 + BaO SO^3, formule dans laquelle le sulfate pourrait bien n'être qu'à l'état de mélange.

Le carbonate de baryte cristallisé a été découvert à Snailbach, dans le Shropshire ; on l'a depuis retrouvé à Alston-Moor, dans le Cumberland ; à Stein-Bauer, dans la haute Styrie. Le sulfato-carbonate provient de Bromley-Hill, dans le Cumberland

CARBONATE DE BISMUTH (*Minér.*), m. Ce minéral est très-peu connu ; il a été indiqué par M. Breithaupt, qui l'a trouvé dans la mine de fer Arme-Hülfe, à Ullersreuth, près de Hirschberg, dans la principauté de Reuss. Il est jaune ou verdâtre ; sa poussière est incolore pour la variété jaune, et gris verdâtre pour l'autre variété ; il est transparent sur les bords ; il raye la fluorine, et se laisse rayer par le feldspath ; il est friable ; sa pesanteur spécifique est de 6.80 à 6.90 ; il contient, outre le carbonate de bismuth, plusieurs carbonates métalliques. M. Mac-Gregor en a donné une analyse que nous ne rapportons pas ici, attendu qu'elle ne s'accorde avec aucune constitution atomique rationnelle, et qu'elle a besoin d'être refaite.

CARBONATE DE CÉRIUM (*Minér.*), m. Syn. : *carbocérine* de Beudant. Ce minéral est encore très-peu connu : on ignore sa forme primitive et jusqu'à sa pesanteur spécifique ; on sait seulement qu'il est rayé par la phosphorite ; que sa solution dans les acides donne par l'oxalate d'ammoniaque un précipité qui brunit par la calcination, et qui, fondu avec du borax, produit un vert orange, lequel devient jaune par refroidissement.

M. Hisinger a trouvé pour la composition de ce minéral :

Oxyde de cérium.	75.70
Acide carbonique.	10.80
Eau.	13.50
	100.00

On en tire la formule $(CeO)^3$ CO^2 + 3 Aq ; expression anormale, et que M. Beudant rend ainsi : $CeO\ CO^2 + Ce^2O^3\ H^2O$, en admettant un hydrate de peroxyde.

On doit à M. Spada la description d'un minéral trouvé dans les carrières d'émeraudes de la vallée de Musso, dans la Nouvelle-Grenade (Amérique méridionale). C'est un carbonate de cérium, qu'il a nommé *parisite*, d'une couleur jaune brunâtre, dont la rayure est jaune blanchâtre : sa densité est de 4.35 ; il raye la fluorine, et se laisse rayer par l'apatite ; il présente des dodécaèdres bipyramidaux sous les angles de 120° 34' et 164° 58', et avec le rapport :: 1 : 0.1342 ; il possède un clivage facile parallèlement à la face horizontale, miroitant et presque nacré, et d'autres moins prononcés, parallèles aux faces de la pyramide, beaucoup moins miroitants que le premier ; sa cassure est conchoïde et vitreuse. La parisite se dissout lentement et avec effervescence dans l'acide chlorhydrique ; elle est infusible au chalumeau, y prend une teinte brun cannelle et devient cassante ; avec le borax, elle donne une perle transparente, jaune quand elle est chaude, incolore en refroidissant. M. Bunsen, qui l'a analysée, l'a trouvée composée de :

Acide carbonique.	23.51	23.64
Oxyde céreux.	59.44	60.26
Chaux.	3.17	3.15
Eau.	2.38	2.12
Fluorure de potasse.	11.51	10.83
	100.01	100.00

La formule qu'en tire M. Bunsen est : $CeO (H^2O)^2 + 2\ KF^2 + 8\ (CeO, CaO)\ CO^2$; mais la synthèse conduit à $4\ CeO\ CO^2 + (CeO, CaO)\ H^2O + KF^2$, ou bien à $4\ (CeO\ CaO)\ CO^2 + CeO\ H^2O + KF$; d'où l'on tire $CeO\ CO^2$ pour la véritable expression du carbonate céreux.

Il est à remarquer que l'oxyde de cérium renferme des quantités indéterminées d'oxydes de lanthane et de didyme.

M. Bunsen a donné une autre analyse du carbonate de cérium, qu'on a aussi nommé *musite* ; elle diffère un peu de celles qui précèdent, et a été présentée comme donnant un carbonate de lanthane. Comme les propriétés de cette substance sont à peine connues, nous en extrayons la formule comme si l'oxyde appartenait uniquement au cérium. La composition trouvée est :

Oxydes de cérium, lanthane et didyme.	60.78
Chaux.	8.29
Acide carbonique.	23.51
Fluor.	5 49
Oxygène.	0.38
Eau.	2.38
	100.00

analyse répondant à $2\ (CeO, CaO)\ CO^2 + CeO\ H^2O + CaO\ F^2 + Aq$; ou, en écartant les substances étrangères : $(CeO, CaO)\ CO^2$, conforme au résultat précédent.

CARBONATE DE CHAUX (*Minér.*), m. Syn. : *chaux carbonatée*, *spath calcaire*, *calcaire* de Beudant, *kalkspath* des Allemands. Ce minéral, composé de chaux et d'acide carbonique, est l'un des plus importants de la minéralogie, et pour son abondance, et pour ses formes variées. Sa couleur naturelle, à l'état de pureté, est le blanc laiteux, légèrement jaunâtre ; mais elle est souvent altérée par des mélanges colorés. Ses caractères distinctifs sont de se réduire en chaux par la calcination, de se dissoudre plus ou moins complétement avec une vive effervescence dans l'acide nitrique, et de se laisser rayer par une pointe de fer ; sa dureté est entre le gypse et la fluorine ; sa pesanteur spécifique varie de 2.50 à 2.723. La composition de la chaux carbonatée ne varie pas ; elle est :

Chaux.	56.11
Acide carbonique.	43.89
	100.00

et répond à la formule atomique $CaO\ CO^2$.

Les différentes variétés de la chaux carbonatée ont été divisées en cinq classes, fondées non-seulement sur la différence de texture des divers échantillons, mais encore sur les différences de gisements.

Le *carbonate de chaux cristallisé* occupe la première classe ; il est ordinairement d'un blanc laiteux, translucide, quelquefois complétement hyalin ; il se trouve en cristal, ou en masses lamelleuses ; son clivage triple et très-facile conduit à un rhomboèdre dont l'angle varie de 104° 55' à 107° 40. Certains cristaux possèdent en outre trois clivages supplémentaires, parallèles aux arêtes culminantes du rhomboèdre primitif, indiqués par des stries. Le carbonate cristallisé possède la double réfraction à un haut degré ; il est électrique par frottement ; sa pesanteur spécifique est de 2.723 ; sa composition est :

	LOCALITÉS.	
	Islande.	Mexique.
Chaux.	56.15	51.58
Protoxyde de manganèse.	0.15	»
Magnésie.	»	4.21
Acide carbonique.	43.70	44.90
	100.00	100.19

La chaux est ici en compagnie de ses isomorphes MnO et MgO, et ces analyses donnent $(CaO, MnO)\ CO^2$ et $(CaO, MgO)\ CO^2$.

La variété cristalline est quelquefois lamelleuse, comme dans le carbonate de Moutiers, analysé par M. Berthier :

Chaux.	35.88
Magnésie.	5.31
Protoxyde de fer.	10.70
Protoxyde de manganèse.	4.01
Acide carbonique.	42.76
Argile.	1.40
	99.96

Cette analyse présente une réunion d'isomorphes plus importante que la précédente, et conduit à la formule (CaO, FeO, MgO) CO^2. Lorsqu'ils sont en plus grand nombre, ils altèrent les caractères extérieurs du carbonate, et forment des variétés particulières qu'on nomme *carbonate de chaux magnésifère, ferrifère, manganésifère*, etc.; la première constitue la *dolomie*, dont nous parlerons plus tard; la seconde passe au *carbonate de fer*, et la troisième au *carbonate de manganèse*.

Les cristaux les plus ordinaires de chaux carbonatée sont le rhomboèdre, le prisme hexaèdre régulier, le métastatique, et le bi-rhomboèdre.

Il existe une variété de chaux carbonatée dite *madréporite* qui est en baguettes, et dont la cassure est lamelleuse courbe; sa couleur est le gris foncé, quelquefois le noir.

La *chaux carbonatée* nacrée est en masses lamelleuses, d'un blanc de lait, quelquefois jaunâtre; ses lames sont courbes; son éclat ressemble à celui du mica; elle se laisse rayer par l'ongle. Werner, qui croyait que sa texture n'était pas due à la cristallisation, mais bien à un dépôt par couches, l'avait nommée *schieferspath*, spath schisteux; les Allemands l'appellent *schaümerde, écume de mer*.

Le *carbonate de chaux fibreux* forme la seconde classe ou sous-espèce de chaux carbonatée; il est en fibres déliées, quelquefois cependant assez grosses pour qu'on y distingue des clivages qui indiquent des prismes accolés dans le sens des faces verticales. Le carbonate à fibres déliées a l'aspect soyeux, nacré; il est d'un blanc laiteux, coloré parfois en jaune par de l'hydrate de fer, qui y forme des zones. Cette variété constitue l'*albâtre calcaire*, ou l'*albâtre antique*, sur lequel nous avons donné quelques détails à l'article ALBATRE.

C'est à la chaux carbonatée fibreuse qu'il faut rapporter les *stalactites*, sorte de concrétions qui se forment sous nos yeux, et qui proviennent du dépôt d'eaux acidulées qui ont la propriété de dissoudre le carbonate calcaire. Lorsque ces eaux arrivent au contact de l'air, elles perdent leur acide carbonique et, par suite, leur action dissolvante; elles déposent alors la chaux carbonatée en petits cristaux. Le choc favorise cette séparation, et surtout l'extrême division des eaux : aussi dans les localités où se font les incrustations calcaires, comme à Sainte-Allyre, dans le faubourg de Clermont-Ferrand, aux bains de Saint-Philippe, en Toscane, à Carlsbad, en Bohème, a-t-on soin de faire tomber sur les moules l'eau en goutelettes très-menues. Les *travertins* de Rome sont dus à des dépôts de même nature.

Le *carbonate de chaux saccharoïde*, qui forme la troisième classe, est ordinairement d'un beau blanc, en grains brillants comme le sucre; il est quelquefois nuancé légèrement d'autres couleurs. Sa texture grenue est le résultat de la cristallisation; elle est parfois un peu lamelleuse, comme dans le *marbre de Paros*; elle est demi-transparente. Le calcaire saccharoïde fournit les marbres statuaires : celui de Carrare, qui est le plus estimé, a le grain très-fin et est très-homogène; il est en relation avec le calcaire compacte contenant des coquilles fossiles qui l'associent au lias; le *marbre de Paros*, le marbre *pentélique*, appartiennent à une formation analogue; il en est de même des calcaires saccharoïdes des Alpes et des Pyrénées.

La quatrième sous-espèce du calcaire est le carbonate de chaux compacte. Cette roche est très-abondamment répandue dans la nature; elle constitue quelquefois des contrées entières, telles que le Jura, où le calcaire est associé à des couches argileuses. Sa couleur la plus ordinaire est le gris, le gris de fumée, le gris jaunâtre, le gris rougeâtre; le bitume le colore en noir, l'oxyde de fer en rouge, l'hydrate de fer en brun. M. Dumesnil a nommé anthraconite un marbre bitumineux de Neudorf; les *marbres noirs* du Derbyshire et ceux de Belgique appartiennent au terrain de calcaire compacte. Le carbonate esquilleux de Sept-Fonds (Lot) a donné à l'analyse :

Chaux.	55.10
Acide carbonique.	43.30
Argile et eau.	1.60
	100.00

dont la formule constante est CaO CO^2.

C'est à la chaux carbonatée compacte qu'il faut rapporter le calcaire hydraulique dont on obtient la *chaux maigre*. Lorsque le carbonate de chaux est pur, c'est-à-dire, lorsqu'il ne contient que la chaux et de l'acide carbonique, une simple calcination suffit pour obtenir de la chaux, dont la propriété est de foisonner lorsqu'on l'éteint avec de l'eau; ce qui lui a fait donner le nom de *chaux grasse*. Cette augmentation de volume n'a pas lieu lorsque le calcaire contient une certaine quantité d'argile. La calcination ne produit alors que de la *chaux maigre* qui n'est point soluble dans l'eau, tandis que la chaux grasse s'y dissout avec facilité. Cette propriété de la chaux maigre lui a fait donner le nom de *chaux hydraulique*; son indissolubilité commence lorsqu'elle possède 15 pour 100 d'argile; de 15 à 30, la chaux est éminemment hydraulique. La chaux hydraulique de Metz est d'un gris foncé, à cassure terreuse; sa composition est :

Chaux.	45.15
Acide carbonique.	35.73
Argile et eau.	18.10
	98.98

L'argile n'est ici qu'à l'état de mélange, et la formule du carbonate de chaux reste intacte.

Lorsque la proportion d'argile augmente, et qu'elle est accompagnée d'une certaine proportion d'oxyde de fer, la chaux hydraulique se solidifie immédiatement; après avoir été gâchée, à la manière du plâtre, elle prend le nom de *plâtre-ciment*. C'est à cette variété qu'appartient le *ciment romain* des Anglais. Ces deux chaux hydrauliques sont composées de :

	Plâtre-ciment.	Ciment romain.
Chaux.	54.00	55.00
Argile.	31.00	36.00
Oxyde de fer.	15.00	8.60
	100.00	99.60

On a nommé *calcaire oolitique*, ou *oolite*, un carbonate de chaux compacte composé de grains arrondis, accolés comme des œufs de poissons, et quelquefois réunis par un ciment calcaire. Leur grosseur est à peine celle du plomb de chasse; leur cassure est compacte, et ne présente ni couches ni noyau. Les oolites ne doivent pas être confondues avec les *pisolites*; celles-ci, en grains généralement plus gros, renferment souvent un noyau de sable, et présentent toujours des couches concentriques. Les pisolites sont assez rares, tandis que les oolites forment des couches puissantes, et donnent à certaine formation jurassique le nom de *terrain oolitique*.

Le calcaire qui contient dans sa pâte des coquilles fossiles est connu sous le nom de *lumachelle*, lorsque le fossile est bien conservé : la *lumachelle d'Astracan* offre des coquilles d'un jaune clair, qui se détachent sur un fond noir ou brunâtre; à *Bleyberg*, en Carinthie, existe une *lumachelle*, dite *opaline*, qui présente des reflets irisés orange, rouge de fer, gorge de pigeon, d'un très-bel effet.

On donne le nom de calcaire lamellaire ou calcaire à encrines à une chaux carbonatée qui contient dans sa pâte un grand nombre de ces fossiles passés eux-mêmes à l'état de carbonate de chaux. Ils rendent la roche cristalline et lamelleuse par parties.

Les marbres ne sont autre chose qu'un carbonate de chaux coloré tantôt par le bitume, tantôt par le schiste talqueux ou la serpentine. Comme leurs variétés sont très-nombreuses, nous renvoyons à l'article MARBRE la description de ces diverses roches.

Le carbonate de chaux terreux qui constitue la quatrième sous-espèce des chaux carbonatées, offre deux variétés : la *craie* et la *marne*.

La craie blanche, quand elle est pure, est friable et raboteuse dans sa cassure; elle tache les doigts et happe la langue. Celle de Meudon, analysée par Berzelius, est composée de :

Chaux.	56.60
Acide carbonique.	43.00
Eau.	0.50
	100.10

qui, comme on le voit, est de la chaux carbonatée presque pure.

Lorsque le calcaire terreux contient beaucoup d'argile, il constitue la marne. Il est alors très-important pour l'agriculture. Jeté sur les terres cultivées, il se décompose à l'air, se réduit en poussière, et améliore les terres froides où le sable et l'argile dominent.

C'est encore au carbonate terreux qu'il faut rapporter le calcaire grossier qui sert aux constructions de Paris, et qu'on exploite dans les environs de cette capitale. Cette variété passe au calcaire compacte.

M. Breithaupt a fait un beau travail sur la variation de l'angle du rhomboèdre de la chaux carbonatée; il a pensé que les différences d'angles étaient assez prononcées pour qu'on pût établir autant d'espèces. Les minéralogistes modernes, se fondant sur la composition constante du carbonate de chaux, n'ont point cru devoir adopter cette classification. Cependant ils ont séparé la *dolomie* de la chaux carbonatée, quoiqu'elle cristallisât en rhomboèdre obtus analogue à celui du calcaire; que son angle, qui est de 106° 15', fût compris dans les limites posées par M. Breithaupt, et que la présence d'une forte proportion de magnésie fût due seulement à l'isomorphisme. Nous ne voyons pas de raison de séparer la dolomie, et nous ne la considérons que comme une espèce de chaux carbonatée.

La dolomie est d'un blanc laiteux, grisâtre, jaunâtre; elle présente généralement des teintes pâles; son éclat est souvent nacré, ce qui lui a fait donner le nom de *spath perlé*; son effervescence dans l'acide nitrique est moins vive et se fait avec beaucoup plus de lenteur que celle du carbonate purement calcaire. C'est de là que lui vient le nom de *chaux carbonatée lente*. Elle raye la fluorine, et se laisse rayer par le feldspath; sa pesanteur spécifique varie de 2.85 à 2.92; elle se présente, comme la chaux carbonatée, en cristaux, en masses saccharoïdes, en masses compactes et en parties terreuses.

Les cristaux de la dolomie sont extrêmement variés, quoique cependant le nombre de leurs variétés n'atteigne pas celui de la chaux carbonatée; il en existe un d'un jaune verdâtre très-brillant, dont on a voulu à tort faire une espèce particulière sous le nom de *tharandite*, et que Haüy avait nommé épointé, à cause de la largeur de sa base. L'*ankérite* contient une certaine proportion d'oxyde de fer, en remplacement de la magnésie. La composition des cristaux rhomboédriques de la dolomie du Mexique a donné à M. Beudant :

Chaux.	30.40
Magnésie.	21.50
Protoxyde de fer.	0.90
Acide carbonique.	47.00
	99.80

répondant à la formule (CaO, MgO) CO^2, ainsi qu'à celle $CaO\ CO^2 + MgO\ CO^2$ des minéralogistes qui séparent la dolomie du carbonate pur.

La dolomie saccharoïde ressemble beaucoup au marbre de Carrare par sa blancheur, son éclat et sa structure grenue ; mais elle se désagrége avec une grande facilité, attendu que les cristaux sont mal soudés ensemble. Dans le carbonate de chaux saccharoïde qui constitue le marbre, les grains ou cristaux se croisent et s'enchevêtrent dans tous les sens, tandis que dans la dolomie saccharoïde chaque grain est un cristal isolé, qui se sépare avec facilité. Cette disposition leur permet de jouer les uns sur les autres, ce qui fait que les plaques peuvent subir une certaine courbure sans se rompre. Cette propriété a fait nommer les variétés ployantes *marbre élastique*. La dolomie saccharoïde du Saint-Gothard a fourni l'analyse suivante à M. Berthier :

Chaux.	30.00
Magnésie.	21.00
Acide carbonique.	46 00
	97.00

donnant toujours la formule (CaO, MgO) CO^2.

Il existe une variété grenue de dolomie saccharoïde, dont les grains séparés sont soudés ensemble par un ciment ; sa couleur est le gris sale, ou gris jaunâtre ; elle est souvent caverneuse, cariée, celluleuse. La *cargnieule* des Alpes appartient à cette variété, qui souvent prend l'aspect d'une brèche.

La dolomie compacte est d'un blanc de lait quand elle est pure ; elle passe à la couleur café au lait ; sa cassure est unie et conchoïde. Celle de Bourbonne-les-Bains est composée de :

Chaux.	30.00
Magnésie.	22.40
Acide carbonique.	47.00
	99.40

La dolomie terreuse a l'aspect de la variété de chaux carbonatée décrite avec cette épithète : l'essai seul peut la faire distinguer. Un échantillon de la Madeleine, analysé par M. Dufrénoy, a donné :

Chaux.	27.36
Magnésie.	20.34
Acide carbonique.	42.30
Protoxyde de fer.	2.20
Argile.	6.40
Eau.	0.30
	98.90

On trouve dans le Tyrol un calcaire magnésien, en masses blanches et terreuses, dont la densité est de 2.693 ; il raye le carbonate de chaux, et se laisse rayer par la fluorine. On l'a nommé *Predazzite*, du lieu où il se rencontre. Petzholdt l'a trouvé composé de :

Carbonate de chaux.	66.00
Carbonate de magnésie.	28.00
Eau.	6.00
	100.00

répondant à l'expression 2 CaO CO^2 + MgO CO^2 + Aq. L'essai est de nouveau nécessaire pour distinguer cette variété.

A ce sujet, nous devons rapporter ici un moyen que M. Zehmen a indiqué pour distinguer facilement la dolomie de la chaux carbonatée. On pulvérise les deux carbonates, et on les expose tour à tour au feu d'une lampe d'esprit-de-vin sur une cuiller ou une lame de platine. Le carbonate de chaux ordinaire acquiert, par la chaleur, une certaine cohérence, tandis que la poudre de dolomie perd de l'acide carbonique, et reste divisée.

Le calcaire magnésien a été rencontré au Vésuve en stalactite sphéroïdale, de couleur blanc jaunâtre, avec une texture terreuse ; sa composition a donné à Kobell :

Acide carbonique.	33.10
Chaux.	25.22
Magnésie.	24.28
Eau.	17.40
	100.00

Cette analyse constitue la formule (CaO, MgO) CO^2 + Aq, ou peut-être le mélange CaO CO^2 + MgOCO^2 + 2 Aq.

La chaux carbonatée est dimorphe, et cette propriété se manifeste dans l'aragonite, dont la forme primitive est un prisme rectangulaire droit, sous l'angle de 116° 10'. Ce qui distingue l'aragonite quant à la composition, c'est la présence du carbonate de strontiane que Vauquelin avait le premier constatée. La couleur de l'aragonite est le blanc laiteux, jaunâtre ou grisâtre ; elle est un peu plus dure que la chaux carbonatée ordinaire ; sa pesanteur spécifique est de 2.928 ; sa cassure est toujours vitreuse dans un sens ; elle se dissout avec effervescence dans l'acide nitrique ; la flamme du chalumeau en enlève de petites parcelles qui se dispersent dans l'air.

L'*aragonite cristallisée* est fortement transparente, quelquefois hyaline ; elle possède deux axes de double réfraction ; son éclat est vitreux ; sa cassure inégale et conchoïde. Ses cristaux sont rarement simples, et sont le plus ordinairement formés de la réunion de plusieurs prismes primitifs. Celle de Bastennes, près de Dax, est composée de :

Carbonate de chaux.	95.30
Carbonate de strontiane.	4.10
Eau.	0.60
	100.00

Mais celle de Gex (Ain) donne à l'analyse.

Carbonate de chaux.	99.60
Eau.	0.15
	99.75

qui ne renferme point de strontiane, non plus que les échantillons de Herrngrund, en Hongrie, et ceux analysés par Fourcroy, Vauquelin, Thénard et Biot. D'un autre côté, une aragonite de Vertaison a donné 2.26 pour 100 de carbonate de strontiane ; une autre de Bohême, 1.02 ; d'où il faut conclure que la strontiane n'est pas un caractère distinctif et indispensable de l'aragonite.

Une analyse de Fourcroy et Vauquelin fournit :

Chaux.	58.50
Acide carbonique.	41.50
	100.00

qui ne répond qu'approximativement à l'expression générique $CaO\,CO^2$. Si l'on considère cet échantillon comme la réunion d'une faible portion d'un sous-carbonate calcique analogue à celui de Fuchs, on aura la formule 9 $CaO\,CO^2 + (CaO)^2\,CO^2$, qui répond parfaitement à la composition ci-dessus. En effet,

	11 CaO = 38.61,	ou pour cent	58.40
	10 CO^2 = 27.50	»	41.60
ou	66.11		100.00

Carbonate.	85.22
Sous-carbonate.	14.78
	100.00

La variété fibreuse de l'aragonite ressemble exactement à la chaux carbonatée fibreuse : elle est cependant plus maigre au toucher, plus fragile, moins nacrée.

Dans les mines de fer d'Artzberg, en Styrie, on trouve de l'aragonite fibreuse en rameaux contournés, qui imitent assez bien les branches rameuses de certains coraux. Cette variété dite *coralloïde* est d'un beau blanc ; sa cassure en est mate et fibreuse ; elle est connue sous le nom de *flosferri.*

La chaux carbonatée se rencontre associée au carbonate de plomb dans quelques mines de l'Écosse. On a donné à cette substance, qui a tous les caractères du carbonate calcaire, le nom de *plumbo calcite* qui rappelle sa composition. Son analyse a fourni à M. Johnston :

Carbonate de chaux.	97.61
Carbonate de plomb.	2.34
Humidité.	0.05
	100.00

La chaux carbonatée joue l'un des principaux rôles dans la structure du globe ; elle forme des masses importantes dans toutes les formations et à tous les étages géognostiques ; c'est elle qui constitue la vaste chaîne des Pyrénées qui traverse tout le nord de l'Espagne ; le Jura et les premiers chaînons des Alpes en sont composés ; dans le vaste territoire houiller des Asturies, c'est elle qui a soulevé et disloqué les couches carbonifères, et leur a donné la forte inclinaison qui distingue cette formation ; elle est remarquable par ses fossiles. Le *calcaire carbonifère, calcaire de montagne* ou *calcaire métallifère*, est très-développé dans le nord de la France, en Angleterre, en Belgique et dans la partie septentrionale de l'Espagne ; au-dessus des schistes bitumineux se trouve un *calcaire compacte* divisé par des marnes, et au milieu duquel on rencontre des dépôts salifères ; en Angleterre, le *calcaire magnésien* forme la partie la plus importante du terrain pénéen ; le *calcaire conchylien* est placé entre le grès bigarré et les marnes irisées sur la pente orientale des Vosges, en Allemagne, dans le département du Var ; il est remarquable dans la baie de Santander. Dans la Normandie et le Lyonnais, le calcaire compacte pétri de débris de coquilles forme de belles lumachelles ; au-dessus se trouve le *lias*, ou calcaire à griffée arquée ; celui qui renferme des bélemnites lui est supérieur, et alterne, dans le Vivarais et dans les Cévennes, avec les premières assises du système oolitique. Le calcaire grossier, dit *à cérithes*, est extrêmement développé autour de Paris ; c'est là qu'on trouve la craie ; le calcaire jurassique, qui forme une espèce de réseau en France, est très-souvent oolitique.

Quant aux échantillons minéralogiques, les cristaux lamelleux se rencontrent à Moutiers ; ceux équiaxes, produits par des troncatures tangentes sur les arêtes culminantes, se présentent à Joachimsthal en Bohême, à Andréasberg, au Hartz ; le rhomboèdre inverse appartient aux terrains de Fontainebleau, aux landes de Bayonne, aux grès tertiaires de Bergerac ; le rhomboèdre contrastant a été rencontré à une lieue de la Rochelle, dans le pays d'Aunis, en géode dans le calcaire jurassique ; les cristaux cuboïdes ont été recueillis en France près de Castelnaudary, près de Clermont-Ferrand ; à Andréasberg au Hartz. Dans cette dernière localité, ainsi qu'au Derbyshire et à Plymouth, en Angleterre, on cite le rhomboèdre mixte ; le rhomboèdre contracté a été trouvé dans les mines de plomb du Cumberland, et à Oberstein, le rhomboèdre dilaté, tous deux surmontés de l'équiaxe ; l'aragonite se trouve à Ba tenn s. près de Dax ; à Molina, en Aragon ; à Vertaison, en Auvergne ; à Leogang, dans le Salzbourg ; en Bohême ; à Gex (Ain) ; à Herrngrund, en Hongrie, etc ; la chaux carbonatée nacrée se rencontre à Bermsgrün, en Saxe et à Konsberg, en Norwége ; l'écume de mer, à Géra en Misnie, et à Eisleben en Thuringe ; le calcaire saccharoïde, dont la formation est due au métamorphisme, est surtout remarquable près d'Antrim, en Irlande, où ses filons sont traversés par des filons de basalte ; les cristaux de dolomie, si remarquables par leur belle couleur jaune verdâtre, viennent de Tharand en Saxe ; on trouve les cristaux lenticulaires de *miémite* en Toscane, et ceux de *conite* en Islande ; l'*ankérite* a été observée dans la Styrie et au Salzbourg.

Les carbonates calcaires saccharoïdes paraissent dus au métamorphisme : la présence des roches éruptives, et le dérangement des couches, montrent à la fois la cause et l'effet ; au Saint-Gothard et au col de la Furka, il paraît être le résultat de l'altération du calcaire jurassique ; dans les Pyrénées orientales, ils passent à la craie inférieure par des couches à hippurites.

CARBONATE DE CUIVRE (*Minér.*), m. Syn. : *cuivre carbonaté vert*, *cuivre carbonaté bleu*, *vert de montagne*, *malachite*, *cuivre azuré*, *azurite* de Beudant, *mysorine*. Ce minéral se distingue par sa couleur : il est vert, bleu ou brun ; le vert et le bleu forment une même espèce, et sont hydratés ; le brun est anhydre ; les deux premiers présentent un carbonate cuprique, et ont pour forme primitive le prisme rhomboïdal oblique ; le troisième est le carbonate bi-cuprique, dont la forme cristalline n'est pas connue.

Le *carbonate de cuivre vert*, ou *malachite*, est d'une belle couleur émeraude, qui se nuance diversement ; son éclat est vitreux et soyeux, quelquefois adamantin ; il raye le gypse, et se laisse rayer par le carbonate de chaux ; sa densité est de 4.008 ; au chalumeau, il se convertit, au feu d'oxydation, en une boule noire ; avec le borax, il donne un verre de couleur émeraude ; il se dissout avec effervescence dans l'acide nitrique, et colore la solution en vert ; sa forme primitive est un prisme rhomboïdal oblique, sous les angles de 107° 18' et 112° 33'. Sa composition est, suivant Vauquelin et Klaproth :

Oxyde de cuivre.	70.10	71 70
Acide carbonique.	21.25	20.50
Eau.	8 45	7.80
	99.80	100.00

On en déduit la formule CuO CO^2 + CuO H^2O, qui offre l'union d'un atome de carbonate cuprique avec un atome d'hydrate de cuivre.

Souvent ce minéral se mélange avec des terres, s'y répand sans se décomposer, et passe à l'état terreux. M. Beudant a analysé un de ces minerais, et l'a trouvé composé de :

	Impur.	A l'état de pureté.
Oxyde de cuivre.	25.20	70.59
Acide carbonique.	7.50	90 45
Eau.	3.20	8.96
Matières terreuses.	64.40	»
	100.10	100.00

On tire du minéral dégagé des matières terreuses la même formule que du carbonate cristallisé : CuO CO^2 + CuO H^2O.

Le carbonate vert est souvent fibreux et concrétionné ; il a l'éclat soyeux ; parfois il est formé de couches concentriques, et présente, dans sa cassure, des zones d'un effet agréable et nuancé. On a trouvé dans les provinces rhénanes de la Prusse une variété lamelleuse qui possède trois clivages faciles.

Le *carbonate de cuivre bleu*, ou *azurite*, est d'une belle couleur bleue ; ses cristaux sont nets et éclatants ; ils dérivent d'un prisme rhomboïdal oblique, sous les angles de 98° 42' et 91° 58', avec le rapport :: 20 à 27 ; il est plus dur que le carbonate vert, puisqu'il raye le carbonate de chaux ; sa pesanteur spécifique est de 3 831 ; sa cassure est conchoïdale, difficilement lamelleuse ; il se comporte au chalumeau et dans l'acide nitrique comme le carbonate vert ; sa composition est, suivant MM. Klaproth, Vauquelin et Kersten :

	LOCALITÉS.		
	Sibérie.	Chessy.	Le Bannat.
Oxyde de cuivre.	68.50	70.00	69 08
Acide carbonique.	25.00	24.00	25.72
Eau.	6.50	6.00	5.20
	100.00	100.00	100 00

Ces analyses conduisent à la formule 2 CuO CO^2 + CuO H^2O, qui offre un atome de carbonate de plus que le minéral vert.

Parfois le carbonate bleu est compacte et mamelonné ; ses concrétions sont en couches parallèles ondulées ; sa couleur est d'un bleu clair ; son éclat est mat et terreux.

Le *carbonate de cuivre brun*, nommé *mysorine*, est d'un brun noirâtre, traversé souvent par des nuances verdâtres qui appartiennent au carbonate vert ; il est en masses amorphes, à structure foliacée ; il raye la fluorine, et se laisse rayer par la phosphorite ; sa densité est de 2.62 ; il est soluble dans les acides, et donne, avec la soude, du cuivre au chalumeau ; il colore le borax en vert au feu de réduction, et en rouge brique au feu d'oxydation ; il a été trouvé dans le pays de Mysore (Indoustan). Sa composition est :

Oxyde de cuivre.	60.75
Acide carbonique.	16.70
Peroxyde de fer.	19.50
Silice.	2.10
Perte.	0.95
	100.00

qui, en élaguant le peroxyde de fer mélangé, conduit à la formule $(CuO)^2$ CO^2 du carbonate bi-cuprique, et offre conséquemment une espèce distincte.

Les carbonates de cuivre sont ordinairement associés aux autres minerais de cuivre ; ils forment souvent des rognons, des nodules dans les couches de grès. Celui de Chessy, près de Villefranche, découvert en 1812, est en petites masses dans le grès bigarré, et ne paraît suivre aucune règle dans son gisement. C'est de Chessy que proviennent les beaux cristaux isolés ou groupés en pomme de pin de la variété bleue de carbonate. Les beaux morceaux de malachite sont principalement extraits des mines de Sibérie et du banat de Hongrie. On en trouve aussi dans la Corse. Le cuivre carbonaté forme, dans le calcaire de Cabralès, dans les Asturies, de petites veines dans lesquelles il est mêlé avec le cuivre gris et le sulfure. Ces veines, d'un décimètre environ d'épaisseur, sont surtout remarquables sur les bords du Rio-Carès.

CARBONATE DE FER (*Minér.*), m. Syn. : *chaux carbonatée ferrifère*, *fer spathique*, *mine d'acier*, *sidérose* de Beudant, etc. Les minéraux qui sont composés d'oxyde de fer et d'acide carbonique, sont tous à l'état de protoxydes ; ils ont un caractère tranché : c'est d'être magnétiques après le grillage, et d'avoir un tissu spathique plus ou moins prononcé. Leur composition répond à la formule générique FeO CO^2.

Le plus pur des carbonates de fer est celui du Cornouailles, analysé par M. Beudant ; il est composé de

Acide carbonique.	38.72
Protoxyde de fer.	59.97
Protoxyde de manganèse.	0.39
Chaux.	0.92
	100 00

qui répond parfaitement à la formule adoptée FeO CO^2.

Le fer carbonaté forme deux variétés distinctes : le *fer spathique*, ainsi nommé à cause de sa propriété lamelleuse, et le *fer lithoïde*, qui ressemble à certaine roche. Le premier est ordinairement cristallisé et en masses lamelleuses ; le second est amorphe. La couleur de ces deux variétés est le gris de poussière ; leur pesanteur spécifique est de 3.00 à 3.80 ; ils rayent la chaux carbonatée ; ils font lentement effervescence dans les acides à froid. Le carbonate de fer exposé à l'air a la propriété de se peroxyder, et de prendre une couleur plus foncée.

Le *fer spathique* a pour forme primitive un rhomboèdre obtus de 107° ; il possède trois clivages faciles parallèlement à ses faces ; sa couleur est le blanc grisâtre, le gris jaunâtre ; rarement le brun. Sa pesanteur spécifique est de 3.829. La variété lamelleuse est abondante, et constitue un minerai précieux pour les forges, et connu sous la dénomination de *mine douce*. La variété fibreuse a ses fibres déliées, droites et conjointes ; sa poussière est grise. Lorsqu'elle est en rognons, sa cassure est fibreuse et radiée : le minéral porte alors le nom de *sphérosidérite*. Quelquefois le carbonate de fer est accompagné d'une forte proportion de carbonate de manganèse ; il devient alors précieux pour la fabrication de l'acier ; tels sont les deux minerais que M. Breithaupt a nommés *oligonspath* et *mesintinspath*, qui ne sont que des variétés de fer spathique. L'angle du rhomboèdre du premier est de 107° 3' ; du second, 107° 14' ; leurs pesanteurs spécifiques sont 3.748 et 3.634 : leur dureté est égale : ils rayent le carbonate de chaux, et se laissent rayer par l'apatite ; ils sont tous deux jaunes, mais l'oligonspath tire un peu sur le rouge. Leur composition est :

	Oligonspath.	Mesitinspath.
Acide carbonique.	36.50	44.23
Protoxyde de fer.	38 40	35.13
Protoxyde de manganèse.	25.10	»
Magnésie.	»	20.64
	100.00	100.00

La première analyse répond à la formule 3 FeO CO^2 + 2 MnO CO^2 ; la seconde, à FeO CO^2 + MgO, CO^2 ; formules identiques, si l'on considère le fer, le manganèse et la magnésie comme isomorphes, auquel cas on aura (FeO, MnO) CO^2 pour la première, et (FeO, MgO) CO^2 pour la seconde.

Le fer carbonaté lithoïde doit son aspect pierreux à la présence de l'argile qui l'accompagne. Il est gris foncé, rarement blond ; sa cassure est terreuse et ténue ; il se trouve en masses informes, ou en rognons aplatis, dont quelques-uns sont caverneux et sont tapissés de cristaux lenticulaires bruns. Sa poussière est grise lorsqu'il est pur, et brune lorsqu'il commence à se décomposer ; sa pesanteur spécifique varie de 3.00 à 3.80.

Les analyses suivantes, dues à MM. Colquhoun et Berthier, montrent la composition des fers lithoïdes des houillères :

	Brassac.	Aveyron.	Saint-Étienne.	
Acide carbonique.	25.30	28.90	38.40	31.60
Protox. de fer.	35.00	54.20	41.80	50.80
— de mangan.	0.30	1.10	4.10	1.00
Chaux.	»	0.30	0.20	3.50
Magnésie.	1.60	0.90	0.30	»
Silice.	26.80	12.10	12.30	10.30
Alumine.	11 80	2.80	3.20	2 80
	100.70	100.30	100.30	100.00

Quoique ces analyses paraissent différer entre elles, elles répondent toutes à la formule FeO CO^2 + *m* Al^2O^3 $(SiO^3)^n$, dans laquelle la proportion d'argile *m* varie non seulement par rapport au carbonate de fer, mais encore suivant l'exposant *n*, par rapport aux principes qui constituent cette argile.

M. Paillette, ingénieur civil, a trouvé, dans la mine de plomb de Poullaouen, un carbonate de fer auquel il a donné le nom de *junckérite*. Ce minéral est d'un gris jaunâtre ; il raye la chaux carbonatée ; il est attaquable à chaud par les acides ; sa pesanteur spécifique est de 3.815. Ses cristaux dérivent d'un prisme rhomboïdal droit, sous l'angle de 108° 26' ; ce sont des octaèdres rectangulaires, aux faces arrondies ; leur surface est mate ; ils possèdent trois clivages miroitants, et conséquemment faciles à mesurer. Cette seconde forme accorde au carbonate de fer la propriété du dimorphisme. M. Dufrénoy a trouvé pour la composition de la *junckérite* :

Protoxyde de fer.	53.60
Acide carbonique.	33.50
Silice.	8.10
Magnésie.	3.70
Perte.	1.10
	100.00

Cette composition donne la même formule (FeO, MgO) CO^2 que tous les fers spathiques.

Les fers carbonatés se distinguent encore par la différence de leurs gisements : le fer spathique se trouve dans les mêmes terrains que l'hématite brune, en Saxe, en Bohême, en

Tyrol, en Styrie, dans les Pyrénées, dans le Dauphiné, etc. On le traite pour acier lorsqu'il contient du manganèse, et alors il devient précieux pour les forges catalanes. Quant aux variétés, on distingue les cristaux aplatis du Cornouailles et de Traverselle en Piémont; les échantillons les mieux déterminés se recueillent à Steinheim dans la Hesse, où ils sont associés à du basalte; le mesitinspath se rencontre au Piémont.

Quant au carbonate de fer lithoïde, il appartient essentiellement aux terrains houillers, et se rencontre plus ou moins abondamment partout où se trouve ce combustible; il alterne avec les couches de houille, et son exploitation est la conséquence de celle du combustible minéral.

CARBONATE DE MAGNÉSIE (*Minér.*), m. Syn.: *breunérite*, *giobertite*, *walmstédite*, etc. Combinaison d'oxyde de magnésie avec de l'acide carbonique.

Ce minéral est blanc, quelquefois coloré par un peu de fer; il raye le calcaire, et est rayé par la fluorine; sa densité est de 2.88; il se dissout dans l'acide nitrique avec effervescence; sa forme primitive est un rhomboèdre sous l'angle de 107° 25'; il présente trois clivages égaux et faciles, suivant les faces du cristal primitif; ses cristaux sont quelquefois colorés en noir par du bitume. MM. Stromeyer et Dufrénoy ont trouvé pour sa composition :

	LOCALITÉS.	
	Baumgarten.	Salzbourg.
Magnésie	47 63	43.10
Protoxyde de fer.	»	5.20
Protox. de manganèse.	0.21	»
Acide carbonique.	50.78	50.60
Eau.	1.40	»
	99.09	98.90

dont la formule est $MgO\ CO^2$.

La *breunérite* du Tyrol est une association de carbonate de magnésie et de carbonate de fer; ou peut-être un simple carbonate, dans lequel le protoxyde de fer est isomorphe avec la magnésie. Aussi, sa forme n'est-elle point altérée : c'est un rhomboèdre de 107° 30'. Il est composé, suivant Stromeyer, de :

	LOCALITÉS.		
	Fassa.	Tyrol.	Hartz.
Carbonate de magnésie.	82.89	86 03	84 34
— de fer.	16 97	13.18	10.02
— de manganèse.	0.73	»	3.19
	100.61	99.20	97.55

Les relations qui résultent de ces analyses donnent les formules suivantes :

La première : $6\ MgO\ CO^2 + FeO\ CO^2$;

La seconde : $8\ MgO\ CO^2 + FeO\ CO^2$;

La troisième : $8\ MgO\ CO^2 + (FeO, MnO)\ CO^2$.

Les exposants du carbonate de magnésie tendent à faire penser que les deux carbonates ne sont ici qu'à l'état de mélange. En effet, M. Fritzsche a trouvé pour la composition de la *pistomésite* de M. Breithaupt l'expression $3\ MgO\ CO^2 + 2\ FeO\ CO^2$, qui se rapproche davantage de la formule de la *mésitine* $MgO\ CO^2 + FeO\ CO^2$, laquelle paraît être le type du double carbonate.

Il existe une variété terreuse de carbonate de magnésie associée à l'hydro silicate connu sous le nom de magnésite; elle ressemble parfaitement à la craie, a la même couleur, et happe la langue; elle fait, comme elle, effervescence avec les acides; elle ne se distingue que par la gelée que fait la silice dans les acides, et parce qu'elle forme dans l'acide sulfurique un sulfate double, d'un goût amer. Celle qui provient de Baldissero, près de Turin, a fourni à M. Berthier l'analyse suivante :

Magnésie.	39.00
Acide carbonique.	41.80
Magnésite.	19.20
	100.00

qu'on peut mettre sous la forme $13\ MgO\ CO^2 + 2\ MgO\ SiO^3$, ou mieux : $MgO\ CO^2 + n\ MgO\ SiO^3$, attendu que la proportion de magnésite est très-variable.

Il existe à Hoboken (New-Jersey) un hydrocarbonate de magnésie, en aiguilles déliées, formant sur l'hydrate de magnésie et sur la serpentine une croûte superficielle. M. Vachmeister, qui l'a analysée, l'a trouvée composée de :

Magnésie.	42.41
Protoxyde de fer.	0.27
Acide carbonique.	36.82
Eau.	18.53
Silice.	0.57
	98.60

Pour amener cette constitution atomique à une formule simple, il faut considérer que l'atome de magnésie est isomorphe de près de trois atomes d'eau; il est naturel alors, vu l'association de ces aiguilles avec la magnésie hydratée, de penser qu'elles forment un carbonate de magnésie associé à un hydrate : on est ainsi conduit à l'expression atomique : $2\ MgO\ CO^2 + MgO\ H^2O$.

Il existe un double carbonate de magnésie et de fer, auquel on a donné le nom de *pistomésite*; sa forme cristalline est la même que celle des carbonates de magnésie, quoique sa composition en diffère un peu. Nous avons cru néanmoins devoir renvoyer cette variété au mot PISTOMÉSITE, où nous en donnons la description.

Le carbonate de magnésie se rencontre dans les Alpes; dans le Salzbourg; à Schellgraden et à Traverselle, dans le Piémont; ses cristaux sont engagés dans du schiste talqueux. La breunérite se recueille dans le Hartz, au Tyrol; dans la vallée de Fassa; la variété terreuse provient de Baldissero, près de Turin; celle en aiguilles, de Hoboken, dans l'État de New-Jersey.

CARBONATE DE MANGANÈSE (*Minér.*), m. Substance essentiellement composée d'*oxyde de manganèse* et d'*acide carbonique*. — Synonymie : *manganèse carbonaté ; diallogite ; roth braunsteinerz* de Werner; *rhodochrolite; chaux carbonatée manganésifère* d'Haüy; minéral rose, blanc rosâtre ou jaune rosâtre, quelquefois brun, parfois nacré, mais presque toujours de couleur rose; poussière rosée, passant du rose au brun par l'action du chalumeau; y colorant, comme tous les oxydes de manganèse, le verre de borax en violet; donnant une frite verte, avec le carbonate de soude, sur la lame de platine. Il se dissout avec effervescence dans l'acide nitrique. — Sa cassure est généralement lamellaire. — Sa densité est 3.2 à 3.6; il raye le carbonate de chaux. — Il cristallise en rhomboèdres d'environ 107° 20'.

Composition, suivant M. Berthier :

	CARBONATE DE	
	Nagyag.	Freyberg.
Acide carbonique.	38.60	38.70
Protoxyde de manganèse.	56.00	51.00
Chaux.	5.40	5.00
Protoxyde de fer.	»	4.50
Magnésie.	»	0 80
	100.00	100.00

dont la formule est MnO CO^2.

On le trouve sous forme de concrétions roses à Nagyag, en Transylvanie; en masse dans les environs de Kapnick (même province), où il est associé au cuivre gris, à l'antimoine et au zinc sulfuré. On cite encore du carbonate de manganèse à Freyberg, en Saxe, et à Orlez, en Sibérie. Ce dernier, qui est d'un beau rose avec des taches et des veines noires, est employé pour ornement : on en fait des tables, des vases, etc.

Quelquefois, comme à Nagyag, le carbonate de manganèse est allié au carbonate de chaux, et forme un double carbonate rose, auquel on a donné le nom de *diallogite*. Ce minéral, dont la formule est $(CaO + MnO)^n (CO^2)^2$, se dissout dans l'acide nitrique plus lentement que le carbonate de manganèse seul; il se présente parfois en cristaux rhomboïdaux légèrement contournés, ou devenus lenticulaires. On le trouve aussi en masses compactes et laminaires; il sert de gangue au tellure de Transylvanie, et accompagne le manganèse de Saint-Marcel, dans la vallée d'Aost. M. Kersten a signalé récemment un gîte de ce minéral dans la mine Alte-Hoffnung-Gottes, à Voigtsberg, qui, outre les carbonates désignés ci-dessus, contient des carbonates magnésique et ferreux. Sa pesanteur spécifique est de 3.333.

On a trouvé à Schemnitz un carbonate double de manganèse et de chaux, d'un rose clair et radié, semblable à l'aragonite. M. Breithaupt lui a donné le nom de *mangano-calcite*, et en a fait une espèce particulière. M. Rammelsberg a trouvé qu'il était composé de :

Carbonate manganeux.	67.18
— calcique.	18.81
— magnésique.	9.97
— ferreux.	3.22
	99.18

En éliminant les deux derniers carbonates, on trouverait pour formule 3 MnO CO^2 + CaO CO^2; mais il est probable que ce minéral n'est qu'un mélange variable de quatre carbonates.

CARBONATE DE PLOMB (*Minér.*), m. Syn. : *plomb blanc ; céruse*, etc.

Ce minéral est ordinairement blanc; il est quelquefois adamantin. On le trouve en cristaux aciculaires, en masses bacillaires, en masses compactes, en rognons terreux; parfois il est noir, et doit l'altération de sa couleur à la présence d'une petite quantité de sulfure d'argent ou de plomb; sa forme primitive est un prisme rhomboïdal droit, sous l'angle de 117° 14', et avec le rapport : 23 : 31, il possède des clivages peu distincts, et jouit de la double réfraction à deux axes; sa densité est de 6.40 à 6.72; il raye la chaux carbonatée, et est rayé par la fluorine; sa cassure est conchoïdale; il est soluble dans l'acide nitrique avec effervescence; au chalumeau, il décrépite, change de couleur, et donne un globule de plomb. Sa composition est de :

	VARIÉTÉS		
	Cristallisée.		Terreuse.
Protoxyde de plomb.	82.00	83.51	69.75
Acide carbonique.	16.00	16.49	14.25
Oxyde de fer.	»	»	1.25
Matières insolubles.	»	»	14.25
	98.00	100.00	99.50

qu'on exprime par la formule PbO CO^2.

Dans les monts Poxi, en Sardaigne, on rencontre un carbonate de plomb uni à du carbonate de zinc. Kersten en a donné l'analyse suivante :

Carbonate de plomb.	92.10
— de zinc.	7.02
	99.12

La variété aciculaire est ordinairement d'un beau blanc nacré, quelquefois un peu jaunâtre; elle forme des aiguilles brillantes, tantôt libres, tantôt en aigrettes; elles sont extrêmement fragiles; celle bacillaire présente de longs cristaux striés, de même couleur que les aiguilles de la variété aciculaire; celle amorphe est quelquefois transparente et vitreuse, quelquefois mélangée d'argile et d'oxyde de fer; elle est souvent mamelonnée, et en rognons disséminés dans une argile ou dans du grès.

M. Brooke a fait connaître un plomb carbonaté associé avec du sulfate du même métal; il lui a donné le nom de *lanarkite;* sa forme dérive du prisme rhomboïdal oblique, sous l'angle de 120° 48'; c'est une espèce particulière, dont la densité est de 6.80 à 7.00; elle est fragile, et moins dure que le carbonate pur; sa couleur est le blanc grisâtre ou verdâtre; elle est translucide, et possède un éclat vitreux; elle fait peu d'effervescence en se dissolvant dans l'acide nitrique, et laisse un résidu abondant de sulfate de plomb; elle se réduit au chalumeau sur le charbon. Sa composition, suivant M. Brooke, est :

Carbonate de plomb.	46.90
Sulfate de plomb.	53.10
	100.00

répondant à la formule $PbO\,CO^2 + PbO\,SO^3$.

Les cristaux de lanarkite ou plomb sulfocarbonaté, sont des prismes allongés formant de petits faisceaux; quelquefois ce sont des aiguilles longues, déliées, éclatantes, modifiées au sommet.

C'est à cette espèce qu'il faut rapporter la *leadhillite*, ou *plomb sulfato-tricarbonaté* de M. Brooke; sa forme primitive est, suivant M. Haidinger, un prisme rhomboïdal oblique, dont les angles sont 59° 40' et 90° 04', et le rapport : : 100 : 219. M. Brooke adopte, pour cette forme, un rhomboèdre sous l'angle de 73° 20'; ce qui rendrait le carbonate de plomb dimorphe. La leadhillite est d'un blanc grisâtre ou brunâtre, quelquefois verdâtre par la présence d'un peu de carbonate de cuivre; son éclat est adamantin; elle possède un clivage facile, parallèlement à la base; elle jouit de la double réfraction à deux axes; sa densité est de 6.266; elle raye le gypse, et est rayée par la fluorine. Sa composition est, suivant MM.

	Brooke,	Irwing,	Berzelius,	Stromeyer,
Carbonate de plomb.	72.80	68.00	71.00	72.70
Sulfate de plomb.	27.30	29.00	28.70	27.30
	100.00	97.00	99.70	100.00

On en tire (en moyenne) la formule $3\,PbO\,CO^2 + PbO\,SO^3$.

Le carbonate de plomb est un minéral assez rare : on le rencontre en beaux cristaux à Leadhill's, en Écosse, et à Greisberg, dans l'Eifel; la variété terreuse se trouve à Eschweiller et à Boo, près de Santander; le carbonate de plomb zincifère provient de la Sardaigne; on recueille de beaux échantillons bacillaires dans les mines de Zellerfeld, au Hartz, et dans celles de Huel-Penrose, en Cornouailles; la lanarkite n'a encore été trouvée qu'à Leadhills, en Écosse.

CARBONATE DE SOUDE (*Minér.*), m. Synonymes : *natron*, *alcali minéral*, *trona*, *urao* de Beudant, etc.

Ce minéral, qui est toujours hydraté, perd, en s'effleurissant, de son eau de cristallisation; il n'est donc point étonnant que ses diverses analyses offrent des différences dans l'évaluation de l'eau. On en fait ordinairement deux espèces : l'une, qui est un carbonate simple hydraté, et cristallisé en prisme droit; l'autre, qui est un sesqui-carbonate, et a pour forme le prisme rhomboïdal oblique.

Le carbonate de soude est blanc; ses cristaux sont translucides; ce sont ordinairement des tables à huit faces, allongées dans le sens de la petite diagonale; le prisme primitif a pour angles 76° 12' et 103° 48, avec le rapport : : 13 : 10; ce minéral est soluble dans l'eau; il possède une saveur urineuse; sa solution, qui a lieu avec effervescence dans l'acide nitrique, verdit le sirop de violette; sa densité est de 1.423; il est facilement fusible au chalumeau, en un verre transparent qui s'altère par l'exposition à l'air. Sa composition est déterminée par l'analyse suivante de Klaproth, faite sur des cristaux provenant des lacs de Debretzin, en Hongrie :

Soude.	22.00
Acide carbonique.	16.00
Eau.	64.00
	102.00

qui conduit à la formule $NaO\,CO^2 + 10\,Aq$.

A mesure que cette substance s'effleurit, elle se décompose et perd de l'eau : l'analyse suivante, due à M. Beudant, a été faite sur la même substance, mais effleurie, et telle que le commerce l'exporte :

Soude.	43.20
Acide carbonique.	30.40
Eau.	13.80
Sulfate de soude.	10.40
Hydrochlorate de soude.	2.20
	100.00

d'où l'on tire $NaO\,CO^2 + Aq$.

La seconde espèce de carbonate de soude, nommée *urao* par M. Beudant, cristallise en prisme rhomboïdal oblique, dont les angles sont supérieurs à 120°; ses cristaux affectent la forme d'un prisme très-obtus, surmonté d'un biseau; ils possèdent un clivage facile, parallèlement à la forme primitive. L'urao est soluble dans l'eau; il se comporte dans les acides et au feu comme le carbonate simple; sa pesanteur spécifique est de 2.112. Klaproth a trouvé pour sa composition :

Soude.	37.00
Acide carbonique.	38.00
Eau.	22.00
Sulfate de soude.	3.00
	100.00

Cette analyse conduit à la formule $(NaO)^2\,(CO^2)^3 + 4\,Aq$, qui est celle du sesqui-carbonate sodique de Berzelius.

On a trouvé à Lagunilla, dans l'Amérique méridionale, un minéral cristallisé, auquel on a donné le nom de gay-lussite; c'est une réunion de deux carbonates : l'un de soude, l'autre de chaux. Sa forme primitive, déterminée par MM. Cordier et Descloizeaux, est un prisme rhomboïdal oblique, dont les angles sont de 96° 30' et 68° 50', et le rapport : : 21 : 17; il raye le gypse, et se laisse rayer par le carbonate de chaux; sa densité est de 1.93; sa cassure est conchoïde et vitreuse au travers, et lamelleuse parallèlement à la base; au feu, il décrépite et fond en un globule opaque, qui développe une saveur alcaline très-prononcée; il est soluble dans l'acide nitrique avec effervescence. Sa composition est, suivant M. Boussingault :

Carbonate de soude.	34.50
— de chaux.	33.60
Eau.	30.40
Argile.	1.50
	100.00

répondant à l'expression atomique $NaO\ CO^2 + CaO\ CO^2 + 5\ Aq$.

La soude carbonatée est très-abondante en Égypte; elle se forme sur les lacs Natron par la décomposition de l'hydrochlorate de soude qui existe dans les eaux; ses efflorescences ressemblent à des flocons de neige; il sort quelquefois du terrain voisin des lacs sous forme d'aiguilles; c'est ce qui arrive dans les plaines de la Hongrie et dans celles qui bordent la mer Noire; il existe des lacs natrifères en Arabie, en Perse, dans l'Inde, au Thibet; le sesqui-carbonate se rencontre dans le Fezzau, dans le pays des Bochimans, aux environs de Buenos-Ayres, dans la vallée de Mexico, en Colombie. Les eaux de Carlsbad, de Spa, de Seltz, de Vichy, etc., doivent leurs vertus à la présence du carbonate de soude; on en trouve enfin en efflorescence à la surface de l'Etna et du Vésuve, à Ténériffe et à la solfatare de la Guadeloupe. La gay-lussite est associée à l'urao, au village de Lagunilla, à un jour de marche au sud-ouest de Mérida, dans l'Amérique du sud.

La soude carbonatée entre dans la composition du verre, comme on peut le voir à l'article SILICE; elle forme, avec certaines huiles grasses, la base des savons durs, après toutefois qu'elle a été ramenée à l'état d'hydrate caustique au moyen de la chaux, ainsi qu'il est expliqué aux articles SOUDE et SULFATE DE SOUDE. Le carbonate est aussi très-fréquemment employé en médecine; il fait la base des eaux de Seltz et des eaux gazeuses.

CARBONATE DE STRONTIANE (*Miner.*), m. Synonymes : *strontiane carbonatée*, *strontianite*. Substance blanche, éclatante, ou d'un vert d'asperge, en aiguilles longues et déliées formant des masses aciculaires. Elle est très-fragile, raye la chaux carbonatée, mais se laisse rayer par la fluorine; sa densité est de 3.605; elle est soluble avec effervescence dans l'acide nitrique; un papier trempé dans cette dissolution, séché et brûlé, donne une flamme purpurine; ses cristaux dérivent d'un prisme rhomboïdal droit, sous l'angle de 117° 32', et avec le rapport : : 50 : 31. La composition de la strontiane carbonatée est, suivant

	M. Pelletier,	M. Stromeyer.
Strontiane.	62.00	65.60
Chaux.	»	3.74
Acide carbonique.	30.00	30.31
Oxyde de manganèse.	»	0.07
Eau.	8.00	0.08
	100.00	99.80

La première analyse donne $SrO\ CO^2 + n\ Aq$ (n étant une fraction voisine de l'unité); la seconde conduit à $(SrO, CaO)\ CO^2$; d'où, à cause de l'isomorphisme de la chaux et de la strontiane, on tire la formule $SrO\ CO^2$ de la strontiane carbonatée.

M. le docteur Thomson a nommé *emmonite* ou *emmonsite* un carbonate de strontiane uni à un carbonate de chaux, qui provient du comté de Schoharie, aux États-Unis. Il est d'un blanc de neige et lamelleux, parallèlement aux faces d'un prisme rhomboïdal droit. Son analyse a donné :

Carbonate de strontiane.	82.69
— de chaux.	12.50
Peroxyde de fer.	1.00
Zéolite.	3.79
	99.98

d'où l'on tire $5\ SrO\ CO^2 + CaO\ CO^2$.

Il existe dans les Orcades une variété de carbonate de strontiane que le docteur Troil a nommée *stromnite*; elle est d'un blanc grisâtre, un peu jaunâtre, à éclat nacré; elle est translucide; sa densité est de 3.903; elle est très-fragile. Rayée par la fluorine, elle raye le carbonate de chaux; elle est composée d'aiguilles divergentes radiées; sa composition est, d'après le docteur Troil :

Carbonate de strontiane.	68.60
Sulfate de baryte.	27.50
Carbonate de chaux.	2.60
Oxyde de fer.	0.10
	98.80

Cette analyse conduit bien près de $4\ SrO\ CO^2 + BaO\ SO^3$; tout tend à démontrer néanmoins que ce n'est qu'un mélange.

Le carbonate de strontiane fut d'abord découvert à Strontiane, en Écosse; il servait de gangue à un filon de galène et de sulfure de fer, et se trouvait associé à de la baryte, du carbonate de chaux et de la stylbite; il s'est depuis retrouvé à Braünsdorf, en Saxe, accompagné de cuivre pyriteux, et à Salzbourg, en Bavière; la stromnite provient de Stromness, dans les Orcades, où elle forme de petits filons dans un schiste argileux contenant du sulfure de plomb.

CARBONATE DE TELLURE (*Minér.*), m. Ce minéral extrêmement rare n'a encore été trouvé qu'à Albaradon, au Mexique, par M. Herrera. La description en est due à M. André del Rio.

Il est d'un vert pistache, émeraude ou vert d'herbe : son éclat est vitreux, quelquefois nacré; sa poussière est d'un gris jaunâtre; il

8.

se présente en masses lamelleuses et à éclat fibreux. Il est légèrement transparent; il raye la phosphorite, et se laisse rayer par le feldspath; sa pesanteur spécifique est de 4.30; la variété lamelleuse possède trois clivages, qui mènent au rhomboèdre, mais dont on n'a pu mesurer les angles. Le carbonate de tellure brunit au chalumeau, et donne une fumée blanchâtre qui colore le charbon en vert d'herbe; dans le tube ouvert et incliné, la fumée s'attache au verre, et y dépose une infinité de petits globules blancs et transparents, qui sont un des caractères distinctifs du tellure. Sa composition est, d'après l'analyse de M. Herrera :

Oxyde de tellure.	55.35
Acide carbonique.	31.85
Peroxyde de nikel.	12.32
	99.52

Si l'on regarde le peroxyde de nickel comme étant à l'état de mélange, on est conduit à la formule : $TeO^2 (CO^2)^2$ du carbonate tellurique des chimistes.

CARBONATE DE ZINC (*Minér.*), m. Synonymes : *zinc oxydé, calamine, smithsonite* de Beudant, *zinkspath* des Allemands, etc. Minéral blanc, blanc jaunâtre, jaune noirâtre, en cristaux, en masses compactes ou concrétionnées, à l'état pseudomorphique; hyalin, semi-transparent ou translucide, lorsqu'il est cristallisé; son éclat est plus ou moins vif; il raye la fluorine, et se laisse rayer par le feldspath; sa densité est de 4.45, suivant M. Lévy, et de 5.00 à 4.446, suivant Smithson; il est soluble avec effervescence dans les acides nitrique et sulfurique; d'où il est précipité par l'ammoniaque, qui, versé en excès, redissout le précipité obtenu. Un papier trempé dans la solution nitrique et séché s'enflamme spontanément à l'approche de la flamme d'une bougie; il n'est pas électrique par la chaleur; au chalumeau il donne un émail blanc, qui, au feu de réduction, couvre le charbon de fumée de zinc, et donne une vive clarté; il convertit le cuivre rouge en laiton. Sa forme primitive est un rhomboèdre obtus, sous l'angle de 107° 40'. Sa composition est, suivant Smithson :

	Cristallisé.	Concrétionné.
Acide carbonique.	35.20	34.80
Oxyde de zinc.	64.80	65.20
	100.00	100.00

dont la formule $ZnO\ CO^2$ est analogue à celle de la plupart des carbonates.

On trouve quelquefois le carbonate de zinc associé au carbonate de cuivre dans la même mine. Ce minerai, qui fournissait aux anciens le bronze dont ils se servaient, avant qu'on eût appris dans l'île de Délos à le fabriquer de toutes pièces, a été nommé *orichalcite* par les Grecs, et *aurichalcite* par les Latins; récemment M. Bœttger a repris ce dernier nom, pour l'appliquer au double carbonate de l'Altaï; plus récemment encore M. Delesse l'a désigné sous le nom de *buratite*.

L'orichalcite de l'Altaï tapisse de petites druses dans une calamine compacte argileuse; elle est en petites fibres ou prismes allongés, terminés par un pointement; elles sont transparentes, d'un bleu azuré, avec des reflets nacrés; sa pesanteur spécifique est de 3.32; elle donne au chalumeau les réactions du zinc, et avec la soude et le sel de phosphore celles du cuivre; elle fait effervescence avec les acides. Sa composition est :

	LOCALITÉS.		
	Lotweskoff.		Chessy.
Oxyde de zinc.	45.84	32.02	41.19
Oxyde de cuivre.	28.19	29.46	29.00
Chaux.	»	8.62	2.16
Acide carbonique.	16.06	21.45	20.05
Eau.	9 95	8.45	7.62
	100.04	100.00	100.00

La formule approchée de ces analyses, dans lesquelles les éléments sont assez variables, est $2 (ZnO, CuO, CaO)\ CO^2 + 3 (ZnO, CuO, CaO)\ H^2O$, ou deux atomes de carbonate réunis à trois atomes d'hydrate.

La zinconise de M. Beudant, ou le *zinc hydro-carbonaté*, paraît être le résultat de la décomposition des carbonates de zinc avec lesquels il est associé, et sur la surface desquels il forme une croûte blanchâtre et terreuse; il raye également la fluorine; sa densité est de 3.59; il absorbe de l'eau, lorsqu'on le plonge dans ce liquide; il devient jaunâtre au chalumeau, et se dissipe à la flamme de réduction en déposant une poussière blanche sur le charbon. Sa composition est assez simple, et les deux analyses suivantes, dues à MM. Smithson et Berthier, ne diffèrent entre elles que par la quantité d'eau.

Acide carbonique.	13.50	13.00
Oxyde de zinc.	71.40	67.00
Eau.	15.10	20.00
	100.00	100.00

La 1re donne $ZnO\ CO^2 + 2\ ZnO\ H^2O +$ Aq;
la 2e $ZnO\ CO^2 + 2\ ZnO\ H^2O + 2$ Aq.

Si donc on attribue l'excès d'eau dans la seconde à la faculté absorbante si remarquable du minéral, on aura une formule simple et uniforme.

La calamine est disséminée en petits filons contemporains dans le calcaire métallifère de la chaîne des Mendip-hills, en Angleterre; en Belgique, elle forme de grands dépôts dans les couches calcaires du terrain anthraxifère; à deux lieues d'Aix, le gîte puissant de la vieille montagne appartient au calcaire supérieur; il est placé entre la dolomie et les psammites; dans la haute Silésie, vingt-huit mines de calamine sont assises sur le Muschelkalk, et recouvertes d'une dolomie bleuâtre ou rougeâtre (braunes-dachgestein, blaues-dachgestein) ; ces gîtes sont souvent accompagnés de galène.

CARBONO-PHOSPHATE DE FER (*Minér.*), m. Nom donné par M. Thomson à un minerai de fer contenant de l'acide carbonique et de l'acide phosphorique, et qui a été trouvé aux vignes, près de Hayanges. Nous l'avons décrit au mot SILICATE DE FER.

CARBO-SILICATE DE MANGANÈSE (*Minér.*), m. Nom donné par M. Thomson à un *silicate de manganèse* mélangé de carbonate.

CARBUNCLE (*Minér.*), m. *Escarboucle*, pierre précieuse des anciens, qu'on croit être un grenat rouge. C'est le *carbunculus* de Pline, mot fait de *carbo*, charbon, parce qu'on disait qu'il brillait comme un charbon allumé. Quelques auteurs prétendent que *carbunculus* doit se traduire par *rubis*; on l'appelle *escarboucle* en français.

CARBURE DE FER (*Minér.*), m. Nom donné à tort au *graphite*, qu'on croyait être un alliage de carbone et de fer.

CARBURE D'HYDROGÈNE (*Minér.*), m. *Voy.* HYDROGÈNE CARBONÉ.

CARCAS (*Métall.*), m. Restes de coulée provenant de la refonte d'un métal dans le fourneau à réverbère, ou dans un four à manche.

CARCINITE (*Minér.*), f. Espèce de sulfure de fer qui a quelque apparence d'un crabe.

CARDIOLITE, f. *Voy.* BUCARDITE.

CARDITE (*Paléont.*), f. Genre de cardiaires, dont dix espèces fossiles se rencontrent dans les terrains modernes.

CARÈNE (*Paleont.*), f. Variété de *glossopètre* ayant la forme d'une cosse de pois.

CARGNIEULE (*Minér.*), f. Variété de *dolomie* qui accompagne, dans les Alpes, la pierre à plâtre.

CARICOÏDE (*Paléont.*), m. Madrépore fossile sphérique; c'est aussi le nom d'une fongite, ou pierre coralloïde. En ce dernier cas le nom est féminin.

CARINTHINE ou **CARINTHITE** (*Minér.*), f. Variété d'amphibole provenant de Carinthie.

CARINULE (*Paléont.*), f. Variété de *glossopètre* ayant la forme de cosse de pois.

CARNELIAN (*Minér.*), m. Nom donné par Kirwan à la *cornaline*.

CAROCOLE (*Paléont.*), f. Genre de colimacés, dont une seule espèce est fossile.

CAROLINITE (*Minér.*), f. Variété de *néphéline*.

CARPHOLITE ou **KARPHOLITE** (*Minér.*), f. Silicate hydraté d'alumine et de manganèse, d'un jaune paille plus ou moins clair, avec éclat nacré. Ce minéral, qui a été trouvé en Bohême, forme un petit filet sur de la chaux fluatée blanchâtre et violâtre, qui repose sur du quartz amorphe; la carpholite raye l'apatite, et est rayée par le feldspath; elle pèse 2.935 à 2.936 ; elle est en fibres soyeuses rayonnées; elle fond lentement, au chalumeau, en un verre brun et opaque, et produit avec le borax les réactions du manganèse. Sa composition donne, suivant

	M Steinmann,	M. Stromeyer,
Silice.	37.53	36.15
Alumine.	26.47	28.67
Protox. de manganèse.	18.33	19.16
— de fer.	6.27	2.29
Chaux.	»	0.27
Eau.	11.36	10.78
Acide fluorique.	»	1.47
	99.96	98.79

On en tire la formule : $2\ Al^2O^3\ SiO^3 + (MnO, FeO)^2\ SiO^3 + 5\ Aq$.

CARPOLITE (*Paléont.*), f. Fruit pétrifié ; du grec *karpos*, fruit; et *lithos*, pierre. Les anciens en distinguaient plusieurs variétés : *carpolithus siliquarum*, *quercinus*, *castaneus*, *conorum arborum*, etc.

CARPOMORPHITE, f. *Carpolite.*

CARRADE (*Exploit.*), f. Nom donné à Saint-Étienne à une bande de houille séparée par un gore de schiste, et qui fait partie d'une couche plus volumineuse. A Côte-Thiollière, la carrade a 2 mèt. 10 d'épaisseur.

CARRARE, m. *Marbre de Carrare.*

CARRIÈRE (*Exploit.*), f. Gîtes qui comprennent les ardoises, grès, pierres à bâtir et autres, marbres, granites, pierre à chaux, pierre à plâtre, pouzzolanes, trass, basaltes, laves, marnes, craies, sables, pierres à fusil, argiles, kaolin, terre à foulon, terre à poterie, substances terreuses et cailloux de toute nature, terres pyriteuses regardées comme engrais. Ménage fait venir le mot *carrière* de *quadraria*, latin barbare fait de *quadratus*, carré; parce que les pierres qu'on en retire sont ordinairement carrées. Les lapidaires appellent carrières, certains nœuds ou certaines taches qui se trouvent quelquefois dans des pierres fines.

CARTELETTE, f. Nom commercial de l'ardoise taillée en pièces de petite dimension, le plus souvent en forme d'écailles de poisson.

CARTON DE MONTAGNE (*Minér.*), m. Nom vulgaire d'une variété d'*asbeste* dont les filaments enlacés sont comme feutrés et soudés ensemble, de manière à plier sous la main.

CARYOPHYLLIE (*Paléont.*), f. Genre de polypiers, dont trente-six espèces sont fossiles.

CARYOPHYLLITE (*Paléont.*), f. Fossile qui a la forme d'un clou de girofle, ou d'une fleur pentagonale, évasée en cloche.

CARYOPHILLOÏDE (*Minér.*), m. Pétrification calcaire ayant la forme conique, striée et cellulaire, assez semblable à des clous de girofle, et se terminant par une espèce d'étoile qui s'élargit à la base du cône.

CASALHO, m. Nom portugais du terrain qui renferme au Brésil l'or en grains. C'est une contrée montueuse, où la roche primitive qui constitue la base du sol est recouverte par une couche de cailloux, de quartz et de gravier, qui renferme les grains d'or. Cet agglomérat se trouve immédiatement au-dessous de la terre végétale. On donne aussi le nom de casalho aux dépôts mêmes formés des fragments et des cailloux roulés.

CASQUE FOSSILE, m. *Voy.* MURICITE.

CASSAGE DES MINERAIS (*Metall.*), m. Réduction des minerais en petits morceaux. Cette opération a pour but d'ôter aux minerais la gangue stérile qui les accompagne, et de leur faire présenter plus de surface dans leur exposition au feu.

CASSE-TÊTE, m. Pierre travaillée, d'un vert de jade d'une figure ovale, renflée vers le milieu et s'amincissant sur les bords, comme la *pierre de hache*, ou *beilstein* des Allemands. On croit que c'est une arme des anciens peuples.

CASSIDAIRE (*Paléont.*), f. Genre de purpurifères, dont sept espèces analogues appartiennent aux terrains modernes.

CASSIDITE (*Paléont.*), m. Variété d'*échinite* en forme de casque.

CASSIDULE (*Paléont.*), f. Genre d'échinides, dont neuf espèces sont fossiles.

CASSITÉRITE (*Minér.*), f. Nom donné par M. Beudant à l'*oxyde d'étain*, du grec *kassiteros*, étain.

CASTINE (*Métall.*), f. Nom employé par les ouvriers et les fondeurs pour désigner un calcaire qui sert de fondant dans les hauts fourneaux, et qui vitrifie la silice et l'alumine du minerai. *Voyez* le mot FONDANT.

CASSURE (*Minér.*), f. La structure intérieure des minéraux ne se reconnaît pas toujours à la surface; il faut avoir recours à la cassure pour l'étudier. Lorsqu'on ne veut pas recourir à des essais chimiques, la cassure, la dureté et la pesanteur spécifiques sont les guides les plus sûrs qu'on puisse employer pour distinguer un corps inorganique.

La cassure est *lamelleuse*, *lamellaire*, *laminaire*, *grenue*, *saccharoïde*, *fibreuse*, *fibro-rayonnée*, *schisteuse*, *compacte*, *conoïde*, ou *conchoïde*.

1° La *cassure lamelleuse* présente des feuillets d'une certaine épaisseur. Cette expression ne s'emploie que pour les minéraux cristallisés qui se divisent par lames et produisent des *clivages*; en outre, les lames sont toujours d'un certain volume. Lorsque les lamelles sont petites, on dit que la substance est *lamellaire*; et lorsqu'enfin elles sont à peine discernables, elles prennent l'épithète de *laminaires*.

Les substances lamelleuses présentent trois classes : ou elles sont solubles dans l'eau, ou elles ont l'éclat métallique, ou leur éclat n'est que demi-métallique, ou enfin il est pierreux ou vitreux.

Substances lamelleuses solubles.

Acide borique, Glaubérite, Sel gemme.

Substances lamelleuses à éclat métallique.

Antimoine natif, Chrictonite lamellaire,
Sulfure d'antimoine, Oxyde de cuivre,
Sulfure d'argent, Fer oligiste
Bismuth natif, Graphite,
Sulfure de bismuth, Séléniure de plomb et de mercure,
Bornine, Tungstate de fer,
Haidingérite, Tellure natif,
Hausmanite, Tellurure de plomb aurifère,
Sulfure de molybdène, Tellurure d'or argentifère,
Séléniure de plomb, — auro-plombifère,
Sulfure de plomb, — de bismuth.
Pyrite magnétique,
Pyrolusite,
Sulfure de cobalt,
Cobalt gris,

Minéraux lamelleux à éclat demi-métallique.

Bronzite, Pennine,
Oxydule de cuivre, Pyrophyllite,
Hypersthène, Talc,
Sulfure de mercure, Titane rutile,
Mica, Sulfure de zinc.
Oxyde rouge de zinc.

Minéraux lamelleux à éclat pierreux ou vitreux.

Albite, Fluorure de calcium,
Amblygonite, Sulfate de chaux,
Amphibole, Corindon,
Oxyde d'antimoine, Cryolite,
Antophyllite, Arséniate de cuivre,
Apophyllite, Carbonate de cuivre,
Arfvedsonite, Davidsonite,
Sulfure jaune d'arsenic, Diallage,
Augite, Diamant,
Axinite, Diaspore,
Baryto-calcite, Diopside,
Sulfate de baryte, Disthène,
Brucite, Dolomie,
Berzélite, Dréelite,
Cancrinite, Émeraude,
Esmarkite, Épidote,
Euclase, Pennine,
Eudyalite, Périclase,
Feldspath, Pétalite,
Carbonate de fer, Pholérite,
Fowlérite, Molybdate de plomb,
Gédrite, Mélanochroïte,
Gilbertite, Pyroxène,
Glaucolite, Ryacolite,
Haydénite, Seybertite,
Heulandite, Silicate de manganèse,
Hétérozite, Stilbite,
Hydro-boracite, Sulfate de strontiane,
Junckérite, Carbonate de tellure,
Killinite, Topaze,
Labradorite, Triphane,
Latrobite, Triplite,
Carbonate de magnésie, Triphylline,
— de manganèse, Uranite,
Murchisonite, Vivianite,
Oligoclase, Weissite,
Parantine, Wollastonite,
Carbonate de chaux, Wortite.

2° Les minéraux lamellaires ont l'éclat métallique, demi-métallique, pierreux ou vitreux.

Minéraux lamellaires à éclat métallique.

Antim. natif arsénifère,
Sulfure d'antimoine,
Arsenic natif,
Bismuth natif,
Sulfure de bismuth,
— de cobalt,
Sulfure de cuivre,
Fer oligiste,
Mica,
Sulfure de nickel,
— de plomb,
Séléniure de plomb.

Minéraux lamellaires à éclat demi-métallique.

Oxydule de cuivre,
Graphite,
Gœkumite,
Lépidolite,
Sulfure de mercure,
Talc,
Sulfure de zinc.

Minéraux lamellaires à éclat pierreux ou vitreux.

Albite,
Amphibole,
Axinite,
Sulfate de baryte,
Carbonate de chaux,
Sulfate de chaux,
Dolomie,
Feldspath,
Carbonate de fer,
Labradorite,
Leucophane,
Carbon. de manganèse,
Pyroxène,
Sel gemme,
Sulfate de strontiane,
Vermiculite.

3° La cassure *grenue* ou *saccharoïde* présente des grains, de petits points brillants à la surface, et qui n'ont point de sens ou de direction déterminée ; les minéraux qui ont cette structure ont l'éclat métallique ou métalloïde, ou bien en sont privés.

Minéraux à éclat métallique ou métalloïde.

Acerdèse,
Antimoine natif,
Sulfure d'antimoine,
Arsenic natif,
Bismuth natif,
Braunite,
Chromate de fer,
Fer oligiste,
Oxydule de fer,
Graphite,
Géokronite,
Hausmanite,
Lépidolite,
Séléniure de plomb,
Sulfure de plomb,
Psilomélane,
Pyrolusite,
Sulfure de zinc.

Minéraux saccharoïdes sans éclat métallique ou métalloïde.

Sulfure rouge d'arsenic,
Sulfate de baryte,
Carbonate de chaux,
Phosphate de chaux,
Sulfate de chaux,
Chlorite,
Carbonate de cuivre,
Émeri,
Carbonate de fer,
Lehuntite,
Lépidolite,
Carbonate de manganèse,
Sulfure de mercure,
Quartz,
Sulfate de strontiane,
Willémite.

4° La cassure *fibreuse* appartient aux minéraux demi-cristallins composés d'aiguilles fines, et serrées les unes contre les autres ; on dit qu'elle est *fibro-rayonnée*, lorsque les fibres convergent vers un centre. Ces sortes de structure distinguent deux classes de minéraux : 1° ceux qui sont en cristaux aciculaires isolés, ou groupés ensemble en masses bacillaires, ou dont la structure fibreuse est droite ou radiée ; 2° ceux qui sont en mamelons, en rognons, en stalactites, en stalagmites, en concrétions quelconques. Nous renvoyons pour la première classe au mot ACICULAIRE, et pour la seconde au mot CONCRÉTION.

5° La cassure *schisteuse* ou *schistoïde* rentre dans la cassure lamelleuse, et s'applique principalement aux roches ; elle présente un tissu feuilleté, qui est le résultat d'une certaine fissilité. L'*ardoise*, les *phyllades*, certaines *argiles*, possèdent la structure et la cassure schisteuses.

6° La cassure *compacte* ne présente à l'œil aucune espèce de structure ; elle est due à l'atténuation extrême des cristaux ou des grains, et ne laisse aucune partie distincte ; elle offre cependant plusieurs variétés, telles que la cassure *esquilleuse*, qui met à jour de petites parties détachées, demi-transparentes, sous forme d'esquilles ou d'écailles ; celle *conchoïde*, qui offre quelque analogie avec l'intérieur des coquilles ; celle *conoïde*, que présente un minéral bien homogène lorsqu'on le choque ou qu'on le laisse tomber sur une surface dure. Il se forme alors une espèce de cône, dont le sommet se trouve au point où l'on a frappé ; ce qui indique un changement de structure produit par le choc. Un silex ou morceau d'agate, frappé ainsi en plusieurs endroits, présente une structure nouvelle qui a quelque chose de la structure organique, et dont on pourrait tirer parti dans les arts d'ornement. La cassure esquilleuse appartient aux différentes variétés de quartz ou de silex. La cassure *unie* est la cassure compacte au maximum ; celle *terreuse* se distingue par le manque d'éclat. La *craie* donne une cassure terreuse ; le *calcaire lithographique* présente une cassure unie ; la cassure esquilleuse appartient au *quartz hyalin* ; celles conoïde et *conchoïde*, à certaines *agates*.

On donne le nom de cassure crochue à celle qui présente de petites aspérités pointues et contournées. C'est celle que donnent les métaux, particulièrement ceux qui sont cristallisés confusément à l'intérieur, et où il s'est formé des groupements dendritiques.

CASTANITE, f. Pierre qui a la forme et la couleur d'une châtaigne ; du latin *castanea*, châtaigne.

CASTINE (*Métall.*), f. Fondant calcaire employé dans les hauts fourneaux pour les minerais argileux. *Voy.* FONDANTS.

CASTOR (*Minér.*), m. Nom donné par M. Breithaupt à un silicate alcalin d'alumine qui se trouve dans le granit de l'île d'Elbe, en société avec un autre minéral qu'il a nommé *pollux*, à cause de la ressemblance des deux substances et leur association.

Le castor est incolore et transparent ; il a l'éclat vitreux ; sa pesanteur spécifique est de 2.39 ; il présente quelques faces cristallines et deux clivages naturels ; il fond en paillettes minces au chalumeau, et donne une perle limpide qui communique la couleur rose carmin à la flamme extérieure; il se dissout dans le sel de phosphore en laissant un squelette siliceux; avec le borax, il donne une perle limpide légèrement jaunâtre, qui devient incolore par le refroidissement; il est inattaquable par les acides. Sa composition est, suivant M. Plattner :

Silice.	78,01
Alumine.	18 80
Oxyde de fer.	0.61
Lithine.	2 76
	100.24

On en déduit la formule $LiO (SiO^3)^4 + 2 Al^2O^3 (SiO^3)^3$.

Le castor a beaucoup d'analogie avec le pechstein et pour la composition chimique, et pour la pesanteur spécifique.

CASTOR FOSSILE (*Paléont.*), m. On connaît une espèce fossile de ce mammifère dans quelques terrains modernes.

CATALANE (Forge à la) (*Métall.*), f. Bas fourneau dans lequel s'opère l'affinage immédiat du minerai de fer.

CATÉNIPORE (*Paléont.*), f. Genre de polypiers fossiles, dont deux espèces appartiennent aux terrains plus anciens que la craie.

CATENULATITE (*Paléont.*), f. Variété de *tubulite*, disposée en chaînons; du latin *catena*, ou du grec *kath'éna*, chaîne, qui forme des anneaux.

CATHACHITE, f. Nom donné par les anciens à une espèce de pierre alumineuse qui s'attachait à la langue.

CATILLUS (*Paléont.*), m. Genre de malléacées, dont on connaît deux espèces fossiles et point d'analogues vivants. Ces deux espèces appartiennent aux terrains anciens.

CATLINITE (*Minér.*), f. Variété d'*agalmatolite* dédiée à M. Catlin par Jackson, qui l'a trouvée au coteau de la Prairie (États-Unis).

CATOCHITE (*Minér.*), f. Nom donné par les anciens à une variété de bitume provenant de l'île de Corse ; du grec *katochos*, qui retient, qui colle.

CATON (*Métall.*), m. Petit fer destiné à passer dans une filière de tréfilerie.

CAVALIER (*Métall.*), m. Nom donné par les ouvriers de forges au marteau qui est trop soulevé par les cames.

CAVE (*Métall.*), f. Rustine d'un feu catalan, côté opposé au laiterol et au bord où s'opère le travail. Dans le pays basque, la cave se nomme *guivelia*. On donne aussi dans ces forges le nom de *cave* à une excavation prismatique faite au devant du laiterol, et dans laquelle s'écoule le laitier.

CAVERNES A OSSEMENT (*Géolog.*), f. Cavernes qui renferment des ossements de mammifères, dont les dépôts remontent jusqu'aux temps de la période tertiaire.

CAVOLINITE (*Minér.*), f. Silicate d'alumine et de potasse; zéolite nacrée; substance blanche, brillante, nacrée, cristallisant en prisme rectangulaire droit, devenant opaque au feu, fondant avec bouillonnement; soluble dans les acides; ne rayant pas le verre; p. s. : 2.16; variétés : hexaèdre, annulaire, péridodécaèdre, émarginée, émarginée raccourcie, pyramidée, pyramidée raccourcie; gisement : à la Somma, au Vésuve.

Composition :

Alumine.	42.41
Silice.	38.11
Potasse.	19.48
	100.00

Formule atomique : $(Al^2O^3)^2 SiO^3 + KO SiO^3$.

CÉCÉRITE (*Minér.*), f. Nom donné par M. Beudant à la *cérite*, décrite au mot SILICATE DE CÉRIUM.

CÉLESTINE (*Minér.*), f. Nom donné par M. Beudant à une variété de *sulfate de strontiane*, à cause de sa belle couleur bleu céleste. Elle est fibreuse, et se trouve en Pensylvanie.

CÉLITE (*Minér.*), f. *Fer hydraté globuliforme*.

CELLÉPORE (*Paléont.*), m. Genre de polypiers, dont six espèces fossiles appartiennent au terrain de craie et aux formations supercrétacées.

CENCRITE (*Minér.*), f. *Voy.* AMITE et OOLITE. Pline désignait plus spécialement par le nom de *cencrite* ou *cencros* (cenchros) un diamant de la grosseur d'un grain de millet.

CENDRE BLEUE (*Minér.*), f. Nom vulgaire donné à une variété terreuse de *carbonate de cuivre*. Elle est employée dans la peinture.

CENDRES DE LA GUADELOUPE (*Minér.*), f. Variété terreuse et pulvérulente de *labradorite*.

CENDRES NOIRES (*Minér.*), f. Variété terreuse et pulvérulente de *lignite*.

CENDRE VERTE (*Minér.*), f. Variété terreuse de *carbonate de cuivre* vert, employée dans la peinture.

CENDRÉE (*Exploit.*), f. Cendre de houille mêlée à de la poussière de chaux, dont on se sert comme béton dans le picotage des puits de mines du Nord. La composition de la cendrée a une grande analogie avec celle de la pouzzolane naturelle. C'est également un silicate d'alumine de fer et de chaux, dans une proportion atomique exactement semblable.

Composition :

Silice.	44.00
Alumine.	40.00
Chaux.	7.50
Oxyde de fer.	8.50
	100.00

CENDRE ROUGE, f. Nom donné dans l'agriculture à des variétés terreuses de lignite après qu'elles ont été brûlées, par opposition à celles qu'on emploie à leur état naturel, et qu'on nomme *cendres noires*.

CENDRE VÉGÉTATIVE, f. Cendre propre à l'amendement des terres, et qui provient de la combustion des tourbes, des lignites, des houilles, etc.

CENDRE VOLCANIQUE (*Minér.*), f. Matière pulvérulente lancée par les volcans, *thermantide* pulvérulente.

CENTRIQUE (*Paléont.*), m. Genre de poisson, dont on trouve deux espèces à l'état fossile dans les terrains modernes.

CÉPITE (*Minér.*), f. Du grec *kêpos*, jardin. Pierre dure citée par Pline; elle était blanche, susceptible d'un beau poli, et criblée de veines qui s'enlaçaient les unes dans les autres, à la manière des dendrites. C'est probablement une agate formée de couches concentriques, et ayant l'apparence d'un oignon coupé en deux; du latin *cepe*, oignon.

CÉRACATE OU CERACHATE, f. Nom donné par Pline à une agate jaune de cire.

CÉRAMITE (*Minér.*), m. Variété d'*ostracite;* terre à potier; pierre dont parle Pline. Du grec *kéramos*, brique, par allusion à sa couleur.

CÉRANITE, f. *Voy.* GALACHIDE.

CÉRAPS (*Paléont.*), m. Genre fossile de coquilles enroulées, ne formant qu'une espèce dans les terrains postérieurs à la craie.

CÉRATITE (*Paléont.*), f. Espèce d'*ammonite.*

CÉRATOPHYTE (*Paléont.*), m. Sorte de polypier fossile qui a l'apparence de la corne; du grec *kéras*, corne.

CÉRAUNITE (*Minér.*), f. Ancien nom de la *néphrite* dont les anciens faisaient des casse-têtes et des armes, et qu'on a longtemps appelée *pierre de foudre*, parce que, ne l'ayant rencontrée qu'en cailloux roulés dans les rivières, on supposait qu'elle était produite par la foudre. Du grec *keraunos*, foudre. Lemery est le premier qui, en 1700, ait montré la fausseté de cette opinion. Quelques naturalistes donnent le nom de *céraunite* à une pétrification du genre des *bélemnites*, qui porte le nom de *pierre de tonnerre* dans la plupart des langues. C'est la *céraunie* de Pline, que Scheuchzer croit être le *betyle* des anciens.

CERCLE PARHÉLIQUE (*Minér. phys.*), m. Cercle lumineux qu'on remarque en regardant la lumière à travers un minéral fibreux. *Voy.* ASTÉRIE et ASTÉRISME.

CÉRÉBRITE (*Paléont.*), f. Variété de *méandrite* ayant quelque ressemblance avec le cerveau.

CÉRÉOLITE (*Minér.*), f. Du grec *kéros*, cire; *lithos*, pierre. Substance d'un jaune verdâtre, tendre, onctueuse, se délitant par petites écailles, qui se trouve dans certaine lave altérée des environs de Lisbonne. On l'appelle quelquefois *stéatite des laves.*

CÉRÉRINE OU CÉRÉRITE (*Minér.*), f. Synonyme de *cérite*, minéral décrit au mot SILICATE DE CÉRIUM.

CERF FOSSILE (*Paléont.*), m. On en a rencontré cinq espèces dans les terrains supercrétacés.

CÉRINE (*Minér.*), f. *Voyez* SILICATE DE CÉRIUM.

CÉRITE (*Minér.*), f. Espèce de *silicate de cérium.*

CÉRIUM CARBONATÉ (*Minér.*), m. *Voyez* CARBONATE DE CÉRIUM.

CÉRIUM FLUATÉ (*Minér.*), m. *Voyez* FLUORURE DE CÉRIUM.

CÉRIUM OXYDÉ (*Minér.*), m. Voyez *Cérite* et *Cérine*, au mot SILICATE DE CÉRIUM.

CÉRIUM OXYDÉ SILICIFÈRE (*Minér.*), m. *Voyez* SILICATE DE CÉRIUM.

CÉRIUM OXYDÉ YTTRIFÈRE (*Minér.*), m. *Yttrocérite;* minéral décrit au mot FLUORURE D'YTTRIUM.

CÉRIUM PHOSPHATÉ (*Minér.*), m. *Voyez* PHOSPHATE DE CÉRIUM.

CÉROLITE OU KÉROLITE (*Minér.*), f. Nom donné par Pfaff à un hydro-silicate d'alumine et de magnésie, à cause de sa ressemblance avec la cire, d'après l'étymologie déjà citée. Ce minéral est décrit au mot SAPONITE, dont il paraît former une variété.

CÉRUSE (*Minér.*), f. Nom donné par M. Beudant au *carbonate de plomb*, à cause de sa blancheur.

CEYLANITE (*Minér.*), f. Variété verte d'*aluminate de magnésie* provenant de l'île de Ceylan. Elle est en octaèdres opaques très-volumineux. Les cristaux d'Amity, près de New-York, présentent souvent un décimètre de diamètre. Quelques auteurs donnent le nom de *ceylanite* à un *zircon* trouvé dans les rivières de Ceylan.

CHABASIE (*Minér.*), f. Synonymes : *zéolite cubique*, *cuboïde*, *chabasine*, *acadialite.* Sulfate d'alumine et de chaux, cristallisant en rhomboèdre obtus, très-voisin du cube, dont l'angle est de 94° 46'. Sa couleur est le blanc laiteux et le blanc rougeâtre; ses cristaux sont transparents ou translucides; leur éclat est vitreux, et leur cassure inégale. La chabasie raye le verre, se laisse rayer par l'acier, et pèse 2.10; elle fond en bouillonnant, au chalumeau, en une masse blanchâtre et spongieuse; elle forme une gelée dans les acides, et sa solution est précipitée par l'oxalate d'ammoniaque. Ce minéral partage les gisements de la stilbite et de la mésotype; il se trouve à Oberstein, dans les roches amygdaloïdes associées au grès rouge, et dans les trapps de Faroë, en Islande, et de Tassa, en Tyrol; on le rencontre sous sa forme primitive, qui se rapproche tellement du cube, que les anciens minéralogistes lui avaient donné le nom de *zéolite cubique.* Quelquefois ses cristaux sont striés, et indiquent ainsi le passage au rhomboèdre équiaxe; ceux de la Nouvelle-Écosse, qui forment la variété connue sous le nom d'*acadialite*, offrent la réunion du rhomboèdre primitif à l'équiaxe; la variété trirhomboïdale est composée de trois rhomboèdres associés, et affecte une disposition triangulaire; quelquefois aussi les cristaux sont maclés. — La composition de la chabasie est :

	LOCALITÉS.			
	Tassa.	Rubendorfel.	Kilmalcom.	Gustafsberg.
Silice.	48.18	48.36	48.70	50.65
Alumine.	19.27	18.61	17.55	17.90
Chaux.	9.65	9.73	10.40	9.37
Soude.	1.54	0.25	»	»
Potasse.	0.21	2.57	1.55	1.70
Eau.	21.10	20.17	21.72	19.90
	99.95	99.69	99.98	99.52

Ces analyses conduisent à la formule Al^2O^3 SiO^3 + (CaO, NaO, KO) $(SiO^3)^2$ + 6 Aq.

Ce résultat diffère peu de la composition d'un minéral qu'on associait anciennement à la chabasie, et qu'on nomme *lévyne*; leurs caractères empiriques ont une grande analogie, mais la lévyne est infusible au chalumeau, et n'est que difficilement soluble dans les acides. Outre ces différences chimiques, la lévyne offre des cristaux fortement basés; l'angle du rhomboèdre est aigu et de 79° 29', et l'une de ses variétés présente trois angles rentrants. Néanmoins sa composition ne diffère que par un atome d'eau, ainsi qu'on en peut juger par les analyses suivantes :

	LOCALITÉS.		
	Faroë.		Ile de Sky.
Silice.	48.00	44.48	46.30
Alumine.	20.00	23.77	22.47
Chaux.	8.35	10.71	9.72
Soude.	2.86	1.38	1.55
Potasse.	0.41	1.61	1.26
Magnésie et ox. de fer.	0.40	»	0.96
Eau.	19.30	17.41	19.51
	99.32	99.36	101.77

d'où la formule : Al^2O^3 SiO^3 + (CaO, NaO, KO) $(SiO^3)^2$ + 5 Aq.

Je pense qu'il faut rapporter à l'espèce chabasie la *laumonite*, silicate d'alumine et de chaux, dont la forme primitive est un prisme rhomboïdal oblique, sous l'angle de 93° 30'. Ce minéral est blanc laiteux, ou jaunâtre à éclat nacré; il raye le sulfate de chaux, et est rayé par la fluorine; sa densité est 2.33 à 2.41; il est fusible au chalumeau en un verre bulleux, se dissout dans l'acide sulfurique, et précipite par l'oxalate d'ammoniaque. Ce qui distingue la laumonite, c'est sa grande fragilité, et sa facilité à s'effleurir par l'exposition à l'air. Ses analyses ont donné :

	LOCALITÉS.			
	Huelgoat.	Ile de Sky.	Cormayeur.	Philipsburg.
Silice.	48.30	52.04	50.38	51.98
Alumine.	22.70	21.14	21.43	21,12
Chaux.	12.10	10.62	11.14	11.71
Eau.	16.00	14.92	16.15	15.05
	99.10	98.72	99.10	99.86

qui répondent à la formule Al^2O^3 SiO^3 + CaO $(SiO^3)^2$ + 5 Aq.

On nomme *léonhardite* une variété de laumonite un peu plus hydratée, et qu'on suppose être une altération de celle-ci. Sa composition donne :

Silice.	56.13	54.92	52.47
Alumine.	22.98	22.49	22.56
Chaux.	9.25	7.05	9.41
Eau.	11.64	13.54	15.56
	100.00	98.00	100.00

La première analyse, qui donne Al^2O^3 SiO^3 + CaO $(SiO^3)^2$ + 3 Aq., a été faite sur un minéral dont la dessiccation a été portée à 100°; la seconde, sur un minéral séché dans le vide : elle donne Al^2O^3 SiO^3 + CaO $(SiO^3)^2$ + 4 Aq. De cette particularité, et des expériences de MM. Malaguti et Durocher, il résulte que la laumonite contient de l'eau hygroscopique, qu'elle perd dans le vide et qu'elle reprend dans l'air. La troisième analyse, qui a été faite dans cette supposition, donne donc la véritable composition du minéral, et répond à la formule Al^2O^3 SiO^3 + CaO $(SiO^3)^2$ + 4 Aq.

La laumonite existe aux environs de Kilpatrick (en Écosse), au Saint-Gothard et à Geisalpe (Tyrol), à Cormayeur (mont Blanc), à Philipsburg (États-Unis), et au Huelgoat (Bretagne). C'est de cette dernière localité que viennent les plus beaux échantillons.

On a proposé de réunir à la chabasie un minéral dont la forme cristalline est un rhomboèdre, dont l'angle ne diffère que de quelques minutes de celui du rhomboèdre de la chabasie. Ses cristaux sont ordinairement arrondis et très-surbaissés, ce qui leur donne la forme d'une lentille et a fait nommer ce silicate *phakolite*, du grec *phakos*, lentille. Cette variété est blanche, hyaline, rayant à peine le verre; sa densité est 2.12; elle fond au chalumeau en un verre blanc laiteux, et se dissout facilement dans les acides. Son analyse a donné à Rammelsberg :

Silice	46.20	46.46
Alumine.	22.30	21.45
Protoxyde de fer.	10.34	10.45
Chaux.	0.34	»
Magnésie.	1.77	0.95
Soude.	»	1.29
Eau.	19.05	19.40
	100.00	100.00

La formule qui ressort de cette composition est 2 Al^2O^3 SiO^3 + (FeO, MgO) $(SiO^3)^2$ + 9 Aq, dont la constitution atomique a beaucoup d'analogie avec celle de la chabasie, mais présente cependant de notables différences.

La phakolite provient de Leipa, en Bohême, où elle se rencontre dans les cavités d'une amygdaloïde rougeâtre.

Peut-être faut-il considérer comme une variété de chabasie l'*hydrolite*, qu'on a aussi nommée *gmélinite*, et qui a été anciennement confondue avec la *sarcolite*. C'est un minéral de couleur rosâtre blanc, laiteux, quelquefois hyaline et vitreuse, dont la forme primitive est un prisme régulier à six faces, offrant le rapport :: 10 : 8; sa forme la plus commune est ce même prisme surbaissé, et surmonté d'une pyramide à six faces basée. L'hydrolite raye la fluorine, et est rayée par l'apatite; sa pesanteur spécifique est 2.05 à 2.07; elle est fusible avec boursouflement, au chalumeau, en un verre blanc hyalin; elle est soluble dans les acides. Sa composition est :

	LOCALITÉS.			
	Monterchio-maggiore.	Castel.	Glenarm.	
Silice.	50.00	50.00	46.40	46.54
Alumine.	20.00	20 00	21.08	20.17
Chaux.	4.50	4.25	3.67	3.89
Soude.	4.50	4.23	7.30	7.10
Potasse.	»	»	1.60	1.87
Eau.	21.00	20.00	20.40	20.41
	100.00	98.50	100.45	99.98

D'où l'on tire la formule : $Al^2O^3\ SiO^3 + (CaO, NaO)\ (SiO^3)^2 + 6\ Aq.$

La *lédérérite* est composée de deux atomes d'hydrolite et d'un atome de phosphate calcaire. Sa composition donne :

Silice.	49.47
Alumine.	21.48
Chaux.	11.48
Soude.	3.94
Protoxyde de fer.	0.14
Acide phosphorique.	3.48
Eau.	10.01
	100.00

L'expression atomique qui résulte de cette composition est : $2\,[Al^2O^3\ SiO^3 + (CaO, NaO)\ (SiO^3)^2 + 3\ Aq] + (CaO)^3\ P^2O^5$.

L'herschélite a la même constitution atomique que les chabasies; seulement la soude y remplace la chaux dans le silicate à base protoxydée. Ce minéral est d'un blanc pur et pèse 2.06, comme l'hydrolite; elle fond, au chalumeau, en un émail blanc de lait, et est soluble dans les acides. La seule différence qui pourrait s'opposer à la réunion de l'herschélite à la chabasie et à l'hydrolite, c'est la mesure des angles des cristaux; mais, comme l'observe fort bien M. Dufrénoy, l'état de la surface des cristaux peut rendre compte de cette différence. Sa composition, du reste, ne laisse aucun doute sur la nécessité de cette réunion; elle est, d'après M. Damour :

Silice.	47.39	47.46
Alumine.	20.90	20.18
Soude.	8.33	9.35
Potasse.	4 39	4 17
Chaux.	0.38	0.25
Eau.	17.84	17.65
	99.23	99.03

répondant à la formule $Al^2O^3\ SiO^3 + (NaO, KO)\ (SiO^3)^2 + 5\ Aq.$

CHÆROPOTAME FOSSILE (*Paléont.*), m. On connaît une espèce de ce genre de mammifère dans quelques roches modernes.

CHÆTODON (*Paléont.*), m. Genre de poisson, dont dix-huit espèces se trouvent à l'état fossile dans les terrains super-crétacés.

CHAIR FOSSILE (*Minér.*), f. Nom donné à une variété d'asbeste tressé, à filaments entrelacés, représentant des espèces de membranes plus ou moins dures et épaisses. Cette variété surnage ordinairement sur l'eau.

CHALCÉDOINE, f. *Voy.* CALCÉDOINE. Le premier mot est plus conforme à l'étymologie grecque *chalkêdôn*, agate; mais le second est plus usité.

CHALCITE (*Minér.*), f. Ancien nom donné à une roche qui contient de l'*hydro-sulfate de cuivre;* du grec *chalkos*, cuivre.

CHALCOLITE ou CHALKOLITE (*Minér.*), f. *Phosphate d'urane et de cuivre* décrit au mot PHOSPHATE D'URANE; mot fait du grec *chalkos*, cuivre ou airain, et *lithos*, pierre.

CHALCOPHONE (*Minér.*), f. Du grec *chalcophônos*, qui a le son de l'airain; pierre noire, ainsi nommée par les anciens à cause de sa sonorité.

CHALCOSIDÉRITE (*Minér.*), f. Nom donné par les anciens à un minéral de l'espèce de la *chalkopyrite*.

CHALEUR SPÉCIFIQUE, f. Quantité relative de chaleur que différents corps, pris en poids égaux, renferment à la même température. On a pris pour terme de comparaison l'eau, qui est représentée par 1, comme pour les poids spécifiques. La chaleur spécifique des corps varie avec la température; elle augmente dans une proportion inégale avec l'élévation de celle-ci; elle est diminuée par la compression et augmentée par la dilatation.

CHALILITE (*Minér.*), f. Silicate hydraté d'alumine et de chaux d'un brun rougeâtre ou blanc rougeâtre sale, ressemblant à du silex; en masse compacte, à cassure conchoïde; mat et à aspect terreux, ou translucide sur les bords, et ayant alors un éclat vitreux ou résineux; rayant la fluorine, rayé par l'apatite; densité, 2.252; infusible, mais blanchissant au chalumeau. Son analyse a donné à Thomson :

Silice.	36 56
Alumine.	26.20
Chaux.	10.28
Protoxyde de fer.	9.28
Soude.	2.72
Eau.	16.66
	101.76

D'où l'on tire la formule $2\ Al^2O^3\ SiO^3 + (CaO, FeO, NaO)\ {}^2SiO^3 + 7\ Aq.$

La chalilite se trouve dans les monts Donegore, du comté d'Antrim, en Irlande.

CHALKOPYRITE (*Minér.*), f. Nom donné par M. Beudant au *cuivre pyriteux*, du grec *chalkos*, cuivre ou airain.

CHALKOSINE (*Minér.*), f. Nom donné par

M. Beudant au *cuivre vitreux*, du grec *chalkos*, cuivre ou airain.

CHALUMEAU (*Minér. chim.*), m. On donne ce nom à un petit tube de métal qui va en se rétrécissant à l'une de ses extrémités, de manière à y former une ouverture très-fine, dans laquelle une aiguille peut à peine entrer. Assez ordinairement cette extrémité est recourbée, et presque toujours elle porte un peu avant la courbure une petite chambre destinée à recevoir l'humidité. Le gros bout du chalumeau se place dans la bouche, et l'extrémité conique fine se tient près de la flamme de la lampe, ou de la bougie qui sert de combustible.

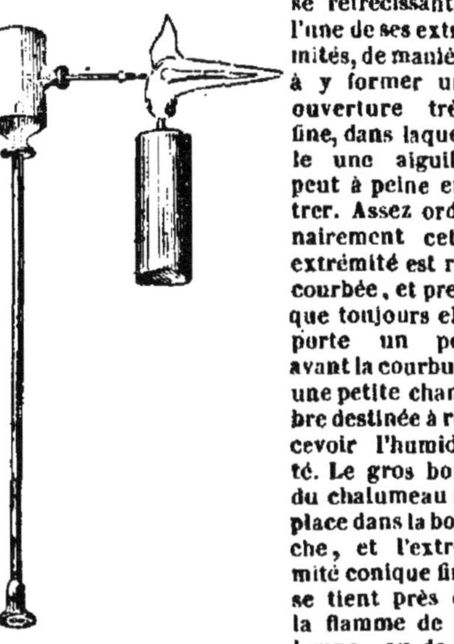

L'objet du chalumeau est de produire, par l'insufflation, une chaleur intense à laquelle on soumet les substances minérales, afin d'observer leurs effets pyrognostiques, et tirer de la différence de ces effets des considérations propres à les faire distinguer, ou même d'en déduire une analyse quantitative assez exacte.

L'huile, le suif, la cire, l'esprit-de-vin, sont également bons pour les essais au chalumeau. Je les nomme ici dans l'ordre de leur valeur calorifique.

Il paraît qu'*Anton Swab* fut le premier inventeur de l'application du chalumeau aux essais minéralogiques. Après lui, *Cronstedt* et *Von Engestrom* poussèrent ce moyen scientifique à un haut degré de perfection; *Bergman*, *Gahn* et *H. de Saussure* en obtinrent des résultats extraordinaires; et de nos jours enfin, *Berzelius* est arrivé à en faire un instrument d'analyse, qui ne laisse plus que peu de chose à désirer.

L'insufflation au chalumeau exige une certaine habitude. Ce ne sont pas les organes de la respiration qu'il faut faire agir, ce moyen serait préjudiciable à la santé : il faut que la bouche soit continuellement remplie d'air, de manière à ce que les joues restent sans cesse tendues, et qu'il n'en entre que la quantité nécessaire à l'aspiration pulmonaire et à l'inspiration par le petit bout de l'instrument. On acquiert le mécanisme de cette opération par une pratique et un exercice de quelques jours.

On peut à volonté, à l'aide du chalumeau, oxyder ou réduire les pièces d'essai : l'*oxydation* s'opère devant la pointe extrême de la flamme, où les corps combustibles se saturent facilement d'oxygène; la *réduction* a lieu dans la flamme la plus brillante, où la combustion n'est pas suffisamment activée par l'oxygène. La première opération exige un trou moins fin à l'extrémité du chalumeau, afin qu'il passe une plus grande masse d'air; pour la réduction, au contraire, il faut moins d'air, et conséquemment une combustion imparfaite. *Voyez* les mots FEUX D'OXYDATION et de RÉDUCTION.

La manière la plus ordinaire et la plus commode de supporter le corps soumis à l'action du chalumeau, consiste à le poser sur un charbon bien cuit; mais si le pouvoir réductif de ce combustible est de nature à empêcher la réaction que l'on veut obtenir, on se sert d'une feuille ou d'une cuiller de platine Gahn se servait, de préférence, d'un fil de ce métal.

Les réactifs employés avec le chalumeau sont la *soude* à l'état de carbonate, le borate de soude, ou *borax*, et le *sel de phosphore*, formé de phosphate de soude et de phosphate d'ammoniaque.

La soude favorise la réduction des oxydes métalliques; mais elle ne rend fusible que la silice, et quelques oxydes métalliques. Le borax opère la dissolution ou la fusion d'un grand nombre de corps; il forme avec certains minéraux un verre limpide qui, chauffé à la flamme extérieure, devient opaque et coloré; mais la présence de la silice empêche cette opacité. Le sel de phosphore s'emploie plus particulièrement à la détermination des oxydes métalliques, dont il fait ressortir les couleurs caractéristiques.

La soude s'emploie en poudre, et on en enveloppe la matière d'essai, si celle-ci est en petits fragments, ou bien on la mélange intimement, si elle est pulvérulente; on commence par mettre peu de réactif, et l'on ajoute successivement à la dose, en examinant avec soin les effets produits par les diverses proportions. A défaut de soude, on peut employer la potasse; mais alors il faut avoir égard au degré de saturation des deux alcalis, qui sont entre eux dans le rapport de 23.53 à 16.95

Le borax s'emploie ou en petits grains, ou en poudre; il dissout les bases et les acides, et forme des sels fusibles, presque toujours transparents. L'usage du sel de phosphore a de l'analogie avec celui du borax. C'est un excellent réactif pour les silicates : la silice, mise en liberté par lui, apparaît dans le sel liquéfié sous la forme d'une masse gélatineuse.

Les minéralogistes emploient encore, dans les recherches à l'aide du chalumeau, beaucoup d'autres fondants ou réactifs; mais comme une description, même abrégée, de tous les moyens mis en usage dans les essais pyrognostiques, sortirait des limites que nous nous sommes imposées, nous devons renvoyer au traité *ex professo* de Berzelius, publié sous le titre de *Emploi du chalumeau dans les analyses chimiques et les déterminations minéralogiques*.

CHAMBOURIN (*Minér.*), m. Pierre siliceuse qui sert à faire le cristal.

CHAMITE, f. *Voy.* CAMITE.

CHAMOISITE (*Minér.*), f. Minerai de fer, décrit au mot SILICATE DE FER, et provenant de Chamoison, en Valais, près de Saint-Maurice.

CHAMPIGNON DE MER (*Paléont.*), m. Nom donné vulgairement à certain *fongite*.

CHANE-CHOUI-INE, f. Nom chinois du *mercure* tiré des mines.

CHAPAPOTE (*Minér.*), m. Nom donné au *bitume* asphaltique de l'île de Cuba.

CHAPEAU (*Exploit.*), m. Pièce de bois horizontale reposant sur deux potes, et soutenant le toit d'une galerie.

CHAPEAU DE FILON (*Exploit.*), m. Affleurement d'un filon, partie qui se rapproche le plus de la surface.

CHAPELÉ ou **CHAPELET** (*Exploit.*), m. Nom donné dans les houillères de la Loire à la houille en morceaux moyens.

CHARA (*Paléont.*), f. Plante fossile des terrains modernes, qui a des analogues vivants.

CHARANÇON FOSSILE (*Paléont.*), m. Insecte qui se trouve dans le succin.

CHARBON DE TERRE (*Minér.*), m. *Voy.* COMBUSTIBLES MINÉRAUX.

CHARBON DE TERRE INCOMBUSTIBLE, m. Nom donné par les ouvriers à l'*anthracite*, qui exige un air très-dense pour brûler.

CHARBONNAILLE (*Métall.*), f. Menu charbon.

CHARBON SOURD, m. Terme de mineur; houille à structure presque pulvérulente, qui rend un son sourd lorsqu'on l'abat.

CHARGE (*Métall.*), f. Quantité de minerai, de charbon ou de fondant, jetée à la fois dans la cuve d'un fourneau. Il est d'usage de calculer la charge suivant son volume; mais il est plus conforme aux règles de l'art de la calculer suivant son poids, quoique cette dernière méthode demande plus de temps.

CHAT FOSSILE (*Paléont.*), m. On connaît deux espèces de ce genre dans les terrains super-crétacés.

CHATOIEMENT (*Minér.*), m. Propriété que présentent quelques minéraux, de changer de couleur suivant la manière dont on les expose à la lumière. *Voy.* COULEUR DES MINÉRAUX.

CHATOYANTE (*Minér.*), f. *Voy.* ŒIL DE CHAT.

CHAUFFERIE (*Métall.*), f. Fourneau où l'on réchauffe le fer ou tout autre métal, pour achever de l'étirer sous le marteau ou sous les cylindres.

CHAUFFURE (*Métall.*), f. Mauvaise qualité que donnent au métal certaines chauffes.

CHAUSSINE (*Exploit.*), f. Nom donné dans les houillères de l'Auvergne à une houille sèche, propre à la cuisson de la chaux.

CHAUX ANHYDRO SULFATÉE (*Minér.*), f. *Voy.* SULFATE DE CHAUX ANHYDRE.

CHAUX ANTIMONIÉE (*Minér.*), f. *Voy.* ANTIMONIATE DE CHAUX.

CHAUX ARSÉNIATÉE (*Minér.*), f. *Voy.* ARSÉNIATE DE CHAUX.

CHAUX BORATÉE (*Minér.*), f. *Voy.* BORATE DE CHAUX.

CHAUX CARBONATÉE (*Minér.*), f. *Voy.* CARBONATE DE CHAUX.

CHAUX CARBONATÉE BLEUE DU VÉSUVE (*Minér.*), f. Nom donné par Karsten à une *dolomie* trouvée à la Somma.

CHAUX CARBONATÉE FERRIFÈRE (*Minér.*), f. Nom donné par Haüy au *carbonate de fer* qui cristallise dans la même forme que le carbonate de chaux, et dans lequel la chaux et le fer, à l'état de protoxyde, se remplacent dans toutes les proportions.

CHAUX CARBONATÉE LENTE (*Minér.*), f. Nom donné à la *dolomie*, à cause de la lenteur de sa dissolution dans l'acide nitrique.

CHAUX CARBONATÉE MANGANÉSIFÈRE (*Minér.*), f. *Carbonate de manganèse.*

CHAUX CARBONATÉE PRISMATIQUE (*Minér.*), f. Nom donné à l'*aragonite* ou *carbonate de chaux*, qui cristallise en prisme rectangulaire droit, pour la distinguer de la chaux carbonatée rhomboédrique.

CHAUX CHLORURÉE (*Minér.*), f. *Voy.* CHLORURE DE CHAUX.

CHAUX D'ANTIMOINE (*Minér.*), f. Variété terreuse d'*oxyde d'antimoine.*

CHAUX FLUATÉE (*Minér.*), f. *Voy.* FLUORURE DE CHAUX.

CHAUX HYDRAULIQUE (*Minér.*), f. Variété de *carbonate calcaire compacte*, mélangée avec de l'argile. *Voy.* le mot CARBONATE DE CHAUX. Cette chaux a la propriété de durcir dans l'eau, et d'être éminemment propre aux travaux hydrauliques.

CHAUX MURIATÉE (*Minér.*), f. *Voy.* CHLORURE DE CHAUX.

CHAUX NITRATÉE (*Minér.*), f. *Voy.* NITRATE DE CHAUX.

CHAUX PHOSPHATÉE (*Minér.*), f. *Voy.* PHOSPHATE DE CHAUX.

CHAUX SULFATÉE (*Minér.*), f. *Voy.* SULFATE DE CHAUX.

CHAUX SULFATINE (*Minér.*), f. Nom donné par Brongniart au *sulfate de chaux anhydre*.

CHAUX TANTALÉE (*Minér.*), f. *Voy.* TANTALATE DE CHAUX.

CHAUX TITANÉE (*Minér.*), f. *Voy.* TITANATE DE CHAUX.

CHAUX TUNGSTATÉE (*Minér.*), f. *Voy.* TUNGSTATE DE CHAUX.

CHEKAO, m. Nom chinois d'une substance schisteuse minérale qu'on ajoute, dans le Japon, au kaolin, pour faire la porcelaine. On croit que c'est du *sulfate de baryte*.

CHÉLIDOINE (*Minér. ancienne*), f. Pierre citée par Pline, et qui paraît avoir eu la couleur de l'hirondelle, du grec *chelidôn*, hirondelle. Pline en distingue une variété qui est purpurine d'un côté, avec des taches noires disséminées çà et là.

CHELMSFORDITE (*Minér.*), f. Bi-silicate de chaux, décrit au mot WOLLASTONITE, et qui a été trouvé à Chelmsford, dans le Massachussets.

CHÉLONITE (*Minér.*), f. Nom donné par les anciens à une variété de *sulfure de fer*, qui présente la forme d'une tortue; du grec *chelônê*, tortue.

CHEMINÉE D'AÉRAGE (*Exploit.*), f. Puits plus ou moins vertical, destiné à aérer l'intérieur des mines.

CHEMISE (*Terme de lapidaire*), f. Petite croûte blanche ou grisâtre qui enveloppe les cailloux siliceux, quelques agates, des cristaux, etc.

CHENENDOPORE (*Paléont.*), m. Genre de polypiers fossiles.

CHENOCOPSOLITE OU CHENOCOPROLITE (*Minér.*), f. Minéral qui se trouve à Clausthal (Hartz) et à Allemont, dans le Dauphiné, en masses mamelonnées vertes, jaunâtres ou vert-grisâtre. Sa cassure est conchoïde et résineuse. Il paraît être un arséniure d'argent, de nickel et de fer. Au chalumeau, il donne des vapeurs d'arsenic et un bouton d'argent. La scorie est attirable à l'aimant.

CHERNITE (*Minér*), m. Nom donné par les anciens à une variété de marbre blanc.

CHERT (*Minér.*), m. Nom donné par les Anglais au silex du calcaire jurassique, qui abonde dans la partie inférieure de cette formation.

CHEVAL FOSSILE (*Paléont.*), m. Il a été trouvé dans les terrains postérieurs à la craie.

CHEVET (*Exploit.*), m. *Mur* d'une couche ou d'un filon, partie sur laquelle ils reposent.

CHEVEUX DE VÉNUS (*Minér.*), m. Aigrettes soyeuses d'amiante, renfermées dans du quartz hyalin limpide.

CHEVRON (*Exploit.*), m. Terme de mineur, pour désigner l'allure d'une couche ou d'un filon qui se replie suivant un angle plus ou moins aigu.

CHIAPPA (*Exploit.*), Nom donné dans les carrières de Chiavary aux ardoises en plaques polies sur une face.

CHIASTOLITE (*Minér.*), f. Synonyme de *staurotide*.

CHIEN (*Exploit.*), m. Petit chariot qui sert à transporter le minerai dans l'intérieur des galeries.

CHIEN FOSSILE (*Paléont.*), m. On a trouvé quatre espèces de ce genre de mammifère dans quelques roches postérieures à la craie.

CHILDRENITE (*Minér.*), f. Phosphate alumineux de fer; substance jaunâtre ou brunâtre, rayée de blanc, translucide, cristallisant en octaèdre rhomboïdal; cassure inégale, rayant le fluate de chaux; gisement : dans le Devonshire, en Angleterre.

CHILÉITE (*Minér.*), f. Silicate hydraté de fer, dont la composition est encore inconnue, et sur lequel on n'a que peu de détails.

CHIO (*Métall.*), m. Trou pratiqué dans la partie antérieure d'un creuset, par lequel on fait écouler le métal à l'état de fusion, et qu'on bouche après la coulée.

CHIOLITE (*Minér.*), f. Fluorure alcalin d'alumine, ainsi nommé par M. Hermann, du grec *chios*, neige; *lithos*, pierre; à cause de sa couleur blanche. Ce minéral est en masse compacte, et présente des parties grenues et cristallines, mélangées avec des parties spathiques diaphanes, ce qui lui donne l'aspect d'une substance pénétrée par de la graisse. Les parties spathiques offrent deux clivages feuilletés, sous l'angle de 60°; il se trouve en petits cristaux dans des géodes; il raye le carbonate de chaux, et est rayé par le phosphate, son éclat est gras et vitreux; sa densité est de 2.72; il fond très-facilement au chalumeau, et donne une perle limpide avec le borax et le sel de phosphore. M. Hermann a trouvé pour sa composition :

Aluminium	18.69
Sodium.	23.78
Fluor.	57.53
	100.00

dont la formule est $4\ Al\ F^3 + 3\ Na\ F^2$.

La chiolite se trouve en Sibérie, dans le comté de Miask; elle constitue un filon dans le granite graphique d'une carrière de topaze.

CHIRITE, f. Pierre figurée qu'on avait cru être la représentation d'une main; du grec *chéir*, main. C'est une stalactite.

CHLORE (*Minér.*), m. Corps gazeux, d'un jaune foncé, qu'on ne trouve point dans la nature à l'état libre, mais qui existe en combinaison dans quelques substances minérales, telles que le sel gemme et divers chlorures, et dans l'acide hydro-chlorique; il a une odeur particulière, suffocante et dangereuse. Il fut découvert par Scheele, en 1774; sir Humphry Davy, lui ayant trouvé une teinte verdâtre, lui donna le nom qu'il porte, et que le célèbre chimiste a tiré du grec *chlôros*, vert clair. Le chlore se combine difficilement avec l'oxygène; son atome est représenté par Cl, et pèse 221.64; mais comme il se combine ordinairement avec les bases, pour former les chlorures, par atome double, son symbole est alors Cl^2 = 443.28.

CHLORIDES, m. Famille minéralogique de corps solides, dans la composition desquels le chlore joue le principal rôle. En mélangeant un de ces corps avec le peroxyde de manganèse, et versant dessus de l'acide sulfurique, le chlore se décèle par son odeur safranée. Cette famille ne présente qu'un genre : ce sont les *chlorures*.

CHLORITE (*Minér.*), f. Du grec *chlôros*,

vert; nom donné a divers silicates hydratés d'alumine et de magnésie, de couleur verte (du grec *chlôros*, vert), tels que la *chlorite*, la *pennine*, la *ripidolite*, qui avaient été confondus avec le talc, dont ils se distinguent par la présence de l'alumine; ce qui a permis a plusieurs minéralogistes de les considérer comme des mélanges d'aluminates et de silicates de magnésie. Dans ces minéraux, la proportion atomique de silicate tri-alumineux et d'eau paraît constante; celle de la magnésie seule varie. Quant à leur forme primitive, elle est pour la *chlorite* un prisme à six faces régulier, et pour la *pennine*, un rhomboèdre aigu de 63° 15'; en sorte que, prenant pour base la forme cristalline, il serait possible d'en faire deux espèces, si leur composition n'avait pas une si grande analogie.

La *chlorite* comprend la *chlorite hexagonale*, la *chlorite schisteuse*, la *chlorite écailleuse*, et la *ripidolite*.

La *chlorite hexagonale*, qui était regardée anciennement comme du talc cristallisé, et que M. Biot avait pris pour du mica à un axe attractif, accompagne ordinairement le grenat; elle est d'un vert foncé (cependant celle de Mauléon est d'un vert jaunâtre clair, avec des reflets argentés); elle est onctueuse au toucher, flexible, translucide et même transparente; sa densité est de 2.673; son clivage est très-facile, et conduit à un prisme régulier à six faces, ayant les rapports : : 6 : 7. Ses cristaux sont ordinairement sous la forme d'une table hexaèdre très-mince, ciselée sur les bords. Au chalumeau, elle blanchit et fond difficilement en un émail grisâtre; sa poussière est soluble dans l'acide hydro-chlorique. Ses analyses donnent :

	LOCALITÉS.				
	Achmatowk.	Zillerthal.	Mauléon.	Ala.	Sibérie.
Silice.	31.23	31.47	32.10	30.01	30.11
Alumine.	16.72	16,67	18.50	19.11	19.43
Perox. de fer.	»	»	»	4.81	4.61
Magnésie.	32.08	32.36	36.70	33,15	32.27
Protox. de fer.	5.10	5.97	0.60	»	»
Eau.	12.63	12,43	12.10	12.52	12.32
	99.78	99.10	100.00	99.60	98.96

La formule qui résulte de ces analyses est $Al^2O^3\ SiO^3 + (MgO)^5\ SiO^3 + 4\ Aq.$; ou, si l'on considère, avec MM. de Marignac et Descloiseaux, le minéral comme formé d'aluminate et de sulfate : $(MgO)^2\ Al^2O^3 + (MgO)^3\ (SiO^3)^2 + 4\ Aq.$

La *chlorite schisteuse* ne diffère de la chlorite hexagonale que parce qu'elle contient un peu moins d'eau, tandis que la *chlorite écailleuse* renferme deux atomes de magnésie de moins; la texture de ces deux minéraux, qui se trouvent abondamment dans les Alpes, est cause de leurs dénominations. Leur composition est :

	Écailleuse.			*Schisteuse.*
	M. Marignac.		M. Berthier.	M. Grüner.
Silice.	26.88	27.14	26.80	29.50
Alumine.	17.52	19.19	19.60	15.62
Protox. de fer.	29.76	24.76	25.50	23.39
Magnésie.	13.84	16.78	14.30	21.39
Chaux.	»	»	»	1.50
Potasse.	»	»	2.70	»
Eau.	11.35	11.50	11.40	7.38
	99.33	99.37	98.30	98.78

qu'on rend par les expressions suivantes :

1° Chlorite écailleuse : $Al^2O^3\ SiO^3 + (MgO)^5\ SiO^3 + 4\ Aq. = (MgO)^2\ Al^2O^3 + (MgO)^3\ (SiO^3)^2 + 4\ Aq.$;

2° Chlorite schisteuse : $Al^2O^3\ SiO^3 + (MgO)^5\ SiO^3 + 3\ Aq. = (MgO)^2\ Al^2O^3 + (MgO)^3\ (SiO^3)^2 + 3\ Aq.$

La *ripidolite* est en lames entassées, qui se présentent en éventail dans leur cassure; elle est peu transparente; sa densité est de 2.675; elle possède, comme la chlorite hexagonale, un clivage facile parallèlement à la base; on la recueille à Rauris, en Tyrol; dans le canton des Grisons, la vallée de Zillerthal; le Saint-Gothard, etc. La composition de la ripidolite est :

	LOCALITÉS.		
	Zillerthal.	Saint-Gothard.	Rauris.
Silice.	27.32	25.37	26.06
Alumine.	20.69	18.50	18.17
Magnésie.	24.89	17.09	14.69
Protox. de fer.	15.23	28.79	26.87
— de mangan.	0.47	»	0.62
Chaux.	»	»	2.24
Eau.	12.00	8.96	10.47
	100.60	98 71	99.12

La formule répondant à cette composition est : $Al^2O^3\ SiO^3 + (MgO)^5\ SiO^3 + 4\ Aq. = (MgO)^2\ Al^2O^3 + (MgO)^3\ (SiO^3)^2 + 4\ Aq.$

Il me paraît qu'il faut rapporter à la ripidolite le minéral nommé *leuchtenbergite*, dont les caractères extérieurs présentent une grande analogie avec la chlorite. Sa couleur naturelle est le vert, mais elle est souvent altérée à la surface, et passe au jaune; sa forme primitive est un prisme régulier hexagonal; sa pesanteur spécifique est de 2.71; elle est transparente et en lames minces; son éclat est quelquefois nacré. M. Komonen a trouvé que la leuchtenbergite contenait :

Silice.	34.23
Alumine.	16.31
Peroxyde de fer.	3.35
Magnésie.	35.36
Chaux.	1,75
Eau.	8.68
	99.66

qui renferme un peu moins d'eau que la ripidolite, et donne la formule $(MgO)^2\ Al^2O^3 + (MgO)^3\ (SiO^3)^2 + 3$ Aq.

La *pennine* a la même composition que la ripidolite, et cependant elle en diffère par ses caractères extérieurs; elle est d'un vert noir sur les faces du rhomboèdre, et d'un vert émeraude sur celles du clivage; les lames et les cristaux sont dichroïtes : ils sont d'un beau vert dans le sens du grand axe, et bruns ou rouge hyacinthe perpendiculairement à cet axe. La poudre de la pennine est onctueuse au toucher; elle est soluble dans l'acide hydrochlorique bouillant. La densité du minéral est de 2.629 à 2.653; il s'exfolie au chalumeau, blanchit, et fond difficilement en un émail grisâtre. On trouve la pennine à Binnen, où elle est en masse cristallisée, et dans la vallée de Zermatt, en Valais. Sa composition est :

	LOCALITÉS.			
	Valais.		Binnen.	
Silice.	33.07	33.36	33.40	33.95
Alumine.	9.69	13.24	13.41	13.46
Oxyde de chrôme.	»	0.20	0.18	0.24
Protoxyde de fer.	11.36	»	»	»
Peroxyde.	»	5.93	5.73	6.12
Magnésie.	38.24	34.21	34.57	33.71
Eau.	12.58	12.80	12.74	12.52
	104.94	99 74	100.00	100.00

On en tire l'expression : $Al^2O^3\ SiO^3 + (MgO)^5\ SiO^3 + 4$ Aq. $= (MgO)^2\ Al^2O^3 + (MgO)^3\ (SiO^3)^2 + 4$ Aq.

La pennine a été nommée, par M. Morin, *wasserglimmer*, comme étant un mica renfermant de l'eau.

CHLORITE SCHISTEUSE (*Géogn.*), f. *Voy.* SCHISTE CHLORITEUX.

CHLORO-BROMURE D'ARGENT (*Minér.*), m. Nom donné par M. Domeyko à un chlorure d'argent de Chanavello, près de Coquimbo, contenant une portion assez considérable de bromure. *Voy.* la description de ce minéral au mot BROMURE D'ARGENT.

CHLOROMÉLANE (*Minér.*), f. Synonyme de *cronstedtite*.

CHLOROPALE DE CEYLAN (*Minér.*), f. Silicate hydraté de fer, décrit au mot SILICATE DE FER.

CHLOROPHÆITE (*Minér.*), f. Nom donné par le docteur Mac Culloch à un *silicate de fer*, décrit sous ce dernier titre. On dit aussi *chlorophasite*.

CHLOROPHANE (*Minér.*), m. Synonyme de *fluorure de calcium*. Ce minéral a la propriété d'être phosphorescent à la température moyenne de nos climats. Du grec *chlôros*, vert : *phainô*, je luis; parce qu'étant mise sur un charbon ardent, cette substance répand une lueur verte.

CHLOROPHYLLITE (*Minér.*), f. Silicate hydraté de magnésie et de fer, mêlé d'un peu de phosphate d'alumine, d'une couleur jaune verdâtre, et en feuilles schisteuses; d'où vient son nom (du grec *chlôros*, vert; *phyllon*, feuille). Ce minéral, qui a été ainsi nommé par M. Jackson, a été recueilli près de la mine de Néal, dans les États-Unis. Il est en prismes à six faces réguliers, ou en masse schisteuse, dans laquelle on distingue facilement des strates de minéraux différents. La chlorophyllite se laisse rayer par l'acier; sa poussière est d'un blanc verdâtre pâle; sa densité est de 2.705; elle fond imparfaitement au chalumeau. L'analyse des cristaux, faite par M. Witteney, a donné :

Silice.	45.20
Phosphate d'alumine.	27.60
Magnésie.	9.60
Protoxyde de fer.	8.26
— de manganèse.	4.10
Eau.	3.60
Potasse et perte.	1.64
	100.00

D'où l'on tire, en éliminant le phosphate : $(MgO)^2\ (SiO^3)^3 +$ Aq; qui équivaut à $MgO\ (SiO^3)^2 + MgO\ SiO^3 +$ Aq, et indique la réunion du silicate avec le bi-silicate magnésique des chimistes.

CHLOROSPINELLE (*Minér.*), m. Nom donné par M. G. Rose à une variété vert d'herbe d'*aluminate de magnésie*, dans laquelle le peroxyde de fer et l'alumine se substituent comme isomorphes.

CHLORURES (*Minér. chim.*), m. Corps qui résultent de la combinaison du chlore avec une base. Ces substances donnent du chlore dans l'acide sulfurique; avec de l'oxyde de cuivre et du phosphate de soude et d'ammoniaque, elles donnent, au chalumeau, une belle flamme bleu-rougeâtre; elles sont, en général, solubles dans l'eau, anhydres et volatiles.

Le chlore se combine le plus ordinairement avec les bases par atomes doubles : cependant le chlorure de mercure a pour formule Hg Cl, dans laquelle il n'y a qu'un atome de chlore; c'est la seule exception à la règle générale des chlorures naturels et artificiels. Aussi Berzelius a-t-il cru devoir substituer à l'expression qui précède, celle analogue $Hg^2\ Cl^2$, dans laquelle les éléments sont doublés, sans que la valeur de la combinaison change. Il faut remarquer, en passant, que la forme du mercure chloruré est un prisme droit à base carrée; tandis que la plupart des autres chlorures ont pour type cristallin le cube. Il est vrai que M. Levy a trouvé dans le chlorure de plomb des clivages qui l'ont conduit au prisme droit rhomboïdal.

Les chlorures naturels connus jusqu'à ce jour sont au nombre de quatre, savoir :

Le *chlorure d'argent*,
Le *chlorure de mercure*,
Le *chlorure de plomb*,
Le *chlorure de sodium*.

CHLORURE D'ARGENT (*Minér.*), m. Synonymes : *argent muriaté*, *argent corné*, *kerargyre* de Beudant, *horn silber*, *silber hornerz* de Werner. Substance composée d'argent et de chlore, blanche, blanc grise, ou gris jaunâtre, qui passe au brun violacé par l'exposition à l'air. Elle est translucide, et souvent transparente ; sa cassure est conchoïde et vitreuse. Ce minéral se coupe comme de la cire, et est entamé par l'ongle ; il est fusible à la flamme d'une bougie, et répand des vapeurs muriatiques ; au chalumeau, il fond sur le charbon en une perle blanche et nacrée, et donne au feu de réduction un bouton d'argent ; si on le frotte sur du fer ou du zinc humectés, il y laisse des traces d'argent métallique ; sa densité est de 5.277. Sa forme primitive est le cube, mais on le trouve aussi en cubo-octaèdre au Huelgoat ; il passe au parallélipipède en s'allongeant ; en Sibérie, on rencontre la variété lamellaire. L'analyse d'un chlorure de Guanaxato donne :

Argent.	76.00
Chlore.	24.00
	100.00

Formule atomique : Ag Cl^2, qui représente le chlorure argentique de Berzelius.

Il existe cependant quelques chlorures d'argent, dans lesquels cette proportion atomique parait n'être pas exactement gardée ; tels sont, suivant Klaproth, les minéraux de la Saxe et de Schlangenberg, en Sibérie. Cet habile chimiste a trouvé pour leur composition :

	Saxe.	Sibérie.
Argent.	67.75	68.00
Chlore.	27.50	32.00
Gangue et mélange.	8.00	»
	103.25	100.00

Ces deux compositions conduiraient aux formules 2 Ag Cl^2 + Cl, et Ag Cl^2 + Cl, qui sont anomales.

L'excès de 3.25 pour cent, dans la première analyse, provient probablement du dosage du chlore. En effet, si au lieu de 27.50 on ne porte que 21.25, déduction faite de l'excès, l'analyse est régulière, et la formule devient identique avec celle ordinaire des chlorures. Quant à la seconde analyse, il est encore probable que le dosage est erroné, et que l'atome simple Cl, qui fait excès, provient d'une faute de calcul dans la réduction en parties centésimales.

Le chlorure d'argent abonde aux mines du Chili, du Mexique et du Pérou ; il y est associé avec l'argent natif qui parait être le résultat de sa décomposition ; il est en petits cristaux cubiques dans les *pacos* et les *colorados* de l'Amérique ; au Huelgoat, en Bretagne, il tapisse les cavités d'un hydrate de fer ; on le rencontre encore en Saxe, en Sibérie, en Angleterre, etc.

CHLORURE DE CHAUX (*Minér.*), m. Syn. : *chaux chlorurée*, *muriate de chaux*, *hydrochlorate de chaux*, etc. Ce sel ne se rencontre qu'en dissolution dans les eaux de la mer, dans des lacs salés et dans quelques sources ; sa saveur est piquante et très-amère.

CHLORURE DE MAGNÉSIE (*Minér.*), m. Sel qui se trouve en dissolution dans l'eau de la mer, dans des lacs, dans certaines sources, avec le chlorure de sodium. Il a un goût amer et piquant ; il tombe facilement en déliquescence ; il cristallise en prismes hexagonaux réguliers.

CHLORURE DE MERCURE (*Minér.*), m. Synon. : *mercure corné*, *calomel* de Beudant, etc. Ce minéral, d'un gris de perle, a l'éclat adamantin dans sa cassure, qui est conchoïdale ; il est très-tendre, et se laisse rayer par l'ongle ; sa densité est de 6.482 ; il se volatilise complétement au chalumeau, et donne du mercure dans le tube, lorsqu'on le chauffe avec de la soude. Sa forme primitive est un prisme droit à bases carrées, dont le rapport est : 1 : 2.48 ; il forme des croûtes sur la surface d'un fer oxydé brun ; on en tapisse les cavités. Sa composition est :

Mercure.	84.95
Chlore.	15.05
	100.00

dont la formule est Hg Cl.

Le chlorure de mercure se rencontre dans la plupart des mines de mercure, notamment à Almaden, en Espagne, et à Moschel-Landsberg, dans le Palatinat.

CHLORURE DE PLOMB (*Minér.*), m. Syn. : *plomb chloruré*, *berzelite*, *cotunnite*, etc. Minéral d'un blanc grisâtre, en masses laminaires éclatantes, rayant le gypse, et se laissant rayer par la fluorine ; sa densité est de 7 077 ; il décrépite au chalumeau, et fond en un globule jaunâtre ; sa forme primitive est, suivant M. Levy, un prisme droit rhomboïdal sous l'angle de 102° 27′. Le chlorure de plomb ne se rencontre à l'état de pureté que dans le cratère des volcans, après une éruption : c'est ainsi que MM. de Monticelli et Covelli l'ont recueilli dans le cratère du Vésuve, après l'éruption de 1822 ; il était à l'état bacillaire, en efflorescence sur des laves, et remarquable par sa fragilité. Ils l'ont nommé *cotunnite*. La composition de ses aiguilles est, suivant Berzelius :

Plomb.	74 52
Chlore.	25.48
	100.00

qui répond à l'expression atomique Pb Cl^2.

A Mendiphills, dans le comté de Sommerset, en Angleterre, le chlorure de plomb est accompagné de carbonate de plomb, comme on en peut juger par l'analyse suivante, due à Berzelius :

Oxyde de plomb.	90.16
Acide hydrochlorique.	3 69
Acide carbonique.	1.85
Eau.	0.56
Silice.	0.73
	96.99

conduisant à la formule $Pb\ Cl^2 + 2\ PbO$, qui répond au chlorure de plomb bi-basique des chimistes.

Ici, l'acide carbonique est considéré comme accidentel; mais dans le minéral nommé *kérasine* par M. Beudant, le carbonate fait partie de la composition de la substance; aussi lui a-t-on donné le nom de *chloro-carbonate de plomb*. C'est un minéral blanc, blanc jaunâtre, gris jaunâtre, jaune orangé, avec une teinte verdâtre; il est transparent ou translucide; son éclat est adamantin; il raye le gypse, et est rayé par la chaux carbonatée; sa densité est de 6.056; au chalumeau, il donne un globule transparent qui devient jaune par le refroidissement; sa forme primitive est un prisme à base carrée, dont le rapport est : : 8 : 3; sa composition est, suivant Berzelius :

Chlorure de plomb.	51.00
Carbonate de plomb.	49.00
	100.00

Analyse qui donne $Pb\ Cl^2 + PbO\ CO^2$.

CHLORURE DE SODIUM (*Minér.*), m. Syn. : *sel gemme*, *muriate de soude*, *sel marin*, *salmare* de Beudant, etc. Ce sel, si connu, se distingue par sa saveur; il est incolore, blanchâtre, rouge, bleu, vert, violet, etc., et porte, lorsqu'il n'est pas humide, tous les caractères d'une pierre; il est rarement limpide, presque toujours nébuleux et demi-transparent. Il est soluble dans l'eau froide ou chaude; il décrépite sur des charbons ardents; sa densité est de 2.257; il raye le sulfate, et est rayé par le carbonate de chaux; sa forme primitive est le cube. Il donne à l'analyse :

Sodium	39.66
Chlore.	60.34
	100.00

qui conduit à l'expression $Na\ Cl^2$.

Ce sel est souvent impur, et contient plusieurs autres sels et des matières étrangères. M. Berthier a trouvé, dans deux échantillons de sel de Vic :

Chlorure de sodium.	99.80	90.30
Sulfate de chaux.	»	5.00
— de soude.	»	2.00
Protoxyde de fer.	»	0.80
Matières bitumineuses.	0 20	0.60
	100.00	98.70

Le sel gemme se trouve souvent cristallisé; sa forme ordinaire est celle primitive; on le trouve aussi à l'état fibreux en filon dans le sel lamelleux et dans les argiles salifères; il est alors quelquefois coloré en rouge par de l'oxyde de fer; ses fibres sont droites et épaisses. Il se trouve en couches dans les *marnes irisées* du *trias*, souvent sur une grande étendue : le dépôt qui existe dans le département de la Meurthe a été reconnu sur une distance d'environ vingt-cinq mille mètres; à Dieuze, on a rencontré treize couches de sel représentant une épaisseur de cinquante-huit mètres. Les salines de Bex, en Suisse, sont dans la partie supérieure du lias; celles de Salzbourg, dans le calcaire jurassique; les mines d'Orthez, dans les basses Pyrénées, celles de Cardona, en Catalogne, sont enclavées dans la craie; à Pancorbo et à Briviesca, près de Burgos, les amas salés appartiennent au terrain tertiaire. Les dépôts salifères sont ordinairement dénoncés par des sources salées qu'on exploite quelquefois pour sel, lorsque les couches solides ne sont pas encore découvertes : c'est ainsi qu'à Cabezon de la Sal, dans la province de Santander, on a longtemps vaporisé les eaux pour en obtenir le sel; entre Oviédo et l'Intiesto, il existe une fontaine salée qui sert aux paysans pour saler leurs aliments; les sources salées abondent en Bavière et dans le Tyrol; la mer enfin en offre un vaste dépôt qui est exploité sur beaucoup de côtes.

Le sel gemme est employé dans les usages domestiques; il sert à conserver les matières organiques sous le nom de salaisons; on en fait usage pour la fabrication de la soude et du chlore; pour le blanchiment artificiel des fils, des toiles, de la cire, du papier, etc. Il est appelé à jouer un rôle important dans l'agriculture, soit pour l'abondance plus grande qu'il procure aux récoltes, soit par la bonne qualité des fourrages, qui rendent supérieure celle des bestiaux vivant dans les prés salés naturels ou artificiels.

CHOASPITE (*Minér.*), f. Nom donné par Pline à une agate verdâtre ayant l'éclat de l'or, et qui se trouvait en Perse, sur les bords du fleuve Choaspe.

CHOIN (*Exploit.*), m. Marbre lumachelle de la Bourgogne.

CHOIN ANTIQUE, m. *Marbre lumachelle.*

CHOIN BÂTARD, m. Calcaire coquillier des environs de Lyon, d'une couleur blanc jaunâtre sale.

CHONDRODITE (*Minér.*), f. *Fluo-silicate* de magnésie, ainsi nommé parce qu'il se trouve en gros grains cristallins; du grec *chondros*, grain.

CHONIKRITE (*Minér.*), f. Silicate hydraté d'alumine, de magnésie et de chaux, d'un blanc mat, translucide sur les bords, à texture compacte, et cassure inégale ou imparfaitement conchoïde. Ce minéral raye le sel gemme, mais se laisse rayer par le carbonate de chaux, sa densité est de 2.93; au chalumeau, il fond en un verre grisâtre. Sa composition est, d'après Kobell :

Silice.	38.69
Alumine.	17.12
Magnésie.	22.80
Chaux.	12.60
Protoxyde de fer.	1.46
Eau.	9.00
	99.37

qu'on peut représenter par la formule $Al^2O^3 SiO^3 + 2 (MgO, CaO)^3 SiO^3 + 4$ Aq.

La chonikrite appartient aux terrains granitiques de l'île d'Elbe.

CHRICTONITE (*Minér.*), f. *Titanate de fer.*

CHRISTIANITE (*Minér.*), f. Nom donné par M. Descloizeaux à une variété de *gismondine*, en l'honneur du roi de Danemark Christian VIII. C'est aussi le nom que M. Monticelli a donné à une variété d'*anortite.*

CHROMATES, m. Sels composés d'acide chromique et d'une base métallique; ils sont jaunes à l'état de sels, et rouges à l'état d'acides; ils sont, en général, remarquables par les nuances brillantes de leurs couleurs; l'acide hydrochlorique bouillant les décompose, ainsi que l'acide sulfureux, l'acide nitreux, l'alcool bouillant.

CHROMATE DE FER (*Minér.*), m. *Eisenchrome* de Beudant; minéral composé d'acide chromique et de peroxyde de fer. Il est gris de fer, presque noir, ainsi que sa poussière; son éclat est métallique; sa cassure inégale, grenue ou imparfaitement lamelleuse; il raye le verre et l'apatite, et se laisse rayer par le feldspath; sa pesanteur spécifique est de 4.498; infusible au chalumeau, il y devient altérable; il colore le borax en vert, et est inattaquable par les acides. Il se présente ordinairement en masses amorphes; ses cristaux assez rares sont des octaèdres réguliers; ce qui donne le cube pour sa forme primitive. Les analyses de MM. Thomson et Berthier ont fourni :

	LOCALITÉS.		
	Baltimore.	Iles Shetland.	Saint-Domingue.
Oxyde de chrome.	52.95	56.00	36 00
Peroxyde de fer.	30.44	31.00	37.00
Alumine.	12.22	13.00	21.50
Silice.	»	»	5.00
	95.61	100.00	99.50

Les deux premières répondent à la formule $3 Fe^2O^3 CrO^3 + 2 Al^2O^3 (CrO^3)^3$; la troisième, à $6 (Fe^2O^3, Al^2O^3) CrO^3 + (Fe^2O^3, Al^2O^3) SiO^3$, ou, en considérant le silicate comme mélangé, à $(Fe^2O^3, Al^2O^3) CrO^3$.

Le chromate de fer a été trouvé en nodules dans la serpentine des environs de Fréjus (Var); les cristaux qu'on en connaît viennent de Brac, près de Baltimore; enfin, on en trouve dans les îles Schetland, à Saint-Domingue, etc.

CHROMATE DE PLOMB (*Minér.*), m. Syn. : *plomb rouge*, *crocoïse* de Beudant, *chrombleï* des Allemands, etc. Minéral d'un beau rouge orangé, en cristaux qui dérivent d'un prisme rhomboïdal oblique sous les angles de 93° 30' et 90° 10', et avec le rapport : 28 : 62. Il raye le gypse, et se laisse rayer par la fluorine; sa fragilité est remarquable; il est translucide, et son éclat est adamantin; sa densité est de 6.027 à 6.10; au chalumeau, il fond et s'étale sur le charbon. Sa composition est, suivant

	M. Pfaft.	M. Berzelius.
Oxyde de plomb.	67.91	68.50
Acide chromique.	31 73	31.50
	99.64	100.00

Ces analyses conduisent à la formule $PbO CrO^3$ du chromate plombique simple.

On a nommé *mélanochroïte* un minéral rouge-violacé qui provient de Beresoff, et qui paraît être le résultat de la décomposition du chromate de plomb. Il est, en effet, associé avec ce sel et du phosphate de plomb vert en aiguilles. Ses cristaux sont entrelacés à la manière d'un réseau; ils ont l'éclat résineux, et sont d'une grande fragilité; leur densité est de 5.75. Ce minéral décrépite sur le charbon, et fond en un globule noir qui prend, en refroidissant, une texture cristalline. Hermann a annoncé que sa forme primitive était le prisme droit rhomboïdal; c'est donc une espèce distincte; son analyse conduit à la même conclusion :

Oxyde de plomb.	76.69
Acide chromique.	23.31
	100.00

On en déduit la formule $(PbO)^3 (CrO^3)^2$ du sesqui-chromate de plomb.

Le chromate de plomb présente quelquefois une couleur trompeuse, qu'il doit à la présence de quelque corps étranger. C'est ainsi que, dans la *vauquelinite*, la couleur d'un vert bouteille foncé due à l'union du chromate de cuivre, et sa poussière d'un vert clair, l'ont fait regarder longtemps comme un plomb phosphaté aciculaire. Sa forme primitive est, suivant M. Levy, un prisme rhomboïdal oblique; sa densité est de 6.80 à 7.20; elle se laisse rayer par la fluorine : au chalumeau, ce minéral se boursoufle, et fond en un globule d'un gris sombre, à éclat métallique. Sa composition est, suivant Berzelius :

Oxyde de plomb.	60.87
Oxyde de cuivre.	10.80
Acide chromique.	28.33
	100.00

D'où l'on tire la formule du chromate biplombique : $(PbO)^2 CrO^3 + CuO CrO^3$.

M. Del Rio a trouvé à Zimapan, dans le Mexique, un chromate de plomb qui correspond au chromate tri-plombique des chimistes; sa composition est :

Oxyde de plomb.	80 72
Acide chromique.	14.80
	95.52

D'où l'on tire à la rigueur $(PbO)^3, CrO^3$ et même $(PbO)^2 CrO^3$; mais qui me paraît être le résultat de l'union des deux chromates, attendu que l'expression atomique exacte, vérifiée par la synthèse, donne $(PbO)^2 CrO^3 + (PbO)^3 CrO^3$.

CHROMOCHLORITE (*Minér.*), f. Minéral en petites lames vertes, brillantes, à éclat nacré, engagées dans de la dolomie; il a les caractères du mica vert de l'Oural, mais la composition en est encore inconnue.

CHRYSALITE (*Minér.*), f. Nom donné par Mercatus à une variété d'ammonite, ayant l'apparence d'une chrysalide en spirale.

CHRYSAMMONITE (*Paléont.*), f. *Ammonite*, dont la matière est un sulfure de fer.

CHRYSITE (*Minér.*), f. On donne généralement ce nom aux substances minérales qui renferment quelques particules d'or; du grec *chrysos*, or. On le trouve aussi employé comme synonyme de *péridot*. Les anciens s'en servaient pour désigner une pierre de touche.

CHRYSOBÉRYL (*Minér.*), m. Nom donné par Werner pour désigner une variété d'*aluminate de glucine*, de couleur verte dorée; du grec *chrysos*, or.

CHRYSOCALE (*Minér.*), m. Nom donné par M. Beudant à une variété de *silicate de cuivre*; du grec *chrysos*, or; *kalos*, beau.

CHRYSOCOLLE (*Minér. anc.*), f. *Sous-borate de soude*, borax; du latin *chrysocolla*, tiré à son tour du grec *chrysos*, or, et *kolla*, colle; par allusion à la propriété du borax de souder l'or. Pline a désigné sous ce nom une pierre qui ne nous est pas connue, et qu'il appelait aussi amphitane.

CHRYSOLITE (*Minér.*), f. Du grec *chrysos*, or, et *lithos*, pierre; pierre brillante comme l'or, pierre de couleur d'or. On a abusé de ce nom, qui a été appliqué à une foule de substances différentes : chez les anciens, c'était la *topaze orientale*, ou notre *corindon jaune*; depuis, on a désigné, sous le nom de *chrysolite de Saxe*, la véritable *topaze* ou *fluo-silicate d'alumine*; les modernes ont donné ce nom à une variété de *péridot* cristallisée, pour la distinguer de la variété granulaire plus connue sous celui d'*olivine* : c'est la *chrysolite des volcans*; la *prehnite* a été quelquefois désignée sous la dénomination de *chrysolite du Cap*, où le colonel Prehn l'avait rencontrée pour la première fois; on trouve dans quelques minéralogies la *cymophane*, l'*émeraude jaune* et l'*idocrase*, décrites sous la dénomination de *chrysolite*. L'*idocrase* de la Somma porte plus particulièrement le nom de *chrysolite des Napolitains*.

CHRYSOLITE ORIENTALE (*Minér.*), f. Variété d'*aluminate de glucine*, de couleur jaune-verdâtre, ayant une fausse apparence de l'or; du grec *chrysos*, or; *lithos*, pierre.

CHRYSOPALE (*Minér.*), f. Variété d'*aluminate de glucine*.

CHRYSOPHANE (*Minér.*), m. Variété de *seybertite*; synonyme de *holmite*.

CHRYSOPRASE (*Minér.*), f. Variété d'agate d'un vert-pomme clair, translucide; cassure terne, unie, dont la couleur, suivant Klaproth, est due au nickel. Son nom, fait de deux mots grecs, *chrysos*, or, *prason*, vert de poireau, est dû à son éclat et à sa couleur.

CHRYSOTILE (*Minér.*), m. Variété de *métaxite*, remarquable par sa couleur d'un vert pâle d'or; du grec *chrysos*, or; *tilai*, duvet.

CHUMPI (*Minér.*), m. Nom donné, suivant Barba, à un minéral qui se trouve, avec l'or et l'argent, dans les minerais du Potosi. On croit que c'est le *platine*.

CHUNAM, m. Nom donné au plâtre dans l'Inde.

CHUSITE (*Minér.*), f. Nom donné par Werner à une variété de *péridot* friable, qui paraît être une altération de l'olivine.

CHYSAORARE (*Paléont.*), m. Genre de polypiers fossiles, dont deux espèces sont connues.

CICOGNE (*Exploit.*), f. Levier coudé appliqué à l'extrémité d'un treuil; manivelle sur laquelle opèrent les mineurs pour enlever le minerai.

CIDARITE (*Paléont.*), f. Genre d'échinides, dont huit espèces sont fossiles.

CIMENT ROMAIN (*Minér.*), m. Variété de *carbonate de chaux compacte*, mélange avec de l'argile et de l'oxyde de fer. *Voy.* CARBONATE DE CHAUX et MORTIERS.

CIMOLÉE (*Minér.*), f. Ou plutôt *cymolée*. *Terre cymolée*, hydro-silicate d'alumine, espèce d'argile qui se tirait autrefois de Cymolis, l'une des îles de Crète. *Voy.* CYMOLITE, ou mieux le mot ARGILE.

CIMOLITE (*Minér.*), f. *Voy.* CYMOLITE.

CINABRE (*Minér.*), m. *Sulfure de mercure* décrit à l'article SULFURES MÉTALLIQUES. Il était connu des Grecs sous le nom de *kinnabris*, d'où il a tiré son nom. Dioscoride dit qu'on le tirait d'Espagne, et décrit succinctement sa préparation comme vermillon. Il est probable que le mot kinnabris ou *kinnabari* a pour racine *kinabra*, odeur puante, qui est en effet donnée par le cinabre lorsqu'on le frotte.

CINABRE NATIF (*Minér.*), m. *Sulfure de mercure natif*.

CINGLAGE (*Métall.*), m. Premier étirage d'une loupe sous le gros marteau ou sous les cylindres cingleurs. Cette opération a pour but de chasser le laitier qui se trouve mêlé au métal, et de rendre celui-ci plus pur et plus propre à l'étirage.

CIPOLIN (*Exploit.*), m. Marbre blanc et à veines grisâtres, quelquefois entièrement gris; calcaire micacé, *cipolino* des Italiens, du même mot qui signifie petit oignon, à cause de certaines veines de mica et de talc qui ont quelque ressemblance avec des enveloppes d'oignons; roche composée de calcaire et de mica, à texture saccharoïde, quelquefois compacte; souvent schistoïde, quelquefois bréchiforme. Le mica est ordinairement disséminé dans la masse; il y forme souvent des veines ou des bandes minces, d'un joli effet. Le cipolin est susceptible d'un beau poli; il est quelquefois employé comme marbre statuaire.

CIPPIO (*Exploit.*), m. *Pierre d'appareil* calcaire employée dans les constructions à Milan. Elle est jaune, facile à tailler, et durcit à l'air.

CIRE FOSSILE (*Minér.*), f. *Suif de montagne; ozokérite*; décrit à la suite du mot BITUME.

CIRRUS (*Paléont.*), m. Genre fossile de la famille des turbinacées, dont on connait cinq espèces dans les terrains anciens.

CISSITE, f. Pierre figurée blanche, qui a l'apparence de feuilles de lierre; du grec *kissos*, lierre.

CITRINE (*Minér.*), f. Variété jaune verdâtre du *quartz hyalin*.

CLAIAS (*Exploit.*), m. Nom que les mineurs d'Anzin donnent au carbonate de fer des houillères.

CLASTIQUE, adj. Nom générique des roches formées de débris d'autres roches.

CLATRAIRE (*Paléont.*), f. Plante fossile des terrains antérieurs à la craie, qui a beaucoup d'analogie avec les lycopodes.

CLAUSSÉNITE (*Minér.*), f. Variété de *gibsite* décrite au mot HYDRATE D'ALUMINE.

CLAUSTHALITE (*Minér.*), f. Nom donné par M. Beudant au *séléniure de plomb* qui se trouve dans la mine de Lorenz, à Clausthal, dans le Hartz.

CLAVAGELLE (*Paléont.*), f. Genre de tubicolées fossiles, dont on connait quatre espèces dans les terrains postérieurs à la craie.

CLEAVANDITE (*Minér.*), m. *Feldspath de soude.*

CLEF (*Exploit.*), f. Pièce de bois, espèce de coin qui sert à consolider les divers boisages de mine.

CLEF DE RELEVÉE (*Exploit.*), f. Petite tige à anneau qui sert de tête de sonde, et qu'on emploie pour soulever le corps de la sonde hors du trou, au moyen d'un accrochement à clavette.

CLEF DE RETENUE (*Exploit.*), f. Pièce de fer qui porte un canal dans l'ouverture duquel on glisse la tige de sonde en la prenant au-dessous de son épaulement, de manière à ce que la clef étant appuyée sur le plancher, la tige ne puisse plus descendre.

CLÉODORE (*Paléont.*), f. Genre de la famille des ptéropodes, qui appartient à la craie.

CLÉTHRITE (*Minér.*), f. Carbonate de chaux imitant le bois d'aune.

CLINOMÈTRE (*Exploit.*), m. Instrument destiné à mesurer l'épaisseur des couches minérales; il a été inventé par le professeur Griffith, et modifié et perfectionné par M. Jardine et lord Webbseymour.

CLINTONITE (*Minér.*), f. Nom donné par Richardson à une variété de *seybertite*, en l'honneur d'un gouverneur du comté d'Orange, nommé *Clinton*.

CLIQUART (*Exploit.*), m. *Pierre d'appareil*, calcaire, roche plus dure et plus vive dans sa cassure que le liais, à grain fin et égal, renfermant peu de débris organiques.

CLITONITE (*Minér.*), f. Variété de *prehnite*.

CLIVAGE (*Minér.*), m. Ce mot, qui vient de l'allemand *klieben*, fendre, désigne la faculté qu'ont beaucoup de minéraux de se fendre par le choc, et de présenter des lames ou plaques parallèles. Dans quelques individus, le clivage est tellement facile, qu'on peut l'opérer avec un instrument tranchant et sans choc; c'est ce qui arrive pour certaines variétés du gypse : dans d'autres, il faut une percussion vive, et même quelquefois un ciseau appliqué dans le sens présumé des lames, et frappé fortement pour déterminer le clivage.

Les clivages des cristaux sont soumis à des lois générales : ils sont semblablement disposés dans un même minéral, et forment des angles constants entre eux, ainsi qu'avec les faces du cristal : dans une même substance, les clivages sont également nets, et leur netteté est en rapport avec la nature des faces. Lorsqu'ils s'opèrent dans trois directions, ils annoncent un solide qui a constamment les mêmes angles pour une même espèce; dans le cube, les trois clivages sont parallèles aux faces du polyèdre, égaux et également faciles; dans le prisme à base carrée, on obtient aussi trois clivages, dont un suivant la base, et les deux autres parallèles aux faces verticales : ces deux derniers sont égaux et également nets.

CLIVAGE SCHISTEUX (*Géogn.*), m. Disposition des roches, d'après laquelle elles peuvent être divisées en une foule de strates minces et parallèles. Les plans de clivage schisteux n'ont aucun rapport avec ceux de stratification qu'ils coupent suivant un certain angle, ni même avec ceux de la structure par joints.

CLOCHE (*Exploit.*), f. Cavité qui, dans l'exploitation des couches horizontales, se forme au toit de la galerie, par la chute de petites écailles, puis d'autres plus grandes, suivies d'autres chutes et de schistes qui vont en augmentant de grandeur, jusqu'à la terre végétale.

CLOCHE À GALETS (*Exploit.*), f. C'est une tige creuse, destinée à saisir une tige de sonde cassée au-dessous de l'épaulement. Deux galets dentés et mobiles sont placés sur le côté dans l'intérieur, et font un effet d'encliquetage. La tige entre sans difficulté; mais lorsqu'on retire la cloche, les dents des galets restent imprimés dans le fer, et forcent la partie cassée à monter avec la cloche.

CLOCHE TARAUDÉE (*Exploit.*), f. Tige taraudée dans l'intérieur, pour saisir une tige brisée au-dessous de son épaulement. Cette tige se termine, à la partie inférieure, par un entonnoir renversé, qui est fixé à vis, et a pour but d'empêcher que la cloche ne passe à côté de la tige qu'il s'agit d'arracher.

CLOISON D'AÉRAGE (*Exploit.*), f. Cloison pratiquée verticalement dans un puits, ou horizontalement dans une galerie, pour la circulation de l'air dans l'intérieur des mines.

CLONISSE (*Paléont.*), f. Coquille fossile bivalve, de l'espèce des cames à valves ridées.

CLOVISSOI (*Exploit.*), m. Nom vulgaire donné par les mineurs de la Provence à une couche d'argile schisteuse du terrain de lignite, contenant un grand nombre de cyclades.

CLUSE (*Géol.*), f. Vallée transversale dans les montagnes jurassiques.

CLUTHALITE (*Minér.*), f. Variété de *mésotype* contenant de la magnésie et de la soude, trouvée dans la vallée de la Clyde, autrefois nommée *Clutha*.

CLYPÉASTRE (*Paléont.*), m. Genre d'échinides, dont dix espèces sont fossiles et appartiennent à toutes les formations.

COAL-TAR (*Métall.*), m. Goudron obtenu de la houille; de l'anglais *coal*, houille, et *tar*, goudron.

COBALT (*Métall.*), m. Métal simple électropositif, qui tire son nom de *cobalt*, mauvais génie des mines; dénomination appliquée anciennement par les ouvriers superstitieux, à cause de l'apparence trompeuse des gîtes de cobalt. Il n'existe point dans la nature à l'état métallique; on l'obtient dans les laboratoires, d'un blanc d'étain, aigre, et ayant la propriété d'attirer l'aiguille aimantée; son grain est fin et serré, et il est facile à pulvériser; isolé et frotté, il acquiert l'électricité vitrée; il est d'une difficile fusion, et se dissout avec effervescence dans l'acide nitrique; son poids spécifique est 8.513 à 8.700. Sa formule atomique est Co, et son atome pèse 368.991.

On n'a encore trouvé aucun moyen de l'employer comme métal, quoiqu'il soit légèrement malléable au rouge obscur. En fondant son oxyde avec du quartz et de la potasse, et pulvérisant le produit, on obtient une belle poudre bleue, qui donne à certaines substances blanches une légère nuance de bleu d'un aspect agréable. Il sert ainsi dans les papeteries, dans la préparation de l'empois, la fabrication des pierres factices, des verres, des émaux, la peinture à l'huile, etc.

Ses principaux minerais sont : 1° le *sulfure de cobalt*, dont il existe deux variétés : le *cobalt sulfuré* ayant pour formule : Co^2S^3; 2° l'*arsénio-sulfure de cobalt*, dont l'expression atomique est $Co\,As^2 + Co\,S^2$, et qui quelquefois, comme dans la *danaïte*, est associé à de l'*arsénio-sulfure de fer* ; 3° l'*arséniure de cobalt*, répondant à la formule $Co\,As^2$, ou l'arséniure double de cobalt et de fer, exprimé par $3Co\,As^2 + Fe\,As^2$. Les autres espèces de cobaltides sont beaucoup moins importantes sous le rapport de leur abondance. Ce sont : 4° les *arséniates* de cobalt $(CoO)^3\,As^2O^3 + 8$ Aq; l'*oxyde de cobalt* Co^2O^3, et les *sulfates de cobalt*, formés de $CoO\,SO^3 + 6$ Aq et $(CoO)^2\,SO^3 + 9$ Aq. Les descriptions de ces divers minéraux sont renvoyées à leurs titres respectifs.

COBALT ÉCLATANT (*Minér.*), m. Nom ancien de l'*arsénio-sulfure de cobalt*, dont les cristaux ont un éclat très-vif. *Voy.* SULFURES MÉTALLIQUES.

COBALT GRIS (*Minér.*), m. *Arsénio-sulfure* de cobalt, décrit au mot SULFURES MÉTALLIQUES.

COBALT OXYDÉ NOIR (*Minér.*), m. *Voy.* OXYDE DE COBALT.

COBALT SULFURÉ (*Minér.*), m. *Voy.* *Sulfure de cobalt*, à l'article SULFURES MÉTALLIQUES.

COBALT TRICOTÉ (*Minér.*), m. Nom donné par les ouvriers et les anciens minéralogistes au cobalt argentifère, couleur cendrée, qui forme des réseaux semblables à ceux de l'argent natif.

COBALTINE (*Minér.*), f. Nom donné par M. Beudant à un *arsénio-sulfure de cobalt* décrit au mot SULFURES MÉTALLIQUES.

COBOLDINE ou **KOBOLDINE** (*Minér.*), f. Nom donné par M. Beudant au *sulfure de cobalt*. *Voy.* ce dernier mot à l'article SULFURES MÉTALLIQUES.

COBOLT, m. *Voy.* COBALT; de l'allemand *kobalt*, esprit malfaisant, à cause des vapeurs arsénicales qui accompagnent les minerais de ce métal.

COCCOLITE (*Minér.*), f. Du grec *kokkos*, grain; *lithos*, pierre. Nom donné à une variété de *pyroxène* formé d'un assemblage de grains d'un vert noirâtre, adhérant faiblement ensemble, et qui se séparent par la pression de l'ongle. Cette variété a été confondue avec la *pargasite* ou *amphibole granuliforme*, qu'on a aussi nommée *coccolite*, par erreur.

COCHLITE (*Paléont.*), f. Ce mot, qui a été mis tantôt au masculin, tantôt au féminin, est le terme générique employé anciennement pour désigner les coquilles univalves fossiles, à bouche demi-ronde. Ce nom vient du grec *kochlios*, en latin *cochlea*, limaçon.

COCHON (*Métall.*), m. Masse de métal qui s'affine ou se refroidit dans le creuset d'un fourneau, et finit par l'engorger.

COCHON FOSSILE (*Paléont.*), m. On a trouvé une espèce de ce genre de mammifère dans les terrains postérieurs à la craie.

COEUR DE BOEUF (*Paléont.*), m. *Voy.* BUCARDITE.

COFFRE (*Exploit.*), m. Terme de sondeur; tuyau que l'on enfonce dans un trou de sonde, et notamment dans les puits artésiens, pour servir de conduite à l'eau jaillissante.

COGOLINITE (*Minér.*), f. *Sulfure de zinc* et de fer, trouvé près de *Cogolin*, dans le Var. Sa composition, suivant M. Berthier est :

Zinc.	50.20
Fer.	10.80
Soufre.	30.20
Gangue.	6.80
	98.00

ce qui donne la formule (Zn, Fe) S.

COGRAINS (*Métall.*), m. Petites parcelles de fer qui s'attachent à la filière dans les tréfileries.

COIGNEUX (*Métall.*), m. Batte dont se servent les mouleurs pour comprimer fortement le sable des moules.

COIN (*Exploit.*), m. Instrument de mineur, sur lequel on frappe pour le faire entrer dans une fente et détacher des blocs de roche. Le coin des meulières est très-petit; le coin de mineur a la tête *en cul d'œuf;* le coin pour la houille est un parallélipipède terminé en pointe par un bout; le coin de sel gemme est en bois bien sec, que l'humidité fait ensuite gonfler.

COKE (*Exploit.*), m. Charbon qui résulte de la distillation de la houille, en plein air ou à vase clos; substance légère, poreuse, sonnante, d'un gris de fer souvent brillant; brûlant sans odeur ni fumée.

COLCOTAR (*Exploit.*), m. *Oxyde de fer* d'un beau rouge, minéral préparé dont on se sert dans les arts pour polir les métaux et surtout les glaces. On l'obtient aussi artificiellement par la distillation du sulfate de fer.

COLLYRITE OU KOLLIRYTE (*Minér.*), f. Du grec *kolla*, colle, parce que la collyrite a une certaine apparence de la gélatine. Hydrosilicate d'alumine d'un blanc opalin, demi-translucide, ressemblant à une gelée solide, à éclat vitro-résineux, cassure conchoïde; la collyrite tombe en poussière par une exposition plus ou moins longue à l'air, et surtout au feu. Infusible au chalumeau, elle est soluble en gelée dans les acides. Sa composition est :

	LOCALITÉS :	
	Schemnitz.	Ezquerra.
Silice.	14.00	15.00
Alumine.	45.00	44.50
Eau.	42.00	40.50
	101.00	100.00

d'où l'expression $(Al^2O^3)^3\ SiO^3 + 15\ Aq$, qui n'est guère d'accord avec les notions scientifiques.

M. Anthon a analysé une collyrite fortement hydratée, renfermée dans un schiste alumineux, et dont la pesanteur spécifique est de 1 383, et lui a assigné pour formule $(Al^2O^3)^4 (SiO^3)^3 + 9\ Aq$, ce qui n'est pas plus d'accord avec les règles chimiques de la formation des silicates.

Enfin la *scarbroïte* est un hydro-silicate alumineux, qui a trop d'analogie avec la collyrite pour qu'on ne réunisse pas les deux individus. Sa composition est, suivant Wernon :

Silice.	10.50	7.90
Alumine.	42.50	42.75
Peroxyde de fer.	0.25	0.80
Eau.	46.75	48.55
	100.00	100.00

L'expression atomique de la première de ces analyses serait $(Al^2O^3)^3\ SiO^3 + 21\ Aq$; mais celle de la seconde est tout à fait différente.

Pour mettre d'accord ces cinq expressions, il faut supposer qu'un silicate tri-aluminique est ici mélangé avec un hydrate d'alumine, dans les proportions que comporte un mélange, et l'on aura :

Collyrite :

$2\ Al^2O^3\ SiO^3 + 3\ Al^2O^3\ (H^2O)^3 + 13\ Aq$;

Minéral de M. Anthon :

$3\ Al^2O^3\ SiO^3 + \ Al^2O^3\ (H^2O)^3 + \ 6\ Aq$;

Scarbroïte, première analyse :

$3\ Al^2O^3\ SiO^3 + 2\ Al^2O^3\ (H^2O)^3 + \ 9\ Aq$;

scarbroïte, deuxième analyse :

$3\ Al^2O^3\ SiO^3 + 2\ Al^2O^3\ (H^2O)^3 + 15\ Aq$.

Ces formules, outre qu'elles sont conformes aux exigences scientifiques, ont l'avantage de réunir intérieurement les deux variétés de scarbroïte, qui ne diffèrent plus alors que par la quantité d'eau qu'elles renferment à l'état hygrométrique.

COLOMINE (*Exploit.*), f. Variété d'argile à poterie talqueuse, grise, renfermant des parties brillantes de mica.

COLONNAIRE (Forme), adj. Forme caractéristique du basalte, et, en général, des roches volcaniques. Masses allongées, divisées en prismes réguliers, dont le nombre de faces varie de trois à douze, mais qui ont le plus ordinairement de cinq à sept côtés. Ces colonnes sont le plus souvent transversales et équi-distantes comme les joints d'une colonne vertébrale. *Voyez*, pour la formation et la manière d'être de ces colonnes, le mot STRUCTURE COLONNAIRE.

COLOPHANITE OU COLOPHONITE (*Minéral.*), f. Du grec *kollê*, colle, gélatine; *phainô*, je luis; qui a la transparence de la gélatine. *Grenat grossulaire* à éclat et cassure résineuse, d'un jaune brunâtre, en grains arrondis. Simon a trouvé pour sa composition :

Silice.	35.00
Alumine.	15.00
Peroxyde de fer.	7.50
Chaux.	29.00
Protoxyde de manganèse.	4 75
— de fer.	1.00
Magnésie.	1.50
	93.75

ce qui répond à la formule du grenat $Al^2O^3\ SiO^3 + (CaO)^3\ SiO^3$. La plupart des auteurs disent *colophonite;* mais, d'après l'étymologie, c'est *colophanite* et même *collophanite* qu'il faut dire. Le nom de *colophonite* pourrait tout au plus s'appliquer au *grenat al-*

mandin ou *grenat syrien*, par analogie avec *Kolophôn*, ville d'Asie.

COLORADOS (*Minér.*), m. Nom donné, au Mexique et au Pérou, à des hydrates de fer qui contiennent du chlorure d'argent et quelquefois de l'argent natif.

COLPA (*Minér.*), m. Synonyme de *trona;* nom donné par les Péruviens au sesqui-carbonate de soude décrit au mot CARBONATE DE SOUDE.

COLUBRINE (*Exploit.*), f. Variété d'argile à poterie grise et sans tache.

COLUMBITE (*Minér.*), f. Nom donné par M. Beudant au *tantalate de fer et de manganèse.*

COLUMBIUM, m. *Tantale.* Métal découvert en 1802, et que Wollaston, en 1809, a démontré être le même que le tantale.

COMATULE (*Paléont.*), f. Genre de stellérides, dont une espèce fossile se rencontre dans les terrains de craie supérieure.

COMBE (*Géolog.*), f. Vallée longitudinale dans les montagnes du Jura; du grec *kumbos*, enfoncement. Dans le Languedoc, on l'emploie pour désigner une montagne.

COMBUSTIBLES (*Minér.*), m. Substance charbonneuse propre à donner de la chaleur. Tous les combustibles ne la donnent pas au même degré, et ne sont pas propres au même usage : une flamme vive et brillante, un feu ardent et soutenu, ne seront pas plus produits par le même combustible, que les minerais réfractaires ne seront réduits également par la *tourbe* et l'*anthracite*. Le charbon de bois, dans un four à réverbère, ne produirait pas le coup de vent violent de la houille; le coke brûlerait mal sur les grilles où le bois est promptement consumé. Les variétés d'un même combustible produisent quelquefois des différences notables : la houille sèche est nuisible dans une forge de maréchal; la houille grasse, au contraire, y produit un bon effet, et préserve de l'oxydation le métal sur lequel elle se boursoufle et forme une voûte. Quelques combustibles ne produisent que de la flamme, et ne sont propres qu'à élever la température. Tel est l'*hydrogène* dont on a essayé de se servir en Angleterre pour certaines opérations métallurgiques. Les combustibles produisent d'autant plus de flamme qu'ils contiennent plus d'hydrogène : ainsi, sous ce rapport, le bois s'enflamme plus facilement que la houille, et celle-ci donne plus de flamme que l'anthracite. La présence de l'hydrogène augmente le tissu cellulaire des plantes; mais cette propriété cesse pour le bois en état de décomposition, et l'hydrogène diminue à mesure que le combustible devient plus compacte. L'inflammabilité serait donc en raison inverse de la compacité; ainsi, un corps est d'autant plus combustible qu'il contient plus d'hydrogène, mais il brûle alors beaucoup plus vite et avec plus d'éclat. Le *carbone*, au contraire, est d'autant plus abondant que le combustible est plus compacte, la fibre végétale plus serrée, ou la décomposition des plantes plus avancée. Les combustibles pesants sont donc plus forts en carbone que ceux légers. La combustion du diamant n'a lieu qu'au moyen de la plus haute température; l'anthracite brûle en dégageant beaucoup de chaleur : la houille a une valeur calorifique bien plus grande que celle de la tourbe, et celle-ci produit plus de chaleur que le bois : il suit de là que la chaleur développée par les combustibles est en raison directe de la quantité de carbone qu'ils contiennent, et, par conséquent, en raison inverse de leur inflammabilité. La valeur industrielle des combustibles se compose de ces deux principes : production de chaleur et inflammabilité; elle ne dépend pas seulement de l'une d'elles, mais elle est proportionnelle à l'effet qu'elle produit pour obtenir tel ou tel résultat : s'il est question de chauffer une chaudière, le bois aura plus de valeur industrielle que le coke, parce qu'ici cette valeur ne dépendra pas immédiatement de la teneur calorifique, mais bien de la flamme produite qui entourera la chaudière, et la chauffera en moins de temps que ne l'aurait fait le charbon de houille. Les combustibles forts en hydrogène sont les plus mauvais pour le traitement des minerais : la flamme seule, par exemple, ne suffirait pas pour opérer la désoxydation des minerais de fer.

COMBUSTIBLES MINÉRAUX (*Minér.*), m. On désigne sous le nom de combustibles minéraux les charbons fossiles connus sous celui d'*anthracite*, de *houille*, de *lignite* et de *tourbe*. Il y a souvent, de l'un à l'autre de ces minéraux, un passage qu'il n'est pas facile de distinguer; mais cette division, avec son caractère absolu, a le grand avantage non-seulement de déterminer la valeur de chaque combustible, mais encore d'être en rapport avec le plus ou moins d'ancienneté des terrains qui les renferment.

L'ANTHRACITE est d'un gris noirâtre, d'un certain éclat métallique; sa pesanteur spécifique est de 1.00 à 2.00; sa combustion est lente et difficile, et a lieu sans odeur ni fumée; ses morceaux ne s'agglutinent pas entre eux; elle décrépite à la chaleur. La valeur calorifique des combustibles étant en raison directe du carbone qu'ils contiennent, l'anthracite est le combustible le plus chaleureux, mais aussi le moins inflammable. M. Berthier a fait plusieurs analyses d'anthracite, et a trouvé que leur composition était :

	LOCALITÉS.			
	Mandre.	Pensylvanie.	Moutiers.	Sablé.
Charbon.	91.30	88.00	70.80	69.30
Cendres.	2.70	4.00	21.40	24.60
Matières volatiles.	6.00	8.00	7.80	7.10
	100.00	100.00	100.00	101.00

La HOUILLE est d'un beau noir éclatant. Sa

cassure est souvent lamelleuse, quelquefois schisteuse : elle est fragile; sa pesanteur spécifique est de 1.16 à 1.60; elle brûle avec odeur et fumée, et se boursoufle plus ou moins; elle se ramollit par le feu et s'agglutine; à la distillation, elle donne un résidu charbonneux de la nature de l'anthracite, quoique n'en ayant pas les caractères extérieurs; ce résidu s'appelle *coke*. Aux yeux des praticiens, la houille est une anthracite avec bitume. La distillation donne en effet des huiles bitumineuses, analogues à celles de *pétrole* que nous avons décrites à l'article BITUME. On divise les houilles en houilles *sèches*, *grasses* et *maigres*.

La HOUILLE SÈCHE est le passage de la houille à l'anthracite; sa couleur est le gris d'acier; elle a les propriétés de ce combustible, de ne brûler qu'avec difficulté et de ne pas se gonfler; elle s'agglutine légèrement. Elle a quelquefois conservé la texture ligneuse, et se nomme alors charbon de bois minéral. Sa composition est :

	Mons.	Fresnes.	Rolduc.	Wales.	Charb. min.
Carbone.	85.00	82.40	87.70	79.30	91.90
Cendres.	2.30	4 20	2.70	1.30	3.90
Mat. volatiles.	12.70	13.40	10 30	19.40	4.2C
	100.00	100.00	100.70	100.00	100.00

La HOUILLE GRASSE contient beaucoup plus de bitume; elle se boursoufle facilement au feu, s'agglutine, et donne un coke abondant qui, dans les bonnes qualités, va jusqu'à soixante pour cent du poids de la houille, et représente souvent le double du volume du combustible primitif; sa couleur est d'un beau noir; son éclat est gras; elle se divise assez facilement en fragmens qui ressemblent à des cubes; elle est composée de :

	Alais.	Rive-de-Gier.	Carmeaux	Decazesville.
Carbone.	68.10	66.30	71 50	64.50
Cendres.	6 40	2.00	3 30	6.30
Mat. volatiles.	25.50	31.50	25.00	29.20
	100.00	100.00	100.00	100.00

La HOUILLE MAIGRE enfin est très-gazeuse, elle est moins noire et plus légère que la houille grasse; elle s'allume avec une grande facilité, donne une flamme longue, mais ne s'agglutine point. Sa composition résulte des analyses suivantes :

	Cublac.	Tuchan.	Blanzy.	Épinac.
Carbone.	70.25	56.00	76.48	74.73
Cendres.	7.40	20.00	2.28	5.65
Mat. volatiles.	22.35	24.00	21.24	19.60
	100.00	100.00	100.00	100.0C

La houille passe au LIGNITE par des nuances analogues à celles qui lient la houille à l'anthracite; il existe des variétés tellement noires, qu'on les prendrait volontiers pour le premier de ces combustibles, si quelques caractères empiriques ne venaient les distinguer. Le lignite ne fond pas, il ne s'agglutine point; sa flamme est longue comme celle de la houille maigre; il dégage une odeur pyroligneuse prononcée et désagréable; une circonstance le sépare de la houille : c'est que lorsque celle-ci est éteinte, elle se couvre d'une cendre blanche, et cesse de brûler presque aussitôt, tandis que le lignite brûle encore sous cette cendre de même couleur. La pesanteur des lignites varie de 1.00 à 1.50.

Les diverses variétés de lignite tirent leurs noms de leur apparence, et des divers degrés d'altération des métaux : le *jayet*, ou jais, est compacte, noir, rarement brun, et peut être travaillé sur le tour; il est susceptible d'un beau poli; sa cassure est conchoïde et luisante; sa pesanteur spécifique est de 1.26 à 1.308. Quelques-uns de ces lignites, dits *piciformes*, s'exfolient à l'air, et laissent voir leur tissu ligneux; leur poussière est brune; d'autres ont ce tissu tellement distinct, qu'on leur a donné le nom de *bois fossile* ou *bois bitumeux*. Les analyses suivantes donnent une idée de la composition de ces différents combustibles.

	Jayet.	Lignite commun.	Bois Fossile.	Bois Bitumineux.
Carbone.	61.40	49 30	44.10	38.40
Cendres.	1.70	3.90	1.40	2.50
Mat. volatiles.	37.90	46.80	54.50	59 10
	101.00	100.00	100.00	100.00

A cette espèce il convient de joindre la *terre d'ombre*, ou *terre de Cologne*. Ce minéral forme le passage du lignite à la tourbe; il est terreux en général, mais il présente quelquefois la texture du bois; il renferme beaucoup de débris de végétaux; on y rencontre des fruits d'une espèce de palmier; son grain est fin, et sa couleur d'un brun clair; il est friable et doux au toucher; il brûle à la manière de l'amadou, en répandant une fumée d'une odeur désagréable. La terre de Cologne est composée de :

Carbone.	37.40
Cendres.	5.70
Matières volatiles	56.9C
	100.00

Le DYSODILE est un combustible fossile terreux, voisin des lignites. Il se présente sous forme de feuilles d'un jaune ou d'un gris verdâtre, entremêlées quelquefois de racines; il boursoufle à l'air et se réduit en morceaux; il est flexible; sa densité est de 1.14 à 1.25; il brûle facilement avec une flamme vive, et donne une odeur désagréable au chalumeau; il se divise en feuillets, dégage de l'eau et des matières empyreumatiques, devient brun-rouge par la combustion, et se réduit enfin en une scorie demi-fondue. M. Ehrenberg a trouvé que le dysodile était formé, en grande partie, d'infusoires du genre des *naviculaires*, et de débris végétaux provenant d'arbres résineux. M. Delesse a analysé le dysodile, et l'a trouvé composé de :

Carbone.	8.50
Cendres.	45 40
Mat. volatiles et eau.	49.10
	100.00

La TOURBE, le combustible le plus voisin de la surface de la terre, provient de la décomposition de plantes herbacées et aquatiques qui s'accumulent dans les vallées marecageuses. Ces végétaux y sont souvent reconnaissables. Ce combustible est généralement d'un brun plus ou moins foncé; il brûle avec une flamme légère, et donne une fumée qui exhale une odeur piquante et désagréable. La pesanteur spécifique des tourbes est extrêmement variable, suivant la proportion des terres qu'elles contiennent; leur composition n'est pas non plus uniforme. Les analyses suivantes sont dues à M. Berthier.

LOCALITÉS :

	Démé-rary.	Château-Landon.	Clermont (Oise).	Reims.
Charbon.	23.50	26.00	30.10	34 90
Cendres.	17.30	15.00	17.40	6.80
Mat. volatiles.	59.20	59.00	52.50	58.50
	100.00	100.00	100.00	100.20

Des analyses données par M. Regnault, et que nous nous abstenons de citer ici, on peut tirer les conséquences suivantes :

1° La pesanteur spécifique des combustibles augmente en raison de la proportion de carbone qu'ils contiennent.

2° La proportion d'oxygène augmente à mesure que les combustibles se rapprochent de la surface de la terre; elle descend jusqu'à 2.43 pour cent pour l'anthracite, et s'élève jusqu'à 31 27 pour la tourbe (le bois en contient 44.62 pour cent.

3° Plus le terrain dans lequel se trouve un combustible est ancien, plus ce combustible est riche en carbone. L'anthracite contient jusqu'à 92.56 pour cent de carbone; la tourbe n'en donne que 58, le bois 49.

Qu'il me soit permis de terminer cet article par quelques considérations géologiques que je présentais en 1829, dans mon *Manuel du maître de forges* :

« La première de toutes les substances végétales décomposées, c'est le *terreau*, matière brune, facilement combustible, et qui provient de la décomposition des plantes ou des matières animales. Ce carbonide se forme tous les jours sous nos yeux, et contient le carbone dans son plus grand état de division. Il n'en existe pas de masses notables.

« La *terre d'ombre*, *terre de Cologne*, ou lignite terreux et friable, appartient aux terrains de transport, aux terrains post-diluviens, aux formations les plus récentes. Les dépôts *tourbeux* appartiennent à des dépressions dans lesquelles vivaient les végétaux; ces dépressions sont encore couvertes d'eau pour la plupart; dans certaines localités, au contraire, la tourbe surnage, et recouvre des masses aqueuses. L'élasticité des terrains est alors remarquable. Il peut arriver que des parties isolées de tourbe flottent sur le bassin, et forment des îles errantes qui peuvent porter des animaux. Les *tourbes* existent dans les vallées; cependant on en trouve sur le sommet des montagnes élevées, sur le Bloksberg (Hartz), dans les cols des Alpes et des Pyrénées. Les tourbières les plus remarquables en France sont celles de la vallée de la Somme, entre Amiens et Abbeville; celles des environs de Beauvais; celles de la rivière d'Essonne, entre Corbeil et Villeroi; celles des environs de Dieuze (Meurthe), de Montoire (Loire-Inférieure), etc. Il en existe dans presque tous nos départements : dans la vallée de Miremont; à Chaumont (Oise); près d'Hécourt-Saint-Quentin (Pas-de-Calais); entre Champagny et Fismes; dans les marais de Saint-Gon et de Jalons (Marne); à Vizille et à la Meure (Isère); aux marais de Mailleray (Seine-Inférieure); dans la vallée d'Urcel (Aisne), etc., etc.

« C'est aussi dans les parties supérieures du terrain tertiaire, dans les terrains de sédiment qui ont recouvert nos continents en dernier lieu, que se rencontrent les bois altérés et les *bois fossiles*, etc. Les arbres renversés, les bouleaux, les ifs, les chênes, les noix de cocos, sont facilement reconnaissables dans les forêts souterraines ou sous-marines. L'île de Chatou, près Saint-Germain, est presque entièrement composée de bois fossile et de troncs d'arbres peu altérés. Ce combustible existe à Vitry en couches puissantes; dans l'Ariége, il est pénétré de carbonate de chaux. A Bovey, dans le Devonshire, on trouve des couches de bois fossile et bitumineux qui offrent toutes les nuances du passage de la fibre végétale au *surtubrand*, ou combustible du pays.

« Au-dessous des alluvions modernes, on rencontre encore de temps en temps des bois purement altérés; mais les parties inférieures du terrain tertiaire appartiennent presque exclusivement au *lignite*. Quelquefois des branches isolées ont été entraînées avec les matières sableuses de transport; quelquefois les parties ont été broyées et réagglutinées en amas plus ou moins solides. Les couches de lignite sont généralement séparées les unes des autres par des lits de matières sableuses, argileuses, mélangées de bitume; on y reconnaît parfois le tissu organique du bois; on y trouve des branches, des tronçons de dicotylédons, des coquilles d'eau douce, des animaux mammifères, des mastodontes, des rongeurs, etc. Le lignite se trouve à Montjardin et à Bugarach (Aude); il y est en grains qui n'excèdent pas vingt-cinq kilogrammes; à Sainte-Marie du Mont (Manche); à Boulay (Moselle); dans l'Isère, l'Ain; à Vaucluse, dans les Basses Alpes, les Bouches-du-Rhône, le Var, l'Ardèche, l'Aude, le Gard, l'Hérault, la Gironde, le Bas-Rhin, à Montrouge et dans les environs de Paris, autour de Soissons, Laon, Reims, Épernon, etc.

« Le lignite apparaît dans tous les étages de la période secondaire, à commencer du grès houiller, où il ressemble parfaitement à la houille, contient comme elle du bitume, et brûle avec une flamme vive. On ne peut souvent le reconnaître qu'à l'aide de sa braise, qui ne ressemble nullement au coke, et à sa poussière, beaucoup moins noire que celle de la houille. La houille appartient aux terrains secondaires moyens; le lignite, aux terrains secondaires moyens supérieurs, et aux terrains tertiaires.

« La formation des terrains houillers a eu lieu à une époque qui a dû être remarquable par une grande révolution, laquelle l'a terminée d'un seul coup. Il est probable que ces grands phénomènes ne se renouvelleront plus, et que les grès à teintes bigarrées, et la grande région des roches calcaires supérieures à la houille, dénotent le commencement d'une autre révolution dans laquelle les agents ne sont plus les mêmes, et qui ont marqué leur passage par une stratification non concordante.

« La houille se prolonge dans les roches inférieures du terrain secondaire; mais c'est en couches isolées. Les roches philladiennes, les grauwakes, les amagénites, sont plus ordinairement le siége de l'anthracite, qui paraît appartenir aux terrains intermédiaires, et être voisine des gneiss et des roches micacées. »

COMETITE (*Paléont.*), f. Variété d'astroïte.

COMMINGTONITE (*Minér.*), f. Variété de *silicate de fer*, décrite sous ce titre. Elle a été trouvée à Commington, dans le Massachusets.

COMPACTE (*Minér.*), adj. Cassure ou structure compacte. *Voy.* CASSURE.

COMPTONITE (*Minér.*), f. Variété de *thomsonite*, dédiée par M. Brewster au comte de Compton. Ce minéral est décrit au mot THOMSONITE.

CONCHITE (*Paléont.*), m. Sorte de coquille pétrifiée; du grec *konchos*, coquille.

CONCHOÏDE ou **CONCHOÏDAL** (*Minér.*), adj. Cassure conchoïde, qui présente des évasements creux imitant les impressions de coquilles. *Voyez* le mot CASSURE.

CONCHYLIEN (*Géol.*), adj. Nom donné à une formation supérieure au grès bigarré, composée de couches calcaires et marneuses du *terrain triasique*, compactes, gris de fumée, très-abondantes en coquilles. C'est le *mushelkalk* des Allemands.

CONCHYLIOTYPOLITE (*Paléont.*), f. Pierre ou roche qui porte l'empreinte de la figure extérieure de certaines coquilles; du grec *konchylion*, coquillage; *typos*, empreinte; *lithos*, pierre; par opposition au mot CONCHITE, qui désigne les coquilles fossiles mêmes.

CONCRÉTIONS (*Minér.*), f. Nom générique appliqué aux minéraux qui se forment par dépôts, soit par suintement à travers les roches, le long des parois des grottes, ou sur le sol; qui se consolident au milieu des matières molles, et sont le résultat d'une cristallisation confuse et incomplète.

Les concrétions peuvent se diviser en mamelons, rognons, stalactites et géodes.

La structure mamelonnée est due à des dépôts salins et cristallins qui ont suivi les moindres ondulations du terrain, et dont les particules se sont consolidées quelquefois au moment où la cristallisation se développait. De là vient que quelques mamelons ne présentent qu'une texture grenue, confuse, souvent en couches successives dont la forme testacée est remarquable, comme dans les concrétions de carbonate de chaux; tandis que d'autres ont un tissu fibreux, un aspect bacillaire, parfois un éclat soyeux, dont les fibres confuses sont radiées, et convergent vers le centre du mamelon. Il est probable qu'au moment du dépôt des mamelons, ou peu de temps après, ils ont éprouvé un petit mouvement de soulèvement qui leur a donné leur relief semi-sphérique actuel, et qui a produit la divergence des aiguilles cristallines selon la surface extérieure. L'hématite offre de beaux exemples de cette structure mamelonnée demi-cristalline.

Les *stalactites* sont des concrétions qui se forment de haut en bas, au toit des cavités souterraines, par le suintement, goutte à goutte, des eaux chargées de sels en dissolution. Les premières gouttelettes laissent, en s'évaporant, une petite masse de matière qui offre un noyau autour duquel la filtration continue à déposer de nouvelles gouttes; la masse supérieure grossit bientôt; et l'opération continuant sans cesse, elle donne lieu à une forme conique A, qui est tantôt pleine de matière, et tantôt creuse à l'intérieur; la surface du cône reste lisse, onduleuse, tuberculeuse, parfois squamiforme. L'albâtre est dû à des stalactites de carbonate de chaux; il est souvent nuancé de couleurs ocreuses, qui sont dues à la présence de certains oxydes de fer en solution dans les eaux qui contiennent le carbonate calcaire.

Lorsque les gouttelettes d'eau arrivent, avec une certaine abondance, jusqu'à la pointe du cône renversé, elles tombent quelquefois sur le sol au-dessous de la stalactite même, et s'y déposent en forme de protubérances qui, s'accroissant sans cesse, produisent à la longue de nouvelles masses coniques B, et finissent quelquefois par se joindre par le sommet au sommet renversé de la stalactite C. On donne à ces nouvelles concrétions le nom de *stalagmites*; elles sont le plus souvent formées de couches concentriques et testacées. A la longue, les deux masses ainsi réunies par leurs sommets perdent leur figure conique, et ne présentent plus qu'une colonne informe qui semble avoir été produite pour soutenir la voûte. Les suintements continuant à avoir lieu sur les parois latérales, il en résulte des dépôts saillants, plus ou moins isolés, ondulés, festonnés, plissés comme des draperies; c'est ce qu'on appelle la configuration *panniforme*.

Si les substances se consolident au milieu de matières molles, peu résistantes, elles se forment en *rognons* ou en *boules* plus ou moins compactes, dont la forme est souvent fort irrégulière, comme dans les silex de la craie. Quelquefois ces rognons sont formés de couches concentriques, et contiennent un noyau de sable. On leur donne le nom de *pisolites*. Ce sont de petits globules dus au mouvement des sables, au milieu d'une eau chargée de substances minérales. Le grain de sable, en tournant sur lui-même, se recouvre de pellicules successives de matière, jusqu'à ce que son poids acquis le force au repos dans le fond du liquide. Ce phénomène est commun à Vichy (Allier); à Carlsbad, en Bohême; à Saint-Philippe, en Toscane. Ces concrétions en boules et par couches concentriques ne sont pas toujours dues au mouvement du noyau: au pont d'Olloniego, près d'Oviédo (Asturies), on voit des rognons de carbonate calcaire de plusieurs centaines de mètres cubes, formés par couches et ayant une forme sphérique assez régulière, dans le terrain silurien qui avoisine la formation houillère.

Il arrive parfois que les globules ou rognons se forment au moment de la cristallisation des matières qui les constituent; leur structure est alors remarquable: si la cristallisation a été complète, les nodules sont hérissés de pointes cristallines, de cristaux accumulés, réunis vers un centre, se gênant et se déformant par leur pression mutuelle. Tels sont les beaux échantillons en pomme de pin du *carbonate bleu de cuivre* de Chessy. Si la cristallisation a été gênée, est devenue incomplète, le globule présente dans son intérieur une structure radiée, en fibres divergentes. Les rayons sphériques de *sulfure de fer* offrent souvent cette configuration. A la forge de Coslo, dans la Liébana, j'ai trouvé, dans les eaux voisines du feu catalan, de petits globules de *fer sulfuré*, radié, dus sans doute à une épigénie; ils étaient passés à l'état de *pyrite magnétique*.

Les *géodes* sont des concrétions siliceuses ou ferrugineuses, creuses à l'intérieur, et souvent tapissées de cristaux. Quelques-unes renferment une matière pulvérulente, un noyau qui est indépendant de son enveloppe, et qu'on sent remuer lorsqu'on agite la pierre. Cette séparation est très-probablement due au retrait qu'a éprouvé le noyau. Les géodes sont surtout remarquables dans certains minerais de fer. Celles qui contiennent un noyau prennent le nom d'*aétite*, ou *pierres d'aigle*.

Les minéraux qui ont la structure mamelonnée, qui forment des rognons, des stalactites, des géodes, dont la cassure est ou testacée, ou fibreuse, ou fibro-rayonnée, qui appartiennent enfin à la formation concrétionnaire, sont de trois sortes: ou ils se dissolvent dans l'eau, ou ils ont un éclat métallique ou métalloïde, ou ils ont l'éclat pierreux ou vitreux.

Minéraux concrétionnés solubles dans l'eau.

Alun,	Sulfate de soude,
Sulfate de cuivre,	— de magnésie,
— de fer,	— de zinc.

Minéraux ayant l'éclat métallique ou métalloïde.

Acerdèse,	Pyrite de cuivre,
Arsenic natif,	Pyrolusite,
Fer oligiste,	Oxydule d'urane.
Sulfure de fer,	

Minéraux sans éclat métallique.

Agate,	Carbonate de cuivre,
Alunite,	Chlorure de cuivre,
Aragonite,	Hydrophosphate de cuivre,
Carbonate de baryte,	
Sulfate de baryte,	Cuivre hydro-siliceux,
Botryolite,	Oxyde noir de cuivre,
Sulf. anhydre de chaux,	Cronstedtite,
Arséniate de chaux,	Dufrénite,
Fluorure de calcium,	Oxyde d'étain,
Sulfate de chaux,	Carbonate de fer,
Arséniate de cobalt,	Fiorite,
Oxyde noir de cobalt,	Gibbsite,
Hématite,	Prehnite,
Hyalite,	Quartz botryoïde,
Peroxyde hydraté de manganèse,	Soufre,
	Stilbite,
Mésotype,	Sulfate de strontiane,
Natrolite,	Variscite,
Nuissiérite,	Voltzine,
Arséniate de plomb,	Wawellite,
Carbonate de plomb,	Webstérite,
Plomb gomme,	Carbonate de zinc,
Phosphate de plomb,	Hydro-carbon. de zinc,
Sulfate de plomb,	Silicate de zinc,
Arséniate de plomb,	Sulfure de zinc.
Arséniate de cuivre,	

Quant aux minéraux en petits rognons, en grains cristallins, en grains arrondis, ou en sable, *voy.* le mot GRAINS du dictionnaire.

CONDRODITE (*Minér.*), f. *Voy.* CHONDRODITE.

CONDURRITE (*Minér.*), m. *Arsénite de cuivre*, trouvé dans la mine de Condorrow, en Cornouailles. Le nom de *condorrite* ou *condorrowite* eût été plus régulier.

CÔNE (*Paléont.*), m. Genre de coquilles de la famille des enroulées, dont on trouve trente-trois espèces dans les roches modernes.

CÔNE-A-TIRE-BOUCHON (*Exploit.*), m. Espèce d'entonnoir conique terminé par un tire-bouchon, et servant à ramener les sables dans les grands sondages.

CÔNES DU MÉLÈZE (*Paléont.*), m. Nom donné anciennement aux *coprolites*.

CONGLOMÉRAT (*Géogn.*), m. Ensemble de galets liés entre eux par un ciment.

CONICHRITE (*Minér.*), f. Hydro-silicate de manganèse, substance blanche, mêlée de jaune et de gris, mate, translucide sur les bords; p. s. 2.93; gisement: l'île d'Elbe.

Composition, suivant M. Kobell:

Silice.	38.69
Protoxyde de manganèse.	22.50
Alumine.	17.12
Chaux.	12.80
Protoxyde de fer.	1.48
Eau.	9.00
	98.59

CONILITE (*Paléont.*), f. Genre de coquilles orthocérées à l'état fossile, dans les terrains anciens.

CONITE (*Minér.*), f. Variété de *dolomie* cristallisée, trouvée par Schuhmacher en Islande.

CONOÏDE (*Minér.*), adj. Cassure conoïde, en formes de cônes. *Voyez* CASSURE.

CONQUE (*Exploit.*), f. Petite caisse en bois dans laquelle se place le mineral métallique riche, pour être ensuite transporté, soit sur des brouettes, soit sur la tête.

CONQUE ANATIFÈRE (*Paléont.*), f. *Voy.* TELLINITE.

CONTRASTANT (*Cristall.*), adj. Rhomboèdre aigu, placé dans celui *inverse* d'une manière tangentielle; il appartient à la chaux carbonatée et existe dans le pays d'Aunis, près de la Rochelle.

CONTRE-EMPOISE (*Minér.*), f. Pièce de fonte ou de fer qui sépare les tourillons des cylindres à étirer, de manière à les maintenir à une certaine distance.

CONTRE-EMPREINTE (*Paléont.*), f. Relief laissé dans une roche par la surface d'un corps organique qui s'est ensuite dissous.

CONTRE-PAROIS (*Métall.*), f. Face externe des parois d'un fourneau.

CONTREVENT (*Métall.*), m. Partie du creuset ou de l'ouvrage d'un fourneau, opposée à la tuyère.

COPALE FOSSILE (*Minér.*), f. Sorte de *résine fossile*, décrite sous ce dernier titre.

COPIAPITE (*Minér.*), f. Nom donné par Haidinger à un *sulfate de fer* trouvé à Copiapo, au Chili, et décrit sous ce dernier titre.

COPROLITES (*Paléont.*), f. Vulgairement *Pierre d'escargot*; excréments de poissons trouvés dans le lias et dans la craie. Ils ont la forme de cailloux de cinq à dix centimètres de long, sur deux à quatre de diamètre; couleur grise passant au noir, quelquefois noire; cassure terreuse, compacte, polie, luisante; susceptibles d'un beau poli. Ces fossiles se trouvent abondamment dans le lias de Lyme-Regis, où Buckland les a observés pour la première fois.

COQUILLE (*Métall.*), f. Moule solide, autour duquel on fait circuler de l'eau pour refroidir subitement le métal après la coulée, et le rendre dur à la surface.

COQUIMBITE (*Minér.*), f. Nom donné par M. Rose à un sulfate de fer recueilli par M. Meyen dans la province de Coquimbo, au Chili. *Voy.* SULFATE DE FER.

CORACITE (*Paléont.*), f. Pierre figurée, à laquelle on attribuait la forme d'un corbeau; du grec *korax*, corbeau.

CORAIL PÉTRIFIÉ, m. *Voy.* CORALLITE.

CORALLACHATE (*Minér. anc.*), f. Nom donné par les anciens à certaine variété d'agate arborisée, dont les dendrites ont quelque rapport avec le corail.

CORALLITE (*Paléont.*), f. Variété de coralloïde lisse, et en forme d'arbrisseaux ou de branches. Les pêcheurs lui donnent le nom de corail pétrifié.

CORALLOAGATE ou **CORALLOACHATE** (*Minér.*), f. Nom donné par les anciens à une sorte d'aventurine couleur de corail.

CORALLOÏDE (*Paléont.*), f. Du grec *korallion*, corail; *eidos*, forme; qui a l'aspect du corail. Lithophite, corail fossile, madréporite, astroïte, milleporite, tubulite, méandrite, porpite, hippurite, fongite, reteporite, keratophyte, etc. Pétrifications calcaires formées en branches, en tuyaux, en arbuscules, et qui se forment sur les rochers et dans le fond des mers.

CORALRAG (*Géogn.*), m. Nom anglais donné à un calcaire marneux ou siliceux, riche en polypiers, qui appartient à l'étage moyen du calcaire oolitique.

CORBEILLE (*Paléont.*), f. Genre de nymphacées tellinaires, dont deux espèces fossiles appartiennent aux terrains postérieurs à la craie.

CORBULE (*Paléont.*), f. Genre de coquilles corbulées, dont on trouve trente espèces fossiles dans les terrains supercrétacés.

CORDE (*Métall.*), f. Mesure dont on se servait pour mesurer le bois dans les usines, et qui variait pour les diverses provinces; elle a été remplacée par le stère.

CORDIÉRITE (*Minér.*), f. *Silicate d'alumine et de magnésie* dédié par Haüy à M. Cordier, et qui a tour à tour été appelé *iolite*, *dichroïte*, *saphir d'eau*, *peliom*, *sidérite*, *steinheilite* et *fahlunite dure*. Cette substance est bleue, bleuâtre, ou violette; quelquefois, comme dans le Groënland, sa couleur est claire; parfois, comme en Bavière, elle est foncée et noirâtre; elle est translucide, quelquefois transparente, et possède la double réfraction à deux axes; son éclat est vitreux comme celui du quartz; sa cassure, vitreuse, inégale, imparfaitement conchoïde; elle raye fortement le verre, et légèrement la topaze; elle est rayée par le corindon; sa densité varie entre 2.56 et 2.664. La cordiérite présente deux couleurs différentes, suivant le sens dans lequel on la regarde: elle est bleu violâtre dans la direction de l'axe, et gris jaunâtre dans le sens perpendiculaire à cette direction.

Sa cristallisation dérive d'un prisme rhomboïdal droit. Au chalumeau, elle fond à peine sur les bords en un émail gris sans bulles, de couleur grise nuancée de vert ; elle est inattaquable par les acides. Sa forme primitive est un prisme rhomboïdal droit, dans lequel l'incidence des faces est de 120° 10', et dont le rapport est : : 4 : 7. — Ses variétés sont : la cordiérite primitive, en un prisme à six pans ; la péridodécaèdre, ou prisme à douze pans ; la variété émarginée, dont les bases sont entourées d'une rangée de facettes hexagonales ; la variété massive, ou *peliom* de Werner. La cordiérite est composée comme suit :

	LOCALITÉS.				
	Bodenmais.	Fahlun.	Seinintak.	Brunhult.	Orrijersvoi.
Silice.	48.38	50.25	49.17	49.70	49.95
Alumine.	31.71	32.42	33.11	32.00	32.88
Magnésie.	10.16	10.85	11 45	9.80	10.45
Protox. de fer.	8.32	4.00	4.34	6.00	5.00
Pr. de mangan.	0.33	0.68	0.01	1.00	0.03
Perte au feu.	0.60	1.66	1.21	1.00	1.75
	99.47	99.86	99.32	99 20	100.06

Ces analyses répondent à la formule $3\ Al^2O^3\ SiO^3 + (MgO\ FeO)\ ^3(SiO^3)^2 + Aq$. La cordiérite a été rapportée pour la première fois, du cap de Gata, en Galice, par le naturaliste Lannoy ; M. Cordier l'a trouvée ensuite dans la baie de San-Pedro, en Espagne, dans un porphyre volcanique altéré ; à Bodennais (Bavière) et à Simintak (Groënland), elle est disséminée dans les micaschistes avec de la pyrite magnétique ; elle a été rencontrée encore au Saint-Gothard, à Arandal (Norwége), et enfin dans le rocher de Saint-Michel, au milieu de la ville du Puy-en-Velay.

Dans le gneiss de Krageroë, en Norwége, M. Scheerer a rencontré un minéral qui est constamment associé à la cordiérite, et qu'il a nommé *aspasiolite* ; ses caractères extérieurs ne sont pas exactement ceux de la cordiérite ; mais l'association des deux substances est tellement grande, que souvent elles passent de l'une à l'autre d'une manière insensible ; leur composition permet de considérer l'une comme le produit de l'altération de l'autre. L'aspasiolite est d'un vert d'asperge ; elle raye la chaux carbonatée, et se laisse rayer par l'apatite ; son éclat est gras, sa cassure mate ; elle est esquilleuse, fortement translucide ; sa densité est 2.761 ; elle est infusible au chalumeau. Sa composition est, d'après M. Scheerer :

Silice.	50.90
Alumine.	32 38
Magnésie.	8.01
Chaux.	trace
Protoxyde de fer.	2.34
Eau.	6.73
	100.36

L'on en tire la formule : $3\ Al^2O^3\ SiO^3 + 2\ (MgO, FeO)\ SiO^3 + 3\ Aq$. Presque identique avec celle de la cordiérite.

M. Schéerer, en analysant la dichroïte qui accompagne l'aspasiolite de Norwége, a recherché la cause de l'isomorphisme dans les atomes d'eau. Cette ingénieuse idée l'a conduit à découvrir qu'un atome de magnésie peut être remplacé par trois atomes d'eau, sans qu'il y ait changement de forme. Il a appliqué cette découverte à la serpentine et au péridot, et a trouvé constamment le même résultat.

Cordon (*Exploit.*), m. Terme de mineur ; filet de quartz ou de carbonate calcaire qui sépare des blocs cuboïdes ou rhomboïdaux de diverses roches, telles que les marbres, la houille, l'ardoise, etc. Les ouvriers donnent à cette sorte de cloison les noms de *crins*, *fils*, *poils* ou *front*.

Corind, m. Nom donné à Golconde au *corindon*, ou émeri.

Corindon (*Minér.*), m. Minéral composé presque exclusivement d'*alumine*, et décrit sous ce dernier nom. C'est le nom chinois du *corindon* ou émeri des lapidaires.

Cornaline (*Minér.*), f. Variété de *quartz* couleur rouge cerise, rouge de sang, ou jaune d'orange. Elle est ordinairement en galets arrondis, et plus rarement en masses concrétionnées, compactes ou fibreuses. Les plus belles viennent du Japon. On donne quelquefois le nom de *cornaline blanche* à la *calcédoine*. Le mot *cornaline* vient de l'aspect corné de la pierre.

Corne d'Ammon (*Paléont.*), f. *Voy.* Ammonite.

Corné, adj. Ancien nom donné aux muriates métalliques (aux hydrochlorates ou chlorures).

Corne de bélier, f. *Ammonite.*

Cornéenne (*Minér.*), f. *Pierre de corne*, variété compacte d'*amphibole* d'un vert noirâtre, à raclure d'un noir grisâtre, à cassure unie, lisse, rarement esquilleuse. Son éclat est légèrement luisant ; elle est très-tenace et sonore ; elle raye le verre ; elle se décompose, et donne lieu à une variété terreuse dite *cornéenne tendre*, par opposition à la cornéenne primitive, qui est dure ; l'odeur de cette dernière est argileuse ; elle se laisse rayer par une pointe d'acier, donne une poussière grise, et fond au chalumeau en une scorie noire.

Cornéole (*Minér.*), m. Synonyme de *cornaline*.

Cornus (Banc des) (*Exploit.*), m. Nom donné par les mineurs de Valenciennes à un banc de craie renfermant des silex.

Coroum, m. Nom du *corindon* à la côte de Coromandel.

Corps (*Métall.*), m. Propriété nerveuse d'un métal. *Ce fer a du corps.*

Corps de sonde (*Exploit.*), m. Composé

d'un certain nombre d'allonges ajustées les unes à la suite des autres, soit à vis, soit à manchons, soit par enfourchement.

CORSOÏDE, adj. Qui ressemble à des cheveux.

CORROND (*Métall.*), m. Extrémité d'une barre dont l'étirage n'a pas été achevé, faute de chaleur suffisante, et qui doit être soumise à une nouvelle chaude.

CORROYAGE (*Métall.*), m. Réunion de plusieurs barres de métal pour former une trousse, et les soumettre à un nouvel étirage. Cette opération très-importante a pour résultat de donner au métal plus de nerf, en même temps qu'une plus grande homogénéité.

CORTICULE (*Paléont.*), f. Variété de *glossopètre.*

COS (*Minér.*), m. Nom vulgaire d'un schiste argilo-siliceux qui sert à affiler les rasoirs, et que pour cela on nomme aussi *pierre à rasoirs*. Cette roche est composée de lits superposés noirâtres, roussâtres, ou violets. Celle qui est d'un jaune chamois et d'un grain très-serré est employée de préférence dans la coutellerie fine; elle est quelquefois jaune d'un côté et noirâtre de l'autre; elle est alors propre à l'affilage des canifs; plus rarement la partie jaune est tachée de points noirs qui ne nuisent point à sa qualité. Il existe des dépôts considérables de ce schiste à Namur; on le tire du village de Salm-Château, près de Liége. C'est sous le nom de *cos* que les Latins tiraient leur pierre à aiguiser de Crète et du mont Taygetus. Les anciens en connaissaient deux espèces : *cos aquarius*, dont ils se servaient avec de l'eau seulement; et *cos olearius*, sur lequel ils aiguisaient avec de l'huile.

COSSE, m. Nom donné dans le Quercy au sol calcaire des environs de Cahors, sur lequel pousse la vigne, sans qu'on y puisse remarquer de terre végétale. On donne le nom de *cosse* à Angers à un banc de schiste mou qui se trouve au-dessous de la terre végétale, dans les terrains d'ardoise.

COSTIÈRES (*Métall.*), f. Pierres qui forment les parois du creuset d'un fourneau.

COTICULE (*Minér.*) m. Novaculite; pierre à rasoirs, pierre à lancettes; roche jaunâtre, verdâtre, bleuâtre, à texture schisto-compacte, usant l'acier, mais se laissant entamer par une pointe de fer; fusible en un émail brun un peu boursouflé, formant des bancs, des filons ou des veines dans le terrain ardoisier. Cette roche sert à faire des pierres à aiguiser les canifs, les rasoirs et la coutellerie fine.

Composition, suivant Faraday :

Silice.	71.30
Alumine.	15.30
Oxyde de fer.	9.30
Eau.	3.30
	99.20

COTUNNITE (*Minér.*), f. Nom donné à une variété de *chlorure de plomb* décrite sous ce dernier titre, et dédiée à M. Cotunni, médecin de Naples, par MM. de Monticelli et Covelli.

COUAC, m. Nom donné en Guinée à une terre argileuse dont les nègres géophages sont très-avides.

COUCHE (*Géogn.*), f. Assise parallèle de roches stratifiées, déposées par surfaces les unes au-dessus des autres. *Voyez* l'article STRATIFICATION.

COUCHES DE PURBECK, f. (En anglais *Purbeck beds*), f. Assise inférieure du *terrain wealdien*, du nom de la presqu'île de Purbeck, où cette formation est très-développée.

COUCHES DE WEYMOUTH (*Weymouth beds*), f. Calcaires marneux alternant avec des marnes, et appartenant à l'étage supérieur du *terrain jurassique.*

COUFFE (*Exploit.*), f. Nom donné dans les Bouches-du-Rhône aux gros morceaux de lignite.

COUFFLÉE (*Exploit.*), f. *Voy.* CRAIN.

COULANTS (*Exploit.*), m. Pièces de bois étroites placées verticalement sur les cadres d'un puits, pour empêcher la tine de toucher au boisage.

COULEBRASINE (*Minér.*), f. Nom donné par M. Huot au *séléniure de zinc et de mercure* trouvé près de Coulebras, au Mexique.

COULÉE (*Métall.*), f. Opération par laquelle on vide un creuset, en faisant couler dans un moule le métal en fusion qui y était contenu.

COULER EN COQUILLE (*Métall.*). *Voy.* COQUILLE.

COULEUR DES MINÉRAUX (*Minér.*), m. Le caractère qui frappe d'abord lorsqu'on rencontre un minéral, c'est la couleur. Qu'elle soit propre à la substance, ou qu'elle y soit accidentelle, elle offre le plus souvent un moyen simple de reconnaître un corps à la première vue, et ne saurait conséquemment être négligée. Elle est d'ailleurs un caractère important dans le premier cas, puisqu'elle dépend de l'arrangement des molécules, et se trouve liée avec la composition chimique même. Quand elle est due à des substances colorantes et étrangères, elle annonce l'association d'autres minéraux, et devient encore un assez bon moyen d'étudier les lois de cette association. C'est surtout dans la méthode *dichotomique* que la couleur joue un grand rôle, quoique cependant on ne doive la considérer que comme un caractère empirique secondaire. Il existe néanmoins quelques métaux dont la couleur est caractéristique à un haut degré : le *peroxyde de fer* est constamment rouge quand il est seul; le *carbonate de cuivre* est vert; le *sulfure de plomb* est d'un gris bleuâtre particulier : ces couleurs sont naturelles et *sui generis*. Mais le *marbre noir*, par exemple, ne saurait être pris comme un type, puisque le bitume qui lui donne cette couleur n'est qu'accidentel, et qu'elle varie d'intensité dans les diverses variétés de ce carbonate de chaux.

Quelques minéraux exposés à l'air sont sujets à des altérations de couleur qui le plus souvent ne sont que superficielles, et quelquefois ont pénétré dans l'intérieur : le *carbonate de fer*, en sortant de la mine, est d'un gris sale, parce que le métal y est à l'état de *protoxyde*; par l'exposition à l'air, l'oxydation passe au maximum, et le minéral prend une couleur brune. Une légère altération à la surface est cause de l'*irisation*; mais lorsque cette irisation se prolonge dans l'intérieur, comme dans l'*opale*, elle est due à des dispositions particulières, à des fentes qui réfractent la lumière et produisent des effets variés; si ces fentes ont des directions constantes, elles produisent le *chatoiement*, comme dans la *labradorite*.

COULEUR (*Métall.*), f. *Fer de couleur*, fer qui devient cassant à la couleur rouge cerise, et ne peut être travaillé qu'au-dessous ou au-dessus de cette température. On le nomme aussi fer rouverin.

COULEURS DU RECUIT (*Métall.*), f. Couleurs qui indiquent le degré de carburation de l'acier.

COULEUVRE DE PIERRE (*Paléont.*), f. Nom vulgaire donné à l'*ammonite*.

COUPELLATION (*Métall.*), f. Séparation de l'argent dans le plomb d'œuvre, au moyen de la chaleur. Lorsque deux métaux sont combinés ensemble, comme le plomb et l'argent, si on expose le métal composé à une chaleur suffisante pour la fusion, il est naturel que le plus fusible des deux se liquéfie le premier. A mesure que la chaleur augmente, les particules métalliques de celui-ci deviennent plus ténues; et lorsque le second métal entre à son tour en fusion, le premier a acquis un état de ténuité extrême. Si cette fusion s'opère dans un vase poreux, il arrivera que les molécules si déliées du métal fusible s'insinueront dans le tissu du vase, le pénétreront, s'y absorberont entièrement, et que le métal plus résistant se trouvera abandonné seul au fond. Quoique ce ne soit pas là très-exactement ce qui se passe dans la coupellation, et que la séparation de l'argent et du plomb soit fondée sur la différence d'affinité des deux métaux pour l'oxygène, cette théorie peut néanmoins servir à expliquer la disparition du plomb dans l'essai de coupelle et la mise à nu du bouton d'argent, appelé par les essayeurs *bouton de retour*.

La coupellation en grand est fondée sur un principe semblable : dans cette opération, le plomb qui renferme de l'argent est placé sur une sole concave, composée de matières poreuses et terreuses, et porté à une température supérieure à l'état de fusion. Lorsqu'ensuite on fait passer dessus un courant d'air, la totalité du plomb s'oxyde et passe à l'état de litharge, tandis que l'argent reste à peu près pur sur la sole. Une partie de cette litharge s'infiltre dans les pores de la matière terreuse de la sole, dite *fond de coupelle*; l'autre partie reste sur cette sole ou coupelle. Pour reproduire ensuite le plomb resté dans ces deux oxydes, on régénère les fonds de coupelle en en opérant la fusion, et on revivifie la litharge de la sole au moyen du charbon.

COUPELLATION DIRECTE DE LA GALÈNE (*Métall.*), f. Si la galène pure est exposée à l'air dans une coupelle, elle exhale une fumée épaisse sans se fondre, jette même une flamme d'autant plus vive qu'il entre plus d'air dans la moufle; s'affaisse peu à peu, et finit par former un bain liquide, sous une croûte solide de sulfate de plomb. Bientôt la litharge se forme, le sulfate diminue et se porte vers les bords, tandis que le bain se découvre au centre. Le jeu de la coupellation commence. Cette opération, qui n'est autre chose qu'un grillage à une haute température ou une scorification sur coupelle, offre le moyen d'affiner directement la galène. Pour cela faire, on pulvérise le schlich, et on le mélange avec un poids égal de plomb ainsi pulvérisé. On chauffe la coupelle, et lorsqu'elle est à la température voulue, on y introduit la matière avec précaution; on ferme ensuite la moufle. Bientôt la matière s'affaisse, le plomb se liquéfie, et la galène vient nager à la surface. Tout parvient à la même température que la coupelle. On donne alors l'air; on ménage d'abord le vent, et on ne pousse la chaleur que peu à peu. Une fumée épaisse ne tarde pas à annoncer la formation du sous-sulfure, qui se soulève en une masse convexe, raboteuse, comme enveloppée d'une croûte solide qui va sans cesse s'épaississant. Arrivé à un certain point, une réaction s'opère : la masse diminue d'épaisseur, elle s'affaisse; la fumée perd de son intensité. C'est alors le moment de donner un violent coup de feu, afin que la litharge force le sulfate à pénétrer dans la coupelle. Pour que cette pénétration soit prompte et facile, il est nécessaire que la chaleur soit ici beaucoup plus élevée que dans la coupellation ordinaire. Enfin, la croûte qui s'était formée commence à se rétrécir; on entrevoit bientôt une partie du plomb; le bain se découvre successivement, et il ne reste plus que du plomb d'œuvre qu'on achève d'affiner par la méthode ordinaire. On perd, dans cette opération, un vingtième du poids de l'argent obtenu, que l'on retrouve ensuite dans la coupelle où il a passé.

COUPELLE (*Métall.*), f. La coupellation en grand s'opère dans des fourneaux à reverbère d'une forme particulière. La sole en est circulaire et légèrement compacte; elle est recouverte d'une voûte ou chapeau mobile qu'on déplace et replace à volonté à l'aide d'une grue; le foyer est placé sur un des côtés du fourneau, et sur l'un des points se trouve une ouverture destinée à donner issue à l'oxyde de plomb. Vis-à-vis cette ouverture est disposée la tuyère qui reçoit les buses de deux forts soufflets, au-devant desquelles on place une rondelle destinée à diviser le vent, et à le répandre d'une manière plus uniforme. La cheminée est située au-dessus du canal d'écoulement et donne sortie à la flamme, qui, partant du foyer, vient lécher la voûte qui la réverbère, et s'échappe ensuite par le canal. Vis-à-vis le foyer, et à l'autre extrémité du fourneau, est un second canal destiné à introduire de l'eau pour refroidir le métal sur la sole. Le fourneau anglais de coupellation est une espèce de fourneau à réverbère avec son armature en fer, dans laquelle sont ménagées quatre ouvertures : 1° la porte de charge par laquelle on introduit le combustible; 2° la tuyère par où les soufflets projettent le vent sur la coupelle; 3° le cendrier; 4° l'ouverture qui sert à charger la coupelle. Ce four ne porte point, comme les fours français, de chapiteau qui s'enlève pour donner place à l'ouvrier qui façonne la coupelle; sa voûte est entièrement solide et fixe, et la coupelle s'introduit par une ouverture revêtue d'un manteau terminé par une cheminée qui communique avec la cheminée principale. Cette cheminée détermine l'aspiration du plomb volatilisé, et quelquefois même elle aboutit à une chambre où se condense une partie de l'oxyde. On entretient de l'eau à l'état de vapeur dans cette caisse, qui communique ensuite avec la cheminée. Depuis longtemps on emploie des coupelles de marnes naturelles, ou de calcaire mélangé avec de l'argile. Dans quelques usines, on préfère, avec juste raison, composer artificiellement cette marne, attendu qu'on est beaucoup plus maître des proportions. La proportion des deux substances n'est pas indifférente : vingt-sept parties de calcaire sur cinq d'argile réussissent bien. La manière de préparer le mélange est simple : on bocarde le calcaire aussi fin que possible, et on le passe au tamis; on en fait autant de l'argile, qu'on a cependant soin de calciner avant de lui faire subir ces deux opérations; on mêle ensuite le calcaire et l'argile à sec le plus exactement qu'il est possible, et on humecte le mélange pour lui donner de l'adhérence.

Les coupelles d'essai se font généralement de poudre d'os calcinés; on en compose aussi de très-blanches et de très-fines avec un mélange moitié par moitié de terre-à-pipes et de kaolin; elles n'ont guère qu'un millimètre d'épaisseur sur huit de diamètre; elles se font dans un moule, et cuisent à la chaleur blanche.

COUPEROSE, f. Dénomination de l'ancienne chimie, employée pour désigner le résultat de la combinaison d'une base métallique avec l'acide sulfurique. Elle fut d'abord uniquement employée à désigner le sulfate de cuivre, d'où lui vient son nom, en latin *cupri ros*, rosée de cuivre.

COUPEROSE BLANCHE (*Minér.*), f. Ancien nom du *sulfate de zinc.*

COUPEROSE BLEUE (*Minér.*), f. Nom donné dans le commerce au *sulfate de cuivre.* Lorsque ce minéral existe en dissolution dans les eaux des mines, on le précipite à l'aide de vieilles ferrailles; mais sa préparation en grand se fait de toutes pièces, en chauffant du vieux cuivre jusqu'au rouge, le combinant ensuite avec du soufre et lessivant plusieurs fois avec la même eau, en ayant soin de recommencer l'opération de la sulfuration à chaque fois. Lorsque la liqueur est suffisamment concentrée, on l'évapore dans des vases de plomb, et on la fait cristalliser dans des vases de bois qui ne contiennent ni clous ni fer.

COUPEROSE VERTE (*Minér.*), f. *Sulfate de fer*, de couleur verte. C'est le sulfate de protoxyde hydraté.

COUPHOLITE (*Minér.*), f. Variété lamelliforme de la *prehnite.*

COURBOTTE (*Métall.*), f. Levier à deux branches, qui sert à mouvoir les soufflets d'usines.

COURONNE (*Minér. phys.*), f. Couronne circulaire qui apparaît en regardant la lumière à travers un minéral fibreux. *Voy.* ASTÉRIE et ASTÉRISME.

COURRIAUX (*Exploit.*), m. Petits chariots à trois roues employés au transport du lignite dans la Provence.

COURSIER (*Métall.*), m. Canal circulaire qui embrasse les aubes ou les palettes d'une roue hydraulique, afin qu'il ne se perde point d'eau, et que les aubes en reçoivent l'impulsion tout entière.

COURT-BANDAGE (*Métall.*), m. Sorte de barre de fer, ainsi nommée dans le commerce.

COURT-CARREAU (*Métall.*), m. Poteau de l'ordon.

COURTINE (*Exploit.*), f. *Voy.* BURE.

COUTEAU DE MASSELOTTE (*Métall.*), m. Bec d'âne qui sert à couper les masselottes.

COUVERTE (*Exploit.*), f. Substance minérale fusible dont on recouvre les poteries, faïences et porcelaines, pour les rendre imperméables à l'eau et aux liquides qui, en s'introduisant dans leur matière, les imprègnent d'une odeur ou d'un goût désagréable. Toute couverte doit se vitrifier avant que la pâte argileuse des poteries se ramollisse; elle doit devenir très-dure en refroidissant. La couverte la plus ordinaire est composée de plomb sulfuré, et se nomme *alquifoux*; celle de la porcelaine est un feldspath non décomposé, appelé *petunzé.* Un peu d'oxyde de manganèse ajouté à la couverte ordinaire lui donne une couleur brune, ou chinée de brun; un peu d'oxyde de cuivre la rend verte. La couverte de plomb ne doit pas contenir de zinc, car ce métal a la propriété de se volatiliser facilement en emportant le plomb avec lui.

COUZÉRANITE (*Minér.*), f. Silicate alcalin d'alumine et de chaux, recueilli pour la première fois par Charpentier dans le Couzeran (Pyrénées). Sa couleur est le gris noirâtre, le gris clair, le noir, etc.; rarement d'un blanc laiteux ou d'un gris rougeâtre. Sa cassure est lamelleuse parallèlement à la petite diagonale, et conchoïde inégale dans les autres sens; son éclat est vitreux, un peu résinite ; il est opaque ou translucide. La couzeranite raye le verre, et est rayée par le quartz ; sa densité est de 2.69 ; au chalumeau, elle fond en un émail blanc ; mais elle est inattaquable par les acides. Son analyse donne, d'après M. Dufrénoy :

Silice.	52.37
Alumine.	24.02
Chaux.	11.85
Magnésie.	1.40
Potasse.	5.52
Soude.	3.96
	99.12

répondant à la formule $2\,Al^2O^3\ SiO^3 + 3\,(CaO, NaO, KO, MgO)\ SiO^3$, qui a beaucoup d'analogie avec le *ryacolite* ou feldspath, quoique la forme des cristaux des deux minéraux présente de fortes différences.

COVELLINE (*Minér.*), f. Nom donné par M. Beudant à un *sulfure cuprique* décrit à l'article SULFURES MÉTALLIQUES, et dédié à M. Covelli, qui l'a trouvé au Vésuve.

COVELLINITE (*Minér.*), f. Silicate d'alumine et de chaux, dédié à M. Covelli. *Voir* le mot DAVYNE.

CRABE (*Paléont.*), m. Genre de crustacés dont on connaît six espèces fossiles.

CRACHES (*Métall.*), f. Rejet de matières par le devant de la tuyère.

CRACQUES (*Exploit.*), f. Terme de mineur ; espèce de *druse*, ressemblant à une fente.

CRAG (*Géogn.*), m. Nom donné par les géologues anglais à des couches de sable ferrugineux, de gravier, d'argile, et de marne bleue ou brune mêlée de coquilles. Il appartient à la partie supérieure du terrain quaternaire.

CRAIE (*Géogn.* et *Minér.*), f. Variété terreuse de *carbonate de chaux*, déjà décrite à ce mot. Cette roche est très-abondante dans les terrains crétacés ; elle forme plus des neuf dixièmes des calcaires terreux. Elle se présente au-dessus des grès verts, et se lie avec la formation jurassique ; quelquefois elle est si peu solide, qu'elle se délaye dans l'eau et produit le blanc d'Espagne ; elle offre alors une immense quantité de coquilles microscopiques, du groupe des foraminifères. Souvent elle est mêlée à l'argile, et forme une *craie marneuse* ; elle offre quelquefois aussi le caractère oolitique, et devient presque cristalline. A Maestricht, la partie supérieure des dépôts crétacés est une craie sableuse, dans laquelle on a trouvé un énorme saurien du genre mosasaure. M. Ehrenberg a démontré que la craie était composée de deux parties distinctes : l'une cristalline, l'autre organique ; celle-ci formée d'une immense quantité de dépouilles de petits corps organisés appartenant aux *polythalamies* et aux *nautilites*. Dans la craie de Meudon, le volume d'une de ces parties est égal à celui de l'autre ; dans la craie à nummulites de la Grèce et de la Sicile, les débris organiques sont plus abondants que les cristaux ; le calcul a amené M. Ehrenberg à trouver qu'un pouce cube de craie contient plus d'un million de ces fossiles.

La craie est employée dans le commerce, soit à l'état naturel, soit délayée avec de l'eau, en petites masses carrées, ou sous forme de petits cylindres ; elle sert dans la peinture grossière, et les peintres en bâtiments l'emploient au lieu de blanc de céruse ; mais elle a le désagrément de jaunir en peu de temps, et de prendre une teinte désagréable. Les fabricants de savon et de papier en mêlent dans leurs matières pour falsifier leurs produits ; elle donne au savon un poids considérable, de la compacité, mais elle ne le blanchit qu'à la longue. Dans les arts métallurgiques, on se sert de la craie naturelle bien sèche pour polir les ouvrages d'acier, l'argenterie, etc. On la frotte sur un morceau de buffle ou de feutre, et cet outil sert à donner le dernier poli, de même qu'à ôter les taches que font les doigts sur les objets polis ; on fait aussi avec de la craie des crayons blancs employés dans le dessin et dans les arts de tracé.

CRAIE CHLORITÉE, f. *Voy.* GLAUCONIE.

CRAIE DE BRIANÇON (*Minér.*), f. Silicate hydraté de magnésie, décrit au mot STÉATITE.

CRAIE D'ESPAGNE, f. *Craie.*

Composition, suivant M. Berthier :

Argile.	26.30
Magnésie et oxyde de fer.	1.40
Chaux.	38.30
Acide carbonique et eau.	34.00
	100.00

CRAIE MARNEUSE, f. Craie à texture grossière, un peu grisâtre, tachant les doigts ; colorée quelquefois par de l'oxyde de fer, contenant des grains ferrugineux noirâtres, ou des parcelles de mica blanc, des silex pyromaques, bruns ou blonds. Elle appartient à la partie supérieure du terrain crétacé.

CRAIE MICACÉE, f. Craie blanche de la Touraine, poreuse, parsemée de paillettes de mica, placée entre le grès vert et la craie tufau des terrains crétacés.

CRAIN (*Exploit.*), m. Accident momentané qui, en faisant toucher le toit et le mur d'une couche, la supprime entièrement en cet endroit. Dans l'exploitation de la houille, les crains sont plus fréquents dans les couches au-dessus d'un mètre que dans les petites couches ; ils constituent quelquefois par leur fréquence l'allure amygdaline.

CRAITONITE (*Minér.*), f. *Titanate de fer.*

CRAN (*Métall.*), m. Défaut d'un métal mal forgé ou étiré ; espèce de paille provenant d'une solution de continuité.

CRANIE (*Paléont.*), f. Genre de rudiste, dont quatre espèces fossiles se rencontrent dans la craie.

CRANOÏDE, m. *Voy.* CÉRÉBRITE.

CRAPAUDINE (*Paléont.*), f. Nom donné autrefois à des dents fossiles de dorades, que les anciens croyaient provenir du crapaud, à cause des taches verdâtres et jaunâtres qu'on y remarquait. La crapaudine a longtemps été portée en amulette.

CRAPAUDINE (*Métall.*), f. Pièce en cuivre reposant sur les coussinets, et recevant directement le tourillon d'un arbre ou d'un cylindre.

CRAPOLITE (*Minér.*), f. *Paranthine.*

CRASSATELLE (*Paléont*), f. Genre de mactracées, dont vingt espèces fossiles appartiennent à la craie inférieure.

CRASSINE (*Paléont.*), f. Genre de nymphacées tellinaires, dont dix-huit espèces fossiles appartiennent aux terrains modernes.

CRATÈRE (*Géogn.*), m. Ouverture par laquelle un volcan fait ses éruptions. On donne plus spécialement le nom de *cratères de soulèvement* à ceux qui, n'offrant ni courant de lave, ni rien qui indique une éruption, ne peuvent être dus qu'à un mouvement du sol de bas en haut.

CRATÉRITE (*Minér.*), f. Nom donné par les anciens à une variété d'agate jaune verdâtre, très-dure; du grec *kratéros,* dur.

CRAURITE (*Minér.*), m. Nom donne par quelques minéralogistes à la *dufrénite*, décrite au mot PHOSPHATE DE FER.

CRAYON, m. Substance disposée pour écrire, dessiner, tracer des figures sur le papier, le bois, la pierre, etc. On connaît cinq espèces de crayons faits avec des substances minérales naturelles; ce sont : les crayons de *plombagine, l'ampélite, l'ardoise,* la *sanguine* et la *craie.* Les deux premiers sont noirs; le troisième, gris; le quatrième, rouge; et le cinquième, blanc.

CRAYON DES CHARPENTIERS, m. *Ampélite graphique.*

CRAYON GRIS, m. Crayon d'ardoise, variété de schistes graphiques employée pour écrire sur l'ardoise, et dont la trace peut être facilement effacée; ce qui entraîne la nécessité d'une pâte plus molle que l'ardoise. Les meilleurs viennent de Nuremberg : certains schistes argileux des terrains houillers sont très-propres à cet usage.

CRAYON NOIR, m. *Ampélite graphique.* Crayon de plombagine, pierre noire, pierre de charpentiers, pierre salée, craie noire. On donne en général le nom de crayon noir à tous les schistes graphiques qui peuvent servir de crayons. On en rencontre de nombreuses variétés dans les terrains houillers.

CRAYON ROUGE, m. Argile ocreuse, assez consistante pour être taillée en crayons; *sanguine.* Le crayon rouge artificiel est composé comme suit :

Sanguine sèche.	90.40
Gomme arabique.	3.98
Colle de poisson.	5.62
	100.00

Les crayons rouges moelleux admettent du savon dans leur composition; ils sont alors plus bruns. On les fabrique avec les substances suivantes :

Sanguine sèche.	91.78
Gomme arabique.	3.49
Savon blanc desséché.	4.76
	100.00

La sanguine bien pulvérisée est lavée et agglutinée avec la gomme et le savon, puis mise au feu et évaporée jusqu'à ce qu'elle prenne la consistance d'une pâte; elle est ensuite moulée en baguettes, séchée à l'ombre, et débarrassée d'une pellicule dure qui l'empêcherait d marquer.

CREMA (*Métall.*), f. Expression des Pyrénées pour exprimer le résultat de l'oxydation du fer dans le fourneau, ou de la brûlure de la tuyère.

CRÉPIDULE (*Paléont.*), f. Genre de calyptraciens, dont six espèces sont à l'état fossile dans les terrains super-crétacés.

CRÉPITANT, adj. Corps crépitant, substances sujettes à la *décrépitation.*

CRESTES (*Métall.*), f. Inégalités qui se forment à la surface des masses.

CRÉTACÉ, adj. De la nature de la craie, qui renferme de la craie; du latin *creta*, craie.

CREUSET (*Métall.*), m. Partie inférieure et distincte d'un fourneau, dans laquelle se tient le métal fondu.

CREUSET, m. Vase qui sert aux essais docimastiques par la voie sèche. Un creuset doit résister au feu le plus violent sans se fondre, en prenant le moins de retrait possible, et sans que les matières qu'il contient s'imbibent et le pénètrent. Les creusets de Hesse sont les plus estimés; ils sont en argile infusible; à Passau, on en fabrique en graphite ou mine de plomb, qui sont très-réfractaires. Ils servent aux fondeurs.

Les creusets de Hesse résistent au feu le plus ardent. Ils sont faits avec l'argile de Grossalmerode, à laquelle on ajoute un tiers de sable quartzeux. Ils sont répandus dans le commerce en *mises* ou tonneaux de cinq cents creusets. Un ouvrier tourne deux mises par jour, puis il les comprime et leur donne une forme triangulaire, qui est plus commode pour verser le métal fondu. On en cuit jusqu'à 86,000 d'une seule fournée.

L'argile d'Antragues ou d'Andennes est employée à Jemmapes à la fabrication de creusets propres à la fusion du laiton. Pour la rendre plus réfractaire, on y mêle de vieux pots brisés et grossièrement pulvérisés. A Genève, on l'emploie pour faire les creusets en usage pour la fonte de l'or, de l'argile de Seyssel et de Cruseille.

Les creusets pour la fabrication de l'acier fondu sont faits en argile de Salavas, près le Pont-Saint-Esprit.

Les mouleurs en cuivre se servent de creusets faits avec un tiers d'argile et deux tiers de graphite. Ceux de Passau, en Bavière, sont très-réfractaires; mais ils s'éclatent lorsqu'on n'a pas pris la précaution de les recuire avant de s'en servir.

Cri de l'étain (*Minér.*), m. Petit craquement ou déchirement intérieur que fait entendre l'étain, quand on essaie de le plier.

Crible (*Métall.*), m. Espèce de claie, ou de tamis, dans lequel on passe les minerais, pour les réduire à une grosseur uniforme.

Crispite (*Minér.*), f. *Oxyde de titane.*

Crissures (*Métall.*), f. Rides ou crispures qui se forment dans les barres ou les feuilles de métal.

Cristal (*Cristall.*), m. Polyèdre; minéral qui se présente sous une forme symétrique, régulière, et dont les faces peuvent être représentées par des figures géométriques. Du grec *krystallos*, froid, glacé, congelé; parce qu'on s'imaginait que le cristal de roche provenait d'une eau très-fortement congelée; ce qui a fait dire à Pline que le cristal ne peut supporter l'action de la chaleur, et ne se forme que dans les liquides refroidis.

Cristal de roche (*Minér.*), m. *Voy.* Quartz hyalin.

Cristal d'Islande (*Minér.*), m. Nom vulgaire du *carbonate de chaux* rhomboédrique, connu sous celui de spath d'Islande.

Cristallisation (*Minér. géomét.*), f. Loi de la nature d'après laquelle les molécules d'un corps inorganique, après avoir été dissoutes dans un liquide, se réunissent sous une forme cristalline, régulière, symétrique, qui peut toujours être déterminée d'une manière exacte par la géométrie. — La cristallisation s'opère non-seulement sur les minéraux dissous, mais encore sur des corps fondus et qui se refroidissent (*Voy.* Affinage par cristallisation), et même sur des substances gazeuses qui se solidifient sans passer par l'état liquide. — La connaissance des formes cristallines et des lois de symétrie des systèmes cristallins forme une science à laquelle on a donné le nom de *cristallographie.*

La cristallisation s'opère par le refroidissement ou l'évaporation; plus le refroidissement est lent, plus les cristaux sont volumineux et marqués; le repos contribue à leur régularité; l'air parait avoir une certaine influence sur la cristallisation, puisque le sulfate de soude et quelques autres sels ne produisent pas de cristaux dans le vide, même en agitant la solution; la nature de l'appareil dans lequel on opère le refroidissement active aussi plus ou moins le résultat: c'est ainsi qu'un liquide saturé cristallise plus promptement dans un vase de grès que dans un vase de verre. Les cristaux s'attachent peu sur les surfaces polies : ainsi, dans les filons de minerai, les parties lisses sont dépourvues de cristallisation. La nature de la gangue fait également varier la richesse métallique des filons, en raison de l'attraction plus ou moins grande que la substance de la gangue exerce sur la cristallisation métallique. C'est ainsi qu'à Kongsberg le filon argentifère est plus riche dans les parties qu'encaisse une couche pyriteuse; qu'à Alston-Moor, dans le Westmoreland, le même effet a lieu pour les cristaux de galène, de blende et de calcaire.

Les substances minérales ont cristallisé au milieu d'eau qui les tenait en suspension, ou dans un liquide qui contenait d'autres minéraux en dissolution. Un grand nombre de ces substances se trouvent dans le sein de la terre, sous forme de polyèdres plus ou moins réguliers; ces cristaux sont terminés par des faces planes, qui sont ordonnées symétriquement par rapport à une ou plusieurs lignes qu'on appelle *axe* (Voy. ce mot). Le plus souvent, les faces sont parallèles entre elles et deux à deux, et forment par leur incidence des angles qui sont toujours saillants (*Voy.* Angles des cristaux).

Les cristaux ne présentent pas toujours une symétrie parfaite de leurs angles et de leurs faces autour de l'axe; mais on peut toujours supposer qu'il existe un noyau central, sur lequel les faces sont placées d'une manière symétrique. Ce noyau est ce qu'on nomme la *forme primitive*, par opposition à la *forme secondaire*, qui appartient aux cristaux qui en dérivent. Assez ordinairement la forme primitive domine dans les substances minérales; à défaut de cette forme primitive, ce sont une ou deux des formes secondaires les plus simples; quelquefois aussi le cristal dominant présente une forme très-compliquée, et dont les lois de dérivation sont difficiles à reconnaître.

Tous les cristaux appartenant à une même espèce dérivent d'un polyèdre unique, qui est leur forme primitive; les substances différentes ont des formes distinctes, qui varient entre elles par le nombre de leurs faces, la disposition de leurs angles et de leurs arêtes, ou quelquefois seulement par la valeur de leurs angles. Toutes ces formes, tellement nombreuses qu'elles s'élèvent assez souvent jusqu'à plus de huit cents pour le même minéral, se réduisent néanmoins à six *types cristallins*, dont chacun appartient à un même système; de là la dénomination de *système cristallin* qui désigne l'ensemble de tous les cristaux dérivés d'une même forme symétrique, laquelle est déterminée par la position des *axes*, ainsi que nous l'avons montré en traitant de ceux-ci.

En rapportant tous les types cristallins à la forme prismatique, qui est naturelle, simple, et facile à étudier et à retenir, on trouve que les six systèmes cristallins ont pour types :

1° Le *cube;*

2° Le *prisme droit à base carrée;*

3° Le *prisme droit à base rectangle*, ou à base rhomboïdale ;

4° Le *prisme rhomboïdal oblique*, ou rhomboèdre, dont toutes les faces sont égales ;

5° Le *prisme rhomboïdal oblique*, ou prisme oblique symétrique ;

6° Le *prisme oblique non symétrique.*

Cristallographie, f. Étude des lois géométriques des formes primitives et secondaires des minéraux ; plus étymologiquement : description des cristaux ; du grec *krystallos*, cristal, et *graphô*, je décris.

Les différents systèmes cristallins sont tous fondés sur la combinaison des axes, suivant les diverses positions que ceux-ci peuvent prendre pour former un polyèdre. Ces positions, que nous avons déterminées au mot AXES DES CRISTAUX, sont les mêmes pour tous les systèmes, quelle que soit leur différence apparente. Ils doivent donc tous se rapporter au système le plus naturel, celui fondé sur les axes, qui a été le premier entrevu par Haüy ; ils ne diffèrent que par le point de départ.

Haüy prenait pour type cristallin l'octaèdre, et formait six divisions cristallographiques : 1° l'*octaèdre régulier ;* 2° le *rhomboèdre ;* 3° l'*octaèdre à base carrée ;* 4° l'*octaèdre à base rectangle ;* 5° le *prisme à base oblique symétrique ;* 6° le *prisme à base oblique non symétrique*. M. Dufrénoy, qui a adopté cette classification, y a fait quelques changements heureux : il a rapporté tous les cristaux à des prismes, et a rangé les six types cristallins d'Haüy suivant leur ordre de simplicité, de manière que la symétrie diminue graduellement d'un type à l'autre. Cette manière d'entrevoir les divisions cristallographiques est dans la nature, puisque les cristaux y affectent presque toujours la forme prismatique. C'est ce système que nous avons suivi dans ce dictionnaire, en adoptant comme types : 1° le *cube* ; 2° le *prisme droit à base carrée ;* 3° le *prisme droit rectangulaire ;* 4° le *rhomboèdre ;* 5° le *prisme oblique rhomboïdal* ; 6° le *prisme oblique non symétrique*. M. Beudant a préféré partir du *tétraèdre*, ou demi-octaèdre, à cause de la simplicité de sa forme ; il en a donc fait le premier type de son système ; il a adopté, d'après Haüy, le *rhomboèdre* comme second type, se fondant sur sa symétrie, et a suivi la forme prismatique pour les quatre autres divisions, savoir : 3° le *prisme droit à base carrée* ; 4° le *prisme droit à base rectangle* ; 5° le *prisme oblique à base rectangle ;* 6° le *prisme oblique à base de parallèle obliquangle*. Ainsi, pour Haüy, les prismes sont des formes secondaires naissant sur des octaèdres ; pour MM. Beudant et Dufrénoy, les octaèdres sont des formes dérivant des prismes.

M. Weiss est parti de la considération des axes, et a fait quatre grandes divisions de ses types cristallins : la première, qu'il a nommée *sphéroédrique*, est fondée sur la régularité de la sphère et de l'octaèdre qui peuvent se circonscrire l'un à l'autre facilement, dont les surfaces sont ordonnées par rapport à un centre, et dans lesquels tous les axes sont égaux. Cette division comprend tous les corps réguliers. Le prisme à base carrée est remplacé chez M. Weiss par le type *bino-singulaxe*, ainsi nommé par allusion à la position respective des axes, dont deux sont égaux entre eux et différents du troisième. Dans la troisième division tous les axes sont inégaux, et jouent chacun un rôle différent ; c'est ce qui l'a fait nommer *singulaxe*. La quatrième division, désignée par le mot *terno-singulaxe*, comprend les cristaux à quatre axes, dont trois sont égaux, et le quatrième est vertical et unique : c'est le rhomboèdre. M. Mohs a suivi le système de M. Weiss, quoiqu'en en intervertissant l'ordre. Les quatre divisions sont, selon ce célèbre professeur : 1° le système *rhomboïdal*, qui correspond au rhomboèdre ; 2° celui *pyramidal*, qui est analogue au prisme à base carrée ; 3° le système *prismatique*, doué de la double réfraction, et répondant au système terno-singulaxe de M. Weiss ; 4° le système *tessulaire*, qui est celui cubique de M. Dufrénoy, ou régulier d'Haüy. Suivant M. Mohs, le nombre des axes de réfraction dans les cristaux est de trois : ses deux premières divisions n'ont qu'un de ces axes ; la troisième en possède deux, et la quatrième trois.

M. G. Rose, tout en fondant sa classification sur la considération des axes, a été ramené à établir six types cristallins, comme Haüy : le premier est le *système régulier* de notre célèbre cristallographe ; le second est le prisme à base carrée de M. Dufrénoy, l'octaèdre à base carrée d'Haüy, que M. Rose nomme *quadraoctaèdre* ; le troisième, dit *hexagondodécaèdre*, répond au prisme rhomboïdal ; le quatrième ou *rhomboctaèdre*, est l'octaèdre à base rectangle d'Haüy ; le cinquième est un octaèdre scalène dérivant du prisme rhomboïdal oblique, et que le minéralogiste allemand nomme simplement *octaèdre* ; le sixième, qui a trois axes obliques inégaux, répond au prisme oblique non symétrique de M. Dufrénoy.

La classification de M. Naumann est également fondée sur les axes, dont il fait trois rectangulaires et trois obliques. Il admet sept types cristallins : le premier, dit *tesséral*, comprend tous les corps réguliers ; le deuxième, nommé *tétragonal*, désigne le prisme droit à base carrée, qui a en effet quatre côtés égaux ; le troisième, ou *système rhomboïque*, répond au prisme droit rectangulaire ; le quatrième est le prisme à six faces, que M. Naumann nomme *hexagonal* ; le cinquième correspond au prisme oblique rhomboïdal, et est appelé *monoclinoèdre ;* le sixième et le septième sont identiques avec le prisme oblique non symétrique, et portent les noms de *diclinoèdre* et *triclinoèdre*. La division *monoclinoèdre* n'a qu'un angle oblique ; celles *diclinoèdre* et *triclinoèdre* en ont deux et trois.

Ainsi tous les différents systèmes cristallins ont eu pour point de départ la classification d'Haüy, soit que leurs auteurs aient considéré les cristaux sous le rapport de leur forme extérieure, soit qu'ils aient fondé leurs divisions sur la position des axes. L'illustre cristallographe français n'avait laissé qu'une lacune dans la science dont il est le fondateur : M. Weiss l'a remplie par sa théorie importante de l'hémiédrie.

CRISTALLOPHYLLIN (Terrain) (*Géogn.*), m. Nom donné par d'Omalius d'Halloy au terrain talqueux ou cristallin.

CRISTELLAIRE (*Paléont.*), f. Genre de crustacés, dont sept espèces sont fossiles dans les terrains modernes et ont leurs analogues vivants.

CROCALITE (*Minér.*), f. Variété de *mésotype*.

CROCODILE FOSSILE (*Paléont.*), m. Ce genre de reptiles a laissé six espèces dans les terrains antérieurs à la craie.

CROCOISE (*Minér.*), f. Nom donné par M. Beudant au *chromate de plomb*, ou plomb rouge.

CROISETTE (*Minér.*), f. Nom vulgaire de la *staurotide*, variété géminée.

CROISEUR (*Exploit.*), m. Filon qui en coupe un autre plus ancien que lui. *Voyez* la figure à l'article FILON.

CROKALITE (*Minér.*), f. *Hydro-silicate d'alumine et de soude.*

CROMLEK (*Minér. archéog.*), m. Pierres verticales, dites *peulvens* ou *menhirs*, disposées symétriquement sur un ou plusieurs rangs, et formant des monuments druidiques destinés probablement à représenter des temples, à tenir des assemblées, ou à servir de tombeaux de familles. Les cromlcks les plus remarquables sont celui de *Carnac* (Morbihan), le *stone-henge* du comté de Salisbury, celui de Fontevrault, etc.

CRON (*Géogn.*), m. Nom donné dans le Vexin à un calcaire composé d'une infinité de corps organisés fossiles, visibles à l'œil nu.

CRONSTEDTITE (*Minér.*), f. Nom donné, en l'honneur de Cronstedt, à un *silicate de fer* décrit sous ce dernier titre.

CROSSE (*Métall.*), f. Barre de fer que le marteleur ou le fondeur soude à la loupe avant de la retirer du creuset, et qui lui sert à la manœuvrer avec plus de facilité sous le marteau.

CROUTE TERRESTRE (*Géol.*), f. Portion extérieure de notre globe accessible à l'observation des hommes. *Voyez* le mot TERRE.

CRUCITE (*Minér.*), f. Nom donné par M. Thomson à une variété de *sulfure de fer* cristallisé en dodécaèdres très-allongés qui se croisent sous l'angle de 60°, d'où vient son nom, du latin *crux*, croix.

CRUSTACITES (*Paléont.*), m. Crustacés fossiles.

CRYOLITE (*Minér.*), f. *Fluate d'alumine* associé à un *fluate de soude*, qui fond à la flamme d'une bougie avec une telle facilité, qu'on l'a comparé à la glace (du grec *kryos*, glace). Ce minéral est analogue à la *chiolite*.

CRYPTOLITE (*Minér.*), f. Nom donné par M. Wœhler au phosphate terreux trouvé caché dans l'apatite d'Arendal ; du grec *kryptos*, caché.

CRYPTOMÉTALLIN (*Paléont.*), adj. Fossile qui renferme quelque métal.

CUBAN (*Minér.*), m. Nom donné par M. Breithaupt à un sulfure double de cuivre et de fer, provenant de l'île de Cuba. Il est décrit à l'article des SULFURES MÉTALLIQUES.

CUBE (*Cristall.*), m. Solide renfermé dans six carrés égaux qui peuvent être pris chacun pour base ; il a huit angles solides et douze arêtes ; tous les angles dièdres sont droits ; les sommets des angles solides sont également distants d'un point central formé par l'intersection des diagonales. Dans le cube tous les axes sont égaux et perpendiculaires ; c'est le type cristallin le plus régulier ; aussi donne-t-on au système dont il est le fondement le nom de *système* régulier. Les principales formes qui en dérivent sont l'*octaèdre régulier*, le *dodécaèdre rhomboïdal*, l'*hexatétraèdre*, le *trapézoèdre*, l'*octotriaèdre*, et l'*octohexaèdre*.

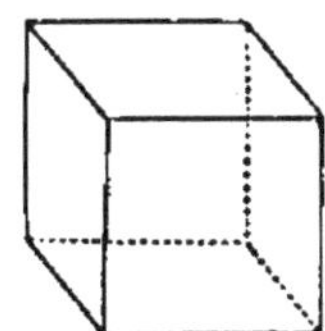

Lorsque le cube est tronqué sur ses angles par les faces de l'octaèdre, il engendre le solide nommé *cubo-octaèdre* ; s'il est tronqué seulement sur ses arêtes, il donne naissance au *cubo-dodécaèdre* ; lorsqu'il ne porte qu'un pointement de trapézoèdre, on le nomme *cube triépointé*.

CUBICITE (*Minér.*), f. Nom donné par Dolomieu et Haüy à l'*analcime*, dont la forme primitive est un cube.

CUBO-DODÉCAÈDRE (*Cristall.*), m. Cube tronqué sur ses arêtes.

CUBOÏDE (*Cristall.*), adj. Rhomboèdre cuboïde ; rhomboèdre aigu, peu différent du cube. Ce nom était spécialement appliqué, chez les anciens minéralogistes, à la *chabasie*, dont la forme rhomboédrique se rapproche beaucoup du cube, quoique appartenant au système du prisme rhomboïdal oblique.

CUBOÏTE (*Minér.*), f. Nom donné par Breithaupt à un minéral du mont Aimant (Magnetberg), à Blagodat, dans l'Oural. M. Meuge l'avait pris pour de la sodalite ; mais MM. Rose ont démontré que ce n'était que de l'*analcime*. Ce nom doit donc disparaître du vocabulaire minéralogique.

CUBO-OCTAÈDRE (*Cristall.*), m. Solide qu'on peut considérer comme un cube tronqué sur les angles par les faces de l'octaèdre.

CUCULLÉE (*Paléont.*), f. Genre d'arcacées, dont on connaît trois espèces à l'état de fossile dans les terrains antérieurs à la craie.

CUCURBITE (*Paléont.*), f. Pierre qui a la forme d'un concombre.

CUIVRE (*Minér.*), m. Métal élémentaire qui tire son nom du latin *cuprum*, fait du nom de l'île de Cypre (en grec *cypros*), d'où les anciens tiraient le cuivre. C'est un des métaux que l'on trouve à l'état natif ; il est alors cristallisé, ou cristallin ; sa couleur est rouge ; il est malléable et tenace ; sa densité est de 8.884 ; il fond au chalumeau, et se dissout avec effervescence dans l'acide nitrique ;

il communique à la solution une couleur verte. Il forme dans l'ammoniaque une solution bleue : si l'on trempe dans ces solutions une lame de fer, elle se recouvre de cuivre réduit. Sa fusion s'opère à 1132° du pyromètre de Daniell ; si on le laisse refroidir avec lenteur, il cristallise dans le système rhomboédrique, tandis que dans la nature ses cristaux appartiennent au système régulier. Ceux-ci sont rarement isolés ; ils forment des dendrites, des rameaux hérissés de pointes aiguës. Le symbole atomique du cuivre est Cu, et son poids 395.695.

Le *cuivre natif* se rencontre dans quelques gisements des autres minerais de cuivre, dans les mines de Cornouailles, dans l'Oural ; il est aussi disséminé dans les roches trappéennes à Oberstein, dans le Palatinat ; à Fervé, aux îles Schetlands ; il abonde dans le Canada, sur la rive méridionale du lac Supérieur ; il y est exploité dans un dyke épais de trapp amygdaloïde ; quelquefois il renferme de l'argent à l'état d'alliage ou de mélange ; il forme des masses cuivreuses arrondies, d'un poids assez considérable : on cite un bloc erratique de cuivre qui pèse près de 1,360 kilogrammes, et qui a été trouvé près de la rivière Onontaya. M. Link a annoncé l'existence d'un bloc semblable au Brésil, dont le poids serait de 2,616 kilogrammes. Les beaux cristaux de cuivre natif proviennent des mines de Cornouailles et de celles d'Ekaterinenbourg dans l'Oural.

Quoique le cuivre se rencontre à l'état natif, ses minerais principaux sont les carbonates et les sulfures ; les carbonates présentent rarement des gîtes puissants : c'est des sulfures qu'on retire le plus de cuivre livré au commerce. Ces derniers seuls sont d'une réduction difficile : quant aux carbonates et aux oxydules, il suffit de les concasser, de les laver et de les mettre en contact avec le charbon, pour qu'ils cèdent leur métal au premier feu. Le produit obtenu n'est pas, à la vérité, du cuivre pur ; mais c'est un métal déjà ductile et sonore, qui porte le nom de *cuivre noir*, et qui contient environ 90 pour 100 de cuivre pur. On l'affine dans un fourneau à réverbère, en l'exposant à un courant d'air, et enlevant sans cesse les scories. Le résultat est le *cuivre rosette*. Quant aux sulfures, il faut quelquefois un grand nombre de grillages et de fontes alternatives pour parvenir à en chasser le soufre. On produit ainsi une *matte*, matière aigre et violâtre, que l'on grille et fond de nouveau dans de grands fourneaux à réverbère et dans des fours à manche. On l'amène ainsi à l'état de cuivre noir, que l'on affine par les moyens que nous avons décrits.

L'industrie du cuivre en France est peu développée ; à peine y compte-t-on quarante-sept exploitations, qui produisent environ 159,250 francs, savoir : 31,000 kilog. de cuivre marchand estimés 71,500 francs ; 330,000 kilog. soufre, dont la valeur est de 87,800 francs, et 2,000 kilog. de sulfate double de cuivre et de fer, portés pour 800 francs seulement.

Le cuivre est contenu dans un grand nombre de substances minérales, dans lesquelles il se trouve le plus souvent à l'état de combinaison : il forme des *carbonates*, des *sulfures*, des *sulfates*, des *hydrates*, des *chlorures*, des *phosphates*, des *séléniures*, et même des *vanadiates*, décrits ou désignés sous diverses dénominations qu'on trouvera à ces articles et à ceux qui suivent immédiatement.

CUIVRE ARSÉNIATÉ (*Minér.*), m. *Voy.* ARSÉNIATE DE CUIVRE.

CUIVRE AZURÉ (*Minér.*), m. Variété bleue du *carbonate de cuivre*.

CUIVRE BLEU (*Minér.*), m. Nom vulgaire de la variété bleue du *carbonate de cuivre*.

CUIVRE CARBONATÉ (*Minér.*), m. *Voy.* CARBONATE DE CUIVRE.

CUIVRE CHLORURÉ (*Minér.*), m *Voy.* OXYCHLORURE DE CUIVRE.

CUIVRE CORNÉ, m. Nom donné anciennement, par erreur, à l'*oxyde d'urane*, que Bergman regardait comme un cuivre mêlé d'argile, minéralisé par l'acide muriatique. Ce nom s'applique aujourd'hui au *chlorure de cuivre*.

CUIVRE DE CÉMENTATION (*Minér.*), m. Cuivre natif en concrétion sur des gangues pierreuses, provenant de sulfate de cuivre en dissolution dans les eaux, où il s'est décomposé par l'intermédiaire du fer.

CUIVRE GORGE DE PIGEON (*Minér.*), m. Variété de *sulfures de cuivre ferrifère*, dite cuivre pyriteux irisé. On le rapporte plus communément au *cuivre panaché*.

CUIVRE GRIS (*Minér.*), m. Sulfure de cuivre antimonifère, décrit à l'article des SULFURES MÉTALLIQUES.

CUIVRE GRIS ARSENIFÈRE (*Minér.*), m. Sulfure de cuivre arsenifère, décrit à l'article SULFURES DE CUIVRE.

CUIVRE GRIS MERCURIFÈRE (*Minér.*), m. Sulfure triple, décrit à l'article SULFURES MÉTALLIQUES.

CUIVRE GRIS PLATINIFÈRE (*Minér.*), m. Variété du cuivre gris, dans laquelle Vauquelin a découvert du platine ; il est accompagné d'argent antimonié arsenifère.

CUIVRE HÉPATIQUE (*Minér.*), m. *Sulfure de cuivre ferrifère*, présentant dans sa cassure des teintes d'un jaune rougeâtre, de violet, de bleu et de vert ; très-fragile ; se débitant quelquefois par feuillets ; sa rayure est rougeâtre.

CUIVRE HYDRATÉ SILICIFÈRE (*Minér.*), m. *Voy.* SILICATE DE CUIVRE.

CUIVRE HYDRO-SILICEUX (*Minér.*), m. *Voy.* SILICATE DE CUIVRE.

CUIVRE JAUNE (*Métall.*), m. Ce nom est généralement donné aux alliages de cuivre et de zinc. Ils sont d'une grande utilité dans les arts ; mais ils demandent certaines précautions quand on les prépare, surtout lorsque le zinc doit dominer dans le mélange. Dans l'alliage qui forme la matière des crapaudines ou coussinets des machines, il suffit de fondre d'abord le cuivre dans un petit fourneau à manche, avec du coke ou du charbon, et d'ajouter le zinc en petits morceaux, dès qu'on s'aperçoit que le cuivre est entièrement fondu. La méthode qui consiste à mélanger les deux métaux fondus séparément n'est pas sans danger : au moment où on les unit, il se produit une explosion violente, et les métaux sont lancés de tous côtés. On parvient néanmoins à éviter cet inconvénient en versant doucement, et en petite quantité, le cuivre dans le zinc. Cela ne se fait néanmoins qu'avec une perte considérable de zinc qui s'échappe, pendant l'opération, sous forme de nuage blanchâtre, violacé, souvent très-brillant. On peut aussi fondre l'alliage dans les creusets, qu'on chauffe à la chaleur blanche; mais ce moyen ne peut être employé que pour de petites quantités. Le meilleur procédé, et en même temps le plus économique, consiste à mettre le zinc concassé au fond d'un creuset, et à le recouvrir par des morceaux de cuivre. On place ensuite le combustible par-dessus, et on l'allume à la surface. Le cuivre se fond ainsi, descend au fond du creuset, et provoque la fusion du zinc, sans perte sensible de ce dernier métal. Les différentes proportions de ces alliages produisent des résultats qui se trouvent décrits aux mots TOMBAC, PINCHBECK, LAITON, MÉTAL DU PRINCE ROBERT, MÉTAL DE CLOCHE, MÉTAL A MIROIR, BRONZE, etc. Le tombac est le plus facile à travailler au marteau et à la filière; il ne contient que 8.33 pour cent de zinc. Le métal du prince Robert en comporte 33 pour cent. A partir de ce dernier alliage et à mesure que la proportion du zinc augmente, la ductilité décroit, et le métal devient si cassant, qu'il n'est plus possible de l'étendre, ni de le laminer. Dans l'alliage du pinchbeck, et dans tous ceux qui, sur 100 parties, contiennent moins de 84 de cuivre, il se perd du zinc dans l'opération; et cette perte est d'autant plus forte, que le zinc se trouve en plus grande proportion. Lorsque le zinc et le cuivre sont mis dans le creuset par parties égales, la moitié du zinc se volatilise pendant la fusion.

CUIVRE MICACÉ (*Minér.*), m. Variété d'*érinite*, décrite au mot ARSÉNIATE DE CUIVRE. Elle se présente en petites tables très-minces, friables sous les doigts à la manière du mica.

CUIVRE MURIATÉ (*Minér.*), m. *Voy.* OXYCHLORURE DE CUIVRE.

CUIVRE OXYDÉ ROUGE (*Minér.*), m. *Voy.* OXYDE DE CUIVRE.

CUIVRE OXYDULÉ (*Minér.*), m. *Voy.* OXYDE DE CUIVRE.

CUIVRE NOIR (*Métall.*), m. Cuivre ductile et sonore, obtenu d'une première fusion du minerai; sulfure de cuivre antimonifère; sulfarséniure de cuivre et de fer.

CUIVRE PANACHÉ (*Minér.*), m. *Sulfure de cuivre* irisé, décrit à l'article SULFURES MÉTALLIQUES.

CUIVRE PHOSPHATÉ (*Minér.*), m. *Voy.* PHOSPHATE DE CUIVRE.

CUIVRE PYRITEUX (*Minér.*), m. *Sulfure de cuivre*, décrit à l'article SULFURES MÉTALLIQUES.

CUIVRE ROSETTE (*Métall.*), m. *Cuivre fondu et épuré*, de couleur rose ou rouge pâle.

CUIVRE SÉLÉNIÉ (*Minér.*), m. *Voy. Séléniure de cuivre*, au mot SÉLÉNIURES MÉTALLIQUES.

CUIVRE SPICIFORME (*Minér.*), m. Variété de *sulfure de cuivre* en petites masses aplaties, présentant des saillies noirâtres en forme d'écailles, qui quelquefois sont assez allongées pour présenter la disposition de petites tiges. Ce minerai est riche en argent, ce qui lui a fait donner le nom d'*argent en épis*.

CUIVRE SULFATÉ (*Minér.*), m. *Voy.* SULFATE DE CUIVRE.

CUIVRE SULFURÉ (*Minér.*), m. *Voy.* SULFURE DE CUIVRE.

CUIVRE SULFURÉ ARGENTIFÈRE (*Minér.*), m. *Stromeyérine*; sulfure décrit à l'article SULFURES MÉTALLIQUES.

CUIVRE SULFURÉ HÉPATIQUE (*Minér.*), m. *Sulfure de cuivre* d'un rouge couleur de foie (du grec *épar*, foie).

CUIVRE TUILÉ (*Minér.*), m. Variété terreuse du *protoxyde de cuivre*; elle ressemble à certains oxydes de fer rouge, et devient attirable à l'aimant après avoir été chauffée au chalumeau.

CUIVRE VANADIÉ (*Minér.*), m. *Voy.* VANADIATE DE CUIVRE.

CUIVRE VELOUTÉ (*Minér.*), m. Azurite; substance d'un beau bleu, en fibres déliées et délicates, divergentes, et formant des globules. C'est un carbonate de cuivre qui existe dans le Bannat et à Chessy.

CUIVRE VITREUX (*Minér.*), m. *Sulfure de cuivre*, décrit à l'article SULFURES MÉTALLIQUES.

CUIVRE VITRIOLÉ, m. Nom donné par Bergman au *sulfate de cuivre*.

CUL DE CHAUDRON (*Exploit.*), m. Terme de mineur pour désigner une allure en *bateau*.

CULART (*Métall.*), m. Support de la queue du ressort dans les ordons à drôme.

CULASSE (*Terme de lapidaire*), f. Partie d'un cristal opposée à la table, et composée de facettes plus ou moins inclinées, dont les dernières viennent se réunir sur une arête, ou en pointe.

CULETON (*Métall.*), m. Partie opposée à la têtière des soufflets.

CULMITE (*Paléont.*), f. Plante fossile du terrain super-crétacé.

CULOT (*Métall.*), m. Petit bouton de métal qui reste au fond du creuset d'essai.

CULOTS (*Géogn.*), m. *Dykes* terminés en cônes ou en dômes.

CULTELLAIRE (*Paléont.*), f. Variété de

glossopètre ayant la forme d'un caillou pointu.

CUNÉIFORME, adj. Du latin *cuneus*, coin ; *forma*, forme : qui a la forme d'un coin. Se dit de filons ou couches dont la partie supérieure est plus large que celles inférieures, et dont la coupe est semblable à un coin.

CUNNOLITE (*Paléont.*), f. Nom donné par Barrère à une variété de fongite à base elliptique, aplatie d'un côté et fendue dans sa longueur : du latin *cunnus*, vulve.

CURETTE DE MINE (*Exploit.*), f. Petit outil terminé à sa partie supérieure par une boutonnière ou une branche transversale, et à sa partie inférieure par une petite racle. Cet instrument sert à nettoyer le trou de mine fait par le fleuret.

CURETTE DE SONDE (*Exploit.*), f. Branche de sonde qui s'adapte à la dernière allonge, et qui est destinée à ramener au jour les roches triturées par les trépans.

CURROUX (*Métall.*), m. Terme employé dans les Pyrénées pour désigner les tourillons d'un arbre.

CUVE (*Métall.*), f. Partie cylindrique et centrale du *haut fourneau*, dans laquelle s'accumulent les charges et au bas de laquelle s'opère la réduction. La *cuve* porte aussi le nom d'*étalages*. Son office est de recevoir le minerai, le fondant et le combustible qui s'y préparent à la fusion, par une espèce de grillage. La cuve est terminée à sa partie supérieure par une ouverture qui porte le nom de *gueulard*. On concentre la chaleur produite par le combustible, et conséquemment on active la préparation du minerai par l'élévation de la cuve, ou par le rétrécissement du gueulard. Le premier moyen est préférable. Lorsque la cuve a peu d'élévation au-dessus du point où s'opère la fusion et où la combustion a le plus d'activité, une partie de la chaleur s'échappe par le gueulard, et l'on ne peut trouver d'avantage à brûler un combustible compacte avec la rapidité qu'il exige. D'un autre côté, si la machine soufflante ne donnait pas assez d'air dans une grande cuve, ou que cet air ne fût pas brûlé avec la vitesse convenable, le haut de la cuve resterait froid, et le surcroît d'élévation serait nuisible.

CUVELAGE (*Exploit.*), m. Boisage d'un puits à l'aide de trousses à picoter, de lambourdes et de picots. Cette opération n'a lieu que dans les terres extrêmement humides, ou pour passer un niveau.

CUVIER (*Métall.*), m. Cuve où se trempe l'acier.

CYANITE (*Minér.*), f. Du grec *kyanos*, bleu ; nom que donne Werner à un silicate alumineux anhydre, décrit au mot DISTHÈNE. C'est le *kyanos* de Dioscoride, le *ceruleus* de Pline.

CYANOSE (*Minér.*), m. Nom donné par M. Beudant au *sulfate de cuivre*, à cause de sa couleur bleue ; du grec *kyanos*, bleuâtre.

CYATHOCRINITES (*Paléont.*), m. Genre de polypiers fossiles, dont cinq espèces sont connues.

CYCLADE (*Paléont.*), f. Genre de conques fluviatiles, dont deux espèces fossiles se trouvent dans les terrains modernes.

CYCLOLITE (*Paléont.*), f. Genre de polypiers fossiles, dont quinze espèces sont connues.

CYCLOPE (*Paléont.*), m. Genre de canalifères, dont on connaît une seule espèce fossile dans les terrains postérieurs à la craie.

CYCLOPITE (*Minér.*), f. Minéral encore peu connu, en filaments blancs, roides, ressemblant à des aiguilles de sulfate de chaux. Il a été rencontré à Capo di Bove, sur une lave, en compagnie de mellilite et de breislackite.

CYCLOSTOME (*Paléont.*), m. Genre de colimacés, dont dix-sept espèces fossiles appartiennent aux terrains modernes.

CYDONITE (*Paléont.*), f. Pierre blanche et friable à laquelle on croit trouver l'odeur du coing, fruit du coignassier ; du grec *kydônion*, coing.

CYLINDRE (*Métall.*), m. Pièce en fonte, en fer ou en cuivre, destinée à comprimer en tournant un métal quelconque, et à lui donner une forme voulue et déterminée par les cannelures que porte le cylindre. *Voyez* le mot ÉTIRAGE.

CYLINDRITE (*Paléont.*), f. Rouleau fossile, rhombite.

CYLINDROÏDE, adj. Qui a la forme cylindrique, dont la forme primitivement prismatique est arrondie.

CYMATINE (*Minér.*), f. *Voy.* KYMATINE.

CYMOLITE (*Minér.*), f. *Hydrosilicate d'alumine*, variété d'*halloysite* ou d'*argile smectique*, gris de perle ou rougeâtre, douce au toucher, se délayant dans l'eau. Elle appartient aux terrains volcaniques, et se tirait autrefois de *Cymolée*, l'une des îles de Crète. On en trouve l'analyse au mot ARGILE.

CYMOPHANE (*Minér.*), f. Nom donné par Haüy à une variété d'*aluminate de glucine*, dans l'intérieur de laquelle on voit des reflets bleuâtres à teinte laiteuse qui semblent flotter dans l'intérieur de la pierre ; du grec *kymos*, flot, onde ; *phainô*, je brille.

CYNITE (*Paléont.*), f. Pierre figurée, à laquelle on a cru trouver anciennement la forme d'un chien ; du grec *kyôn*, chien.

CYPRICARDE (*Paléont.*), m. Genre de conques marines, dont trois espèces fossiles appartiennent aux terrains anciens, antérieurs à la craie.

CYPRIN (*Paléont.*), m. Genre de poissons, dont trente espèces fossiles appartiennent aux terrains antérieurs et postérieurs à la craie.

CYPRINE (*Paléont.* et *Minér.*), f. Genre de conques marines, dont sept espèces fossiles se trouvent dans les terrains postérieurs à la craie. C'est aussi le nom donné par Berzelius à une idocrase d'un beau bleu céleste, qu'on soupçonnait contenir du cuivre (en grec *kypros*, cuivre ; d'où *cyprine*). L'analyse que nous avons citée de cette substance, au mot IDOCRASE, ne donne pas une trace de ce métal. On ne sait donc encore à quelle cause attribuer sa couleur; et le nom d'*idocrase cuprifère*, que lui ont donné quelques auteurs, est au moins prématuré.

CYPRIS (*Paléont.*), f. Genre de crustacés, dont deux espèces fossiles appartiennent aux terrains super-crétacés.

CYRÈNE (*Paléont.*), f. Genre de conques fluviatiles, dont neuf espèces fossiles appartiennent aux terrains super-crétacés.

CYSTHÉOLITE, m. Calcul vésical; f. Caillou qui se trouve dans les grosses éponges; du grec *kystis*, vessie; *lithos*, pierre; nom donné par Pline à une sorte d'*ostéocolle*.

CYTHÉRÉE (*Paléont.*), f. Genre de conques marines, dont on rencontre trente-cinq espèces fossiles qui appartiennent au terrain super-crétacé.

D

DACTYLITE (*Paléont.*), f. Pierre figurée ayant la forme de doigts; du grec *dactylos*, doigt; *lithos*, pierre.

DACTYLOPORE (*Paléont.*), m. Genre de polypiers fossiles, dont on connaît deux espèces qui appartiennent au terrain supérieur à la craie.

DALLES (*Métall.*), f. Gouttières qui supportent les pièces de métal destinées à passer à la filière.

DAMAS (*Métall.*), m. Acier damassé, acier d'alliage dans lequel les métaux alliés sont rendus visibles au moyen d'une préparation, et forment, par la différence de leur couleur et de leur éclat, des dessins variés qui constituent le *damassé* proprement dit.

Ces alliages, dont le nom indique assez l'origine, ont été portés à un haut degré de perfection par MM. Stodart et Faraday, qui les premiers donnèrent l'éveil sur ce mélange, en cherchant à remplacer l'acier ou à le rendre plus dur. Le résultat de leurs travaux a ouvert une nouvelle carrière aux métallurgistes pratiques, et le damas moderne est aujourd'hui employé avec le plus grand succès dans les arts.

L'argent s'allie facilement avec l'acier. Lorsqu'on les tient en fusion pendant quelque temps ensemble, ces deux métaux semblent être dans une union parfaite; mais à mesure qu'ils se solidifient, on voit paraître à la surface de petits globules d'argent qui se détachent de la masse. Si on forge un barreau avec un alliage de ce genre, et qu'on le soumette ensuite à l'action de l'acide sulfurique, l'argent apparaît en filaments dispersés dans l'étoffe métallique; ce qui donne à la masse l'aspect d'un faisceau de fibres d'argent et d'acier, comme si on les avait réunis ensemble mécaniquement.

La proportion la plus convenable pour produire ce joli effet est une partie d'argent sur cent soixante parties d'acier; à cinq cents d'acier pour un d'argent, l'alliage est supérieur au meilleur acier, mais il ne présente plus d'aspect damassé.

Le rhodium fait avec l'acier un des meilleurs alliages : le métal ainsi obtenu surpasse en dureté le wootz lui-même; il est composé de 1 à 3 pour 100 de rhodium, et est préférable à l'acier argenté. Le recuit de cet acier exige une température de 29 à 30 degrés centigrades.

1 à 3 de platine pour 100 d'acier donnent encore un bon alliage; en portant à 10 pour 100 la quantité de platine, le damas est malléable et du plus bel effet; il est susceptible du plus beau poli, et ne se ternit pas à l'air. *Voyez* le mot ÉTOFFE.

DAME (*Métall.*), f. Petite digue en terre ou en pierre réfractaire qui forme une des parois du creuset d'un haut fourneau, et dont la destination est de retenir la fonte, en même temps que de recevoir les scories qui coulent.

DAMIER (*Exploit.*), m. *Exploitation en damier*. *Voy.* EXPLOITATION PAR GALERIES ET PILIERS.

DAMOURITE (*Minér.*), f. Variété de *nacrite*, dédiée par M. Delesse à M. Damour.

DANAÏTE (*Minér.*), f. *Arsénio-sulfure de fer et de cobalt*, décrit à l'article SULFURES MÉTALLIQUES, et dédié par M. Auguste Hayes au minéralogiste Dana.

DANBURITE (*Minér.*), f. Variété de *dysclasite*, provenant du comté de Danbury, dans le Connecticut.

DAOURITE (*Minér.*), f. Synonyme de *tourmaline*.

DAPÊCHE (*Minér.*), m. Nom donné au *bitume élastique*.

DAPHNITE (*Paléont.*), f. Pierre figurée qui imite les feuilles de laurier; du grec *daphnê*, laurier.

DARRIS (*Minér.*), m. Nom donné en Hollande à une variété fétide de tourbe limoneuse.

DATHOLITE (*Minér.*), f. *Voy.* SILICO BORATE DE CHAUX.

DAUPHIN FOSSILE (*Paléont.*), m. Genre de cétacés, dont on a rencontré quatre espèces dans les roches super-crétacées.

DAUPHINULE (*Paléont.*), f. Genre de scalariens, dont trente espèces fossiles appartiennent au terrain super-crétacé.

DAVIDSTONITE (*Minér.*), f. Silicate d'alumine et de glucine; variété d'*émeraude* trouvée dans le granite de Rubislaw, par M. Davidston. Elle est composée, suivant M. Plattner, de :

Silice.	66.10
Alumine.	14.38
Glucine.	13.02
Magnésie.	4 16
Protoxyde de fer.	0.82
Eau.	0.80
	99.18

répondant à la formule $2\ Al^2O^3\ (SiO^3)^2 + 3\ CO\ (SiO^3)^3$, qui diffère essentiellement de celle de l'émeraude.

DAVIER (*Métall.*), m. Anneau qui sert à retenir le métal que l'on passe à la filière.

DAVYNE (*Minér.*), f. Nom donné par MM. Monticelli et Covelli à un silicate d'alumine et de chaux dédié à M. Davy, et qui, d'après les recherches de M. Mitscherlich, serait une variété de *néphéline*. L'analyse ci-après, faite par M. Covelli, paraît cependant s'en éloigner :

Silice.	42.97
Alumine.	33.28
Chaux.	12.02
Protoxyde de fer.	1.25
Eau.	7.43
	96.95

dont l'expression atomique est $3\ Al^2O^3\ SiO^3 + 2\ CaO\ SiO^3 + 4\ Aq$.

DAVYTE (*Minér.*), f. Variété de *sulfate* hydraté d'*alumine*, dédié par M. Mill à M. Davy. Il est décrit, au mot SULFATE D'ALUMINE, comme *alun de plume*.

DÉCAPAGE (*Métall.*), m. Le décapage a pour but d'enlever aux métaux les corps hétérogènes qui en altèrent la surface, et notamment la couche d'oxyde qui pourrait s'opposer à la soudure, à la brazure ou à l'étamage. On parvient à ce résultat au moyen d'acides végétaux provenant de la fermentation du seigle ou du son, ou mieux d'un écurage fait avec des cendres ou des terres chargées d'alcali.

Les acides minéraux ne remplacent qu'imparfaitement les acides végétaux dans le décapage; l'acide acétique, en effet, attaque avec beaucoup plus d'énergie l'oxyde que ne pourrait le faire un acide minéral; dans le fer, ce dernier acide enlèverait difficilement le peroxyde qui se forme à la surface.

Dans les tôleries, le décapage est ordinairement précédé d'une opération qui consiste dans un chauffage et une espèce d'étirage à froid, après toutefois avoir fait tremper les pièces de fer dans de l'acide hydrochlorique ou sulfurique étendu d'eau.

L'eau sûre qui sert au décapage des feuilles de tôle destinées à l'étamage, est composée d'une eau qu'on a laissée en fermentation avec du son pendant une dixaine de jours. On remplace quelquefois le son par du seigle concassé ou mi-moulu. On élève la température de l'eau en y trempant des barres de fer rougies, et on opère la fermentation en vingt-quatre heures.

Lorsque le décapage a été opéré dans une lessive comme l'eau sûre ci-dessus, l'écurage se fait avec du sable fin, qu'on frotte fortement sur la surface au moyen d'un linge de chanvre ou de tout autre chiffon. S'il s'agit de feuilles de tôle qui doivent être étamées, on les jette après l'écurage dans des cuves pleines d'eau, où elles se conservent jusqu'au moment de la mise au tain. S'il est question de soudure ou de brazure, on les frotte de borax, ou de substances dont le bore est la base. *Voy.* à ce sujet les mots BRAZURE et SOUDURE.

DÉCAPER (*Métall.*), m. Enlever à l'aide d'acides ou de sels la couche d'oxyde qui recouvre le fer ou tout autre métal.

DÉCHARGE (*Exploit.*), f. Déblais extraits d'un puits, d'une galerie, ou d'une tranchée.

DÉCLINAISON DE LA TUYÈRE (*Métall.*), f. Direction qu'on lui fait prendre vers l'un des angles du fourneau, en la faisant dévier de la ligne perpendiculaire au plan de la varme.

DÉCOTTAGE (*Métall.*), m. Mouvement de trépidation ou d'oscillation que le mouleur imprime au moule pour en détacher le modèle.

DÉCOUPOIRS (*Métall.*), m. Disques de fer ordinairement recouverts d'acier, qui forment les taillants d'un appareil de fenderie, et entre lesquels se divise le fer.

DÉCRÉPITATION, f. Petillement au feu. Lorsque les corps minéraux contiennent de l'eau, et qu'ils sont mauvais conducteurs de la chaleur, leurs parties externes sont les premières échauffées, et elles se dilatent par une rupture d'équilibre calorifique. Si le corps se clive facilement, ces parties se détachent, et sont projetées avec d'autant plus de vivacité que le feu est plus vif et la rupture d'équilibre plus prompte. Ainsi, la décrépitation exige dans les substances trois conditions : la présence de l'eau, peu de faculté conductrice de la chaleur, et la possibilité du clivage. Les corps qui décrépitent restent fixes, ou donnent des produits aériformes. Parmi les premiers, on distingue les sulfates de baryte, de strontiane et de potasse, le fluorure de calcium, les chlorure et bromure de potassium et de sodium, l'iodure de potassium et le sulfure de plomb; parmi les seconds, on place les nitrates de baryte et de plomb, le spath d'Islande, le cyanure de mercure, le sulfate de chaux, l'acétate de cuivre, etc. L'eau qui produit la décrépitation n'est pas l'eau de cristallisation : très-peu de corps décrépitants en contiennent; c'est l'eau emprisonnée mécaniquement, et qui se réduit en gaz avec facilité.

DÉCROISSEMENT (*Cristall.*), m. Hypothèse d'Haüy, d'après laquelle le noyau primitif d'un cristal serait enveloppé d'un assemblage de lames qui décroissent en étendue à partir de la forme primitive, soit de tous les côtés à la fois, soit seulement dans certaines parties. Ce décroissement se fait par des soustractions régulières d'une ou de plusieurs rangées de molécules intégrantes, suivant des lois qui sont soumises au calcul. Cette hypothèse, de même que celle de la *troncature* de Delisle, a été imaginée pour expliquer le rapport entre la forme primitive et la forme secondaire d'un cristal; mais elle n'exprime nullement le travail de la nature, qui ne procède ni par troncature ni par décroissement, et par qui le cristal est formé d'un seul jet.

DÉFLAGRATION (*Métall.*), f. Inflammation étincelante.

DEGRÉ D'INCLINAISON (*Cristall.*), m. Nombre de degrés de l'angle que fait une couche avec l'horizon.

DÉGROSSISSAGE (*Métall*), m. Commencement d'étirage qui succède au cinglage, et qui a pour but de donner une forme plus régulière à la loupe cinglée.

DÉHOUILLEMENT (*Exploit.*), m. Enlèvement de la houille dans les travaux souterrains.

DÉLIQUESCENCE, f. Action de devenir liquide par l'humidité de l'air. La déliquescence a lieu parce qu'un corps, très-avide d'humidité, attire le gaz aqueux de l'atmosphère, le précipite sous forme d'eau liquide, et se dissout dans cette dernière. La déliquescence diffère donc essentiellement de l'*efflorescence*, dans laquelle le corps perd de son eau de cristallisation, qui s'évapore à l'air sec.

DELPHINITE (*Minér.*), f. Nom donné à une variété d'*épidote*.

DELVAUXINE (*Minér.*), f. Variété brune de *phosphate de fer*, décrite sous ce nom et dédiée à M. Delvaux.

DÉLUGE (*Géol.*), m. Envahissement de certaines contrées par les eaux; grande inondation. Selon la tradition biblique, le déluge fut universel; l'ancienne philosophie n'admettait que des déluges partiels. Xénophon en compte six : ceux d'Ogygès, de Deucalion, d'Inachus, d'Achéloüs, de la Béotie, et de Samothrace. On y ajoute les cataclysmes de la Phocide, de l'Acarnanie, d'Hercule, de Prométhée, et des Juifs. Le déluge de la Phocide paraît dû à la rupture des monts Ossa et Pélion, qui força les eaux de la Thessalie à s'écouler par le fleuve Pénée; celui de la Béotie est dû au déchirement du mont Ptoüs; l'affaissement des montagnes voisines de la mer de Pont causa le déluge de Samothrace, comme le grand mouvement des montagnes de l'Asie Mineure amena celui de Deucalion. On a conservé la tradition d'un déluge dans le Mexique, ainsi que dans la Floride; il en est de même dans le Groënland. La violence des vents est encore une cause de certains déluges, ou plutôt de grandes inondations : ceux de 1164, de 1218 et de 1530 dans la Frise, de 1604 en Angleterre, de 1646 en Dordrecht, de 1682 en Zélande, sont dus à des tempêtes, ou à des vents très-violents.

DÉMARGUER (*Métall.*), m. Enlever et démancher le marteau.

DÈME (*Métall.*), f. Terme employé dans les forges catalanes pour désigner la loupe aplatie dans laquelle est placée l'enclume.

DEMI-LAINE (*Métall.*), m. Fer demi-plat en bande.

DEMI-MÉTAUX, m. Ancienne dénomination appliquée aux métaux non ductiles, tels que le cobalt, l'antimoine, le bismuth, etc.

DEMI-OPALE (*Minér.*), f. Espèce opale. Couleurs extrêmement variées, mais ternes et tendres, offrant des dessins rubanés, nuagés, etc.; translucide, peu éclatante; cassure conchoïde, pes. sp. 2.; composition, d'après Klaproth :

Silice.	85.00
Carbone.	5.00
Alumine.	3.00
Oxyde de fer.	1.75
Eau ammoniacale.	8.00
Huile bitumineuse.	0.38
	103.13

DÉMOULAGE (*Métall.*), m. Action de sortir du moule.

DENDRACHATE ou **DENDRAGATE** (*Minér.*), f. Nom donné par les anciens à l'agate arborisée.

DENDRITE ou **DENDROLITE** (*Minér.*), f. Du grec *dendron*, arbre; *lithos*, pierre. Imitation plus ou moins parfaite d'arbres, de plantes, de rameaux, etc., formée à la surface de certains minéraux, notamment sur le calcaire de Florence et dans certaines agates dites *agates dendritiques*, ou *agates arborisées*.

DENDROÏTE (*Minér.*), f. Nom donné à toute espèce de fossile qui est ramifié.

DENDROPHORE (*Minér.*), m. Nom donné par Pluche aux *dendrites*; du grec *dendron*, arbre; *phérô*, je porte.

DENSITÉ (*Minér.*), f. État de rapprochement plus ou moins grand de molécules, combiné avec le poids des atomes. *Voy.* PESANTEUR SPÉCIFIQUE.

DENT DE CHEVAL (*Minér.*), f. Nom donné en Sibérie à une topaze bleu-verdâtre, transparente en partie, excepté à la partie supérieure, qui est blanchâtre.

DENT DE COCHON (*Minér.*), f. Nom vulgaire donné à une variété de carbonate de chaux en cristaux hexaèdres.

DENTALE (*Paléont.*), m. Genre d'annélides dont vingt et une espèces fossiles appartiennent aux terrains antérieurs et postérieurs à la craie. Ce petit coquillage a la forme d'un chalumeau et la figure d'une dent.

DENTALITE (*Paléont.*), f. *Voy.* TUBULITE.

DENT PÉTRIFIÉE (*Paléont.*), f. *Voy.* GLOSSOPÈTRE.

DÉNUDATION (*Géol.*), f. Enlèvement sur certains points des matières minérales reportées sur certains autres. La dénudation est la cause de la destruction des roches; elle procède par leur désagrégation; son moyen d'action consiste dans les agents atmosphériques, dans les ébranlements du sol, mais surtout dans le passage des eaux; son opération est quelquefois rapide, mais le plus souvent elle est lente et progressive.

Il ne faut pas perdre de vue que les matières minérales ne se détruisent point, et qu'elles ne disparaissent de certains lieux saillants sur la croûte terrestre que parce qu'elles sont entraînées, et vont remplir d'autres lieux qui leur présentent des concavités disposées pour les recevoir : c'est ainsi que se sont formées et se forment encore tous les jours les terrains de sédiment, dans lesquels des galets, par leur forme arrondie, attestent la manière dont ils ont été charriés par les eaux.

L'accumulation des sables aurifères dans les vallées, et leur richesse plus grande en métal précieux que les montagnes d'où ils ont été détachés, n'est pas un des phénomènes les moins curieux du résultat de ce charriage. On peut voir ce que nous en disons à l'art. OR.

La figure ci-dessous peut faire comprendre comment on retrouve le plus souvent dans les vallées les éléments des roches qui y sont descendus du sommet ou du versant des montagnes. La seule différence qui puisse y être remarquée, c'est que les strates A accumulées dans le vallon sont horizontales, tandis que sur les hauteurs B elles avaient une inclinaison

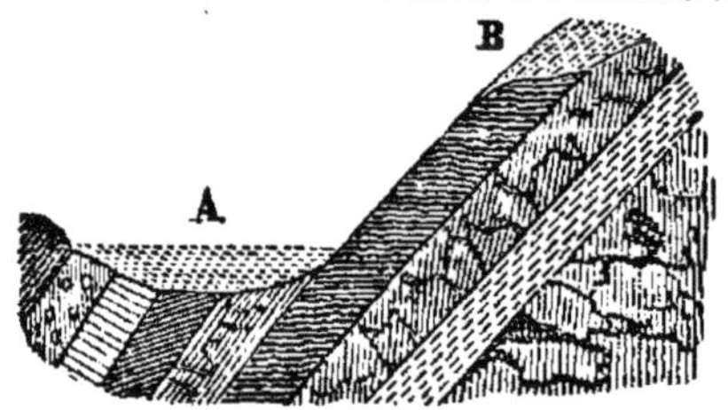

plus ou moins prononcée. En outre, la désagrégation a atténué les éléments, et a conséquemment changé l'aspect de la roche, quoique, au fond, la composition chimique soit restée la même.

Il arrive fréquemment que des strates horizontales sont subitement interrompues, comme dans la figure suivante, et qu'une vallée s'est

creusée au milieu de ces strates s'appuyant sur une des couches inférieures : ces *vallées de dénudation* servent souvent de lit à des fleuves plus ou moins profondément encaissés. Lorsqu'elles ont une certaine étendue, comme dans la Limagne, et qu'elles appartiennent à des terrains convenables, elles sont d'une fertilité remarquable.

DÉODATITHE (*Minér.*), m. *Voy.* PIERRE DE POIX.

DÉPART (*Métall.*), m. Opération par laquelle on sépare l'or de l'argent, après l'*inquartation*, en plongeant le métal laminé en feuille dans l'acide nitrique. L'argent s'y dissout, la feuille percée comme un crible ne contient plus que l'or; on lave, on pèse, et on reconnait ainsi le titre primitif.

DÉPILEMENT ou **DÉPILAGE** (*Exploit.*), m. Enlèvement des piliers réservés dans une couche exploitée.

DÉPOT (*Géogn.*), m. Couches de roches aqueuses formées lors du séjour des eaux sur certaines parties du globe et laissées ensuite à sec, lorsque la masse fluide s'est retirée ou a été desséchée. On donne ce nom à un grand nombre de roches, parmi lesquelles il faut distinguer :

Le DÉPOT CALCARÉO-TRAPPÉEN. Alternance de calcaire marin super-crétacé, avec des basaltes, des couches de pépérine et autres conglomérats plutoniques. Les roches aqueuses et celles d'origine ignée renferment les mêmes fossiles, et appartiennent au terrain quaternaire.

Le DÉPOT ÉPIGÉIQUE, *voy.* DÉPOT TERRESTRE.

Le DÉPOT NYMPHÉEN. Alluvion fluviatile, et tuf calcaire des terrains modernes, formés par les eaux douces et par celles de source.

Le DÉPOT TERRESTRE. Tourbe, humus et dépôts salins des terrains modernes. Le dépôt terrestre est en général un produit plus ou moins meuble, formé par une partie émergée de la surface terrestre : ce produit est plus ou moins ancien, en couches plus ou moins continues, et parallèle à la série des dépôts marins. Son âge remonte à la première émersion du sol, et est formé de son détritus.

Le DÉPOT TRITONIEN. Roches de madrépores, bancs de sable, de galets, de coquilles, dunes, etc., du terrain d'alluvion, produits par des causes qui agissent encore, et formés par les eaux marines.

DERLE, f. Nom donné dans le pays de Namur à l'*argile d'Andenne*, et en Alsace à l'*argile à potier*. Elle est grise et grasse.

DERMATINE (*Minér.*), f. Nom donné par M. Breithaupt à une variété de *magnésite*, décrite au mot SILICATE DE MAGNÉSIE.

DÉROCHER (*Métall.*), m. Décrasser, rendre apparent le métal, à l'aide d'un acide.

DESCENDERIE (*Exploit.*), f. *Voy.* RAMPE.

DESCENTE (*Exploit.*), f. Galerie dirigée sur la pente de la couche ou du filon.

DESCENTE (*Métall.*), f. Action des charges qui descendent lentement dans la cuve d'un haut-fourneau, à mesure que les matières inférieures fondent ou se consomment.

DÉS DE VAN-HELMONT (*Minér.*), m. Nom donné par Romé-Delisle, d'après Wallerius, à une variété cloisonnée de marne.

DESEINBOUGER (*Métall.*), m. Oter la hurasse d'un marteau.

DESMINE (*Minér.*), f. Nom donné par Mohs à une variété de *stilbite* cristallisant en petites houpes soyeuses.

DÉSORNAGE (*Métall.*), m. C'est, dans l'opération de l'affinage, le triage des scories sur la plaque du chio. Le désornage se compose de trois manœuvres distinctes : 1° soulèvement de la sorne; 2° tirage sur la plaque de chio; 3° triage des parties métalliques.

DESSOUFRAGE (*Métall.*), m. Opération par laquelle on enlève le soufre aux métaux, et notamment à la houille. Cette opération n'est autre chose qu'une calcination à l'air, plus ou moins prolongée.

DÉTACHES, f. Terme d'*exploitation*; filets

de substance minérale grasse qui se confondent avec les salbandes d'une couche ou d'un filon. Les détaches sont ordinairement d'argile blanchâtre.

DEVONITE (*Minér.*), f. Nom donné à la *wavellite* trouvée dans le Devonshire. C'est un *phosphate d'alumine* uni à un fluate du même oxyde.

DEWEYLITE (*Minér.*), f. Sulfate hydraté de magnésie, décrit au mot SULFATE DE MAGNÉSIE.

DIABASE (*Géogn.*), f. *Diorite*.

DIADOCHITE (*Minér.*), f. Nom donné par M. Breithaupt à une variété de sulfate de fer uni à un phosphate du même métal. *Voy.* SULFATE DE FER.

DIAGRAPHITE (*Géogn.*), m. Variété d'ampélite ou roche schisteuse noire, dont on fait des crayons pour dessiner.

DIAKLASE (*Minér.*), f. Substance peu connue encore, et qui présente quelque analogie avec le *feldspath de lithine* nommé *triphane*; elle est en masses lamelleuses verdâtres; fusible comme le diallage. Sa densité est 3.323. On la rencontre à Würlitz, en Bavière.

DIALLAGE (*Minér.*), m. *Silicate de magnésie* et *de chaux ou de fer*, d'un vert plus ou moins foncé, rayant la chaux carbonatée, mais le verre à peine; fondant lentement, sur les bords, en une scorie grisâtre.

Le diallage forme deux variétés parfaitement distinctes : la *bronzite*, qui est plutôt un silicate de magnésie et de fer, et ne contient que peu de chaux; et le *schillerspath*, qui forme un silicate de magnésie, de chaux et de fer. Tous deux sont hydratés.

La *bronzite* est d'un brun verdâtre foncé; son éclat est métalloïde, et se rapproche de celui du bronze; elle offre des clivages dont deux conduisent à un prisme de 87° environ; elle raye la fluorine, mais elle se laisse rayer par le quartz et l'hypersthène; sa densité est de 3.123; au chalumeau, elle est infusible sans addition, ce qui s'explique par sa composition, chargée de magnésie et presque privée de chaux :

	LOCALITÉS.		
	Stempel.	Ultenthal.	Gulsen.
Silice.	57.19	56.81	56.41
Magnésie.	32.66	29.67	31.50
Protoxyde de fer.	7.46	8.46	6.56
Chaux.	1.30	2.19	»
Protoxyde de manganèse.	0.34	0.61	3.50
Alumine.	0.69	2.06	»
Eau.	0.63	0.21	2.58
	100.27	100.01	100.18

Ces analyses conduisent à la formule double :

$$MgO\ SiO^3 + (MgO, FeO)^3\ (SiO^3)^2,$$

et $2\ MgO\ SiO^3 + (MgO, FeO)\ SiO^3$,

dont l'une a la constitution atomique de l'*amphibole* dite *arfvestonite*, et l'autre celle du *pyroxène*.

Le *schillerspath* est d'un vert noirâtre, d'un vert olive, d'un vert grisâtre ou d'un gris verdâtre; il ne paraît posséder que deux clivages, dont aucun ne conduit à l'angle de 87° du pyroxène; il raye la chaux carbonatée, et est rayé par le quartz; sa densité est 3.118 à 3.261; il se porcelanise simplement au chalumeau. Sa composition est :

	LOCALITÉS.	
	Baste.	Prato.
Silice.	53.70	53.20
Chaux.	17.06	19.08
Magnésie.	17.53	14.90
Protoxyde de fer.	8.07	8.67
Protox. de manganèse.	»	0.38
Alumine.	2.82	2.47
Eau.	1.04	1.77
	100.24	100.47

d'où l'on tire la double formule :

$$CaO\ SiO^3 + (MgO, FeO, CaO)^3\ (SiO^3)^2$$

de l'*amphibole*, et

$$2\ CaO\ SiO^3 + (MgO, FeO, CaO)^2\ SiO^3$$

du *pyroxène*.

Nous avons fait ici abstraction de l'eau, dont la proportion, dans les analyses ci-dessus, ne s'élève pas à un atome, ce qui nous a permis de regarder la bronzite et le schillerspath comme anhydre; mais on a considéré comme schillerspath divers minéraux hydratés qui, dans leur composition atomique, présentent trop de différence pour qu'il soit possible de les réunir au diallage. Dans cette catégorie se trouve l'*antigorite* analysée par Schweitzer, dont la formule $(MgO, FeO)^2\ SiO^3 + Aq$ se rapporte à celle de certains diallages du Tyrol et du Hartz, dont nous renvoyons l'analyse au mot ANTIGORITE.

Les principales variétés de diallage sont le périoctaèdre, prisme oblique à huit pans, très-court; la *smaragdite*, variété laminaire à reflets satinés ou nacrés; l'*omphasite*, d'un brun foncé, avec teinte violette, etc.

Le diallage entre comme partie constituante de diverses roches telles que les *euphotides* du mont Mussinet, près de Turin, et du mont Genèvre, près de Besançon; la base de cette roche est de saussurite, pénétrée dans tous les sens par des lames satinées de diallage. La belle roche connue sous le nom de *Verde di Corsica* est due à la réunion de ces deux minéraux; le diallage et le grenat sont les deux parties principales de la roche nommée *éclogite* par Haüy; la bronzite est fréquente dans les serpentines et la pierre ollaire, mais elle n'y joue qu'un rôle secondaire.

Les analyses que nous avons données des deux variétés de diallage, semblent indiquer qu'il n'est que le passage de l'amphibole au pyroxène; cette opinion est appuyée sur certains clivages, et la mesure des angles qui en résulte : aussi M. Rose a-t-il proposé de réunir ces trois espèces sous une même dénomination : l'*ouralite*. On peut voir à ce mot les raisons qui militent en faveur de cette réunion.

DIALLAGE CHATOYANT (*Minér.*), m. Diallage proprement dit; hydro-silicate de magnésie et de chaux.

DIALLAGE MÉTALLOÏDE (*Minér.*), m. Hydro-silicate de magnésie et de fer; substance métalloïde dans les fractures de clivage.

Composition, suivant M. Drapiez :

Silice.	41.00
Magnésie.	29.00
Oxyde de fer.	14.00
Chaux.	1.00
Alumine.	3.00
Eau.	10.00
	98.00

Formule atomique : $MgO\ SiO^3 + MgO\ H^2O$.

DIALLAGE VERT, m. *Smaragdite.*

DIALLOGITE (*Minér.*), f. Nom donné par M. Beudant au carbonate de manganèse et de chaux décrit au mot CARBONATE DE MANGANÈSE.

DIAMANT (*Minér.*), m. Adamas des anciens; du grec *adamas*, indomptable, pour dire incombustible; *carbone* des chimistes. Les Turcs et les Persans se servent du mot *almas*, qui paraît n'être qu'une corruption du mot grec, et que Braunius fait venir du mot hébreu *halam*. C'est le corps le plus dur de la nature; et ses caractères distinctifs sont de rayer tous les corps et de couper le verre. Il est ordinairement incolore, limpide, mais on le trouve aussi nuancé de jaune et de vert, quelquefois même gris, noirâtre et rose; son éclat est excessivement vif, et on le désigne même par *éclat adamantin*; il est aussi parfois semi-diaphane et même simplement translucide. Lorsque sa cassure est transversale, elle est conchoïde; mais, à cause de la facilité de ses clivages, elle est le plus ordinairement lamelleuse. Ceux-ci sont au nombre de quatre, et conduisent à l'octaèdre régulier, qui est d'ailleurs la forme la plus habituelle du diamant. On le trouve aussi en cube, en dodécaèdre et même en hexatétraèdre. Dans l'état brut, les surfaces de ces cristaux sont courbes; c'est à cette disposition qu'il doit la propriété de couper le verre : les cristaux taillés artificiellement ne font que le rayer. — La pesanteur spécifique du diamant est de 3.55. — Il s'électrise vitreusement par le frottement et sans être isolé, et devient phosphorescent dans l'obscurité, après avoir été exposé quelques instants à la lumière du soleil; mais il perd cette propriété immédiatement quand on le place dans le rayon rouge. Au chalumeau, il ne s'altère pas; mais sa surface se dépolit au feu d'oxydation. Avec certaines précautions cependant, et à une température très-élevée, il brûle avec une flamme bleuâtre; mais il ne développe pas assez de chaleur pour entretenir sa propre combustion : ce n'est que dans l'oxygène qu'il se consume entièrement en produisant de l'acide carbonique. Les variétés du diamant sont l'octaèdre, le cube, le cubo-octaèdre, la variété sphéroïdale à faces curvilignes, et celle amorphe ou granuliforme. Les diverses couleurs constituent aussi autant de variétés; mais comme les teintes en sont faibles, celle incolore est préférée dans l'usage ordinaire. Quelques diamants offrent un phénomène particulier de lumière : ils présentent dans une certaine direction une étoile hexagone; d'autres, une figure foncée, comparable à une feuille de trèfle. Les anciens, qui donnaient au diamant le nom d'*adamas*, le confondaient avec plusieurs autres pierres précieuses; il ne fut d'abord porté qu'à l'état brut, à cause de la difficulté de le tailler. Mais, en 1456, Louis de Berghem, en frottant deux morceaux l'un contre l'autre, parvint à en rendre l'éclat plus vif. Le premier diamant poli fut porté par Charles le Téméraire, qui le perdit à la bataille de Morat. Le diamant se taille ou en *brillant*, ou en *rose* : le brillant présente une surface plane, avec un léger talus dans la partie que l'on met en évidence; le dessous est taillé en pyramide. Il faut, pour obtenir cette forme, un morceau d'une certaine grosseur; c'est ce qui fait que le brillant est toujours plus cher que la rose. Celle-ci est plate d'un côté, et hémisphérique de l'autre, qui est chargé de facettes. *Voy.* les fig. placées aux mots BRILLANT et ROSE.

M. Petzholdt avait trouvé dans plusieurs diamants des traces de matière organique; mais M. Wœhler, en ayant examiné une cinquantaine, n'a pu y découvrir des restes d'organisation végétale.

L'observation de M. Petzholdt, d'accord, du reste, avec l'opinion de quelques savants, qui donnent au diamant une origine végétale, paraît avoir eu pour objet de petites écailles de silice sur lesquelles on découvrait un réseau à mailles hexagones, parfaitement analogue à ceux que présentent les matières végétales silicifiées.

C'est dans les sables ferrugineux des alluvions anciennes que se trouvent les diamants; avant Pline, on en tirait d'Éthiopie, entre le temple de Mercure et l'île de Méroé. Ceux des Latins venaient des Indes orientales, de l'Arabie, etc.; les premiers furent apportés des Grandes Indes, et depuis on en a trouvé dans plusieurs provinces du Brésil, mais toujours à l'état de caillou roulé. M. Lomonosoff a présenté à l'Institut des diamants qui paraissent avoir pour gangue la roche quartzeuse dite *itacolumite*. Sur la pente des monts Ourals, près de Keskamar, on a découvert depuis une quinzaine d'années de véritables sables diamantifères. Il y a peu de temps on en a rencontré à Cachoéira, dans la province de Bahia, au Brésil. On les trouve dans des cavités que forme le fleuve du même nom.

Le diamant, à cause de sa rareté, est d'un prix fort élevé. Suivant M. Beudant, le karat

(0 gr. 212) du diamant brut vaut 48 francs; mais lorsque le cristal pèse plus d'un karat, son prix s'évalue par le carré du poids multiplié par 48 francs. Ainsi un diamant de deux karats vaut 4+48 = 192 fr.; un diamant taillé a un prix supérieur : les petites roses, jusqu'au nombre de 40 au karat, valent 60 à 80 fr. le karat; les brillants de même poids, 168 à 192 fr.; un brillant de 1 karat vaut 216, 240 et même 288 fr., suivant la beauté. Au-dessus d'un karat, le prix suit des proportions tout autres : entre 1 karat et 1 karat et demi, 312 à 336 fr.; à 1 karat et demi, 400 à 480 fr.; à 3 karats, 1,680 à 1,980 fr.; 4 karats, 2,400 à 3,120 fr. Les diamants au-dessus de 12 karats sont rares. Celui du raja de Matan, à Bornéo, pèse plus de 300 karats; celui qui appartenait à l'empereur du Mogol, et que la conquête a fait passer, en 1849, entre les mains de l'Angleterre, où il est arrivé en juin 1850, pèse 279 karats. Brut, il pesait 800 karats; il fut réduit à son poids actuel par la maladresse de l'artiste vénitien chargé de le tailler. On l'a nommé *Koh-i-noor* (Montagne de lumière). Les Anglais l'estiment à 2 millions sterling; mais il y a exagération : Tavernier, qui l'a examiné et pesé, n'en porte la valeur qu'à 11,723,000 fr. Celui de l'empereur de Russie pèse 193 carats : il a coûté, dit-on, 2,280,000 fr., et une pension viagère de 100,000 fr. Le diamant de l'empereur d'Autriche pèse 139 karats; c'est une rose de mauvaise forme, qu'on n'estime que 2,600,000 fr Le *Régent*, qui appartient à la France, pesait 410 karats avant d être taillé; il a été réduit à 136 karats. C'est le plus beau diamant de l'Europe, à cause de sa belle forme et de sa limpidité; il avait coûté au duc d'Orléans 2,250,000 fr., mais il vaut plus du double. Le diamant connu sous le nom de *Grand-duc de Toscane* fut mis en gage à Paris, en octobre 1847, comme garantie d'un emprunt; il est estimé 2,627,133 fr. Le plus gros qui ait été trouvé au Brésil pèse, suivant Maw, 95 karats $^3/_6$; il est en octaèdre naturel.

DIAMANT BRUT, m. Nom que les lapidaires donnent à une variété blanche de *zircon*, ainsi qu'au diamant dodécaèdre, à plans convexes.

DIAMANT D'ALENÇON, m. *Quartz hyalin* noir.

DIAMANT DE MARMAROS, m. Variété de quartz hyalin.

DIAMANT DE MÉDOC, m. *Quartz hyalin* limpide.

DIAMANT DE NATURE, m. Terme de lapidaire; diamant qui n'est pas d'une belle eau, qui a des espèces de nœuds analogues à ceux du bois, et qui ne peut se cliver.

DIAMANT DU RHIN, m. *Quartz hyalin* limpide.

DIAMANT SAVOYARD, m. Diamant qui est coloré, généralement en noir ou en brun.

DIAMANT SPATHIQUE, m. *Corindon*, spath adamantin; dénomination employée par de Born.

DIAMANT SPHÉROÏDAL, m. Diamant à quarante-huit faces bombées.

DIANCHORE (*Paléont.*), f. Genre de coquilles pectidines fossiles, dont on connait trois espèces dans la craie.

DIANE, f. Nom donné à l'argent par les alchimistes.

DIAPHANÉITE, f. Du grec *dia*, à travers; *phainô*, je brille. Disposition mécanique des molécules d'un corps, qui permet de voir la lumière à travers son tissu.

DIAPHANITE (*Minér.*), f. Silicate d'alumine et de chaux, trouvé dans la carrière d'émeraudes de l'Oural, où il est accompagné de cymophanes, d'émeraudes et de phénakites. Il est blanc et micacé, ou en petits cristaux prismatiques hexagones réguliers, bleuâtres et vitreux, analogues à l'apatite. Les cristaux sont terminés par une face oblique, et peuvent être clivés en feuillets perpendiculaires à l'axe. La diaphanite raye la fluorine, et se laisse rayer par la phosphorite; sa densité est de 3.04 à 3.07; elle donne, dans le tube, de l'eau qui a une odeur empyreumatique et prend une couleur plus foncée; au chalumeau, elle devient opaque, se sépare en feuillets, et se réduit en un émail exempt de bulles. M. Ewreinoff l'a trouvée composée de :

Silice.	34.02
Alumine.	43.33
Chaux.	13.11
Oxyde de fer.	3.02
— de manganèse.	1.03
Eau.	5.34
	99.87

On en tire la formule $3\,(Al^2O^3)^2\,SiO^3 + : 2\,(CaO)^2\,SiO^3 + 4\,Aq.$

DIASPORE (*Minér.*), m. Variété d'*hydrate d'alumine* décrite sous ce dernier titre.

DIASPRO FIORITO (*Minér.*), m. Nom italien du *jaspe fleuri*.

DIASTATIQUE (*Cristall.*), adj. Calcaire diastatique, nom donné par M. Breithaupt à un cristal rhomboédrique de carbonate de chaux, dont l'angle est de 105° 23' et la densité 2.773; il raye la fluorine, et se laisse rayer par la phosphorite.

DIASTATITE (*Minér.*), f. Nom donné par M. Breithaupt à une variété d'*amphibole* de Nordmarken, en Wermeland. L'angle de cette variété présente environ 1° de différence avec celui qui caractérise l'*amphibole*. Sa pesanteur spécifique est 3.09 à 3.10.

DIASTOPORE (*Paléont.*), m. Genre de polypiers fossiles existant dans les terrains plus anciens que la craie.

DICÉRATE (*Paléont.*), m. Genre de camacées fossiles, dont on connait cinq espèces dans les terrains antérieurs à la craie.

DICHOBUNE FOSSILE (*Paléont.*), m. Genre de mammifères dont on a trouvé trois espèces dans les terrains postérieurs à la craie.

DICHROÏSME (*Minér.*), m. Propriété de certains minéraux, de posséder des couleurs différentes quand la lumière les traverse parallèlement ou perpendiculairement à l'axe. Cette faculté appartient surtout aux minéraux qui n'ont qu'un axe de double réfraction. Lorsque la différence des teintes n'est pas assez marquée pour être appréciable, le dichroïsme n'est pas visible. Dans la *cordiérite*, au contraire, les deux teintes sont très-prononcées : elle est d'un beau bleu de saphir dans le sens de l'axe, et d'un gris verdâtre dans l'autre direction. L'étymologie du dichroïsme est grecque : elle vient de *dis*, deux ; *chroa*, couleur.

DICHROÏTE (*Minér.*), f. Nom donné à la *cordiérite*, à cause de sa propriété de présenter deux couleurs différentes, suivant le sens dans lequel on la regarde : un beau bleu légèrement violacé dans la direction de l'axe ; un gris verdâtre enfumé, en regardant à travers l'épaisseur du prisme dans le sens perpendiculaire à l'axe.

DICLINOÏDRE ou **DICLINOÏDRIQUE** (*Cristall.*), adj. Système diclinoïdre ; sixième division de la classification de Naumann, répondant au *prisme oblique non symétrique*.

DIDODÉCAÈDRE (*Cristall.*), m. Solide à vingt-quatre faces, trente-six arêtes, et quatorze angles. Les faces sont des triangles scalènes.

DIDYME, m. Nouveau corps trouvé par M. Mosander dans la cérite.

DIÈDRE, adj. Angle dièdre : angle formé par deux plans qui se rencontrent ; angle plan ; du grec *dis*, deux ; *édra*, *base*.

DIEF (*Géogn.*), m. Nom donné dans le Nord à une espèce d'argile bleuâtre, calcaire, qu'on rencontre dans le terrain houiller, et sur laquelle se trouvent ordinairement les niveaux souterrains.

DIFFRACTION, f. Inflexion diverse des rayons lumineux qui rasent les bords d'un corps opaque, et se dévient chacun suivant une loi différente, de manière à produire des franges colorées analogues à celles que donne le prisme.

DIHYDRITE (*Minér.*), f. Nom donné par M. Hermann à un *phosphate de cuivre* qui contient deux atomes d'eau ; du grec *dis*, deux ; *udôr*, eau.

DIKE, m. *Voy.* DYKE.

DILATATION DES MINÉRAUX (*Minér.*), f. Propriété qu'ont les molécules des corps, de recevoir entre elles des molécules de chaleur, de manière que le corps s'allonge et se dilate ; tandis que par le froid les molécules se rapprochent, et produisent le phénomène de la contraction.

La dilatation n'a pas lieu par la pression, la percussion ou le choc, quoique la température du corps soit élevée ; il semble que le grossissement du corps soit dû à l'introduction des molécules de chaleur étrangère entre les molécules solides de la substance, qui sont ainsi placées à distance et augmentent le volume du corps, tandis que dans la percussion ces molécules sont violemment rapprochées, le corps est resserré, et la température qui se manifeste au dehors provient de celle propre au corps, et qui y était à l'état latent.

Le tableau suivant montre ce que devient une longueur exprimée par 100.000, à 0°, lorsqu'on la chauffe à la température de l'eau bouillante :

Platine.	100.087
Or.	100.094
Antimoine.	100.108
Fer.	100.126
Bismuth.	100.139
Cuivre rouge.	100.170
Argent.	100.238
Zinc fondu.	100.296
Mercure.	100.835

La dilatation paraît être en rapport avec les axes de réfraction : un cristal qui n'a qu'une réfraction simple se dilate également dans tous les sens, et ses angles ne sont pas altérés.

Pour le rhomboèdre, ou le prisme à six faces régulières, et pour les cristaux qui en dérivent, la dilatation suivant l'axe principal agit différemment de la dilatation transversale. Les trois axes perpendiculaires à l'axe principal se dilatent également.

L'octaèdre rectangulaire ou rhomboïdal, ses dérivés, et en général les corps qui ont deux axes de double réfraction, se dilatent différemment dans leurs trois dimensions ; les petits axes s'allongent proportionnellement plus que les grands.

De cette dilatation inégale dans les divers sens des axes, il résulte que les angles sont soumis à des variations qui sont en rapport avec la chaleur : ainsi l'angle obtus du *spath d'Islande*, qui à 8° Réaumur est de 105° 5' 39", n'est plus à 131° que de 104° 2' 25" ; l'angle aigu suit une marche contraire : à 8°, il est de 74° 55' 15" ; et à 131° de température, il présente une ouverture de 75° 9' 15".

Dans l'aragonite, qui a trois axes rectangulaires inégaux, les angles des faces latérales sont, à 14° de Réaumur, de 116° 11' 46" $\frac{1}{2}$; et à 114°, de 119° 15' 28" $\frac{1}{3}$.

Ces expériences, qui appartiennent à Mitscherlich, montrent que la composition des corps a beaucoup moins d'influence que l'arrangement moléculaire sur la dilatation des minéraux. Un fait très-remarquable, c'est que la chaux carbonatée, qui dans la direction de l'axe se dilate plus que le plomb, se contracte, au contraire, dans les directions perpendiculaires à l'axe principal. A 70° $\frac{1}{2}$ cent., un morceau de chaux carbonatée se dilate de 0 mm. 005 de plus dans la direction de l'axe que dans toute autre.

DILUVIUM (*Géogn.*), m. Ensemble de roches qui comprend les dépôts aqueux dus à des causes plus puissantes que celles qui agissent aujourd'hui, tels que les tourbières anciennes, certains dépôts coquilliers, les brèches ferrugineuses, les brèches osseuses, les cavernes à ossements, les dépôts limoneux et caillouteux d'eau douce et d'eau salée, les dépôts limoneux métallifères et gemmifères, les cailloux roulés et les blocs erratiques.

DIMÉRIQUE (*Cristall.*), adj. Calcaire dimérique; nom donné par M. Breithaupt à un cristal rhomboédrique de carbonate de chaux dont l'angle est de 106° 15', et la pesanteur spécifique de 2.889 à 2.893; il raye la phosphorite, et est rayé par le feldspath.

DIMORPHISME (*Cristall.*), m. Propriété que possède un minéral de présenter deux formes cristallines (du grec *dis*, deux; *morphê*, forme), quoique sa composition chimique reste la même. Les substances dimorphes connues sont au nombre de dix ou douze, savoir : le *soufre*, le *diamant* ou *carbone*, l'*oxyde de titane*, le *fer oligiste*, le *sulfure de fer*, le *carbonate de chaux*, le *carbonate de fer*, le *carbonate de plomb*, et l'*acide arsenieux*. M. Mitscherlich a reconnu que quelques sels jouissaient également du dimorphisme; ce sont les *sulfates de magnésie*, *de zinc* et de *nickel*, et les *séléniates de nickel et de zinc*.

Les carbonates de chaux, de fer et de plomb présentent dans leur dimorphisme une relation assez singulière : le *spath d'Islande*, le *fer spathique* et le *plomb sulfato-tricarbonaté* appartiennent au rhomboèdre; l'*arragonite*, la *junckérite* et le *plomb blanc* ont pour forme primitive commune un prisme rhomboïdal droit. On soupçonne que cette relation pourrait bien s'étendre à d'autres carbonates.

La chaleur paraît favoriser le passage d'une forme à une autre; c'est du moins ce qu'a pu constater Mitscherlich à l'égard de cristaux de sulfate de nickel qui, par une exposition de plusieurs jours à la lumière solaire, se sont changés intérieurement en octaèdres à base carrée.

DIOCTAÈDRE (*Cristall.*), m. Solide dérivant du *prisme droit à base carrée*, au moyen d'un pointement à huit faces à chaque extrémité du cristal. Lorsque le polyèdre est complet, les faces du prisme générateur ont disparu; le nouveau solide est composé de seize faces, et semble deux pyramides à huit faces, opposées par le sommet. C'est ce qui lui a valu son nom.

DIOPSIDE (*Minér.*), m. L'une des principales variétés du *pyroxène*, disséminée dans des filons appartenant aux terrains anciens, aux terrains de transition, aux terrains métamorphiques.

DIOPTASE (*Minér.*), f. Espèce de *silicate de cuivre*, décrite sous ce dernier titre.

DIORCHITE (*Paléont.*), f. Pierre qui a la forme de deux testicules, ou d'une *aétite* à deux boutons. Elle est rougeâtre, et présente diverses variétés. *Voy.* ÉNORCHITE.

DIORITE (*Géogn.*), m. Diabase, grünstein, granitel, chloritin. Roche composée de hornblende verte ou noire et de feldspath blanc ou verdâtre; très-tenace lorsqu'elle n'est pas altérée; à texture granitoïde, porphyroïde et schistoïde. C'est, à proprement parler, une syenite qui a perdu son quartz en filons, en amas, en masses *non stratifiées*. Le diorite renferme quelquefois du quartz ou du mica (sélagite); lorsqu'il est associé avec du mica et de la pinite, il constitue le *kersanton*. P. S. : 2.69 à 2.95.

DIORITE COMPACTE (*Géogn.*), m. *Voy.* APHANITE.

DIORITE ORBICULAIRE, m. *Diorite* à grains fins, renfermant des noyaux sphéroïdaux d'actinote noir et de feldspath blanc.

DIORITE SÉLAGITE, m. *Diorite* micacé.

DIOXYLITE ou **DYOXYLITE** (*Minér.*), f. Synonyme de *lanarkite*. *Voy.* CARBONATE DE PLOMB.

DIPHYÈNE, f. Pierre qui, au dire de Pline et de Valentin, représente des membres génitaux mâle et femelle.

DIPHYITE, f. Nom donné par Pline à des substances minérales dont la forme a quelque rapport avec les organes externes de la génération des deux sexes.

DIPLOÏTE (*Minér.*), m. Nom donné par M. Breithaupt à une variété de *latrobite*.

DIPYRE (*Minér.*), m. Silicate d'alumine, de chaux et de soude, transparent, blanc mat, jaune, ou brun jaunâtre, à éclat vitreux; *rayant le verre*, *et pesant* 2.646. Il cristallise en prisme quadrangulaire à base carrée, ou en prisme octogone régulier. Au chalumeau, il perd sa transparence, et fond avec un léger bouillonnement en un verre blanc et bulleux; il est difficilement attaquable par les acides. Ses analyses ont donné à M. Delesse :

Silice.	55.50
Alumine.	24.80
Chaux.	9.60
Soude.	9.40
Potasse.	0.70
	100.00

Cette analyse conduit à la formule : $2\ Al^2O^3\ SiO^3 + 3\ (CaO, NaO)\ SiO^3$.

On connaît deux variétés de dipyre : l'une en petits cristaux transparents ou blancs mats, disséminés dans un calcaire argileux des basses Pyrénées, et accompagnés de talc argenté verdâtre ou rougeâtre; l'autre, qui existe à Mauléon et à Lès, sur les bords de l'Ariége, dans une argile jaunâtre très-onctueuse au toucher.

Le minéral envoyé du Mexique par M. Bustamente, et qui est en prismes bacillaires blancs, à éclat soyeux, ne paraît pas appartenir au dipyre. M. Thomson en a fait une espèce particulière, sous le nom de *quadrisilicate d'alumine*.

DIRECTION, f. Ligne que suit une couche ou un filon dans le sens de sa longueur. La direction d'une couche est quelquefois difficile à distinguer de son inclinaison, en ce que la couche peut être inclinée dans le sens de sa direction, de même que son inclinaison peut être nulle : il faut alors avoir recours à la direction des chaînes voisines, à celle de l'axe de soulèvement, et au mouvement des roches jusqu'à une certaine distance, pour s'assurer de la direction de la couche. En général, la direction se désigne par une ligne horizontale menée dans le plan de la couche : elle est presque toujours perpendiculaire à l'inclinaison, ce qui permet de déduire l'une de l'autre, dans la plupart des cas.

DISCINE (*Paléont.*), f. Orbicule ; genre de brachiopode fossile.

DISCLASITE (*Minér.*), f. *Voy.* DYSCLASITE.

DISCOÏDE, adj. Qui a la forme d'un disque ; du grec *diskos*, disque ; *eidos*, forme.

DISCORBE (*Paléont.*), m. Genre de coquilles mantilacées fossiles, dont on trouve huit espèces dans les terrains postérieurs à la craie.

DISCORBITE, m. Coquille fossile planulite.

DISCRASE (*Minér.*), f. Nom donné par M Beudant à l'*antimoniure d'argent*, du grec *duskrasis*, mauvais alliage.

DISLUITE, f. *Voy.* DYSLUITE.

DISOMOSE (*Minér.*), f. Nom donné par M. Beudant à une variété d'*arsénio-sulfure de nickel* décrit au mot SULFURE DE NICKEL, et désigné quelquefois par le nom de *nickel gris*.

DISTHÈNE (*Minér.*), m. Du grec *dis*, double ; *sthénos*, force, parce que, par le frottement, ce minéral prend tantôt l'électricité vitrée, tantôt l'électricité résineuse. Silicate alumineux anhydre qu'on a appelé tour à tour *cyanite*, *sapparite*, *schorl bleu*, *rhétizite* ; ordinairement bleu, quelquefois incolore, blanc, jaune rougeâtre, verdâtre, noir, etc. ; parfois faciolé, c'est-à-dire, présentant une bande bleue entre deux bords blancs ; éclat vitreux et vif ; constamment cristallin, en cristaux, en plaques lamelleuses ou en fibres grossières ; ayant pour forme primitive un prisme oblique non symétrique, et possédant deux clivages parallèlement à deux faces du prisme ; rayant le verre, rayé par le quartz et par l'acier ; pesant 3.56 à 3.67 ; infusible au chalumeau ; blanchissant à un feu ardent, et donnant lentement avec le borax un verre transparent et sans couleur. — Composition, suivant

	Arfwedson,	Rosales,	Marignac,
Silice.	36.40	36.07	36.60
Alumine.	63.80	63.11	62.66
Oxyde de fer.	»	1.19	0.84
	100.20	100.37	100.10

d'où l'on tire la formule atomique $(Al^2O^3)^3 (SiO^3)^2$.

Le disthène n'entre, comme partie constituante, dans aucune roche ; il appartient aux terrains de schiste talqueux et de schiste micacé ; il est souvent accompagné de staurotides et de grenats. On le trouve dans les gneiss des environs de Lyon. Au Saint-Gothard, il a cristallisé quelquefois avec la staurotide, à laquelle il se trouve intimement lié dans le sens de la longueur des cristaux.

DISTICOPORE (*Paléont.*), m. Genre de polypiers fossiles dont les analogues sont vivants.

DIVERGENCE, f. Disposition d'aiguilles, de cristaux bacillaires ou de tissu filamenteux ou capilliforme, en manière de rayons qui s'écartent d'un même centre, comme font les branches d'un éventail ou les rayons d'une roue, quoique quelquefois le centre de la divergence manque dans la substance ainsi disposée.

DIVISIBILITÉ, f. Propriété de la matière de se diviser en une infinité de molécules très-petites. En cristallographie, c'est la propriété que présente un corps d'être divisible suivant certaines directions, de manière qu'en enlevant par le choc, dans ce sens, certaines parties, on passe d'une forme symétrique secondaire à la forme primitive ou noyau. Cette opération porte plus particulièrement le nom de *clivage*.

DOCIMASIE, f. Art d'essayer les minéraux en petit, par opposition à la métallurgie, qui est l'art de les essayer en grand ; du grec *dokimazô*, j'éprouve, j'essaye. La docimasie se divise en deux parties : l'essai par la voie humide, ou l'*analyse* ; et l'essai par la voie sèche, ou l'*essai* proprement dit. Les divers essais de docimasie sont renvoyés aux mots CHALUMEAU, ESSAIS, FLUX, FONDANT, etc.

DODÉCAÈDRE (*Cristall.*), adj. Solide à douze faces. On en distingue trois principaux :

Le **DODÉCAÈDRE PENTAGONAL**, ou *hémitétrakishexaèdre*, à douze faces pentagonales (fig. 1) ;

Le **DODÉCAÈDRE RHOMBOÏDAL RÉGULIER** (fig. 2). Solide composé de douze faces rhombes ; six à quatre faces répondent aux angles de l'octaèdre régulier, et sont nommés *angles octaédriques* ; huit à trois faces correspondent aux angles du cube.

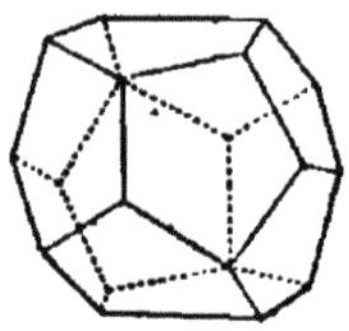

Fig. 1.

Fig. 2.

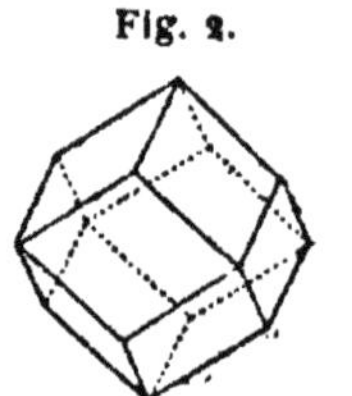

Lorsque le dodécaèdre rhomboïdal porte les traces du trapézoèdre, engendré par des troncatures sur les arêtes du cube, il est dit *émarginé* ; s'il présente à la fois, sur ses arêtes, les facettes du trapézoèdre et celles d'un solide à quarante-huit faces, on le nomme *triémarginé*.

Le **DODÉCAÈDRE TRIANGULAIRE ISOCÈLE**, ou *dodécaèdre hexagonal*. Solide à douze faces formées de douze triangles isocèles ; sa base est un hexaèdre régulier, et ses arêtes culminantes sont égales. La variété de *carbonate de chaux*, nommée *sténonome* par Haüy, présente cette forme.

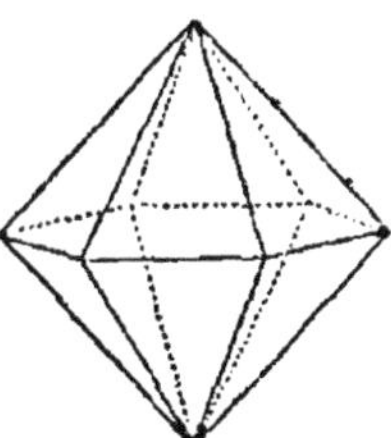

DOLÉRINE ou **DOLÉRITE** (*Géogn.*), f. *Mimosite ;* roche composée de pyroxène noir et de feldspath blanc; à texture granitoïde, appartenant aux terrains basaltique et volcanique.

DOLÉRITE AMIGDALAIRE, f. *Dolerite* présentant des cavités ou soufflures, tapissées de zéolithes, d'agates, de calcaire, etc.

DOLÉRITE GRANITOÏDE, f. *Dolerite* dans laquelle le pyroxène et le feldspath sont en proportions égales, et qui prend l'aspect grenu d'un granite.

DOLÉRITE NÉPHÉLINITE, f. *Dolérite* renfermant des cristaux de néphéline grisâtre.

DOLÉRITE PORPHYROÏDE, f. *Dolérite* à gros cristaux de feldspath

DOLICOLITE (*Paléont.*), f. Vertèbre de poisson pétrifié.

DOLMEN (*Minér. archéol.*), m. Pierre horizontale, posée en forme de table sur plusieurs autres pierres verticales. On croit que ces monuments servaient d'autels aux druides pour consommer les sacrifices. Quelques antiquaires pensent que ce sont d'anciens tombeaux de guerriers gaulois. Le dolmen de Locmariaker (Morbihan) a près de neuf mètres de long, quatre mètres de large, et un mètre d'épaisseur. On cite encore celui de Trie (Eure). Dans certaines localités, la pierre plate n'est supportée que d'un seul côté, et se trouve ainsi inclinée obliquement. On lui donne alors le nom de *demi-dolmen*. Telle est la *pierre levée*, près Poitiers, la *pierre couverelle* (Eure-et-Loir), etc. On nomme *allée couverte* une suite de dolmens en forme de galerie composée de deux rangées parallèles de pierres verticales, supportant des pierres horizontales qui forment plafond. Les plus remarquables sont à Bayeux (Maine-et-Loire); à Essé (Ile-et-Vilaine); *la roche aux Fées*, près de Mettray (Indre-et-Loire), etc.

DOLOMIE (*Minér.*), f. Sous-espèce de *carbonate de chaux* décrite sous ce titre, et qui s'en distingue par la présence de la magnésie.

DOLOMITE (*Minér.*), f. *Carbonate de chaux et de magnésie ;* dolomie.

DOMINÉ (*Minér.*), m. Pierre du dominé, espèce d'aëtite hérissée de petites bosses, et qui paraît recéler du bitume. Elle a été trouvée dans l'île d'Amboine par un pasteur ou *dominé* du pays.

DÔMITE (*Géogn.*), m. Substance blanche, blanchâtre, rougeâtre, bleuâtre, compacte, grenue, pulvérulente, terreuse, contenant quelquefois des cristaux de feldspath d'un beau jaune de soufre, empâtant aussi des fragments de lave poreuse et de granite.

Composition, suivant MM.

	Berthier,	J. Girardin,
Silice.	61.00	81.00
Alumine.	19.20	24.00
Potasse.	11.80	4.66
Magnésie.	1.00	7.82
Oxyde de fer.	4.20	8.34
Chaux.	0.00	2.06
Oxyde de manganèse.	0.00	0.64
Matière organique.	0.00	traces
Eau.	2.00	1.48
	99.20	100.00

Chauffée dans un creuset brasqué, elle se fond en un verre transparent, grisâtre, bulleux, qui se recouvre d'une multitude de petites grenailles de fonte. Son nom vient de la montagne du Puy-de-Dôme, dont elle forme en totalité la masse.

DONACE (*Paléont.*), f. Genre de nymphacées tellinaires, dont dix-sept espèces fossiles appartiennent aux terrains modernes.

DONIUM (*Minér.*), m. Métal simple dont M. Richardson a annoncé la découverte en 1836; couleur bleu ardoise; il a été trouvé dans une carrière de granite près d'Aberdeen, en Écosse.

DONNER L'ORIENT. Terme de lapidaire. Rendre plus éclatante une pierre fine, en la doublant de nacre ou de clinquant.

DORIPPE (*Paléont.*), m. Genre de crustacé qui se trouve à l'état fossile, et dont l'analogue est vivant.

DORURE (*Métall.*), f. Procédé par lequel on applique l'or sur certains métaux moins précieux. On emploie pour cela plusieurs méthodes différentes :

Dans la première, on amalgame l'or avec le mercure, et le procédé s'appelle *dorure par amalgamation*. On commence par bien décaper le métal qu'on doit dorer, puis on le chauffe et on l'enduit d'acide nitrique et d'un peu de mercure, de manière à ce qu'il en soit couvert bien uniformément; on applique alors l'amalgame d'or, qui se compose de huit parties de mercure et d'une d'or, et on volatilise le mercure en exposant la pièce au feu. La pellicule d'or restée sur le métal est alors d'une couleur brun foncé. Pour lui rendre sa couleur naturelle, on pulvérise du nitre, du sel ammoniac, du sulfate de fer et du vert de gris, qu'on pétrit avec de la cire, après les avoir bien mélangés; on étend cette pâte sur la surface dorée, et l'on recommence à chauffer jusqu'à ce que la masse commence à fumer. L'or prend alors une couleur plus claire; mais comme une partie de la surface a passé dans cette opération à l'état d'oxyde, on fait bouillir l'instrument doré dans une dissolution de tartre et de sel marin, mélangés dans la proportion de 1 à 2.

La pièce est recouverte d'une couleur terne qui porte le nom d'or moulu. On polit alors sa surface avec un brunissoir ou avec de la sanguine, ce qui sert en même temps à étendre l'or uniformément sur tous les points de la surface métallique.

Il faut prendre garde, dans le chauffage de la pièce, lors de la volatilisation du mercure, à atteindre le degré de chaleur nécessaire, sans élever trop la température de la pièce dorée. Il y a dans ce procédé deux écueils qu'il faut savoir également éviter : le risque de ne pas chauffer assez et de ne procurer ainsi qu'une faible adhérence, et celui de chauffer trop et d'oxyder ou brûler le métal.

Lorsqu'on n'a pas besoin d'une dorure très-durable, ou que les objets dorés ne doivent pas être soumis au frottement, on dore à froid au moyen de l'*or en chiffons*. Voici le procédé employé par les ouvriers :

On fait dissoudre de l'or dans l'acide nitrique et du sel marin, ou dans de l'eau régale; on imbibe de cette dissolution de petits morceaux de toile de lin, on les fait sécher, et on les réduit en cendres. On prend alors un bouchon de liége bien lisse, légèrement charbonné à l'une de ses extrémités; on l'humecte, on le trempe dans la cendre, et on frotte la surface du métal jusqu'à ce qu'elle soit entièrement couverte d'or. On la polit ensuite avec un linge très-fin, étendu sur un autre bouchon de liége un peu mou : cette dorure est susceptible d'un beau poli.

Les Anglais ont fait longtemps un secret d'un procédé de dorure d'une grande simplicité, dont la publication est due à M. Stodart, de Londres.

Il consiste à faire une dissolution d'or dans de l'eau régale, à ajouter à cette dissolution trois fois autant d'éther sulfurique pur, et à agiter le mélange pendant quelques instants. L'éther s'empare bientôt de l'or, et laisse l'acide décoloré au fond du vase ou de la fiole. On décante. On trempe dans cette dissolution la pièce à dorer, après avoir pris soin de la polir et de la nettoyer parfaitement; on la retire et on l'agite aussitôt dans de l'eau claire, afin d'en détacher les petites portions d'acide qui auraient pu s'y attacher.

Lorsque l'opération est bien faite, la surface de la pièce est couverte d'une belle couche d'or mat, dont on peut encore rehausser l'éclat à l'aide du brunissoir; mais ce procédé n'est applicable qu'aux objets de fer ou d'acier.

Le procédé anglais, qui est connu dans les arts sous le nom de *dorure au trempé*, a été perfectionné en France au moyen du chlorure d'or neutre, additionné d'une solution aqueuse de sulfo-cyanure de potasse. L'immersion du métal décapé dans cette solution presque bouillante suffit pour obtenir un beau doré sur argent.

La dorure sur cuivre, laiton et bronze s'obtient encore par une immersion au moyen d'une solution de cyanure d'or mêlé au cyanure de potasse, portées à une température voisine de l'ébullition.

La dorure au trempé a le grand avantage d'être d'une grande facilité, de réussir toujours, et de n'exiger que quelques minutes de préparation; mais elle ne permet pas d'appliquer une couche très-mince d'or, et devient conséquemment assez coûteuse.

On peut encore dorer en fixant, à l'aide de vernis ou de mucilages, des feuilles d'or excessivement minces à la surface des objets. C'est ainsi qu'on dore le bois, le plomb, l'ivoire, et les objets qui ne peuvent souffrir l'action du feu ou des acides.

Mais de tous les procédés, celui employé le plus généralement aujourd'hui est la *dorure galvanoplastique*, opérée sous l'influence des forces électriques. Le *Dictionnaire de chimie et de physique* en a donné la description empruntée au brevet de MM. Elkington et Ruolz. C'est, à proprement parler, un dorage au trempé : la pièce est suspendue dans une dissolution d'or faite dans l'eau régale étendue, à laquelle on ajoute du carbonate de potasse; et la manipulation ne diffère pas de celle usitée dans le dorage anglais.

DOUBLE-HARNOIS (*Métall.*), m. Appareil qui fait mouvoir les soufflets.

DOUBLE-MURAILLEMENT (*Métall.*), m. Murs extérieurs d'un haut-fourneau.

DOUBLE-RÉFRACTION, f. Effet produit par tous les cristaux qui n'appartiennent pas au système cubique, et qui consiste en ce que les rayons de lumière qui traversent ces cristaux se divisent en deux faisceaux, en sorte qu'en regardant un objet à travers dans un certain sens, on le voit double. L'un de ces faisceaux suit les lois de la réfraction ordinaire; l'autre s'en écarte plus ou moins. Voir pour plus de détails le mot RÉFRACTION.

DOUBLONS (*Métall.*), m. Languettes de métal doublées avant de passer sous le laminoir.

DOUCE (*Métall.*), f. *Mine douce de fer.*

DRACONITE, f. Nom donné à des pierres roulées ou à des polypiers fossiles, dont les caractères n'ont pas été bien définis encore.

DRAGÉES DE TIVOLI (*Minér.*), f. Nom vulgaire donné aux *pisolites*, et qui rappelle assez bien leur disposition.

DRAGONS, m. Terme de lapidaire; points ou taches qui se rencontrent dans le diamant.

DRAGUE (*Exploit.*), f. Grand fleuret dont on se sert pour faire des trous profonds dans le tirage à la poudre. Machine qui sert à enlever la tourbe qui est submergée.

DRAP MORTUAIRE (*Minér.*), m. *Carbonate de chaux, marbre lumachelle*, présentant un fond noir semé de coquilles blanches coniques, assez écartées les unes des autres. Les carrières de ce marbre, très-employé anciennement, ont été perdues.

DRÉELITE (*Minér.*), f. Sulfate de baryte et de chaux, dédié à M. Drée, et décrit au mot SULFATE DE BARYTE.

DRESSAGE (*Métall.*), m. Préparation des meules de carbonisation; — opération par laquelle on rend droites et planes les barres de métal qui viennent d'être étirées au marteau ou au laminoir.

DROME (*Métall.*), f. Pièce de bois placée dans la partie supérieure des ordons.

DRUSE (*Minér.*), f. Cavité formée dans une pierre tapissée de cristaux; masse pierreuse en forme de rognons.

DRYITE (*Paléont.*), f. Pierre figurée qui a quelque ressemblance avec les feuilles du chêne; du grec *drus*, chêne. On donne aussi ce nom à des fragments de bois pétrifiés.

DUCTILITÉ (*Métall.*), f. Propriété que possèdent certains corps de s'étendre ou se comprimer sous la pression ou le choc, et de garder, après l'action, la forme qu'ils ont acquise. On distingue trois nuances dans la ductilité : 1° l'*extensibilité*, ou propriété qu'ont certains métaux d'occuper une grande surface après avoir été battus ou laminés, de s'étendre au moyen des filières, etc.; l'or occupe le premier rang dans cette nuance; puis viennent l'argent, le cuivre, le fer, l'étain et le plomb. 2° La *malléabilité*, ou propriété de céder facilement sous le marteau ou le cylindre, avantage auquel les ouvriers donnent le nom de *liant* : elle est plus sensible dans le plomb et l'étain que dans l'or; l'argent n'occupe ici que le quatrième rang, puis le cuivre, et enfin le fer. 3° La *flexibilité*; c'est une propriété qu'ont quelques métaux de rester flexibles et presque mous après avoir été forgés. Le plomb et l'étain sont les métaux souples par excellence, puis l'or, l'argent, le cuivre, et le fer.

Pour donner un exemple de l'extrême extensibilité de l'or, il suffit de rappeler ici l'expérience de Réaumur : une once d'or en feuille, appliquée sur un cylindre d'argent du poids de 42 marcs, s'étend sur ce cylindre sans interruption, et le recouvre toujours d'une légère couche d'or, quoiqu'en passant par différentes filières le cylindre devienne aussi délié qu'un cheveu. Ce fil doré, après avoir été écrasé entre deux rouleaux d'acier poli, et réduit en lame très-mince, est d'une longueur égale à cent lieues de deux mille toises chacune. La largeur de cette petite lame dorée étant d'un huitième de ligne, et pouvant être partagée en deux parties, il en résulte une longueur de deux cent vingt-deux lieues; et puisque la couche d'or recouvre les deux surfaces de la lame, on peut la considérer comme ayant quatre cent quarante-quatre lieues de longueur.

C'est sur cette extrême extensibilité de l'or et de l'argent qu'est fondée la fabrication du *plaqué* de la vaisselle de table et autres objets d'un usage domestique. Du cuivre recouvert d'une feuille mince d'or ou d'argent se prête, sans la quitter, à toutes les formes creuses ou bombées qu'on lui imprime par le choc du marteau, par l'effort du mouton ou du tour.

On remarque en général que les métaux les plus pesants sont ceux qui s'étendent le plus. On ne peut considérer cependant cette règle comme absolue, car le mercure se présente de suite comme exception : il est plus vrai de dire, avec M. Tillet, que la ductilité dépend de la texture de l'étoffe, de l'arrangement et de la forme de ses molécules.

A l'article du laminage, nous prouvons que le plomb coulé est moins ductile que celui passé au cylindre, et que le fer laminé acquiert plus de souplesse par le laminage que par le marteau. Les mêmes raisonnements, applicables aux autres métaux, sont une nouvelle preuve que l'arrangement mécanique des molécules est la principale cause de la ductilité.

La température est encore un autre moyen de rendre ductiles la plupart des métaux; mais elle agit très-diversement dans les corps : le fer est plus ductile à chaud, l'argent l'est davantage à froid. L'acier, ductile à froid, devient cassant par le refroidissement subit; le contraire arrive au laiton.

Deux métaux ductiles, lorsqu'ils sont pris separément, produisent, par leur réunion, un alliage dur et cassant : le cuivre et l'étain, qui jouissent d'une certaine ductilité, ne résistent point au choc lorsqu'ils forment le bronze. Il y a plus : ils acquièrent une pesanteur spécifique plus grande. Il est probable que cette augmentation de poids, qui, du reste, est commune à tous les alliages, provient de la diminution de leurs pores, et conséquemment d'un nouvel arrangement mécanique, dans lequel nous croyons voir la cause de la ductilité.

DUFRÉNITE (*Minér.*), f. Nom donné à la variété verte du *phosphate de fer*, dédiée à M. Dufrénoy.

DUFRÉNOYSITE (*Minér.*), f. *Sulfo-arséniure de plomb*, dédié à M. Dufrénoy par M. Damour, et décrit à l'article SULFURES MÉTALLIQUES.

DUMASITE (*Minér.*), f. Substance dédiée à M. Dumas, et qui a de l'analogie avec la *ripidolite*. C'est un silicate à plusieurs bases, qui se trouve, en petites lamelles verdâtres, tendres, agrégées, dans les cavités et les fissures de certains mélaphyres des Vosges.

DURETÉ (*Minér.*), f. Résistance qu'oppose un corps à être entamé, rayé ou usé par un autre corps. Il faut bien distinguer la dureté de la fragilité, qui n'est que le plus ou moins de facilité avec laquelle les molécules se séparent par le choc : le diamant, par exemple, est le plus dur des minéraux; c'est cependant un des plus fragiles. D'après cela, la mesure de la dureté d'un corps est dans l'effort qu'il faut faire pour l'entamer ou le rayer; l'effort qu'on ferait pour le rompre ne donnerait que la mesure de sa cohésion.

Pour mesurer la dureté comparative des minéraux, M. Mohs a eu l'ingénieuse idée d'en choisir une série facile à se procurer, dont les duretés différentes servent de termes de comparaison; il en a formé l'échelle suivante :

1° Talc laminaire blanc,
2° Gypse prismatique, limpide,
3° Calcaire rhomboïdal,
4° Fluorine octaédrique,
5° Phosphorite apatite,

6° Feldspath adulaire limpide,
7° Quartz hyalin,
8° Topaze jaune du Brésil,
9° Corindon télésie rhomboïdal,
10° Diamant limpide octaédrique.

Chacun de ces minéraux raye celui qui le précède, et est rayé par celui qui le suit. En essayant de rayer avec ces types un corps dont on veut connaître la dureté, on arrive à trouver le numéro qui lui appartient dans la série, et à apprécier cette dureté d'une manière comparative.

DURMENT (*Métall.*), m. Pièce qui appartient aux jumelles d'un bocard.

DURMENTOU (*Métall.*), m. Pièce qui dans les forges catalanes tient l'empoise des tourillons.

DUSODILE, m. *Voy.* DYSODILE.

DYACLASE (*Minér.*), f. Substance vitreuse, verdâtre, peu connue encore, trouvée près de Wurlitz, en Allemagne.

DYKE (*Géogn.*), m. Espèce de mur de matière dure qui traverse des masses de roches, et forme souvent saillie hors de leur surface. Les dykes diffèrent des filons, en ce qu'ils présentent toute l'étendue d'une couche; et des couches, en ce qu'ils ne suivent pas la stratification des roches qu'ils traversent. Ils sont dus à des introductions de roches étrangères ignées dans les fentes des montagnes. Lorsque le dyke est plus tendre que les couches de la montagne, il s'use souvent et forme creux; lorsqu'il est plus dur, les couches voisines, en s'usant, laissent apparaître le dyke comme un véritable mur. Les dykes prennent le nom de *culots*, lorsqu'ils se terminent en cônes ou en dômes.

DYSCLASITE (*Minér.*), f. Syn. : *zéolite ténace*, *okénite*, *danburite*. Silicate hydraté de chaux. La texture de la dysclasite est fibreuse, et formée de la réunion de petits cristaux aciculaires; elle est translucide et même transparente; elle possède la double réfraction. Sa pesanteur spécifique est de 2.362; elle raye la fluorine, mais se laisse rayer par l'apatite; elle blanchit au chalumeau, devient opaque, et ne fond que sur les bords minces; elle est soluble dans l'acide hydrochlorique, et forme une gelée.

L'*okénite* est une variété blanc de neige, à texture fine et homogène; elle cristallise dans le système rhomboïdal; sa cassure est unie et à grains serrés; ses fibres sont soudées ensemble, et forment une masse homogène analogue à certains échantillons de mésolite. Sa pesanteur spécifique est de 2.845.

La *danburite* est également une variété de dysclasite, moins hydratée que les autres, mais dont le caractère chimique est la présence de la potasse; elle cristallise en prisme rhomboïdal oblique : ce minéral est un peu jaune, mais passe au blanc en se décomposant. Sa pesanteur spécifique est de 2.830.

Les analyses de ces trois variétés donnent :

	Danburite.	Dysclasite.	Okénite.
Silice.	56.00	57.69	54.86
Chaux.	28.33	26.83	26.15
Eau.	8.00	14.71	17.91
Soude.	»	0.44	1.02
Potasse.	5.12	0.23	»
Perox. de fer.	»	0.32	»
Per. de mangan.	»	0.22	0.46
Yttria.	0.85	»	»
Alumine.	1.70	»	»
	100.00	100.44	100.40

qui répondent à la formule $3\ CaO\ SiO^3 + CaO\ (SiO^3)^2 + n\ Aq$; n représentant tour à tour 3, 5 et 6 atomes.

La dysclasite se trouve dans les roches volcaniques des îles Féroë; l'okénite vient du Groënland, où elle existe dans une roche amphibolique de l'île de Disco; la danburite occupe des géodes dans une roche feldspathique du comté de Danbury, aux États-Unis.

DYSLUITE (*Minér.*), f. Variété d'*aluminate* de zinc, décrite sous ce dernier titre.

DYSODYLE, f. Houille papyracée, terre bitumineuse feuilletée; *merda di diavolo* des Italiens; substance gris jaunâtre, verdâtre, brunâtre; combustible, feuilletée, à feuillets minces, tendres, flexibles; brûlant facilement en répandant une odeur infecte. Sa composition est encore inconnue. P. s. : 1.46; gisement : près de Syracuse, en Sicile. *Voy.* COMBUSTIBLES MINÉRAUX.

DYSSNITE (*Minér.*), f. Nom donné par Kobell à un *silicate de manganèse*.

E

EAU (*Géol.* et *Minér.*), f. *Oxyde d'hydrogène* des chimistes; substance extrêmement répandue sur le globe, tantôt à l'état de vapeur aqueuse, tantôt à l'état liquide, tantôt à l'état solide. — Au-dessus de 100°, l'eau n'existe qu'à l'état gazeux, et ne se trouve dans la nature que dans les éruptions volcaniques et dans les environs des eaux thermales; mais cette température élevée n'est pas nécessaire pour que le liquide se convertisse en gaz : il suffit qu'il soit exposé à l'air libre pour donner lieu au phénomène de l'*évaporation*, et pour qu'il se répande dans l'atmosphère, dont il augmente le poids. — Arrivé à une certaine hauteur, le refroidissement fait passer le gaz aqueux à l'état intermédiaire de vapeur, qui est formée d'une multitude de petites vésicules imperceptibles à l'œil nu, mais faciles à voir au microscope. Cet amas de corpuscules infiniment petits, dont la pesanteur spécifique est à peu près égale à celle de l'air, produit les nuages et les brouillards. — Lorsque ces vésicules viennent à se heurter, elles crèvent, et forment des gouttelettes et des gouttes de pluie, dont la grosseur augmente en proportion de la hauteur du nuage d'où elles sortent. — Si la température est au-dessous de zéro, les vapeurs aqueuses se convertissent en une infinité de petits cristaux aciculaires qui se réunissent sous des angles de soixante à cent vingt degrés, qui s'accroissent dans leur chute, et forment de gros flocons en s'accumulant. C'est ce qu'on appelle vulgairement la *neige* qui couvre les montagnes les plus élevées, où elle séjourne souvent depuis des siècles. — Quelquefois un froid subit se manifeste dans les hautes régions, et la cristallisation n'a pas le temps de se former sur place. Les gouttes d'eau déjà formées sont saisies subitement par le froid; elles se condensent et deviennent solides, tombent en vertu de leur pesanteur, et se couvrent d'une croûte glacée, due à l'eau qu'elles rencontrent dans leur chute, et qu'elles gèlent par contact. C'est le phénomène de la *grêle*, formée souvent d'un noyau entouré de couches concentriques. Enfin, lorsque l'eau à l'état liquide est calme à la surface de la terre, et que la température est au-dessous de zéro, elle cristallise sous la forme d'un prisme régulier à six faces, et prend l'état solide connu sous le nom de *glace*.

Les eaux coulent quelquefois à la surface du globe; quelquefois aussi elles s'infiltrent à travers les couches perméables de la terre, dans lesquelles elles pénètrent jusqu'à ce qu'un obstacle vienne les arrêter. Si les couches sont horizontales, elles forment une *nappe d'eau* de niveau, comprimée par le poids des roches qui les recouvrent. Si on leur procure alors une sortie vers la surface de la terre, elles remontent avec vitesse, et quelquefois même jaillissent avec d'autant plus de force que la compression est plus grande. Telle est la cause des *puits artésiens* et des *sources jaillissantes*. Lorsque la compression manque, ou quand elle est très-faible, comme dans les couches superficielles, on va les chercher à l'aide de puits ordinaires.

Quelquefois les eaux, au lieu de former des nappes, imprègnent une couche de sable au-dessous de laquelle est le terrain imperméable; lorsque cette couche humide se rencontre au-dessus de roches houillères, on est obligé de la traverser au moyen d'un *picotage* long et coûteux. C'est ce que les mineurs du Nord appellent des *niveaux*.

Les sources sont dues à des eaux infiltrées dans un terrain élevé qui ressortent à des niveaux plus bas; mais cette théorie ne suffit pas pour expliquer l'origine de certaines sources qui sortent de sommets de montagnes ; il est probable que la compression joue un certain rôle dans la production de ce phénomène, qui offre un puits artésien naturel.

Les neiges éternelles accumulées sur le relief de hautes montagnes fondent, et donnent naissance à des torrents qui se congèlent sur le flanc de ces reliefs et dans les vallées inférieures; c'est l'origine des *glaciers*, qui se trouvent jusqu'à treize cent soixante-quatre mètres au-dessus du niveau de la mer.

Les eaux minérales sont dues à des infiltrations du liquide qui, en traversant des roches diverses dont les fissures jouent le rôle de siphon, se chargent de différents sels, et reprennent leur niveau à la superficie du sol. — Les eaux thermales ont la même origine, mais les fissures qui leur servent de conduite vont à une plus grande profondeur, et acquièrent d'autant plus de chaleur qu'elles sont descendues plus bas; quelquefois même elles se trouvent exposées à une température telle qu'il y a formation de vapeur, expansion subite, et production de colonnes d'eau bouillante qui jaillissent au-dessus du sol à une certaine hauteur. On cite un de ces *Geyser* dont le diamètre est de six mètres, et l'élévation de cinquante.

L'eau pure contient :

Hydrogène.	11.10
Oxygène.	88.90
	100.00

Cette composition est représentée par la formule atomique H^2O, ou plus simplement Aq.; ce qui donne un volume d'oxygène et deux volumes d'hydrogène condensés en deux volumes. La densité de l'eau a été admise comme étant l'unité; elle sert de point de comparaison pour la pesanteur spécifique de tous les corps solides. La plus grande densité de l'eau ne correspond pas à zéro, ainsi que semblent l'indiquer les lois physiques, mais bien à $+ 4^\circ,1$ au-dessus du point de congélation.

La cristallisation de l'eau, dans ses différents états, est digne de remarque : la neige affecte la forme d'une étoile à six rayons, qui n'est qu'une modification d un prisme régulier à six faces, cristal caractéristique de la glace; le centre de l'étoile est quelquefois occupé par une petite lame hexagonale brillante, et les rayons divergent de chacun de ses angles.

L'eau de la mer contient en dissolution 2 à 3 pour 100 de chlorure de sodium. Dans les pays froids on extrait ce sel en soumettant les eaux à une basse température; l'eau pure vient nager à la surface sous forme de glace, et celle qui est fortement saturée de chlorure reste liquide. On enlève la glace, et l'on soumet l'eau restante à l'évaporation et à la cristallisation par le feu.

Dans les pays chauds et tempérés, on reçoit les eaux de la mer dans des bassins étendus, appelés *marais salants*. On la fait répandre uniformément et lentement dans des compartiments préparés exprès, où elle dépose son sel. La couche d'eau ne doit pas avoir plus de six centimètres d'épaisseur ; on la renouvelle de temps en temps. Le sel s'accumule et s'accroît tant que dure la belle saison ; après quoi on sèche le marais et on procède au lavage, pour l'amonceler en tas nommés camelles. Là le sel se débarrasse des eaux mères par l'égouttage, et peut être livré à la consommation.

EAU ACIDE, f. Eau minérale qui doit son acidité à la présence de l'acide borique, des acides sulfureux, sulfurique, nitrique, hydrochlorique, etc. Elle se trouve ordinairement dans les terrains volcaniques.

EAU ACIDULE, f. Eau minérale qui doit sa saveur aigrelette au gaz acide carbonique; cette eau est gazeuse lorsqu'on l'expose à l'air.

EAU ALCALINE, f. Eau minérale chargée de carbonate de soude ou d'ammoniaque.

EAU CÉMENTATOIRE, f. Eau qui contient en dissolution certains métaux, tels que le cuivre, et qui le dépose lorsqu'elle se trouve en contact avec une autre substance. Du latin *cæmentum*, arrangement, placement en bloc.

EAU DE CARRIÈRE, f. Eau que conservent les roches dans le sein de la terre, et qui les rend plus tendres en sortant de la carrière que lorsqu'elles ont séjourné quelque temps à l'air. On n'emploie, dans l'architecture, les pierres d'appareil calcaires que lorsqu'elles ont perdu leur eau de carrière ; sans cette précaution, la gelée les ferait éclater.

EAU DE CRISTALLISATION (*Minér.*), f. Eau que contiennent certains minéraux, et qui sert à leur cristallisation. Cette eau, qui existe surtout dans les substances acidifères solubles, n'appartient point à l'essence des minéraux : elle est nécessaire pour que leurs molécules prennent l'arrangement régulier qui constitue leur forme cristalline ; elle se dissipe par la calcination, mais le minéral en reprend ensuite une quantité égale, s'il est plongé dans un liquide aqueux. Les substances qui sont privées d'eau de cristallisation portent le nom d'*anhydre*. Il arrive souvent aussi qu'une dissolution aqueuse chauffée et refroidie produit des cristaux qui entraînent avec eux une certaine quantité d'eau à l'état solide. *Voy.* CRISTALLISATION.

EAU DE MER (*Géol.*), f. *Mer*. La composition de ce liquide est généralement telle qu'il suit :

Chlorure de sodium.	2.50
— de magnésium.	0.35
Sulfate de magnésie.	0.58
Carbon. de chaux et de magnésie.	0.02
Sulfate de chaux.	0.01
Eau.	96.54
Traces d'iodures et de bromures.	
	100.00

EAU FERRUGINEUSE, f. Eau minérale qui contient de l'oxyde de fer dissous par l'acide carbonique, ou à l'état de sulfate. La première variété est gazeuse, et dépose une boue rougeâtre par son exposition à l'air.

EAU GAZEUSE, f. Eau minérale renfermant certains gaz, tels que l'acide carbonique, l'azote, l'oxygène, etc.

EAU HÉPATIQUE, f. *Eau hydrosulfureuse.* Eau minéralisée par l'acide hydrosulfurique, ou par l'hydrosulfate de soude ou de chaux.

EAU HYDRIODATÉE, f. Eau minérale qui renferme de l'iode.

EAU HYDROSULFUREUSE, f. Eau minérale contenant de l'hydrogène sulfuré ou de l'hydrosulfate, ou les deux substances réunies.

ÉBARBAGE (*Métall.*), m. Opération mécanique qui consiste à nettoyer les bords d'une feuille de métal, ou d'une pièce fondue.

ÉBAUCHEURS (*Métall.*), m. *Laminoirs* ébaucheurs, laminoirs qui présentent une succession de cannelures décroissantes qui réduisent la loupe, par ses passages successifs, à une dimension telle, qu'elle peut ensuite passer aux laminoirs finisseurs, après avoir été réchauffée.

ÉBÈNE FOSSILE (*Minér.*), m. Nom impropre donné anciennement à certaine variété du *lignite*.

ÉBOULEMENT (*Métall.*), m. Descente immodérée des charges dans la cuve du haut-fourneau.

ÉBRONDEUR (*Métall.*), m. Ouvrier de tréfilerie, chargé d'enlever l'oxyde qui résulte du chauffage du fer en contact avec l'air atmosphérique. Cette opération se fait en frappant les paquets de fil de fer avec un maillet de bois, et les frottant ensuite avec du grès pilé et une toile écrue.

ÉCAILLE DE MER (*Minér.*), f. Nom donné par Sage à une variété de quartz granuleux, purpurin, à grain fin.

ÉCALE (*Métall.*), f. Trou où se place l'ouvrier chargé, dans le monnayage, de mettre les flancs sur le carré.

ÉCHIDNE (*Paléont.*), m. Coquille univalve fossile.

ÉCHIDNITE, f. Nom donné par les anciens à une variété d'agate.

ÉCHINIDES (*Paléont.*), m. Famille d'animaux sans vertèbres formant onze genres, dont neuf à l'état fossile constituent cent douze espèces.

ÉCHINITE (*Paléont.*), m. Oursin, coquille fossile univalve, hémisphérique, ornée de protubérances ou de petites étoiles symétriquement rangées.

ÉCHINODACTYLE (*Paléont.*), m. Pointe d'oursin fossile.

ÉCHITE, f. Nom donné par Pline à une variété d'agate.

ÉCLAIR (*Métall.*), m. Vif éclat jeté, à la fin de la coupellation du plomb d'œuvre, au moment où le bouton d'argent se dégage du léger voile d'oxyde qui le cachait. C'est ordinairement le signal de la fin de l'opération. *Voyez* COUPELLATION.

ÉCLAT, m. Effet produit sur l'organe de la vue par la réflexion plus ou moins vive de la lumière, réfléchie par la surface d'un corps. On distingue plusieurs sortes d'éclat : l'éclat gras, métallique, métalloïde, nacré, résineux, soyeux, terreux, vitreux.

L'ÉCLAT GRAS est huileux ou céroïde; dans l'éclat huileux, il semble qu'une substance vitreuse a été frottée d'huile ou de graisse; dans l'éclat céroïde, la substance est plus compacte et ressemble plus à de la cire : ce dernier éclat se trouve dans les matières lithoïdes, dont la cassure est esquilleuse.

L'ÉCLAT MÉTALLIQUE, ou brillant métallique, est produit par des parties polies qui réfléchissent vivement la lumière, et qui paraissent appartenir plus spécialement aux métaux. Quelquefois il est dû au polissage; mais alors la trace de la rayure faite par un corps aigu est terne et poudreuse, ce qui n'arrive point pour les substances d'une nature métallique. L'éclat dont les métaux sont susceptibles offre généralement l'ordre suivant : platine, fer, argent, or, cuivre, étain et plomb.

L'ÉCLAT MÉTALLOÏDE s'applique à l'apparence métallique que présentent certaines substances pierreuses.

L'ÉCLAT NACRÉ paraît être le résultat d'une structure schisteuse, puisqu'il se fait plus particulièrement remarquer dans la division mécanique parallèle aux feuillets. Cet éclat se trouve fréquemment sur les bases des prismes, sur les faces qui remplacent les angles solides culminants des rhomboèdres, même lorsque les substances ne se divisent pas dans ce sens; comme on le remarque dans le carbonate de chaux, dans le carbonate de chaux et de magnésie, dans le corindon, l'apophyllite, la stilbite.

L'ÉCLAT RÉSINEUX donne à la substance l'aspect de la résine, de la poix desséchée. L'éclat résineux tient le milieu entre l'éclat vitreux et l'éclat gras. C'est celui qu'on remarque dans l'opale.

L'ÉCLAT SOYEUX est le résultat de la structure fibreuse dans les substances qui ont tendance à présenter l'éclat nacré.

L'ÉCLAT TERREUX est une expression dont on se sert quelquefois pour désigner une apparence terne ou matte.

L'ÉCLAT VITREUX annonce un éclat qui donne à la substance minérale l'apparence du verre.

ÉCLAT DE JERSEY (*Minér.*), m. Pierre à aiguiser; carbonate de chaux gris, renfermant une grande quantité de paillettes de mica, très-poreuse. Sa texture schisteuse lui donne l'apparence d'éclats de bois. Elle sert aux corroyeurs.

ÉCLATANT, m. Nom donné anciennement par les bijoutiers à une pierre tendre, mais ayant un vif éclat.

ÉCLOGITE (*Géogn.*), f. Roche formée de grenat et de smaragdite, à texture granitoïde, en filons intercalés dans le gneiss, le diorite, le micaschiste. L'éclogite renferme quelquefois du quartz, de l'amphibole, de l'épidote; elle est fort rare. Gisements : à Kupplerbrunn, dans le Saualp; à Rehhugel, près de Fatigau; à Bacherberg, en Styrie; au Fichtelberg; à Hof, dans la Haute Franconie; elle appartient aux terrains de gneiss, de diorite et de micaschiste, dans lesquels elle est intercalée en petits bancs ou amas.

ÉCOSSAISE (*Métall.*), f. Instrument de fer pour fourgonner.

ÉCOURTAISON (*Exploit.*), f. *Voy.* GALERIE D'ÉCOURTAISON.

ÉCOUVILLONNER (*Métall.*). Mouiller légèrement le charbon.

ÉCRAN (*Métall.*), m. Plaque suspendue devant le foyer d'une forge.

ÉCRIER (*Métall.*). Nettoyer le fil oxydé dans les tréfileries.

ÉCROUIR (*Métall.*). Battre le fer à froid.

ÉCU DE BRATTENSBOURG (*Paléont.*), m. Nom vulgaire donné anciennement à certaines nummulites qu'on trouvait à Brattensbourg.

ÉCUME DE FER (*Minér.*), f. Fer écailleux, *fer oligiste*.

ÉCUME DE MANGANÈSE (*Minér.*), f. *Braunsteinschaum* des Allemands. Variété de manganèse terreux qui accompagne certains minerais de fer.

ÉCUME DE MER (*Minér.*), f. *Schaümerde* des Allemands. Variété nacrée du *carbonate de chaux* cristallisé. C'est aussi le nom donné au *silicate de magnésie hydraté*, connu sous le nom de *magnésite*.

ÉCUME DE TERRE (*Géogn.*), f. Espèce de schiste blanc nacré, onctueux, facile à plier, tendre, qui n'est autre chose qu'un carbonate de chaux.

ÉCURAGE (*Métall.*), m. Nettoyage de la tôle destinée à la fabrication du fer-blanc. *Voy.* le mot DÉCAPAGE.

ÉDELFORSITE (*Minér.*), f. Silicate de chaux, d'un blanc grisâtre, opaque, et à cassure grenue. L'édelforsite raye le carbonate de chaux, mais est rayé par la phosphorite; sa pesanteur spécifique est de 2.584; elle fond au chalumeau en une pâte incolore. Elle a été trouvée par M. Hisinger à Edelforss, en Smomand. M. Beudant cite une variété en petites aiguilles divergentes qui paraissent dériver de prismes rhomboïdaux, et qui provient de Csiklova; l'échantillon communiqué par M. Damour est en masses fibreuses divergentes, à éclat nacré et soyeux; il provient d'Arendal. Les analyses ont donné :

	LOCALITÉS.	
	Edelforss.	Csiklova.
Silice.	57.75	61.60
Chaux.	30.16	36.10
Magnésie.	4.75	2.30
Protoxyde de fer.	1.00	»
— de manganèse.	0.65	»
Alumine.	3.75	»
	98.06	100.00

dont la formule est $(CaO, MgO) SiO^3$.

ÉDELITE (*Minér.*), f. Variété de *mésotype* ou de *prehnite*.

ÉDÉNITE (*Minér.*), f. Silicate que Dana regarde comme une variété d'*amphibole* blanche; il est hyalin, blanc, lamelleux, et présente deux clivages sous un angle obtus. Il est associé avec la condrodite. Il possède l'éclat et le miroitement des stries de la labradorite.

ÉDINGTONITE (*Minér.*), f. Synonyme : *antiédrite*; silicate hydraté d'alumine et de chaux, en petits cristaux très-nets, d'un blanc grisâtre, translucides et éclatants. Ce minéral, dédié par M. Descloizeaux à M. Edington de Glascow, a pour forme primitive un prisme à base rectangle, et possède un clivage facile suivant les faces du prisme; il fond difficilement en un verre incolore, il est en partie soluble avec gelée dans l'acide hydrochlorique. Il raye le carbonate calcaire, et se laisse rayer par l'apatite; sa densité est 2.70 à 2.78. On ne connait pas d'analyse complète de ce minéral; celle donnée par Turner présente une perte considérable, qu'il attribue à des alcalis :

Silice.	35.09
Alumine.	27.69
Chaux.	12.68
Eau.	13 32
	88.78
Perte.	11.22
	100.00

qui donnerait $(Al^2O^3)^3$ $(SiO^3)^2 + 2$ (CAO, NaO)^2 SiO^3 + Aq, d'après l'opinion de M. Turner; mais cette formule n'est guère régulière, puisque $(Al^2O^3)^3$ $(SiO^3)^2$ n'est point conforme à la science. Peut-être est-il plus simple de considérer avec Rammelsberg l'édingtonite comme un mélange de deux minéraux, quoique la cristallisation s'oppose à cette manière de voir. Enfin M. Gerhart donne pour formule $2Al^2O^3$ SiO^3 + (CaO, NaO) SiO^3 + 2 Aq. Nous ignorons pourquoi. Dans l'état incomplet de l'analyse, la véritable expression atomique est $2Al^2O^3$ SiO^3 + $(CaO)^2$ SiO^3 + 6 Aq.

EDWARSITE (*Minér.*), f. Nom donné par M. Shépard à un *phosphate de cérium*, en l'honneur du gouverneur du Connecticut, province dans laquelle ce minéral a été trouvé, associé à la bucholzite.

EFFERVESCENCE, f. Espèce de bouillonnement dû au dégagement de certains gaz qui abandonnent une substance plongée dans un liquide, et arrivent à la surface sous forme de bulles.

EFFLORESCENCE, f. État des sels cristallisés en petites aiguilles à la surface de certains minéraux. C'est aussi l'état d'un corps qui, exposé à l'air, se couvre d'une espèce de poussière semblable à de la moisissure, en cedant une partie de son eau de cristallisation à l'atmosphère. Si le corps contient peu d'eau, il conserve assez généralement sa forme; dans le cas contraire, il la perd, et se réduit en poudre blanche et opaque.

ÉGÉONE (*Paléont.*), f. *Nummulite* qui se trouve en Transylvanie.

ÉGÉRAN, m., ou ÉGÉRANE, f. (*Minér.*). Variété d'*idocrase* provenant d'Éger, en Bohême, décrite par Werner et analysée par Karsten. Voir le mot IDOCRASE.

ÉGIRINE (*Minér.*), f. Nom donné par le docteur Esmark à une variété d'*amphibole* qu'il a trouvée sur le bord de la mer, et qu'il a nommée ainsi du nom du dieu de la mer, Égir. Ce minéral contient de petits points noirs microscopiques, qui sont du fer titané.

ÉGRAPPOIR (*Métall.*), m. Machine qui sert à nettoyer le minerai, et à le purger des matières stériles qui l'accompagnent.

ÉGRISÉE, f. Poudre de diamant qui sert à polir et tailler les pierres fines. On l'obtient en frottant deux diamants l'un contre l'autre, et recevant la poussière dans un *égrisoir*, ou boite placée au-dessous.

ÉGRISER. Terme de lapidaire; polir et tailler le diamant à l'aide de sa poudre.

ÉGRISURE, f. Glace blanche produite sur le diamant par un lapidaire maladroit.

EHLITE (*Minér.*), f. Variété d'arséniate de cuivre.

EISEN APATITE (*Miner.*), m. Nom donné par M. Fuchs à un phosphate de fer et de manganèse, décrit au mot PHOSPHATE DE MANGANÈSE. La composition de cette substance, analogue au phosphate de chaux connu sous le nom d'*apatite*, et la présence de l'oxyde de fer (en allemand *eisen*), lui ont fait donner le nom d'*eisen apatite*, apatite ferrugineux.

EIS-SPATH (*Miner.*), m. De l'allemand *eis*, glace; *spath*, pierre. Minéral qui a l'apparence de la glace, et qu'on rencontre dans les roches de la Somma en cristaux brillants et limpides. M. Dufrénoy les range parmi les variétés vitreuses des *feldspath à potasse*.

ÉKEBERGITE (*Miner.*), f. Synonymie : *sodaite* et *natrolite d'hesselkula*. Variété de *wernérite*, d'un gris verdâtre, à éclat gras et nacré, ayant le tissu lamelleux et fibreux, provenant d'Arendal, en Norwége. Sa pesanteur spécifique est de 2.746; elle se comporte au chalumeau comme la wernérite. Sa composition cependant ne se rapporte guère à cette espèce, dont la formule est $2Al^2O^3$ SiO^3 + $(CaO)^2$ SiO^3 : son analyse, en effet, a fourni à Ekerberg, qui lui a donné son nom :

Silice.	46.00
Alumine.	28.75
Chaux.	15.89
Protoxyde de fer.	1.25
Magnésie.	0.68
Soude.	5.28
Eau.	2 25
	99.77

dont la formule, dégagée de l'alcali, est Al^2O^3 SiO^3 + CaO SiO^3.

ÉLASMOSE (*Minér.*), m. Nom donné par M. Beudant au tellurure d'or plumbifère décrit au mot TELLURURES MÉTALLIQUES.

ÉLASMOTHERIUM (*Paléont.*), m. Mammifère fossile des terrains anciens.

ÉLASTICITÉ, f. Propriété qu'ont certaines

substances de reprendre leur forme, leur place ou leur volume, après qu'ils ont été modifiés momentanément par la pression, la flexion ou la torsion.

ÉLATÉRITE (*Minér.*), f. Nom donné au *bitume élastique*.

ÉLATITE (*Minér.*), f. Variété de *stéléchite* imitant le bois de sapin; variété d'oxyde de fer dite *hématite*, dont parle Pline.

ÉLECTRICITÉ, f. Les substances minérales acquièrent la vertu électrique de quatre manières : par le frottement, par la pression, par le contact et par la chaleur; quelques-unes peuvent être électrisées directement, d'autres ont besoin d'être isolées pour cela; le plus ou moins de transparence, la forme cristalline, le degré de température, influent sur la puissance et l'espèce de l'électricité.

ÉLECTRUM (*Minér.*), m. Nom donné par les anciens à un alliage d'or et d'argent, soit naturel, soit artificiel. *Voy.* le mot OR. Ce nom est répété trois fois dans Ézéchiel. Quelques commentateurs l'ont confondu avec l'*aurichalcum*; cependant Pline en a fait une distinction qui ne peut laisser de doute. Ce terme a été réemployé par Klaproth pour désigner un alliage natif d'or et d'argent qui se trouve à Schangenberg, en Sibérie. On a aussi donné ce nom au *succin*.

ÉLÉOLITE (*Minér.*), f. Variété de *néphéline* à éclat très gras; caractère qui lui a valu son nom, du grec *élaion*, huile. Ce minéral est décrit au mot NÉPHÉLINE.

ÉLÉPHANTS FOSSILES (*Paléont.*), m. On en connaît deux espèces dans les terrains modernes.

ELLIPSOLITE (*Paléont.*), f. Coquille *planulite*.

ÉLOPS (*Paléont.*), m. Poisson fossile des terrains anciens.

ÉMAIL (*Exploit.*), m. Verre rendu opaque par l'addition d'un oxyde métallique. On choisit ordinairement pour fabriquer l'émail un verre très-fusible, composé de

Sable très-pur.	33 70
Carbonate de potasse.	28.60
Stannate de plomb.	33.70
	100,00

Le stannate de plomb est le résultat d'un mélange de

Étain.	13
Plomb.	87
	100

oxydé préalablement dans un fourneau à réverbère. Cette composition, qui est la base de tous les émaux opaques, reçoit ensuite diverses couleurs, dues à l'addition de divers oxydes; c'est ainsi que

Un peu d'oxyde de manganèse donne une belle couleur blanche;

L'oxyde de plomb, d'antimoine ou d'argent, rend l'émail jaune;

L'oxyde d'or ou de fer le rend rouge;

L'oxyde noir de manganèse change sa couleur en violet;

Les oxydes de cuivre ou de chrome, en vert;

L'oxyde de cobalt produit la couleur bleue;

L'émail noir est donné par un oxyde de fer. Ce dernier émail est celui dont on se sert pour marquer les heures sur les pendules et les cadrans de montres. C'est ce qu'on appelle, en fabrique, *noir de trait*.

ÉMAIL DES VOLCANS (*Minér.*), m. *Lave vitreuse*.

ÉMARGINULE (*Paléont.*), f. Genre de calyptraciens, dont douze espèces fossiles se rencontrent dans les terrains supercrétacés.

EMBRASURES (*Métall.*), f. Vides pratiqués dans le massif d'un haut-fourneau.

EMBRECELATS (*Métall.*), m. Nom donné, dans la partie orientale de la France, aux scories et battitures qui tombent autour du marteau lors du martellage.

EMBRITHITE (*Minér.*), m. Variété de *sulfure d'antimoine et de plomb*, qui se rapproche de la boulangérite, et a été trouvé à Nertschinsk, dans l'Oural.

ÉMERAUDE (*Minér.*), f. Du latin *smaragdus*, venant du chaldéen *samorat*, brillant, corrompu en *esmeralda*, émeraude. Pierre précieuse, nommée par quelques minéralogistes : *béryl*, *aigue-marine*, *davidsonite*, *smaragdite*, *agustite*, etc. Substance d'un vert clair particulier, quelquefois incolore, ou légèrement colorée en vert d'eau (*aigue-marine, béryl*); parfois bleue ou bleuâtre (émeraude de Salzbourg et de la Sibérie); rarement rose (île d'Elbe), ou jaune, jaune verdâtre, jaune rougeâtre (Sibérie); rayant le quartz, rayée par la topaze. Sa densité est 2.678 à 2.732; elle possède la réfraction double à un degré médiocre; elle est infusible au chalumeau, mais donne, avec le borax, un verre transparent et incolore; à une forte chaleur elle blanchit, en devenant opaque sur ses bords les plus aigus; elle est inattaquable par les acides. L'émeraude cristallise en prisme à six faces régulier, dans lequel le côté de la base est presque égal à la hauteur; les cristaux de béryl sont souvent surmontés d'un pointement; ils sont rarement simples. Le clivage est facile parallèlement à la base. La composition de l'émeraude est d'une grande simplicité, ainsi qu'on peut voir par les analyses suivantes :

	LOCALITÉS.			
	Sibérie.	Broddbo.	Limoges.	Pérou.
Silice.	68.45	68.35	67.40	68,50
Alumine.	16 75	17 60	16.10	15.75
Glucine.	13.30	13.13	13.50	12.50
Protoxyde de fer.	0.60	0 72	0 70	»
Oxyde de tantale.	»	0.72	»	»
Chaux.	»	»	0.30	»
Oxyde de chrome.	»	»	»	0.30
	99.30	100.32	98.00	97.08

d'où l'on tire la formule : $\dot{A}l^2O^3 (SiO^3)^2$ + $G^2O^3 (SiO^3)^2$, ou peut-être, avec Berzelius, $G^2O^3 (SiO^3)^4 + 2 Al^2O^3 (SiO^3)^2$.

L'émeraude, si connue et si estimée des anciens, est fort rare lorsqu'elle est d'un beau vert et sans glace ; les autres variétés sont, au contraire, plus ou moins communes : le vert pur se rencontre au Pérou ; les anciens le tiraient de l'Égypte ; on en trouve aujourd'hui à Santa-Fé de Bogota, dans la Nouvelle-Grenade, et à Salzbourg, dans le Tyrol ; l'aigue marine vient de Sibérie, du Brésil, d'Autun, de Limoges, etc., etc. En général, le sol granitique est celui qui les recèle : celles de Sibérie sont dans le granite graphique, à la Nouvelle-Grenade ; elles appartiennent au terrain amphibolique ; la gangue de la belle variété de Bogota est une chaux carbonatée lamelleuse.

ÉMERAUDE DU BRÉSIL (*Minér.*), f. Nom donné par les lapidaires à une variété de *tourmaline* d'un vert obscur, provenant du Brésil, de Ceylan et de Massachusets. Elle renferme de la lithine.

ÉMERAUDE DU CAP, f. *Prehnite.*

ÉMERAUDE MIELLÉE, f. Nom donné par les lapidaires à une variété d'émeraude d'un jaune de miel.

ÉMERAUDE-MORILLON, f. *Fluorure de chaux*, variété verte.

ÉMERAUDE ORIENTALE (*Minér.*), f. Variété verte du *corindon hyalin* décrit au mot ALUMINE.

ÉMERAUDINE (*Minér.*), f. Nom donné par Lametherie à la *dioptase*.

ÉMERAUDITE (*Minér.*), f. Nom donné par Daubenton au *diallage*.

ÉMERI (*Métall.*), m. Nom donné au *corindon granulaire*, dont la couleur varie entre le gris et le noir. Cette roche avait d'abord été classée parmi les minerais de fer ; mais Tenant et Vauquelin ont prouvé que c'était un corindon ; Haüy n'a pas balancé à lui donner ce nom, ainsi que Werner, qui l'avait placée entre le corindon et le saphir. L'émeri du commerce n'est, à proprement parler, qu'un mélange de fer et de silice ; il se trouve associé à de petits saphirs, quelquefois cristallisés. Aussi a-t-il une extrême dureté, qui le rend précieux dans les arts comme matière à polir.

Les variétés d'émeri provenant de Naxos et d'Alcazar en Espagne, et qui paraissent avoir existé anciennement à Jersey, sont plus ou moins micacées, et contiennent des lames de mica et du fer oxydulé. Nous avons emprunté le nom de corindon aux Chinois, qui en faisaient usage depuis longtemps ; la poussière de cette roche est également employée à Golconde et sur la côte de Coromandel.

L'émeri, en effet, nous vient des Chinois ; il fut apporté en 1782 par le docteur Lind, qui avait séjourné longtemps à Canton. Le chevalier Banks l'introduisit en Angleterre, et Faujas l'apporta en France, où des expériences multipliées démontrèrent la supériorité de l'émeri de l'Inde sur celui d'Europe.

Dans le polissage des métaux, on emploie de l'émeri de trois degrés de finesse. Pour les obtenir, on pulvérise sous des pilons de fonte, ou l'on broie sous des moulins d'acier, la roche dure et en masse. On place au fond d'un vase cet émeri broyé, et on verse de l'eau dessus ; on agite alors fortement le vase, et on laisse reposer. Au bout d'une demi-heure, on transvase l'eau, et on laisse de nouveau le tout en repos. Le dépôt donne de l'émeri de la plus grande finesse, que les ouvriers appellent *émeri de trente minutes*. On continue à délayer et à faire reposer de demi-heure en demi-heure, jusqu'à ce que l'eau transvasée ne dépose plus. Alors on ne laisse plus déposer que quinze minutes, et on obtient ainsi l'émeri le plus gros ; on va ensuite en diminuant continuellement, jusqu'à ce qu'on arrive à ne plus attendre qu'une demi-minute. L'émeri obtenu dans ce dernier espace de temps prend le nom d'*émeri de trente secondes*, et sert à tailler les corps les plus durs, tandis que l'émeri fin est destiné à polir.

L'émeri est employé avec de l'eau pour arrondir et planer les pierres, et avec de l'huile pour le polissage des métaux.

En Allemagne, en Saxe et en Bohême, on remplace l'émeri par une poudre provenant de la pulvérisation de petits grenats et de la gangue des topazes. Ces matières néanmoins sont loin d'avoir la dureté de l'émeri, et ne peuvent être employées pour polir les corps les plus durs.

L'ouvrier qui se sert d'émeri de trente minutes et des poudres les plus fines, doit avoir bien soin de les conserver à l'abri de la poussière. Ordinairement on délaye l'émeri avec de l'huile dans un pot quelconque, où on le couvre d'un linge fin

On peut obtenir un plus grand nombre de divisions de l'émeri, en employant de l'huile au lieu d'eau pour le faire déposer ; il est alors d'une qualité supérieure, mais il reste beaucoup plus de temps suspendu dans le liquide.

Voir au titre ALUMINE, p. 14, le mot *Corindon granulaire*.

EMMONITE ou **EMMONSITE** (*Minér.*), f. Variété de *carbonate de strontiane* associé à du carbonate de chaux, décrit à l'article CARBONATE DE STRONTIANE. Ce minéral, qui a été dédié par le docteur Thomson au professeur Emmons, provient du comté de Schoharie, aux États-Unis.

ÉMONDER (*Métall.*). Éplucher avec soin et battre la bourre qu'on emploie dans la formation de certains moules, dans les fonderies.

EMORFILER (*Métall.*). Enlever le morfil et les vives arêtes d'une pièce de métal.

EMPOISE (*Métall.*), f. Pièce qui supporte les coussinets des laminoirs, et en règle l'écartement.

EMPOULES (*Métall.*), f. Boursouflures qui se trouvent sur l'acier de cémentation.

EMPREINTES (*Paléont.*), f. Trace qu'a laissée en creux dans une roche un corps organisé quelconque. *Voyez* MOULE.

ENCARDITE (*Paléont.*), f. Cardite fossile.

ENCARRAILLADE (*Métall.*), f. Mine bien grillée, et propre à servir dans les fours catalans.

ENCHYSIDÉRITE (*Minér.*), f. Variété de *pyroxène*.

ENCRE DE PIERRE, f. Nom donné, au Japon, à la *houille*.

ENCRÉNÉE (*Métall.*), f. *Massoquette* qui a été cinglée dans son milieu, et présente ainsi deux extrémités massives jointes par une barre plate. C'est ce que les Espagnols nomment *chacote*.

ENCRINE (*Paléont.*), m. Genre de polypier fossile trouvé dans le calcaire grossier de Gerville. On n'en connait qu'une espèce qui a des analogues vivants.

ENCRINITE (*Paléont.*), f. Encrine fossile.

ENDELLIONE (*Minér.*), f. Ancien nom de la *bournonite*, pris du nom de la paroisse de Cornouailles, où M. de Bournon a trouvé le sulfure qui porte son nom, et qui est décrit à l'article des SULFURES MÉTALLIQUES.

ENDOGÉNITE (*Paléont.*), f. Plante fossile des terrains modernes, ayant des analogues à l'état vivant.

ENGORGEMENT (*Métall.*), m. État d'un haut-fourneau lorsque quelque obstacle arrête la descente des charges.

ENGRAISSER LE FEU (*Métall.*). Donner au laitier plus de consistance, en ajoutant de la greillade dans le feu d'affinerie.

ENHYDRE (*Minér.*), m. Nom donné anciennement à des géodes remplies d'eau; du grec *en*, dans; *ydôr*, eau.

ÉNOMPHALUS (*Paléont.*), m. Genre de scalariens fossiles; coquille voisine des turbos, dont six espèces ont été rencontrées dans les terrains antérieurs à la craie.

ÉNORCHITE, f. Pierre figurée, de forme ronde, qui en renferme une autre dont la figure approche des testicules; du grec *en*, dans; et *orchis*, testicule. Cette géode, citée souvent par les anciens, est de la grosseur d'un œuf de pigeon, et poreuse; ils la divisaient en trois variétés, suivant le nombre de petits mamelons : *orchite*, *diorchite*, *triorchite*.

ENRICHIR (*Exploit.*). On dit qu'un filon s'enrichit lorsqu'il devient ou plus épais, ou plus chargé de parties métalliques.

ENTALE (*Paléont.*), m. Genre d'annélide fossile qui se rencontre dans la craie inférieure.

ENTALITE (*Paléont.*) f. Dentale fossile.

ENTALOPHORE (*Paléont.*), m. Genre de polypier fossile des terrains antérieurs à la craie.

ENTOMOLITE (*Paléont.*), f. Empreintes d'insectes dans une pierre schisteuse.

ENTONNOIR (*Métall.*), m. Ouverture conique de la partie supérieure des trompes.

ENTONNOIR A TIRE-BOUCHON (*Exploit.*), m. *Voy.* CÔNE A TIRE-BOUCHON.

ENTONNOIR A ÉCROU (*Exploit.*), m. *Voy.* CLOCHE A ÉCROU.

ENTRITE (*Géogn.*), f. Nom générique des roches cristallisées présentant une pâte qui renferme des cristaux.

ENTROQUE (*Paléont.*), f. *Encrine* ou polypier fossile.

ÉOCÈNE, adj. Groupe éocène : dénomination employée par M. Lyell pour désigner le groupe tertiaire le plus ancien, qui renferme le moins de dépôts organiques analogues aux espèces vivantes. Ce mot est formé des mots grecs *eôs*, aurore, et *kainos*, récent.

ÉPIDERMINE (*Minér.*), f. Variété d'*épistilbite*. *Voy.* STILBITE.

ÉPIDOTE (*Minér.*), m. Du grec *épidosis*, accroissement. Synonymie : *akanticonne*, *pistacite*, *delphinite*, *scorza*, *saualpite*, *arandalite*, *schorl vert*, *thallite*, *zoïsite*, *bissolite*, *stralite*, etc. Cette longue suite de noms divers prouve qu'on a réuni sous la même dénomination un grand nombre de minéraux qui autrefois étaient considérés comme des espèces distinctes : aujourd'hui on divise l'épidote en trois classes, auxquelles on a donné les noms de *thallite*, épidote vert ou ferrugineux; *zoïsite*, épidote gris ou calcaire; et *épidote manganésifère*, de couleur violette. — Les caractères distinctifs de l'épidote sont d'être fusibles au chalumeau, avec boursouflement, en une scorie noirâtre; de rayer le verre et d'étinceler sous le briquet. Sa forme primitive est le prisme rhomboïdal oblique; ses cristaux sont quelquefois maclés, et elle présente quatre clivages; elle est difficile à électriser par le frottement; sa densité est 3.26 à 3.46; sa poussière est verdâtre ou grisâtre; sa cassure est raboteuse, légèrement éclatante dans le sens transversal; au chalumeau la thallite donne une scorie d'un brun foncé; la zoïsite donne un verre transparent un peu jaunâtre; elles sont inattaquables par les acides. Les analyses ci-après donnent une idée de la composition de ces minéraux :

	THALLITE DE		ZOÏSITE DE		
	Dauphiné.	Tyrol.	Amérique.	Bareuth.	Carinthie.
Silice.	37.00	39.00	39.30	40 25	45 00
Alumine.	27.00	26.00	29.49	30.25	29.00
Chaux.	14.00	15.00	22.96	22.50	21.00
Protox. de fer.	17.00	18.50	6.48	4.50	3.00
Prot. de mang.	1.50	1.25	»	»	»
	96.50	99.75	98.23	97.50	98.00

Quoique les deux premières analyses contiennent un peu trop de chaux, on peut néanmoins tirer de ces deux variétés les formules suivantes :

Thallite, $2\ Al^2O^3\ SiO^3 + (FeO)^3\ SiO^3$
et Zoïzite. $2\ Al^2O^3\ SiO^3 + (CaO)^3\ SiO^3$

dans lesquelles on remarque que l'influence de l'isomorphisme se fait sentir à l'égard des protoxydes, tandis que l'inverse a lieu dans l'*épidote manganésifère*, comme le montrent les deux analyses ci-après, faites par MM.

	Cordier.	Sobrero.
Silice.	33.80	37.86
Alumine.	15.00	16.30
Peroxyde de manganèse.	12.00	18.98
— de fer.	19.80	7.41
Chaux.	14.80	13.12
Magnésie.	»	4.82
	91.80	98.47

qui donnent la formule : 2 (Al^2O^3, Fe^2O^3, Mn^2O^3) $SiO^3 + (CaO)^2 SiO^3$.

Les trois variétés réunies sous le nom d'*épidote* seraient donc représentées par les formules suivantes :

Thallite (verte), $2 Al^2O^3 SiO^3 + (FeO)^2 SiO^3$;
Zoïsite (grise), $2 Al^2O^3 SiO^3 + (CaO)^2 SiO^3$;
Épidote violette, 2 (Al^2O^3 , Fe^2O^3 , Mn^2O^3) $SiO^3 + (CaO)^2 SiO^3$.

On trouve à Jekowleffschen, dans l'Oural, une variété d'épidote qui jouit du dicroïsme, et a été prise pour de la tourmaline. Sa pesanteur spécifique est de 3.066, elle porte le nom de PUSCHKINITE, et est composée de :

Silice.	38.88
Alumine.	18.83
Oxyde de fer.	16.34
— de manganèse.	0.26
Chaux.	16.00
Magnésie.	6.10
Soude.	1.67
Lithine.	0.46
	98.56

qui donne 2 (Al^2O^3, Fe^2O^3) $SiO^3 + (CaO)^2 SiO^3$.

Les variétés d'épidote sont assez nombreuses : outre celles cristallisées et qui présentent des prismes à six ou huit pans, terminés par des sommets où dominent deux faces, on distingue la variété aciculaire en prismes très-allongés, striés et réunis en faisceaux ; celle bacillaire d'Arendal et de l'Oisans, celle granulaire et arénacée, en grains peu brillants, connue sous le nom de *scorza*, et qu'on rencontre au bord de la rivière Aranios, en Transylvanie ; la variété compacte d'Égypte, etc., etc. — L'épidote se rencontre dans le granite (Caroline du Sud), dans les roches dioritiques du Dauphiné et de la Savoie, dans les mines de fer d'Arendal, dans le carbonate calcaire d'Allemont, dans la chlorite schistoïde de l'Isère, etc., etc.

ÉPIGÉIQUE, adj. *Dépôt épigéique ;* du grec *épi*, sur ; *gaia*, terre ; au-dessus des autres terrains, par allusion à la récente formation de ce dépôt.

ÉPIGÈNE, adj. Minéral qui passe à une autre espèce sans changer sa forme cristalline.

ÉPINGLETTE (*Exploit.*), f. Petit outil de fer ayant la forme d'une petite broche pointue et effilée, qui se termine à l'autre extrémité par une boucle, un anneau, ou une branche transversale. L'épinglette conserve, pendant le bourrage, le trou qui doit recevoir la canette.

ÉPIPHIAIRE (*Paléont.*), f. Variété de *glossopètre* imitant une selle de cheval.

ÉPISTILBITE (*Minér.*), f. Variété de *stilbite* qui contient de la chaux et de la soude.

ÉPONGE (*Paléont.*), f. Genre de polypiers, dont on trouve onze espèces fossiles dans les terrains anciens.

ÉPONTES (*Exploit.*), f. Portions de roches encaissantes qui forment le toit ou le mur d'une couche ; salbandes.

ÉPROUVETTES (*Métall.*), f. Barres de fer placées dans le fourneau de cémentation pour connaître le degré de carburation du fer dans les caisses. — Aiguille de fer, de la longueur d'un ringard, que l'on plonge et que l'on retire dans les feux d'affinerie, pour connaître le degré d'avancement de l'affinage.

EPSOMITE (*Minér.*), f. Nom donné par M. Beudant au *sulfate de magnésie* en dissolution dans les eaux d'Epsom, dans le comté de Surrey (Angleterre).

ÉQUIAXE (*Cristall.*), adj. Rhomboèdre équiaxe ; solide dérivé du rhomboèdre primitif ; il est composé de six plans égaux, semblablement placés par rapport à l'axe, et constitue un rhomboèdre tangent ou primitif, dont l'axe est de même hauteur.

ÉQUIPAGE (*Métall.*), m. Ensemble des pièces qui composent une fonderie ou des laminoirs.

ÉQUISETUM (*Paléont.*), m. Plante fossile des terrains modernes, ayant des analogues à l'état vivant.

ERBIUM (*Minér.*), m. Nouveau métal découvert dans l'Yttria par M. Mosander. L'oxyde de ce métal a été nommé *erbine*.

ERBUE (*Métall.*), f., ou **ARBUE**, nom donné par les métallurgistes à l'argile qui sert de fondant pour le traitement du fer.

ERCINITE (*Minér.*), f. Variété d'*harmotome*.

ÉRÉMITE (*Minér.*), m. Du grec *érémia*, solitude, parce que ce minéral a été trouvé dans des blocs isolés d'une roche de feldspath contenant de la tourmaline. Il a été découvert, en 1838, par M. Dulton dans le Connecticut, en petits cristaux d'un brun de girofle ou brun jaune, dont l'éclat varie de la résine à celui du verre ; sa poussière est d'un brun pâle ; sa pesanteur spécifique est de 3.714 ; il est infusible au chalumeau, qui ne fait que le décolorer ; il donne sur la feuille de platine, avec le carbonate de soude, une perle blanche et terne ; avec le borax, une perle jaune d'ambre, qui devient pâle et laiteuse au flamber. On pense qu'il contient du titane et de l'acide fluorique. Sa forme primitive est un prisme triangulaire.

ÉRICITE (*Paléont.*), f. Empreintes de feuilles de bruyère.

ÉRINITE (*Minér.*), f. Nom donné par M. Thomson à un *hydro-silicate d'alumine* qui tapisse les cavités d'une amygdaloïde des environs d'Antrim, et dont le nom vient d'É-

rin (Irlande). Cette substance est d'un jaune rougeâtre opaque; elle a l'éclat résineux, et est classée par quelques auteurs dans les *argiles smectiques* à cause de son onctuosité, qui lui donne l'aspect d'un savon tendre, compacte, à pâte très-fine. Elle est infusible au chalumeau; sa pesanteur spécifique est 2.04, et sa composition, d'après M. Thomson :

Silice.	47.04
Alumine.	18.46
Chaux.	1.00
Protoxyde de fer.	6.36
Eau.	23.28
	98.14

d'où l'on tire $2\,Al^2O^3\,(SiO^3)^2 + FeO\,(SiO^3)^2 + 16\,Aq$.

Par une erreur facile à comprendre, et que nous avons signalée dans notre introduction, le nom d'*érinite* a été donné à un arséniate de cuivre rhomboédrique que les Allemands nomment *euchlor glimmer*, dont nous avons donné la description au mot ARSÉNIATE DE CUIVRE.

ERLAN, m.; ERLANE ou ERLANITE, f. (*Minér.*). Nom donné à une variété de *grenat grossulaire*. M. Breithaupt a décrit aussi sous ce nom un silicate à plusieurs bases ayant l'aspect de la gehlénite; il est verdâtre, amorphe, ou en grains concrétionnés, à texture esquilleuse ou lamellaire, sans clivage régulier; il se laisse rayer par le quartz; sa densité est de 3 à 3.1. Il a été trouvé dans le gneiss de l'Ersgebirge, où il était employé comme fondant de hauts-fourneaux. Son analyse donne, suivant Gmelin :

Silice.	53.16
Alumine.	14.03
Chaux.	13.40
Peroxyde de fer.	7.14
Soude.	2.61
Magnésie.	5.42
Oxyde de manganèse.	0.64
	96.40

dont la formule, ramenée par l'isomorphisme à celle du grenat, donne $Al^2O^3\,SiO^3 + 2\,CaO\,SiO^3$.

ERRATIQUES (Blocs) (*Géol.*), m. Rochers disséminés dans certaines parties de la terre, et qui paraissent y avoir été transportés loin des formations auxquelles ils appartenaient.

Ces blocs ont quelquefois plusieurs mètres de diamètre; ils sont souvent arrondis, comme s'ils avaient été roulés; on en trouve aussi qui ont conservé des arêtes saillantes, et semblent avoir été amenés doucement et sans choc.

On a remarqué qu'ils étaient plus nombreux dans les pays du nord que dans les zones tempérées, et qu'il n'en existait point sous la zone torride.

D'un autre côté, ils reposent presque toujours sur des terrains récents, sur des couches de sable, ou sur des marnes qui recèlent des coquilles dont les analogues sont encore vivants.

On a essayé d'expliquer diversement le transport de ces masses : les uns l'ont attribué à un déluge de boue venu du nord, et qui aurait déposé à la fois des rochers isolés et des sables; les autres veulent que ce soient des courants marins qui les aient amenés. L'opinion qui en eût reporté l'origine à un mouvement violent des mers dû au changement de l'axe de la terre, suivant certaines opinions, n'a pas encore été émise, et a un certain poids

Ce qui est le plus généralement admis, c'est que les fragments de roches ont été amenés par des glaces. Cette opinion réunit plusieurs présomptions, et explique seule, jusqu'à présent, toutes les circonstances de l'existence des blocs erratiques, dont l'origine appartient plus spécialement à la géogonie.

ÉRUPTION (*Géol.*), f. *Voy.* VOLCANS EN ACTIVITÉ.

ÉRYCINE (*Paléont.*), f. Genre de mactracées, dont on connaît onze espèces fossiles dans les terrains modernes.

ÉRYON (*Paléont.*), m. Genre de crustacé fossile, dont l'analogue est vivant.

ÉRYTHINE ou ÉRYTHRINE (*Minér.*), f. Nom donné par M. Beudant à l'*arséniate de cobalt*.

ÉRYTHRONIUM (*Métall.*), m. Nom donné en 1801, par del Rio, à un métal que Collet Descotils déclara n'être que du chrome impur, et qui ensuite a été reconnu être du *vanadium*.

✤ ESCAPOULER (*Métall*). Dégrossir dans la forge.

ESCARBILLES (*Métall.*), f. Menu charbon ou coke qui passe à travers les grilles des fours à réverbère, et qu'on fait trier pour s'en servir de nouveau.

ESCARBOUCLE (*Minér.*), f. *Rubis* éclatant, d'un rouge brillant comme le feu; du latin de Pline *carbunculus*, fait de *carbo*, charbon, parce que le rubis brille quelquefois comme un charbon enflammé. C'est le *pyrope* des Grecs, dont Ovide a dit : *Flammasque imitante pyropo.*

ESCHARE (*Paléont.*), f. *Coralloïde*, ou sorte de *rétéporite* mince, ponctué, ou troué; genre de polypiers, dont vingt-cinq espèces fossiles existent dans les terrains crétacés et supercrétacés.

ESMARKITE (*Minér.*), f. Silicate hydraté d'alumine et de magnésie, dédié par Erdmann à Esmark. Ce minéral, trouvé dans la commune de Barula, en Norwége, forme des cristaux prismatiques allongés, recouverts d'une couche verdâtre talqueuse et serpentineuse qui en cache les caractères; son clivage, perpendiculaire à l'axe, conduit au prisme rhomboïdal droit; la cassure en travers en est résineuse. L'esmarkite se laisse rayer par le carbonate de chaux; sa densité est de 2.709; elle devient gris bleu au chalumeau, et fond sur les bords aigus en un verre de couleur verdâtre. Erdmann a trouvé qu'elle contenait :

Silice.	43.97
Alumine.	32.08
Magnésie.	10.32
Protoxyde de fer.	3.83
— de manganèse.	0.41
Eau.	5.49
Oxydes de cuivre, plomb, etc.	0.43
	98.53

ce qui donne l'expression atomique : $2\ Al^2O^3$ $SiO^3 + (Mgo, FeO)^2\ SiO^3 + 2$ Aq.

L'esmarkite est disséminée dans un granite avec de l'amphibole, de la tourmaline, du titanate de fer, etc.

Il faut rapporter à l'esmarkite la *bonsdorfite*, minéral d'un vert olive, qui cristallise en prismes à six faces, portant des facettes sur toutes les arêtes verticales, ce qui lui donne un aspect cylindroïde ; il possède un clivage peu net, perpendiculaire à l'axe ; son éclat est celui du talc sur les faces, et celui de la cire dans la cassure en travers ; il est translucide dans les fragments minces ; il raye à peine le carbonate de chaux, mais est rayé par l'apatite ; sa densité est de 2.76. M. Bonsdorff a trouvé qu'il était composé de :

Silice.	45.05
Alumine.	30.05
Magnésie.	9 00
Protoxyde de fer.	5.30
Eau.	10 60
	100.00

dont la formule : $2\ Al^2O^3\ SiO^3 + (MgO, FeO)^2$ $SiO^3 + 4$ Aq, est celle de l'*esmarkite* chargée de deux atomes d'eau.

Tous les caractères extérieurs de la *praséolite* engagent à la réunir à l'esmarkite, quoique sa composition semble s'opposer, au premier coup d'œil, à cette réunion. C'est un silicate hydraté d'alumine, de magnésie et de fer, trouvé par Esmark à Brakka, dans un granite, en compagnie de tourmaline, de titanate de fer et de mica. La couleur de la praséolite varie du vert clair au vert foncé ; elle a peu d'éclat ; sa densité est de 2.754 ; elle fond difficilement au chalumeau ; ses formes cristallines sont des prismes à quatre, huit et même douze faces. Sa composition est :

Silice.	40.94
Alumine.	28.79
Magnésie.	13.73
Protoxyde de fer.	6.96
— de manganèse.	0.32
Eau.	7.38
Oxydes métalliques mélangés.	0.30
Acide titanique.	0.40
	98.92

La formule qui répond à cette analyse :

$2\ Al^2O^3\ SiO^3 + (MgO, FeO)^3\ SiO^3 + 3$ Aq, peut se rendre ainsi :

$[2\ Al^2O^3\ SiO^3 + (MgO, FeO)^2\ SiO^3 + 2\ Aq] + MgO\ H^2O$;

ce qui donne un atome d'*esmarkite* uni à un atome d'*hydrate de magnésie*, et explique la grande analogie qui existe entre la praséolite et l'esmarkite.

Rammelsberg considère comme une variété de praséolite, un silicate d'alumine, de fer et de magnésie très-hydraté, que Thomson a nommé *prosilite*. On peut voir à ce mot combien les deux minéraux diffèrent entre eux.

ESPACE NUISIBLE (*Métall.*), m. Partie du soufflet d'où l'air ne peut être chassé.

ESPATARDS (*Métall.*), m. Laminoirs qui servent à préparer les bidons destinés à la fonderie.

ESPINE (*Métall.*), f. Petit ringard arrondi qu'on insinue dans la tuyère pour la dégager.

ESSAI, m. Moyen de reconnaître la nature et le nombre des substances contenues dans un minéral : la nature, au moyen de l'*essai par la voie sèche* ; le nombre, au moyen de l'*analyse chimique*. Le premier moyen s'appelle *analyse qualitative* ; le second, *analyse quantitative*.

ESSAI PAR LA VOIE SÈCHE, m. Moyen de reconnaître la nature des substances qui constituent un minéral. Il se fait au *chalumeau*, ou dans de petits fourneaux d'essai. *Voy.* les mots CHALUMEAU et FLUX.

ESSAI A LA PIERRE, m. Essai que font éprouver à l'*étain* du commerce les potiers qui emploient ce métal. Ils le coulent dans de petits tuyaux qui conduisent à une cavité creusée dans la pierre, et jugent de sa qualité et de sa pureté à la manière dont il se comporte en coulant, et après qu'il a été refroidi.

ESSONITE (*Minér.*), f. *Silicate d'alumine et de chaux ; grenat* d'un rouge d'hyacinthe, à éclat vitreux, à texture granulaire remarquable, pesant 3 60. Haüy, croyant que l'essonite cristallisait dans le système du prisme à base carrée, en avait fait une espèce particulière ; mais M. Brewtser a reconnu qu'elle ne jouissait pas de la double réfraction, et que conséquemment sa cristallisation appartenait au système régulier ; M. Lévy en a observé sous la forme du dodécaèdre émarginé. C'est ce qui fait que nous l'avons classée parmi les *grenats grossulaires*, espèce dans laquelle nous avons donné l'analyse de l'essonite de Ceylan, faite par Klaproth. Il arrive souvent que l'essonite est en masse formée de grains agglomérés brunâtres ; elle est alors aimantaire et infusible, et a d'aspect vitreux ; ses grains sont anguleux, un peu cristallins ou à éclat résineux ; elle raye le verre.

ESTANQUES (*Métall.*), f. Traversines de l'ordon du marteau.

ESTAPAGE (*Exploit.*), m. Remblai fait avec soin dans les travaux entrepris pour l'aérage des mines.

ESTEILLES (*Métall.*), f. Coins de bois qui assujettissent le marteau.

ESTIBOIS (*Métall.*), m. Bloc sur lequel on lime les pointes du fil de fer.

ESTOGARD (*Métall.*), m. Petit ringard pour nettoyer la tuyère.

ÉTAIN (*Métall.*), m. Du latin *stannum*,

ou peut-être du celtique *staen*, nom de l'étain. C'est le *cassidéron* des Grecs, et probablement le *plumbum album* ou *candidum* des anciens ; les alchimistes le nommaient *jupiter*. Il était connu du temps de Moïse. L'étain pur ne se trouve pas dans la nature : celui qu'on obtient par le traitement de ses minerais est d'un blanc argentin, mou et malléable ; on le coule ordinairement en petits saumons : lorsqu'on veut les plier, ils cèdent facilement en faisant entendre un bruit de déchirement intérieur, auquel on a donné le nom de *cri de l'étain* ; le métal plié ou frotté donne aussi une odeur urineuse particulière, qui reste quelquefois longtemps sur les doigts ; sa densité est 7.288, et après qu'il a été laminé, 7.293. Il est rare qu'il soit pur dans le commerce ; celui qu'on vend pèse de 7.56 à 7.60, d'où l'on peut conclure que plus il est léger, moins il contient d'alliage. Sa solution dans l'eau régale précipite en blanc par le prussiate de potasse ; si le précipité est bleu, c'est signe qu'il contient du fer ; s'il est pourpre, du cuivre ; s'il est bleu violacé, du fer et du cuivre. Le précipité produit par le sulfate de soude annonce la présence du plomb ; dans l'acide hydrochlorique, la solution qui laisse déposer des flocons bruns indique l'arsenic. L'étain est le plus fusible des métaux solides, il fond à 228° ; il se volatilise lentement à une haute température. Sa formule atomique est : Sn = 735.294.

L'étain se distingue du plomb en ce que celui-ci se laisse rayer par l'ongle, et du zinc en ce que l'on ne peut enfoncer une épingle dans le zinc comme dans l'étain ; il est d'ailleurs moins dur, moins ductile, moins tenace et moins éclatant que tous les autres métaux, le plomb excepté ; il cristallise, par un refroidissement lent, en cubes allongés ou en aiguilles croisées, qui tiennent du prisme à huit faces. L'étain métallique sert à faire des ustensiles de ménage ; il est employé dans l'étamage du fer-blanc, des glaces ; il fait partie des alliages de bronze, du potin, des cloches, de l'airain ; il forme avec le plomb la soudure des ferblantiers.

Son minerai le plus commun est l'*oxyde d'étain* ; mais on le trouve encore dans la nature à l'état de *sulfure*. Il appartient aux terrains les plus anciens, où il est accompagné de tungstène, d'arsenic, d'antimoine, de cuivre, de zinc, etc.

L'oxyde d'étain donne le métal le plus pur ; il suffit souvent de le réduire avec du charbon de bois dans un fourneau particulier, semblable à ceux qui servent à réduire les minerais de cuivre carbonaté ; il donne souvent 75 pour 100 de métal pur. Les autres minerais se bocardent, se lavent et se grillent, puis sont fondus avec le charbon. On les soumet ensuite à la liquation dans un fourneau à réverbère.

L'étain a des emplois très-divers, mais son usage n'est plus si répandu qu'au temps où l'impératrice Catherine promettait dix mille roubles à celui qui en découvrirait une mine sur le territoire de la Russie. Il sert encore à faire une foule d'objets et de vases de ménage, à étamer la tôle fine pour en fabriquer du *fer-blanc* ; il produit avec le cuivre divers alliages précieux ; il donne, allié au plomb, la soudure des ferblantiers ; il avive, dans la teinture, les couleurs écarlates ; produit la potée d'étain ; compose l'émail des faïences, celui des cadrans, etc. ; sert à tailler les pierres fines, etc., etc. Mais le zinc lui dispute depuis quelque temps une foule d'emplois utiles, parmi lesquels il faut distinguer l'étamage des glaces, celui du fer, etc.

Le commerce de l'étain date de la plus haute antiquité : les Phéniciens qui passèrent, dès les siècles historiques, le détroit de Gibraltar, où se trouvaient les colonnes d'Hercule, en trafiquaient sur toutes les côtes de l'Océan : ils fondèrent des colonies en Galice, dans l'Armorique française, dans la Cornouailles anglaise, où ils allaient chercher ce métal précieux. Selon Diodore de Sicile, les Vénètes, ou habitants de Vannes, faisaient le commerce de l'étain ; ils le tiraient probablement des environs de Piriac, du petit promontoire de *Penestin* (*pen*, pointe ; *staen*, étain, en celtique), où l'on en a retrouvé les traces en 1813. — La France ne produit pas d'étain ; elle tire le peu qu'elle en consomme de l'Angleterre.

ÉTAIN A L'AGNEAU, m. Nom donné anciennement dans le commerce à l'étain tiré de Malaca, et marqué d'une figure d'agneau, après l'épreuve.

ÉTAIN BLANC, m. Nom donné par de Born au *tungstate de chaux*. C'est aussi le nom donné par les potiers d'*étain* à celui qui renferme du cuivre et du bismuth.

ÉTAIN BRUN, m. Nom donné par Daubenton à l'*oxyde d'étain*.

ÉTAIN DE BOIS (*Minér.*), m. *Wood tin* des Anglais ; *oxyde d'étain* concrétionné, en petites masses d'un brun varié de jaune roussâtre, ce qui lui donne l'apparence de bois d'acajou. Cette variété se trouve en Cornouailles et dans le Mexique.

ÉTAIN DE BRIQUE, m. Nom donné anciennement dans le commerce à l'étain tiré de Hambourg, et portant une brique pour marque.

ÉTAIN DE CORNEILLE, m. Nom improprement donné par les ouvriers à l'étain qui vient de Cornouailles. Ce métal contient un peu de plomb et de cuivre.

ÉTAIN DE GLACE, m. Nom donné au *bismuth*, à cause de la propriété qu'il possède de s'amalgamer facilement avec le mercure et l'étain, dans l'étamage des glaces.

ÉTAIN EN CHAPEAU, m. Nom donné dans le commerce à l'étain de Malaca (Inde), qui se vend sous la forme d'un chapeau ou écritoire, d'une livre pesant. Il est très-pur.

ÉTAIN OXYDÉ (*Minér.*), m. *Voy.* OXYDE D'ÉTAIN.

ÉTAIN PYRITEUX (*Minér.*), m. *Voy.* à l'article des SULFURES MÉTALLIQUES le mot *Sulfure d'étain*.

ÉTAIN SULFURÉ (*Minér.*), m. *Sulfure d'étain*, décrit à l'art. SULFURES MÉTALLIQUES.

ÉTAIN NOIR (*Minér.*), m. *Oxyde d'étain.*

ÉTALAGES (*Métall.*), m. Partie supérieure de l'ouvrage d'un haut fourneau, composant le foyer principal, et placée au-dessus de l'*ouvrage* et au-dessous de la *cuve*. Les étalages se rattachent aux parois de la cuve par une ligne courbe, sans présenter aucun angle vif; c'est le moyen de rendre régulière l'allure du fourneau, et de n'arrêter ni comprimer les charges dans leur descente. On doit leur donner une pente très-douce pour un minerai difficile à fondre, et un combustible léger; cela retarde la descente des matières dans le foyer, et rapproche la distance du ventre au point de fusion; ce qui empêche les charbons de se consumer trop vite dans les régions supérieures du fourneau. Pour les mines fusibles et un combustible riche en carbone, on rend, au contraire, la pente plus rapide. Le maximum ne doit pas dépasser 66 à 70 degrés; au delà de ce dernier chiffre, les matières, en glissant, se tasseraient, se resserreraient, et fermeraient le passage à l'air. Pour un fourneau au coke de treize à quatorze mètres de hauteur, la largeur des étalages doit être de 3 m. 80 à 4 m. 56: leur hauteur, de 2 m. 30 à 2 m. 80.

ÉTAMAGE (*Exploit.*), m. Opération qui consiste à couvrir d'étain divers métaux ou des verres, et à produire du fer-blanc, du moiré ou des miroirs.

L'étamage de la tôle pour en faire du fer-blanc porte le nom de *mise au tain*. Il s'opère dans une caisse en fonte qu'on expose, dans tous les sens, à la flamme d'un fourneau, et qui porte un rebord incliné vers l'intérieur, afin de recueillir toutes les gouttes d'étain qui tombent pendant l'opération.

On emploie de l'étain bien pur : celui en grains provenant du traitement de l'oxyde (*stream tin ore*) est préféré à l'étain en saumon (*tin stone* ou *tin pyrites*). La caisse contient de 600 à 700 kilogrammes de métal qu'on recouvre d'une couche épaisse de suif, dans le but d'éviter l'oxydation et de favoriser, en même temps, la combinaison des deux métaux.

Les tôles de tôle sont ensuite plongées dans ce bain, et remuées dans tous les sens avec un morceau de bois. On les retire après cela, et on les *trempe* dans un nouveau bain d'étain et de suif, où l'on perfectionne l'étamage en faisant écouler l'étain surabondant resté sur les feuilles; puis on les pose de champ sur des grilles latérales, où elles sont examinées avec soin. L'étain coule vers le rebord inférieur et y forme un petit bourrelet, qu'on fait disparaître en le trempant dans le bain, et l'effaçant avec de la mousse ou un chiffon sec.

Comme les feuilles étamées ont retenu du suif, on les expose dans un fourneau à une douce chaleur, on y liquéfie la graisse, et on les remet aux *torcheuses*.

Ces femmes, munies d'un peloton d'étoffe, frottent dans tous les sens la feuille tiède, qu'on réchauffe chaque fois qu'il est nécessaire, et la font passer de main en main jusqu'à la torcheuse en fin, qui achève de la lustrer en la nettoyant à fond avec de la farine ou de la craie en poudre.

C'est le moment de procéder au *planage*. Cette opération se fait sur un gros billot de bois, où, avec un maillet de même nature, on frappe dans tous les sens jusqu'à ce que les feuilles soient bien planes. On les réunit ensuite par vingt-cinq paires, et on en forme des caisses qu'on livre au commerce. *Voyez*, pour plus de détails, le mot FER-BLANC.

En Angleterre, l'opération de l'étamage est un peu différente : les feuilles sont d'abord mises dans une cuve remplie de suif, où on les laisse tremper une heure; en sortant de là, elles sont jetées dans la caisse d'étain au nombre de trois cent quarante; on les y abandonne une heure et demie ou plus, selon que l'étameur juge la mise au tain suffisante ou non. Lorsqu'elles sont portées ensuite sur les châssis, l'étain découle et le bourrelet s'y forme; on l'enlève comme nous l'avons dit. Ces diverses opérations se terminent par le dégraissage entre les mains de jeunes garçons qui partout en Angleterre remplacent les torcheuses.

Le *moiré métallique*, que les Chinois connaissaient depuis plusieurs siècles, n'est autre chose que le développement de la cristallisation de la pellicule d'étain qui recouvre le fer-blanc. Pour l'obtenir, il suffit de chauffer doucement la feuille, et de l'humecter ou l'arroser légèrement avec une liqueur composée d'acide nitrique étendu et d'un alcali. Les proportions les plus en usage pour la composition de cette liqueur sont :

	PARTIES.			
Acide nitrique.	4	4	2	1
Eau.	2	2	2	4
Hydrochlorate de soude.	1	»	»	2
— d'ammoniaque.	»	1	»	»
Acide hydrochlorique.	»	»	1	»
	7	7	5	7

L'étamage des glaces se fait au moyen d'un alliage d'étain et de mercure : on étend l'étain en feuille sur une table à rebord, on le recouvre de mercure, et on pose la glace dessus. Une pression modérée fait adhérer l'amalgame au verre. On redresse ensuite la table, qu'on place de champ pour faire écouler le mercure excédant.

Pour les miroirs semi-sphériques et les boules qu'on suspendait anciennement dans les appartements, on se sert d'un alliage presque solide, qu'on applique sur le verre. Il est composé de

Étain.	1 » partie.
Plomb.	0.50
Bismuth.	0.50
Mercure.	2 »
	4 parties.

On avait placé, en juillet 1830, dans le jardin des Tuileries, deux globes en verre étamé qui présentaient un joli effet de paysage. Ce produit d'une industrie tout à fait nouvelle, et dont la première idée est due à M. Drayton, chimiste anglais, est une argenture fondée sur la propriété qu'ont certaines substances organiques de précipiter de ses sels l'argent qui adhère fortement au cristal, lorsque celui-ci est porté à une température de 40°. La matière employée dans cet étamage est du nitrate d'argent dissous dans le double de son poids d'eau distillée, et auquel on ajoute du carbonate d'ammoniaque. La substance organique décomposante est une huile essentielle. M. Power est parvenu récemment, par ce procédé, à appliquer une couche puissante d'argent sur des globes d'une certaine dimension. Mais c'est surtout pour les miroirs de phares que cet étamage sera d'une grande utilité. Jusqu'à présent on n'est pas arrivé à préserver de l'injure de l'air et des exhalaisons de la mer les réflecteurs argentés par les procédés ordinaires.

ÉTHIOPS MARTIAL (*Minér.*), m. *Aimant, fer oxydulé.*

ÉTHIOPS MINÉRAL NATIF (*Minér.*), m. Variété noirâtre de *cinabre.*

ÉTIRAGE (*Métall.*), m. Opération par laquelle on réduit le métal en barres de petites dimensions. Les machines destinées à cet usage sont de deux espèces : le *marteau* et le *laminoir*. Le marteau produit une force de percussion qui emploie, au moment du choc, tous les degrés de vitesse acquis pendant la chute; le laminoir présente une puissance égale à l'effort que peut faire, par son poids, une masse cylindrique sans mouvement local. S'il s'agit d'enfoncer un clou dans un corps quelconque qui offre une certaine résistance, comme une planche de bois dur, un marteau de quelques onces, frappant à coups redoublés, sera une puissance suffisante pour le faire pénétrer, tandis qu'il faudra placer un poids énorme sur la tête du clou pour obtenir le même effet par la simple pression. La force compressive du laminoir n'est cependant pas ce qu'on appelle en mécanique une force morte; elle reçoit aussi une certaine vitesse, mais seulement par succession, et sans qu'elle puisse l'accumuler pour la dépenser en un temps donné; car elle est aussitôt absorbée qu'acquise. Il semblerait, d'après cela, que l'effet produit par le marteau n'étant pas comparable, dans l'acception ordinaire, avec celui qui résulte du laminoir, la qualité du fer martelé, par exemple, doit être bien supérieure à celle du fer laminé, puisque les molécules sont plus rapprochées et que la densité est devenue plus grande. Ceci pourrait confirmer l'opinion où l'on est généralement en France sur les deux espèces de produits; mais c'est un préjugé qu'un examen plus approfondi doit singulièrement modifier. Les molécules du fer sont d'autant plus disposées à suivre la direction qu'on veut leur imprimer, que le métal est dans une température plus élevée, et que la force de cohésion se rapproche plus de zéro. Si l'on martelait une barre de fer dans une chaleur voisine du passage de l'état solide à l'état liquide, nul doute que la percussion ne produisît le maximum d'effet; mais il n'en est pas ainsi dans une forge : chacun sait que le marteau, qui portait au commencement de l'étirage sur une masse pénétrable, n'agit bientôt plus que sur un corps solidifié, et dont les molécules opposent une résistance en proportion géométrique pour des accroissements de temps égaux. Elles tendent à se rapprocher, mais non à s'étendre; et si la masse métallique acquiert une grande compacité, elle n'offre que rarement un tissu fibreux, allongé, capable de plier facilement à froid. C'est plutôt une texture grenue, fortement serrée, qui appartient au fer martelé; il est plus dur à limer, à forer, à percer; résiste plus au frottement, et convient partout où il faut de la ténacité et de la force. L'étirage au laminoir a lieu uniquement dans le sens de la longueur de la barre; chaque parcelle de cette barre qui se présente sous le cylindre offre deux phénomènes dignes de remarque : un point est en contact avec la cannelure, tandis que celui qui le suit immédiatement est refoulé par l'obstacle et s'allonge en reculant; à chaque nouvelle cannelure c'est un nouveau retrait, et de cette somme de reculs il résulte une disposition en longueur qui donne au métal une texture nerveuse, à filaments très-allongés, et dont la rupture est quelquefois difficile. Il est naturel de penser que cet effet n'a lieu qu'autant que la température du fer est assez élevée, la vitesse du laminoir convenablement combinée, et qu'aucun corps étranger, contenu dans le métal, ne vient contrarier sa disposition à devenir nerveux. Une barre laminée à une basse température reste grenue, et se brise facilement à froid; elle a d'ailleurs l'inconvénient de se travailler difficilement à chaud, parce que si l'ouvrier pousse trop le feu, il la brûle en peu d'instants, et n'en peut plus tirer parti.

ÉTOFFE (*Métall.*), f. Nom générique des alliages de métaux employés pour fabriquer les tranchants. Cette expression est plus spécialement appliquée à la réunion de l'acier et du fer, soudés ensemble par le forgeage, de manière à produire des lames figurées et des dessins variés d'un joli effet.

Pour préparer ces étoffes, il faut commencer par étendre en lames très-minces, de 2 millimètres au plus d'épaisseur, sur 25 mill. au moins de largeur, les aciers qu'on a choisis; on en forme des trousses composées d'une douzaine de ces lames, en mettant alternativement une lame d'acier à ressort, ou de fer, et une lame d'acier fin. Les lames extérieures doivent toujours être d'acier moins fin ou de fer, pour obtenir un dessin suffisamment net. Par cette méthode il faut au moins une huitaine de lames soudées ensemble; mais il est facile d'y parvenir en faisant l'opération en deux fois. On compose ainsi plusieurs barreaux, que l'on réunit ensemble au moyen d'anneaux carrés ou ronds, suivant la forme du faisceau qu'on veut souder; on les serre avec des coins, afin de les assujettir solidement. Ensuite, on chauffe le bout avec précaution, on l'enduit d'une couche de terre à souder. On a soin de ménager le feu, afin qu'il ait le temps de pénétrer. Lorsque le bout est suffisamment chaud, on le soude; ensuite, on passe au bout opposé, sur lequel on fait la même opération. Le milieu devient alors plus facile à traiter, les deux bouts étant bien assujettis.

La beauté et la bonté des étoffes exigeant que chacune des matières qu'on emploie se conserve sans se dénaturer, il est important de ne pas trop chauffer : une trop haute température et un forgeage forcé confondraient le fer et l'acier ensemble, attendu que ce dernier métal est facile à mettre en fusion.

L'essentiel, pour donner aux étoffes toute la solidité désirable, est de disposer les soudures suivant la longueur des lames dont elles sont composées; des lames soudées obliquement seraient peu solides, surtout s'il s'y rencontrait quelques défauts de soudure. On sait en général que le fer et l'acier résistent moins dans le sens de leur largeur que suivant leur longueur; aussi, pour composer les lames de tranchants, on ne pourrait pas, avec sûreté, suivre une méthode semblable à celle qu'on emploie pour la mosaïque. D'ailleurs le travail en serait difficile et long. Mais on peut parvenir au même but et produire un plus bel effet, en forgeant les deux métaux suivant leur longueur, et en les soudant de même. De cette manière, on compose les faisceaux qui doivent donner les étoffes figurées, de prismes ou de cylindres ajustés les uns à côté des autres, ce qui devient facile à exécuter. Lorsque le faisceau est formé et soudé, on le tord, en lui faisant faire autour de son axe un certain nombre de tours déterminés par la forme du dessin qu'on veut exécuter sur la lame.

Il n'est pas toujours nécessaire non plus de tordre les barres d'étoffes préparées, pour se procurer certains dessins : les barreaux composés de lames parallèles peuvent déjà donner une grande variété de figures formées par des lignes dont le contour est terminé, et qui sont emboîtées les unes dans les autres. Ces figures s'obtiennent facilement en gravant avec le burin et en creux sur le sens de la largeur des lames. On en coupe ainsi un certain nombre, qui se présenteront par le tranchant à l'endroit buriné, lorsqu'on forgera le barreau pour l'amincir et former la lame. On aura l'attention de ne pas faire cette opération sur une barre trop mince, et de tracer les dessins plus petits qu'on ne veut les avoir sur les lames finies.

Cette méthode, quoique susceptible de produire, en la variant, un assez grand nombre de dessins, ne donne pas encore tous ceux qu'on pourrait désirer; mais on peut se les procurer en tordant les barreaux d'étoffes composés de plusieurs baguettes de différentes formes déterminées suivant le dessin qu'on désire, et en partageant en deux ce barreau, suivant sa longueur, par une section qui passe par son axe de torsion. C'est dans le plan de cette section que se trouve la figure qu'on veut avoir; c'est là qu'il faut placer les dessins. Cependant, quoique le plan des figures passe par l'axe de torsion, il faut avoir soin que ces figures ne soient pas coupées par cet axe; si elles en étaient ou trop près ou trop loin, elles disparaîtraient; en les tenant peu éloignées, elles auront plus de régularité, et seront plus faciles à exécuter.

Pour fendre, après la torsion, le cylindre ou faisceau composé de baguettes, il faut l'aplatir, et lui donner en largeur au moins le double de son épaisseur; ensuite, avec une tranche mince, on le partagera à chaud dans toute sa longueur, suivant son axe : cependant il est nécessaire de remarquer que si l'on veut avoir bien exactement le dessin qu'on a déterminé, il faut conserver à une des moitiés un peu plus de largeur qu'à l'autre. Cet excès d'épaisseur sera enlevé par le feu, la lime ou l'aiguisage. Quant à la moitié la plus mince, elle servira pour une lame dont le dessin offrira moins de précision.

La méthode de tirer l'acier en baguettes ou en lames, qu'on soude ensuite ensemble pour en composer les lames d'armes blanches, est fort bonne; elle est usitée dans les meilleures fabriques. C'est ainsi qu'on peut obtenir d'excellentes armes, et qu'on peut parvenir à leur donner la dureté et la résistance qu'on doit désirer, en ménageant bien les aciers à la chaufferie, et en les travaillant au charbon de bois. On ne peut pas faire de bonnes lames, si on ne corroie pas l'acier avant de l'employer. Lorsqu'on se sert des aciers de cémentation comme ceux d'Allemagne, il est encore plus nécessaire de suivre cette méthode, à cause de leur grande inégalité : on est même obligé de réitérer cette opération sur ces aciers, ce qui peut se faire sans trop grands frais dans les usines mues par l'eau.

ÉTONNURE, f. Glace blanche ou éclat produit sur le diamant par l'outil du lapidaire ou du mineur.

ÉTOURNEAU FOSSILE (*Minér.*), m. On a retrouvé les traces d'une espèce dans les terrains modernes.

ÉTRANGLEMENT (*Exploit.*), m. Accident d'une couche dont le toit et le mur se rapprochent en s'écartant de leur parallélisme ordinaire. Un étranglement graduel et prolongé constitue un appauvrissement, précurseur ordinaire d'une suppression totale, surtout si la couche se divise et s'enchevêtre dans les plans de stratification des roches du toit et du mur. Lorsque la suppression n'est que momentanée, l'accident prend le nom de *crain*.

ÉTRANGLION (*Métall.*), m. Partie étroite du canal ou de l'arbre des trompes.

ÉTRILLE (*Métall.*), f. Tôle demi-forte.

EUCHAIRITE (*Minér.*), f. *Séléniure d'ar-*

gent cuprifère. Ce nom vient du grec *eu*, facilement; *keirô*, je coupe; parce que ce minéral se laisse couper au couteau.

EUCHLORINE, f. Nom donné au *chlore* par Davy.

EUCHROÏTE (*Minér.*), f. Variété hydratée d'*arseniate de fer*.

EUCHYSIDÉRITE (*Minér.*), f. *Silicate de chaux et de fer manganésifère. Hedenbergite.*

EUCLASE (*Minér.*), m. Silicate d'alumine et de glucine, dont le nom vient du grec *eu*, facilement; *klaô*, je brise; par allusion à la fragilité de ce minéral, qui est telle qu'il se clive avec la plus grande facilité et par le moindre choc. Cette substance est hyaline, d'un vert d'eau analogue à la couleur du béryl; elle est quelquefois bleue ou bleuâtre; elle est constamment cristallisée, et ses formes dérivent d'un prisme rhomboïdal oblique; son éclat est vitreux, sa cassure transversale conchoïde; elle raye le quartz, et est rayée par la topaze; elle possède la réfraction double à un haut degré; elle devient électrique par la simple pression, et conserve cette vertu pendant vingt-quatre heures. Sa densité est 3.06 à 3.098; elle fond lentement et difficilement, au chalumeau, en un verre transparent et incolore. Sa composition est, suivant Berzelius :

Silice.	43.22
Alumine.	30.56
Glucine.	21.78
Protoxyde de fer.	2.22
Oxyde d'étain.	0.70
	98.48

donnant la formule $(Al^2O^3)^2 SiO^3 + 2 GO SiO^3$. Berzelius admet $G^2O^3 (SiO^3)^2 + 2 Al^2O^3 SiO^3$; mais cette expression ne peut guère s'appliquer à l'analyse ci-dessus, dans laquelle les éléments sont comme les chiffres 2 : 2 : 3.

L'euclase a été rapporté du Pérou par le célèbre botaniste Dombey; mais il paraît que les échantillons provenaient de Rio-Janeiro. On l'a trouvé depuis à Villarica, au Brésil; il y est recueilli dans les alluvions qui produisent le diamant. On l'a rencontré aussi à Turnbull, Amérique septentrionale, dans un filon où il est accompagné de topaze et de fluorite. Il se présente en tables minces, transparentes et jaunâtres. Cette pierre, sans sa fragilité, serait rangée au nombre des pierres précieuses.

EUDÉE (*Paléont.*), f. Genre de polypier fossile appartenant aux terrains anciens, et dont on ne connaît qu'une seule espèce.

EUDYALITE ou **EUDYLITE** (*Minér.*), f. Variété violette de *silicate de zircone*, trouvée au Groënland, et décrite sous ce dernier titre.

EUGÉNÉSITE (*Minér.*), f. Alliage encore peu connu de palladium, d'argent, d'or et de sélénium.

EUGNOSTIQUE (*Cristall.*), adj. Calcaire eugnostique; nom donné par M. Breithaupt à un cristal rhomboédrique de carbonate de chaux, dont l'angle est de 103°3' et la densité 2.717 à 2.72; il raye le carbonate de chaux, et est rayé par la fluorine.

EUKAÏRITE (*Minér.*), f. *Voyez* EUCHAÏRITE.

EULÉBRITE (*Minér.*), f. Variété de *séléniure de zinc*.

EULYTINE (*Minér.*), f. Minéral verdâtre, vert jaunâtre, disséminé dans un hydrate de fer de Schemnitz en Hongrie. Il est encore peu connu.

EUMÉTRIQUE (*Cristall.*), adj. Calcaire eumétrique. Nom donné par M. Breithaupt à un cristal rhomboédrique de carbonate de chaux, dont l'angle est de 106° 11' et la pesanteur spécifique de 2.917; il raye la fluorine, et est rayé par le feldspath.

EUNOMIE (*Paléont.*), f. Genre de polypier fossile des terrains antérieurs à la craie.

EUPHOTIDE (*Géogn.*), f. *Verde di Corsica* des Italiens, *granitone*, *gabbro*. Nom donné par Haüy à des roches composées de saussurite, de diallage, de smaragdite et d'hyperstène, mais restreint par d'Omalius d'Halloy à la roche composée de saussurite et de smaragdite; elle est blanche, tachetée de vert, c'est-à-dire, à fond blanc de saussurite et à taches vertes de smaragdite; sa texture est granitoïde; elle renferme quelquefois du mica ou de la serpentine; elle appartient au terrain porphyrique vert, et sert comme pierre d'ornement. P. s. : 3.3. Cette roche est très-dure et très-belle. En Corse et près de Turin, on trouve une euphotide bronzée qui renferme une multitude de lames de diallage, d'un gris noirâtre ou jaunâtre, relevé par un brillant métallique argentin.

EURIALE (*Paléont.*), f. Genre de stellérides, dont une espèce paraît exister dans la craie et les terrains supercrétacés.

EURITE (*Géogn.*), f. *Silicate d'alumine et de potasse*, feldspath compacte, pétrosilex; roche dans laquelle tous les éléments du granite sont mélangés, de couleurs très-variées, passant du blanchâtre au noirâtre par une foule de nuances, quelquefois jaunâtre, verdâtre, rougeâtre, etc. Parfois bigarrée, fusible en un émail blanc, souvent pointillé de noir ou de vert; texture compacte, grenue, schistoïde, bréchiforme, rarement celluleuse; en masses non stratifiées, en amas, en filons; renfermant souvent des cristaux de différente nature; prenant alors l'aspect porphyrique ou granitoïde. Le nom d'eurite a été proposé par M. d'Aubusson pour remplacer celui de pétrosilex, qui a donné lieu à tant de confusion. L'eurite de Passau, suivant Bucholz, est composée de :

Silice.	60.00
Alumine.	22.00
Potasse.	14.00
Chaux.	0.80
	96.80

L'eurite de Nantes contient :

Silice.	78.20
Alumine.	13.00
Magnésie.	2.40
Chaux.	1.20
Potasse.	3.40
Eau.	1.80
	98.70

EURITE FRAGMENTAIRE, f. Roche métamorphique, à base de feldspath compacte, avec des fragments de feldspath laminaire, de mica ou d'autres minéraux disséminés. Cette roche semble être un grès feldspathique à gros grains qui a pris les caractères de l'eurite, et a perdu toute trace de stratification. Elle est noire, et a souvent l'apparence du trapp.

EURITE SONORE, f. *Phonolite.*

EUROES ou **EURÉOS**, m. *Pierre judaïque.*

EUXÉNITE (*Minér.*), f. Nom donné par M. Scheerer à une variété de *tantalate d'yttria* qui se trouve à Jolster, en Norwége, et qui est décrite au mot TANTALATE D'YTTRIA.

EUZÉBLITE (*Minér.*), f. Synonyme de *heulandite.*

ÉVANTO (*Minér.*), m. Agate jaspée, agate brèche.

ÉVENTS (*Métall.*), m. Petits canaux pratiqués autour des moules pour favoriser la sortie des gaz développés par l'humidité.

EXANTHALOSE (*Minér.*), m. Nom donné par M. Beudant au *sulfate de soude;* du grec *exantheo*, affleurir, et *halos*, génitif de *hals*, sel.

EXITÈLE (*Minér.*), f. Nom donné par M. Beudant à l'*oxyde d'antimoine.*

EXOGÉNITE (*Paléont.*), f. Plante fossile des terrains modernes, ayant des analogues à l'état vivant.

EXPLOITATION, f. Suite d'opérations dont le but est d'extraire du sein de la terre ou de sa surface divers minéraux utiles à l'industrie ou aux arts. Il y a un grand nombre de modes d'exploitation ; les principaux sont :

L'EXPLOITATION A CIEL OUVERT. C'est l'extraction des matières minérales peu distantes de la surface, sans travaux souterrains.

L'EXPLOITATION A GRANDES TAILLES est une méthode d'extraction des minerais, qui consiste à placer un certain nombre d'ouvriers de front suivant toute la longueur d'un massif à abattre à la fois sur toute la ligne, à enlever la couche en arrière à mesure qu'on avance, et à rejeter les déblais entre les boisages.

L'EXPLOITATION A LA TRACE consiste dans l'enlèvement d'un bloc de roche à l'aide de coins que l'on place en lignes et qu'on enfonce peu à peu, de manière à provoquer une fente dans le sens de ces lignes.

Pour l'EXPLOITATION EN DAMIER, *voyez* l'EXPLOITATION PAR GALERIES ET PILIERS, ci-après.

L'EXPLOITATION EN GRADINS se fait, en forme d'escalier, dans une couche ou filon de quelques mètres de puissance. L'exploitation en gradins comprend deux espèces d'ouvrages : celui en *gradins droits*, et celui en *gradins renversés. Voy.* ces mots.

L'EXPLOITATION PAR DISSOLUTION a lieu pour l'extraction du sel gemme ; elle consiste à introduire de l'eau douce dans les excavations appelées salons, à l'y laisser séjourner jusqu'à ce qu'elle soit suffisamment salée, et à la conduire ensuite dans les chaudières d'évaporation.

L'EXPLOITATION PAR ÉBOULEMENT est une méthode d'extraction qui consiste à entamer un gîte puissant et ébouleux par des galeries de traverse qui partent d'une galerie principale pratiquée dans le mur, et s'élèvent jusqu'au toit du gîte exploitable. On boise fortement ces galeries, et l'on déboise en se retirant.

L'EXPLOITATION PAR GALERIES ET PILIERS est une méthode d'extraction qui consiste à diviser la masse exploitable par une série de galeries croisées qui laissent entre elles de petits massifs suffisants pour supporter le toit.

L'EXPLOITATION PAR LAVAGE se fait en taillant, dans une terre meuble renfermant le minerai en grains ou en paillettes, des espèces de patouillets, et faisant descendre successivement l'eau dans ces patouillets ; ce qui forme à la fin une boue que l'on lave avec soin, jusqu'à ce qu'il ne reste plus que les grains ou paillettes de minerai.

L'EXPLOITATION PAR MASSIFS est une extraction à l'aide de galeries qui laissent entre elles des massifs plus ou moins considérables pour soutenir le toit. On divise cette méthode en *exploitation par massifs longs*, et *exploitation par massifs courts.*

Pour l'EXPLOITATION PAR MASSIFS COURTS, *voy.* EXPLOITATION PAR GALERIES ET PILIERS, qui précède.

L'EXPLOITATION PAR MASSIFS LONGS est une méthode de travail par galeries parallèles, laissant entre elles des massifs de minerai qui les séparent dans toute leur étendue.

L'EXPLOITATION PAR REMBLAIS constitue une méthode d'extraction inverse de la méthode par éboulement. Elle consiste à attaquer le minerai de bas en haut, et à remblayer immédiatement les excavations, soit avec des débris du tirage, soit avec des matières prises en dehors de la mine.

EZTÉRI (*Minér.*), m. Nom donné dans la Nouvelle-Espagne à une espèce de jaspe vert avec des points de couleur de sang.

F

FABULAIRE (*Paléont.*), f. Genre de polypiers fossiles, dont on connaît trois espèces dans les terrains postérieurs à la craie.

FACE DE RETOUR D'UN CRISTAL (*Cristall.*), f. Face qui, dans la représentation graphique d'un cristal, se trouve adjacente à la face limite de la projection, et ne peut être représentée, puisqu'elle est derrière.

FACE HORIZONTALE D'UN CRISTAL, f. Face qui est perpendiculaire à l'axe.

FACE OBLIQUE D'UN CRISTAL, f. Face qui est oblique à l'axe.

FACE VERTICALE D'UN CRISTAL, f. Face qui est parallèle à l'axe.

FAHLUN (*Géogn.*), m. Sable rougeâtre ou grisâtre mêlé d'argile, renfermant des coquilles fossiles assez bien conservées. Il appartient à l'étage moyen du terrain quaternaire.

FAHLUNIÈRE (*Géogn.*), f. Espèce de marne calcaire composée de coquilles brisées et de sable, qu'on trouve dans la Touraine.

FAHLUNITE (*Minér.*), f. Nom donné à deux silicates différents : l'un qui est un *hydro silicate d'alumine*, que nous avons décrit sous le nom de TRICLASITE, et qu'on a désigné par celui de *fahlunite tendre*; l'autre qui est la *cordiérite*, et qu'on a nommé *fahlunite dure*. Le mot *fahlunite* vient de Fahlun, en Suède, ville près de laquelle se sont trouvés les premiers échantillons de triclasite.

FAILLE (*Exploit.*), f. Dénivellation d'un terrain, qui fait qu'une partie des roches a descendu au-dessous du niveau de l'autre partie et y a produit une espèce de cassure, de manière que les strates ne se correspondent plus. Quelquefois les deux parties rompues se touchent immédiatement, quoique les mêmes couches se trouvent à des niveaux différents ; quelquefois elles sont séparées par une veine stérile, qui provient de la fente remplie par les roches détachées, éboulées et brouillées, ou par des infiltrations postérieures. La faille se trouve aussi remplie par des roches ignées, au mouvement desquelles elle peut devoir alors son origine. Ce glissement ou rejet est remarquable dans la figure suivante :

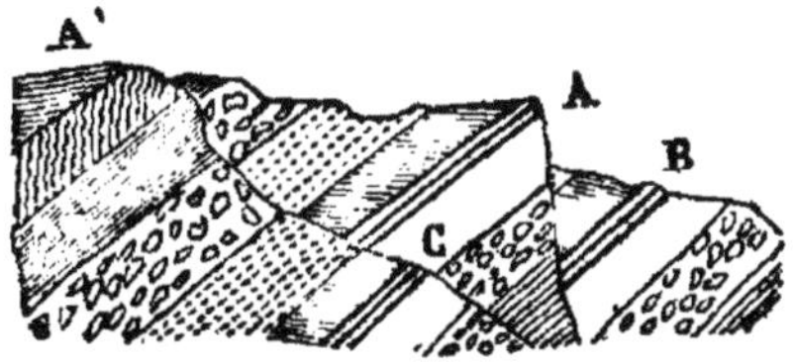

Le dérangement du terrain est quelquefois difficile à voir, parce que, comme en A' A le sol s'est recouvert de nouvelles roches, résultat de la dénudation, et s'est en quelque sorte aplani ; quelquefois aussi les couches sont mises à nu par un escarpement, et se montrent à différentes hauteurs. Il est alors facile de s'y tromper, et de prendre les strates A et B pour deux couches différentes. Ce n'est qu'en observant attentivement la succession régulière des couches, et surtout leur puissance, qu'on parvient à en reconnaître l'identité.

On a cru longtemps à Saint-Étienne que des failles avaient dérangé les couches de houille, et étaient cause des répétitions multipliées qui se remarquent dans un grand nombre de points du bassin carbonifère. On était en conséquence porté à n'admettre dans cette localité que quatre à cinq couches de charbon, à l'exemple du bassin de Rive de Gier. On n'avait pas assez fait attention à l'épaisseur, au toit et au mur, et en général à l'allure des couches, qu'on croyait disloquées. J'ai prouvé, dans *le Métallurgiste de* 1840, que, loin d'être soumis à des failles, le bassin de Saint-Étienne contenait au moins treize couches de houille, et que même il était probable que ce nombre s'élevait à quinze; ce qui ouvrait un vaste avenir aux exploitations déjà vieilles du pays.

Il ne faut pas confondre la *faille* qui s'applique au glissement des strates, avec le *rejet* de certain filon qui quelquefois, grâce à une dislocation de terrain, disparaît tout à coup par une sorte de *crain*, pour se retrouver à une certaine distance hors de son plan de direction. La figure qui suit représente un dérangement de cette nature : le filon D E' est celui de *Santa-Cecilia*, de l'exploitation d'argent de *Hiendelencina*, province de *Guadalaxara*, en Espagne. En 1844 ou 1845, il se perdit tout à coup en D', et l'exploitation fut interrompue. On remonta à la surface, où le rejet en E était visible ; et l'on dut diriger les travaux sur un petit filon F d'oxyde de fer qui liait les deux parties du filon. Celui-ci fut retrouvé en E.

Le glissement est quelquefois très-considérable, et offre des différences de niveaux très-importantes : à Newcastle, les strates séparées ainsi se trouvent à cent soixante-cinq mètres de leur plan continuant ; il s'est fait une fissure entre les deux parties glissantes, et cette fissure, qui a jusqu'à vingt mètres de large, s'est remplie de sable qui a passé à l'état de grès.

Très-souvent les parois de la fissure sont sillonnées de rainures qui indiquent le frottement des roches glissantes les unes sur les autres. Ces rainures sont tantôt parallèles et régulières, ce qui indique un glissement unique et tout d'une fois ; tantôt courbes, interrompues, irrégulières, ce qui fait penser que l'opération s'est faite partiellement, dans diverses directions.

Des changements analogues s'opèrent encore de nos jours, quelquefois à de grandes profondeurs ; mais les glissements sont généralement lents ; ou s'ils ont lieu subitement, ils ont peu d'étendue. Les failles de plusieurs centaines de mètres appartiennent à des temps antérieurs au cataclisme diluvien connu sous le nom de déluge de Moïse. *Voy.* le mot *Filon-faille*, à l'article FILON.

FAISCEAU MINÉRAL (*Paléont.*), m. *Coralloïde.* Branche en forme de faisceau.

FAIX (*Exploit.*), m. Bloc cubique d'ardoise destiné à être fendu. Mesure de houille, employée à Saint-Étienne, et qui pèse environ 40 kil.

FAIX (*Métall.*), m. Donner trop de faix, diminuer trop rapidement les cannelures des cylindres, ou les trous des filières.

FALAUNIÈRE (*Géogn.*), f. Couche plus ou moins considérable de coquilles en décomposition, dont les paysans de la Touraine se servent pour amender les terres.

FALCATULE (*Paléont.*), f. Variété de *glossopètre* imitant imparfaitement une faux.

FANTON (*Métall.*), m. Barres plates de fer, ayant cinquante lignes sur dix.

FARINE EMPOISONNÉE, f. Nom donné par les ouvriers à l'oxyde d'arsenic pulvérulent qui se dépose en se condensant dans de longs tuyaux de conduite, adaptés aux fourneaux où l'on grille les minerais arsenicaux.

FARINE FOSSILE (*Minér.*), f. Nom vulgaire de la variété terreuse de *carbonate de chaux*. La farine fossile est blanche, légère comme du coton, très-friable ; elle forme une croûte épaisse sur les bancs de calcaire grossier des environs de Nanterre. Quelques minéralogistes donnent aussi le nom de farine fossile à une terre siliceuse formée d'infusoires, comme le tripoli de Bilding, et qui est très-abondante dans les environs de Santa-Fiora, en Toscane.

FARINE VOLCANIQUE, f. Argile blanche, légère, siliceuse et réfractaire. *Voy.* FARINE FOSSILE.

FASCICULÉ, adj. En aiguilles groupées parallèlement.

FASCIOLAIRE (*Paléont.*), f. Genre de canalifère, dont quinze espèces fossiles appartiennent au terrain supercrétacé.

FASSAÏTE (*Minér.*), f. Variété d'un vert jaunâtre du *pyroxène*. C'est un porphyre augitique qu'on trouve dans la vallée de Fassa.

FAT (*Métall.*), m. Mesure qui sert lorsqu'on charge le minerai.

FAUJASITE (*Minér.*), f. Silicate alcalin d'alumine et de chaux limpide, très-brillant, disséminé en petits octaèdres dans les cavités d'une roche amygdaloïde du kaiserthül. Ces octaèdres ne portent aucune modification ; ils sont fragiles ; leur cassure est vitreuse ; ils rayent le verre, et pèsent 1.923. Ils fondent en un émail blanc et bulleux au chalumeau, et sont solubles dans l'acide hydrochlorique. M. Drée, qui a dédié la faujasite au célèbre Faujas Saint-Fond, en a déterminé la forme cristalline, et M. Damour en a donné l'analyse suivante :

Silice.	49.36
Alumine.	16.77
Chaux.	5.00
Soude.	4.34
Eau.	22.49
	97,96

qui répond à l'expression : Al^2O^3 $(SiO^3)^2$ + $(CaO, NaO) SiO^3$ + 8 Aq., ou bien Al^2O^3 SiO^3 + (CaO, NaO) $(SiO^3)^2$ + 8 Aq.

FAULDE (*Métall.*), f. Aire sur laquelle on établit les meules de carbonisation.

FAUSSE AMÉTHYSTE (*Minér.*), f. *Fluate de chaux*; variété violette.

FAUSSE CHRYSOLITE (*Minér.*), f. Variété de *quartz hyalin*.

FAUSSE FAILLE (*Exploit.*), f. Solution de continuité dans une couche ou un filon ; interruption du minéral qu'on retrouve dans les mêmes direction et inclinaison, après avoir traversé la roche qui forme cette solution.

FAUSSE GLAISE (*Minér.*), f. Nom donné par les ouvriers à l'*argile figuline*.

FAUSSE GALÈNE (*Minér.*), f. Nom donné anciennement au *sulfure de zinc*, à cause de sa ressemblance avec le sulfure de plomb.

FAUSSE MALACHITE (*Minér.*), f. Jaspe vert.

FAUSSES PAROIS (*Métall.*), f. Mur qui enveloppe les parois d'un haut-fourneau.

FAUSSES RONDELLES (*Métall.*), f. Petites rondelles qui séparent les taillants des trousses de fenderie.

FAUSSE TOPAZE (*Minér.*), f. Topaze de Bohême ; *quartz jaune ; fluorure de calcium*, variété jaune.

FAUX ARGENT (*Minér.*), m. *Mica*, argent des chats.

FAUX ASBESTE (*Minér.*), m. *Amphibole*.

FAUX BASALTE (*Minér.*), m. *Trapp noir uni*.

FAUX JADE (*Minér.*), m. Variété de *stéatite* d'un gris verdâtre, d'un vert d'olive ou d'un vert obscur.

FAUX OR (*Minér.*), m. *Mica jaune*.

FAUX RUBIS (*Minér.*), m. Variété de quartz hyalin.

FAUX SAPHIR (*Minér.*), m. Variété de quartz hyalin, saphir d'eau, fluorure de calcium, variété bleue ; tourmaline rose de Sibérie.

FAVAGITE (*Paléont.*), f. Polypier fossile.

FAVONITE (*Paléont.*), f. Madrépore fossile.

FAVOSITE (*Paléont.*), f. Genre de polypiers fossiles, dont on connaît six espèces dans les terrains antérieurs à la craie.

FAYALITE (*Minér.*), f. Silicate d'alumine et de fer que l'on regarde comme un péridot ferrugineux, et que l'on a trouvé dans les débris volcaniques de l'île de Fayal, dans les Açores ; il est en grains cristallins d'un vert ou d'un brun foncé, avec une teinte rougeâtre ; il se laisse rayer par l'acier ; il est attirable à l'aimant ; sa pesanteur spécifique est de 4,138 ; il fond au chalumeau en donnant une odeur sulfureuse ; il n'est attaquable qu'en partie par les acides ; il contient de la silice, du protoxyde de fer, de l'oxyde de manganèse, de l'alumine, et de l'oxyde de cuivre.

FELDSPATH (*Minér.*), m. On comprend sous ce nom trois espèces de minéraux qui ont pour caractère commun d'être composés de deux silicates : l'un d'alumine, l'autre d'alcali. Ce sont les feldspath de potasse, de soude et de lithine. Cette composition bien tranchée est encore appuyée de la forme cristalline : en effet, le feldspath de potasse a pour forme primitive un prisme rhomboïdal oblique ; le feldspath de soude, un prisme oblique non symétrique, le feldspath de Lithinie, un prisme rhomboïdal droit. La formule atomique générale des feldspath est $Al^2O^3\ (SiO^3)^3 + BOSiO^3$, c'est-à-dire que le silicate d'alumine est constamment uni à un silicate alcalin. L'acide phosphorique que M. Fowues y a trouvé n'est que fortuit, et à l'état de mélange.

Le *feldspath de potasse*, auquel on a tour à tour donné les noms de *spath fusible*, *spath étincelant*, *adulaire*, *orthoclase*, *feldspath vitreux*, et que les minéralogistes modernes nomment *orthose*, présente trois clivages et cristallise en prisme oblique rhomboïdal ; il est d'un blanc de lait, grisâtre, verdâtre ou rougeâtre ; il raye la chaux phosphatée et le verre, et est rayé par le quartz ; sa pesanteur spécifique est 2.53 à 2.618 ; au chalumeau, il devient blanc vitreux, et fond, sur les bords, en un verre bulleux, demi-transparent ; il donne avec le borax un verre diaphane. Ses analyses fournissent :

	LOCALITÉS.	
	Saint-Gothard.	Cayenne.
Silice.	64.20	65.03
Alumine.	18.40	17.96
Peroxyde de fer.	»	0.47
Potasse.	16.95	16.21
Chaux.	»	0.34
	99.55	100.02

répondant à la formule $Al^2O^3\ (SiO^3)^3 + KOSiO^3$. Cette composition du feldspath de potasse dans toute sa pureté, notamment dans la première analyse faite par M. Berthier sur la variété dite adulaire, n'est pas toujours aussi simple ; il arrive très-souvent qu'une petite portion de soude vient remplacer la potasse, et marquer, d'une manière plus ou moins sensible, le passage de l'orthose au feldspath de soude, sans changer néanmoins les relations atomiques. Les analyses suivantes fournissent l'exemple de ce passage par nuances différentes, et en rapports sans cesse croissants :

	LOCALITÉS.			
	Saint-Gothard.	Ala-baschka.	Mont Dore.	Dra-chenfels.
Silice.	65.75	65.91	66.20	66.60
Alumine.	18.18	21.00	19.80	18.50
Perox. de fer.	»	»	»	»
Potasse.	14.14	10.18	6.90	8.00
Soude.	1.44	3.50	3.70	4.00
Magnésie	trace	»	2.00	1.09
Chaux.	id.	0.11	»	»
Protox. de fer.	»	»	»	»
	99.51	100.70	98.60	98.19

La formule générale qui répond à ces analyses est :

$Al^2O^3\ (SiO^3)^3 + (KO, NaO)\ SiO^3$, et même dans les troisième, quatrième et cinquième, $Al^2O^3\ (SiO^3)^3 + (KO, NaO, MgO)\ SiO^3$.

Le *feldspath de soude*, dont les synonymes sont : *cleavelandite*, *péricline*, *tétartine*, *sanidine*, *labradorite*, *feldspath opalin*, *oligoclase*, *anorthite*, *rhyacolite*, *biotine*, *christianite*, *indianite*, etc., et que l'on comprend sous le titre général d'*albite*, est d'un blanc de lait nuancé de diverses teintes, d'un gris de cendre avec des reflets d'autres couleurs, souvent à éclat perlé et opalin, quelquefois d'un blanc de neige ; sa dureté est la même que celle de l'orthose, ou feldspath de potasse ; sa densité varie un peu : dans les échantillons les plus purs, comme l'*albite* proprement dite, elle est de 2.61 à 2.63 ; dans ceux qui possèdent peu d'alcali, tels que l'*anorthite*, elle s'élève jusqu'à 2.763 ; dans la *péricline*, elle descend jusqu'à 2.55. Cette différence de pesanteur spécifique, jointe à quelques nuances de couleurs et surtout à la différence de composition, force à diviser le feldspath de soude en trois classes : l'*albite*, la *labradorite*, et l'*oligoclase*.

L'*albite* est d'un blanc de lait, rarement transparente, souvent translucide et à éclat vitreux ; elle raye le verre, et est rayée par le quartz ; elle est insoluble dans les acides ; elle devient d'un blanc vitreux au chalumeau, et donne, avec le borax, un verre diaphane ; sa pesanteur spécifique varie entre 2.61 et 2.63 ; elle cristallise, comme tous les feldspath de soude, en prisme oblique non symétrique. L'analyse de ses diverses variétés donne :

	LOCALITÉS.				
	Dau-phiné.	S.-Go-thard.	Finbo.	Fin-lande.	Zœ-blitz.
Silice.	67.99	69.30	70.48	67.99	67.94
Alumine.	19.61	19.43	18.45	19.61	18.93
Soude.	11.12	11.47	10.50	11.12	9.99
Potasse.	»	»	»	»	2.41
Chaux.	0.66	»	0.55	0.66	0.15
Protox. de fer.	»	0.20	»	0.70	0.48
	99.38	101.00	99.98	100.08	99.90

qui répondent à la formule Al^2O^3 (SiO^3)^3 + NaO SiO^3, sauf la dernière, qui, pouvant être mise sous la forme Al^2O^3 (SiO^3)^3 + (NaO, KO) SiO^3, indique un des passages du feldspath de soude au feldspath de potasse. L'albite est quelquefois en masse lamelleuse et grenue, de couleur blanche, presque saccharoïde, parfois aussi avec une disposition fibreuse : elle est également terreuse, et contribue à la formation de quelques kaolins compactes ; elle passe au pétrosilex.

Le *feldspath* de *lithine*, dont les synonymes sont la *pétalite*, le *triphane*, la *zéolite* de Suède et le *spodumène*, se trouve en Suède en masses lamelleuses. Ce minéral est translucide dans les lames minces ; il raye le verre, et est rayé par le quartz ; son caractère particulier est de colorer la flamme du chalumeau en pourpre, et de produire une tache brune quand on l'essaye sur une feuille de platine ; il fond, du reste, au chalumeau.

On en distingue deux variétés : l'une, dite *pétalite*, a pour pesanteur spécifique 2.44 ; elle a l'éclat vitreux, est d'un blanc laiteux ou rosé, fond difficilement au chalumeau, y devient vitreuse, demi-transparente, et y blanchit ; l'autre, appelée *triphane*, a l'éclat un peu nacré ; sa densité est 3.17 à 3.18, et sa dureté un peu plus grande que la *pétalite* ; elle fond au chalumeau en se boursouflant, et y donne un verre incolore presque transparent. La composition de ces minéraux est :

	Triphane, suivant MM.			
	Arfvedson.	Stromeyer.	Hagen.	Regnault.
Silice.	66.40	63.29	66.14	65.30
Alumine.	25.30	28.78	27.03	25.34
Lithine.	8.85	5.63	3.83	6.76
Soude.	»	»	2.68	»
Chaux.	»	»	»	»
Oxyde de fer.	1.43	0.79	0.32	2.83
Ox. de manganèse.	»	0.20	»	»
	102.00	98.69	100.00	100.23

La formule atomique est Al^2O^3 (SiO^3)^3 + Lo SiO^3, dans la première analyse, et Al^2O^3 (SiO^3) + (Lo, *b*O) SiO^3 dans les autres : formules parfaitement identiques.

Les feldspath jouent un très-grand rôle dans la composition des couches anciennes de la terre.

FELDSPATH APYRE (*Minér.*), m. Nom donné anciennement au silicate alumineux anhydre décrit au mot ANDALOUSITE, à cause de son infusibilité ; du grec *a* privatif, *pyr*, feu ; qui résiste au feu.

FELDSPATH ARGILIFORME, m. *Voy.* KAOLIN.

FELDSPATH AVENTURINE, m. Feldspath vert tacheté de blanc, ou d'un rouge incarnat parsemé de points brillants et jaunâtres. La variété la plus recherchée est celle qui se trouve près d'Archangel, et qui est d'un jaune de miel, avec des paillettes d'un jaune d'or ; elle porte le nom de *pierre du soleil*.

FELDSPATH BLEU (*Minér.*), m. Variété bleue de *phosphate d'alumine*. On l'a rangée parmi les *klaprothines*.

FELDSPATH COMPACTE (*Minér.*), m. *Voy.* PÉTROSILEX.

FELDSPATH OPALIN (*Minér.*), m. Nom donné anciennement à la *labradorite*, à cause de ses reflets rouges, bleus, jaunes ou verts.

FELDSPATH INDIEN, m. *Albite*.

FELDSPATH LABRADOR, m. *Labradorite*.

FELDSPATH RÉSINITE (*Minér.*), m. *Voy.* PECHSTEIN.

FELDSPATH OPAQUE, m. *Péricline*.

FELDSPATH PALMÉ, m. Variété du feldspath de soude ; *albite* en masses laminaires, sur lesquelles se voient des stries disposées en palmes.

FELDSPATH SONORE (*Géol.*), m. *Voy.* PHONOLITE.

FELDSPATH TENACE (*Minér.*), m. Nom donné à la *saussurite*, à cause de son aspect feldspathique et de sa grande ténacité.

FELDSPATH TERREUX (*Minér.*), m. Matière blanche et terreuse qui provient de la décomposition des feldspath. Dans le principe de l'altération, cette substance conserve même la forme cristalline originelle ; celle-ci disparaît bientôt, et la décomposition, continuant, devient complète, et donne enfin naissance au *kaolin*.

FELDSPATH VITREUX (*Minér.*), m. Feldspath à potasse, d'un beau vert.

FELDSPATH VOSGIEN (*Minér.*), m. Roche d'un blanc verdâtre, formant la base d'un porphyre près de Saint-Bresson, à Belonchamp.

FELSITE (*Minér.*), f. *Jadefelsite*, variété de *saussurite*.

FELTBOL (*Minér.*), m. *Silicate ferrique hydraté*, trouvé à Halsbruch, près de Freiberg, et décrit sous son titre générique susrelaté.

FENDERIE (*Métall.*), f. Équipage pour réduire d'un seul coup une plaque de fer en plusieurs barres, en la faisant passer entre des découpoirs cylindriques, placés sur des arbres tournants. Les découpoirs sont acérés, et alternent l'un sur l'axe d'en haut, l'autre sur l'axe d'en bas, de manière à engréner l'un dans l'autre, et à produire des vides carrés de la dimension des carillons qu'il s'agit d'obtenir.

FENDILLES (*Métall.*), f. Petites fentes produites dans le fer en le forgeant.

FENDIS (*Exploit.*), m. Nom donné dans les carrières à l'ardoise brute divisée en feuillet mince.

FENDUE (*Exploit.*), f. Nom donné par les mineurs de Saint-Étienne à la *tranchée* ou galerie découverte, ainsi qu'aux galeries dont l'ouverture est à découvert.

FER NATIF (*Minér.*), m. Le *fer*, qui était nommé *mars* par les alchimistes, ne se trouve que bien rarement à l'état natif dans la nature; on a même douté de son existence, qui fut longtemps entourée d'incertitude. Encore aujourd'hui, les échantillons les mieux constatés paraissent appartenir aux *aérolites*, ou être le produit de la même cause. A Labouiche (Allier) et à la Salle (Aveyron), on rencontre un peu de fer enclavé dans des couches régulières; mais comme ces terrains ont été la proie d'incendies souterrains, il est probable qu'il y a eu affinage naturel du minerai de fer, et que sa présence ne peut être considérée là que comme l'effet d'un accident. On en peut dire également de petits noyaux de fer pur qui forment le centre d'hématites brunes à Kamsdurf et à Libestock, en Saxe, ou qui accompagnent le fer hépatique brun de la montagne des Oulles (Isère). Ces petites masses peuvent être dues à la décomposition des pyrites et à l'action chimique qui a produit le fer hépathique. — On trouve à la surface du sol quelques masses de fer caverneuses, dont les cavités sphériques contiennent une matière vitreuse assez analogue au péridot, mais qui est soluble dans les acides. Ces masses contiennent du nickel, métal qui n'a jamais été signalé dans les minerais de fer, et dont les pierres météoriques contiennent toujours au moins des traces. En outre, leur position isolée, quelquefois au milieu de plaines et enfoncés dans la terre, prouve que ces rognons appartiennent au phénomène général qui a produit les aérolites. On a prétendu avoir rencontré près de Canaan, aux États-Unis, dans du schiste chloriteux, un petit filon rempli de fer natif, traversé par des feuilles de graphite, et ayant du graphite pour salbande; mais cette découverte n'est pas bien constatée, et Berzelius ne la cite qu'avec doute et hésitation.

La masse de fer la plus pure a été analysée par Klaproth; elle contenait, outre le fer, 1.20 pour 100 de nickel; deux masses ont été trouvées, l'une en Sibérie, l'autre au Cap; elles contenaient les mêmes proportions d'éléments, savoir : 89.27 de fer et 10.73 de nickel; celle qui contient le plus de nickel provient de Clairbonne (Amérique du Nord); Jackson y a trouvé 24.70 pour 100 de ce métal; quelques échantillons renferment, outre le nickel, un peu de chrome; tels sont les rognons de fer de Brahin et d'Atakama; un seul, le fer du Mexique, a donné des traces de cobalt.

Le symbole atomique du fer est Fe, et son poids 349.809.

Le fer du commerce provient de l'exploitation des minerais hydratés, carbonatés, oligistes, etc. On emploie pour l'obtenir deux méthodes très-distinctes : Lorsque le minerai est riche en fer, on le réduit dans des bas-fourneaux connus sous le nom de *feux catalans*; on le chauffe longtemps au milieu des charbons ardents, où, grâce à l'oxyde de carbone qui l'environne de toutes parts, il se carbure d'abord, puis s'affine entièrement sous l'influence des soufflets. Retiré ensuite en *masse*, on l'étire sous les marteaux ou les cylindres, pour lui donner les formes usitées dans le commerce. La seconde méthode consiste à diviser en deux opérations l'affinage catalan. La première opération s'opère dans le *haut-fourneau* (*Voy.* HAUT-FOURNEAU et FONDAGE), où a lieu la carburation à l'aide de *fondants* (*Voyez* ce mot); le métal carburé descend au bas de la cuve, dans le *creuset* du fourneau, où il s'accumule à l'état liquide, jusqu'à ce qu'il soit temps de le couler en *gueuses* ou lingots. C'est ainsi qu'on obtient la *fonte*, ou *carbure de fer*. Cette fonte une fois refroidie, est soumise à l'affinage. Là commence la seconde opération. Ce nouveau travail s'opère soit dans des *fours à réverbère*, soit dans de *bas-fourneaux* analogues à ceux des forges catalanes. La décarburation à l'aide de l'oxygène, fournie par les soufflets, s'opère d'une manière à peu près complète, et le fer s'accumule au fond du creuset à l'état pâteux presque solide. On l'en retire ensuite pour l'étirer. Dans l'opération de la carburation du fer, à l'aide de sa liquéfaction, les *fondants* minéraux jouent un rôle très-important, ainsi qu'on peut le voir à l'article consacré à ces substances. L'opération la plus difficile consiste à chasser la *silice*, qui rend le fer cassant et rouverin. Le meilleur moyen est de la vitrifier en y ajoutant de l'alumine et de la chaux, et de former ainsi un *laitier*, ou verre brun qui vient surnager au-dessus du fer fondu, et qu'on fait sortir par une ouverture pratiquée dans ce but.

Toutes les substances minérales qui contiennent du fer sont désignées ou décrites aux articles CARBONATE, HYDRATE, SILICATE, SULFATE, OXYDE et SULFURE DE FER, ainsi que dans les articles qui suivent.

FER ARGILEUX, m. Hydroxyde de fer terreux, décrit au mot OXYDE DE FER.

FER ARGILEUX COMPACTE, m. Variété de *fer oligiste*, à cassure irrégulière, passant à la variété granulaire.

FER ARSENIATÉ, m. *Voy.* ARSENIATE DE FER.

FER ARSENICAL, m. Arsenio-sulfure de fer, décrit à l'article des *sulfures metalliques*.

FER AZURÉ, m. Nom vulgaire donné au *phosphate de fer* de couleur bleue.

FER BASALTIQUE, m. Nom donné par Romé-Delisle au *tungstate de fer*.

FER-BLANC (*Metall.*), m. Tôle mince décapée et trempée dans un bain d'étain.

FER BORATÉ, m. *Voy.* BORATE DE FER.

FER CALCARÉO-SILICEUX (*Miner.*), m. Variété calcarifère du *silicate de fer*.

FER CARBONATÉ, m. *Voy.* CARBONATE DE FER.

FER CARBURÉ, m. *Carbure de fer*. Nom donné par quelques chimistes au *graphite*, qu'on pensait être un alliage de carbone et de fer.

FER CHROMÉ. *Voy.* CHROMATE DE FER.

FER DE LANCE (*Miner.*), m. Nom donné

par Haüy à des cristaux de *sulfate de chaux* cassés parallèlement à la face large, et dans lesquels une des extrémités est terminée par un angle rentrant, et l'autre par une pointe aiguë.

FER CLOISONNÉ (*Minér.*), m. *Hydroxyde de fer* brun jaunâtre, rempli de cavités anguleuses.

FER D'AIGLE (*Minér.*), m. *Hydroxyde de fer* géodique.

FER DE COULEUR (*Métall.*), m. *Voy.* COULEUR.

FER DE L'ÎLE D'ELBE (*Minér.*), m. *Fer oligiste.*

FER DES HOUILLÈRES (*Minér.*), m. *Carbonate de fer* lithoïde, qui se rencontre en bancs concordants avec les couches de houille. *Voy.* le mot CARBONATE DE FER.

FER DES MARAIS (*Minér.*), m. *Limonite* brune jaunâtre, compacte ou friable, rude au toucher, tachant les doigts, cassure terreuse, raclure jaune.

FER DES PRAIRIES, m. *Limonite* en masses ou en grains, brune noirâtre, souvent pleine de cavités, tendre, cassante; raclure jaune.

FER DES TOURBIÈRES, m. *Limonite* brune jaunâtre, amorphe, vésiculaire, criblée, cassure terreuse et mate, tendre; raclure jaune. P. s. : 2.914.

FER ÉCAILLEUX (*Minér.*), m. Nom vulgaire de la variété *micacée* du *fer oligiste*, décrite au mot OXYDE DE FER.

FER EN GRAINS (*Minér.*), m. Variété d'*hydrate de fer*, décrite au mot OXYDE DE FER. Voyez, au sujet de sa formation, les mots CONCRÉTION et GRAINS.

FER EN ROCHE (*Minér.*), m. Variété compacte d'*hydrate de fer*, décrite au mot OXYDE DE FER.

FER ÉPIGÈNE (*Minér.*), m. Nom donné par Haüy au *fer hépatique.*

FER FIBREUX (*Minér.*), m. *Hydroxyde de fer*, à fibres jointes ou séparées, brun de girofle, opaque, cassant; cassure brillante, contenant souvent du manganèse. P. s. : 3.9.

Composition, suivant Vauquelin :

Peroxyde de fer.	80.25
Eau.	15.00
Silice.	3.75
	99 00

FER GÉODIQUE (*Minér.*), m. *Aétite*; variété géodique d'*hydrate de fer*, décrite au mot OXYDE DE FER.

FER HÉMATITE (*Minér.*), m. *Voy.* OXYDE DE FER. On distingue deux espèces d'hématite : celle rouge, et qui n'est qu'une variété du *fer oligiste*, dont la rayure et la poussière rouge sont les caractères distinctifs; et celle brune, qui appartient aux fers hydratés et qui se distingue par sa poussière et sa rayure brune.

FER HÉPATIQUE (*Minér.*), m. Variété de *sulfure de fer*, d'une couleur rouge de foie (du grec *êpar*, foie). C'est un sulfure qui a perdu son soufre, et, en passant à l'état d'oxyde brun de fer, a conservé sa forme cristalline. La pyrite cubique, la variété triglyphe, la pyrite blanche en crête de coq, sont sujettes à ces transformations.

FER HYDROXYDÉ (*Minér.*), m. *Voy.* le mot *Hydrate de fer*, à l'article OXYDE DE FER.

FER LIMONEUX (*Minér.*), m. Fer des marais, ou des lieux marécageux. Voy. *Hydrate de fer*, au mot OXYDE DE FER.

FER LITHOÏDE (*Minér.*), m. *Voy.* CARBONATE DE FER. C'est une variété qui a l'aspect lithoïde, grâce à l'argile qu'elle contient en assez forte proportion.

FER MICACÉ (*Minér.*), m. Voy. *Fer oligiste*, au mot OXYDE DE FER.

FER OLIGISTE (*Minér.*), m. *Voy.* OXYDE DE FER. Ce nom d'*oligiste*, qui vient du grec *oligos*, peu, lui a été donné parce que la variété à laquelle on l'appliquait anciennement se rencontrait rarement et en petite quantité.

FER OXALATÉ (*Minér.*), m. *Voy.* OXALATE DE FER.

FER OXYDÉ BRUN (*Minér.*), m. *Voy.* au mot OXYDE DE FER la description des *hydrates.*

FER OXYDÉ CARBONATÉ (*Minér.*), m. *Voy.* CARBONATE DE FER.

FER OXYDÉ HYDRATÉ (*Minér.*), m. *Voy.* les *hydrates de fer*, au mot OXYDE DE FER.

FER OXYDÉ MAGNÉTIQUE (*Minér.*), m. Voy. *Oxydule de fer*, à l'article OXYDE DE FER.

FER OXYDÉ RÉSINITE (*Minér.*), m. *Sulfate de fer* ayant l'apparence de la résine. C'est une variété de *pittizite*, nommée *diadochite* par M. Breithaupt.

FER OXYDÉ ROUGE (*Minér.*), m. *Voy.* OXYDE DE FER.

FER OXYDULÉ (*Minér.*), m. Voy. *Oxydule de fer*, au mot OXYDE DE FER.

FER OXYDULÉ EN SABLE (*Minér.*), m. Voy. *Fer titané*, à l'article TITANATE DE FER; et *Oxydule de fer*, à l'article OXYDE DE FER.

FER PAILLETÉ (*Minér.*), m. Variété de *fer oligiste*, dite *micacée*, décrite au mot OXYDE DE FER.

FER PHOSPHATÉ (*Minér.*), m. *Voy.* PHOSPHATE DE FER.

FER PLATINÉ (*Métall.*), m. Fer plat préparé pour les tôleries ou les fenderies.

FER PYRITEUX (*Minér.*), m. *Voy.* SULFURE DE FER.

FER RÉSINEUX OU VITREUX (*Minér.*), m. Variété d'*hydrate de fer*, décrite au mot OXYDE DE FER.

FER RÉSINITE (*Minér.*), m. Variété de *sulfate de fer* à éclat résineux. C'est le synonyme de *pittizite.*

FER ROUVERIN (*Métall.*), m. Fer de couleur. *Voy.* COULEUR.

FER SILICÉO-CALCAIRE (*Minér.*), m.

ilvaite, ou variété calcarifère du *silicate de fer*.

FER SPATHIQUE (*Minér.*), m. Ancien nom d'une variété spathique et lamelleuse du *carbonate de fer*. *Voy.* ce mot.

FER SPÉCULAIRE (*Minér.*), m. Variété de *fer oligiste* en cristaux plats, assez éclatants pour former des espèces de miroirs métalliques. Du latin *speculum*, miroir.

FER SULFATÉ (*Minér.*), m. *Voy.* SULFATE DE FER.

FER SULFURÉ (*Minér.*), f. *Voy.* SULFURE DE FER, à l'article SULFURES MÉTALLIQUES. Ce nom est plus particulièrement appliqué à la pyrite cubique, ou fer sulfuré jaune.

FER SULFURÉ BLANC (*Minér.*), m. *Sulfure de fer* cristallisant en prisme rhomboïdal, décrit à l'article SULFURES MÉTALLIQUES.

FER SULFURÉ MAGNÉTIQUE (*Minér.*), m. *Sulfure de fer magnétique*, décrit à l'article SULFURES MÉTALLIQUES.

FER TITANÉ (*Minér.*), m. *Voy.* TITANATE DE FER.

FER VOLCANIQUE (*Minér.*), m. *Voy.* FER NATIF VOLCANIQUE.

FÉRAMINE (*Minér.*), f. Nom donné anciennement par les mineurs à une variété de pyrite qui servait à battre le briquet.

FÉRARIER (*Métall.*), m. Bas-fourneau romain.

FÉRAULT (*Exploit.*), m. *Pierre de liais* qui résiste assez au feu pour qu'on l'emploie dans les constructions de chambranles de cheminée, fours, etc.

FÉRET, m. C'est le nom d'un levier de fer dont les verriers se servent pour prendre un peu de matière dans le four, et en ajouter à la pièce, soit pour la compléter, soit pour y former quelque ornement.

FERGUSONITE (*Minér.*), f. Espèce de *tantalate d'yttrine*, dédiée à M. Ferguson, et décrite sous ce dernier titre; elle a été découverte par sir Ch. Giesecke, à Kikertansak, près le cap Farewell, dans le Groënland.

FERRET D'ESPAGNE (*Exploit.*), m. Sorte d'*hématite* qui est taillé en pointe mousse, et sert à brunir les métaux; on le tirait anciennement d'Espagne, de la mine de Somorostro, dans la province de Biscaye.

FERRICALCITE (*Minér.*), m. Synonyme de *cerite*, ou *silicate de cérium*.

FERRIER (*Métall.*), m. Nom donné dans les Pyrénées au maître de forge.

FERRILITE (*Minér.*), m. Nom donné par Kirwan au basalte amorphe. Silicate alumineux, genre felspath. Composition :

Silice.	47.50
Alumine.	32.50
Oxydule de fer.	20.00
	100.00

FEU (*Métall.*), m. Bas-fourneau où s'opère le travail de réduction d'un métal. Feu de forge; *voy.* FORGE. On donne plus spécialement le nom de *feu* au fourneau dans lequel la fusion ou la réduction a lieu au-dessus de la tuyère.

FEU CATALAN (*Métall.*), m. C'est un bas-fourneau en forme de renardière, dont les dimensions et la forme varient, et n'ont pas une grande importance. On y réduit par le procédé dit *à la catalane* le minerai de fer par la simple désoxydation. Le creuset A est plus ou moins profond, et sa profondeur détermine l'inclinaison de la tuyère B; le contrevent C est fortement incliné, tandis qu'ordinairement le côté de la tuyère reste vertical.

FEU CENTRAL (*Géolog.*), m. Suivant l'opinion des anciens géologues vulcaniens, aujourd'hui généralement admise, l'intérieur du globe est à l'état d'incandescence, et la partie que nous habitons n'est qu'une croûte refroidie séculairement qui recouvre le noyau brûlant. Cette théorie est appuyée des observations thermométriques faites dans les mines, et des calculs des physiciens ; elle explique une foule de phénomènes, tels que le renflement du sphéroïde à l'équateur, la formation des montagnes par soulèvement, les éruptions des volcans, les tremblements de terre, le jaillissement des eaux thermales, etc., etc. *Voyez*, pour plus de détails, l'article relatif à la TERRE.

FEU DE RÉDUCTION (*Docimasie*), m. Dans les essais au chalumeau, lorsque la matière d'essai est placée dans la flamme de manière à en être enveloppée de toutes parts et à être préservée ainsi du contact de l'air, elle se réduit, et d'oxyde passe à l'état de métal pur. Il faut pour cela que le bec du chalumeau soit fin, et qu'on ne l'engage pas trop dans la flamme de la lampe; la combustion est alors imparfaite, parce qu'une partie de l'air fourni par le chalumeau se perd et n'est pas consumé; la flamme emprunte alors ce qui lui manque d'oxygène à la matière essayée, ce qui produit la réduction. Mais il faut pour cela que la matière soit bien au milieu de la flamme brillante, en B, sans quoi il y aurait oxydation nouvelle au moyen de l'air extérieur.

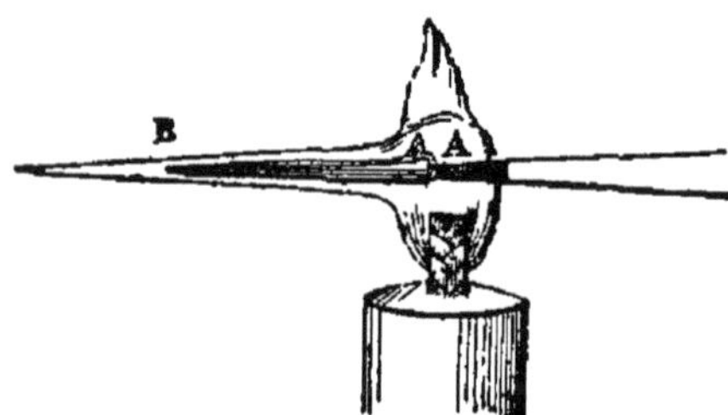

FEU D'OXYDATION (*Docimasie*), m. C'est le feu que donne, sous le souffle du chalumeau, la flamme extrême de la lampe; la matière d'essai qu'on y chauffe est exposée à l'action de l'oxygène, et s'oxyde d'autant plus facilement qu'elle est plus écartée de la flamme, toutefois que la température conserve un degré suffisamment élevé. L'oxydation est la plus active possible au rouge naissant; à une chaleur trop élevée, la désoxydation s'opère à mesure que la combinaison de l'oxygène a lieu. Pour le feu d'oxydation, l'ouverture du chalumeau doit être plus large que dans les autres cas.

FEU GRISOU (*Exploit.*), m. *Voy.* HYDROGÈNE CARBONÉ. On dit aussi *feu brisou* et *feu terrou*.

FEUILLARD (*Métall.*), m. Ruban ou fer plat pour cercles.

FEUILLETIS, m. *Voy.* FRANC-QUARTIER.

FEUX NATURELS, m. Gaz hydrogène carboné, qui a été enflammé en s'échappant des roches, et qui continue à brûler. Dans beaucoup d'endroits, les feux naturels ont un rapport intime avec les phénomènes pseudo-volcaniques: ceux des environs de Bakou, sur la mer Caspienne, sont renommés de tout l'Orient; les Guèbres, sectateurs de Zoroastre, les révèrent comme une manifestation de la Divinité. Là ce sont des gaz enflammés, dont l'apparition est simultanée avec celle de diverses sources de pétrole. On cite des feux naturels en Chine, en Crimée, à Psarachain, etc., qui doivent leur origine à la présence du bitume. Les feux naturels en Europe sont dus à une autre cause : à Aubin (Aveyron), ce sont les résultats d'une houillère embrasée; au *Brûlé*, près du Chambon (Loire), des feux semblables ont été longtemps visibles; ils se sont éteints faute d'aliment.

FIBREUX (*Minér.*), adj. Tissu ou cassure fibreuse. On dit qu'un minéral est en masse fibreuse, lorsque son tissu présente des sillons allongés en forme de fibres. C'est le résultat d'une cristallisation incomplète. Cette forme appartient plus spécialement aux minéraux en concrétions, comme l'*hématite*. La masse est dite radiée ou rayonnée, lorsque les fibres convergent vers un centre. *Voyez* le mot CASSURE.

FIBRO-FERRITE et **FIBRO-SÉRITE** (*Minér.*), m. Variété de sulfate de fer du Chili, décrite au mot SULFATE DE FER.

FIBROLITE (*Minér.*), f. Silicate d'alumine anhydre, qui doit son nom à sa texture fibreuse; substance blanche, rougeâtre, grisâtre ou légèrement verdâtre, à éclat perlé; elle est infusible, et devient électrique résineusement par frottement, lorsqu'on l'isole; ses fibres, très-déliées, sont coupées transversalement par un grand nombre de fissures; ce sont des cristaux plats, microscopiques, ayant un clivage facile. La densité de la fibrolite est de 3.214, et sa composition, suivant M. Wanuxem,

Silice.	42.77
Alumine.	55.50
	98.27

qui est sensiblement Al^2O^3 SiO^3, formule de la *sillimanite* et de la *bucholzite*. — La fibrolite a été trouvée à Bodennais, en Bavière, et sur les bords de la Delaware, aux États-Unis; elle a été décrite par M. de Bournon, comme une espèce particulière.

FICHTÉLITE (*Minér.*), f. Variété de *suif de montagne*, décrite à la suite du mot BITUME; elle provient du Fichtelgebirge, d'où Broméis a emprunté le nom de *fichtélite*.

FICOÏTE (*Paléont.*), m. Sorte de fruit pétrifié ressemblant à la figue.

FIL D'ARCHAL (*Métall.*), m. Laiton passé à la filière et réduit en fil mince. On disait anciennement fil d'*orchal*, du latin *aurichalcum filum* et *orichalcum*.

FIL DE FER (*Métall.*), m. Fer étiré à la filière en fil de petit diamètre.

Les laminoirs peuvent, à la rigueur, produire du fer rond de trois à quatre millimètres; mais il est impossible, au-dessous de cette dimension, de réunir avec exactitude les deux demi-circonférences des cannelures. Il faut donc avoir recours à un autre procédé; et ce procédé est celui des *filières*, bandes de fer dans lesquelles sont percés des trous coniques à travers lesquels on fait passer le fer qu'il s'agit de réduire en fil.

Les trous des filières sont coniques pour que le petit fer puisse s'y engager plus facilement, et garnis d'acier, afin de leur donner plus de dureté. A Londres, on a poussé le soin des filières jusqu'à les garnir en diamants ou en pierres dures et précieuses. Le calibre des trous va en diminuant, suivant une progression géométrique dont la raison est 0.87; mais ce rapport est beaucoup trop faible; il n'a été établi que pour gagner du temps. Avec une raison de 0.972, on obtiendrait de meilleurs produits; mais cette disposition entraînerait un plus grand nombre de trous pour arriver au même résultat. Néanmoins le fil y gagnerait en beauté, en quantité et en qualité.

Le choix du fer à passer est d'une grande importance : celui cassant ne peut être étiré aux filières; le fer fort et dur s'étire difficilement, et s'il a des dispositions à devenir aigre, il ne peut l'être avec la même vitesse que le fer nerveux. Le fer mou est celui qui se travaille le mieux et attaque le moins les filières; mais le fer tenace est le seul qui donne un bon produit. Ainsi, le métal qui est à la fois tendre et tenace réunit toutes les qualités convenables pour la filerie.

Le fer laminé est sujet à des solutions de continuité, après avoir passé à la filière ; la verge crénelée dont on se sert dans beaucoup d'endroits, et qu'on nomme *forgis*, produit des paillettes et des fentes ; le fer fendu se rompt facilement ; mais le fer affiné au charbon de bois et martiné, ou mieux encore laminé après coup, est préférable à tous les autres.

Il est possible cependant d'étirer à la filière toutes les sortes de fer, mais il faut user du ménagement qui convient à chacune. Si l'on passe immédiatement d'une filière à une autre sans que la différence des deux diamètres soit proportionnée à la qualité du métal, le fer s'aigrit, et le fil perd son élasticité. La vitesse avec laquelle on doit filer les numéros est une autre condition qui, ainsi que le calibre des filières, est basée sur le plus ou moins de ténacité, le plus ou moins d'aigreur du métal. Un fabricant doit faire à cette vitesse une grande attention ; mais malheureusement, comme elle varie pour chaque localité, il est bien difficile d'établir une théorie régulière pour la tréfilerie. Voici cependant quelques données qui peuvent être utiles :

La vitesse dépend de la grosseur du fer avant le tirage, et du calibre qu'on veut obtenir ; elle est en raison inverse de la première, et en raison directe du second.

Soit le carré du diamètre du premier $= a$; celui du deuxième $= b$; la vitesse $V = \frac{Mb}{a}$, si on veut tirer le fil $\sqrt{a}$ au diamètre $\sqrt{b}$. $V = \frac{Mx}{a}$, s'il s'agit de l'étirer au diamètre $\sqrt{x}$. Le rapport de ces deux équations est $\frac{V'}{V} = \frac{x}{b}$, ou $V' = V\,\frac{x}{b}$. Ainsi V étant connu, on trouverait facilement la vitesse nécessaire pour tirer $\sqrt{a}$ à un calibre donné, en une seule fois.

Soit, par exemple, $a = \sqrt{10}$; $b = \sqrt{9}$; $V = 6$. Si $V' =$ la vitesse qu'il faut donner au fer $\sqrt{10}$ pour l'amener au diamètre $\sqrt{n}$, on aura $V' = 6\,\frac{n}{9}$.

Si le fil a déjà passé plusieurs fois à la filière, sa texture acquise le rend plus propre à s'étendre en longueur ; on peut donc augmenter plus facilement la vitesse du fil mince que de celui qui passe aux premières filières, d'autant mieux que le frottement des fils de petits échantillons dans le trou conique leur donne une espèce de recuit.

Voyez pour plus de détails le mot TIRAGE, où nous décrivons la manière de chauffer le fil de fer et de lui donner le recuit.

FILICITE (*Paléont.*), f. Genre fossile de végétaux des terrains antérieurs à la craie ; fougères.

FILIÈRE (*Métall.*), f. Bande de fer plat d'environ un mètre de long, dans laquelle sont percés des trous coniques disposés en échiquier et échelonnés par diamètres.

Comme à la longue les trous des filières sont sujets à s'user, et qu'alors le fil n'a plus la beauté et la perfection désirables, on doit tout faire pour leur donner une grande dureté. C'est pour cela qu'on garnit la partie la plus étroite de la filière d'acier fabriqué par un procédé particulier. On remplit une boite de morceaux d'acier sauvage qui se rapproche beaucoup de la fonte ; on chauffe cette boite devant la tuyère d'un feu de forge, en la recouvrant d'un linge trempé dans de l'eau argilée. Lorsque l'acier est devenu pâteux, on l'étire, on le laisse refroidir, et on en forme des filières. Il vaut mieux donner trop de dureté à la filière, sauf à l'adoucir ensuite en la recuisant sous une couche d'argile ; il serait impossible de remédier à une filière qui serait trop douce.

Les filières se percent à chaud avec des poinçons d'Allemagne ; on change de poinçons en commençant par la partie la plus large du cône, et continuant avec des poinçons dont la grosseur diminue à mesure qu'on avance. Ce procédé a l'inconvénient d'obliger à remettre plusieurs fois la pièce au feu. Il serait beaucoup plus convenable de commencer avec le foret, et de percer à froid ; on pourrait alors achever la filière en ne chauffant qu'une fois. Pour traverser l'acier qui forme la troncature du trou on le porte à la chaleur rouge avec un poinçon conique qui sert à plusieurs. La dimension de ce trou est donc soumise au coup d'œil plus ou moins sûr de l'ouvrier, ce qui, dans quelque genre de travail que ce soit, est toujours un mal. Il serait plus prudent d'avoir pour chaque trou un poinçon cylindrique du calibre voulu.

Il y a trois choses à observer dans le travail des filières : leur dureté, la rondeur des trous, et la précision du calibre. Si l'opération que nous avons décrite est faite avec sagacité, le trou est assez dur, et l'acier conserve toute sa force. Des filières en fonte blanche réussiraient également. A Londres, où l'on emploie quelquefois des trous pratiqués dans du diamant ou des pierres dures, on peut faire entrer le fil par le petit côté du cône, au lieu de filer par le grand côté, ainsi que cela se pratique généralement avec les filières métalliques. Ce procédé donne de plus beaux résultats. *Voy.* à l'article FIL DE FER quelques détails sur les *filières*.

FILON (*Exploit.*), m. Les filons sont des masses minérales ou des gîtes particuliers de minéraux d'une forme plate, à parois plus ou moins ondulées, et dont la composition est généralement tout à fait distincte de celle du terrain dans lequel ils se rencontrent.

Les filons diffèrent des couches en ce que les deux surfaces des premiers ne sont pas parallèles et finissent par se rencontrer, si on les suppose prolongées à une distance plus ou moins grande. En outre, les filons ne sont pas, comme les couches, en stratification concordante avec les roches stratifiées des terrains dans lesquels ils se trouvent : ils les coupent presque perpendiculairement à la stratification générale de la formation. Ce sont des fentes qui se sont faites dans les terrains, et qui ont été remplies ultérieurement de matières minérales. Lorsque ces fentes sont plus larges en haut qu'en bas, le remplissage a eu lieu par en haut, probablement à l'aide d'un liquide qui tenait les matières en dissolution ; quand la plus grande largeur du filon est en bas, et que la fente va se rétrécissant vers la surface du terrain, le remplissage a été fait par sublimation, ou par une matière à l'état de fusion qui a été injectée intérieurement.

Souvent, dans les filons métalliques, le métal se trouve au milieu de matières principales qui lui sont étrangères, et qui en forment la *gangue*, ou la *matrice*. Le filon lui-même est séparé de la roche qui forme la masse du terrain, par une matière terreuse, glissante, qu'on désigne sous le nom de *salbande*.

On donne le nom de *filon à chapelet* à celui qui est tour à tour soumis à des renflements et à des étranglements, comme A de la figure ci-contre ; et l'on nomme *filon croiseur*

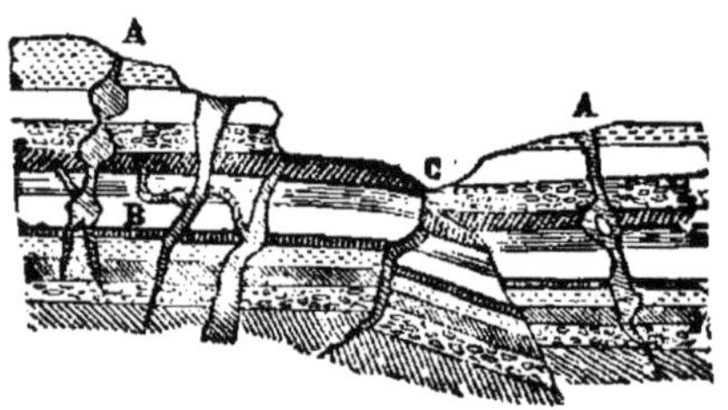

un filon qui en coupe un autre suivant un angle plus ou moins ouvert (B).

Le *filon-faille* C est celui qui remplit la faille d'un terrain. Lorsqu'il y a dénivellation dans les strates de l'un et l'autre côté du filon, celui-ci, se trouvant lié à un accident sur grande échelle, offre la probabilité d'une certaine étendue et d'une certaine régularité. Il est moins sujet à des bifurcations et à des ramifications; mais aussi il est plus exposé à des étranglements.

FINE FORGE (*Exploit.*), f. Houille menue, mais grasse.

FINE MÉTAL (*Métall.*), m. Mot anglais, qui vient de *finer's metal*, métal d'affineur ; fonte décarburée, et propre à être passée au four à réverbère pour en obtenir du fer. Le fine métal est très-fragile et très-dur. Voyez, sur l'inutilité de l'opération qui le produit, le *Manuel du Maître de forges*, et l'article PUDLAGE de ce dictionnaire.

FINERIE (*Métall.*), f. Du mot anglais *finery*, usine d'affinage. *Voy.* MAZERIE.

FINES (*Exploit.*), f. Nom donné dans les houillères du Nord à la houille menue

FINEUR (*Métall.*), m. Ouvrier de *mazerie*.

FIOR DI PERSICA (*Minér.*), m. *Carbonate de chaux*. Nom italien du *marbre fleur de pêcher*.

FIORITE (*Minér.*), f. Nom donné par le docteur Thomson à une variété de *quartz-résinite*, compacte, en petites concrétions globuliformes, adhérentes à des roches volcaniques. Elle tire son nom de *Santa-Fiora*, village de Toscane, où elle se trouve.

FISCHÉRITE (*Minér.*), f. Variété de *phosphate d'alumine*, dédiée à M. Fischer de Waldheim par le professeur Tschuroffsky.

FISSURE (*Exploit.*), f. Fente accidentelle qui traverse une ou plusieurs couches dans leur épaisseur. *Voyez* FAILLE.

FISSURELLE (*Paléont.*), f. Genre de calyptraciens, dont six espèces fossiles se trouvent dans les terrains modernes.

FISTULAIRE (*Paléont.*), f. Poisson fossile, dont on connaît deux espèces dans les terrains postérieurs à la craie.

FISTULANE (*Paléont.*), f. Genre de tubicolée, dont deux espèces fossiles se trouvent dans les terrains supercrétacés.

FLABELLAIRE (*Paléont.*), f. Genre de polypiers, dont on connait une espèce à l'état fossile dans les terrains supérieurs à la craie.

FLACHE (*Exploit.*), f. Fente qui se trouve dans l'intérieur des roches, et qui n'est point visible à l'extérieur. Ces sortes de fissures se reconnaissent au bruit sourd que fait le choc du marteau, lorsqu'on les frappe. Celles qui n'ont point de flaches résonnent facilement.

FLÉAU (*Métall.*), m. Tringle d'un soufflet ayant un mouvement d'oscillation.

FLÈCHES D'AMOUR (*Minér.*), f. Variété de l'*hydroxyde de fer* ou de *manganèse piciforme*, en petites houppes chatoyantes, engagées dans l'intérieur de cristaux de quartz hyalin améthyste.

FLEURS MINÉRALES (*Minér. anc.*), f. Noms vulgaires donnés aux variétés pulvérulentes et efflorescentes de certains minéraux, tels que le cobalt, le manganèse, le fer, etc.

FLEUR ARGENTINE D'ANTIMOINE, f. Vapeur d'antimoine condensée par le refroidissement.

FLEUR D'ALUN, f. Alun en efflorescence.

FLEUR D'ARGENT, f. Nom vulgaire donné à une variété pulvérulente de carbonate de chaux.

FLEUR D'ARSENIC, f. *Arséniate de chaux*.

FLEUR D'ASIE, f. Terre savonneuse de Smyrne.

FLEUR DE BISMUTH (*Minér.*), f. Nom donné par Justi à une variété irisée et chatoyante d'oxyde de bismuth.

FLEUR DE CHAUX, f. Carbonate de chaux ; variété pulvérulente.

FLEUR DE CINABRE (*Minér.*), f. *Vermillon natif* ; variété pulvérulente du *sulfure de mercure*.

FLEUR DE COBALT, f. *Arséniate de cobalt*.

FLEUR DE MANGANÈSE (*Minér.*), f. *Oxyde de manganèse*; variété métalloïde argentine, qui tapisse souvent des géodes de fer hématite.

FLEUR DE PIERRE, f. Nom donné par le peuple à la variété pulvérulente du carbonate de chaux.

FLEUR DE SOUFRE, f. Amas de parcelles ou de petits cristaux aciculaires produits par la sublimation du soufre, et se présentant sous forme pulvérulente.

FLEUR DE ZINC, f. *Hydro-carbonate de zinc*; oxyde de zinc qui, dans la combustion du zinc, se dépose sous forme de houppes soyeuses d'un très-beau blanc.

FLEURET (*Exploit.*), m. Espèce de trépan, terminé en forme de ciseau plat, dont on se sert pour faire les trous de mines.

FLEXIBILITÉ, f. Propriété de certaines substances d'être courbées facilement sans se briser; elle appartient aux corps composés de fibres très-déliées, ou disposés en feuillets minces. *Voyez* DUCTILITÉ.

FLIN (*Minér.*), m. *Pierre de foudre*. C'était aussi le nom d'une pierre représentant une idole dans la mythologie germanique.

FLOS FERRI (*Minér.*), m. Variété d'*arragonite* fibreuse en rameaux blancs, imitant certaines branches de corail. On la trouve dans quelques mines de fer, notamment dans la Styrie, où elle est d'un blanc de neige remarquable; dans la Hongrie, dans les Pyrénées, etc. Son aspect stalactiteux et coralloïde, au milieu des minerais ferreux, lui a fait donner son nom, du latin *flos ferri*, fleur de fer.

FLOSS (*Metall.*), m. Hartflos, fonte ou fer carburé.

FLUATE D'ALUMINE (*Minér.*), m. Syn.: *fluelite*, *cryolite*, *fluorure d'alumine* des chimistes.

Cette substance, qui a porté quelque temps le nom de *phtorure d'alumine*, ne parait exister à l'état de pureté dans la nature que dans la *huélite*, qui adhère à la wavellite du Cornouailles sous la forme d'un octaèdre tronqué, conduisant au prisme rhomboïdal droit de 100°, avec le rapport : : 1 : 3. Ses cristaux sont blancs et transparents; leur éclat est vitreux. Ce minéral parait, d'après une analyse faite en petit, être uniquement composé d'alumine et d'acide fluorique.

On connait depuis longtemps, sous le nom de *cryolite*, un fluate d'alumine sodifère, nommé par les chimistes *fluorure aluminico-sodique;* il existe à Ivikaët, près de la baie d'Arksut, dans le Groënland, en veines lamelleuses, dans un granite qui contient de l'étain et du wolfram; sa couleur est d'un blanc laiteux, quelquefois coloré légèrement en jaune par de l'oxyde de fer; il possède trois clivages égaux et faciles, perpendiculaires l'un à l'autre; son éclat peu vif est vitreux, un peu perlé; il raye le gypse, et se laisse rayer par la fluorine; il fond à la simple flamme d'une bougie; sa pesanteur spécifique est de 2,963. La composition de la cryolite, suivant Berzelius, est de:

Acide fluorique	31.38
Alumine.	24.40
Soude.	44.28
	100 00

Berzelius en tire la formule $Al^2F^6 + Na F^2$; M. Dufrénoy, en transformant l'analyse dans la théorie de l'acide fluorique, trouve $2 Al F^3 + 3 NaF^2$, tandis qu'en faisant le même calcul j'ai obtenu $Al F^3 + 2 Na F^2$, résultat d'accord avec la composition chimique des deux fluorures, avec excès de soude. Il est probable que cet excès de soude n'existe pas, et que le chiffre 116.90 de l'atome du fluor est un peu trop fort.

FLUATE DE CHAUX (*Minér.*), m. *Voy.* FLUORURE DE CALCIUM.

FLUATE D'YTTRIA ET DE CÉRIUM (*Minér.*), m. *Fluorure d'yttrium et de cérium.*

FLUATE NEUTRE DE CÉRIUM (*Minér.*), m. *Fluorure de cerium.*

FLUCÉRINE (*Minér.*), f. Nom donné par M. Beudant au *fluorure de cérium.*

FLUÉLITE (*Minér.*), f. Nom donné par le docteur Wollaston à un cristal de *fluate d'alumine*, trouvé avec la wavellite de Cornouailles. *Voy.* FLUATE D'ALUMINE.

FLUIDE CHAOTIQUE (*Géogn.*), m. Fluide imaginé par Werner, pour expliquer dans le système neptunien la formation de certaines roches trappéennes cristallines.

FLUOCÉRINE (*Minér.*), f. Nom donné par M. Beudant au *fluorure de sodium.*

FLUOR (*Chimie minér.*), m. Corps simple dont les propriétés ne sont pas encore bien connues, à cause de la difficulté qu'on éprouve à isoler le fluor, qui attaque immédiatement le verre et tous les métaux. On lui donnait anciennement le nom de *phthore*, du grec *phthéirô*, je détruis. Sa formule atomique est F ou Fl, et son poids 116.900. — Il n'est pas encore bien déterminé. On se servait autrefois de cette dénomination pour exprimer le *fluorure de calcium* ou *de chaux*.

FLUORINE et FLUORITE (*Minér.*), f. Nom moderne du *fluorure de chaux*, ou de calcium.

FLUORURES, m. Sels composés de fluor et d'un métal, ou peut-être d'acide fluorique et d'une base, car ni le fluor ni l'acide fluorique ne sont encore bien connus; aussi les nomme-t-on indifféremment fluorures ou fluates. Ces sels ont été découverts en 1771 par Schéele. Leur caractère particulier est de laisser dégager avec le fluorure et l'ammoniaque fondu un gaz piquant qui corrode le verre; quelques-uns même le dégagent sans addition avec l'acide sulfurique; ils sont généralement solubles; traités par l'acide sulfurique bouillant, ils dégagent des vapeurs d'acide fluorhydrique qui corrodent le verre; leur formule générale est $n F^2$ (n étant la base).

FLUORURE D'ALUMINE (*Minér.*), m. *Voy.* FLUATE D'ALUMINE.

FLUORURE DE CALCIUM (*Minér.*), m.

Syn. : *fluorite*, *spath fluor*, *chaux fluatée*, *chlorophane*, *fluorine* de Beudant, etc. Substance cristallisée ou en masses concrétionnées, elle raye le carbonate de chaux, et se laisse rayer par la fluorine. Sa densité est de 3.1 à 3.2 ; elle décrépite sur un charbon ardent, perd son éclat au chalumeau, devient d'un blanc laiteux, et se fond en une perle opaque blanche.

La variété cristallisée dérive du cube ; elle est limpide et incolore, ou violet améthyste, vert bleuâtre, jaune de lie ; elle est éminemment lamelleuse, et présente quatre clivages faciles et égaux. Cette variété est souvent quartzifère et aluminifère, et conserve sa forme malgré le mélange de 40 à 50 pour cent d'argile. — La variété concrétionnée forme des couches ou zones blanches et violettes, se confondant souvent ensemble ; son tissu lamelleux est très-sensible; celles compactes ont la cassure esquilleuse, matte, et à éclat prononcé; elle est translucide dans ses fragments ; sa couleur est violâtre et verdâtre. Un échantillon venant d'Alston-Moor, analysé par Berzelius, lui a donné :

Chaux.	72.14
Acide fluorique	27.86
	100.00

qui, réduit en fluorure, conduit à la formule $Ca F^2$.

Le florure de calcium présente un phénomène de phosphorescence remarquable : si on le chauffe dans une cuiller en fer, il devient lumineux, et dégage une lumière violette ou verte.

La chaux fluatée se trouve en filons dans des terrains modernes ; elle accompagne l'étain en Cornouailles ; elle est souvent associée avec des filons de plomb et de zinc ; elle forme des filons au Hartz, et sert de fondant pour le traitement des minerais de cuivre.

FLUORURE DE CÉRIUM (*Minér.*), m. Synonymes : *cérium fluaté*, *flucérine* et *basicérine* de Beudant, etc. Ce minéral, que Berzelius a recueilli dans l'albite, existe en cristaux ou en masses amorphes ; ses cristaux sont des prismes à six faces, réguliers ; il est d'un rouge jaunâtre ; il raye le carbonate de chaux, et est rayé par le phosphate ; sa pesanteur spécifique est de 4.70 ; il brunit au chalumeau, sans se fondre ; avec le borax et le sel de phosphore, il donne un globule rouge ou orange qui pâlit en se refroidissant : il est attaquable par les acides. Sa composition est, d'après Berzelius :

Fluor.	38.38
Cérium.	63.83
	101.11

éléments qui conduisent à la formule $Ce F^3$.

Le fluorure de cérium est souvent accompagné d'eau ; il forme alors un *hydro-fluate de cérium*. Il est de la couleur jaune du fluorure amorphe ; sa cassure un peu grenue est inégale ; il forme à Fimbo de petites masses associées avec le quartz et l'albite ; il donne de l'eau par la calcination ; sa composition est, suivant Berzelius :

Fluor.	28.28	26.67
Cérium.	66.77	60.03
Eau.	4.95	13.50
	100.00	100.20

et sa formule : $3\ Ce F^2 + 2\ Aq$, pour la première analyse, et : $Ce F^2 + 2\ Aq$, pour la seconde.

Ce dernier minéral provient de Battnaès ; il est compacte, jaune de cire clair, à cassure inégale ; son éclat est vitreux ; sa dureté est la même que celle du fluorure. M. Hisinger l'a trouvé composé de :

Fluorure cérique. — lanthanique.	50.15
Oxyde cérique. — lanthanique.	36.45
Eau.	13.41
	99.99

Il lui donne pour formule $(Ce, L) F^6 + (Ce, L)^2 O^3 + 4\ A q$. N'ayant point sous les yeux les sous-détails de cette analyse, je n'ai pu en vérifier la formule.

FLUORURE DE TITANE ET DE FER (*Minér.*), m. Synonyme : *warwickite*. Substance composée de fluor, de titane et de fer, de couleur gris brunâtre ou brune, à éclat perlé, ayant des reflets bronzés ou rouge de cuivre ; sa poussière est d'un brun chocolat ; ses cristaux décomposés sont d'un brun rougeâtre. Sa forme primitive est un prisme rhomboïdal oblique, dont l'angle est de 93 à 94° ; sa cassure est inégale ; elle raye l'apatite, et est rayée par le feldspath ; sa densité est de 3.14 à 3.29. Au chalumeau elle est infusible, mais sa poussière devient noire ; celle-ci n'est que faiblement et lentement attaquée par l'acide hydrochlorique ; en chauffant la warwickite, elle se décompose rapidement, et laisse échapper un gaz qui dépolit le verre. Son analyse a donné à M. Shépard :

Titane.	64.71
Fer.	7.14
Yttrium.	0.80
Fluor.	27.33
Alumine.	trace
	99.98

d'où l'on tire $10\ Ti F + Fe F = (Ti, Fe) F$.

FLUORURE D'YTTRIUM (*Minér.*), m. Synonymes : *yttrocérite*, *yttria fluatée*, *cérium oxydé yttrifère*, etc. La couleur de ce minéral, qui est le bleu violet, le gris bleuâtre ou blanchâtre, change avec la proportion de cérium ; il est opaque, sa cassure est inégale, ou lamelleuse ; sa forme primitive est le cube ; il raye la fluorine, et se laisse rayer par l'acier ; sa densité varie entre 3.44 et 4.018 ; il est infusible au chalumeau, et y devient gris clair ; sa solution dans les acides donne, par l'ammoniaque, un précipité qui se dissout dans le carbonate d'ammoniaque. Les analyses de Berzelius donnent les compositions suivantes :

	Fluorure de Fimbo.	Ytthrocérite de Brodbo.	Ytthrocérite de Fimbo.
Acide fluorique.	14.00	17.84	23.45
Yttria.	33.30	19.02	8.10
Oxyde de cérium.	22.90	13.78	16.45
Chaux.	3.90	31.23	50.00
Silice.	19 30	»	»
Oxyde de fer.	3.00	»	»
Albite.	»	18.11	»
	96.40	100.00	100 00

En transformant ces analyses en fluorures, on trouve pour l'expression moyenne (Y, Ce, Ca) F^2.

FLUO-SILICATE DE MAGNÉSIE (*Minér.*), m. Synonymes : *condrodite, chondrodite, macturite*, *orucite*, *humite*, etc. Minéral jaune de cire en gros grains cristallins, à cassure conchoïde et inégale, à éclat vitreux ; il raye légèrement le verre. Sa pesanteur spécifique est de 3.199. Il est infusible au chalumeau, et y perd sa couleur ; avec le borax, il donne un verre diaphane, légèrement coloré par le fer. Sa composition est, suivant Seybert, Rammelsberg et Marignac :

	VARIÉTÉS. De New-Jersey.	De Pargas.	Humite.
Silice.	32.66	33.10	30.88
Magnésie.	54.00	56.61	56.72
Protoxyde de fer.	2.33	2.35	2.19
Potasse.	2.10	»	»
Fluor.	4.69	8.69	»
Acide hydro-fluor.	»	»	10.21
	95.18	100.73	100.00

d'où l'on tire la formule $(MgO)^3\, SiO^3 + Mg\, F^2$.

FLUSSOFEN (*Métall.*), m. Nom allemand des fourneaux de fusion, tels que le haut-fourneau.

FLUSTRE (*Paléont.*), f. Genre de polypiers, dont onze espèces existent à l'état fossile dans les terrains crétacés et supercrétacés.

FLUTEAUX (*Métall.*), m. Petites masses de fer qui s'attachent au ringard, lorsqu'on avale la loupe.

FLUX (*Docim.*), m. Fondant ; substances qui favorisent la fusion d'autres corps, lorsqu'on les met en contact à une certaine température. On donne plus particulièrement le nom de *flux* aux substances employées dans la docimasie, et celui de *fondant* à celles qui servent dans les arts métallurgiques. Le borax est un des flux les plus usités, mais il ne saurait être employé sur une grande échelle ; c'est ce qui fait que les opérations métallurgiques répondent assez rarement à celles docimasiques. On distingue deux sortes de flux : le *flux blanc* et le *flux noir*. Le premier contient deux parties de nitre et une de tartre ; il ne sert qu'à la fusion : le second se fait avec deux parties de tartre et une de nitre ; il est propre à la réduction des métaux ; c'est un assez bon moyen de reconnaissance. Le flux diffère du réactif en ce qu'il agit plus particulièrement sur les molécules intégrantes des minerais, et qu'il en opère la séparation en les rendant fusibles ; c'est ce qui constitue l'*essai par la voie sèche*. Le réactif, au contraire, agit sur les molécules constituantes, procure la décomposition du corps à l'aide du jeu des affinités, et donne ainsi lieu à l'opération qu'on appelle *analyse par la voie humide*. Le flux procure la liquéfaction des matières soumises à son action ; le réactif n'agit que sur des substances déjà liquides. Quant aux substances employées dans les arts sur une grande échelle, *voyez* le mot FONDANT, où nous renvoyons pour la théorie de la fusion des matières minérales.

FLUX NOIR (*Docim.*), m. Flux composé de deux parties de crème de tartre et une partie de nitre ; on le brûle dans un vase de fer, comme un étouffoir ; on broie pendant que le mélange est chaud, et on tamise. Pour les essais, on ajoute au minerai de cuivre (le sulfure doit être préalablement grillé) trois parties de flux ; pour le carbonate de plomb, deux parties ; pour la galène, quatre parties, etc. A défaut de tartre et de nitre, on peut composer un bon flux noir avec les substances suivantes :

Carbonate de soude.	94	88	81.6
Charbon, sucre, ou amidon (indifféremment).	6	12	18.4
	100	100	100.0

La manière d'employer le flux noir est celle ci : Pour le minerai de *cuivre*, on mélange bien les matières en poudre, et on les place dans un creuset qui ne doit être plein qu'aux trois quarts ; on recouvre d'une légère couche de flux ; on chauffe graduellement, et on donne un coup de feu d'un quart d'heure. On brise ensuite le creuset, et on a un culot de métal pur. Pour les minerais de *plomb* non sulfurés, on ajoute une ou deux parties de borax pour faciliter la fusion ; les *sulfures de plomb* se traitent comme les minerais de cuivre, à part la proportion de flux ; les *silicates de zinc* veulent, pour une partie, 1 de flux noir et $\frac{1}{6}$ de charbon : quant à l'*oxyde* et à la *calamine*, il suffit de fondre avec 18 pour cent de charbon, de chauffer jusqu'au blanc, de s'arrêter quand les vapeurs ont cessé, et de doser par différence. La *blende* se dose avec de la poussière de fer et du verre pilé, on chauffe et on conclut par différence ; le flux noir varie un peu pour l'*oxyde d'étain* : pour une partie de minerai, il faut mettre dans le creuset $\frac{1}{2}$ partie de carbonate de soude et $\frac{1}{6}$ de charbon.

FOC (*Métall.*), m. *Feu*, terme des Pyrénées.

FOIE DE SOUFRE, m. Ancien nom des sulfures.

FOND (*Métall.*), m. Plaque ou pierre de fond du creuset d'un fourneau.

FONDAGE (*Métall.*), m. Cette expression

est usitée pour désigner l'opération par laquelle on réduit, dans les *hauts-fourneaux*, le minerai de fer à l'état de carbure ou de *fonte*. Elle exige une grande expérience, une théorie des fondants bien exacte, et la connaissance parfaite des matières employées. Voici, en peu de mots, la marche adoptée dans les fondages : Lorsque la *cuve* d'un haut-fourneau est nouvellement construite, on doit la *fumer* avec précaution, en allumant d'abord un feu léger dans le fourneau, dont on a bouché la *tuyère*, et jetant ensuite peu à peu dans le creuset quelques charbons sur le feu, qu'on entretient ainsi pendant trois ou quatre jours. Après ce séchage préliminaire, on verse du charbon dans l'ouvrage, et on continue ces charges de combustible jusqu'à ce que le charbon paraisse au gueulard. Alors on verse peu à peu une petite dose de minerai et de fondant, qu'on augmente graduellement. Ce n'est que lorsque le fourneau est en pleine activité, qu'il est possible de connaître et d'employer toute la charge de minerai et de fondants que le charbon peut porter. Aussitôt qu'on s'aperçoit que le minerai est descendu dans l'ouvrage, on nettoie la sole, on place la *dame*, on ferme le trou du *chio* avec de la terre glaise, on arrange la *tuyère* et la *buse*, et l'on donne le vent. Les soufflets doivent agir au commencement avec beaucoup de lenteur ; ils augmentent ensuite progressivement de force, et, au bout de deux ou trois jours, ils reçoivent la vitesse qui convient à la densité du combustible. Le chauffage d'un fourneau à coke exige encore de plus grandes précautions : ce n'est guère qu'au bout de huit jours que l'on doit donner au vent toute son intensité. Alors le fondeur distribue les charges de minerai, de combustible et de fondants, de manière à ce qu'elles soient bien également répandues, qu'elles ne se tassent pas, et qu'elles n'obstruent pas l'ouvrage. C'est surtout pendant les premiers jours de la campagne qu'il doit user de ménagement, et consulter avec soin l'allure du fourneau chaque fois qu'il veut augmenter les charges ; car les parois et le muraillement n'ayant pas encore acquis le degré de chaleur qu'ils doivent conserver, une surcharge produirait un engorgement qui pourrait avoir des suites fort graves. Les charbons doivent être bien secs, et les cokes doivent sortir de la meule lorsqu'on les jette par le gueulard. On les charge ordinairement au volume, et non au poids. On doit éviter les variations de ces mesures, surtout pour le coke, et rejeter la méthode défectueuse de mesurer le combustible dans des paniers appelés *rasses*, dont rien ne détermine exactement la capacité. Les charbons ne doivent être ni trop gros, ni trop petits ; les charges doivent être telles qu'elles ne puissent refroidir la partie supérieure de la *cuve*, tout en supportant cependant le minerai. C'est une bonne méthode que de mélanger bien intimement le fondant et le minerai avant de les charger dans le fourneau. On n'obtiendrait, au contraire, aucun bon effet d'un pareil mélange entre le charbon et la mine, si surtout elle était réfractaire. Arrivées devant la tuyère, les masses mélangées produiraient un engorgement, et le résultat de l'opération ne serait plus homogène. De six heures en six heures, le fondeur nettoie la dame et fait sortir le *laitier* ; il détache celui qui obstrue la *tuyère*, les *costières*, la *tympe*, etc., et attire à lui, à l'aide d'un croard, le laitier qui est liquide. Lorsque le creuset est rempli, on procède à la coulée : le fer cru sort avec impétuosité, et se répand dans les rigoles de sable destinées à le recevoir. La *percée* doit être faite au niveau de la *sole* du creuset, afin qu'il ne reste point de fonte dans le fond. C'est pour cette raison qu'on doit incliner vers la dame la pierre de fond du creuset. La tuyère doit être bouchée lorsqu'on opère la coulée. Sitôt que le creuset est vide, on bouche le trou du chio, on remplit l'avant-creuset de charbons incandescents qu'on tire du foyer, on débouche la tuyère, et l'on remet les soufflets en activité.

FONDANTS (*Métall.*), m. Terre qui s'ajoute au minerai dans les fourneaux, pour fondre les substances stériles dont un métal est entouré. Le métal, lorsqu'il est pur ou à l'état d'oxyde, s'obtient ou se réduit à une température peu élevée ; ainsi le minerai de fer, à l'état de peroxyde, se change en carbure de fer, ou fonte à 800° centigrades ; mais s'il est mélangé avec des terres, il exige le plus souvent, pour sa réduction, une température qui s'élève au delà de 5000°. La présence des terres influe ainsi singulièrement sur la fusion, et tend à rendre le minerai réfractaire. Il est donc important, en métallurgie, de tenir compte du rôle qu'elles jouent dans la réduction des minerais. L'examen de ce rôle constitue la théorie des fondants.

Les terres qui se trouvent le plus généralement en mélange avec les oxydes métalliques sont au nombre de trois : la *silice*, l'*alumine* et la *chaux*. Quelquefois le minerai ne possède qu'une seule de ces terres ; dans la plupart des cas, il en contient deux ; rarement les trois se trouvent ensemble dans la même mine. Or, chacune d'elles, prises une à une, est réfractaire : la silice pure, exposée à la chaleur la plus élevée, est infusible par elle-même ; l'alumine ne fond pas à la température la plus haute de nos fourneaux ; la chaux est inaltérable au calorique. Chacune de ces terres, prises séparément, tend donc à communiquer au minerai sa qualité réfractaire, ou du moins à empêcher la réduction complète de l'oxyde, en ne se séparant pas par la fusion. Les résultats changent, si on mélange les terres deux à deux : de la silice avec de l'alumine, de la chaux avec de l'alumine, de la silice avec de la chaux, se boursouflent à une haute température, se porcelanisent, et présentent un commencement de vitrification. On remarque déjà, dans cette exposition de deux terres à un feu violent, que la vitrification, encore bien imparfaite, est cependant plus ou moins facilitée par certaine proportion conservée dans le dosage des deux éléments terreux, et que celle qui réussit le mieux est celle dans laquelle la silice domine. Le mélange des trois terres donne, à une température beaucoup moins élevée, une vitrification plus parfaite, et en même temps plus facile. Ici, comme dans le dosage deux à deux, la proportion a une grande influence sur le résultat. Enfin, la vitrification est parfaite lorsque le mélange a lieu dans certaine proportion, qu'après bien des tâtonnements on a trouvé être la suivante :

Silice.	55
Chaux.	30
Alumine.	15
	100

Si donc un minerai contenait ces trois terres dans les proportions voulues, il se réduirait à la température suffisante pour la fusion des terres, lorsqu'elles sont bien dosées; mais s'il n'en contenait que deux, il faudrait ajouter la troisième; s'il n'en contenait qu'une, on devrait lui fournir les deux; si enfin les proportions n'étaient pas convenables, il faudrait les rendre parfaites par des additions. Ces additions sont ce qu'on appelle les fondants. Lorsque le minerai ne trouve pas les terres nécessaires pour sa fusion, il les emprunte aux parois du fourneau, les use, et détruit l'ouvrage en peu de temps. Si les parois du fourneau ne peuvent pas la lui fournir, la vitrification a lieu aux dépens du métal, qui passe alors, en partie, dans le laitier.

FOND DE COUPELLE (*Métall.*), m. Sole du fourneau de coupellation, formée de matières poreuses et terreuses, à travers lesquelles s'infiltre une partie de l'oxyde de plomb, que l'on régénère ensuite à l'aide de la fusion. *Voy.* le mot COUPELLE.

FONDERIE (*Métall.*), f. Usine où l'on fond les métaux.

FONDEUR (*Métall.*), m. Ouvrier employé à fondre les métaux. Dans un fourneau, c'est celui qui travaille à la tympe; dans les feux d'affinerie, c'est celui qui affine, soit que l'opération ait lieu par fusion, comme dans les feux allemands, soit qu'elle ait lieu par simple agglutination.

FONDS (*Exploit.*), m. Galeries horizontales poussées jusqu'aux limites de l'exploitation dans le massif de houille, à partir du fond du puits, ou de la galerie inclinée qui conduit au massif.

FONGIPORE (*Paléont.*), m. Sorte de lithophyte qui ressemble à un champignon; du latin *fungus*, champignon; *porus*, trou.

FONGITE (*Paléont.*), f. Sorte de polypier ayant la forme d'un champignon, ou d'un œillet évasé.

FONTAINE ARDENTE, f. *Voy.* FEUX NATURELS.

FONTE (*Métall.*), f. Fer brut, fer cru; produit obtenu du minerai de fer fondu dans un haut-fourneau, au milieu de charbon et de fondants. Le minerai, jeté dans la cuve à l'état de peroxyde, passe successivement à celui de protoxyde, à celui de fer pur; puis, environné de carbone, il s'en sature de plus en plus, et descend dans les parties inférieures de la cuve, en entraînant avec lui une portion de fer pur avec lequel le carbure s'unit. Le métal liquide se réunit dans le creuset, et présente une combinaison du fer avec son proto-carbure; c'est ce qu'on appelle *fonte*. La fonte est grise, lorsqu'elle est bien saturée de carbone et que le graphite a pu se développer par un refroidissement lent; elle est blanche dans le cas contraire. Le passage de la fonte grise à la fonte blanche constitue la fonte truitée, reconnaissable à de petits points noirs semés sur un fond blanchâtre, ou à des points blancs sur un fond noir. Voir, pour le travail de la fonte, les mots HAUTS-FOURNEAUX, FONDAGE, FONDANTS, MINERAIS DE FER, etc.

FONTE DE BOCAGE (*Métall.*), f. *Voy.* BOCAGE.

FONTE INOXYDABLE (*Métall.*), f. Alliage aussi dur que le cuivre et le fer, et plus tenace que la fonte. Il peut remplacer le bronze dans une foule de cas; il suffit pour cela de mettre le cuivre à nu par des procédés connus. Il se laisse limer, tourner, tarauder; coule avec facilité, se moule, et a l'avantage de ne pas adhérer aux moules métalliques dans lesquels on le verse. Il a en outre la propriété très-précieuse de ne pas s'oxyder, et de conserver indéfiniment le poli qu'on lui donne. Il est composé de :

Cuivre.	10
Fonte de fer.	10
Zinc.	80
	100

fondus ensemble avec les précautions convenables.

FONTES CLAIRES (*Métall.*), f. Restes de coulées provenant de ce que le four a reçu trop de métal cru. Les fontes claires diffèrent des *carcas*, en ce que ceux-ci sont, en grande partie, décarburés, tandis que celles-là sont restées à l'état de fer cru.

FORCE (*Exploit.*), f. Nom que les mineurs de la Loire donnent à la *mofette*.

FORET (*Métall.*), m. Instrument qui sert à percer; burin pour aléser les cylindres creux.

FORÊT SOUS-MARINE (*Géol.*), f. Amas de bois altérés de diverses espèces, couchés pêle-mêle, et ensevelis dans des matières terreuses. Ces dépôts renferment des feuilles, des fruits, des coquilles d'eau douce, des insectes, du bois de cerf et d'élan, et quelquefois des instruments d'usage domestique. On connaît des forêts sous-marines à Chatou et au Port-à-l'Anglais près de Paris, à Morlaix en Bretagne, dans le comté de Lincoln en Angleterre, aux îles de Man et de Sutton.

FORGE (*Métall.*), f. Usine où l'on travaille le fer. On en distingue deux sortes : la petite forge, forge de maréchal ou forge à mains, où l'on élabore le fer déjà réduit en barres ; et la grande forge, ou l'établissement dans lequel on opère la réduction des minerais, on obtient de la fonte, et l'on produit du fer sur une grande échelle. La petite forge se compose ordinairement d'un *creuset* revêtu d'une hotte, d'un *soufflet* pour y alimenter la combustion, d'une *enclume* et de *marteaux* pour l'élaboration du métal, et de divers petits engins nécessaires au travail en petit. La grande forge peut se diviser en quatre parties : l'établissement de préparation des matières premières, le haut-fourneau où s'opère la réduction du minerai de fer, la forge proprement dite, où la fonte se convertit en fer, et la moulerie, où l'on donne à la fonte toutes les formes en usage dans le commerce et les arts.

FORGIS (*Métall.*), m. Verge crénelée qui est destinée à passer à la filière.

FORMATION (*Géol.*), f. Groupe ou assemblage de roches qui se ressemblent sous le rapport de l'origine, de l'âge ou de la composition. Les diverses formations adoptées par les géologues portent les noms ci-après :

FORMATION CAMBRIENNE. *Voy.* le mot CAMBRIEN.

FORMATION CARADOCIENNE. *Voy.* le mot CARADOCIEN, synonyme de *silurien*.

FORMATION CARBONIFÈRE. Partie du *terrain carbonifère* qui renferme le calcaire carbonifère et les roches houillères. La formation carbonifère ne diffère du terrain de même nom que parce que celui ci comprend le vieux grès rouge.

FORMATION CONCHYLIENNE. *Voy.* le mot CONCHYLIEN.

FORMATION GRANITIQUE. *Voy.* TERRAIN GRANITIQUE.

FORMATION HOUILLÈRE. Partie du *terrain carbonifère*, comprenant la houille et les grès et schistes qui l'accompagnent.

FORMATION KEUPRIQUE. *Voy.* le mot KEUPRIQUE.

FORMATION LAVIQUE. Formation volcanique, comprenant les variétés de téphrines, presque toujours disposée en coulée, et affectant des formes très-variées, telles que de grands champignons, des stalagmites, etc., sur grande échelle. Ces roches sont rarement en nappes.

FORMATION LIASIQUE. *Voy.* le mot LIASIQUE.

FORMATION MAGNÉSIFÈRE. Formation appartenant au terrain triasique, composée de marnes bigarrées et schisteuses, avec gypse, calcaire magnésien, calschiste et schiste cuivreux, calcaire bitumineux, fétide, sel gemme et marne bleuâtre ou grisâtre, passant à l'argile.

FORMATION MICASCHISTEUSE. Partie du terrain stratifié renfermant le *gneiss* et le *micaschiste*. C'est la série *métamorphique* de la nouvelle géologie.

FORMATION NÉOCOMIENNE. Nom donné par M. Thurmann à des couches calcaires de la partie inférieure du terrain crétacé, de couleur jaune, reposant sur une marne jaune.

FORMATION OOLITIQUE. *Voy.* le mot OOLITIQUE.

FORMATION PALÉO-PSAMMÉRYTHRIQUE. *Voy.* le mot PALÉO-PSAMMÉRYTHRIQUE.

FORMATION PŒCILIENNE. *Voy.* le mot PŒCILIEN.

FORMATION PORPHYRIQUE. Partie du terrain granitique, dans laquelle dominent les porphyres.

FORMATION SILURIENNE. *Voy.* le mot SILURIEN.

FORMATION SNOWDONIENNE. *Voy.* le mot SNOWDONIEN. Cette formation est synonyme de la *formation cambrienne*.

FORMATION WEALDIENNE. Couches de calcaire, de grès ferrugineux, d'argile et de sable à lignites du terrain crétacé ; ainsi nommées du pays de *Wealden* dans le comté de Sussex, en Angleterre.

FORME COLONNAIRE, f. *Voy.* les mots COLONNAIRE et STRUCTURE COLONNAIRE.

FORME HÉMIÈDRE (*Cristall.*), f. *Voy.* HÉMIÈDRE.

FORME HOMOÈDRE (*Cristall.*), f. *Voy.* HOMOÈDRE.

FORME PRIMITIVE (*Cristall.*), f. C'est la forme la plus simple dont soit susceptible un minéral. Elle n'est point prise arbitrairement et au hasard, mais bien indiquée par la nature. Les autres formes que revêt souvent le même minéral ne sont que des modifications de la forme primitive, et portent le nom de *formes secondaires*. Toutes les variétés de forme d'un même minéral sont originaires d'une forme unique, que des circonstances particulières ont modifiée. *Voy.* les mots CRISTALLISATION et CRISTALLOGRAPHIE.

FORME SECONDAIRE (*Cristall.*), f. *Forme primitive* modifiée par des lames cristallines, qui donnent au cristal une apparence géométrique toute autre que celle de son noyau, ou molécule constituante.

FORMULES ATOMIQUES, f. Signes représentatifs des combinaisons chimiques, dans lesquels chaque corps simple est représenté par la première lettre de son nom ou par les deux premières lettres, lorsque le nom de deux corps simples commence par la même lettre : l'oxygène par des points placés au-dessus du signe du corps simple, ou par un O ; et le nombre d'atomes de chacun d'eux, par des chiffres placés, comme un exposant algébrique, à droite du nom. Dans les composés ternaires polynomes, chaque monome binaire est séparé de l'autre par le signe +, et le nombre d'atomes de chacun de ces monomes est représenté par un coefficient placé à gauche. Les formules chimiques ne font pas connaître le poids réel des molécules des corps, mais elles indiquent seulement des poids qui offrent un rapport simple avec eux. Nous avons donné au mot ATOME les formules des corps simples connus jusqu'à ce jour.

FORMULES MINÉRALOGIQUES, f. Les formules atomiques ont l'inconvénient de ne pas permettre, au premier coup d'œil, de comparer l'oxygène de la base à l'oxygène de l'acide : Berzelius, qui a porté sur ces matières toutes les lumières du génie, a, en conséquence, cru devoir modifier les formules chimiques, en supprimant les points ou signes d'oxydation, et donnant à chaque monome un exposant qui fait connaître à l'instant le rapport de l'acide à celui de la base. Ces nouvelles formules, auxquelles le célèbre chimiste a donné le nom de *formules minéralogiques*, ont le très-grave inconvénient d'être représentées par des caractères semblables à ceux employés pour les formules chimiques, quoiqu'on ait eu la précaution de leur donner la forme italique : il en résulte une double manière d'exprimer le même corps avec deux systèmes de formules qui diffèrent peu l'une de l'autre ; ce qui entraîne conséquemment de la confusion, ou au moins de l'incertitude, dans l'esprit des personnes peu habituées à ces matières ; c'est ce qui est arrivé pour le *Manuel de minéralogie* de M. Huot, où les deux systèmes sont confondus à tout moment.

FORSTÉRITE (*Minér.*), f. Silicate de magnésie, dont la composition n'est pas bien connue; il est en petits cristaux hyalins, brillants, d'un brun jaunâtre, dérivant d'un prisme rhomboïdal droit sous l'angle de 128° 54', avec un pointement à quatre faces. La forstérite provient du Vésuve, où elle est associée avec du spinelle noir et du pyroxène vert; ses cristaux forment des sortes de nœuds au milieu d'une petite zone d'amphibole noire.

FOSSE (*Métall.*), f. Trou pratiqué dans le sol d'une fonderie, pour y placer des moules.

FOSSILE (*Paléont.*), m. Corps organisé anciennement, et qui a été enfoui dans la terre, au milieu de roches, où il s'est quelquefois minéralisé ; du latin *fossilis*, fait de *fodere*, enfouir, creuser. *Voy.*, pour plus de détail, notre introduction.

FOUILLE (*Exploit.*), f. Recherche à l'aide d'une excavation.

FOUR D'UN FILON (*Exploit.*), m. *Voy.* DRUSE, terme de mineur.

FOUR (*Métall.*), m. Fourneau d'une construction simple, et destiné à préparer les matières à l'aide d'une chaleur concentrée plus ou moins fortement. Ces sortes de four ont généralement la forme circulaire du four à boulanger. La forme elliptique est plus avantageuse pour la carbonisation de la houille.

FOUR À CHAUX (*Exploit.*), m. Four dans lequel on opère la calcination du carbonate de chaux, afin d'en dégager l'acide carbonique et d'obtenir la chaux pure.

La forme des fours à chaux est assez indifférente ; aussi varie-t-elle dans chaque pays. C'est en général une portion de cône renversé, dont la partie supérieure, qui est la base du cône, forme le gueulard ; et celle inférieure, ou sommet tronqué, présente une ouverture

ou espèce de chio par où l'on introduit le combustible et l'on brûle la chaux. La figure ci-dessus offre une des formes les plus usitées. Parfois le cône est recouvert d'une voûte, comme dans les environs de Montreuil-sur-Mer, et le gueulard est pratiqué au milieu de cette voûte. Quelquefois ces fours sont construits entièrement hors de terre; quelquefois, au contraire, ils y sont entièrement enfoncés. A Mézières et à Sedan, les fours à chaux sont cylindriques et à moitié enfoncés dans le sol; ils reçoivent 10 mètres 283 cubes de carbonate de chaux, et rendent 9 mètres 603 de chaux pure, en dépensant 13 stères 804 de bois. Dans les environs de Strasbourg, les fours ont la forme d'un prisme quadrangulaire; ils contiennent 80 mètres 88 de pierres, et rendent 47 mètres 988 de chaux, avec une dépense de 1 stère 68 par mètre cube. On n'emploie pas toujours du bois pour calciner la pierre à chaux : à Reims, où l'on fait usage de la tourbe, on brûle 11 mètres cubes de combustible, à la vérité très-poreux, pour obtenir 1 mètre cube de chaux ; à Fontaine (Haute-Saône), 7 mètres cubes ; à Champigny (Seine), 4 mètres cubes. Ces différences tiennent plutôt aux différences de qualité de la tourbe qu'à la forme des chaufours. En Angleterre, où l'on emploie de la houille mêlée avec des *cinders* ou escarbilles, 16 mètres cubes de houille avec 9 mètres de cinders produisent 100 mètres de chaux.

On cuit quelquefois le plâtre dans des fours absolument semblables à ceux employés pour la chaux ; mais le plus ordinairement on préfère casser le sulfate de chaux en morceaux gros comme un œuf, et en construire, à sec, une voûte sous des hangars. On allume dessous un feu de bois qu'on entretient jusqu'à ce que les morceaux de plâtre soient devenus rouges. Alors la cuisson est terminée; on arrête le feu, et on réduit le plâtre cuit en poussière.

FOUR À CRISTAUX (*Exploit.*), m. *Voy.* POCHE À CRISTAUX.

FOUR À PUDLER (*Métall.*), m. *Four à réverbère* dans lequel on affine la *fonte* ou le *fine métal*, par un patrouillage qui a pour but d'exposer continuellement le métal à un courant d'air chaud, et conséquemment à la complète décarburation. Le mot *pudler* vient du mot anglais *to puddle*, qui signifie brasser, patrouiller.

FOUR À RÉVERBÈRE (*Métall.*), m. Feu dans lequel le métal, n'étant point en contact avec le combustible, n'est fondu ou affiné que par la réverbération de la flamme sur les parois intérieures.

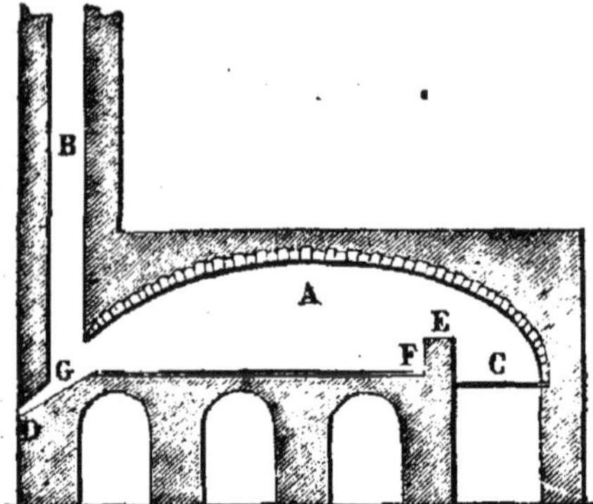

Ce four se compose d'un *foyer* à grille C, où l'on place le combustible; d'un *laboratoire* A, où se dépose le métal froid; d'une cheminée B, par où s'échappe la fumée et la flamme; et d'un *canal de coulée* D, par où s'écoule le métal en fusion. Le foyer est séparé du laboratoire par un petit mur E, qu'on nomme *pont*. Le fond du laboratoire porte le nom de *sole*, et est fait ou en sable ou en fonte. La partie de la sole la plus voisine du foyer est appelée *autel*, et celle qui conduit au trou de coulée, *rampant*.

On donne ordinairement à la grille une surface de 3 pieds sur 2, et à la section du laboratoire ou rampant, 140 à 180 pouces carrés. Les barreaux de fer qui reçoivent le combustible sont espacés entre eux suivant la grosseur du charbon ou de la houille employée. Il est très-important de répartir uniformément le combustible sur la grille, afin d'obtenir le maximum d'effet. L'épaisseur de la couche doit avoir 2 pouces; la grille ayant 864 pouces de surface, elle reçoit donc 1728 pouces cubes de combustible, ou 1 pied cube. Dans un four à réverbère bien construit, on brûle 4 hectolitres de houille par heure (320 kilog.), ou 5,333 kilog. par minute; or 5,333 de houille représentent 4,266 kilog. de carbone, qui exigent 11,376 kilog. d'oxygène, et supposent un poids d'air atmosphérique de 48,823 kilog. Mais il faut faire attention qu'une certaine portion d'air passe sur le combustible sans se brûler, et que, dans certaines circonstances, il se forme de l'oxyde de carbone. Il est donc convenable d'employer le double de l'air nécessaire pour la combustion théorique.

La température du laboratoire du four à réverbère peut raisonnablement être considérée comme celle nécessaire à la fusion de la fonte de fer. Or, la fonte, en se liquéfiant, fond 2,610 kilog. de glace dans le calorimètre; et, pour fondre 1 kilog de glace, il faut que 75 kilog. d'eau s'abaissent d'un degré. Si donc nous prenons cette donnée pour *calorie*, ou unité de mesure, nous aurons pour le nombre de calories de la fonte 2,61 × 75 = 196. La chaleur spécifique du fer cru comparée à celle de eau = 0,120; donc la température développée pour la fusion de la fonte $= \frac{196}{0,120} =$ 1633° centésimaux. On voit combien grande était l'erreur de Karsten, qui portait cette chaleur à 17 ou 18000° de Farenheit.

L'air entré dans le fourneau recevra donc une dilatation due à la température qu'il acquiert dans le foyer, et la capacité du laboratoire devra être telle qu'il puisse recevoir le volume dilaté, et le garder pendant le temps nécessaire pour que la chaleur produise son maximum d'effet. La dilatation cubique Δ d'un volume d'air V, à la température $t°$, se trouvera par la formule $V' = V\ (1 + \Delta\ t)$, dont tous les termes sont connus. De là découlent les calculs de l'élévation de la voûte, la largeur et la longueur de la sole. Une voûte trop élevée concentrerait mal le calorique; il faut aussi que le laboratoire ait une longueur telle que la flamme ne le traverse pas trop vite. Cela dépend en grande partie des dimensions de la section du rampant, qui doit être calculée d'après la dilatation de l'air et sa vitesse.

Soit V le volume d'air extérieur à 0°, $V\ (1 + \Delta\ t)$ celui de l'air intérieur à $t°$, D la densité de l'air dont l'oxygène est employé à former de l'acide carbonique = 1349 (poids en gramme d'un mètre cube); la densité à $t°$ sera $V\ (1 + \Delta\ t) : V :: D : n = \frac{VD}{V(1 + \Delta\ t)}$, et le rapport des densités de l'air pur à 0°, à l'air brûlé à $t°$ (A étant le poids en grammes d'un mètre cube d'air), $A : \frac{VD}{V\ (1 + \Delta\ t)} :: D' : d$ densité cherchée $= \frac{\frac{VDD'}{V\ (1 + \Delta\ t)}}{A}$. Si H est la hauteur de la cheminée, on aura pour équivalent de la colonne intérieure $D' : d :: H : x = P$, pression génératrice de la vitesse, ou différence des pressions. La vitesse due à cette pression $= \sqrt{2 g P}$, d'où $\frac{V'}{\sqrt{2 g P}}$, section du rampant, en divisant la masse d'air (par seconde) par la vitesse $\sqrt{2 g P}$.

Ces calculs varient nécessairement avec la nature du combustible : le bois, par exemple, demande une moindre masse d'air, une grille moins large, et un rampant plus étroit.

La chaleur n'a pas une égale intensité dans toutes les parties du fourneau; son point le plus élevé est sur le pont, puis sur l'autel, d'où elle va en diminuant à mesure qu'elle approche du rampant. Si donc on veut mettre à profit tout le calorique développé dans la combustion, il faut opérer près du pont, et rapprocher le métal de la chauffe: dans le cas contraire, il faut travailler près de la cheminée.

La flamme qui s'échappe du laboratoire par la cheminée est tout à fait inutilisée. En 1824, je me suis, le premier, servi de la flamme de quatre fours à réverbère pour chauffer deux chaudières ellipsoïdes et produire de la vapeur. Ces quatre fours suffisaient pour produire une force de soixante-quatre chevaux. L'appareil tel que je l'ai fait exécuter existe encore à la forge de la Basse-Indre, près de Nantes.

FOURCHETTES (*Métall.*), f. Plaque dentelée, dont les saillies s'emboîtent avec les taillants d'un équipage de fenderie, dans le but d'empêcher la *verge* de s'enrouler autour des rondelles.

FOURGON (*Métall.*), m. Outil qui sert à pousser les charbons sur les foyers.

FOURNEAU (*Métall.*), m. Appareil dans lequel se préparent, se fondent ou se réduisent les minerais. Les premiers portent plus particulièrement le nom de *four*; ce sont les fours de carbonisation, de grillage, de cuisson, etc. Parmi les seconds, on peut citer les hauts-fourneaux, les fourneaux à réverbère, les fourneaux à manche, etc.

FOURNEAU DE COUPELLE (*Métall.*), m. Fourneau à réverbère dans lequel s'opère l'affinage du plomb d'œuvre pour en séparer l'argent. Il est composé d'une sole circulaire, que nous avons déjà décrite sous le nom de *coupelle*; la voûte est également circulaire, et composée d'un couvercle en tôle rivée, suspendu à une grue qui sert à l'ôter et à le replacer. Il est enduit d'une chemise intérieure en briques. La flamme s'introduit comme dans tous les fours à réverbère. Deux ouvertures de tuyère laissent passer les buses de deux soufflets, dont le vent, lancé constamment sur la surface du bain de métal, oxyde le plomb, et amène la litharge à la surface. Le plomb s'introduit par une porte placée derrière le fourneau, et la litharge coule par une ouverture pratiquée sur le côté.

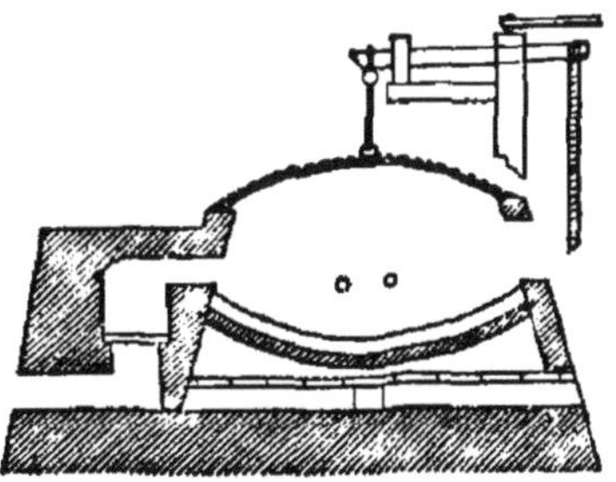

FOURNEAU À MANCHE (*Métall.*), m. *Fourneau de Wilkinson*, *cubilot*; fourneau à refondre les métaux, notamment le fer cru. C'est un fourneau à cuve A, dont la chemise intérieure B est faite en briques, et est retenue par des plaques circulaires, hexagones ou octogones, serrées fortement par des cercles de fer.

La forme de la cuve, qui, ainsi qu'il est facile de le voir, rappelle assez bien la cuve d'un haut-fourneau, varie singulièrement, et est sujette à toutes les variations qu'on apporte à celle du *flussofen*. Néanmoins, comme il ne s'agit pas ici d'une désoxydation, et que la chaleur nécessaire pour la simple fusion de la fonte est bien loin d'égaler celle employée pour la réduction du minerai, on supprime les étalages dans le fourneau à manche,

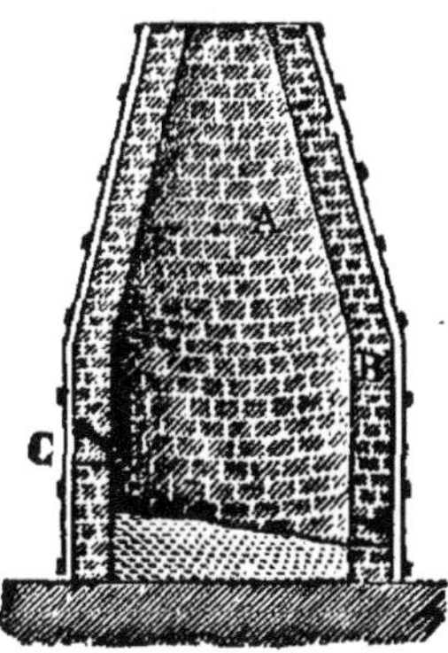

afin de ne pas retarder la descente des charges, et d'empêcher, autant que possible, la formation de l'acide carbonique. C'est dans ce but qu'on rétrécit par le haut la cuve où s'opère la fusion, et qu'assez généralement on lui donne la forme d'un cône tronqué placé sur sa base.

Dans la plupart de nos fonderies, le vide de la cuve des fourneaux à manche est cylindrique, et l'ouverture du gueulard est égale à la base du creuset.

On brûle dans les fourneaux à manche du coke ou du charbon de bois. Le charbon de tourbe y réussirait parfaitement. L'emploi du charbon de bois exige néanmoins un fourneau un peu plus élevé que celui du coke, ce qui semble contraire à la théorie du haut-fourneau. Un fourneau à manche a ordinairement 2 à 3 mètres de haut; au charbon de bois, il faut que la hauteur soit au moins de 2 m. 50.

La tuyère C du fourneau est placée horizontalement et à une certaine hauteur, de manière que le bain de fonte, une fois descendu, ne puisse être exposé à l'oxydation. Elle doit être un peu plus élevée si la machine soufflante est puissante, ou que le combustible employé exige une grande vitesse et une grande pression de vent. Il ne faut cependant pas qu'elle soit placée à une hauteur disproportionnée, car alors la fonte liquide se refroidirait trop. Pour les cokes compactes et un fort soufflet, l'élévation de la tuyère au-dessus de la sole est de 20 à 21 pouces; pour des combustibles plus légers et une machine faible, elle n'est que de 18 pouces.

Lorsqu'on veut faire rendre davantage à un fourneau à manche, on le munit de deux tuyères l'une au-dessus de l'autre, et espacées de 9 à 12 pouces. Dans le commencement de la fusion, la tuyère inférieure souffle seule, et celle supérieure se trouve fermée. Lorsque la fonte est montée trop près de la première tuyère, on bouche celle-ci avec de l'argile, et on porte de suite la buse dans la tuyère supérieure. Par ce moyen on peut donner au creuset une plus grande capacité, sans que le bain soit exposé à des variations de température trop marquées.

FOURNEAU D'APPEL (*Métall.*), m. Petit fourneau à réverbère adapté au haut des cheminées ou des tuyaux d'aérage, pour aspirer l'air intérieur des mines.

FOURNEAU (HAUT-), m. *Voy.* HAUT-FOURNEAU.

FOUSINAL (*Métall.*), m. Mur de la tuyère dans les feux catalans.

FOWLÉRITE (*Minér.*), f. *Hydro-silicate de manganèse*, décrit au mot SILICATE DE MANGANÈSE.

C'est aussi un *hydro-silicate d'alumine*, décrit au mot PHOLÉRITE.

FOYER (*Métall.*), m. Chef de l'atelier d'une forge catalane. C'est l'*arosa* des Espagnols. — *Feu* où s'opère la combustion.

FRAISIL (*Métall.*), m. Charbon réduit en très-petits morceaux, sans être cependant en *poussier*.

FRANC-QUARTIER (*Exploit.*), m. Terme des ouvriers mineurs dans les ardoisières. Ce mot désigne le banc où se tient l'ardoise de bonne qualité, légère, sonore, et d'un gris bleuâtre.

FRANKLINITE (*Minér.*), f. Minéral trouvé à la mine de fer oxydulé de Franklin, dans le New-Jersey. Il est noir de fer, à éclat métallique; sa poussière est d'un gris foncé; sa cassure est conchoïde; il cristallise en octaèdre régulier; il est aimantaire et pèse 5.091. Ces caractères appartiennent à l'*oxydule de fer*; mais sa composition, suivant M. Berthier, le rapproche du *fer oligiste*. Sa dureté est un peu supérieure à celle de ces deux métaux, quoiqu'elle se rapproche beaucoup de celle du fer peroxydé. La franklinite fond difficilement au chalumeau, et se dissout dans l'acide hydrochlorique avec un léger dégagement de chlore. L'analyse suivante appartient à M. Berthier :

Peroxyde de fer.	66.00
Oxyde rouge de manganèse.	16.00
Oxyde de zinc.	17.00
	99.00

Cette composition ne conduit à aucune formule atomique possible. Il faut absolument que un ou deux des oxydes soient à l'état minimum pour former un ferrate, comme celui qu'avait proposé Berzelius : (ZnO, MnO) Fe^2O^3; ou bien un peroxyde de fer associé à un manganate de zinc, suivant la formule générique $m\ Fe^2O^3 + n\ ZnO\ Mn^2O^3$. Sa constante association avec le silicate de zinc manganésifère rend probable cette dernière hypothèse.

FRAYEUX (*Métall.*), m. Pièce de fonte qui sert de point d'appui aux ringards qu'on emploie comme leviers, dans le cas, par exemple, où le creuset d'un fourneau se trouve engagé par un *loup*.

FREIN (*Exploit.*), m. Pièce destinée à retarder ou arrêter le mouvement des machines employées à l'extraction des minerais ou à l'élévation des eaux.

FRETTE (*Métall.*), f. Lien de fer soudé, placé au bout des arbres en bois, et servant à les consolider.

FRISÉ (*Métall.*), adj. Fer frisé, fer inégal en grosseur; il se dit principalement du fil de fer ou d'archal.

FRITTE (*Métall.*), f. C'est, dans les verreries, le mélange du quartz et de la soude destiné à être placé dans les creusets. — On dit aussi une *fritte* pour désigner le temps employé à une cuisson du verre. — Dans certaines usines on donne le nom de *frittes* aux scories.

FROMAGE (*Docim.*), m. Support cylindrique de terre réfractaire pour les creusets.

FRONT (*Exploit.*), m. Terme de mineur. Les tranches unies des ardoisières dans lesquelles on peut enfoncer des tirants de peu d'épaisseur, pour *exploiter à la trace*.

FRUGARDITE (*Minér.*), f. *Idocrase* de Frugard, en Finlande, contenant dix à onze pour cent de magnésie, ce qui lui a fait donner par quelques auteurs le nom d'*idocrase magnésienne*. *Voy.* IDOCRASE.

FUCHSITE (*Minér.*), f. Variété verte de Mica, contenant 3.95 d'oxyde de chrome, et qui se trouve à Zillerthal.

FUCOÏDE (*Paleont.*), f. Genre de plante qu'on rencontre à l'état fossile dans les terrains postérieurs à la craie; du latin *fucus*, varec.

FULGURITE (*Minér.*), f. *Astrapyalithe*.

FUMAROLE (*Géol.*), f. Vapeur qui s'élance avec violence des terrains volcaniques, sous forme de colonnes blanchâtres semblables à de la vapeur d'eau, et qui, en se condensant, forme des *lagoni* et des flaques d'eau de peu d'étendue. Ces vapeurs entraînent souvent avec elles de l'*acide borique*, qu'elles déposent sur les lagoni. Dans la Toscane, elles sortent des formations crétacées et tertiaires. *Voy.* le mot LAGONI.

FUMÉE (*Métall.*), f. C'est la partie non brûlée du carbone qui s'échappe inutilisée, avec les gaz provenant de la combustion. En thèse générale, plus la combustion est complète, moins il y a de fumée. La fumée se produit parce que l'air nécessaire au combustible n'a pas été fourni assez abondamment.

FUMER (*Métall.*), f. Fumer un four ou un fourneau, c'est le sécher après qu'il a été reconstruit ou réparé.

FUMERON (*Métall.*), m. Charbon de bois qui n'est pas entièrement carbonisé, et qui conserve une couleur rousse et l'aspect ligneux. C'est ce qu'on appelle charbon roux. Le fumeron contient, à poids égal, plus de carbone que le charbon noir; il est donc plus économique, sinon plus propre à donner une grande chaleur. Il a d'ailleurs l'avantage d'être plus inflammable, et de donner une flamme plus allongée.

FUNKITE (*Minér.*), f. Substance d'un vert

olive pâle, ressemblant au *pyroxène coccolite*, difficilement fusible, rayant le verre, et qu'on a trouvé dans un calcaire lamellaire, en grains arrondis et hyalins, à Bodsater, dans le Gothland.

FUSCITE (*Minér.*), f. Nom donné à une variété cristallisée de pyrargilite d'Arandal.

FUSEAU (*Paléont.*), m. Genre de canalifère, dont soixante-dix espèces fossiles appartiennent au terrain supercrétacé.

FUSIBILITÉ, f. Faculté que possèdent certains corps minéraux de subir une dilatation par la chaleur, telle que la force de cohésion qui unissait les molécules est détruite, et que celles-ci deviennent mobiles sous une pression plus ou moins légère. Dans les métaux, la fusion simple n'altère point leurs qualités; elle ne fait que changer l'arrangement mécanique de leurs molécules. Dans les substances terreuses et acidifères, elle leur fait subir une vitrification et un changement complet. L'ordre de fusibilité des métaux est tel qu'il suit :

Mercure.	0°
Étain.	228
Bismuth.	264
Plomb.	338
Antimoine.	430
Zinc.	500
Argent.	550
Or.	700
Cuivre.	800
Fer. Platine. Nickel. Manganèse.	Température très-élevée, et non bien déterminée encore.

FUSIL, m. Petit meulet, pierre à aiguiser les outils de menuisier, fabriquée artificiellement sur les bords du Rhône.

FUSION, f. Liquéfaction des corps solides. *Voy.* FUSIBILITÉ.

G

GABBRO (*Géogn.*), m. Nom donné par les marbriers italiens, et ensuite par M. Rose, au *granitone* et à des ophiolites diallagiques; *euphotide* d'Haüy; variété de *serpentine*.

GABELLE (*Métall.*), f. Terme employé dans les Pyrénées pour désigner une botte de fer.

GABIAN, m. *Voy.* HUILE DE GABIAN. Pétrole.

GABRONITE (*Minér.*), f. *Silicate d'alumine alcalin*, gris sale ou gris verdâtre, à éclat gras et vitreux, rayant difficilement le verre et pesant 2.74. Cette substance cristallise en prisme à six faces comme la *wernérite*, mais elle s'éloigne de ce minéral par la composition. M. Beudant l'a réunie à la *néphéline* comme silicate alcalin, mais sa formule en diffère assez, et son cristal semble la rapprocher de la *wernérite*; elle se trouve en masse amorphe à Arendal, en Norwége. La composition est, suivant John :

Silice.	54.00
Alumine.	24.00
Potasse.	17.25
Protoxyde de fer.	1.25
Magnésie.	1.25
Eau.	2.00
	99.75

dont la formule atomique est : $Al^2O^3 (SiO^3)^2 + Ko\,SiO^3 + Aq$.

GADE (*Paléont.*), m. Genre de poisson fossile des terrains supérieurs à la craie.

GADOLINITE (*Minér.*), f. Nom donné au *silicate d'yttria*, analysé par le professeur Gadolin, qui y découvrit le nouvel oxyde auquel Ekeberg donna plus tard le nom d'YTTRIA.

GAEBHARDITE (*Minér.*), f. Minéral d'un vert émeraude, en lames petites, très-brillantes, mélangées de mica noir avec quartz et feldspath, dont la composition n'est pas bien connue.

GAGATES (*Minér. anc.*), m. Pron. *gagatès*. Pierre noirâtre bitumineuse, trouvée par les anciens sur les bords du *Gagès*. On croit que c'est un *lignite* bitumineux, ou peut-être le *jayet*.

GAHNITE (*Minér.*), f. Nom donné à l'*aluminate de zinc* trouvé en 1808, par Gahn, dans une mine des environs de Fahlun, en Suède.

GAILLETERIE (*Exploit.*), f. Nom donné, dans les houillères du Nord, à la houille en petits morceaux. Ce mot correspond à celui de *grêle* dans les exploitations de la Loire.

GAILLETTE, f. Nom donné, dans les houillères du Nord, à la houille en morceaux moyens; ce mot correspond au *chapelet* des exploitations de la Loire.

GALACHIDE (*Minér. anc.*), f. Pierre noire à laquelle les anciens attribuaient la propriété d'éloigner les insectes.

GALACTITE (*Minér. anc.*), f. Du grec *gala, galactos*, lait; sorte de pierre de couleur cendrée, qui étant mise dans l'eau lui donne une couleur laiteuse. Ce nom paraît avoir été appliqué anciennement à une espèce de craie qu'on appelait aussi *galaxias* et *morochtus*. Pline donne ce nom à une calcédoine ou agate laiteuse, à laquelle on attribuait la vertu d'augmenter le lait des nourrices. On l'applique encore à une *argile à foulon* qui blanchit l'eau et lui donne l'apparence de lait.

GALADSTITE (*Minér.*), f. Variété de *mésotype*. C'est une altération à éclat nacré, en aiguilles blanches et presque opaques. Elle se trouve à Bishoptown, en Écosse.

GALAPECTITE (*Minér.*), f. Minéral peu connu, fibreux, à texture lamellaire, de couleur brune, trouvé dans les environs de Franckenstein, en Silésie.

GALBE (*Métall.*), m. Masse totale d'un *haut-fourneau*.

GALÈNE (*Minér.*), f. *Sulfure de plomb*, décrit à l'article SULFURES MÉTALLIQUES.

GALÈNE À GRAINS D'ACIER, f. *Sulfure de plomb*, variété granuleuse.

GALÈNE ARGENTIFÈRE, f. *Voy.* SULFURE DE PLOMB ARGENTIFÈRE.

GALÈNE BISMUTHIFÈRE, f. *Sulfure de plomb bismuthifère*.

GALÈNE COBALTIFÈRE, f. *Sulfure de plomb cobaltifère*.

GALÈNE MARTIALE, f. *Sulfure de plomb ferrifère*.

GALÈNE PALMÉE, f. *Sulfo-antimoniure de plomb*, variété striée, dont la texture est due à la présence de l'antimoine.

GALÈNE SÉLÉNIFÈRE, f. *Séléniure de plomb cobaltifère*.

GALERIE (*Exploit.*), f. Passages souterrains ouverts dans le sein de la terre, soit pour la recherche, soit pour l'exploitation d'une mine, soit pour l'écoulement des eaux, et aboutissant soit à un puits, soit à une fendue. Les diverses espèces de galeries reçoivent des dénominations appropriées à leur usage. Telles sont :

GALERIE D'ÉCOULEMENT. Galerie légèrement inclinée, qui sert à conduire les eaux ou dans un puisard, ou au jour.

GALERIE DE DIRECTION. Galerie faite dans le sens de la direction d'un filon ou d'une couche.

GALERIE DE RECHERCHE. Galerie faite pour reconnaître l'allure et la richesse d'une couche, d'un filon, etc.

GALERIE D'INCLINAISON. Galerie faite dans le sens de l'inclinaison d'une couche.

GALÉRITE (*Paléont.*), f. Genre fossile d'échinides, dont on connaît seize espèces dans la craie.

GALETS (*Géogn.*), m. Cailloux roulés, fragments de roches charriés et arrondis dans le transport. Les galets existent sur presque toutes les plages qui ont peu de pente, et où ils sont déposés par les mers; ils forment le lit de certaines rivières, notamment de celles qui sont torrentielles en hiver. Quelquefois ils sont liés ensemble par un ciment, et constituent alors un conglomérat ou *poudingue* (Voir ce mot). Ce ciment est souvent du carbonate de chaux; alors l'origine du conglomérat est tout à la fois chimique et mécanique. — On a remarqué que la craie ne contenait ni sable ni galets; cependant elle renferme dans le sud-est de l'Angleterre des cailloux arrondis et isolés de quartz et de schiste vert, qui ont jusqu'à 8 et 6 centimètres de diamètre. Cette circonstance fort rare a éveillé l'attention des géologues, qui n'ont pu expliquer la présence des galets dans la craie qu'à l'aide du transport qu'en auraient opéré des plantes marines. L'absence du sable ne permet guère en effet de leur attribuer la même origine qu'aux galets de nos plages. — Les galets se rencontrent souvent à une assez grande distance des roches auxquelles ils ont appartenu, et dont ils ont été détachés.

GALET DE BOULOGNE (*Minér.*), m. Carbonate de chaux, d'un blanc sale ou gris; jaune brun dans la cassure; en cailloux roulés entre Dunkerque et le Havre, particulièrement près de Boulogne. Il ne renferme que 40 à 50 pour 100 de carbonate de chaux pur; le reste est composé de silice, d'alumine, et d'un peu d'oxyde de fer. Il donne une excellente chaux hydraulique, et appartient à la formation du Jura.

GALLINACE (*Minér.*), f. Variété d'*obsidienne*.

GALLIZINE ou GALLIZINITE (*Minér.*), f. Nom donné par M. Beudant à une variété de *sulfate de zinc*, ainsi qu'au *fer titané*.

GAMAHÉ ou GAMAHEU, m. Sortes de caractères naturellement gravés sur certaines pierres, auxquels la superstition a fait attribuer de grandes vertus. Les anciens s'en servaient comme d'un talisman pour conjurer les esprits et combattre l'influence des astres. Ce mot est sans doute une des formes primitives du mot CAMAÏEU.

GAMBIER (*Métall.*), m. Crochet de fer avec lequel on reçoit les verges à mesure qu'elles sortent des équipages de fenderie.

GAMITE (*Minér. anc.*), f. Nom donné par Pline à une pierre figurée, dont l'empreinte avait l'apparence de deux mains qui semblaient former une alliance. C'est ce que les anciens appelaient *pierres de mariage*, et ce qu'exprime le nom de *gamite*, fait du grec *gamein*, se marier.

GAMMAROLITE (*Paléont.*), f. Sorte de crustacé pétrifié.

GANGUE (*Exploit.*), f. Substance qui enferme ou en enveloppe une autre plus précieuse, qu'on exploite et qu'on nomme le minerai. La gangue forme souvent la masse principale du dépôt, et est une expression tirée de l'allemand *gang*, qui a la même signification.

La gangue est toujours de composition distincte du minéral qu'elle accompagne; elle est quelquefois très-facile à séparer par un simple triage; mais il arrive aussi qu'elle est si intimement liée aux parties métallifères exploitables, qu'on est obligé de fondre le tout simultanément. On doit alors, autant que possible, la faire entrer dans la composition des scories de fondage, et la considérer comme un fondant.

On a remarqué que les gangues variaient avec les roches en contact, et celles-ci ont souvent fourni une partie des matériaux qui forment les premières. Cette circonstance n'est pas un des moindres arguments en faveur de l'opinion qui attribue l'origine des filons à l'action ignée.

GANIL (*Géogn.*), m. Calcaire granuleux.

GANSEKOTHIGERZ (*Minér.*), m. Arséniate d'argent et de fer. Nom allemand d'une substance qui n'a pas de synonyme en français. Substance jaune ou vert pâle, translucide, résineuse, mamelonnée; cassure conchoïde, fusible au chalumeau en une scorie, avec fumées arsenicales; gisement : les mines de Klausthal, au Hartz.

GANSMATITE (*Minér.*), f. Synonyme de *chénocoposolite*, ou *argent-merde-d'oie*.

GANTIERS (*Métall.*), m. Planches qui ramènent l'eau sur une roue hydraulique.

GARAMANTITE (*Minér.*), f. Nom donné par les anciens à une pierre précieuse, qu'ils nommaient aussi *sandarèse*. Voir ce dernier mot. Vallerius suppose que c'est le grenat.

GARDE-FEU (*Métall.*), m. Ouvrier qui travaille dans l'embrasure d'un fourneau.

GARDE-FOURNEAU (*Métall.*), m. Aide. *Voy.* FONDEUR.

GARLANDAS (*Métall.*), f. Pièces de côté du *coursier*.

GASTROCHÊNE (*Paléont.*), f. Genre de pholadaires, dont une espèce fossile appartient au terrain postérieur à la craie.

GAY-LUSSITE (*Minér.*), f. Nom donné, en l'honneur de M. Gay-Lussac, à un double carbonate de soude et de chaux décrit au mot CARBONATE DE SOUDE.

GAZETTE (*Exploit.*), f. Étui dans lequel on enferme la porcelaine, la faïence et la terre de pipe, pour les soumettre à une cuisson convenable. La gazette est faite en argile réfractaire.

GAZOLITES, m. Classe de minéraux qui renferme, comme principe électro-négatif, des substances susceptibles de former des combinaisons gazeuses permanentes avec l'oxygène, l'hydrogène ou le fluor.

GÉCARCIN (*Paléont.*), m. Genre de crustacés fossiles des terrains supercrétacés.

GÉDRITE (*Minér.*), f. Silicate hydraté d'alumine de fer et de magnésie, découvert par M. d'Archiac de Saint-Simon dans la vallée de Héas, près de Gèdre. Il est d'un brun de girofle, à éclat demi-métallique faible; il raye à peine le verre, et est rayé par le quartz; sa poussière est d'un jaune fauve. On le trouve en masses cristallines, à texture fibreuse, radiée, presque lamellaire. Sa forme cristalline est inconnue; sa ténacité est assez grande, il reçoit l'empreinte du marteau. Sa densité est de 3.26. Il fond, au chalumeau, en un émail noir un peu scoriacé, et donne un verre noir avec le borax. Il est inattaquable par les acides. Sa composition est, d'après M. Dufrénoy :

Silice.	38.81
Alumine.	9.31
Protoxyde de fer.	45.83
Magnésie.	4.13
Chaux.	0 67
Eau.	2.30
	101 05

d'où l'on tire la formule $Al^2O^3\,SiO^3 + 6\,(FeO)^2\,SiO^3 + 2\,Aq$.

GEHLÉNITE (*Minér.*), f. *Silicate d'alumine et de chaux* découvert par M. Fuchs, qui l'a dédié à son ami Gehlen. Cette substance, qu'on a aussi nommée *stylobite*, est d'un gris clair, noirâtre, verdâtre, quelquefois vert olive et même vert foncé; elle est opaque, translucide sur les bords; son éclat est entre le résineux et le vitreux, mais sa surface est souvent altérée, et couverte d'un enduit farineux jaunâtre ou blanchâtre. Ses parties aiguës rayent la chaux carbonatée, et n'attaquent qu'avec peine le verre. Sa pesanteur spécifique est 2.98 à 3 029; elle est infusible; sa poussière, jetée dans l'acide chlorhydrique chauffé, se convertit en gelée. La forme primitive de la gehlénite paraît être le prisme rhomboïdal droit. Elle a été trouvée dans la montagne de Mazzoni, près de Fassa, dans le Tyrol; elle est disséminée dans une chaux carbonatée lamellaire, avec des parties amorphes que l'on considère comme de la gehlénite compacte. Sa composition est, suivant MM.

	Fuchs,	Thomson,	Kobell,	Damour,
Silice.	29.64	29.13	31.09	31.16
Alumine.	24.80	25.05	21.40	19.80
Per. de fer.	6.56	4.35	4.40	5.97
Chaux.	35.30	37.38	37.40	38 11
Magnésie.	»	»	3.40	2.20
Soude.	»	»	»	0.33
Eau.	3 30	4.54	2.00	1.55
	99.60	100.45	99.69	99.10

A ces analyses répond la formule $(Al^2O^3)^4\,SiO^3 + 2\,(CaO)^3\,SiO^3 + n\,Aq$.

M. Kuhn a trouvé de l'oxyde ferreux dans la gehlénite; il est alors isomorphe de la chaux, et ne change rien à la formule ci-dessus, qui répond le mieux à toutes les analyses.

GÉLASIME (*Paléont.*), m. Genre de crustacés fossiles appartenant aux terrains modernes.

GELBERDE (*Minér.*), m. Variété d'argile ocreuse, décrite au mot SILICATE DE FER.

GELBUM ou **GELFUM** (*Minér.*), m. Pyrite de Hongrie. On donnait aussi ce nom à la pierre philosophale.

GELÉE MINÉRALE, f. *Voy.* GURH.

GÉLIF, adj. Qualité d'une roche qui ne résiste point à la gelée.

GEMME, f. Nom générique donné anciennement à toutes les pierres précieuses. Du latin *gemma*, qui a la même signification.

GEMME (SEL) (*Minér.*), m. Sel fossile qui se tire des mines. *Voy.* SEL GEMME.

GEMME DU VÉSUVE (*Minér.*), f. *Voy.* VÉSUVIENNE et IDOCRASE.

GÉMONIDE (*Minér.*), f. *Voy.* PÉANITE.

GENTILHOMME (*Métall.*), m. Pièce de fonte sur laquelle s'écoule le laitier du haut-fourneau.

GÉOCRONITE ou **GÉOKRONITE** (*Minér.*), f. *Sulfure de plomb* antimonifère et arsenifère décrit au mot SULFURES MÉTALLIQUES. Ce minéral, longtemps confondu avec le *weiss-gültigerz*, a été nommé *géocronite* par M. Svanberg, du grec *gê*, la terre, dont le symbole représentait l'antimoine, et *chronos*, Saturne, symbole ancien du plomb.

GÉODE (*Minér.*), f. Du grec *geôdês*, terrestre. Minéral creux, renfermant ordinairement un noyau ou de l'eau, quelquefois tapissé de cristaux, de concrétions ou d'incrustations (*druses*). *Voy.* le mot CONCRÉTION.

GÉOGNOSIE, f. Histoire naturelle du globe, de sa structure, de sa composition et de ses roches. Du grec *gê*, terre; *gnôsis*, connaissance; dérivé de *ginôskô*, je connais.

GÉOGONIE, f. Partie de la géologie qui enseigne comment la terre s'est formée, quelles sont les diverses révolutions physiques qui en ont changé la surface, et quelles races d'êtres organisés l'ont habitée avant nous. Du grec *gê*, terre; *gonéia*, origine.

GÉOLOGIE, f. Du grec *gê*, terre: *logos*, discours. Science qui a pour but l'histoire et la connaissance du globe. On la divise en deux branches distinctes : la *géogonie* ou *géogénie*, qui est l'histoire de la formation et des révolutions de la terre, et la *géognosie*, qui apprend à connaître sa structure et sa composition intérieure.

GÉOMÉTRIE SOUTERRAINE, f. Art de lever les plans des mines, et d'en dessiner les coupes.

GÉONOMIE, f. Étude des propriétés de la terre végétale, de son action dans l'agriculture, de ses modifications et de ses amendements.

GÉOPHAGES, m. Hommes qui se nourrissent de terre argileuse pendant un certain temps de l'année. On a remarqué qu'ils se trouvent dans le voisinage de la zone torride.

Dans l'Orénoque, les Ottomaques, qui sont très-paresseux et ont la culture en aversion, se nourrissent de glaise jaunâtre, colorée par un peu d'oxyde de fer : elle est grasse et onctueuse comme de l'argile à potier. Ils la pétrissent en boules, et la font cuire à petit feu jusqu'à ce qu'elle prenne une teinte rougeâtre; ils la gardent quelquefois en magasin, et l'humectent de nouveau lorsqu'ils veulent s'en servir. Ce mets leur sert souvent de dessert, lorsqu'ils ont du poisson pour leur repas. Au village de Banco, sur la rivière de Madalena, les femmes qui font des pots de terre mangent, en travaillant, de la glaise dont elles se servent. En Guinée, les nègres mangent une terre jaunâtre qu'ils appellent *caouac*; il en est de même des habitants de la Nouvelle-Calédonie, dans l'Océanique : la terre que mangent ces derniers ne contient aucun principe nutritif, et Vauquelin y a trouvé une quantité notable de cuivre. A Popayan, et dans plusieurs parties du Pérou, la terre se vend aux marchés publics comme comestible. Les femmes de Java, pendant le temps de leur grossesse, sont très-friandes de terre cuite et roulée en oublies; cet étrange mets porte le nom d'*ampo* ou de *tana-ampo*. Le même goût pour la terre est partagé par les *Tunguses*, ou Tartares nomades de la Sibérie; par les nègres du Sénégal et des îles *Idolos*, et par les jolies señoras de quelques provinces d'Espagne et de Portugal, qui mangent des fragments de terre de Bucaros, avec laquelle on a fait des vases qui servent à contenir le vin et en contractent le goût.

GERÇURE (*Métall.*), f. Fente qui se voit sur l'acier trop fortement trempé.

GERVILLIE (*Paléont.*), f. Genre de solénacées fossiles appartenant à la craie inférieure.

GEYSER (*Géol.*), m. Du scandinave *geysa*, jaillir. Eaux thermales qui jaillissent dans la vallée de Bikum, en Irlande, à la manière des volcans, et s'élèvent en colonne à des hauteurs quelquefois considérables. On en cite une de six mètres de diamètre sur cinquante mètres de hauteur. La force qui projette ces masses énormes d'eau bouillante paraît due à l'explosion subite de la vapeur formée dans le sein de la terre, à une profondeur où la chaleur intérieure du globe est énorme.

GEYSÉRITE (*Minér.*), f. Incrustation siliceuse ou *quartz thermogène* qui se dépose sur les bords du bassin du Geyser, en Islande; ce quartz terreux présente les caractères d'un travertin ou d'un tuf; il est en masses concrétionnées, ondulées, testacées; il empâte des plantes à la manière des eaux chargées de carbonate de chaux.

GIALLO ANTICO (*Minér.*), m. *Carbonate de chaux; nom italien donné au marbre jaune antique.*

GIALLO-BRECCIATO, m. *Carbonate de chaux; marbre brèche jaune antique.* Ainsi nommé par les marbriers de Florence. Le fond en est jaune clair, semé de taches beaucoup plus foncées.

GIBSITE (*Minér.*), f. Variété mamelonnée, gibseuse, stalactiteuse d'*hydrate d'alumine*, décrite sous cette dénomination.

GIBSONITE (*Minér.*), m. Nom donné par M. Haidenger à un minéral d'un blanc sale, rose ou rose pâle, cristallisant en prismes rhomboïdaux droits, surmontés d'un biseau. Il provient de Hartfield, dans le Renfrewshire.

GIESECKITE (*Minér.*), f. Silicate d'alumine et de bases protoxydées, apporté par M. Ch. Giesecke du Groënland, et décrit à l'article PINITE.

GIGANTOLITE (*Minér.*), f. Nom donné par M. Nordenskiold à un silicate hydraté d'alumine et de fer qui a quelque rapport avec une *pinite*, et dont les cristaux atteignent jusqu'à quatre centimètres. Sa forme cristalline appartient au système rhomboédrique. Sa couleur est d'un brun rougeâtre, comme le minéral nommé *pinite* de Saxe, ou quelquefois d'un gris verdâtre; son éclat est celui du talc. La gigantolite se laisse rayer par l'ongle et par le carbonate de chaux, mais elle raye la fluorine; sa pesanteur spécifique est de 2.862 à 2.878; elle fond au chalumeau en une scorie d'un vert clair, et donne avec le borax un verre transparent. M. Dufrénoy pense que la gigantolite est une altération de la pinite de Saxe, qui est anhydre d'après l'analyse de Massalin ; l'incertitude qui règne sur le système cristallin des pinites, leur différence de composition et l'état de la gigantolite, prêtent à cette supposition ; mais quelques éléments qui existent dans la gigantolite et qui ne se rencontrent pas dans la pinite, éléments qui sont loin d'être dus à l'altération, ne permettent guère d'adopter cette idée. En effet, la gigantolite est composée de :

Silice.	46.23
Alumine.	25.10
Protoxyde de fer.	15.60
Magnésie.	3.80
Oxyde de manganèse.	0.89
Potasse	2.70
Soude.	1.20
Eau.	6.00
	101.54

dont la formule atomique est 2 Al^2O^3 SiO^3 + (FeO, MgO, KO, NaO)^3 (SiO^3)^2 + 3 Aq. Laissant de côté l'eau, qui peut être hygroscopique, on a 2 Al^2O^3 SiO^3 + (FeO, MgO, bO)^3 (SiO^3)^2, qui ne se rapporte nullement à la pinite de Saxe, dont l'analyse donne 2 (Al^2O^3)^3 SiO^3 + FeO SiO^3. La pinite d'Auvergne 3 Al^2O^3 (SiO^3)^2 + (FeO, MgO, bO)^3 (SiO^3)^2 + Aq, se rapproche un peu plus de la gigantolite ; mais le silicate est à l'état sesqui-alumineux dans l'une, et tri-alumineux dans l'autre ; enfin la pinite de Neustadt ne contient que du protoxyde de fer et de la potasse, ce qui n'explique point la présence de la magnésie dans la gigantolite.

La gigantolite n'a encore été rencontrée que dans la Finlande, auprès de Taunnela.

Récemment M. Svanberg a trouvé en Suède, dans la commune de Wingoker, un minéral rose, tirant sur le brun, auquel il a donné le nom de *groppite*, et qui paraît devoir être rapporté à la gigantolite. Il constitue une masse cristalline qui présente un clivage distinct, et deux clivages moins caractérisés ; sa cassure transversale est esquilleuse ; il raye le gypse, et se laisse rayer par le carbonate de chaux ; sa densité est de 2.73. Au chalumeau, il donne de l'eau et fond sur les bords minces ; il se réduit en perle avec la soude, et donne ensuite une scorie. Sa composition est de :

Silice.	45.00
Alumine.	22.55
Peroxyde de fer.	3.06
Chaux.	4.54
Magnésie.	12.28
Potasse.	5.22
Soude.	0.21
Eau.	7.11
	99.97

répondant à la formule 2 Al^2O^3 SiO^3 + (MgO, CaO)^3 (SiO^3)^2 + 3 Aq, dans laquelle le protoxyde de fer est représenté par de la chaux et de la magnésie. Le groppite forme dans le calcaire de Gropptorp (Suède) des noyaux qui sont recouverts de petites écailles de mica.

M. Marignac a rangé aussi parmi les gigantolites la *phyllite*, silicate lamelleux en petites lames irrégulières, avec éclat nacré, analogue au mica, d'un brun noirâtre, à éclat semi métallique, opaque, et ayant assez de ressemblance avec l'amphibole pour que les minéralogistes américains l'aient considéré comme une variété d'amphibole. Ce minéral raye l'apatite, et se laisse rayer par le feldspath ; sa densité est 2.889. Il se rencontre dans le micaschiste du Massachusets. Sa composition est, suivant M. Thomson :

Silice.	38.40
Alumine.	23.68
Peroxyde de fer.	17.52
Magnésie.	8.96
Potasse.	6.80
Eau.	4.80
	100.16

qui répond à la formule : 2 (Al^2O^3 Fe^2O^3)^3 SiO^3 + (MgO, KO)^3 (SiO^3)^2 + 3 Aq.

GILBERTITE (*Minér.*), f. *Hydro-silicate d'alumine*, dédié à M. Gilbert. La gilbertite est d'un blanc verdâtre ou jaunâtre ; elle est en petites lames plates, transparentes, à éclat nacré un peu gras, et douces au toucher ; ce qui avait fait prendre, en Cornouailles, ce minéral pour du talc. Elle a un clivage facile parallèlement à sa base ; elle raye le gypse, et est rayée par le carbonate de chaux ; sa densité est 2.648 ; elle est infusible au chalumeau, s'y exfolie, et prend un aspect vitreux. Sa composition est, suivant MM.

	Thomson,	Lehunt,
Silice.	47.79	45.15
Alumine.	32.62	40.11
Eau.	4.00	4.25
Magnésie.	1.60	1.90
Chaux.	»	4.17
Protoxyde de fer.	5.18	2.43
Soude.	9.23	»
	100.42	98.01

D'où l'on tire les deux formules :

3 Al^2O^3 SiO^3 + 3 (NaO, FeO, MgO) SiO^3 + 3 Aq ;

6 Al^2O^3 SiO^3 + 2 (CaO, FeO, MgO) SiO^3 + 3 Aq,

dans lesquelles les deux silicates de peroxyde et de protoxyde se substituent pour former le même nombre d'atomes relativement à l'eau.

La gilbertite a été trouvée dans un filon d'étain près de Saint-Austle, en Cornouailles.

GILLINGITE (*Minér.*), f. *Oxydule de fer aimantaire*, d'apparence terreuse, trouvé à la mine de Gillinge, en Suède. Ce minéral contient, outre l'oxyde noir de fer, de la silice et de l'alumine, que M. Dufrénoy croit provenir de la gangue. Nous avons, comme lui, réuni la gillingite à l'*oxydule de fer*. Le nom de gillingite a été donné aussi à un *silicate de fer*, plus connu sous celui d'*hisingérite*.

GILTSTEIN, m. Nom donné dans le Valais à la *pierre ollaire*.

GIOBERTITE (*Minér.*), f. Variété de *carbonate de magnésie*.

GIRASOL (*Minér.*), m. Variété de *quartz hyalin*, dont le fond laiteux présente des reflets bleuâtres et aurores. Ce minéral tire son nom de deux mots italiens : *girare*, porter ; *sol*, soleil ; pierre qui porte les rayons du soleil.

GISEMENT (*Exploit.*), m. Situation et manière d'être d'un minéral.

Par le mot de *gisement*, qu'il faut bien distinguer du *gîte* (voyez ce dernier), on entend l'espèce de terrain dans lequel les minéraux sont situés ; s'ils sont en filons, en couches, en amas, etc. ; la nature de leur gangue, leurs différents genres d'association, etc. La connaissance des gisements est la partie la plus importante de la géognosie appliquée.

GISMONDINE (*Minér.*), f. Synonymes : *zéagonite*, *abrazite*, *phillipsite* de Lévy, *harmotome de Marbourg*. Silicate hydraté et alcalin d'alumine et de chaux ; hyalin, très-brillant ordinairement, quelquefois d'un blanc laiteux. Son éclat est vitreux, sa densité de 2.265. La gismondine raye le carbonate de chaux. Sa forme la plus ordinaire est un octaèdre tronqué sur les arêtes horizontales. Au chalumeau, elle devient opaque à une douce chaleur, et fond avec boursouflement ; elle est soluble dans l'acide hydrochlorique à froid, et se prend en gelée par le refroidissement. Ses trois variétés : l'*harmotome de Marbourg*, la *zéagonite* et la *gismondine* du Vésuve, donnent à l'analyse :

	Harmotome de Marbourg.	Zéagonite.	Gismondine.
Silice.	48.51	42.84	35.88
Alumine.	21.76	26.04	27.23
Chaux.	6.26	7.70	13.12
Protoxyde de fer.	0.99	»	»
Potasse.	6.35	5.76	2.85
Eau.	17.23	17.66	21.10
	101.08	100.00	100.18

dont l'expression moyenne atomique est :

$$Al^2O^3\,SiO^3 + (CaO, KO)\,SiO^3 + 4\,Aq.$$

On trouve en Sicile, en Islande et à Capo di Bove, près de Rome, un silicate qui présente beaucoup d'analogie avec la gismondine, et qu'on a nommé *phillipsite* ; ses cristaux sont des prismes rectangulaires terminés par un pointement à quatre faces placé sur les arêtes. M. Brooke a indiqué plusieurs groupements, dont la forme générale est l'octaèdre. Ces cristaux sont hyalins et incolores à Capo di Bove et au Vésuve, et blancs laiteux à Aci Reale, en Sicile ; ils rayent la chaux carbonatée, et pèsent 2.213 ; ils se comportent dans les acides comme la gismondine, mais se boursouflent beaucoup moins au chalumeau. Leur composition est, d'après M. Marignac :

	Échantillons.		
	Opaque.	Hyalin.	
Silice.	43.93	42.87	43.64
Alumine.	24.34	25.00	24 39
Chaux.	5.31	7.97	6.92
Potasse.	11.09	9 20	10.25
Eau.	15 31	15.44	15.03
	100.00	100.48	100.33

La formule qui résulte de ces analyses est :

$$Al^2O^3\,SiO^3 + (CaO, KO)\,SiO^3 + 4\,Aq.$$

C'est encore à la gismondine qu'il convient de réunir la *christianite*, qui a tous les caractères extérieurs de la phillipsite. La christianite est d'un blanc laiteux, opaque ; elle devient friable à la flamme d'une bougie, se disperse au chalumeau, et fond ensuite, sans se boursoufler, en un verre bulleux translucide ; elle est soluble dans l'acide hydrochlorique étendu. Sa composition résulte des analyses suivantes :

	LOCALITÉS.			
	Stempel.	Giessen.	Cassel.	Islande.
Silice.	43.02	48.36	48.22	48.41
Alumine.	22.60	20.20	23.33	22 04
Chaux.	6.56	5.91	7.22	8.49
Potasse.	7.50	6.41	3.90	6.19
Baryte.	»	0.46	»	»
Ox. de fer et magn.	0.18	0.41	»	»
Eau.	16.75	17.09	17 55	15.60
	101.61	98.84	100.22	100.75

répondant à la formule générale : $Al^2O^3\,SiO^3 + (CaO, KO)\,SiO^3 + 4\,Aq$; expression qui est parfaitement identique avec celle de l'harmotome de Marbourg.

C'est ici le cas de faire remarquer l'analogie de composition qui existe entre les minéraux classés dans les stilbites et ceux que nous avons réunis à la gismondine, minéraux dont la forme primitive est un prisme rhomboïdal droit.

GÎTE (*Exploit.*), m. Lieu où se trouve un minéral.

On distingue deux sortes de gîtes, qui diffèrent entièrement par leur manière d'être : les gîtes généraux et les gîtes particuliers. Les gîtes généraux sont en couches, et en stratification concordante avec le terrain encaissant, dont ils sont contemporains ; les gîtes particuliers ont été enclavés dans un terrain qui leur est antérieur, et sont indépendants de la stratification. Ceux-ci sont réguliers, ou en *filons*, et irréguliers, ou en *amas* et *stockwerks*.

Il est aujourd'hui généralement admis que les gîtes métallifères doivent leur origine à l'influence de l'action ignée. Il n'est plus possible d'admettre, avec Werner, qu'ils ont été formés par voie sédimentaire. Certains oxydes de fer appartiennent seuls aux terrains stratifiés ; mais leur présence est due à des causes locales : la structure symétrique des filons, la texture souvent cristalline des minerais indiquent une action métamorphique. Presque tous les gîtes appartenant aux terrains ignés sont contemporains des roches, et ont fait partie des éruptions. Les volcans en activité rejettent quelquefois encore des fers oligistes, des chlorures de cuivre, des sulfures d'arsenic, qui sont évidemment l'effet de la sublimation. Les fentes dans lesquelles sont déposées les substances métalliques sont, la plupart du temps, le résultat de l'effet dynamique de l'expansion ; les tremblements de terre en produisent souvent de semblables, qui sont en communication momentanée avec l'action intérieure du globe. Tout tend à démontrer que les oxydes et les sulfures cristallins résultent du refroidissement de la terre.

La distinction entre le *gîte* et le *gisement* n'est qu'une question grammaticale ; cependant, comme on confond quelquefois la signification des deux mots, disons que le *gîte* est le lieu où repose le minéral, et le *gisement*, la manière dont il y repose.

GÎTE DE SOUFFLET (*Métall.*), m. Surface plane et immobile d'un soufflet de bois.

GIVRURE, f. Glace blanche produite sur le diamant par l'outil du lapidaire ou du mineur.

GLACE, f. Terme de lapidaires : reflets particuliers qui proviennent de dispositions particulières de l'intérieur des gemmes.

GLACE (*Géol.*), f. En traitant de l'EAU, nous avons dit que lorsque ce liquide se trouvait calme à la surface de la terre, exposé à une température au-dessous de zéro, il cristallisait sous forme de prisme régulier à six faces, et prenait l'état solide connu sous le nom de glace. Nous ajouterons succinctement, pour ne pas sortir du domaine de la géologie, qu'en se congelant l'eau augmente de volume, et que sa densité est conséquemment moindre ainsi qu'à l'état liquide ; ce qui est une exception à la règle générale de la dilatation.

La glace se rencontre quelquefois dans des cavernes, où elle se conserve dans toutes les saisons. Il est probable qu'elle y est due à l'accumulation de la neige pendant l'hiver, et à la difficulté qu'elle rencontre pour se fondre en été, parce que l'air intérieur ne s'y renouvelle que lentement, et ne se met que difficilement en équilibre avec l'air extérieur. Dans quelques cavernes, la glace est due à la rapide évaporation de l'eau par les courants d'air. Il n'est pas rare de rencontrer dans ces cavernes des stalactites de glace aussi belles que celles de carbonate calcaire.

On cite peu de ces glacières naturelles : la plus importante se trouve à Chaux, à six lieues de Besançon ; elle est à 600 mètres dans le calcaire jurassique ; on en connaît trois autres dans les environs. A Szilitze, sur les bords de la Torna, en Hongrie, il en existe une dans le calcaire intermédiaire.

L'accumulation des glaces joue un très-grand rôle dans la différence de température des diverses contrées du globe. Cook a supposé que la calotte de glace qui recouvre les deux pôles est plus considérable dans l'hémisphère sud que dans celui nord. Cette supposition a été confirmée depuis par les observations de voyageurs qui ont pu pénétrer plus près du pôle que ne l'avait fait le célèbre voyageur. La présence des terres vers le pôle nord est sans doute la cause de cette différence, attendu qu'elles projettent un peu de chaleur rayonnante dans l'hémisphère septentrional. Les champs de glace flottante se rapprochent de l'équateur jusqu'aux 36e et 39e degrés de latitude. On en a rencontré de deux tiers de lieue de circonférence et 46 mètres d'élévation, à la hauteur du cap de Bonne-Espérance. Dans l'hémisphère septentrional, il est rare que les glaces flottent au delà de l'extrémité du banc de Terre-Neuve, qui atteint le 42e degré de latitude ; leur limite extrême ne dépasse pas le 40e degré.

L'expérience a appris que chaque mètre cube de glace flottante apparent, au-dessus du niveau de l'Océan, correspond à 8 mètres cubes au-dessous. Si donc on suppose, au champ flottant qui s'approcha au 36e degré de latitude, une masse supérieure de 14,290,000 mètres cubes, la masse totale détachée du pôle atteindra le volume de 128,610,000 mètres cubes. Si de pareilles latitudes pouvaient être atteintes par les îles de glaces du pôle boréal, elles s'approcheraient du cap Saint-Vincent, où elles rencontreraient le courant qui se dirige de l'Atlantique vers la Méditerranée par le détroit, et couvriraient de brumes toute l'Andalousie.

Une autre influence des champs de glaces, c'est le transport qu'ils opèrent d'énormes masses de rochers d'un lieu à un autre. Nous avons déjà parlé de cette puissance de déplacement au mot ERRATIQUES (*blocs*). En 1822, Scoresby rencontra, sous les 69e et 70e degrés de latitude nord, cinq cents îles de glaces flottantes, qui s'élevaient de 30 à 60 mètres au-dessus de la mer, et portaient des couches de terre et des rochers de granite et de roches ignées, dont il évalua le poids de 80 à 100 mille tonneaux.

La pression de la glace peut quelquefois plier et disloquer les couches horizontales formées de gravier et de sable. Le promontoire de Point-Barrow, au 71e degré de latitude nord et 156e de longitude occidentale, a été ainsi divisé en monticules, quoiqu'il atteigne quelquefois une largeur de plus d'un tiers de lieue. Peut-être faut-il chercher là l'origine des lits de marne repliés, contournés ou rendus verticaux par une cause non encore expliquée.

GLACIER (*Géol.*), m. Amas de glaces et de neiges éternelles existant sur le versant des chaînes de montagnes, ou dans les vallées élevées qui en font partie. Les glaciers se forment au-dessus de 1400 mètres du niveau de la mer, et s'élèvent quelquefois jusqu'à 3,000 et 3,200 mètres, limite des neiges. Ces derniers conservent à peu près toujours la même masse, mais ceux qui se trouvent dans les vallées éprouvent de singuliers changements. Les glaces y sont accumulées en fragments, sans ordre ; on y remarque de profondes crevasses, où circulent les ruisseaux qui proviennent de la fonte des neiges. Ces masses désordonnées prennent mille figures et offrent un spectacle effrayant.

Les Alpes présentent de beaux glaciers : le glacier des bois, ou *mer de glace* qui est sur la pente nord, au-dessus de Chamouny, a cinq lieues de long sur une de large ; le Rhône prend sa source dans cet immense glacier du Saint-Gothard. On peut citer encore ceux de l'Argentières le glacier des Bossons, celui de Miage, le Grindenwald, etc. Presque toutes les chaînes élevées en contiennent quelques-uns.

GLACIES MARIÆ (*Minér.*), m. *Sélénite.*

GLAISE (*Minér.*), f. *Terre glaise, terre franche, argile* grasse propre à fabriquer les briques et la poterie commune.

GLANDITE (*Paléont.*), f. Pointe d'oursin fossile.

GLANDULITE (*Géogn.*), f. Roche contenant des noyaux.

GLAUBÉRITE (*Minér.*), f. Nom donné au sulfate double de soude et de chaux. *Voyez* SULFATE DE SOUDE.

GLAUCOLITE ou **GLAUKOLITE** (*Minér.*), f. Du grec *glaukos*, vert de mer ; nom donné par Bergman à un minéral bleu de lavande ou bleu verdâtre, trouvé par Menge près du lac Baïkal, en Sibérie. C'est un silicate d'alumine et de chaux, amorphe ou lamelleux, disséminé dans une roche feldspathique qui contient de la wernérite ; sa cassure est inégale et esquilleuse, son éclat gras et vitreux ; elle raye la fluorine, et est rayée par le feldspath ; sa densité est 2.721 à 3.20 ; elle fond difficilement au chalumeau sur les bords, et perd sa couleur. Quoique sa forme cristalline ne soit pas encore bien définie, M. Dufrénoy pense que la glaucolite doit être réunie à la *sodalite* bleue, connue sous le nom de *cancrinite*. La composition des deux substances s'oppose à cette réunion. La glaucolite en effet contient, suivant Bergman :

Silice.	50.58	54.58
Alumine.	27.60	29.77
Chaux.	10.27	11.08
Magnésie.	3.73	»
Potasse.	1.27	4.57
Soude.	0.87	»
Perte.	1.73	»
	96.05	100.00

Ces deux analyses donnent la formule $Al^2O^3 SiO^3 + CaO SiO^3$, qui représente la composition de l'*ekebergite*, de la *barsowite* et de la *scolexerose*.

GLAUCONIE (*Géogn.*), m. *Silicate d'alumine*, calcaire chlorité terre verte de la craie ; roche ordinairement verdâtre, passant au noirâtre, au jaunâtre, au blanchâtre : pointillée de vert ou de noir ; à texture grenue, compacte, grossière ou arénacée ; tenace, friable, ou meuble ; souvent mélangée de grains de sable. La composition de cette roche est le calcaire et la chlorite. Son étymologie est grecque : *glaukos*, vert de mer.

GLAUCONIE INFÉRIEURE, f. Nom donné par M. d'Archiac à un sable blanc, très-fin, mêlé de sable jaune foncé, appartenant au terrain supercrétacé.

GLAUCOPHANE (*Minér.*), m. Nom donné par M. Hausmann à un silicate alumineux de l'île de Syra, d'une belle couleur bleue (du grec *glaukos*, vert ; *phainô*, je brille). Sa texture est cristalline et lamelleuse ; sa forme parait être un prisme oblique à six pans, irrégulier, mince, allongé, strié dans sa longueur ; il est diaphane et même transparent ; sa poussière gris-bleue est faiblement attirable par l'aimant ; il raye l'apatite, et est rayé par le feldspath ; sa pesanteur spécifique est de 1.08. Au chalumeau, il devient jaune brun, et fond en une perle vert-olive sale. Sa composition est, suivant M. Schnederman :

Silice.	56.49
Alumine.	12.23
Protoxyde de fer.	10.91
— de manganèse.	0.50
Magnésie.	7.97
Chaux.	2 25
Soude.	9.28
	99.63

Formule : $Al^2O^3 SiO^3 + 4 (MgO, FeO, NaO, CaO, MnO) SiO^3$.

GLETTE, f. *Litharge.*

GLISSEMENT (*Exploit.*), m. Espèce de rejet, dû à l'abaissement d'une certaine portion des couches à l'endroit même d'une fente ou d'une FAILLE. *Voyez* ce dernier mot.

GLOBOSITE (*Paléont.*), f. Conque ou tonne fossile.

GLOSSOPÈTRE (*Paléont.*), m. Du grec *glossa*, langue ; *pétros*, pierre ; langue pétrifiée ; nom qui parait originaire de Malte, et qui s'est appliqué depuis à des dents fossiles de poissons.

GLOTTALITE (*Minér.*), f. Silicate hydraté d'alumine et de chaux trouvé près de Glasgow, et ainsi nommé par Thomson, de *Glotta*, ancien nom de la Clyde. Il est en cristaux agglomérés, d'un blanc laiteux, transparents, très-brillants et à éclat vitreux ; leur forme parait être un octaèdre régulier ; quelques-uns même sont cubiques. La glottalite raye le gypse, et se laisse rayer par la fluorine ; sa densité est 2.181 ; elle est fusible au chalumeau en un émail blanc. Son analyse a donné à M. Thomson :

Silice.	37.02
Alumine.	16.31
Peroxyde de fer.	0.50
Chaux.	23.93
Eau.	21.25
	99.01

d'où l'on tire la formule : $Al^2O^3\ SiO^3 + (CaO)^3 (SiO^3)^2 + 8\ Aq.$

GLUCINE, f. Oxyde de glucinium, découvert en 1798, par Vauquelin, dans l'aigue-marine, puis dans l'émeraude. Substance blanche, douce au toucher, insoluble dans l'eau, soluble par les alcalis fixes, donnant des sels sucrés et très-doux (ce qui lui a valu son nom, du grec *glukus*, doux); absorbant l'acide carbonique à froid. P. s. : 2.967.

Les Allemands ont donné à la glucine le nom de béryl, attendu que la glucine n'est pas le seul corps qui donne des sels doux, puisqu'il partage cette propriété avec le plomb, l'yttria et le cérium.

Composition :

Glucinium.	36.74
Oxygène.	63.26
	100.00

Formule atomique : Be^2O^3, ou G^2O^3.

GLYCIMÈRE (*Paléont.*), f. Genre de solénacées, dont une espèce se rencontre à l'état fossile.

GLYPHITE (*Minér.*), f. Nom donné par Haüy à la pagodite ou pierre de lard des Chinois, du grec *glyphis* ou *glyphê*, sculpture; parce que les Chinois en font des magots et des pagodes.

GLYPTIQUE, f. Art de graver les pierres dures.

GMÉLINITE (*Minér.*), f. Nom donné par Brewster à l'*hydrolite*, en l'honneur du célèbre professeur Gmelin.

GNEISS (*Géogn.*), m. Roche composée de mica et de feldspath laminaire ou grenu, de couleur grisâtre, quelquefois rougeâtre, à texture schisto-granitoïde, parfois porphyroïde, mais toujours distinguée par sa forme légèrement schisteuse; ce qui lui fait donner quelquefois le nom de granite stratifié. Dans le gneiss, le mica est dominant; dans le leptynite micacé, c'est le feldspath : ces deux roches passent de l'une à l'autre par des nuances insensibles. Le gneiss renferme souvent du quartz; alors, si cette substance devient plus abondante que le feldspath, la roche passe au micaschite; de même qu'elle se confond avec le granite, lorsque le mica cesse de dominer. Un gneiss formé, par égales parties, de quartz, de mica et de feldspath, ce qui constitue un granite stratifié, se compose de :

Silice.	70.06
Alumine.	15.03
Magnésie.	1.66
Chaux.	0.37
Potasse.	7.92
Oxyde de fer.	2.97
— de manganèse.	0.20
Acide fluorique.	0.36
Eau.	0.66
	99.23

Le mot *gneiss* est saxon.

GNEISS AMPHIBOLIQUE, m. *Gneiss* dans lequel l'amphibole remplace le mica; roche de la série métamorphique.

GNEISS TALQUEUX, m. *Gneiss* dans lequel le talc remplace le mica. Cette roche appartient à la série métamorphique. C'est à proprement parler une *protogine stratifiée*.

GOBIE (*Paléont.*), m. Genre de poisson, dont deux espèces se trouvent à l'état fossile dans les terrains postérieurs à la craie.

GOEKUMITE (*Minér.*). f. Nom donné par le docteur Thomson à une variété de *péridot* trouvée dans la province de Dannemora, en Suède, au lieu dit Gockum. Cette variété se trouve décrite au mot PÉRIDOT.

GOETHITE (*Minér.*), f. Variété d'*hydrate de fer*.

GOMATITE (*Paléont.*), f. Espèce d'*ammonite*.

GOMME DES FUNÉRAILLES (*Minér.*), f. *Malthe*.

GOMPHOLITE (*Géogn.*), m. Poudingue, Nagelfluhe, calcaire poudingiforme ou bréchiforme; roche brunâtre, rougeâtre, jaunâtre, grisâtre, unie ou bigarrée; tenace, friable, ou meuble; à pâte de grès argilo-calcarifère, avec fragments de quartz, de calcaire, etc.; en couches, en amas et en dépôts puissants. Son nom vient du grec *gomphos*, clou; *lithos*, pierre.

GONIOMÈTRE (*Cristall.*), m. Au mot ANGLE DES CRISTAUX, nous avons parlé d'un instrument propre à mesurer l'inclinaison des faces les unes sur les autres : cet instrument porte le nom de *goniomètre* (du grec *gônia*, angle; *metron*, mesure). On en distingue deux : le goniomètre par application, et le goniomètre à réflexion.

Le goniomètre par application se compose de deux alidades en métal, réunies et assemblées au moyen d'un bouton qui se serre à volonté. Elles portent chacune une rainure dans laquelle glisse le bouton, ce qui leur

permet de s'allonger au besoin. Une de ces alidades se fixe sur un rapporteur, au zéro de la division; l'autre est mobile, et marque l'angle sur le limbe.

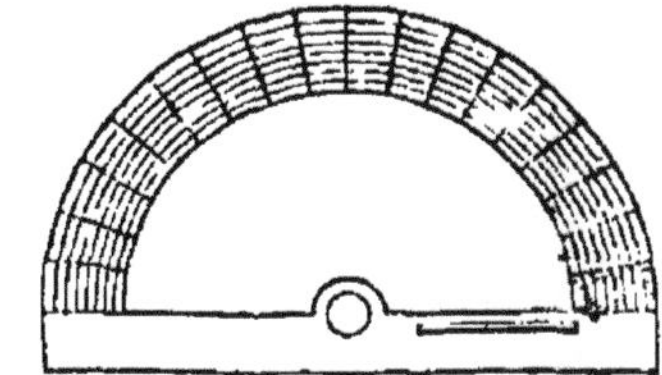

Le cristal est appliqué dans l'angle extérieur opposé au sommet, dans le prolongement des deux alidades.

Cet instrument a deux inconvénients : il ne donne guère que la mesure approchée, surtout pour les petits cristaux, et présente peu de sûreté, attendu qu'on est obligé de tenir le cristal d'une main et le goniomètre de l'autre. C'est ce qui a fait imaginer de le fixer, ainsi que le cristal.

Dans le goniomètre fixe, le rapporteur porte une alidade qui tourne avec lui; il peut se mouvoir à droite et à gauche le long d'une règle, de même qu'il peut tourner à droite et à gauche, en marquant, sur un nonius placé à la partie supérieure, le nombre de degrés dont il tourne. Le cristal est placé au-dessous, sur une petite colonne où on le fixe solidement avec de la cire. Cette petite colonne peut se mouvoir dans tous les sens, et même s'incliner, afin de présenter les faces du cristal dans la position qu'on désire leur donner. Une mire horizontale placée à droite, et indépendante du goniomètre, sert à s'assurer que l'arête du cristal est bien dans un plan horizontal perpendiculairement au plan du cercle.

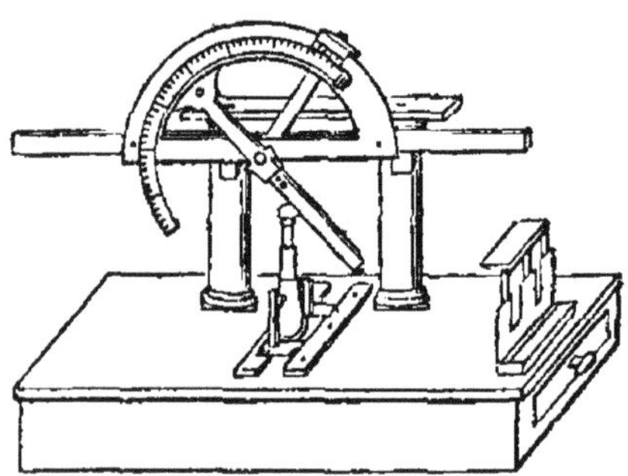

Lorsqu'on veut mesurer l'angle des deux faces d'un cristal, on place celui-ci sur la petite colonne; on s'assure par la mire que l'arête est bien horizontale, sinon on lui donne cette position en faisant mouvoir la colonne. Puis on fait avancer la colonne et le cristal sous l'alidade; et aussitôt que celle-ci est bien appliquée sur la face qui lui est présentée, de manière à ne laisser aucun vide, ce qui est facile, grâce à la mobilité de l'alidade autour du centre, et à la possibilité de faire avancer ou reculer le rapporteur le long de la règle horizontale, on avance le nonius jusqu'au bout du rapporteur, où il s'arrête à zéro; on le fixe sur le cercle, au moyen d'une vis de pression.

On fait ensuite passer l'alidade de l'autre côté du cristal, sur l'autre face duquel on opère la même application. Le nombre de degrés marqués sur le limbe indique les degrés de l'angle, et le nonius marque les minutes.

Cet instrument présente une manipulation plus facile et plus sûre que le goniomètre ordinaire; mais il a le même inconvénient quant à l'exactitude, et à la difficulté d'y placer de petits cristaux; on ne peut que difficilement, en ce dernier cas, s'assurer que l'arête est horizontale.

Le goniomètre à réflexion, dû au docteur Wollaston, donne des résultats plus sûrs; mais il ne peut s'appliquer qu'à des cristaux dont les faces sont polies.

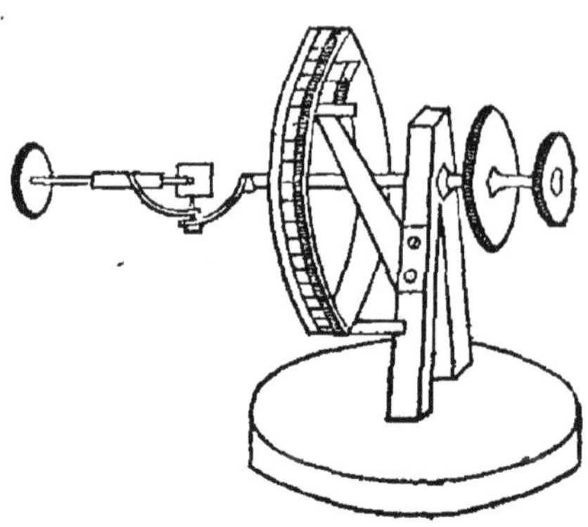

Il se compose d'un cercle de cuivre gradué, placé perpendiculairement, dont l'axe horizontal est monté sur un support. Le cercle tourné sur cet axe, et la quantité dont il a tourne est marquée par un vernier disposé d'une manière fixe.

L'axe est creux, et porte intérieurement un autre axe qui permet de faire mouvoir une pièce articulée sur laquelle on fixe le cristal avec de la cire. Cette pièce est, comme la colonne du goniomètre à application, susceptible de plusieurs mouvements qui permettent de présenter le cristal dans ses divers sens.

Le limbe doit être bien vertical pour opérer. Cela fait, on rend l'arête du cristal bien horizontale en la présentant à deux lignes d'un édifice quelconque, le toit et une fenêtre, par exemple. Puis on procède à la mesure de l'angle : on place le limbe au zéro du vernier, et l'on amène le cristal dans une position telle que l'œil voie l'image de la première ligne, réfléchie sur une des faces du cristal, superposée sur la seconde vue directement. On tourne ensuite le limbe, qui entraîne dans son mouvement l'axe et le cristal jusqu'à ce que l'œil, qui doit toujours rester immobile, aperçoive la ligne supérieure réfléchie sur la seconde face du cristal, en coïncidence avec la ligne inférieure; l'angle dont le limbe a tourné, et que l'on mesure à l'aide du vernier fixe, est le supplément de l'angle du cristal.

GONOPLACE (*Paléont.*), m. Genre de crustacés fossiles, dont on trouve cinq espèces dans les terrains postérieurs à la craie.

GORGONE (*Paléont.*), f. Genre de polypiers, dont une espèce se trouve à l'état fossile dans les terrains antérieurs à la craie.

GORLANDITE (*Minér.*), f. Nom donné par M. Brooke à l'*arséniate de plomb.*

GOSIER (*Métall.*), m. Partie du soufflet par laquelle le vent passe de la caisse à la buse.

GOUDRON MINÉRAL (*Minér.*), m. Nom vulgairement donné au *Malthe. Voy.* le mot BITUME.

GOUTTE D'EAU (*Minér.*), f. *Topaze* goutte d'eau ; variété de topaze.

GOUTTES DE PLUIE (*Géolog.* et *Géogn.*), f. M. Cunningham a trouvé, dans des roches de grès reposant sur de l'argile, des cavités rondes et hémisphériques qu'il croit être des empreintes de gouttes de pluie, et des enfoncements irreguliers qu'il attribue à la chute de grêlons. Il est probable que ces empreintes s'effectuèrent lorsque la matière argileuse était encore molle ; l'eau ne tarda pas à la recouvrir ensuite, et elle n'eut pas le temps de sécher avant que le grès s'y moulât. Ces circonstances semblent indiquer que l'endroit de Storeton-Hill (Cheshire), où se sont rencontrées les empreintes, était soumis au flux et au reflux.

GRADINS DROITS (*Exploit.*), m. Ouvrage dans lequel on exploite en escalier, en faisant avancer plusieurs ouvriers ensemble, qui commencent à intervalles différents, de manière que le premier placé en haut avance d'une certaine distance avant que le second entame un gradin immédiatement inférieur, et ainsi de suite.

GRADINS RENVERSÉS, m. Ouvrage dans lequel on exploite en forme de dessous d'escalier, en faisant avancer plusieurs ouvriers ensemble en commençant à des intervalles différents, de manière que le premier placé en bas avance d'une certaine distance avant que le second entame un gradin immédiatement supérieur, et ainsi de suite.

GRADUATION, f. Procédé qui consiste à diviser le plus possible l'eau salée des sources, et à lui faire présenter le plus de surface pour que l'évaporation en soit plus prompte.

GRAINS (*Minér.*), m. Minéraux en grains. En parlant des *concrétions*, nous avons montré quelle était l'origine des minerais provenant du dépôt des eaux chargées de matière inorganique. La texture de ces globules indique ordinairement leur mode de formation. En effet, lorsque la cassure est unie, les minéraux étaient déjà tout formés lorsque les eaux sont venues les charrier, et les arrondir en les entraînant. Il n'y a eu là qu'un frottement mécanique qui les a usés, et leur a donné la forme plus ou moins sphérique. Lorsque leur cassure annonce des couches testacées et concentriques, les grains sont dus au dépôt successif des matières dissoutes : quelquefois le noyau central autour duquel se sont moulées les couches appartient à une matière de différente nature ; quelquefois aussi c'est la matière même des couches qui a servi de noyau. Ces grains isolés sont nommés *pisolites*. Souvent ils se réunissent à l'aide d'un ciment, et forment une roche à laquelle on a donné le nom d'*oolite*. Parfois le ciment n'existe pas, et les pisolites se sont réunies au moment où elles étaient encore à l'état mou ou visqueux. Ces formations en grains isolés ou réunis sont très-fréquentes dans le *carbonate de chaux* et dans le *fer hydraté*, dit *fer en grains*. Quelquefois les grains sont parfaitement ronds, comme dans les environs de Bruniquel (Tarn-et-Garonne), où les paysans s'en servent pour la chasse ; quelquefois ils sont ovoïdes et aplatis, comme dans les environs d'Aviles (Asturies) et de Savero (Léon). Les grains pisolitiques de la Franche-Comté ont une forme irrégulière.

La formation oolitique des pisolites de *chaux carbonatée* et de *fer en grains* s'explique facilement, soit qu'il existe un ciment apparent, soit que les grains se soient agglomérés d'eux-mêmes. Dans le carbonate calcaire, l'état visqueux a été nécessaire pour que les surfaces de contact des petits globules aient pu se souder ; dans le minerai en grains, l'eau, et par suite la formation de l'oxyde à la surface, ont suffi pour opérer la réunion. A Cosio, dans la Liébana, il n'est pas rare de rencontrer, dans les eaux mêmes de la forge, des grains de fer épigène, de la nature de ceux que j'ai signalés au mot CONCRÉTION, former une agglomération de quelques décimètres cubes ; agglomération qui est due, sans aucun doute, à l'oxydation superficielle au milieu de l'eau de la roue motrice. C'est ainsi qu'à la Basse-Indre, en 1824, pour utiliser la grande quantité de limaille de fer que produisaient nos ateliers, je la faisais réunir en monceaux ayant la forme d'une gueuse, et je la laissais exposée à l'intempérie. Au bout de quelques mois, les saumons avaient pris de la consistance, et pouvaient être soumis au puddlage comme les gueuses solides de la mazerie.

J'ai rencontré à la Butte-de-Cœur, près de Clermont-Ferrand, une formation de grès siliceux qui peut servir à expliquer la réunion en oolite des grains qui n'ont pas été à l'état pâteux, et pour lesquels on ne peut invoquer l'aide de l'oxydation. C'est une couche de deux mètres environ de sable empâté dans du bitume ; elle sort horizontalement de la montagne, et s'avance progressivement vers la plaine. La partie occidentale est une roche sablo-bitumineuse, contenant jusqu'à vingt-deux pour cent de ciment asphaltique. A mesure qu'on avance vers le nord, en suivant attentivement cette roche, le ciment va en diminuant jusqu'aux caves de la métairie, où il a entièrement disparu. Ce n'est plus alors qu'un grès formé de grains de silice réunis, sans qu'il soit possible d'y trouver le ciment qui les a anciennement agglomérés, et qui s'est vaporisé sous l'influence de la chaleur atmosphérique.

La formation oolitique, qui constitue une partie du calcaire jurassique, est très-développée en Europe. Nous renvoyons sa description au mot OOLITE.

Quant aux minerais de fer en grains isolés, ils appartiennent au terrain tertiaire moyen qui recouvre le groupe oolitique et la craie. C'est donc à tort qu'on leur a donné le nom de minerais d'*alluvion*. Ce terrain tertiaire, qui renferme le fer pisolitique, tantôt est étendu au-dessus de la formation jurassique, tantôt a pénétré dans les anfractuosités de cette formation. Le minerai de fer oolitique appartient au terrain secondaire. A Savero, il est contemporain de la formation carbonifère qui a été soulevée par les roches siluriennes; à Avilès et sur les rives du Nalon (Asturies), il appartient au calcaire de cette formation silurienne, dans les mêmes circonstances qu'à Savero.

Le minerai de fer oolitique est souvent associé au titane. Il contient alors des grains magnétiques qui sont quelquefois isolés, et, dans d'autres cas, forment le noyau central de la pisolite. Ils renferment de l'hydrate de manganèse, et parfois de l'acide phosphorique combiné avec de la chaux ou de l'oxyde de fer. Ce groupe forme des couches à la base de l'oolite inférieure et moyenne. Il existe aussi dans le grès vert. Les exploitations de Villebois (Ain) et de Vieusac (Aveyron) appartiennent à l'oolite inférieure; celles de Châtillon (Côte-d'Or) et d'Ancy-le-Franc (Yonne), à l'oolite moyenne.

Les minéraux en rognons ou nodules, en grains cristallins, en grains arrondis ou en sables, forment trois classes : ou ils sont solubles dans l'eau, ou ils ont l'éclat métallique, ou ils n'ont que l'éclat pierreux.

Minéraux solubles.

Hydrochlorate d'ammoniaque,	Nitrate de soude,
Sulfate d'ammoniaque,	Carbonate de soude.

Minéraux à éclat métallique.

Fer oligiste,	Or palladié,
Oxydule de fer,	Osmiure d'iridium,
Franklinite,	Palladium,
Isérine,	Séléniure de palladium,
Ménakanite,	Platine natif.
Or natif,	

Minéraux sans éclat métallique.

Aétite,	Péridot,
Chamoisite,	Perlite,
Coccolite,	Pisolite,
Chlorure de cuivre,	Polyadelphite,
Essonite,	Sodalite,
Fer en grains,	Thraulite,
— oolitique,	Urano-tantale,
Goëkumite,	Webstérite,
Hydro-bucholzite,	Wolborthite,
Météorite,	Xanthite,
Oolite,	Oxyde de zinc manganésifère.
Ottrélite,	

GRAISSE (*Exploit.*), f. Nom donné dans l'industrie des asphaltes au bitume purifié.

GRAMMAROLITE (*Minér.*), f. Espèce de talc de couleur cendrée ou rouge.

GRAMMATIAS (*Minér.*), m. Nom donné par les anciens à une variété de jaspe rouge présentant des lignes blanches ou d'une couleur saillante, qui figurent assez bien des lettres de l'alphabet; du grec *gramma*, lettre, fait de *graphô*, j'écris.

GRAMMATITE (*Minér.*), f. Synonymie : *trémolite*. Variété d'*amphibole blanche* tirant sur le gris ou le vert, et présentant quelques lignes noires qui ont l'apparence de lettres, d'où vient son nom, du grec *gramma*, lettre. Les auteurs qui écrivent *gramatite* ne se conforment pas à l'étymologie.

GRAMMITE (*Minér.*), f. Variété de *wollastonite*.

GRANATITE (*Minér.*), f. *Staurotide*.

GRANATOÏDE (*Minér.*), f. Grenat en masse provenant du Zillerthal, dans le Tyrol, et que M. Buckmann a analysé. On a donné aussi ce nom à un minéral vert grisâtre, dur, à cassure esquilleuse, trouvé à Warlitz, et analogue à la saussurite.

GRANATOÏDE PYRAMIDALE (*Cristall.*), f. Nom donné par Weiss à un polyèdre à quarante-huit faces, dérivant du *cube*.

GRAND FOYER (*Métall.*), m. Partie du fourneau depuis le ventre jusqu'au foyer.

GRAND-OEUVRE, m. Recherche de la pierre philosophale, ou art imaginaire de convertir en or toutes les substances métalliques.

GRANDE MASSE (*Métall.*), f. Partie de la cuve d'un haut-fourneau comprise entre le ventre et la partie supérieure du gueulard.

GRANDE OOLITE, f. *Voy.* le mot OOLITE (GRANDE).

GRANDES TAILLES (*Exploit.*), f. *Voy.* EXPLOITATION A GRANDES TAILLES.

GRANITE (*Géogn.*), m. Roche due à l'action ignée; elle est composée de feldspath laminaire, de quartz et de mica, à peu près également disséminés et sous forme de grains cristallins, passant à l'arkose lorsque le quartz domine, et au gneiss, ou au micaschiste, si le mica est dominant. Le granite est gris lorsque le feldspath est blanc, le quartz gris et le mica noir; il est rouge lorsque le feldspath est rouge; texture granitoïde qui passe à celle porphyroïde, quand les cristaux de feldspath sont volumineux. Cette roche est la base du terrain granitique; elle tire son nom de l'italien *granito*, fait, dans la même signification, de *grano*, grain, à cause de sa texture grenue; elle est plus dure que le marbre.

Rien ne prouve mieux l'identité d'origine du granite et du basalte que leur constitution atomique identique, et la forme en prisme à cinq et six pans que ces deux roches affectent quelquefois. La pointe de Collo, en Algérie, est entièrement formée d'un granite prismatique que M. le capitaine Bérard avait pris de loin pour du basalte.

Nous ne devons pas passer sous silence un phénomène d'altération que Dolomieu a nommé la *maladie du granite*. Ce ramollissement de la roche qui se désagrége sous la main est dû au dégagement continuel de l'acide carbonique qui s'échappe par les fissures et produit une espèce de décomposition.

GRANITE AMPHIBOLIQUE, m. *Voy.* SYÉNITE.

GRANITE A QUATRE SUBSTANCES m.

Syénite granitique; syénite à laquelle s'associent le quartz et le mica.

GRANITE A TROIS SUBSTANCES, m. Granite ordinaire, composé de feldspath, de quartz et de mica.

GRANITE BLANC ET NOIR, m. *Granite à quatre substances*, dans lequel l'amphibole et le mica noir forment des taches sur un fond où le feldspath domine.

GRANITE BLEU, m. C'est un granite d'un gris bleuâtre qui se trouve près de l'Escurial, en Espagne, et qui a servi à décorer une grande partie du palais.

GRANITE DE FINLANDE, m. *Granite noir et blanc*, composé d'amphibole noir, de mica d'un brun noirâtre et de quartz blanc, en grains très fins.

GRANITE D'ÉGYPTE, m. Granite à fond rouge, employé dans les arts d'ornements comme *marbre dur*. C'est une syénite, décrite au mot GRANITE ROUGE. On trouve aussi du granite d'Égypte noir et blanc, et blanc et noir.

GRANITE DE L'INGRIE, m. Espèce de *syénite* à fond rouge et à nodules chatoyants de feldspath, en globules ronds et ovoïdes réguliers, formant des taches blanches. Il est employé comme ornement dans les arts d'embellissement; la pierre qui sert de piédestal à la statue du czar, à Pétersbourg, est un bloc énorme de ce granite.

GRANITE DE MUNICH, m. Quartz vert mélangé avec des grenats, dont on fait des objets d'ornement.

GRANITE DES VOSGES, m. On en connait de nombreuses variétés : 1° noir et blanc de Giromagny, de Saint-Maurice et de Chaume; dans le premier, le quartz blanc et l'amphibole noir sont en très-petits grains, et donnent à la roche une couleur gris foncé de fer; dans le second, le feldspath vient rendre la teinte moins brune; dans le troisième, le feldspath est légèrement rosé; 2° gris, du ballon des Vosges. On le connait sous le nom de granite feuille morte; 3° rouge, analogue au granite d'Égypte.

GRANITE GRAPHIQUE, m. Roche composée de feldspath et de quartz, ayant une structure laminaire imparfaite. Dans la cassure perpendiculaire aux lames, le quartz présente des lignes rompues, assez semblables aux caractères hébraïques. Le granite graphique est plus généralement rose.

GRANITE GRIS, m. Roche composée de quartz blanc ou gris, de mica noir et de feldspath blanc ou rose, en gros cristaux. On en trouve à Chessy (Rhône), à Thain (Isère), à Saint-Roch (Alpes), etc. Il en existe une variété dans les départements de Saône-et-Loire et du Finistère, dans laquelle l'amphibole remplace le mica, et qui n'est qu'une syénite. Le granite gris de l'île de Lavezzi n'est composé que de mica noir et de cristaux blancs et grisâtres de feldspath : celui de l'île d'Elbe tire un peu sur le lilas. On en voit dix colonnes dans la salle de la Paix, au Musée.

GRANITE HÉBRAÏQUE, m. *Voy*. GRANITE GRAPHIQUE.

GRANITE NOIR, m. Granite ayant la composition de la syénite et l'aspect du basalte. Il est formé de grains fins de feldspath, de mica noir et d'amphibole; il passe au granite noir et blanc, par la séparation plus distincte de ses éléments. Il en existe des torses et des statues dans la salle des monuments égyptiens du Musée, à Paris.

GRANITE NOIR ET BLANC, m. *Syénite* susceptible de poli, et employée comme *marbre dur*. C'est le *granite noir*, dans lequel les éléments, en se séparant d'une manière plus distincte, forment des taches blanches et noires. Il se trouve aux environs de Syène, vers les cataractes du Nil, etc. Les Égyptiens en ont fait des statues, des obélisques, etc.

GRANITE ORBICULAIRE DE CORSE, m. *Diorite orbiculaire*; roche dans laquelle l'amphibole est groupée circulairement autour de noyaux sphéroïdaux feldspathiques. Le grain de cette roche est fin et serré; les globules qu'il renferme offrent dans leur intérieur des zones blanches et noires alternatives, dont le centre est un noyau de feldspath blanc ou de granite verdâtre. On conserve deux belles tables de cette roche au Garde-Meuble. Quelquefois la roche est rouge sombre, jaunâtre, composée de grains de feldspath rougeâtre irrégulier, au milieu desquels se trouvent engagés des globules d'un jaune rougeâtre plus clair, formés d'aiguilles divergentes du centre à la circonférence.

GRANITE PORPHYROÏDE, m. Roche plutonique. Granite dans lequel tous les éléments sont modifiés par la force de cristallisation. Le feldspath s'y offre sous forme de gros cristaux ayant quelquefois jusqu'à un pouce ($0^{m}.027$) de longueur; le mica est alors mis en évidence, et présente des paillettes noires et brillantes; et le quartz, dégagé des éléments terreux qui l'avoisinaient, acquiert plus de transparence.

GRANITE RECOMPOSÉ, m. Nom donné à certains grès psammites ou grès houillers, pour indiquer que ces roches sont dues à des granites pulvérisés, dont les grains se sont agglutinés de nouveau, grâce à un ciment qui n'est pas toujours apparent. C'est généralement une arkose micacée, qui ne diffère du granite que parce que le quartz y domine.

GRANITE ROSE, m. Granite composé de feldspath de couleur rose, de quartz blanc, et d'un peu de mica noir. Il est très-employé à Milan. A Allefroide (Hautes-Alpes) l'amphibole remplace le mica.

GRANITE ROUGE, m. Roche comprise dans la classe des *marbres durs*, susceptible de poli, et employée dans les arts d'ornement. On la nomme quelquefois granite rouge oriental. Elle contient des cristaux translucides, et légèrement nacrés de feldspath rose, de quartz diaphane, et d'aiguilles d'amphibole vert foncé. Elle se rencontre en Égypte. On trouve à Tarare, près de Lyon, un granite rouge composé de feldspath rouge en lames irrégulières, et d'amphibole noire et verte, dont on voit un beau vase à la Monnaie de Paris. A Autun, il s'en rencontre une variété d'un rouge vif, avec de grands cristaux de feldspath plus pâles. Le granite rouge de Roanne ne le cède point en beauté au granite d'Égypte.

GRANITE SCHORLEUX, m. Roche plutonique, composée de schorl ou de tourmaline et de quartz à l'état d'agrégat, auquel se joignent le feldspath et le mica.

GRANITE SYÉNITIQUE, m. Roche plutonique. Composition : feldspath, quartz, mica et amphibole. C'est conséquemment un granite uni à de l'amphibole.

GRANITE VARIOLIQUE, m. Nom donné par les Italiens (*granito a morviglione*) à une variété noire et blanche du *granite d'Égypte*.

GRANITE VEINÉ, m. Nom donné par de Saussure à certaine variété de gneiss ou de leptynite renfermant plus de feldspath que de mica.

GRANITE VERT, m. *Porphyre des Vosges*, dont les cristaux de feldspath sont si pressés les uns à côté des autres, qu'ils cachent presque la pâte de la roche. Le granite vert antique a pour pâte principale le quartz blanc, et renferme des taches d'un vert clair; on en voit une colonne dans la villa Pamphili. Les Alpes, la Corse, l'Isère, contiennent des granites verts d'une grande beauté.

GRANITE VIOLET, m. Roche dans laquelle le feldspath violet en grands cristaux domine. On le tire de l'île d'Elbe. La statue équestre de la place della Sanctissima Annunziata, à Florence, est de ce granite.

GRANITEL (*Géogn.*), m. *Voy.* DIORITE et SYÉNITE.

GRANITONE (*Géogn.*), m. Nom donné par d'Omalius d'Halloy à une partie des *euphotides* d'Haüy, et au *gabbro* de Rose; roche composée de saussurite et de diallage, à texture granitoïde, ayant toutes les couleurs dues à l'association de ces deux roches, savoir : le blanc de la saussurite et le vert sombre, grisâtre, brunâtre, noirâtre, du diallage; renfermant quelquefois de la serpentine, du mica brun, de la marcassite, de la nigrine, etc.; en filons, en amas ; accompagnant les ophiolites; gisements dans la Ligurie et la Toscane, près de Briançon, en Silésie, au Pérou, etc.

GRANULITE (*Minér.*), f. Espèce de *leptynite*.

GRAPHIQUE (*Minér.*), m. *Tellurure d'or argentifère*.

GRAPHITE (*Minér.*), m. Synonymes : *plombagine*, *mine de plomb*, etc. C'est, après le diamant, le corps qui contient le carbone à son état le plus pur. Celui-ci est souvent allié à de l'oxyde de fer et à des matières volatiles, et ne forme que 92 à 96 pour 100 de la masse minérale; il change alors totalement de caractère, et prend le nom de *graphite*.

Le *graphite* a longtemps passé pour un carbure de fer, et on le croyait composé de carbone et de fer dans la proportion de 8 à 92; mais on a depuis rencontré à Barcros, au Brésil, un graphite qui laissait à peine des traces de cendres dans sa combustion, et les expériences de Karsten ont prouvé qu'il constituait une forme particulière ; on l'a même rencontré en tables à six pans. C'est donc un diamant altéré. Il est d'un gris semi-métallique qui lui a valu le nom de *mine de plomb*, quoiqu'il ne contienne pas une trace de ce métal; il est constamment cristallin, doux et même onctueux au toucher; il est tendre, facile à égrener, et tache le papier et la porcelaine en noir, ce qui lui a fait donner le nom de *graphite*, du grec *graphô*, j'écris, je trace, je crayonne. Cette propriété a été mise à profit dans les arts, et l'on en fabrique des crayons dits de mine de plomb, connus en France sous le nom de crayons de Conté. Ceux de Broockmann, si estimés pour le dessin, viennent de Borrowdale, dans le Cumberland ; ils sont composés de :

Carbone.	96.00
Oxyde de fer.	0.50
Substances volatiles.	2.50
	99.00

Le graphite appartient aux terrains de transition ; il y forme des veines, des amas, quelquefois des nodules qui se suivent en chapelet. C'est ainsi qu'il se rencontre à Borrowdale, où les rognons ont une certaine dimension, et fournissent du graphite qui se paye jusqu'à quatre cents francs le kilogramme. On le trouve également près de Pontivy, en Bavière, à Marbella, en Andalousie, et au Cabo de Peñas, dans les Asturies.

GRAPHOLITE, f. *Ardoise* préparée pour écrire avec des crayons gris. Cette roche doit être brune, et polie avec de la pierre ponce ; elle doit être assez dure pour résister au crayon, et assez serrée pour que le trait qu'on y fait soit très-délié et ne l'entame pas.

GRAPSE (*Paléont.*), m. Genre de crustacés fossiles, dont l'équivalent existe.

GRAPTOLITE, f. Nom générique de toutes les pierres sur lesquelles sont représentées des figures quelconques superficielles. *Voy.* DENDRITE, RHODITE, etc.

GRAS (*Métall.*), m. Expression employée pour dire qu'un lopin ou un massé laisse couler beaucoup de laitier pendant le cinglage.

GRAUWACKE (*Géogn.*), f. Nom donné par les géologues allemands à des *psammites* et des *arkoses*. C'est un grès quartzeux formé de petits grains de quartz, de schiste siliceux et de schiste argileux, empâtés dans un ciment argileux. Cette roche dure, grenue, à grains fins, se rencontre dans plusieurs formations supérieures aux schistes siluriens.

GRAUWACKE SCHISTEUSE, f. Espèce de schiste argileux, gris cendré, verdâtre ou jaunâtre, ayant la même composition que la grauwacke commune, mais prenant une structure schistoïde. Les deux grauwackes passent de l'une à l'autre ; elles contiennent des couches de carbonate de chaux, de trapp, et des mines métalliques.

GRAVES, f. Nom donné dans la Gironde à des associations de graviers, de sablon, de sable et d'argile qui couvrent les plateaux et les collines ondulées entre lesquelles serpentent les vallées. Ces terrains, ordinairement très-meubles, ont la propriété de conserver longtemps la chaleur, et conviennent à la culture de la vigne. Les vins de Médoc, de Tarence, du haut Brion, de Barsac, de Sauterne et de Langon se recueillent dans les graves.

GRAVIER, m. Sable mêlé de cailloux ; du latin barbare *gravera*, employé dans la basse latinité pour *arena*, sable.

GRAVIMÈTRE, m. Instrument propre à donner la pesanteur spécifique des corps. *Voy.* BALANCE DE NICHOLSON.

GRAVITÉ SPÉCIFIQUE, f. *Voy.* PESANTEUR SPÉCIFIQUE.

GRAZIBRINCHE (*Paléont.*), m. Variété de *glossopètre* qui imite un bec d'oiseau.

GRECHETTO, m. *Carbonate de chaux ;* nom italien du marbre grec.

GREENLAUDITE (*Minér.*), f. Variété de *grenat.*

GREENOCKITE (*Minér.*), f. *Sulfure de cadmium*, décrit au mot SULFURES MÉTALLIQUES.

GREENOVITE (*Minér.*), f. Variété rose de *sphène*, décrite au mot SILICO-TITANATE DE CHAUX.

GRÉGORITE (*Minér.*), f. Nom donné à une variété de *fer titané*, en l'honneur de l'ecclésiastique W. Gregor, qui découvrit, en 1791, le titane.

GREILLADE (*Métall.*), f. Poussière et menus grains de minéral calciné.

GREISEN (*Minér.*), m. Nom donné par les Allemands à un quartz micacé. C'est un accident du micaschiste, dans lequel le mica est beaucoup moins abondant que le quartz.

GRÊLE, m. Houille en morceaux gros comme des œufs.

GRENAILLE (*Métall.*), f. Grains de fer fondu.

GRENAT (*Minér.*), m. Sous ce titre on range des *silicates d'alumine et de chaux, d'alumine et de fer, de fer et de chaux, d'alumine et de magnésie*, *d'alumine et de manganèse, de chaux et de chrome*, qui sont toujours cristallisés dans le système régulier, et dont la composition conduit à l'expression atomique $B^2O^3\ SiO^3 + (bO)^3\ SiO^3$, formée d'un silicate à base tri-oxygénée et d'un silicate à base de protoxyde. La couleur la plus ordinaire du grenat est le rouge ou rouge-brun ; mais il en existe aussi d'orangés, de blancs, de verdâtres, d'un beau vert d'émeraude, de noirs et de jaunes ; leur cassure est conchoïde, inégale ; ils rayent le feldspath, mais sont rayés par la topaze ; leur densité est 3.658 à 4.22 ; ils sont tous fusibles au chalumeau, surtout les grenats alumino calcaires qui présentent des bisilicates. Leur forme générale est le dodécaèdre rhomboïdal régulier, qu'Haüy regardait comme polyèdre primitif. Les grenats appartenant au terrain volcanique cristallisent plus souvent en trapézoèdre. On en rencontre aussi d'*émarginés*, c'est-à-dire, présentant la réunion du dodécaèdre et du trapézoèdre ; de *tri-émarginés*, ou en dodécaèdre à triple bordure, etc., etc. — On doit ranger les grenats en six classes, fondées sur leur composition :

1° Le *grenat grossulaire*, dont la formule est :

$$Al^2O^3\ SiO^3 + (CaO)^3\ SiO^3 ;$$

2° Le *grenat almandin*, qui a pour formule

$$Al^2O^3\ SiO^3 + (FeO)^3\ SiO^3 ;$$

3° Le *grenat pyrope*, qui donne

$$Al^2O^3\ SiO^3 + (MgO)^3\ SiO^3 ;$$

4° Le *grenat mélanite*, exprimé par

$$Fe^2O^3\ SiO^3 + (CaO)^3\ SiO^3 ;$$

5° Le *grenat spessartine*, représenté par

$$Al^2O^3\ SiO^3 + (MnO)^3\ SiO^3 ;$$

6° Le *grenat ouwarovite*, dont la composition est :

$$Cr^2O^3\ SiO^3 + (CaO)^3\ SiO^3.$$

Ces minéraux, par leur forme régulière et l'uniformité de composition, présentent une des plus belles applications de la théorie de l'isomorphisme : on voit, en effet, se remplacer tour à tour l'alumine, le fer et l'acide chromique comme bases à trois atomes d'oxygène, tandis que la chaux, le protoxyde de fer, la magnésie et l'oxyde manganeux jouent un rôle analogue dans le second membre de la formule comme bases au minimum d'oxydation. Dans la nature, les formules ne sont pas toujours aussi tranchées, et l'on passe souvent de l'une à l'autre par des nuances à peine perceptibles ; mais il est toujours facile, au moyen de la doctrine isomorphique, de les ramener aux expressions fondamentales, si surtout on fait attention non-seulement à la composition, mais encore à la couleur et à quelques caractères extérieurs.

Le grenat ne présente pas toujours des cristaux bien réguliers ; il donne quelquefois des masses granuliformes, compactes et même grossièrement lamellaires, qu'il est assez difficile de distinguer.

Le GRENAT GROSSULAIRE, qu'on a aussi nommé *essonite*, *erlan*, *wilnite*. *aplome*, *romanzovite*, *succinite*, *topazolite*, *colophonite*, *grenat de chaux*, est rarement pur ; dans ce cas fort rare, il est incolore et transparent, comme celui de Tellemarken, en Norwége ; plus ordinairement il est verdâtre, couleur qui est due au silicate de fer ; tels sont les grenats de Csiklova et de Wilni. Celui d'Ala, en Piémont, est d'un beau rouge orangé ; le cristal de Zillerthal est rouge, et l'essonite de Ceylan est couleur d'hyacinthe. Le grenat grossulaire est fusible au chalumeau en un émail gris sale, ayant une teinte légèrement verte ; sa poussière est soluble dans l'acide hydrochlorique concentré. Ses analyses donnent :

LOCALITÉS.

	Ala.	Ceylan.	Zillerthal.	Tellemarken.	Csiklowa.
Silice.	36.85	38.30	40.30	39.60	41.10
Alumine.	18.75	21.20	23.40	21.20	21.20
Chaux.	31.44	31.25	21.00	32.30	37.10
Prot. de mang.	1.70	»	»	3.15	»
— de fer.	6.61	6.50	11.60	2.00	»
Magnésie.	4 20	»	3.70	»	0.60
	99.25	97.25	100.00	98.25	100.00

répondant aux formules ci-après :

Ala.	$Al^2O^3\ SiO^3 + (CaO,MnO,FeO)^3\ SiO^3$
Ceylan.	$Al^2O^3\ SiO^3 + (CaO,\ FeO)^3\ SiO^3$
Zillerthal.	$Al^2O^3\ SiO^3 + (CaO,FeO,MgO)^3\ SiO^3$
Tellemarken.	$Al^2O^3\ SiO^3 + (CaO,FeO,MnO)^3\ SiO^3$
Csiklowa.	$Al^2O^3\ SiO^3 + (CAO)^3\ SiO^3$

Dans l'analyse suivante d'un grenat de Wilni, l'alumine et le peroxyde de fer se substituent comme isomorphes :

Silice.	40.35
Alumine.	20.10
Peroxyde de fer.	5.00
Chaux.	34.83
Protoxyde de manganèse.	0.48
	100.98

d'où l'on tire la formule suivante, analogue à celle du minéral de Csiklowa :

$$(Al^2O^3, Fe^2O^3)\ SiO^3 + (CaO)^3\ SiO^3.$$

Dans le GRENAT ALMANDIN ou *almandine*, *pyrope*, *grenat syrien*, *grenat oriental*, *hyacinthe-la-belle* des Italiens, *vermeille* des lapidaires, *grenat de fer* des anciens minéralogistes, le protoxyde de fer remplace la chaux ; aussi ces minéraux sont-ils tous d'un rouge brun caractéristique ; quelques-uns même sont de couleur violette. Fusibles au chalumeau en un globule noir, ils deviennent attirables à l'aimant ; ils ne se dissolvent pas dans les acides ; leur densité est plus grande que celle du grenat grossulaire ; ils rayent le quartz. Leur composition est :

LOCALITÉS.

	Haddam.	Engsö.	Fahlun.	Groënland.	Zillerthal.
Silice.	41.00	40.60	39.66	39.85	39.62
Alumine.	20.10	19.95	19.66	20.60	19.30
Prot. de fer.	28.81	33.93	39.68	24.85	34.05
— de mang.	2.88	6.69	1.80	0.46	0.80
Magnésie.	6.04	»	»	9.93	2.00
Chaux.	1.80	»	»	3.51	3.28
	100.63	101.17	100.80	99.20	99.05

d'où, par des calculs d'isomorphisme semblables à ceux que nous venons d'employer, l'on tire la formule $Al^2O^3\ SiO^3 + (FeO\ bO)^3\ SiO^3$.

Klaproth a analysé un grenat de Bohême qui établit le passage entre le grenat almandin et la variété qui va suivre ; il est rouge vineux, et se compose de :

Silice.	40.00
Alumine.	28.50
Peroxyde de fer.	16.50
Magnésie.	10.00
Chaux.	3.50
Protoxyde de manganèse.	0.25
Oxyde de chrome.	2.00
	99.75

En considérant le peroxyde de fer comme un corps qui s'est suroxydé pendant l'analyse, et en faisant tour à tour ressortir la magnésie ou le protoxyde de fer, on a à volonté $Al^2O^3\ SiO^3 + (FeO)^3\ SiO^3$, formule du grenat almandin, ou $Al^2O^3\ SiO^3 + (MgO)^3\ SiO^3$, formule du grenat pyrope qui va suivre. Il y a plus : on trouve encore dans cette analyse les éléments nécessaires pour former le grenat mélanite, dont nous parlerons plus loin.

Ainsi, dans le GRENAT PYROPE, dit *grenat magnésien*, la magnésie devient la base à un atome d'oxygène, et remplace la chaux, le protoxyde de fer ou celui de manganèse. La couleur de ce minéral est le brun foncé, même le brun noirâtre ; il a toutes les propriétés du grenat almandin, mais il ne devient aimantaire au feu que lorsqu'il contient une certaine quantité de protoxyde de fer. Les analyses suivantes montrent le passage de divers grenats au pyrope :

LOCALITÉS.

	Langbanthytta.	Sala.	Arendal.	Stiefelberge.
Silice.	35.00	36.75	42.45	43.00
Peroxyde de fer.	26.00	25.83	»	»
Protoxyde de fer.	»	»	9.29	8.74
Alumine.	0.20	2.78	22.47	22.26
Chaux.	24.70	21.79	6.53	5.68
Magnésie.	8.01	12.44	13.27	18.55
Oxyde de mang.	»	»	6.28	»
Soude.	1.24	»	»	»
Oxyde de chrome.	»	»	»	1.80
	95.15	99.59	100.29	100.05

Les deux premières analyses donnent la formule $Fe^2O^3\ SiO^3 + [(CaO)^2\ MgO]\ SiO^3$, dans laquelle $(CaO)^2\ Mg = (b\ O)^3$; la troisième donne l'expression $Al^2O^3\ SiO^3 + [(MgO)^m, (FeO)^n, (CaO)^o, (MnO)^p]\ SiO^3$, dans laquelle $m = 1\frac{49}{104}$, $n = \frac{63}{104}$, $o = \frac{54}{104}$ et $p = \frac{42}{104}$; d'où l'on tire : $m + n + o + p = 3$, chiffre dont la moitié est formée de l'exposant de la magnésie ; enfin, la quatrième analyse fournit $Al^2O^3\ SiO^3 + [(MgO)^m, (FeO)^n, (CaO)^o, (MnO)^p]\ SiO^3$, dont les exposants représentent les fractions $1\frac{103}{110}, \frac{87}{110}, \frac{48}{110}, \frac{12}{110} = 3$. On peut déjà remarquer que, dans le total des bases protoxydées, la magnésie représente tour à tour $\frac{1}{3}, \frac{1}{2}$ et $\frac{2}{3}$. On ne connait point encore de grenat dans lequel cette base soit entièrement dégagée de ses isomorphes.

Le grenat décrit par M. Connel dans l'*Edinburg Philosophical Journal* (XXXIX, 209), et qu'il a nommé *pyrope d'Élie* parce qu'il se trouve sur les bords du lac Élie, en Écosse, contient un peu trop de base peroxydée pour qu'on puisse le rapporter à la formule du grenat magnésien. On attribue à cette surabondance de fer et d'alumine le manque d'aptitude de ce minéral pour la cristallisation. On le trouve, en effet, en morceaux anguleux, transparents, et d'une couleur rouge plus foncée que le pyrope ordinaire. Sa pesanteur spécifique est de 3.661, et sa composition, suivant M. Connel :

Silice.	42.80
Alumine.	28.63
Peroxyde de fer.	9.31
Protoxyde de manganèse.	0.28
Chaux.	4.78
Magnésie.	10.67
	96.46

Les grenats de Langbanshytta et de Sala sont nommés **grenats mélanites**, ou *grenats de fer et de chaux*. Cette variété est ordinairement d'une couleur foncée, telle que le brun noirâtre et même le noir : cependant le grenat de Sala est vert foncé, et celui d'Altenau est jaune; leur dureté est à peu près égale à celle du quartz, et leur densité est 3.68 à 4. Ils sont fusibles en un émail noir, et sont solubles en grande partie dans l'acide hydrochlorique. Les analyses ci-après en font connaître la composition :

	LOCALITÉS.				
	Pyrénées.	Vésuve.	Altenau.	Allochroïte.	Lindbo.
Silice.	43.00	39.93	35.64	37.00	37.55
Perox. de fer.	16.00	15.45	30.00	18 50	31.35
Alumine.	16.00	14.90	»	8.00	»
Chaux.	20.00	31.66	29.21	30.00	26.74
Magnésie.	»	1.40	»	6 26	»
Prot. de mang.	»	»	3.02	»	4 78
Potasse.	»	»	2.35	»	»
	95.00	101.34	100.22	99.76	100.42

Le premier de ces grenats, auquel on donne le nom de *pyrénéite*, contient autant d'alumine que d'oxyde de fer; il est donc placé sur la limite de la *mélanite* et du *grossulaire*; le second peut être considéré comme étant dans le même cas : c'est le passage d'une variété à l'autre; le troisième est une *allochroïte* très-voisine de la mélanite pure, et les deux autres enfin donnent la formule caractéristique :

$$Fe^2O^3\ SiO^3 + (CaO)^3\ SiO^3.$$

C'est à cette formule qu'il convient de rapporter le grenat noir de Beaujeu (Rhône), qu'a fait connaître M. Ebelmen. Il y forme, dans le gneiss, une couche très-puissante, traversée par des filons de mine de fer en exploitation. Le grenat lui-même, quoique peu riche en fer, y sert à faire de la fonte. Il est quelquefois si peu cohérent, qu'on peut l'écraser entre les doigts; quelquefois il est massif et dur, à cassure résineuse et à poussière jaune sale; quelquefois enfin il se présente sous la forme du dodécaèdre ordinaire du grenat. Sa composition se rapporte assez à l'analyse du grenat d'Altenau.

Le *grenat spessartine* admet le protoxyde de manganèse comme base à un atome d'oxygène; aussi est-il nommé par quelques minéralogistes *grenat manganésien*; il est ordinairement rouge violet ou rouge brun, mais jamais noir; il raye le quartz, et pèse 3.70 à 4.10. On en trouve qui offrent des stries sur les faces du dodécaèdre; il est quelquefois tellement ferrifère, qu'il exerce une action marquée sur l'aiguille aimantée. Sa composition est :

	LOCALITÉS.		
	Brodbo.	Connecticut.	Spessart.
Silice.	39.00	35.33	35.00
Alumine.	14.30	18 06	14 25
Perox. de fer.	»	»	7.90
Prot. de mang.	27.90	30.96	35.00
— de fer.	15.40	14.93	6.10
	96.60	99.28	98.25

analyses dont les deux premières donnent : $Al^2O^3\ SiO^3 + (MnO, FeO)^3\ SiO^3$, et la dernière, $(Al^2O^3, Fe^2O^3)\ SiO^3 + (MnO, FeO)^3\ SiO^3$, formules isomorphes de $Al^2O^3\ SiO^3 + (MnO)^3\ SiO^3$.

L'oxyde de chrome joue le rôle de base trioxydée dans le *grenat ouwarovite* que nous a fait connaître M. Hess. C'est un grenat couleur émeraude, ayant de l'analogie avec la dioptase, mais dont la forme cristalline est le dodécaèdre rhomboïdal; il raye le quartz, et est parfaitement inaltérable au chalumeau. Ce minéral, qui a été rencontré à Bissersk dans l'Oural, où il est accompagné de fer chromaté, a donné à MM. Damour et Erdmann :

Silice.	35.57	36.93
Oxyde de chrome.	23.45	21.84
Alumine et ox. de fer.	6.25	7.64
Chaux.	32.22	31.63
Magnésie.	»	1.54
	97.49	99.58

d'où résulte la formule $(Cr^2O^3, Al^2O^3, Fe^2O^3)\ SiO^3 + (CaO)^3\ SiO^3$, isomorphe de $Cr^2O^3\ SiO^3 + (CaO)^3\ SiO^3$.

Les grenats cristallins sont disséminés dans des roches anciennes, telles que le granite, le gneiss, les micaschistes; on en trouve dans les serpentines de Bohême, dans les talcs des Alpes, dans les diallagites du Tyrol, dans le calcaire primitif de Darmstadt et des Pyrénées; il n'est pas rare dans certaines laves, telles que celles du Velay, de Lisbonne, du Vésuve, de Frascati près de Rome, etc. Il parait s'être formé par métamorphisme, car sa substance est toujours analogue aux roches dans lesquelles il se trouve. Les grenats servent comme ornement de toilettes; les anciens gravaient dessus; il existe des coupes faites avec des grenats d'une certaine grosseur; les petits se forent pour faire des chapelets et des colliers communs.

Le grenat est en général peu estimé dans le commerce des pierreries, et le prix en est peu élevé; cependant il existe un grenat d'un violet velouté qui est fort recherché. On l'appelle *grenat syrien*. Il en a été vendu un, dans le cabinet de M. Drée, la somme de 3880 fr.; il pesait soixante-huit grains. Sage cite un petit vase de trois pouces sur deux pouces trois lignes et un pouce dix lignes de hauteur, fait avec un grenat dont l'estimation fut portée à 12,000 francs. Suivant M. Pujoulx, les grenats de Bohême valent de 8 à 25 francs la livre. On peut voir à la Bibliothèque royale de Paris plusieurs grenats graves, notamment la tête de Louis XIII montée sur de l'or émaillé. Le vicomte Duncanoun possédait une belle gravure de Cali sur grenat, qui représentait le chien Syrius.

Pour donner plus de feu au grenat, les bijoutiers les *chèvent*, c'est-à-dire, les doublent d'une plaque d'argent. En Silésie, en Bohême, à Fribourg, de nombreux ateliers sont formés pour tailler et percer les grenats qui servent d'ornements. Un ouvrier peut brillanter ou perforer cent cinquante grenats dans sa journée.

GRENAT ASTÉRIE, m. Variété de grenat présentant une étoile rayonnante à six rayons.

GRENAT BLANC (*Minér.*), m. Nom donné anciennement à l'*amphigène*, à cause de sa forme analogue à celle du grenat.

GRENAT DU VÉSUVE (*Minér.*), m. Nom donné à l'*amphigène* trouvé dans les laves de la Somma.

GRENATITE (*Minér.*), f. Nom donné anciennement à une variété de *staurotide* d'un brun rougeâtre, à cause de sa ressemblance avec le grenat. Lorsque les deux minéraux sont cristallisés, la confusion n'est pas possible: le grenat cristallise en dodécaèdre rhomboïdal régulier, ou en trapézoèdre; tandis que le cristal de la staurotide est un prisme rhomboïdal droit, qui se transforme, par modifications, en un prisme à six faces symétriques. Plusieurs minéralogistes écrivent à tort *granatite*.

GRENGÉSITE ou GRENSÉLITE (*Minér.*), f. Minéral encore peu connu, en très-petits grains radiés couleur vert bouteille; il est disséminé dans une roche de quartz et de pyrite de cuivre de Grengesberg, en Suède.

GRENOUILLE FOSSILE (*Paléont.*), f. Reptile dont on a trouvé une espèce dans les terrains postérieurs à la craie.

GRENU (*Minér.*), adj. Tissu, cassure, structure grenus. *Voy.* à l'art. CASSURE l'explication de ce mot.

GRÈS (*Géogn.*), m. Du celtique *craig*, pierre; terme générique employé pour désigner toute roche à texture grésiforme, notamment celles à base de quartz. Le grès appartient à tous les terrains supérieurs aux formations primordiales; il paraît être le résultat d'une agglomération de sables plus ou moins fins à l'aide d'un ciment qui est resté visible souvent, mais qui quelquefois aussi a disparu par une cause quelconque. Les différentes couleurs de grès sont dues à des oxydes de fer, de manganèse, de cobalt, etc. Cette roche prend le nom de *poudingue* quand elle renferme des galets, des cailloux arrondis d'une certaine grosseur; et celui de *brèche*, lorsque les fragments sont anguleux. *Voyez* le mot GRAINS.

GRÈS A FUCOÏDES, m. Grès micacé à grains fins, grès à gros grains, calcaire noir et marnes à fucoïdes, que l'on trouve dans les environs de Vienne en Autriche, et qui font partie de l'étage moyen du terrain crétacé.

GRÈS À HÉLICES, m. *Calcaire à hélices*.

GRÈS À MEULES, m. Grès siliceux de la formation carbonifère, composé de grains fins, réunis par un ciment siliceux.

GRÈS ARGILEUX, m. Assemblage de grains liés entre eux par de l'argile.

GRÈS BIGARRÉS, m. Série de marnes irisées et de psammites brunâtres, rougeâtres, jaunâtres, bariolés, très-distinctement stratifiés, formant la partie supérieure de la formation pœcilienne, et compris dans le groupe du nouveau grès rouge des Anglais.

GRÈS BITUMINEUX, m. Variété de *psammite* renfermant du bitume. On le trouve en couche dans les terrains houillers. On donne quelquefois ce nom à un grès calcaire, argileux ou siliceux, appartenant aux formations supercrétacées, et qui est imprégné de pétrole.

GRÈS DE FONTAINEBLEAU (*Minér.*), m. *Carbonate de chaux quartzifère; quartz hyalin sableux*.

GRÈS ÉLASTIQUE, m. *Voy.* INCOLUMITE.

GRÈS FERRIFÈRE (*Minér.*), m. Grès ferrugineux de de Saussure, composé de grains quartzeux plus ou moins grossiers, avec mélange d'hydroxyde de fer qui paraît avoir servi de ciment.

GRÈS FERRIFÈRE TUBULÉ (*Minér.*), m. *Grès ferrifère* ayant la forme de tuyaux, dont quelques-uns ont plusieurs centimètres de diamètre sur une longueur d'un mètre et plus.

GRÈS FILTRANT (*Minér.*), m. Grès poreux de Lisle; grès à tissu lâche et poreux. Il vient du Mexique, des Canaries, ou de Saxe. L'eau, en s'infiltrant lentement à travers cette pierre, dépose les matières étrangères dont elle est chargée, et devient d'une grande pureté.

GRÈS HOUILLER (*Géogn.*), m. Grès de la *formation carbonifère*, composé de grains de sable et de parcelles de mica agglutinés par un ciment siliceux.

GRÈS KARPATHIQUE (*Géogn.*), m. *Grès vert* des monts *Karpathes*.

GRÈS LUSTRÉ (*Géogn.*), m. Roche à cassure luisante, à texture presque compacte, dont les grains sont visiblement séparés, lorsqu'on les regarde à travers une lame mince.

GRÈS MICACÉ (*Géogn.*), m. Grès dans lequel le mica abonde, et se trouve disposé par couches parallèles au plan de stratification. Cette roche prend une structure schisteuse ou lamellaire.

GRÈS MOLAIRE (*Géogn.*), m. Grès qui sert à faire des *meulières* grenues. Les grès houillers servent à cet usage.

GRÈS PAF (*Exploit.*), m. Terme d'ouvrier paveur à Paris, par lequel on distingue le grès de Fontainebleau propre au pavage, par opposition au *grès pif*, qui est trop dur, et au *grès pouf* qui est trop tendre.

GRÈS PIF, m. Terme d'ouvrier paveur à Paris, pour désigner le grès de Fontainebleau, qui est trop dur pour être facilement taillé en pavé. On le nomme généralement *grisard*.

GRÈS POUF, m. Terme par lequel les ouvriers paveurs désignent le grès de Fontainebleau lorsqu'il est trop tendre, et se réduit facilement en sablon sous le choc de la masse.

GRÈS PULVISCULAIRE (*Minér.*), m. Grès du Levant; grès de Turquie; grès à cassure mate et écailleuse; tissu très-fin et très-serré; l'aspect de la cassure ne devient sensiblement granuleux que par l'exposition au feu. On le trouve en Turquie, en Westmanie, en Norwége. Plongé dans l'huile, il s'imbibe facilement, et devient d'une grande dureté. Il sert alors d'affiloir pour certains instruments.

GRÈS ROUGE (*Géogn.*), m. *Grès* de couleur remarquable. On en distingue deux formations : l'une supérieure, l'autre inférieure au groupe carbonifère ; le premier est nommé *grès rouge nouveau* ; le second, *grès rouge ancien*.

GRÈS ROUGE (NOUVEAU), m. Roche arénacée, quartzeuse, rougeâtre, composée de grains arrondis, cimentés par une argile rouge, violette, chargée d oxyde de fer. Cette roche remarquable est supérieure au terrain carbonifère sur laquelle elle repose, et forme l'assise inférieure du groupe pœcilien, auquel les Anglais, en y comprenant les marnes irisées et le calcaire conchylien, ont donné le nom de formation du nouveau grès rouge.

GRÈS ROUGE (ANCIEN), m. Étage inférieur du terrain carbonifère, dont quelques géologues font une formation à part, composé d'un grès à gros grains, rouge pourpre, passant à l'arkose et à un conglomérat quartzeux, schistoïde, ou à un quartzite ou psammite, alternant avec des couches marneuses ou argileuses. Souvent les grès sont verdâtres, surtout dans les assises inférieures de cette formation.

GRÈS VERT, m. Étage moyen de la formation crétacée, grès colorés en vert par le silicate de fer nommé glauconie.

GRÈS VOSGIEN, m. Roche arénacée, quartzeuse, rougeâtre, en fragments de quartz plus ou moins gros, cimentés par une argile rouge violet, rouge pâle, ou jaune ocreux. Le grès vosgien, presque contemporain du grès bigarré, appartient à la *formation pœcilienne* du *terrain triasique*.

GRÉSIER, m. Ouvrier carrier des grésières de Fontainebleau.

GRÉSIÈRE (*Exploit.*), f. Nom donné à Fontainebleau à une carrière de grès.

GREUBE (*Minér.*), f. Espèce de craie friable, jaunâtre et grossière, dont on se sert en Suisse pour frotter les meubles et les boiseries de sapin.

GRIEU (*Exploit.*), m. *Voy.* GRISOU.

GRIGNARD (*Exploit.*), m. Nom donné par les carriers des environs de Paris à certaines assises du calcaire grossier du terrain tertiaire.

GRILLAGE (*Métall.*), m. Calcination d'un minerai par laquelle on lui enlève les parties hétérogènes qui nuiraient à sa réduction, ou entraîneraient une perte considérable de combustible.

GRILLOT (*Métall.*), m. Cavité particulière aux fers aigres.

GRIMPERO (*Exploit.*), m Orpailleur du Brésil qui exploite les lavages d'or pour son compte et sans l'autorisation du gouvernement, qui le regarde comme un contrebandier.

GRIOTTE (*Exploit.*), f. Marbre tacheté de rouge et de brun.

GRIOTTE DE CAMPAN, f. *Carbonate de chaux. Voy.* MARBRE DE CAMPAN.

GRIOTTE D'ITALIE, f. Carbonate de chaux. *Marbre griotte d'Italie.*

GRIOUX (*Exploit.*), m. *Voy.* GRISOU.

GRISARD (*Exploit.*), m. Grès trop dur et que rejettent les ouvriers paveurs, à cause de la difficulté qu'ils éprouvent à le travailler. Les tailleurs de pavés le nomment *grès pif*. Dans le Perche, on donne le nom de *grisard* à une *pierre d'appareil* de grès blanc.

GRIS D'ACIER, m. Couleur particulière à certains minéraux, tels que la *bournonite*, le *sulfure d'antimoine*, le *sulfure de cobalt et d'arsenic*, le *sulfure de bismuth et de plomb*, le *sulfure d'argent et de cuivre*, le *sulfure de cuivre gris*, le *sulfure de plomb grenu*, l'*arsenic natif*.

GRIS DE FER, m. Couleur de certains minéraux, tels que le *cobalt arsenical*, le *sulfure triple d'argent, d'antimoine et de fer*, le *sulfure de mercure ferrifère*, le *sulfure de plomb grenu*.

GRIS DE PLOMB, m. Couleur de certains minéraux, tels que le *sulfure d'antimoine compact*, le *sulfure d'argent*, le *sulfure de bismuth*, le *sulfure de bismuth, plomb et cuivre*, le *sulfure de plomb et antimoine*, le *sulfure de plomb et argent*, l'*argent sulfuré*.

GRIS LIVIDE, m. Couleur de la *plombagine*, du *sulfure de molybdène*, du *sulfure de plomb*, du *sulfure de plomb, antimoine et argent*, du *plomb natif*, du zinc, du *sulfure d'antimoine compacte*, du *sulfure d'antimoine noir*, du *sulfure d'argent*, du *sulfure d'arsenic et argent*, du *sulfure de cuivre et bismuth*, du *sulfure de zinc*, du *sulfure de fer*.

GRISON (*Exploit.*), m. Nom donné à Doué, près de Saumur, à un calcaire composé de coquilles brisées et de grains de quartz réunis par un ciment calcaire. Il est solide et léger, ce qui le fait rechercher pour les constructions. Il appartient au terrain supercrétacé.

GRISOU (*Exploit.*), m. Gaz *hydrogène carboné*, hydrogène semi-carboné, protocarbure d'hydrogène, grioux, brisou, grieu, terrou, hydrure de carbone, gaz hydrogène protocarboné, qui se dégage dans les mines de houille avec un léger bruissement, et détonne au contact des lumières, en produisant de graves accidents.

GROPPITE (*Minér.*), m. Silicate hydraté trouvé, par M. Svanberg, dans une carrière de calcaire de Gropptorp, en Suède, et décrit au mot GIGANTOLITE.

GROROÏLITE (*Minér.*), f. Variété de *pyrolusite*, ou *peroxyde de manganèse* qui se trouve à Grorof.

GROS (*Exploit.*), m. Charbon gros, nom donné dans les houillères du Nord à la houille en gros morceaux, qui porte le nom de *pérat* dans les exploitations de la Loire.

GROSSULAIRE (*Minér.*), m. *Voy.* GRENAT GROSSULAIRE.

GROSSULÉRITE (*Minér.*), f. Synonyme de *grenat grossulaire*.

GROUPE CRÉTACÉ (*Géogn.*), m. Nom donné par M. Labèche aux roches du terrain crétacé.

GROUPE OOLITIQUE, m. Nom donné par M. Labèche au *terrain jurassique*.

GRUMILLON (*Métall.*), m. Petite particule des maquettes qui tombe lorsqu'on les forge.

GRÜNSTEIN (*Géogn.*), m. De l'allemand *grün*, vert; *stein*, pierre. Silicate alumineux, roche granulaire, fusible; couleur verte due à la présence de l'amphibole qui, avec le feldspath, forme sa constitution. On donne quelquefois le nom de grünstein à une roche composée de feldspath et de pyroxène, que quelques minéralogistes distinguent sous le nom de *dolérite*.

GRÜNSTEIN PRIMITIF, m. Roche métamorphique, schiste amphibolique dans lequel l'amphibole et le quartz sont en proportion à peu près égale. Cette roche, qui fut originairement volcanique, paraît avoir cristallisé depuis, sous l'influence des causes métamorphiques.

GRÜNSTEIN SYÉNITIQUE, m. *Grunstein* à texture granitoïde, contenant du quartz. Cette roche volcanique passe au granite et au trapp ordinaire

GRYPHÉE (*Paleont.*), f. Genre d'ostracées fossiles, dont on connaît seize espèces dans les terrains de la craie et les roches inférieures.

GRYPHITE (*Paléont.*), f. Coquille fossile bivalve, en forme de bateau, dont la valve supérieure est plate et même concave.

GUANAES (*Minér.*), m. Guano, *urate de chaux*.

GUANITE (*Minér.*), f. Nom donné par M. Teschmacker à la *struvite* qu'il a rencontrée dans la couche de guano de la baie de Saldanha, et qu'il a prise pour une espèce nouvelle, n'ayant pas eu connaissance de la découverte de M. Ullex. *Voy.* STRUVITE.

GUANO (*Minér.* et *Géogn.*), m. Du mot péruvien *huanu*, fumier. Produit organique résultant de l'accumulation des excréments des oiseaux aquatiques; substance d'un jaune d'ocre rougeâtre et foncé, ayant une odeur forte et ambrée. Le guano recouvre plusieurs îles de la côte du Pérou, telles que Chinche, Ilo, Iza, Arica, où il forme des couches de 18 à 20 mètres de puissance, que les indigènes exploitent pour fumer leurs terres. On ignore encore comment ces couches se sont formées dans certaines îles, de préférence à certaines autres également fréquentées par les oiseaux de mer. Le guano contient, suivant M. Wœhler :

Urate d'ammoniaque.	9.00
Oxalate de chaux.	7.00
— d'ammoniaque.	10 60
Phosphate d'ammoniaque.	6.00
— magnésico-ammoniaque.	2.60
Sulfate de potasse.	5.50
— de soude.	3.80
Sel ammoniac.	4.20
Phosphate de chaux.	14.30
Argile et sable.	4.70
Matières organiques solubles.	12.00
— — insolubles.	20.30
	100.00

Le guano est un engrais précieux dont on fait usage aujourd'hui en Europe. Il donne une grande fertilité aux côtes stériles du Pérou, que le travail de l'homme a mises en valeur. Il doit cette qualité précieuse à l'ammoniaque, dont il contient une forte dose.

GUAYAQUILITE (*Minér.*), f. Oxy-carbure d'hydrogène; substance jaune de miel, brune, résineuse, opaque, peu soluble dans l'eau, soluble dans l'alcool, fusible à 68° cent. P. s. : 1.092. Trouvée près de Guayaquil (Colombie).

Composition, suivant M. Johnston

Carbone.	76.665
Hydrogène.	8.174
Oxygène.	15.161
	100.000

GUEULARD (*Métall.*), m. Ouverture supérieure de la *cuve* d'un *haut-fourneau*; partie où l'on jette les charges, et qui termine supérieurement la cuve. Le gueulard a de 1 mètre à 1 mètre 82, pour les fourneaux de 13 à 64 mètres au coke; ces dimensions cependant ne doivent pas être prises à la lettre, car le diamètre du gueulard, comme la hauteur de la cuve, dépend de la nature du minerai et de la force de la combustion. Si le minerai ne tasse pas fortement, on donne au gueulard 18 pouces seulement pour un fourneau de 38 à 40 pieds de haut et de 10 à 12 pieds de *ventre*. Avec un minerai terreux, il faut porter le diamètre du gueulard entre 30 et 60 pouces. Le rétrécissement du gueulard concentre la chaleur dans la cuve, mais on ne doit employer ce moyen que dans le cas où le vent est fort, le charbon léger, et le minerai non susceptible de se tasser.

GUEUSAT (*Métall.*), f. Petite gueuse, saumon.

GUEUSE (*Métall.*), f. Lingot de fonte coulée dans un moule.

GUHR (*Minér.*), m. Nom donné par les anciens minéralogistes à une sorte de liqueur qui transsude dans les mines métalliques, et y prend de la consistance. C'est ainsi qu'on nommait *guhr d'argent* le *minera argenti fluida* ou *pulverulenta* de Wallerius; *guhr ferrugineux*, la variété spongieuse de fer à laquelle Romé avait donné le nom de *fleurs d'hématite*; *guhr magnésien*, un *hydrate de magnésie*. On trouve encore quelquefois dans les ouvrages de minéralogie les dénominations suivantes :

GUHR CALCAIRE. Nom appliqué au *carbonate de chaux*, variété spongieuse.

GUHR GYPSEUX. Nom ancien donné au *sulfate de chaux*, variété niviforme.

GURR MAGNÉSIEN (*Minér.*), m. *Hydrate de magnésie*.

GUINGAR (*Exploit.*), m. Argile aurifère.

GUISE (*Métall.*), f. Petite plaque de fonte dans laquelle on moule de la *fonte pour acier*.

GUITRAN (*Minér.*), m. *Bitume*.

GURHOFIANE (*Minér.*), f. Variété de *dolomie* compacte, blanche ou de couleur de café au lait très-clair, que M. Holger a proposé de nommer *dolomie de la serpentine*. On dit aussi *gurhofian* et *gurhofite*.

GUYAQUILLITE (*Minér.*), f. Sorte de *résine fossile* provenant de Guyaquil, dans l'Amérique méridionale, et décrite à l'article RÉSINES FOSSILES.

GYMNITE (*Minér.*), f. Silicate hydraté de magnésie, en masses amorphes, de couleur orangée pâle, translucide sur les bords, et à éclat résineux. Il est un peu moins dur que le feldspath, et est difficile à briser; il devient d'un brun foncé à la flamme de l'esprit-de-vin, et donne, au chalumeau et avec de la soude, une perle blanche opaque, et avec le borax, une perle incolore; il devient rose avec le nitrate de cobalt. Sa pesanteur spécifique est 2.216. L'analyse a donné à M. Thomson :

Silice.	40.16
Magnésie.	36.00
Alumine.	1.16
Chaux.	0.80
Eau.	21.60
	99.72

ce qui répond à la formule $(MgO)^2 SiO^3 + 3 Aq$, qui diffère de celle de la serpentine, à laquelle on a, à tort, assimilé la gymnite.

GYPSE (*Minér.*), m. Synonyme de *sulfate de chaux anhydre*. Nom du plâtre chez les Grecs; de *gé*, terre; *hepsô*, cuire : terre cuite.

GYPSE CUNÉIFORME, m. *Voy* SÉLÉNITE.

GYPSE EN FER DE LANCE, m. *Voy*. SÉLÉNITE.

GYPSE DE VULPINO, m. *Voy*. VULPINITE.

GYPSE ÉQUIVALENT, m. *Hydro-sulfate de chaux*, formant un prisme à six pans, terminé par un pointement à quatre faces.

GYPSE SPATHIQUE, m. *Sélénite, hydro-sulfate de chaux*.

GYRO-SCHEERÉRITE (*Minér.*), f. Variété de *scheerérite*, ou de *suif de montagne*.

H

HAARCIALITE (*Minér.*), f. Minéral qui a beaucoup d'analogie avec la mésotype, et qui se trouve en fibres radiées, brillantes, dans les cavités d'un phonolite radié. Les fibres, vues à la loupe, paraissent terminées par une base oblique, et sont striées en longueur. Ce minéral, dont on ne connaît pas d'analyse, vient de Ballsit, en Bohême, et prend son nom du mot *haar*, poil, par allusion à sa structure fibreuse.

HAIDINGÉRITE (*Minér.*), f. Nom donné par M. Brongniart à une espèce d'*arséniate de chaux*, en l'honneur de M. Haidinger qui l'a déterminée. M. Berthier a désigné sous ce nom un *sulfure d'antimoine et de fer*, nommé plus tard *berthiérite*; enfin, cette expression a été employée quelquefois pour désigner un *silico-aluminate de fer*.

HAIRE (*Métall.*), f. *Rustine* d'un creuset d'affinerie.

HALBZÉOLITE (*Minér.*), f. Synonyme de *prehnite*. De l'allemand *halb*, demi, et du mot *zéolite*.

HALDE (*Métall.*), f. Masse de matières qui provient de la gangue ou des minerais rebutés.

HALINATRON, m. Nom donné par les anciens au *natron*.

HALIOTITE (*Paléont.*), f. Sorte de coquille univalve fossile, analogue à l'oreille de mer.

HALLIROÉ (*Paléont.*), f. Genre fossile de polypiers, présentant deux espèces dans les terrains antérieurs à la craie. On écrit aussi *halirrhoé* et *hallirhoé*.

HALLITE (*Minér.*), f. Variété de *sulfate d'alumine* à texture réniforme grossière, qui se trouve dans les environs de Hall, en Saxe.

HALLOYSITE (*Minér.*), f. *Hydro-silicate d'alumine* décrit au mot ARGILE, comme faisant partie de l'*argile smectique.*

HALOGRAPHIE, f. Partie de la chimie minéralogique qui enseigne à décrire les sels. Du grec *hals*, sel; *graphô*, je décris.

HALOTRICHITE (*Minér.*), m. Variété de *sulfate d'alumine* dans laquelle le protoxyde de fer remplace, en grande partie, l'alcali.

HALPOBAL (*Minér.*), m. *Ménilite.*

HAMITE (*Paléont.*), m. Genre de coquilles ammonées fossiles, dont on connait quinze espèces dans les couches inférieures de la craie.

HANCHE DE CHAUDIÈRE (*Métall.*), f. Partie qui lie le fond aux parois latérales.

HAPPE (*Docim.* et *Métall.*), f. Ustensile qui sert à enlever les creusets des fourneaux.

HAPLOTYPIQUE (*Cristall.*), adj. f. Calcaire haplotypique; nom donné par M. Breithaupt à un cristal rhomboédrique de carbonate de chaux, dont l'angle est le 108° 13', la densité 2.728 à 2.729. Il raye la fluorine, et se laisse rayer par la phosphorite.

HARENG FOSSILE (*Paléont.*), m. On en connait vingt espèces dans les terrains voisins de la craie, soit au-dessus, soit au-dessous; mais il n'existe pas dans la craie même.

HARKISE (*Minér.*), f. Nom donné par M. Beudant au *sulfure de nickel*, décrit à l'article SULFURES MÉTALLIQUES. De l'allemand *haar*, poil; *kies*, pyrite; pyrite capillaire.

HARMOPHANE (*Minér.*), m. Synonyme de *corindon harmophane*, décrit au mot ALUMINE.

HARMOPHANE (*Cristall.*), adj. *Cristal harmophane*, dont les joints sont apparents; du grec *harmos*, jointure; *phainomai*, je parais.

HARMOPHANITE (*Minér.*), f. Nom donné par M. Cordier à divers feldspath, tels que le *labradorite* et l'*orthose.*

HARMOTOME (*Minér.*), m. *Silicate d'alumine et de baryte ou de chaux* décrit au mot STILBITE, et dont les cristaux sont joints de manière à former des angles rentrants (du grec *harmos*, jointure; *tomé*, division).

HARMOTOME DE MARBOURG (*Minér.*), m. Variété de *gismondine* décrite sous ce dernier titre.

HARPE (*Paléont.*), f. Genre de coquilles purpurifères, dont deux espèces sont fossiles et appartiennent aux terrains modernes.

HARRINGTONITE (*Minér.*), f. Nom donné par M. Thomson à une variété de *mésotype* formant des noyaux dans une amygdaloïde du nord de l'Irlande. Sa composition est analogue à celle de la *natrolite* d'Irlande, dont nous avons donné l'analyse, par Fuchs, à l'article MÉSOTYPE.

HARTITE (*Minér.*), f. Nom donné par Haidinger à une variété de *suif de montagne* décrite au mot BITUME, et provenant d'Oberhart, près de Gloggnitz, en Autriche. La hartite tire son nom de la localité.

HATCHÉTINE (*Minér.*), f. Variété de *suif minéral*, décrite à la suite du mot BITUME.

HAUSMANITE (*Minér.*), f. *Voy.* OXYDE DE MANGANÈSE.

HAUT-FOURNEAU (*Métall.*), m. Flussofen des Allemands; appareil dans lequel on opère la réduction et la fusion du minerai, notamment du minerai de fer.

Le haut-fourneau a la forme pyramidale; l'intérieur A porte le nom de *cuve* : c'est la partie essentielle, celle dont la forme et les dimensions ont la plus grande influence sur le produit. C'est une figure engendrée par deux cônes tronqués : celle supérieure est un cône très-allongé qui reçoit les charges de minerai, de fondant et de combustible, disposées par couches successives; celle inférieure B est un cône beaucoup

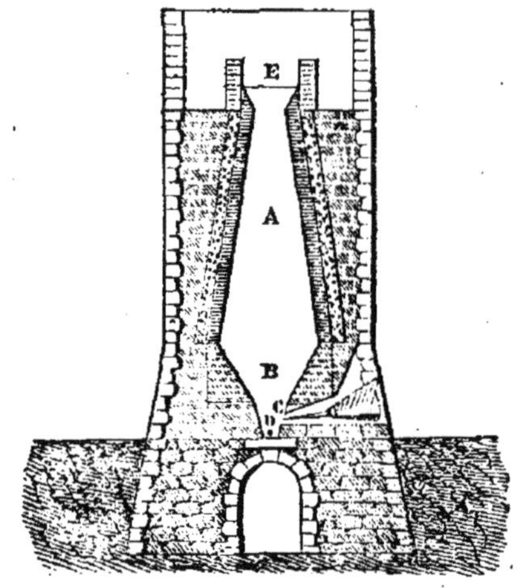

plus court qui porte le nom d'*étalages*, et qui est suivi dans sa partie inférieure d'un autre cône plus étroit, qu'on appelle *ouvrage*, parce qu'en effet c'est là que s'opère le travail de la fusion. Le cercle où se réunissent les deux premiers cônes a été nommé le *ventre*; l'ouverture E du cône supérieur, dans sa partie la plus élevée, s'appelle le *gueulard*. Enfin, à la partie inférieure est un *creuset*, récipient destiné à recevoir la fonte liquide, et à la conserver jusqu'à ce qu'on la fasse couler par un trou D nommé *chio*. A mesure que le minerai descend, le carbone du combustible le désoxyde, et forme, en même temps que de l'acide carbonique, du carbure de fer. Les terres qui étaient mélangées avec l'oxyde de fer se vitrifient, grâce au *fondant* employé (voir ce mot): le verre qui en résulte, et qui porte le nom de laitier, enveloppe chaque gouttelette de carbure de fer, et protége ce dernier contre le vent des soufflets placés à la *tuyère* C. Arrivés dans le creuset, le laitier et le métal se séparent; le carbure de fer, ou la fonte, descend au fond, grâce à sa pesanteur spécifique; le laitier surnage, et lorsqu'il dépasse une certaine hauteur, il s'écoule à l'extérieur sur une plaque inclinée à laquelle on a donné le nom de *dame*.

L'élévation d'un haut-fourneau et toutes ses dimensions varient beaucoup. Lorsqu'on dispose à la fois d'un combustible riche et d'une masse de vent considérable, on doit donner à la cuve une plus grande élévation, afin de mettre à profit toute la chaleur développée par le charbon. On peut, dans ce cas, élargir le ventre. L'élargissement procure un passage facile au vent, et empêche le tassement des minerais. Un ventre étroit fait descendre les charges trop rapidement; le minerai se fait jour à travers les charbons, et se présente en masse pâteuse, souvent solide, devant la tuyère. D'après cela, un fourneau alimenté avec le coke doit avoir des dimensions plus considérables que celui dans lequel on brûle du charbon de bois. Les dimensions dépendent surtout de la chaleur que chaque combustible est susceptible de produire, et de la force des machines soufflantes. Lorsque celles-ci fournissent mille à onze cents pieds cubes d'air par minute, un haut-fourneau au charbon de bois peut avoir trente-huit à quarante pieds de haut, sur un ventre de neuf à douze pieds; avec des soufflets qui ne donneraient que cent soixante à deux cent cinquante pieds cubes d'air, le fourneau n'aurait que dix-neuf à vingt pieds de haut, sur quatre à cinq au ventre. Plus la cuve est étroite, plus la partie supérieure est échauffée : on doit donc la rétrécir lorsqu'on brûle des charbons légers, pour réduire des minerais réfractaires, à moins que l'on ne veuille donner plus de hauteur à la cuve, ce qui est bien préférable. La pente des étalages est aussi un objet qui réclame une grande attention : elle doit être douce pour des minerais de difficile fusion et un combustible peu compacte, afin de retarder la descente des matières dans l'ouvrage. Pour un minerai fusible et un combustible fort, on rend la pente plus rapide. Néanmoins le maximum de pente ne doit pas dépasser 66 à 70 degrés, sans quoi les matières descendraient en se précipitant, et fermeraient le passage à l'air. Les fourneaux alimentés par le coke ont depuis trente-six jusqu'à quatre-vingts pieds d'élévation. Les meilleurs fourneaux ont des dimensions intérieures circulaires : anciennement ils étaient carrés, et l'on donnait à chaque côté de l'ouvrage des noms qui ne sont guère restés que pour les côtés du creuset qui a conservé cette forme. Ces noms étaient la *tuyère*, le *contrevent*, la *tympe* et la *rustine* (voir ces mots).

HAÜYNE (*Minér.*), f. *Silico-sulfate alcalin de chaux et d'alumine*, dédié à Haüy, et décrit au mot SILICO-SULFATE.

HAVELER (*Exploit.*). C'est ainsi qu'on appelle, dans la baie du mont Saint-Michel, l'action d'extraire le sable en le raclant à la surface, à la manière des sauniers.

HAVNEFJORDITE (*Minér.*), f. Variété d'*oligoclase*, à base de chaux; elle se trouve dans la lave de Havnefjord (Islande), mélangée avec de l'augite et du fer titané, et y forme une série abondante de roches. Sa pesanteur spécifique est 2.729.

HAVRESAT (*Métall.*), m. Scories riches ramassées autour de l'enclume.

HAYDÉNITE (*Minér.*), f. Silicate hydraté d'alumine, trouvé par M. Hayden de Baltimore dans une veine de gneiss, où il est associé avec la beaumonite; il est d'un jaune brunâtre, verdâtre, d'un brun verdâtre, en petits prismes rhomboïdaux obliques, faciles à cliver, et ordinairement recouverts d'un enduit d'oxyde de fer, qu'on détache aisément. La haydénite est translucide, quelquefois transparente; elle raye le talc, et se laisse rayer par le carbonate de chaux et l'acier; elle fond au chalumeau, quoique avec difficulté, en un émail jaunâtre; elle se dissout dans l'acide sulfurique chaud, et laisse précipiter quelques aiguilles blanches de sulfate de chaux; elle se décompose facilement, et devient poreuse. M. Delesse a trouvé, pour sa composition :

Silice.	49.50
Alumine. / Peroxyde de fer.	23.50
Chaux.	2.70
Magnésie.	trace
Potasse.	2.50
Eau.	21.00
	99.20

dont la formule atomique est $Al^2O^3\ (SiO^3)^2 + 8\ Aq$.

HAYESÉNITE (*Minér.*), f. Nom donné à un *borate de chaux* trouvé par M. Hayes dans la province de Tarapaca, au Pérou.

HAYTORITE (*Minér.*), f. *Silico-borate de chaux*; variété de *datholite*, trouvée dans la mine de fer de Haytor, dans le Devonshire. Cette variété, dans laquelle Wohler a trouvé 98.3 de silice, a la cassure esquilleuse de l'agate.

HÉBÉTINE (*Minér.*), f. Synonyme de *willemite*, variété de silicate de zinc.

HÉDENBERGITE (*Minér.*), f. Variété de *pyroxène*, décrite à ce mot.

HÉDIPHANE (*Minér.*), m. Nom donné par M. Breithaupt à une variété d'*arséniate de plomb*, dans lequel une certaine quantité de chaux remplace une pareille quantité de plomb. Ce minéral est décrit au mot ARSÉNIATE DE PLOMB.

HÉLICE (*Paléont.*), f. Genre de colimacés, dont huit espèces fossiles appartiennent au terrain postérieur à la craie; du grec *hélix*, spirale.

HÉLICINE (*Paléont.*), f. Genre de colimacés terrestres et fluviatiles dont on croit avoir trouvé trois espèces dans les terrains postérieurs à la craie.

HÉLICITE (*Paléont.*), f. Coquille fossile de la famille des colimacés, turbinée en vis, et dont les spires sont tournées sur elles-mêmes.

HÉLIOLITE (*Minér.*), f. *Pierre du soleil*,

orthose ; du grec *hêlios*, soleil ; *lithos*, pierre.

HÉLIOTROPE (*Minér.*), m. Variété d'agate d'un vert poireau foncé, tacheté de points rouge de sang ; elle est peu translucide. Les anciens lui attribuaient la vertu de changer les couleurs des rayons du soleil, lorsque cette pierre était mise dans un vase d'eau ; c'est de là que lui vient son nom, du grec *hêlios*, soleil ; *trépô*, je tourne, je change.

HÉLITE (*Minér. ancienne*), f. Nom donné par les Grecs aux battitures d'airain ou de fer, du grec *hêlos*, clou, parce qu'elles provenaient du forgeage des clous. Ces battitures étaient, suivant Dioscoride, employées pour les affections de la vue.

HELMINTHOLITE (*Paléont.*), f. Sorte de tubulites ou de vermiculites.

HELVINE (*Minér.*), f. *Sulfo-silicate de manganèse* et de glucine décrit au mot SULFO-SILICATES.

HÉMACHATE (*Minér.*), f. Nom ancien d'une sorte d'agate rouge. Imperati donnait aussi ce nom à la sanguine. Du grec *haima*, sang.

HÉMATITE (*Minér.*), f. *Voyez* FER HÉMATITE et OXYDES DE FER ; du grec *haima*, sang, à cause de la couleur de ce minéral.

HÉMÉROBE FOSSILE (*Paléont.*), m. Genre d'insecte fossile qui se rencontre dans les roches fissiles.

HÉMI-DIDODÉCAÈDRE (*Cristall.*), m. Synonyme de SCALÉNOÈDRE.

HÉMI-DODÉCAÈDRE (*Cristall.*), m. Synonyme de RHOMBOÈDRE.

HÉMIÈDRE (*Cristall.*), adj. Cristal hémièdre ; cristal qui ne possède que la moitié de ses faces. Le cube n'a pas de cristaux hémièdres, puisqu'il ne saurait avoir moins de faces ; l'hémiédrie de l'octaèdre produit le *tétraèdre régulier*.

HÉMI-OCTAÈDRE (*Cristall.*), m. Synonyme de TÉTRAÈDRE.

HÉMITÉTRAKISHEXAÈDRE (*Cristall.*), m. Cristal composé de douze pentagones symétriques, dérivant du cube. C'est le dodécaèdre pentagonal d'Haüy.

HÉMITRÈME (*Géogn.*), m. Roche de calcaire saccharoïde, mélangé d'amphibole disséminée dans sa pâte.

HÉMITROPE (*Cristall.*), adj. Cristal qui présente des angles rentrants, dont une moitié parait renversée, retournée ; du grec *hémisus*, demi ; *trépô*, je retourne.

HÉPAR, m. Ancien nom des sulfures.

HÉPATITE (*Minér.*), f. Nom donné à une variété de *sulfate de soude*, de couleur rouge ; du grec *hêpar*, foie.

HERBECKITE (*Minér.*), f. Minéral brun trouvé dans les mines de fer de Herbeck (Bohême) ; il est brun, à cassure résineuse, et se laisse rayer par une pointe d'acier ; sa poussière est jaune ; sa densité est de 3.33. On n'en connait ni description ni analyse : M. Dufrénoy pense que c'est un silicate de fer, ou peut-être un jaspe ferrugineux.

HERBUE (*Métall.*), f. Nom donné, dans les forges, à l'argile employée comme fondant des minerais calcaires. *Voyez* FONDANTS.

HERCINITE (*Minér.*), f. Nom donné par M. Zippe à un aluminate de fer trouvé au pied du versant oriental du Boehmerwald, près de Natschetin et de Hoslau, dans des blocs isolés ; il est noir, et assez dur pour servir, comme l'émeri, à polir et à user. M. Quadrat l'a trouvé composé de :

Alumine.	61.17
Oxyde de fer.	33.67
Magnésie.	2.92
	99.76

Cette composition se rend par FeO Al^2O^3 ; mais si l'on tient compte de l'aluminate de magnésie qui s'y trouve mélangé, on aura 8 FeO Al^2O^3 + MgO Al^2O^3.

HERDÉRITE (*Minér.*), f. Minéral encore peu connu, et qui ressemble à du *fluate de chaux*. Il est en prismes à six faces, surmontés d'un pointement hexaèdre ; il est jaunâtre, jaune, verdâtre, grisâtre, translucide ; son éclat vitreux passe à l'éclat résineux ; il raye la fluorine, et se laisse rayer par le feldspath ; sa densité est de 2.90 à 3.10 ; sa poussière est blanche ; il possède deux clivages. Haidinger, qui en a mesuré les angles, l'a dédié au comte de Herder. Il se trouve, dans les mines d'étain d'Ehrenfriedersdorf, associé à du fluate de chaux.

HERRÉRITE (*Minér.*), f. Nom donné au carbonate de tellure trouvé à Albaradon, au Mexique, par M. Herrera. Ce nom a été également appliqué à du carbonate de zinc mélangé d'arsenic, de cobalt et de nickel.

HERSCHÉLITE (*Minér.*), f. Variété d'*hydrolite*, décrite au mot CHABASIE, et dédiée à Herschel.

HERSCHEUR (*Exploit.*), m. Nom donné dans quelques mines à l'ouvrier *rouleur* employé, dans les galeries, au transport du minerai chargé sur des chariots qu'il pousse sur le sol même ou sur des chemins à ornières. *Voy.* le mot TRANSPORT dans l'intérieur des mines.

HERZOLITE (*Minér.*), f. Nom donné par de la Méthrie à une serpentine verte, homogène, dure et luisante comme un vernis

HÉTÉROCLINE (*Minér.*), f. Nom donné par M. Breithaupt à un *oxyde de manganèse* de l'espèce de la *braunite*. Du grec *hétéroclinés*, qui penche d'un côté.

HÉTÉROMORPHE, adj. *Dimorphe*. Du grec *hétéros*, différent ; *morphê*, forme.

HÉTÉROPSIDE, adj. Qui se montre sous un aspect étranger. Nom donné à une classe de minéraux qui sont sans éclat métallique, non réductibles par le charbon, mais réductibles par la pile galvanique.

HÉTÉROSITE ou **HÉTÉROZITE** (*Minér.*), f. Substance décrite à l'article PHOSPHATE DE MANGANÈSE. Elle s'altère, et devient terne et violette ; ce qui lui a fait donner ce nom, du grec *hétéros*, différent.

HEULANDITE (*Minér.*), f. Variété de *stilbite* contenant de la chaux, que M. Brooke a dédiée au célèbre minéralogiste Heuland.

C'est la *stilbite anamorphique* et *octoduodécimale* d'Haüy.

HEXAÈDRE (*Cristall.*), m. Cristal à six faces; du grec *hex*, six; *hédra*, faces. Le cube, le prisme à base quadrangulaire, sont des hexaèdres.

HEXAÈDRE PYRAMIDAL (*Cristall.*), m. Nom donné par Weiss à l *hexatétraèdre*.

HEXAGONAL (*Cristall.*), adj. Système hexagonal de Naumann; quatrième type cristallin de sa classification, lequel répond au *rhomboèdre*, dont un des dérivés est le prisme à six faces qui donne son nom à ce système.

HEXAGONDODÉCAÈDRE (*Cristall.*), m. Solide qui forme le troisième type cristallin de la classification de G. Rose; il répond au *rhomboèdre*. C'est un dodécaèdre dont la base est un hexagone régulier, ainsi que l'indique son nom.

HEXAKISOCTAÈDRE (*Cristall.*), m. Nom donné par MM. Rose et Naumann à un polyèdre à quarante-huit faces. C'est le *polyèdre trigonal* de Hausmann.

HEXATÉTRAÈDRE (*Cristall.*), m. Solide à vingt-quatre faces, trente-six arêtes et quatorze angles solides, dérivant du cube; de manière que douze arêtes se confondent avec les arêtes du cube, et vingt-quatre se coupent sur le prolongement des axes. Quoique le nombre de ces cristaux puisse être illimité, on ne connaît en minéralogie que sept variétés d'hexatétraèdres; les plus fréquentes appartiennent au fluorure de chaux et à la pyrite.

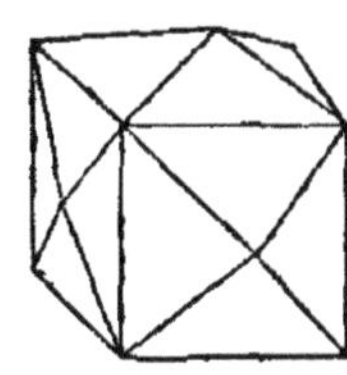

HIÉRACITE (*Minér.*), f. Quartz agate qui a l'apparence de l'œil d'un épervier; du grec *hiérax*, épervier.

HIMMELSFAHRTITE (*Minér.*), f. *Sulfoantimoniure de plomb argentifère*, trouvé à *Himmelsfahrt*, en Saxe.

HINNITE (*Paléont.*), m. Genre de pectidines fossiles appartenant aux terrains modernes. On prétend en avoir trouvé dans les couches antérieures à la craie; mais ce fait est encore douteux.

HIPOGÈNE (*Géogn.*), adj. Du grec *hupo*, en dessous, *genomai*, naître; nom donné aux roches formées au-dessous des autres, et dont la forme et la structure n'ont point été développées à la surface. Ce mot s'applique particulièrement au granite.

HIPPONICE (*Paléont.*), m. Genre de calyptraciens à analogues vivants, formant cinq espèces qui toutes se retrouvent dans les terrains postérieurs à la craie.

HIPPOPOTAME FOSSILE (*Paléont.*), m. Genre de mammifère dont on a trouvé quatre espèces dans les terrains supercrétacés

HIPPURITE (*Paléont.*), f. Sorte de corail fossile articulé.

HISINGERITE (*Minér.*), f. Variété de *silicate ferrique hydraté*, dédié à Hisinger, qui l'a décrite et analysée. *Voy.* SILICATE DE FER.

HOAT-CHÉ (*Minér.*), m. Espèce de kaolin très-blanc, extrêmement fin, doux et savoureux au toucher, que les Chinois emploient pour la porcelaine fine, et dont ils enduisent les pièces avant de les peindre.

HOGANITE (*Minér.*), f. Variété de *mesotype*.

HOLMITE ou **HOLMÉSITE** (*Minér.*), f. Variété de *seybertite*, ainsi nommée en l'honneur de M. Holm, qui a le premier découvert ce minéral.

HOLOCENTRE (*Paléont.*), m. Genre de poisson qui a son analogue à l'état fossile dans les terrains postérieurs à la craie.

HOLZ-OPALE (*Minér.*), m. Opale xiloïde, ou bois opalisé.

HOMOÈDRE (*Cristall.*), adj. Cristal homoèdre; expression employée par Weiss pour désigner un cristal complet qui contient toutes ses faces.

HOPÉITE (*Minér.*), f. Minéral encore très-rare, découvert à Moresnet par M. Brewster. Il offre plus d'une analogie avec le silicate de zinc, notamment par sa cristallisation qui dérive d'un prisme rhomboïdal droit, sous l'angle de 120° 26', avec le rapport : : 3 : 4; mais l'hopéite ne contient point de silice; elle donne au chalumeau, avec la soude, une scorie jaune, et dépose beaucoup d'oxyde de zinc; sur le charbon, elle donne un globule blanc transparent, qui colore la flamme en vert.

HOPLITE (*Minér.*), f. Pierre revêtue d'une couche de matière métallique luisante, qui lui donne l'aspect d'une armure polie; du grec *hoplon*, armure.

HORMINODE (*Minér.*), f. Agate à cercle, de couleur dorée.

HORNBLENDE (*Minér.*), f. Variété d'*amphibole* d'un noir intense et très-brillant, ayant l'aspect de la corne lustrée : de l'allemand *horn*, corne; *blenden*, éblouir; ou peut-être à cause de sa ressemblance avec la blende et la corne.

HORNÈRE (*Paléont.*), f. Genre de polypiers dont cinq espèces sur six sont fossiles, et se trouvent dans les terrains postérieurs à la craie.

HORNIAN (*Métall.*), m. Masse de fer qui se forme au fond des fourneaux.

HORS (*Métall.*), adv. *Mettre hors*, arrêter le fourneau, cesser le travail pour quelque temps, vider le fourneau.

HORNSTEIN (*Minér.*), m. De l'allemand *horn*, corne; *stein*, pierre; *pierre de corne*. Nom donné par Werner à deux espèces différentes de roches, dont l'aspect offre quelque analogie avec la corne : la première est le *quartz agate grossier*, qui est infusible, et que pour cette raison Werner a nommé *horstein infusible*; la seconde est le *pétrosilex*, qui fond, avec plus ou moins de facilité, en un émail blanc, et qu'il a désigné conséquemment sous le nom de *hornstein fusible*.

HOUAGE (*Géogn.*), m. Surface du terrain parcouru par les couches houillères dans tous les sens.

HOUILLE (*Minér.*), f. Combustible minéral contenant du bitume, et décrit au mot COMBUSTIBLES MINÉRAUX.

HOUILLÈRE (*Exploit.*), f. Mine ou exploitation de houille.

HOUILLITE (*Minér.*), f. Nom donné par Daubenton à l'*anthracite*.

HOUIPOUX (*Minér.*), f. *Sous-borate de soude*.

HUCHE (*Métall.*), f. Auge qui reçoit les minerais bocardés.

HUILE DE GABIAN (*Minér.*), f. *Pétrole* qui s'extrait à Gabian, village situé près de Pézénas (Hérault).

HUILE DE NAPHTE (*Minér.*), f. *Voy.* NAPHTE et l'article BITUME.

HUILE DE PÉTROLE (*Minér.*), f. *Voy.* PÉTROLE et l'article BITUME.

HUILE MINÉRALE (*Minér.*), f. *Bitume* à l'état liquide ; on en distingue deux variétés : le *pétrole* et le *naphte*.

HUÎTRE (*Paléont.*), f. Genres de coquilles ostracées, dont on connait cent vingt espèces à l'état fossile.

HUMBOLDITE (*Minér.*), f. Nom donné à une variété d'*oxalate de fer*, en l'honneur de M. de Humboldt.

HUMBOLDTILITE (*Minér.*), f. Syn. : *mellilite* ; silicate d'alumine et de chaux, d'un jaune pâle, jaune de miel, jaune-brunâtre, demi transparent, ou recouvert d'un enduit calcaire blanc terreux ; sa cassure est vitreuse. Ce minéral qui a été dédié à M. de Humboldt, ainsi qu'une variété de datholite et un oxalate de fer, cristallise dans le système du prisme carré; la humboldtilite proprement dite est rarement modifiée, tandis que la mellilite est souvent en prisme à seize faces, surmonté d'un pointement à quatre faces, basé. La densité de la première est 2.90; celle de la seconde, 2.95 ; elles rayent facilement le verre. Au chalumeau, elles fondent en un verre jaunâtre pâle, quand les cristaux sont peu colorés; et en un verre noir, s'ils sont bruns. L'acide hydrochlorique les dissout en gelée. M. Damour a trouvé pour leur composition :

	Humboldtilite.	Mellilite.
Silice.	40.69	38.34
Alumine.	10.88	8.61
Peroxyde de fer.	4.43	10.02
Chaux.	31.81	32.05
Magnésie.	5.73	6.71
Potasse.	0.36	1.51
Soude.	4.43	2.12
	98.33	99.36

On en tire la formule (Al^2O^3, Fe^2O^3) SiO^3 + 2 (CaO, MgO $)^3$ SiO^3.

La humboldtilite se trouve en masses cristallisées parmi les blocs de la Somma ; la mellilite, à Capo di Bove.

D'après les observations de M. Descloizeaux, il faut réunir à la humboldtilite les cristaux de *somervillite* du Vésuve, dont la forme et les modifications sont identiques avec le type de l'espèce. Leur manière de se comporter au chalumeau est la même, et leur gisement dans les laves anciennes de la Somma, en association avec le calcaire et le mica noir, vient corroborer cette opinion.

HUMBOLDTITE (*Minér.*), f. *Silico-borate de chaux* ; variété de *datholite*, dédiée au célèbre voyageur de Humboldt par M. Lévy. Ce minéral se trouve à Geiserolp, dans le Tyrol ; il est accompagné d'apophyllite laminaire. Il est important de ne pas confondre la *humboldtite* avec la *humboldite* qui est un *oxalate de fer*, ni avec la *humboldtilite* qui est un silicate d'alumine et de chaux.

HUMITE (*Minér.*), f. Variété de *fluo-silicate de magnésie*, recueilli au Vésuve en petits cristaux jaunâtres très-brillants. M. Bournon, qui lui a donné ce nom, avait pensé que c'était une espèce particulière ; mais l'analyse que nous avons rapportée au mot FLUO-SILICATE DE MAGNÉSIE, et qui est due à M. Marignac, établit son identité avec la *chondrodite*.

HUMUS (*Géogn.*), m. Couche superficielle plus ou moins épaisse qui constitue le sol végétal, et qui renferme le terreau ; l'humus est plus particulièrement composé de matières végétales et animales en décomposition, placées sur ou sous la *terre végétale* même. Celle-ci est essentiellement minérale, tandis que l'humus est dû à la décomposition de corps organisés. *Voy.* TERRE VÉGÉTALE.

HUREAULITE (*Minér.*), f. Phosphate de manganésie hydraté, trouvé dans la commune d'Hureault, près de Limoges, et décrit à l'article des PHOSPHATES DE MANGANÈSE.

HURONITE (*Minér.*), f. Minéral jaune verdâtre, à éclat résineux passant à l'éclat nacré ; il se laisse rayer par l'acier, et sa rayure est blanche ; sa cassure est grenue et imparfaitement lamelleuse ; il est translucide sur les bords ; sa densité est de 2.862 ; au chalumeau, il devient d'un gris blanchâtre, perd quatre pour cent de son poids, et ne fond point. L'huronite est en rognons dans des masses de hornblende des environs du lac Huron, aux États-Unis ; son analyse a donné à Thomson :

Silice.	45.80
Alumine.	33.92
Protoxyde de fer.	4.32
Chaux.	8.04
Magnésie.	1.72
Eau.	4.16
	97.96

On en tire la formule 4 Al^2O^3 SiO^3 + (CaO, FeO, MgO $)^3$ (SiO^3 $)^2$ + 3 Aq., qui a quelque analogie avec la *thulite*, la *saussurite*, etc., en faisant abstraction de l'eau.

HYACINTHE (*Minér.*), f. Variété de zircon de couleur rouge pâle, ou rouge brun. *Voy.* SILICATE DE ZIRCONE. On donne aussi le nom de hyacinthe à divers minéraux dont les noms sont accompagnés d'une dénomination qui les distingue. Tels sont ceux qui suivent :

HYACINTHE BLANCHE CRUCIFORME. Syn. d'*harmotome*.

HYACINTHE BLANCHE DE LA SOMMA. *Meionite*; silicate d'alumine et de chaux.

HYACINTHE BRUNE DES VOLCANS. *Idocrase;* hyacinthe volcanique.

HYACINTHE DE CEYLAN. *Zircon-hyacinthe* de couleur rouge.

HYACINTHE DE COMPOSTELLE. *Quartz hyalin*, variété hématoïde, rouge sombre, opaque, cristallisée, qui se rencontre en Espagne, près de Compostelle; à Bastènes, près de Dax, etc., en dodécaèdres triangulaires isocèles.

HYACINTHE DE DISENTIS. Nom donné par de Saussure à une variété de *grenat*.

HYACINTHE D'HAUY. *Hyacinthe la belle.*

HYACINTHE LA BELLE. Nom donné par les Italiens au *grenat almandin*.

HYACINTHE MIELLÉE. *Topaze*, variété jaune de miel.

HYACINTHE ORIENTALE. *Corindon*, variété orangée.

HYACINTHE OCCIDENTALE. *Topaze*, variété jaune de safran.

HYACINTHINE. Nom donné par la Méthrie à l'*idocrase*.

HYALIN, adj. Nom donné à toutes les substances minérales transparentes comme le verre; du grec *hualinos*, fait de *hualos*, verre.

HYALISTINE (*Minér.*), f. *Quartzite talqueux*.

HYALITE (*Minér.*), f. Variété de *quartz résinite*, transparente, et qui se trouve à Bohûniez, en Hongrie. Elle est composée, suivant Bucholz, de :

Silice.	90.00
Eau.	6.33
	96.33

Celle de Hongrie, analysée par Beudant, contient jusqu'à 8 68 d'eau.

Sa parfaite transparence lui a valu son nom, qui vient du grec *hualos*, verre.

HYALOÏDE, adj. Qui a la transparence du verre; du grec *hualos*, verre; *éidos*, ressemblance. Les anciens donnaient ce nom à une pierre précieuse qui probablement était un quartz.

HYALOMICTE (*Géogn.*), f. Nom donné par Brongniart à une roche composée de quartz et de mica; arkose micacée. La hyalomicte granitoïde est un véritable granite recomposé.

HYALOMICTE GRANITOÏDE, f. *Arkose*, granite recomposé.

HYALOSIDÉRITE (*Minér.*), f. Du grec *hualos*, verre; *sidéros*, fer, fer vitreux; variété de péridot ferrifère.

HYDRARGILITE (*Minér.*), f. Variété de *gibsite*, décrite au mot HYDRATE D'ALUMINE. Ce nom a été également donné à la wavellite, ou variété de *phosphate d'alumine*.

HYDRARGURE D'ARGENT, m. *Amalgame*.

HYDRARGYRE (*Minér.*), m. *Mercure*. Du grec *hudôr*, eau; *arguros*, argent; argent liquide comme de l'eau.

HYDRATE D'ALUMINE (*Minér.*), m. Syn. : *gibsite*, *hydrargylite*, *diaspore*; alumine combinée avec de l'eau.

L'hydrate d'alumine se présente sous plusieurs formes et avec différents caractères : le plus pur de tous ces minéraux, c'est la *gibsite*, ou hydrate composé d'un atome d'alumine réuni à trois atomes d'eau. Il a été trouvé à Richemond dans le Massachusets, dans une mine de manganèse. Il est stalactiteux, mamelonné; de couleur blanche, ou blanc-verdâtre, terreux, semblable à certains travertins; quelques parties allongées présentent un centre tubulaire terreux, tandis que la surface a un aspect cristallin; la pesanteur spécifique de cette partie terreuse est de 2.091, tandis que celle de la partie cristalline est de 2.400. La gibsite donne de l'eau, mais ne s'altère point au chalumeau; elle se dissout facilement dans l'acide sulfurique, et très-difficilement dans ceux nitrique et hydrochlorique. M. Torrey a trouvé qu'elle était composée de :

Alumine.	64.80
Eau.	34.70
	99.50

ce qui répond exactement à l'hydrate aluminique des chimistes $Al^2O^3 (H^2O)^3$.

La gibsite ne se trouve pas toujours aussi pure; elle est quelquefois associée avec le silicate ferrique; mais il paraît que ce n'est qu'un mélange. M. Thomson a analysé une partie terreuse de gibsite, et a trouvé pour sa composition :

Alumine.	54.91
Eau.	33.60
Silice.	8.73
Peroxyde de fer.	3.93
	101.17

ce qui répond à la formule $Al^2O^3 (H^2O)^3 + m\, Fe^2O^3 (SiO^3)^3$. En admettant comme mélangé le second membre, on reste avec l'expression générique de la gibsite pure.

Le *diaspore* est un hydrate aluminique, dont la forme diffère des précédents : d'après M. Dufrénoy, son cristal primitif est un prisme oblique non symétrique, sous l'angle de 128° 10', et dont la base est inclinée sur les faces latérales de 101 à 102°. Il est gris de perle, à éclat nacré; il possède un clivage courbe, facile; sa pesanteur spécifique est de 3.432; il raye facilement le verre, et est très-fragile. Exposé à la flamme d'une bougie, il petille et se dissipe en une infinité de parcelles brillantes; le résidu de la calcination forme une tache rouge sur le papier de curcuma, et donne un beau bleu avec le nitrate de cobalt. Sa texture est ordinairement lamelleuse; les acides ne l'attaquent nullement. L'analyse a fourni à M. Dufrénoy les éléments de composition suivants :

Alumine.	74.66
Peroxyde de fer.	4.61
Chaux et magnésie.	1.64
Eau.	14 58
Silice.	2.90
Perte.	1.71
	100.00

Cette analyse conduit à l'expression Al^2O^3 H^2O de l'hydrate tri-aluminique.

Dans la commune de Baux, près d'Arles, la variété terreuse forme de vastes dépôts, qui sont le résultat de la décomposition de roches alumineuses. L'analyse de cette substance a donné à M. Berthier :

Alumine.	52.00
Eau.	20.40
Peroxyde de fer.	27.60
Oxyde de chrome.	trace
	100.00

L'expression atomique de cette analyse est : $6\ Al^2O^3\ H^2O + (Fe^2O^3)^2\ (H^2O)^3 + 4\ Aq$, dans laquelle le fer est à l'état d'hydrate, et qui, dégagée des mélanges, présente encore la formule déjà trouvée de l'hydrate tri-aluminique.

Le minéral qu'a décrit M. G. Rose sous la dénomination d'*hydrargilite* est un hydrate d'alumine cristallisant en prisme hexaèdre ; il est d'un blanc rougeâtre, translucide, en feuillets minces ; son éclat est nacré sur les bases, et vitreux sur les autres faces ; il est rayé par le carbonate de chaux, et raye la fluorine ; il jette une vive lumière au chalumeau, sans se fondre ; sa dissolution est très-difficile dans l'acide hydrochlorique, et plus encore dans l'acide nitrique ; il donne de l'eau par la calcination.

C'est encore à l'hydrate d'alumine qu'il faut rapporter la *claussenite* de Mariana au Brésil.

M. Haidinger a associé à l'hydrate d'alumine qui précède de petits cristaux hyalins, trouvés à Schemnitz dans une roche blanchâtre analogue à la stéatite ; ils sont incolores ou d'un blanc laiteux ; ils ont la dureté du feldspath ; leur pesanteur spécifique est de 3.303 ; ils ont l'éclat perlé ou vitreux, selon qu'ils sont groupés ou isolés ; leur forme primitive est un prisme rhomboïdal droit, sous l'angle de 130°. Ils possèdent le dichroïsme et donnent une teinte bleu violette ou vert pâle, suivant les faces sous lesquelles on les regarde.

L'alumine hydratée pure est assez rare dans la nature ; la gibsite ne se trouve guère qu'aux États-Unis et près d'Arles, en France ; l'hydrargylite provient de Slatoust, dans l'Oural ; la claussénite se rencontre au Brésil ; le diaspore a été recueilli à Ekaterinimbourg, dans les monts Ourals, et à Schemnitz.

HYDRATE DE FER (*Minér.*), m. Voyez ce mot à l'article OXYDE DE FER.

HYDRATE DE MAGNÉSIE (*Minér.*), m. Syn. : *Talc hydraté, guhr magnésien, brucite* de Beudant. Ce minéral se présente en masses lamelleuses blanches et nacrées, formant des filons dans la serpentine ; il est doux au toucher comme le talc, mais il n'a pas la flexibilité de ce dernier, quoique sa dureté soit la même ; il blanchit au chalumeau sans se fondre, et se dissout dans les acides. Sa forme primitive est le prisme régulier à six faces. Sa composition est de :

	LOCALITÉS.	
	Hoboken.	Ile d'Unst.
Magnésie.	70.00	69.75
Eau.	30.00	30.25
	100.00	100.00

d'où l'on tire $MgO\ H^2O$.

La *némalite* de M. Nutall est un hydrate de magnésie uni à un peu de silicate ferrique ; elle est en aiguilles blanches nacrées, associées à la serpentine, à laquelle appartient probablement la petite quantité de silicate trouvée dans l'analyse ci-après :

Magnésie.	51.72
Eau.	29.67
Silice.	12.57
Peroxyde de fer.	5.87
	99.83

On peut mettre cette composition sous la forme $4\ MgO\ H^2O + Aq$, si l'on regarde le silicate comme un mélange accidentel ; ou adopter l'expression $4\ MgO\ H^2O + Aq + m\ Fe^2O^3\ (SiO^3)^3$, si l'on admet la combinaison du silicate ferrique, ce qui n'est guère possible.

Une analyse plus récente, due à M. Connel, a signalé la présence du carbonate de magnésie, probablement à l'état de mélange avec l'hydrate ; elle a donné :

Magnésie.	57.86
Oxyde de fer.	2.84
Acide carbonique.	10.00
Silice.	0.80
Eau.	27.96
	99.46

On en tire la formule $8\ MgO\ H^2O + MgO\ CO^2 + Aq$; expression qui, comparée à la précédente, prouve que le carbonate, comme le silicate, ne forment point partie constituante de l'hydrate de magnésie.

HYDRATE DE ZINC (*Minér.*), m. *Kupferschaum* des Allemands, composé, suivant M. Brooke, d'hydrate de zinc et de cuivre ; il paraît avoir pour forme primitive un prisme rhomboïdal droit ; sa couleur est le vert pomme, le vert de gris avec une nuance bleuâtre ; il a un éclat nacré ; il est transparent sur les bords ; il est feuilleté, lamelleux ou radié ; il raye le talc, et est rayé par la chaux sulfatée ; sa densité est de 3.098 ; il fond, au chalumeau, en un globule noirâtre. Il se trouve en Sibérie et dans la Thuringe. Ce pourrait bien être un carbonate hydraté de zinc et de cuivre analogue à l'*orichalcite*, que nous avons décrite au mot CARBONATE DE ZINC.

HYDRIALINE, f. Carbure d'hydrogène. hydrogène carboné cristallin; substance cristalline très-peu connue.

Composition :

Carbone.	94.84
Hydrogène.	5.16
	100.00

Formule atomique : $C^3 H^2$.

HYDRO-BUCHOLZITE (*Minér.*), f. *Hydro-silicate d'alumine*, ainsi nommé par M. Thomson, parce que, en effet, l'analyse indique que deux atomes de bucholzite sont unis à un atome d'eau. C'est une substance d'un bleu verdâtre très-clair, à structure granulaire, composée de petites écailles brillantes, translucides, dont l'éclat est vitreux. Elle est rayée par le calcaire, et donne une poussière blanche. Au chalumeau, l'*hydro-bucholzite* devient blanc de neige et tombe en poussière, en perdant son eau de cristallisation. Sa composition est :

Silice.	41.35
Alumine.	49.55
Eau.	4.85
Sulfate de chaux.	3.12
	98.87

qui donne la formule : $2\ Al^2O^3\ SiO^3 + Aq.$

HYDRO-BORACITE (*Minér.*), f. Variété hydratée du *borate de magnésie*.

HYDRO-CARBONATE DE MAGNÉSIE (*Minér.*), m. *Voy.* CARBONATE DE MAGNÉSIE.

HYDRO CARBONATE DE SOUDE (*Miner.*), m. Natron, urao, gay-lussite, soude; alcali minéral, soude carbonatée, trona, etc. Substance composée d'oxyde de sodium et d'acide carbonique. On en distingue trois variétés : 1° le *sous-hydro-carbonate de soude*, ou natron ; 2° l'*hydro-carbonate de soude* proprement dit, connu sous le nom d'urao ; 3° l'*hydro-carbonate de soude et de chaux*, ou gay-lussite; 4° l'*hydro-carbonate de chaux et de soude*.

HYDRO-CARBONATE DE ZINC (*Minéralogie*), m. *Voy.* CARBONATE DE ZINC.

HYDRO-CHLORATES, m. Sels formés par la combinaison de l'acide hydrochlorique et d'une base. L'acide sulfurique les décompose à froid, et les acides arsénique et phosphorique à chaux. Ils sont presque tous solubles dans l'eau.

HYDROCHLORATE D'AMMONIAQUE (*Minér.*), m. Syn. : *Sel ammoniac*, *muriate d'ammoniaque*, etc. Ce minéral est d'un gris sale; il forme des croûtes, à texture caverneuse et fibreuse; il est rarement cristallisé, et présente alors des trapézoèdres transparents, incolores et très-brillants. M. Mohs a adopté pour sa forme primitive le prisme à base carrée : cependant les cristaux obtenus artificiellement sont des octaèdres réguliers; ses clivages sont parallèles à ce polyèdre. Le caractère distinctif de l'ammoniaque muriaté est d'être complétement volatil sur les charbons; il a une saveur urineuse et piquante; il est soluble dans six fois son poids d'eau froide, et seulement dans son poids d'eau bouillante ; sa densité est de 1.528 ; il est rayé par le carbonate de chaux. Lorsqu'il est pur, sa composition est :

Ammoniaque.	32.03
Acide hydrochlorique.	67.97
	100.00

Elle conduit à la formule : $NH^4\ Cl$.

Ce minéral est bien rarement pur : il contient presque toujours un peu de sulfate d'ammoniaque, ainsi qu'il résulte des deux analyses suivantes, faites par Klaproth :

	Vésuve.	Bucharie.
Hydrochlorate d'ammon.	99.50	97.50
Sulfate d'ammoniaque.	0.50	2.50
	100.00	100.00

L'ammoniaque muriaté se trouve ordinairement dans le cratère des volcans en feu, dans les fentes des solfatares, où il se sublime continuellement : c'est ainsi qu'il se rencontre au Vésuve, dans l'Etna, au volcan de Lancerote, dans les solfatares de Pouzzoles et de Bourbon. Dans une houillère embrasée de Saint-Étienne, on recueille de beaux cristaux trapézoèdres transparents.

L'usage de l'ammoniaque est important pour le décapage des métaux, dans la fabrication du fer-blanc ; il sert dans la teinture; il donne au plomb la propriété de se granuler; c'est aussi un des meilleurs réfrigérants connus.

HYDROCHLORATE DE CHAUX (*Minér.*), m. *Voy.* CHLORURE DE CHAUX.

HYDROGÈNE (*Minér.*), m. Du grec *hydôr*, eau ; *gennaô*, j'engendre; par allusion à la propriété de ce gaz de former de l'eau en se combinant avec l'oxygène. On l'a longtemps appelé *air inflammable*, parce qu'en effet un de ses caractères est de s'enflammer au contact d'un corps qui brûle avec flamme, ou par l'action de l'étincelle électrique. Il est incolore et sans odeur; sa densité est 0.0688, l'air étant représenté par l'unité. — Dans les tables des poids atomiques de Berzelius, l'hydrogène est représenté par H, et son poids est 6.2398. — Il se dégage des volcans pendant les éruptions, et se trouve mêlé à des vapeurs de naphte, de carbure et de sulfure d'hydrogène, avec lesquels il brûle au contact de l'air. Il est, comme on le voit, assez rare dans la nature; mais ses combinaisons avec le carbure et le soufre se trouvent au contraire assez souvent.

L'*hydrogène carburé*, qu'on nomme aussi *carbure* ou *proto-carbure d'hydrogène*, *hydrogène semi-carboné*, *feu grisou*, *brison*, *terrou*, se rencontre fréquemment dans les mines de houille, où il s'accumule dans les anciennes galeries, et par son inflammation cause des accidents funestes. Il est incolore, mais presque toujours il a une odeur de bitume, qui lui est cependant étrangère; il est volatile, inflammable avec détonnation lors-

qu'il est mêlé d'air atmosphérique, et donne par sa combustion de l'eau et de l'acide carbonique. Sa composition, à l'état de pureté, est :

Carbone.	75.38
Hydrogène.	24.62
	100.00

et sa formule atomique : H^2C. Comparé à l'oxygène, sa densité = 0.559.

L'hydrogène carboné existe dans certaines eaux, d'où on le fait sortir par l'agitation ; quelquefois il est tellement accumulé dans des terrains argilo-sulfureux, qu'il s'en échappe avec violence, entraîne les sables qui le recouvrent, et forme des éruptions boueuses auxquelles on a donné le nom de *salzes* ; parfois les jets de gaz s'enflamment, et produisent ce qu'on nomme des *terrains ardents*, des *fontaines ardentes*, des *sources inflammables*, des *feux naturels*, etc. Ces phénomènes ont lieu dans le Parmesan, le Modénais, le Bolonais, à Baku, près de la mer Caspienne ; là ils sont dus au dégagement du gaz provenant des terrains asphaltiques. A Aubin (Aveyron), les feux qu'on remarque la nuit, près du château de Lasalle, proviennent des terrains houillers.

L'*hydrogène sulfuré*, qu'on connaît sous les noms d'*acide hydrogène sulfuré*, *acide hydrosulfurique*, *acide sulfhydrique*, *acide hydrothionique*, *air puant*, *gaz hépatique*, etc., est incolore ; il a une odeur d'œufs pourris très-prononcée. Il brûle avec une flamme blanche, en donnant de l'eau, de l'acide sulfureux et du soufre, qui se dépose sur les parois des vases dans lesquels il est enfermé ; il se dissout dans l'eau, à laquelle il donne la propriété de précipiter en noir les sels de plomb, de cuivre et d'argent : il noircit promptement ces métaux, lorsqu'on les plonge dans le gaz même. Sa pesanteur spécifique est 1.1912, et sa composition :

Hydrogène.	5.853
Soufre.	94.147
	100.000

ou, en formule atomique : H^2S, soit deux atomes d'hydrogène pour un atome de soufre.

Le gaz hydrogène sulfuré se dégage des solfatares, et y dépose, en se décomposant, des quantités de soufre considérables ; c'est probablement à cette cause qu'est dû le grand dépôt sulfureux de Pouzzoles, près de Naples. Près de Grenoble et au Puy de la Poix, près de Clermont, il sort de quelques sources en bouillonnant. On le trouve en dissolution dans toutes les eaux sulfureuses, à Bagnères-de-Luchon, à Baréges, à Cauteretz, aux Eaux-Bonnes, à Enghien, près de Paris, etc.

HYDROLITE (*Minér.*), f. Nom donné par M. Leman à une variété de *chabasie*, décrite sous ce dernier titre.

HYDROPHANE (*Minér.*), f. Variété d'*opale*, ou *quartz résinite*, d'un blanc ou jaune rougeâtre, qui a la propriété de devenir transparente dans l'eau. Du grec *hydôr*, eau ; *phainô*, je luis, je suis transparent.

HYDROPHANE CUIVREUX (*Minér.*), f. Synonyme de *silicate de cuivre*.

HYDROPHITE (*Minér.*), f. Du grec *hydôr*, eau ; *ophis*, serpent. Variété de serpentine, très-chargée d'eau.

HYDROPITE (*Minér.*), m. Bisilicate de manganèse, décrit au mot SILICATE DE MANGANÈSE.

HYDRO-SILICATE DE CUIVRE, m. Genre de substances essentiellement composées d'oxyde de cuivre, de silice jouant le rôle d'acide, et d'eau en trois proportions différentes, savoir : le *dioptase*, dans lequel l'eau contient autant d'oxygène que l'oxyde de cuivre ; la *chrysocole*, dans laquelle cette quantité est double ; et l'*hydro-silicate de cuivre de Sommerville*, dans lequel elle est quadruple.

HYDRO-SILICATE DE ZINC (*Minér.*), m. *Voy.* SILICATE DE ZINC, variété *hydratée*.

HYDRO-SULFATES, m. Sulfates contenant de l'eau. Cette dénomination, employée par M. Beudant, semblerait devoir être rejetée de la nomenclature minéralogique, attendu qu'on peut confondre les sulfates hydratés avec des sels formés d'acide hydro-sulfurique et d'une base ; mais cette confusion n'est qu'apparente, attendu qu'elle ne peut avoir lieu que pour des produits artificiels, l'acide hydro-sulfurique ne se rencontrant encore dans aucune production de la nature minérale.

HYDROTALC (*Minér.*), m. Nom donné par M. Necker à la variété de *chlorite* nommée par d'autres *pennine*, comme étant un talc hydraté.

HYDROTALCITE (*Minér.*), m. Minéral lamelleux et blanc, présentant l'aspect feuilleté du talc, qui recouvre la stéatite de Snarum, en Norwége. Sa composition est :

Magnésie.	36.30
Alumine.	12.00
Peroxyde de fer.	6.90
Acide carbonique.	10.54
Eau.	32.66
Gangue.	1.20
	99.60

Il peut être représenté par la formule ($3\,MgO\,CO^2 + MgO\,(H^2O)^4 + (MgO\,CO^2 + 2\,Aq) + 3\,(Al^2O^3, Fe^2O^3)\,(H^2O)^3 + 9\,Mg\,HO - 5\,Aq$. Expression assez compliquée, et qui désigne l'alliance d'un atome de sous-carbonate de magnésie hydraté avec un carbonate magnésique aussi hydraté, trois atomes d'hydrate aluminique, neuf atomes d'hydrate magnésique et cinq atomes d'eau.

HYDROXYDE DE MANGANÈSE (*Minér.*), m. *Voy.* OXYDE DE MANGANÈSE.

HYÈNE FOSSILE (*Paléont.*), f. Genre de mammifère trouvé dans les terrains postérieurs à la craie.

HYPÉRITE (*Minér.*), f. Nom donné par quelques géologues à l'*hypersténite*.

HYPERSTHENE (*Minér.*), f. Variété ferrugineuse du *pyroxène*.

HYPERSTÉNITE (*Géogn.*), f. Nom donné par d'Omalius d'Halloy à une roche composée d'hyperstène et de saussurite, d'après la dénomination allemande employée par MM. d'Oeyenhausen et G. Rose. Roche à texture granitoïde, à gros ou à très-petits grains; en filons, en amas, dans le terrain porphyrique noir; renfermant accidentellement de la hornblende, du péridot, du mica, de l'apatite, de la marcassite, de la nigrine, etc.

HYPOCHLORITE (*Minér.*), f. *Silicate de bismuth aluminifère.*

HYPOSTILBITE (*Minér.*), f. Variété de *stilbite* en globules mats ou peu éclatants; du grec *hypo*, sous; *stilbite*, fait de *stilbô*, je brille; substance qui brille moins que la stilbite.

HYSTATIQUE (*Cristall.*), adj. Calcaire hystatique; nom donné par M. Breithaupt à un cristal rhomboédrique de carbonate de chaux, dont l'angle est de 107° 28' 30", et la pesanteur spécifique de 3.089. Il est rayé par le feldspath, et raye la phosphorite.

HYSTÉROLITE (*Paléont.*), f. Pierre figurée à laquelle on trouve une forme hystérique; du grec *hystera*, matrice; *lithos*, pierre.

I

IACOTINGA (*Géogn.*), f. Roche aurifère du Brésil, quartzeuse, compacte, rougeâtre, et de structure laminaire. Ses feuillets sont séparés, et cette séparation est marquée par du fer oligiste noirâtre, pailleteux. L'or s'y rencontre en petits rameaux, en petites masses, et accompagne le plus souvent le fer oligiste. C'est dans cette roche qu'on exploite l'*or palladié*.

Composition, suivant M. Thomson:

Silice.	63.86
Alumine.	24.06
Potasse.	0.03
Chaux.	0.94
Peroxyde de fer.	0.92
Eau.	0.37
	89.88

Formule atomique : $Al^2O^3\ SiO^3$.

ICESPAR (*Minér.*), m. *Silicate d'alumine*; substance gris-blanchâtre; tirant sur le jaune, transparente, à éclat vitreux; en masse ou cristallisée en tables hexagonales; fragile, à cassure imparfaitement lamellaire; fondant avec difficulté, au chalumeau, en un verre demi-transparent. P. s. : 2.436.

ICHNEUMON (*Paléont.*), m. Insecte qu'on rencontre dans le succin, et dont les analogues vivent.

ICHTHYITE (*Paléont.*), f. Pierre qui conserve l'empreinte en creux d'un poisson. Du grec *ichthys*, poisson.

ICHTHYODONTE (*Paléont.*), m. Dents de poissons à l'état fossile. Du grec *ichthys*, poisson; *odous*, dent.

ICHTHYODORULITE, ou mieux **ICHTHYODORYLITE** (*Paléont.*), f. Grandes épines osseuses fossiles, qui paraissent avoir appartenu à la partie antérieure de la nageoire dorsale d'un poisson d'un genre analogue au cestracion ou à la chimæra. On les prenait anciennement pour des mâchoires ou des défenses semblables à celles des balistes ou des silurus vivants. Leur nom vient du grec *ichthys*, poisson; *dory*, lance, pique; *lithos*, pierre. Les ichthyodorulites font partie des fossiles du lias; on les rencontre aussi dans le grès quartzeux et micacé, qui constitue les dalles du vieux grès rouge qui sépare la formation houillère de celle du calcaire silurien.

ICHTHYOLITE (*Paléont*), f. Empreinte de poissons. Du grec *ichthys*, poisson; *lithos*, pierre.

ICHTHYOPÈTRE (*Paléont.*), f. *Voy.* ICHTYOLITE. Du grec *ichthys*, poisson; *pétros*, pierre.

ICHTHYOPHTHALME (*Minér.*), m. Nom donné par Dendrada à une variété d'*apophyllite* à éclat nacré, ayant l'apparence d'un œil de poisson. Du grec *ichthys*, poisson; *ophthalmos*, œil.

ICHTHYOSARCOLITE (*Paléont.*), f. Coquille fossile.

ICHTHYOSAURE (*Paléont.*), m. Poisson-lézard, du grec *ichthys*, poisson; *sayra*, lézard; fossile dont les analogues n'existent plus. Ce singulier animal avait les vertèbres d'un poisson, et des rames semblables à celles des marsouins et des baleines; il était carnivore, et vivait de poissons et de reptiles. Les naturalistes en font quatre classes. Elles appartiennent aux roches anciennes des terrains sédimentaires.

ICHTHYOSPONDYLES (*Paléont.*), f. Vertèbres fossiles de poissons. Du grec *spondylos*, vertèbre.

ICHTHYTE (*Paléont.*), f. *Voy.* ICHTHYOLITE.

ICOSAÈDRE (*Cristall.*), m. Cristal à vingt faces, dont douze appartiennent au dodécaèdre pentagonal, et huit à l'octaèdre.

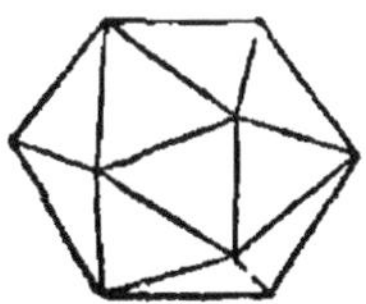

ICOSITESSÉRAÈDRE PYRAMIDAL OCTAÉDRIQUE (*Cristall.*), m. Nom donné par M. Breithaupt à l'*octotriaèdre*.

ICOSITÉTRAÈDRE (*Cristall.*), m. Cristal

à vingt-quatre faces. Breithaupt nomme *icositétraèdre trapézoïdal* un solide qui correspond au *trapézoèdre*, et *icositétraèdre pyramidal hexaédrique*, celui qui correspond à l'*hexatétraèdre*.

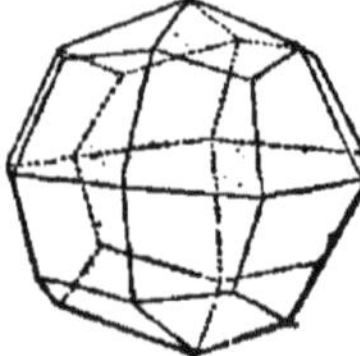

IDIO-ÉLECTRIQUE, adj. Minéral non conducteur de l'électricité, isolateur ; qui ne s'électrise que par le frottement. Du grec *idios*, propre, *élektron*, ambre ou électricité ; qui a sa propre électricité.

IDMONÉE (*Paléont.*), f. Genre fossile de polypiers, qui présentent quatre espèces dans les terrains anciens.

IDOCRASE (*Minér.*), f. Du grec *éidos*, forme, et *krasis*, mélange ; par allusion au grand nombre de modifications que présente la cristallisation de ce minéral : la forme est en effet le seul moyen de distinguer l'idocrase du grenat, tant ces deux substances ont entre elles d'analogie. L'*idocrase* est quelquefois d'un brun rougeâtre, comme la variété nommée *vésuvienne*, ou d'un vert jaunâtre, comme celle du Piémont, la *frugardite* de Finlande, etc. ; d'un vert foncé comme le minéral de Criklowa, ou d'un beau bleu céleste, comme la *cyprine*. Sa pesanteur spécifique est 3.228 à 3.42 ; elle est rayée par le quartz, et raye le feldspath et le verre ; sa cassure est raboteuse, bulleuse, conchoïde, ondulée, souvent translucide ; les cristaux d'un vert clair sont souvent transparents ; ils sont ordinairement très-éclatants. — Au chalumeau, l'idocrase est fusible en un verre jaunâtre translucide ; avec le borax, elle donne un verre diaphane coloré par l'oxyde de fer. Il existe une grande analogie de composition entre l'idocrase et le grenat ; aussi plusieurs minéralogistes ont-ils pensé qu'il serait convenable de réunir les deux espèces : l'exemple suivant vient à l'appui de cette opinion. Ces deux minéraux appartiennent à la localité de Tellemarken, en Norwége : le grenat est blanc, et son analyse est due au comte de Trolle-Wachmeister ; le second est une cyprine bleuâtre, analysée par Richardson.

	Grenat.	Idocrase.
Silice.	39.60	38.80
Alumine.	21.90	20.40
Chaux.	32.30	32.00
Protoxyde de fer.	2 00	8.38
— de manganèse.	3.18	»
	98.98	99.38

représentés par les formules :
Grenat = $Al^2O^3\ SiO^3 + (CaO,\ FeO,\ MnO)^3\ SiO^3$;
Idocrase = $Al^2O^3\ SiO^3 + (CaO,\ FeO)^3\ SiO^3$, qui reviennent à la formule générale $Al^2O^3\ SiO^3 + (CaO)^3\ SiO^3$, appartenant au grenat grossulaire. — Les analyses ci-après ne s'éloignent guère de cette composition, et présentent plusieurs des éléments isomorphes du même grenat.

	LOCALITÉS.				
	Vé-suve.	Ou-ral.	Ala.	Crik-lowa.	Eger.
Silice.	37.50	37.84	39.25	38.52	39.70
Alumine.	18.50	19.99	18.10	20.06	18.93
Chaux.	33.71	35.18	33.85	32.41	34.88
Prot. de fer.	6.25	6.45	4.30	3.45	2.90
Prot. de mang.	»	»	0.75	0.12	0.96
Magnésie.	0.10	0.81	2.70	2.99	»
Soude.	»	»	»	»	2.10
	96.06	100.27	98.95	97.55	99.49

La forme primitive de l'idocrase est le prisme droit symétrique ; mais il subit une foule de modifications. La forme du grenat est le dodécaèdre rhomboïdal régulier : ils appartiennent donc à deux systèmes cristallins différents. Leurs gisements ne diffèrent guère, et tous deux se trouvent dans les roches talqueuses et calcaires des terrains métamorphiques ; l'idocrase se rencontre avec des cristaux de spinelle noir, de néphéline, etc., dans le tuf ponceux de la Somma, près de Naples, dans les roches de transition des Pyrénées, dans le quartz amphibolique de Bohême, etc. — Les cristaux de cette espèce se vendent dans le commerce comme ornement : les plus beaux de la Somma sont taillés et polis à Naples, où ils sont connus sous le nom de *gemmes du Vésuve*.

IDRIALINE (*Minér.*), f. Nom donné à une espèce de bitume décrite au mot BITUME, et provenant d'Idria, en Carinthie.

IÉNITE, f. *Liévrite*.

IFFLE (*Métall.*), f. Réunion de feuilles de tôle destinées à la ferblanterie, et qui viennent d'être ébarbées. Une iffle se compose de cent trente-deux feuilles.

IGLÉSIASITE (*Minér.*), f. Nom donné à un *carbonate de plomb* qui, suivant Kersten, contient 7.02 de carbonate de zinc. Il est blanc, en petits cristaux allongés ; sa pesanteur spécifique est de 3.90 ; il provient de Sardaigne. Je n'en connais pas d'analyse.

IGLITE ou **IGLOÏTE** (*Minér.*), f. Variété d'*arragonite*.

ILES MADRÉPORIQUES (*Géogn.*), f. Récifs de polypiers, atoll, îles de corail. Masses construites sous l'eau par des polypiers solides, à une profondeur moyenne, et élevées à la surface de la mer, où elles prennent généralement la forme d'*atoll*, ou d'îles circulaires.

Presque toujours ces îles renferment dans leur sein des lagunes d'eau tranquille, et sont entourées d'une mer profonde ; ce qui fait que quelques géologues les avaient crues, dans le commencement, produites par des cratères de volcans sous-marins. Leur diamètre est très-variable : Beechey, qui, dans un voyage à la mer Pacifique, en a visité trente-deux, dont vingt-neuf renfermaient des lacs intérieurs, leur a trouvé depuis une jusqu'à onze lieues de diamètre. Ces îles, dont la matière principale consiste en coquilles et en coraux cimentés par du sable, présentent aussi des masses calcaires compactes, dont l'origine ne peut être expliquée que par la décomposition des coraux et des testacés. La bande circulaire pétrifiée n'excède guère 6 à 700 mètres de largeur ; elle est le plus ordinairement de 3 à 400 mètres, depuis la mer jusqu'aux bords de la lagune ; on a remarqué qu'elle était plus élevée du côté du vent dominant. Souvent la lagune et la mer sont unies par un canal étroit et profond. La première a jusqu'à 20 à 32 brasses de profondeur.

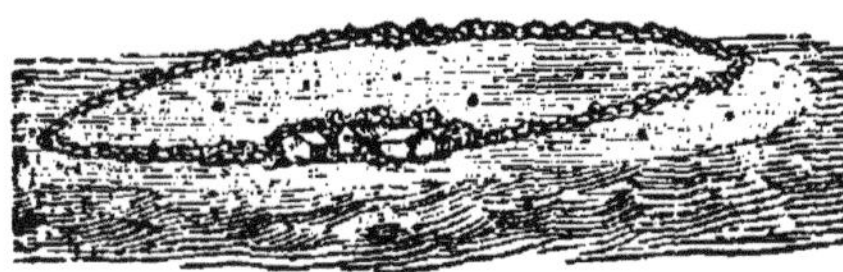

La figure que nous donnons ici représente un des atolls visités par le capitaine Beechey en 1825-1828 ; il porte le nom d'île de *Whitsunday* ; la zone madréporique est couverte de cocotiers et de divers autres arbres, dont la présence est assez difficile à expliquer. Quelques-unes de ces îles donnent aussi asile à des insectes et à des lézards que Kotzebue croit y avoir été amenés, d'autres pays, par des pièces de bois ou des troncs d'arbres.

Les îles Maldives, situées dans l'océan Indien, au sud-ouest du Malabar, sont composées d'un groupe d'atolls, dont quelques-uns ont jusqu'à 30 lieues dans leur plus grand diamètre. Chaque atoll renferme une lagune de 12 à 40 brasses de profondeur. Elles offrent en outre un phénomène curieux, commun à un grand nombre de récifs de polypiers : en dehors de l'anneau circulaire ou elliptique qui constitue l'atoll, existe une ceinture de récifs de coraux, séparée de l'île principale par un canal de quelques centaines de brasses de profondeur ; cette ceinture enveloppe entièrement chaque atoll à une distance de 3 à 4000 mètres.

Cette enceinte, à laquelle on a donné le nom de *récif barrière*, n'existe pas seulement autour des îles madréporiques : on la rencontre fréquemment aux environs d'îles granitiques, comme à la Nouvelle-Californie, à l'est de la Nouvelle-Hollande ; à Vanikoro, île élevée, célèbre par le naufrage de la Pérouse. La côte nord-est de l'Australie est bordée, sur une longueur de plus de 360 lieues, d'une ceinture de coraux qui tantôt se rapproche de la terre ferme jusqu'à 28 ou 30,000 mètres, tantôt s'en éloigne jusqu'à 22 lieues ; O-Taïti est une terre montagneuse, entourée de toutes parts d'un semblable récif-barrière, sur lequel la mer vient épuiser sa furie, tandis que l'eau salée qui se trouve entre la terre et la ceinture est parfaitement tranquille.

On a remarqué que les récifs pierreux formés par le développement des polypiers étaient exclusivement répandus dans les zones chaudes de la terre. Les îles Bermudes, situées par le 32° de latitude nord, offrent la seule exception à cette règle ; encore sait-on qu'elles appartiennent à la partie de l'Atlantique échauffée par le *gulf stream*. L'océan Pacifique, les golfes Arabique et Persique, la mer qui s'étend entre la côte du Malabar et Madagascar, abondent en atolls et en récifs madréporiques.

Les zoophytes qui contribuent le plus à la production de ces îles appartiennent principalement aux genres astrée, porite, madrépore, millépore, caryophyllie et méandrine de Lamarck.

ILMÉNITE (*Minér.*), f. Nom donné par Kupfer à une variété de *titanate de fer* provenant du lac d'Ilmen, près Miask, dans l'Oural.

ILMÉNIUM (*Minér.*), m. Nouveau métal trouvé par M. Hermann dans l'yttroilménite des bords du lac Ilmen. Il a une telle analogie avec les trois métaux de la famille du tantale, qu'il est bon d'attendre de nouvelles expériences avant de donner plus de détails.

ILUANA (*Minér.*), f. Bol blanc, sorte de terre glaise que l'on employait pour détruire les vers des enfants.

ILVAÏTE (*Minér.*), f. Variété de *silicate de fer* calcarifère, décrite au mot SILICATE DE FER. Ce minéral tire son nom de celui de l'île d'Elbe (*Ilva*), d'où M. Fleuriau de Bellevue l'avait rapporté en 1796. M. Lelièvre en avait constaté le gisement en 1802.

IMBIBITION (*Métall.*), f. Opération par laquelle on obtient d'une manière directe du plomb d'œuvre argentifère, en fondant le minerai d'argent natif dans une certaine quantité de plomb. On traite ensuite le plomb argentifère par la coupellation. Ce traitement est employé dans certaines usines d'Allemagne.

IMMA (*Minér.*), f. Nom persan de l'ocre rouge, dont les teinturiers se servent en Asie ; du nom d'une ville de Syrie (Imma), aujourd'hui Harem.

INACHUS (*Paléont.*), m. Espèce de crustacé fossile.

INCENDIE DE LA TERRE (*Géol.*), f. Une antique tradition, dont la trace la plus ancienne remonte à Bélus l'Assyrien, veut qu'anciennement la terre ait été à l'état de conflagration. Il ne faut pas confondre cet incendie avec l'incandescence innée et primitive du globe ; Hésiode l'attribue à la foudre lancée par Jupiter, et qui consuma les forêts vierges qui couvraient les continents. Il paraîtrait, d'après Diodore de Sicile, que cet incendie commença dans les Pyrénées. Les étymologistes ont ici beau jeu : *pur* ou *pyr*, que les Grecs ont emprunté de l'étranger, signifie *feu*, et vient peut-être de *ur* caldéen, qui a la même signification. On sait que très-anciennement le nom de Pyrénées s'étendait aux Alpes.

INCLINAISON (*Exploit.*), f. Angle que fait le plan d'une ou de plusieurs couches avec l'horizon, mais seulement dans le sens de la largeur de la couche, c'est-à-dire, dans un sens différent de sa direction.

INCLINAISON DE LA TUYÈRE (*Métall.*), f. Angle qu'elle fait avec l'horizon, en plongeant dans le foyer.

INCOLUMITE (*Géogn.*), f. Quartzite micacé, présentant une sorte de flexibilité; ce qui l'a fait nommer grès flexible ou grès élastique.

INCRUSTATION, f. Concrétion qui provient d'une espèce de précipitation des molécules, suspendues dans un liquide, soit à la surface de certains corps organiques, soit dans l'intérieur de certains corps ouverts.

INDIANITE (*Minér.*), f. Nom donné par Haüy à l'*anorthite*.

INDICOLITE (*Minér.*), f. Nom donné par Dandrada à une variété de *tourmaline* d'un beau bleu indigo, provenant d'Uton en Suède. Des deux mots : *indico*, indigo, et *lithos*, pierre.

INDIGO DE CUIVRE (*Minér.*), m. Nom donné par M. Forchammer à la *covelline*, décrite à l'article SULFURES MÉTALLIQUES.

INDUSIE (*Minér.*), f. Tube fossile.

INFUNDIBULIFORME (*Cristall.*), adject. Nom donné par Haüy à une réunion de cristaux cubiques de sel gemme, disposés en trémies.

INFUSOIRES (*Paléont.*), m. Fossiles microscopiques, à carapaces siliceuses, qui se trouvent dans les eaux douces et dans les mers. Leurs débris forment au fond des eaux, dans nos ports, des dépôts boueux analogues aux calcaires coquilliers grossiers des continents; au Pérou, les éruptions boueuses sont remplies d'animalcules infusoires; ils constituent des dépôts de plusieurs mètres d'épaisseur, tels que le *schiste à polir*, le *tripoli*, la *farine fossile*, certain *limon siliceux*, etc.; ils existent dans les *marnes* des dépôts lacustres, dans les calcaires du même âge. En Allemagne, à une certaine profondeur sous les sables, ils ont formé des couches de 20 mètres d'épaisseur. Une de ces couches existe sous la ville de Berlin; et ce qu'il y a de remarquable, c'est que les infusoires qui la composent vivent et se propagent encore, grâce sans doute à l'humidité qu'entretient la Sprée, rivière dont le niveau est plus élevé. Les infusoires sont si petits qu'ils ne sont visibles qu'avec de forts grossissements du microscope, et que M. Ehrenberg a montré qu'il en fallait plus de deux millions pour faire le volume d'un millimètre cube.

INOCÉRAMUS (*Paléont.*), m. Genre de malléacées fossiles, dont on connaît trois espèces dans les roches antérieures à la craie.

INQUARTATION (*Docim.*), f. Opération docimastique qui a pour but d'isoler les molécules d'or de l'argent contenu dans l'alliage, en fondant l'or argental, ou allié d'argent, avec trois fois son poids d'argent. On soumet l'argent aurifère ainsi obtenu au laminage en feuille; puis on le plonge dans de l'acide nitrique légèrement étendu d'eau; l'argent s'y dissout, la lame se crible comme de la dentelle, et ne contient plus que de l'or pur. On lave, on pèse et on reconnaît le titre qu'avait l'or avant le *départ*.

INSECTES FOSSILES (*Paléont.*), m. Les insectes fossiles ne se trouvent guère que dans les strates les plus modernes des terrains de sédiment. Tout le monde connaît les beaux échantillons de succins dans lesquels on en rencontre de temps en temps, et où ces petits animaux, appartenant à l'époque actuelle, ont été empâtés dans le combustible, lorsqu'il était encore à l'état visqueux. On en a compté vingt-six espèces dans la pierre lithographique de Solenhosen, en Bavière; on en trouve fréquemment dans le groupe oolitique, ils paraissent appartenir au genre *bupreste*.

INTRADE (*Métall.*), f. Saillie de la tuyère dans le creuset d'un feu catalan.

INTRICARIE (*Paléont.*), f. Genre fossile de polypiers du terrain antérieur à la craie.

INVERSE (*Cristall.*), adj. Rhomboèdre inverse; nom donné par Haüy à un rhomboèdre

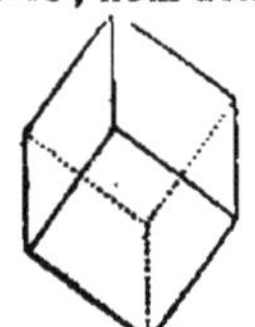

intérieur au primitif, sur le quel il est tangent, et dont les angles dièdres sont égaux aux angles plans du primitif; propriété particulière qui fait que les sections principales des deux solides sont égales, mais en position renversée. Cette forme, qui appartient à la *chaux carbonatée*, est surtout remarquable dans le *grès cristallisé* de Fontainebleau.

INVESTISON (*Exploit.*), m. Masse minérale qui sert de limite à une concession, qui sépare plusieurs concessions l'une de l'autre.

IODURES, m. Substances analogues aux chlorures et aux bromures, avec lesquels elles sont isomorphes; décomposées par le chlore.

IODURE D'ARGENT. (*Minér.*), m. Substance composée d'iode et d'argent, d'un jaune de soufre pâle, parfois un peu verdâtre, à éclat résineux. Sa structure est lamellaire; il laisse même entrevoir des clivages; il n'est point malléable, et s'égrène sous le marteau; on le pulvérise facilement; il est translucide et même semi-transparent dans ses fragments; sa densité est de 5.504. — Il fond à la flamme d'une bougie; sur le charbon, il se réduit en un globule qui devient gris ou jaune pâle en refroidissant; au feu de réduction, sa surface se couvre de petits grains d'argent métallique. — L'acide nitrique bouillant le décompose avec dégagement de vapeurs, mais il est encore plus facilement décomposé par l'acide sulfurique ; il est soluble dans l'ammoniaque mélangée d'hydro sulfate d'ammoniaque, mais non dans l'ammoniaque pure. — Ses analyses ont fourni :

	LOCALITÉS.	
	Chili.	Zacatecas.
Argent.	64.23	77.40
Iode.	36.89	22.60
	101.14	100.00

donnant les deux formules Ag I et Ag^2 I. L'iodure d'argent a été découvert par Vauquelin ; il se trouve en masses lamelleuses, ou en parties très-divisées et terreuses ; on l'a rencontré parmi les minerais d'argent de Hiendelencina, dans le Guadalaxara.

IODURE DE MERCURE (*Minér.*), m. Ce minéral très-peu connu n'a encore été mentionné que par M. Del Rio, qui l'a rencontré dans les minerais du Mexique ; il est d'un rouge plus foncé que le cinabre. On n'en possède aucune description exacte.

IODURE DE PLOMB (*Minér.*), m. Substance blanche ressemblant au carbonate de plomb, trouvée par M. Bustamente, au Mexique.

IODURE DE SODIUM (*Minér.*), m. Substance reconnue dans certaines eaux, telles que celles de Voghera et de Sales, en Piémont ; de Castel Nuovo ; de Guaca, en Colombie ; de Karlsbad, en Bohême ; de Bonnington, en Écosse. Elle existe aussi dans les eaux de l'Océan, et généralement dans la plupart des eaux qui renferment du chlorure de sodium et des sels de soude.

IODURE DE ZINC (*Minér.*), m. M. Mentzel a constaté la présence de l'iode dans un zinc cadmifère de Silésie ; mais l'iodure de zinc n'a pas encore été trouvé isolé. Dans les laboratoires, les chimistes l'obtiennent dans les proportions de :

Zinc.	20.34
Iode.	79.66
	100.00

dont la formule est Zn I.

IOLITE (*Minér.*), f. Nom donné d'abord à la *cordierite*, par allusion à sa couleur bleue ; M. Thomson a donné le nom d'*iolite hydratée* à une *bonsdorfite*.

IRIDIUM NATIF (*Minér.*), m. Minéral découvert par Tennant, en même temps que l'osmium ; il est gris de fer, gris d'acier pâle, bleu d'étain ou gris bleuâtre ; son éclat est métallique ; il est malléable, et plus dur que le platine natif ; il est infusible au chalumeau, et laisse dégager quelquefois une odeur pénétrante d'osmium qui irrite fortement les yeux. Ses dissolutions présentent plusieurs couleurs : le jaune, le rose, le rouge, le vert, le bleu, le pourpre ; enfin, les diverses couleurs de l'arc-en ciel (iris) : c'est de là que lui vient son nom. Le symbole de l'iridium est Ir, et son poids atomique : 1233.499.

IRISDOSMINE (*Minér.*), f. Nom donné à l'*osmiure d'iridium*.

IRIS (*Minér.*), f. *Quartz* hyalin *irisé* ; pierre orientale, de la couleur du petit-lait, mêlée d'une teinte légère de bleu céleste.

IRIS CALCÉDOINE, f. Nom donné par Wallerius à une variété de calcédoine de trois couleurs, qui, lorsqu'on regarde à travers, présente les nuances de l'arc-en ciel.

IRIS CITRINE, f. Quartz hyalin jaune ; fausse topaze.

IRISATION, f. Effet produit par certains corps qui réfléchissent la lumière en la décomposant, comme dans les anneaux colorés. Ces effets sont dus ou à des fissures existantes dans la substance d'où partent des rayons colorés provenant de la décomposition de la lumière, ou à un commencement d'altération des matières à leur surface, ou à une légère pellicule de matières étrangères, ou à une disposition particulière des particules mêmes de la substance. Les matières irisées ne sont jamais entièrement transparentes. *Voy.* le mot COULEURS DES MINÉRAUX.

IRITE (*Minér.*), f. Minéral en écailles noires, éclatantes, attirables à l'aimant ; il se trouve dans les cavités des grands morceaux de platine natif de l'Oural ; sa densité est de 6.506 ; il est insoluble dans les acides. Sa composition est, suivant Hermann :

Oxyde d'iridium.	62.86
— d'osmium.	10.30
— de fer.	12.50
— de chrome.	13.70
	99.36

La formule qui répond à cette analyse est : $3\,FeO\,OsO^2 + 3\,FeO\,Cr^2O^3 + 8\,FeO\,Ir^2O^3$, qui se rapporte à un mélange.

ISCHÉLITE (*Minér.*), f. Variété de *polyalite* trouvée dans les mines de sel d'Ischel, en Autriche.

ISÉRINE (*Minér.*), f. Variété de *titane de fer* en sable, distincte de la *ménachanite* en ce qu'elle n'est point attirable à l'aimant, et n'est autre chose que le résultat d'un triage fait dans les sables titanifères au milieu des grains attirables. L'analyse donne :

	LOCALITÉS.	
	Iserwiese.	Egersund.
Acide titanique.	50.12	48.46
Protoxyde de fer.	49.88	51.54
	100.00	100.00

d'où l'on tire l'expression FeO TiO^2, qui est la formule du *titanate de fer* à l'état de pureté.

ISIS (*Paléont.*), f. Genre de polypiers, dont une espèce fossile appartient au terrain postérieur à la craie.

ISOCARDE (*Paléont.*), f. Genre de cardiaires, dont six espèces fossiles se rencontrent dans les terrains antérieurs et postérieurs à la craie.

ISOGONE (*Cristall.*), adj. Cristaux qui

forment des angles égaux ; du grec *isos*, égal ; *gônia*, angle.

ISOMÉRISME, m. État de certains corps qui, ayant la même constitution moléculaire ou le même poids atomique, ont des propriétés physiques différentes ; du grec *isos*, égal, et *méros*, partie. Le cinabre, par exemple, présente deux états isomériques : il est composé d'un atome de soufre et d'un atome de mercure ; mais il est d'un beau rouge dans la nature, tandis que celui qu'on obtient dans les laboratoires est noir, quoique composé des mêmes éléments.

ISOMÉTRIQUE (*Cristall.*), adj. Calcaire isométrique ; nom donné par M. Breithaupt à un cristal rhomboédrique de carbonate de chaux, dont l'angle est de 106° 19', et la pesanteur spécifique de 2.849 à 2.859. Il raye la fluorine, et se laisse rayer par le quartz.

ISOMORPHISME (*Chimie, Minér.*), m. Du grec *isos*, même ; *morphê*, forme. Propriété qu'ont certaines substances minérales de conserver la même forme géométrique, quoique les éléments qui entrent dans leur composition varient, suivant certaines lois qui ne sont pas encore bien déterminées.

Lorsqu'on mélange ensemble des dissolutions de sulfate de fer et de sulfate de cuivre, et que l'on abandonne la liqueur à une évaporation lente capable de produire la cristallisation des sels, il se forme des cristaux dans la composition de chacun desquels entrent tout à la fois et du sulfate de cuivre et du sulfate de fer. Ces cristaux affectent la forme qu'aurait eue le sulfate de cuivre s'il eût été seul en dissolution, sauf quelques légères modifications dans les angles ; et ce résultat s'obtient, quelle que soit la proportion de l'un et de l'autre sulfate.

Le fer et le cuivre étant à l'état d'oxyde au minimum dans leur combinaison avec l'acide sulfurique, on est donc en droit de conclure que les protoxydes de cuivre et de fer sont isomorphes.

Pour obtenir cette forme géométrique identique, il faut que les deux sels se trouvent dans des circonstances absolument semblables quant aux agents cristallisants ; il faut, par exemple, que les températures soient convenables : et il se trouve que celles nécessaires pour opérer la cristallisation des deux sulfates cités ne diffèrent que d'un très-petit nombre de degrés. Mais il ne paraît pas indispensable qu'ils se combinent avec des quantités semblables d'eau, comme le dit M. Regnault dans son excellent *Cours élémentaire de chimie*. En effet, les deux sulfates se rencontrent dans la nature sous les formes atomiques suivantes :

Sulfate de cuivre $= CuO\,SO^3 + 5\,Aq$,
Sulfate de fer $= FeO\,SO^3 + 6\,Aq$,

comme on peut le voir aux articles relatifs à ces deux minéraux. Il est vrai que les formes ne sont pas complétement identiques.

La série des carbonates présente des substitutions isomorphiques aussi curieuses : le carbonate de chaux, par exemple, passe à la dolomie par des nuances assez difficiles à apercevoir. Quelques-unes des analyses que nous avons déjà citées donnent :

	Carbonate de chaux pur.	Calcaire.	Dolomie.
Acide carbonique.	43.89	44.60	46.00
Chaux.	56.11	51.38	30.00
Magnésie.	»	4.21	21 00
	100.00	100.19	97.00

dont les formules sont :

Carbonate pur $= CaO\,CO^2$,
Calcaire $= (0.9\,CaO + 0.1\,MgO)\,Co^2$,
Dolomie $= (0.5\,CaO + 0.5\,MgO)\,Co^2$.

Voulons-nous voir pénétrer d'autres isomorphes dans le minéral ? prenons la dolomie du Mexique et le calcaire de Moutiers, et nous trouverons :

	Dolomie.	Calcaire.
Acide carbonique.	47.00	42.76
Chaux.	30.40	35.58
Magnésie.	21.50	5.51
Protoxyde de fer.	0.90	10.70
— de manganèse.	0.00	4.01
	99.80	98.56

Dolomie du Mexique $= (CaO, MgO, FeO)\,Co^2$,
Calcaire de Moutiers $= (CaO, FeO, MgO, MnO)\,Co^2$.

Dans la première formule, les bases protoxydées sont comme les fractions 0.50, 0.49, 0.01 ; dans la seconde, comme 0.66, 0.13, 0.15, 0.06 = 1.

Tous ces carbonates isomorphes cristallisent en rhomboèdres, et leurs angles sont :

$CaO = 105°\,5'$,
$MgO = 107°\,25'$,
$FeO = 107°$,
$MnO = 107°\,50'$.

Déjà nous avons montré (p. 88) que l'*oligonspath* et le *mesitinspath* de Breithaupt répondaient à la formule $(FeO, MgO)\,CO^2$, et présentaient des angles de 107° 3' et 107° 14'. Il en est de même de tous les minéraux dont la constitution atomique se rapporte à l'expression générique $b\,O\,CO^2$ (b représentant les bases protoxydées).

Ce que nous venons de dire des sels de protoxydes s'applique à tout autre degré d'oxydation, chaque fois que la constitution atomique des isomorphes appartient au même degré de combinaison ; ainsi les sesquioxydes Al^2O^3 et Fe^2O^3 sont isomorphes ; il en est de même des acides AsO^5 et PhO^5, etc.

Comme on le voit, cette substitution des éléments isomorphes dans les espèces minérales, sans que la forme soit altérée, jette une certaine complexité dans les individus, et permet de rapporter à une même espèce des minéraux que leur nature élémentaire semblait devoir rejeter dans des divisions différentes.

Ainsi tombe la croyance où l'on était autrefois que la nature chimique des éléments suffisait seule pour déterminer la forme géométrique d'une espèce. On voit qu'il faut aujourd'hui avoir égard au nombre des atomes et à leur arrangement moléculaire; il s'ensuit que de tous les caractères minéralogiques le plus permanent est encore le caractère cristallographique, et que la composition chimique ne suffit pas seule pour caractériser une espèce, lorsque l'isomorphisme est en jeu.

Il se présente ici une question qui a son fondement sur la diversité du poids et du volume des atomes, et sur la faculté qu'ont quelques-uns des atomes élémentaires de se pénétrer en se combinant : les substances isomorphes se substituent-elles atome pour atome dans les composés? Il est probable que cela n'a lieu que dans certains cas, et que souvent un atome d'un élément ou d'un oxyde est remplacé par deux ou par trois atomes d'un autre élément ou d'un autre oxyde. C'est ce que l'on a déjà remarqué dans l'isomorphisme de l'eau et de la magnésie. *Voyez* le mot Cordiérite. Il faut presque trois atomes de liquide pour remplacer un seul atome de la terre basique. Mais ces considérations sont plus du ressort de la philosophie chimique : nous devons nous borner à les indiquer.

On voit, par l'exemple que nous avons choisi du calcaire et de la dolomie, dont les masses recouvrent une grande partie de notre globe, quels enseignements peut tirer la géognosie de la doctrine de l'isomorphisme. Elle peut servir à faire disparaître une foule d'anomalies qui embarrassent encore le chemin de la science; et, quoiqu'elle ne fasse que de naître, elle a déjà jeté une lumière inattendue sur plus d'un point resté longtemps obscur.

ISONOME (*Cristall.*), adj. Cristaux dont les décroissements sur les bords sont égaux, aussi bien que ceux sur les angles; du grec *isos*, même; *nomos*, loi.

ISOPYRE (*Minér.*), m. Silicate d'alumine de fer et de chaux d'un gris noirâtre, nuancé de parties d'un rouge brunâtre comme l'héliotrope. Sa cassure est concholde; son éclat est résineux, opaque, ou seulement translucide sur les bords; il a l'aspect d'un *quartz résinite*. Sa composition est, d'après Turner :

Silice.	47.09
Alumine.	13.91
Peroxyde de fer.	20.07
Chaux.	15.43
Oxyde de cuivre.	1.94
	98.44

Cette composition conduit à la formule Al^2O^3 $SiO^3 + Fe^2O^3$, $SiO^3 + 2$ CaO SiO^3, ou plus philosophiquement (Al^2O^3, Fe^2O^3) SiO^3 + CaO SiO^3.

ITABÉRITE (*Géogn.*), f. Roche de fer oligiste amorphe et de quartz, que l'on rencontre au Brésil en masse puissante.

ITACOLUMITE (*Géogn.*), m. *Quartzite micacé.*

ITTNÉRITE (*Minér.*), f. Silicate hydraté et alcalin d'alumine décrit par M. Ittner, et qui avait été confondu à tort avec la sodalite. Sa couleur est d'un blanc laiteux, un peu bleuâtre, quelquefois d'un gris foncé; il raye le verre et pèse 2.381; sa cassure est lamelleuse dans un sens et esquilleuse dans les autres. Sa forme primitive n'est pas encore bien connue; M. Beudant l'a décrit comme étant un prisme régulier à six faces; au chalumeau, l'ittnérite fond en un verre transparent; elle est soluble en gelée dans les acides. Son analyse a donné à Gmelin :

	Silice.	34.02
	Alumine.	28.40
	Chaux.	5.23
	Soude.	12.15
	Potasse.	1.36
	Eau.	10.76
Subst. étrangères.	Protoxyde de fer.	0.62
	Gypse.	4.89
	Sel commun.	1.62
		99.25

Formule atomique : 3 Al^2O^3 SiO^3 + (NaO, KO, CaO $)^3$ SiO^3 + 6 Aq. L'ittnérite se trouve dans une roche volcanique du Kaiserstbül, dont elle tapisse les cavités.

ITTRO-CÉRITE (*Minér.*), f. *Fluorure de calcium yttrio-cérifère*, substance violâtre ou d'un gris blanc.

IU (*Minér.*), m. Ou *pierre de iu*; nom donné par les Chinois à la *néphrite*.

IVOIRE FOSSILE, m. A l'état calcaire, happant la langue, devenant bleu par la torréfaction.

IXOLYTE (*Minér.*), f. Variété de *suif de montagne*, décrite au mot Bitume. L'ixolyte a la propriété d'acquérir, à une certaine température, une consistance visqueuse analogue à la glu; c'est ce qui lui a fait donner son nom du grec *ixos*, glu, et *luô*, je dissous

J

JADE (*Minér.*), m. Nom donné par de Saussure à la *saussurite*, mais qui est employé pour beaucoup de roches également esquilleuses, tenaces, à éclat gras et de couleurs claires, de compositions différentes. M. Beudant a cru devoir substituer à cette dénomination vague celle de *saussurite*, du nom du célèbre naturaliste qui a étudié dans les Alpes le gisement et la position des euphotides, dans la composition desquelles entre le jade. — On donne le nom de *jade oriental* à la *trémolite compacte* qui est décrite au mot AMPHIBOLE, sous le nom de *néphrite*.

JADE DE SAUSSURE (*Minér.*), m. *Saussurite.*

JADE NÉPHRÉTIQUE (*Minér.*), m. *Néphrite*, silicate d'alumine et de magnésie auquel les anciens supposaient la faculté de guérir la colique des reins, ou colique néphrétique; du grec *nephros*, reins.

JADE ORIENTAL (*Minér.*), m. Nom ancien de la *tremolite* compacte, décrite comme variété de l'*amphibole*.

JADE TENACE (*Minér.*), m. *Voy.* SAUSSURITE.

JAIS (*Minér.*), m. *Voy.* JAYET.

JAMBE D'ORDON (*Métall.*), f. Charpente qui supporte les tourillons des hurasses.

JAMESONITE (*Minér.*), f. Nom donné par M. Mohs, en l'honneur du professeur Jameson d'Édimbourg, à une variété de *sulfure de plomb et d'antimoine* décrite au mot SULFURES MÉTALLIQUES.

JARGON (*Minér.*), m. Nom donné par les lapidaires au *zircon*. Il est probable que le mot de jargon vient de l'arabe *jarkan*, qui indique la couleur verte. On nomme *jargons d'Auvergne* de petits cristaux d'hyacinthe qui se trouvent près du Puy.

JARGON DE DIAMANT (*Minér.*), m. Variété de *zircon*, limpide, sur laquelle une gouttelette d'acide hydro-chlorique laisse une tache, ce qui la distingue du diamant, qui sort parfaitement clair de cette épreuve.

JASPE (*Minér.*), m. Sous-espèce de la *silice, quartz jaspe*, *iaspis* des Grecs, *jaspeh* des Hébreux. Le jaspe est un quartz parfaitement opaque, même sur les bords; sa cassure est terne et compacte; ses couleurs sont très-variées : il en existe de rouges, de bruns, de verts, de violets, de jaunes, de noirs, et même de blancs veinés de rose. Quelquefois ce minéral présente des zones irrégulières formées du mélange de plusieurs couleurs, grossièrement concentriques. La cassure du jaspe est unie, passant à celle conchoïde et à celle terreuse; il est bon conducteur de l'électricité, en raison de la quantité d'oxyde de fer qui entre dans sa composition.

Il existe un grand nombre de variétés de jaspes qui se distinguent par des dénominations particulières. Parmi ces minéraux qui, très-souvent sont fort agréables à l'œil et servent d'objet d'ornement ou de parure, nous citerons les plus connus :

JASPE AGATÉ, OU AGATE JASPÉE. Variété panachée, dans laquelle le jaspe domine, mais qui est d'autant moins opaque qu'il renferme plus d'agate. Lorsque l'agate domine, le minéral prend le nom d'*agate jaspée*.

JASPE BLANC. Variété extrêmement rare; elle a la couleur de l'ivoire, et est sillonnée de larges filets roses.

JASPE DE SIBÉRIE. *Jaspe rubané*; variété brun verdâtre, à bandes ou couches rectilignes parfaitement tranchées, en petites masses dans l'Ocholtz, qui fait partie de la chaîne de Stanovoï, en Sibérie. Toudi a prouvé que la couleur verte était due à la présence de l'épidote.

JASPE ÉGYPTIEN. Variété du *quartz jaspe, caillou d'Égypte*, *jaspe zonaire*, couleur chamois brun ou rouge. Le brun présente des dessins rubanés concentriques. Poids sp. : 2.6. Le rouge présente aussi des dessins zonaires rouges et jaunes. Poids sp. : 2.63. Cette petite roche se présente ordinairement en rognons ovoïdes, dans lesquels les filets rubanés sont irrégulièrement concentriques, et participent de la forme arrondie de la pierre. Cette disposition particulière indique que cette formation ovoïdale n'est point due au frottement qui arrondit les galets des poudingues. La variété du jaspe égyptien est une des plus jolies et des plus recherchées; elle représente tout ce que l'imagination peut rêver : des nuages, des montagnes, des racines, etc.

JASPE FLEURI. Variété panachée du *quartz jaspe*, présentant un mélange de diverses couleurs, combinées de mille manières. On n'en compte pas moins de cent variétés en Sicile; il en existe en Savoie, près de Salanche, au Montenero dans les Apennins, etc.

JASPE HÉLIOTROPE. Nom donné par Delisle au *jaspe sanguin*.

JASPE JASPACHATE (*Minér.*), f. Pierre précieuse, composée de jaspe vert et d'agate; du grec *iaspis*, jaspe, et *achatês*, agate. On dit aussi *jaspagate*. *Voy.* JASPE AGATÉ.

JASPE JAUNE. Variété de *quartz-jaspe*; couleur tirant sur l'ocre, rarement unie, souvent veinée de blanc, de rouge, de brun. Se trouve en Sicile, dans le Dauphiné, etc.

JASPE LYDIEN. C'est un quartz noir que Werner a nommé *quartz lydien*, et qui sert de pierre de touche. Son nom indique le lieu d'où on le tire.

JASPE NOIR. Variété de *quartz-jaspe, paragone* des Italiens, d'une couleur très-foncée, rarement sans veines ni taches. Se trouve en Sicile, et est fort estimée dans le commerce.

JASPE OEILLÉ. Variété de *quartz-jaspe*; fond brun très-intense, opaque, présentant de petites taches rondes, composées de plusieurs cercles blancs concentriques très-déliés et parfaitement arrêtés. Se trouve en Sicile et en Sibérie.

JASPE ONYX. Nom donné par Daubenton au jaspe rose mélangé.

JASPE OPALE, *opale-jaspe, opale ferrugineuse*. Se trouve dans les porphyres. Couleurs diverses, dues à des oxydes de fer et à des mélanges de chlorite, de diallage et de terre verte. Quelquefois taché et veiné. Facile à casser, cassure conchoïde, infusible. P. s. : 3.

JASPE PORCELAINE. Variété de *jaspe;* porcelanite, roche opaque, dure, fusible en un verre blanc, facile à casser, de couleurs diverses, et présentant des dessins nuagés et pointillés. P. s. : 2.8.

JASPE ROUGE. Variété de *quartz-jaspe*, d'un rouge de brique foncé, susceptible d'un beau poli. Se trouve en Sicile, à Canavais en Piémont, à Mont-More dans les Hautes-Alpes, etc. Ses couleurs sont dues à l'oxyde de fer.

JASPE RUBANÉ. *Agate rubanée*, variété de *quartz-jaspe*, constituant quelquefois des collines. Il est gris de perle, gris verdâtre, gris jaunâtre, jaune de paille, vert tendre, rouge cerise, rose, brunâtre. Il est opaque et mat à l'intérieur. P. s. : 2.6. On le trouve en Sibérie, où ses couleurs sont le brun et le vert, disposés en couches droites.

JASPE SCHISTEUX. *Phtanite*.

JASPE TIGRÉ, m. Variété de *jaspe jaune*, à fond orangé tirant sur le brun, parsemé de taches ou dendrites d'un beau noir. Il se trouve en petites couches, entourées d'argile rouge, près de Baumholder, dans le Palatinat; on le travaille sur place, et l'on en fait des cachets, des clefs de montre, etc.

JASPE VERSICOLOR, m. Nom donné par quelques minéralogistes au jaspe fleuri.

JASPE VERT, m. Variété de *quartz-jaspe, jaspe sanguin, héliotrope, pierre à lancettes*; rarement uni, ayant ordinairement une couleur sombre qui tire sur le vert du pin. Se trouve en Sicile, à Quel près de Grenoble, à Java, etc.

JASPE ZONAIRE. *Jaspe égyptien caillou d'Égypte;* quartz présentant des bandes en zones brunes, sur un fond jaunâtre plus clair, quelquefois dendritique.

JATTE (*Exploit.*), f. Terme de mineur, pour désigner un *bateau*.

JAUNE DE CHROME, m. *Chromate de plomb* obtenu artificiellement pour la peinture. Il est d'une belle couleur jaune, et entre dans la composition des vernis. Calciné dans un creuset, il sert à la coloration des poteries.

JAUNE DE NAPLES, m. *Oxyde d'antimoine* artificiel, employé dans la peinture. Il est jaune paille, légèrement soluble dans l'eau, rougit les couleurs bleues végétales, et ne s'unit point aux acides.

JAUNE DE TURNER, m. Jaune employé dans la peinture, et qui résulte de la calcination de l'*oxychlorure de plomb*.

JAUNE MINE ORANGE, m. Oxyde jaune de plomb obtenu artificiellement, et employé dans la peinture. Il est d'un beau jaune orangé.

JAUNE MINÉRAL, m. Couleur artificielle qui a le plomb pour base, et qui provient de la fusion de la litharge avec des sels. Il est employé dans la peinture.

JAYET ou JAIS (*Minér.*), m. Variété compacte de *lignite*, décrite au mot COMBUSTIBLES MINÉRAUX.

JAZ (*Métall.*), m. Terme des Pyrénées. La tuyère fait son jaz lorsqu'elle brûle la pierre de fond d'un creuset, et l'abaisse.

JEFFERSONITE (*Minér.*), f. Nom donné par MM. Keating et Vanuxen à une variété de *pyroxène* contenant une assez forte proportion de manganèse.

JET DE FONTE (*Métall.*), m. Canal par lequel on introduit la fonte dans le moule.

JEUX DE VAN-HELMONT (*Minér.*), m. *Voy.* DÉS DE VAN-HELMONT, variété cloisonnée de marne. Ce nom a été donné par Wallerius.

JODAMIE (*Minér.*), f. *Voy.* BIROSTRITE.

JOHANNITE (*Minér.*), f. Nom donné au *sous-sulfate d'urane* découvert par M. John dans le filon de Rothengang, à Joaquinsthal, en Bohême.

JOHNITE (*Minér.*), f. Variété verdâtre de la *turquoise* décrite au mot PHOSPHATE D'ALUMINE. C'est la plus dure des turquoises: elle raye toutes les autres variétés. Elle a été dédiée à M. John.

JOHNSTONITE (*Minér.*), f. Variété de *vanadiate de plomb*, dédiée à Johnston.

JOINT DE STRATIFICATION (*Géogn.*), m. Espace vide qui sépare les strates d'un ensemble de roches stratifiées.

JOLITE ou IONITE, fait du grec *ion*, violette. (*Minér.*), f. Hydrate de fer rempli de quartz, à laquelle les anciens croyaient reconnaître l'odeur de la violette. C'est le *lapis aldebergicus* d'Agricola et d'Aldrovandus; elle est jaunâtre ou rougeâtre.

JUGLANS (*Paléont.*), m. Végétal fossile des terrains modernes, ressemblant au noyer.

JUMELLES (*Métall.*), f. Montants ou poteaux de bocard.

JUNCKÉRITE (*Minér.*), f. Nom donné par M. Paillette à une variété de *carbonate de fer* trouvée dans la mine de Poullaouen, et dédiée à M. Juncker, directeur de l'établissement. Ce minéral est décrit au mot CARBONATE DE FER.

JUPITER, m. Nom donné par les anciens alchimistes à l'*étain*.

JURASSIQUE (TERRAIN) (*Géogn.*), m. Calcaire de la partie moyenne du terrain secondaire, dont le type est très-développé dans les montagnes du Jura. Il comprend deux formations: celle *liasique* et celle *oolitique*, et a pour synonyme le groupe oolitique de M. La Bèche.

JURINITE (*Minér.*), f. Synonyme de *brookite*; *oxyde de titane*.

K

KÆMMÉRÉRITE (*Minér.*), f. Variété de *pyrosclérite*, décrite à ce dernier mot. Ce minéral a été ainsi nommé par M. Nordenskoeld, qui l'a dédié au minéralogiste *Kæmmerer*.

KAKOXÈNE (*Minér.*), m. Nom donné par M. Beudant à un *phosphate de fer* qui, comme tous les phosphates, ne peut être admis dans la fusion des minerais de fer, sans rendre le produit cassant à froid; d'où son nom, du grec *kakos*, mauvais; *xénos*, hôte.

KALBRECHT (*Métall.*), m. Fer cassant.

KALI, m. Nom arabe de la soude. Ce mot signifie proprement brûler, préparer par le feu, à cause de la manière dont on obtenait la soude en brûlant des plantes.

KALIN (*Minér.*), m. Mine d'étain de la Chine, recouverte d'un peu d'oxyde de fer.

KALKOLIGOCLASE (*Minér.*), m. Variété de *feldspath de soude*, ou *oligoclase* à base de chaux, décrit au mot FELDSPATH.

KAMINA-MASLA ou **KAMENOIE-MASLO**, m. Nom russe du talc de Sibérie.

KAMINOXÉNIQUE (*Cristall.*), adj. Calcaire kaminoxénique; nom donné par M. Breithaupt à un cristal rhomboédrique de carbonate de chaux, dont l'angle est de 107°, et la pesanteur spécifique de 2.768. Sa dureté est égale à celle de la phosphorite apatite.

KAOLIN (*Minér.*), m. *Argile à porcelaine, terre à porcelaine, feldspath terreux, feldspath decomposé*. Le mot kaolin est chinois. C'est un *hydro-silicate d'alumine* dans lequel il se trouve de la silice en excès. Le kaolin fait partie d'une roche blanche ou légèrement rosâtre, quelquefois un peu jaunâtre, à texture lâche, grenue, terreuse; elle est formée d'un minéral argiloïde, blanc, à texture parfois laminaire, contenant des grains de quartz, de feldspath et de mica. Par le lavage, on obtient le kaolin pur, en particules ténues et suspendues dans l'eau. Sa pesanteur spécifique est 2.21 à 2.26. Sa composition est extrêmement variable : d'après les analyses de MM. Brongniart et Malagutti, les kaolins donneraient :

	Kaolins de :			
	Limoges.	Clos de Madame.	Devonshire.	Passau.
Silice.	42.07	39.91	44.26	42.18
Alumine.	34.68	36 37	36.81	37.08
Eau.	12.17	12.94	12.74	12.83
Chaux, magnésie, potasse.	1.33	1.80	1.58	2.88
Fer, manganèse.	traces	traces	traces	0.88
Résidu non argileux.	9.76	3.96	4.30	4.80
	99.98	94.98	99.66	99.97

d'où l'on tire la formule $(Al^2O^3)^2\ (SiO^3)^3 + Aq$, qui paraît devoir être adoptée pour l'expression réelle de la composition des roches kaoliniques. Il est vrai que l'analyse d'un grand nombre de kaolins donne des formules qui s'éloignent plus ou moins de celle ci-dessus; mais comme la plupart contiennent de la silice non combinée, il est difficile de regarder les analyses que nous en possédons comme exactes. — En faisant bouillir les roches kaoliniques, pendant une ou deux minutes au plus, avec une dissolution aqueuse de potasse à la densité de 1.078, on obtient un résidu qu'on peut regarder comme le kaolin pur. Ce mode de recherche donne les analyses rationnelles ci-après :

	Kaolins de :			
	Limoges.	Clos de Madame.	Devonshire.	Passau.
Silice combinée.	31.09	37.24	34.07	36.77
Alumine.	34 68	36.37	36.81	37.38
Eau.	12.17	12.94	12.74	12.83
Silice libre.	10.98	2.67	10.19	9.71
	88.89	89.22	93.81	96.69

qui fournissent la formule des silicates trialumineux $Al^2O^3\ SiO^3 + 2\ Aq$, que M. Brongniart regarde comme la composition du kaolin à l'état de pureté. — La différence qui existe généralement dans les autres analyses est une conséquence naturelle de la formation de cette roche, qui est due à la décomposition du feldspath, ou plutôt à sa transformation. La présence constante de l'oxyde de fer dans les gîtes kaoliniques laisse à penser que les forces électro-chimiques jouent le principal rôle dans cette opération. M. Brongniart possède des échantillons de kaolin de Schneeberg qui affectent encore la forme du feldspath, et indiquent la manière dont l'une des roches a passé à l'autre en perdant son alcali.

La décomposition du feldspath et la formation des kaolins paraît due à la présence de quelque hydrate d'alumine. Il se passe, dans ce double mouvement des affinités, quelque chose d'analogue à la dissolution du verre de Fuchs exposé à l'air : le *wasserglass* commence par attirer l'humidité de l'atmosphère; puis il prend un aspect mat; il se fendille bientôt, et cette décomposition est d'autant plus prompte que le verre est à un état plus complet de division. L'eau en certaine quantité accélère encore la séparation des sels qui s'effleurissent; les silicates solubles qui se forment alors disparaissent; il y a précipitation d'acide silicique à l'aide des terres alcalines, et formation d'un silicate tri-aluminique $Al^2O^3\ SiO^3$; une grande partie de l'eau reste à l'état hygrométrique. Si cette hypothèse est vraie, il faudrait considérer les kaolins comme renfermant, outre les éléments du feldspath diminués de l'alcali, un silicate tri aluminique et de l'eau. La formule des kaolin, deviendrait alors $Al^2O^3\ (SiO^3)^3 + Al^2O^3\ SiO^3 + m\ Aq$.

Prenons pour exemple le kaolin de Bréage en Cornouailles, qui contient à peine une trace d'alcali; son analyse donne :

Silice.	46.63
Alumine.	24.06
Eau.	8.74
Base protoxydée.	0 60
Résidu non argileux.	19.63
	99.66

Sa formule la plus simple est Al^2O^3 $(SiO^3)^2$ + 2 Aq. Il manque ici un atome d'eau pour atteindre au silicate sesqui-aluminique hydraté des chimistes; on est donc à même de conclure que l'eau ne s'y trouve qu'à l'état hygrométrique. En tout cas, rien n'indique le passage du feldspath au kaolin. Mettons cette expression sous la forme Al^2O^3 $(SiO^3)^3$ + Al^2O^3 SiO^3 + 4 Aq, et l'on peut en quelque sorte se rendre compte de la marche de la nature : dans cette constitution atomique nouvelle, quoique égale, l'alcali a disparu; la partie soluble du silicate alcalin a précipité de la silice, et il s'est formé un nouveau silicate tri-aluminique, accompagné d'eau à l'état de mélange. Si dans le trinome atomique on prend la base feldspathique Al^2O^3 $(SiO^3)^3$, insoluble et fixe, pour unité, on verra varier le silicate nouveau et l'eau dans des proportions indéfinies, qui tendent à prouver que ce n'est plus qu'un simple mélange. Quelques analyses serviront d'explication à ces données purement théoriques et même hypothétiques.

	LOCALITÉS.			
	Mercus.	Mende.	Cherbourg.	Monschoff.
Silice.	27.22	35.61	42 31	44.12
Alumine.	20.00	22.33	34.81	40.64
Eau.	9.03	9.70	12.00	13.86
Bases étrangères.	1.72	4.69	1.39	0.98
Résidu non argileux.	42.00	24.64	9.67	0.74
	99.97	96.97	99.88	100 01

Les quatre analyses, auxquelles nous adjoignons celle de Bréage précédemment citée, répondent aux cinq formules ci-après :

$$Al^2O^3(SiO^3)^3 + \left\{\begin{matrix}1\\2\\3\\4\\5\end{matrix}\right\} Al^2O^3 SiO^3 + \left\{\begin{matrix}4\\8\\9\\11\\12\end{matrix}\right\} Aq.$$

En changeant d'unité fixe comparative, et prenant pour point de départ la formule Al^2O^3 SiO^3 + 2 Aq de M. Brongniart, on aurait pour les cinq analyses (Al^2O^3 SiO^3 + Aq) + $(Al^2O^3 (SiO^3)^3 + (m\,Aq)^n$; m devient alors tour à tour 2, 6, 7, 9, 10, tandis que la fraction n est, suivant l'échantillon : $\frac{1}{1}$, $\frac{1}{2}$, $\frac{1}{3}$, $\frac{1}{4}$, $\frac{1}{5}$, formant une suite continue.

Ces deux manières d'envisager la formation de l'argile à porcelaine, soit du point de vue du feldspath, soit de celui du kaolin théorique, demanderaient plus de développement, afin d'embrasser dans les deux formules quelques silicates alumineux qui forment anomalie, mais les bornes de notre Dictionnaire ne nous permettent pas de suivre plus loin les phases de la décomposition des roches feldspathiques. Nous avons dû nous contenter d'indiquer les principales.

Lorsque la décomposition n'est pas complète, et qu'il reste encore de l'alcali à l'état de silicate, il s'opère un commencement de fusion dans la cuite, et la porcelaine acquiert alors une transparence remarquable. C'est ce qui donne une si grande supériorité à la porcelaine de Chine, dont le kaolin est composé de :

Silice.	23 72
Alumine.	9 80
Eau.	2.62
Potasse.	3.08
Oxydes métalliques.	0.43
Résidu non argileux.	83.18
	97.83

La formule qu'on peut tirer de cette composition est 2 (Al^2O^3 SiO^3 + 2 Aq) + Al^2O^3 $(SiO^3)^3$ + KO $(SiO^3)^3$, qui indique que deux molécules de feldspath ont commencé à se décomposer en perdant un atome de potasse, et s'unissant à un atome d'alumine et quatre d'eau; la silice non dissoute s'est reportée alors sur l'alcali restant, et a formé un tri-silicate. Si l'on admet (ce qui est plus naturel peut-être) que l'eau a dissous la moitié du silicate de potasse, et que le précipité de silice due aux terres alcalines a formé avec de l'alumine un silicate tri-aluminique, on sera conduit à la formule (Al^2O^3 SiO^3 + 2 Aq) + 2 Al^2O^3 $(SiO^3)^3$ + Ko SiO^3 + 2 Aq.

Le kaolin sert à la fabrication de la porcelaine. De temps immémorial, cette fabrication était le secret des Chinois, et l'Europe dut en tirer les produits nécessaires à ses usages jusqu'en 1706, époque à laquelle Bottcher de Dresde découvrit la manière de la préparer.

On soumet le kaolin à la lévigation, et on le mêle avec du quartz qui a subi la même préparation et est conséquemment tombé en poussière; le tout est délayé dans l'eau et abandonné plus ou moins longtemps à lui-même, afin de diminuer la cohérence entre les parties. On façonne alors la pâte, et on la calcine doucement; elle acquiert déjà de la solidité. On la couvre ensuite d'une couche de felsdspath bien broyé, et on calcine de nouveau. Le feldspath fond à la surface, s'introduit dans la masse poreuse, la vitrifie en partie, et lui donne de la transparence. Ce produit est de la porcelaine, qu'on peint ensuite par des procédés analogues à ceux employés dans la peinture sur émail.

Le four à porcelaine est cylindrique : il a plusieurs étages voûtés et percés de plusieurs ouvertures pour laisser passer la flamme. Le combustible se place sur une grille, et le tirage s'opère par le four même, dont la bouche supérieure est armée d'un registre disposé pour régler la chaleur. On se sert de bois de préférence : la flamme de la houille donne à la porcelaine une teinte jaunâtre qui en diminue la valeur.

Les pièces qu'on fait cuire sont renfermées dans des *cazettes*, et tenues à l'abri de la poussière et des cendres qui se colleraient sur la couverte fondue. Les cazettes ont une forme appropriée à chaque pièce.

Le kaolin se trouve dans le voisinage des roches granitiques; il en existe un beau gîte à Saint-Yriex, près de Limoges; on en trouve encore en France, près de Quimper; à Louhossoa, près de Bayonne; aux Pieux, près de Cherbourg; à Mercus, dans l'Ariége; à Mende, dans la Lozère; au Clos de Madame, dans l'Allier; à Chabrol (Puy-de-Dôme). En Espagne, celui de Sargadelos est remarquable par son excellente qualité; on en exploite aussi à Savero, dans le Léon; à Oporto, en Portugal; à Newcastle et à Wilmington (Delaware); à Bréage, en Cornouailles; à Plymton (Devonshire); à Kaschna, Seilitz et Schletta, près Meissen; à Rama et Auerbach (Passau); à Chiesi (île d'Elbe), à Bourgmanero (Piémont); à Tretto, près de Scio; à Risanski, en Russie, etc.

KAPNIKITE (*Minér.*), f. Variété rose de *silicate de manganèse*.

KAPNITE (*Minér.*), f. Nom donné par M. Breithaupt à une variété de calamine, ou *carbonate de zinc*.

KARABÉ (*Minér.*), m. Nom donné par les anciens au succin, à l'ambre, à une certaine gomme qui coule des arbres, et au bitume ou momie. Ce mot, en arabe, veut dire gomme, sirop; c'est de là que les Espagnols ont tiré leur *jarabe*, sirop, dont la prononciation a beaucoup d'analogie avec celle du *karabé*. Avicenne a consacré deux chapitres à ce mot, qui paraît venir de la langue persane, où il signifie *tire-paille*. Les Persans auraient-ils connu la propriété que possèdent le succin et l'asphalte frottés, d'attirer les corps légers? ou bien ce mot viendrait-il de ce que la paille s'attache assez fortement aux substances visqueuses?

KARABÉ DE SODOME (*Minér.*), m. Nom donné au *malthe* ou bitume sirupeux qu'on tirait du lac Asphaltite, où fut située Sodome.

KARAT, m. Ancienne division du titre de l'or. Chaque karat était un vingt-quatrième. Ainsi l'or pur était à vingt-quatre karats; celui qui contenait le douzième de son poids d'alliage était à vingt-deux karats, etc. Ce mot vient de *kuara*, fève rouge, qui sert à peser dans plusieurs pays. Le karat est un reste de l'ancien système duodécimal; il était divisé en douze grains.

KARATURE BLANCHE, f. Opération par laquelle on allie l'argent à l'or, dans le monnayage ou la bijouterie.

KARATURE ROUGE, f. Opération des bijoutiers pour allier le cuivre à l'or.

KARINTHINE (*Minér.*), f. Silicate de fer et de chaux; *actinote*.

KARNATITE (*Minér.*), f. Feldspath du Karnate, silicate d'alumine et de chaux.

Composition, suivant M. Beudant :

Silice.	71.00
Alumine.	18.00
Chaux.	8.50
Soude.	2.10
	99.60

Substance vitreuse, translucide, en petits cristaux rectangulaires; gisement : dans l'ancien royaume du Karnate, sur la côte de Coromandel.

KARPHOLITE (*Minér.*), f. *Voy.* CARPHOLITE.

KARPHOSIDÉRITE (*Minér.*), f. Nom donné à un *phosphate de fer* de couleur jaune de paille; du grec *karpho*, paille, et *sideros*, fer.

KARSTÉNITE (*Minér.*), f. Nom donné par M. Beudant à une variété de *sulfate de chaux anhydre*, en l'honneur de Karsten.

KARSTINE (*Minér.*), f. Nom donné à une variété de *diallage*; synonyme de *schillerspath*.

KASTE (*Exploit.*), f. Plancher ou échafaudage fait dans une galerie pour soutenir des déblais, ou élever des ouvriers à la hauteur de l'attaque.

KÉRACINE (*Minér.*), f. Nom donné par M. Beudant au *chlorure de plomb*.

KÉRAMOHALITE (*Minér.*), f. Sulfate hydraté d'alumine, en masse aciculaire blanchâtre, jaunâtre ou verdâtre, provenant de Friesdorf, près de Bonn, du volcan de Pasto et de l'île de Milo. Sa densité est 1.60 à 1.70.

KÉRARGYRE (*Minér.*), m. Nom donné par M. Beudant au *chlorure d'argent*, connu sous le nom d'*argent corné*, du grec *kéras*, corne; *arguros*, argent; à cause de sa ressemblance avec de la corne.

KÉRATITE (*Minér.*), f. *Silex corné*.

KÉRATOPHYLLITE (*Minér.*), f. Variété d'*amphibole*.

KÉRATOPHYTE (*Paléont.*), m. Variété de coralloïde ayant l'aspect de la corne et présentant des branches minces.

KERMÈS MINÉRAL (*Minér.*), m. Nom donné anciennement à l'*oxy-sulfure d'antimoine*.

KERSANTON (*Géogn.*), m. *Voy.* KERSANTONITE. Ce nom vient de Kersanton, près de Brest, lieu où se rencontre cette roche.

KERSANTONITE (*Géogn.*), f. Roche de pinite et de feldspath compacte, d'un vert noirâtre, granitoïde, à petits grains; contexture un peu confuse. Elle est composée de feldspath en grains blancs ou verdâtres, d'amphibole noirâtre et prismatique, de pinite en grains très-irréguliers et d'un gris très-foncé, et de paillettes de mica brun; elle fait une faible effervescence avec l'acide nitrique, lorsqu'elle est réduite en poussière. Cette roche, désignée longtemps sous le nom de diorite granitoïde micacé, se trouve dans le département du Finistère en masses arrondies, au milieu d'une argile ferrugineuse qui résulte de sa décomposition. Sa grande ténacité et la finesse de son grain l'ont fait employer dans les constructions d'architecture gothique; on en a fait le piédestal et le soubassement de l'obélisque de Luksor, sur la place de la Concorde.

KESITAH, m. Monnaie connue des Juifs, et que Jacob donna aux enfants d'Hémor pour prix d'un champ que ceux-ci lui avaient vendu. Il paraît que le késitah, ou keschita, représentait la valeur d'un agneau.

KEUPRIQUE (*Géogn.*), adj. De l'allemand *keuper*, qui appartient à la formation des *marnes irisées*.

KHAKI (*Minér.*), f. Nom persan des turquoises terreuses qui se trouvent isolées dans le sable. *Voyez* TURQUOISES.

KIÈNE, m. Nom chinois d'un sel dont on se sert pour la lessive, et qui paraît être le *natron*, ou *sous-hydro-carbonate de soude*.

KILBRICKÉNITE (*Minér.*), f. Nom donné par M. Apjohn à un *sulfure de plomb* décrit à l'article des SULFURES MÉTALLIQUES, et provenant de la mine de plomb de Kilbricken, dans le comté de Clark.

KILDÉLOPHANE (*Minér.*), m. *Fer titané* de Gastein.

KILLAS (*Géogn.*), m. Nom que les Anglais donnent à l'étage inférieur de la formation cambrienne, qui consiste en schiste argileux, psammite, calcaire et amphibolite, dans lequel le mica domine.

KILLINITE (*Minér.*), f. Silicate hydraté d'alumine et de potasse, trouvé par le docteur Taylor dans un filon de granite à Killiney, dans la baie de Dublin. La killinite est d'un vert jaunâtre, clair, quelquefois un peu brunâtre; son éclat est gras, et a l'aspect de la cire; elle est opaque, ou translucide sur les bords; elle se trouve en baguettes allongées et plates, dont les fragments sont prismatoïdes, et présentent deux clivages sous l'angle de 135°; elle raye le gypse, et est rayée par la fluorine; la poussière provenant de la rayure est blanche; sa densité est de 2.711. Au chalumeau, elle blanchit, devient friable, et fond avec difficulté en un bouton opaque et d'un blanc laiteux. Ses analyses ont donné :

Silice.	49.08	47.92
Alumine.	30.60	31.04
Potasse.	6.72	6.06
Protoxyde de fer.	2.27	2.35
— de manganèse.	»	1.26
Chaux.	0.68	0.72
Magnésie.	1.08	0 46
Eau.	10.00	10.00
	100.43	99.78

dont la formule est 10 Al^2O^3 SiO^3 + 3 (KO, FeO) (SiO^3)^2 + 18 Aq.

KIN-KANG-CHI (*Minér.*), m. Nom chinois du *diamant*.

KIR (*Minér.*), m. Nom donné dans la province de Bascou (Russie orientale) à une espèce de molasse bitumineuse dont on se sert pour couvrir les maisons, ou pour se chauffer.

KIRGHISITE ou **KIRGUISITE** (*Minér.*), f. *Silicate de cuivre*, ou cuivre-dioptase provenant du pays des Kirguis.

KIRWANITE (*Minér.*), f. Silicate hydraté d'alumine, de chaux et de fer, dédié par M. Thomson à Kirwan. Ce minéral, d'un vert olive, a la texture fibreuse et la cassure esquilleuse; il est opaque; il raye le talc, et se laisse rayer par le carbonate calcaire; sa densité est de 2.941; il devient noir, et ne fond qu'en partie au chalumeau. Thomson a trouvé pour son analyse :

Silice.	40.50
Alumine.	11.41
Chaux.	19.78
Protoxyde de fer.	23.91
Eau.	4.38
	99.98

que représente la formule Al^2O^3 SiO^3 + 3 (CaO, FeO)^2 SiO^3 + 2 Aq.

La kirwanite forme des nodules dans un basalte de la côte nord-est de l'Irlande.

KLAPROTHINE (*Minér.*), f. Phosphate double d'alumine et de magnésie, décrit au mot PHOSPHATE D'ALUMINE. Il a été dédié à Klaproth par M. Beudant. On dit aussi klaprothite.

KLAUSTHALITE (*Minér.*), f. *Séléniure de plomb cobaltifère*, trouvé dans les environs de *Klausthal*, en Hanovre, dans des schistes argileux, des diorites et des dolomies.

KLINOÏDRIQUE (*Cristall.*), adj. Nom générique du 8e, 6e et 7e types cristallins du système de M. Haumann, qui ont pour caractère d'avoir au moins un angle oblique.

Le type klinoïdrique fait trois divisions, qui portent les noms de *monoclinoïdrique*, *diclinoïdrique* et *triclinoïdrique*, selon qu'il a un, deux ou trois angles obliques.

KNÉBÉLITE (*Minér.*), f. Nom donné par Dobereiner à une variété de *péridot* rapportée par le major Knébel, et décrite au mot PÉRIDOT.

KNEIS (*Minér.*), m. *Argent natif* capillaire.

KNOTES (*Géogn.*), m. Rognons de minerai de plomb contenus dans un sable agglutiné.

KOBELLITE (*Minér.*), f. *Sulfure de plomb antimonifère*, dédié par Seltenberg à Kobell.

KOENIGITE ou **KONIGINE** (*Minér.*), f. Variété de *brochantite*, décrite au mot SULFATE DE CUIVRE.

KOLLYRITE (*Minér.*), f. *Voy.* COLLYRITE; du grec *kolluô*, j'empêche, et *rheô*, je coule; j'empêche de couler, je retiens l'eau; parce qu'en effet cette argile retient et absorbe l'eau avec force.

KONILITE (*Minér.*), f. Silicate très-peu connu, substance blanche, pulvérulente, insoluble dans les acides, donnant au chalumeau un globule limpide; trouvée dans l'une des îles Hébrides.

Composition, suivant M. John :

Carbonate de chaux.	28.00
— de magnésie.	67.50
Oxyde de fer.	3.50
Eau.	1.00
	100.00

KONITE (*Géogn.*), f. Variété de *dolomie* amorphe massive, en incrustations, couleur rouge de chair et à cassure grenue, imparfaitement conchoïdale ; rencontrée dans la Hesse et en Saxe.

KONLITE (*Minér.*), f. Nom donné par Kraüs à une variété de *suif de montagne* décrite à la suite du mot BITUME.

KOODILITE (*Minér.*), f. Minéral gris-rougeâtre, à cassure compacte, formé de grains soudés ensemble ; il est encore peu connu, et provient de Down, en Irlande.

KORÉITE (*Minér.*), f. Variété d'*agalmatolite.*

KORNITE (*Minér.*), f. Minéral peu connu, de couleur noire, amorphe, à cassure unie presque esquilleuse, fusible avec difficulté en un émail gris.

KOULIBINITE (*Minér.*), f. Substance brunâtre compacte, dont la composition est encore inconnue, trouvée près de Nertschinsk, en Sibérie.

KOUPHOLITE (*Minér.*), f. Variété de *prehnite,* en paillettes anguleuses ou en petits cristaux très-minces. Ce minéral, qui se trouve à Baréges, a été décrit au mot PREHNITE.

KRAHLITE (*Minér.*), f. Variété de *perlite* ou *pechstein,* trouvée dans l'obsidienne de Hrafntinnabruggr, en boules rouges, à cassure fibreuse et concentrique. Leur composition est analogue à celle du *pechstein*, et conduit à la formule $(Al^2O^3, Fe^2O^3)(SiO^3)^3 + (CaO, MgO, NaO)(SiO^3)^3$.

KRISUVIGITE (*Minér.*), f. Variété de *brochantite* provenant de *Krisuvig*, en Islande ; décrite au mot SULFATE DE FER.

KROCALITE (*Minér.*), f. *Mésotype.*

KROKIDOLITE (*Minér.*), f. Nom donné par Haussmann à une variété de *silicate de fer,* décrite sous ce dernier titre.

KRYOLITE (*Minér.*), f. *Voy.* CRYOLITE.

KRYPTIQUE (*Cristall.*), adj. Calcaire kryptique ; nom donné par M. Breithaupt à un cristal rhomboédrique de carbonate de chaux ; dont l'angle est de 106° 19', et la densité de 2.809 à 2,819. Il raye la fluorine, et se laisse rayer par le quartz.

KUPAPHRITE (*Minér.*), m. Nom donné à une variété d'*arséniate de cuivre* contenant de l'hydrate de cuivre. C'est le kupferschaüm de Werner.

KUPFERSCHAÜM (*Minér.*), m. Nom donné par Werner à une variété d'*arséniate de cuivre* contenant de l'hydrate du même métal.

KUPHONIQUE (*Cristall.*), adj. Calcaire kuphonique ; nom donné par M. Breithaupt à un cristal rhomboédrique de carbonate de chaux, dont l'angle est de 105° 2' 30", et la densité 2.678 ; il raye le carbonate de chaux, et se laisse rayer par la fluorine.

KYANITE (*Minér.*), f. *Disthène.*

KYMATINE (*Minér.*), f. Roche schisteuse, d'un gris verdâtre, à cassure esquilleuse, contenant des noyaux d'un vert presque noir. Rammelsberg, qui en a décrit un échantillon provenant de Kuhnsdorf, en Saxe, pense que c'est un asbeste dont la composition est analogue à celle de la *trémolite*, que nous avons décrite au mot AMPHIBOLE. Son analyse lui a donné :

Silice.	57.98
Chaux.	12.95
Magnésie.	22.38
Oxyde de fer.	6.32
Alumine.	0.58
	100.21

On en tire l'expression atomique $(CaO)^2 SiO^3 + 2(MgO)^2 SiO^3 = (CaO, MgO)^2 SiO^3$.

KYPHOLITE (*Minér.*), f. Variété de *serpentine.*

KYROSITE (*Minér.*), m. Nom donné par M. Breithaupt à une pyrite de fer blanchâtre, mélangée avec un peu de cuivre et d'arsenic. Sa composition est, suivant M. Scheidhauer :

Soufre.	53.05
Fer.	45.68
Cuivre.	1.41
Arsenic.	0.93
	101.07

dont la formule est $Fe S^2$.

L

LABOÏTE (*Minér.*), f. Variété d'*idocrase.*

LABRADORITE (*Minér.*), f. Variété d'*oligoclase* à base de soude, découverte par les missionnaires sur le Labrador de Saint-Paul.

LABRE (*Paléont.*), m. Genre de poissons, dont quatre espèces se trouvent à l'état fossile dans les terrains postérieurs à la craie.

LACHE (*Métall.*), f. *Laitier.*

LACHEFER (*Métall.*), m. Espèce de ringard.

LAGANITE (*Paléont.*), f. Fossile ayant la forme cellulaire des gaufres.

LAGÉNITE, f. Pierre qui a quelque ressemblance avec une bouteille ; du latin *lagena*, bouteille.

LAGOMIS (*Paléont.*), m. Genre de mammifères dont on connaît deux espèces fossiles dans les terrains modernes. On écrit aussi *lagomys.*

LAGONI (*Géol.*), m. *Fumaroles*, éruptions de vapeurs aqueuses à une haute température, sortant par les fissures du sol avec violence, et s'élevant dans l'atmosphère en colonnes blanchâtres de six à vingt mètres de hauteur ;

les lagoni se condensent, et donnent naissance à des dépôts de gypse cristallin, accompagnés accidentellement de soufre et d'acide borique.

Dans la Toscane on tire parti de ces vapeurs en leur faisant traverser des flaques d'eau, dans lesquelles elles déposent leur acide. On se sert ensuite de la chaleur même de ces *souffiards*, pour évaporer les eaux et recueillir l'acide.

A Monte-Cerboli, Castel-Nuovo, Monte-Rotondo, les lagoni sont disposés sur une même ligne, par groupes de dix, vingt, trente, sur une longueur de trente à quarante kilomètres. Ils semblent dus à une immense fente intérieure qui présente çà et là des ouvertures près de la surface, par lesquelles ont lieu les éruptions gazeuses. La température des vapeurs est de 108 à 120°.

LAGONITE (*Minér.*), f. Minéral terreux, jaune d'ocre, provenant des lagoni de Toscane. On croit que c'est un borax de fer.

LAHABICA, f. Nom arabe de la *turquoise osseuse*.

LAINE DE SALAMANDRE (*Minér.*), f. Nom donné anciennement par les ouvriers à l'*amiante*, parce qu'on croyait que la salamandre était incombustible.

LAINE PHILOSOPHIQUE (*Minér.*), f. Nom donné par les alchimistes à l'oxyde de zinc. *Voy.* FLEUR DE ZINC.

LAIT DE LUNE (*Minér.*), m. Nom donné par les anciens minéralogistes à l'agaric minéral, carbonate de chaux, variété spongieuse, qui coule en stalactites dans les roches calcaires, et forme des concrétions et incrustations.

LAIT DE MONTAGNE (*Minér.*), m. Nom vulgaire de l'*agaric minéral*, ou variété terreuse du *carbonate de chaux* qui se rencontre dans certaines sources ou dans les fentes des rochers. On lui donne aussi les noms de *lait de lune, pierre de lait*. C'est le *morochtus* des Latins.

LAIT DE ROCHE (*Minér.*), m. *Chaux carbonatée spongieuse, lait de lune.*

LAITEROL (*Métall.*), m. Côté d'un feu d'affinerie par où s'écoule le laitier. Dans le pays basque, le laiterol se nomme *silara en aldea*.

LAITIER (*Métall.*), m. Scorie vitrifiée provenant de la fusion des terres séparées du métal par leur vitrification. La formation du laitier, dans le haut-fourneau, doit suivre la désoxydation du minerai, à cause de la grande affinité qu'ont les terres pour l'oxyde; autrement, le laitier en entraînerait une grande partie dans la vitrification. La couleur, la texture et la nature du laitier indiquent à un œil exercé l'allure du fourneau dans lequel il est produit. S'il y a des chutes de minerai, le laitier, pour rester fusible, se charge de protoxyde de fer; il devient bulleux et spongieux, de verdâtre qu'il était auparavant. L'analyse suivante, faite sur des laitiers de Montblainville, en donne un exemple remarquable.

	Allure ordinaire.	Chute.
Silice.	47.70	38.70
Chaux.	21.70	10.70
Alumine.	24.60	11.50
Protoxyde de fer.	traces	37.10
	94 00	94.80

La formation des laitiers étant intimement liée à la nature et au dosage des *fondants*, nous renvoyons à ce dernier mot pour en connaître la théorie.

LAITON (*Métall.*), m. *Voy.* CUIVRE JAUNE.

LAMANTIN (*Paléont.*), m. Genre de cétacés fossiles des terrains modernes.

LAMBOURDE (*Minér.*), f. Nom donné par les ouvriers à une roche calcaire tendre, blanche et grossière, qui sert à bâtir.

LAMBOURDE (*Exploit.*), f. Madrier placé dans un cuvelage derrière les châssis de picotage, dits trousses à picoter, et qui comprime la mousse qu'on place entre la lambourde et la paroi de la roche.

LAME (*Exploit.*), f. Nappe d'eau qui se rencontre quelquefois à une certaine profondeur dans le sein de la terre. *Voy.* le mot NIVEAU.

LAMELLAIRE, LAMELLEUX, LAMINAIRE (*Minér.*), adj. Structure lamellaire, etc.; cassure lamellaire, etc., en feuillets ou lames plus ou moins minces. *Voy.* au mot CASSURE l'explication et l'emploi de ces épithètes, et la liste des minéraux auxquels ils sont applicables.

LAMINAGE (*Métall.*), m. Passage successif d'un métal sous des cylindres durs qui le compriment, et lui donnent les formes et les dimensions déterminées. *Voy.* le mot ÉTIRAGE.

LAMINOIR (*Métall.*), m. Cylindres à laminer placés ordinairement horizontalement et superposés l'un à l'autre, de manière que le plan du métal laminé soit tangent aux deux cercles de section. Chaque laminoir se compose de cinq parties : le *corps* ou rouleau sur lequel s'opère le laminage; deux *tourillons* qui appuient sur des *crapaudines* en cuivre, soutenues par des *coussinets* et des *empoises*, et deux *bouts carrés* destinés à recevoir des roues dentées, ou tout autre intermédiaire du moteur.

LAMIODONTE (*Paléont.*), f. Variété de *glossopètre*, dent fossile de requin.

LAMPADITE (*Minér.*), f. Nom donné, en l'honneur de Lampadius, à un *manganate de cuivre* provenant de Schlackenwald, en Bohême.

LAMPE DE SURETÉ (*Exploit.*), f. Lampe d'éclairage pour les mines, fondée sur ce que l'hydrogène carboné est d'une inflammation assez difficile; que la chaleur rouge ne suffit pas pour la produire, et que le gaz, passant à travers des trous d'un centième de pouce, ne s'enflamme nullement. Au nombre des lampes de sûreté, il faut distinguer la *lampe de Davy*, et celles de *Robert*, *Muesler* et *Dumesnil*.

La **LAMPE DE DAVY** (fig. 1) est entourée d'une double toile métallique, assez serrée pour que l'inflammation ne se communique pas au gaz hydrogène carboné. Elle a le grand défaut de donner peu de lumière. Elle se compose d'un récipient qui contient l'huile et la mèche (fig. 2), d'un cylindre en toile métallique qui

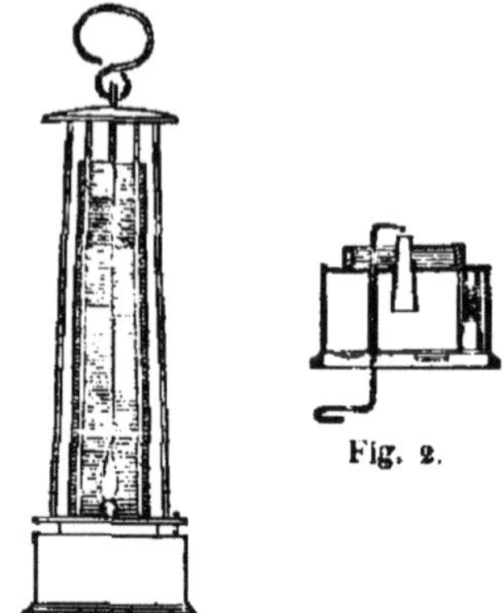

Fig. 1. Fig. 2.

part du récipient et empêche tout contact extérieur, et d'un petit bâti en métal, pour éviter les chocs et préserver la toile métallique. Un crochet placé au-dessus de la calotte de ce bâti permet d'accrocher la lampe et de la porter facilement; un petit levier courbé, passant à travers le récipient, donne le moyen d'arranger la mèche.

La **LAMPE DE DUMESNIL** (fig. 3) est composée d'un récipient d'huile extérieur, communiquant avec une mèche intérieure entourée d'un tube en verre. Le tube est surmonté d'une cheminée, et le tout est préservé du choc par l'armature ordinaire. Cette lampe a les mêmes avantages et les mêmes inconvénients que la lampe de *Mueseler*.

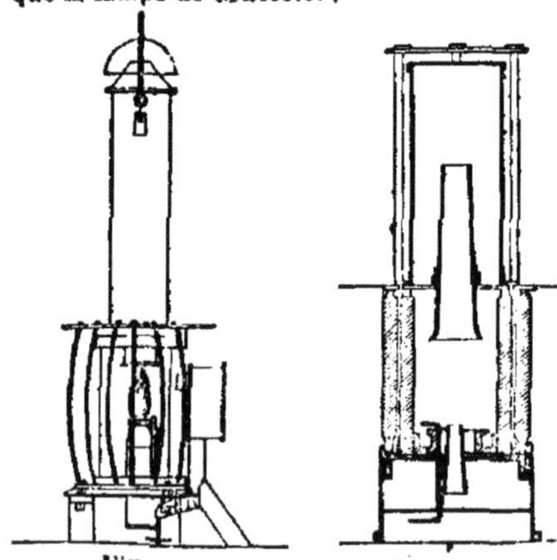

Fig. 3. Fig. 4.

La **LAMPE DE MUESELER** (fig. 4) se compose, comme celle de Davy, d'un récipient à l'huile; mais le cylindre en toile métallique est remplacé par une enveloppe en verre épais, protégée contre le choc, et recouverte d'une gaze de métal pour la circulation de l'air. Cette lampe, qui est d'un poids considérable, jouit d'un pouvoir éclairant bien supérieur à celui de la lampe de Davy, et présente plus de sûreté.

La **LAMPE DE ROBERT** est la *lampe de Davy* perfectionnée, à laquelle on a ajouté un cylindre en verre, dans le but de remédier au passage de la flamme à travers la toile métallique, lorsque l'air est agité. Cette lampe, beaucoup plus chère que celle de Davy, donne encore moins de lumière, et s'encrasse facilement.

LAMPROIE FOSSILE (*Paléont.*), f. Se trouve dans les couches de formation postérieure à la craie.

LANARKITE (*Minér.*), f. Espèce de plomb carbonaté allié avec du sulfate, et qui existe à Leadhil, dans le comté de Lanark. Sa description se trouve au mot **CARBONATE DE PLOMB**.

LANGOUSTE (*Paléont.*), f. Genre de crustacés, dont on connaît deux espèces fossiles.

LANGSTAFFITE (*Minér.*), f. Synonyme de *chondrodite*, fluo-silicate de magnésie.

LANGUE DE SERPENT (*Exploit.*), f. *Trepan rubanné.*

LANGUETTES (*Métall.*), f. Plaque de fer de 0 m. 10 de largeur, destinées à former les *bidons* de tôlerie.

LANTHANE (*Minér.*), m. Métal simple dont l'oxyde a été découvert, en 1839, par M. Mosander, dans le *fluorure de cerium*, où il s'était tenu caché jusqu'alors; du grec *lanthanô*, je suis caché. Kersten l'a trouvé plus tard dans le *phosphate*, et enfin G. Rose dans le *silicate de cerium*.

Le lanthane est encore très-peu connu, et ne s'est obtenu que dans les laboratoires. Quant à son oxyde, il est pulvérulent et d'un rouge brique; il se convertit dans l'eau bouillante en un hydrate blanc qui bleuit le papier de tournesol rougi par un acide; il est irréductible par les moyens ordinaires.

Le lanthane se trouve dans la *cérite* et dans la *tschevkinite*.

Son symbole est La, mais son poids atomique n'a pas encore été déterminé.

LAPA (*Géogn.*), m. Nom donné dans les Landes à l'*alios* de la Gironde. *Voy.* ce dernier mot.

LAPIDAIRE, m. Ouvrier qui taille les pierres précieuses, ou marchand qui en fait commerce.

LAPIDIFICATION, f. Formation des pierres, conversion en pierres; du latin *lapis*, pierre; *facere*, faire.

LAPILLI (*Minéral.*), m. *Cendres volcaniques.*

LAPILLO, m. Fragments de laves gris, rouge bruns, ou noirs; de l'italien, fait, par diminutif, de *lapide*, pierre.

LAPIS-LAZULI (*Minér.*), m. *Lazulite*, *zeolite bleue*, *lasurstein* de Werner ; *outremer*, etc. Silicate sulfurifère d'alumine et de soude d'un beau bleu, dont la teinte est quelquefois rehaussée par de la pyrite de fer d'un vif éclat ; sa cassure est mate et à grains serres, offrant une disposition cristalline. Sa forme géométrique est rare, et appartient au système régulier ; il raye le verre et l'apatite, et se laisse rayer par le feldspath ; sa pesanteur spécifique est de 2.76 en poussière, et 2.959 en cristaux ; au chalumeau, il fond en un émail d'abord bleu, puis blanc, qui est ensuite soluble en gelée dans les acides ; il s'électrise résineusement par le frottement et l'isolement. Sa composition est, suivant MM. Clément et Désormes :

Silice.	35.80
Alumine.	34.80
Soude.	23.20
Soufre.	3.10
Chaux.	3.10
	100.00

Formule atomique $3\,(Al^2O^3)^2\,SiO^3 + 3\,(NaO)^2\,SiO^3 + CaO\,S^2$, ou plus simplement $(Al^2O^3)^2\,SiO^3 + (NaO)^2\,SiO^3$. C'est à l'aide de cette analyse qu'on est parvenu à fabriquer de l'outremer artificiel. Il n'y entre cependant pas de fer, métal dont le sulfate a paru à M. Elsner indispensable pour produire la couleur. L'opinion de ce chimiste était appuyée par des analyses de Klaproth et Gmelin ; mais celle de MM. Clément et Désormes ayant été vérifiée par la synthèse, est aujourd'hui généralement adoptée. A l'appui de cela nous pouvons citer les expériences de M. Brunner, qui prouvent que le fer n'a aucune influence sur la couleur, quoique le chimiste allemand M. Prückner le regarde comme un élément essentiel de l'outremer. Les différentes variétés du lapis-lazuli sont : le dodécaèdre régulier ; l'*émarginée*, dont les arêtes sont remplacées par des facettes ; l'amorphe, renfermant des veines de pyrite de fer ; la bleue pourprée, bleue céleste et bleue tachetée. — Le seul gisement connu se trouve dans les granites du lac Baïkal, en Sibérie, où il forme un filon avec des grenats, du fer sulfuré, du feldspath et du talc. On en cite en Perse, en Natolie, en Chine. Cette belle roche est employée comme ornement, et sert de couleur pour les peintres ; elle paraît avoir été l'un des *saphiri* des anciens ; peut-être est-ce le *cyanos* de Dioscoride.

LARDITE (*Minér.*), f. Pierre de lard ; variété d'*agalmatolite*, ainsi nommée à cause de son aspect gras, assez semblable à du lard.

LARGETS (*Métall.*), m. Plaques de fer de 0 m. 10 de largeur sur 0 m. 022 à 0 m. 027 d'épaisseur, et d'une longueur de 1 m. 20 à 1 m. 80, destinées à passer au laminoir à tôle et à faire des *languettes*.

LARVAIRE (*Paléont.*), m. Genre de polypiers fossiles, dont on connaît cinq espèces dans les terrains supercrétacés.

LASIONITE, LATIONITE OU LAZIONITE (*Minér.*), f. Variété de wavellites à fibres très-déliées et soyeuses, trouvées à la mine de Saint-Jacques, près d'Amberg dans le Palatinat.

LATIALITE (*Minér.*), f. *Haüyne*, disséminée dans les laves du *Latium*.

LATROBITE (*Minér.*), f. Hydro-silicate alcalin d'alumine et de chaux, dédié par M. de Brooke au révérend C. J. Latrobe, qui l'a rapporté de l'île Amitok, où il est associé avec du mica noir et de la chaux carbonatée laminaire. Ce minéral, qui est le *diploïte* de Breithaupt, est opaque et rougeâtre ; il est en masses lamelleuses amorphes ; il possède un clivage facile qui conduit à un prisme oblique ; il raye le verre, et est rayé par le feldspath ; son éclat est vitreux ; sa cassure lamellaire est inégale ; il fond en émail blanc au chalumeau, et donne, avec le borax, un globule violet pâle. Sa composition est, suivant M. Gmelin :

Silice.	44.65
Alumine.	36.81
Chaux.	8.28
Potasse.	6.57
Oxyde de manganèse.	3.16
Magnésie.	0.63
Eau.	2.04
	102.12

ce qui répond à la formule $3\,Al^2O^3\,SiO^3 + (CaO,\ KO)^2\,SiO^3 + Aq$, analogue à celle de l'*édingtonite*.

LAUMONITE (*Minér.*), f. Silicate hydraté d'alumine et de chaux, dédié par Haüy à M. Laumont, ingénieur des mines, et décrit au mot CHABASIE.

LAUZÉES, f. *Voy.* BADIÈRE et LAVES.

LAVAGE (*Exploit.*), m. Opération qui consiste à débarrasser les minerais des terres qui les accompagnent.

Dans les exploitations des minerais en filons, en couches ou en amas, le lavage n'est qu'un simple nettoyage qui a pour but d'enlever les terres ou la gangue du minerai bocardé, en exposant le tout à un courant d'eau sur des tables ou dans un patouillet. La terre ou la roche, généralement plus légère que le minéral principal, est entraînée par l'eau, et laisse celui-ci à l'état de pureté.

Lorsqu'il s'agit de sables aurifères ou stannifères, l'opération diffère un peu du lavage ordinaire.

Toutes les méthodes employées sont fondées sur la différence de pesanteur spécifique entre le minerai précieux et le sable ; elles ne sont pas très-nombreuses.

La plus simple est celle des fosses en usage en Amérique pour l'exploitation du terrain aurifère de *Casalho*. C'est un gravier grossier, à l'état de conglomérat, dans lequel on taille des gradins qu'on fait parcourir par un courant d'eau. Des nègres remuent l'eau avec une pelle, de manière à y délayer le gravier, et former une boue liquide qui descend dans une fosse inférieure, où les paillettes d'or se précipitent au fond par le fait de leur pesanteur. On enlève le sédiment au bout de cinq jours, et on le lave dans des sébiles.

La *sébile*, ou *gamelle*, est un baquet dans lequel on lave le sable délayé, en l'agitant et lui donnant un mouvement giratoire; les parties les plus pesantes gagnent le fond, tandis que le sable et les terres sont rejetés par les bords. C'est ainsi que se fait la cueillette de l'or dans les sables du Rhône, de l'Ariége, et sur les bords du Sil, en Galice. Ce lavage exige beaucoup de main-d'œuvre, et produit fort peu. Dans le Mexique et la Californie, la sébile porte le nom de *batea*.

On lui substitue avec avantage les *tables à secousses*, espèces de planchers en bois suspendus à quatre poteaux au moyen de chaînes. On donne à la table une position inclinée; un arbre à cames la met en mouvement, et l'oblige à frapper contre un heurtoir; il en résulte une secousse qui se communique aux sables, et les agite sans cesse dans l'eau versée constamment sur le plancher.

En Allemagne, pour laver les minerais, on se sert d'une caisse rectangulaire fermée à une extrémité par une cloison percée à diverses hauteurs d'orifices longitudinaux, de manière qu'on puisse, à volonté, faire écouler l'eau à des niveaux plus ou moins élevés; le minerai placé dans la caisse pleine d'eau y est agité au moyen d'un râble; puis on débouche le niveau supérieur; les parties les plus légères sont entraînées par l'eau, les parties lourdes descendent au fond, et les parties moyennes se tiennent au second niveau. Celui-ci est ouvert ensuite, puis le niveau inférieur, et ainsi jusqu'à ce que le bon schlick soit isolé.

Les Anglais se servent de caisses analogues, dites *caisses à débourber*, qu'ils placent en cascade les unes sur les autres.

Lorsque le sable est fin, on le lave sur des *tables dormantes* peu inclinées. Le travail de l'ouvrier consiste à ramener toujours vers le chevet les parties métalliques lourdes, jusqu'à ce qu'elles soient assez concentrées.

Souvent les planchers des tables de lavage portent une série de rainures transversales, dans lesquelles les paillettes d'or ou les petits fragments stannifères se rassemblent.

Dans les alluvions aurifères de l'Oural, on fait usage de caisses dont le fond en tôle est percé de trous de deux millimètres de diamètre. Les sables y sont exposés à un courant d'eau continuel, et remués avec une pelle; les parties les plus fines s'échappent par les petites ouvertures, et tombent sur des tables dormantes revêtues de toiles. Elles éprouvent encore un second lavage, et sont fondues ensuite dans des creusets de graphite.

Dans le Tyrol, où l'on exploite des pyrites aurifères, le lavage est combiné avec l'amalgamation. L'appareil se compose de plusieurs moulins placés les uns au-dessus des autres, de manière à faire cascade. Les boues liquides y sont amenées sous des meules, et mêlées à une couche de mercure dans laquelle les paillettes d'or se dissolvent à mesure qu'elles arrivent au contact. Celles qui ont échappé à l'amalgamation dans le premier moulin, se dissolvent dans le second. L'opération dure un mois, après lequel on retire l'amalgame, qui renferme à peu près le tiers de son poids d'or, et est soumis à la distillation.

Une compagnie a exposé, dans le mois de juillet 1850, une machine à laver les sables d'or, à laquelle elle donnait le nom de *bluttoir californien*. Cette machine se composait d'un cylindre creux en tôle, criblé de trous comme les caisses de l'Oural : ce cylindre, soumis à un mouvement de rotation sur son axe, recevait du sable par une trémie et de l'eau par une pompe. Les parties fines d'or, passées par les trous du cylindre, tombaient sur une table inclinée, et se réunissaient dans des rainures transversales où on avait mis du mercure. Là s'opérait une amalgamation. Le mercure était ensuite soumis à la distillation pour en extraire l'or. Le bluttoir californien, qui réunissait ingénieusement, comme on le voit, le lavage de l'Oural avec l'amalgamation du Tyrol, pouvait laver 250 kilog. de sable par demi-heure.

LAVAGNE (*Géogn.*), f. Roche employée à Gênes pour couvrir les maisons, et sur laquelle même certains peintres ont fait des tableaux; elle est schisteuse et susceptible de poli; elle tire son nom du lieu où on l'exploite.

LAVE (*Minér.*), f. Nom donné en général à toutes les pierres fondues qui sortent des orifices de volcans, sous forme de courants liquides et incandescents. Lorsque la matière ne coule pas extérieurement et se contente de s'injecter dans les fissures souterraines, elle prend plus particulièrement le nom de *trapp*. La partie supérieure des laves exposée à l'air et s'y refroidissant offre un aspect scoriacé et spongieux, tandis que la masse interne acquiert la texture pierreuse et compacte. Quelquefois le courant entraîne avec lui des cristaux solides et imparfaits provenant de roches anciennes, et donne à la lave solidifiée un aspect porphyroïde.

Les laves modernes renferment les éléments des roches ignées de la plus ancienne formation : le feldspath du granite s'y trouve en grande abondance, et constitue, lorsqu'il est en excès, les laves trachytiques à base de feldspath compacte. L'augite ou le pyroxène dominent dans les laves basaltiques. La silice abonde dans les laves récentes, mais elle ne forme point de cristaux isolés comme dans le granite; l'amphibole seule est très-rare dans la lave moderne; mais il faut remarquer que ce minéral est très-voisin du pyroxène. Enfin, le mica existe en grande abondance dans quelques trachytes récents, chaque fois que le pyroxène n'y est pas en excès.

Il existe plusieurs variétés de laves qui reçoivent des noms dus à leur aspect extérieur ou à leur composition. Telles sont celles qui suivent :

LAVE ALUNIFÈRE, f. Lave altérée, *alaunstein* des Allemands; pierre alumineuse de Brochant; pierre de la Tolfa; mine d'alun.

LAVE AMPHIGÉNIQUE. *Voy.* LEUCITOPHIRE. On nomme *lave amphigénique éthérée*, ou *œil de perdrix*, une lave qui contient des amphigènes altérés, devenus blancs et friables.

LAVE FELDSPATHIQUE. *Voy.* DOMITE.

LAVE MICACÉE. Lave composée de mica lamellaire d'un vert d'olive, qui est rejetée par le Vésuve.

LAVE PÉTROSILICEUSE. *Trachyte.*

LAVE PORPHYROÏDE. Lave d'un gris cendré, foncé, taché de points noirs dus à des cristaux isolés de pyroxène. Elle s'exploite au Vésuve.

LAVE PUMICÉE. *Ponce.*

LAVE THÉPHRINIQUE. *Téphrine.*

LAVE TIGRÉE. Lave homogène, à grain fin et cassure écailleuse; elle est d'un gris verdâtre, avec des taches d'un noir foncé. On l'exploite au Puy (Haute-Loire).

LAVE VITREUSE. *Obsidienne.*

LAVE VITREUSE CAPILLAIRE. *Verre de volcan* en filets capillaires de de Lisle ; verre volcanique capillaire de Faujas.

LAVE VITREUSE ÉMAILLÉE. Variété de lave vitreuse, imparfaitement vitrifiée, et semblable aux émaux artificiels. Elle est ordinairement grise ou noirâtre.

LAVE VITREUSE GRANULIFORME. *Luchssaphir.* Variété de lave vitreuse obsidienne, en grains luisants, irréguliers, ayant à leur surface des convexités et des concavités; couleur gris noirâtre, quelquefois verdâtre; souvent translucides.

LAVE VITREUSE OBSIDIENNE. Agate d'Islande de Wallerius; verre de volcan; pierre de gallinace, et agate noire d'Islande de de Lisle; laitier ou verre de volcan de Faujas; obsidienne d'Émerling et de Brochant; ayant l'aspect du verre, noire ou vert noirâtre, bleuâtre ou verdâtre, quelquefois grise; opaque, rarement translucide.

LAVE VITREUSE PERLÉE. *Perlstein* des Allemands. Variété de lave vitreuse, grise, un peu translucide, à surface luisante et comme nacrée; très-fragile; fusible au chalumeau avec un boursouflement considérable ; donnant l'odeur argileuse par l'insufflation. P. s. : 2.348; gisement : près de Tokai, en Hongrie.

LAVÈGE ou **LAVÈZE** (*Minér.*), f. Nom donné à une pierre ollaire qui résiste au feu et sert à faire des marmites.

LAVENDULAN (*Minér.*), m. Nom donné par M. Breithaupt à un *arséniate de cobalt* qui contient des oxydes de nickel et de cuivre.

LAVERIE (*Métall.*), f. Usine où s'opère le lavage des minerais.

LAVES, f. Plaques épaisses de calcaire schisteux qui servent à la couverture des maisons dans la Bourgogne et le Bourbonnais.

LAZIONITE (*Minér.*), f. *Phosphate d'alumine*, *Lasionite.*

LAZULITE (*Minér.*), f. Nom donné tour à tour au *lapis-lazuli*, ou silicate sulfurifère d'alumine et de soude, et à la *klaprothine*, ou phosphate alumineux de magnésie.

LEADHILLITE (*Minér.*), f. Nom donné à un carbonate de plomb associé à du sulfate, trouvé à Leadhill, dans le comté de Lanark, en Écosse. *Voyez* sa description au mot CARBONATE DE PLOMB.

LEAO, m. Préparation chinoise qui sert à colorer la porcelaine, et qu'on présume être du cobalt.

LEBERKISE (*Minér.*), f. Nom donné par M. Beudant au *sulfure de fer magnétique* décrit au mot SULFURES MÉTALLIQUES.

LÉDÉRÉRITE (*Minér.*), f. Nom donné par M. Hayes à une variété de *chabasie*, décrite sous ce dernier titre. M. Shepard a donné le même nom à une variété de *sphène*, ou *silicotitanate de chaux.*

LEDERERZ (*Minér.*), m. *Quecksilber ledererz.* Nom donné par Werner au *sulfure de mercure bituminifère*, décrit au mot SULFURES MÉTALLIQUES.

LÉÉLITE (*Minér.*), f. Nom donné par Thomson à une variété de *petrosilex*, de Grythillan, en Écosse. Sa composition (d'après l'analyse de M. Thomson, dont le total monte à 103.76), s'éloigne cependant de la formule des pétrosilex. Sa densité est de 2.606.

LEHUNTITE (*Minér.*), f. Nom donné par M. Thomson à une variété de *mésotype* qui tapisse les cavités d'une amygdaloïde de Gren-Arm, dans le comté d'Antrim. Elle est d'un rouge de chair, compacte, à cassure grenue et éclat nacré; elle raye le carbonate de chaux, et pèse 2.153.

LÉMANITE (*Minér.*), f. Variété de *saussurite* provenant des environs du Léman.

LEMNISCATE (*Minér.*), adj. Figure ou forme lemniscate ; minéral qui jouit de la double réfraction à deux axes, dont l'angle est peu ouvert ; les deux systèmes d'anneaux étant fort rapprochés se pénètrent, et donnent, par leur réunion, lieu à cette figure. Certains cristaux de carbonate de plomb sont lemniscates.

LENTICULINE (*Paléont.*), f. Genre fossile de radiolées, appartenant aux couches supérieures à la craie.

LENTICULITE (*Paléont.*), f. Fossile, variété de polypier ayant la forme d'une lentille.

LENZINITE (*Minér.*), f. *Hydro-silicate d'alumine* dédié à Lenzius, minéralogiste allemand. C'est une variété d'*argile smectique* qui a été trouvée à Kall, dans l'Eiffel, et qui existe dans le même gisement que les *halloysites*; elle est opaline; sa cassure est conchoïde; elle prend de l'éclat par la raclure et se laisse couper au couteau; elle contient, suivant John :

Silice.	39.50
Alumine.	37.50
Eau.	25.00
	102.00

dont l'expression atomique est $(Al^2O^3)^2 (SiO^3)^3 + 4\ Al^2O^3\ SiO^3 + 25\ Aq$.

LÉONHARDITE (*Minér.*), f. Variété de *laumonite*, décrite au mot CHABASIE, et dédiée à Léonhard par Delffs et Babo.

LÉONTOSTÈRE (*Minér.*), m. Variété d'*agate*.

LEPADITE (*Paléont.*), f. Coquille fossile du genre patelle.

LEPIDODENDRA (*Paléont.*), m. Nom donné à une classe de végétaux fossiles qui se rencontrent dans les argiles schisteuses du terrain houiller. Leurs dimensions varient depuis celle du *lycopodium* moderne, ou mousse en massue, jusqu'à la hauteur de quinze mètres. C'est un individu de cette dernière taille qui a été découvert dans la houillère de Jarron, près de Newcastle.

LÉPIDOKROKITE (*Minér.*), f. Variété de peroxyde hydraté de fer. *Voy.* OXYDE DE FER. Le mot *lépidokrokite* vient du grec *lepis*, écaille; *krokos*, jaune; qui, en effet, désigne la forme et la couleur du minéral.

LÉPIDOLITE (*Minér.*), f. Variété de *mica* à deux axes, en masses composées de petites écailles (du grec *lépis*, écaille; *éidos*, forme; *lithos*, pierre) ou paillettes brillantes qui donnent au minéral l'aspect de l'aventurine. La lépidolite est de couleur de lilas, rouge sale; on en a trouvé de verdâtre dans le filon de quartz qui renferme les émeraudes de Limoges; celle de Campo (île d'Elbe) est rose lilas; celle dont nous avons donné l'analyse au mot MICA est en larges paillettes roses pâles et nacrées.

LÉPIDOMÉLANE (*Minér.*), f. Silicate d'alumine et de fer décrit au mot MICA, dont il paraît être une variété écailleuse et noire. C'est par allusion à cette forme et à cette couleur qu'on a formé son nom, de deux mots grecs : *lepis*, écaille; *melas*, noir.

LEPTYNITE (*Géogn.*), f. Roche à base de feldspath-orthose, compacte; texture grenue, quelquefois bréchiforme pure, ou mélangée avec d'autres substances. Elle appartient à la série métamorphique.

LERÉE (*Paléont.*), f. Genre de polypier fossile des terrains plus anciens que la craie.

LEUCACHATES (*Minér.*), f. *Calcédoine* blanche; du gr. *leukos*, blanc; *achatès*, agate.

LEUCHTENBERGITE (*Minér.*), f. Nom donné par M. Komonen à une variété de *ripidolite*, décrite au mot CHLORITE.

LEUCITE OU LEUCOLITE (*Minér.*), f. Du grec *leukos*, blanc; nom donné par Werner à une variété d'amphigène, couleur d'un blanc laiteux, dit grenat du Vésuve, décrit à l'article AMPHIGÈNE.

LEUCITOÈDRE OU LEUCITOÏDE (*Cristall.*), m. Nom donné par Weiss au *trapézoèdre*.

LEUCITOPHYRE (*Géogn.*), m. Roche composée d'*amphigène* comme base, d'un peu de pyroxène, renfermant des cristaux de l'un et de l'autre. Elle est d'un gris foncé, avec cristaux d'amphigène blancs et de pyroxène noirs; le leucitophyre se trouve abondamment dans les laves de la Somma dépendant du Vésuve, en coulées, en filons, en amas, en fragments à texture porphyroïde, quelquefois celluleuse ou meuble.

LEUCOCHRYSOS (*Minér.*), m. Pierre précieuse des anciens, de couleur blanc doré ou blanc jaunâtre; du grec *leukos*, blanc; *chrusos*, or.

LEUCOGRAPHIE, f. Pierre blanche, facile à dissoudre, dont les lingères se servent pour donner de l'éclat au linge qu'elles blanchissent. Du grec *leukos*, blanc; *graphô*, j'écris.

LEUCOLITE (*Minér.*), f. *Silicate d'alumine et de potasse amphigène*; grenat blanc; du grec *leukos*, blanc; *lithos*, pierre; à cause de sa couleur. Ce nom a été donné également à la *picnite*, ou leucolite d'Altenberg; et au *dipyre*, ou leucolite de Moléon.

LEUCOLYTES (*Chimie, Minér.*), m. Classe de minéraux qui donnent des solutions blanches avec les acides, et ne forment point de gaz permanents. Du grec *leukos*, blanc; *luô*, je dissous.

LEUCOPÆCILOS (*Minér.*), m. Pierre blanche des anciens; œil de chat; du grec *leucos*, blanc.

LEUCOPHANE (*Minér.*), f. Du grec *leukos*, blanc; *phainô*, je luis. Silicate de chaux et de glucine; minéral d'un vert sale, d'un jaune de vin pâle, en lames minces diaphanes; sa poussière est blanche; il raye le carbonate de chaux, et est rayé par la phosphorite; sa densité est de 2.974. La leucophane fond sans addition, au chalumeau, en une perle transparente tirant sur le violet; elle a trois clivages distincts, qui conduisent à un prisme sous les angles de 53° 24′ 7″ et 36° 26′ 3″. Sa composition est, suivant Erdmann :

Silice.	47.82
Glucine.	11.51
Chaux.	23 00
Oxyde de manganèse.	1.01
Potassium.	0.26
Sodium.	7.50
Fluor.	6.17
	99.27

Cette analyse conduit à la formule $2\ (CaO)^2\ SiO^3 + G^2O^3\ (SiO^3)^2 + Na\ F^2$. La leucophane se trouve dans une syénite des environs de l'embouchure de la Langesundf, en Norwége; elle est associée à de l'albite, de l'éléolite et de l'yttrotantalite.

LEUCOPHTHALMOS (*Minér.*), m. Pierre précieuse des anciens, agate œillée blanche et noire. Du grec *leucos*, blanc; *ophthalmos*, œil.

LEUCO-SAPHIR (*Minér.*), m. *Saphir blanc* des lapidaires; du grec *leukos*, blanc.

LEUCOSIE (*Paléont.*), f. Genre de crustacés dont on trouve trois espèces à l'état fossile.

LEUCOSTICTOS (*Minér.*), m. Nom donné par les anciens au porphyre rouge antique.

LEUCOSTINE (*Géogn.*), f. Nom que porte la *phonolite* dans la méthode de Brongniart.

LEUCOSTINE GRANULAIRE, f. *Trachyte*.

LEUKOPHANE (*Minér.*), m. Substance peu connue, sur la composition de laquelle on n'est pas d'accord, les uns voulant que ce soit un phosphate de chaux, les autres niant la présence de la chaux et du fer.

LEUTRITE (*Minér.*), f. *Marne endurcie*.

LÉVISILEX (*Minér.*), m. *Quartz agate nectique*.

LÉVYNE (*Minér.*), f. Silicate hydraté d'alumine et de chaux, dédié par M. Brewster au célèbre cristallographe Lévy, et décrit au mot CHABASIE.

LHERZOLITE (*Minér.*), f. Variété compacte de *diopside* ou *pyroxène*, en roche d'un vert olive, à cassure esquilleuse; elle est quelquefois fibreuse et quelquefois lamellaire. Son nom vient du lac de Lherz, dans les Pyrénées, sur les bords duquel on l'a rencontrée.

LIA-FAIL, m. Pierre mystérieuse dont on se servait au couronnement des rois d'Irlande.

LIAIS, m. *Voy.* PIERRE DE LIAIS.

LIAPINITE (*Minér.*), f. *Arséniure de nickel*, trouvé à la Liapine, vallée d'Anniver (Valais), ayant pour gangue un calcaire laminaire.

LIARD DE SAINT-PIERRE (*Minér.*), m. Nom vulgaire des pierres connues sous le nom de *numismales*. *Voy.* NUMMULITE.

LIAS (*Géogn.*), m. Nom d'une localité anglaise, donné à une formation de calcaire argileux, de marne et d'argile, appartenant à l'étage moyen du terrain secondaire. La formation liasique sert de base à l'oolite, et a même été confondue quelquefois avec elle. Le lias forme néanmoins un groupe distinct qu'on peut suivre dans une grande partie de l'Europe, et qui a de cent cinquante à trois cents mètres de puissance.

Le calcaire de cette formation est généralement bleu; quand il est d'un blanc jaunâtre, on le nomme *lias blanc*; il est pétri de coquilles appartenant à l'huître griphée; c'est ce qui a fait appliquer au lias la dénomination de *calcaire à griphites*. Le groupe liasique contient en outre des céphalopodes, tels que des ammonites, des belemnites, des nautiles; les poissons qui le caractérisent sont semblables à ceux de l'oolite; ils appartiennent tous à des genres éteints.

C'est dans le lias que se trouvent les singuliers sauriens qu'on a nommés ichthyosaures et plésiosaures.

LIBAGE (*Exploit.*), m. Terme de carrier; gros *moellon* commun employé dans les grosses fondations.

LIBELLULE (*Paléont.*), f. Insecte fossile des pierres fissiles, suivant les auteurs anciens.

LIBETHÉNITE (*Minér.*), f. Nom donné par quelques minéralogistes à un *phosphate de cuivre* trouvé à Libethen, en Hongrie. Il est décrit sous ce dernier titre.

LICHAVEN (*Minér. archéol.*), m. Du celtique. C'est la même chose que le *trilite*.

LICHENITE (*Paléont.*), f. *Fongite*.

LICHENOPORE (*Paléont.*), m. Genre de polypiers, dont on connaît cinq espèces à l'état fossile dans la craie et les terrains qui lui sont supérieurs.

LICOPHRE (*Paléont.*), m. Genre de polypiers fossiles, dont on connaît deux espèces dans la craie inférieure et dans le terrain supercrétacé.

On donne aussi ce nom à une coquille fossile voisine des nummulites. Le mot devient alors féminin.

LICORNE (*Paléont.*), f. Genre de coquilles purpurifères, dont on trouve deux espèces à l'état fossile dans les terrains supercrétacés.

LIÉGE FOSSILE (*Minér.*), m. Nom vulgaire d'une variété d'*asbeste*, dont les filaments entrelacés et accumulés forment une masse molle qui cède à la pression du doigt, comme le liége.

LIENS (*Métall.*), m. Barres de fer qui lient un fourneau.

LIÈVRE FOSSILE (*Paléont.*), m. On en a rencontré deux espèces dans les terrains postérieurs à la craie.

LIÉVRITE (*Minér.*), f. Variété de *silicate de fer* calcarifère.

LIGNITE (*Minér.*), m. Combustible minéral ayant conservé son aspect ligneux. *Voy.* COMBUSTIBLES MINÉRAUX.

LIGURITE (*Minér.*), f. *Silico-titanate de chaux*, variété de *sphène* rencontrée dans le voisinage des Alpes, dans cette partie de l'ancienne Gaule cisalpine qui portait le nom de *Ligurie*; elle est en cristaux verts, jaunâtres, un peu opaques, attendu qu'ils ne sont pas entièrement purs.

LILALITE (*Minér.*), f. Nom donné quelquefois à la *lépidolite*, ou variété de *mica* de couleur lilas.

LIMACULE (*Paléont.*), f. Variété de *glossopètre* marquée de veines, qu'on croit être une dent de requin fossile.

LIMAILLEUSES (*Métall.*), adj. Fontes limailleuses; fontes noires, chargées de graphite, qui fondent plus difficilement que les fontes grises.

LIMBITE ou **LIMBILITE** (*Minér.*), f. Nom donné par de Saussure à une variété jaune pâle de *péridot* granuliforme, qui paraît être une altération de l'olivine.

LIME (*Paléont.*), f. Genre de coquilles malléacées, dont onze espèces fossiles appartiennent aux terrains voisins de la craie.

LIMNITE (*Minér.*), f. Pierre qui imite une carte géographique.

LIMON (*Géogn.*), m. Substance de composition analogue à celle de l'argile et de la terre végétale; se délayant facilement dans l'eau, mais n'y faisant point pâte; d'une couleur brune très-variable; en couches, en amas meubles et friables dans les vallées et les plaines basses; on distingue ses variétés en sableuse, argileuse, ferrugineuse, marneuse. Le limon est employé dans la culture; il forme la base des terres végétales; on s'en sert aussi pour faire des cloisons, pour fixer le chaume sur les toits, et même pour faire des briques.

Il renferme beaucoup d'humus. Ce nom vient du latin *limus*, fait, avec la même acception, du grec *limnê*, marais, ou *léimon*, lieu humide. L'analyse du limon de la Seine a donné :

Sable siliceux.	50.00
Carbonate de chaux.	30.88
Argile.	7.29
Parties végétales non décomposées.	8.09
	96.26

LIMONITE (*Minér.*), f. Nom donné par M. Beudant à une variété limoneuse d'*hydrate de fer*. *Voy.* OXYDE DE FER.

LIMULAIRE (*Paléont.*), f. Variété triangulaire de *glossopètre*.

LIMULE (*Paléont.*), m. Genre de crustacé fossile.

LIN CARPASSIN (*Minér.*), m. Nom donné par Dioscoride à l'amiante qu'on tirait de Carpasia, en Cypre, *lithos kapusios*, dont on a fait *linon capusion*. C'est le mot hébreu *chur carpas*, dénomination appliquée aux tapisseries blanches qui ornaient le palais d'Assuérus.

LIN FOSSILE (*Minér.*), m. *Asbeste* flexible.

LIN INCOMBUSTIBLE (*Minér.*), m. Nom donné anciennement à l'*amiante*, à cause de son incombustibilité

LINARITE (*Minér.*), f. Nom donné à un *sulfate de plomb* cuprifère de Linarès, en Espagne.

LINCOLNITE (*Minér.*), f. Variété de *stilbite*, dont la composition n'est pas encore connue.

LINDSÉITE (*Minér.*), f. Minéral encore peu connu, analogue au fer oxydulé, mais n'attirant pas le barreau aimanté. Il est associé à du cuivre pyriteux, à Orijarki, en Finlande.

LINGULE (*Paléont.*), f. Genre de coquilles brachiopodes, dont deux espèces fossiles appartiennent au terrain antérieur à la craie.

LIQUATION (*Metall.*), f. Opération par laquelle on enlève l'argent au cuivre dans la réduction des minerais de cuivre argentifère. Cette opération est fondée sur la grande affinité qu'a le plomb pour l'argent, en même temps que sur la fluidité du plomb fondu, qui est beaucoup plus grande que celle du cuivre. Lorsque le cuivre et le plomb sont mis ensemble dans un fourneau à manche, le plomb se fond le premier et entraîne plus tard la fusion du cuivre; ils forment alors un alliage assez intime qui reste complet, si on vient à le refroidir subitement. Mais si on le laisse refroidir très-lentement, l'un des deux métaux se solidifie avant l'autre; ils se séparent et restent divisés.

A mesure que s'opère la solidification lente du plomb qui se sépare de l'alliage fondu, l'argent qui était contenu dans le mélange suit le plomb et abandonne entièrement le cuivre; celui-ci retient seulement un peu de plomb, dont on le débarrasse plus tard par un raffinage.

Quant au plomb devenu argentifère, on le soumet à la coupellation (*Voy.* ce mot).

Dans la pratique de la liquation, on suit une autre méthode fondée sur le même principe théorique, mais qui rend l'opération des plus faciles.

Après avoir allié dans un fourneau à manche le plomb et le cuivre argentifère, on refroidit brusquement l'alliage en le jetant dans des moules en fonte, où il reçoit la forme de disques. Puis on place ces disques sur la sole d'une espèce de fourneau à réverbère, inclinée et tellement disposée qu'elle reçoit dans une rigole le plomb à mesure qu'il se fond, et le dirige dans un creuset. On pousse le feu lentement, et on n'élève pas assez la température pour opérer la fusion du cuivre. On voit le plomb suinter des disques, couler de toutes parts, et laisser une masse spongieuse, criblée de vides et de pores, qui n'est plus que du cuivre allié à une petite quantité de plomb.

LIROCONITE ou **LIROKONITE** (*Minér.*), f. Variété d'*arséniate de fer* contenant de l'hydrate d'alumine.

LISTRONITE (*Paléont.*), f. Ostracite, coquille bivalve fossile.

LIT (*Exploit.*), m. *Mur* d'une couche ou d'un filon, partie sur laquelle ils reposent.

LIT (*Métall.*), m. Moule en sable où se coulent les métaux fondus, pour former des saumons, des gueuses, des lingots, etc.

LITEAUX (*Métall.*), m. Tringles de bois qui soutiennent le fond d'un soufflet.

LITHANTRAX, m. Nom donné par les anciens à la houille et au lignite, du grec *lithos*, pierre; *anthrax*, charbon.

LITHARGE (*Exploit.*), f. Protoxyde blanc de plomb formé de petites écailles vitreuses, qui est employé dans plusieurs arts, notamment dans la peinture, comme siccatif; dans les vernis des poteries, dans la fabrication des cristaux, dans l'apprêt des toiles imperméables. Dans la falsification des vins, etc., c'est un poison violent. La litharge s'obtient dans l'opération de la coupellation du plomb d'œuvre; toute celle qui est livrée au commerce a cette provenance; encore en produit-on trop, et est-on obligé d'en revivifier la majeure partie, pour la ramener au milieu des charbons dans un four à manche. *Voy.* au mot COUPELLATION le moyen d'obtenir la litharge. Pour la livrer au commerce, après que cet oxyde est solidifié et a cristallisé en petites paillettes, il ne reste plus qu'à le passer à deux tamis, dont l'un sépare la poudre, et l'autre les parties agglomérées. L'étymologie du mot litharge est grecque : elle vient de *lithos*, pierre; *argos*, blanc; pierre blanche Peut-être ce mot est-il simplement emprunté de celui *litharyyros*, qui était donné par les métallurgistes grecs à une sorte d'airain, formée d'argent et de plomb.

LITHÉOSPHORE (*Minér.*), m. Nom donné par Lamétherie au *sulfate de baryte*, variété radiée.

LITHINE (*Minér.*), f. Oxyde de lithium, qui a beaucoup de rapport avec la soude; substance blanche, un peu transparente, moins soluble que la potasse et la soude; saveur caustique; fondant à la chaleur rouge et attaquant les vases de platine; communiquant une belle couleur purpurine à la flamme de l'alcool. Ce minéral, qui a été découvert, en 1817, par Arfwedson, existe dans la *tourmaline*, la *lépidolite*, l'*amblygonite*, la *pétalite* et le *spodumène*.

Composition théorique :

Lithium.	44.56
Oxygène.	55.44
	100.00

Formule atomique : LO; poids atomique : 180.575.

LITHOBILION (*Paléont.*), m. Empreinte de feuilles, et feuilles fossiles.

LITHOCALAME (*Paléont.*), m. Roseaux et graminées fossiles.

LITHOCARPE (*Paléont.*), m. Fruit fossile.

LITHODENDRON (*Paléont.*), m. Nom du corail chez les anciens.

LITHODOME (*Paléont.*), m. Genre fossile de coquilles mytilacées, appartenant aux terrains inférieurs et supérieurs à la craie.

LITHOGLYPHITES, f. Substances fossiles qui paraissent moulées ou gravées.

LITHOÏDE, adj. Du grec *lithos*, pierre; *eidos*, forme; qui a l'aspect d'une pierre.

LITHOLOGIE, f. Minéralogie; du grec *lithos*, pierre; *logos*, discours.

LITHOMARGE (*Minér.*), f. *Argile lithomarge*; du grec *lithos*, pierre; et du latin *marga*, marne; pierre marneuse. *Argile plastique*, qui a tous les caractères des terres décrites sous ce titre, auquel on doit recourir. On y trouvera une analyse de la lithomarge de Rochlitz (Saxe).

LITHOPHYLLES (*Paléont.*), f. Feuilles fossiles.

LITHOPHYTE, m. Production marine qui a la dureté de la pierre et la forme d'une plante.

LITHOXYLE (*Paléont.*), m. Bois pétrifié.

LITHRODES (*Minér.*), m. Nom donné à la *néphéline*.

LITUITE (*Paléont.*), m. Sorte de tuyau de mer fossile.

LITUOLE (*Paléont.*), f. Genre fossile de coquilles lituolées, appartenant à la craie

LOBOÏTE (*Minér.*), m. Variété d'*idocrase*.

LOCHE (*Paléont.*), f. Genre de poisson fossile, dont on trouve deux espèces dans les roches supercrétacées.

LOCHET (*Exploit.*), m. Sorte de brèche étroite faite par les mineurs.

LOESS (*Géogn.*), m. Nom allemand (sans équivalent en français) d'un dépôt calcaire jaunâtre, sédimenteux, qui se rencontre sur les bords du Rhin, depuis Cologne jusqu'aux frontières de la Suisse, et qui renferme des coquilles fluviatiles et terrestres dont les analogues existent encore en Europe. Ce dépôt, qui se trouve entre cent et quatre cents mètres au-dessus du niveau de la mer, a de soixante à quatre-vingt-dix mètres d'épaisseur. Il est tout à fait récent, et a été témoin de changements énormes survenus dans la géographie physique de la vallée du Rhin. Il paraît cependant antérieur à l'homme, dont il ne renferme point de débris. On y a rencontré des ossements de cheval et même de mammouth. Les couches de loess sont quelquefois interstratifiées avec des cendres provenant des volcans éteints du voisinage.

LOIR (*Paléont.*), m. Genre de mammifères fossiles des terrains modernes.

LONCHITE (*Paléont.*), f. Empreintes de feuilles de cétérach.

LONGRINES (*Métall.*), f. Barres de fonte qui soutiennent les *marâtres* d'un fourneau.

LOPHODION (*Paléont.*), m. Genre de mammifère fossile des terrains modernes.

LOPPIN (*Métall.*), m. Petite *loupe*.

LOTALITE (*Minér.*), f. Variété de *feldspath de soude* qu'on rapporte à l'*oligoclase*; elle est d'un gris verdâtre; sa texture est lamelleuse; elle est striée comme l'oligoclase, et se trouve associée à du feldspath rouge, à Peterlow, en Finlande.

LOUCHET (*Exploit.*), m. Instrument en forme de bêche coupante à un ou deux tranchants, pour extraire la tourbe.

LOUP (*Métall.*), m. Masse de fonte qui s'affine ou se refroidit dans un creuset, s'y coagule et l'obstrue.

LOUPE (*Métall.*), f. Masse de fonte décarburée; fer affiné, mais encore mélangé avec des scories, et qu'on va passer au marteau, ou sous les cylindres cingleurs.

LOXOCLASE (*Minér.*), m. Nom donné par M. Breithaupt à une variété d'*oligoclase* de Hammond (New-York), qui présente un clivage en biais; du grec *loxos*, biais; *klasis*, rupture.

LOZE (*Exploit.*), f. Roches quartzeuses micacées en plaques, qui servent de couverture de maisons dans le département de la Lozère, dans les Alpes de la Savoie et du Piémont.

LUCH SAPHIR (*Minér.*), m. *Cordiérite*, lave vitreuse. Le luch saphir du lac Bairal, en Tartarie, présente un phénomène analogue à celui de la larme batavique : lorsqu'on en détache un morceau par le choc, cette substance se brise en poussière. Ce phénomène semble indiquer que sa consolidation a eu lieu par un refroidissement subit, lorsqu'elle était encore à l'état de fusion.

LUCINE (*Paléont.*), f. Genre de nymphacées tellinaires, dont on a trouvé trente cinq espèces fossiles dans les terrains modernes.

LUCIODONTE (*Paléont.*), f. Dent de poisson fossile.

LUCULLITE (*Minér.*), f. *Carbonate de chaux noir*; marbre noir antique; marbre de Lucullus; *luculleus marmor* de Pline. C'est un marbre d'un noir parfait, sans tache, et que les anciens tiraient de Chio. Le consul Lucius Lucullus l'introduisit le premier dans Rome, vers l'an 680 de la fondation de cette ville.

LUDUS (*Minér.*), m. Masse minérale qui présente, ou des espèces de mosaïques plus ou moins régulières, ou des cloisons anguleuses vides, dont la matière remplissante a été enlevée; ou une espèce de ruche à cloisons hexagonales; ou des lames parallèles brisées çà et là. Les ludus proviennent du retrait qu'a éprouvé une substance, et dans laquelle il s'est formé des fentes qu'une matière quelconque a remplies plus tard.

LUDUS HELMONTII (*Minér.*), m. *Jeu de Van Helmont.*

LUISARD (*Métall.*), m. Nom donné par les ouvriers au *fer oligiste micacé.*

LUMACHELLE (*Minér.*), f. *Marbre lumachelle,* du latin *luma,* ou plutôt de l'italien *lumaca,* limaçon; on donne ce nom à des carbonates de chaux composés d'une infinité de coquilles, de polypiers, de madrépores, entassés pêle-mêle, et formant des taches de différentes couleurs et de différentes formes. Les principales variétés de ces roches sont désignées sous les noms suivants :

LUMACHELLE CHATOYANTE. *Voy.* LUMACHELLE DE CARINTHIE.

LUMACHELLE D'ASTRACAN. Marbre brunâtre, semé d'un grand nombre de coquilles jaune orangé. Cette variété ne se rencontre que par petites plaques.

LUMACHELLE DE CAEN. Marbre rouge sale, marqué de taches irrégulières d'une nuance plus claire, qui ne sont autre chose que des madrépores.

LUMACHELLE DE CARINTHIE. Marbre opalin, d'un gris sale, renfermant des portions de coquilles qui présentent les couleurs brillantes de l'iris, et des reflets rouges de feu, verts, de la même manière que l'opale.

LUMACHELLE DE CASTRANI. *Lumachelle d'Astracan,* marbre qu'on prétend se trouver à Castrani dans le Japon.

LUMACHELLE DE LUCY-LE-BOIS. Marbre présentant un fond noir grisâtre, avec des lignes de coquilles bivalves blanches.

LUMACHELLE DE NARBONNE. Marbre présentant un fond noir semé de bélemnites blanches, avec des coupes circulaires, ovales ou coniques.

LUMACHELLE DE NONETTE. *Voy.* MARBRE DE NONETTE.

LUMACHELLE DRAP MORTUAIRE. *Voy.* DRAP MORTUAIRE.

LUMACHELLE GRISE. Marbre formé par la réunion d'une grande quantité de petites coquilles et de quelques ammonites. Il se rencontre dans le département de l'Aube.

LUMACHELLE JAUNE. Marbre d'un brun foncé, renfermant une multitude de coquilles jaune-orangées. Il est fort rare; on lui donne aussi le nom de *lumachelle d'Astracan.*

LUMACHELLE NOIRE ET BLANCHE ANTIQUE. *Drap mortuaire.*

LUMACHELLE OPALINE. *Voy.* LUMACHELLE DE CARINTHIE.

LUMACHELLE PETIT-GRANITE. *Voy.* PETIT-GRANITE.

LUMAQUELLE, f. *Voy.* LUMACHELLE.

LUNE, f. Nom donné par les alchimistes au métal nommé *argent.*

LUNE CORNÉE (*Minér.*), f. Ancienne dénomination du *chlorure d'argent.*

LUNE D'ARGENT (*Minér.*), f. *Chlorure d'argent.*

LUNETTES (*Métall.*), f. Lunettes de soufflets, doubles *ventaux* avec *ventillons.*

LUNULITE (*Paléont.*), f. Genre de polypiers fossiles, dont on connaît dix espèces.

LUT, m. Ciment dont on se sert pour boucher les jointures des instruments de docimasie et de distillation. Le lut le plus généralement employé pour les instruments de for consiste dans une pâte faite avec six parties d'argile jaune et une partie de limaille de fer, délayées dans de l'huile de lin.

LUTJAN (*Paléont.*), m. Genre de poisson fossile des terrains supercrétacés.

LUTRAIRE (*Paléont.*), f. Genre de myaires, dont trois espèces se rencontrent à l'état fossile dans les terrains postérieurs à la craie.

LUZENCIE (*Métall.*), f. Mine de fer micacé.

LYCHNITE (*Minér. anc.*), m. Nom donné par les Grecs au marbre de Paros, que, selon Varron, on tirait au flambeau; du grec *lychnos,* lampe. On l'a appliqué quelquefois à une variété d'agate de couleur violette; mais alors on y ajoutait l'épithète de *iona,* qui vient du grec *ion,* violette. Elien donne au lychnite un grand éclat.

LYCODONTE (*Paléont.*), f. Dent de requin fossile.

LYCOPERDITE (*Paléont.*), f. *Fongite* en forme de vessie ou de vesse de loup; alcyon fossile.

LYCOPHTHALME (*Minér.*), m. Pierre ressemblant à un œil de loup; œil de chat; pierre précieuse décrite par Pline.

LYCOPODITE (*Paléont.*), m. Genre fossile de végétaux des terrains antérieurs et postérieurs à la craie.

LYDIENNE (*Minér.*), f. *Voy.* PIERRE DE LYDIE.

LYDITE (*Minér.*), f. *Pierre de Lydie.*

LYMNÉE (*Paléont.*), f. Genre de lymnéens, dont on connaît dix espèces fossiles dans les terrains modernes.

LYMNORÉE ou **LYMNORIE** (*Paléont.*), f. Genre de polypier fossile des terrains antérieurs à la craie.

LYNCURIUM DES ANCIENS (*Minér.*), m. Silicate alumineux, tourmaline.

LYTHRODE (*Minér.*), m. *Néphéline.*

M

MACÉRATION (*Métall.*), f. Fusion et épuration de la fonte par le repos de la masse. Ce procédé, qui était employé en Allemagne il y a encore quelques années, est aujourd'hui abandonné, à cause de son imperfection. Il était fondé sur le même principe que celui décrit au mot AFFINAGE PAR CRISTALLISATION; mais il n'avait ni le caractère tranché de ce dernier, ni ses résultats décisifs.

MÂCHEFER (*Métall.*), m. Scorie provenant du travail du fer dans la forge de maréchal, ou rejetée par les volcans. C'est une scorie impure, dans laquelle le silicate de fer terreux domine, et qui s'oxyde à l'air avec le temps. Le mâchefer ne sert qu'à paver les routes, ou à faire des mortiers hydrauliques peu estimés, à cause de sa composition hétérogène.

MACHINE À MOLETTE (*Exploit.*), f. Machine à élever les eaux ou le minerai du fond d'un puits, à l'aide d'un tambour tournant autour duquel s'enroule un câble, dont les deux extrémités, portées sur des molettes, montent et descendent alternativement, tantôt à droite, tantôt à gauche. *Voyez* le mot MOLETTE. La manœuvre de cette machine est facile : la molette, en tournant, fait monter une des tonnes, tandis que l'autre descend. Arrivée à la bouche du puits, on imprime à la molette un mouvement de recul, afin de faciliter le renversement de la tonne. Cette espèce d'arrêt donne aux mineurs le temps de charger la tonne qui est descendue; elle remonte à son tour, et est vidée de la même manière.

MACHINE SOUFFLANTE (*Métall.*), f. Machine propre à produire du vent; soufflet; toute machine à l'aide de laquelle on lance, dans l'intérieur d'un fourneau, de l'air recueilli au dehors.

Les soufflets ont sur le simple tirage l'avantage d'augmenter la densité de l'air, et de donner au vent une vitesse calculée et variable à volonté. Il est vrai qu'ils exigent une force quelconque pour leur donner le mouvement. Cependant ce sont les seuls instruments à l'aide desquels on puisse se procurer une grande masse d'air dans un moment donné, et une densité capable de brûler les combustibles forts en carbone.

Il serait trop long ici de détailler les différentes sortes de machines soufflantes employées dans la métallurgie : les unes se composent de deux surfaces inflexibles, dont l'une se rapproche de l'autre en comprimant l'air, et force le vent de s'échapper par un orifice. Ce sont les *soufflets* et les *machines à pistons*. Dans les premiers, la surface comprimante est liée a celle immobile par une charnière ou un axe; dans les secondes, le plan mobile comprimant se meut dans une caisse dont le fond est la surface immobile. Quelques machines emploient l'eau comme surface comprimante, et donnent naissance aux *soufflets à tonneaux* et aux *caisses hydrauliques*; d'autres entraînent l'air avec ce liquide, et l'accumulent pour le faire ensuite sortir par une buse; ce sont les *trompes*. Enfin on connaît encore les *pompes circulaires*.

Toute machine soufflante a trois parties essentielles qui sont indépendantes de sa forme : le *corps*, dans lequel l'air est introduit et comprimé; l'ouverture ou *soupape* d'introduction de l'air; et la *buse*, par laquelle l'air comprimé s'échappe.

Il faut faire la soupape aussi grande que possible, afin de diminuer la résistance qu'éprouve la surface comprimante à reprendre sa première place, après l'émission du vent. Cette résistance est en raison inverse du carré de l'ouverture d'introduction.

En effet, soit δ et Δ les densités de l'air et de l'eau; k, la pression de l'atmosphère, ou la hauteur d'une colonne atmosphérique de densité uniforme; h, la hauteur de la colonne d'eau qui fait équilibre : on a

$$k : h :: \Delta . \delta; \text{ d'où } k = h\frac{\Delta}{\delta}.$$

Si u est la vitesse due à la hauteur k, et g la gravité, le carré de la vitesse étant proportionnel à la hauteur, on a

$$u^2 : 4gh :: k : h :: \Delta : \delta;$$

$$\text{d'où } u^2 = 4gh\frac{\Delta}{\delta} \text{ et } u = 2\sqrt{gh\frac{\Delta}{\delta}}$$

expression de la vitesse due à la compression totale de l'atmosphère, en vertu de laquelle l'air se précipite dans un espace vide.

Maintenant soit A la surface comprimante, C sa vitesse, W la soupape d'introduction, S la vitesse avec laquelle l'air s'introduit par l'ouverture W :

$$S : C :: A : W; \text{ donc } S = C\frac{A}{W}.$$

Tant que $C\frac{A}{W} < u$, il entrera de l'air sous le plan comprimant avec une vitesse dépendante de la différence de la densité de l'air extérieur et de l'air intérieur.

Si l'on fait $y =$ la hauteur de la colonne d'eau en vertu de laquelle la vitesse s a lieu, on aura

$$y : h :: s^2 : u^2; \text{ d'où } y = h\frac{s^2}{u^2}.$$

La pression exercée sur la surface comprimante équivaut au poids d'une colonne d'eau $= h$; celle exercée sous cette surface est de bas en haut $= h - y$; l'action totale est donc

$$h - (h - y) = y.$$

Si nous faisons cette pression $= p$, nous aurons $p = Ay$; et si le poids d'un pied cube d'eau $= \beta$, nous aurons

$$p = Ay\beta = Ah\frac{s^2}{u^2}\beta.$$

Mais puisqu'on a

$$S^2 = C^2 \frac{A^2}{W^2}, \text{ et } u^2 = 4gh\frac{\Delta}{\delta},$$

il faudra donc substituer et dire $p = \frac{A^2 C^2 \delta}{W^2 4gh} \beta$.

L'ouverture d'introduction de l'air est quelquefois fermée par une soupape dont le poids vient encore augmenter la résistance que rencontre le plan comprimant; cette soupape ne s'ouvre que lorsque l'air intérieur est assez raréfié pour qu'il y ait excès de ressort dans l'air extérieur, et que cet excès puisse vaincre la résistance qu'oppose cette soupape; elle a en outre l'inconvénient de diminuer l'ouverture d'introduction. Il convient alors d'augmenter cette ouverture, et d'ajouter un contrepoids à la soupape.

Si l'ouverture réelle peut être regardée comme étant réduite à sa quatrième partie par la soupape, la formule

$$p = A\frac{A^2 C^2 \delta}{W^2 4gh}\beta \text{ deviendra } = A\frac{M^2 \delta}{g\Delta W^2}\beta.$$

Veut-on déterminer quelle grandeur on doit donner à l'ouverture pour que la résistance soit très-petite, et supposer, pour cela, que $\frac{A^2 C^2 \delta}{W^2 g\Delta} = \frac{1}{25}$? Il en résultera que la valeur p sur chaque pied carré du plan comprimant $=$ 1 kilog., ce qui, dans la plupart des grandes machines soufflantes, peut être confondu avec le poids et le frottement de la surface A. On aura donc :

$$W = \frac{\sqrt{25 A^2 C^2 \delta}}{g\Delta} = AC.5\frac{\sqrt{\delta}}{g\Delta};$$

et si, pour simplifier, on fait

$$g = 16, \text{ et } \frac{\delta}{\Delta} = \frac{1}{800},$$

on aura :

$$W = 5C\frac{1}{12800} = AC\frac{\sqrt{25}}{12800} = AC\frac{\sqrt{1}}{512} = AC\frac{1}{22.6},$$

d'où l'on peut prendre sans inconvénient

$$W = \frac{1}{22.6}AC = \frac{M}{22.6}.$$

La vitesse avec laquelle l'air condensé entre dans le vide est la même à tous les degrés de condensation : elle est égale à celle que l'air atmosphérique d'une densité moyenne aurait au premier instant où elle se précipite dans le vide; mais l'air atmosphérique est un poids qu'il faut vaincre en sortant, aux dépens d'une partie de la vitesse : le vent ne pourra donc jamais atteindre une condensation intérieure telle, qu'il puisse entrer dans l'air commun avec une vitesse égale à celle avec laquelle l'air commun entrerait dans le vide.

La densité de l'air intérieur du soufflet augmentera à mesure que l'orifice de la buse diminuera. Il est clair que la masse de vent, forcée de sortir, dans un temps donné, par une ouverture quelconque, acquiert une vitesse d'autant plus grande que cet orifice est plus petit; mais ici la densité nuit à la vitesse; car le volume étant diminué donne un moindre quotient, en divisant par l'orifice de la buse.

Rien de si facile, au premier aspect, que de connaître la quantité d'air lancé dans une seconde par une machine soufflante; il suffit, pour cela, de multiplier le volume d'air intérieur par la vitesse du plan comprimant; mais on ne peut, par ce moyen, obtenir que le calcul du vent à la pression atmosphérique. Il faut donc, dans ce cas, ramener la pression à celle de l'atmosphère. Cette pression est donnée par le ventimètre.

MACIGNO (*Géogn.*), m. Grès argilo-calcarifère; roche composée de grès, d'argile et de calcaire; de couleurs grisâtre, bleuâtre, verdâtre, jaunâtre, rougeâtre, etc., unies ou bigarrées, à texture grésiforme, quelquefois légèrement schisteuse; tenace, friable ou meuble; quelquefois micacée, quelquefois charbonneuse; en couches et en amas dans les terrains tertiaires et dans presque tous les terrains neptuniens. Cette roche sert de pierre d'appareil dans les constructions; elle est employée dans la sculpture des chapiteaux et des entablements.

MACLE (*Minér.*), f. Ce minéral a été décrit au mot ANDALOUSITE; mais comme on a omis d'en donner la figure, nous la dessinons ici pour compléter la description de cette singulière substance :

MACLE HYALINE (*Minér.*), f. Nom que M. Cordier donne à l'*andalousite*.

MACTRE (*Paléont.*), f. Genre de mactracées, dont on trouve huit espèces dans les terrains modernes.

MACTURITE (*Minér.*), f. Nom donné à une variété de *condrodite* et à une variété de *pyroxène*.

MADRÉPORE (*Paléont.*), m. Genre de polypiers, dont on trouve sept espèces dans les terrains antérieurs et postérieurs à la craie.

MADRÉPORITE (*Paléont.*), f. Variété de coralloïde dont la surface est semée de petites étoiles tubulaires qui s'étendent dans tout le tissu du fossile.

MADRÉPORITE (*Minér.*), f. Variété de *carbonate de chaux* d'un gris noirâtre, à texture bacillaire, ressemblant à des coraux, mais qui est le résultat de la cristallisation.

faut bien distinguer ce minéral du fossile qui porte le même nom, et qui présente des pores étoilés. Celui-ci est aussi un carbonate de chaux, mais d'une origine organique.

MAGAGNE (*Métall.*), m. Fer aigre et cassant.

MAGALAISE (*Minér.*), m. *Voy.* MANGANÈSE.

MAGALÈSE (*Minér.*), f. Minerai de fer qui contient du zinc.

MAGANÈSE, m. *Voy.* MANGANÈSE.

MAGAS (*Paléont.*), m. Genre fossile de coquilles brachiopodes, appartenant à la craie.

MAGISTÈRE DE BISMUTH, m. Blanc de fard; bismuth qui a été dissous par l'acide nitrique, et ensuite précipité de cette dissolution au moyen d'une certaine quantité d'eau ajoutée à l'acide. Il est alors d'un très-beau blanc. Cet oxyde employé comme fard est d'un usage dangereux; il altère la douceur de la peau, et prend une teinte livide à la plus légère odeur d'hydro-sulfure.

MAGISTRAL (*Métall.*), m. Mélange de sel marin, de sulfate et d'alun, qui sert à opérer l'amalgamation de certains minerais d'argent natif, chloruré ou sulfuré. Le sulfate de cuivre est le principal agent du magistral; aussi le fait-on avec des sulfures de cuivre et même avec du cuivre, auquel on ajoute du sulfure de fer. On grille ces minerais dans des fours à réverbère, et l'on obtient un produit dans lequel la plus grande partie du cuivre passe à l'état de sulfate. Voici la composition d'un magistral de première qualité venu de Guanaxuato, analysé par M. Berthier :

Sulfate de cuivre anhydre.	19.00
Sulfate de fer.	0.50
Sulfate de chaux.	2.50
Oxyde de fer.	25.00
Oxyde de cuivre.	4.00
Acide sulfurique.	0.80
Gangue pierreuse verte.	43 20
Eau.	5.00
	100.00

MAGNÉLITE (*Minér.*), f. Variété de jade.

MAGNÈS, m. Théophraste donnait ce nom à une pierre précieuse qui avait l'apparence de l'argent, dont on faisait des vases. C'était sans doute une pierre ollaire. Ce n'est que dans les temps plus modernes qu'on a donné ce nom à l'aimant. Les mythologues prétendent que cette dénomination vient de Magnès, jeune homme qui fut changé par Médée en pierre d'aimant.

MAGNÉSICHLORE (*Minér.*), m. *Chlorure de magnésium.*

MAGNÉSIE (*Minér.*), f. On donne ce nom à l'oxyde d'un métal nommé *magnésium*, qui n'a encore été obtenu que dans les laboratoires. L'oxyde lui-même ne se trouve point à l'état de pureté dans la nature; c'est un oxyde au minimum, isomorphe avec les protoxydes métalliques et les alcalis.

On ne connaît encore qu'un oxyde de magnésium natif : c'est le *périclase*, découvert par M. Scacchi dans la dolomie de la Somma ; il est d'un vert obscur, en cristaux octaèdres, offrant des clivages sur leurs angles; ils appartiennent au système régulier; ils sont transparents, et ne donnent aucun indice de double réfraction. Le périclase est infusible; il ne se dissout dans l'acide nitrique qu'après avoir été réduit en poudre; rayé par le quartz, il raye l'apatite; sa pesanteur spécifique est de 3.75. L'analyse des cristaux a donné à MM.

	Scacchi.	Damour.
Magnésie.	89 04	92.57
Protoxyde de fer.	8 56	6.91
Perte.	2 40 résidu	0.86
	100.00	100.34

Le protoxyde de fer étant isomorphe, l'analyse nous conduit simplement à MgO, formule de la magnésie, composée théoriquement de

Magnésium.	61.26
Oxygène.	38.74
	100.00

et dont le nombre atomique est de 258.352.

La magnésie hydratée caustique se combine avec l'acide arsénieux, et forme un composé insoluble qui n'a plus de propriété vénéneuse. C'est donc un excellent contre-poison dans les empoisonnements par l'arsenic. Elle produit le même effet lorsqu'elle est anhydre; mais, en ce cas, elle ne doit être que faiblement calcinée. Elle ne peut être remplacée par son carbonate pour cet objet.

MAGNÉSIE BORATÉE. *Voy.* BORATE DE MAGNÉSIE.

MAGNÉSIE CARBONATÉE. *Voy.* CARBONATE DE MAGNÉSIE.

MAGNÉSIE CARBONATÉE SILICIFÈRE. *Voy.* SILICATE DE MAGNÉSIE.

MAGNÉSIE CHLORURÉE. *Voy.* CHLORURE DE MAGNÉSIE.

MAGNÉSIE DES PEINTRES. Nom donné à propos à l'*oxyde de manganèse.*

MAGNÉSIE DES VERRIERS. Nom improprement donné à l'*oxyde de manganèse* employé dans les verreries.

MAGNÉSIE HYDRATÉE. *Voy.* HYDRATE DE MAGNÉSIE.

MAGNÉSIE MURIATÉE. *Voy.* CHLORURE DE MAGNÉSIE.

MAGNÉSIE NATIVE. *Voy.* MAGNÉSIE. Ce nom appartient également au *carbonate* et à l'*hydrate de magnésie.*

MAGNÉSIE NITRATÉE. *Voy.* NITRATE DE MAGNÉSIE.

MAGNÉSIE NOIRE. Ancien nom donné au *peroxyde de manganèse.*

MAGNÉSIE PHOSPHATÉE. *Voy.* PHOSPHATE DE MAGNÉSIE.

MAGNÉSIE PLASTIQUE. *Magnésite*, écume de mer.

MAGNÉSIE SILICATÉE. Hydro-silicate de magnésie; *magnésite.*

MAGNÉSIE SULFATÉE. *Voy.* SULFATE DE MAGNÉSIE.

MAGNÉSINITRIQUE (*Minér.*), m. *Nitrate de magnésie.*

MAGNÉSITE (*Minér.*), f. *Voy.* SILICATE DE MAGNÉSIE.

MAGNÉSOXYDE (*Minér.*), f. Oxyde de magnésium, *magnésie.*

MAGNÉTISME MÉTALLIQUE, m. Propriété qu'ont tous les métaux d'attirer l'aiguille aimantée, ou d'être attirés par elle. Les minéraux qui sont ou deviennent le plus facilement aimantaires sont le fer, le cobalt, le nickel et le chrome. Le manganèse n'est magnétique qu'à 20 ou 25° au-dessous de zéro ; et les autres métaux ne manifestent leur vertu aimantaire que dans le mode d'expérimentation de M. Dove, de Berlin.

MAIL (*Métall.*), m. Terme des Pyrénées ; marteau.

MAILLAT (*Métall.*), m. Nom donné dans l'Isère, à Allevard, à une variété de fer carbonatée à petites lames, pour la distinguer de la variété à grandes lames nommée *rives*, et de la variété à lames moyennes appelée *rives orgueilleuses.*

MAILLECHORT (*Métall.*), m. Alliage blanc comme l'argent, en prenant l'éclat et le poli, ductile, sonore, et qui remplace l'argenterie dans certains usages. Il a l'inconvénient de s'oxyder lorsqu'il est en contact avec des acides, et peut présenter quelque danger dans les cuisines où on prépare les mets avec du vinaigre. Il devient alors noirâtre, s'irise d'une manière désagréable, et acquiert des taches difficiles à enlever. Il demande à être nettoyé immédiatement après le service. Il est connu sous divers noms, sous ceux d'*argentan*, de *melchior*, etc. ; c'est le *weisskupfer* des Allemands, le *pak-fong* des Chinois. Il est composé de :

Cuivre.	50
Zinc.	30
Nickel.	20
	100

MAILLOT (*Paléont.*), m. Genre de coquilles colimacées, dont on trouve une espèce fossile sur vingt-sept vivantes dans les terrains modernes.

MAIN (La) (*Métall.*), f. Les affineurs appellent *côté de la main* le côté où ils opèrent le travail. Dans les renardières et dans les feux catalans, le côté de la main, c'est le laiterol.

MALACHITE (*Minér.*), f. Variété concrétionnée verte du *carbonate de cuivre* : elle présente une texture concentrique dont les couches sont de nuances différentes, et offre, lorsqu'on la taille, des zones distinctes d'un aspect agréable.

MALACOLITE ou **MALAKOLITE** (*Minér.*), f. Variété de *diopside*, décrite au mot PYROXÈNE. Du grec *malakos*, mou ; *lithos*, pierre.

MALAKON (*Minér.*), m. Nom donné par Scheerer à un *silicate de zircone* contenant de l'eau, et ayant conséquemment moins de dureté que le *zircon* ordinaire ; du grec *malakos*, mou.

MALBOUROUGH (*Exploit.*), m. Houille en petits morceaux moins gros que des œufs.

MAL DE SAINT-ROCH, m. Maladie des paveurs et tailleurs de pavés de Paris et de Fontainebleau, et qui provient de l'introduction de la poussière fine siliceuse du grès dans les poumons et dans le viscère de l'estomac.

MALLÉABILITÉ (*Métall.*), f. Propriété qu'ont certaines substances de s'étendre sous le marteau.

MALTHACITE (*Minér.*), f. Silice gélatineuse ou *quartz terreux* analogue à la *randanite.*

MALTHE (*Minér.*), m. Mélange de naphte liquide et d'asphalte solide, qui par leur réunion font un bitume visqueux nommé malthe. *Voy.* le mot BITUME.

MAMELLE DE SAINT-PAUL (*Paléont.*), f. Fossile organique du *genre oursin* ; teton.

MAMELONNÉ (*Minér.*), adj. Structure, configuration mamelonnée. *Voy.* le mot CONCRÉTION.

MANCANDRITE (*Paléont.*), f. Variété de fongite, dont les sillons sont pointus.

MANCHE (*Métall.*), f. *Fourneau à manche.*

MANCINITE (*Minér.*), f. *Silicate de zinc* trouvé dans la colline de Mancino, près de Livourne ; il est brun chocolat, à éclat métalloïde, en masses fasciculées, à fibres longues, lamelleuses, luisantes, opaques ; sa poussière est blonde ; il présente deux clivages inclinés l'un sur l'autre de 92° ; sa cassure transversale est inégale ; sa densité est de 3.048. Il ressemble à l'ilvaïte.

MANDELATO (*Minér.*), m. *Carbonate de chaux* ; nom italien du *marbre de Lugezzano*, dans le Véronais.

MANDIBULITE (*Paléont.*), f. Mâchoire fossile de poisson.

MANDITS (*Exploit.*), m. Nom donné dans les Bouches-du-Rhône aux jeunes enfants employés à transporter le lignite.

MANGANATES (*Chimie, Minér.*), m. Le manganèse a la propriété de former, avec l'oxygène, deux acides, dont l'un MnO^3 se trouve dans la nature saturant quelques minéraux, tels que le cobalt et le cuivre, à l'état de protoxydes. Les manganates sont décomposés par les matières organiques : leurs dissolutions ne peuvent être filtrées sur du papier.

MANGANATE DE COBALT (*Minér.*), m. Ce minéral, connu sous le nom de *cobalt terreux noir*, provient de Kamsdorff. Il a été examiné par Rammelsberg, qui a reconnu que l'oxyde de manganèse y jouait, comme dans le manganate de cuivre, le rôle d'élément électro-négatif. Les minéralogistes ont jusqu'à ce jour prêté peu d'attention à ce cobalt, qui est composé de :

Oxyde de manganèse.	40.08
— de cobalt.	19.45
— de cuivre.	4.35
— de fer.	4.36
Baryte.	0.89
Potasse.	0.37
Oxygène.	9.47
Eau.	21.24
	100.08

Cette composition provient d'un mélange de manganate de cobalt, d'hydrate de cuivre, d'hydrate ferrique et d'eau, qu'on peut exprimer par la formule $2\,CoO\,MnO^3 + (CuO, FeO)\,H^2O + 8$ Aq; en écartant les deux hydrates comme étant étrangers au minéral principal, on arrive à $CoO\,MnO^3 + 4$ Aq, qui paraît être la véritable expression du manganate de cobalt hydraté.

MANGANATE DE CUIVRE (*Minér.*), m. Syn. : *lampadite ;* minéral noir, amorphe, à éclat résineux, quelquefois à structure réniforme. Il est dur, et infusible au chalumeau. L'analyse d'un échantillon provenant des mines d'étain de Schlackenwald, en Bohême, a donné à Lampadius :

Oxyde de manganèse.	82.00
— de cuivre.	13.50
Silice.	2.00
	97.50

On en tire la formule $CuO\,(MnO^3)^3$.

M. Bœttger a analysé un manganate de cuivre de Kamsdorff; il l'a trouvé composé de :

Oxyde manganique.	58.09
— manganeux.	5.00
Chaux.	2.25
Baryte.	1.64
Oxyde de cobalt.	0.49
Magnésie.	0.69
Potasse.	0.52
Oxyde de cuivre.	14.67
Eau.	13.65
	94.00

Cette analyse conduit à la formule $CuO\,(MnO^3)^2 + 2$ Aq.

MANGANE (*Minér.*), m. Nom donné d'abord au *manganèse* par Scheele et Gahn.

MANGANÈSE (*Minér.*), m. De *magnès*, aimant, à cause de sa ressemblance avec l'aimant naturel, ou, suivant d'autres, de *magnésie*, à cause de son ancien nom de *magnésie noire*. Ce métal ne se trouve point dans la nature à l'état natif; il ne s'obtient qu'artificiellement dans les laboratoires, aussi n'est-il d'aucun usage. Lorsqu'il est obtenu pur, il est d'un blanc tirant sur le gris de fer; il a l'éclat métallique. S'il reste exposé à l'air, sa couleur passe au violet, et le métal s'oxyde assez rapidement. — Sa densité est 6.85; sa formule atomique, Mn, et son poids, 345.887. On connaît vingt-neuf exploitations de manganèse en France; elles produisent annuellement 19,580,000 kilogr.

On n'est point encore parvenu à utiliser le manganèse pur dans les arts; il n'en est pas de même de ses *oxydes*. On peut voir à ce dernier mot les divers emplois qu'on en fait dans l'industrie.

Les minerais manganésiques se présentent en assez grande abondance et sous des formes variées dans les roches; ce sont en général des *oxydes*, des *sulfures*, des *silicates ;* plus rarement, des *carbonates* et des *phosphates de manganèse*. On trouvera à ces différents mots la description des substances qu'ils désignent.

MANGANÈSE ALUMINEUX. *Voy.* le *peroxyde de manganèse aluminifère*, au mot OXYDE DE MANGANÈSE.

MANGANÈSE ARGENTIN. Nom vulgairement donné à l'*oxyde de manganèse* dit *acerdèse*, dont le gris métallique est très-clair.

MANGANÈSE ARSÉNICAL. Substance d'un gris clair, métalloïde, ayant l'aspect de certains cuivres gris; lamelleuse dans un sens, grenue dans la cassure; fragile et dure; brûlant au chalumeau avec une flamme bleue; donnant, à une haute température, une fumée arsenicale; se réduisant en poussière qui se dépose sur le charbon; soluble dans l'eau régale sans résidu. — Ce minéral a été découvert dans de la galène de Saxe par M. J. Kane, de Dublin. — Il contient, suivant M. Kant :

Manganèse.	45.50
Arsenic.	51.80
Fer.	trace
	97.30

ou formule : Mn As.

MANGANÈSE BARYTIQUE HYDRATÉ. Psilomélane *hydroxyde de manganèse barytifère*.

MANGANÈSE BRACHYTYPE. Variété d'*oxyde de manganèse*, dit *braunite*.

MANGANÈSE CARBONATÉ. *Voy.* CARBONATE DE MANGANÈSE.

MANGANÈSE CONCRÉTIONNÉ. *Trisilicate de manganèse*, trouvé à Kapnick, et décrit au mot SILICATE DE MANGANÈSE.

MANGANÈSE CORNÉ. Trisilicate de manganèse, décrit au mot SILICATE DE MANGANÈSE.

MANGANÈSE DU PIÉMONT. *Silicate de manganèse*, plus connu sous le nom de *marceline*, de Saint-Marcel, où on le trouve.

MANGANÈSE HYDRATÉ PSEUDO-PRISMATIQUE. Nom donné par Haüy à un *oxyde de manganèse*, décrit sous ce dernier titre comme une variété du *peroxyde hydraté*.

MANGANÈSE OXYDÉ ARGENTIN. Dénomination adoptée par Haüy pour désigner l'*acerdèse*. *Voy.* OXYDE DE MANGANÈSE.

MANGANÈSE OXYDÉ BARYTIFÈRE. *Voy.* *Peroxyde de manganèse barytifère*, au mot OXYDE DE MANGANÈSE.

MANGANÈSE OXYDÉ TERNE. *Voy.* OXYDE DE MANGANÈSE.

MANGANÈSE OXYDÉ TERREUX. *Voy.* OXYDE DE MANGANÈSE. Ce nom a été indifféremment donné au peroxyde et à l'acerdèse.

MANGANÈSE PHOSPHATÉ. *Voy.* PHOSPHATE DE MANGANÈSE.

MANGANÈSE ROSE. *Voy.* SILICATE DE MANGANÈSE.

MANGANÈSE SESQUI-OXYDÉ. *Voy.* OXYDE DE MANGANÈSE.

MANGANÈSE SILICATÉ, m. *Silicate de manganèse.*

MANGANÈSE SULFURÉ. *Voy. Sulfure de manganèse* à l'article SULFURES MÉTALLIQUES.

MANGANIQUE (*Cristall.*), adj. Calcaire manganique; nom donné par M. Breithaupt à un cristal rhomboédrique de carbonate de chaux, dont l'angle est de 107° 30', et la densité de 3.892. Il raye la phosphorite, et se laisse rayer par le quartz.

MANGANITE (*Minér.*), f. Nom donné par Haidinger au deutoxyde hydraté de manganèse, connu sous le nom d'acerdèse, et décrit au mot OXYDE DE MANGANÈSE. On confond souvent, sous la dénomination de *manganite*, les différents oxydes de manganèse.

MANGANO-CALCITE (*Minér.*), m. Nom donné par M. Breithaupt à un double carbonate de manganèse et de chaux, décrit au mot CARBONATE DE MANGANÈSE.

MANICORDON (*Métall.*), m. Fil mince de métal passé à la filière.

MANIGAUX (*Métall.*), m. Bascule d'un soufflet.

MANTEAU (*Métall.*), m. Terre qui recouvre les modèles dans le moulage en sable.

MANTURE (*Métall.*), f. Fil de fer qui a été détérioré au feu.

MAQUETTE (*Métall.*), f. Kolbeneisen; massiau à moitié forgé, et qui se compose de trois parties nommées : *tête de maquette*, ou partie non encore soumise au marteau; *barre*, ou partie forgée; *bout de barre*, ou extrémité plus grosse que la barre.

MARÂTRES (*Métall.*), f. Pièces de fonte qui servent de plafond aux embrasures d'un haut-fourneau.

MARBOURGITE (*Minér.*), f. Hydro-silicate d'alumine de potasse et de chaux; substance blanche, opaque et translucide, trouvée à Stempel, près de Marbourg, dans la Hesse.

Composition, suivant Gmelin :

Silice.	48.02
Alumine.	22.61
Chaux.	6.86
Potasse.	7.50
Ox. de fer et de manganèse.	0.18
Eau.	16.75
	101.62

ce qui donne la formule $Al^2O^3 (SiO^3)^3 + CaO (SiO^3)^3 + 4$ Aq.

MARBRE (*Minér.*), m. *Carbonate de chaux* à grains fins, en bancs ou en masses. Le tissu de cette belle roche homogène est plus dur que le carbonate cristallisé. Elle est susceptible de poli, ce qui lui a valu son nom, fait du grec *marmairô*, je reluis. Le marbre fait effervescence avec les acides; il se laisse rayer par l'acier. Ses variétés sont presque innombrables; mais on peut les ramener à quatre classes : les *marbres simples*, les *brèches*, les *marbres composés*, et les *lumachelles*. Un grand nombre de ces variétés sont fossilifères; mais le calcaire saccharoïde, ou marbre blanc statuaire, en est dépourvu, et fait partie des roches métamorphiques. Le blanc est la couleur naturelle des marbres; mais les oxydes de fer, divers minéraux, et le bitume, en altèrent souvent la blancheur, et lui impriment des couleurs très-variées. La valeur des marbres dépend de leur beauté et de leur rareté : il est donc bien difficile d'en dire le prix. Dans la foule des variétés sans nombre de ce minéral, nous citerons les plus connues et les plus estimées :

MARBRE AFRICAIN. Grande brèche à fond noir, avec taches grises, rouges, foncées et couleur de violet vineux. On en voit une colonne dans le Musée national.

MARBRE AGATE. *Albâtre veiné.*

MARBRE ALABANDIQUE. *Alabanda*, marbre noir antique, dit de Lucullus. On voit au Capitole, à Rome, quelques piédestaux et des fûts de colonne de ce marbre. Ils sont venus de la Grèce.

MARBRE ANTIN. Marbre simple rouge veiné, de Veirette, dans les Pyrénées.

MARBRE ANTIQUE. Marbres qui ont été employés par les anciens, ou dont les carrières sont épuisées ou perdues.

MARBRE BARDIGLIO DE BERGAME. Variété de *sulfate de chaux anhydre*, assez dure pour être employée comme marbre.

MARBRE BARIOLÉ. Marbre dont les taches et les veines sont entrelacées. Il renferme souvent des traces de corps organisés, surtout dans les veines blanches.

MARBRE BEAU LANGUEDOC. *Marbre griotte d'Italie*, exploité dans l'Hérault et la Haute-Garonne.

MARBRE BITUMINEUX. Marbre qui donne, lorsqu'on le frappe ou qu'on le brise, une odeur bitumineuse. Tel est le *marbre* noir *de Dinant.*

MARBRE BLANC, l'une des variétés de marbres les plus estimées; tels sont les *marbres de Paros*, *marbre Pentélique*, *marbre de Luni*, *marbre de Carrare*, *marbre statuaire.*

MARBRE BLEU. Les variétés bleues de marbre sont : le *bleu antique*, le *bleu turquin*, et le *petit antique.*

MARBRE BLEU ANTIQUE. Marbre à fond blanchâtre, sillonné de veines ou bandes bleues en zigzags. Il est très-rare.

MARBRE BLEU DE WURTEMBERG. *Sulfate de chaux anhydre* employé à la décoration.

MARBRE BLEU TURQUIN. Marbre à fond bleuâtre ayant des veines plus foncées, à teintes dégradantes qui se fondent dans la masse. On le trouve à Sitiffis, dans la Mauritanie-Césarienne. Il existe à Carrare un marbre de cette espèce ; on en a fait la balustrade du chœur de l'église de Saint-Sulpice, à Paris.

MARBRE BRÈCHE. Marbre formé de fragments anguleux de couleurs diverses, empâtés par un ciment calcaire. On le divise en deux classes : la *brèche*, qui présente de gros fragments ; la *brocatelle*, dont les fragments sont beaucoup moindres.

MARBRE BRÈCHE ANTIQUE DE PORTE SAINTE. Marbre composé de fragments inégaux, blancs, bleus, rouges et gris, employé à la décoration de la porte de Saint-Pierre, à Rome.

MARBRE BRÈCHE ARLEQUINE ANTIQUE. Brèche en pouddingue, ayant un fond fauve, avec une infinité de petits fragments de diverses couleurs. La salle du Gladiateur combattant, au Musée, en contient deux colonnes.

MARBRE BRÈCHE D'AIX. Marbre jaunâtre, à petites taches grises, brunes et rouges. Il s'exploite près d'Aix (Bouches-du-Rhône).

MARBRE BRÈCHE D'ESTROENG-LA-ROUILLIE. Brèche composée de fragments verdâtres et cendrés.

MARBRE BRÈCHE DE MARSEILLE. Marbre à fond rougeâtre, renfermant de petits fragments blancs, gris et bruns. Cette variété est connue, dans les arts, sous le nom de brèche de Memphis.

MARBRE BRÈCHE DE RIELA. Marbre d'Aragon, d'un fond jaune rougeâtre, renfermant des fragments anguleux noirs.

MARBRE BRÈCHE DE SAINT-ROMAIN. Brèche de couleur de brique foncée, contenant des fragments anguleux de couleur de jaune d'œuf. Il vient de la Côte-d'Or.

MARBRE BRÈCHE DE SEISSIN. Brèche d'un fond jaune vif, et dont les fragments sont noirs, rayés de lignes moins foncées et parallèles entre elles. Il vient de l'Isère.

MARBRE BRÈCHE DE VAULFORT, des environs de Dinant. C'est une brèche à taches noires, grisâtres et blanches, sur un fond rougeâtre. On en voit des plaques sur les piliers de Saint-Roch, à Paris.

MARBRE BRÈCHE DU TRENTIN. *Voy*. BRÈCHE DE VÉRONE.

MARBRE BRÈCHE JAUNE ANTIQUE. Marbre jaune clair avec des taches plus foncées, ou à taches jaunes, séparées par des intervalles rouges et blancs. On en trouve dans les ruines de l'ancienne Rome.

MARBRE BRÈCHE ROSE ANTIQUE. Marbre d'un fond rouge incarnat, avec des taches roses, noires et blanches. Les carrières en sont perdues.

MARBRE BRÈCHE ROUGE ET BLANC ANTIQUE. Marbre à fragments rouges et à fond blanc. Il décore l'intérieur du musée Clémentin. Les carrières en sont perdues.

MARBRE BRÈCHE VIERGE ANTIQUE. Marbre à fond chocolat, semé de petites taches blanches ou rougeâtres anguleuses, accompagnées de quelques points rouges. Ce marbre très-rare a servi au tombeau de Caius Cestius, et à un autel consacré à la Vierge.

MARBRE BRÈCHE VIOLET ANTIQUE. Marbre à fond violet, renfermant de grands fragments anguleux de marbre salin et de marbre lilas ou rose, avec des taches blanches. La galerie d'Apollon et celle des peintres anciens, au Musée, en contiennent l'une une table, l'autre huit colonnes.

MARBRE BROCATELLE. Brèche calcaire bréchiforme. *Voy*. le mot BROCATELLE.

MARBRE CAMPAN. Marbre traversé par des veines mélangées de mica. Les noyaux de ce marbre sont dus à des nautiles. On en distingue trois variétés, qui toutes ont pour base le carbonate de chaux, relevé ou taché par la matière siliceuse du mica : 1° le campan vert ; 2° le campan isabelle ; 3° le campan rouge. Le marbre campan a le désagrément de perdre son mica à l'air, et de devenir ainsi raboteux et inégal.

MARBRE CAMPAN ISABELLE. Variété du marbre campan, traversé par des veines verdâtres contenant très-peu de mica, ce qui le rapproche de la variété des marbres veinés.

MARBRE CAMPAN ROUGE. Variété du marbre campan, d'un rouge sombre, veiné de rouge plus foncé.

MARBRE CAMPAN VERT. Variété du marbre campan, d'un vert d'eau pâle, avec des linéaments verts plus foncés, entrelacés dans tous les sens.

MARBRE CERVELAS. Marbre panaché de taches rouges et de veines blanchâtres, sur un fond d'un gris obscur, ou de taches grises et blanches sur un fond rouge foncé.

MARBRE CIPOLIN. Marbre verdâtre micacé, contenant des veines de talc. Le fond des marbres cipolins est blanc, et le talc verdâtre y forme de larges rubans. Ils ne contiennent point de trace de corps organisés. Les colonnes du temple d'Antonin et de Faustine, à Rome, celles de la galerie des peintres anciens du Musée royal de Paris, sont faites de ce marbre. On le trouve en Corse, à Corte, à Erbalouga, au cap Corse, dans les Alpes, la Savoie, le Piémont, etc.

MARBRE COQUILLIER. Marbre qui renferme des coquilles ; lumachelle.

MARBRE CORALIQUE. Nom donné par les anciens au marbre grec, à cause de sa ressemblance avec l'ivoire.

MARBRE CORALITIQUE. *Voy*. MARBRE CORALIQUE.

MARBRE D'ANGERS. Marbre gris, veiné de blanc.

MARBRE D'ANTIN. Marbre à fond blanc, avec des veines d'un rouge de feu. On prétend que son nom vient du celtique *an tan*, qui signifie *de feu*. Il s'exploite dans les hautes Pyrénées.

MARBRE D'ARDIN. Marbre brun, susceptible d'un très-beau poli, et qu'on tire du département des Deux-Sèvres.

MARBRE D'ARGENTRÉ. Marbre noir peu estimé, qui se trouve à Argentré, près Laval.

MARBRE D'ASSYNI. Marbre statuaire blanc, d'une belle qualité.

MARBRE DE BABBA-COMBE. Blocs de calcaire lamellaire qui se trouve dans le grès rouge de la baie de Babba-Combe, et qui sert à bâtir ou à faire de la chaux.

MARBRE DE BADAJOZ. Blanc, à grain très-fin, exploité en Estramadure.

MARBRE DE BALVACAIRE. Marbre verdâtre, avec des taches rouges et quelques points blancs. La carrière est près de Comminges, et sépare les Hautes Pyrénées de la Haute-Garonne.

MARBRE DE BARBANÇON. Marbre noir, veiné de blanc, tiré du Hainaut.

MARBRE DE BARDIGLIO. *Voy.* VULPINITE.

MARBRE DE BARÉGES. Marbre blanc, veiné de linéaments verts entrelacés.

MARBRE DE BAYONNE, des Basses-Pyrénées. Marbre blanc, un peu moins fin que celui de Carrare; il jaunit avec le temps. On lui donne, dans le pays, le nom de marbre vierge.

MARBRE DE BERGAMASQUE. Marbre noir, d'une couleur pure et intense. Il en existe une variété veinée de blanc, qui a beaucoup de rapport avec le *marbre grand antique*.

MARBRE DE BERGAME. *Voy.* VULPINITE.

MARBRE DE BETULLIO. *Marbre de Carrare*, de la carrière du même nom; d'un beau blanc, mais devenant opaque, grenu et friable à la longue et à l'air.

MARBRE DE BIANCONE. Marbre blanc italien, d'un blanc sale très-pâle, qui sert particulièrement à faire des autels et des tombeaux.

MARBRE DE BIELLE, des Basses-Pyrénées; marbre gris, composé d'une multitude de débris de corps marins.

MARBRE DE BISACHINO. Blanc laiteux de la Sicile. On donne aussi souvent le même nom à un marbre vert pomme uni de la même localité, et à une variété blanchâtre, tachée de jaune.

MARBRE DE BISCAYE. Marbre coquillier, d'un noir très-foncé, avec des coquilles d'un brun blanc.

MARBRE BLANC GREC MAGNÉSIEN. Nom donné par M. de Cubières au *marbre magnésien*.

MARBRE DE BOHÊME. Marbre d'un rouge foncé.

MARBRE DE BOULOGNE. Marbre couleur de café au lait, avec des taches blanches, grises et rousses. Sa texture n'est pas égale. Outre ce marbre, on trouve encore à Boulogne (Pas-de-Calais) une sorte de brucatelle tachetée et veinée de rouge, à grandes taches; un marbre gris, rose et blanc, disposé par taches ou par veines; un marbre brun, avec des taches moins foncées que le fond, et un marbre d'un rouge foncé, avec des taches grises dues à des madrépores.

MARBRE DE BOURBON. Marbre bariolé rouge, jaune et bleu, des environs de Moulins; il renferme beaucoup de petits corps organisés blanchâtre

MARBRE DE BOYN. Rouge et blanc, exploité en Écosse.

MARBRE DE BRÊME. D'un fond jaune, avec des taches blanches.

MARBRE DE BRESSANO. Vert foncé, mêlé de serpentine, avec des taches jaunes et du talc blanc argentin.

MARBRE DE BRIANÇON. Marbre d'un rouge vineux, qui se trouve sur la droite de la Durance.

MARBRE DE CAEN. Marbre d'un rouge sale, taché de grandes veines grises ou blanches formées par des madrépores.

MARBRE DE CARRARE. Marbre statuaire; calcaire saccharoïde; marbre blanc, assez souvent taché, qu'on extrait de plusieurs carrières de la principauté de Massa-Carrara, dont l'exploitation remonte au temps de Jules-César.

MARBRE DE CASTRO-NUOVO. Jaune, taché de rouge.

MARBRE DE CASTELLAMARE. Blanc vif, quelquefois blanc sale de la Sicile.

MARBRE DE CHARLEMONT. Marbre rouge, veiné de blanc, et présentant des taches blanches dues à des madrépores.

MARBRE DE CHIO. Marbre blanc, dont sont faites les colonnes de Sainte-Marie Majeure à Rome, et qu'employaient les anciens statuaires.

MARBRE DE CINTRA, de sept lieues de Lisbonne, avec lequel on a bâti l'église d'Alafra.

MARBRE DE CLERMONT. Marbre gris-cendré clair, avec une légère nuance de violet, des taches noires, et des veines blanches et aurores. Il s'extrait de la Pacague, près de Barbançon, en Hainaut.

MARBRE DE COMO. Marbre d'un noir foncé, fort recherché pour les inscriptions. Il provient de Como, dans le Milanais.

MARBRE DE CORDOUE. Marbre statuaire blanc de lait, des environs de Cordova, en Espagne. On exploite aussi, dans cette localité, un marbre rouge très-foncé, renfermant des coquilles blanchâtres.

MARBRE DE CORTEGANA. D'une teinte fauve, légèrement piquée de gris. Il s'exploite en Andalousie.

MARBRE D'ÉCOSSE. Vert, mélangé de matière talqueuse. On travaille à Paris une serpentine sous le nom impropre de *marbre d'Écosse*.

MARBRE DE DIEGEIGEN. Gris, veiné de linéaments fauves.

MARBRE DE DINANT. D'un beau noir, donnant, lorsqu'on le frappe, une odeur bitumineuse.

MARBRE DE DOURLERS. Marbre formé de la réunion de fragments de couleur cendrée, blanche et rougeâtre. Il se tire à cinq lieues de Barbançon. C'est une brèche.

MARBRE DE FAGERNICH. Blanc, veiné de talc vert. La carrière est située en Suède, sur les bords de la Baltique.

MARBRE DE FILABRE. Marbre blanc statuaire, des environs d'Alméria, dans le royaume de Grenade.

MARBRE DE FLORENCE. Couleur jaunâtre,

quelquefois verdâtre, relevée par un dessin brun, en forme de dendrites ou de ruines. Ce marbre qui est fortement argileux, et dont les taches sont dues à des infiltrations ferrugineuses, s'exploite sur les bords de l'Arno, dans des collines de macigno.

MARBRE DE FONTAINE-L'ÉVÊQUE. Rouge, veiné de blanc et d'autres couleurs. On en distingue quatre variétés : le *prêcheur*, le *marqueté*, le *blanc et rouge*, et l'*arlequin*.

MARBRE DE FORÊT (*Forest marble*). Couches calcaires de la formation oolitique, susceptibles d'un beau poli, et qu'on exploite, en Angleterre, dans la forêt de Whichwood.

MARBRE DE FOSSE DI ANGELI. *Marbre de Carrare*, de la carrière de même nom. Blanc, renfermant des cristaux de quartz d'une limpidité parfaite.

MARBRE DE GALLO, dont il existe deux variétés : l'une, d'un gris-clair avec des taches roses et micacées; l'autre, grise, variée de jaune et tachée de blanc.

MARBRE DE GASSINO. Marbre gris clair, taché par des coquilles d'une couleur plus claire. On le tire des environs de Turin.

MARBRE DE GAUCHEUIL, des environs de Dinant ; d'un rouge brun parsemé de quelques veines blanches et déliées.

MARBRE DE GÊNES. Marbre blanc statuaire.

MARBRE DE GILLEBECK. Très-impur ; marbre pyriteux, renfermant quelquefois des grenats et de l'amphibole. La carrière d'où on l'extrait est à sept lieues de Christiania, en Suède.

MARBRE DE GIVET. On donne ce nom, parmi les marbriers, à deux variétés de marbres : l'une, d'un rouge foncé, nuancé de veines et de taches plus claires, et contenant des fragments d'entroques blanches; l'autre, noir veiné de blanc.

MARBRE DE GUESTOLA. *Marbre de Carrare*, d'une dureté uniforme, d'un beau blanc, avec une teinte verdâtre et une demi-transparence. Guestola est une carrière située près le village de Tornano.

MARBRE DE GOSLARD. Gris cendré, avec des ramifications noirâtres.

MARBRE DE GRENADE. D'un blanc un peu roux, et d'un grain analogue à celui de Paros. On trouve encore dans cette localité un marbre vert analogue au vert antique, et un autre marbre rouge très-foncé, renfermant des coquilles blanchâtres.

MARBRE DE HESSE. Variété dendritique, composée de feuillets ou de fissures entre lesquels une solution de fer s'est introduite, et a laissé des grains ou de petits dépôts métalliques sous forme de dendrites. Le fond de ce marbre est jaune paille.

MARBRE DE HILDESHEIM. Marbre blanc approchant de l'ivoire. Il en existe une variété d'un gris cendré.

MARBRE DE HOUX-SUR-EUSE, des environs de Dinant; rouge sale et pâle.

MARBRE DE LANGRES. Marbre composé d'une infinité de madrépores colorés en jaune par de l'oxyde de fer. On s'en est servi pour faire les colonnes de la cathédrale de Langres. On trouve dans les environs de cette ville, sur les bords de la Marne, un marbre gris brun, plein de coquilles de différentes formes et grandeurs ; à Chaumont, on en exploite un autre gris blanc, nuancé de taches roses, très-compacte, et susceptible d'un très-beau poli.

MARBRE DE LANGUEDOC. Marbre rouge de feu, mêlé de blanc et de gris, disposé en zones contournées, formées par des madrépores. Les colonnes de l'arc de triomphe du Carrousel sont de ce marbre. Il se trouve à Caunes (Aude). On donne aussi le nom de marbre de Languedoc au marbre de Narbonne, qui est blanc mêlé de gris bleuâtre.

MARBRE DE LA PACAGUE. *Voy.* MARBRE DE CLERMONT.

MARBRE DE LEFF. D'un rouge pâle, présentant de grandes veines blanches bordées de gris.

MARBRE DE LESCUN, de la vallée d'Aspe (Basses-Pyrénées). Marbre d'un beau vert uni.

MARBRE DE L'ÉVÊQUE (*di Vescovo*). Marbre composé de veines verdâtres, traversées par des lignes allongées et transparentes.

MARBRE DE LOUDIE, des Pyrénées. Marbre blanc, à cassure écailleuse comme celui de Paros, souvent veiné de gris.

MARBRE DE LUCULLUS. *Marbre noir antique.*

MARBRE DE LUGEZZANO. D'un rouge tendre, taché de blanc, un peu jaunâtre; *mandelato* des Italiens.

MARBRE DE LUNI. *Marbre statuaire*, du banc de Luni, sur les côtes de Toscane ; blanc éclatant, à grains fins et serrés, susceptible d'un beau poli. L'Antinoüs, la Minerve au géant Pallas, le bas-relief d'Antinoüs, celui de la Conclamation, et l'Apollon du Belvédère, sont de marbre de Luni.

MARBRE D'ELVIRE, du royaume de Grenade; il est gris, veiné, et taché de blanc.

MARBRE DE MASSA. Brèche à fond blanc et à taches pourpres.

MARBRE DE MEGUERA, des environs de Valence. Marbre roux obscur, orné de veines capillaires noires.

MARBRE DE MERGOZZO. Marbre blanc veiné de gris, à grain salin et assez grossier. Il a servi à la construction de la cathédrale de Milan.

MARBRE DE MOLINA. Marbre blanc de la Nouvelle-Castille, employé au palais de l'Alhambra. A une lieue de Molina, se trouve un marbre rouge, jaune et blanc, susceptible d'un beau poli.

MARBRE DE MONS. D'un gris presque noir, taché par quelques coquilles et par un grand nombre de fragments d'entroques, qui y forment de petites taches grises. Lorsqu'on le frotte ou qu'on le travaille, il répand une odeur infecte. Il se trouve aux Ecaussines, près de Mons. On s'en est servi pour le bassin de la fontaine de la Bibliothèque nationale de Paris.

MARBRE DE MONTARENTI, des environs de

Sienne. Il est jaune, veiné de noir, passant quelquefois au pourpre.

MARBRE DE MONTBARD. Marbre taché de blanc, de rouge et de jaune, provenant de la Côte-d'Or.

MARBRE DE MONTE ALEAMO. D'un gris clair, avec des taches roses.

MARBRE DE MORON. D'un noir intense, mais parsemé de points gris.

MARBRE DE MORVIÉDRO. Noir veiné de blanc. Sur le sommet de la montagne où on l'exploite, en Espagne, il passe à une brèche jaune, bleue et rousse.

MARBRE DE MOULIS. Marbre noir du département de l'Ariége, qui a été exploité par les anciens.

MARBRE DE NAMUR. Noir, tirant un peu sur le gris d'ardoise, quelquefois veiné de gris.

MARBRE DE NARBONNE. Marbre violet foncé, à tache d'un jaune vif.

MARBRE DE NONETTE. Lumachelle d'un gris de perle, dont les coquilles sont siliceuses. Il est employé en Auvergne.

MARBRE DE NUMIDIE. Marbre gris avec des taches jaunâtres, dont sont faites les cuves des fontaines du palais Farnèse, à Rome.

MARBRE DE PADOUE. Marbre blanc, nommé *rovigio* par les Italiens. Il est inférieur au marbre de Carrare.

MARBRE DE PALOMBINO. Marbre blanc grisâtre ou jaunâtre, à grains fins et compactes.

MARBRE DE PAROS. *Marbre statuaire* un peu translucide, calcaire lamellaire, grain un peu gros, teinte moelleuse légèrement jaunâtre, composé de petites lames salines, brillantes, posées dans tous les sens. La Vénus de Medicis, la Diane chasseresse, Vénus sortant du bain, la Pallas de Velletri, la Cléopâtre, la Junon du Capitole, etc., sont en marbre de Paros. Les marbres d'Arundel, ou d'Oxford, sont du même carbonate de chaux. P. s. : 2,8398.

MARBRE DE PAULAR. Des environs de Ségovie, d'une belle couleur noire.

MARBRE DE POLCHEVERRA. Roche composée de carbonate de chaux et de matière talqueuse ou serpentineuse, disposés en veine et mêlés de matière rouge. Les parties blanches et rouges sont calcaires, tandis que la matière talqueuse est verte.

MARBRE DE PONTE VAL-D'ORCO. Marbre statuaire, blanc, grenu, moins fin que le marbre de Carrare. On en a fait les mausolées des rois de Sardaigne, de l'église de la Superga, près de Turin, et le tombeau de Humbert, dans l'église de Saint-Jean de Maurienne.

MARBRE DE PORTA SANTA-FIORITA. Marbre rouge et blanc antique, veiné de blanc, qui a servi à la décoration de la porte de Saint-Pierre de Rome.

MARBRE DE QUERFURT. Gris, exploité en Saxe.

MARBRE DE RANCÉ. Marbre blanc, mêlé de rouge brun, avec des veines blanches, cendrées et bleues, provenant du village de Rancé, près d'Avesnes (Hainaut). Il est connu dans le commerce sous le nom de pierre d'Avesnes.

MARBRE DE RATISBONNE. On en connaît deux variétés : l'une blanche, l'autre rouge foncée.

MARBRE DE RAVACIONE. *Marbre de Carrare*, très-homogène et très-dur. Il est tiré de la carrière de Ravacione, en blocs énormes.

MARBRE DE ROCHLITZ, semblable au *marbre de Bressano*. Il s'exploite en Misnie.

MARBRE DE ROQUEBRUNE. Marbre rouge de feu, à taches blanches et grises arrondies. Il se tire à sept lieues de Narbonne (Aude).

MARBRE DE ROSSA. Bleu, des environs de Sienne ; il est chargé de veines cendrées.

MARBRE DE RUINES. *Voy.* MARBRE DE FLORENCE.

MARBRE DE SABLE. Marbre à fond jaune, veiné de rouge et de blanc. Il s'exploite dans la Sarthe. On en connait une variété moins rouge, tachée de blanc et de noir.

MARBRE DE SAINT-BERTHEVIN. Marbre jaspé de rouge, de blanc et de gris d'ardoise, qui se trouve près de Laval; la même localité fournit également un marbre rouge mêlé de blanc sale.

MARBRE DE SAINTE-ANNE. Marbre gris, dont on distingue deux variétés : le *Sainte-Anne*, proprement dit, qui est gris foncé, avec des taches blanches madréporiques ; le *petit granite*, qui est moins foncé, et n'a que des taches irrégulières et sales.

MARBRE DE SAINTE-BAUME. Marbre rouge veiné de blanc, tiré de la montagne de Sainte-Baume (Var); on connait une autre variété de marbre portant le même nom, qui vient des Bouches-du-Rhône, et qui est bariolé blanc, rouge et jaune, dans le genre de la brocatelle d'Espagne.

MARBRE DE SAINTE-CATHERINE ; de l'île d'Elbe. Marbre blanc, veiné de vert noirâtre.

MARBRE DE SAINT-JULIEN. Marbre blanc, à grain plus fin que celui de Carrare, mais susceptible d'un moins beau poli. C'est avec ce marbre que sont faits la cathédrale, le baptistère et le fameux campanille de Pise.

MARBRE DE SAINT-MAURICE. Marbre blanc, rose et vert, mélangé de grenat, d'aiguilles d'épidote, et de lames de fer brillantes ; cassure éclatante et à grains salins.

MARBRE DE SAINT-MAXIMIN. *Marbre portor*, exploité dans le département du Var.

MARBRE DE SANT-VITAL, roux, taché de blanc, tiré de Saint-Vital, dans le Véronais.

MARBRE DE SALTZBOURG. *Voy.* MARBRE SERPENTIN.

MARBRE DE SAN-CALOGERO, des environs de Sciacca et du fleuve San-Calogero ; il est vert ondé de jaunâtre. On trouve dans la même localité un bardiglio, analogue au marbre bleu-turquin.

MARBRE DE SANTA-MARIA DEL BOSCO. Noir, tirant souvent sur le grisâtre ; il en existe une variété très-noire qui, par ses veines jaunes, rappelle un peu le marbre portor.

MARBRE DE SANTIAGO. Couleur de chair, veiné de blanc.

MARBRE DE SARENCOLIN. Marbre à grandes bandes droites, avec des taches anguleuses, grises, jaunes, ou rouges de sang. Il s'exploite dans les Hautes-Pyrénées.

MARBRE DE SARRAVEZZA. Marbre blanc, présentant des taches et des veines pourpres.

MARBRE DE SAUVETERRE. Espèce de brèche, dont le fond noir est chargé de taches blanches et anguleuses. Il s'exploite dans les Basses-Pyrénées.

MARBRE DE SEILLE. D'un très-beau noir, avec des coquilles d'un blanc éclatant.

MARBRE DE SÉVILLE. Rouge, un peu sombre, taché et veiné de blanc éclatant, ou d'un rouge vif. Il a quelque rapport avec la griotte.

MARBRE DE SICILE. Marbre simple, rouge, rubané. *Voy.* MARBRE RUBANNÉ DE SICILE.

MARBRE DE SIENNE. Marbre d'un jaune d'œuf, disposé en grandes taches irrégulières, entourées de veines d'un rouge vineux, passant quelquefois au pourpre.

MARBRE DE SIGEAN. Marbre vert-brun, mêlé de taches rouge pâle, avec un peu de grisâtre et des filets verdâtres. Il vient du département de l'Aude.

MARBRE DE SOBRE. Cendré, mêlé d'un peu de bleu, avec des taches noires, alternant avec des veines blanche et aurore; de Pacaque, en Hainaut.

MARBRE DE TAORMINA. Il existe plusieurs variétés de marbres qui portent le nom de cette localité : l'une est rouge tachée de noir; une autre rouge, tachée de blanc ou de rouge plus foncé; une troisième est tachée de blanc et de noir; une quatrième verdâtre, mêlée de taches brunes et claires; une autre lilas, relevée de quelques reflets agréables et variés.

MARBRE DE TERMINI. Verdâtre, veiné de blanc et pointillé de rouge, situé près du fleuve San-Carlo, en Italie.

MARBRE DE THÈBES. Marbre dont parle Théophraste, et qui est connu des modernes. Il est rouge, mais diversifié par plusieurs couleurs. Lorsqu'il est tacheté de jaune, il forme le brocatello des Italiens. Nuancé de plusieurs couleurs comme celui que cite Pline, ce n'est plus qu'une *syénite* ou un pyrrhopœcile; c'est notre roche granitique.

MARBRE DE THÉE. D'un noir pur, tendre, facile à tailler, susceptible d'un beau poli.

MARBRE DE THILAIRE. Gris cendré très-clair, renfermant beaucoup de corps marins; des environs de Namur.

MARBRE DE TOLÈDE. Gris, susceptible d'un très-beau poli.

MARBRE DE TONNI, bariolé de taches jaunes, violettes et blanches. Il se trouve près de Sienne, ainsi qu'un autre marbre jaune à légères veines blanches.

MARBRE DE TORTOSE, violet, taché et moucheté de jaune éclatant.

MARBRE DE TOURNUS, marbre des environs de Mâcon, couleur de poterie rouge.

MARBRE DE TRAPANI, rouge, avec des taches plus foncées. On trouve aussi dans le même lieu, en Sicile, un marbre rouge taché de vert, ainsi qu'un marbre gris avec des taches blanches, dit *bigio bianco*, et le marbre *pidichiasa*, formé de la réunion de petits grains rouges et jaunes.

MARBRE DE TRAY ou TREST. Marbre mélangé de jaune, de quelques taches grises, rouges et blanches. Il se tire de Trest (Bouches-du-Rhône).

MARBRE DE TROLONG. Marbre rouge et jaunâtre, des environs d'Avesnes (Hainaut).

MARBRE DE TRONCAO, du Portugal; il est jaune pâle, avec des veines grisâtres et des débris organiques.

MARBRE DE TYRÉE-Y, des îles Hébrides. Marbre rose, semé de petites taches d'un vert noirâtre, dues à un mélange de pyroxène. Ce marbre prend l'aspect d'un granite à petits grains, lorsque ses taches sont très-rapprochées.

MARBRE DE VALENCE, violet vineux, avec des veines anguleuses d'un jaune aurore. Valence possède aussi un marbre brèche jaune remarquable.

MARBRE DE VALLARSO; brèche très-variée du Trentin.

MARBRE DE VALLERANO. Marbre noir, de belle qualité. On en a décoré la cathédrale de Sienne.

MARBRE DE VAREILLES. Marbre de la Vienne, d'un beau blanc, à grains très-serrés, très-durs.

MARBRE DE VÉRONE, d'un rouge vif, tirant un peu sur le jaune. On en cite deux variétés : l'une d'un rouge éclatant contient quelques ammonites; l'autre est d'un rouge sale. Le tombeau de Pétrarque à Arquoi est fait avec le premier; l'amphithéâtre de Vérone a été construit avec le second.

MARBRE DE VILLAVICIOSA, de l'Alentejo, en Portugal. Il est bleu, moucheté de gris.

MARBRE DE VILLEFRANCHE. Marbre rouge, blanc et vert, exploité dans les Pyrénées orientales. Il en existe une variété presque totalement rouge.

MARBRE DE VIZILLE, blanc jaunâtre, veiné de brun roussâtre, susceptible d'un beau poli. Il est très-pesant, et sujet à se rouiller. On le trouve près de Grenoble (Isère).

MARBRE DE WOLFENBUTEL. Marbre blanc grisâtre.

MARBRE DE ZAMPONE. Marbre de Carrare, de la carrière de Zampone; dur, d'un très-beau blanc, souvent taché.

MARBRE DI FIRENZE. Marbre d'un vert très-clair, tiré de la Toscane. Sa couleur est due à un mélange de stéatite.

MARBRE DI MARGORRE. Marbre bleu, veiné de brun. Une partie du dôme de la cathédrale de Milan a été construite avec ce marbre.

MARBRE DI MONTE PULCIANO. Marbre italien, d'un noir grisâtre veiné de blanc.

MARBRE DI PILLI. Marbre blanc d'Italie, ressemblant beaucoup à celui de Carrare.

MARBRE DI POGGIO DI ROSSA. De couleur,

sombre, disposée par plaques, et veinée de jaune et de noir.

MARBRE DI PRATO. Marbre d'un vert très-vif, avec des taches plus foncées, passant au bleu sombre. Il provient de la Toscane.

MARBRE DI PRATOLINO. Marbre d'un vert feuille-morte des environs de Parme.

MARBRE DI SANTA-MARIA DEL GIUDICE. Rouge de brique, avec des ammonites blanches. Les églises de Lucques, de Pise et de Florence en sont ornées.

MARBRE DI VAL-CAMONICA. Noir grisâtre, pommelé de gris blanc.

MARBRE D'ORTIFARIO. Marbre blanc statuaire, d'un grain serré, très-fin, d'une blancheur laiteuse. Il appartient à la Corse.

MARBRE D'OSNABRUCK. Marbre noir de Westphalie.

MARBRE D'OSTERGYLLEN. Marbre blanc, taché de jaune et de gris foncé.

MARBRE DU DÉVONSHIRE. *Voy.* MARBRE DE BABBA-COMBE.

MARBRE DU FARAU. Marbre d'un noir foncé, très-compacte, de la montagne du Farau (Hautes-Alpes). Le mausolée du connétable de Lesdiguières, dans la cathédrale de Gap, est fait de ce marbre.

MARBRE DU GUIPUSCOA. Rouge, veiné de gris, dont la masse se prolonge jusqu'à Seracassin, sur le revers opposé des Pyrénées.

MARBRE DU MONT HYMETTE. Marbre blanc tirant sur le gris. La statue de Méléagre, dont la copie orne le jardin des Tuileries, est en marbre de cette nature.

MARBRE DU NISO. Rouge, avec des veines ou des taches d'un blanc calcédonien.

MARBRE DUR. Roches feldspathiques susceptibles de poli comme le marbre, et qui s'emploient comme ornement dans certains arts. Certains granites, des syénites, des porphyres, des euphotides, sont désignés comme marbres durs.

MARBRE DU TENSIN. Marbre gris clair, contenant des fragments d'un rose vif nuancé, et des taches d'un brun chocolat. Il se trouve dans l'Isère.

MARBRE DU TRENTIN. Vert, mêlé de blanc sale, avec quelques pyrites. Il se tire dans la vallée d'Arn et dans la Posheria. On en exploite une variété d'un vert foncé dans Bressano. *Voy.* MARBRE DE BRESSANO, ainsi qu'une espèce de brèche connue sous le nom de *brèche de Vérone*.

MARBRE ÉLASTIQUE. Variété saccharoïde, *dolomie*, dont les grains cristallisés jouent les uns sur les autres, et permettent de courber les plaques de cette roche.

MARBRE FAUSSE GRIOTTE. Marbre à fond rouge, rubané ou veiné de blanc.

MARBRE FLEUR DE PÊCHER. Marbre à larges taches lilas ou violettes, qui ont beaucoup de rapport avec la couleur de la fleur de pêcher. C'est, à proprement parler, une variété de la brèche violette, le *fior di persica* des Italiens. En France, on trouve dans le département de Maine-et-Loire un marbre gris blanc, veiné de rouge, qui porte le nom de fleur de pêcher, mais n'a aucun rapport avec la brèche antique dont nous venons de parler.

MARBRE GRAND ANTIQUE. Marbre noir, à veines d'un beau blanc. C'est une brèche composée de larges fragments angulaires noirs, renfermant des débris de coquilles, et réunis par des veines blanches. La carrière en est perdue. Le Musée en renferme quatre petites colonnes, et l'hôtel des monnaies de Paris une fort belle table.

MARBRE GRANDE BRÈCHE. *Marbre brèche*, dont les fragments ou taches ont au moins deux décimètres de diamètre.

MARBRE GRANDRIEUX. Marbre gris, noirâtre, noir, avec des veines blanches, tiré de Grandrieux, à trois lieues de Maubeuge.

MARBRE GRAND ROUGE. Marbre simple, rouge veiné, de Montferrier (Ariége).

MARBRE GREC. Marbre antique, d'un blanc de neige très-éclatant, d'un grain fin et serré, très-dur, susceptible d'un poli très-vif. Les carrières en paraissent perdues. L'Adonis, Bacchus, Zénon, le Faune à la tache, etc., sont en marbre grec.

MARBRE GRIOTTE D'ITALIE. Marbre beau Languedoc, marbre rouge sanguin. Marbre rouge légèrement ondulé, contenant de petites coquilles connues sous le nom de *vis*; il en existe une variété dans le département de l'Hérault, qui est brune avec des taches ovales rouge-cerise, et qu'il faut rapporter à la variété *marbre beau Languedoc*. La variété griotte de France présente souvent des taches blanches, tandis qu'elles ne se rencontrent jamais dans la griotte d'Italie.

MARBRE JAUNE. Jaune dont les variétés sont le *marbre jaune antique*, le *marbre jaune de Sienne*, le marbre *marokin*, et le *marbre Saint-Remy*.

MARBRE JAUNE ANNULAIRE. Variété du *marbre jaune antique*, de couleur jaune, présentant des espèces d'anneaux noirs ou d'un jaune plus foncé.

MARBRE JAUNE ANTIQUE. Couleur jaune doré, quelquefois rosé. On croit qu'il était tiré de l'Atlas. Il est aujourd'hui remplacé par le marbre jaune de Sienne.

MARBRE JAUNE DE PAILLE. Variété du *marbre jaune antique*, de couleur très-pâle.

MARBRE JAUNE DE SIENNE. Couleur peu uniforme, présentant des taches ocreuses, entourées par des veines rougeâtres.

MARBRE JAUNE DORÉ ANTIQUE. Variété du marbre jaune antique ayant la teinte du jaune d'œuf, sans veines ni taches.

MARBRE LUCULLIEN. *Lucullite*, marbre noir fétide, dit marbre noir antique.

MARBRE LUMACHELLE. De l'ital. *lumaca*, limaçon. Carbonate composé d'une foule de débris organiques de coquilles univalves et bivalves, le plus souvent d'encrinites. *Voy.* au mot LUMACHELLE les diverses variétés de ces marbres.

MARBRE MADRÉPORITE. Nom donné par Faujas à des *marbres bariolés* renfermant des traces d'organisation appartenant à des madrépores. Ce sont les marbres du Languedoc, de Flandre, de Sainte-Anne, etc.

MARBRE MADRÉPORIQUE. Uniquement composé de madrépores étoilés de couleur grise ou blanche, susceptible d'un très-beau poli.

MARBRE MAGNÉSIEN. Blanc, demi-transparent, à gros grains, très-dur, faisant lentement effervescence avec l'acide nitrique, phosphorescent dans l'obscurité par le frottement, donnant une odeur hépatique très-marquée. Les ruines du temple de Sérapis, à Pouzzole, sont de ce marbre.

MARBRE NANKIN. Marbre simple veiné, à fond jaune, de Valmiger (Aude).

MARBRE NOIR. Variétés : *marbre noir antique*, le *portor*, le grand *antique* et le *marbre Sainte-Anne*.

MARBRE NOIR ANTIQUE. *Lucullite*. Marbre d'un beau noir intense, ne tirant point sur le gris. C'est le plus noir des carbonates calcaires.

MARBRE NUMIDIQUE. *Voy*. MARBRE DE NUMIDIE.

MARBRE OCCHIO DI PAVONE. Marbre rouge et blanc antique, ayant une teinte jaunâtre, et dont les taches forment des cercles concentriques, à la manière des plumes du paon.

MARBRE ONYX. *Albâtre calcaire*.

MARBRE OSSEUX. Nom donné par M. Brard à un marbre rougeâtre, mêlé d'une nuance verdâtre, avec des taches blanches dues à des os. Il se trouve à six lieues de Vérone.

MARBRE PAVONAZZO. Marbre blanc et rouge antique. Il est blanc, avec de nombreuses taches rouges qui ressemblent à des rubans.

MARBRE PENTÉLIQUE. *Marbre statuaire*, à grains plus fins que le marbre de Paros; tiré de Pentelès, près d'Athènes. Le Parthénon, les Propylées, l'Hippodrome, le torse du Belvédère, le Bacchus au repos, Cincinnatus, Discobole en repos, Pâris, le bas-relief du sacrifice, le trône de Saturne, le trépied d'Apollon, les marbres de Nointel, etc., sont de marbre pentélique.

MARBRE PETIT ANTIQUE. Marbre simple veiné, bleuâtre, à veines plus pâles que le fond, disposées en filets ondoyants non interrompus. On le tire de la carrière de Stazzemm, près de Carrare.

MARBRE PETITE BRÈCHE. *Marbre brèche, brocatelle*, marbre dont les taches sont petites, telles que la brèche violette antique, la brèche africaine, etc.

MARBRE POIREAU. Marbre à texture filamenteuse, cassure fibreuse; présentant, après le poli, des veines longitudinales qui rappellent le tissu ligneux. Les carrières de ce marbre très-rare sont perdues. Il en existe une belle table au cabinet de minéralogie de l'hôtel des monnaies, à Paris.

MARBRE POLVEROSO DI PISTOIA. Marbre noir, veiné de blanc, comme pointillé de petites taches ressemblant à de la poussière. La chapelle de San-Lorenzo en contient de belles plaques.

MARBRE PORTOR. Marbre noir à veines jaunes, quelquefois brillantes comme l'or ; on l'exploite dans les Apennins, près de Porto-Venere, d'où lui vient son nom ; à Saint-Maximin, dans le département du Var, et en Biscaye.

MARBRE POUDINGUE. Marbre dont les fragments, au lieu d'être anguleux comme dans la brèche, sont arrondis dans leurs contours.

MARBRE ROSE. Marbre brèche violette antique, dont les fragments sont rosacés, au lieu d'être blancs ou lilas. Il est fort rare.

MARBRE ROUGE ANTIQUE. Rouge foncé, parsemé de petits points noirs et blancs, et de petits filaments. Il existe entre le Nil et la mer Rouge; il est quelquefois d'une teinte uniforme, mais très-rare alors. Le marbre rouge veiné de blanc est moins rare et moins précieux ; quelques variétés présentent des taches irrégulières, d'autres des rubans parallèles.

MARBRE ROUGE SANGUIN. *Marbre griotte d'Italie*.

MARBRE ROYAL DE PHILIPPEVILLE, qui ressemble au marbre de Leff.

MARBRE RUBANNÉ DE SICILE. D'un rouge plus ou moins vif, traversé longitudinalement par des veines rubanées blanches, roses, verdâtres, ondulées, angulées, tortueuses. Un grand nombre de piédestaux du Muséum de Paris sont faits avec ce marbre.

MARBRE RUINIFORME. *Voy*. MARBRE DE FLORENCE.

MARBRE SAINTE-ANNE. Marbre à fond noir, veiné de gris; calcaire appartenant à la formation carbonifère.

MARBRE SAINTE-BAUME. Marbre simple, veiné, du Var, classé parmi les *marbres portor*.

MARBRE SAINT-REMY. Marbre simple, veiné, à fond jaune.

MARBRE SERPENTIN. Marbre vert veiné de jaune, des environs de Saltzbourg.

MARBRE STATUAIRE. Blanc pur, dur, d'un grain fin. Ceux de Paros, de Luni, de Pentelès et de Carrare sont les plus estimés. Les Italiens donnent le nom de marbre statuaire à un marbre assez semblable à celui de Paros, mais beaucoup plus translucide, dont les carrières sont perdues.

MARBRE UNI. Marbre à teinte uniforme. Ils sont généralement blancs ou noirs.

MARBRE VERT, dont les variétés sont le *cypolin*, le *vert antique*, le *vert d'Égypte*, le *vert de Florence*, le *vert de mer*, le *vert de Suze*. Toutes ces variétés peuvent se réduire à deux classes : le *marbre cypolin*, ou marbre vert moderne, et le *marbre vert antique*.

MARBRE VERT ANTIQUE. Marbre composé de rognons de carbonate blanc et de serpentine verte ; il est quelquefois vert noirâtre. Les anciens le tiraient de la Laconie et de la Morée.

MARBRE VERT ANTIQUE SANGUIN. *Marbre vert antique*, couleur foncée, variée par de petites taches rouges et noires renfermant des débris d'entroques réduits en marbre blanc.

MARBRE VERT DE FLORENCE. *Marbre vert antique.*

MARBRE VERT D'ÉGYPTE. *Marbre vert antique; marbre de Polcheverra.*

MARBRE VERT DE MER. *Marbre vert antique; marbre de Polcheverra.*

MARBRE VERT DE SUZE. *Marbre vert antique.*

MARBRE VIERGE. *Voy.* MARBRE DE BAYONNE.

MARBRÉ (*Géogn.*), m. Nom donné dans les Pyrénées au spath calcaire.

MARCASSITE (*Minér.*), f. Variété de *sulfure de fer* cristallisé, employé par les bijoutiers anciens. Les chimistes ont donné anciennement ce nom au bismuth ; les alchimistes en faisaient une essence de métaux : c'est ainsi que la pyrite de fer était pour eux la marcassite du fer ; celle du cuivre, la marcassite du cuivre ; le sulfure de zinc, la marcassite de l'or, parce qu'il avait la propriété de jaunir le cuivre ; le bismuth, la marcassite de l'argent, etc.

MARCELINE (*Minér.*), f. *Silicate rose de manganèse* provenant de Saint-Marcel, en Piémont, décrit au mot SILICATE DE MANGANÈSE.

MARCÉSITE (*Minér.*), f. Synonyme de *marcassite*. Sulfure de fer jaune.

MARCHER LA TERRE (*Métall.*). La pétrir avec les pieds dans la moulerie, ou en faisant la sole d'un fourneau.

MARÉCHAL (*Métall.*), m. Fer plat épais.

MARÉCHALE (*Exploit.*), f. Nom donné, dans les mines de la Loire, à la houille très-bitumineuse, de première qualité. *Voy.* HOUILLE MARÉCHALE.

MARÉES (*Géol.*), f. La cause des marées est du ressort de l'astronomie et de la physique : nous n'avons à nous occuper que de leur effet sur nos côtes.

Le mouvement de la marée dans la Méditerranée est, dit-on, insensible ; cependant, dans l'Euripe et à Naples, elle s'élève de 0 m. 32 ; au phare de Messine, son ascension est de 0 m. 60 ; à Venise, elle est de 1 m. 82. Il y a longtemps qu'Hérodote nous a appris qu'entre Carthage et Cyrène, sur la côte septentrionale d'Afrique, les marées excédaient 5 pieds (1 m. 62).

La marée, qui est, dans l'estuaire de la Tamise et de la Medway, de 5 m. 48, diminue sensiblement en allant vers le nord-est jusqu'à Yarmouth, où elle n'excède pas 2 m. 40 ; puis elle augmente et devient de 4 m. 80 à Cromer, de 6 à 7 mètres dans les bas-fonds de Boston Deeps, et recommence à diminuer encore en allant vers le nord, de manière qu'à Spurn-Point elle n'est plus que de 5 à 6 mètres, et sur la côte du Yorkshire de 4 à 5 mètres.

A l'embouchure du canal de Bristol, les marées atteignent 11 mètres ; près de Bristol, elles s'élèvent à environ 13 mètres ; à Chepstow, sur la Wye, elles dépassent 18 mètres, et vont quelquefois jusqu'à près de 22 mètres.

Sur la côte de France, où un courant passe à l'ouest du cap de la Hogue, puis se rapproche de Jersey et des autres îles, l'élévation de la marée varie entre 6 et 14 mètres. Cette dernière hauteur est atteinte à Saint-Malo et à Jersey.

La différence entre les hautes et les basses marées équinoxiales est quelquefois énorme : à Brest, elle est de 6 m 418 ; à Dieppe, elle atteint 8 m. 80 ; à Saint-Malo, 11 m. 36. Il est à remarquer qu'elle va généralement croissant du sud au nord : c'est ainsi qu'on trouve qu'à l'entrée de l'Adour, près de Bayonne, le port le plus méridional de France sur l'Océan, cette différence n'est que de 2 m. 80 ; puis, à Cordouan, 4 m. 70 ; à la Rochelle, 5 m. 34 ; au Croisic, 5 mètres ; à Brest, 6 m. 42 ; au Havre, 7 m. 14 ; à Fécamp, 7 m. 72 ; à Dieppe, 8 m. 80 ; à Cayeux, 9 m. 16. Il y a cependant quelques anomalies qui tiennent à des effets de localités.

Le flot de marée connu dans la basse Seine sous le nom de *barre* est un phénomène dû au flux, qui, rencontrant un resserrement, élève subitement les eaux de la mer comme un mur, et prend une vitesse extraordinaire. En certains lieux, cette vitesse est de six lieues à l'heure. Cette sorte de vague, qui est quelquefois nommée *mascaret*, est désastreuse pour les bateaux qui se risquent à passer les rivières au moment de la mer montante.

La marée est une des causes les plus actives de dégradation des côtes des continents ; elle fraye, par son action incessante, un passage à la mer entre des roches de la plus grande dureté, comme dans l'une des Shetland, dans la brèche nommée l'*Effroi du Navire* ; elle détruit des îles entières de granite, comme dans les Féroë ; elle arrache à leur lieu natal et transporte à des distances considérables des blocs de plusieurs mètres cubes ; à Riba de Sella, dans les Asturies, elle s'ouvre rapidement un passage à travers l'Atalaya, qui envahira inévitablement la baie et submergera la petite ville d'ici à une cinquantaine d'années. C'est à un flot de marée qu'est due la grande invasion de 1421 en Hollande. Le déluge cimbrien provient, selon Strabon, d'une grande marée qui eut lieu trois siècles avant l'ère chrétienne. Le détroit de Gibraltar s'élargit peu à peu par l'effet de l'usure des falaises, due en grande partie aux effets de la marée.

Les marées ont une influence assez directe sur l'ascension ou la baisse des eaux des puits artésiens : les niveaux des fontaines jaillissantes du département de la Somme et des environs d'Abbeville, montent et baissent avec le flux et le reflux ; à Falham, près de la Tamise, un puits foré à 97 mètres donne 363 ou 273 litres par minute, suivant que la marée est haute ou basse.

MARÉKANITE ou MARIKANITE (*Minér.*), f. *Obsidienne* du Kamtschatka, en grains de la grosseur d'un pois ou d'une noisette.

MARGARITE (*Minér.*), f. Du grec *margarités*, perle; par allusion à son éclat nacré et blanc argentin, qui lui a fait donner aussi le nom de *mica nacré* par les anciens auteurs français, et de *perl-glimmer* par les Allemands. Ce minéral est en lames minces, ou en petits prismes à huit pans croisés dans tous les sens; il est tantôt disséminé d'une manière irrégulière dans le talc chlorite, tantôt en petits filons dans cette même roche. Il raye le mica, et par là s'en distingue; il a quelquefois une teinte rougeâtre ou grisâtre; sa densité est de 3.032. Il s'exfolie au chalumeau, se boursoufle et se fond. Son analyse a donné à du Ménil :

Silice.	37.00
Alumine.	40.30
Chaux.	8.96
Soude.	1.24
Oxyde de fer.	4.50
Eau.	1.00
	93.20

Sa formule atomique est $(Al^2O^3)^2 SiO^3 + CaO SiO^3$. — La margarite a été rencontrée à Sterzing, dans le Tyrol.

MARGARITITE (*Géogn.*), f. Oolite stalactiteuse; nom donné par Gessner à des stalactites globuleuses.

MARGASON (*Métall.*), m. Terme des forges catalanes; mortaise où se place le manche d'un marteau.

MARGINELLE (*Paléont.*), f. Genre de coquilles columellaires, présentant huit espèces fossiles dans les terrains modernes.

MARGUÉ (*Metall.*), m. Manche d'un marteau des forges catalanes.

MARIANITE (*Minér.*), f. Nom donné au *nitrate de soude* découvert au Pérou par M. Mariano de Rivero.

MARMATITE (*Minér.*), f. Nom donné à un *sulfure de zinc* trouvé près de Marmato, dans la province de Popayan, et décrit à l'article SULFURES MÉTALLIQUES.

MARMORO STATUARIO (*Minér.*), m. *Carbonate de chaux*; marbre statuaire des Italiens, blanc et d'une grande translucidité. On trouve à Venise et en Lombardie des colonnes et des autels faits de ce beau marbre, dont les carrières sont perdues.

MARNE (*Minér.* et *Géogn.*), f. Calcaire terreux, allié avec du sable siliceux et de l'argile. Nous en avons parlé à l'article du CARBONATE DE CHAUX, page 81.

Les marnes forment trois espèces distinctes, qui prennent leur nom de la nature des terres qui dominent dans le mélange; mais le carbonate de chaux forme toujours la base de la terre :

La marne calcaire,
La marne argileuse,
La marne siliceuse.

La MARNE CALCAIRE est une terre peu consistante, à structure feuilletée, blanche ou blanc jaunâtre, poreuse, absorbant facilement l'humidité, happant la langue, dégageant l'odeur argileuse par l'insufflation, se délitant à l'air, faisant entendre dans l'eau un léger sifflement d'absorption, et dégageant des bulles d'air; elle fait effervescence avec les acides; elle se réduit au feu en chaux vive, et se vitrifie si le feu est trop violent. Sa composition varie entre les deux limites suivantes:

Carbonate de chaux.	80	95
Argile.	20	5
	100	100

La MARNE ARGILEUSE ou TERREUSE contient peu de calcaire; sa couleur est d'un gris rougeâtre, verdâtre, noirâtre; elle développe une forte odeur argileuse, happe aussi la langue, fait une pâte courte avec l'eau, et produit peu d'effervescence avec les acides. La marne verte de Montmartre contient les éléments suivants :

Silice.	66	Argile.	85
Alumine.	19		
Calcaire.			7
			92

La MARNE SILICEUSE ou SABLEUSE renferme encore moins de calcaire, et contient, au contraire, beaucoup de sable siliceux. Celle de Montmartre a donné à l'analyse :

Silice.	74
Alumine.	6
Magnésie.	8
Oxyde de fer.	11
Calcaire.	1
	100

Les marnes sont employées comme amendement dans la culture des terres; elles y agissent de deux manières : ou par le calcaire qu'elles contiennent toutes en plus ou moins grande quantité, et dont les plantes s'assimilent chimiquement une forte portion, ou par leur état de division mécanique, qui facilite aux parties inférieures de ces plantes l'accès de l'eau, de l'air, et de certains sels nécessaires à leur développement.

En parlant de la *terre végétale* nous montrons que le sol n'est, à proprement parler, qu'un plancher qui sert d'appui aux végétaux, et qui leur transmet la nourriture fournie par les agents extérieurs. Or ce sol est sujet à deux inconvénients également nuisibles : ou il est trop dense, trop tenace, trop fort, et il empêche, en se resserrant, les éléments de la végétation de parvenir aux racines; ou il est trop léger, trop sableux, et il offre un appui peu consistant, et ne retient pas assez longtemps les liquides nécessaires au transport des sucs nutritifs dans les organes végétaux.

L'emploi des marnes, connu sous le nom de *marnage*, dans l'agriculture, remédie à ces inconvénients; aux sols argileux et compactes, une marne calcaire et sableuse; aux sols légers et maigres, une marne argileuse et forte

C'est au cultivateur qui connaît bien sa terre à la traiter comme il convient, en mettant à profit les marnes qu'il a à sa disposition.

La nature a sagement pourvu à tous les besoins des hommes; mais elle leur a laissé le soin d'activer le moyen d'y satisfaire. Il était sage que celui qui devait ressentir le besoin eût la faculté de le faire cesser plus ou moins vite. Sans le travail, le sol le plus stérile produirait encore des êtres végétaux, mais il les laisserait abandonnés à eux-mêmes, à l'action réciproque de leurs éléments, aux influences atmosphériques; les débris organiques ne se décomposeraient que lentement, et ne produiraient qu'à la longue et avec beaucoup de peine les engrais nécessaires à la nutrition des végétaux. Il faut donner à la terre de ces sels qui hâtent les réactions chimiques, et donnent une certaine activité aux matières organiques disséminées entre les éléments du sol. Une terre purement argileuse et siliceuse est stérile, parce qu'elle manque de ce ferment qui détermine plus promptement l'action chimique, du calcaire en un mot. C'est la marne calcaire qu'il faut lui donner. Dans les terrains crayeux, au contraire, la décomposition des matières organiques est trop rapide; il y a excès, la végétation est entravée par la surabondance des sels actifs. Ici, la marne argileuse est utile.

Ainsi, ameublir des terres trop compactes, rendre fortes des terres trop légères, paralyser la trop grande activité chimique de certains sols, activer au contraire ceux qui sont sans action décomposante : tel est le but de l'emploi des marnes, et ce qui doit régler le choix des cultivateurs dans leurs recherches.

Les marnes calcaires conviennent aux terrains argileux; elles y produisent un double effet : elles les divisent, les ameublissent; elles y portent un foyer d'activité chimique. Les marnes argileuses sont propres aux terrains légers, meubles, sableux, qu'elles rendent plus compactes et plus denses.

Il est ainsi bien important que l'agriculteur puisse savoir distinguer la quantité de chacune des trois terres contenues dans une marne donnée; nous croyons donc qu'il ne sera pas hors de propos de décrire ici un moyen simple et facile d'analyse chimique, à la portée des personnes le moins habituées aux manipulations de laboratoire.

On prend une certaine quantité de la marne qu'il s'agit d'essayer; on la fait dessécher lentement au feu; après quoi, on la pèse. On la jette ensuite dans un vase qui contient une quantité suffisante d'acide nitrique ou hydrochlorique. Le calcaire ou carbonate de chaux se décompose; l'acide s'empare de la chaux, et l'acide carbonique devenu libre s'échappe avec une vive effervescence. Lorsque cette réaction cesse, on filtre la liqueur qui tient en dissolution toute la chaux, et l'on recueille soigneusement le résidu qui renferme les autres terres. On dessèche de nouveau ce résidu, et on le pèse. La différence du poids du résidu avec celui total de la marne donne le poids du carbonate de chaux enlevé. C'est la substance qu'il importait de connaître chimiquement.

Quant aux autres terres, comme leur action dans l'amendement des terres n'est que mécanique, il importe peu d'en connaître la nature; il suffit de les séparer mécaniquement, afin d'apprécier la partie sableuse. Pour cela, on verse de l'eau sur le résidu, on délaye pendant quelques instants, et on laisse reposer deux minutes ou trois; on décante, et on enlève ainsi la partie la plus fine de l'argile; on recommence l'opération plusieurs fois, jusqu'à ce que l'eau n'entraîne plus de terre. Il reste alors au fond du vase la partie sableuse, qu'on fait dessécher et qu'on pèse ensuite. Le poids de la partie fine se déduit naturellement.

On comprend encore sous la dénomination de marnes quelques substances terreuses, dont nous donnons ici une liste assez complète :

MARNE CAILLOUTEUSE. *Carbonate de chaux* argilo-siliceux des carrières de Paris, qui sert à faire des pierres à aiguiser et des brunissoirs.

MARNE ENDURCIE. *Carbonate de chaux* impur, en masses, en espèces de galets, gris ou jaunâtre, mat, opaque, terreux, rayé par l'ongle, maigre au toucher, fondant au chalumeau et donnant une scorie verdâtre. P. s. : 2.4 à 2.87.

Composition :

Carbonate de chaux.	50
Alumine.	32
Silice.	12
Oxyde de fer et de manganèse.	2
	96

MARNES IRISÉES. Formation appartenant à l'étage supérieur du *terrain triasique*, composée de marnes argileuses, jaunes, rouges, verdâtres, bleuâtres, grisâtres, alternant avec des grès quartzeux, à ciment argileux ou marneux, grisâtre ou rougeâtre, renfermant quelquefois du stipite.

MARNE MARINE. Marne calcaire, blanche dans les assises inférieures, grise ou bleuâtre dans celles supérieures. Elles sont quelquefois très-compactes. Elles forment la limite, avec plusieurs autres roches, entre le terrain tertiaire et celui quaternaire.

MARNE SCHISTEUSE. Argile schisteuse, renfermant beaucoup de matière calcaire.

MARNE SPHÉROÏDALE CLOISONNÉE. *Jeux de Van Helmont*; marne orbiculaire qui, en se desséchant, a subi des ruptures en différents sens. Les interstices sont souvent remplis par un calcaire blanc; et le tout offre un assemblage de prismes d'une substance terreuse et grisâtre, séparés par des cloisons d'un blanc plus ou moins clair.

MARNE SUBAPENNINE. Système des collines qui s'étendent sur les deux versants des Apennins. Il se compose de marnes souvent meubles, quelquefois micacées; il est grisâtre, brunâtre ou bleuâtre, renfermant des coquilles analogues à celles vivantes dans la mer, des lignites ou du gypse; au-dessus sont des couches de sable jaunâtre ou rougeâtre, mélangé d'argile, et renfermant des lits de grès calcarifère. La marne subapennine appartient à l'étage supérieur du terrain quaternaire.

MARNE TERREUSE. Carbonate de chaux impur, gris ou jaunâtre, peu cohérent, mat, léger, odeur urineuse, maigre au toucher, contenant, outre l'alumine et la silice, un peu de bitume.

MARNE VERTE. Marne d'un vert jaunâtre, friable, peu fissile, appartenant à l'étage inférieur du terrain quaternaire.

MARQUISETTE (*Exploit.*), f. Nom donné anciennement par les mineurs au *sulfure de fer*.

MARRONS (*Minér.*), m. Nom donné dans le Nord à des cailloux de sardoine, roulés dans le lit des rivières, et qui ont acquis la forme de marrons.

MARS (*Minér.*), m. Nom donné par les anciens alchimistes au *fer*.

MARSUPITE (*Paléont.*), m. Genre de polypiers fossiles.

MARTE (*Paléont.*), f. Genre de mammifère, dont on connaît deux espèces dans les terrains supérieurs à la craie.

MARTEAU (*Métall.*), m. Masse de fer ou de fonte fixée au bout d'un manche, qui en tombant sur un corps produit la percussion. C'est un des organes mécaniques les plus simples, et qui n'a pu ni dû être modifié depuis son invention.

Le manche est en bois ou en métal; la partie supérieure s'appelle *tête*; celle inférieure, la *panne*; les deux côtés se nomment les *mansuelles*.

La panne du marteau doit être en acier, de préférence au fer, ou refroidie subitement, s'il est en fonte. La même observation est faite à l'égard de l'*enclume*.

On distingue, en métallurgie, trois espèces de marteaux, comme on distingue en mécanique trois sortes de leviers : dans le marteau *frontal*, la puissance qui le soulève est placée à l'une des extrémités, et le point d'appui, ou l'axe de rotation, à l'autre; dans celui *à bascule*, le point d'appui est entre le moteur et le marteau proprement dit; dans celui *à soulèvement* enfin, la puissance est au milieu et fait effort sur le manche. Ainsi, le marteau à bascule est un levier de première espèce; celui frontal, un levier de seconde; et le marteau à soulèvement, un levier de troisième espèce.

Les marteaux sont mis en mouvement à l'aide d'une roue ou d'un arbre armé de *cames*. Les manches des marteaux à bascule et à soulèvement sont passés dans un anneau en fonte nommé *bogue*, *hulse* ou *hurasse*; cet anneau est pourvu de deux *cornes* ou tourillons qui s'encastrent dans des crapaudines fixées sur deux montants en bois, assemblés à leur tour par une *semelle*. Toute la charpente du marteau est nommée *ordon*.

Une considération importante, et qui tient de près à la bonne ou mauvaise qualité du métal, c'est que la vitesse du marteau doit augmenter à mesure que la barre métallique se refroidit; or, comme la température des métaux décroît en progression géométrique pour des accroissements de temps égaux, la vitesse de la percussion devrait, à la rigueur, suivre cette même progression. C'est ce qu'on n'a produit encore à l'aide d'aucune machine existante. Dans les usines où l'eau sert de moteur, on donne plus d'eau en ouvrant la vanne, au moment où le métal commence à se refroidir; mais comme tout est laissé à la volonté de l'ouvrier, et que rien ne détermine la vitesse nécessaire, il arrive presque toujours que le rapport n'est point gardé. Dans les usines mues par une machine à vapeur, cette proportion n'est nullement admise dans les marteaux ordinaires, excepté dans le *marteau-pilon*, dont l'invention est récente.

Ce marteau se compose d'un bâti vertical en fonte, dans lequel glisse verticalement un fort pilon en fonte de 3 à 4,000 kilogrammes. La partie inférieure du bâti porte une enclume, et le pilon, en la frappant, agit d'une manière analogue aux *moutons* en usage pour battre les pilotis. Le pilon porte à sa partie supérieure une tige en fer munie en haut d'un piston qui est engagé dans un cylindre à vapeur, et se manœuvre comme les pistons ordinaires des machines. Il monte ou descend, selon que la vapeur à haute pression est introduite dessous ou dessus, au moyen d'un jeu de tiroirs.

Outre l'avantage d'augmenter et de diminuer la vitesse de la percussion, le marteau-pilon a encore celui de s'arrêter à volonté à une distance de l'enclume déterminée d'avance; en sorte que cet appareil ingénieux, dû à un artiste français, permet de donner aux pièces soumises au choc les dimensions que l'on désire. C'est un instrument précieux pour le forgeage des grosses pièces.

MARTEL (*Métall.*), m. Marteau.

MARTELER (*Métall.*). Battre au marteau; c'est le synonyme de *martiner*.

MARTIAL (*Minér.*), adj. Épithète que l'on appliquait à toutes les substances qui renfermaient une certaine quantité de fer, par analogie avec le mot *mars*, qui désignait le fer dans l'ancienne chimie : *pyrite martiale*, *terre martiale*, etc.

MARTITE (*Minér.*), f. Nom donné par MM. Spix et Martius à des cristaux de fer oligiste appartenant au système cubique, et qui sont composés de peroxyde de fer pur; leur surface et leur cassure sont noires de fer, leur pesanteur spécifique est de 4.82. M. Dufrenoy pense que ce sont des épigénies, et que ce nouvel exemple de dimorphisme ne doit être admis qu'avec défiance.

MARTOISE (*Exploit.*), f. Terme de mineur,

mortaise faite dans une roche qui doit recevoir ou soutenir une pièce de bois.

MASCAGUINE (*Minér.*), f. Nom donné par M. Beudant au *sulfate d'ammoniaque*.

MASEGUA (*Géogn.*), m. Nom donné par les Italiens au *trachyte*.

MASONITE (*Minér.*), f. Nom donné par Jackson à un silicate alumineux de fer analogue à la hornblende, provenant de Rhode-Island; il est noir, à éclat perlé, raye l'apatite, et est rayé par le quartz; sa densité est 3.40. Il a un clivage facile. Sa composition est :

Silice.	38.20
Alumine.	29.00
Protoxyde de fer.	26.93
Magnésie.	0.24
Protoxyde de manganèse.	6.00
	99.37

d'où l'on tire : $2\ Al^2O^3\ SiO^3 + (FeO,\ MnO)^3\ SiO^3$.

MASQUIQUI (*Minér.*), m. *Voy.* TERRE DU JAPON.

MASSE (*Exploit.*), f. Espèce de *battrant* qui sert à battre le fleuret dans le tirage à la poudre.

MASSÉ (*Métall.*), m. *Loupe*.

MASSEAU (*Métall.*), m. Lopin cinglé.

MASSELET (*Métall.*), m. Petite loupe.

MASSELOTTE (*Métall.*), f. Métal qui excède la quantité employée dans un moule, et qui forme une masse dans le conduit réservé pour le passage de la fonte.

MASSICOT (*Minér.*), m. *Oxyde de plomb* jaune.

MASSIF (*Métall.*), m. Enveloppe extérieure d'un fourneau.

MASSOQUE (*Métall.*), f. Lopin qu'on obtient dans les forges catalanes, en coupant le massé en deux parties.

MASSOQUETTE (*Métall.*), f. Lopin qu'on obtient, dans les forges catalanes, en coupant la *massoque* en deux parties.

MASTODONTE (*Paléont.*), m. Genre fossile de mammifères, dont on connaît six espèces dans les terrains postérieurs à la craie.

MATITE (*Minér.*), f. Nom donné à des pierres qui ont la forme d'un bout de mamelle; par corruption du grec *mastos*, mamelle.

MATRICE DES CRISTAUX (*Exploit.*), f. *Voy.* GANGUE. On nomme plus particulièrement *gangue* les substances pierreuses qui accompagnent les veines métalliques, et *matrices* celles qui supportent et tiennent comme enchatonnées d'autres substances pierreuses, ou d'une nature non métallique. Haüy applique indifféremment le mot de gangue aux supports ou aux enveloppes d'un minéral, quelle que soit sa nature.

MATRICE D'OPALE, f. *Opale prime*.

MATTAJONE (*Exploit.*), m. Nom donné en Toscane à la marne grise et bleuâtre dans laquelle se trouve le gypse ou albâtre de Volterra.

MATTE (*Métall.*), f. Matière aigre, brune, fragile, plus ou moins violâtre, obtenue des minerais de cuivre grillés avant d'arriver au cuivre noir.

MAZÉAGE (*Métall.*), m. Le mazéage constitue avec le *pudlage* toute l'opération de l'affinage du fer, suivant la méthode anglaise. On sait que l'affinage consiste à enlever à la fonte les matières hétérogènes qui sont combinées avec le fer, et à donner à ce métal toute la pureté possible. Or toutes les fontes étant composées de fer, de silicium et de carbone, leur affinage devra tendre à en séparer ces deux dernières substances. Le silicium, base de la silice, ne peut s'enlever que dans le mazéage, lorsque la fonte est à l'état de fusion; le carbone s'enlève également dans le mazéage ou dans le pudlage. Les feux dans lesquels on opère le mazéage de la fonte sont assez semblables aux renardières des forges ordinaires. On y place la fonte pêle-mêle avec le combustible, et on la réduit à l'état de fusion, que l'on prolonge à l'aide de scories dont on recouvre le bain. Ce n'est qu'après l'entière fusion du tout qu'on doit procurer la sortie au laitier. Tant que celui-ci reste sur la fonte liquide, l'affinage ne peut avoir lieu; d'un autre côté, comme la séparation de la silice ne peut être opérée que par une fusion prolongée, on conçoit l'importance qu'il y a de protéger le bain contre l'action de l'air par le maintien des scories. Dès que cette fusion est complète, et afin d'éviter une consommation trop grande de combustible, on perce le trou des scories, et on en facilite l'écoulement, soit en remuant la matière, soit en remplissant le creuset de coke. Le mazeur a l'habitude de jeter sur le combustible enflammé quelques scories de l'affinage précédent. Cependant il est évident qu'un excès de scories ne peut que retarder l'affinage, en augmentant la consommation du combustible. Il doit donc y apporter toute la discrétion possible, et n'employer ce moyen que dans le cas où il faut retarder la décarburation. Tant que le métal n'est pas suffisamment décarburé, le ringard du mazeur sort du feu quelquefois enveloppé de fonte, quelquefois entouré de scories fondues. Le bout de la barre petille à peine, et l'on n'aperçoit qu'à rares intervalles des étincelles qui annoncent la présence du fer. Le travail du mazeur devient alors plus assidu: il doit sonder de temps en temps son creuset, soulever la masse pâteuse et agiter celle liquide, de manière à exposer le plus de surface au vent. C'est alors qu'on reconnaît le mazeur habile et actif. L'ouvrier qui laisse *dormir* le métal au fond du creuset, et qui ne se sert que rarement du ringard, dans le seul but de s'assurer de la marche de l'opération, dépense beaucoup plus de combustible et met beaucoup plus de temps que celui qui brasse souvent la fonte et l'expose au vent des tuyères. Ce vent facilite la décarburation, qui, au contraire, n'a lieu que très-difficilement quand la surface supérieure seule est exposée à l'air. Il n'est pas rare de voir gagner une demi-heure par fournée à un bon ouvrier sur un ouvrier médiocre; l'économie du coke ou du charbon est proportionnelle. Dans le cours du mazéage, il est essentiel que les tuyères soient bien nettoyées et bien claires. Il n'y faut point laisser former de nez, dans la crainte que le vent ne sorte irrégulièrement sur la surface, et, par l'affinage de certaines parties, n'expose l'ouvrier à former des *demi-loups* qui s'attachent aux angles du creuset, ou quelquefois aux saillies des tuyères.

A mesure que l'opération avance, les étincelles se multiplient au bout du ringard, chaque fois qu'on le retire du feu. Lorsque l'affinage est assez avancé, le bout de la barre, au moment où elle sort du creuset et pendant quelques secondes, est couronné d'un bouquet d'étincelles très-brillantes et en très-grand nombre. La première fois que ce bouquet se manifeste, on doit tout préparer pour la coulée; faire nettoyer le lit d'abord avec la pelle, puis avec le balai. Si quelques parties se trouvaient humides, on y étendrait quelques morceaux de coke enflammé, ou mieux un peu de scories fraîchement sorties.

Cinq minutes ensuite, on sonde le métal, et si les étincelles ont augmenté, on procède au percement du chio. Cette opération s'exécute avec un ringard que l'on fait rougir pour éclairer la nuit, et faciliter la recherche du bouchage. Aussitôt qu'à travers la terre qui le recouvre on est parvenu à découvrir le chio, on enfonce violemment et avec rapidité le ringard dans le bouchage, et on l'agite en même temps pour rendre l'ouverture aussi grande que possible; le métal se précipite alors dans le lit, et entraine avec lui les scories qui l'accompagnaient. Pour que l'opération soit complète, il faut que le métal soit extrêmement liquide, qu'il jette, en coulant, des milliers d'étincelles très-brillantes, formant, pendant quelques secondes, des gerbes de pluie d'artifice.

Les scories qui sortent du creuset pendant la coulée surnagent sur la surface du métal liquide, et forment une croûte plus ou moins épaisse, dont on facilite la séparation d'avec le fer décarburé par un refroidissement subit, à l'aide d'eau fraîche ou de scories froides. Pour empêcher que le métal ne s'attache au lit de fonte dans lequel on le coule, on a eu soin d'arroser le fond de ce lit et les parois avec de la terre de mouleur, délayée dans de l'eau, de manière à y former une croûte de 0 m. 001 à 0 m. 002. Il faut avoir soin de remplir bien exactement les joints, afin que le métal ne s'y introduise pas et n'oblige à l'arracher avec force, au risque quelquefois de briser une partie du moule.

Si au lieu de couler le métal liquide on l'amenait à l'état pâteux devant la tuyère, en opérant une sorte d'affinage comtois, on obtiendrait du fer pur qui pourrait dès lors être soumis à l'étirage. Nous expliquerons notre idée à l'article Pudlage, auquel nous renvoyons le lecteur.

Mazeau (*Métall.*), m. Plaque de fonte décarburée provenant du *mazéage*.

Mazelle (*Métall.*), f. Fonte projetée sur des laitiers dans l'affinage bergamasque.

Mazer (*Métall.*), v. Affiner en partie la fonte et la couler en plaque, en la refroidissant subitement.

Mazerie (*Métall.*), f. Feu de forge destiné au premier affinage de la fonte de fer par le procédé anglais. C'est une renardière A, peu élevée au-dessus du sol, composée de quatre plaques de fonte formant un rectangle, et recouverte d'une cheminée en hotte B qui

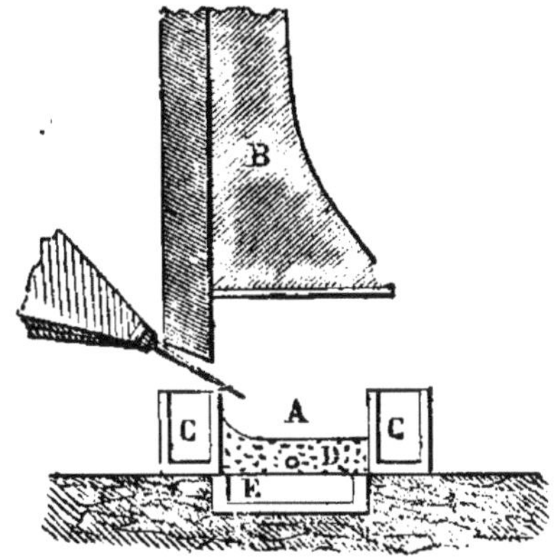

dirige la fumée. Les quatre côtés C,C sont creux, et reçoivent un courant d'eau froide, dont le but est d'éviter qu'ils ne se fondent à la chaleur. Le métal liquide est coulé par le chio D dans un lit ou moule rectangulaire E, où ensuite on le refroidit en jetant de l'eau dessus. *Voy.* pour plus de détail l'article Mazéage.

Méandrine (*Paléont.*), f. Genre de polypiers, dont cinq espèces fossiles appartiennent aux terrains modernes.

Méandrite (*Paléont.*), f. Sorte de fongite ayant l'apparence de méandres, ou anfractuosités du cerveau.

Mèche de tarière (*Exploit.*), f. C'est la partie la plus saillante d'une tarière de sonde; elle forme un plan incliné sur le *mentonnet*, et est destinée, en s'introduisant dans le terrain, à forcer les matières de venir se loger dans l'intérieur de la tarière, où le mentonnet les retient. La saillie d'une mèche doit être de 0 m. 02 à 0 m. 03 au-dessous du mentonnet; on l'augmente suivant la nature des terrains, en ayant toujours soin de la diriger de manière qu'elle morde dans le sens de la rotation imprimée à la sonde. On la trempe au rouge naissant, et on la recuit au gorge-pigeon, en la frottant ensuite de suif jusqu'au refroidissement.

Méconite (*Minér.*), f. Nom donné à une roche oolitique, dont les grains ont la grosseur de graines de pavots; du grec *mêkôn*, pavot.

MÉGALONYX (*Paléont.*), m. Genre fossile de mammifères des terrains postérieurs à la craie.

MÉGATHERIUM (*Paléont.*), m. Genre fossile de mammifères des terrains supercrétacés.

MÉIONITE (*Minér.*), f. Variété de *wernérite*, ainsi nommée du grec *meiôn*, moindre, parce que ses cristaux ont rarement plus de deux à trois millimètres d'épaisseur, tandis que les deux autres variétés, notamment la *paranthine*, acquièrent d'assez grandes dimensions.

MÉLAC, m. Étain de Malaca, étain fin qui vient en petits chapeaux.

MÉLACONISE (*Minér.*), f. *Peroxyde de cuivre*. Du grec *mélas*, noir, et *konis*, poussière; à cause de la couleur et de l'état de ce minéral.

MÉLANCHLOR (*Minér.*), m. Variété fibreuse de *phosphate de fer*, trouvée à Rabenstein. Son nom vient du grec *mélas*, noir; *chroa*, couleur. C'est en effet le caractère de cette variété.

MÉLANIE (*Paléont.*), f. Genre de mélaniens, dont on connaît trente-six espèces fossiles dans les terrains supercrétacés.

MÉLANITE (*Minér.*), f. Du grec *mélas*, noir; variété noire du *grenat mélanite*.

MÉLANOCHROÏTE (*Minér.*), f. Nom donné au sesqui-chromate de plomb, décrit au mot CHROMATE DE PLOMB.

MÉLANOGRAPHITES (*Minér.*), f. Pierres qui présentent des dessins noirs; du grec *mélanos*, génitif de *mélas*, noir; *graphô*, je décris.

MÉLANOPSIDE (*Paléont.*), m. Genre de mélaniens, dont dix espèces se trouvent à l'état fossile dans les terrains postérieurs à la craie.

MÉLANTÉRIE (*Minér.*), f. Nom donné par Beudant au *sulfate* de protoxyde *de fer*.

MÉLANTÉRITE et **MÉLANTHÉRITE** (*Minér.*), f. *Ampelite*, crayon noir.

MÉLAPHYRE (*Minér.*), m. Du grec *mélas*, noir; porphyre noir, porphyre pyroxénique, serpentino verde antico des Italiens, augitporphyr et trapp-porphyr des Allemands, ophite. Roche dont la pâte renferme du pyroxène, du feldspath, de l'albite ou de la labradorite, avec cristaux de ces mêmes substances; noirâtre ou verte avec cristaux plus pâles; texture porphyroïde ou bulleuse, en masse et en filons; quelquefois susceptible d'un beau poli; renfermant accidentellement du mica, de l'amphibole, du quartz, etc.

MÉLAPHYRE DEMI-DEUIL. *Mélaphyre* noirâtre, avec des cristaux de feldspath blanc.

MÉLAPHYRE TACHE VERTE. *Mélaphyre* brun rougeâtre, avec des cristaux plus ou moins verts.

MÉLAPHYRE SANGUIN. *Mélaphyre* noirâtre, avec des cristaux d'albite rouge.

MELCHIOR (*Métall.*), m. Alliage de zinc, de cuivre et de nickel, décrit sous le nom de MAILLECHORT.

MÉLINITE (*Minér.*), f. Argile jaune couleur de miel, qu'on employait autrefois dans la médecine.

MÉLINE (*Minér.*), f. Nom donné par Dioscoride à une terre argileuse jaune, qui est probablement une ocre. Vitruve la cite comme étant un métal.

MÉLINIQUE (*Cristall.*), adj. Calcaire mélinique; nom donné par M. Breithaupt à un cristal rhomboédrique de carbonate de chaux, dont l'angle est de 103° 17′, et la densité de 2.693 à 2.696; il raye la fluorine, et se laisse rayer par la phosphorite.

MÉLINITE (*Minér.*), f. Variété de *quartz résinite*, en plaquettes ou petites masses noduleuses engagées dans une marne argileuse, blanchâtre, de Ménilmontant, près de Paris.

MÉLINOSE (*Minér.*), f. Nom donné par M. Beudant au *molybdate de plomb*.

MÉLITE (*Minér.*), f. Variété de *stéléchite* imitant le frêne.

MÉLITITE (*Minér.*), f. Espèce de *galactite*.

MELLATES, m. Famille de minéraux composée de bases unies à l'acide mellitique; on n'en connaît encore qu'une seule espèce: le *mellate d'alumine*.

MELLATE D'ALUMINE (*Minér.*), m. Minéral décrit au mot RÉSINES FOSSILES.

MELLICHRYSOS (*Minér. anc.*), m. Pierre précieuse des anciens, d'un jaune brillant; du grec *méli*, miel; *chrysos*, or; couleur de miel et d'or. C'est probablement une aventurine.

MELLILITE (*Minér.*), f. Silicate de chaux, de magnésie et de fer; jaune pâle ou jaune orangé, couleur de miel (de là son nom, du grec *méli*, miel; *lithos*, pierre), cristallisant en petits parallélipipèdes rectangles, ou en octaèdres rectangulaires; fusible, soluble en gelée; trouvé au Capo di Bove.

Composition, suivant Carpi:

Silice.	38.00
Chaux.	19.60
Magnésie.	19.40
Oxyde de fer.	12.10
Alumine.	2.90
Oxyde de manganèse.	2.00
— de titane.	4 00
	98.00

MELLITE (*Minér.*), f. *Résine fossile* décrite sous ce titre. C'est un mellate d'alumine hydraté.

MELLITE (*Paléont.*), m. Sorte d'échinite discoïde fossile.

MÉLOCHITE (*Minér.*), f. Jaspe couleur de mauve, *pierre d'Arménie*.

MÉLONITE (*Minér.*), f. Galet ou caillou arrondi qui a la forme d'un melon.

MELONS DU MONT CARMEL (*Minér.*), m. *Quartz agate* en géode.

MÉLOPÉPONITE (*Minér.*), f. *Voy.* MÉLONITE.

MÉLOPSITE (*Minér.*), f. Variété de *saponite* décrite sous ce dernier titre.

MEMPHITE (*Minér.*), m. Variété d'onyx présentant des couches superposées de couleurs tranchées, ce qui la rend très-propre à faire des camées. Le memphite de Pline est un ophite noir tirant sur le vert. Les anciens lui attribuaient la vertu d'engourdir les membres, après qu'elle avait été mise dans du vinaigre; en sorte qu'on pouvait sans douleur souffrir une opération chirurgicale. Elle se trouvait près de Memphis, en Égypte. C'est une espèce d'*onyx* à plusieurs couches, dont l'inférieure est noire et la supérieure blanche.

MENAC ou MENAS (*Minér.*), m. Nom donné par Werner au *sphène*, ou *silico-titanate de chaux*. On dit aussi *ménazite*.

MÉNACHANITE, MÉNACANITE, ou MÉNAKANITE (*Minér.*), f. Variété de *titanate de fer*, en petits grains ou en sables, trouvée par M. Grégor dans les sables de Ménachan, et ayant tous les caractères du fer titané, décrit au mot TITANATE DE FER. Sa composition est :

	LOCALITÉS.	
	Bretagne.	Ménachan.
Acide titanique.	58.70	45.25
Protoxyde de fer.	36.00	51. »
Prot. de manganèse.	5.30	0.25
Silice.	»	3.50
	100.00	100.00

d'où l'on tire les deux formules : $(FeO)^3 (TiO^2)^4$ et $(FeO)^4 (TiO^2)^3$.

MÉNACHINE (*Minér.*), f. Nom donné par Kirwan au titane découvert dans la vallée de Ménachan, ou Menakan, du comté de Cornwall.

MENDIPITE (*Minér.*), m. Variété de *chlorure de plomb*, provenant des Mendiphills, dans le Sommersetshire, en Angleterre.

MENGITE (*Minér.*), f. Variété de *titanate de fer*, en petits cristaux prismatiques disséminés dans l'albite. La forme primitive est un prisme rhomboïdal droit, sous l'angle de 136° 20'. Cette substance est noire, à éclat métalloïde; sa poussière est brun châtaigne; sa cassure est inégale et conchoïde : elle ne possède point de clivage; elle raye le phosphate de chaux et même le verre. Au chalumeau, elle est infusible; mais avec le sel de phosphore elle donne un verre jaune verdâtre au feu d'oxydation, et orangé au feu de réduction, avec la soude. La mengite donne la réaction du manganèse; sa densité est 5.48. On n'en possède pas d'analyse. M. Rose a trouvé qu'elle contenait de la zircone.

M. Brooke a donné le nom de *mengite* à un *phosphate de cérium* décrit sous le nom de MONAZITE, et qui avait été découvert par Monge.

MENHIR (*Minér. archéol.*), m. Pierres longues grossières, plantées verticalement dans le sol.

Les principaux menhir sont ceux de Joinville (Meuse), de Quiberon (Morbihan), de Grabusson (Ille-et-Vilaine), de Pontigné (Maine-et-Loire), de Saint-Sulpice (Gironde), etc.

MÉNILITE (*Minér.*), f. *Résinite*, variété tuberculeuse, en rognons mamelonnés; texture compacte, grenue, un peu feuilletée, qu'on rencontre dans les dépôts d'eau douce et marneux de Ménil-Montant, près de Paris.

Composition, suivant Klaproth :

Silice.	85.50
Eau.	11.00
Peroxyde de fer.	0.50
Alumine.	1.00
Chaux.	0.50
	98.50

MENTONNET (*Exploit.*), m. Partie d'une tarière recourbée à angle droit, servant à maintenir les matières qu'on retire d'un trou de sondage, et à les empêcher de tomber.

MENTONNET (*Metall.*), m. Dans un soufflet mu par une machine, c'est la pièce qui reçoit l'impulsion des cames.

MENU (*Exploit.*), m. Houille en poussière ou en très-petits morceaux.

MÉPHITE DE SOUDE (*Minér.*), m. *Sous-carbonate de soude*.

MER (*Géol.*), f. Masse d'eau qui sépare les continents, et dont la composition a été donnée au mot EAU. On a remarqué que la mer était d'autant moins salée qu'elle s'approchait plus des côtes, ce qui s'explique par le versement des eaux douces des fleuves; on n'est point encore arrivé néanmoins à se rendre compte de la différence de salure qui existe dans les diverses localités : dans les golfes qui ont une entrée étroite, la quantité de sel est moindre que dans le grand Océan; elle est un peu plus considérable dans la Méditerranée; elle est moindre vers les pôles que dans les pays chauds. La mer Morte est celle dont la salure est la plus forte. Dans les mers glacées, c'est l'eau douce seule qui gèle.

Le peu de différence qui existe entre les deux marées d'un même jour avait conduit quelques savants à en déduire l'uniformité de profondeur de l'Océan. Laplace a dit que sa profondeur moyenne est du même ordre que la hauteur moyenne des continents et des îles au-dessus de son niveau, hauteur qui ne surpasse pas mille mètres; mais ces données sont fort hypothétiques.

Les mers occupent les trois quarts du sphéroïde terrestre; aussi a-t-on désigné la surface du globe comme un vaste océan dans lequel se trouvent deux grandes îles : l'ancien et le nouveau monde. Cette distribution des mers et des terres n'a pas cessé de varier depuis l'origine des choses; c'est une condition de leur existence. Beaucoup de contrées, même fort élevées, ont été autrefois recouvertes par l'Océan; il n'en faut pas conclure néanmoins que celui-ci s'est retiré : tout tend à démontrer, au contraire, que ces terres se sont soulevées, quelquefois rapidement, quelquefois par un mouvement lent et progressif. L'équilibre se rétablit par des submersions et par l'empiétement de la mer sur certaines portions de terres et de côtes.

On a constaté que la côte de Pouzzole s'est élevée graduellement à plus de 6 m. au-dessus de son ancien niveau; il y a longtemps que le naturaliste suédois Celsius a annoncé que la terre ferme, en Suède, s'exhaussait de près d'un mètre par siècle. A ces mouvements lents du sol, il convient d'ajouter les soulèvements subits dus à des secousses volcaniques : en 1822, toute la région qui s'étend depuis les Andes jusqu'à une grande distance sous la mer, dans le Chili, fut élevée de un à deux mètres au-dessus de son niveau ancien; dans l'archipel de Chonos, le capitaine Coste a trouvé que le fond de la mer s'était soudainement élevé de plus de deux mètres; près de l'Indus, tout l'espace compris entre l'île de Puchum et Gharée s'est soulevé, en 1819, sur une longueur de plus de dix-huit lieues et une largeur de près de six lieues : la hauteur acquise fut de près de trois mètres.

D'un autre côté, des villes s'engloutissent, des régions entières disparaissent, des affaissements se forment journellement. En juin 1819, tandis que le fort de Sindrée, situé sur le bras oriental de l'Indus, descendait de quelques mètres dans les eaux, la mer envahissait dans la même contrée une étendue de terre de deux cent soixante-deux lieues carrées; en 1815, lors de l'éruption arrivée en avril dans l'île de Sumbara, la ville de Tomboro fut inondée par la mer, qui laissa cinq mètres et demi d'eau sur des parties qui auparavant étaient à découvert; à Caracas, en avril 1812, un tremblement de terre abaissa, dit-on, le mont Silla de 91 à 110 mètres; en 1811, il se forma de nouveaux lacs et de nouvelles îles dans la Caroline du sud; en moins d'une heure, des lagunes de sept lieues apparurent là où la terre était ferme auparavant; un espace de plusieurs milles fut couvert d'eau sur une hauteur de plus de 1 mètre; le sol de New-Madrid s'abaissa de 2 mètres environ.

Quelquefois encore la mer empiète sur les continents d'une manière lente et continue, ou fait irruption subite à travers les terres : en 1421, le flot de la marée se précipita dans la Meuse et le Whaal, franchit la jetée, inonda soixante-douze villages, dont trente-cinq ont disparu pour toujours, et donna naissance au Bies Bosch. Le Zuyderzée s'est formé depuis Tacite, car de son temps la place qu'occupe cette mer n'était qu'une réunion de petits lacs; le mont Saint-Michel, qui sert aujourd'hui de prison politique, a été détaché du continent dans le neuvième siècle; à Riba de Sella, dans les Asturies, la mer ronge journellement la montagne de *Atalaya*, qui protège la ville du côté de l'est; elle n'est plus séparée de la population que par un faible espace, et le moment n'est pas éloigné où elle inondera le port et submergera les habitations.

On citerait facilement des milliers d'exemples de ces soulèvements et de ces affaissements qui changent continuellement les rapports qui existent entre les continents et les mers, et qui paraissent être une condition d'équilibre, d'existence, et conséquemment de stabilité, de notre planète.

On peut se rendre compte, jusqu'à un certain point, de la relation qui existait entre les continents et les mers avant le dépôt des terrains tertiaires les plus anciens, et par conséquent des changements survenus depuis cette époque, en recherchant les preuves de la dernière submersion : ces preuves consistent le plus souvent dans les espèces de testacés, marins et lacustres, dont les débris sont conservés dans les formations tertiaires. Mais les cartes dressées par les géologues pour établir comparativement l'état des mers anciennes sont loin d'être exactes, puisque s'il est possible de connaître les terres qui ont été mises à découvert, il ne l'est pas de déterminer celles qui ont été submergées et transformées en mer.

Il est probable qu'une partie des terrains crétacés de l'Angleterre était, à cette époque, sous l'eau; qu'il existait un canal entre l'Angleterre et le pays de Galles; les lieux qu'occupent Londres et toute la partie nord-est étaient submergés; le détroit de la Manche avait une largeur si considérable, qu'on pouvait la considérer comme une vaste mer; la Bretagne formait un groupe d'îles granitiques, séparées du continent par un bras de mer qui s'étendait depuis l'emplacement de Nantes jusqu'à celui d'Avranches et de Saint-Malo. Cette mer couvrait les lieux où se sont élevés depuis Angers, Blois, Orléans, et tout le cours de la Loire au sud, tandis qu'elle s'étendait dans le bassin de Paris, jusqu'à la hauteur de Saint-Lô. L'Océan couvrait tout l'espace compris entre une ligne tirée de l'embouchure de la Gironde à Montpellier; il venait se briser sur toute la chaîne des Pyrénées; tandis que, partant de la hauteur d'Aix, un bras de mer, sorti de la Méditerranée, s'élevait vers le nord, couvrant tout l'espace où se trouve aujourd'hui la vallée du Rhône et de la Saône jusqu'à Dijon. La Belgique n'existait pas : la mer couvrait toute la vallée du Rhin, et était unie avec celle de l'Elbe, submergée jusqu'auprès de Cracovie; l'immense espace compris entre les mers actuelles nommées la Baltique, la mer Blanche, la mer Caspienne, et la mer Noire, était couvert par les eaux; à peine quelques îles où se trouvent aujourd'hui Scinferopot, Ekatérinoslaw, Moscou, Riga, et les bords du golfe de Finlande, apparaissaient sur ce vaste Océan, presque entièrement découvert aujourd'hui.

Dans l'océan Atlantique, à l'ouest des Açores, les navigateurs rencontrent une zone de quarante à cinquante lieues de large, entièrement couverte d'herbes (*fucus natans*). Cette zone est appelée par les marins *mer Herbeuse, mer de Varec;* par les Portugais, *mer de Sargasso*, et par les Espagnols, *praderias de Yerba*, prés d'herbe. On n'est pas encore d'accord sur la cause de ce singulier phénomène, qui peut être attribué ou à des récifs sous-marins sur lesquels croissent les fucus, qui en sont détachés et viennent à la surface de la mer ; ou au courant qui vient du Mexique et apporte les plantes dont il est chargé.

Les mers ont des courants particuliers, dont l'explication n'a pas encore été donnée d'une manière satisfaisante : on sait qu'un fort courant introduit constamment, de l'Atlantique dans la Méditerranée, une masse considérable d'eau qui inonderait bientôt les côtes de France, d'Italie, d'Afrique et d'Espagne, si l'évaporation, et surtout un contre-courant souterrain, ne rétablissait l'équilibre. Dans l'océan Indien, les vents alisés déterminent un courant qui vient doubler le cap de Bonne-Espérance, s'incline vers le nord, longe la côte d'Afrique jusqu'à l'équateur, reprend alors sa ligne naturelle de l'est à l'ouest, et traverse la mer des Caraïbes. Le courant des Aguilas est formé de deux courants réunis sur une largeur de trente à quarante lieues, qui ont une vitesse d'environ une lieue par heure. Du golfe du Mexique part un courant d'eau chaude, qui s'élance du détroit de la Floride vers le cap Hatteras de la Caroline du nord ; il a vingt-cinq lieues de large, et une vitesse de vingt-sept lieues par jour ; il dévie vers l'Atlantique, s'élargit près des Açores, et forme dans l'Atlantique boréal, sur un espace de soixante-douze à cent huit lieues, une masse d'eau chaude dont la température excède de 4 à 8° 36 centig. celle de la mer, où il fait invasion. Quelquefois ce courant arrive jusque dans le golfe de Gascogne, où il a encore conservé un excès de température de près de 3° ; parfois aussi il se fait sentir jusqu'en Irlande.

La vitesse des courants dépasse rarement une lieue à l'heure ; cependant, lorsqu'ils sont resserrés entre deux côtes, ou qu'ils sont obligés de faire un détour à cause de terres qui leur font obstacle, leur niveau s'élève et leur vitesse augmente. Le courant qui est resserré entre l'île d'Aurigny, dans le raz du même nom, et le continent, a près de trois lieues à l'heure ; le courant de Pentland-Firth se meut, selon le capitaine Hewett, avec une vitesse de trois lieues et demie par heure, et, dans les grandes marées, avec celle de quatre lieues un tiers. Le courant de la marée dans le canal de Bristol est de cinq lieues.

Quoique les mers soient en communication les unes avec les autres, elles ne conservent pas le même niveau : on a constaté qu'à l'isthme de Suez la mer Rouge était de 6 à 9 mètres plus haute que la Méditerranée ; le niveau moyen de l'océan Pacifique à Panama est de 1 mètre plus haut que le niveau moyen de l'océan Atlantique à Chagres. Le golfe du Mexique est de 1 mètre plus élevé que l'Océan.

Le niveau des mers intérieures offre encore de bien plus grandes différences : la mer Morte présente une dépression de 427 mètres au-dessous de la Méditerranée ; le lac de Tibériade est de 162 à 203 mètres au dessous de la même mer ; la mer Caspienne est de 31 mètres plus basse que la mer Noire.

On attribue généralement le transport des blocs erratiques aux glaces de la mer. Cette opinion est appuyée sur quelques faits bien constatés. Il est démontré que les glaces de la Baltique transportent des rochers à des distances assez considérables : dans le Saint-Laurent, un bloc de granit de 487 mètres cubes descendit sur des glaçons jusqu'à une distance de plusieurs centaines de mètres ; à l'entrée des baies de l'extrémité méridionale de l'Amérique du Sud, on rencontre, jusqu'au 46° de latitude, des glaciers couverts d'énormes rochers ; on a vu, dans la baie de sir George Eyre, à la même latitude que Paris, des fragments de ces glaciers, chargés de blocs de granite, se diriger vers l'Océan. Néanmoins l'opinion qui attribue ce déplacement de gros rocs au passage momentané et rapide d'un immense courant dû au déplacement de l'axe terrestre, quelle qu'en soit la cause, a de grandes probabilités en sa faveur.

MERCURE NATIF (*Minér.*), m. Synonyme : *vif-argent*, *queeksilber* des Allemands. Ce métal se trouve en gouttelettes, ou en globules plus ou moins volumineux, dans de l'argile endurcie et dans du grès, et dans les roches qui accompagnent le sulfure de mercure ; il est liquide, blanc d'argent avec un éclat très-vif ; il se volatilise à une faible température. Sa densité est de 13.56 ; il se congèle à 40° au-dessous de zéro, cristallise en octaèdres réguliers, et pèse alors, suivant Schulze, 14.391. Dans la chimie atomique, le mercure porte le nom d'*hydrargyrum* ; son atome s'exprime par Hg, et pèse 1265.823.

Le brillant argentin du mercure, sa fluidité, sa mobilité extrême, sa grande pesanteur, sont des qualités qu'on a su mettre à profit dans les arts.

Le mercure uni à l'étain sert à l'étamage des glaces ou miroirs. Le procédé de la mise au *tain* est d'une grande simplicité : on étend sur une table à rebord une couche d'étain, que l'on recouvre ensuite de mercure ; on place dessus la glace, et l'on comprime ; puis on redresse le tout, afin de faire écouler le mercure excédant.

Ce métal est employé dans les thermomètres, et c'est le seul liquide qui, étant toujours d'une égale densité, puisse rendre ces instruments comparables entre eux.

Placé dans un tube ouvert d'un côté, il fait équilibre à la colonne atmosphérique, et acquiert alors une hauteur de 0 m. 76. C'est le baromètre. Comme le nombre des couches d'air diminue à mesure qu'on s'élève, la pression atmosphérique décroît en proportion, et avec elle la hauteur barométrique. Ce phénomène donne le moyen de mesurer les hauteurs à mesure qu'on s'élève sur les montagnes, ou dans les aérostats.

Aucun autre corps liquide ne pourrait offrir

le même avantage dans ces instruments, car il occuperait une colonne beaucoup trop longue, et les rendrait incommodes et difficiles à transporter.

Le mercure sert encore dans les laboratoires pour les cuves pneumato-chimiques, qui y sont d'un usage presque continuel, et sans lesquelles un grand nombre d'expériences intéressantes ne pourraient être faites.

Mais ce qui rend le métal fluide extrêmement précieux, c'est sa facilité de s'amalgamer avec certains métaux tels que l'or, l'argent, le zinc, l'étain, le bismuth, et de les abandonner ensuite par la volatilisation. Nous avons déjà dit, au mot AMALGAMATION, comment on s'en servait pour l'extraction des métaux précieux. On peut voir aussi au mot DORURE l'emploi qu'on en fait pour l'application de l'or sur certaines surfaces métalliques.

Dans la peinture à l'huile, le mercure combiné artificiellement avec du soufre fournit le *vermillon* ou *cinabre*, dont la belle couleur rouge ne peut être remplacée par aucun autre corps connu.

Il est employé dans la médecine à l'état d'oxyde rouge, sous le nom de *précipité perse*; de sulfure noir, sous celui d *ethiops minéral*; de sulfate, sous celui de *turbith-minéral*. Combiné avec le chlore, il forme le *mercure doux* des pharmaciens; le *sublimé corrosif*, l'un des plus violents poisons. Broyé avec de la graisse et réduit à un état très-divisé, il donne un onguent qui détruit tous les insectes.

Les mineurs employés aux extractions du minéral mercurifère, et les ouvriers qui font un fréquent emploi de ce métal, contractent en peu de temps un tremblement qu'il est difficile de guérir. M. Ravrio, artiste distingué, qui mourut victime de cette funeste influence, légua un prix de 3,000 fr. à celui qui découvrirait le moyen de dorer et argenter sans danger. Ce fut M. Darcet qui l'obtint en 1818. Depuis, la dorure au trempé a presque partout remplacé la dorure au feu qui faisait tant de victimes.

MERCURE CORNÉ (*Minér.*), m. *Voy.* CHLORURE DE MERCURE.

MERCURE DE VIE (*Minér.*), m. *Protochlorure de mercure.*

MERCURE DOUX (*Minér.*), m. Nom donné par les pharmaciens au *chlorure de mercure* obtenu par voie de précipitation, par opposition à celui préparé par sublimation, auquel ils donnaient le nom de *calomel*.

MERCURE HÉPATIQUE (*Minér.*), m. Variété du *sulfure de mercure* contenant du bitume et ayant une couleur rouge de foie. Du grec *hépar*, foie.

MERCURE IODURÉ (*Minér.*), m. *Voy.* IODURE DE MERCURE.

MERCURE MURIATÉ (*Minér.*), m. *Voy.* CHLORURE DE MERCURE.

MERCURE ARGENTAL (*Minér.*), m. *Voy.* AMALGAME D'ARGENT.

MERCURE CHLORURÉ (*Minér.*), m. *Voy.* CHLORURE DE MERCURE.

MERCURE SULFURÉ (*Minér.*), m. *Sulfure de mercure*, décrit à l'article SULFURES MÉTALLIQUES.

MÉROCTE (*Minér. anc.*), f. Pierre d'un vert poireau. Pline dit que du lait suintait à sa surface. On ne sait à quelle espèce elle appartient. Peut-être est-ce le carbonate de chaux, auquel le naturaliste latin donnait le nom de *morochite*. *Voy.* ce mot.

MÉROXÉNIQUE (*Cristall.*), adj. Calcaire méroxénique; nom donné par M. Breithaupt à un cristal rhomboédrique de carbonate de chaux, dont l'angle est de 108° 11′, et la pesanteur spécifique de 2.689 à 2,69; il raye le carbonate de chaux, et est rayé par la phosphorite.

MÉSILINIQUE (*Cristall.*), adj. Calcaire mésilinique; nom donné par M. Breithaupt à un cristal rhomboédrique de carbonate de chaux, dont l'angle est de 107° 14′ et la densité 3,38. Il raye la fluorine, et se laisse rayer par le feldspath.

MÉSITINE (*Minér.*), f. Carbonate double de magnésie et de fer analogue à la *pistomésite*. Sa composition est représentée par $FeO\ CO^2 + MgO\ CO^2$.

MÉSITINSPATH (*Minér.*), m. Nom donné par M. Breithaupt à une variété de fer lithoïde décrite au mot CARBONATE DE FER, et qui, par sa composition, paraît tenir le milieu entre le carbonate de fer et le carbonate de magnésie (du grec *mésos*, milieu).

MÉSOLE (*Minér.*), f. Variété de *mésotype* en globules de structure lamelliforme, radiée du centre à la circonférence.

Composition, suivant Berzelius :

Silice.	47.50
Alumine.	21.40
Chaux.	7.90
Soude.	4.80
Eau.	16.19
	97.79

MÉSOLINE (*Minér.*), f. Hydro-silicate d'alumine, de chaux et de soude; substance dont les caractères extérieurs sont peu connus.

MÉSOLITE (*Minér.*), f. Variété de *mésotype* contenant de la chaux et de la soude.

MÉSOTYPE (*Minér.*), f. Du grec *mésos*, moyen; *typos*, type. Synonymes : *zéolite radiée*; *zéolite en aiguilles*; *crocalite*; *œdélite*; *édélite*; *hoganite*; *lehuntite*; *radiolite*; *natrolite*; *faterzéolith* de Werner; zéolite par excellence, type moyen de l'ancienne zéolite. La mésotype a pour caractères principaux, 1° de cristalliser en prisme rhomboïdal droit; 2° d'être fusible avec bouillonnement en un émail spongieux; 3° d'avoir pour composition moyenne $Al^2O^3\ SiO^3 + bO\ SiO^3 + m\ Aq$; bO représentant les bases protoxydées.

Ces bases sont tantôt de la soude, et alors la mésotype prend le nom de *natrolite*; tantôt de la chaux, et elle constitue la *scolézite;* tantôt de la chaux et de la soude, et il en résulte une variété nommée *mésolite;* tantôt de la chaux et de la potasse, ce qui forme l'*antrimolite;* ou enfin de la magnésie et de la soude, constituant une cinquième variété, connue sous le nom de *cluthalite.*

La natrolite se trouve en cristaux blancs prismatiques, en aiguilles ou en masses aciculaires radiées; sa forme est un prisme rhomboïdal droit, dont l'angle est 91° 20, et les rapports : : 100 : 81; elle est souvent en prismes surmontés d'un pointement à quatre faces qu'on remarque aux extrémités des aiguilles divergentes; ces cristaux sont transparents; leur éclat est vitreux; ils ont la double réfraction à deux axes; leur cassure est généralement conchoïde et inégale. La mésotype raye la chaux carbonatée; sa densité est 2.249; elle bout, comme toutes les zéolites, au chalumeau, en se fondant, et donne un émail spongieux; elle est soluble en gelée dans l'acide nitrique. Sa composition est, suivant

	Klaproth.	Fuchs.
Silice.	48.00	48 17
Alumine.	21.25	26.51
Soude.	16.50	16.12
Eau.	9.00	9.17
	97.75	99.97

répondant à la formule $Al^2 O^3 SiO^3 + Na O Si O^3 + 2 Aq.$

On donne plus particulièrement le nom de *scolézite* à la variété de mésotype en masses aciculaires ou capillaires radiées, dont les fibres sont soudées ensemble et prennent un éclat nacré; cette variété est un peu plus dure que la mésotype proprement dite, puisqu'elle raye la fluorine; mais sa densité est la même; elle est un peu plus difficile à fondre. Ce minéral est électrique par la chaleur; il forme, comme la mésotype, gelée dans les acides, et sa solution précipite abondamment par l'oxalate d'ammoniaque.

	LOCALITÉS.			
	Staffa.	Islande.	Auvergne.	Faroë.
Silice.	46.75	48.94	49.00	46.19
Alumine.	24.82	25 98	26.50	25 88
Chaux.	14.20	10.44	15.50	13 86
Soude.	0.39	»	»	0.48
Eau.	13.64	13.90	9.00	13.62
	99.80	99.26	99.80	100.03

La formule de la scolézite est $Al^2 O^3 Si O^3 + Ca O Si O^3 + 3 Aq$; elle diffère de celle de la mésotype par la présence de la chaux qui remplace la soude, et par un atome d'eau qu'elle contient de plus que les minéraux analysés par Klaproth et Fuchs. Les deux analyses des échantillons de Staffa et de Faroë renferment un peu de soude, et indiquent le jeu de l'isomorphisme; c'est ce qui ressort évidemment de la variété blanche grisâtre connue sous le nom de mésolite, dont les analyses ont donné :

	LOCALITÉS.			
	Islande.	Hauenstein.	Faroë.	Islande.
Silice.	47.46	44.56	46.80	47.00
Alumine.	25.35	27.56	26.50	26.13
Chaux.	10.04	7.09	9.87	9.35
Soude.	4.87	7.69	5.40	5.47
Eau.	12.41	14.12	12.30	12 25
	100.13	101.02	100.87	100.20

Cette composition se représente par l'expression $Al^2 O^3 Si O^3 + (Ca O, Na O) Si O^3 + 3 Aq.$ La mésolite est donc, quant à ses parties constituantes, intermédiaire entre la mésotype et la scolézite; elle a, du reste, les caractères extérieurs de l'une et de l'autre.

Il est une variété de mésolite à laquelle on a donné le nom de *mésole,* et qu'on trouve associée à la chabasie dans les cavités d'une amygdaloïde de Naalsoë; elle est en globules à structure lamelliforme, radiée, d'un blanc grisâtre ou jaunâtre, à éclat soyeux et nacré; elle a l'apparence de la variété de *stilbite,* dite *sphérostilbite;* mais sa composition est identiquement la même que celle de la mésolite; il en est de même de la *poonahlite,* variété fibreuse, rayonnée, blanche et à l'éclat nacré, qui ne diffère de la mésolite que parce que son angle est de 92°, au lieu de 91° 20' comme la mésotype, ou 91° 22' comme la mésolite.

L'antrimolite ne peut guère être considérée que comme une variété de mésolite, dans laquelle la potasse remplace la soude; elle a donné à M. Thomson l'analyse suivante, qui la rapproche beaucoup de la mésole de Suède :

	Antrimolite.
Silice.	43.47
Alumine.	30.26
Chaux.	7.50
Potasse.	4.10
Protoxyde de fer et chlore.	0.29
Eau.	15.32
	100.94

Cette analyse donne l'expression atomique $Al^2 O^3 Si O^3 + (Ca O, KO) Si O^3 + 3 Aq$, en faisant entrer un peu plus de trois atomes d'eau comme isomorphes d'un atome de chaux.

L'antrimolite est blanche; sa texture est fibreuse, radiée, à éclat soyeux; elle raye le carbonate de chaux, et sa densité est de 2.096; elle se comporte au feu et dans les acides comme la mésolite. C'est donc une variété potassique de mésotype. On peut rapporter à l'antrimolite la variété du mont Catini, en Toscane, qui a les caractères extérieurs de la scolézite, mais dans laquelle la présence de la potasse rappelle la composition de l'antromolite; elle donne à l'analyse, suivant Anderson :

Silice.	52 80
Alumine.	21.70
Peroxyde de fer.	0.10
Chaux.	11 30
Magnésie.	0.10
Potasse.	1.10
Soude.	0.20
Eau.	13.10
	100.40

Cette variété, qu'on a nommée *caporcianite*, contient un peu plus de silice et d'eau que l'antrimolite.

Il existe une autre variété dans laquelle la magnésie remplace la chaux; c'est la cluthalite. C'est un minéral rouge de chair, à éclat vitreux, qu'on a rencontré, dans les montagnes de Kilpatrick, en noyaux dans une amygdaloïde. La texture de ces noyaux est fibro-aciculaire; leur densité est de 2.166. M. Thomson a trouvé qu'ils contenaient :

Silice.	51 27
Alumine.	23.56
Chaux.	1.23
Magnésie.	7.31
Soude.	5.13
Eau.	10 56
	99.06

correspondant à la formule $Al^2 O^3$ $\dot{S}i$ O^3 + (MgO, NaO, CaO) Si O^3 + 3 Aq, dans laquelle les éléments MgO, NaO, CaO sont comme les nombres 4 : 4 :: 15, et 1 atome de magnésie est remplacé par deux atomes environ d'eau.

De ce qui précède on doit conclure que la mésotype présente cinq variétés distinctes par leur composition :

1° La *natrolite*, ou mésotype de soude, dont la formule atomique est :

$$Al^2O^3\ SiO^3 + NaO\ SiO^3 + 2\ Aq;$$

2° La *scolézite*, ou mésotype de chaux, ayant pour expression atomique :

$$Al^2O^3\ SiO^3 + CaO\ SiO^3 + 3\ Aq;$$

3° La *mésolite*, ou mésotype de chaux et de soude, donnant la formule :

$$Al^2O^3\ SiO^3 + (CaO, NaO)\ SiO^3 + 3\ Aq;$$

4° La *clutalite*, ou mésotype de magnésie et de soude, dont la composition est :

$$Al^2O^3\ SiO^3 + (MgO, NaO)\ SiO^3 + 3\ Aq;$$

5° L'*antrimolite*, ou mésotype de chaux et de potasse, représentée par

$$Al^2O^3\ SiO^3 + (CaO, KO)\ SiO^3 + 3\ Aq.$$

Outre les différences de composition, la mésotype présente un grand nombre de variétés : son cristal le plus ordinaire est un prisme à quatre pans, terminé par des pyramides à quatre faces surbaissées; viennent ensuite les masses bacillaires, aciculaires radiées, ou les cristaux aciculaires libres; quelquefois elle est en globules radiés ou en masse floconneuse, ressemblant à du coton pressé; elle est rarement compacte, comme la *lehuntite*, et alors elle est plus ou moins altérée. Ses couleurs sont le blanc de lait, le jaune d'œuf, le rouge, le rouge de chair, le blanc grisâtre, etc. Elle est incolore, transparente, translucide, ou opaque. — Ce minéral appartient aux terrains volcaniques; il se trouve dans le basalte d'Auvergne, le phonolite de la Souabe, les vakes de Feroë et de Fassa. C'est de ces deux dernières localités que viennent les plus beaux cristaux.

MÉSOTYPE ÉPOINTÉE (*Minér.*), f. Nom ancien de l'*apophyllite*.

MESURE DES ANGLES DES CRISTAUX (*Cristall.*), f. La forme des cristaux et leur détermination dépend des axes et des angles qu'ils forment entre eux; or on ne peut mesurer ces angles d'une manière directe et immédiate. Mais comme ils ont une relation géométrique, ainsi que la grandeur des axes, avec les inclinaisons des faces, c'est par la détermination de ces inclinaisons qu'on parvient à calculer les rapports des axes. L'angle que fait une face avec une autre, et qu'on nomme *angle dièdre*, est donc, avant tout, ce qu'il convient de mesurer d'une manière exacte, si l'on veut savoir, par les rapports mathématiques des axes, à quel système appartient le cristal. C'est ce qu'on obtient par expérience, à l'aide d'un instrument nommé GONIOMÈTRE. *Voy.* ce mot.

MÉTAL (*Métall.*), m. Corps opaque, conducteur et électrisable, généralement ductile, malléable, tenace, élastique, sonore, insoluble dans l'eau, attaquable par les acides. On compte quarante-sept métaux, dont dix-sept ne peuvent se conserver à l'état métallique et s'oxydent facilement à l'air, et trente s'altèrent peu à la température ordinaire. De ces derniers la moitié seulement jouit de malléabilité. Ce sont :

Le manganèse,	Le mercure,
Le fer,	L'étain,
Le cobalt,	L'argent,
Le nickel,	L'or,
Le zinc,	Le platine,
Le cadmium,	Le palladium,
Le cuivre,	L'iridium.
Le plomb,	

Plusieurs des métaux se rencontrent dans la nature à l'état natif. Ce sont ceux qui ont peu d'affinité pour l'oxygène; d'autres, au contraire, se trouvent sous forme d'oxydes, ou même de sels.

MÉTAL DE CLOCHE (*Métall.*), m. Alliage composé de :

Cuivre.	78 à	80
Étain.	22 à	20
	100	100

MÉTAL DE DARCET (*Métall.*), m. Alliage fusible trouvé par cet illustre et modeste chimiste. Il se compose de bismuth, d'étain et de plomb; il est gris de plomb, ou plutôt de plombagine, et fond à 90° cent., c'est-à-dire avant l'ébullition de l'eau. En y ajoutant 10 à 15 pour cent de mercure, on en augmente encore la fluidité, et l'on peut s'en servir alors pour faire des injections anatomiques. Le métal de Darcet a de nombreux emplois ; on en fait spécialement usage pour clicher les médailles.

MÉTAL DE POTIER (*Métall.*), m. Alliage d'étain, de cuivre et de bismuth, employé par les potiers d'étain à la fabrication des pots et vases de métal blanc.

MÉTAL DU PRINCE ROBERT (*Métall.*) m. Alliage légèrement rougeâtre, facile à marteler et à étirer, qui est composé de :

Cuivre.	67
Zinc.	33
	100

MÉTAL À MIROIR (*Métall.*), m. C'est un alliage de cuivre, d'antimoine et de plomb, auxquels on ajoute ordinairement de l'arsenic, ce qui fait qu'il se colore à l'air. Les Chinois composent l'alliage de leurs excellents miroirs comme suit :

Cuivre.	80
Plomb.	10
Antimoine.	10
	100

C'est du moins ce qui semble résulter de l'analyse qu'en a faite M. Elsner, qui a trouvé :

Cuivre.	80.84
Plomb.	9.07
Antimoine.	8.43
	98.34

MÉTALLOÏDE (Éclat), m. *Voy.* ÉCLAT MÉTALLOÏDE. On donne quelquefois aussi le nom de *métalloïdes* à certains corps qui n'ont pas toutes les propriétés metalliques, tels que le soufre, le chlore, le sélénium, le brome, l'hydrogène, l'oxygène, l'azote, le phosphore, l'iode, le fluor, le carbone, le bore et le silicium.

MÉTALLURGIE, f. Science qui consiste à extraire les métaux de leurs minerais, à les fondre et les étirer sous diverses formes, et à en former des alliages utiles.

MÉTAMORPHIQUE (*Géogn.*), adj. Du grec *meta*, trans; *morphé*, forme. Série métamorphique de roches stratifiées, cristallines, dépourvues de débris organiques. Les principaux membres de cette série sont le gneiss, le micaschiste, le quartzite et le calcaire primitif. Ces roches de sédiment ont cristallisé sous la double influence de l'eau et de la chaleur

MÉTASTATIQUE (*Cristall.*), adj. Rhomboèdre metastatique ; nom donné par Haüy à un dodécaèdre triangulaire qui se déduit par des biseaux sur les arêtes latérales du rhomboèdre primitif. Ce nom s'applique aujourd'hui à tous les dodécaèdres triangulaires scalènes associés au rhomboèdre ; les minéralogistes allemands les désignent sous le nom de *scalénoèdre*.

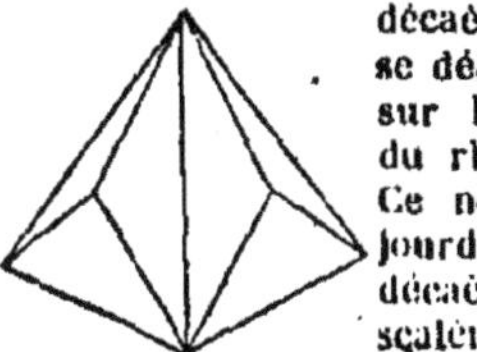

MÉTAUX PRÉCIEUX, m. On donne ce nom à l'or et à l'argent, dont la valeur marchande est toujours élevée, et se trouve dans les conditions telles qu'elle ne peut plus guère varier. Le prix marchand d'un métal est l'équivalent du travail et de la dépense que coûte son extraction, son affinage et son transport ; or, dans l'état actuel des choses il est impossible d'extraire l'or et l'argent à meilleur marché qu'on ne le fait, quelle que soit la mine attaquée ; par conséquent ils ne peuvent être vendus à plus bas prix ; conséquemment encore la consommation n'en augmentera pas sensiblement, car ce qui contribue le plus au progrès de la consommation, c'est le bon marché des denrées. C'est donc à cause du coût de l'or et de l'argent dans les mines que la consommation reste stable. Ce n'est pas à cause de la rareté de ces métaux dans le sein de la terre : rien n'est plus commun que les mines argentifères, et presque toutes les rivières d'Europe roulent des paillettes d'or ; mais le travail nécessaire pour se les procurer purs est considerable et coûteux, et ces deux substances ne sont pas des objets de première nécessité qu'il faille avoir à tout prix. On voit combien est grande l'erreur des gens qui cherchent des mines d'or ou d'argent, et qui ne calculent pas que les mines de charbon et de fer sont bien préférables et bien plus productives. Il n'y a qu'une seule circonstance qui puisse donner un démenti à ces vérités : c'est la découverte d'un gîte d'or ou d'argent plus riche et plus facile à exploiter. Cela n'a eu lieu qu'une fois dans les annales du monde : après la découverte de l'Amérique. Auparavant, et depuis les temps historiques, la valeur de l'argent monnayé avait constamment été la même, relativement à la valeur du blé, qui, dans tous les temps, a coûté la même quantité de travail et de dépense, et dont la consommation a suivi invariablement la marche de la population. Tous les écrivains anciens sont pleins de cette vérité. Sous Solon, une mesure égale au setier de grains de Paris se vendait une somme égale à 3 fr. 60 c. de notre monnaie ; Démosthène dans les *Philippiques*, donne la même valeur au froment que devait acheter le soldat athénien avec sa paye ; Cicéron plaidant contre Verrès, et Tacite racontant l'incendie de Rome, fixent à un prix correspondant à 4 de nos francs une valeur de froment égale à un setier ; sous Valentinien III, en l'an 446 de notre ère, 40 modius de blé, ou 3 setiers, valaient 14 francs, ou 3 fr. 67 c. le setier ; en 794, Charlemagne fixa à un sou carlovingien (4 fr. 20 c.) la même mesure d'un setier ; de 1444 à 1823, le prix moyen des grains, suivant les tables de France et d'Angleterre, a été de 4 fr. 28 c. le setier. Ainsi, le prix du setier de grains n'a varié que de 3 fr. 60 c. à 4 fr. 28 c. avant la découverte de l'Amérique ; et comme le poids du setier est de 120 kilog., et la valeur de l'argent de 200 fr. le kilog., il en résulte que, depuis les temps historiques jusqu'à la conquête du nouveau monde, le rapport de l'argent au blé a été assez constamment comme 1 à 6000; c'est-à-dire qu'avec 1 kilog. d'argent on pouvait acheter 6000 kilog. de froment; en d'autres termes, qu'il en coûtait autant pour se procurer 1 kilog. d'argent que pour produire 6000 kilog. de grains. Depuis la découverte de l'Amérique, le rapport du blé à l'argent a été assez constamment comme 1000 à 1, excepté dans ces derniers temps, où les moyens d'exploitation ayant été perfectionnés, le rapport est descendu à 800 : 1; c'est-à-dire qu'une quantité d'argent qui achetait auparavant 6000 fois son poids de blé, ne représente plus aujourd'hui que 800 fois ce poids. Le prix de l'or n'a pas suivi très-exactement la baisse du prix de l'argent, mais il ne s'en est pas beaucoup écarté : pendant que l'argent baissait comme 10, l'or suivait ce mouvement comme 9; en d'autres termes, la baisse de l'argent étant de $\frac{5}{6}$, celle de l'or n'a été que de $\frac{3}{4}$.

Depuis l'an 1492, l'importation en Europe de l'or et de l'argent du nouveau monde a été de 1,312,800 francs, année commune; de 1500 à 1545, elle s'est élevée à 13,730,000 fr.; de 1545 à 1600, elle a été portée à 57,750,000 fr.; celle du 17e siècle a été de 84 millions; de 1700 à 1750, l'importation européenne fut de 117,125,000 fr.; de 1750 à 1803, de 185,325,000 fr. jusqu'en 1803, le nouveau monde a fourni à l'Europe plus de 28 milliards de francs en or et en argent.

Les réflexions qui précèdent sont écrites au moment où de nouveaux gisements d'or viennent d'être découverts dans la Nouvelle-Californie, sur les versants orientaux de la Sierra-Nevada, qui sépare cette contrée des États-Unis. Ces gisements, qui paraissent très-riches, mais qui, comme tous ceux de métaux précieux, s'appauvriront par la suite, sont de nature à jeter en Europe une surabondance d'or qui refluera nécessairement sur le numéraire en circulation, mais qui est bien loin d'être assez considérable pour causer une perturbation quelconque dans les rapports commerciaux du crédit et de la monnaie.

Nous ne sommes plus à l'époque de la découverte de l'Amérique, où le capital commercial se composait pour plus du tiers de métaux monnayés, et où la masse des affaires flottantes en Europe s'élevait à peine à trois milliards, qui peuvent être calculés ainsi :

Argent monnayé.	700,000,000	fr.
Or monnayé.	200,000,000	
Crédit.	2,100,000,000	

Alors une masse d'argent et d'or jeté dans la circulation dérangea l'équilibre et causa des secousses désastreuses.

Aujourd'hui, la France seule possède un avoir commercial de beaucoup plus élevé que celui de l'Europe entière d'alors. Chez nous le roulement du commerce s'élève à vingt milliards, et la totalité de notre monnaie dépasse trois milliards, dont un quart en or (Voir l'article MONNAIE). On peut juger par la France de l'état financier et commercial de l'Europe.

Quelle perturbation peut jeter l'or de la Californie sur cette énorme base financière, dont les rapports sont fortement assis entre le crédit et les valeurs représentatives monétaires?

Les monnaies métalliques n'ont qu'un usage très-borné : ce sont des valeurs représentatives des échanges, plus commodes que les objets même échangés, mais dont toutes les phases commerciales se résument entre recevoir et donner de la main à la main. C'est ce que les sauvages de l'Afrique font avec les *cauris*, petites coquilles sans valeur chez nous; c'est ce qu'on fait dans quelques contrés de l'Inde avec la poudre d'or.

Mais le commerce européen, dans l'état avancé de notre civilisation, a besoin de valeurs représentatives qui se prêtent à toutes les transformations des affaires; qui ne soient point sujettes à disparaître dans un incendie, dans un naufrage, dans une catastrophe quelconque; qui représentent de manières diverses la dette des États comme celle des particuliers, la valeur des immeubles sous une autre forme que celle du mobilier, les rapports d'État à État, de commerçant à commerçant, etc., etc., et toutes les sources de la richesse publique et particulière. Ces valeurs représentatives si diverses, si multipliées, si bien adaptées aux exigences de l'économie politique, c'est le crédit, qui se répand de toutes parts sous forme de billets, de lettres de change, de mandats, de billets de banque, de bons du trésor, de coupons de rente, etc.; formes nécessaires aujourd'hui, indispensables à la marche des gouvernements policés, et pour cela même indestructibles.

Le crédit doit être considéré comme le véritable capital des nations; les valeurs métalliques n'en sont plus que la monnaie. Avant la découverte du nouveau monde, cette monnaie était au capital comme 1 est à 3; aujourd'hui, si l'on en juge par la France, elle est comme 1 à 6 $\frac{2}{3}$. Comme on le voit, la monnaie est loin de suivre la marche progressive du crédit; elle s'accroît sans doute, mais pas en proportion du capital roulant.

C'est que la valeur métallique ne peut se prêter à toutes les formes commerciales; qu'elle s'use, et perd, par le frai seul, un pour cent de sa valeur en dix ans; qu'elle se détruit et disparaît, ou par accident, ou par la refonte qu'en opèrent les arts industriels. L'or qui existait avant la découverte de l'Amérique, et qui est estimé à une valeur de 800 millions de francs environ, est réduit aujourd'hui, par l'usure, à 320 millions de francs.

Dans les valeurs métalliques en circulation, l'or n'entre que pour le quart.

L'or de la Californie ne saurait altérer le

crédit, puisqu'il ne peut se prêter à ses formes : il peut en augmenter la monnaie; mais alors il apportera une consolidation de plus au capital flottant. Bien plus, il fera très-probablement disparaître de la circulation une branche bâtarde du crédit, qui n'a d'autre base qu'un embarras momentané de certaines parties du commerce, et qui consiste dans la création de billets en renouvellement, de valeurs fictives et autres, qui altèrent la confiance et discréditent le véritable capital. Il fera sans aucun doute monter la valeur du blé ; mais comme il rendra en même temps la valeur métallique plus commune, il ne changera rien ou ne changera que peu de chose au rapport monétaire, en tant qu'il regarde l'économie populaire.

Les statistiques les plus estimées portent à trois milliards et demi la valeur totale des métaux précieux existant dans l'ancien monde, avant la découverte de l'Amérique. Dans cette évaluation, on ne comprend que l'Europe et la partie occidentale de l'Asie. M. Jacob porte le montant des monnaies d'or et d'argent, à cette même époque, à 900 millions. D'un autre côté, M. de Humboldt évalue à près de 30 milliards la production des mines du nouveau monde, de 1500 à 1800. On est à peu près d'accord sur le chiffre de 14 milliards produits en métaux précieux depuis 1800 jusqu'à nos jours. Voilà donc 47 milliards d'or et d'argent existant dans le monde civilisé, en faisant abstraction du frai, et de la disparition due aux naufrages, incendies, et autres accidents. De ces 47 milliards, environ 13 ont été réduits en *monnaies* (*Voy.* ce mot).

MÉTAXITE (*Minér.*), f. *Silicate hydraté de magnésie*, désigné par quelques-uns sous le nom de *chrysotile*; d'un vert olive pistache, à éclat légèrement nacré, en fibres ou filaments soudés à la manière de l'asbeste. La métaxite raye la chaux carbonatée, et est rayée par la fluorine; sa densité est 2.421 ; elle est infusible au chalumeau, mais elle s'arrondit sur les bords des esquilles minces, ce qui la distingue de l'asbeste ; elle est soluble à froid dans l'acide hydrochlorique et dans celui sulfurique; elle se trouve à Reichenstein, en masses fibreuses dans la serpentine. Son analyse a donné à

	M. Kobell.	M. Delesse.
Silice.	43.50	42.10
Magnésie.	40.08	41.90
Protoxyde de fer.	2.08	2.00
Alumine.	0.40	0.40
Eau.	13.00	13.60
	99.06	100.00

analyses qui répondent à la formule : $2(MgO)^3 SiO^3 + 3$ Aq, assez voisine de la serpentine.

MÉTÉORITE (*Minér.*), m. Nom donné aux *aérolites*, à cause de leur apparition dans l'atmosphère sous forme d'étoiles filantes.

METTRE EN FEU (*Métall.*). Commencer à allumer le fourneau.

METTRE HORS (*Métall.*). *Voy.* HORS.

MEULE (*Métall.*), f. Base en briques, sur laquelle repose le moule. Tas de combustible brut qu'on carbonise en plein air.

MEULIÈRE (*Minér.*), f. *Agate molaire*, silex disséminé dans une argile du terrain tertiaire, dite *argile à meulière*. La meulière est tantôt compacte, tantôt caverneuse : compacte, elle est d'un blanc jaunâtre sale, ou d'un beau blanc mat, rarement marbré ; elle a quelquefois la pâte très-serrée; elle est rougeâtre, blonde ou nuancée. La variété caverneuse est criblée de trous irréguliers, remplis souvent de marne argileuse ou ferrugineuse, quelquefois de silice blanche pure. On distingue dans le commerce deux sortes de meulières : celle poreuse et celle grenue.

MIAILLOU (*Métall.*), m. Ouvrier fondeur qui aide l'*escola* dans les forges catalanes des Pyrénées.

MIARGYRITE (*Minér.*), f. *Sulfure d'argent et d'antimoine*, décrite au mot *sulfure d'argent* de l'article SULFURES MÉTALLIQUES. C'est le plus pauvre en argent des trois sulfures d'argent antimonifères, et pour cela il a reçu de M. Rose le nom qu'il porte, du grec *meiôn*, moindre; *argyros*, argent.

MIASKITE, MIASCITE, MIASZITE (*Minér.*), f. Variété de dolomie trouvée près de *Miasz*. C'est un minéral blanc, cannelé comme des cristaux bacillaires accolés; sa cassure est esquilleuse; il se laisse rayer par l'acier. M. Rose a aussi donné ce nom à une roche qui borde la rivière de *Miask* et qui s'étend dans les monts Ilmen ; elle est composée de feldspath, de mica et d'éléolite grisâtre ou jaunâtre, analogue au quartz. Cette roche contient un grand nombre de minéraux disséminés dans sa masse, tels que du quartz, du mica, de la tourmaline, de la sodalite, de la cancrinite, de l'amphibole, du grenat, de l'épidote, de la cornaline, de l'apatite, etc.

MICA (*Minér.*), m. Syn. : *verre de Moscovie; glimmer* de Werner; *or et argent des chats*, etc. Substance éminemment lamelleuse, divisible en feuillets minces, élastiques, qui se déchirent plutôt qu'ils ne se brisent; de couleur blanche, jaunâtre, verdâtre, rougeâtre, brune, violette, lilas, noire; à éclat métalloïde doré, argentin ou bronzé. C'est pour cela qu'elle a pris son nom du latin *micare*, briller, reluire. Les feuilles, qu'on peut très-facilement enlever avec un canif et même avec l'ongle, sont parfaitement diaphanes; en Russie, où elles atteignent de grandes dimensions, on s'en sert comme de carreaux de vitres. Le mica raye le gypse, et est rayé par la chaux carbonatée; sa densité varie de 2.65 à 2.93; il est onctueux au toucher, et donne toujours une poussière blanche; par le frottement, il prend l'électricité vitreuse. Chaque variété se comporte différemment au chalumeau : celles qui contiennent de l'acide fluorique perdent leur éclat et deviennent mates par la calcination en vase clos ; d'autres perdent leur transparence et acquièrent un éclat doré, argentin ou semi-métallique ; la plupart fondent en un émail blanc, gris, ou verdâtre ; l'émail obtenu de la variété noire fait mouvoir l'aiguille aimantée ; dans le borax, les unes se dissolvent avec effervescence, les autres fondent avec tranquillité.

Ces différences dans les propriétés chimiques des micas indiquent une différence dans leur composition, conséquemment dans leur constitution atomique, et par suite dans leurs propriétés optiques. M. Biot, qui a jeté un grand jour sur l'histoire des micas, les a séparés en deux classes : la première possède un seul axe à double réfraction, et cristallise par conséquent dans le système rhomboédrique ; la seconde offre deux axes de double réfraction, et cristallise dans des formes moins régulières.

Le mica à un seul axe renferme deux espèces : celui à *un axe attractif* ; celui à *un axe répulsif*.

Le mica à un axe attractif a été reconnu appartenir à une espèce particulière dite *chlorite hexagonale*, que nous avons décrite au mot Chlorite ; il n'y a donc pas lieu de s'en occuper ici.

Les micas à un axe répulsif sont verdâtres, jaunâtres, noirs, rouges, etc. ; ils contiennent une forte proportion de magnésie, et pour cela sont quelquefois désignés sous le nom de *micas magnésiques*. Les analyses suivantes appartiennent à divers auteurs :

VARIÉTÉS.

	Jaunâtre.	Noir de Sibérie.	Groënland.	Verdâtre de Tospliam.
Silice.	40.00	42.12	41.00	40.00
Alumine.	11.00	12.83	16.88	16.16
Perox. de fer.	8.00	10.38	4.50	7.50
Magnésie.	19.00	16.15	18.86	21.54
Protox. de fer.	»	9.36	5.86	»
Potasse.	20.00	8.58	8.76	10.83
Eau.	2.00	1.07	4.30	3.00
Fluor.	»	»	»	0.53
	100.00	100.49	100.16	99.56

La formule qui répond à cette composition est $(Al^2O^3, Fe^2O^3) SiO^3 + 2 (MgO, KO, FeO)^2 SiO^3 + n Aq$; *n* figurant dans cette expression pour une quantité qui varie de $\frac{1}{8}$ à 2 atomes.

Les micas à *deux axes de réfraction* ont été étudiés par M. Biot et classés suivant l'angle que forment ces axes, et qui varie de 50° à 76 ; mais, malgré le talent éminent d'observation et l'esprit d'exactitude dont jouit le savant physicien, cette classification n'est nullement en rapport avec la composition, et tendrait à donner au genre mica une complexité qu'il me paraît loin d'avoir. Je préfère adopter les deux divisions de M. Dufrénoy, qui classe les micas à deux axes en :

1° Micas potassiques, cristallisant en prisme rhomboïdal droit ;

2° Micas lithiques, cristallisant en prisme rhomboïdal oblique.

Il ne s'agit plus que de mettre la constitution atomique de ces deux classes en rapport avec la forme cristalline.

Les analyses que nous possédons des micas à potasse conduisent à en faire deux variétés : l'une, dans laquelle les bases protoxydées sont à l'état de bi-silicate ; l'autre, dans laquelle elles sont à celui de silicate simple ; tandis que les bases peroxydées sont invariablement à l'état de silicate tri-alumineux, ou tri-alumino-ferrique. Dans la première de ces variétés, dont les analyses ont été exécutées par Vauquelin, il n'existe aucunes traces de fluor, ou peut-être l'habile chimiste ne les a-t-il pas cherchées ; dans les deux il y a absence complète de magnésie.

PREMIÈRE VARIÉTÉ.

	Gris foncé de Bohème.	Verdâtre du Mexique.	Blanc argentin de Russie.	Jaune brun de Sibérie.	Rose des États-Unis.
Silice.	46.40	54.00	49.00	49.00	48.46
Alumine.	18.50	22.00	18.00	26.00	33.91
Perox. de fer.	20.00	11.00	14.00	6.80	»
Magnésie.	»	»	»	»	1.30
Potasse.	11.20	10.00	11.20	11.20	11.30
Ox. de mang.	2.40	»	»	»	»
Eau.	»	»	5.00	5.00	3.26
	98.50	97.00	97.20	98.00	98.25

L'expression atomique générale de ces micas est $2 (Al^2O^3, Fe^2O^3) SiO^3 + KO (SiO^3)^2 + n Aq$, le dernier terme de la formule étant supprimé pour les deux premiers échantillons qui paraissent anhydres.

DEUXIÈME VARIÉTÉ DE

	Utoé.	Achotzh.	Sibérie.	Brodbo.
Silice	47.50	47.19	48.00	47.97
Alumine.	37.20	32.80	34.25	31.69
Perox. de fer.	3.20	1.47	4.50	5.37
— manganèse.	0.90	2.58	0.50	1.67
Potasse.	9.60	8.35	8.75	8.32
Chaux.	»	6.13	»	»
Fluor.	0.56	0.29	»	0.72
Eau.	2.67	4.07	»	3.32
Aluminium.	»	»	»	0.35
	101.63	102.88	96.00	99.41

On en tire la formule générale : $3 (Al^2O^3, Fe^2O^3, Mn^2O^3) SiO^3 + KO SiO^3 + Aq$. Le mica d'Achotzh admet un atome de silicate calcaire à côté du silicate de potasse, ce qui donne à sa formule l'expression $3 B^2O^3 SiO^3 + 2 (KO, CaO) SiO^3 + 2 Aq$, considérée par les géologues comme la moyenne des micas qui entrent dans la composition des roches ignées.

Remarquons que le fluor commence à apparaître dans cette dernière variété ; mais il n'y est pas en proportion convenable pour y entrer comme élément de la constitution atomique. Dans le *mica de lithine*, au contraire, il est en quantité suffisante pour former avec la potasse un fluorure potassique. Le caractère distinctif de ces derniers micas est donc de contenir de la lithine et un fluorure de potasse. Ils sont en général moins fusibles que les autres, et donnent une flamme rouge au chalumeau.

	LOCALITÉS.			
	Lépidolite	Rosena.	Oural.	Cornouailles.
Silice.	52.25	52.40	50.35	50.82
Alumine.	28.33	26 80	28.30	21.33
Prot. de mangan.	3.66	1.50	1.23	»
— de fer.	»	»	»	9.08
Potasse.	6.90	9.14	9.01	9.86
Lithine.	4.79	4.85	5.49	4.05
Acide fluorique.	5.07	4.40	5.20	4.81
	101.02	99.09	99.61	99.93

La formule qui répond à ces analyses est $Al^2O^3 SiO^3 + (LO, MnO, FeO)^2 SiO^3 + KOF^2$.

Si l'on consulte l'analogie des caractères extérieurs et la composition, il est hors de doute qu'il faut réunir aux micas la LÉPIDOMÉLANE, silicate d'alumine et de fer de couleur noire, donnant par réflexion une couleur verte très-vive, avec éclat adamantaire. La lépidomélane est en petits cristaux ou écailles irrégulières, de moins de deux à trois millimètres, qui se rapprochent d'une table à six faces; ils forment, par leur réunion, des masses grenues et schisteuses; ce minéral est transparent; sa poussière est d'un vert grisâtre; sa densité est de 3.00. Il est attaquable par les acides nitrique et hydrochlorique, en laissant la silice sous forme d'écailles molles et nacrées. Sa composition est, suivant Soltmann :

Silice.	37.40
Alumine.	11 60
Peroxyde de fer.	27.66
Protoxyde de fer.	12.43
Magnésie et chaux.	0.60
Potasse.	9.20
Eau.	0 60
	99.49

dont la formule atomique : $2\,Al^2O^3 SiO^3 + (FeO, KO)^2 SiO^3 + n\,Aq$, répond à celle des micas.

On rapporte au mica la *lepidolite* dont nous avons donné l'analyse plus haut (voir ce mot), et le *mica hémisphérique*, composé de lames convexes et concaves d'un blanc argentin, disposées quelquefois de manière à former une ou plusieurs pyramides renversées ou convergentes. Cette variété se trouve dans un granite de Suède à feldspath rouge. — Dans les Pyrénées, il existe une variété d'un blanc d'argent, dont les feuilles sont ondulées et présentent une nervure centrale. On lui donne le nom de *mica palmé*. — Lorsque les lames sont disposées dans leur fracture comme des barbes de plumes, le minéral prend le nom de *mica en epi*. — La *poudre d'or* des papetiers est un mica jaune pulvérulent qui se trouve dans la Lorraine. — L'*or des chats* est d'un jaune doré, à éclat métallique brillant; l'*argent des chats* est également un mica à éclat argentin. — Le mica du Limousin sert à faire des *jenners*, ou doubles feuilles entre lesquelles on conserve le vaccin. — La *rubellane* que Breithaupt a réunie au mica ne me paraît pas devoir être rapportée à cette espèce.

De ce qui précède il résulterait, en rendant par B^2O^3 l'alumine et les peroxydes métalliques, et par bO les bases protoxydées, que les micas devraient être représentés par les formules suivantes :

Mica à un axe répulsif.	Mica magnésien, cristallisant en prisme hexagonal régulier.	$B^2O^3\ SiO^3 + 2\,(bO)^2\ SiO^3 + n\,Aq$;
Mica à deux axes répulsifs.	Mica potassique, cristallisant en prisme rhomboïdal droit.	1° *Absence du fluor* : $2\,B^2O^3\ SiO^3 + bO\ (SiO^3)^2 + n\,Aq$; 2° *Présence du fluor* : $3\,B^2O^3\ SiO^3 + bO\ SiO^3 + n\,Aq$, et $3\,B^2O^3\ SiO^3 + 2\,bO\ SiO^3 + n\,Aq$;
	Mica lithique, cristallisant en prisme rhomboïdal oblique.	*Présence du fluor saturant la potasse* : $B^2O^3\ SiO^3 + (bO)^2\ SiO^3 + KOF^2$.

Le mica forme, comme nous l'avons dit, une des parties essentielles des granites les plus anciens; aussi a-t-on dû remarquer qu'il ne contient point de soude; cet alcali n'existe point non plus dans les feldspaths qui l'accompagnent; l'albite ne commence à apparaître que dans une zone plus moderne; la proportion en augmente à mesure que le granite perd de son ancienneté, et insensiblement le mica potassique disparaît, et le talc ou la pennine viennent concourir à la formation des roches cristallisées plus nouvelles.

MICA HÉMISPHÉRIQUE (*Minér.*), m. Variété de mica en lames convexes et concaves, d'un blanc argentin. Cette variété se rencontre dans un granite de Suède, dont le feldspath est rouge, et dans un granite des environs de Vaolry, près de Limo[illegible]es.

MICA NACRÉ (*Minér.*), f. Nom donné anciennement à la *margarite*.

MICA PALMÉ (*Minér.*), f. Lames de mica d'un blanc d'argent, groupées de manière à simuler des feuilles ondulées portant une nervure centrale.

MICA DUR (*Minér.*), m. *Chrysophane*, espèce de mica.

MICA SCHISTOÏDE (*Géogn.*), m. *Voy.* MICASCHISTE.

MICA VERT (*Minér.*), m. Nom sous lequel fut connu d'abord l'*oxyde d'urane* en France, sans doute à cause de l'aspect lamelliforme des cristaux.

MICACITE (*Géogn.*), m. *Voy.* MICASCHISTE.

MICAPHYLLITE (*Minér.*), f. Nom donné à l'*andalousite*.

MICARELLE (*Minér.*), f. Nom donné à une variété de *pinite* d'un rouge-brunâtre, et à une variété feuilletée de *wernérite*.

MICASCHISTE (*Géogn.*), m. Schiste micacé, mica schistoïde, micacite ; roche composée de mica et de quartz, mais dans laquelle assez généralement la première substance domine en couches puissantes, infléchies, contournées, à texture schistoïde, dans les terrains métamorphiques. Variétés : feldspathique, granitique, talcique, porphyroïde. P. s : 2.69. La composition d'un micaschiste formé de parties égales de quartz et de mica est :

Silice.	73.07
Alumine.	13.08
Magnésie.	2.49
Chaux.	0.17
Potasse.	6.06
Oxyde de fer.	4.08
— de manganèse.	0.30
Acide fluorique.	0.54
Eau.	1.00
	100.79

Cette composition répond à la formule $2\,Al^2O^3(SiO^3)^3 + 3\,CaO(SiO^3)^2$.

MICASLATE (*Géogn.*), f. *Voy.* MICASCHISTE.

MICHAËLITE (*Minér.*), f. Silice gélatineuse, décrite au mot QUARTZ TERREUX.

MICROCHICE (*Minér.*), m. Nom donné par Breithaupt à un *feldspath* qu'il avait cru à tort être une espèce nouvelle, et qui a été reconnu, après analyse, par M. Ewreinoff.

MICROLITE (*Minér.*), f. Variété de *tantalate de chaux*, décrite sous ce dernier titre.

MICROSOLÈNE (*Paléont.*), f. Genre de polypiers fossiles plus anciens que la craie.

MIDDLETONITE (*Minér.*), f. Sorte de *résine fossile* provenant de Middleton, près de Leeds, dans le Yorkshire, et décrite au mot RÉSINES FOSSILES.

MIÉMITE (*Minér.*), f. Variété cristallisée de *dolomie*, en cristaux lenticulaires. Elle provient de Miemo, en Toscane.

MIÉSITE (*Minér.*), f. Variété brune de *phosphate de plomb*, contenant, comme la *polysphærite*, du phosphate de chaux.

MIKROKLINE ou **MIKROLINE** (*Minér.*), f. Variété de feldspath ou d'oligoclase peu connue. Elle est blanche et lamelleuse ; elle provient de Frederikswarn, en Norwége.

MILIOLE (*Paléont.*), f. Genre de crustacées, dont douze espèces à l'état fossile appartiennent aux couches postérieures à la craie.

MILIOLITE (*Paléont.*), f. Coquille fossile.

MILLEPORE (*Paléont.*), m. Genre de polypiers fossiles à analogues vivants. On en connaît quatorze espèces dans la craie inférieure et les terrains plus anciens.

MILLEPORITE (*Paléont.*), m. Variété de coralloïde en forme de buisson, composée d'une foule de petits tubercules ou de vésicules poreux qui tendent vers le centre du fossile, en le traversant.

MILOSCHINE (*Minér.*), f. Variété d'*oxyde de chrôme* provenant de Rudnink, en Sibérie. Elle est décrite au mot OXYDE DE CHROME.

MIMÉTÈSE (*Minér.*), f. Nom donné par M. Beudant à l'*arséniate de plomb*, qui a l'aspect de la pyromorphite, avec laquelle elle se mélange en toute proportion ; ce qui lui a valu son nom, fait du grec *mimêtês*, imitateur.

MIMOPHYRE (*Géogn.*), m. Roche formée de grains de feldspath, disséminés dans une pâte argiloïde.

MIMOPHYRE QUARTZEUX (*Géogn.*), m. *Arkose* milliaire, à grains fins comme du millet, arénacé.

MIMOSITE (*Géogn.*), f. *Voy.* DOLÉRITE et TRAPP. La mimosite se sépare de la dolérite en ce que ses éléments ne sont pas si faciles à distinguer à l'œil nu, et du trapp, en ce que l'apparence de celui-ci est plus homogène.

MINE (*Exploit.* et *Géogn.*), f. Masse de substance minérale renfermée dans le sein de la terre. — Ouverture pratiquée pour son exploitation. — Légalement : les filons, couches ou amas d'or, d'argent, de plomb, de platine, de mercure, de fer (en filons ou en couches), de cuivre, d'étain, de zinc, de calamine, de bismuth, de cobalt, d'arsenic, de manganèse, d'antimoine, de molybdène, de plombagine, de matières métalliques, de soufre, de houille, de lignite, de bitume, d'alun, et de sulfates métalliques.

Les mines sont considérées comme propriétés de l'État ; il accorde des concessions en vertu desquelles seules il est permis de les exploiter : cette concession, délibérée en conseil d'État, donne la propriété perpétuelle de la mine, disponible et transmissible comme toutes les propriétés ; toutefois, elle ne peut être vendue par lots ou divisée sans autorisation préalable du gouvernement. Les mines sont immeubles ; leur exploitation n'est pas considérée comme un commerce, et n'est point sujette à patente.

Aucune recherche de mines ne peut être faite sur la propriété d'autrui, sans la permission du propriétaire ou l'autorisation du gouvernement. Le propriétaire a droit à une indemnité. Dans aucun cas, on ne peut faire de recherche ou établir d'exploitation dans un enclos muré, ou à moins de cent mètres des habitations et clôtures.

La préférence à la concession est accordée à

tout Français ou étranger inventeur de la mine, propriétaire du terrain, ayant les moyens pécuniaires pour couvrir les frais d'exploitation, les indemnités, redevances, etc. Le gouvernement est seul juge de la préférence.

La redevance annuelle est fixée par l'acte de concession ; elle ne peut dépasser cinq pour cent du produit. La surveillance des mines est exercée par les ingénieurs de l'administration.

Toute demande en obtention de concession de mine doit être adressée au préfet, qui est tenu de l'enregistrer le même jour, d'en délivrer certificat de suite, et de la faire afficher dans les dix jours suivants, et qui, après quatre mois d'affiche, et après avoir reçu les oppositions et les demandes en concurrence, transmet les pièces au ministre des travaux publics, avec son avis sur le tout.

L'utilité des mines ne se borne pas seulement à extraire des minéraux utiles aux hommes ; elles nous font pénétrer dans l'intérieur de l'écorce terrestre, et nous permettent d'en observer les dispositions. C'est aux mines que nous devons la connaissance des points les plus importants de la constitution et de la marche du globe ; c'est par les mines qu'il a été possible de se rendre bien compte des révolutions qu'a éprouvées sa surface, des failles, des glissements de roches, des rejets, des plissements et du grand phénomène du soulèvement des chaines de montagnes ; les mines ont découvert la succession des races perdues, des familles d'animaux inconnus qui ont habité la terre bien avant l'homme ; elles ont permis d'assigner aux divers dépôts géognostiques des âges différents, qui, joints aux restes fossiles qui forment les médailles de l'histoire du globe, ont permis de créer une chronologie du monde, et mis sur la première voie des annales de l'univers ; c'est leur température qui nous a fait reconnaitre l'étonnant phénomène de l'incandescence intérieure du globe, et nous a fait pénétrer pour la première fois dans un des plus mystérieux moyens de création employés par l'Être suprême.

MINE D'ACIER (*Minér.*). Nom donné vulgairement à la variété manganésifère du *carbonate de fer*, parce qu'elle est recherchée pour la fabrication de l'acier naturel.

MINE D'AIMANT. *Oxydule de fer*, décrit au mot OXYDE DE FER.

MINE D'ALUN. Argiles et roches dont on extrait l'alun. *Voy.* le mot ALUN.

MINE D'AMADOU. Variété d'*oxy-sulfure d'antimoine*, contenant de l'argent. C'est le *zundererz* des Allemands.

MINE D'ARGENT BLANCHE. *Antimoniure d'argent.*

MINE DE CUIVRE GRIS ET D'ARGENT. *Cuivre gris*, sulfure de cuivre décrit à l'article des SULFURES MÉTALLIQUES.

MINE DE CUIVRE JAUNE. *Cuivre pyriteux ; sulfure de cuivre* décrit au mot SULFURES PYRITEUX.

MINE DE FER. *Voy.* les mots FER, OXYDES DE FER, CARBONATE DE FER, SILICATES DE FER.

MINE DE FER BLEUE. Nom donné à la *krokidolite*, décrite au mot SILICATE DE FER.

MINE DE PLOMB. Nom vulgaire donné au *graphite* qui sert à la fabrication des crayons.

MINE DES MARAIS. *Limonite.*

MINE D'ÉTAIN. Nom donné à l'*oxyde d'étain*, qui, en effet, est le seul minerai d'étain exploité.

MINE DE ZINC SULFUREUSE. Nom ancien du *sulfure de zinc*, dont la description se trouve à l'article SULFURES MÉTALLIQUES.

MINE D'OR BLANCHE. Tellure natif auroferrifère.

MINE DOUCE DE FER. *Hydroxyde de fer* facile à fondre. Terme des ouvriers de forges. Dans l'Isère et dans les Pyrénées, on nomme *mine douce* les variétés de *carbonate de fer* qui, par leur exposition plus ou moins longue à l'air, sont devenues brunes ou noires.

MINE TIGRÉE. *Tigererz* des Allemands, variété globuliforme d'*amphibole* ou *hornblende noire*, disséminée dans un feldspath de couleur claire. La cassure de ces petits rognons est aciculaire et radiée.

MINERAI (*Exploit.*), m. Substance minérale qui renferme quelque principe utile dans les arts, en assez grande abondance pour donner lieu à quelque exploitation, et d'une assez forte valeur métallique, combustible ou salifère, pour que l'exploitation exige l'emploi de connaissances scientifiques d'un ordre plus ou moins élevé.

MINERAI D'ALLUVION. Minerai de fer superficiel ou à peine recouvert par quelque dépôt limoneux, et qui ne peut être employé qu'après un lavage par lequel on l'isole des marnes dans lesquelles il se trouve disséminé. Ce sont généralement des hydrates pisolitiques ou oolithiques, en fragments ronds ou irréguliers.

MINERAI DE CLOCHE. Nom donné par les mineurs au *sulfure d'étain cuprifère*, parce qu'étant grillé et fondu, il donne un alliage qui a quelque rapport avec le métal de cloche.

MINERAI DE FER D'ALLUVION. Minerai superficiel, consistant en hydroxyde pisolitique ou oolithique, en rognons, géodes, plaquettes ou fragments disséminés dans des couches marneuses, argileuses, sableuses. Ils ne peuvent être employés qu'après des lavages et des débourbages plus ou moins considérables, et renferment presque toujours du manganèse.

MINERAI DE FER EN ROCHE. Minerai lithoïde, stratifié, appartenant à la formation dans laquelle il se trouve en couches réglées, et au milieu de laquelle il est exploité, soit à ciel ouvert, soit par des puits et galeries. Ce minerai peut être employé directement, sans autre préparation que le triage. Les minerais en roche comprennent les fers carbonatés lithoïdes, les oxydes rouges, les hydroxydes compactes, terreux, oolithiques; ils appartiennent à tous les terrains, depuis les strates de transition jusqu'aux formations tertiaires.

MINERAI DE MONTAGNE, m. Minerai de fer non stratifié, concentré ordinairement dans les terrains de transition.

MINÉRAL, m. Corps dépourvu d'organisation, placé à la surface ou dans le sein de la terre, et qui est composé de molécules unies entre elles par mélange ou combinaison.

MINÉRALISATEUR, m. Qui donne au minéral sa nature particulière en se combinant avec lui. Dans les oxydes, c'est l'oxygène; dans les sulfures, c'est le soufre; dans les carbonates, c'est l'acide carbonique, etc.

MINÉRALISATION, f. Changement qu'ont éprouvé les corps organiques dans l'intérieur des roches, en perdant leur matière végétale ou animale, pour passer à l'état de minéral, soit comme *moule*, soit en laissant une *empreinte*, soit enfin en offrant une contre-empreinte. Quelques corps sont tellement minéralisés, que la silice a pris la place de leurs molécules.

MINÉRALOGIE, f. Science d'observation qui traite des minéraux.

MINÉRAUX ACCIDENTELS (*Exploit.* et *Géogn.*), m. Minéraux dont les gîtes existent dans les roches d'une manière accidentelle et secondaire.

MINE TERREUSE DE FER (*Métall.*), f. Terme de métallurgie pratique. Minerai de fer qui doit être soumis au lavage.

MINETTE (*Métall.*), f. Mine réduite en poussière.

MINEUR, m. Ouvrier attaché à une mine; homme qui s'occupe de mines.

MINIÈRE (*Exploit.*), f. On donne la dénomination de minière aux minerais de fer dits [illegible]ion, aux terres pyriteuses propres à être converties en sulfate de fer, aux terres alumineuses et aux bancs de tourbe. Les minières diffèrent des carrières en ce que celles-ci s'entendent de roches dures, telles que l'ardoise, les pierres à bâtir, les marnes, etc.

L'exploitation des minières a lieu en vertu d'une permission qui en fixe les limites, et pourvoit aux exigences de la sûreté et de la salubrité.

Le propriétaire du sol n'a pas besoin de permission; il prévient le préfet, qui lui donne seulement acte de sa déclaration.

A défaut du propriétaire, un tiers peut exploiter, en donnant une indemnité au propriétaire.

Tout exploitant de minerai d'alluvion est tenu d'extraire en quantité suffisante pour fournir aux besoins des usines du voisinage.

S'il y a lieu à des travaux souterrains, les minières suivent alors les règles fixées pour les mines, et donnent lieu à concession.

Les carrières s'exploitent sans permission, sous la simple surveillance de la police. Cette surveillance devient du ressort de l'administration des mines, en cas de travaux souterrains.

Le propriétaire des tourbières a seul le droit de les exploiter, après la permission du préfet.

MINIUM NATIF (*Minér.*), m. *Oxyde de plomb* rouge; *carbonate de plomb.*

MIOCÈNE (*Géogn.*), adj. Groupe miocène; dénomination employée pour désigner une formation tertiaire, renfermant des débris organiques analogues aux espèces vivantes en plus grand nombre que le groupe eocène. Ce mot est formé du grec *méiôn*, moindre, et *kainos*, récent.

MIPOUX (*Minér.*), m. *Sous-borate de soude.*

MIROIR D'ÂNE (*Minér.*), m. *Voy.* PIERRE SPÉCULAIRE et SÉLÉNITE.

MIROIR DES INCAS, m. Nom donné à des fragments d'obsidienne dont se servaient les Péruviens et quelques autres peuples anciens, pour servir de couteaux et surtout de miroirs.

MIROITANTE (*Minér.*), f. Diallage métalloïde.

MISPICKEL (*Minér.*), m. *Arsenio-sulfate de fer* à teinte rougeâtre, décrit à l'article SULFURES MÉTALLIQUES.

MISY (*Minér.*), m. Nom donné par M. Duménil à une variété de sulfate de fer qu'il a trouvée en Rammelsberg, près de Goslar. Ce minéral est décrit au mot SULFATE DE FER.

MITHRAX (*Minér. anc.*), m. Pierre précieuse des anciens, ainsi nommée par Pline du mot persan *mithra*, soleil; par allusion au vif éclat des couleurs qu'elle déployait lorsqu'elle était exposée à la lumière du soleil.

MITRE (*Paléont.*), f. Genre de coquille columellaire, dont trente espèces fossiles appartiennent aux terrains voisins de la craie.

MIXTE (*Cristall.*), adj. Rhomboèdre mixte. Rhomboèdre très-aigu, qui appartient au *carbonate de chaux*; son nom indique qu'il présente plusieurs combinaisons.

MOCK (*Métall.*), m. Acier d'Allemagne, de médiocre qualité.

MODÈLE (*Métall.*), m. Objet en relief qui doit servir, dans l'opération du moulage, à former un moule, et dont la représentation exacte doit être obtenue en métal coulé.

Les modèles se font ordinairement en bois de sapin rouge, en sapin blanc, en cerisier ou en noyer; si bien qu'étant donné le poids d'un modèle en bois dont l'essence est connue, on peut facilement trouver combien devra peser la pièce fondue en un métal quelconque.

Soit la pesanteur spécifique des bois :

Sapin rouge.	5.60
— blanc.	4.98
Cerisier.	7.15
Noyer.	6.71

$= n.$

Soit le poids du modèle fait en l'un de ces

bois $= m$; la pesanteur spécifique du métal employé $= p$; on aura

$$\frac{p\,m}{n} = \text{le poids de la pièce moulée.}$$

Exemple : Que le modèle soit fait en sapin rouge, dont la pesanteur spécifique $n = 3.80$; que son poids $m = 36$ kilog. ; qu'il s'agisse de le couler en fonte de fer, dont le poids spécifique $= 72{,}07$: on aura

$$x = \frac{p\,m}{n} = \frac{72.07 \times 36}{3.80} = 471 \text{ kilo. } 73.$$

Il est d'usage de *faire* le corps des roues dentées en sapin, et les dents en cerisier ; dans ce cas, *on devra multiplier le poids du* modèle par 72.07, et diviser par la moyenne des deux pesanteurs spécifiques du *sapin* et du cerisier.

On peut ramener ces règles à des calculs plus simples, dont voici la base : Multipliez le poids du modèle par les nombres suivants, vous aurez le poids très-approché de la pièce en fonte :

Sapin rouge.	13.10
— blanc.	14.47
Cerisier.	10.06
Noyer.	10.78

Ainsi, le modèle de sapin rouge pesant 36 kilog., je multiplie ce nombre par 13.10, et j'ai pour produit 471.6, poids qui ne diffère, comme on le voit, de celui précédent que de 13 centig., qu'on peut facilement négliger dans la pratique.

Pour avoir le poids exact de la fonte, il aurait fallu multiplier par 13.1036, au lieu de 13.10.

MODÉRATEUR (*Métall.*), m. Trou placé près de la têtière d'un soufflet, dans le but de diminuer la force du vent.

MODIOLE (*Paléont.*), f. Genre de coquilles mytilacées, dont on connaît vingt espèces dans les terrains supercrétacés.

MOELLE DE PIERRE (*Minér.*), f. Nom donné par les mineurs à un *carbonate de chaux*, variété terreuse, plus communément nommée *agaric minéral*.

MOELLONS (*Exploit.*), m. Nom donné à Paris à la chaux carbonatée grossière employée dans les constructions. Du latin *mollis*, tendre. C'est une pierre d'appareil ferme, plate, et qui sert principalement pour les murs de clôture.

MOFETTE (*Exploit.*), f. *Hydrogène carboné*, grison ; gaz qui se dégage dans les mines de houille, éteint les lumières et asphyxie les ouvriers. Ce nom vient, par corruption, du latin *mephiticus*, méphitique.

MOHSITE (*Minér.*), f. *Titanate de fer*, dédié par M. Lévy au professeur Mohs.

MOINE (*Métall.*), m. Paille dans le fer.

MOIRÉ MÉTALLIQUE, m. Aspect nacré et moiré donné au fer blanc et à tout métal recouvert d'étain, et qui consiste dans la cristallisation de l'étain à la surface du métal ; cristallisation mise à nu au moyen d'acides et de sels, et que nous avons décrite au mot ÉTAMAGE.

MOISE D'ORDON (*Métall.*), f. Organe qui teint la pièce principale de l'ordon.

MOISISSURE DE PIERRE (*Minér.*), f. Nom trivial donné à l'*amiante*.

MOLASSE (*Minér.*), f. *Macigno*.

MOLASSE ASPHALTIQUE (*Minér.*), f. *Voy.* MOLASSE BITUMINEUSE.

MOLASSE BITUMINEUSE (*Minér.*), f. Grès imprégné de bitume, molasse asphaltique, grès bitumineux ; roche noirâtre, composée de grains de quartz ou de calcaire agglomérés par du bitume ; fragile lorsqu'il fait froid, se ramollissant à la chaleur, et alors difficile à briser et à réduire en poudre. Dans l'eau bouillante le bitume se sépare, prend, à l'aide de la chaleur, une pesanteur spécifique de 0.884, et monte à la surface du bain ; le *sable quartzeux ou calcaire reste au fond* de la chaudière. C'est ainsi qu'on extrait de la *molasse le bitume appelé graisse dans cette* industrie. P. s. : 1.68. Gisements : Chamaillères, Malintrat, Cœur (*Puy-de-Dôme*) ; Bastennes, Gaujacq (Landes) ; Seyssel (Ain).

Composition :

	Chamaillères.	Bastennes.	Cœur.	Malintrat.
Matière bitumineuse.	23	23.70	21.0	19.6
Carbonate de chaux.	0	0.00	9.2	13.8
Matière siliceuse.	73	76.30	69.8	66.6
	100	100.00	100.0	100 0

MOLÉCULE CONSTITUANTE, f. On donne ce nom aux molécules qui, suspendues d'abord dans un liquide où elles étaient en dissolution, se sont réunies, en vertu de la loi de cristallisation, *pour former* une figure régulière, dite cristal.

MOLETTE (Machine à [illegible] *Exploit.*), f. Machine d'extraction qui [illegible] bour vertical sur lequel *s'enroule* un câble dont les deux bouts sont attachés chacun à une benne, et *frottent sur une molette* tournante. Dans les petites machines, on fait ordinairement le *tambour cylindrique* ; mais dans celles destinées à des puits profonds, on le compose de deux cônes tronqués, ou réunis par les bases. Cette disposition a pour effet de contre balancer le poids du câble qui descend dans le puits, en le forçant à s'enrouler sur un diamètre qui diminue à mesure que son poids devient plus considérable, et *vice versa*.

MOLIÈRE (*Exploit.*), f. Amas d'argile bleuâtre, spongieuse, qu'on rencontre dans les mines de lignite de la Provence, qui s'imprègnent d'eau, et inondent ensuite tout à coup les travaux.

MOLIÈRE (*Exploit.*), f. Carrière de pierres d'où l'on tire les meules de moulin ; du latin *molaris*, fait de *mola*, meule.

MOLOCHITE (*Minér.*), f. Nom donné par les anciens à *une variété d'agate d'un vert* tirant sur la mauve, du grec *moloché*, mauve.

MOLOSSE (*Paléont.*), m. Coquille fossile.

MOLYBDATES, m. Sels résultant de la combinaison de l'acide molybdique avec une base. Les acides forts les précipitent en blanc; la noix de galle les précipite en brun foncé; l'acide sulfureux les blanchit; l'acide sulfurique les décompose; à chaud, le charbon réduit l'acide à l'état d'oxyde; une lame de fer, d'étain ou de zinc, trempée dans une dissolution de molybdate, la rend d'abord bleue, puis rouge, et enfin noire.

MOLYBDATE DE PLOMB (*Minér.*), m. Syn. : *plomb jaune, mélinose* de Beudant, *molybdamblei* des Allemands, etc. Substance jaune, jaune orangé; éclat résineux; cassure ondulée et peu éclatante. Ce minéral raye le gypse; il est rayé par le carbonate de chaux; sa densité est de 6.76; il décrépite au chalumeau, et sa couleur se rembrunit; il fond sur le charbon, et donne des globules de plomb; dans l'acide nitrique, sa solution laisse un résidu. Sa forme primitive est un prisme à base carrée, avec le rapport : : 8 : 11; sa composition est, suivant

	M. Klaproth,	M. Hatchatt,	M. Gobel,
Oxyde de plomb.	59.23	58.00	59.10
Acide molybdique.	34.25	38.00	40.50
Oxyde de fer.	»	3.00	»
	93.48	99.00	99.60

d'où l'on déduit la formule PbO MoO^3.

Le minéral que M. Boussingault a recueilli dans le Paramo-Rico, près de Pamplona, au Mexique, se trouve dans une syénite décomposée; il est un peu moins pesant que le molybdate simple, et donne à l'analyse :

Acide molybdique.	10.00
Oxyde de plomb.	47.40
Carbonate de plomb.	17.30
Phosphate de plomb.	5.40
Chlorure de plomb.	6.60
Chromate de plomb.	3.60
Gangue.	7.60
	98.10

qui, en élaguant les mélanges, répond à la formule $(PbO)^3$ MoO^3.

MOLYBDÈNE, m. Métal, gris métallique bleuâtre, très-réfractaire, presque infusible, réductible en un oxyde blanc, soit par la chaleur, soit par l'acide nitrique. Il est malléable. P. s. : 8.611. Les anciens le confondaient avec le plomb; de là vient son nom, du grec *molybdos*, masse de plomb, ou de *molybdaina*, plombagine. Il a été découvert en 1778, par Scheele, dans un minerai ressemblant à de la plombagine. Lorsqu'on le chauffe à l'air, il devient incandescent; il n'est point attaqué par les acides hydrochlorique et sulfurique, mais bien par l'acide nitrique, qui l'oxyde vivement et le change en acide molybdique. Formule atomique : Mo; poids atomique : 598.52.

MOLYBDÈNE OXYDÉ (*Minér.*), m. *Voy.* OXYDE DE MOLYBDÈNE.

MOLYBDÈNE SULFURÉ (*Minér.*), m. *Voy. Sulfure de molybdène*, à l'article SULFURES MÉTALLIQUES.

MOLYBDÉNITE (*Minér.*), f. Nom donné par M. Beudant au *sulfure de molybdène*, décrit à l'article SULFURES MÉTALLIQUES.

MOLYBDITE (*Minér.*), f. Pierre qui contient des particules de plomb; du grec *molybdos*, plomb.

MOLYBDOÏDE (*Minér.*), f. Ancien nom donné au *graphite*.

MOMOSITE (*Minér.*), f. Synonyme de *dolomie*.

MONAZITE (*Minér.*), f. *Phosphate de peroxyde de cérium*, décrit au mot PHOSPHATE DE CÉRIUM.

MONDIQUE (*Exploit.*), m. Nom donné anciennement à une mine d'étain pauvre, et peu susceptible d'exploitation. Aujourd'hui ce nom est appliqué par les mineurs à des sulfures de fer arsénical qui se trouvent dans certains gîtes d'étain.

MONNAIE, f. Pièces de métal frappées par une autorité, et servant de valeur représentative du prix des échanges. L'or et l'argent ont été unanimement adoptés dans le monde pour cet usage, à cause de leur inaltérabilité, de leur malléabilité, et surtout des conditions stables de leur valeur intrinsèque (*Voy.* l'art. MÉTAUX PRÉCIEUX).

En France, le titre légal des monnaies est d'un dixième de cuivre et neuf dixièmes d'or ou d'argent, ou 0.900, en ne tenant pas compte de la tolérance, qui est, pour l'argent, de 0.003 et, pour l'or, de 0.002. Ce n'est pas d'aujourd'hui que les métaux précieux ont été considérés et admis comme valeur représentative du commerce : Moïse nous apprend qu'Abraham paya quatre cents sicles d'argent la propriété d'une caverne dont il voulait faire un tombeau pour sa famille; cette somme fut pesée devant le peuple; et l'écrivain sacré ajoute que le métal donné était de bon aloi et d'une qualité admise. Ainsi, dès ces temps reculés, l'usage était de payer en argent les achats qu'on pouvait faire, et l'on avait égard tout à la fois au poids et au titre. Cette coutume se propagea sans doute, puisqu'on la retrouve en Chine, au Tonquin, en Abyssinie, etc. C'est là l'origine de la *monnaie*.

Mais combien de difficultés, de tracasseries, d'erreurs devaient accompagner cette manière de se procurer les choses dont on avait besoin! Peser sans cesse, à mesure que le métal passait de main en main, était sans doute un désagrément; mais s'assurer à chaque instant de la qualité d'un métal si facile à altérer, offrait d'autres inconvénients bien autrement majeurs. Les autorités durent bientôt intervenir dans ces échanges, et probablement créer partout des bureaux d'essai. De là à battre monnaie, c'est-à-dire, à mettre dans la circulation des morceaux d'or et d'argent, dont le poids et le titre étaient garantis par les administrations, il n'y a qu'un pas.

On dit que cette idée prit naissance chez les Assyriens; Hérodote l'attribue aux Lydiens; Ovide en fait remonter l'origine au temps où Saturne et Janus régnaient en Italie. En Chine, on frappait de la monnaie de cuivre deux mille ans avant J. C.; enfin les Égyptiens, suivant Diodore, avaient des lois contre les faux-monnayeurs. Sans avoir égard aux auteurs profanes, nous voyons, par la Bible, qu'Abimélech donna mille pièces d'argent à Abraham; que Joseph fut vendu vingt pièces d'argent; qu'il fit présent de trois cents pièces du même métal à Benjamin.

Voilà donc la monnaie admise chez les Juifs et chez plusieurs peuples de l'antiquité. Sans doute une marque quelconque, imprimée ou gravée sur les pièces, devait en garantir la valeur. C'est encore ce que l'Écriture paraît dire: « Jacob acheta des enfants d'Hémor un champ qu'il paya la somme de cent *kesitah.* » Or, suivant tous les commentateurs, ce mot signifie une pièce de monnaie marquée de la figure d'un agneau. C'est en effet un agneau que nous retrouvons sur les monnaies les plus anciennes. Il est naturel que chez les peuples pasteurs, pour la garantie du titre et du poids d'une pièce de monnaie, les chefs des nations y aient fait graver la figure d'un animal qui était une unité représentative des échanges. On retrouve cet usage chez les Grecs, qui avaient adopté pour empreinte de leur monnaie l'image de leur ancien bœuf; et chez les Romains, qui y faisaient marquer une brebis ou une vache. C'est le roi Servius qui le premier adopta cette empreinte. Aussi nomma-t-on la monnaie *pecunia*, de *pecus*, troupeau. En France même, nous avons eu des deniers d'or à l'*agnel*, des *agnelets* de Jean II, dont le titre était de 0.990; des *moutons* d'or à la grande et à la petite fabrique.

Ces marques ajoutaient nécessairement de la valeur au métal lui-même, du moins dans le pays où la marque convenue était admise. Hors de ce pays, la monnaie n'avait plus cours que pour la valeur intrinsèque du métal, c'est-à-dire, pour la quantité d'or ou d'argent purs qui y était contenue. Chaque état en particulier n'a donc pu donner à la valeur du métal qu'une légère augmentation due à la façon, sous peine de voir déprécier sa monnaie à l'étranger. De là vient qu'en général le prix marchand des pièces de monnaie est assez parfaitement équilibré partout, et qu'un gouvernement ne pourrait rien ajouter à la valeur du métal au delà des frais de monnayage. Altérer sa monnaie, ou lui donner fictivement une valeur excessive, serait s'appauvrir réellement, violer la foi publique, et jeter de la perturbation dans les transactions commerciales. Cela est d'autant plus vrai, que l'or et l'argent sont dans des conditions de stabilité quant à leur valeur intrinsèque, et que le prix marchand n'en peut varier que dans des circonstances extrêmement rares, comme on peut s'en assurer à l'article MÉTAUX PRÉCIEUX.

On évalue généralement à 900 millions la valeur des métaux précieux monnayés existant avant la découverte du nouveau monde, et à 12 milliards celle de l'or et de l'argent convertis en monnaies depuis cette époque jusqu'à nos jours. En ne tenant point compte du frai et de la conversion des monnaies en bijoux, le total des métaux précieux monnayés en circulation dans le monde civilisé n'excéderait donc pas 13 milliards. La France figurerait pour plus du tiers dans cette valeur: il a, en effet, été frappé dans les ateliers monétaires de France, depuis l'adoption du système décimal (1795) jusqu'au 31 décembre 1849:

	Or.	*Argent.*		*Total.*	
	fr.	fr.	c.	fr.	c.
Première république.	»	106,237,255	»	106,237,255	»
Empire.	528,024,440	887,830,055	80	1,415,854,495	80
Louis XVIII.	389,333,060	614,830,109	75	1,004,163,169	75
Charles X.	52,918,920	632,511,320	80	685,430,240	80
Louis-Philippe.	215,912,800	1,756,938,333	»	1,972,851,133	»
Deuxième république.	57,971,380	304,113,993	90	362,085,373	90
	1,244,160,600	4,302,461,067	65	5,546,621,667	65

MONNAIE DE PIERRE (*Minér.*), f. Nom vulgaire donné par les mineurs aux *nummulites*.

MONNAIE DE SAINT-BONIFACE (*Minér.*), f. Nom vulgaire d'un fossile du genre des *trochites*.

MONNAIE DE SUÈDE (*Minér.*), f. Nom donné anciennement, dans le commerce, au cuivre coulé en pains ronds.

MONNAIE DU DIABLE (*Paléont.*), f. Nom donné par les mineurs à la *nummulite*.

MONOCLINOÏDRIQUE (*Cristall.*), adj. Système monoclinoïdrique de Naumann; c'est son cinquième type cristallin, lequel répond au *prisme rhomboïdal oblique* de Dufrénoy.

MONODONTE (*Paléont.*), m. Genre de coquilles turbinacées, dont on rencontre cinq espèces à l'état fossile dans les terrains modernes.

MONOPHANE (*Minér.*), m. Silicate hydraté double, analogue à l'*épistilbite;* de couleur blanche, en petits cristaux qui semblent dériver d'un prisme rhomboïdal oblique; il raye l'apatite, et pèse 2.05. Il est infusible au chalumeau. On ignore sa composition, et la localité où on l'a trouvé sur des quartz.

MONOPTÈRE (*Paléont.*), m. Genre de poissons, dont une espèce est à l'état fossile dans le terrain supercrétacé.

MONRADITE (*Minér.*), f. Silicate hydraté de magnésie et de fer, ainsi nommé, du nom d'un pharmacien qui en avait trouvé les premiers échantillons. Il est de couleur jaune pâle et rougeâtre, en masses amorphes mélangées de paillettes de mica, ayant une texture cristalline, une surface striée, et un éclat vitreux assez prononcé. Ce minéral présente deux clivages, formant angle de 130°, suivant lesquels l'éclat est vitreux; cassure terne, à grains serrés; rayant difficilement le feldspath, rayé par le quartz. Au chalumeau, la monradite prend une teinte plus foncée, mais est infusible, de même qu'avec le borax. Sa densité est 3.267, et sa composition :

Silice.	56.17
Magnésie.	31.63
Protoxyde de fer.	8.56
Eau.	4.04
	100.40

Formule atomique : FeO SiO^3 + 2 $(MgO)^3$ $(SiO^3)^2$ + 2 Aq.

MONTAGNES (*Géol.*), f. Inégalités qui se remarquent à la surface de la terre. On donne plus généralement ce nom aux élévations d'une grande importance, et celui de *collines* aux inégalités de peu de hauteur.

Les montagnes se rencontrent rarement isolées; elles forment presque toujours des chaînes d'une certaine étendue, qui est en ligne droite lorsqu'on ne tient point compte d'accidents latéraux dus au déchirement des surfaces environnantes.

Il est probable qu'il y eut un temps où la terre était parfaitement ronde, sauf le renflement de l'équateur. Alors les eaux la couvraient de toutes parts. Si cet état de choses eût duré jusqu'à nos jours, le globe n'eût jamais été habité que par des poissons, et l'ordre actuel des êtres organisés eût été totalement différent de ce qu'il est aujourd'hui; les matières minérales répandues dans les eaux se seraient déposées au fond des mers, et eussent formé des couches concentriques et horizontales parfaitement distinctes, et marquant par leur nature différente les diverses époques de leur formation.

Mais la matière ignée qui fermente au centre de la terre sous une croûte à peine refroidie, et peut-être la déviation de l'axe du globe, dont l'angle avec l'écliptique augmente d'une manière progressive, quoique lente, ne permettaient pas ce dépôt séculaire, et par strates, des couches terrestres. La masse incandescente ne tarda pas à percer la croûte et à former un nombre infini de volcans, ou, lorsque la force lui manqua pour percer cette croûte solide, elle l'ébranla fortement, la brisa, et la souleva au-dessus du niveau des mers. Ainsi furent formés les continents.

En perçant la surface refroidie du globe, la matière inférieure disloqua les couches stratifiées primitives, les redressa sur les flancs de la gibbosité, et leur donna une inclinaison plus ou moins grande. Ces strates firent partie de la montagne, et leur inclinaison même décèle le mouvement souterrain qui a altéré leur position horizontale première.

Si donc toutes les couches aqueuses étaient formées lorsqu'une chaîne de montagnes commença à les soulever, il est évident que le soulèvement dut être postérieur au dépôt de ces couches; si, au contraire, la chaîne soulevée n'a incliné qu'une ou deux couches et que toutes les autres soient horizontales, on doit conclure que le soulèvement n'a eu lieu qu'après la formation des deux couches disloquées et inclinées, et que toutes les autres se sont déposées horizontalement tout autour de la montagne depuis la formation de celle-ci.

En supposant qu'on numérote ces couches depuis la première déposée jusqu'à la dernière ou la plus moderne, et qu'on leur donne, par exemple, les nos 1 à 13, on pourra dire que la montagne qui a incliné la couche no 1 appartient au plus ancien système de soulèvement; que celle qui aura dérangé les couches nos 1 et 2, appartient à un système postérieur; que l'inclinaison des couches nos 1, 2 et 3, indique un troisième système plus moderne que les deux autres, et ainsi de suite jusqu'au treizième qui aura soulevé toutes les treize couches.

Ces différents systèmes forment ce qu'on appelle l'âge relatif des montagnes; ils sont faciles à distinguer par la nature des strates qu'ils ont inclinées; en outre, ils offrent des directions différentes qui sont aussi des caractères distinctifs particuliers.

Le premier système, et conséquemment le plus ancien, a eu lieu après le dépôt des couches qui forment le terrain cambrien, et avant que les couches siluriennes se déposassent; il a incliné les dépôts sédimentaires les plus anciens, les gneiss, les schistes micacés, quelques calcaires, etc.; la matière qui, par sa force d'expansion, a produit ce premier cataclysme, est le granite qui apparaît dans les parties élevées de la chaîne, et n'a jamais été recouvert depuis. Sur les tranches cambriennes, au contraire, les couches du terrain silurien se sont formées en strates horizontales, comme pour attester que cette révolution était complète. On donne à ce soulèvement le nom de *système du Hundsruck*, du nom du pays voisin de la Moselle où il a été le mieux observé; les chaînes qui le constituent sont dirigées de l'ouest 35° sud à l'est 35° nord. Elles traversent la Bretagne et la Normandie entre Pontivy et Saint-Lô; elles se trouvent dans les terrains ardoisiers des Ardennes, de l'Eiffel, du Hundsruck, et dans les grauwackes et les calcaires des Vosges.

Après que le terrain silurien eut été formé, il se fit un nouveau soulèvement qui disloqua tout à la fois les couches siluriennes et celles plus anciennes du sol cambrien. C'est ce qu'on appelle le *système des ballons*. Il est nettement dessiné dans les dépôts siluriens de la Bretagne, et coupe, sous un angle assez considérable, les chaînes du premier soulèvement. On le retrouve dans la Normandie, dans les Vosges, dans la Lozère, dans la Corrèze, dans le Hartz, etc. Lorsque ce grand mouvement eut cessé, le terrain houiller déposa horizontalement ses grès et ses couches au fond des lacs qui le caractérisaient.

Le troisième soulèvement eut donc lieu après la formation du terrain carbonifère; aussi en a-t-il disloqué les couches. Il est remarquable dans le nord de l'Angleterre, dans la Scandinavie, la Norwége, la Suède, les montagnes de Tarare près de Lyon, et les dépôts houillers de Saint-Étienne. Sa direction est presque d'un pôle à l'autre, et son terme est marqué par les couches horizontales du terrain pénéen.

C'est après le dépôt de ces dernières strates que se forma le quatrième *système*, dit *du Hainaut*, qui n'a produit que des protubérances peu importantes, mais dont l'action souterraine a contourné, brisé, disloqué les couches antérieures de la manière la plus remarquable. Le bassin houiller de Mons offre un de ces exemples de brisements curieux. Son influence s'est étendue de l'est 5° nord à l'ouest 5° sud de Liége à Lille, du pays de Mansfeld jusqu'à la pointe occidentale du pays de Galles; elle a laissé des traces très-nettes dans la Bretagne, depuis Laval jusqu'à Quimper.

Après cette dislocation, le grès vosgien s'était déposé horizontalement et sans secousses, lorsque arriva une singulière catastrophe à laquelle on a appliqué le nom de *système du Rhin*. Ce fut un soulèvement, de bas en haut, des couches horizontales antérieures, sans altérer leur horizontalité : le déplacement eut lieu par lambeaux, de manière à soulever d'un seul coup une certaine masse de terrain qui fut tout à coup transportée à une certaine hauteur, et forma, dans les mers de cette époque, des îles autour desquelles se déposa, à une moindre élévation, la série du trias. Cette catastrophe a produit les falaises du bord du Rhin depuis Bâle jusqu'à Mayence, et a laissé des traces dans les montagnes comprises entre la Saône et la Loire, jusqu'au littoral du comté de Nice, dans des lignes dirigées sensiblement du sud 21° ouest au nord 21° est.

Les couches triasiques furent, à leur tour, soulevées par une sixième catastrophe qui donna lieu au *système* dit *du Thuringerwald*, dont les lignes de direction traversent le Quercy, le Limousin, le Poitou, forment les limites naturelles de la Bavière, de la Saxe et de la Bohême; elles sont remarquables par leur hauteur entre Cassel et Linz, tandis qu'en France leurs sommités sont peu élevées. Ce soulèvement a été suivi de la formation du terrain jurassique.

Le septième système de soulèvement est remarquable par le redressement des couches du terrain jurassique, et par son entourage de couches horizontales du terrain crétacé inférieur. On le trouve non interrompu depuis le plateau de Langres jusqu'à l'extrémité des Cévennes, dans les monts Jura, dans la chaîne de la Côte-d'Or, dont il a pris son nom, et dans le Morvan; dans celle du Pilas, en Forez; en Allemagne, dans l'Erzgebirge; dans les falaises du Vicentin, etc.

Le grès vert de la craie inférieure a été soulevé, à son tour, par un huitième *système* qui porte le nom *du mont Viso*. Il a été suivi par le dépôt de la craie supérieure, remarquable par ses couches à nummulites. Sa direction sud-sud-est à nord-nord-ouest se retrouve au col de Bayard, dans les Alpes occidentales, dans celles du Jura, près de Pont-d'Ain et de Lons-le-Saulnier, à Noirmoutiers, dans le royaume de Valence en Espagne.

C'est à cette époque que se soulevèrent *les Pyrénées*, qui disloquèrent la craie supérieure et élevèrent tout à coup au-dessus du niveau des mers la plus grande partie de notre continent. Cette catastrophe fut l'une des plus grandes qu'ait eu à supporter l'Europe; elle se fit sentir et a laissé ses traces non-seulement sur toute la côte nord de la péninsule espagnole, mais encore dans les Apennins, dans les Alpes Juliennes, les Karpathes, les Balkans, la Grèce, les Wealds de l'Angleterre, etc., et fut suivie par le dépôt du calcaire parisien.

Au soulèvement pyrénéen succéda une dixième catastrophe, à laquelle on a donné le nom de *système de la Corse*. Elle consiste en ce qu'en même temps qu'elle a formé les montagnes comprises entre la Saône, la Loire et l'Allier, et celles qui lient les Alpes au Jura, elle a produit un mouvement contraire en abaissant les parties que l'époque pyrénéenne avait élevées au-dessus de la mer parisienne. Une partie du bassin de Paris, la Touraine, la Gascogne, la Suisse, la vallée du Rhône, certaines portions de l'Italie, la Corse et la Sardaigne, ont été soumises à ce changement de niveau, après lequel s'est déposée la molasse, reposant tantôt sur le calcaire parisien, tantôt sur la formation crétacée supérieure.

Les couches de molasse, à leur tour, furent relevées par le onzième soulèvement, dont le *système* a pris le nom *des Alpes occidentales*. Ce cataclysme, dans lequel le granite a percé la croûte terrestre, a formé les cimes les plus élevées de l'Europe, le mont Blanc, le mont Rose, en déterminant les hautes chaînes de la Savoie et du Dauphiné; il s'est étendu dans la Nouvelle-Zemble et la presqu'île scandinave; il a déterminé la position de toute la côte méditerranéenne de l'Espagne, et a été remuer le Maroc et Tunis jusqu'à l'Atlas.

Cette grande catastrophe avait été suivie du dépôt des couches du terrain subalpin ou lacustre, lorsque surgirent tout à coup les mélaphyres, les syénites, les euphotides et les serpentines du Valais, du Saint-Gothard et d'une partie de l'Autriche. Ce mouvement se communiqua à presque tout le sol de l'Europe; il souleva en pente douce les plaines de la Bavière, celles de la Lombardie, l'intérieur de la France, et détermina la plus grande partie du relief actuel du continent européen. Il fut suivi du diluvium qu'on retrouve partou en couches horizontales.

Il est probable que cette époque fut celle de l'apparition de l'homme sur la terre. Du moins dans une dernière et treizième catastrophe, la plus récente de toutes, et qui est désignée sous le nom de *système du Ténare*, on a signalé des débris de l'industrie humaine. Ce soulèvement, qui a produit quelques dislocations importantes, a laissé des traces dans la Provence, en Sardaigne, en Sicile, dans les champs Phlégréens, en Morée, et a formé les volcans de la Somma, du Stromboli et de l'Etna.

Ces changements importants, qui ont été chaque fois la cause d'une grande révolution sur la terre, n'ont-ils eu lieu qu'avant l'apparition de l'homme? N'existe-t-il aucune trace de quelque soulèvement qui appartienne à une époque plus moderne? C'est ce qui est examiné à l'article SIERRA NEVADA, auquel nous sommes obligé de renvoyer, afin de ne pas donner trop de longueur à celui-ci.

En examinant de plus près toutes les circonstances de ces treize soulèvements, les seuls qu'aient fournis les études des géologues, on s'aperçoit qu'il ne règne aucune symétrie dans les angles formés par les chaines les unes par rapport aux autres : le système du Hundsruck fait avec celui des ballons un angle d'environ 31°; tandis que ce dernier s'écarte de 70° du système de l'Angleterre, qui forme à son tour, avec le système du Hainaut, une ouverture angulaire de 87°. Quatre lignes de montagnes offrent seules une coïncidence curieuse: ce sont les chaines qui répondent aux systèmes du Rhin, du Thuringerwald, de la Côte-d'Or et du mont Viso, lesquelles forment l'une sur l'autre un angle de 103°; mais les circonstances de leur formation ne laissent établir aucune analogie ni similitude. Toujours est-il que ces considérations ne permettent pas de rapporter la cause des soulèvements au mouvement lent et progressif de l'axe terrestre, qui, dans l'opinion des géologues défenseurs de cette hypothèse, influe sur le mouvement lent et progressif des continents, et doit se terminer par une catastrophe épouvantable, lorsque les pôles auront atteint un angle de 43° avec l'écliptique.

L'étendue des chaines n'offre pas non plus d'analogie entre elles : le grand mouvement des Pyrénées s'étend depuis les Alleghanys, dans l'Amérique septentrionale, jusqu'à la presqu'île de l'Inde, tandis que le système du Thuringerwald ne parait pas dépasser la chaine de l'Attique et l'île de Négrepont. Celui des Alpes principales part de l'Espagne et de l'Atlas, pour s'étendre jusqu'à la mer de la Chine, tandis que le système du mont Viso arrive à peine au Pinde, en Grèce.

Prises isolément et partiellement, les chaines de montagnes ont des longueurs relatives fort différentes : la Cordillière des Andes offre un développement en ligne droite d'environ 14,000 kilomètres; l'Himalaya a 8,900 kilom.; l'Altaï, 6,300; le Taurus, 4,000; les Gattes, 2,200; l'Oural, 1,850; les Carpathes, 1,630; les Alpes d'Europe, 1,100; le Caucase, 1,100; les Apennins, 1,040; l'Atlas, 890; les Pyrénées, 400.

La superficie de la totalité des régions montagneuses, comparée avec celle des pays de plaines sur le globe, a été évaluée ainsi qu'il suit, en kilomètres carrés :

	Montagnes.	Plaines.	Rapport.
Europe.	157.800	391.000	2 ½ : 1
Asie.	1.802.000	963.500	1 : 1.8
Afrique.	1.224.000	607.800	1 : 2
Amérique du Nord.	600.200	572.800	1 : 1.05
Amérique du Sud.	220.500	880.500	1 : 1
	4.004.500	3.417.600	

Les hauteurs diffèrent également. Les principales montagnes du globe présentent les élévations suivantes au-dessus du niveau de la mer :

	mètres.
Les quatre pics les plus élevés de l'*Himalaya*, de 6925 à	7821
Le *Nevado de Sorata* (Amérique),	7696
Le *Nevado de Illimani* (idem),	7315
Le *Chimborazo* du Pérou,	6530
Le *Cayambé* (idem),	5954
Le volcan *l'Antisana* (idem),	5833
Le *Chipicani*,	5760
Le *Pichu-Pichu*,	5670
Le volcan d'*Arequipa*,	5600
Le volcan de *Popocatepec*,	5400
Le pic d'*Orizaba*,	5295
La montagne d'*Inchocaio*,	5240
Le pic de la frontière de Chine et de Russie,	5135
Le mont Saint-Élie (côte nord-est d'Amérique),	5113
L'*Elbrouz* (Caucase),	5009
Le *Cerro* de Potosi,	4888
Le *Mowna-Roa* (Owhyee, Amériq.),	4838
Le mont *Blanc* (Alpes),	4810
La *Sierra Nevada* du Mexique,	4786
Le mont *Rose* (Alpes),	4736
Le *Beau-Temps* (côte nord-ouest de l'Amérique),	4549
Le *Fisterahorn* (Suisse),	4362
Le *Jung-Frau* (idem),	4180
Le *Coffre de Pérote* (Amérique),	4088
L'*Ophyr* de Sumatra,	3950
Le pic de *Téneriffe*,	3710
Le *Mulahasin* (Grenade),	3555
L'*Ambotismène* de Madagascar,	3507
Le *Col du Géant* (Alpes),	3426
La *Malahita* (Pyrénées),	3481
Le mont *Perdu* (idem),	3410
La *Maladetta* (idem),	3355
Le *Viguemale* (idem),	3354
Le *Cylindre* (idem),	3332
L'*Etna* (Sicile),	3237

Le *Piton des neiges* (île Bourbon),	3067
Le mont *Liban* (Asie),	2906
Le pic du *Midi* (Pyrénées),	2877
Le *Canigou* (idem),	2781
Le pic des *Açores*,	2412
Le mont *Athos* (Grèce),	2066
Le *Mont-d'Or* (France),	1884
Le *Cantal* (idem),	1857
Le *Mézenc* (Cévennes),	1768
Le *Puy de-Dôme* (France),	1467
Le *Ballon* (Vosges),	1403
Le *Vésuve* (Naples),	1198
L'*Hecla* (Islande).	1013

La maison de poste d'*Ancomarca* est élevée de 4792 mètres au-dessus du niveau de l'Océan. C'est le lieu le plus haut habité sur le globe. Elle n'est occupée que quelques mois de l'année.

La maison de poste d'*Apo* est à 4376 mètres. Il existe dans l'Inde un village nommé *Tacora*, dont l'élévation est de 4344 mètres ; la partie la plus haute de la ville de *Potosi* est à 4166 mètres. *Mexico* est à 2277 mètres ; le lieu habité le plus élevé de France est le village de *Saint-Véran* (Hautes-Alpes) qui se trouve à 2040 mètres. La hauteur de *Madrid* est de 608 mètres ; celle de *Munich*, 538 ; celle de *Genève*, 372 ; de *Moscou*, 300 ; de *Lyon*, 162 ; de *Parme*, 93 ; de *Dresde*, 90 ; de *Paris*, 65 ; de *Rome*, 46 ; de *Berlin*, 40.

MONTANT (*Métall.*), m. Montant d'ordon ; pierre qui en soutient la partie supérieure.

MONTICELLITE (*Minér.*), f. Nom donné par M. Brooke à un minéral provenant du Vésuve, et qu'il a dédié au chevalier de Monticelli ; il est en petits cristaux d'un blanc jaunâtre, ayant l'aspect du quartz, et étant quelquefois incolores et transparents. Leur forme primitive est un prisme rhomboïdal droit, sous l'angle de 132° 54' ; ce qui éloigne l'idée de le réunir au péridot, comme l'avait pensé Scacchi en le nommant *peridot blanc*. Sa cassure est vitreuse ; il raye l'apatite, et est rayé par le feldspath. M. Breithaupt avait proposé de réunir la monticellite à la humboldtilite, mais les incidences données par M. de Brooke diffèrent totalement de celles de ce minéral.

MONTLIVALTIE (*Paléont.*), f. Genre de polypier fossile des terrains plus anciens que la craie.

MONTMILCH (*Minér.*), m. *Hydro-silicate d'alumine*, de couleur blanche, d'aspect terreux, ressemblant à de la craie.

Il est composé, suivant Walchner, de :

Silice.	49.58
Alumine.	30.05
Eau.	13.07
	92.70

Formule atomique : $[Al^2O^3(SiO^3)^2]^2 + 8$ Aq.

MORAINE (*Géogn.*), f. Nom donné en Suisse à des accumulations de rochers disposés en chaînes ou monticules, transportés par les glaciers jusqu'aux vallées inférieures, où ils sont abandonnés sur les plaines quand les glaces viennent à fondre. C'est un amas confus de blocs et de graviers, sans stratification et sans caractère distinctif.

MORÉE (*Exploit.*), f. Terre argilo-ferrugineuse provenant du lavage de la mine de fer limoneuse, et qu'on emploie pour l'amendement des terres dans la Haute-Marne.

MORILLON (*Minér.*), m. Nom donné anciennement à une émeraude provenant de Carthagène.

MORNITE ou **MOURNITE** (*Minér.*), f. Substance trouvée dans les diorites de Mourne (Islande). C'est un *silicate d'alumine et de chaux* qui a quelque analogie avec le labrador.

MOROCHITE (*Minér.*), m. Nom donné par les anciens minéralogistes à une argile jaune propre à dégraisser. C'est le *morochtos* des Égyptiens.

MOROPITE (*Minér.*), m. Variété de *phosphate de chaux*.

MOROXITE (*Minér.*), f. *Fluo-phosphate de chaux* trouvé en Norwège.

MORTIERS CALCAIRES (*Exploit.*), m. La chaux éteinte, délayée dans l'eau avec deux ou trois fois son poids de sable, donne un mortier très-consistant, et adhère très-bien aux pierres de construction. Le sable étend les surfaces d'adhérence de la chaux, et empêche le retrait et le fendillement. Le mortier se consolide à la longue, avec d'autant plus de facilité qu'il est plus exposé au contact de l'air, dont l'acide carbonique rend la chaux à son état primitif de calcaire. La chaux grasse ainsi employée est un bon mortier pour les lieux secs ; mais elle ne se solidifie que difficilement dans les endroits humides, et se délaye sous l'eau. Il faut avoir recours pour les constructions hydrauliques à un mortier particulier qu'on nomme chaux maigre et argileuse.

On a remarqué que l'argile avait la propriété de s'emparer de la chaux grasse, de la retenir à l'état de combinaison, et de la rendre alors insoluble. Si donc on fait cuire la chaux avec une certaine quantité d'argile, on obtient une chaux maigre qui se solidifie sous l'eau et donne un bon mortier hydraulique. L'expérience a appris que cette solidification était d'autant plus prompte que la chaux était mélangée avec plus de silicate d'alumine : 10 à 12 pour cent d'argile donnent un bon mortier hydraulique qui se durcit sous l'eau en une vingtaine de jours ; avec le double, la solidification a lieu en deux ou trois jours ; avec 25 à 38 pour cent d'argile, on obtient le *ciment romain*, qui se durcit en quelques heures.

Quelques calcaires argileux donnent naturellement par la fusion des chaux maigres très-hydrauliques ; tels sont les calcaires de Mâcon, Saint-Germain (Ain), Bigna, qui donnent des mortiers moyennement hydrauliques ; ceux de Metz, de Senonches, de Lezoux (Puy-de-Dôme), qui fournissent des chaux très-hydrauliques ; les galets de Londres, de Boulogne-sur-Mer, et les calcaires de Pouilly (Côte-d'Or) et d'Argenteuil, près de Paris, sont très-propres à la fabrication du ciment.

Le carbonate de chaux et l'argile sont mis ensemble dans un four à chaux ordinaire. La température doit être bien ménagée, car une chaleur trop forte produit une combinaison trop intime de la chaux avec le silicate d'alumine, et toute combinaison ultérieure dans l'eau devient ensuite impossible. La température doit être seulement suffisante pour que le carbonate de chaux perde son acide carbonique, et l'argile son eau.

La dolomie produit une chaux hydraulique de qualité moyenne; mais si l'on n'avait besoin pour une construction dans des lieux humides que d'une chaux maigre de faible degré, et qu'on n'eût pas à sa disposition d'argile convenable, on pourrait mélanger de la chaux grasse avec de la pierre calcaire non cuite, ou de la pierre à chaux cuite à basse température, de manière qu'une grande partie ne soit pas réduite en chaux vive. Ce mortier se solidifie assez bien dans l'humidité, et même quelquefois sous l'eau.

On donne le nom de *béton* à un sol artificiel imperméable, composé de pierres anguleuses concassées, étendues dans de la chaux hydraulique, en une surface plane et horizontale. Ce mortier fait prise en très-peu de temps, et est tout à fait imperméable.

MORVÉNITE (*Minér.*), f. Nom donné par Thomson à une variété d'*harmotome* dont les cristaux sont allongés suivant leur axe principal, et non, comme l'harmotome ordinaire, dans le sens de la petite diagonale de la base.

MOSANDRITE (*Minér.*), f. Silico-titanate de cérium et de lanthane, dédié à M. Mosander. Ce minéral, encore peu connu, est d'un brun rouge foncé; son éclat est gras, passant à l'éclat résineux; il est translucide dans les esquilles minces, et offre, par réfraction, une couleur rouge grenat; sa cassure est grenue en travers; il raye le carbonate de chaux, et est rayé par le phosphate; sa densité est de 2.93 à 2.98; sa poussière est grisâtre; il donne beaucoup d'eau au chalumeau.

MOSASAURUS (*Minér.*), m. Genre fossile de reptiles des terrains supérieurs à la craie.

MOTTE (*Exploit.*), f. Houille en gros morceaux, terme des mineurs du Gard. On donne aussi le nom de *mottes* à la tourbe séchée et réduite en parallélipipèdes.

MOUCHE (*Paléont.*), f. Insecte qui se rencontre dans le succin.

MOUCLE (*Exploit.*), f. Terme de carrier; espèce de nodule qui altère les schistes ardoisiers.

MOUFITTE (*Exploit.*), f. *Voy.* MOFETTE.

MOUFLE (*Métall.*), f. Disposition ou appareil qui permet d'exposer un corps à l'action du feu d'un fourneau, sans le contact de l'air.

MOULAGE (*Métall.*), m. Opération qui consiste à mouler en terre ou en sable un objet modelé, et à retirer le modèle sans endommager le moule.

Nous avons décrit la manière de faire les *moules*, et à l'article SABLE nous parlons du choix de celui employé dans les mouleries, et des soins nécessaires à sa préparation.

Le moulage se fait ou *à découvert* ou *sous châssis*; il est *simple* ou à *noyaux*.

Le moulage à découvert est presque toujours exécuté sur le sol même de la fonderie; le mouleur y forme un sol parfaitement horizontal avec du sable ordinaire; puis il tamise dessus du sable frais et fin, qu'il répand bien uniformément. La délicatesse de la reproduction dépend de la finesse de ce sable.

Le modèle est ensuite placé sur ce sol, et enfoncé uniformément et avec soin; on continue à l'enfoncer jusqu'à ce qu'il soit bien enterré. Puis on pratique avec une broche en fer des trous ou canaux jusqu'au modèle, afin de faciliter l'évaporation des gaz, et l'on creuse un canal destiné à conduire le métal fondu jusqu'au moule.

On arrose ensuite légèrement les bords du moule, afin d'humecter le sable et de lui donner plus de consistance; on imprime au modèle un léger tremblement, et on l'enlève avec soin.

C'est le moment de réparer les défectuosités qu'on remarque dans le moule; cela se fait avec une petite truelle nommée *paroir* et du sable fin. Après quoi on arrose de nouveau le moule avec du poussier de charbon tamisé fin et bien sec; et l'on remet le modèle, pour bien unir les surfaces et les saillants du moule. Le poussier de charbon a pour but d'éviter le contact du métal incandescent avec le sable humide.

Le moulage à découvert est d'une grande facilité et ne demande qu'un peu d'attention; il n'est pas toujours nécessaire que le modèle soit entier, lorsqu'il représente une figure symétrique : une roue, par exemple, peut très-bien être moulée avec un seul de ses segments, surtout lorsqu'elle est d'une grande dimension.

Mais la surface qui reste à découvert et exposée à l'air, lors du moulage, est souvent irrégulière, rugueuse : c'est pour cela qu'on préfère mouler sous châssis, lorsque toutes les faces de l'objet fondu doivent être également lisses.

Un châssis se compose d'une caisse qui se démonte en deux parties, l'une supérieure, l'autre inférieure; ces deux parties doivent s'ajuster parfaitement, et pour cela elles ont des repères en forme de liteaux, de gougeons ou de crochets.

On moule dans le châssis inférieur comme on le fait sur le sol de l'usine. Seulement on place préalablement le modèle, et on tasse le sable tout autour à l'aide d'une *batte*, jusqu'à ce qu'on soit arrivé au bord supérieur; on unit alors le sable placé, et on saupoudre avec du charbon en poussière.

Cela fait, on place dessus le second châssis vide, on enfonce des broches pour ménager les auvents, et on continue à placer et à donner le sable, en ayant soin de ne pas le battre avec autant de force que dans le premier châssis.

Lorsque le moule est entièrement fini, on retire les broches et l'on enlève le châssis supérieur, qui est séparé de l'autre par la légère couche de charbon tamisée sur la surface du premier ; on forme les rigoles de fusion, et on commence à *démouler*.

Une fois le modèle ôté, on nettoie le moule, et l'on replace le châssis supérieur.

Certains châssis se divisent en trois ou quatre parties, selon la grandeur des modèles.

Lorsque le modèle doit avoir des parties creuses, on les représente, dans le moule, par des parties solides qu'on appelle *noyaux* : dans les tuyaux de conduite, par exemple, l'intérieur doit être massif dans le moule, pour empêcher la fonte de prendre la place du vide ; ce massif même est le noyau du mouleur.

Les noyaux se confectionnent en sable, en argile, en briques, et en général en toute matière capable de résister au fondage, et ayant assez de consistance pour ne pas se détruire dans l'opération du moulage. Ils doivent être desséchés à l'étuve, et placés dans le moule avec le plus grand soin.

MOULE (*Paléont.*), m. Creux ou empreinte laissée par une coquille dans certaines roches sédimentaires. Dans cette sorte de minéralisation des corps organiques, la coquille a disparu entièrement, et n'a laissé qu'une empreinte de sa forme extérieure; ou bien la matière dont cette coquille était formée a été dissoute, et remplacée par une pâte de la nature du milieu dans lequel s'est opéré ce changement. Dans les minéralisations les plus modernes, la matière de la roche était à l'état de boue ou de vase; elle a enveloppé de toutes parts la coquille, et s'est ensuite consolidée. Lorsqu'on casse le sédiment, on trouve que chaque côté de la coquille a laissé son empreinte, et que l'opération de la nature a une grande analogie avec la manière de mouler en plâtre de nos artistes. En retirant la coquille, on s'aperçoit que la matière boueuse a pénétré dans l'intérieur, et qu'elle s'y est consolidée en prenant la forme de cet intérieur. Voilà le premier degré de minéralisation, le travail le plus moderne de la nature.

Dans les opérations qui datent d'un plus long espace de temps, non-seulement la coquille s'est moulée et a produit sur la roche boueuse une empreinte extérieure, mais encore la matière même de la coquille s'est dissoute, ses molecules constituantes ont été entraînées par l'eau. On remarque seulement qu'entre la coquille intérieure qui sert de noyau, et les empreintes extérieures, il s'est opéré un vide dû sans doute au retrait. Ce vide s'est rempli plus tard de carbonate calcaire, de pyrite, ou de fluide siliceux. C'est, en petit, la salbande des filons métalliques.

MOULE (*Paléont.*), f. Genre de coquilles mytilacées, dont onze espèces se rencontrent à l'état fossile dans la craie et les couches qui l'avoisinent en haut et en bas.

MOULE (*Métall.*), m. Vide pratiqué dans une matière quelconque, lequel doit être exactement rempli par le métal en fusion. Ce vide est fait au moyen d'un corps solide en relief qui porte le nom de *modèle*, et qui représente parfaitement l'objet qu'on doit obtenir.

Dans les fonderies, les moules se font en une espèce d'argile ou de *sable* que nous avons décrit sous ce dernier titre.

Les moules se font ou *à découvert*, ou *sous châssis*.

A découvert, une partie de l'objet moulé est exposée à l'air; et cette surface n'est jamais aussi unie ni aussi achevée que celle qui est recouverte par du sable. On coule ainsi les plaques qui exigent peu de régularité sur un côté, et la surface découverte est toujours celle qui doit rester dessous, lorsque l'objet est mis en place. Le contraire a lieu pour les moules sous châssis, comme les cloches, les canons, les statues, les roues dentées.

Lorsque, dans la pièce qu'on veut obtenir, quelque partie laisse un creux ou un trou, on conserve le vide en plaçant à l'endroit même où il doit être placé un objet de même dimension en sable gras. Cet objet s'appelle *noyau*.

Les moules doivent être desséchés bien soigneusement, afin d'éviter qu'ils ne se fendillent lors du moulage. Pour cela, on les soumet à une chaleur graduée, que l'on porte peu à peu à une grande intensité.

Pour plus de sécurité, on entoure le moule de copeaux de bois, de paille sèche, de papier, ou de corps facilement combustibles, et l'on y met le feu au moment du coulage : les gaz humides que recèle le moule se consument, et l'on évite ainsi une explosion, dont le moindre désagrément serait de détériorer le moule.

MOUM (*Exploit.*), m. Nom donné en Perse au bitume qui découle des parois d'une caverne située dans les environs de Darab. Ce bitume est recueilli chaque année, et envoyé à la cour comme un baume précieux.

MOUQUET (*Exploit.*), m. Amas de gaz composé d'acide carbonique et d'azote, qui se trouve quelquefois dans les mines de lignite de la Provence pendant les chaleurs, et dans le voisinage des vieux travaux, des eaux croupissantes, et des amas de lignite terreux. Il a une odeur piquante. Les ouvriers qui y sont exposés éprouvent de la pesanteur de tête, un sifflement aux oreilles, un gonflement et un endurcissement du bas-ventre, de l'oppression à la poitrine, et une espèce de tremblement dans les muscles des cuisses et des jambes; il rend la flamme des lampes rougeâtre, allongée, vacillante, et finit par l'éteindre. Le chlorure de chaux humide est un assez bon préservatif.

MOUR (*Métall.*), m. Museau de la tuyère, partie qui s'avance dans le fourneau.

MOYA (*Minér.*), m. *Pépérine.*

MOYEN-FOURNEAU (*Métall.*), m. Haut-fourneau dont la hauteur n'excède pas douze pieds.

MUDÉSITE D'ALUMINE (*Minér.*), f. Substance composée d'acide mudéseux et d'alumine; on ne le connaît que dans la *pigotite*, où il se trouve à l'état hydraté.

MUFFLE (*Métall.*), m. Orifice de la buse d'un soufflet.

MUGE (*Paléont.*), m. Genre de poissons dont on trouve deux espèces à l'état fossile dans les couches postérieures à la craie.

MUGIL (*Paléont.*), m. Genre de poissons dont on rencontre deux espèces fossiles dans le terrain supercrétacé.

MULETTE (*Paléont.*), f. Genre de naïades dont on trouve huit espèces fossiles dans les terrains postérieurs à la craie.

MULLÉRINE (*Minér.*), f. Nom donné par M. Beudant au *tellurure d'or plumbifère* décrit au mot TELLURURES MÉTALLIQUES.

MULLICITE (*Minér.*), f. Variété de vivianite, décrite au mot PHOSPHATE DE FER; elle provient de Mullica-Hill, comté de Gloucester, dans l'État de New-Jersey; elle est en petits cylindres, entourés de toutes parts de grains de sable.

MUNDIC (*Minér.*), m. *Arséniure de fer.*

MUR (*Exploit.*), m. Partie inférieure sur laquelle repose une couche ou un filon.

MURAILLEMENT (*Exploit.*), m. Chemise en pierres ou en briques appliquée à l'intérieur d'un puits de mine.

MURCHISONITE (*Minér.*), f. *Silicate d'alumine et de potasse*, dédié à M. Murchison, géologue distingué, en cristaux d'un blanc rose disséminés dans un conglomérat de la formation du grès rouge à Exeter. Ce minéral avait toujours été considéré comme un feldspath, sa dureté, sa densité et sa manière de se comporter au feu ayant une grande analogie avec ce dernier silicate, qui a également pour forme cristalline le prisme rhomboïdal oblique; mais son clivage nacré, quelques modifications cristallographiques qui n'appartiennent point au feldspath, et surtout sa composition qui admet beaucoup plus de silice que celle de l'orthose, semblent devoir faire admettre la murchisonite comme une espèce particulière. M. Phillips a trouvé qu'elle contenait :

Silice.	68.60
Alumine.	16.60
Potasse.	14.80
	100.00

ce qui renvoie à la formule : $Al^2O^3\ (SiO^3)^2 + KO\ (SiO^3)^3$, qui exprime l'alliance du silicate sesqui-aluminique avec le tri-silicate potassique; ou bien à celle $Al^2O^3\ (SiO^3)^3 + KO\ (SiO^3)^2$, union du silicate aluminique avec le bi-silicate potassique.

MUREAU (*Métall.*), m. Mur qui contient la tuyère.

MURÈNE (*Paléont.*), f. Genre de poissons, dont deux espèces à l'état fossile appartiennent aux terrains modernes.

MURIA, f. Nom donné par Dioscoride au sel marin en dissolution. Linné a adopté cette dénomination, en divisant cette espèce en six variétés : *muria marina*, ou sel marin; *muria fontana*, ou sel provenant de sources; *muria fossilis*, ou sel gemme; *muria spatosa rhombea*, ou sel cristallisé; *muria lapidea phosphorans*, ou sel phosphorescent; *muria saxi ex mica spatoque*, ou sel en efflorescence.

MURIACITE (*Minér.*), m. Variété de *sulfate de chaux anhydre*, associée à du sel gemme.

MURIATE D'ANTIMOINE (*Minér.*), m. Nom donné par de Born à l'*oxyde d'antimoine.*

MURIATE D'ARGENT (*Minér.*), m. *Chlorure d'argent.*

MURIATE DE CHAUX (*Minér.*), m. *Voy.* CHLORURE DE CHAUX.

MURIATE DE CUIVRE (*Minér.*), m. *Voy.* OXYCHLORURE DE CUIVRE.

MURIATE DE MAGNÉSIE (*Minér.*), m. *Chlorure de magnésium.*

MURIATE DE SOUDE (*Minér.*), m. *Voy.* CHLORURE DE SODIUM.

MURICALCITE (*Minér.*), f. *Spath rhombe*, carbonate de chaux et de magnésie.

MURICITE (*Paléont.*), m. Murex fossile.

MUSCHELKALK (*Géogn.*), m. Calcaire coquillier; de l'allemand *muschel*, coquille; *kalk*, chaux.

MUSCOÏDE (*Minér.*), f. Variété rouge orangé de *phosphate de plomb*, contenant de l'acide chromique.

MUSCULITE (*Paléont.*), f. Moule fossile.

MUSEAU (*Métall.*), m. Museau de la tuyère. *Voy.* MOUR.

MUSITE (*Minér.*), f. *Carbonate de cérium* trouvé dans les carrières d'émeraudes de Muso, près de Santa-Fé de Bogota, dans la Nouvelle-Grenade.

MUSSITE (*Minér.*), f. Variété bacillaire de *diopside*, décrite au mot PYROXÈNE, et provenant de Mussa, en Piémont. La mussite est d'un vert grisâtre, en grandes baguettes plates, quelquefois appliquées les unes sur les autres, quelquefois contournées.

MYE (*Paléont.*), f. Genre de myaires dont on connaît de nombreuses espèces dans les terrains voisins de la craie.

MYÉLINE (*Minér.*), f. Variété de *steinmark*, décrite au mot ANDALOUSITE, et ayant l'apparence de la moelle. Son nom vient du grec *mielos*, moelle. C'est le *mark* des Allemands.

MYRMÉCITE (*Minér. anc.*), f. Pierre sur laquelle les anciens prétendaient apercevoir la figure d'une fourmi; du grec *myrmêx*, fourmi.

MYRRHITE et **MYRRHINITE** (*Minér. anc.*), f. Pierre jaune des anciens, qu'on suppose être le *succin*. Du grec *myrrha*, myrrhe, parfum.

MYRSINITE et **MYRTILLITE** (*Paléont.*), f. Pierre sur laquelle les anciens voyaient des feuilles de myrte; du grec *myrtos*, myrte; *myrsinitês*, qui a la forme du myrte.

MYSORINE (*Minér.*), f. *Carbonate de cuivre brun*, qui paraît constituer une espèce. La mysorine est anhydre, et a été trouvée par le docteur Heyne à l'extrémité du pays de Mysore, dans l'Indoustan.

MYTILOÏDE (*Paléont.*), m. Genre fossile de coquilles mytilacées appartenant aux couches de la craie.

MYTULITE (*Paléont.*), f. Moule fossile.

N

NACHBERG (*Géogn.*), m. Argile calcaire schisteuse et bitumineuse.

NACRÉ (Éclat). *Voy.* ÉCLAT NACRÉ.

NACRITE (*Minér.*), f. Synon. : *talcite*, *talc écailleux*, *damourite*. Silicate d'alumine et de potasse, d'un blanc nacré, en petites écailles réunies ou isolées, ayant une grande ressemblance avec le talc; ce qui avait engagé Haüy à le désigner sous le nom de *talc granulaire*. M. Beudant a préféré avec juste raison celui de nacrite, à cause de la différence de composition de ce minéral et du talc. La composition de ce minéral est :

	LOCALITÉS.	
	Saint-Gothard.	Ile de Naxos.
Silice.	50.00	56.00
Alumine.	26.00	18.00
Potasse.	17.50	8.00
Chaux.	1.50	3.00
Protoxyde de fer.	5.00	4.00
Eau.	»	6.00
	100.00	95.00

Ces deux analyses diffèrent peu : la première donne l'expression : $Al^2O^3\ SiO^3 + (KO,\ FeO,\ CaO)\ SiO^3$; la seconde : $Al^2O^3\ SiO^3 + (KO,\ FeO,\ CaO)\ (SiO^3)^2 + 2\ Aq$. Ces deux formules se rapprochent beaucoup de la constitution atomique du mica potassique.

M. Delesse a décrit dans les *Annales de chimie et de physique*, sous le nom de *damourite*, un minéral qui a beaucoup de ressemblance avec la nacrite. Il est en petites lamelles blanches nacrées, ou en fragments jaunâtres, diaphanes, formés d'écailles enchevêtrées, groupées en rosaces; chaque écaille isolée est transparente, et résiste à la pulvérisation dans le mortier. La damourite est rayée par le feldspath, mais elle raye le talc; sa densité est de 2.792; elle fond difficilement au chalumeau, répand une vive lumière, et se réduit en un émail blanc; elle se colore en bleu par un sel de cobalt; elle est insoluble dans l'acide hydrochlorique et l'eau régale, mais est attaquée par l'acide sulfurique concentré, lorsqu'elle n'est pas calcinée. Sa composition donne :

Silice.	45.22
Alumine.	37.87
Potasse.	11.20
Eau.	5.25
Peroxyde de fer.	trace
	99.54

Sa formule devient : $3\ Al^2O^3\ SiO^3 + KO\ SiO^3 + 2\ Aq$, et présente beaucoup d'analogie de composition avec la nacrite.

La nacrite recouvre ordinairement des cristaux de quartz et de feldspath ; la damourite en agit ainsi à l'égard du disthène de Pontivy, où elle a été rencontrée.

NADELSTEIN (*Minér.*), m. Rutile, *oxyde de titane*.

NAGELFLUH (*Géogn.*), m. Nom donné au *gompholite* dans les Alpes allemandes.

NAGGERATHIA (*Paléont.*), m. Genre de végétaux fossiles appartenant aux couches plus anciennes que la craie.

NAO-CHA (*Minér.*), m. Nom chinois du sel *hydro-chlorate d'ammoniaque*, qui se tire de la Tartarie.

Composition, suivant M. Princep :

Carbone.	73
Hydrogène.	24
	97

Formule atomique : $C^5\ H^4$.

NAPHTALINE (*Minér.*), f. Carbure d'hydrogène; hydrogène carboné; substance blanc jaunâtre ou verdâtre, en grains cristallins ou en lamelles rhomboédriques, friables; éclat un peu nacré, translucide ou transparente, sans saveur ni odeur, laissant une tache grasse sur le papier; insoluble dans l'eau, soluble dans l'alcool, l'éther et l'acide sulfurique concentré. P. s. : 0.95; gisement : dans les lignites des dépôts supercrétacés; en Suisse et dans le haut Westenvald, en Allemagne.

NAPHTE (*Minér.*), m. *Huile de naphte*, *pétrole*; bitume liquide décrit au mot BITUME. Son nom vient de l'hébreu *nataph*, *goutte*, *qui dégoutte*.

NAPHTÉINE (*Minér.*), f. Bitume jaune verdâtre, transparent, devenant jaune roux et demi-translucide par son exposition à la lumière; odeur du naphte; mou, onctueux, doux au toucher, gélatineux, sans élasticité; très-fusible; soluble dans l'alcool, l'éther et l'essence de térébenthine bouillants. Trouvé, en 1836, dans le département de Maine-et-Loire.

NAPOLÉONITE (*Minér.*), f. Roche de Corse, dédiée à Napoléon. Elle est composée d'albite et d'amphibole.

NARCISSITE (*Paléont.*), f. Pierre figurée, ayant la couleur et la transparence de la fleur de narcisse.

NASAMMONITE (*Minér. anc.*), f. Pierre

rouge de sang, remplie de veines noires, et qui, selon Pline, était tirée du pays des *Nasamones* en Afrique.

NASSE (*Paléont.*), f. Genre de coquilles canalifères, dont on trouve vingt et une espèces à l'état fossile dans les couches supercrétacées.

NASSE (*Métall.*), f. Petit berceau pratiqué dans le fond d'un fourneau de fonderie.

NATICE (*Paléont.*), f. Genre de neritacées, dont on trouve huit espèces à l'état fossile dans les terrains postérieurs à la craie.

NATRO-CALCITE (*Minér.*), m. Nom donné à tort à un carbonate de chaux nommé *calcite*, dans lequel les minéralogistes allemands avaient cru trouver de la soude.

NATROLITE (*Minér.*), f. Nom donné par Haidinger à une variété de *mésotype* renfermant de la soude.

NATROLITE D'HESSELKULA (*Minér.*), f. *Ekebergite* provenant d'Hesselkula, variété de *wernérite*.

NATRON (*Minér.*), m. Nom employé par M. Beudant pour désigner le *carbonate de soude*, extrait des lacs Natron, qui sont situés à l'ouest du Nil, à une grande journée de Terranch, en Égypte.

NATRONALUN (*Minér.*), m. *Sulfate hydraté d'alumine et de soude*, alun sodique.

NAUTILE (*Paléont.*), m. Genre de coquilles nautilacées, dont on trouve quinze espèces fossiles dans la craie inférieure et les couches voisines.

NAUTILITE (*Paléont.*), f. Nautile fossile.

NAZAMONITIS (*Minér.*), m. Jaspe rouge des anciens, veiné de noir.

NÉBRITE (*Minér. anc.*), f. Pierre rougeâtre ou jaune brun, comme la peau des faons, et qui était consacrée à Bacchus; du grec *nébris*, peau de faon.

NECKRONITE (*Minér.*), f. Minéral blanchatre ou grisâtre, à éclat soyeux, ayant pour forme primitive un prisme rhomboïdal, et ayant deux clivages. Il est difficilement fusible, et raye le verre. M. Dufrénoy considère la neckronite comme un *feldspath de potasse*.

NÉCROLITE (*Géogn.*), f. *Voy.* TRACHYTE.

NECTIQUE (Pierre) (*Minér.*), f. Pierre légère, qui surnage facilement; du grec *nektikos*, propre à nager.

NÈGRE-CARTE (*Minér.*), f. Nom donné par les anciens lapidaires au *morillon* ou émeraude de Carthagène.

NEIGE (*Géol.*), f. *Voy.* le mot EAU.

NEIGE D'ANTIMOINE (*Minér.*), f. *Oxyde d'antimoine* blanc et pulvérulent.

NÉMALITE (*Minér.*), f. Nom donné par M. Nutall à une variété d'*hydrate de magnésie* associé à du silicate de fer ou à du carbonate de magnésie.

NÉOCOMIEN (*Géogn.*), adj. Terrain néocomien; du grec *néos*, nouveau; *komé*, village, par allusion à Neufchâtel, en Suisse, où se développe particulièrement le terreau. *Voy.* FORMATION NÉOCOMIENNE.

NÉOCTÈSE (*Minér.*), m. Nom donné par M. Beudant à une variété de *scorodite*, décrite au mot ARSÉNIATE DE FER. Ce nom est tiré du grec *néos*, nouveau; *ktésis*, acquisition, parce qu'il a été nouvellement découvert.

NÉOLITE (*Minér.*), f. Nouveau minéral (du grec *néos*, nouveau; *lithos*, pierre) qui continue à se former dans la mine Alask, près d'Arendal en Norwége, grâce à l'infiltration des eaux à travers des roches magnésiennes. Il est à l'état cristallin, en lames, en faisceaux concentriques, en rosaces radiées comme la wawellite, ou en masse compacte; il est d'un vert nuancé; son éclat est gras et soyeux; sa densité est de 2.77; on a trouvé pour sa composition:

Silice.	52.28	47.38
Alumine.	7.33	10.27
Magnésie.	31.24	24.73
Oxyde de fer.	3.79	7.92
— de manganèse.	0.89	2.64
Chaux.	0.28	»
Eau.	4.04	6.28
	99.83	99.19

Ces analyses conduisent à la formule: $2(MgO)^2 SiO^3 + Al^2O^3 SiO^3 + 3 Aq.$

NÉOMASTONIEN (Terrain) (*Géogn.*), adj. C'est le *terrain quaternaire*.

NÉOPÈTRE (*Minér.*), m. Nom donné par de Saussure au pétrosilex secondaire, au quartz agate d'Haüy, ou hornstein de Werner.

NÉOPLASE (*Minér.*), m. Nom donné par M. Beudant à un *sulfate de fer*, du grec *néos*, nouveau; *plasis*, formation, attendu que ce minéral se forme journellement dans les mines, par la décomposition des sulfures. Le même savant a donné le nom de néoplase à une variété d'*arséniure de nickel*.

NÉPHÉLINE (*Minér.*), f. Synon.: *beudantine*, *davyne*, *covellinite*, *sommite*, *schorl blanc*, *pinguite*, *carolinite*, *lithrode*, *pseudo-néphéline*, *thuringite*, etc. Silicate d'alumine et de soude en cristaux blancs ou gris hyalins, dont la forme est un prisme régulier à six faces, et dont les rapports sont: : 28 : 22. Son éclat est vitreux, sa cassure inégale et conchoïde; il raye le verre. Au chalumeau, la néphéline fond en un verre blanc bulleux; un fragment transparent devient nébuleux dans l'acide nitrique à froid: c'est ce caractère qui lui a valu le nom de néphéline, qu'Haüy a emprunté au grec *néphelé*, nuage. La densité de ce minéral est: 2.360, et sa composition:

	LOCALITÉS.			
	Katzenbuckels.		Somma.	
Silice.	44.29	45.36	43.70	44.11
Alumine.	33.28	33.49	32.31	33.73
Soude.	13.44	13.36	13.83	20.46
Potasse.	4.94	7.13	5.60	»
Chaux.	1.77	0.90	0.84	»
Protox. de mangan.	0.65	1.80	1.07	»
Eau.	0.21	1.39	1.39	0.62
	100.58	101.13	100.71	98.92

répondant à la formule : $2 Al^2O^3 SiO^3 + (NaO)^2 SiO^3$.

L'*éléolite*, ou *fettstein* des Allemands, est une variété de la néphéline ; c'est un silicate alumineux de soude, en masses amorphes bleuâtres ou verdâtres, rarement rougeâtres, ayant un éclat gras et résineux, un peu chatoyant, qui lui a valu son nom, du grec *élayon*, huile ; vulgairement pierre grasse. Sa forme primitive est un prisme hexaèdre régulier. L'éléolite raye le verre. Sa composition est :

	Brune.	Verte.
Silice.	43.81	44.19
Alumine.	33.83	34.42
Soude.	15.86	16.87
Potasse.	4.80	4.73
Chaux.	0.81	0.32
Magnésie.	»	0.68
Protoxyde de fer.	»	0.63
Eau.	»	0.60
	100.21	102.66

Formule atomique : $2 Al^2O^3 SiO^3 + NaO SiO^3$.

La *davyne*, analysée par M. Covelli, a été rapportée à l'espèce néphéline ; c'est à tort. On peut voir au mot DAVYNE combien ce silicate d'alumine et de chaux diffère du silicate d'alumine et de soude que nous venons de décrire.

La néphéline de Katzenbuckels, près de Heidelberg, est disséminée dans des roches basaltiques : celle de Kaisersthul, en Brisgaw, est dans le même gisement ; les laves de Capo di Bove, près de Rome, renferment une variété connue sous le nom de *pseudo-néphéline*. Quant à l'*éléolite*, elle est empâtée dans la syénite de Friedrischswarn, en Norwége.

NÉPHRÉTITE (*Minér.*), f. *Stéatite* verte translucide ; serpentine noble.

NÉPHRITE (*Minér.*), f. *Silicate hydraté d'alumine et de magnésie*, ancien *jade néphrétique*, *pierre de hache*, *céraunite*, *beilstein* des Allemands, etc. Ce minéral, l'un des plus anciennement connus, est d'un gris sale, passant au gris verdâtre et olivâtre ; il a l'aspect gras, et une transparence analogue à celle de la cire ; sa cassure est esquilleuse ; il est très-tenace et très-sonore ; il raye le verre, et sa densité est 2.95 ; au chalumeau, il fond en un émail blanc. Son analyse a donné à Kastener :

Silice.	50.50
Alumine.	10.00
Magnésie.	31 00
Protoxyde de fer.	5.50
Oxyde de chrôme.	0.05
Eau.	2.75
	99.80

qui donne la formule $Al^2O^3 SiO^3 + 3 MgO SiO^3 + Aq$.

La néphrite est un des amulettes les plus respectés des Chinois, qui lui donnent le nom de *iu*, ou *pierre de iu* ; ils la recueillent dans les lits des rivières, où elle se rencontre en cailloux roulés ; c'est avec elle qu'étaient faites les pierres de circoncision ; sa ténacité, en effet, la fit servir d'armes avant qu'on sût travailler les métaux ; on la taillait sous la forme de hache ; de là vient son nom vulgaire de *pierre de hache* ; les Celtes s'en servaient comme casse-tête ; c'est le *torriben* des Armoricains ; on lui a longtemps supposé la propriété de guérir la phlegmasie, ou colique des reins, connue sous le nom de colique néphrétique ; de là vient son nom de *jade* ou *pierre néphrétique*, et celui actuel de *néphrite* (du grec *néphros*, reins). Son gisement n'est pas connu : on la tire de la Chine, de la rivière des Amazones, de la Nouvelle-Zélande, de la Perse et de l'Égypte ; elle est très-commune dans les collections.

Quelques minéralogistes donnent aussi le nom de *néphrite* à une variété de serpentine qui n'est qu'un hydro-silicate de magnésie, sans doute à cause de la couleur ; car elle est loin d'être aussi dure et aussi tenace que la pierre de hache.

Le nom de *néphrite* s'est aussi appliqué à une variété de *trémolite*, ou *amphibole blanche*, que M. Rammelsberg a analysée en 1845, et qui était venue de l'Inde sous la forme d'un œuf blanc laiteux et demi-transparent, ayant l'aspect de la cire ou du blanc de baleine. Ce minéral, qui a tous les caractères extérieurs de la *trémolite* et dont l'analyse se trouve au mot AMPHIBOLE, donne la formule : $CAO SiO^3 + (MgO, FeO, MnO)^3 (SiO^3)^2$, qui est celle de la variété blanche de l'amphibole, et est entièrement différente de l'expression de la *néphrite*.

NEPTUNIEN (*Géogn.*), adj. *Terrain neptunien*, roches qui ont été formées sous l'eau. Un géologue neptunien est celui qui attribue uniquement à l'eau la formation de la croûte terrestre. Cette opinion date de la plus haute antiquité ; elle était généralement adoptée chez les Égyptiens, et les Grecs regardaient l'Océan comme le père de toutes choses. De nos jours, et depuis que les études géognostiques ont pris une marche scientifique, le système de la formation ignée du globe a prévalu.

NERFS (*Métall.*), m. Filaments allongés qui déterminent et annoncent la ténacité et la malléabilité d'un métal.

NÉRINÉE (*Paléont.*), f. Genre de plicacés fossiles, dont on a trouvé cinq espèces dans des terrains antérieurs à la craie.

NÉRITINE (*Paléont.*), f. Genre de néritacées, dont on trouve cinq espèces à l'état fossile dans les terrains supercrétacés.

NÉRITITE (*Paléont.*), f. Nérite fossile, néritine.

NEUROLITE (*Minér.*), f. Nom donné par Thomson à un minéral vert jaunâtre, en fibres déliées, soudées ensemble. Sa cassure est inégale ; il raye le calcaire, et se laisse rayer par l'apatite ; sa densité est 2.476 ; il ne fond pas au chalumeau, mais il y devient blanc et friable. Thomson a trouvé qu'il contenait :

Silice.	73.00
Alumine.	17.35
Chaux.	3.23
Magnésie.	1.50
Peroxyde de fer.	0.40
Eau.	4.30
	99.80

dont la formule atomique est : $2\ Al^2O^3\ (SiO^3)^3 + (CaO, MgO)\ (SiO^3)^3 + 3\ Aq$, formule des roches ignées.

NEWKIRKITE (*Minér.*), f. Oxyde de manganèse et de fer hydraté, trouvé à Newkirchen, en Alsace, et décrit au mot OXYDE DE MANGANÈSE.

NEZ (*Métall.*), m. Nez de la tuyère; amas de scories ou de fer réduit qui s'attache à l'*œil* ou au *museau* de la tuyère, l'obstrue, et rend le vent inégal.

NICKEL (*Minér.*), m. Découvert en 1775 par Cronstedt; métal blanc avec nuance de gris, magnétique et polaire; s'électrisant par le frottement, s'oxydant par la chaleur et le contact de l'air en vert pomme; ductile, dur, s'alliant avec une forte portion de cuivre sans perdre sa couleur; fusible à 160° de Wedgwood; il est la base des alliages dits argent de Berlin, maillechort, etc.; il se trouve constamment avec le fer dans les pierres qui tombent du ciel; sa densité est 8,8; son symbole est Ni, et son poids atomique = 369.330.

NICKEL ANTIMONIAL. *Voy* ANTIMONIURE DE NICKEL.

NICKEL ANTIMONIÉ SULFURÉ. *Voy.* SULFURE DE NICKEL.

NICKEL ARSÉNIATÉ. *Voy.* ARSÉNIATE DE NICKEL.

NICKEL ARSÉNICAL. *Voy.* ARSÉNIURE DE NICKEL.

NICKEL ARSÉNIÉ. *Voy.* ARSÉNITE DE NICKEL.

NICKEL ARSÉNIO-SULFURÉ. *Voy.* SULFURE DE NICKEL.

NICKEL GRIS. *Voy.* SULFURE DE NICKEL.

NICKEL NATIF. *Voy.* *Sulfure de nickel* à l'article des SULFURES MÉTALLIQUES.

NICKEL SULFURÉ. *Sulfure de nickel*, décrit à l'article SULFURES MÉTALLIQUES.

NICKÉLINE (*Minér.*), f. Nom donné par M. Beudant à l'*arséniure de nickel*.

NICKÉLOCRE (*Minér.*), m. Nom donné par M. Beudant à l'*arséniate* pulvérulent *de nickel*.

NICKOLANE (*Minér.*), m. Variété de nickel que Richster avait découverte dans les mines de cobalt de Suède, et qu'il avait prise pour une nouvelle substance métallique.

NICOLO (*Minér.*), m. Nom italien d'une variété de *sardoine* à deux couches, dont l'une est bleue ou brune, et l'autre, qui recouvre la première, est translucide.

NID (*Exploit.*), m. Petit amas.

NIGRICA (*Minér.*), f. *Voy.* AMPÉLITE.

NIGRILLO (*Minér.*), m. Nom espagnol du *sulfantimoniure d'argent*.

NIGRINE (*Minér.*), f. Nom donné par Klaproth à une variété de *titanate de fer* amorphe, et du poids de 4.448. Les éléments de son analyse, cités par M. Dufrénoy, conduisent à la formule $3\ FeO\ (TiO^2)^2 + MnO\ TiO^2$, qui indique un titanate double de fer et de manganèse.

NIHIL ALBUM. *Voy.* FLEUR DE ZINC.

NILIOS (*Minér.*), m. Variété d'agate des anciens.

NILLE (*Exploit.*), f. Manche d'une manivelle.

NIOBEUM. *Voy.* NIOBIUM.

NIOBITE (*Minér.*), f. *Tantalate de fer et de manganèse*, synonyme de *columbite*.

NIOBIUM (*Minér.*), m. Nouveau métal, dont les caractères ne sont pas encore bien connus. Il prend feu au contact de l'air, et donne, en brûlant, de l'acide niobique blanc; il ne décompose pas l'eau, et ne se dissout que dans un mélange donné d'acides nitrique et hydrochlorique. Ce métal a été découvert, en 1844, par M. Rose, dans un tantalide, et consacré par ce savant à *Niobé*, fille de Tantale, qui fut changée en rocher pour avoir méprisé Latone.

NITRATES, m. Sels composés d'acide nitrique et d'une base, et dans lesquels l'oxygène de la base est à celui de l'acide :: 1 : 5. Ces sels se décomposent par la chaleur, et la base est mise à nu; il se dégage pendant l'opération de l'oxygène et de l'azote.

NITRATE DE CHAUX (*Minér.*), m. Syn. : *chaux nitratée, salpêtre terreux, nitre calcaire*, etc. Ce sel se trouve en efflorescences salines sur les murs humides; il est déliquescent; sa saveur est amère et fraîche; il fuse sur les charbons ardents, et y laisse un résidu blanc de chaux caustique pulvérulente; il paraît appartenir au système rhomboédrique.

NITRATE DE MAGNÉSIE (*Minér.*), m. Sel en dissolution dans les eaux provenant du lessivage des plâtras salpêtrés, en mélange avec du nitrate de chaux. Sa saveur est amère, et analogue à celle de la magnésie et du nitrate de chaux.

NITRATE DE POTASSE (*Minér.*), m. Syn. : *nitre, salpêtre, azote de potasse*, etc. Ce sel ne se trouve qu'en efflorescences blanches sur les murs des caves, des écuries, et dans certaines cavernes; aussi serait-il très-difficile à distinguer de plusieurs autres efflorescences en aiguilles, s'il ne possédait la propriété particulière de déflagrer, de fuser sur les charbons ardents, et d'en animer la combustion; sa saveur fraîche devient amère; sa forme primitive est un prisme rhomboïdal droit sous l'angle de 119° 10', et avec le rapport :: 80 : 30. Les cristaux de nitre sont blancs, translucides, souvent transparents; ils présentent des clivages suivant les faces de la forme primitive. Sa densité est de 1.933; il est déliquescent à une forte humidité, et se dissout dans deux fois son poids d'eau froide et moitié de son poids d'eau bouillante. Sa composition, suivant Wollaston, est de :

Potasse.	46.46
Acide nitrique.	53.54
	100.00

dont la formule est de KO N^2O^5.

Le nitrate de potasse se forme journellement ; il paraît résulter de la décomposition des substances animales : en France, on le recueille sur la craie des environs de Rouen et d'Évreux ; il couvre d'efflorescences les habitations crayeuses de la Roche-Guyon et d'Angoulême ; on le rencontre sur les bords du Rhône, à Saint-Pol-Trois-Châteaux, dans un calcaire d'origine nouvelle ; il est recueilli aux Etats-Unis dans les grottes calcaires de Kentucky ; la Pouille, en Italie, possède des nitrières naturelles ; on l'obtient aussi par la lexivation du terreau des plaines de la Hongrie, de l'Ukraine, de la Podolie ; les pâturages des bords de la mer, près de Lima, sont couverts d'efflorescences nitriques.

Dans l'Inde et dans l'Égypte, on recueille les efflorescences salines qui se forment à la surface du sol après la saison des pluies ; on les traite par l'eau pour en séparer la terre, et on fait évaporer à la chaleur solaire, qui produit de gros cristaux de *nitre des Indes*. Dans l'île de Ceylan, on le recueille dans des grottes naturelles sous forme d'efflorescence qu'on traite par l'eau et par l'évaporation. En France, on lessive une grande quantité de vieux matériaux de construction, de plâtres salpêtrés, etc., pour en obtenir le nitrate.

Le nitrate de potasse mélangé intimement avec du charbon et du soufre produit la poudre à tirer. En France, où l'on emploie trois sortes de poudre, les proportions des trois éléments nécessaires à leur fabrication est :

	POUDRE DE		
	Guerre.	Chasse.	Mine.
Salpêtre.	75.00	76 90	62.00
Soufre.	12.50	9.60	20.00
Charbon.	12.50	13.50	18.00
	100.00	100.00	100.00

On reduit en poussière les matières, et on les mélange successivement au moyen de tonnes tournantes ; puis on les retire, et on verse sur le mélange une petite quantité d'eau. On porte la pâte sous des meules ou des pilons, on la broie avec soin, en arrosant de temps en temps, et on lui donne une grande compacité. On la détache alors et on la porte à l'atelier de grenade, où la poudre est réduite en grains fins, plus ou moins arrondis. Celle destinée à la chasse est ensuite lissée, afin de lui donner une surface polie et brillante, en même temps que la rendre plus dense.

NITRATE DE SOUDE (*Minér.*), m. Syn. : *soude nitratée*, caliche. Ce sel n'est jamais pur ; il est blanc, transparent, à éclat vitreux, quelquefois grisâtre, ou même brun rougeâtre ; sa saveur est fraîche, légèrement amère ; il fuse sur les charbons ardents ; sa densité est de 2.10 à 2.90 ; sa forme primitive est un rhomboèdre obtus, sous l'angle de 106° 33' ; il est en grains cristallins sans forme distincte, et constitue au Pérou, où il a été découvert par M. Mariano de Rivero, des dépôts presque à la surface du sol, et qui ont une étendue de quarante lieues de long. Sa composition, à l'état de pureté, est :

Soude.	36.60
Acide nitrique.	63.40
	100.00

dont l'expression atomique est NaO N^2O^5.

M. Hayes a donné une analyse du nitrate du Pérou, qu'il appelle caliche ; il a trouvé :

Nitrate de soude.	64.98
Sulfate de soude.	3.00
Chlorure de sodium.	28.69
Iodure de sodium.	0.63
Marne mélangée.	2.60
	99.90

Quelquefois le nitrate de soude renferme un mélange de gypse, de salpêtre, d'iodures de potassium et de magnésium, et de chlorure de magnésium.

NITRE (*Minér.*), m. *Voy.* NITRATE DE POTASSE.

NITRE CALCAIRE (*Minér.*), m. Nom ancien du *nitrate de chaux*.

NITRE CUBIQUE (*Minér.*), m. *Nitrate de soude*.

NITROGÈNE, m. Nom donné à l'*azote* par les chimistes modernes ; du grec *nitron*, nitre ; *gennaô*, j'engendre ; qui produit le nitre.

NIVEAUX (*Exploit.*), m. On donne ce nom à des nappes d'eau souterraines qu'on rencontre quelquefois dans les exploitations, et qui exigent, pour être traversées, des travaux importants, difficiles et coûteux, qu'on nomme *cuvelage* et *picotage*. L'expression de niveau est surtout employée dans les mines de houille du Nord pour désigner les nappes qui se rencontrent au-dessus de l'argile appelée *dief*. Ces niveaux sont, à proprement parler, des couches de sable imprégnées d'eau, et ne ressemblent point aux lacs souterrains dont il va être parlé.

En recherchant la houille à peu de distance de Dieppe, les travaux entrepris ont fait reconnaître sept nappes d'eau abondantes :

	Profondeur.
1re nappe,	de 25 à 30 mètres.
2e —	à 100
3e —	de 175 à 180
4e —	de 210 à 215
5e —	à 250
6e —	à 287
7e —	à 333

Lors du percement des puits de la gare

Saint-Ouen, MM. Flachat ont rencontré cinq nappes distinctes

	Profondeur.
1re nappe.	A 36 mètres.
2e —	48 ½
3e —	81 ½
4e —	89 ½
5e —	66 ½

Sur la place de la poste aux chevaux de Saint-Denis, ces mêmes ingénieurs ont découvert quatre de ces nappes dans une profondeur de 65 mètres.

Sous le terrain de la cathédrale de Tours, M. Degousée a percé trois nappes d'eau, à 95, 112 et 123 mètres de profondeur.

A Sheerness, près de l'embouchure de la Tamise, la sonde a rencontré l'eau à 91 et 100 mètres au-dessous de l'argile.

A Fulham, un puits de 97 mètres rencontra l'eau, en 1821, après avoir pénétré de 20 mètres dans la craie.

A Chiswick, la sonde traversa une épaisseur de

5 m. 80	dans le gravier,
73 91	dans l'argile et la marne,
20 57	dans la craie,
100 m. 28	

avant de rencontrer l'eau jaillissante.

Un peu plus loin, chez le duc de Northumberland, on ne traversa la craie qu'après 189 mètres de sondage, et l'on se trouva alors en pleine nappe d'eau.

Le puits de Grenelle a rencontré la nappe à 548 mètres de profondeur. L'eau qui jaillit à la surface du sol a 27° 70' de température.

Il arrive fréquemment qu'en creusant des puits artésiens le terrain vient tout à coup à manquer, et la sonde s'enfonce subitement sans rencontrer d'autre obstacle que l'eau. C'est ainsi que, dans le forage de Saint-Ouen, la sonde tomba soudainement de 0 m. 33; à la barrière de Fontainebleau, elle s'enfonça brusquement de 7 m. 80; à Stains, près de Saint-Denis, la tarière s'est abaissée tout à coup de près d'un mètre.

En traitant des PUITS ARTÉSIENS, nous parlons de poissons et même de canards qui sont quelquefois remontés de la profondeur des niveaux souterrains à la surface. A Riemke, en Westphalie, l'eau d'un puits foré a amené à la surface de petits poissons qui venaient de la profondeur de 48 mètres. Il arrive quelquefois aussi que ces eaux charrient des plantes marécageuses, dont le bon état de conservation ne permet pas de penser qu'elles aient séjourné longtemps dans l'eau : à Tours, l'eau a ramené en 1830, de la profondeur de 109 m., parmi des débris de coquilles, quelques rameaux d'épines, des tiges, des racines et des graines, parmi lesquelles on a remarqué celles du *gallium uliginosum*. Les coquilles appartenaient aux formations d'eau douce, notamment le *planorbis marginatus*, et à des espèces terrestres telles que l'*helix rotundata* et l'*helix striata*.

Les niveaux ne sont pas toujours stationnaires; ils forment quelquefois des nappes d'eau courantes, des rivières souterraines qui coulent entre des couches de roches imperméables. Le sol de Paris renferme plusieurs de ces rivières : on en a rencontré dans le sondage de la brasserie de la Maison Rouge, à la barrière de Fontainebleau, à la gare de Saint-Ouen, à Stains, à Corneilles (Seine-et-Oise).

NODULE (*Minér.*), m. Espèce de noyaux qui se forment dans l'intérieur de certaines roches.

NOIRCISSEMENT (*Métall.*), m. Opération qui consiste à graisser l'intérieur des moules, dans les fonderies, en les noircissant avec la fumée d'un combustible.

NOIR DE NICKEL (*Minér.*), m. *Oxyde de nickel.*

NOIR PLOYANT (*Métall.*), m. Taches qui indiquent de la ductilité dans un métal.

NONTRONITE (*Minér.*), f. Silicate hydraté de fer, trouvé à Saint Pardoux, près de Nontron (Dordogne), et décrit au mot SILICATE DE FER.

NORDENSKIOLITE (*Minér.*), f. Minéral d'un blanc verdâtre ou jaunâtre, assez brillant, et qu'on croit être une variété de l'amphibole. Il est en fibres déliées, soudées ensemble; il possède des stries dans le sens de sa longueur; sa cassure en travers est inégale; il raye la chaux fluatée; sa densité est 3.143; on le trouve en rognons dans les blocs erratiques des environs de Saint-Pétersbourg.

NORITE (*Géogn.*), f. Roche composée de feldspath blanc verdâtre, d'oligoclase, de quartz, et de mica noir à éclat bronzé.

NOSINE ou **NOSIANE** (*Minér.*), f. Synonyme de *spinellane*, décrit au mot SILICATE D'ALUMINE ET DE SOUDE.

NOTITE (*Géogn.*), f. Roche des terrains anciens, ayant les éléments du *granite*.

NOVACULITE (*Minér.*), f. *Coticule*; schiste dont on fait des pierres à aiguiser les objets fins.

NOYAU (d'un cristal), m. *Voy.* FORME PRIMITIVE.

NOYAU (*Métall.*), m. Partie massive du moule qui est destinée à former un vide dans l'objet coulé. *Voyez* le mot MOULAGE.

NUBÉCULAIRE (*Paléont.*), f. Genre de polypiers fossiles.

NUCLÉOLITE (*Paléont.*), f. Genre d'échinides fossiles, formant onze espèces.

NUCULE (*Paléont.*), f. Genre de coquilles arcacées, dont on connaît douze espèces dans la craie inférieure et les roches voisines du terrain crétacé.

NUFLA (*Métall.*), f. Coupelle de cendres et d'argile moulée dans un plat de terre cuite, recouverte d'un dôme en terre un peu réfractaire et percé de trous, dont on se sert au Mexique pour le traitement des sulfures d'argent.

NUMÉRO (*Métall.*), m. Instrument à numéroter les gueuses de métal, pendant que là fonte a conservé une partie de sa fluidité.

NUMISMALES (*Paléont.*), f. Pierres calcaires aplaties, ayant la forme de pièces de monnaie; du latin *numisma*, fait du grec *nomisma*, pièce de monnaie. *Voy.* NUMMULITE.

NUMMULITE (*Paléont.*), f. Porphite, variété de coralloïde, en forme de médailles ou de monnaie. La nummulite appartient à la formation crétacée. Dans les Pyrénées, on la trouve dans un marbre cristallin compacte; elle est très-abondante dans les couches tertiaires du nord de l'Europe.

NUSSIÉRITE (*Minér.*), f. Nom donné par M. Danhauser à une variété d'*arséniate de plomb* trouvée à la Nussière, près de Beaujeu (Rhône). Elle est en mamelons verdâtres, et associée à du quartz en grains hyalins transparents; sa pesanteur spécifique n'est que de 5.042. Les cavités de la roche renferment quelques cristaux en prismes hexaèdres basés. Au chalumeau, elle donne un bouton polyédrique.

NUTTALITE (*Minér.*), f. Variété de *wernerite*, cristallisant en prisme à base carrée, avec pointement octaédrique, dont l'angle est de 116°; elle se trouve à Bolton, dans le Massachusets. Son analyse a donné à M. Thomas Muir:

Silice.	37.81
Alumine.	25.10
Chaux.	18.55
Protoxyde de fer.	7.89
Potasse.	7.30
Eau.	1.30
	97.95

Si l'on fait abstraction de la potasse, on trouve que cette analyse correspond exactement à la formule $2\ Al^2O^3\ SiO^3 + (CaO)^3\ SiO^3$ de la *meionite*, l'une des variétés de la *wernerite*.

NYMPHEA (*Paléont.*), f. Genre de végétaux fossiles appartenant aux terrains postérieurs à la craie.

O

OBSIDIENNE (*Géogn.* et *Minér.*), f. Roche vitreuse due à des éruptions de volcans, et qui fut pour la première fois apportée d'Éthiopie par Obsidius: elle est d'une couleur verte, vert-noirâtre, noire, quelquefois bariolée de zones grises et noires, à la manière des laitiers; fusible au chalumeau en un verre bulleux vert ou blanchâtre; la cassure en est conchoïde; sa densité varie de 2.234 à 2.548. Sa composition n'est point constante: on en peut juger par les analyses ci-après:

	LOCALITÉS.		
	Mexique.	Telkebanya.	Inde.
Silice.	78.00	74.80	70.34
Alumine.	10.00	12.40	8.63
Oxyde de fer	2.00	2.03	10.52
— de mangan.	1.60	1.51	0.32
Magnésie.	»	0.90	1.67
Chaux.	1.00	1.96	4.56
Potasse.	6.00	6.40	»
Soude.	»	»	3.34
	98.60	99.80	99.38

Ces variétés paraissent n'être autre chose qu'une roche de silice fondue à l'aide des alcalis; aussi leur composition offre-t-elle quelques différences: la première notamment, analysée par Vauquelin, ressemble à une aventurine verte, à très-petits grains; elle a une apparence soyeuse due à de petites bulles de gaz emprisonnées dans le sens du courant, ce qui lui donne une structure fibreuse. Toutes néanmoins rentrent dans la constitution atomique des ponces et de certaines laves, et peuvent être exprimées par: $3\ (Al^2O^3, Fe^2O^3, Mn^2O^3)(SiO^3)^3 + (MgO, CaO, KO, NaO)(SiO^3)^3$.

L'obsidienne de l'Inde forme des sphères de la grosseur d'un boulet de canon. Ces boules sont en morceaux sur la surface du sol, ou disséminées dans la lave ou les ponces; elles sont ordinairement couleur de verre à bouteilles, et paraissent avoir été refroidies très-rapidement; aussi produisent-elles, quand on les scie, des explosions remarquables. — Une des variétés les plus curieuses de cette sorte est l'*obsidienne perlée*, ou *à œil de perdrix*; elle représente des nœuds cristallins qui se détachent en couleur claire sur un fond obscur. — L'obsidienne, nommée vulgairement *verre de volcan*, *verre d'Islande*, ou *résinite du pic*, appartient aux terrains volcaniques anciens ou modernes; elle forme quelquefois de vastes coulées, comme on le voit aux îles Éoliennes, à Ténériffe, dans le Pérou et au Mexique.

OBSIDIENNE PERLÉE, f. *Perlite. Voy.* l'article qui précède.

OBSIDIENNE SCORIFORME, f. *Ponce.*

OCELLAIRE (*Paléont.*), f. Genre de polypiers fossiles, dont on connaît deux espèces.

OCHROÏTE (*Minér.*), m. Synonyme de *cérite*, ou *silicate de cérium.*

OCRE (*Minér.*), f. On donne ordinairement le nom d'ocre à des substances pulvérulentes, métalliques, de couleur peu foncée (du grec *ôchra*, qui désigne certaine couleur pâle), qui prend de l'intensité au feu. Quelquefois ce ne sont que des argiles fortement colorées; souvent ce sont des métaux passés à l'état pulvérulent par une décomposition mécanique. Au nombre des minéraux qui ont reçu le nom d'ocres, il faut compter les suivants, comme étant les plus connus et les plus employés dans les arts:

OCRE JAUNE, nommé aussi *terre jaune*, *jaune de montagne*. C'est une variété terreuse d'*hydrate de fer*, que nous décrivons au mot

OXYIE DE FER. M. Walcher y a trouvé récemment de l'arsenic.

OCRE ROUGE, ou *rouge de montagne*. Argile fortement colorée par l'*oxyde de fer*, dont elle forme une variété terreuse.

OCRE DE CHROME. Variété d'*oxyde de chrome* en enduit terreux, souvent pulvérulent, de couleur verdâtre.

OCRE D'URANE, ou *uranocre*. Peroxyde d'*urane*, décrit au mot OXYDE D'URANE ; elle est d'un beau jaune.

OCRE DE CUIVRE, *ocre verte, vert de montagne*.

OCRE D'ARMÉNIE, f. *Voy*. BOL D'ARMÉNIE.

OCRE DE BISMUTH. *Voy*. OXYDE DE BISMUTH.

OCRE DE BUCAROS. Ocre d'un rouge orangé, qu'on emploie en Portugal pour fabriquer des poteries particulières.

OCRE DE COBALT. *Voy*. OXYDE DE COBALT.

OCRE DE NICKEL. *Voy*. OXYDE DE NICKEL.

OCRE DE PLOMB. *Céruse*.

OCRE DE RHUE. Ocre d'un jaune sale, qui prend une teinte rouge sombre par la calcination. On la tire d'Angleterre et d'Italie.

OCRE DE SIENNE. *Voy*. TERRE DE SIENNE.

OCRE MARTIALE. *Hydroxyde de fer*.

OCROLITE (*Miner*.), f. Nom donné par Klaproth à une roche d'oxyde de fer ressemblant à l'ocre ; du grec *ôchra*, ocre ; *lithos*, pierre.

OCTAÈDRE (*Cristall*.), m. Cristal présentant huit faces, ayant six angles solides quadruples et douze arêtes. Il en existe de plusieurs espèces :

L'*octaèdre régulier* dérive du *cube*, dont les angles sont remplacés par des facettes également inclinées sur chacune des trois faces du cube ; ces facettes en se touchant font disparaître entièrement la forme primitive, et donnent lieu à un solide nouveau qui a huit faces, au lieu de six. Ce cristal régulier a été pris par Haüy pour solide générateur du premier système cristallin que nous avons distingué par le *cube*. Ce choix dépend principalement des clivages : en effet, dans la *fluorine* il existe quatre clivages qui se coupent sous l'angle de 109° 28′ 16″, propre à l'octaèdre ; tandis que le *sulfure de plomb* ne présente que trois clivages égaux et perpendiculaires entre eux, lesquels désignent le *cube*.

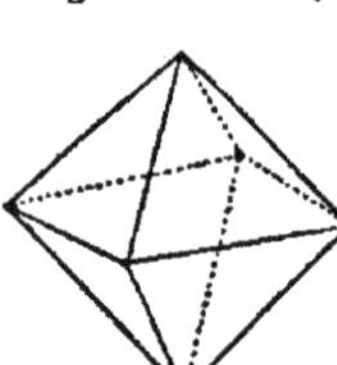

L'*octaèdre à base carrée* dérive du *prisme droit à base carrée*, second type cristallin, au moyen d'un pointement à quatre faces sur chacune de ses bases. Toutes les faces de cet octaèdre sont des triangles isocèles égaux. Ce cristal, qui est si voisin du prisme primitif, avait été pris par Haüy comme type de son troisième système cristallin. On distingue ces octaèdres en octaèdres *obtus* et octaèdres *aigus*, suivant que leur axe vertical est plus petit ou plus grand que leurs axes horizontaux.

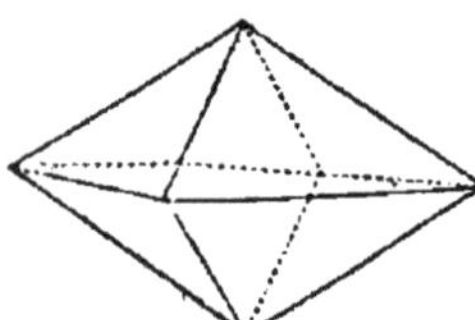

L'*octaèdre rectangulaire* est un solide engendré par le *prisme droit rectangulaire*, surmonté d'un pointement à quatre faces. Il appartient conséquemment au troisième type cristallin. Lorsqu'au lieu d'un carré la base est un rhombe, la modification produit l'*octaèdre rhomboïdal ;* et cette modification peut être ou parallèle aux diagonales, ou résultant d'inclinaisons inégales. L'*octaèdre à base rectangle* a été pris par Haüy comme quatrième type cristallin.

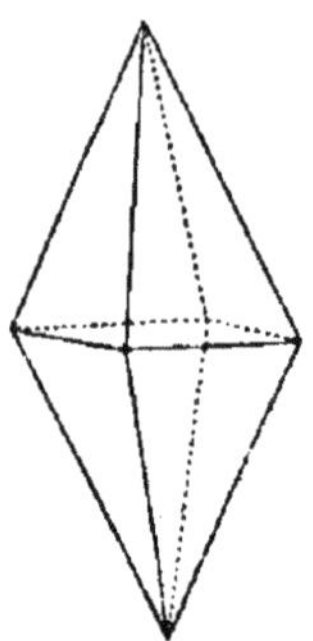

M. G. Rose a fait de l'*octaèdre à trois axes inégaux* son cinquième type cristallin ; l'un des axes est perpendiculaire sur les deux autres. Ce type répond au *prisme rhomboïdal oblique* de Dufrénoy.

Il existe dans la géométrie minéralogique deux *octaèdres scalènes*, dont l'un est symétrique, et l'autre ne l'est pas. Le premier dérive du *prisme rhomboïdal oblique*, dans lequel les facettes du prisme ont disparu ; et le cristal prend, par la réunion de pointements inférieurs et supérieurs, la forme d'un octaèdre composé de huit triangles scalènes.

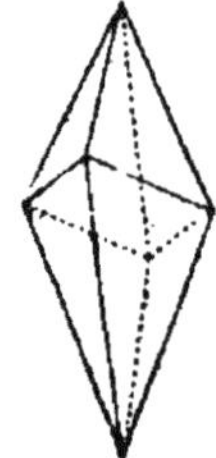

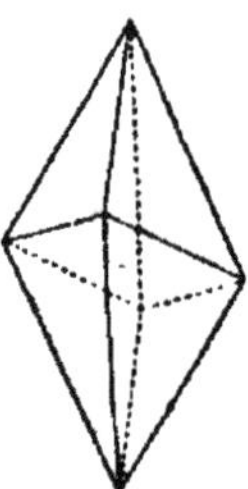

L'octaèdre scalène non symétrique dérive du prisme oblique non symétrique, au moyen de troncatures simultanées sur les quatre arêtes des bases, ou sur les quatre angles.

Quelques cristallographes donnent le nom d'*octaèdre pyramidal* au cristal que nous décrivons plus bas sous la dénomination d'*octotriaèdre*, et que M. Rose a désigné sous celle de *triakisoctaèdre*.

Enfin, on nomme *octaèdre transposé* un cristal qui résulte de l'association de deux octaèdres adhérents par deux faces opposées de la pyramide, qui forment un angle rentrant.

OCTAÉDRITE (*Minér.*), f. Nom donné par de Saussure à l'*anatase*, parce que sa forme générale est celle d'un octaèdre aigu, quelquefois modifié à ses sommets.

OCTOHEXAÈDRE (*Cristall.*), m. Polyèdre à quarante-huit faces qui sont des triangles scalènes, à soixante-douze arêtes et vingt-six angles solides. Vingt-quatre arêtes joignent deux à deux les axes; vingt-quatre joignent deux à deux les angles du cube; vingt-quatre joignent les angles de l'octaèdre à ceux du cube; six angles solides ont huit faces symétriques, et remplacent les angles de l'octaèdre; huit angles à six faces symétriques remplacent ceux du cube; douze angles quadruples et symétriques correspondent aux milieux des faces du dodécaèdre. Cette forme est celle du *grenat* d'Arendal.

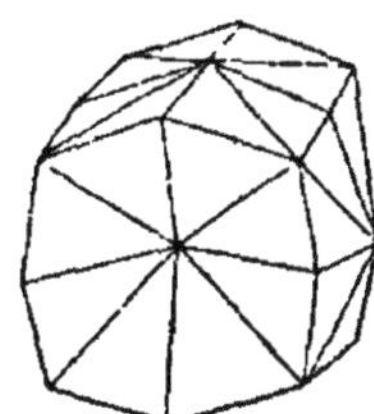

OCTOKISHEXAÈDRE (*Cristall.*), m. Cristal à quarante-huit faces, appartenant au système du cube, et formé par un pointement à six faces sur chaque angle. Il est composé de quarante-huit triangles scalènes, soixante-douze arêtes et vingt-six angles solides.

OCTOTRIAÈDRE (*Cristall.*), m. Solide à vingt-quatre faces, analogue à un octaèdre dont chaque face est remplacée par un pointement triple. Les vingt-quatre faces sont des triangles isocèles; le cristal a trente-six arêtes et quatorze angles solides. Douze arêtes correspondent aux arêtes de l'octaèdre; vingt-quatre plus courtes se coupent dans des points correspondant aux faces de ce solide; six angles solides à huit faces sont symétriques, et occupent la position des angles de l'octaèdre; huit à trois faces sont réguliers, et correspondent aux angles du cube.

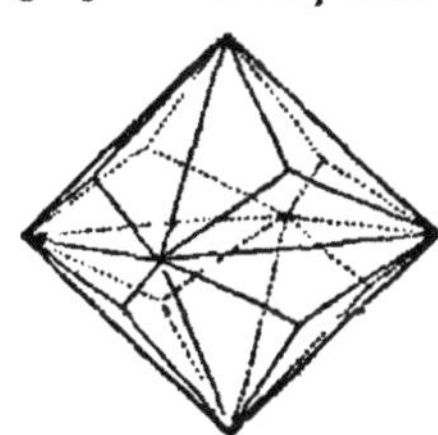

L'octotriaèdre est quelquefois désigné sous le nom d'*octaèdre pyramidal*; c'est le *triakisoctaèdre* de M. Rose.

OCULUS MUNDI (*Minér.*), m. Nom donné par les anciens à l'*hydrophane* ou *opale*, qu'ils considéraient comme la pierre la plus précieuse du monde.

ODEUR (*Minér.*), f. Moyen empirique de reconnaître certains minéraux. Les bitumes développent à priori une odeur remarquable; mais beaucoup d'autres substances ont besoin d'être frottées, insufflées ou chauffées, pour qu'on en reconnaisse l'odeur : les calcaires noirs, par exemple, qui doivent leur couleur au bitume, donnent par le choc, ou par le frottement, une odeur bitumineuse prononcée; le calcaire hydraulique développe, par l'insufflation de l'haleine, une odeur argileuse *sui generis;* la pyrite de fer, frappée par le briquet, laisse échapper l'odeur du soufre. Tout minéral qui contient de l'arsenic manifeste l'odeur d'ail par la calcination; les séléniures se distinguent par une odeur de rave pourrie qu'on obtient au feu.

ODITE ou **OODITE** (*Géogn.*), m. *Mica* brun jaunâtre, à éclat nacré, gras et mat, d'Ytterby. Il est en très-grandes lames, et paraît un peu altéré.

ODONTOLITE (*Minér.*), f. Dent de mammifère fossile, colorée en bleu par du phosphate de fer, et dont les lapidaires se servent, sous le nom de *turquoise de nouvelle roche*, pour imiter les véritables turquoises minérales. Ces dents se trouvent en France, à Castres, à Simorre, à Auch, à Miask, à Olonetz, en Suisse, en Bohême, etc.; elles sont beaucoup moins dures que les turquoises, sont attaquables par les acides, et répandent au feu une odeur animale.

OEDELFORSE (*Minér.*), m. Silicate de chaux; pierre calcaire d'Œdelforse, trémolite, wollastonite; substance blanche ou grisâtre, cristallisant en prismes rhomboïdaux, fusible au chalumeau en un verre blanc compacte; rayant le verre. P. s.: 2.884; variétés: fibreuse, aciculaire, compacte; gisements dans le Banat et a Œdelfors, en Suède.

Composition, suivant M. Beudant :

Silice.	61.6
Chaux.	36.1
Magnésie.	2.3
	100 0

Formule atomique : CaO SiO^3.

Quelques minéralogistes écrivent *Aedelforse* et *Aedelforsite*.

OEDÉLITE (*Minér.*), f. Variété de *mésotype*.

OEIL (*Métall.*), m. C'est l'ouverture pratiquée dans la masse métallique du marteau pour recevoir le manche; *œil du perthuis*, partie étroite du trou conique de la filière; *œil du fourneau*, trou par où coule la fonte, chio; *œil de la tuyère*, ouverture de la buse par où sort le vent.

OEIL D'ADAD (*Minér. ancienne*), m. Variété d'agate à couches concentriques, orbiculaires, diversement colorées, ressemblant à la prunelle d'un œil. C'est l'*agate œillée* des lapidaires, le *triophthalme* des anciens.

OEIL DE CHAT (*Minér.*), m. *Pierre oculaire*, *chatoyante*, *oculus felis* des Latins, *pseudo-opale* de Cardanus, etc. Nom donné par les lapidaires à une variété d'*agate* rubanée, translucide, d'un gris de paille, jaune, verdâtre; dont les bandes, après la taille, forment des cercles concentriques. Les ouvriers italiens savent habilement profiter des taches que cete pierre renferme souvent, et en forment ce qu'ils appellent un *bel' occhio*. Quelquefois l'asbeste, en pénétrant dans le quartz, en change la texture, et le rend chatoyant à la manère de l'opale; la pierre prend alors le non de *chatoyante*. Les anciens nommaient ce minéral *œil de Belus*, *oculus solis*; l'affinité de *Belus* et de *felis* (chat) a probablement produit la dénomination vulgaire d'*œil de chat*.

OEIL DE PAON (*Minér.*), m. *Carbonate de chaux*. *Voy*. MARBRE OCCHIO DI PAVONE.

OEIL DE PERDRIX (*Minér.*), m. Morceaux de laves qui contiennent des amphigènes très-altérés, devenus blancs et friables. On donne aussi ce nom, dans la Nièvre, à une *meulière* d'un gris argentin qu'on y exploite.

OEIL DE POISSON (*Minér.*), m. Nom vulgaire donné à une variété d'*apophyllite*, à eclat nacré, plus connu sous le nom d'*ichthyophthalme*. *Voy*. ces deux mots.

OEIL DU MONDE (*Minér.*), m. Ou *pierre caméléon*. *Voy*. CHATOYANTE.

OEILLARD, m. Pièce centrale d'une meule composée de plusieurs pièces cerclées en fer.

OEILLÉ (*Minér.*), adj. Une agate œillée, qui a quelque ressemblance avec la prunelle d'un œil.

OERSTEDTITE (*Minér.*), m. *Titanate de zircone*, accompagné de bisilicate de chaux et de magnésie. *Voy*. TITANATE DE ZIRCONE.

OESCHÉNITE (*Minér.*), f. Substance brune, jaunâtre, cristallisant en prisme hexaèdre; P. s. : 5.14.

OETHIOPS MARTIAL, m. *Oxyde de fer* préparé dans les officines, en exposant de la limaille de fer au contact de l'air.

OGYGIE (*Paléont.*), f. Genre d'échinide fossile, dont on trouve deux espèces dans les terrains anciens.

OISANITE (*Minér.*), f. Variété d'*anatase* trouvée au bourg d'Oisans, dans le Dauphiné, où elle est adhérente à du quartz hyalin et associée avec de l'albite.

OISEAUX FOSSILES (*Paléont.*), m. Jusqu'à présent on n'a pu bien désigner que trois genres d'oiseaux dans les roches supercrétacées; mais les débris fossiles de cette famille étant très-difficiles à reconnaître, le nombre de genres est sans doute plus considérable.

OKÉNITE (*Minér.*), f. Variété de *dysclasite*, décrite sous ce dernier titre.

OKRANE (*Minér.*), m. Silicate d'alumine; terre bolaire d'Oravetz; substance jaune, vitreuse; aspect un peu gras; amorphe, fendillée, happant la langue, décrépitant dans l'eau et au feu, colorant la flamme du chalumeau en vert serin. P. s. : 2.483; trouvé à Oravitz, dans le Banat.

Composition, suivant M. Kersten :

Silice.	31.80
Alumine.	43.00
Eau.	21.00
Peroxyde de fer.	1.20
	97.00

OLÉZONIQUE (*Cristall.*), adj. Calcaire olézonique; nom donné par M. Breithaupt à un cristal rhomboédrique de carbonate calcaire dont l'angle est de 107° 3' et la densité de 3.744. Il raye la phosphorite, et se laisse rayer par le feldspath.

OLIGISTE (*Minér.*), m. *Voy*. FER OLIGISTE et OXYDES DE FER.

OLIGOCLASE (*Minér.*), m. Ce minéral, qui est considéré par quelques minéralogistes comme une variété de feldspath de soude (ce qui n'est justifié que par sa forme cristalline analogue à celle de l'albite, et nullement par sa constitution atomique) est d'un gris clair, laiteux, verdâtre, quelquefois rougeâtre ou rosé; il est ordinairement translucide; son éclat est vitreux sur les faces de clivage, et gras sur les cassures inégales; sa dureté est assez grande, puisqu'il raye le verre et n'est rayé que par le quartz; il est difficile à briser, ce qu'indique son nom, fait du grec *oligos*, peu, et *klaô*, je brise; sa pesanteur spécifique est de 2.64 à 2.66. Au chalumeau, il est fusible en émail blanc; il ne se dissout point dans les acides. On le trouve en masses lamelleuses, souvent striées par une série de gouttières comme l'albite et la labradorite; il possède deux clivages. Ses analyses donnent :

	LOCALITÉS.		
	Ariége.	Agatska.	Havnefjord.
Silice.	62.60	61.06	61.22
Alumine.	24.60	19.68	23.32
Peroxyde de fer.	0.10	4.11	2.40
Soude.	8.90	7.33	2.36
Potasse.	»	3.91	»
Chaux.	3 00	2.16	8.82
Magnésie.	0.20	1.03	0.36
	99.40	99.32	98.68

La formule générale qui répond à ces analyses est $Al^2O^3 (SiO^3)^2 + (NaO, CaO) SiO^3$; mais en examinant à part chacun des trois minéraux, on trouve que :

Le premier, qui est le type de l'oligoclase, est un silicate sesqui-alumineux un[1] à un silicate natro-calcique;

Le second admet dans sa composition non-seulement l'isomorphisme des bases protoxydées, NaO, CaO, MgO, mais encore celui des bases peroxydées, Al^2O^3, Fe^2O^3;

Enfin le troisième, dont l'analyse a été faite par M. Forchammer sur une variété nommée *havnefjordite*, est un oligoclase à base de chaux presque pur.

La LABRADORITE, qu'on a confondue avec l'albite, en diffère par sa constitution atomique; elle est, au contraire, parfaitement analogue à l'oligoclase et sous le rapport de la forme, et sous celui de la composition. Ses reflets de couleur rouge, bleue, verte ou jaune sur un fond de cendre ou de fumée, lui donnent un aspect agréable : elle est soluble dans l'acide hydrochlorique et fusible au chalumeau, quoique avec difficulté ; sa pesanteur spécifique est 2.71; elle a la même dureté que l'oligoclase, cristallise de la même manière, et possède aussi deux clivages. Sa composition est :

	LOCALITÉS.		
	Ingrie.	Saint-Paul.	Brandebourg.
Silice.	58.00	58.76	54.66
Alumine.	24 00	26.50	27.87
Chaux.	10 23	11 00	11.30
Soude.	5.50	4.00	5.46
Protoxyde de fer.	5.23	1.23	»
	98 00	98.50	99.49

La formule qui répond à ces analyses est $Al^2O^3 (SiO^3)^2 + (CaO, NaO) SiO^3$, parfaitement conforme à celle de l'oligoclase.

La **RYACOLITE**, ou feldspath vitreux, se rapporte, quant à la constitution atomique, à l'oligoclase, à cette différence près que la potasse y joue le rôle de la soude, et que la magnésie y remplace cet alcali; sa dureté est la même, et sa pesanteur spécifique est de 2.618; elle est traversée dans tous les sens par un grand nombre de fissures, et se trouve fendillée de toutes parts. Sa forme cristalline est un prisme rhomboïdal oblique, dont les angles sont 112° 19', et 119° 21'. Sa composition est :

	LOCALITÉS.		
	Mont Dore.	Drachenfels.	Epoméo.
Silice.	66.20	66.60	66.73
Alumine.	19.80	18.50	17.56
Peroxyde de fer.	»	»	0.81
Potasse.	6.90	8.00	8.27
Soude.	3.70	4.00	4.10
Magnésie.	2.00	1.09	1.20
Chaux.	»	»	1.23
	98.60	98.19	99.70

Ces analyses donnent l'expression : $Al^2O^3 (SiO^3)^2 + (KO, NaO, MgO) SiO^3$.

Il serait donc permis de diviser l'espèce oligoclase en trois variétés, savoir :

1° *Oligoclase* proprement dit, ou oligoclase de soude;

2° *Labradorite*, ou oligoclase de chaux;

3° *Ryacolite*, ou oligoclase de potasse.

OLIGONSPATH (*Minér.*), m. Nom donné par M. Breithaupt à une variété de fer lithoïde décrite au mot CARBONATE DE FER.

OLIVE (*Paléont.*), f. Genre de coquilles univalves de la famille des enroulées, dont sept espèces se rencontrent dans les terrains super-crétacés.

OLIVÉNITE (*Minér.*), f. Variété d'*arséniate de cuivre*.

OLIVINE (*Minér.*), f. Nom donné par Werner à la variété granulaire du péridot de couleur olive pâle.

OLLAIRE (Pierre) (*Minér.*), f. Pierre tendre et facile à tailler, qui sert à faire des pots; du latin *olla*, pot, marmite. *Voy.* PIERRE OLLAIRE.

OMMAILLOUROS (*Minér.*), m. Quartz agate chatoyant.

OMPHALITE ou **OMPHASITE** (*Minér.*), f. Nom donné par Werner à une variété de *diallage* d'un brun foncé, avec teinte violette.

ONCHOSINE (*Minér.*), f. Nom donné par Kobell à une variété vert pomme d'*agalmatolite*, qui se trouve dans le Salzbourg, et dont nous avons donné l'analyse au mot AGALMATOLITE.

ONÉSITE (*Minér.*), f. Variété de *limonite*, ou *hydrate de fer*.

ONUFRITE (*Minér.*), f. *Séléniure de mercure*.

ONYCHITE (*Minér.*), m. Nom donné par les Grecs au *marbre onyx*, qui était une sorte d'*albâtre*.

ONYX (*Minér.*), m. Variété d'*agate* composée de couches droites d'une certaine épaisseur, et de couleurs bien tranchées, blanchâtre, grisâtre, rose, etc., répétées plusieurs fois, mais donnant à la pierre un aspect nacré et laiteux. C'est l'*onyx* des Grecs, dont la racine signifie *ongle*, et même nacre de perle. Ils donnaient à l'onyx le nom d'*onychion*, et au marbre onyx celui d'*onychitês*. Il ne faut pas confondre le mot *onyx*, *onyx* des Grecs, avec l'*onyx*, sorte d'albâtre, dont l'étymologie est toute différente, et paraît être tirée du mot hébreu *ônôu*, urne lacrymatoire.

OOLITE (*Minér.*), f. Variété de *carbonate de chaux compacte*, en grains ronds et à cassure compacte. La ressemblance de cette roche avec une agglomération d'œufs de poisson lui a fait donner son nom, du grec *ôon*, œuf; *lithos*, pierre.

OOLITE (Grande) (*Géogn.*), f. Calcaire de la formation *oolitique*, stratifié, blanc jaunâtre, gris jaunâtre, rougeâtre, brunâtre, ou gris bleuâtre; plus ou moins oolitique, quelquefois très-compacte; friable ou dur, fragmentaire, etc.

OOLITE INFÉRIEURE (*Géogn.*), f. Calcaire jaunâtre ou brunâtre de la formation *oolitique*, chargé d'oxyde de fer sous forme d'oolites.

OOLITE MILIAIRE (*Géogn.*), f. Oolite formée de petites parties de la grosseur d'un grain de millet.

OOLITIQUE (Terrain, formation), adj. Terrain jurassique, ainsi nommé à cause de l'abondance des oolites qui s'y trouvent.

OOSITE (*Minér.*), f. Nom donné à une argile porphyre renfermant des cristaux blancs lamelleux de forme prismatique, avec un clivage facile, qui se dessinent sur une pâte rouge terreuse. On donne aussi ce nom à une variété de *pinite* en cristaux blanchâtres engagés dans un porphyre. Ces deux minéraux proviennent du pays de Bade.

OPALE (*Minér.*), f. Variété de *quartz résinite*, à reflets vifs et colorés. Les anciens l'appelaient *oculus mundi* (en grec *ôps*, œil). On en distingue plusieurs variétés : l'*opale* *noble*, *orientale*, *opale de lait* ou *opale chatoyante*; c'est la plus brillante. Elle est d'un blanc de lait transparent, à reflets des plus vifs. — L'*opale de feu* du Mexique, dont la teinte uniforme est d'un rouge hyacinthe, et les reflets d'un jaune de feu. — L'*opale arlequine* de la Hongrie, dont les reflets sont irisés. — La *demi-opale* de Werner, qui est d'un blanc laiteux sans presque aucun reflet.

OPALE A FLAMMES. *Opale* à reflets allongés flamboyants et parallèles, diaphane, d'une teinte claire.

OPALE A PAILLETTES. *Opale* dont les reflets forment de petites taches; opale arlequine.

OPALE CHANGEANTE. *Opale hydrophane*. Oculus mundi.

OPALE CHATOYANTE. *Quartz hyalin girasol*; opale jaune, d'une transparence laiteuse, translucide; présentant de beaux reflets lorsqu'elle est colorée.

OPALE FERRUGINEUSE. *Quartz résinite ferrugineux*.

OPALE GIRASOL. Opale presque transparente, ayant un reflet bleuâtre qui part de l'intérieur.

OPALE INCRUSTANTE. Geyserite, *agate thermogène*.

OPALE JASPE. *Jaspe opale*, opale ferrugineuse.

OPALE HYDROPHANE. *Quartz résinite hydrophane*, *opale* devenant transparente lorsqu'on la plonge dans l'eau. Opale changeante. *Oculus mundi*.

OPALE LIGNIFORME. Bois opalisé, opale xiloïde, holz-opal; bois imprégné d'opale, bois silicifié, blanc grisâtre, jaune pâle, etc., translucide, éclatant; cassure conchoïde, dure. P. S. : 2.6.

OPALE MÈRE DE PERLE. Cacholong, *calcédoine opaque*.

OPALE PRIME. Matrice d'opale. Gangue ou roche pleine de petites opales ou paillettes de diverses couleurs, et qui produit un bel effet lorsqu'elle est polie.

OPALE RÉSINOÏDE. *Quartz résinite* opale.

OPALE TERREUSE. Tendre, et se délayant quelquefois dans l'eau.

OPALE XILOÏDE. *Opale ligniforme*; bois opalisé, holz-opal.

OPERCULITE (*Paléont.*), f. Opercule fossile.

OPHIBASE (*Minér.*), f. Ophite, serpentine, variolite.

OPHICALCE (*Géogn.*), f. Roche composée de calcaire rouge ou blanc, et de silicate de magnésie verdâtre; à texture saccharoïde, compacte, bréchiforme; en couches et en amas dans les terrains schisteux. Cette roche est quelquefois susceptible d'un beau poli, et fournit des marbres estimés, tels que le *vert antique*, le marbre *campan*, etc.; elle est souvent traversée par des veines de talc, de serpentine, de calcaire spathique.

OPHIDIE (*Paléont.*), f. Genre de poisson fossile des terrains modernes.

OPHIODONTE (*Paléont.*), f. Œil ou dent de serpent; fossile du genre des glossopètres.

OPHIOGLOSSITE (*Paléont.*), m. Prétendues langues de serpent fossiles.

Pris pour synonyme de *glossopètre*, le mot *ophioglossite* devient féminin.

OPHIOÏDE (*Paléont.*), m. *Ammonite*, *ophiomorphite*.

OPHIOLITE (*Géogn.*), f. *Voy.* SERPENTINE.

OPHIOLITE DIALLAGIQUE. Roche à base de serpentine, contenant des lamelles de diallage dans sa pâte.

OPHIOLITE GRAMMATITEUSE. *Ophiolite* contenant dans sa pâte des aiguilles de grammatite.

OPHIOLITE GRENATIQUE. *Ophiolite* contenant des grenats pyropes.

OPHIOLITE OLLAIRE. Roche homogène en apparence, *ophiolite* propre à la poterie, pierre ollaire.

OPHIOLITE QUARTZEUSE. *Ophiolite* contenant des noyaux de quartz blanc.

OPHIOMORPHITE (*Paléont.*), m. Variété d'*ammonite*, dont les spirales ont l'apparence de serpent entortillé; du grec *ophis*, serpent; *morphê*, forme.

OPHITE (*Géogn.*), f. Du grec *ophis*, serpent, par allusion à la couleur de cette roche; nom donné par Palassou à une diorite porphyroïde des Pyrénées qui, en soulevant les calcaires, en a changé la texture, et les a rendus cristallins et dolomitiques. Quelques géologues, se fondant sur ce que le gypse accompagne immédiatement les ophites, pensent que cette roche a contribué au changement de l'acide, et a converti les calcaires en sulfate de chaux; les calcaires, en effet, prennent au contact de l'ophite un aspect cristallin, et le gypse se trouve entremêlé intimement avec cette roche.

On donne quelquefois le nom d'ophite à la roche magnésienne connue sous le nom de *serpentine*, que nous avons décrite sous ce dernier titre.

OPHTHALMITE (*Minér.*), m. Nom générique des pierres qui imitent un œil; du grec *ophthalmos*, œil. Ce sont généralement des agates.

OPIS (*Paléont.*), f. Genre de trigonées fossiles, appartenant aux terrains antérieurs à la craie.

OPLITE, f. *Voy.* HOPLITE.

OPSIMOSE (*Minér.*), f. Nom donné par M. Beudant à un *silicate de manganèse* provenant de Franklin, dans le New-Jersey.

OR (*Minér.*), m. Métal simple et le plus anciennement connu; d'une couleur remarquable; son éclat est métallique, et devient très-vif par le polissage; il ne s'altère ni par le feu ni par l'air, et ne devient point aimantaire à la calcination; il s'amalgame avec le mercure; le brôme et le chlore l'attaquent facilement; il se dissout seulement dans l'eau régale. Lorsqu'il est parfaitement pur, il est plus mou que le plomb, et se laisse couper facilement au couteau.

L'or a une grande propension à cristalliser:

sa forme primitive est le cube; ses cristaux les plus ordinaires sont le tétraèdre, l'octaèdre et le dodécaèdre. On a remarqué que les cristaux dodécaèdres étaient les plus purs, et qu'ils contenaient jusqu'à 0.91 d'or; puis viennent les tétraèdres, et enfin les octaèdres, qui sont les moins riches en or fin.

Son extensibilité est remarquable : on le réduit facilement en feuilles qui n'ont que 0 m. 0001 de millimètre d'épaisseur. Boyle a calculé qu'un grain d'or (0 053 grammes) réduit à cet état peut couvrir une surface de 50 pouces carrés (0 m. 012276); chacun de ces pouces carrés peut se subdiviser en 46656 autres petits carrés, et conséquemment la feuille primitive peut fournir 2,328,800 petites feuilles visibles à l'œil nu. On a prétendu qu'avec un ducat d'or valant un peu moins de douze francs, il est possible de dorer une statue équestre de grandeur naturelle. La dorure du dôme des Invalides a coûté en tout 104,047 francs; le dôme, sans la flèche, est revenu à 75,807 fr. 60 c.; et comme il présente une superficie de 21,210 pieds, il en résulte que l'or a coûté 3 fr. 56 c. par pied carré (0 m. 1005).

La ténacité de ce métal n'est pas moins remarquable que son extensibilité : un fil d'or de 0 m. 64 sur trois cinquièmes de millimètre de diamètre porte un poids de 8 kilog. un quart avant de se rompre.

Le poids atomique de l'or est de 1229.65, et son symbole *Au*, du latin *aurum*; sa pesanteur spécifique est, à l'état de pureté, 19.26 lorsqu'il est fondu, et 19.36 lorsqu'il est forgé. En pépites naturelles, il descend jusqu'à 14.

Le mot *or* vient de l'égyptien *Orus*. C'était le nom d'Apollon, ou du Soleil (Hélios), qui régna d'abord sur l'Égypte; il était fils de l'Océan, et les Grecs lui attribuent la découverte de l'or. De là vient que les anciens alchimistes donnaient le nom du soleil au métal précieux.

L'or est l'un des métaux les plus répandus : il n'y a guère de terres, il n'y a guère de sables qui n'en contiennent; il n'y a guère de rivières qui n'en roulent quelques parcelles. On en trouve jusque dans les cendres des végétaux. Mais cette diffusion même est un obstacle à ce qu'on puisse le recueillir, et son extrême division le rend presque impossible à rassembler, à moins d'un travail extraordinaire qui, dans la plupart des cas, coûterait plus que l'or même qu'on recueillerait.

Les variétés de l'or ne sont pas très-nombreuses : celle *lamelliforme* présente une surface réticulée; les lames sont planes ou contournées; la variété *ramuleuse* ou *capillaire* paraît être due à une suite de petits cristaux octaédriques implantés les uns dans les autres. L'or capillaire est en petits filaments frisés comme de la laine. En *grains*, il est disséminé dans les sables, sous forme de *paillettes* ou de petits cristaux arrondis, d'une très-faible dimension. Lorsque ces grains acquièrent un certain volume, on les nomme *pépites*. Celle trouvée à Miask, en 1842, pèse 36 kilog. C'est la plus grosse connue.

L'or se rencontre en filons, en sables, ou à l'état de mélange avec diverses substances. Dans ces différentes manières d'être naturelles, il est toujours à l'état natif, il ne fait point de combinaison chimique qui en dénature le caractère; et s'il n'est pas constamment visible à l'œil nu, c'est qu'il se trouve en parcelles si petites quelquefois, qu'on ne peut même l'apercevoir au microscope.

Le gîte de l'or, c'est le quartz; il se trouve dans cette roche formant filon, et coupant les strates du micaschiste, du gneiss, ou de quelques roches de la formation métamorphique. La formation des grandes chaînes de montagnes qui produisent de l'or est assez régulière : le granite, ou la syénite granitique, forme généralement les sommets les plus élevés qui constituent l'axe des chaînes. Si la roche est tout à fait primitive, c'est-à-dire massive, compacte, homogène, sans fissure, elle ne renferme point de métal. C'est le cas le plus ordinaire. Ses contre-forts se composent de gneiss, de micaschiste et de roches qui ont déjà reçu des modifications ignées, et sont le siége de nombreux filons de quartz, dans lesquels sont disséminés l'or, le platine et les éléments précieux du gîte aurifère. Des roches schisteuses, talqueuses, chloriteuses, terminent le versant et se prolongent jusqu'aux vallées.

Quelle que soit la cause qui produit la destruction des montagnes, on ne saurait nier qu'elle existe : un mouvement lent, perceptible seulement à des intervalles éloignés, agite la surface de la terre, et la soulève ou l'affaisse sur de vastes étendues; l'atmosphère lui-même agit sur les roches et les corrode; l'eau, ce puissant dissolvant, apporte à son tour dans ces changements, qui paraissent une des conditions de l'équilibre du monde, son influence tout à la fois chimique et mécanique. Le micaschiste, le gneiss, les roches talqueuses et fissiles ouvrent leurs strates à ces éléments de destruction; les filons de quartz aurifères, plus à l'aise dans leurs fentes, se désagrégent; leurs matériaux se séparent et se trouvent isolés ou sans force contre la violence des eaux qui les entraînent. Les parcelles de quartz et d'or descendent pêle-mêle dans le lit des torrents, avec les oxydes de fer, le titane, le platine qui se trouvaient empâtés avec eux, soit dans la gangue, soit dans les roches encaissantes; les sables aurifères se forment et viennent se déposer au bas des gisements primitifs, aussitôt que la puissance de transport du cours d'eau cède à la pesanteur spécifique des matières entraînées.

Les sables aurifères n'ont point d'autre origine : tout ce qui a une pesanteur à peu près égale s'arrête, et forme un dépôt séparé dans des places distinctes : le platine, l'or, le tungstène, le palladium, le rhodium, l'argent, les oxydule et titanate de fer, résistent les premiers à l'action entraînante de l'eau, descendent au fond, et y forment des espaces rougeâtres, brunâtres, noirâtres, suivant l'abondance de l'un ou de l'autre de ces métaux, que les orpailleurs expérimentés savent bien reconnaître; le quartz, le mica, le feldspath, etc., dus à la désagrégation de la gangue ou de la roche voisine, et qui ont à peu près la même pesanteur spécifique, sont arrêtés dans leur mouvement, ou suivent les métaux pesants. Mais plus généralement ils sont portés à des distances plus grandes, où ils forment des surfaces blanches, ou de couleur claire, facilement reconnaissables.

Dans les filons argentifères, l'or est mélangé assez intimement avec l'argent pour qu'il ne puisse en être séparé que par une opération métallurgique. Ces filons, placés dans des conditions géologiques analogues aux filons quartzeux de l'or, vont généralement en s'appauvrissant dans la profondeur.

Il n'est guère de pyrite qui ne contienne de l'or; le cuivre gris argentifère, la galène, l'antimoine, l'accompagnent souvent. L'or allié au palladium s'exploite dans le Brésil; à Nagyag, en Transylvanie, on travaille des mines de tellure aurifère, mélangé avec des sulfures de plomb, d'antimoine et d'argent, connu sous le nom d'*or de Nagyag*.

Mais le véritable compagnon de l'or dans tous ses gisements, c'est l'argent. On ne connaît point d'or natif qui n'en contienne. C'est ce qui fait que la pesanteur spécifique des pépites est rarement au-dessus de 14.88.

Le filon aurifère le plus riche en or a été celui de *Zorillo*, au Mexique, dont la teneur était de 0 00791, ou 7 kilog. 91 pour 1000 kilog. de minerai; le plus pauvre est celui de *Pontvieux*, qui ne donne que 0.0000003. Le sable le plus riche trouvé jusqu'à ce jour est celui de *Feather-river*, dans la Nouvelle-Californie; il a donné, dans le commencement, jusqu'à 0.0029, ou 2 kilog. 90 d'or pour 1000 kilog. de sable; le plus pauvre est celui du Rhin, qui ne contient que 0.0000013 d'or.

Si l'on voulait comparer la richesse d'une exploitation de filons avec celle de sables aurifères, il faudrait bien se donner de garde de prendre les chiffres de teneurs en or pour terme de comparaison : les filons sont solidement encaissés dans le sein des roches, d'où il faut les extraire, les casser, les trier, bocarder, cribler et concentrer, avant de les obtenir au même état que les sables naturels. Il faut donc ajouter au minerai des filons toutes les sommes dépensées pour ces travaux préparatoires des mines, l'abattage, le cassage, le criblage, et tout ce qui constitue l'exploitation en roche.

Les sables n'exigent aucune exploitation préliminaire de cette espèce; la nature s'en est chargée : ils sont pris, non-seulement au moment où le mineur eût dû les amener au jour, mais encore à un état de concentration très-avancé.

Les sables contenant 0.000002 d'or, ou 2 kilog. d'or pour 1 million de kilog. de sable, peuvent couvrir les frais dans une exploitation régulière : en filons, on n'exploiterait pas des quartz qui contiendraient 0.00002, si les mêmes gîtes ne donnaient en même temps des minéraux moins précieux comme valeur intrinsèque, mais plus abondants, et pouvant couvrir une grande partie des dépenses faites pour l'extraction.

Les Romains, qui ont longtemps exploité les mines d'Espagne, connaissaient trois manières d'être de l'or dans la nature : le *chrysamme*, qui se trouvait dans le lit des rivières; le *segullum*, qu'on rencontrait dans des argiles sablonneuses aurifères; et l'or en filons. C'est encore ainsi que se présente le précieux métal.

On a cru longtemps que les gisements aurifères appartenaient uniquement aux régions équatoriales; mais cette opinion ne soutient pas l'examen, depuis la découverte des gisements de la Sibérie. La Cordillière des Andes et de la Sierra Nevada, tout aurifère, traverse d'ailleurs des zones appartenant à tous les climats.

L'extraction de l'or des filons rentre dans les moyens d'exploitation ordinaires; les sables se lavent d'après les principes exposés aux mots LAVAGE et VANNAGE.

L'or se fond à 1144° du pyromètre à registre de Daniell, comptés immédiatement sur le platine. Cette température, corrigée avec le coefficient de dilatation du platine, correspond à 1097° du thermomètre à air. Tant que l'or est en fusion, il manifeste une couleur vert-de-mer; lorsqu'on le laisse refroidir, il devient jaune. Il peut rester longtemps à l'état de fusion dans nos fourneaux ordinaires, sans se volatiliser ni perdre de son poids; mais au foyer d'un miroir ardent, ou bien lorsqu'on le fait traverser la décharge d'une forte batterie électrique, il se réduit en vapeurs qui peuvent dorer, à plusieurs centimètres de distance, une plaque d'argent qui y est exposée.

Dans le refroidissement de l'or après la fusion, il s'opère une cristallisation curieuse dans les premières parties qui se solidifient : elles prennent la forme de pyramides courtes à quatre faces, qui sont des moitiés d'octaèdres réguliers.

En refroidissant, l'or se contracte, et éprouve un retrait considérable qui empêche le plus souvent de l'employer en objets moulés. Ce retrait est en raison de la température élevée à laquelle il a été porté pour être fondu.

L'or devient aigre, lorsqu'après l'avoir fondu on le refroidit trop rapidement. Pour éviter cet inconvénient, on fait réchauffer la lingotière jusqu'à ce qu'elle volatilise et enflamme du suif placé à sa surface. Il faut avoir soin, pour y verser le métal liquide, qu'il ait atteint une couleur d'un vert brillant.

Quelle que soit la perfection des moyens employés pour laver les sables aurifères, on n'arrive jamais à les dépouiller entièrement des parcelles d'or qu'ils contiennent, si l'on n'a recours au mercure. L'amalgamation de l'or s'opère d'une manière analogue à celle de l'argent, que nous avons décrite au mot AMALGAMATION, page 16. L'or, comme l'argent, se combine avec le mercure en proportions définies; l'amalgame ainsi obtenu a la propriété de se dissoudre dans toute autre quantité de mercure, et de se répandre mécaniquement et uniformément dans la masse. Il n'est pas rare de trouver, dans un amalgame très-étendu de mercure, des cristaux des deux métaux combinés, qui y sont déposés sous cette forme et qu'on peut en séparer par des moyens mécaniques. Cette séparation s'opère ordinairement après avoir placé l'amalgame dans une peau de chamois; on presse fortement la peau : le mercure en excès s'écoule par les pores; ce qui reste dans l'intérieur est l'amalgame d'or dans les proportions chimiques, tenant encore à l'état de mélange une faible portion de mercure libre.

Lorsque l'or est allié avec un ou plusieurs métaux oxydables, on fond l'alliage et l'on oxyde ces métaux, pour en retirer l'or à l'état de pureté. Cette fusion, que nous avons décrite sous le nom de COUPELLATION, se fait avec le plomb ou le bismuth, qui ont la propriété de fondre à une basse température, et de faciliter ainsi la fusion de l'or et de ses annexes. Ces deux métaux exercent donc, à l'égard de l'argent, les fonctions de fondants.

Lorsque le métal allié avec l'or est de l'argent, la coupellation ne peut plus avoir lieu : on opère alors à l'aide de l'acide nitrique, qui dissout l'argent et n'attaque point l'or. Cette méthode a déjà été décrite à la page 130, sous le nom de DÉPART, et à la page 211, sous celui d'INQUARTATION.

Au mot PIERRE DE TOUCHE nous avons enseigné le moyen de s'assurer de la pureté plus ou moins grande de l'or et de ses alliages.

Ceux-ci sont nombreux; mais la plupart ôtent au métal sa malléabilité, et le rendent peu propre à certains usages dans les arts.

L'arsenic le rend très-cassant, sans lui ôter sa couleur; l'antimoine le pâlit et lui donne également de l'aigreur; il en est de même du bismuth, du plomb, du cobalt et du nickel.

L'étain et l'or s'allient facilement. Lorsque la proportion d'étain ne dépasse pas un douzième, l'alliage est encore malléable. C'est la combinaison de cet alliage avec l'oxygène qui produit le *pourpre de Cassius* des peintres.

Le fer, le cuivre et l'argent forment avec l'or des alliages malléables : l'aurure de fer est blanc ou gris; on peut le rendre très-dur par la trempe, et en former des instruments tranchants.

L'alliage de cuivre et d'or est employé dans la bijouterie. Les bijoux ordinaires, qui contiennent près de vingt-cinq pour cent de cuivre, se ternissent assez facilement, à cause de la facilité du cuivre à s'oxyder. En les frottant avec de l'ammoniaque caustique, on leur rend leur couleur primitive. Les monnaies d'or contiennent un peu de cuivre et d'argent. On peut voir au mot MONNAIE ce que nous disons de cet alliage.

L'or natif est toujours allié à de l'argent. Pline, qui a fait une description fort exacte de ce métal, dit que, lorsqu'il en contenait un cinquième, on lui donnait le nom d'*electrum*. On fabriquait probablement l'electrum de toutes pièces. Ce nom a été appliqué par Klaproth à un alliage naturel trouvé à Schlangenberg, en Sibérie; il présente des lamelles jaunes d'or, et d'autres d'un blanc jaunâtre. Du reste, l'argent et l'or s'allient en toutes proportions, depuis 0.14 d'argent dans certains sables de Sibérie, jusqu'à 72.00 pour cent dans l'argent aurifère de Schlangenberg.

Quatre analyses d'alliages naturels d'or et d'argent ont donné :

	Santa-Rosa.	Voltaïte.	Rio Sucio.	Sibérie.
Or.	64.93	77 60	87.94	99.34
Argent.	35.07	20 80	12.06	0 14
	100 00	98.40	100.00	99 48

Nous ne parlerons pas ici de l'alchimie. M. Hoefer, dans le *Dictionnaire de chimie et de physique*, en a traité, aux mots ALCHIMIE et ART SACRÉ, de manière à ne rien laisser à désirer, soit sous le rapport de la description, soit sous le point de vue philosophique.

Les usages de l'or sont bien connus : au mot DORURE, nous avons décrit divers moyens d'appliquer l'or sur la surface des objets. M. Fournet a enseigné la manière de produire du damassé d'or et d'argent : on le réduit en feuilles minces pour la dorure sur bois; on se sert du pourpre de Cassius pour la peinture sur porcelaine; les propriétés de l'or en médecine sont encore peu connues, quoique fortement préconisées par M. Chrestien, de Montpellier.

Les exploitations aurifères, soit à l'état de filons, soit à l'état de sable, sont nombreuses.

En Asie, les monts Ourals, la chaîne de l'Altaï, l'empire des Birmans, la Chine, le Japon, les Philippines, les îles de la Sonde, etc., produisent une énorme quantité d'or;

En Afrique, la côte de Guinée, le pays de Worada et de Concodou, celui de Bambouck, le Natacou, Nambia, Semaylla, Combadirie, les Mandingues, le Jallon-Cadou, Bouri, Shrondo, les montagnes de Kong, le Soudan, Foura, le plateau de Manica, Housa, Wangara, le Niger, la Nubie, le Kordofan, l'Abyssinie, la haute Éthiopie, le Nil, la Mésopotamie et la terrasse de Fazoglo, exploitent d'abondants sables aurifères.

En Europe, l'Autriche, le Tyrol, la Hongrie, la Transylvanie, le Banat, le Hartz, la Saxe, la Suède, la Norwége, la Cornouaille anglaise, l'Écosse, l'Irlande, la Galice espagnole, l'Estremadure, le Tage, Grenade, le Piémont, fournissent une certaine quantité d'or.

La France ne manque ni de filons ni de sables aurifères; les premiers sont abandonnés à cause de leur pauvreté. Ils se trouvent à la

Gardette, Allevard, Poutrant, Crossac, Aurillac (*auri lacus*), Planche-les-Mines, Pont-Vieux et Prudelles. Les rivières qui roulent des sables d'or sont : l'Ariége (*aurigera*), la Garonne, l'Hérault, le Gard, Rioutort, le Rhône, le Rhin, le Doubs, etc.

Les exploitations en Amérique sont en si grand nombre, que les bornes de ce dictionnaire ne nous permettraient pas d'en donner les noms particuliers : les provinces de la Patagonie, Buenos Ayres, le Brésil, le Chili, la Plata, le Pérou, l'Équateur, la Nouvelle-Grenade, dans l'Amérique méridionale; celles de Guatemala, le Mexique, et la Nouvelle-Californie, dans l'Amérique septentrionale, produisent abondamment de l'or en filons et en sable.

On a souvent agité la question économique de l'influence de l'or sur l'état politique des nations. Cette question a été renouvelée surtout depuis la découverte des sables aurifères de la Californie, et l'on a semblé craindre qu'une trop grande surabondance de l'or ne produisît une secousse fâcheuse en Europe. Nous renvoyons à l'article MÉTAUX PRÉCIEUX quelques détails économiques sur ce sujet.

Un grand nombre de substances portent des dénominations qui appartiennent plus ou moins au métal qui nous occupe. Nous les donnons à la suite de cet article.

OR ARGENTAL (*Minér.*), m. *Aurure d'argent.* Or allié à de l'argent dans diverses proportions.

OR BLANC DENDRITIQUE (*Minér.*), m. *Voy.* OR GRAPHIQUE et TELLURURE D'OR ARGENTIFÈRE, au mot TELLURURES MÉTALLIQUES.

OR DES CHATS (*Minér.*), m. Nom vulgaire donné par les anciens mineurs à une variété métalloïde de *mica*, couleur jaune d'or. C'est l'*ammochryse* des anciens minéralogistes, le *mica flava* de Wallerius, le *mica aurea* de Cartheuser. Les paillettes de mica ont l'apparence de l'or; elles se laissent rayer par la pointe d'une aiguille, et produisent une poussière terne et douce au toucher, qui ne conserve point son brillant métallique. Ces caractères suffisent pour les distinguer des paillettes d'or, qui, du reste, tombent instantanément au fond de l'eau agitée, tandis que celles de mica et de talc y nagent quelque temps avant de descendre.

OR DE CIMENT (*Métall.*), m. Or raffiné au moyen de la cémentation.

OR DE COULEUR (*Métall.*), m. Alliages de cuivre, de fer et d'argent avec l'or, employé pour l'ornement des bijoux.

OR DE JUDÉE (*Minér.*), m. *Or mussif.*

OR DE MANHEIM (*Métall.*), m. *Voy.* SIMILOR.

OR FILÉ, m. *Or trait*, filé avec de la soie.

OR GRAPHIQUE (*Minér.*), m. Variété du *tellurure d'or argentifère*, en petits cristaux prismatiques, imitant certains caractères orientaux ; d'un gris d'acier, à cassure grenue. Gisement à Offen-Banya, en Transylvanie.

OR GRIS (*Minér.*), m. *Or de Nagyag.*

OR HACHÉ, m. Feuilles minces d'or appliquées, à l'aide d'un brunissoir, sur une surface de fer hachée, pour en opérer la dorure.

OR DE NAGYAG (*Minér.*), m. Variété laminaire du *tellurure natif auro-plombifère.*

OR DENDRITIQUE (*Minér.*), m. *Tellurure d'or argentifère.*

OR GRAPHIQUE (*Minér.*), m. *Tellurure d'or* argentifère, décrit au mot TELLURURES MÉTALLIQUES. Espèce constamment cristallisée, composée de prismes déliés qui se groupent ou s'articulent de manière à simuler, jusqu'à un certain point, des caractères hébraïques ; disposition qui lui a valu son nom, du grec *graphô*, j'écris.

OR GRIS JAUNÂTRE (*Minér.*), m. Nom donné par les mineurs, à cause de sa couleur, à une variété du *tellurure d'or plombifère* décrit au mot TELLURURES MÉTALLIQUES.

OR MOULU, m. Pièce de métal recouverte, à sa sortie de la dorure, d'une couche d'or terne, et qui n'a pas encore été polie.

OR MOSAÏQUE (*Minér.*), m. *Or mussif.*

OR MUSSIF, m. Sulfure artificiel d'étain jaune, très-brillant, employé dans les arts pour bronzer et faire de fausses dorures, et dans la physique pour enduire les coussins des machines électriques, afin de leur donner plus d'énergie. On l'obtient à l'aide du mercure et de l'ammoniaque, combinés avec l'étain et le soufre. C'est le deuto-sulfure d'étain employé dans le commerce.

Composition, suivant Klaproth :

Soufre.	25
Étain.	34
Cuivre.	36
Fer.	2
	97

OR MUSSIF NATIF, m. Sulfure de cuivre et d'étain, gris pâle ou gris foncé ; cassure grenue, présentant le brillant métallique. P. s. : 4.35.

OR PALLADIÉ (*Minér.*), m. Alliage naturel d'or et de palladium. Il est d'un jaune blanchâtre, tantôt métallique, tantôt à l'état d'oxyde. Ce minéral est accompagné d'oxyde de manganèse. Berzelius a nommé *auro-poudre* un alliage de cette nature contenant un peu d'argent ; il est en petits grains cristallisés, chargés de facettes et d'un jaune d'or ; il provient de la capitainerie de Propez, dans l'Amérique méridionale. Sa composition est :

Or.	85.98
Palladium.	9.85
Argent.	4.17
	100.00

OR EN CHIFFONS, m. Linge imprégné d'une dissolution d'or dans l'eau régale, que l'on brûle, et avec lequel on frotte l'argent ou le cuivre pour le dorer. *Voy.* la description de ce procédé au mot DORURE.

OR EN COQUILLE, m. Préparation d'or cuployée par les peintres et dessinateurs. Elle consiste à broyer de l'or en feuilles avec du miel, à les réduire en poudre fine, et à humecter le tout avec de l'eau gommée. Cette préparation est mise ensuite dans des coquilles et livrée au commerce.

OR PARADOXAL (*Minér.*), m. *Tellure.*

OR PROBLÉMATIQUE (*Minér.*), m. *Tellure.*

OR TELLURO-SULFO-PLOMBIFÈRE (*Minér.*), m. *Tellurure d'or.*

OR TRAIT, m. Nom donné à un fil d'argent doré, passé à la filière.

OR VIERGE (*Minér.*), m. *Voy.* OR NATIF.

ORBICULE (*Paléont.*), f. Genre de brachiopode fossile.

ORBULITE (*Paléont.*), f. Genre de coquilles de l'ordre des ammonées. On en connaît douze espèces dans les couches inférieures de la craie et dans les terrains inférieurs. — Genre de polypiers, dont quatre espèces fossiles appartiennent aux terrains supérieurs à la craie.

ORCHITE (*Paléont.*), f. *Voy.* ENORCHITE.

ORDON (*Métall.*), m. Charpente dans laquelle sont placés les marteaux.

ORE (*Métall.*), f. Contrevent ou côté opposé à la tuyère, dans les feux catalans. Dans le pays basque, l'ore se nomme *ingudeu en aldea.*

OREILLER (*Métall.*), m. Oreiller d'un soufflet, partie placée dans le culeton, pour maintenir les bords.

ORGUES PÉTRIFIÉES (*Minér.*), f. *Voy.* TUBULITE.

ORICHALCITE (*Minér.* et *Métall.*), m. Hydro-carbonate de cuivre et de zinc, connu des anciens sous le nom d'*orichalcos* (du grec *oros*, montagne; *chalkos*, cuivre, cuivre de montagne). Ce minéral que M. Bœttger écrit à tort *aurichalcite*, et que Cicéron écrit *orichalcum* (lib. III, *De offic.*), est verdâtre, amorphe, granuleux, ou en masses rayonnées; il est peu transparent et peu dur. Au chalumeau il devient noir, et présente les réactions du cuivre et du zinc. Il se rencontre à Loktewsk, dans l'Altaï, et se rapporte à la *calamine verte* que M. Patrin a trouvée près de Kléopinski. Son analyse donne :

Oxyde de cuivre.	28.19
— de zinc.	45.84
Acide carbonique.	16.08
Eau.	9.93
	100.04

répondant à la formule atomique :

$$(CuO, ZnO)(CO^2)^2 + CuO\,H^2O + 2\,ZnO\,H^2O,$$

ou bien à celle

$$(CuO)^2\,CO^2 + (ZnO)^3\,CO^2 + 3\,Aq;$$

d'où l'on peut encore tirer

$$[(CuO)^2\,CO^2 + Aq)] + ZnO\,CO^2 + 2\,Zn\,H^2O;$$

ou

$$CuO\,CO^2 + 3\,ZnO\,H^2O, \text{ etc.}$$

ORIENTAL, adj. Epithète employée pour qualifier les pierres précieuses d'une beauté et d'une dureté supérieures. Cet usage vient de ce que pendant longtemps les plus belles pierres se sont tirées de l'Asie, et que toutes celles provenant de l'Amérique avaient moins d'éclat et de prix.

ORITORIUS (*Minér.*), m. Petite pierre analogue à l'aétite.

ORIZAIRE (*Paléont.*), m. Genre de polypiers dont on connaît quatre espèces dans les terrains modernes.

ORNITHOCÉPHALE (*Paléont.*), m. Fossile ptérodactyle.

ORNITOGLOSSE (*Paléont.*), m. Variété de *glossopètre* qui imite une langue d'oiseau.

ORNITHOLITE (*Paléont.*), f. Nom donné à des incrustations ou empreintes d'ailes ou parties d'oiseaux dans certaines roches.

ORNITHOTYPOLITE (*Paléont.*), m. Empreinte de débris d'oiseaux. *Voy.* OISEAUX FOSSILES.

ORORITE (*Minér.*), m. Ammite, concrétion calcaire, oolite; pierre composée de petites parcelles imitant les graines de l'orobe.

ORPAILLEUR (*Exploit.*), m. Ouvrier qui exploite les sables de rivières pour en tirer des *paillettes d'or.*

ORPIMENT ou **ORPIN** (*Minér.*), m. *Sulfure d'arsenic*, de couleur jaune. *Voy.* ce titre.

ORPIN. *Voy.* ORPIMENT.

ORTHITE (*Minér.*), f. Variété de *silicate de cérium* en baguettes minces, engagées dans du feldspath laminaire, à Fimbo, en Suède.

ORTHOCÉRATITE (*Paléont.*), f. *Belemnite* chambrée, droite, sans spirale, et à peu près semblable à une corne; du grec *ortos*, droit; *kéras*, corne.

ORTHOCÈRE (*Paléont.*), m. Genre de coquilles orthocérées, dont onze espèces fossiles appartiennent aux terrains antérieurs à la craie.

ORTHOCLASE (*Minér.*), m. *Feldspath de potasse*, ou *orthose.*

ORTHOSE (*Minér.*), m. *Feldspath de potasse.*

ORTHOSE DÉCOMPOSÉ, m. *Orthose* qui s'est converti en une substance blanche argileuse, et qui forme le *kaolin.*

ORTHOSE GLOBAIRE, m. Sphéroïdes d'orthose à texture radiée, renfermés dans la roche dite *pyroméride.*

ORYCTOGNOSIE, f. Partie de la minéralogie qui traite des fossiles. Du grec *oryktos*, fossile; *gnôsis*, connaissance.

ORYCTOGRAPHIE, f. Description des fossiles. Du grec *oryktos*, fossile; *graphô*, je décris.

OSCABRION (*Paléont.*), m. Genre de phyllidiens, dont deux espèces se trouvent à l'état fossile dans les terrains modernes.

OSMÉLITE (*Minér.*), f. Silicate de chaux et de soude blanc, ou blanc grisâtre, en masses fibreuses radiées, quelquefois sphéroïdales, quelquefois à surface brillante, quelquefois mates, ou à éclat nacré. L'osmélite raye la fluorine, et est rayée par l'apatite; sa densité est 2.65 à 2.79.

La *pecktolite* est une osmélite hydratée qu'on rencontre dans le Tyrol, et dont les caractères extérieurs sont identiques à ceux de l'osmélite. Ce minéral a été nommé tour à tour *picolite* et *photolite*.

Les éléments de l'osmélite et de la pecktolite sont :

	Osmélite.	Pecktolite.
Silice.	52.91	51.20
Chaux.	32.96	33.77
Soude.	8.89	8.26
Potasse.	4.01	1.57
Eau.	»	8.89
Alumine.	»	0.90
Oxyde de fer.	0.54	»
	99.31	104.59

Les formules qui correspondent à ces analyses sont :

Osmélite,

$$2\,(CaO)^2\,SiO^3 + NaO\,(SiO^3)^2;$$

Pecktolite,

$$2\,(CAO)^2\,SiO^3 + NaO\,(SiO^3)^2 + 2\,Aq.$$

L'osmélite se rencontre près de Wolfstein, sur les bords du Rhin, où elle est mélangée avec de la datholite; la pecktolite a été trouvée dans la vallée de Fassa, en Tyrol, où elle est associée à de la natrolite.

M. Breithaupt a donné le nom d'osmélite à un double silicate d'alumine et de chaux qui provient d'un mélange des deux sels en proportions variées. M. Riegel en a analysé trois échantillons, et a trouvé qu'ils étaient composés de :

Silice.	58.33	59.14	58.00
Alumine.	13.85	7.10	8.33
Chaux.	10.49	14.85	18.30
Pér. de fer.	1.15	0.90	0.90
— de mangan.	»	»	0.12
Eau.	16.10	17.40	15 00
	99.65	99.39	100.65

Ces analyses répondent aux formules suivantes : la première,

$$2\,[Al^2O^3\,(SiO^3)^2 + 3Aq] + 3\,[CaO\,(SiO^3)^2 + 3Aq];$$

la deuxième et la troisième,

$$[Al^2O^3\,(SiO^3)^2 + 3Aq] + 4\,[CaO\,(SiO^3)^2 + 3Aq];$$

c'est-à-dire le mélange d'un silicate sesquialuminique hydraté, avec un bi-silicate calcique également hydraté.

Il est aisé de voir qu'il y a ici confusion, et que le nom d'osmélite a été appliqué à des minéraux de compositions différentes.

OSMIUM (*Minér.*), m. Métal simple, découvert en 1803 par Smithson Tennant. On le rencontre dans les minerais de platine, en petits grains blancs, doués de l'éclat métallique, très-durs, tantôt arrondis et inégaux, tantôt lamelleux et cristallins; ils contiennent de l'iridium. Pur, il est très-combustible; sa présence rend la flamme du chalumeau plus éclatante à l'endroit où se dégage l'acide osmique. L'atome d'osmium pèse 1244.487, et est représenté par Os.

OSMIURE D'IRIDIUM (*Minér.*), m. Minéral composé d'osmium et d'iridium, qui accompagne le minerai de platine dans la Colombie et dans l'Oural; il est en petites tables très-minces, ou paillettes à six faces; sa couleur est le gris d'acier, ou le gris de fer; il a l'éclat métallique; il donne au chalumeau les réactions de l'osmium et de l'iridium; il est malléable. Trois analyses ont donné :

	LOCALITÉS.		
	Newiansk.	Colombie.	Nijni-Tagilsk.
Iridium.	46.77	72.90	25.00
Osmium.	49.34	24.50	75.00
Fer.	0.71	2.60	»
Rhodium.	3.15	»	»
	99.97	100.00	100.00
Pes. spécif.	19.471	19.50	21.111

Les formules qui répondent à cette composition sont :

Pour la première, Ir Os;
Pour la seconde, Ir^3 Os;
Pour la troisième, Ir Os^3.

Il est donc probable que l'osmiure d'iridium n'est qu'un alliage sans proportions fixes.

OSTÉOCOLLE (*Minér.*), f. Nom ancien donné à des morceaux de *silex*, sans formes précises, qui se rencontrent dans le calcaire tertiaire, et qui sont assez généralement recouverts d'une croûte blanche. C'est aussi le nom qu'on donne au *carbonate de chaux* incrustant, en forme de tuyaux ou de racines d'arbre, qui semblent collés et réunis par un ciment; du grec *ostéon*, os; *kolla*, colle. Boet de Boot dit qu'on accorde à ces minéraux la faculté de coller les os fracturés. De là vient le nom qu'on leur a donné.

OSTÉOLITE (*Géogn.*), f. Roche de carbonate de chaux renfermant des os fossiles; os fossiles. Du grec *osteon*, os; *lithos*, pierre.

OSTRACITE (*Paléont.*), f. Huître fossile; du grec *ostrakon*, coquille, écaille. C'est aussi le minéral dont parle Pline sous le nom d'*ostracias*, comme d'une pierre si dure qu'elle servait à polir toutes les autres.

OSTRANITE (*Minér.*), f. Espèce de *zircon* décrite par Breithaupt. Elle est d'un brun clou de girofle, d'un éclat vitreux. Elle a tous les caractères du zircon; seulement l'angle du prisme, au lieu d'être de 90°, s'élève à 96. Ce minéral provient de Friederickwarn, lieu célèbre par la syénite zirconienne; il raye le quartz; sa densité est 4.30 à 4.40; il est insoluble dans les acides, et infusible au chalumeau.

OSTRÉITE (*Paléont.*), f. Huître fossile. *Voy.* OSTRACITE.

OSTRÉO-PECTINITE (*Paléont.*), f. Térébratulite, coquille de l'ordre des brachiopodes, à stries larges et profondes.

OTTRÉLITE (*Minér.*), f. Silicate d'alumine et de fer répandu dans les schistes d'Ottrez, dans le Luxembourg, en petits disques de un à deux millimètres de diamètre, sur une épaisseur de un demi-millimètre ; sa couleur est gris noir un peu verdâtre ; sa cassure inégale, terne, et légèrement grenue ; ses cristaux appartiennent, suivant M. Descloiseaux, à un prisme hexagonal, ou à un rhomboèdre très-aigu, tronqué par un plan perpendiculaire à l'axe, et comprimé suivant ce plan. Les petits disques sont faciles à diviser parallèlement à leur base ; ils présentent alors des lames ondulées, mais brillantes. L'ottrélite raye difficilement le verre ; sa pesanteur spécifique est de 4.40 ; au chalumeau, elle fond difficilement sur les bords en un globule noir attirable ; elle accuse, avec le borax, la présence du fer, et, avec le carbonate de soude, celle du manganèse ; elle est soluble en poussière dans l'acide sulfurique chauffé. Sa composition est, suivant M. Damour :

Silice.	43.52	43.34
Alumine.	23.89	24.63
Protoxyde de fer.	16.81	16.72
— de mangan.	8.03	8.18
Eau.	5.63	5.66
	97.88	98.55

qui répond à la formule $2\ Al^2O^3\ SiO^3 + (FeO, MnO)^3\ (SiO^3)^2 + 2\ Aq.$

OUATE NATURELLE (*Minér.*), f. Réunion de conferves et d'infusoires.

OUATITE (*Minér.*), f. *Hydroxyde de manganèse barytifère*, renfermant de l'oxyde de fer et du carbone ; cette substance se présente en flocons comme de l'ouate de coton.

OUBRIA (*Métall.*), m. Partie de l'atelier où se forge le fer dans les usines des Pyrénées.

OURALITE (*Minér.*), f. Nom donné par M. Rose à une espèce générique dont les variétés seraient l'*amphibole*, le *pyroxène* et le *diallage*. Ce nom d'*ouralite* vient de ce que ces minéraux se rencontrent assez abondamment dans les diorites de l'Oural. Les motifs qui font proposer par M. Rose la réunion des trois espèces se résument dans les faits ci-après :

1° Certains cristaux de pyroxène et de smaragdite donnent, par le clivage, l'angle de 124° caractéristique de l'amphibole. En clivant ces cristaux jusqu'à une certaine profondeur, on arrive à un noyau central dont le clivage est de 87° 51' très-voisin de l'angle du diopside, qui donne 87° 5', dont la moitié est 43° 37' 30". Doublons la tangente, et nous aurons le logarithme 10.290.1774, qui correspond à l'angle de 62° 19', le double = 124° 38' angle de l'amphibole. Or le biseau du pyroxène = 120° 57', dont la moitié = 60° 28' 30" ; deux fois la tangente = log : 10.547.0459 = angle 74° 11' 25" = angle du biseau de l'amphibole.

2° La composition des trois minéraux donne les formules ci-après, dans lesquelles *a*O et *b*O représentent des bases protoxydées, saturées à différents degrés par la silice :

Amphibole :	$aO\ SiO^3 + (bO)^1\ (SiO^3)^2$
Asbeste :	$aO\ SiO^3 + (bO)^3\ (SiO^3)^4$
passant au	
Diopside :	$2\ aO\ SiO^3 + (bO)^2\ SiO^3$
Schiller spath :	$2\ aO\ SiO^3 + (bO)^2\ SiO^3$
passant à la	
Bronzite :	$aO\ SiO^3 + (bO)^3\ (SiO^3)^4$.

Ainsi la constitution atomique, de même que la forme cristalline, conduisent à des analogies très-suffisantes pour justifier la réunion des trois espèces en un seul groupe.

3° Les caractères extérieurs viennent encore à l'appui de cette réunion : le vert est la couleur commune à tous ces minéraux ; il passe au noir dans l'hypersthène comme dans la hornblende ; il le cède au blanc grisâtre dans la trémolite comme dans l'asbeste et l'antophyllite. — L'éclat métalloïde, caractéristique des diallages, se retrouve dans l'autophyllite, dans la jeffersonite, dans l'hypersthène ; de même que la cassure lamelleuse ou fibro-lamelleuse appartient indistinctement à des variétés de ces trois minéraux. — Tous sont rayés par le quartz, et rayent la fluorine. — Enfin la pesanteur spécifique est pour

Le diallage.	3.115 à 3.128
L'hedenbergite.	3.100
La hornblende.	3.167

Un seul caractère manque au diallage pour que cette réunion puisse être complète : c'est celui pyrognostique. La bronzite est infusible, mais cela tient à sa composition, qui n'admet point ou presque point de chaux, et à sa constitution atomique, qui est $2\ aO\ SiO^3 + (bO)^3\ (SiO^3)^2$, et diffère de l'amphibole de $aO\ SiO^3$. Dans le schillerspath, où les atomes de chaux sont trois fois plus considérables que ceux d'oxyde de fer, et dont la formule atomique n'offre aucune différence avec l'amphibole, il y a un commencement de vitrification, une espèce de porcelanisation.

OURO-POUDRE (*Minér.*), m. *Oro podrido*, or pourri, *auro-poudre*, alliage naturel trouvé à Capitania-Propez, dans l'Amérique du Sud. *Voyez* le mot OR PALLADIÉ.

OURS FOSSILE (*Paléont.*), m. On en trouve quatre espèces dans les terrains supercrétacés.

OURSIN FOSSILE (*Paléont.*), m. *Voy.* ÉCHINITE. C'est un genre dont on trouve treize espèces à l'état fossile dans la craie, et les terrains qui l'avoisinent au-dessus et au-dessous.

OUTREMER (*Minér.*), m. Nom donné au *lapis-lazuli*, parce qu'il venait d'outre-mer.

OUVRAGE (*Métall.*), m. Partie placée au-dessus du *creuset* et au-dessous des *étalages* d'un haut-fourneau, dans laquelle s'opèrent, un peu au-dessus de la *tuyère*, la réduction et la fusion des minerais.

OUVRAGE EN GRADINS (*Exploit.*), m. *Voy.* EXPLOITATION EN GRADINS.

OUVRAGE EN TRAVERS (*Exploit.*), m.

Mode d'exploitation des couches ou des filons puissants, dans lequel les tailles sont disposées transversalement à la galerie principale, et vont toujours du toit au mur.

OUVREAUX (*Métall.*), m. Canaux pratiqués dans les meules de carbonisation, pour y attirer l'air et y activer la combustion.

OUWAROVITE (*Minér.*), f. Substance encore peu connue, d'un beau vert d'émeraude, vitreuse, fragile, cristallisant en dodécaèdre rhomboïdal, infusible, et paraissant être un silicate d'alumine et de fer coloré par l'oxyde de chrome. Caractères qui la rapprochent du grenat : peu d'éclat à la cassure; un peu de translucidité sur les bords; poussière d'un beau vert; p. s. : 3.5148. L'ouwarovite a été trouvée à Bissersk, en Sibérie. On peut voir son analyse au mot GRENAT.

OVÉOLITE (*Paléont.*), f. Fossile qui a la forme d'un œuf.

OVULE (*Paléont.*), m. Genre de coquilles enroulées, dont deux espèces sont fossiles et appartiennent aux terrains modernes.

OVULITE (*Paléont.*), m. Genre fossile de polypiers, dont on connaît cinq espèces dans les terrains postérieurs à la craie.

OXALATE DE FER (*Minér.*), m. Syn. : *oxalite*, *humboldite*, *eisen resin* des Allemands. Minéral jaune, très-tendre, s'écrasant sous les doigts. Il se forme sur les lignites, et se présente en petites masses terreuses. Sa pesanteur spécifique est de 1.3 à 1.4; au chalumeau il donne une odeur végétale et un résidu attirable à l'aimant; il a l'apparence d'une argile ocreuse. Sa composition est, suivant Rammelsberg :

Protoxyde de fer.	44.40
Acide oxalique.	42.69
Eau.	15.90
	102.99

On en déduit la formule : $2FeO\,C^2O^3 + 3\,Aq$.

OXAHVÉRITE (*Minér.*), f. Nom donné par M. Brewster à une variété d'*apophyllite*, en petits cristaux jaune pâle, recueillis sur des bois pétrifiés par les sources d'Oxahver, en Islande.

OXALITE (*Minér.*), f. Synonyme d'*oxalate de fer*.

OXYCHLORURE DE CUIVRE (*Minér.*), m. Syn. : *cuivre chloruré*, *muriate de cuivre*, *atakamite* de Beudant, etc. Minéral d'un beau vert émeraude, en cristaux d'un prisme rhomboïdal droit, sous l'angle de 97° 12', et avec le rapport :: 1 : 1; il se trouve aussi en masses aciculées droites ou radiées, en concrétions et en sables. Ses cristaux sont souvent translucides; leur éclat est vif; ils rayent le gypse, et se laissent rayer par la fluorine; leur densité est de 4.43; ils sont solubles avec effervescence dans l'acide nitrique, et se réduisent au chalumeau en colorant la flamme en bleu ou en vert. La composition de l'oxychlorure de cuivre résulte des analyses suivantes, dues à MM. Klaproth, Proust et Berthier :

	LOCALITÉS.		
	Chili.	Pérou.	Mexique.
Chlore.	15.90	12 28	14.92
Cuivre.	14.22	10 96	13.35
Oxyde de cuivre.	54.22	44 76	50.00
Eau.	14.16	15.00	21.75
Mélange.	1.50	17.00	»
	100.00	100 00	100.00

Les deux premières analyses répondent à la formule $Cu\,Cl^2 + 3\,CuO + 4\,Aq$; la dernière contient deux atomes d'eau de plus que les autres, et donne $Cu\,Cl^2 + 3\,CuO + 6\,Aq$.

OXYCHLORURE DE PLOMB (*Minér.*), m. *Chlorure de plomb* uni à de l'oxyde du même métal. *Voyez* le mot CHLORURE DE PLOMB.

OXYDE, m. Du grec *oxys*, acide; combinaison de l'oxygène avec une base métallique; toutes les bases sont des corps simples, excepté dans l'*ammoniaque*, où le radical, l'*ammonium*, est un corps composé d'hydrogène et d'azote, et dans l'*acide cyanique*, composé de carbone et d'azote.

OXYDE D'ANTIMOINE (*Minér.*), m. Syn. *antimoine blanc*, *exitèle* de Beudant, *acide antimonieux*, etc. Les oxydes d'antimoine sont au nombre de deux dans la nature : l'un est un oxyde proprement dit, et se nomme oxyde blanc; l'autre est un oxyde jaune qui joue le rôle d'acide, et porte plus particulièrement le nom d'acide antimonieux.

L'antimoine oxydé est blanc, nacré, brillant et translucide; il se présente en petits cristaux tabulaires, en fibres déliées et soyeuses; quelquefois à l'état terreux; sa forme primitive est un prisme rhomboïdal droit, sous l'angle de 136° 58'; il est de la dureté du gypse; sa densité est de 5.566; il est fusible à la flamme d'une bougie, et se volatilise complétement au chalumeau, s'il est pur; il donne une fumée épaisse. Lorsqu'il est en aiguilles, il prend le nom d'*antimonophyllite*. Sa composition est :

Antimoine.	84.32
Oxygène.	15 68
	100.00

ce qui répond à la formule : Sb^2O^3.

L'ACIDE ANTIMONIEUX, ou *stibiconise* de Beudant, est d'un blanc jaunâtre ou jaune isabelle; il est terreux à la surface du sulfure d'antimoine, tendre, infusible au chalumeau. On n'en connaît point d'analyse.

La variété jaune isabelle constitue des masses solides; elle raye le carbonate de chaux; elle s'égrène, plutôt qu'elle ne se laisse couper; sa densité est de 4.084; elle a l'éclat gras, et sa couleur est mélangée de parties blanches terreuses; l'acide antimonieux ne se volatilise pas comme l'oxyde d'antimoine; on ne connaît point sa forme primitive. Un échantillon de Cervantès, en Galice, analysé par M. Dufrénoy, a donné :

Antimoine.	67.50
Oxygène.	16.85
Carbonate de chaux.	11.45
Oxyde de fer.	1.50
Résidu insoluble.	2.70
	100.00

d'où l'on doit conclure que l'acide antimonieux naturel est composé suivant la formule SbO^2.

Berzelius avait trouvé de l'eau dans l'acide antimonieux terreux; mais il est probable qu'elle ne s'y rencontre qu'à l'état hygrométrique. C'est du moins ce qui résulte de l'analyse précédente, et de quelques essais faits sur des croûtes solides adhérant à des minerais d'antimoine de Chazelles, en Auvergne.

M. Bauer a trouvé de l'oxyde d'antimoine en dissolution dans l'eau d'un puits, près de Schüpfheim, dans le canton de Lucerne; cent parties d'eau contiennent une partie d'oxyde antimonique; il ne se précipite pas par l'évaporation, mais reste en dissolution dans le liquide concentré, d'où l'hydrogène sulfuré le précipite.

OXYDE D'ARSENIC (*Minér.*), m. Syn. : *acide arsénieux*, *arsenic blanc*, etc. Ce minéral, qui est un poison des plus dangereux, est blanc, sous forme de poudre à la surface des minerais arsénifères, ou en aiguilles bacillaires; il se volatilise sur les charbons avec une fumée blanche et une odeur d'ail prononcée. Il est légèrement soluble dans l'eau; sa forme est l'octaèdre régulier; sa pesanteur spécifique est de 3.71; sa composition est :

Arsenic.	75.78
Oxygène.	24.22
	100 00

répondant à la formule : As^2O^3.

OXYDE DE BISMUTH (*Minér.*), m. Syn. : *fleur de bismuth*, *wismuthblüthe* des Allemands, etc. Ce minéral, qui paraît être le résultat de l'altération des minerais de bismuth, se trouve à l'état pulvérulent ou en enduits; il a l'aspect terreux, d'un blanc jaune verdâtre; tendre et friable, il se réduit facilement sur le charbon, et se dissout dans l'acide nitrique sans dégagement de gaz nitreux. Sa pesanteur spécifique est de 4.36. Sa composition est, suivant Lampadius :

Oxyde de bismuth.	86.30
— de fer.	5.20
Acide carbonique.	4.10
Eau.	3 40
	99.00

Cette analyse conduit à la formule $2\ Bi^2O^3 + FeO\ CO^2 + 2\ Aq$.

OXYDE DE BISMUTH MICACÉ (*Minér.*), m. Nom donné à tort par de Born à une substance qui paraît être l'*oxyde d'urane*, variété jaune verdâtre.

OXYDE DE CÉRIUM (*Minér.*), m. Nom donné au *silicate de cérium*.

OXYDE DE CHRÔME (*Minér.*), m. Syn. : *chrôme oxydé*, *oxyde chromique* des chimistes, *chromocker* des Allemands. Minéral verdâtre en enduit terreux sur les roches quartzeuses des Écouchets, près de Châlons-sur-Saône, de Halle et de Waldenbourg en Silésie. La couleur verte varie d'intensité, suivant la proportion de chrôme. Cet oxyde est infusible au chalumeau; il produit, avec le borax, une belle couleur verte. Sa composition est, suivant MM. Drapiez, Duflos et Zellner :

	LOCALITÉS.		
	Écouchets.	Halle.	Waldenbourg.
Silice.	54.10	57 09	58.50
Alumine.	18.60	25.50	30.00
Fer.	1.20	3 50	3.00
Oxyde de chrôme.	25.30	5.50	2.00
Chaux et mag.	1.80	1.10	6.25
Eau.	»	»	»
	101.00	92.69	99.75

Ces analyses, qui annoncent un mélange en proportions variables, ne peuvent donner lieu à une formule atomique.

Dans le gouvernement de Perne, en Russie, au mont Jétluiski, l'oxyde de chrôme colore une roche terreuse magnésienne, analogue à l'écume de mer, et donne lieu à une roche nommée **WOLKONSKITE**; elle est compacte; sa cassure est conchoïde ou inégale; elle est tendre, et douce au toucher; dans le tube de verre, sa couleur devient plus foncée; elle prend une couleur de café brûlé par la calcination dans un creuset de platine; elle n'est qu'à moitié soluble dans l'acide hydrochlorique. Le même oxyde existe à Rudniak, en Sibérie, et porte le nom de **MILOSCHINE**. C'est une argile d'un vert d'eau. La composition de ces roches, suivant Berthier et Kersten, est :

	VARIÉTÉS.	
	Wolkonskite.	Miloschine.
Silice.	27.20	27.50
Oxyde de chrôme.	34.00	36.10
— de fer.	7.20	»
Alumine.	»	4.50
Magnésie.	7.20	0 50 (Magnésie et Chaux)
Chaux.	»	
Oxyde de magnésie.	»	»
— de plomb.	»	»
Eau.	23.20	23.30
	98.80	91.90

Ces analyses montrent de nouveau que c'est de l'oxyde de chrôme, mélangé avec des silicates. Ils peuvent être mis sous la forme

$$(Cr^2O^3,\ Fe^2O^3)\ SiO^3 + 4\ Aq,$$

pour la wolkonskite, et

$$(Cr^2O^3,\ Al^2O^3)\ SiO^3 + 4\ Aq,$$

pour la miloschine.

Il résulte de ces analyses que ce que les minéralogistes nomment *oxyde de chrôme* n'est, à proprement parler, qu'un mélange de silicates.

OXYDE DE COBALT (*Minér.*), m. Les chimistes reconnaissent trois oxydes de cobalt; mais il n'en existe qu'un seul dans la nature : c'est le *peroxyde de cobalt*, ou cobalt oxydé au maximum, que Berzelius et Beudant appellent suroxyde, que les minéralogistes français connaissent sous le nom de *cobalt oxydé noir*, et que les Allemands désignent sous celui de *erdkobalt*, *russkobalt*, et *kobalt mulm*. Ce minéral est noir, terreux, à cassure unie; il est peu dur, et s'écrase facilement sous les doigts; on le trouve souvent en petites masses mamelonnées et ternes, qui deviennent luisantes par le frottement d'un corps poli et dur. Ce caractère le distingue de l'oxyde de manganèse, avec lequel il a plus d'une analogie, et qui l'accompagne presque toujours, ainsi que l'oxyde de fer; au chalumeau, il n'éprouve aucun changement sur le charbon; mais il colore fortement en bleu pur le verre de borax; avec la soude, il se dissout en une masse transparente rougeâtre, qui devient grise par le refroidissement; il peut aussi, sur le charbon, être réduit en une poudre grise métallique magnétique. Sa densité est 2.20 à 2.60. Pur, sa composition est :

Oxygène.	28.92
Cobalt.	71.08
	100.00

Sa formule atomique est Co^2O^3, et son poids chimique 1037.98; mais il ne se rencontre jamais à l'état de pureté : il est mélangé d'oxyde de manganèse hydraté, d'argile et d'eau, comme l'annoncent les deux analyses suivantes :

	LOCALITÉS.	
	Rengensdorff.	Saalfeld.
Peroxyde de cobalt.	19.40	32.05
Protoxyde de manganèse.	16.00	31.91
Oxyde de cuivre.	0.20	»
Silice.	24.80	»
Alumine.	20.10	»
Oxygène.	»	6.78
Eau.	17.00	22.90
	97.50	92.92

qui donnent des formules insignifiantes, à cause de l'état de mélange des substances. Berzelius a considéré comme un manganate de cobalt la seconde expression ci-dessus. Cette supposition est admissible. En effet, la constitution du minéral de Saalfeld, qui, dans l'état de mélange, donnerait $Co^2O^3 + (MnO)^2 + 13\,Aq$, peut être décomposée, et alors l'analyse prend la forme suivante :

Cobalt.			22.77
Manganèse.			24.20
Oxygène	de cobalt.	9.26	25.05
	de manganèse.	7.01	
	en excès.	6.78	
Eau.			22.90
			92.92

d'où l'on tire l'expression d'un manganate de cobalt hydraté : $CoO\ MnO^3 + 3\,Aq$.

Le *cobalt oxydé noir*, qui existe souvent sous forme de dendrites, se trouve dans le même gisement que le *cobalt arsenical* : on l'a rencontré à Kitzbuchel (Tyrol), à Saalfeld (Turinge), à Freydenstadt (Wurtemberg), Bieher (Hanau), Allemont (Dauphiné), Schnéeberg (Saxe), Wittichen (Bade), Rengersdorff (Lusace); il existe en petite quantité dans les manganèses de la Dordogne, et M. de Luynes l'a indiqué dans le grès tertiaire supérieur de la butte d'Orsay, près de Paris; en Asturies, je l'ai rencontré à Argayadas, près de Mier, dans le calcaire silurien.

OXYDE DE COBALT ROUGE (*Minér.*), m. Nom donné par Werner à l'*arséniate de cobalt*.

OXYDE DE CUIVRE (*Minér.*), m. Syn. : *cuivre oxydé*. Quoiqu'on obtienne dans les laboratoires trois oxydes de cuivre distincts, on ne connaît guère dans la nature qu'un seul d'entre eux, celui le moins chargé d'oxygène, auquel on a donné le nom d'*oxydule de cuivre*, et qui répond au protoxyde des chimistes. Il est d'une belle couleur rouge cochenille dans les cristaux hyalins ou translucides, et d'un gris de fer dans les cristaux opaques; sa poussière est rouge, et colore l'acide nitrique en vert; sa cassure est inégale, conchoïde, à éclat vitreux; il raye le carbonate de chaux, et se laisse rayer par la fluorine; sa densité est de 5.992; il se convertit, au feu d'oxydation du chalumeau, en un globule noir; avec le borax il donne un verre d'une belle couleur verte, au feu de réduction; et d'un rouge brique, au feu d'oxydation; sa forme primitive est le cube. Sa composition est :

Cuivre.	88.78
Oxygène.	11.22
	100.00

elle répond à la formule atomique Cu^2O.

L'oxydule de cuivre se trouve sous diverses formes : tantôt il est en masses lamellaires, offrant un clivage triple et rectangulaire; tantôt il est en aiguilles déliées, d'un rouge vif, avec un éclat soyeux; ces filaments sont quelquefois entrelacés à angle droit. On connaît aussi une variété terreuse, qui se présente à l'état de mélange avec de l'oxyde de fer.

Il existe un CUIVRE OXYDÉ NOIR, qui paraît être l'oxyde cuprique des chimistes. Ce minéral est d'un noir très-prononcé; il est terreux, tache les doigts, et contient parfois de l'oxyde de manganèse ou de fer; il fond au chalumeau en une scorie noire, et donne des globules de cuivre au feu de réduction; il se dissout dans l'acide nitrique sans effervescence. A l'état de pureté, il donne à l'analyse :

Cuivre.	79.82
Oxygène.	20.18
	100.00

qui conduit à la formule CuO.

Les riches mines de l'Australie contiennent

le cuivre à l'état d'oxyde cuprique, mélangé avec de l'hydrate de fer et des sulfures de cuivre. M. Ronalds y a trouvé quinze à quarante-deux pour cent d'oxyde cuprique, ce qui correspond à 13.8, à 38.8 pour cent de cuivre métallique.

OXYDE D'ÉTAIN (*Minér.*), m. Minéral composé essentiellement d'étain et d'oxygène; synonymes : *étain oxydé*, *zinnstein* de Werner, *cassitérite* de Beudant. — Substance brune, noirâtre, brun jaunâtre, rarement blanchâtre et translucide; étincelant sous le choc du briquet; rayant le verre, rayée par la topaze; poussière grisâtre, ne tachant pas le papier en noir comme le fait celle de Wolfram, conservant sa couleur dans l'acide nitrique, tandis que celle du tungstène y jaunit; très-dure, à cassure raboteuse et un peu grasse; densité, 6.90 à 6.96. — L'oxyde d'étain se réduit difficilement au chalumeau en un grain d'étain métallique; avec la soude cette réduction est facile; il prend l'électricité vitrée par le frottement, et est inattaquable par l'acide nitrique; sa forme primitive est un prisme à base carrée, dont la hauteur est à l'un des côtés de la base :: 45 : 32; il cristallise en dodécaèdre, ou prisme à quatre pans avec deux pyramides, en dioctaèdre, dans lequel les angles des prismes sont remplacés par des facettes additionnelles. Les cristaux offrent souvent des angles rentrants, dus à une hémitropie résultant du groupement de deux cristaux qui se pénètrent, auxquels angles on a donné le nom de *bec d'étain*. — On trouve l'oxyde d'étain sous la forme sublaminaire; en concrétions ou petites masses globuliformes à tissu divergent, à la manière des hématites; en grains charriés et rassemblés par l'eau; en masse, etc. La variété fibreuse, semblable à l'hématite, présente une foule d'aiguilles divergentes, et a la couleur de certains bois bruns; ce qui lui a valu le nom d'*étain de bois* chez les Français, et de *wood tin* chez les Anglais. — Klaproth a trouvé que l'étain oxydé d'Alternon (Cornouailles) contenait :

Étain.	77.50
Oxygène.	21.50
Fer.	0.25
Silice.	0.75
	100.00

ce qui donne (l'étain étant représenté par Sn, du latin *stannum*) SnO^2, ou deux atomes d'oxygène pour un atome d'étain.

L'oxyde d'étain se rencontre dans les formations les plus anciennes; il y existe en filons, souvent coupés par d'autres, mais qui n'en coupent jamais, preuve de leur ancienneté. A Vaulry et dans la chaîne primordiale de Blon (Haute-Vienne), il est encaissé dans le granite au milieu d'un filon de quartz, et est accompagné de wolfram; il forme quelquefois un des éléments de la pâte de certains granites, tant il est disséminé dans la roche, où cependant il se rencontre plus souvent sous forme de stockwerk; on le trouve encore en masse. — Il est parfois associé à divers minéraux, tels que le tungstène, l'arséniate de fer, le sulfure et l'arséniate de cuivre, le sulfure de molybdène, la topaze blanche, la fluorine, etc. — Les mines les plus riches sont celles de la Cornouailles; de Schlakenwald et de Zinnwald, en Bohême; d'Altenberg et d'Ehrenfriedersdorf, en Saxe; la Galice espagnole en contient de nombreux filons qui ne sont pas exploités. En France, on connaît six gîtes d'oxyde d'étain, dont pas un n'est exploitable : près de Confolens, dans la Charente; à Ségure sur la Vezère (Corrèze); à Piriac (Loire-Inférieure); à Roc-Saint-André (Morbihan); à Vaulry et Saint-Léonard (Haute-Vienne). Les gîtes de Piriac et de Vaulry renferment des traces d'anciennes exploitations dont il n'existe aucune tradition.

OXYDES DE FER (*Minér.*), m. Combinaison du fer avec l'oxygène. Les chimistes reconnaissent deux oxydes de fer, qui tous deux se rencontrent dans la nature : le *protoxyde*, ou fer oxydé au minimum, et le *peroxyde*, ou fer oxydé au maximum. Le premier a été nommé oxyde noir, et le second oxyde rouge, par allusion à leurs couleurs.

La composition théorique de ces deux oxydes est :

	Protoxyde.	Peroxyde.
Fer.	77.80	70.03
Oxygène.	22.20	29.97
	100.00	100.00

ce qui s'exprime par les formules :

FeO, pour le protoxyde,

Fe^2O^3, pour le peroxyde.

Les nombres atomiques qui répondent à ces deux formules sont 450.527 et 1001.034.

Le protoxyde de fer ne se trouvant dans la nature qu'à l'état d'union avec les acides carbonique, titanique et silicique, et avec l'alumine jouant le rôle d'acide, nous renvoyons ce que nous avons à dire sur ce minéral aux articles CARBONATE DE FER, TITANATE DE FER, et SILICATE DE FER; nous n'en parlerons qu'en passant, à l'occasion du fer oxydulé.

Nous diviserons les oxydes de fer en trois espèces : le *fer oligiste*, ou peroxyde de fer; l'*hydrate de fer*, ou peroxyde uni à l'eau; et l'*oxydule de fer*, ou minéral composé de protoxyde et de peroxyde.

Le *peroxyde de fer*, ou *fer oligiste*, *fer oxydé rouge*, est rarement pur. Il présente trois variétés : celle métalloïde, celle concrétionnée, et celle terreuse. Le caractère de ces trois variétés est de donner une poussière rouge brun, de n'être attirable à l'aimant qu'après calcination, de colorer au chalumeau le verre de borax en jaune verdâtre sale, et de donner dans l'acide hydrochlorique une solution d'un jaune orangé.

Le fer oligiste métalloïde est très-souvent en cristaux; sa forme primitive est un rhomboèdre de 86° 10'; cependant on a rencontré, au

Pérou, au Puy-de-Dôme et dans les Vosges, des oxydes de fer donnant la poussière rouge cristallisant en octaèdres réguliers. M. Carrière de Saint-Dié a examiné ceux de Framont, et a trouvé pour forme primitive un octaèdre régulier de 109°. Cet oxyde est donc un nouvel exemple de dimorphisme. Sa couleur est le gris d'acier passant au gris de fer, au bleu, aux couleurs de l'iris; son éclat est métallique; sa pesanteur spécifique est 5.24; il raye l'apatite, et se laisse rayer par le feldspath. La variété *spéculaire* offre des lamelles parfaitement polies, qui reflètent les objets comme dans un miroir; celle dite *micacée* ou *écailleuse* est en petites écailles ou paillettes minces comme les paillettes du mica, qui sont tellement ténues qu'elles se détachent par la simple pression des doigts, qu'elles tachent de leur poussière rouge. Il existe une variété amorphe qui est quelquefois associée au quartz, et forme, au Brésil, par exemple, une roche puissante qu'on a nommée ITABÉRITE; elle est d'un gris plus ou moins clair, rarement grenue; on la prendrait pour du fer oxydulé, si la couleur de sa poussière ne la distinguait facilement.

Le fer oligiste concrétionné, ou *hématite rouge*, est d'un rouge brun. Il forme des masses réniformes et des stalactites. Sa texture est fibreuse, radiée, ressemblant souvent à de la soie; les fibres divergent du centre des masses vers leur surface. Ce minéral est assez dur pour qu'on en fasse des brunissoirs qui servent au polissage de l'or. La variété rouge compacte est souvent mélangée d'argile, et passe au fer oxydé rouge terreux.

Celui-ci est d'un rouge vif; il est tendre, et tache les doigts; son aspect est terne et terreux comme sa cassure; il est facile à pulvériser; il forme quelquefois une pâte assez compacte pour qu'on en fasse des crayons à dessiner; il prend alors le nom de *sanguine*. L'*ocre rouge* est une argile fortement colorée par le fer oxydé.

Les analyses suivantes donneront une idée de la richesse des fers oligistes.

	Micacé de l'île d'Elbe.	Hématite de		Compacte de la Voulte.	
		Moselle.	Rothau.		
Perox. de fer.	89.50	99.00	91.40	78 00	93.50
Silice et alum.	3.60	0.40	2.00	8.00	3.40
Ox. de mang.	trace	0.40	»	12 00	»
Chaux.	0.40	»	»	»	»
Eau.	3.20	»	4.20	8.00	0.80
	96.70	99.80	97.60	100.00	97.50

Le fer oligiste, malgré le nom qui lui a été donné, se trouve en masses considérables, en filons puissants dans les terrains anciens et dans ceux de transition; il est en masses isolées aux caps Rio et Calamita de l'île d'Elbe, où on le trouve dans toutes ses variétés, mais surtout en beaux cristaux brillants et irisés; on recueille le rhomboèdre obtus binaire dans la mine de Saint-Just, en Cornouailles; celui maclé suivant un plan perpendiculaire à l'axe se rencontre à Altemberg, en Saxe; au mont Dore, les cristaux primitifs basés avec de très-petites facettes, appartenant au prisme à six faces placées sur les angles, sont assez communs; le prisme à six faces sur les angles appartient au mont Saint-Gothard, et les échantillons de Framont, dans les Vosges, offrent la réunion de deux prismes hexaèdres. MM. Spix et Martius ont décrit, sous le nom de MARTITE, des cristaux de fer oligiste octaèdres, qui donnent à l'analyse un peroxyde pur. Ils se trouvent au Brésil; M. Scacchi a aussi rencontré cette forme au Vésuve, mais il l'attribue à la réunion de plusieurs cristaux rhomboédriques.

Le fer hématite rouge forme des filons dans les terrains anciens et de transition: à Framont, il est lié avec le carbonate de chaux nacré; en Asturies, près de Colunga, on voit un beau filon d'hématite enclavé dans le calcaire qui a soulevé le terrain houiller. Le fer oxydé rouge existe en filons et en couches. Celui de la Voulte est associé à du carbonate, et renferme des fossiles passés à l'état d'oxyde de fer.

L'HYDRATE DE FER est, comme nous l'avons dit, un peroxyde de fer uni à de l'eau. Les minéraux qui appartiennent à cette espèce sont extrêmement variés: ou ils se sont cristallisés, et ils portent alors le nom d'*hydroxyde de fer*; ou ils sont concrétionnés, comme l'*hématite brune*; ou ils se trouvent en roche, ce qui constitue le *fer oxydé brun*; ou on les rencontre sous forme de géode, tels que l'*aetite*, ou pierre d'aigle; ou ils se présentent sous celle de petites masses sphériques, et ils sont nommés *fer en grains*, ou *fer oolitique*; enfin, il existe une variété *vitreuse*, une *terreuse*, une *pseudomorphique*, et une *épigénique*.

L'HYDROXYDE DE FER est en cristaux nets, en petites écailles ou en aiguilles déliées, brunes et translucides; leur éclat est demi-métallique, leur cassure lamello-fibreuse; la poussière de cette variété est brune; sa pesanteur spécifique est de 4.30 à 4.40. La forme primitive du fer hydroxydé est un prisme rhomboïdal droit, dont l'angle est de 95° 14', et les rapports :: 10 : 9. La variété écailleuse porte le nom de *lépidokrokite* (*rubin-glimmer* des Allemands). Les analyses suivantes, dues à MM. Brandes, Beudant et Dufrénoy, fixent la composition de l'hydroxyde.

	Lépido-krokite.	Rubin Glimmer.	En aiguilles de Rancié.
Peroxyde de fer.	89.20	88.00	89.40
Oxyde de mangan.	»	0.50	»
Eau.	10.80	10.75	9.10
Silice et gangue.	»	0.50	1.20
	100.00	99.75	99.70

répondant à la formule atomique: $Fe^2O^3 H^2O$.

On a donné le nom de TURGITE à un minéral de fer hydraté associé au carbonate de cuivre de Gumeschewk, dans l'Oural; il est d'un brun rouge, à cassure unie conchoïdale, et prend de l'éclat par le frottement; il raye la fluorine, et est rayé par le feldspath ; sa pesanteur spécifique est peu d'accord avec sa composition, dans laquelle il entre 94.12 pour cent de peroxyde de fer.

L'hydrate de fer concrétionné, ou *hématite brune*, est, comme l'hématite rouge, en masses concrétionnées ou botryoïdes, en rognons, en stalactites ; sa cassure est également fibreuse et rayonnée, quelquefois soyeuse, toujours brune ; la surface de ce minerai est brune, parfois d'un noir luisant.

Le fer en roches, ou *fer oxydé brun*, ressemble, pour la couleur, à l'hématite ; il est d'un brun foncé, tirant sur le bistre ; sa cassure est unie. Lorsqu'il est très-riche, il présente quelquefois des parties fibreuses qui sont de véritables hématites, et dénotent le passage de l'une de ces variétés à l'autre. Les gisements du fer oxydé brun sont beaucoup plus étendus que ceux de l'hématite, et remontent dans des terrains plus modernes : on le rencontre jusque dans le calcaire jurassique.

Le fer oxydé géodique, ou *aétite*, est en boules informes, qui renferment souvent dans leur intérieur un noyau dur, mobile, et dont on entend le bruit en agitant le minéral. Ce noyau est probablement dû au retrait qu'a éprouvé la matière argileuse intérieure, qui s'est ainsi séparée de son enveloppe. Les aétites se trouvent disséminées dans les terrains modernes, avec le minerai en grains.

Celui-ci présente deux variétés : le MINERAI EN GRAINS proprement dit, et le MINERAI OOLITIQUE. Le minerai en grains est ordinairement en petites sphères plus grosses que le minerai oolitique, dont les grains ne dépassent point un grain de millet. Ceux de la première variété sont quelquefois réunis au moyen d'un ciment argileux ; leur cassure présente des couches concentriques, qui vont en diminuant de dureté de l'extérieur à l'intérieur. Ces grains sont quelquefois ellipsoïdaux. Dans l'oolite se trouvent mêlés des grains magnétiques qui forment quelquefois les noyaux, et qui d'autres fois sont isolés. Les grains oolitiques sont souvent soudés ensemble, et forment des couches contemporaines aux terrains dans lesquels elles se trouvent, ce qui les distingue du minerai de fer en grains, qui appartient aux terrains tertiaires moyens répandus en nappe au-dessus de la formation jurassique et de celle crétacée, dans les anfractuosités desquelles ils forment des dépôts d'une certaine puissance.

L'HYDRATE DE FER TERREUX est aussi brun, mais il passe au jaune d'autant plus pâle que le minéral est plus pauvre en oxyde de fer ; la limite de cette pauvreté est l'*ocre jaune*, dont la teneur en peroxyde n'excède que bien rarement 12 pour cent.

La variété de fer *vitreux*, *résineux*, *limoneux*, ou *fer des marais*, doit son éclat à la présence de l'acide phosphorique ; et cet éclat résineux ou vitreux est en raison directe de la proportion d'acide ; il est brun, presque noir, mais sa poussière est jaune. Le phosphate de fer doit être rejeté dans les forges où on traite les oxydes pour fer, attendu qu'il rend le métal cassant à froid.

Il arrive quelquefois que le fer oxydé brun s'est substitué à la matière des polypiers du terrain tertiaire ; qu'il a même pris la forme de fruits, de glands, etc. Cet oxyde pseudomorphique se trouve en abondance dans les Landes, et forme un bon minerai, qui d'ailleurs présente tous les caractères du fer oxydé brun.

Quant aux épigénies, elles sont dues à ce que le soufre des cristaux de pyrite a disparu, et que le sulfure a été remplacé par un hydrate de fer qui a conservé la forme originelle des cristaux. Ceux en cubes proviennent généralement de la décomposition des pyrites jaunes ; ceux en prismes rhomboïdaux ou en cristaux crêtés appartiennent au sulfure blanc.

La composition de la plupart de ces minerais est donnée par les analyses suivantes :

	Hématite.	En roche.	Aétite.	En grains	Terreux.
Perox. de fer.	82 00	80.25	78.00	70.00	79.50
Ox. de mang.	2.00	»	trace	»	4.00
Eau.	14 00	15.00	13.00	13.00	13.70
Silice	1.00	3 75	7.00	16.00	2.00
Alumine.	»	»	1.00		
Chaux.	»	»	trace	»	»
	99.00	99.00	99.00	99.00	99.60

Cette composition répond à la formule $Fe^2O^3(H^2O)^3$, qui est l'expression de l'hydrate biferrique des chimistes.

Le minerai oolitique du mont Girard, près Saint-Dizier, présente, en apparence, une composition plus compliquée ; son analyse donne :

Peroxyde de fer.	69 00
Alumine.	7.00
Eau.	16.00
Silice.	3.00
Gangue.	4.00
	99.00

La formule qu'on en doit tirer est $7 (Fe^2O^3)^2 (H^2O)^3 + 2 Al^2O^3 (H^2O)^3$, qui, réduite à sa plus simple expression, approche beaucoup de $(Fe^2O^3)^2 (H^2O)^3$, à moins qu'on ne veuille y voir un aluminate et un silicate mélangés à l'hydrate.

Quant aux ocres jaunes, leur composition est extrêmement variable : c'est un peroxyde de fer hydraté colorant une proportion plus ou moins grande d'argile. Les trois analyses ci-après en donnent une idée :

	LOCALITÉS.		
	Auxerre.	Saint-Georges.	Saint-Amand.
Peroxyde de fer.	12.00	23.00	37 00
Argile.	80.00	63.50	54.00
Eau.	7 60	7.00	9 00
	99.60	93.50	100 00

Il est probable que dans ces mélanges d'argile et d'ocre il se forme quelque hydrate d'alumine; car l'eau est hors de proportion avec le peroxyde de fer. Si cette opinion est vraie, l'ocre ne serait qu'un mélange d'hydrate biferrique avec un hydrate d'alumine, uni à un silicate aluminique et peut-être à un peu d'eau; le tout se pourrait mettre sous la forme générique : $m\,(Fe^2O^3)^2\,(H^2O)^3 + n\,Al^2O^3\,(H^2O)^3 + o\,Al^2O^3\,(SiO^3)^3 + Aq.$

Le fer hydraté se trouve abondamment dans la nature : l'hématite brune forme des filons puissants dans les terrains anciens; elle est aussi intercalée à la limite de ces terrains, et forme des masses vers leurs points de contact avec les formations secondaires; c'est ce qu'on voit fréquemment dans les Pyrénées, au Canigou et à Quillan; les mines d'Excideuil, dans la Dordogne, offrent le fer oxydé brun au milieu des couches du Jura; les minerais de fer en grains, dits d'*alluvion*, appartiennent à l'étage tertiaire recouvrant la craie et le calcaire jurassique; on l'exploite près de Montauban, à Bruniquel; les mines de Savero, dans le Léon (Espagne), les environs d'Aviles, en Asturies, offrent d'énormes dépôts de minerai en grains ellipsoïdaux; à Hayange, près de Thionville (Moselle), on exploite un fer oolitique bleu qui passe au minerai limoneux; à Narcy (Marne), le même minerai contient de 2 à 10 pour cent de parties magnétiques. On exploite le fer oolitique à Villebois (Ain), à Vieuzac (Aveyron), à Châtillon (Côte-d'Or), à Ancy-le-Franc (Yonne), etc. Dans la Dordogne, la variété terreuse appartient au terrain jurassique; dans le Cher, la Nièvre et l'Yonne, elle se trouve dans les terrains tertiaires.

La troisième espèce d'*oxyde de fer* est le Fer oxydulé, dit *fer magnetique* ou *aimant*. Ce nom lui a été donné par Haüy, parce qu'il contient moins d'oxygène que les minerais peroxydés. En effet, d'après les chimistes, l'oxydule de fer est composé d'un atome de peroxyde uni à un atome de protoxyde, savoir :

Peroxyde de fer.	69
Protoxyde de fer.	31
	100

dont la formule $Fe^2O^3 + FeO$ décomposée se réduit à

Fer.	72.44
Oxygène.	27.56
	100.00

Non-seulement le fer oxydulé se distingue des autres oxydes de fer par sa composition, mais encore il s'en éloigne par sa forme : il appartient au système régulier, et ses cristaux les plus habituels sont des octaèdres. Il est en outre fortement magnétique; sa poussière est noire, son éclat métallique; sa couleur est le gris foncé; il raye la fluorine, et se laisse rayer par le quartz; sa pesanteur spécifique est de 5.094; il brunit au chalumeau sans s'y fondre, et perd par la calcination sa vertu magnétique.

L'oxydule de fer se trouve quelquefois sous forme de sables d'aspect métallique, qui proviennent souvent, dans les terrains volcaniques, du détritus des laves altérées par l'action de l'air; on les trouve aussi disséminés dans le schiste micacé. Cette roche, en se détruisant, rend libres les petits cristaux qui s'accumulent dans les rigoles et y forment de petits amas. Presque toujours ces sables sont titanifères. C'est pourquoi nous en parlerons à part, sous le nom de *titanate de fer*.

Le fer oxydulé offre une variété fibreuse qui a été rencontrée à Bibsberg, en Suède. Ses fibres sont minces, droites ou divergentes; sa couleur est le gris d'acier, parfois bleuâtre; elle possède peu d'éclat.

La variété amorphe forme des amas considérables. C'est elle qui fournit à la Suède les masses grenues dont ce royaume tire un fer si estimé. Sa couleur est le gris foncé, et sa poussière est noire.

Le fer oxydulé aimantaire, ou *aimant naturel*, fait non-seulement agir le barreau aimanté, mais encore il présente les deux pôles; il attire la limaille de fer. Son aspect est terreux, et laisse briller cependant quelques points métalliques.

On a nommé *gillingite* un fer aimantaire de Suède contenant de la silice et de l'alumine. M. Dufrénoy pense que ces deux terres appartiennent à la gangue, et qu'il n'y a pas lieu d'en faire une espèce particulière. Je n'en connais pas d'analyse.

La composition des fers oxydulés est assez uniforme. Nous donnons ci-après celle du fer en sable non titanifère et de l'oxydule amorphe.

	LOCALITÉS.	
	Saint-Quai.	Val d'Aoste.
Oxydes de fer.	86.00	99.00
Manganèse.	2.00	»
Alumine ou silice.	8.00	2.00
Acide titanique.	trace	»
	96.00	101.00

Le fer du val d'Aoste, qui peut être mis sous cette forme,

Peroxyde.	68.31
Protoxyde.	30.69
Silice.	2.00
	101.00

serait l'échantillon le plus pur d'oxydule de fer.

Le fer oxydulé appartient aux terrains anciens; il forme de grandes masses en Suède, et constitue des montagnes telles que Taberg; en Sibérie, il est en filons dans le granite et les roches granitiques; les cristaux octaèdres se rencontrent dans les roches talqueuses de la Suède et de la Corse; les sables d'oxydule se trouvent dans le schiste micacé et dans quelques roches volcaniques. Combenègre, près de Villefranche d'Aveyron, présente un gisement analogue à ceux de Suède, mais d'une moindre étendue. A l'île d'Elbe, il est intercallé dans une formation jurassique métamorphique, transformée en gneiss et en schiste micacé. Quelquefois le fer oxydulé communique sa vertu aimantaire aux roches dans lesquelles il est caché en grains imperceptibles : tel est le roc de Schnarcherklippe, au Hartz, dont le feldspath est lui-même polaire. Dans la petite chaîne de la Belelicta, en Algérie, et dans le massif qui est au nord du lac F' Zara, M. Fournel a constaté la présence d'une puissante couche de fer oxydulé magnétique, quelquefois magnétipolaire ; la montagne qui se trouve tout à fait au nord du lac, et qui porte le nom de Mokta el Hadid (Carrière de fer), est entièrement composée de ce minerai.

C'est des oxydes qu'on extrait tout le fer qui se trouve dans le commerce. Lorsque le minerai est riche, comme les fers spathiques, les hématites, les oligistes, etc., on les affine par la méthode immédiate, dite *catalane* (*Voy.* FORGE CATALANE), et l'on obtient du fer par un seul traitement ; lorsque le minerai est pauvre, on le fond dans des hauts fourneaux (*Voy.* FONDAGE), et l'on produit de la fonte, que l'on affine ensuite pour en faire du fer.

Dans l'industrie, on distingue ordinairement ce métal en *fer à fibres* et *fer à grains*. Le premier est généralement tendre et pliant à froid ; le second est plus dur et plus cassant. On ne doit pas toujours préférer, comme on le fait assez communément, le fer fibreux ; les grains ne sont pas toujours un indice de mauvaise qualité : les fers du Berry et de la Franche-Comté, pour être grenus, n'en sont pas moins des fers supérieurs. On voit à quelle erreur sont soumis les essais dans les arsenaux, où, selon les instructions ministérielles, on se borne à faire tomber une barre de fer d'une grande hauteur, et à admettre celle qui ne se rompt pas dans cette épreuve : bien souvent du fer lâche et laminé résiste et ploie, tandis que du fer fort et martelé rompt au premier choc.

La cause de la différence de texture des métaux n'est pas encore bien connue. Sans doute les machines d'*étirage* (*Voy.* ce mot) jouent ici un des premiers rôles ; mais les forces qui servent à forger et à étirer le fer ne suffisent pas pour expliquer complétement toutes les circonstances des tissus métalliques. La température de l'atmosphère et son degré d'électricité doivent aussi influer d'une manière plus ou moins remarquable sur la ténacité du fer.

Il existe parmi les ouvriers un préjugé contre le fer laminé, qui le fait souvent rejeter sans examen et exclure de beaucoup d'emplois. La texture peu compacte du fer au cylindre ne peut lui permettre de soutenir des chaudes aussi fortes que le fer au marteau, et il peut fort bien arriver que l'ouvrier habitué à travailler celui-ci brûle quelquefois le premier, et lui attribue alors des défauts qu'il n'aurait pas eus, si le feu eût été conduit convenablement. L'ouvrier, peu disposé ordinairement à se donner de la peine, se laisse facilement aller, lorsqu'il trouve une difficulté inattendue, à des impressions défavorables.

On reconnaît le fer de bonne qualité aux propriétés suivantes : il se laisse forger, étendre, plier et percer à froid comme à chaud ; il cède facilement à la lime. Sa ténacité est grande et sa malléabilité remarquable : un fil d'un dixième de ligne de diamètre peut supporter dans son milieu jusqu'à 900 kil. sans se rompre ; il peut s'étendre jusqu'à former des lames plates de moins d'un demi-millimètre d'épaisseur.

Le fer commence à changer de couleur à 222° centig. : il est alors jaune pâle ; à 235°, il passe au jaune d'or ; à 250°, au rouge cramoisi ; à 300°, il est violet ou bleu foncé ; à 390°, cette couleur a entièrement disparu, et il passe au fer *rouge* à 550 ou 560°. Suivant Karsten, la *chaleur blanche* serait produite à 12000° de Farenheit, ou entre 6.600 et 6.700° centig. ; le fer se fondrait à 130 ou 135° pyrométriques. Parkinson, d'après Mushet sans doute, porte la température de la fusion à 158° ; MM. Clément et Désormes la croient de 1749° centig.

OXYDE DE LANTANE (*Minér.*), m. Substance rouge de brique, qui se convertit dans l'eau chaude en hydrate blanc ; soluble dans les acides, même étendus.

OXYDE DE MANGANÈSE (*Minér.*), m. Substance composée de manganèse et d'oxygène dans des proportions déterminées, accompagnées presque toujours d'oxygène en excès. Cette circonstance a longtemps embarrassé les classificateurs, et a été la cause d'une certaine confusion dans l'appréciation des différents minerais de manganèse. Les chimistes ont les premiers distingué les oxydes anhydres de ceux hydratés ; ils ont porté au nombre de trois les premières substances, savoir :

Le *protoxyde*, ou *oxyde manganeux*, dont la formule est MnO ;

Le *deutoxyde*, ou *braunite*, donnant celle Mn^2O^3 ;

Le *peroxyde*, ou *pyrolusite*, exprimé par MnO^2 ;

dans lesquels, en faisant $Mn = 1$, les quantités d'oxygène se trouveraient comme les nombres 2 : 3 : 4.

Quant aux minerais hydratés, ils les ont rangés en deux espèces, sous les dénominations de :

Acerdèse, exprimé par $Mn^2O^3 + Aq$,

Le *peroxyde hydraté* $= MnO^2 + Aq$.

Cette composition répond exactement à la braunite et à la pyrolusite, unies à un atome d'eau.

En 1821, M. Haidinger a fait paraître un mémoire, dans les *Annales de Poggendorf*, dans lequel il considère ces cinq minerais comme autant d'oxydes différents par leur composition et leur cristallisation. Ce travail remarquable a définitivement fixé la classification.

Tous les oxydes de manganèse ont la propriété de colorer le verre de borax en violet, quand on y ajoute un peu de nitre; la couleur à chaud est toujours améthyste; mais à froid elle tire sur le rouge. Au feu de réduction, le verre coloré devient incolore; un peu d'étain rend l'opération plus facile; mais l'addition du nitre le ramène toujours au violet. Avec la soude et à la flamme oxydante, le minéral est soluble sur le fil ou la lame de platine; en petite quantité, il donne une masse limpide, transparente, verte, qui devient opaque et d'un bleu vert par le refroidissement. La forme primitive de ces oxydes est un prisme à base carrée, dont les rapports géométriques varient peu; ils donnent par la chaleur, comme toutes les matières manganésiennes, avec la potasse ou la soude, une frite verte qui se dissout dans l'eau froide sans se décolorer.

Le *protoxyde*, connu dans la chimie sous le nom d'OXYDE ROUGE, et qui est l'*oxyde manganeux* de Berzelius, est d'un noir brunâtre, d'un éclat imparfaitement métallique; sa poussière est brune; il raye la fluorine, et est rayé par le verre et le feldspath; sa pesanteur spécifique est 4.722. — Au chalumeau il ne fond ni ne s'altère, et ne donne pas sensiblement d'oxygène par la chaleur. — Sa forme primitive est un prisme à base carrée, dans lequel le rapport d'un des côtés de la base à la hauteur est :: 3 : 5. Sa forme la plus ordinaire est un octaèdre aigu à base carrée, quelquefois complet, quelquefois surmonté d'un second octaèdre plus obtus. — M. Turner a trouvé pour son analyse :

Oxyde rouge.	98.09
Oxygène en excès.	0.21
Baryte.	0.11
Eau.	0.43
Silice.	0.34
	99.18

En ramenant cette analyse à son état de pureté, on a pour la composition du protoxyde :

Manganèse.	78.06
Oxygène.	21.94
	100.00

dont la formule atomique est MnO.

L'oxyde manganeux se rencontre rarement dans la nature; il ne s'est trouvé jusqu'à présent qu'en cristaux ou à l'état amorphe, ayant parfois une disposition lamelleuse. On cite Ilfeld, dans le Hartz, et la Shourde, en Thuringe, comme les seuls gîtes où il soit connu.

Le *deutoxyde* ou BRAUNITE, qu'on a encore nommé *brachytype manganèse*, tire plus sur le brun que l'*hausmanite*; sa poussière est noire; son éclat n'est que semi-métallique. Cette substance ne produit pas non plus au chalumeau une ébullition comme celle qui résulte du grillage du peroxyde, attendu qu'elle laisse dégager moins d'oxygène; — elle raye le feldspath; sa densité est 4.75 à 4.81; — elle a pour forme primitive un prisme droit à base carrée, dans lequel un des côtés de la base est à la hauteur :: 10 : 7; mais la forme la plus habituelle est un octaèdre à base carrée, clivable parallèlement à ses faces; on la rencontre quelquefois en prisme à quatre faces, avec pointement à quatre faces et une base; elle se trouve aussi sous forme massive; mais, en général, elle est rare et peu répandue dans la nature. Son analyse donne :

Manganèse.	67.48
Oxygène.	23.87
Oxygène en excès.	5.44
Eau.	0.95
Baryte.	2.26
	100.00

ou Mn^2O^3.

La braunite de Saint-Marcel produit presque constamment, dans son analyse, de la silice gélatineuse; ce qui semblerait prouver que les cristaux de cette localité ne contiennent pas seulement de l'oxyde, mais que cet oxyde est allié à une certaine quantité de *silicate* de manganèse. Cela résulte de l'analyse suivante :

Peroxyde de manganèse.	67.37
Protoxyde de manganèse.	19.17
Peroxyde de fer.	1.48
Silice.	7.71
Chaux.	1.22
Matière quartzeuse.	2.72
	99.64

qu'on peut ramener à la composition ci après :

Peroxyde de mang.	46.47	deutoxyde
Protoxyde de mang.	38.14	84.61
Bisilicate de mang.	9.64	
	94.25	

Il en résulte la formule 12 (MnO^2 MnO) + MnO (SiO^3)^2, qui indique plutôt un mélange qu'une combinaison.

M. Scheerer a signalé un pareil minéral en quantité considérable à Bottnedalen, dans la Tellemarken supérieure; il présente une texture cristalline et grenue, et offre la même constitution atomique que le précédent.

C'est probablement à cette variété qu'il faut rapporter l'*heterokline* de M. Breithaupt, minéral qui cristallise dans une forme analogue à celle de la braunite, et qui contient quinze pour cent de silice; il provient du Piémont.

La *braunite hydratée* constitue la variété de deutoxyde connue dans la minéralogie sous le nom d'ACERDÈSE. C'est le *manganèse oxydé argentin* d'Haüy, le *schwartz braun steinerz* de Werner, la *manganite* de plusieurs auteurs. — L'acerdèse est d'un brun noirâtre, passant au gris de fer; sa poussière est brune; elle est semi-métalloïde ou opaque, légèrement translucide dans ses fragments; — elle raye la fluorine; — sa poussière est brune ou rouge foncé; sa densité est 4.312; — elle est fragile. — Elle cristallise en prisme rhomboïdal droit de 99° 41′, dans lequel le rapport d'un côté de la base à la hauteur est :: 25 : 21 ; elle est clivable parallèlement à ses pans et à ses diagonales ; — elle donne de l'eau par calcination dans le tube ; — elle est infusible au chalumeau, et y prend une teinte brun rougeâtre au feu de réduction. — Sa composition est, suivant MM.

	Turner,	Arfwedson,	Gmelin,
Ox. rouge de mang.	86.85	86.41	87.10
Oxygène en excès.	3.05	3.51	3.40
Eau.	10 10	10.08	9.50
	100.00	100.00	100.00

dont la formule atomique est : $Mn^2O^3 + Aq.$

L'acerdèse se rencontre en masses fibreuses radiées, quelquefois en fibres droites, bacillaires.

M. Dufrénoy range à la suite de l'*acerdèse* un oxyde de manganèse et de fer hydraté, auquel M. Thomson avait cru devoir donner le nom de *newkirkite*. Ce minéral semble, en effet, différent de l'acerdèse à cause de sa dureté, qui est beaucoup plus grande, et surtout à cause de la présence d'une quantité considérable de peroxyde de fer ; mais la mesure des angles des cristaux, prise par M. Lévy, l'a conduit à ramener cette substance à la braunite hydratée. Sa composition est, suivant M. Thomson :

Deutoxyde de manganèse.	56.30
Peroxyde de fer.	40.38
Eau.	6.70
	103 38

répondant à la formule : $3\ Mn^2O^3 + 2\ Fe^2O^3 + Aq.$

Ce minéral a été trouvé à Newkirchen, en Alsace.

M. Phillips a décrit sous le nom de *Warwicite* un autre oxyde de manganèse que M. Dufrénoy rapporte à l'espèce acerdèse, à cause de sa pesanteur spécifique (4.28) et de sa dureté, qui sont presque les mêmes que celles de ce dernier minéral. D'après M. Phillips, sa composition est :

Manganèse.	63.00
Oxygène.	31.60
Eau.	5.40
	100.00

ce qui répond exactement à la formule : $2\ Mn^2O^3 + Aq.$

Le peroxyde nommé PYROLUSITE est d'un gris de fer noirâtre ; il possède l'éclat métallique ; sa poussière est noire ; essayée au chalumeau avec du borax, elle produit une vive ébullition qui indique un prompt dégagement d'oxygène ; le borax alors se colore en violet ; si on l'essaye sans borax, la *pyrolusite* ne fond pas, et prend une couleur rouge brunâtre ; elle ne donne pas d'eau par la calcination ; sa densité est 4.82 à 4.94. — Elle a pour forme primitive un prisme rhomboïdal droit, sous l'angle de 93° 40′, susceptible de clivage parallèlement à ses pans et à sa petite diagonale ; on la trouve quelquefois en prismes cannelés, en aiguilles divergentes, d'un beau gris métallique, croisées dans tous les sens ; elle est souvent fibreuse, compacte, et présente des espèces de dendrites ; elle ne saurait être confondue avec le sulfure d'antimoine, avec lequel elle a quelque ressemblance, puisqu'elle est complétement infusible au chalumeau. — Son analyse donne, suivant MM.

	Turner,	Berthier,	Dufrénoy,
Oxyde rouge de mangan.	85.62	76	72.5
— en excès.	11.60	9	9.8
Baryte.	0 66	0	0.0
Oxyde de fer.	»	2	14.2
Eau.	1.57	1	1.6
Silice.	0.55	0	0.0
Matière pierreuse.	0.00	13	1.4
	100.00	101	99.5

répondant à la formule : MnO^2.

La *polianite* qu'a fait connaître Plattner est un peroxyde de manganèse presque pur ; sa forme diffère peu de celle de la pyrolusite, puisque son angle est de 92° 52′ ; sa dureté est presque égale à celle du quartz ; elle raye facilement l'acier ; sa densité est de 4.838 à 4.88 ; elle a un vif éclat ; elle brunit au chalumeau sans fondre, et se dissout dans l'acide hydrochlorique avec dégagement de chlore. Sa composition est, suivant Plattner.

Protox. de manganèse.	87.27	99.38 de peroxyde.
Oxygène.	12.11	
Prot. de fer et alumine.	0.16	
Quartz.	0.15	
Eau.	0.32	
	99.99	

La polianite se trouve, suivant Breithaupt, à la mine de Maria-Theresa, près de Platten en Bohême ; elle a été retrouvée à la mine d'Adam, à Schneeberg, à Heinbach, près de Ishanngeorgenstadt, dans le district de Liegen, ainsi que dans le duché de Gotha.

Le *peroxyde hydraté*, auquel on a donné le nom de *manganèse oxydé noir*, est d'un brun foncé ; sa poussière est brun chocolat ; il tache facilement les doigts ; il se présente sous forme amorphe terreuse, quelquefois très-poreuse. — Il perd par la calcination 20 à 25 pour cent de son poids en eau et en oxygène. — Avec l'acide muriatique, il donne très-promptement du chlore, et est plus avantageux dans les arts que la pyrolusite anhydre, bien qu'ils aient tous deux le même degré d'oxydation. Cela est dû sans doute à la présence de l'eau. — Sa pesanteur varie de 3 à 3.2. Il est rarement à l'état de pureté dans la nature ; il accompagne ordinairement les autres oxydes, les hydrates de fer. Sa composition est, suivant M. Berthier, qui a analysé le minéral de Groroi, dans la Mayenne :

Protoxyde de manganèse.	62.40
Oxygène en excès.	12.80
Eau.	15.80
Oxyde de fer.	0.60
Argile.	0.30
	91.90

ou $MnO^2 + Aq$ (pyrolusite hydratée).

Dans quelques mines de fer des Pyrénées, notamment dans l'Ariége et dans les Hautes-Pyrénées, on rencontre de petites masses, des filaments contournés, des paillettes et même quelquefois des couches minces d'une substance blanc jaunâtre, d'un aspect métalloïde, qui se laissent facilement écraser sous les doigts et donnent une poussière d'un brun rouge; parfois, comme dans les Cévennes, ce sont de petites masses légères, tendres, qui se présentent sous la forme de prismes à quatre, cinq ou six pans, assez mal prononcés. C'est le *manganèse hydraté pseudo-prismatique* d'Haüy, ou *peroxyde métalloïde argentin* de quelques auteurs. Il existe encore à l'état de petits rognons, d'une couleur violette argentée, et à éclat métalloïde. M. Berthier, qui a analysé de ces rognons provenant des mines de fer de Vicdessos, a trouvé qu'ils contenaient :

Protoxyde de manganèse.	68.90
Oxygène en excès.	11.70
Eau.	12.40
Argile.	4.00
	97.00

composition qui se rapproche un peu des variétés précédentes, et donne la formule $3\ MnO^2 + 2\ Aq$.

Le *wad*, ou *black wad* des Anglais, doit être rapporté à la même espèce. C'est un minéral brun, poreux et tendre, composé, suivant M. Turner, de

Protoxyde de manganèse.	79.12
Oxygène en excès.	8.82
Eau.	10.66
Baryte.	1.40
	100.00

dont la formule donne $3\ MnO^2 + 2\ Aq$.

Des analyses qui précèdent, il faut conclure que la formule générale de la *pyrolusite hydratée* est $MnO^2 + x\ Aq$, dans laquelle la quantité d'eau reste à déterminer.

Quelques-uns des oxydes que nous venons de passer en revue se trouvent mêlés et combinés parfois avec d'autres oxydes, tels que l'alumine, la baryte, et même la potasse; ils forment alors des substances nouvelles, dont il est très-difficile de déterminer la formule atomique, et qui sont, pour la plupart, accompagnées d'une certaine quantité d'eau. Tels sont les minéraux suivants :

Peroxyde de manganèse aluminifère. Sa couleur est d'un gris bleuâtre, et sa poussière brune; sa cassure est testacée et compacte; il est luisant sur les surfaces testacées, et mat en travers. Les zones concentriques qui s'y remarquent indiquent qu'il a été formé par concrétion. Il n'est attaqué ni par les acides ni par la potasse, et présente conséquemment un aluminate de manganèse. Sa composition, suivant M. Berthier, est :

Peroxyde de manganèse.	71.90
Alumine.	18.40
Eau.	9.70
	100.00

donnant la formule : $(MnO^2)^3\ Al^2O^3 + Aq$.

On a longtemps confondu avec la pyrolusite un minerai de manganèse barytifère, auquel M. Haidinger a donné le nom de *psilomélane*, et que quelques auteurs appellent *manganèse oxydé barytifère*, ou *manganèse oxydé terne*. C'est un peroxyde de manganèse barytifère, d'un noir bleuâtre prononcé, à poussière noire et tachante, le plus souvent amorphe, à tissu fin et serré; sa cassure est mate; elle est égale ou conchoïde; la *psilomélane* est complétement opaque; son éclat est à la fois mat et métalloïde. M. Berthier a trouvé que celle de la Romanèche contient :

Deutoxyde de manganèse.	23.30
Peroxyde.	52.20
Baryte.	16.50
Eau.	4.00
	98.00

Cette analyse, que M. Beudant a ramenée à la formule $BaO\ (MnO^2)^2 + 2\ Aq$, détermine un minéral particulier mélangé de pyrolusite dans des proportions variées, qui jusqu'à présent ont empêché de constituer la psilomélane comme espèce. Rammelsberg envisage ce minéral comme un mélange de bimanganite manganeux avec du bimanganite des autres bases, et donne pour sa formule : $rO\ (MnO^2)^2$. Je trouve une expression atomique différente, qui répond à un mélange, et n'est guère susceptible de produire la formule de Rammelsberg.

Quelquefois, outre la baryte, la pyrolusite contient une certaine quantité de potasse. Tel est un minerai trouvé à Gy (Haute-Saône), que M. Ebelmen a fait connaître, et qui se trouve en noyaux, dans une gangue de carbonate calcaire et d'argile ferrugineuse, au milieu de la partie supérieure du deuxième étage du terrain jurassique. On en distingue deux variétés, dont le caractère extérieur commun est de donner une poussière noire. L'une est fibreuse, et faiblement métalloïde; l'autre est en plaquettes compactes, et sans éclat métallique. La première est d'un gris foncé, et assez tendre pour tacher les doigts; la seconde est d'un noir pur, et ne tache pas. La pesanteur spécifique de ce peroxyde de manganèse potassé est de 4,24. Lorsque l'on traite la variété fibreuse par l'acide nitrique faible, elle cède une trace de baryte, ce qui arrive quand les noyaux sont altérés et n'ont plus d'éclat métallique. M. Ebelmen a trouvé que ces deux variétés contenaient :

	VARIÉTÉS.	
	Fibreuse.	Compacte.
Eau.	1.67	2.63
Oxygène.	14.18	13.74
Protoxyde de manganèse.	70.60	68.30
Peroxyde de fer.	0.77	1.90
Baryte.	6.53	6.60
Potasse.	4.08	3.98
Magnésie.	1.03	0.97
Silice.	0.60	0.27
	99.47	98.41

Déjà M. Fuchs avait rencontré de la potasse dans une variété de manganèse de Bayreuth, dont il avait fait l'analyse suivante :

Protoxyde de manganèse.	81.80
Oxygène.	9.80
Potasse.	4.60
Eau.	4.20
	100.00

Les oxydes de manganèse, dont quelques variétés étaient connues des anciens, et que Pline désigne sous le nom de *magnesium nigrum*, ne sont pas tous également communs dans la nature : le peroxyde ou *oxyde noir* se trouve abondamment dans les terrains primitifs et intermédiaires; les deutoxydes appartiennent plus spécialement aux terrains cristallisés, aux formations sédimentaires, dans lesquels ils forment souvent des dépôts considérables. Quelques-uns de ces oxydes se montrent dans certains gisements ferrugineux, et accompagnent l'hématite brune, sous forme d'efflorescences veloutées d'un beau noir mat, en enduits et en petits nids à la surface. — On a exploité des dépôts d'oxydes à la Romanèche, près de Mâcon (Saône-et-Loire); dans le département de l'Allier; près d'Exideuil et Thiviers (Dordogne); dans le Cher, à Saint-Christophe-le-Chandry; dans l'Aude, l'Ariége, la Haute-Garonne, les Hautes et Basses-Pyrénées, les Vosges, etc. On comptait en France, en 1846, dix-neuf concessions, cinq mines et douze gîtes d'oxyde de manganèse, qui ont produit 2,193,400 kilogrammes de minerai, et ont créé une valeur commerciale de 216,830 francs.

Cette substance est employée dans les verreries à blanchir le verre, c'est-à-dire à brûler, au moyen de l'oxygène du minéral, les matières charbonneuses qui donnent une teinte désagréable : elle sert aussi à colorer le verre en violet; elle fait partie de la composition employée à la couverte des fayences communes; elle sert à préparer le chlore pour le blanchiment des tissus, du papier, etc.; elle entre dans la composition des appareils désinfectants employés à purifier l'air des hôpitaux. L'hausmanite, ne donnant point d'oxygène par la chaleur, n'est propre à aucun des usages où ce gaz joue un rôle; l'acerdèse est de tous ces minerais hydratés, malgré son abondance, celui qui laisse, par la chaleur, dégager le moins d'oxygène, et qui par conséquent est moins propre à produire ce gaz que les autres oxydes hydratés. C'est pour cela que son peu d'utilité lui a fait donner le nom d'acerdèse, du grec *akerdès*, peu profitable. On peut cependant s'en servir pour fabriquer des émaux violets et noirs, destinés à la peinture sur faïence et porcelaine.

OXYDE DE MERCURE ROUGE (*Minér.*), m. Nom donné par Sage au *sulfure de mercure*, variété brune.

OXYDE DE MOLYBDÈNE (*Minér.*), m. Synonymes : *acide molybdique*; *molybdène oxyde*, *molyban ocker* des Allemands. Minéral en poussière jaunâtre, qui forme souvent un enduit à la surface du sulfure de molybdène. Il est fusible au chalumeau avec une fumée blanche; il se réduit en partie sur le charbon; avec le phosphore, il donne une couleur verte.

OXYDE DE NICKEL (*Minér.*), m. Nom donné au *silicate de nickel* par quelques minéralogistes.

OXYDE DE PLOMB (*Minér.*), m. Syn. : *massicot*, *minium*, *mennig*, *bleiglatte* des Allemands.

Le plomb prend les deux degrés d'oxydation : le protoxyde et le peroxyde.

Le protoxyde, ou *oxyde jaune*, est, comme le plomb natif, le sujet d'un problème qui n'a pas encore été résolu. Celui qu'on avait trouvé près d'Aix-la-Chapelle a été reconnu comme un produit artificiel; Gérait l'a rencontré dans les ravins des volcans du Popocatepelt et de l'Iztaccihuatl, au Mexique; mais ces échantillons pourraient bien provenir de l'altération de minerais plombifères par la chaleur volcanique. — Cet oxyde est terreux ou lamellaire; il est jaune de soufre, jaune citron; il est tendre; sa densité s'élève à 8.00; il est composé théoriquement de :

Plomb.	92.83
Oxygène.	7.17
	100.00

dont l'expression atomique est PbO.

Le peroxyde ou *oxyde rouge* est loin d'être aussi rare : on l'a trouvé à Badenweiller (Baden-Baden); à Brillon (Westphalie); à Grass-hill-Chapel (Yorkshire). Il est en couche mince, pulvérulente, ressemblant à du minium; il est associé à de la galène, dont probablement il provient par altération; il se dissout dans l'acide nitrique, et donne au chalumeau un globule de plomb métallique; sa densité est de 8.94; son analyse donne

Plomb.	89.62
Oxygène.	10.38
	100.00

conduisant à l'expression Pb^2O^3.

OXYDE DE TITANE (*Minér.*), m. Cette substance, qui est le résultat de la combinaison de deux atomes d'oxygène avec un atome de titane, a la double propriété de se combiner avec les acides forts, de servir de base aux sels qui en résultent, et de former lui-même des sels titaniques, dans lesquels il joue le rôle d'acide. C'est pour cela que dans beaucoup d'ouvrages il porte le nom d'*acide titanique*, notamment dans les traités de chimie, où l'on reconnait deux degrés d'oxydation du titane : l'*oxyde*, qui a beaucoup d'analogie avec les acides de molybdène, de tungstène et de tantale; et l'*acide*, qui est le degré supérieur d'oxydation. — Ce dernier seul se rencontre dans la nature, mais il n'y est jamais à l'état de pureté; il existe sous trois formes différentes : le *rutile*, l'*anatase* et la *brookite*; dans ces trois états, il est infusible au chalumeau : il n'est attaqué par aucun acide, excepté par l'acide sulfurique bouillant, qui ne le dissout encore qu'en partie. — A l'état de pureté il est composé de :

Titane.	60.12
Oxygène.	39.88
	100.00

Sa formule est TiO^2, et son poids atomique = 501.55. Ses différents minerais donnent les analyses ci-après :

	Rutile.	Anataze.	Brookite.
Acide titanique.	98.70	99.23	98.59
Peroxyde de fer.	1.30	0.75	1.41
	100.00	100.00	100.00

d'où la formule : $TiO^2 + (Fe^2O^3)$ *m*.

Le rutile, qui porte tour à tour les noms de *titane oxydé*, *titanite*, *schorl rouge*, *crispite*, *sagénite*, est d'un rouge brunâtre, passant au rouge orangé ou jaune mordoré; il est en cristaux, ou en masses aciculaires et fibreuses; sa forme primitive est un prisme à base carrée, dont un côté de la base est à la hauteur : : 1044 : 675; ses cristaux sont translucides ou opaques; il raye le verre et quelquefois le quartz; sa densité varie de 4.209 à 4.291; la cassure transversale est raboteuse. Ses variétés sont : en cristaux octaèdre; dioctaèdre, ou prisme octogone avec deux pyramides à 4 faces; bissexdécimal, ou prisme a seize pans avec deux pyramides correspondantes; géniculée, ou formée de la réunion de deux cristaux prismatiques accolés en forme de genou; bigéniculée, ou formée de trois cristaux; laminaire, avec fer oligiste; grano-lamellaire; cylindroïde; aciculaire, ou en aiguilles déliées engagées dans du quartz, formant quelquefois un réseau d'un beau rouge ou d'un jaune brunâtre; pulvérulente; etc. — C'est un des minéraux les plus anciens; il se rencontre dans le granite, et est souvent associé avec le quartz; on en trouve dans les monts Carpathes (Hongrie), à Ercajuelo (Espagne), au Saint-Gothard, etc. La variété aciculaire et réticulée existe à Madagascar, en Sibérie, en Écosse, dans les Alpes, etc.

Kersten a trouvé récemment du rutile dans les fossés de la ville de Freiberg; il présentait deux variétés distinctes : l'une noirâtre, l'autre rouge de sang; lorsqu'on réduisait la première en poudre et qu'on y promenait un barreau aimanté, les parties noires étaient attirées, et le reste devenait rouge et diaphane.

L'*anatase*, ou *schorl octaèdre*, *schorl bleu*, *oisanite*, *octaédrite*, etc., appartient, comme le *rutile*, au prisme à base carrée; et, comme sa composition est la même, on serait tenté de les prendre pour deux variétés d'une même espèce. Cependant la pesanteur spécifique de l'anatase est beaucoup moins considérable, puisqu'elle ne s'élève qu'à 3.857; il en est de même de sa dureté, car elle est rayée par le quartz, et raye à peine le phosphate de chaux; elle est d'ailleurs fragile; sa couleur est le brun foncé, quelquefois le bleu; elle est translucide, ses cristaux sont quelquefois transparents, et son éclat est souvent métalloïde; elle s'électrise résineusement par le frottement; au chalumeau, elle colore le verre de borax en vert émeraude. Ses variétés sont : l'octaèdre, dont quelquefois les sommets sont tronqués, ce qui produit alors la variété dite *basée*; le dioctaèdre, dans lequel ces sommets sont terminés par quatre faces additionnelles; le gris d'acier; le brun noirâtre et le bleu à reflets métalloïdes; le jaune brunâtre, etc. — L'anatase se trouve aux environs de Saint-Christophe-en-Oisans, en cristaux implantés dans une roche à base d'amphibole et de feldspath. C'est là que M. de Bournon l'a rencontrée pour la première fois en 1783; depuis, on l'a trouvée à Moutiers (Tarentaise), au Saint-Gothard, à Baréges, dans le Dauphiné, en Espagne, etc.

La brookite, qui a une composition semblable aux deux oxydes précédents, en diffère quant à sa forme primitive; c'est un prisme rhomboïdal droit sous l'angle de 100°, dans lequel l'un des côtés de la base est à la hauteur : : 50 : 11; elle a beaucoup d'analogie avec le *rutile* quant à la couleur; ses réactions chimiques sont les mêmes; mais ses cristaux sont en tables très-minces, d'un brun rougeâtre, translucides, et à éclat adamantin. Elle est encore moins dure que l'*anatase*, puisqu'elle ne raye que la fluorine : sa densité est de 4.128 à 4.167. Elle décrépite au chalumeau. — Ce minéral a été trouvé par M. Soret au bourg d'Oisans, et depuis au Saint-Gothard et dans le pays de Galles.

OXYDES D'URANE (*Minér.*), m. Les minéralogistes ne reconnaissent que deux états d'oxydation à l'urane : le *protoxyde* ou *oxydule*, et le *peroxyde* ou *oxyde hydraté*.

L'*oxydule d'urane*, que M. Beudant a nommé *péchurane*, à cause de son éclat luisant et résineux, est d'autant plus noir qu'il approche plus de l'état de pureté; il est en masses souvent concrétionnées, dont la cassure est grossièrement testacée; il raye la chaux phosphatée, et se laisse rayer par le feldspath et par une pointe d'acier; sa poussière est brune comme la masse; sa densité varie entre 6.38 et

6.468; il est infusible au chalumeau, dont il colore la flamme en vert; avec le borax, il donne un vert jaune sombre; avec la soude en petite quantité, il donne des indices de fusion, mais il ne se réduit pas, quelle que soit la proportion d'alcali ajoutée. Il est soluble dans l'acide nitrique, avec effervescence dans le commencement. Il contient :

Urane.	88.14
Oxygène.	11.86
	100.00

qui répondent à la formule UO; son poids atomique est 842.875. Klaproth et Pfaff ont fait connaître deux analyses d'oxydule d'urane impur, trouvé l'un à Johachimsthal, l'autre à Johanngeorgenstadt; elles donnent, suivant

	Klaproth,	Pfaff,
Protoxyde d'urane	86.50	84.52
— de fer.	2.50	8.24
Sulfure de plomb.	6.00	4.20
Silice.	5.00	2.02
Oxyde de cobalt.	»	1.42
	100.00	100.40

qui ne répondent à aucune formule, attendu l'état de mélange des différentes substances.

Le *peroxyde d'urane*, ou *uraconise* de Beudant, est ordinairement hydraté, et donne de l'eau par la calcination; il est pulvérulent et de couleur jaune; ce qui lui a fait donner le nom d'*ocre d'urane* ou *uranocre*; il se dissout dans les carbonates alcalins, et forme avec les acides des sels d'un jaune citrin. Sa composition est :

Urane.	83 20
Oxygène.	16 80
	100.00

Plus, une certaine quantité d'eau; ce qui fait que M. Beudant a adopté pour formule $U^2O^3 + n$ Aq. Le poids atomique de l'acide anhydre = 1785.75. — M. Breithaupt a fait connaître un minéral qu'il a nommé *gummierz*, et qui paraît être un *hydrate de peroxyde d'urane* mélangé avec des silicates et des phosphates. Cet oxyde est amorphe, à cassure conchoïde, résineuse, éclatante; il se brise entre les doigts, et pèse 3.9 à 4.2. M. Kersten en a donné l'analyse suivante :

Peroxyde d'urane.	72.00
Chaux.	6.00
Acide phosphorique.	2.30
Silice.	4.26
Oxyde de manganèse.	0.05
Acides arsén. et fluorique.	traces
Eau.	14.75
	99.36

qui conduit à un mélange de phosphate et de silicate de chaux, d'oxyde uranique et d'eau, dans les proportions relatives suivantes : $(CaO)^3 P^2O^5 + 8 CaO SiO^3 + 8 U^2O^3 + 46$ Aq, d'où l'on tire $U^2O^3 + 9$ Aq pour la composition de l'hydrate d'oxyde uranique.

L'oxyde hydraté se trouve dans le granite d'une ancienne mine de cuivre à Stroemshoejen, en Norwége; il est d'un jaune vif, et paraît être le résultat de la décomposition d'un minéral analogue à l'urano-tantale.

OXYDE DE ZINC (*Minér.*), m. Syn. : *zinc oxydé*, *zinc oxydé rouge*, *brucite*, *ancramite*, etc. Quoique l'oxyde de zinc ne se trouve pas à l'état de pureté dans la nature, on applique cependant ce nom à une substance rougeâtre, brunâtre ou jaunâtre, à vif éclat et translucide sur les bords, qui est presque entièrement composée d'oxyde de zinc, avec un peu d'oxyde de manganèse. Ce minéral est lamellaire, ou cristallisé en prisme rhomboïdal; il raye le carbonate de chaux, mais est rayé par la phosphorite; sa densité est de 5 à 5.432; il est infusible au chalumeau, et donne avec le borax un verre transparent; il se dissout sans effervescence dans les acides, ce qui le distingue du carbonate de zinc; il devient électrique par la chaleur. Sa composition est, suivant M. Berthier :

Oxyde de zinc.	88.00
Oxyde rouge de manganèse.	12.00
	100.00

C'est donc un mélange d'oxyde de zinc avec de l'oxyde de manganèse, dans la proportion de 7 : 1.

Le zinc oxydé rouge accompagne la franklinite à Sparta, dans l'État de New-Jersey; il est en grains lamelleux qui admettent des clivages faciles, suivant les faces d'un prisme hexaèdre régulier.

M. Dufrénoy range à la suite de l'oxyde rouge de zinc un minéral en grains lamelleux, d'un gris de cendre passant au noir, qui accompagne le précédent; suivant M. Breithaupt, il présente deux clivages à angles droits; il raye la phosphorite, et est rayé par le feldspath; sa densité est de 4.10; il donne une scorie noire au chalumeau. Il contient, d'après un essai de M. Plattner, de l'oxyde de zinc, de l'oxyde de manganèse, et de l'oxyde de fer.

L'oxyde de zinc se trouve le plus souvent combiné avec diverses autres substances, et forme des minerais très-divers, connus sous le nom générique de calamine. C'est ainsi qu'on le rencontre combiné avec la silice dans le *silicate de zinc*, avec l'acide carbonique dans le *carbonate de zinc*; quelquefois il forme des minéraux particuliers qui ne sont pas exploités comme minerais de zinc, tels que la *franklinite*, où il est associé aux oxydes de fer et de manganèse; l'*oxysulfure de zinc*, dit *volzine*, où il se trouve accompagné de *blende* et d'*oxyde de fer*; le *sulfate de zinc*, où il est saturé par l'acide sulfurique, sous le nom de *vitriol blanc*; la *gahnite*, ou *aluminate de zinc*; etc. — Tous les oxydes de zinc ont un caractère distinctif : ils convertissent le cuivre rouge en cuivre jaune. Il suffit pour cela de mettre dans un creuset de plaune une égale quantité d'oxyde et de poudre de charbon, qu'on mêle ensemble. On plonge dans ce mélange un fil ou une petite lame de cuivre rouge, et on place le creuset sur le feu. Au bout de peu de temps le cuivre a pris une teinte jaune prononcée, semblable à celle du laiton.

OXYDE MANGANOSO-MANGANIQUE (*Chimie minér.*), m. Nom donné par Berzelius au protoxyde de manganèse, décrit au mot OXYDE DE MANGANÈSE.

OXYDE ROUGE DE MANGANÈSE (*Chimie minér.*), m. Nom donné par les chimistes au protoxyde de manganèse. C'est l'*hausmanite*, décrite au mot OXYDE DE MANGANÈSE.

OXYDULE DE CUIVRE (*Minér.*), m. *Protoxyde de cuivre. Voy.* OXYDE DE CUIVRE.

OXYDULE DE FER, m. Espèce d'*oxyde de fer* décrite sous ce titre.

OXYPÈTRE (*Minér.*), m. Pierre alumineuse.

OXYSULFURES, m. Sulfures dans lesquels le métal sulfuré, au lieu d'être pur, se trouve à l'état d'oxyde.

OXYSULFURE D'ANTIMOINE (*Minér.*), f. Syn. : *antimoine oxydé sulfuré*, *antimoine rouge*, *kermès minéral*, *rothspiesglanzerz* des Allemands, etc. Ce minéral, d'un rouge mordoré, se trouve en aiguilles cristallines luisantes, en masses aciculaires, et en masses granulaires d'un rouge mat. Sa forme primitive est, comme pour les sulfures d'antimoine, un prisme rhomboïdal droit; il ne raye que le talc; sa pesanteur spécifique est de 4.50 à 4.60; il se volatilise au chalumeau en répandant des vapeurs blanchâtres. Sa composition est, suivant M. H. Rose :

Antimoine.	74.45
Oxygène.	5.29
Soufre.	20.49
	100.23

et donne la formule $Sb^2O^3 + 2\ Sb^2\ S^3$.

On rapporte à cette espèce la mine d'argent dite *mine d'amadou* (*zundererz* des Allemands); elle présente des masses terreuses, souvent pulvérulentes, d'un rouge brunâtre; elle adhère à des mamelons de quartz prismé, ou à du carbonate de chaux de la mine Carolina, au Hartz. M. Haussmann a montré que ce minéral n'était point une combinaison déterminée d'antimoine, mais une conglomération de petits cristaux de plusieurs combinaisons différentes. Une analyse faite, il y a plusieurs années, par M. Borntroeger, a montré que le zundererz était un sulfo-arséniure d'antimoine et de plomb en proportions variables.

OXYSULFURE DE ZINC (*Minér.*), m. Syn. : *voltzine*. Minéral d'un rose ou d'un jaune sale ou jaunâtre, nuancé de bandes brunes, opaque ou faiblement translucide, à éclat nacré dans le sens des couches testacées, vitreux ou résineux dans les autres sens; il raye la fluorine, mais se laisse rayer par l'acier; sa pesanteur spécifique est de 3.66. Il n'est point attaquable par l'acide acétique, ni par les alcalis, mais bien par l'acide hydrochlorique avec dégagement d'hydrogène sulfuré; il a été trouvé dans les mines des Rosiers, près de Pont-Gibault (Puy-de-Dôme), en petits mamelons accolés, testacés, subdivisibles en calottes très-minces. M. Fournet en a obtenu les analyses suivantes :

Sulfure de zinc.	81.00	82.82
Oxyde de zinc.	15.00	15.34
— de fer.	1.80	1.84
Matière organique.	2.20	»
	100.00	100.00

d'où l'on tire 4 ZnS + ZnO.

Ce minéral est en mamelons accolés, hémisphériques, à cassure conchoïde ou irrégulière; il recouvre un grand nombre de minerais près de Pont-Gibault, dans le Puy-de-Dôme.

OZOKÉRITE (*Minér.*), f. Variété de *suif de montagne* ou bitume, décrite à la suite du mot BITUME.

P

PACHÉE (*Minér.*), f. Nom donné par les Perses et les Indiens à l'émeraude.

PACHYTOS (*Paléont.*), m. Genre fossile de pectidines, dont on rencontre quinze espèces dans les terrains antérieurs à la craie.

PACOS (*Minér.*), m. Roches ferrugineuses du Chili et du Mexique, dans lesquelles se trouvent des chlorures d'argent et autres combinaisons du métal précieux.

PÆDEROS (*Minér. anc.*), m. Nom latin de Pline pour désigner une pierre précieuse qu'on croit être l'*opale*.

PAGODITE (*Minér.*), f. Pierre à magots, *stéatite* de la Chine qui sert à faire des magots chinois. M. Beudant a aussi donné ce nom à l'*amalgatolite*, qui sert à faire des pagodes et des statuettes.

PAGODITE DE CONFOLENS. Substance rose de Confolens, hydro-silicate d'alumine, de chaux et de magnésie; substance rose de chair, se polissant sous l'ongle, tendre; trouvée à Confolens (Charente).

Composition, suivant M. Berthier :

Silice.	57.80
Alumine.	20.80
Chaux.	2.40
Magnésie.	2.40
Eau.	15.40
	98.80

PAGODITE DE HONGRIE. *Hydro-silicate d'alumine et de potasse*; substance verdâtre, compacte, douce au toucher, à éclat gras, infusible; gisement : en filon dans des roches de trachytes en Hongrie.

Composition, suivant Klaproth :

Silice.	54.50
Alumine.	34.00
Potasse.	6.25
Oxyde de fer.	0.75
Eau.	4.00
	99.50

PAGRUS (*Paléont.*), m. Genre de polypiers fossiles, dont on connaît deux espèces dans la craie.

PAILLE (*Métall.*), f. Lames ou fentes de métal qui s'opposent au rapprochement parfait des molécules, et rendent sa texture irrégulière.

PAILLETTES D'OR (*Minér.*), f. Or en petites plaques amincies, semblables aux folioles de mica, qui se trouve dans le sable de certaines rivières. Lorsque ces fragments sont en petites masses arrondies irrégulièrement d'une certaine dimension, ils portent plus particulièrement le nom de *pépites*.

Les parcelles d'or déposées dans les sables sont de toutes les formes et de toutes les grosseurs; rarement elles se présentent en cristaux, et alors les angles sont arrondis par le frottement qu'elles ont souffert dans leur chute et dans leur trajet à travers les sables des rivières, trajet qui a duré quelquefois des siècles. L'or se présente souvent en paillettes si petites, qu'il en faut 20 pour faire un milligramme, ou 20 millions pour un kilog.

Lorsqu'on triture ou qu'on tamise des gangues quartzeuses contenant de l'or, on remarque que les grains du métal sont les premiers à se briser, par une espèce de clivage naturel qui appartient plus ou moins aux substances métalliques. Cette facilité à se réduire en moindres fragments rend compte de la grande division des paillettes d'or portées au loin et triturées sans cesse par les courants, et sert à expliquer la remarque faite par tous les orpailleurs, que plus les sables aurifères sont éloignés de leur point d'origine, plus les particules d'or sont fines; de même que plus le cours d'eau qui les entraîne est rapide, plus la trituration est grande et la réduction en paillettes microscopiques est facile.

PAILLOTEUR (*Exploit.*), m. *Orpailleur.*

PAIN DE CORBEAU (*Minér.*), m. Nom vulgaire donné autrefois à certaine variété de *mica* en masse, d'une couleur jaune brunâtre.

PAIN FOSSILE (*Minér.*), m. Ludus Hermontii; pierre figurée qui ressemble à un pain de munition.

PAK-FONG (*Métall.*), m. Métal sonore des Chinois; *cuivre blanc*, analogue au *maillechort*. *Voyez* ce dernier mot.

PAL (*Métall.*), m. Gros ringard.

PALAIO-MASTONIENNE (*Géogn.*), adj. Nom donné à la période tertiaire.

PALÉMON (*Paléont.*), m. Genre de crustacé fossile.

PALENQUE (*Métall.*), f. Terme des Pyrénées, ringard, du mot espagnol PALANCA, levier.

PALÉOBALISTUM (*Paléont.*), m. Genre fossile de poissons appartenant aux terrains supercrétacés.

PALÉONISCHUM (*Paléont.*), m. Genre fossile de poissons des terrains anciens.

PALÉONTOLOGIE. Du grec *palaios*, ancien; *onta*, êtres; et *logos*, discours. Science qui traite des restes organiques fossiles, des races d'animaux et de végétaux qui ont existé anciennement à la surface du globe.

PALÉO-PSAMMÉRYTHRIQUE (*Géogn.*), adj. Du grec *palaios*, ancien; *psammos*, sable; *érythros*, rouge. *Voy.* GRÈS ROUGE VIEUX.

PALÉORYNCHUM (*Paléont.*), m. Genre fossile de poissons, dont les terrains antérieurs à la craie offrent deux espèces.

PALÉOTÉRIUM (*Paléont.*), m. Genre fossile de mammifères appartenant aux couches du terrain supercrétacé.

PALÉOTRISSUM (*Paléont.*), m. Genre fossile de poissons, dont les terrains anciens renferment quatre espèces.

PALÉOZOOLOGIE, f. Histoire des animaux fossiles; du grec *palaios*, ancien; *zôon*, animal; *logos*, discours : histoire des anciens animaux.

PALFER (*Métall.*), m. Barre de fer dont on se sert comme levier dans les mines; il est taillé en coin à un bout, avec un talon proportionné à sa longueur et à son poids, et est arrondi à l'autre bout.

PALLADIUM (*Chimie minér.*), m. Métal simple dédié à Pallas; couleur de platine, d'un éclat métallique, malléable, très-difficile à fondre, à moins qu'on y ajoute du soufre; se laissant braser et forger comme le platine, inoxydable; prenant, à la température rouge, une teinte violâtre; dimorphe; isomorphe avec le platine et l'iridium; soluble dans l'eau régale avec facilité, et lentement dans l'acide nitrique; solution rouge brunâtre; précipité couleur olive par l'hydroferrocyanate de potasse; rayant le fer; p. s. : 11.3 fondu, 11.30 forgé, 12 laminé. On croit qu'il cristallise dans le système régulier; il ne possède point de clivage. Ce métal fut découvert, en 1803, par Wollaston dans un sable de platine du Brésil. M. Breithaupt l'a rencontré depuis dans un gisement analogue en Sibérie; il n'est pas aussi rare qu'on le pense généralement : on le trouve dans l'*ouro-poudre* de l'Amérique du sud; dans un minerai d'or de Gorgo-Soco, au Brésil, d'où on tire aujourd'hui presque tout le palladium qui se trouve dans le commerce, près de Tilkerode, au Hartz, où il est accompagné d'or natif et de séléniure de plomb; etc. Son nom vient de la planète Pallas. Formule atomique : Pd; poids atomique = 665477.

PALLADIUM SÉLÉNIÉ. *Voy.* SÉLÉNIURE DE PALLADIUM.

PALLETTE (*Métall.*), f. Instrument d'affinage.

PALMACITE (*Paléont.*), m. Genre de végétaux fossiles, palmiers, dattiers, areca, bactris, cocotiers; appartenant aux terrains supercrétacés.

PALMULAIRE (*Paléont.*), f. Genre de polypier fossile des terrains postérieurs à la craie.

PALOMBINO (*Minér.*), m. Nom italien d'un carbonate de chaux, blanc de lait, employé comme marbre.

PALUDINE (*Paléont.*), f. Genre de péristoniens, dont cinq espèces se trouvent à l'état fossile dans les terrains supercrétacés.

PANABASE (*Minér.*), f. Nom donné par M. Beudant à la variété antimonifère du cuivre gris, décrit à l'article SULFURES MÉTALLIQUES. Ce mot signifie minéral qui contient toutes les bases; du grec *pan*, tout.

PANDORE (*Paléont.*), f. Genre de corbulées, dont deux espèces se trouvent à l'état fossile dans les terrains supercrétacés.

PANGONIAS (*Minér.*), m. Quartz prismatique.

PANNE (*Métall.*), f. Partie inférieure du marteau par laquelle s'opère la percussion.

PANNIFORME (*Minér.*), adj. Structure, configuration panniforme. Cette expression s'applique à la structure de certaines stalactites qui se forment sur les parois des cavités souterraines, en dépôts ondulés, festonnés, plissés comme des draperies. *Voyez* le mot CONCRÉTION.

PANOPÉE (*Paléont.*), f. Genre de solénacées qu'on rencontre à l'état fossile dans les terrains modernes.

PANTHACHATES (*Paléont.*), f. Agates mouchetées comme la peau d'une panthère; du grec *panther*, panthère; *akatès*, agate.

PANTHERA (*Paléont.*), f. Agate jaspée; *Voy.* PANTHACHATES.

PANTOGÈNE (*Cristall.*), adj. Cristal dans lequel chaque arête ou chaque angle solide subit un décroissement. Du grec *pan*, *pantos*, tout; *ginomai*, naître; qui est engendré de tous côtés.

PAPIER DE MONTAGNE (*Minér.*), m. *Papier fossile.*

PAPIER FOSSILE (*Minér.*), m. *Asbeste* tressé, en petites plaques minces, ressemblant à du papier grossier. Lorsque les plaques sont plus épaisses on le nomme cuir fossile, ou cuir de montagne.

PAPIER MÉTÉORIQUE (*Géogn.*), m. Tissu de conferves feutré autour de boucliers dorsaux siliceux de l'espèce navicula, réunis au moyen d'une matière organique, et analogue au tissu qu'on trouve en été sur les bords des lacs desséchés. M. Ehrenberg, qui a examiné avec soin ce prétendu papier météorique, a détruit pour toujours l'idée qu'il était tombé de l'atmosphère.

PAPIER-PIERRE, m. Pierre lithographique factice, imaginée pour remplacer la roche naturelle et éviter les défauts qu'on reproche à celle-ci.

PAPILLON FOSSILE (*Paléont.*), m. Insecte dont on a retrouvé des traces dans les pierres fossiles, d'après les auteurs anciens.

PAPYROGRAPHIE, f. Art de dessiner ou d'écrire sur le *papier-pierre*.

PARADOXIDE OU PARADOXITE (*Paléont.*), m. Genre de crustacés fossiles des terrains antérieurs à la craie. On en connaît cinq espèces.

PARAGE (*Métall.*), m. Dernier martelage exécuté sur un métal, pour lui donner une forme plus parfaite.

PARAGONE (*Minér.*), m. Variété de *jaspe noir* des Italiens. On donne aussi ce nom à une espèce de marbre qui se trouve en Italie, et qui est décrit sous le nom de *marbre de Bergamasque.*

PARAGONITE (*Minér.*), f. Nom donné par Schafhaütl à un schiste micacé qui contient du disthène et de la staurotide, et se rencontre au Saint-Gothard. Du grec *para*, auprès; *agô*, mettre; d'où *paragéin*, mettre auprès l'un de l'autre.

PARALLÉLIQUE (*Cristall.*), adj. Variété parallélique du *sulfure de fer*; c'est le polyèdre le plus compliqué de la cristallographie : il ne présente pas moins de cent trente-quatre faces. On le trouve au Pérou, dans le district de Petorka.

PARALLÉLIPIPÈDE (*Cristall.*), m. Cristal terminé par six surfaces à côtés parallèles, opposées, semblables, égales et parallèles l'une à l'autre.

PARANGON (*Exploit.*), m. Terme d'ouvriers, *pierre de touche.*

PARANITE (*Minér. anc.*), f. Nom donné par les anciens à une améthyste un peu bleuâtre.

PARANTHINE (*Minér.*), f. *Silicate d'alumine et de chaux* analogue à la *wernérite*, et l'une de ses variétés. Le nom de paranthine vient du grec *para*, qui est une marque de destruction, et *anthéô*, je fleuris; dont la fleur ou l'éclat se détruit; par allusion à la facilité avec laquelle ce minéral se ternit.

PARATOMIQUE (*Cristall.*), adj. Calcaire paratomique; nom donné par M. Breithaupt à un cristal rhomboédrique de carbonate de chaux, dont l'angle est de 106° 19' et la pesanteur spécifique de 3.048 à 3.06; il raye la fluorine, et se laisse rayer par le feldspath.

PARGASITE (*Minér.*), f. Nom donné tour à tour 1° à une variété de la *wernérite*; 2° à la variété granuliforme de l'*amphibole*; 3° à une variété de *pyroxène*. Cette dénomination a été appliquée à des minéraux qui provenaient de Pargas, en Finlande.

PARISITE (*Minér.*), f. Synonyme de *musite*; *carbonate de cérium*, ainsi nommé du nom de M. Pâris, propriétaire des carrières d'émeraudes de la vallée de Muso, dans la Nouvelle-Grenade; carrières dans lesquelles la parisite a été recueillie.

PARMOPHORE (*Paléont.*), m. Genre de calyptraciens, dont on connaît trois espèces à l'état fossile dans les terrains supercrétacés.

PASSE-PARTOUT (*Métall.*), m. Barre plate qui sert à comprimer le sable de moulage autour du moule.

PASSE-PERLE (*Métall.*), m. Fil de métal intermédiaire entre les fils moyens et les fils très-fins.

PASSIF, m. Qualité du fer en présence de certains acides. *Voy.* PASSIVITÉ.

PASSIVITÉ, f. État d'un métal qui n'éprouve aucun changement lorsqu'il est mis en contact avec certains acides. Le fer est, jusqu'à présent, le seul dans lequel cette propriété ait été remarquée : il conserve son éclat en présence des oxacides et même de l'acide nitrique.

PATELLE (*Paléont.*), f. Genre de mollusques phyllidiens, dont on connait quatre espèces fossiles dans les couches voisines de la craie. Les analogues vivants sont plus grands que les individus fossiles. Ce mot vient du latin *patella*, petit vase ; par allusion à la forme du têt d'une seule pièce qui protégeait le corps de l'animal vivant.

PATELLITE (*Paléont.*), f. Patelle fossile.

PATIN (*Métall.*), m. Partie du modèle d'un pied de marmite.

PATINE, f. Nom que les antiquaires donnent à l'enduit d'oxyde de cuivre qui se forme sur les statues et autres objets de bronze, et qui devient si dur, qu'il garantit le métal de toute altération ultérieure. Ce mot vient de l'italien *patina*, employé dans le même sens. Il se dit aussi des concrétions terreuses qui se forment quelquefois à la surface des marbres antiques.

PATOUILLET (*Métall.*), m. Machine employée pour laver les minerais ; usine où s'opère ce lavage.

PATRON (*Métall.*), m Modèle en bois dont on se sert pour former le creuset et les étalages d'un fourneau.

PAULITE (*Minér.*), f. Nom donné par Werner à une variété d'*hypersthène* de l'île de Saint-Paul.

PAVILLONS, m. Terme de lapidaire ; faces principales de la culasse d'un brillant.

PAVILLON (*Métall.*), m. Pavillon de la tuyère, son ouverture extérieure.

PAVONAZZO (*Minér.*), m. Nom italien d'un marbre lamellaire.

PÉANITE (*Minér. anc.*), f. Ancien nom donné aux *géodes*, et notamment aux *druses*. On a longtemps attribué à cette pierre la propriété de faciliter les accouchements.

PÉANTIDE, f. *Voy.* PÉANITE. Au pluriel, les anciens entendaient par ce mot des gemmes, ou pierres précieuses.

PECHBLENDE (*Minér.*), f. Nom donné par les Allemands à l'*oxydule d'urane*, de deux mots : *pech*, poix ; *blende*, sulfure de zinc ; à cause de son éclat gras et résineux, et de sa ressemblance avec le sulfure de zinc ou blende. *Voy.* la description de ce minéral au mot OXYDE D'URANE.

PECHKOHLE (*Minér.*), m. *Lignite* ; de l'allemand *pech*, poix ; *kohle*, charbon ; charbon luisant comme de la poix.

PECHSTEIN (*Minér.*), m. De l'allemand *pech*, poix ; *stein*, pierre ; nom donné par Werner à un minéral d'un vert bouteille, vert noirâtre, vert poireau, brun rougeâtre, ou enfin gris cendré, d'un éclat gras et resineux ressemblant à de la poix. Quelques minéralogistes lui donnent le nom de *resinite*, ou *rétinite* ; mais ce nom a été également donné à plusieurs minéraux d'espèces différentes, notamment au *quartz résinite*, qui ne se distingue du *pechstein* que par la fusibilité caractéristique de celui-ci. Le pechstein fond en effet au chalumeau avec boursouflement en un émail blanc ou blanc grisâtre ; sa cassure est résineuse ; sa densité, de 2.31 à 2.36 ; il est rayé par le quartz. Werner avait proposé de distinguer les deux résinites, le pechstein et le quartz, par les deux dénominations de *pechstein fusible* ou véritable pechstein, et *pechstein infusible*, ou quartz résinite. J'ai préféré conserver le nom de *pechstein* au minéral qui réunit deux caractères de la poix, l'éclat et la fusibilité. La composition de ce minéral est assez variée et un peu étrange, quoiqu'au fond elle rentre dans la constitution atomique des minéraux d'origine ignée · l'eau y joue le rôle d'isomorphe de la chaux, et ce n'est même qu'à l'aide de cette substitution qu'il est possible de ramener toutes les formules de pechstein à une expression générale analogue à celle de l'obsidienne. Aussi voyons-nous les analyses de ce minéral présenter tour à tour sa composition sous trois formes : 1° à l'état anhydre ; 2° à l'état hydraté ; 3° à l'état intermédiaire, dans lequel il faut, pour ainsi dire, mobiliser l'eau.

Les minéraux anhydres sont ceux ci-après :

	LOCALITÉS.	
	Porschappel.	Ile Aran.
Silice.	74.00	67.60
Alumine.	17 00	8.70
Chaux.	1.50	3.50
Oxyde de fer.	2 75	3.60
Magnésie	»	1.60
Lithine.	3.00	»
Soude.	»	8.70
Potasse.	»	5 50
	98 25	96.20

donnant les formules $Al^2O^3 (SiO^3)^3 + (CaO, NO, FeO) (SiO^3)^3$.

Les minéraux hydratés donnent :

	Pechstein.		Perlite.	
	Newry.	Cantal.	Tokai.	Mexique.
Silice.	72.80	64.40	75.25	77.00
Alumine.	11.50	15.60	12.00	13.00
Oxyde de fer.	3.03	4.30	1.60	2.00
Chaux.	1.12	1.20	0.50	1.50
Magnésie.	»	1.20	»	»
Soude.	2.88	»	»	2.70
Potasse.	»	5.40	4.50	»
Eau.	8.50	7.10	4.50	4.00
	99.83	99.20	98.35	100.20

Les deux premières analyses répondent à la formule : $Al^2O^3\ (SiO^3)^3 + (CaO,\ FeO,\ NaO,\ KO)\ (SiO^3)^3 + 3\ Aq$.

Le *perlite* a pour expression : $2\ Al^2O^3\ (SiO^3)^3 + (CaO,\ FeO,\ NaO,\ KO)\ (SiO^3)^3$; il se présente en nœuds cristallins qui passent à des nœuds arrondis, offrant parfois l'aspect de la perle ; c'est pour cela que les Allemands lui ont donné le nom de *perlstein*, que nous traduisons par *perlite*, ou par *sphérolite* et *krahlite*, lorsque le noyau est globuleux.

Le *sphérolite* paraît être à l'état intermédiaire dont nous avons parlé ; celui de Specthausen, analysé par Erdmann, a donné :

Silice.	68.53
Alumine.	11.10
Oxyde de fer.	4.00
Chaux.	8.53
Magnésie.	1.30
Oxyde de manganèse.	2.30
Soude.	3.40
Eau.	0.30
	99.26

L'expression atomique qui se présente d'abord est : $Al^2O^3\ (SiO^3)^3 + (CaO,\ MgO,\ NaO,\ MnO)^{2.21}\ (SiO^3)^3$; mais, en décomposant les éléments de $(bO)^{2.21}$, on trouve que l'atome moyen pèse 277 environ : or 277 : 112.48 (Aq) : : 3 : 1.21 ; donc, en retranchant de l'exposant 2.21 la quantité 1.21, il restera pour les bases protoxydées un seul atome, tandis que les 1.21 équivaudront à trois atomes d'eau. La formule répondra donc à celle des pechstein : $Al^2O^3\ (SiO^3)^3 + bO\ (SiO^3)^3 + 3\ Aq$.

PECHURAN HYACINTHE (*Minér.*), m. Nom donné à une variété de *peroxyde d'urane* décrite par M. Breithaupt, et dont on trouvera l'analyse et les caractères au mot OXYDE D'URANE.

PECHURANE (*Minér.*), m. Nom donne par M. Beudant à l'*oxyde d'urane*, ou *pechblende* des Allemands, du mot *pech*, poix ; à cause de l'éclat gras et résineux de cette substance.

PECKTOLITE (*Minér.*), f. Nom donné par Kobell à une variété hydratée d'*osmélite*, décrite sous ce dernier titre.

PECTINITE OU PECTONCULITE (*Paléont.*), f. Coquille fossile du genre peigne (en latin *pecten*).

PÉDIONITE (*Minér.*), f. Nom donné par Scopoli au feldspath adulaire.

PÉGANITE (*Minér.*), f. Variété de *turquoise* ou *phosphate d'alumine*.

PEGMATITE (*Géogn.*), f. Roche composée de feldspath lamellaire et de quartz ; le premier qui domine est blanchâtre, rougeâtre ou brunâtre ; le second est gris. Cette roche, dont la décomposition produit le *kaolin*, prend le nom de *petunzé* chaque fois que le quartz ne forme que des grains dans le feldspath. Elle appartient au terrain granitique.

PEGMATITE GRAPHIQUE (*Géogn.*), f. *Granite graghique*, schifft-granit des Allemands ; pegmatite dans laquelle le quartz forme des lignes brisées qui ressemblent à l'écriture hébraïque.

PEIGNE (*Paléont.*), m. Genre de coquilles bivalves pectidines, dont quatre-vingt-dix-huit espèces se trouvent à l'état fossile.

PÉLAGIE (*Paléont.*), f. Genre de polypier fossile des terrains plus anciens que la craie.

PÉLÉKYDE (*Minér.*), m. Nom donné par Breithaupt à un arséniate de cuivre cristallisant en octaèdre.

PÉLICAN FOSSILE (*Paléont.*), m. Oiseau dont on retrouve des traces dans les terrains modernes.

PELIOM (*Minér.*), m. Variété de *cordiérite* de Bodenmais (Bavière), disséminée dans un micaschiste avec des pyrites magnétiques. Cette substance, dont nous avons donné l'analyse au mot CORDIÉRITE, est presque noire.

PELLISTE (*Minér.*), m. Nom donné, suivant Patrin, par les Péruviens, à l'*obsidienne*.

PELOKONITE OU PELOKRONITE (*Minér.*), f. MM. Kersten et Richter ont donné tour à tour ces noms à un phosphate en masse amorphe et terreuse, d'un bleu noirâtre, dont la poussière est brune (en grec *pélos*, brun ; *konis*, poussière). Il se laisse facilement rayer par le carbonate de chaux ; sa densité est de 2.50 à 2.57 ; sa cassure est conchoïde, avec peu d'éclat ; il se dissout dans l'acide nitrique. On n'en a point fait l'analyse. Kersten le regarde comme un mélange d'oxyde de cuivre, de silice et d'hydrates de manganèse et de fer ; M. Richter a reconnu qu'il contenait du fer, du manganèse, du cuivre, et de l'acide phosphorique. L'échantillon de Kersten provient de Remolinos, au Chili ; celui de Richter vient de la Chine.

PÉLOPIUM (*Minér.*), m. Nouveau métal découvert par M. H. Rose, dans ses recherches sur les tantalites de Bavière. Il l'a nommé *pélopium*, du nom de *Pélops*, frère de Niobé.

PENDAGE (*Exploit.*), m. *Inclinaison* d'une couche. Dans le Nord, on nomme pendage une couche en demi-platture, qui s'enfonce d'un mètre sur deux ; *pendage de Boisse*, couche plus inclinée.

PÉNITENT (*Exploit.*), m. Nom donné à l'ouvrier qui allait anciennement allumer le feu grisou dans les mines en se plaçant à plat ventre, et déterminait l'explosion avec une mèche. C'est le *fireman* des mines anglaises.

PENNINE (*Minér.*), f. Variété de *chlorite*, décrite à ce mot.

PENTACLASITE (*Minér.*), m. Nom générique sous lequel Haussmann a réuni tous les minéraux compris par Haüy dans l'espèce *pyroxène*.

PENTACRINITE (*Paléont.*), f. Genre de polypiers fossiles, dont on trouve cinq espèces dans les terrains plus anciens que la craie.

PENTAGONASTRE (*Paléont.*), m. Sorte d'étoile fossile trouvée dans les carrières de grès de Pirna.

PENTAGONITE (*Paléont.*), f. Genre d'encrine fossile proposé par M. Rafinesque, comme se distinguant des *encrinites* par un support à cinq angles.

PENTAGONON (*Paléont.*), m. Nom donné autrefois à la base de l'*encrinite*.

PENTAMERUS (*Paléont.*), m. Genre fossile de coquilles brachiopodes, appartenant aux terrains plus anciens que la craie.

PENTAURÉA (*Minér.*), f. Mine de fer magnétique.

PENTÉLICANE (*Minér. anc.*), m. Marbre dont parle Théophraste, et qui est le marbre pentélique.

PÉPÉRINE (*Géogn.*), f. Tuf basaltique, tufa, tufaïte, brecciole trappéenne, conglomérat ponceux, pouzzolane, trass, trassoïte, pépérino, cinérite, tuf volcanique, etc. Roche brunâtre, grisâtre, jaunâtre ou rougeâtre, tendre et friable, composée de vake bréchiforme, celluleuse, graveleuse, arénacée et terreuse, en amas, en couches, en filons dans les terrains volcaniques. Cette roche renferme toujours des fragments d'autres minéraux, tels que la ponce, la téphrine, le phonolite, le basalte, le mica, etc.

PÉPÉRINE PONCEUSE (*Géogn.*), f. Rapilli; variété de ponce en filaments capillaires et en dépôts graveleux et arénacés.

PÉPÉRINO, m. Nom italien de la *pépérine*. Le pépérino est le type de l'espèce. C'est une roche pyroxénique. Les autres roches, telles que le trass, le conglomérat ponceux, le tuf ponceux, etc., se rapprochent plus de l'espèce ponce.

PÉPÉRITE (*Géogn.*), f. Tuf volcanique rouge.

PÉPITE (*Minér.*), f. Nom donné à certains grains d'or dépassant la grosseur des paillettes d'or des rivières ou des sables d'alluvion. Ce nom vient de l'espagnol *pepita*, pepin. Il s'applique quelquefois à d'autres métaux que l'or.

Le nombre des pépites d'or qui méritent d'être mentionnées n'est pas très-considérable. En voici la liste la plus complète qui soit connue :

	kilo.
1. Pépite trouvée à Miask (Ourál) le 26 octobre 1842; elle gisait sur une strate de diorite de la couche de sable aurifère, à une profondeur de 3 mètres de la surface du sol; elle est déposée au musée de l'Institut des ingénieurs des mines à Saint-Pétersbourg; elle pèse 2 pouds 7 livres 92 zolotniks, ou. .	36.021
2. Trouvée en 1821 aux États-Unis, dans le comté d'Anson, de la Caroline du nord.	21.700
3. Volée à Madrid, au Cabinet d'histoire naturelle de la rue d'Alcala. C'est probablement celle citée par le père Feuillée, qui dit l'avoir vue dans le cabinet de Porto-Carrero; elle pesait 66 marcs espagnols. . .	15.180
4. Trouvée en Californie, et montrée comme curiosité à Marysville et plus tard dans les États-Unis. . . .	15.000
5. Achetée par le comte de la Moncloa, vice-roi du Pérou, pour en faire présent au roi d'Espagne; elle pesait 64 marcs.	14.700
6. Trouvée en 1502 à Saint-Domingue, dans le rio Hyana, et tombée au fond de la mer.	14.500
7. Présentée à l'Académie des sciences en 1716; elle appartenait à don Juan de Mur, ex-corrégidor d'Avica. Sa forme était celle d'un cœur; elle pesait 56 marcs.	12.870
8. Trouvée au Choco, et pesant 25 livres. Le nègre qui en fit la découverte l'apporta à son maître, dans l'espoir d'obtenir sa liberté en récompense; mais celui-ci ne crut pas devoir la lui donner, et offrit la pépite au roi d'Espagne, pensant que la cour lui accorderait un titre de Castille. Le roi agit avec lui comme lui-même avait fait avec son nègre : l'orgueilleux colon eut beaucoup de peine à se faire payer au poids de la valeur du métal.	11.490
9. Trouvée dans la province de Caraya, aux Philippines.	10.460
10. Au Pérou, près de la Paz, en 1710; elle pesait 45 marcs.	10.340
11. A Miask, en 1843; elle pèse 24 pouds et 68 zolotniks.	10.118
12. A Voskressenski, dans l'Altaï; elle pèse 24 liv. 48 zolotniks.	10.030
13. Appartenant à l'Académie.	8.260
14. Appartenant à M. Samuel Goddart, à Londres; évaluée à 10 livres, et pesant, avec sa gangue de quartz, 14 liv. 6 onces.	4.534
15. Trouvée, le 23 septembre 1824, sur la rive de la Taschkoutarganka (Ourals); elle pèse 8 liv. 7 zolotniks.	3.303
16. Au même lieu, le 16 juin de la même année. Elle pèse 7 liv. 39 zolotniks	3.003
17. A Voskressenski (Ourals), pesant 5 liv. 72 zolotniks.	2.334
18. Au même endroit, pesant 4 liv. 17 zolotniks.	1.710
19. Le 16 juin 1824, sur la rive de la Tachkoutarganka (Ourals); elle pèse 3 liv. 93 zolotniks.	1.623

		kilo.
20.	En Californie, par un matelot irlandais; achetée par un consul français.	1.340
21.	A Petropavlovki (Altaï); elle pèse 3 liv. 18 zolotniks.	1.296
22.	Au même endroit, pesant 2 liv. 1 1/2 zolotniks.	0.825
23 et 24.	Deux pépites trouvées dans la montagne de Terni (Altaï); elles pèsent ensemble 4 liv. 35 zolu. 36/96.	1.867
25.	Pépite trouvée près de la Palme dans le Pérou.	0.690
26.	Existant dans le muséum de Paris.	0.490
27.	Trouvée à Canmahat (Philippines).	0.140
28.	Dans la Cornouaille anglaise.	0.113
29.	Conservée dans le musée de la Société géologique de Penzance (Angleterre), enveloppée dans sa gangue de quartz.	0.014

Outre ces 29 pépites dont l'existence est bien constatée, on dit qu'il en a été trouvé, jusqu'en 1842, 32 de 1 à 7 livres, sur la rive gauche de la Tachkoutarganka, et plusieurs de 18 livres dans une montagne de Fasoglou, en Afrique. Pyrard cite un lingot d'or d'une coudée, et en forme de branche, qui aurait été trouvé dans la rivière de Couesme, au royaume de Mozambique. On en a trouvé un grand nombre en Californie; mais les récits venus de ce pays sont trop exagérés pour que nous puissions les consigner ici avec certitude.

PÉRAT (*Exploit.*), m. Houille en gros morceaux; terme des houillères de Saint-Étienne.

PERCÉE (*Métall.*), f. Opération qui consiste à ouvrir le chio d'un fourneau pour en faire sortir le métal en fusion.

PERCHE FOSSILE (*Paléont.*), f. Poisson dont deux ou trois espèces se retrouvent dans les couches supercrétacées.

PERÇOIR (*Métall.*), m. Ringard qui sert à faire la percée.

PERCUSSION (*Métall.*), f. Action d'un corps qui en choque un autre; force vive qui emploie au moment du choc tous les degrés de vitesse acquis pendant la chute, et produit, dans le travail des métaux, plus de densité et de résistance que le laminoir. Voir *le Maître de forges*, de Landrin, 1829, tom. II, et le mot ÉTIRAGE dans ce dictionnaire.

PÉRÉLITE (*Minér.*), f. Nom de l'*agate* en Sibérie.

PÉRICLASE (*Minér.*), m. Nom donné par M. Scacchi aux cristaux de magnésie native, à cause des clivages qu'on peut en retirer sur les angles; du grec *peri*, autour; *klasis*, action de briser.

PÉRICLINE (*Minér.*), f. *Feldspath de soude* du Tyrol, ainsi nommé par M. Breithaupt.

PÉRIDONITE (*Minér.*), m. *Sulfate de fer.*

PÉRIDOT (*Minér.*), m. Silicate de magnésie, connu anciennement sous les dénominations de *chrysolite, olivine* selon qu'il se trouvait cristallisé ou granulaire; minéral d'un vert jaunâtre ou olivâtre clair, à cassure conchoïde et éclatante; rayant le verre et le feldspath, mais se laissant rayer par le quartz; éclat vitreux, transparent, ou au moins fortement translucide. Sa pesanteur spécifique est de 3.3 à 3.4. Il est infusible au chalumeau, mais soluble dans les acides. Il possède la réfraction double à un haut degré, et deux clivages verticaux, dont l'un est assez facile. Sa forme primitive est le prisme rhomboïdal oblique, sous l'angle de 120° 40". — Les principales variétés du péridot sont le *triunitaire* ou prisme octogone, avec des sommets à six faces obliques, coupés par une septième face horizontale; le *continu*, ou prisme à dix pans, terminé comme le précédent; le *monostique* d'Haüy, dont la base n'a qu'une rangée de facettes, etc.

L'*olivine* ou péridot granuliforme se trouve en noyaux de diverses grosseurs, disséminés dans les basaltes; ils sont arrondis et anguleux, d'un vert jaunâtre très-clair, parfois hyalins: ces grains sont souvent agrégés, et forment des masses d'un décimètre cube; ils sont parfois irisés, rougeâtres, jaunâtres. C'est à cette variété qu'appartiennent la *limbilite*, la *chiusite*, la *chrysolite des volcans.*

La composition du péridot est:

	LOCALITÉS.			
	Orient.	Silésie.	Vivarais.	Bohême.
Silice.	39.73	41.54	41.44	41.42
Magnésie.	50.13	50.04	49.19	49.61
Prot. de fer.	9.19	8.66	9.72	9.14
— de mang.	0.09	0.25	0.13	0.15
— de nickel.	0.32	»	»	»
Alumine.	0.22	0.08	0.16	0.06
	99.68	100.53	100.64	100.38

On en tire la formule générale $(MgO, FeO)^3 SiO^3$.

Quelquefois le protoxyde de fer est en beaucoup plus forte proportion; il arrive même, par degré, à remplacer la magnésie, et finit par produire un péridot entièrement ferrugineux, comme dans la deuxième des analyses ci-après:

	LOCALITÉS.	
	Vésuve.	Açores.
Silice.	40.08	31.04
Magnésie.	44.24	»
Protox. de fer.	15.26	62.57
— de manganèse.	0.48	»
Alumine.	0.18	»
Chaux.	»	2.43
	100.24	96.04

La formule passe alors de $(MgO, FeO)^3 SiO^3$ à $(FeO)^3 SiO^3$.

La variété qui forme le terme moyen de passage entre le péridot magnésien et le péridot ferrique se nomme *hyalosidérite*; elle a été découverte par le docteur Walchner dans une amygdaloïde du Kaiserstühl en Brisgaw. Sa couleur est le brun rougeâtre; sa poussière est brune; elle pèse 3.287, et fond au chalumeau en un globule scoriacé noir, attirable à l'aimant. Elle donne à l'analyse :

Silice.	31.62
Magnésie.	32.40
Protox. de fer.	29.71
— de manganèse.	0.48
Alumine.	2.31
Potasse.	2.79
	99.31

Elle s'exprime par $(MgO, FeO)^3 SiO^3$.

Quelquefois la magnésie disparait en partie, ou entièrement, pour faire place à la chaux et au fer. Il en résulte alors de nouvelles variétés, au nombre desquelles il faut compter la *gœkumite* et la *batrachite*. — La gœkumite est d'un vert jaunâtre laminaire, opaque ou translucide sur les bords; elle a les caractères extérieurs de la gahnite. Sa densité est 3.74. — La couleur de la *batrachite* ressemble à du frai de grenouilles; elle est fusible au chalumeau, mais n'est point attaquable par les acides. On a trouvé pour la composition de ces deux variétés :

	Batrachite.	Gœkumite.
Silice.	37.69	35.68
Chaux.	35.45	25.75
Protoxyde de fer.	2.99	34.46
Magnésie.	21.70	»
Eau.	1.27	0.60
	99.10	96.49

d'où l'on tire les formules $(CaO, MgO)^3 SiO^3$ et $(CaO, FeO)^3 SiO^3$.

Dans cette série de variétés, dans laquelle les bases protoxydées se remplacent dans des proportions analogues à ce qui se passe dans le grenat, le pyroxène, l'amphibole, etc., il manque la variété manganésifère. Pour suppléer à cette insuffisance, on a introduit parmi les péridots un minéral appartenant à une localité inconnue, rapporté par le major Knebel. La *knébélite* est d'un gris brunâtre, compact et tenace; sa cassure est conchoïde et luisante; elle pèse 3.714; elle est infusible au chalumeau, et colore le borax en violet. Son analyse a donné :

Silice.	32.80
Protox. de fer.	32.00
— de manganèse.	35.00
	99.80

dans laquelle il faut supposer un peu plus de silice pour obtenir l'expression $(MnO, FeO)^3 SiO^3$.

De ce qui précède, il faut conclure que le péridot présente quatre variétés, caractérisées par les quatre bases à un atome d'oxygène, savoir :

1° L'*olivine*, ou péridot magnésien $= (MgO)^3 SiO^3$;

2° L'*hyalosidérite*, ou péridot ferrifère $= (FeO)^3 SiO^3$;

3° La *batrachite*, ou péridot calcifère $= (CaO; MgO)^3 SiO^3$;

4° La *knébélite*, ou péridot manganésien $= (MnO, FeO)^3 SiO^3$.

On a réuni au péridot un minéral noir de velours, opaque, à cassure conchoïde un peu vitreuse, qui paraît contenir du fer en forte proportion, et peut-être du manganèse; sa dureté est celle du péridot, mais sa densité est un peu plus forte. Au chalumeau, il donne une scorie noire attirable à l'aimant. On n'en connaît point d'analyse.

On ne nomme point la localité d'où proviennent les péridots cristallisés qui circulent dans le commerce de la joaillerie, et qui viennent du Levant par Constantinople; on présume qu'ils sont arrachés à des roches feldspathiques, et recueillis dans des sables d'alluvion; les terrains volcaniques et les laves en fournissent en abondance; l'olivine abonde dans les laves et surtout dans les basaltes des volcans éteints; elle existe en masses énormes dans le Vivarais. On trouve en Sibérie quelques grains de péridot dans les cavités du fer météorique connu sous le nom de fer de Pallas; il se forme quelquefois dans les hauts-fourneaux où l'on fabrique la fonte. Dans les arts, ce minéral est employé comme pierre précieuse; mais il est peu estimé, à cause de son peu de dureté.

PÉRIDOT BLANC (*Minér.*), m. Nom donné par Scacchi au minéral nommé *monticellite* par Brooke. *Voy.* ce dernier mot.

PÉRIDOT DE CEYLAN (*Minér.*), m. Nom donné à une variété de *tourmaline* d'un vert jaunâtre, qui provient de Ceylan.

PÉRIDOT DU BRÉSIL (*Minér.*), m. *Tourmaline verdâtre.*

PÉRIDOT ORIENTAL (*Minér.*), m. Variété verte du *corindon hyalin.*

PÉRIDOTITE (*Géogn.*), f. Nom donné par Cordier à une variété de basalte qui renferme des grains nombreux de péridot olivine, et que d'Omalius d'Halloy a nommé basalte péridotique.

PÉRIGUEUX (*Exploit.*), m. Sorte de pierre noire des environs de Périgueux.

PÉRILEUCOS (*Minér.*), m. Agate à couches blanche et brune.

PÉRISTÉRITE (*Minér.*), f. Du grec *péri*, presque; *stéréos*, solide; par allusion au peu de dureté de ce minéral, qui provient du comté de Perth, dans le haut Canada, et qui paraît être un *feldspath* irisé impur. Sa composition est, d'après le docteur Thomson :

Silice.	72.35
Alumine.	7.60
Potasse.	15.06
Chaux.	1.35
Magnésie.	1.00
Ox. de fer et de manganèse.	1.25
	98.61

La formule qui répond à cette analyse est : $Al^2O^3 (SiO^3)^2 + 2 KO (SiO^3)^2 + (CaO, MgO, FeO, MnO) SiO^3$, qui est bien différente de celle du feldspath. Pour arriver à celle-ci, il faudrait supposer que seize à dix-sept pour cent d'alumine sont restés avec la silice, et que le fer et le manganèse sont à l'état de peroxyde.

PÉRITHE (*Minér.*), m. *Sulfate de fer.*

PERLITE (*Minér.*), m. Nom donné par M. Fischer à un minéral d'un gris clair, à éclat nacré, semblable à celui de la perle dont nous avons donné la description au mot PECHSTEIN.

PERLITE GLOBULAIRE (*Minér.*), f. Variété de *feldspath.*

PERLSINTER (*Minér.*), m. *Hyalite.*

PERLSTEIN (*Minér.*), m. Nom donné par les Allemands au *perlite,* de l'allemand *perl,* perle, et *stein,* pierre; par allusion à l'éclat nacré du *perlite.*

PERNE (*Paléont.*), f. Genre de malléacées, dont cinq espèces fossiles appartiennent aux couches voisines de la craie.

PÉROWSKITE (*Minér.*), f. Nom donné par M. G. Rose au *titanate de chaux,* en l'honneur de M. Pérowski.

PEROXYDE (*Minér. chim.*), m. Oxyde dans lequel la combinaison est au maximum d'oxygène.

PEROXYDE DE COBALT. Nom donné par M. Beudant à l'*oxyde de cobalt,* plus connu dans les mines sous le nom de *cobalt oxydé noir.*

PEROXYDE DE FER. *Voy.* OXYDE DE FER.

PEROXYDE DE MANGANÈSE ALUMINIFÈRE. *Voy.* OXYDE DE MANGANÈSE.

PEROXYDE DE MANGANÈSE BARYTIFÈRE. *Voy.* OXYDE DE MANGANÈSE.

PEROXYDE DE MANGANÈSE HYDRATÉ. *Voy.* OXYDE DE MANGANÈSE.

PEROXYDE DE MANGANÈSE POTASSÉ. *Voy.* OXYDE DE MANGANÈSE.

PEROXYDE MÉTALLOÏDE ARGENTIN DE MANGANÈSE. *Voy.* OXYDE DE MANGANÈSE.

PERRA FITA (*Exploit.*), f. Nom donné dans l'Aveyron à des blocs de minerai de fer qui se trouvent disséminés dans certaines couches de houille.

PERRIÈRE (*Exploit.*), f. Corruption de *pierrière*; lieu d'où l'on tire les pierres.

PERRIERS (*Exploit.*), m. Ouvriers employés dans les carrières ou perrières.

PERSICITE (*Minér.*), f. Pierre figurée argileuse, imitant la pêche (*malum persicum,* en latin).

PERTHITE (*Minér.*), f. Nom donné par le docteur Thomson à un minéral de Perth (haut Canada). Il a les caractères extérieurs du feldspath, et sa densité est 2.686; aussi Dana n'a-t-il pas balancé à regarder la perthite comme une variété de feldspath, quoique sa composition, ci-après, s'oppose à cette réunion.

Silice.	76.00
Alumine.	11.75
Magnésie.	11.00
Protoxyde de fer.	0.22
	98.97

d'où l'on tire la formule $(Al^2O^3)^2\ SiO^3 + 4\ MgO\ (SiO^3)^3$.

PESANTEUR SPÉCIFIQUE. Si l'on suppose que tous les corps aient le même volume, il sera évident que chacun de ces volumes égaux aura un poids différent : ainsi le volume de plomb pèsera nécessairement beaucoup plus qu'un volume pareil de marbre; le volume d'or pèsera plus que le même volume d'argent. Pour évaluer la différence de poids des corps, il suffira de prendre celui d'un des volumes pour unité, et de comparer tous les autres au poids de ce volume.

L'eau, par exemple, présente une excellente unité de comparaison : on sait qu'un corps plongé dans ce liquide perd de son poids précisément le poids du volume d'eau qu'il déplace : il suffit donc de peser ce corps dans l'air d'abord, puis de le peser dans l'eau pour connaître le poids du volume d'eau déplacé, qui est nécessairement égal à la différence des deux poids dans l'air et dans le liquide. Si maintenant on divise le poids dans l'air par cette différence, on a l'expression du rapport qui existe entre les poids d'un même volume d'eau et du corps pesé. Ce résultat se nomme *pesanteur spécifique.*

Soit P le poids du corps dans l'air; p, son poids dans l'eau; $P-p$ sera le poids du volume d'eau déplacé, et $\frac{P}{P-p}$ la pesanteur spécifique.

Le même corps étant toujours composé des mêmes atomes dont les poids sont toujours égaux, il s'ensuit que la pesanteur d'un corps à l'état de pureté doit toujours être la même pour un même volume; mais cela suppose que les atomes se touchent, et qu'il n'y a point de vides entre eux. Or, il arrive souvent que la texture des substances minérales varie, et avec elle les vides et conséquemment la pesanteur spécifique. Celle-ci peut donc marquer avec exactitude la *densité* d'un minéral, c'est-à-dire le rapprochement plus ou moins grand de ses molécules. Aussi emploie-t-on indifféremment les mots de pesanteur spécifique ou de densité. Dans les cristaux un peu gros, il existe des groupements qui produisent des vides; cela n'a pas lieu dans les petits : il en résulte que les petits cristaux pèsent plus que les gros. Le moyen d'obtenir une pesanteur spécifique égale pour les substances de même nature consiste à les réduire en poussière, et à les imbiber d'eau chaude pour en chasser les bulles d'air. Cette méthode donne la pesanteur spécifique absolue, c'est-à-dire, indépendante de la structure. Ainsi, la chaux carbonatée cristallisée pèse 2.715; celle lamellaire, 2.0708; les deux réduites en poussière grossière pèsent 2.723; ce qui indique que les deux variétés possèdent des vides, mais en différentes proportions.

On se sert de plusieurs instruments pour obtenir la pesanteur spécifique du corps; les principaux sont la *balance hydrostatique,* l'*aréomètre de Nicholson,* et le *flacon à volume constant.*

La balance hydrostatique est une balance ordinaire, dans laquelle un des plateaux est armé au-dessous d'un crochet destiné à recevoir un fil qui lie le corps qu'on doit suspendre dans l'eau. Cet instrument, le plus simple de tous, est aussi le plus exact. Ce que nous avons dit plus haut servira à faire comprendre la manière dont on doit s'en servir.

L'aéromètre, ou balance de Nicholson, est beaucoup plus portatif; il a deux plateaux, l'un supérieur, l'autre inférieur; il porte en outre une ligne d'affleurement. On met l'aréomètre dans de l'eau distillée, et l'on charge de poids le plateau supérieur jusqu'à ce que la ligne affleure; on note les poids; puis on les ôte, et on les remplace par le corps dont il s'agit de déterminer la densité, en ajoutant les poids nécessaires pour ramener la ligne au niveau de l'eau : la différence entre le premier poids obtenu, et le second placé à côté du corps, donne le poids du minéral dans l'air. Cela fait, on laisse les poids dans le plateau supérieur, et on place le corps dans le plateau inférieur; on plonge de nouveau dans l'eau, et l'on ajoute sur le plateau supérieur les poids nécessaires pour revenir à la ligne d'affleurement. Ces poids représentent la pesanteur du volume d'eau déplacé par le corps. Il ne reste plus qu'à se conformer à la formule $\frac{P}{P-p}$ pour avoir la densité du corps minéral.

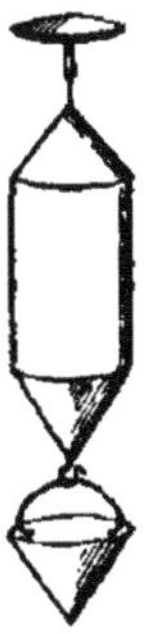

Il arrive parfois que le corps est plus léger que l'eau, et qu'il surnage au lieu de rester sur le plateau inférieur, lorsqu'on le plonge dans l'eau. On en est quitte pour renverser ce plateau inférieur, et placer le corps dessous. L'opération devient alors inverse, mais conduit au résultat cherché.

L'aéromètre de Nicholson est sujet à un inconvénient : des bulles d'air s'attachent à sa surface, et peuvent occasionner des erreurs qui vont quelquefois jusqu'à la seconde décimale.

Le *flacon à volume constant* n'est point sujet à ces erreurs. C'est un petit flacon dans lequel le bouchon, usé à l'émeri, ferme hermétiquement jusqu'à la ligne de niveau : il est percé, dans sa longueur, d'un tube capillaire, de manière qu'en remplissant la bouteille l'eau excédante s'écoule par le tube, et le volume d'eau distillée qui y est compris reste toujours le même. On pèse d'abord le flacon plein d'eau; puis on pèse le corps dans l'air. On place ensuite le corps dans le flacon, et l'on pèse de nouveau; la différence des poids donne le poids du volume d'eau déplacé.

Soit le poids du flacon plein d'eau = 25 gr. 48; celui du poids dans l'air du *carbonate de chaux*, par exemple, = 6 gr. 60; le total des deux poids = 32 gr. 08.

La bouteille renfermant le corps pèse 29 gr. 62; le poids du volume d'eau sera donc de 32 gr. 08 — 29 gr. 62 = 2 gr. 43.

$$\frac{P}{P-p} = \frac{6.60}{2.43} = 2{,}716.$$

Outre l'avantage de l'exactitude, le flacon à volume constant offre celui de donner la pesanteur des liquides : il suffit pour cela de le remplir tour à tour des liquides que l'on veut comparer, et de peser chaque fois. Le volume étant le même, les poids obtenus donnent exactement la densité des deux liquides.

Les corps qui se dissolvent dans l'eau doivent être pesés dans des liquides qui n'ont point d'action sur eux; le sel gemme, par exemple, peut être pesé dans l'alcool à 36 degrés : il suffit ensuite de chercher le rapport de l'alcool à l'eau, pour ramener la pesanteur obtenue avec celle qui résulte du pesage dans l'eau, prise comme point de comparaison.

PÉSILLITE (*Minér.*), f. *Silicate de manganèse ferro-cobaltifère*, trouvé à Pésillo, en Piémont.

PÉTALITE (*Minér.*), f. Variété du *feldspath de lithine*. Ce nom avait été donné anciennement au *gneiss* par Forster, mais il n'a pas été généralement adopté.

PETITE MASSE (*Métall.*), f. L'ensemble des étalages de l'ouvrage et du creuset.

PETIT GRANITE (*Géogn.*), m. Carbonate de chaux. *Marbre lumachelle*, parsemé d'un nombre infini d'encrinites. Ce calcaire appartient à la formation carbonifère. Il a le fond noir ou gris noirâtre, et vient de Mons; il donne par le choc ou le frottement une odeur bitumineuse et animale, qui devient urineuse par le feu.

PETIT GRIS (*Minér.*), m. *Carbonate de chaux. Marbre de Mons.*

PÉTONCLE (*Paléont.*), m. Genre d'arcacées, dont trente-quatre espèces appartiennent à la craie et aux roches supérieures.

PÉTRICOLE (*Paléont.*), f. Genre de lithophages, dont deux espèces fossiles appartiennent aux terrains postérieurs à la craie.

PÉTRIFICATION (*Paléont.*), f. Fossiles dont la matière organique a été remplacée par une substance minérale.

PÉTRILITE (*Minér.*), f. Nom donné par Kirwan au *feldspath* cubique rouge.

PÉTROGLOSSE (*Paléont.*), m. Nom donné anciennement à des dents de poissons fossiles.

PÉTROLE (*Minér.*), m. *Naphte* chargé d'asphalte, décrit au mot BITUME. Son nom est tiré du grec *petros*, pierre, avec addition de la première syllabe du latin *oleum*, huile; huile de pierre. Il est, comme le *malthe*, composé de *naphte* et d'*asphalte*, à cette différence que dans le pétrole le naphte domine, ce qui le maintient à l'état liquide; tandis que dans le malthe c'est l'asphalte qui est surabondant, et lui donne la viscosité. On emploie le pétrole à la conservation des bois, des tissus, des cordages; il sert dans l'Orient comme matière d'éclairage. Il existe, à différents états de pureté, dans les terrains volcaniques anciens, dans la molasse, dans le calcaire, sur les côtes de la mer Caspienne, en Perse, dans l'Auvergne, dans l'Aragon, etc.

Composition, suivant M. Boussingault :

Carbone.	88.50
Hydrogène.	11.50
	100.00

Formule atomique : $C^3 H^5$.

PÉTROLÈNE, m. Du grec *pétros*, pierre; *élaion*, huile. Carbure d'hydrogène, principe liquide des bitumes mous et visqueux, d'un jaune pâle, qui se dégage de ces substances à la température de 180 à 200 degrés; substance huileuse, volatile, isomérique avec les huiles essentielles de térébenthine, de citron et de copahu.

PÉTROSILEX (*Minér.*), m. Synonymie : *feldspath compacte*, *hornstein fusible* de Werner, *adinole* de Beudant, *léélite* de Thomson, etc.; *silicate alcalin d'alumine*, à éclat gras, et semblable à certain quartz, d'où lui vient son nom, de *petra*, pierre; *silex*, caillou. Ses caractères sont d'être fusible en émail blanc, de rayer le verre, et d'offrir une cassure esquilleuse, rarement conchoïde. Sa pesanteur varie de 2.606 à 2.66; sa couleur ordinaire est le gris de cendre, le gris rougeâtre ou verdâtre, le blanc grisâtre. L'*adinole* cependant, ou pétrosilex du Salberg (Suède), est d'un rouge de sang. La composition du pétrosilex est :

	LOCALITÉS.			
	Les Touches.	Saxe.	Nantes.	Salberg.
Silice.	76.40	68.00	73.20	79.50
Alumine.	14.10	19.00	15.00	12.20
Soude.	1.60	»	»	6.00
Potasse.	2.30	5.60	3.40	»
Magnésie.	1.60	1.10	2.40	1.10
Chaux.	0.80	»	1.20	»
Oxyde de fer.	2.25	4.50	»	0.50
Eau.	»	»	1.50	»
	99.05	98.20	98.70	99.30

Ces analyses répondent à la formule $Al^2O^3 (SiO^3)^3 + (KO, bO) SiO^3$; *b* représentant les isomorphes MgO, CaO, FeO. L'analyse de la variété rouge de Salberg donne $Al^2O^3 (SiO^3)^3 + NaO (SiO^3)^3$.

Le pétrosilex se trouve dans les granites à l'état de rognons, de veines, ou d'amas ; il sert de base aux porphyres, et se rencontre en masses ou en filons dans les terrains cristallins, comme dans les terrains de sédiment; quelquefois il se montre en couches dans les terrains de transition. Dans certaines localités, son origine neptunienne est décélée par la présence de fossiles qui sont intercallés dans sa pâte; mais alors il a dû être soumis à un métamorphisme par l'action ignée. M. Damour pense que le pétrosilex est du granite en masse, un magma dans lequel la cristallisation n'a pas pu se développer; il appuie ses considérations de preuves tirées de l'analyse chimique. La composition moyenne des granites, en effet, donne $Al^2 (SiO^3)^3 + (KO, NaO) (SiO^3)^3$; formule complétement analogue.

PÉTROSILEX AGATOÏDE (*Minér.*), m. *Adinole*.

PÉTROSILEX MOLAIRE (*Minér.*), m. Nom donné à tort par Wallerius au *silex molaire*.

PÉTROSILEX DE SAHLBERG (*Minér.*), m. Nom donné anciennement à l'*adinole* de Sahlberg, en Suède.

PÉTUNCULITE (*Paléont.*), m. Pétoncle fossile.

PÉTUNZÉ ou **PETUNTZÉ** (*Exploit.*), m. *Silicate d'alumine et de potasse*, feldspath commun, orthose ; feldspath non altéré, qui se réduit au feu en émail blanc, facilite la demi-vitrification de la porcelaine, et lui sert de couverte. On en ajoute quinze à vingt pour cent au kaolin. Le pétunzé est broyé très-fin, et tenu en suspension dans une cuve d'eau; on y plonge les pièces de porcelaine à demi-cuites; le pétunzé se précipite à la surface, et, au feu, il se vitrifie et entraîne la vitrification du reste. Cette couverte fait corps avec la pâte de la porcelaine. En Chine, on donne le nom de petunzé à de petits pains moulés de feldspath propre à la porcelaine, après qu'il a été broyé et arrangé en morceaux pour le transport.

PEUCITE (*Minér.*), f. *Voy.* ÉLATITE.

PEULVEN (*Minér. archéol.*), m. Mot celtique; *monolithe* grossier, planté verticalement dans le sol, et ayant de trois à quinze mètres de hauteur. On regarde les *peulven* comme des pierres tumulaires.

PFAFFITE (*Minér.*), f. Nom donné, en l'honneur de M. Pfafft, à un sulfo-stibiure de plomb décrit au mot SULFURE DE PLOMB, à l'article des *Sulfures métalliques*.

PHACITE ou **PHAKOLITE** (*Minér.*), f. Variété de *chabasie* décrite à ce mot, et ainsi nommée parce que ses cristaux fort surbaissés ont l'apparence d'une lentille; du grec *phakos*, lentille.

PHALLOÏDES (*Minér.*), f. Stalactites en forme de membre viril; du grec *phallus*, qui a cette signification, et *eidos*, ressemblance.

PHARMACITE (*Minér.*), f. Nom donné par Dioscoride à une variété d'*ampélite*; du grec *pharmakon*, médicament, parce que les anciens s'en servaient comme résolutif et rafraîchissant. Les femmes s'en noircissaient les cheveux, et les agriculteurs en frottaient la vigne pour faire périr les chenilles.

PHARMACOLITE (*Minér.*), f. Nom donné par Werner à une variété d'*arseniate de chaux*; du grec *pharmakon*, médicament; *lithos*, pierre.

PHARMACOSIDÉRITE (*Minér.*), f. Variété d'*arséniate de fer*, décrite sous ce dernier titre; du grec *pharmakon*, médicament; *sidéron*, fer.

PHASIANELLE (*Paléont.*), f. Genre de coquilles turbinacées, dont sept espèces se rencontrent à l'état fossile dans les terrains postérieurs à la craie.

PHAV-CHI, m. Pierre précieuse de la Chine, qu'on croit être le *saphir*.

PHÉGITE (*Minér.*), m. Variété de *stéléchite* imitant le bois de hêtre.

PHÉNAKITE (*Minér.*), f. Du grec *phénas*, erreur, parce que lorsque les premiers échantillons de ce minéral furent rapportés de l'Oural, on les prit, par erreur, pour un *quartz rhomboïdal*; ce que leur pointement cristallin justifiait. Cette substance est hyaline et incolore; sa cassure est conchoïde et vitreuse; elle raye le quartz, et est rayée par la topaze; elle contient une foule de petites fissures irrégulières qui la rendent très-fragile; sa densité est 2.969; elle est infusible seule, mais elle donne avec le borax un verre transparent; les acides n'ont aucune action sur elle; sa forme primitive est un rhomboèdre obtus, sous l'angle de 115° 25'. La composition de la phénakite est, suivant Bishof et Hartwall :

	LOCALITÉS.	
	Framont.	Oural.
Silice.	54.37	55.14
Glucine.	45.52	44.47
Chaux, etc.	0.09	0.39
	99.98	100.00

répondant à la formule G^2O^3 SiO^3.

La phénakite de l'Oural est associée à du schiste micacé; à Framont (Vosges), elle a été trouvée dans un quartz ferrugineux formant un filon dans le terrain de transition. M. Hermann l'a recueillie dans une carrière de topaze, au nord de Miask, et à l'est du lac Ilmen; elle y est accompagnée de stilbite et de topaze.

PHENGITE (*Minér.*), f. Nom donné par les anciens à une sorte de marbre de Cappadoce dur, blanc, transparent, mêlé de veines rousses. Les minéralogistes modernes donnent ce nom à une variété de *topaze*.

PHÉNICITE (*Paléont.*), f. *Voy.* BALANITE. Ce nom est aussi donné à des pointes d'oursin fossile.

PHIALITE (*Minér.*), f. Nom donné à des concrétions calcaires qui prennent la forme apparente d'une bouteille, d'une poire, etc.; du grec *phialé*, fiole, petite bouteille.

PHILIRITE (*Paléont.*), m. Variété de *stéléchite* imitant le bois de tilleul.

PHILLIPSITE (*Minér.*), m. *Sulfure de cuivre*, décrit au mot SULFURES MÉTALLIQUES. On donne aussi ce nom à une variété de *gismondine*.

PHOESTINE (*Minér.*), f. Minéral dont la composition n'est pas connue, mais qui a beaucoup d'analogie avec la *trémolite*, ou un *schiste talqueux*. La phœstine est blanche ou d'un gris clair, hyaline et brillante, à éclat nacré; elle raye l'apatite; sa texture est fibreuse. Elle a été trouvée à Snarum en Norwége, associée avec du phosphate de chaux.

PHOLADE (*Paléont.*), f. Genre de pholadiaires, dont trois espèces sont à l'état fossile dans les terrains supercrétacés. Ces mollusques creusent les pierres, y font des espèces de cavernes, et y restent; c'est de là que vient leur nom, du grec *phôléos*, caverne.

PHOLADITE (*Paléont.*), f. Coquille du genre *pholade*.

PHOLADOMYE (*Paléont.*), f. Genre de mytilacées, dont deux espèces fossiles appartiennent à la craie et aux terrains inférieurs.

PHOLÉRITE (*Minér.*), f. *Hydro-silicate d'alumine*, qu'on écrit aussi *fowlérite*. Il est blanc, en petites écailles cristallines, en lames minces remplissant des fissures ou des cavités dans le mineral de fer des houillères. Ces petites lamelles ont l'éclat nacré du carbonate de chaux manganésifère, et de certain sulfate de chaux; elles sont douces au toucher, et s'écrasent sous la pression des doigts. La pholérite happe la langue et fait pâte avec l'eau, circonstances qui la rapprochent des argiles; elle est infusible, et ne se dissout point dans l'acide nitrique étendu d'eau. Chauffée dans un tube, elle donne de l'eau sans changer d'aspect. — Sa composition, suivant M. Guillemin, à qui on doit la découverte de ce minéral, est :

Silice.	42.92	40.75	41.65
Alumine.	42.08	43.89	43.35
Eau.	15.00	15.36	15.00
	100.00	100.00	100.00

Formule atomique : Al^2O^3 $SiO^3 + 2$ Aq.

La première analyse a été faite sur un échantillon trouvé dans les mines de Fins (Allier); c'est là que la pholérite fut découverte pour la première fois. La seconde et la troisième portent sur des minéraux de Rive-de-Gier (Loire), et de Cache-Après, à Mons (Belgique).

PHONOLITE (*Géogn.*), m. Nom donné par d'Aubuisson au *feldspath sonore*, ou *klingstein* des Allemands. Roche appartenant au terrain de trachite, d'un gris verdâtre ou noirâtre, s'altérant à l'air par zones, et devenant blanchâtre. Sa cassure esquilleuse ou irrégulièrement schisteuse, et sa fusibilité en émail blanc, la rapprochent du feldspath; mais elle s'en éloigne par sa composition. Le *phonolite*, en effet, paraît composé de deux parties : l'une soluble, et dont la formule indique quelque analogie avec la *mésolite*, en admettant l'isomorphisme des alcalis; l'autre insoluble, et tout à fait identique avec le *feldspath orthose*. Ces deux substances se trouvent mêlées en proportions diverses dans le phonolite :

	PARTIES	
	Solubles.	Insolubles.
Phonolite de Marienberg.	37.00	63.00
— de Tœplitz.	49.00	51.00
— d'Auvergne.	35.20	64 80

Six analyses ont donné pour moyenne les résultats suivants :

	Soluble.	Insoluble.	Phonolite.
Silice.	42.16	68.86	57.66
Alumine.	23.91	17.20	19.96
Peroxyde de fer.	6 20	2.88	3.42
Oxyde de mangan.	1.13	0.79	0.75
Chaux.	2.22	0.68	1.01
Magnésie.	1.26	»	1.33
Soude.	11.38	3.38	6.98
Potasse.	3.03	8.48	6 06
Eau.	7.41	»	2.33
	98.70	98.94	99.70

La première donne 2 Al^2O^3 SiO^3 + 2 NaO SiO^3 + 3 Aq., ou deux atomes d'albite unis à trois atomes d'eau ; la seconde, Al^2O^3 $(SiO^3)^3$ + (KO, NaO) $(SiO^3)^3$, expression de la constitution du granite et des roches ignées ; la troisième enfin correspond à $(Al^2O^3)^4$ $(SiO^3)^5$ + $(bO)^4$ $(SiO^3)^5$ + 2 Aq, expression de la composition du phonolite.

Maintenant, si l'on représente par α la première formule et par 6 la seconde, on trouve, en faisant les multiplications nécessaires et en réduisant : 7 α + 2 6 = $(Al^2O^3)^4$ $(SiO^3)^5$ + $(bO)^4$ $(SiO^3)^5$ + 8 Aq, expression qui ne diffère du phonolite que de trois atomes d'eau. D'où l'on doit conclure que ce minéral est composé de quatorze atomes de feldspath, deux atomes de roche ignée, telle que le pétrosilex et vingt et un atomes d'eau ; conclusion qui vient à l'appui des judicieuses observations de M. Burat sur les phonolites du Mezenc.

C'est dans les trachytes de ce groupe, au mont Dore et dans une partie de l'Auvergne, qu'on rencontre le phonolite en plaques schistoïdes, dont on se sert pour couvrir les maisons ; il porte là le nom de *roche tuilière* ; il jouit d'une sonorité remarquable, ce qui lui a fait donner le nom qu'il porte, du grec *phonê*, son, et *lithos*, pierre ; pierre sonore.

PHOQUE FOSSILE (*Paléont.*), m. Mammifère dont on trouve deux espèces dans les terrains modernes.

PHORIMON (*Minér.*), m. *Sulfate de fer.*

PHORULITE (*Paléont.*), f. Coquille fossile.

PHOSGÉNITE (*Minér.*), f. Syn. : *mendipite* ; variété de *chlorure de plomb.*

PHOSPHATES (*Minér.*), m. Corps formés de la combinaison d'une base avec l'acide phosphorique. Ces corps sont, dans la nature à l'état solide. La présence de l'acide est facile à reconnaître : on mêle une petite quantité du minéral qu'on suppose être un phosphate avec du borax, et l'on fait fondre le tout au chalumeau sur un charbon. Quand le boursouflement a cessé, on ajoute au verre en fusion un petit morceau de fer, et on pousse le feu. Il se forme un phosphure de fer, qu'après le refroidissement on retire de la masse en la brisant, et au moyen d'un barreau aimanté.

Les phosphates présentent des constitutions atomiques assez différentes :

Celui d'alumine est représenté par l'expression $(Al^2O^3)^4$ $(P^2O^5)^3$; on le trouve anhydre dans l'amblygonite, mais alors il est uni à un peu de phosphate de lithine. A l'état hydraté, chaque atome de sel se combine avec dix-huit atomes d'eau.

Le phosphate de chaux qu'on trouve dans la nature a pour formule $(CaO)^3$ P^2O^5 ; dans l'apatite, il est mélangé avec du fluo-chlorure de chaux.

Les phosphates de fer se présentent sous deux aspects : à l'état sesqui-ferreux, et alors il est représenté par $(FeO)^3$ P^2O^5 lorsqu'il est anhydre, ou par FeO P^2O^5 + 6 Aq, lorsqu'il est hydraté. Quand le fer est à l'état de peroxyde, c'est un phosphate triferrique $(Fe^2O^3)^2$ P^2O^5 qui se charge de douze atomes d'eau. Dans la tétraphylline, les deux phosphates sont en présence et à l'état anhydre ; dans le double phosphate de New-Jersey, ils se trouvent hydratés tous deux.

Le phosphate de magnésie est également un sel sesqui-magnésique ; il est anhydre, mais accompagné de fluorure dans le pleuroclase. L'yttria donne aussi un phosphate sesqui-yttrique.

Les protoxydes de manganèse et de fer jouent le rôle d'isomorphes dans les phosphates qui sont sesqui-basiques $(MnO, FeO)^3$ P^2O^5 anhydres ou hydratés. Dans la triplite cependant l'analyse conduit à la formule un peu anormale $(MnO, FeO)^4$ P^2O^5. Le plomb suit la forme de la première expression, et l'urane celle de la seconde. Les phosphates naturels de ce dernier corps présentent la singulière coïncidence que, dans les deux variétés qu'on en connaît, les phosphates calcique et cuprique qui accompagnent le sel d'urane sont isomorphes, et se remplacent dans des proportions parfaitement égales.

PHOSPHATE D'ALUMINE (*Minér.*), m. Syn. : *wavelite*, *luzionite*, *fischérite*, *ambligonite*, *klaprothine*, *turquoise*, etc. Ce minéral est le phosphate bialuminique des chimistes ; mais il n'est jamais pur : il est mélangé avec des hydrates d'alumine, des silicates, et quelquefois des fluates de la même base. Il est tantôt anhydre, tantôt hydraté.

Le premier phosphate anhydre qui se présente est l'*amblygonite*, qui est un alliage de phosphate d'alumine avec un phosphate de lithine. Ce minéral est d'un blanc légèrement verdâtre, demi-translucide, à éclat vitreux un peu gras ; il raye l'apatite, et se laisse rayer par le quartz ; sa pesanteur spécifique est de 3.04 ; il fond facilement, et donne un verre transparent qui devient opaque en refroidissant. Berzelius a trouvé pour sa composition :

Acide phosphorique.	54.12
Alumine.	38.96
Lithine.	6.92
	100.00

dont l'expression atomique est $(Al^2O^3)^4$ $(P^2O^5)^3$ + LO P^2O^5.

Rammelsberg a analysé un phosphate d'alumine contenant, outre les éléments ci-dessus, un fluate de lithine et de chaux. Il l'a trouvé composé de :

Acide phosphorique.	47.15
Alumine.	38.43
Lithine.	7.03
Soude.	3.29
Potasse.	0.43
Fluor.	8.11
	104.44

L'excès que présente cette analyse est dû à l'oxygène des bases, dont le radical est combiné avec le fluor. La formule qui répond à cette constitution chimique est : $3\,(Al^2O^3)^4\,(P^2O^5)^3 + 2\,LO\,P^2O^5) + 7\,(L, Na)\,F^2$.

La *klaprothine* cristallise en prisme droit rhomboïdal de 91° 10', avec le rapport : : 4 : 8 ; elle est bleue, translucide sur les bords, et d'un éclat vitreux ; sa pesanteur spécifique est de 3.056 ; elle raye le verre ; sa cassure est inégale ; au chalumeau elle se boursoufle, prend un aspect gris vitreux, mais elle ne se fond pas. Sa composition est, suivant Brandes :

Acide phosphorique.	43.32
Alumine.	34 50
Magnésie.	13.56
Chaux.	0.48
Oxyde de fer.	0.80
Silice.	0.[illegible]
Eau.	0.50
	93.66

Sa formule atomique est donc le double phosphate $(Al^2O^3)^4\,(P^2O^5)^3 + (MgO)^3\,P^2O^5 + MgO\,SiO^3$.

Le phosphate d'alumine hydraté contient dix-huit atomes d'eau ; on ne le trouve dans la nature qu'accompagné d'hydrate, et quelquefois de fluate d'alumine ; il constitue les minéraux connus sous les noms de *fischérite*, de *péganite*, de *wavelite*, de *phosphate plombifère*, et de *turquoise*.

La *fischérite* se présente en petits cristaux, transparente, à teinte verte ; son éclat est vitreux ; sa pesanteur spécifique, de 2.46 ; elle raye l'apatite, et se laisse rayer par le quartz. Sa composition fournit l'analyse suivante :

Acide phosphorique.	29.03
Alumine.	38.47
Eau.	27.50
Oxyde de fer et de manganèse.	1 20
— de cuivre.	0.80
Gangue et phosphate de chaux.	3.00
	100 00

La formule qui répond à ces éléments est $[(Al^2O^3)^4\,(P^2O^5)^3 + 18\,Aq.] + 2\,Al^2O^3\,(H^2O)^3$.

La *péganite* est une variété de fischérite, dont la composition est, suivant Hermann :

Acide phosphorique.	30.49
Alumine.	44.49
Eau.	22.82
Oxydes métalliques.	2.20
	100.00

dont l'expression atomique est exactement la même que celle de la fischérite.

La *wavelite* est remarquable par la présence de l'acide fluorique, qui constitue un fluate d'alumine à côté du phosphate même ; elle est d'un blanc un peu jaunâtre ou verdâtre, quelquefois brunâtre ; son éclat, dans la cassure, est perlé et vitreux ; elle raye le carbonate de chaux, et se laisse rayer par l'apatite ; sa densité est de 2.337 à 2.353 ; elle se gonfle et devient blanche comme la neige, au chalumeau ; elle se dissout sans effervescence dans les acides, et laisse dégager, à chaud, une vapeur qui corrode le verre. La wavelite se trouve constamment en globules radiés, tantôt isolés, tantôt adhérents entre eux ; la variété désignée sous le nom de *lationite* présente des fibres très-déliées et soyeuses. La composition de la wavelite est :

	LOCALITÉS.	
	Barnstaple.	Bohême.
Acide phosphorique.	33.40	34 29
— fluorique.	2.06	1.78
Alumine.	35.35	36.39
Eau.	26.80	26.34
Chaux.	0.50	»
Oxyde de fer et de mang.	1.25	1.20
	99.36	100.00

On en tire la formule $8\,[(Al^2O^3)^4\,(P^2O^5)^3 + 18\,Aq] + 2\,Al^2O^3\,(F^2)^2$.

Dans l'ancienne mine de cuivre de Rosières (Tarn), on a trouvé un phosphate d'alumine uni à un phosphate de plomb ; on lui a donné le nom de *phosphate d'alumine plombifère* ; il forme des stalactites à couches concentriques, dont le centre est poreux et d'un jaune d'ocre pâle ; elles sont diversement colorées. La partie jaune se compose, suivant M. Berthier, de :

Alumine.	25.00
Oxyde de plomb.	10.00
— de cuivre.	3.00
Acide phosphorique avec un peu d'acide arsénique.	23.50
Eau et matières organiques.	38.00
	99.50

Il y a ici excès d'eau, et l'on ne peut ramener cette analyse à la formule naturelle qu'en supposant autant de matières organiques que d'eau ; on aura alors : $3\,[(Al^2O^3)^4\,(P^2O^5)^3 + 18\,Aq] + (PbO)^3\,P^2O^5 + 2\,Al^2O^3 + (H^2O)^3$.

La *turquoise* est un phosphate d'alumine renfermant un peu d'aluminate de cuivre ; sa couleur est d'un bleu céleste, quelquefois verdâtre ; elle est opaque, translucide sur les bords ; sa pesanteur spécifique est de 2.836 à

5.00; elle est infusible au chalumeau, et inattaquable par les acides. M. Fischer a distingué les turquoises en deux sortes : l'une qu'il appelle *calaïte*, ou turquoise orientale; l'autre qu'il nomme *odontolite*, ou turquoise occidentale. Cette dernière, étant due à des dents fossiles colorées par du phosphate de fer, ne figure ici, à côté de la turquoise, que pour mémoire. La *calaïte*, l'*agaphite* et la *johnite* sont trois variétés bleues de la turquoise minérale très-différentes par leur composition, mais dont la couleur et les caractères extérieurs varient peu : la calaïte est d'un beau bleu céleste, connu sous le nom de bleu turquoise; les deux autres variétés tournent au verdâtre. La composition de ces trois variétés résulte des trois analyses suivantes, dues à

	M. John.	M. Hermann. bleue.	verte.
Alumine.	44.50	47.45	50.75
Acide phosphor.	30.90	27.34	5.64
Oxyde de cuivre.	3.75	2.02	1.42
— de fer.	1.80	1.10	1.10
— de mangan.	»	0.50	0.60
Silice.	»	»	4.26
Eau.	19.00	18.18	18.15
Phosphate de chaux.	»	3.61	18.10
	99.95	100.20	100.00

La première analyse peut être mise sous la forme atomique : $[(Al^2O^3)^4(P^2O^5)^3 + 18\,Aq] + (CuO, FeO)(Al^2O^3)^3$; les deux autres donnent la même formule, plus du phosphate de chaux, du silicate et de l'hydrate d'alumine.

La turquoise est une pierre d'une certaine valeur : une d'elles, ayant environ 0 m. 01 de diamètre, a été vendue 500 francs en vente publique. A Moscou leur prix égale celui de l'opale : les marchands de la Bulgarie les vendent par lots à un prix élevé.

Le phosphate d'alumine est assez rare : la wavelite se trouve à Barnstaple, dans le Devonshire; en Irlande; à Zhirow, en Bohême; la variété dite *lasionite* vient de la mine de Saint-Jacques, près d'Amberg, dans le Palatinat; on la rencontre aussi à Villarica, au Brésil; la fischérite forme des rognons dans un grès ferrugineux; le phosphate plombifère a été trouvé près de Carmeaux (Tarn); l'ambligonite, à Chursdorf, près de Penig, en Saxe; les beaux échantillons de klaprothine proviennent de Werfen, dans le Salzbourg; on en connaît également à Vorau, à Kriegiach, en Styrie, ainsi que dans la province de Minas-Geraes, au Brésil; la turquoise provient des environs de Mushad ou Meschéd, entre Téhéran et Hérat, en Perse; elle y existe en rognons de la grosseur des noisettes, dans des argiles ferrugineuses; sa couleur est plus foncée que celle de l'edwarsite; sa cassure a un éclat gras et un peu nacré; elle est translucide sur les bords; elle est rayée par le feldspath, et raye l'apatite; sa densité est de 4.922 à 5.019; elle est infusible au chalumeau, et donne, avec le borax et le sel de soude, un verre opaque rouge jaunâtre, qui devient incolore par le refroidissement. La monazite forme, dans l'acide hydrochlorique, une dissolution jaune, qui laisse un résidu infusible; elle est composée, suivant

	M. Kersten.	M. Hermann.
Acide phosphorique.	28.50	28.05
Peroxyde de cerium.	26 00	40.12
Oxyde de Lanthane	23.40	27.41
Thorine.	17.95	»
Oxyde d'étain.	2.10	1 75
Protox. de manganèse.	1.86	»
Chaux.	1.68	1.46
Acide titan. et potasse.	trace	»
Magnésie.	»	0.80
	101.49	99.59

La monazite a été découverte par Menge dans une roche de feldspath à gros grains d'un blanc jaunâtre; il l'avait prise pour du zircon.

PHOSPHATE DE CÉRIUM (*Minér.*), m. Synon. : *edwarsite*, *monazite*, etc. L'acide phosphorique se combine avec les deux oxydes de cérium, le protoxyde et le peroxyde; la première combinaison s'appelle edwarsite, la seconde monazite.

L'*edwarsite* a pour forme primitive un prisme rhomboïdal oblique, sous l'angle de 95°; son inclinaison est de 100°. Ce minéral est d'un rouge hyacinthe; sa poussière est grise; il possède l'éclat vitreux du zircon; il raye le carbonate de chaux, et est rayé par la phosphorite; sa densité est de 4.20 à 4.60; il a deux clivages, dont un suivant la base; au chalumeau, il fond sur les bords, et passe au gris perle avec une teinte jaune; avec le borax, il devient blanc, se fond peu à peu, et donne un globule jaune verdâtre, qui perd sa couleur par le refroidissement; sa poussière se dissout lentement dans l'eau régale. M. Shépard a analysé un échantillon qui s'est trouvé dans les escarpements de gneiss du Yantic (Connecticut), et l'a trouvé composé de :

Protox. de cérium.	56.53
Acide phosphorique.	26.66
Zircon.	7.77
Alumine.	4.44
Silice.	3.33
Protoxyde de fer.	trace
	98.73

ce qui conduit à la formule $(CeO)^3 P^2O^5$.

Il faut rapporter à l'edwarsite un minéral peu connu encore, d'un jaune de vin, trouvé par M. Wœhler dans l'apatite compacte d'Arendal; il est en petits cristaux hexaèdres transparents; sa densité est de 4.60; il se décompose dans l'acide nitrique. L'analyse donne pour sa composition :

Oxyde de cérium.	73.70
Protox. de fer.	1.51
Acide phosphorique.	27.37
	102.58

En réduisant l'oxyde cérique, qui produit l'excédant de l'analyse au poids de l'oxyde céreux qui appartient au minéral, on a pour formule $(CeO)^3 P^2O^5$.

La *monazite* a la même forme que l'edwarsite, mais l'angle du prisme est de 92° 30'.

PHOSPHATE DE CHAUX (*Minér.*), m. Syn. : *apatite, asparagolite, moropite, phosphorite*, etc. Phosphate de chaux accompagné de fluo-chlorure de calcium. C'est un minéral de couleurs très-variées, d'un vert d'eau clair, d'un vert foncé, d'un vert jaunâtre, ou d'un violet plus ou moins intense; il raye le verre, et est rayé par le feldspath; sa densité est de 3.166 à 3.288; sa cassure est vitreuse; il est infusible au chalumeau, et soluble dans l'acide nitrique; sa poussière est phosphorescente sur des charbons ardents; sa forme primitive est le prisme hexaèdre régulier, avec le rapport :: 39 : 83; quelques-uns de ses cristaux sont limpides et hyalins; un échantillon de phosphate de chaux de Snarum, en Scanie, a donné à l'analyse :

Chaux.	49.68
Acide phosphorique.	41.48
Chlore.	2.71
Fluor.	2.21
Calcium.	3.93
	100.00

qui s'exprime par la formule : $3 (CaO)^3 P^2O^5 + Ca (F, Cl)^2$.

La chaux phosphatée est assez commune; on la rencontre à Arendal, au cap Gate, au Saint-Gothard, au Tyrol, à Ehrenfriedersdorf, en Saxe, en Suède, dans le Groënland. A Truxillo, dans l'Estramadure, il en existe une variété compacte qui sert aux constructions; elle contient du quartz et fait feu sous le briquet, ce qui lui a valu le nom de *phosphate de chaux quartzifère*; elle est très phosphorescente ainsi que celle de Jumilla, et est alors connue sous la dénomination de *phosphorite*; à Amberg, on trouve de la chaux phosphatée concrétionnée, en masses réniformes, à cassure fibreuse très-fine, d'un gris jaunâtre passant au brun. La *pierre de marmarosch* de Klaproth est une chaux phosphatée pulvérulente, contenant de l'acide fluorique, mais point de chlore. Dans les grès verts du Havre on recueille une variété terreuse en rognons, d'un gris cendré ou d'un noir grisâtre; elle se trouve également à Fins, dans l'Allier.

C'est ici le cas de parler d'une variété de phosphate de chaux qui contient du graphite, et que M. Berthier a nommée pour cela *phosphate de chaux graphiteux*; elle est en nodules dans les argiles schisteuses noires de la formation crétacée inférieure de la Normandie. Sa couleur est le gris noirâtre; sa cassure est compacte et grenue. Sa composition est :

Phosphate de chaux.	68.00
Graphite.	17.00
Quartz et argile.	17.00
Eau.	1.00
	100,00

C'est dans les terrains les plus anciens que se rencontre le phosphate de chaux; il est en petits filons dans le granite; il accompagne certaines mines d'étain; il forme des rognons dans le schiste talqueux du Zillerthall, et est associé à l'albite du Saint-Gothard; les cristaux transparents d'Ala sont dans le schiste chloriteux; on le trouve dans le fer oxydulé d'Arendal, où il accompagne l'amphibole, le grenat, le pyroxène et l'épidote; près de Rome, il se recueille dans les roches volcaniques.

PHOSPHATE DE CUIVRE (*Minér.*), m. Syn. : *libéthenite, aphérèse, ypoléine*, etc. Les phosphates de cuivre sont tous hydratés : les auteurs modernes ont donc tort de les diviser en deux espèces sous la dénomination de *phosphates* et *hydro-phosphates*; il est vrai que leur forme cristalline primitive diffère, mais il est possible de trouver ailleurs que dans l'eau la cause de cette différence. En effet, les analyses qui vont suivre montreront que ce que l'on appelle simplement phosphate est le *phosphate bicuprique* des chimistes, et que ce qu'on nomme hydro-phosphate est un *phosphate cuivreux* simple; les deux sont mêlés d'hydrate de cuivre et d'eau.

Les phosphates de cuivre sont d'un vert plus ou moins foncé; leurs cristaux sont translucides; ceux même du *phosphate cuivreux* sont transparents.

On a donné le nom de *libéthénite* à un phosphate bicuprique qui cristallise en prisme droit rhomboïdal de 109° 10', dans le rapport :: 29 : 28; il a des clivages faciles parallèlement aux faces de la forme primitive; sa couleur est le vert d'olive brunâtre; il est tantôt résineux, tantôt transparent; les surfaces de ses cristaux sont courbes. Ses analyses ont donné à

	M. Wohler,	M. Berthier,
Oxyde de cuivre.	69.61	63.90
Acide phosphorique.	24.13	28.70
Eau.	6.26	6.57
	100.00	99.17

Cette composition répond à l'expression atomique : $3 (CuO)^4 P^2O^5 + CuOH^2O + 3$ Aq.

M. Wohler a donné en outre les deux analyses suivantes de deux cristaux de libéthénite, dont les formes extérieures répondaient à celle du phosphate précédent; la couleur était seulement plus claire :

Oxyde de cuivre.	66.55	66.94
Acide phosphorique.	28.00	29.44
Eau.	4.43	4.05
	98.98	100.43

dont la formule est $13 (CuO)^4 P^2O^5 + 2 CuO H^2O + 14$ Aq. Ces deux expressions de la libéthénite font penser que l'hydrate de cuivre ne s'y trouve qu'à l'état de mélange, et que la formule générique de ce phosphate est $(CuO)^4 P^2O^5 + Aq$.

On doit rapporter à la libéthénite le minéral en masses radiées, des environs de Tagilsk, qu'on a nommé TAGILITE ; il est d'un beau vert émeraude, et donne à l'analyse, suivant M. Hermann :

Acide phosphorique.	27.80	26.44
Oxyde de cuivre.	61.70	61.29
— de fer.	»	1.50
Eau.	10.50	10.77
	100.00	100.00

Sa formule atomique est : $(CuO)^4 P^2O^5 + 3 Aq$.

Ce minéral forme quelquefois des espèces de végétations en choux-fleurs, assez friables. Sa pesanteur spécifique est de 3.50.

On peut ramener à la même formule la DIHYDRITE de M. Hermann, qui cristallise en prismes rhomboïdaux d'un vert émeraude foncé, et dont la composition est :

Acide phosphorique.	25.30
Oxyde de cuivre.	68.21
Eau.	6.49
	100.00

En concevant qu'une partie de l'oxyde de cuivre a passé à l'état d'hydrate, on obtient une formule analogue à celles qui précèdent.

L'autre espèce d'hydrate de phosphate, nommée ordinairement *cuivre hydro-phosphaté*, cristallise en prisme rhomboïdal oblique, dont l'inclinaison B sur F est de 112° 30' ; elle possède des clivages parallèlement à certaines faces. Ce minéral est en petites masses mamelonnées, quelquefois en cristaux aciculaires. Il est d'un vert foncé, transparent ; la surface des mamelons est d'un noir velouté. M. Lynn a trouvé qu'il contenait :

Oxyde de cuivre.	62.85
Acide phosphorique.	21.69
Eau.	15.46
	100.00

conduisant à la formule $(CuO)^4 P^2O^5 + 4 Aq + CuO H^2O$.

Le phosphate que Plattner a nommé TROMBOLITE a une constitution analogue ; il manque seulement d'hydrate de cuivre, que je crois devoir considérer comme mélangé. Son analyse a donné :

Oxyde de cuivre.	39.20
Acide phosphorique.	41.00
Eau.	16.80
	97.00

d'où l'on tire $[(CuO)^4 P^2O^5 + 6 Aq] + CuO (P^2O^5)^2 + 4 Aq$.

La libéthénite n'a encore été trouvée qu'à Libethen, près de Neusohl, en Hongrie, dans la mine de Gunnislake, en Cornouailles ; et à Tagilsk, en compagnie de la dihydrite, de la phosphoro-calcite et de l'ehlite ; l'espèce prismatique de phosphate de cuivre se rencontre à Virneberg, près de Rheinbreitbach, dans les provinces rhénanes ; la trombolite vient de Retzbanya, en Hongrie.

PHOSPHATE DE FER (*Minér.*), m. Combinaison de l'oxyde de fer avec l'acide phosphorique ; syn. : *anglarite, mullicite, schorl bleu, fer azuré, dufrénite, delvauxine, kakoxène*, etc.

Ces minéraux varient par la couleur et par la composition. Les phosphates bleu et vert contiennent le fer au minimum d'oxydation ; ceux bruns ou jaunes, au maximum. On remarque dans tous une quantité fixe de fer, tandis que la proportion d'eau est extrêmement variable. La constance du fer, qui dans les minéraux est le dernier à se décomposer, ferait croire à une décomposition de la plupart des phosphates, dans lesquels l'acide phosphorique et l'eau sont des éléments variables. Les phosphates de protoxydes sont à l'état biferreux, ceux de peroxyde à l'état triferrique. Les phosphates de fer donnent de l'eau par la calcination ; ils sont solubles dans l'acide nitrique, sans effervescence, mais avec dégagement de gaz nitreux ; ils sont rayés par la chaux carbonatée ; leur pesanteur spécifique ne dépasse pas 2.70.

Les phosphates de protoxyde sont ou bleus ou verts ; le phosphate bleu est cristallisé ; il constitue l'espèce nommée *vivianite*.

La VIVIANITE a pour forme primitive un prisme rhomboïdal oblique, sous les angles de 108° et 108° 19', avec le rapport : : 25 : 29 ; elle est d'un bleu plus ou moins foncé ; sa poussière est d'un bleu sale ; ses cristaux sont hyalins, et jouissent d'un éclat très-vif ; ils admettent un clivage facile ; sa pesanteur spécifique est de 2.661 ; elle raye le gypse, et se laisse rayer par le carbonate de chaux ; elle possède quelquefois une teinte verte qui semble indiquer le passage au phosphate vert par suroxydation. La composition de la vivianite est, d'après MM. Stromeyer, Vogel et Dufrénoy, de :

	LOCALITÉS.		
	Cornouailles.	Bodenmais.	Ile de France.
Acide phosphorique.	31.18	26 40	26.90
Protoxyde de fer.	41.23	41.00	42 10
Eau.	29 49	31.00	28 50
	101.90	98.40	97.50

donnant en moyenne la formule $(FeO)^3 P^2O^5 + 9 Aq$.

Le minéral qui porte le nom de TRIPHYLINE a une composition analogue ; seulement il est anhydre. Sa composition et sa forme le rapprochent beaucoup de la vivianite ; mais il est beaucoup plus dur, puisqu'il raye la phosphorite ; il est d'un gris bleuâtre, sa densité est de 3.60 ; il fond au chalumeau en une perle noire, et est soluble dans les acides. M. Fuchs a trouvé pour sa composition :

Acide phosphorique.	42.64
Protoxyde de fer.	49.16
— de manganèse.	4.75
Lithine.	3.43
	100.00

qui conduit à la formule (FeO, MnO, LiO)³ P²O⁵.

Le phosphate bleu est quelquefois en masses compactes, terreuses, en petits rognons dispersés dans des argiles modernes, en poussière sur des tourbières, des argiles ou des dépôts d'ossements fossiles ; sa couleur est d'autant plus foncée que son exposition à l'air est plus longue. On a donné plusieurs analyses de ces phosphates à l'état de décomposition ; mais aucune ne se ressemble ; il n'y a de constant que le fer.

Le phosphate vert, ou DUFRÉNITE, est une espèce particulière qui se trouve en rognons, à cassure fibreuse et radiée ; sa couleur est le vert olive foncé, quelquefois noirâtre ; son éclat est soyeux, un peu nacré ; sa densité est de 3.227 : ce minéral a la même dureté que le phosphate bleu, et ses caractères chimiques sont les mêmes ; il est cependant un peu plus fusible. Ses analyses ont fourni à M. Dufrénoy les compositions suivantes :

	LOCALITÉS.		
	Anglar.	Hirchberg.	Liége.
Acide phosphorique.	24 80	28.42	27.52
Protoxyde de fer.	51.00	57.60	63.43
Eau.	15.00	12 15	8.56
Perox. de manganèse.	9.00	»	»
	99.80	98.17	99.53

d'où l'on tire les formules :

Pour la première :

$(FeO)^3 P^2O^5 + FeO H^2O + 4 Aq$;

pour la seconde :

$(FeO)^3 P^2O^5 + FeO H^2O + 3 Aq$;

pour la troisième :

$(FeO)^3 P^2O^5 + FeO H^2O + Aq$.

Le minéral nommé TÉTRAPHYLLINE est formé d'un phosphate ferreux analogue à la vivianite, et d'un phosphate sesqui-ferreux. Sa forme et ses caractères extérieurs sont ceux de la triphylline ; la composition seule diffère ; elle est, suivant M. Nordenskiold :

Acide phosphorique.	42.60
Protoxyde de fer.	38.60
— de manganèse.	12.10
Magnésie.	0 17
Lithine.	0 82
	94.29

d'où l'on extrait la formule (FeO, MnO)³ P²O⁵ + (FeO, MnO)² P²O⁵.

Le rapport annuel de Berzelius, pour l'année 1848, cite une nouvelle analyse des phosphates de New-Jersey et de Bodenmais ; elle donne :

Acide phosphorique.	28.60
Protoxyde de fer.	34.52
Peroxyde de fer.	11.91
Eau.	27.49
	102.52

qui répond à la formule [(FeO)³ P²O⁵ + 8 Aq] + [(Fe²O³)² P²O⁵ + 12 Aq] + 8 Aq ; expression qui dénote une altération, et le passage du phosphate de protoxyde au phosphate de peroxyde.

Ce dernier, qu'on a nommé DELVAUXINE, est d'un brun plus ou moins foncé ; sa poussière est brun jaunâtre ; il est tendre et fragile ; sa pesanteur spécifique est de 1.83 ; il est en masses réniformes fragiles, à texture compacte ; sa cassure est conchoïde ; jeté dans l'eau, il y petille et se dilate en fragments. M. Delvaux a trouvé pour sa composition :

	VARIÉTÉS.	
	Marron.	Noire.
Acide phosphorique.	13.60	14.30
Peroxyde de fer.	29.00	31.60
Eau.	42 20	40.40
Carbonate de chaux.	11.00	9.20
Silice gélatineuse.	3.60	4.40
	99.40	99.90

La formule qui répond à ces analyses est (Fe²O³)² P²O⁵ + 25 Aq, ou [(Fe²O³)² P²O⁵ + 12 Aq] + 13 Aq.

M. Dufrénoy réunit aux phosphates de fer le KAKOXÈNE, minéral qui remplit les fissures d'un minerai de fer argileux de Hirbeck, en Bohême ; il est en fibres très-déliées, d'un jaune clair ; il donne au chalumeau une scorie noire attirable ; il est soluble dans les acides. Sa composition a donné :

Acide phosphorique.	17.86
Peroxyde de fer.	36.32
Alumine.	10.21
Eau et acide fluorique.	25.98
Silice.	8.90
Chaux.	0 25
	99.49

dont l'expression atomique est (Fe²O³, Al²O³)² P²O⁵ + 12 Aq + n Al²O³ (SiO³)³.

Cette variété, qu'on a voulu associer au *phosphate d'alumine*, en est entièrement distincte : la wavellite est un phosphate bialuminique anhydre uni à du fluorure d'alumine ; tandis que le kakoxène est un phosphate triferrique hydraté, mélangé avec un peu d'argile.

Outre les phosphates bleus, verts et bruns, on connaît un minéral d'un jaune de paille qu'on a nommé KARPHOSIDÉRITE, composé d'oxyde de fer, d'acide phosphorique et d'eau, mais dont je ne connais pas d'analyse : il constitue des masses réniformes, soyeuses dans la cassure, et dont l'éclat est résineux ; il raye le carbonate de chaux, et est rayé par la phosphorite ; sa densité est de 2.50 ; au chalumeau il devient noir sur le charbon, fond en un globule attirable ; il ressemble à du fer oxalaté ; il provient du Groënland.

Les phosphates de fer se trouvent ordinairement dans les argiles modernes ; dans l'Auvergne, celui de la Bouiche accompagne des débris de poissons dans une roche ferrugineuse ; à Nantes et en Bavière, il est disséminé sur une roche granitique qui renferme du sulfure magnétique ; les cristaux de vivianite proviennent de Cornouailles, de la Bouche et du Bodenmais ; la variété cylindrique, dite *mullicite*, se rencontre dans le comté de Glocester (New-Jersey) ; la dufrénite se recueille à Anglar (Limousin) ; à Hirschberg, dans la Westphalie ; près de Liége, où elle est connue sous le nom de *grüneisenstein* ; à Schneeberg, en Saxe ; la delvauxine a été trouvée dans la mine de plomb de Besneau, près Visé (Liége) ; enfin, le kakoxène se rencontre dans les mines de fer de Hirbeck, près de Zbirowe, en Bohême.

PHOSPHATE DE MAGNÉSIE (*Minér.*), m. Syn. : *wagnérite*, *pleuroclase*. Ce sel, fort rare, est d'un jaune de vin passant au rouge orangé ; sa cassure est conchoïde et unie, son éclat vitreux ; il raye la phosphorite, et se laisse rayer par le feldspath ; sa densité est de 3.01 à 3.13 ; il fond difficilement au chalumeau en un émail vert grisâtre foncé ; avec le borax, il produit un verre transparent, légèrement coloré en vert jaunâtre ; il est soluble dans l'acide nitrique ; sa forme primitive est un prisme rhomboïdal oblique sous l'angle de 95° 25', et avec l'inclinaison de 109° 20'. Fuchs a trouvé pour sa composition :

Acide phosphorique.	41.73
Magnésie.	46.66
Protoxyde de fer.	5.00
— de manganèse	0.50
Acide fluorique.	6.50
	100.30

Cette analyse est rendue en forme atomique par $(MgO)^3 P^2O^5 + MgF^2$. C'est donc un phosphate sesqui-magnésique, allié à un fluorure de magnésium.

La magnésie phosphatée se trouve à Hollegraben, dans le Salzbourg et dans les États-Unis.

PHOSPHATE DE MANGANÈSE (*Minér.*), m. Substance composée essentiellement d'*oxyde de manganèse* et d'*acide phosphorique*, mais qui n'est jamais à l'état de pureté. Les minéraux qui la contiennent sont ordinairement des *phosphates doubles de manganèse et de fer* plus ou moins *hydratés*. On en cite trois variétés, qui ont toutes la propriété de se dissoudre lentement et sans effervescence dans l'acide nitrique, et de fondre facilement au chalumeau.

On connaît quatre phosphates de manganèse, qui tous renferment une certaine quantité de protoxyde de fer, et pourraient être considérés comme des phosphates doubles, dont la formule générale serait : $(MnO, FeO)^n (P^2O^5)^n$. Celui qui répond le mieux à cette composition, le *triplite*, appartient également, dans la classification, au phosphate de manganèse et au phosphate de fer.

Le *triplite*, qu'on désigne plus ordinairement par le nom de *manganèse phosphaté ferrifère*, est d'un noir brunâtre, à éclat résineux. Il ne se trouve pas à l'état cristallin, mais en masses imparfaitement lamellaires ; sa cassure est conchoïde ; il est opaque, mais ses fragments aigus offrent un peu de translucidité ; rayé par l'acier, il raye légèrement le verre, et se laisse facilement broyer. Sa densité est entre 3.43 et 3.90. — Au chalumeau, il fond sans effervescence, et produit un globule noir magnétique. Il se dissout lentement dans les acides, et donne les réactions du fer et du manganèse. Berzelius l'a trouvé composé de :

Protoxyde de manganèse.	32.60
— de fer.	31.90
Acide phosphorique.	32.78
Phosphate de chaux.	3.20
	100.48

qui répond à la formule $(MnO, FeO)^4 P^2O^5$.

M. Fuchs a décrit, sous le nom d'*eisen apatite*, un minéral qui se rapproche beaucoup du *triplite* par ses caractères extérieurs, mais dans la composition duquel le phosphate de chaux est remplacé par de l'acide fluorique donnant lieu à un fluate de fer. Cette substance est en masses cristallines lamelleuses, d'un brun de clou de girofle ; son éclat est gras comme celui du triplite ; sa densité est de 3.97 ; il fond facilement au chalumeau, et se trouve, ainsi que le triplite, en petits amas dans le terrain ancien. M. Fuchs a trouvé pour son analyse :

Protoxyde de fer.	35.44
— de manganèse.	20.34
Acide phosphorique.	35.60
Fer métallique.	4.76
Fluor.	3.18
Silice.	0.60
	99.92

qu'on doit exprimer par la formule $(MnO)^4 P^2O^5 + (FeO)^4 P^2O^5 = (MnO, FeO)^3 P^2O^5$.

A la suite du *triplite*, quelques minéralogistes placent deux phosphates qui ont pour caractère particulier de renfermer de la lithine ; ce sont la *triphylline* et la *tétraphylline*, dans lesquelles le protoxyde de manganèse joue un rôle trop faible pour qu'il soit exact de les classer parmi les minerais de manganèse. On les trouvera placés dans les *phosphates de fer*.

Les *phosphates de manganèse hydratés* sont au nombre de deux : l'*hétérosite* et l'*hureaulite*.

L'*hétérosite* se présente en masses lamelleuses, d'une couleur gris verdâtre ou bleuâtre, qui passe au violet par l'exposition à l'air ;

son éclat est gras, et a quelque analogie avec celui du phosphate de chaux; elle est assez dure pour rayer le verre, quoique difficilement, et se laisse rayer par une pointe d'acier; sa densité, qui est de 3.524 quand l'échantillon est frais et bleuâtre ou verdâtre, diminue avec l'exposition à l'air, et n'est plus que de 3.39 pour les morceaux violets. — Elle est fusible au chalumeau en un émail brun, et se dissout dans l'acide nitrique avec dégagement d'acide nitreux. Sa forme primitive est un prisme rhomboïdal oblique. M. Dufrénoy lui assigne pour composition :

Protoxyde de manganèse.	17.57
— de fer.	34.89
Acide phosphorique.	41.77
Eau.	4.40
Silice mélangée.	0.22
	98.85

d'où on tire la formule $(MnO)^2\ P^2O^5 + (FeO)^4\ P^2O^5 + 2\ Aq = (MnO, FeO)^3\ P^2O^5 + Aq$.

Comme l'annonce cette analyse, le protoxyde de fer domine. C'est à cette circonstance qu'est due la couleur bleue de cette substance, couleur caractéristique des phosphates de fer. Aussi serait-il plus naturel de renvoyer l'hétérosite au genre *fer*.

L'*hureaulite*, au contraire, est d'un jaune rougeâtre, un peu plus clair que le rouge hyacinthe; elle se trouve cristallisée, sans aucun clivage; sa cassure est vitreuse, et elle est translucide; sa forme primitive est, comme celle de l'*hétérosite*, un prisme rhomboïdal oblique; sa pesanteur est 2.27. Au chalumeau, elle se fond en une perle noire brillante. Son analyse donne, d'après M. Dufrénoy :

Protoxyde de manganèse.	32.85
— de fer.	11.10
Acide phosphorique.	38.00
Eau.	18.00
	99.95

ce qui conduit à la formule $(MnO)^3\ P^2O^5 + FeO\ P^2O^5 + 6\ Aq$.

L'hétérosite et l'hureaulite se rencontrent dans la pegmatite des environs de Limoges. L'hureaulite y tapisse des géodes, et y forme de petites veines.

PHOSPHATE DE PLOMB (*Minér.*), m. Syn. : *plomb vert, plomb brun, pyromorphite* de Beudant, etc. Ce minéral est d'un beau vert d'herbe ou d'un brun de girofle; sa poussière est grise; il raye la chaux carbonatée, et se laisse rayer par le phosphate de chaux; sa densité varie entre 6.90 et 7.09; il est soluble sans effervescence dans l'acide nitrique; sa cassure est légèrement ondulée et peu éclatante; au chalumeau, il donne une perle d'un gris clair, qui cristallise par refroidissement. Sa forme primitive est le prisme hexaèdre régulier, avec le rapport :: 10 : 7. Le phosphate de plomb est toujours accompagné de chlorure, ainsi que le désigne l'analyse suivante, due à Wohler, et faite sur un échantillon vert de Zschopau, en Saxe :

Protoxyde de plomb.	74.22
Acide phosphorique.	15.73
Chlorure de plomb.	10.05
	100.00

conduisant à la formule du phosphate sesquiplombique : $(PbO)^3\ P^2O^5$. La composition totale de ce minéral doit être représentée par $3\ (PbO)^3\ P^2O^5 + PbCl$.

Très-souvent le phosphate de plomb, outre le chlorure, contient encore du fluorure de calcium; c'est ce qui résulte des quatre analyses suivantes, dues à Kersten, faites sur une variété nommée *polysphærite* :

	LOCALITÉS.		
	Bleistadt.	Cornouailles.	Mies.
Phosp. de plomb.	89.17	89.11	89.27
Chlor. de plomb.	9.92	10.08	9.66
Phosp. de chaux.	0.77	0.68	0.85
Fluor. de calcium.	0.14	0.13	0.22
	100.00	100.00	100.00

Les variétés de cette espèce sont : 1° le plomb phosphaté bacillaire, à cristaux allongés, accolés en forme de masses bacillaires; 2° la variété aciculaire en cristaux isolés, implantés dans leur gangue, ou groupés en houpes soyeuses qui ressemblent assez à certaine mousse; 3° la variété concrétionnée, ou en masses réniformes testacées, à cassure fibreuse ou compacte. Quelquefois le plomb phosphaté passe en partie ou en totalité à l'état de sulfure, sans perdre sa forme; il constitue alors une épigénie que quelques minéralogistes nomment plomb noir.

On connait encore une variété de plomb phosphaté d'un rouge orangé, qui contient de l'acide chromique. Cette variété n'a pas été suffisamment étudiée. On lui a donné le nom de *muscoïde*.

Le plomb phosphaté vert se trouve à Zschopau en Saxe; en Bohême, près d'Issengeaux; la variété bacillaire a été rencontrée dans la mine du Huelgoat, en Bretagne, ainsi que celle épigène; la polysphærite provient des mines de Sonnenwirbel et Saint-Nicolas, près Freiberg; la muscoïde a été recueillie à Bérésoff en Sibérie, et à Leadhills en Écosse.

PHOSPHATE D'URANE (*Minér.*), m. Substance fragile, composée principalement d'acide phosphorique et de peroxyde d'urane, auxquels se trouvent unis, tantôt de l'oxyde de chaux, tantôt de l'oxyde de cuivre, ce qui constitue deux variétés : l'une d'un vert serin, et qu'on appelle *uranite*; c'est la variété calcarifère; l'autre d'un beau vert d'émeraude, qui porte le nom de *chalkolite*, renferme du cuivre; la première pèse 3.12, la seconde 3.33. — Ces deux variétés, que quelques minéralogistes ont séparées, cristallisent en prisme à base carrée, ayant pour rapport de base et de hauteur les nombres 4 : 8 ; toutes deux ont la cassure lamelleuse, elles s'écrasent entre les doigts, se laissent rayer par le carbonate de chaux, et fondent au chalumeau. Elles donnent de l'eau par la calcination, et sont solubles dans l'acide nitrique. — Quoique leur composition présente la différence qu'entraine l'isomorphisme des protoxydes de chaux et de cuivre, leurs proportions atomiques sont les mêmes. C'est ce qui ressort des analyses ci-après :

	Uranite d'Autun, par		Chalkolite du Cornouailles, par	
	Laugier.	Berzelius.	Phillips.	Berzelius.
Acide phosphoriq.	14.30	14.63	16.00	15.57
Perox. d'urane.	58.00	59 37	60.00	60.25
Chaux.	4.60	5.66	»	»
Protox. de cuivre.	»	»	9 00	8.44
Magnésie.	»	0.19	»	»
Silice et ox. de fer.	5.00	»	»	»
Baryte.	»	1.50	»	»
Oxyde de zinc.	»	0.06	»	»
Eau.	21.00	14.90	14.50	15.05
	93.10	96 31	99 50	99.31

L'expression atomique est :

Pour l'uranite,

$(CaO)^2 P^2O^5 + (U^2O^3)^4 P^2O^5 + 16 Aq$;

pour la chalkolite,

$(CuO)^2 P^2O^5 + (U^2O^3)^4 P^2O^5 + 16 Aq$.

PHOSPHATE D'YTTRIA (*Minér.*), m. Syn. : *thorite, xenotime* de Beudant. Minéral jaunâtre, jaune orangé, à cassure inégale et esquilleuse. Il a pour forme primitive un prisme à base carrée, dont le rapport est :: 8 : 4; il possède un clivage peu net parallèlement aux faces de la forme primitive; sa densité est de 4.557; il raye la fluorine, et est rayé par la phosphorite; il est infusible au chalumeau, ne donne pas d'eau par la calcination, et est inattaquable par les acides. Sa composition est, suivant Berzelius :

Yttria.	62.58
Acide phosphorique avec un peu d'acide fluorique.	33 49
Sous-phosphate de fer.	3.93
	100.00

qui répond approximativement à la formule du phosphate sesqui-yttrique des chimistes $(YO)^3 P^2 O^5$.

L'yttria phosphatée a été découverte par M. Tank, dans un granite à grains fins des environs de Lindenaës, en Norwége; M. Sims en a trouvé dans le cobalt de Hvena, en Suède, en petits grains cristallins jaunâtres.

PHOSPHOLITE (*Minér.*), f. Nom donné par Kirwan à un phosphate d'alumine que Proust croit être une pierre vitreuse qu'il nomme grenat de Valence.

PHOSPHORE DE BOLOGNE (*Chimie* et *Minér.*), m. Nom donné à des galettes formées de poudre du *sulfate de baryte*, ou *pierre de Bologne*, agglutinée avec de la gomme.

PHOSPHORESCENCE (*Minér.*), f. Propriété qu'ont certains minéraux de donner des lueurs plus ou moins vives dans l'obscurité. Ce phénomène paraît être la conséquence de l'état électrique des corps. Très-peu de substances sont phosphorescentes à la température ordinaire : on peut citer le *chlorophane*, variété de fluorure de calcium, qui brille constamment dans l'obscurité. Quelques variétés de la même espèce ont besoin de la chaleur de la main pour manifester cette propriété; à d'autres il faut la température de l'eau bouillante; il en est quelques-unes qu'on doit chauffer au rouge sombre pour les faire reluire. Il faut parfois, pour obtenir cet effet, réduire la substance en poussière, et la projeter sur un charbon ardent ou une pelle bien chaude. La phosphorescence s'obtient encore par frottement : il suffit du plus léger choc pour que quelques variétés du *sulfure de zinc* donnent une lueur plus ou moins vive ; le *cristal de roche*, au contraire, a besoin d'un frottement assez fort. Beaucoup de substances manifestent une lueur phosphorescente au moment où on les clive ; cette lueur dure même quelques instants. Cet effet est surtout remarquable dans le *feldspath*. Quelques minéraux exposés au soleil, tels que le *sulfate de baryte radié*, le *diamant*, quelques *fluorures*, le *sel gemme*, le *succin*, le *quartz*, etc., y deviennent phosphorescents, et conservent cette propriété pendant quelques instants. M. Heinrich a remarqué que les rayons rouges ne donnaient point la phosphorescence, mais que les rayons bleus, au contraire, la produisaient au maximum.

La couleur de la lueur varie selon les diverses substances : Brewster a montré que la lueur blanche appartenait surtout au *fluorure de chaux*, à l'*arséniate de plomb*, à la *witerite*, au *calcaire magnésien*, au *sphène*, etc. ; que celle bleue était propre au *chlorure d'argent*, à la *télésie* verte, à la *pétalite*, au *disthène*, etc. ; celle verte, au *chlorophane* hyalin ; celle jaune, au *spath d'Islande*, au *phosphate de chaux*, à la *grammatite*, à l'*aragonite*, à l'*anatase*, etc. ; celle rouge, à la *tourmaline rubellite*. Selon M. Dessaigne, la lueur bleue caractériserait les corps simples à aspect pierreux ; celle jaune et verte, les oxydes réductibles.

L'état des surfaces du minéral influe sur la production du phénomène : un cristal de fluorine n'est pas phosphorescent lorsqu'il est poli ; s'il est usé au grès, il le devient par la chaleur ; le contraire arrive pour le diamant, qui ne donne de lueur qu'après avoir été soumis au polissage, et ne manifeste point cette faculté lorsqu'il est à l'état de cristal naturel.

PHOSPHORITE (*Minér.*), f. Nom donné par Kirwan au *phosphate de chaux*, qui, étant projeté sur des charbons, brille, dans l'obscurité, d'une lumière jaune verdâtre.

PHOSPHORITE QUARTZIFÈRE (*Minér.*), f. *Fluo phosphate de chaux*, substance grise nuancée de violet, grenue et cariée, laminaire, faisant feu au briquet, rude au toucher, répandant par la chaleur une vive lumière jaune dorée.

PHOSPHOROCHALCITE (*Minér.*), m. Nom donné par M. Lynn à un *phosphate de cuivre* décrit sous ce dernier titre.

PHOTICITE (*Minér.*), f. Synonyme de *rhodizite*; variété de *borate de magnésie.*

PHOTIZITE (*Minér.*), m. Nom donné par M. Duménil à un *silicate de manganèse* mélangé de carbonate.

PHOTOLITE (*Minér.*), f. Nom donné par Breithaupt à une variété d'*osmélite.*

PHTANITE (*Minér.*), f. Jaspe schisteux, roche à texture schistoïde, noire, veinée de blanc; variétés: noire, grise, rouge, verte.

PHTORE ou **PHTHORE** (*Minér.* et *Chim.*), m. Nom donné par M. Ampère au *fluor*, dont la propriété corrosive est des plus remarquables; du grec *phtheirô*, je détruis. C'est d'après cela qu'on a dit *phtorure d'alumine*, pour *fluate d'alumine.*

PHYCITE (*Paléont.*), f. Empreinte de fucus.

PHYLLADE (*Minér.*), m. Nom donné par M. Cordier à l'*ardoise*, ou *schiste argileux*; du grec *phyllas*, amas de feuilles.

PHYLLADE PAILLETÉ, m. Phyllade de la *formation houillère*, gris bleuâtre, verdâtre ou noirâtre, prenant une couleur plus foncée lors de son contact avec la houille.

PHYLLIDIENS (*Paléont.*), m. Famille de fossiles qui présente trois genres et six espèces. Un des genres appartient au terrain antérieur à la craie; les deux autres, au terrain postérieur.

PHYLLITE (*Minér.*), f. Silicate hydraté, variété de *gigantolite*, en petites lames irrégulières, assez semblables aux lamelles de mica; du grec *phyllon*, feuille.

PHYLLITE (*Paléont.*), f. Genre de végétaux voisins des aroïdes, des pipéracées, appartenant aux roches supercrétacées, et dont on n'a encore rencontré que des feuilles. Son nom vient du grec *phyllon*, feuille.

PHYLLOLITE (*Minér.*), f. *Carbonate de chaux cristallisé*, présentant des espèces de feuilles; du grec *phyllon*, feuille; *lithos*, pierre.

PHYSALITE (*Minér.*), f. Variété de *silico-fluate d'alumine.*

PHYSE (*Paléont.*), f. Genre de coquilles fossiles, dont plusieurs espèces se rencontrent dans les terrains lacustres postérieurs à la craie.

PHYSITE (*Paléont.*), f. Empreintes de feuilles d'algue marine.

PHYTOGÈNE, adj. Substance phytogène, substance d'origine végétale. Le bitume, l'anthracite, la houille, le lignite, le succin, sont des minéraux phytogènes.

PHYTOLITE (*Paléont.*), f. Empreinte de plantes.

PHYTOMORPHITE (*Paléont.*), f. Pierre figurée qui représente des plantes, des arbres; du grec *phyton*, plante; *morphê*, forme.

PHYTOTYPOLITE (*Paléont.*), f. Empreinte fossile en creux ou en relief des plantes, tiges, fruits, etc.; du grec *phyton*, plante; *typos*, marque; et *lithos*, pierre.

PIAUZITE (*Minér.*), f. Nom donné par Haidinger à une sorte de *résine fossile* provenant de Piauze, près de Neustadt, et décrite au mot RÉSINES FOSSILES.

PIC (*Exploit.*), m. Instrument de mineur terminé en pointe, et destiné à dégager la roche ou à l'abattre. Le *pic camard* des carrières a la pointe mousse; le pic *bec de cane* a la pointe plate.

PICITE (*Minér.*), m. Nom donné par M. Fischer au pechstein.

PICKERINCÉRITE (*Minér.*), f. Nom donné par M. Hayes à un sel en masses fibreuses blanches, qu'il a recueilli dans les environs d'Iquique, dans l'Amérique du sud. C'est un sulfate de magnésie et de manganèse contenant de l'acide phosphorique et de l'acide hydrochlorique. Le docteur Thomson croit que c'est un alun à base de magnésie et de soude.

PICNITE (*Minér.*), f. *Voy.* PYCNITE.

PICOLITE ou **PIGOLITE** (*Minér.*), f. Nom donné par Charpentier, en l'honneur de Picol de la Pérouse, à une variété d'*osmélite*; synonyme de *pecktolite.*

PICOT (*Exploit.*), m. Coin de bois séché au four, qui sert à comprimer la lambourde dans le picotage d'un puits.

PICOTAGE (*Exploit.*), m. Boisage d'un puits qui traverse un niveau. Le picotage se fait en plaçant des châssis dits trousses à picoter, qui laissent entre eux et la roche un petit intervalle qu'on remplit par un madrier posé de champ, derrière lequel on enfonce de la mousse; en pressant ensuite avec des coins unis entre la trousse et le madrier, on comprime fortement la mousse, et on empêche le passage des eaux.

PICRITE (*Minér.*), m. Nom donné par Blumenbach à un *carbonate de chaux et de magnésie*; du grec *pikros*, amer.

PICROLITE (*Minér.*), f. *Voy.* PIKROLITE.

PICROPHARMACOLITE ou **PIKROPHARMACOLITE** (*Minér.*), f. Nom donné par Stromeyer à une variété de *pharmacolite*, décrite à l'article ARSENIATE DE CHAUX.

PICROSMINE (*Minér.*), f. Variété de *boltonite*, qui développe une odeur argileuse amère quand elle est humide; du grec *pikros*, amer; *minera*, mine.

PICROSPATHUM (*Minér.*), m. Picrolite; mot dans lequel le grec *lithos* est remplacé par l'allemand *spath*, qui signifie également pierre.

PICTITE (*Minér.*), m. Nom donné par de la Mettrie à un *silico-titanate de chaux*, en l'honneur de Pictet; variété grise du *sphène*, avec des reflets jaunâtres analogues à ceux de certains zircons de l'Oural.

PIDICHIASA (*Minér.*), f. Nom vulgaire italien d'une variété du *marbre de trapani.*

PIÈCE (*Métall.*), f. Nom affecté spécialement à la loupe cinglée.

PIED DE BICHE (*Exploit.*), m. Petit *polfer* fendu qui sert, dans le boisage des mines, à arracher les clous.

PIED DE BOEUF (*Sond.*), m. *Voy.* CLEF DE RELEVÉE.

PIEDRA ALMANDRADA DE LAS CANTERAS (*Minér.*), f. *Carbonate de chaux*: marbre poudingue, assez semblable à la brèche arlequine, composé d'une multitude de petits galets rouges, jaunes et noirs, réunis par un ciment d'un rouge foncé. Il vient d'Espagne.

PIÉROPHYLLE (*Minér.*), f. Nom donné par M. A. Svanberg à une variété de *serpentine.*

PIERRE, f. Substance minérale solide, incombustible, insoluble dans l'eau, non malléable. La pierre est une réunion d'oxydes ou de sels métalliques, qui a pour caractère distinctif la présence de l'oxygène. Elle forme la matière de la croûte du globe, et est à peine recouverte de quelques mètres de sable ou de terre dans certains endroits. On peut diviser les pierres ordinaires en trois classes distinctes, qui sont toutes des sels : ce sont des silicates, des carbonates, ou des sulfates.

PIERRE A AIGUISER. Nom donné à toute pierre sur laquelle on aiguise ou on affile les instruments de coutellerie ou de chirurgie. Ce sont des pierres longues et plates qui servent à donner le dernier fil aux tranchants. On en distingue cinq classes : 1° les *pierres arenacées*, dites aussi *pierres à couteaux*, *pierres de Normandie*, etc, qui sont des pierres factices fabriquées avec du grès houiller réduit en poudre; 2° les *cos*, ou *pierres à rasoir*; 3° la *pierre du Levant*, ou *pierre à l'huile*; 4° la *pierre à burin*; 5° le *caillou vert*, ou *pierre à lancettes*. Nous renvoyons à ces mots pour plus de détail.

PIERRE A BAGUETTES. *Rapidolite*; traduction littérale du mot RAPIDOLITE.

PIERRE A BATIR. *Moellon*, *pierre d'appareil.*

PIERRE A BOUTONS. Nom donné vulgairement soit au *lignite jayet*, avec lequel on fabrique des boutons de deuil; soit aux *nummulites*, dont la forme ressemble à des moules de boutons.

PIERRE A BRIQUETS. *Agate pyromaque.*

PIERRE A BRUNIR. Brunissoir de *sanguine*, d'*hématite*, de *quartz agate*, etc.

PIERRE A BURIN. Schiste verdâtre à grains très-serrés et très unis, qui est employé comme pierre à aiguiser. Cette pierre variant de qualité, on emploie de préférence les plus dures et les plus fines; on les unit en les limant, ou en les frottant sur un grès sec; on les passe ensuite à l'eau et à la ponce, et on les finit avec une pierre à rasoir humectée d'eau. Elle sert à affiler les tranchants de coutellerie les plus délicats, tels que les canifs, les grattoirs, les coupe-cors, etc. Dans les instruments de chirurgie, c'est la seconde pierre servant au repassage de la lancette et des instruments employés dans l'opération de la cataracte; les bistouris, les lithotomes, lui doivent la finesse de leurs taillants. Celle qui sert aux tranchants courbes doit être un peu arrondie. Ce schiste est exploité en Languedoc, en Auvergne et en Lorraine. Il en vient du Vesuve de couleur vert pré, parfaitement égale, sans veines ni nuances. On est obligé d'enlever la croûte cendreuse qui la recouvre.

PIERRE A CAUTÈRE. *Potasse.*

PIERRE A CHAUX. *Carbonate de chaux*. Roche propre à donner de la chaux vive par la calcination. Elle fait effervescence avec l'acide nitrique, et se laisse rayer par une pointe d'acier.

PIERRE A CHAUX HYDRAULIQUE. Calcaire argileux propre à faire la chaux hydraulique. Lorsqu'on fait dissoudre cette roche dans un acide, les matières argileuses se déposent au fond.

PIERRE ACIDE. Nom donné anciennement à l'alun.

PIERRE A DÉTACHER. *Argile smectique* qui enlève les taches de graisse. C'est quelquefois une marne grise, marbrée, de la formation gypseuse. On y ajoute souvent du carbonate de soude, dont l'effet est de raviver les couleurs dégradées par l'acide nitrique. La montagne de Montmartre, la mine de manganèse de Romanèche, fournissent de cette sorte d'argile.

PIERRE A DORER. *Sanguine*, taillée en brunissoir.

PIERRE A ÉCORCE. Minéral dont l'un des éléments s'altère au contact de l'atmosphère, ce qui produit un changement de couleur à la surface jusqu'à une faible profondeur, et fait ressembler cette surface à une écorce. C'est dans les cornéennes le fer qui est altéré. Dans certains silex la surface prend une apparence plombée, comme à la montagne de Sainte-Catherine à Rouen.

PIERRE A ÉCRITOIRE. Nom donné au Japon à une pierre creuse qui sert d'écritoire aux lettrés, et dans laquelle ils délayent leur encre.

PIERRE EMPREINTE. Nom vulgaire donné aux schistes qui présentent des empreintes d'animaux ou de plantes.

PIERRE A FARD. Nom donné communément au *talc*, qui sert de base au fard qu'emploient les femmes.

PIERRE A FAUX. Grès à grain fin, pierre à aiguiser étroite et longue, d'un gris foncé; appartenant à la formation houillère.

PIERRE A FEU. Silex pyromaque, agate pyromaque. Variété de quartz blond ou noirâtre, faisant feu sous le choc du briquet; en masses, en cailloux, accumulés dans la craie; se divisant sous le marteau en petites parties ou tables. Un ouvrier fait trois cents de ces pierres par jour.

PIERRE A FILTRE. *Voy.* PIERRE FILTRANTE.

PIERRE A FUSIL. Variété de *silex*, ou quartz pyromaque qui se divise facilement en fragments aigus, tenaces, faciles à tailler, et propres à être employés comme pierres à fusil.

PIERRE A L'HUILE. *Voy*. PIERRE DU LEVANT.

PIERRE A JÉSUS. *Voy*. SÉLÉNITE. On donne ce nom au sulfate de chaux, et même au mica, parce que les religieuses se servent des feuilles transparentes de ces minéraux pour conserver les images de saints et autres petites gravures sacrées.

PIERRE A LANCETTES. Calcaire argilo-siliceux très-dur et très-compacte, qui sert à l'affinage des instruments de chirurgie. Cette pierre doit être très-unie et douce; sa couleur est le vert pâle, olivâtre, sans nuances, ce qui lui a fait donner le nom de *caillou vert*; elle est tellement dure, que le rasoir a peine à mordre dessus. La pierre à lancettes n'est employée que dans un petit nombre de cas; elle n'en est pas moins précieuse, puisque beaucoup de couteliers renoncent à faire des lancettes, faute de pouvoir se procurer le caillou vert; elle donne un fini remarquable aux tranchants et aux pointes de lancettes, aux aiguilles des oculistes, au cératotome, etc.

PIERRE ALUMINEUSE DE LA TOLFA. *Sulfate alcalin d'alumine.*

PIERRE A MAGOTS. Pagodite, *stéatite* de la Chine; de couleur incarnat.

PIERRE A MARMITE. *Pierre ollaire.*

PIERRE AMÈRE. *Carbonate de chaux et de magnésie*; *carbonate de magnésie*; picrite picrolite.

PIERRE A MOELLONS. Calcaire grossier, variété à texture terreuse et lâche.

PIERRE A MOUCHE. *Arséniure de cobalt* pulvérisé, et que l'on met dans le fond d'une assiette avec de l'eau et du sucre. Les mouches, attirées de loin, boivent de cette liqueur empoisonnée, et meurent aussitôt.

PIERRE A NOYAUX. *Coccolite.*

PIERRE A PICOT. Nom vulgaire donné à la *variolite*, toute criblée ou picotée de points ronds ressemblant aux grains de la petite véro e; ce qui l'a fait nommer aussi, par les ouvriers mineurs, *pierre de petite vérole*.

PIERRE A PLATRE. Nom vulgaire du *sulfate de chaux hydraté.*

PIERRE A PLATRE DE PARIS. *Hydro-sulfate de chaux*, variété calcarifère; *sulfate de chaux calcarifère.*

PIERRE A POLIR. Argile schisteuse, plus tendre que l'ardoise ordinaire. Les ouvriers en distinguent trois variétés, sous le nom de *pierre dure*, *pierre demi-douce*, *pierre douce*. Ils les emploient successivement et par degrés pour polir une pièce de métal, chacune de ces pierres effaçant les traits que la précédente avait laissés sur la surface métallique.

PIERRE ANGLAISE. Calcaire gris micacé, connu vulgairement sous le nom d'*éclats de Jersey*, à cause de son mode de division. C'est une pierre à aiguiser employée pour les taillants des corroyeurs.

PIERRE A POTS. *Voy*. PIERRE OLLAIRE.

PIERRE ARABIQUE. Pierre dont parlent les anciens minéralogistes. Elle était blanche, et devenait spongieuse en brûlant. On s'en servait pour nettoyer les dents.

PIERRE A RASOIR. Pierre à aiguiser. *Voy*. COS.

PIERRE A RATS. *Carbonate de baryte*, qui agit comme vomitif violent sur l'économie animale.

PIERRE A RAVETS. Nom donné à Saint-Domingue à une pierre criblée de cavités dans lesquelles se cachent les blattes ou ravets.

PIERRE ARMÉNIENNE. *Pierre d'Arménie.*

PIERRE AROMATIQUE. Nom donné par les anciens au succin.

PIERRE A SCULPTEUR. *Pierre à magots*, *pierre de lard*, *pagodite.*

PIERRE ATMOSPHÉRIQUE. Nom vulgaire de l'*aérolite.*

PIERRE ATRAMENTAIRE. Du latin *atramentum*, encre; pierre de diverses couleurs, imprégnée de sulfate de fer. Celle noire produit dans l'eau une espèce d'encre naturelle.

PIERRE A VIGNE. *Voy*. AMPÉLITE.

PIERRE BERGERONNETTE. Nom vulgaire donné, suivant M. Beurard, à une sorte de chlorite qui se trouve quelquefois dans l'estomac de l'oiseau nommé bergeronnette.

PIERRE BILIAIRE. *Calcul*, concrétion qui se trouve dans la bile.

PIERRE BRANCHUE. Nom donné anciennement à des concrétions ramifiées, telles que la variété d'*aragonite* dite *flos ferri.*

PIERRE BRULÉE. Lave qui porte des traces de fusion.

PIERRE CALAMINAIRE. *Voy*. CALAMINE.

PIERRE CALCAIRE. *Voy*. CALCAIRE. On dit aussi *pierre à chaux.*

PIERRE CAMÉLÉON. Nom donné par les anciens lapidaires à une variété d'*opale*, au *quartz hydrophane.*

PIERRE CRUCIFORME. Nom vulgaire de l'*harmotome.*

PIERRE CYANÉE. Nom donné par les anciens à la *lazulite.*

PIERRE D'AIGLE. *Voy*. AÉTITE.

PIERRE D'AIMANT. *Voy*. AIMANT.

PIERRE D'ALUN. Roche qui contient de l'alun en combinaison avec un excès d'alumine. Elle se trouve à la Tolfa, en Italie.

PIERRE D'APPAREIL. Roche employée dans l'architecture pour les constructions de toutes sortes. Les qualités exigées pour les pierres d'appareil sont nombreuses : on veut qu'elles ne s'égrènent pas à l'air, qu'elles ne s'éclatent ni à la gelée ni au feu, qu'elles soient d'un grain fin et uniforme, qu'elles soient faciles à tailler, qu'elles puissent être placées dans tous les sens. Les calcaires, les granites, les grès, les laves, sont les principales pierres employées dans les constructions. Les roches sont dites de haut ou de bas appareil, suivant qu'elles appartiennent à un banc supérieur ou inférieur, attendu qu'il est d'usage de les employer dans les constructions en leur donnant une place analogue à celle qu'elles occupaient dans la nature. Les carriers divisent les pierres d'appareil en cinq classes, qui sont : le *liais*, le *cliquart*, la *roche*, le *banc-franc*, et la *lambourde*.

PIERRE D'ARITHMÉTIQUE. Nom donné vulgairement à quelques roches chargées de traits qui ont quelque ressemblance avec des chiffres.

PIERRE D'ARMÉNIE. *Bleu d'Arménie* ; nom donné par les anciens au saphir de Job, qui paraît avoir été le *lapis-lazuli*.

PIERRE D'ARQUEBUSE. Silex, pyrite de fer.

PIERRE D'ASPERGE. Phosphate de chaux cristallisé, d'une couleur verdâtre. C'est le *spargelstein* de Werner.

PIERRE D'ASSOS. *Voy.* ASSIENNE. Ce nom vient d'Assos, ville de Lydie ou de la Troade, d'où les anciens tiraient cette pierre.

PIERRE D'AVESNES. *Carbonate de chaux. Voy.* MARBRE DE RANCÉ.

PIERRE D'AZUR. *Voy.* LAPIS LAZULI.

PIERRE DE BAINS. Concrétions qui se déposent dans le fond des bassins d'eaux thermales. Ce sont généralement des carbonates de chaux.

PIERRE DE BARAM. Nom égyptien d'une serpentine, ou pierre *ollaire*, avec laquelle on fabrique des vases de ménage.

PIERRE DE BEAUCAIRE. Roche de chaux carbonatée employée dans les constructions de quelques départements du Midi, et qui est susceptible de poli.

PIERRE DE BOLOGNE. Nom vulgaire d'une variété fibro-radiée de *sulfate de baryte* qu'on trouve au mont Paterno, près de Bologne. *Voy.* SULFATE DE BARYTE. La pierre de Bologne devient phosphorescente par la calcination.

PIERRE DE BASALTE. Pierre de touche factice, faite avec de la terre noire de Wedwood. Composition, suivant M. Drapier :

Carbonate de chaux.	61.60
— de fer.	6.00
Silice.	15.00
Alumine.	4.80
Oxyde de fer.	3.00
Eau.	6.60
Perte.	3.00
	100.00

PIERRE DE BOULOGNE. Carbonate de chaux siliceux, en cailloux roulés, très-remarquable comme fournissant le béton naturel, dit *ciment romain* ; couleur jaunâtre à la surface, cassure grisâtre, plate ou conchoïde, texture grenue très-serrée, rayée par l'acier ; rayure blanc grisâtre, un peu grasse au toucher, happant la langue, ne faisant point feu au briquet, faisant une vive effervescence dans l'acide nitrique. P. S. : 2.16. Calcinée et réduite en poudre, cette roche donne un excellent ciment hydraulique.

PIERRE DE BRONZE. *Pierre d'appareil* employée dans les constructions à Vérone et à Vicence. Elle est très-dure et sonore.

PIERRE DE CANDAR. Nom de certaine variété de fer sulfuré, suivant M. Léman.

PIERRE DE CANNELLE. *Kanelstein* des Allemands, *essonite*.

PIERRE DE CAPRAROLE. Tuf grisâtre renfermant des grenats blancs, opaques, friables, qui se vitrifient au feu et deviennent transparents.

PIERRE DE CAYENNE. Galet de quartz hyalin très-limpide, qu'on nomme aussi caillou du Rhin, diamant d'Alençon ou du Médoc, etc.

PIERRE DE CHARPENTIER. Schiste noir et tendre, qui sert de crayon aux charpentiers et appareilleurs.

PIERRE DE CHAUDRON. Nom donné quelquefois par le peuple à la pierre ollaire, dans le Valais, les Grisons, etc.

PIERRE DE CHOIN. *Pierre d'appareil* calcaire employée à Lyon dans les constructions ; c'est aussi un *marbre lumachelle*, plus connu sous le nom de *choin antique*.

PIERRE DE CHYPRE. *Asbeste*.

PIERRE DE CIRCONCISION. *Pierre de hache* qui servait anciennement à la circoncision.

PIERRE DE CLOCHE. *Phonolite*.

PIERRE DE COBRA. Nom donné par les Portugais à des ammonites qu'ils avaient prises pour des serpents fossiles enroulés.

PIERRE DE COCHON. Nom trivial du carbonate de chaux fétide.

PIERRE DE COLOPHANE. *Colophanite*.

PIERRE DE COLUBRINE. *Colubrine*.

PIERRE DE COME. Pierre ollaire qui se trouve à Côme (Grisons).

PIERRE DE CORNE. On a donné ce nom à trois espèces de roches différentes, dont l'aspect offre plus ou moins d'analogie avec la corne : 1° au *quartz agate grossier* ; 2° au *pétrosilex* ; 3° à la *cornéenne*, ou amphibole compacte.

PIERRE DE COSNE. *Pierre ollaire* provenant de Cosne, dans les Grisons.

PIERRE DE CRAPAUD. *Toad stone* des Anglais ; cornéenne compacte amygdalaire, qui interrompt quelquefois les filons de galène du Derbyshire. On donne aussi ce nom à des dents de poissons fossiles qu'on rencontre en Sicile.

PIERRE DE CROIX. Nom vulgaire de la *staurotide*, variété géminée, et de l'*harmotone*, variété cruciforme. La *staurotide*, outre la composition, diffère de l'*harmotone* en ce que ses cristaux se croisent à angle droit dans le sens de leurs axes, tandis que dans l'harmotome les cristaux sont plutôt accolés à angles droits, de manière à ce que leurs axes soient parallèles.

PIERRE DE DOMINE. Nom donné, suivant Patrin, par des minéralogistes hollandais, à une terre bolaire de l'île d'Amboine.

PIERRE DE DRAGÉES. *Dragée de Tivoli*.

PIERRE DE DRAGON. *Voy.* DRACONITE.

PIERRE D'ÉTHIOPIE. Variété de *diabase*, prétendus basaltes noirs ou verts d'Égypte.

PIERRE DE FIRMAMENT. Nom donné par le vulgaire à une variété d'opale.

PIERRE DE FLORENCE. *Carbonate de chaux*. *Voy*. MARBRE DE FLORENCE.

PIERRE DE FOIE. Calcaire qui répand, lorsqu'on le frappe, une odeur d'œufs couvés ou d'hydrogène sulfuré, nommé anciennement foie de soufre.

PIERRE DE FOUDRE. Nom donné anciennement aux *aérolites* qui tombent du ciel et éclatent avec bruit. On l'a aussi donné à des *céraunites*, ou pierres siliceuses très-dures, dont les anciens se servaient comme armes, et qu'ils croyaient produites par la foudre. La même dénomination a encore été appliquée aux *bélemnites* et aux *pyrites de fer*. *Voy*. ces mots.

PIERRE DE FRAI. Nom vulgaire donné à des *oolites*, à des amas de très-petites coquilles globuleuses, qu'on considérait anciennement comme des amas d'œufs de poissons pétrifiés.

PIERRE DE FRUIT. *Fruchtstein des Allemands*; argile endurcie des environs de Schemnitz en Saxe, présentant des taches rondes, de couleurs plus foncées que la masse, lesquelles ressemblent à des fruits enveloppés dans une pâte.

PIERRE DE GALLINACE. *Obsidienne*; lave solide et vitrifiée dont les Péruviens faisaient des vases et des bijoux, et qu'ils nommaient *piedra de galinaco*.

PIERRE DE GLACE. Variété de *sulfate de chaux* cristallisé.

PIERRE DE HACHE. *Néphrite* dont les anciens se servaient pour faire des instruments tranchants.

PIERRE D'HIRONDELLE. *Voy*. CHÉLIDOINE.

PIERRE DE IU. Nom donné par les Chinois à la *néphrite*.

PIERRE DE JUDÉE. Nom donné par les anciens à plusieurs minéraux provenant de la Judée, et qui avaient la forme d'un gland (*balanite*) ou d'une olive. C'est le *lapis judaïcus* ou *syriacus* des Latins. On a aussi donné cette dénomination à des pointes d'oursins fossiles, rapportées de l'Orient par les croisés.

PIERRE DE KOENIGSWINTER. *Trachyte* du Siebengebirge, dans la Prusse rhénane, employé comme pierre de construction.

PIERRE DE LABRADOR. *Labradorite*.

PIERRE DE LAIT. Variété de craie, à tissu feuilleté, blanche, légère, douce au toucher, et comme farineuse. C'est ce que les anciens nommaient *lac lunæ*, lait de lune.

PIERRE DE L'APOCALYPSE. Nom donné par quelques anciens minéralogistes à l'*opale*.

PIERRE DE LARD. Nom vulgaire donné à la *stéatite* et à l'*agalmatolite*, à cause de leur aspect gras, assez semblable à du lard.

PIERRE DE LIAIS. *Pierre d'appareil* calcaire, variété à texture solide, à grain fin et égal, se taillant avec facilité, renfermant peu de débris organiques, résistant à la gelée lorsqu'on lui a laissé perdre son *eau de carrière*. Les architectes en distinguent trois sortes : le *liais dur*, le *férault*, et le *liais tendre*.

PIERRE DE LIME. Nom donné par quelques ouvriers à l'*émeri*, qui raye et polit les métaux comme le ferait une lime.

PIERRE DE LIPARI. *Pierre ponce* très-poreuse, facile à écraser, en petits morceaux de la grosseur d'une noisette. Elle est ordinairement grise, et se trouve dans les environs de l'Etna.

PIERRE DE LIS. Espèce d'*encrinite* fossile.

PIERRE DE LUNE. *Feldspath* à reflets nacrés et chatoyants, trouvée au Saint-Gothard, à Ceylan et en Norwége. M. Brooke a fait remarquer que la pierre de lune de Norwége présentait le troisième clivage de la *murchisonite*; ce qui tendrait à rapprocher cette dernière substance du feldspath, si sa composition n'en différait beaucoup. La *pierre de lune* offre des reflets blanchâtres avec une teinte bleue ou verte, sur un fond demi-transparent et légèrement laiteux ; elle appartient à la variété lamelleuse du feldspath. La *pierre de lune* était connue de Dioscoride sous le nom de *sélénite*, du grec *séléné*, lune ; et des anciens minéralogistes grecs, sous celui d'*aphrosélène*, du grec *aphros*, écume ; *séléné*, lune, écume de lune, parce qu'on la croyait produite par la lune.

PIERRE DE LYDIE. Jaspe noir ou quartz lydien, en couches intercallées dans le schiste argileux. Il est employé comme pierre de touche.

PIERRE DE LYNX. Nom donné par les anciens à la *bélemnite*, qu'on croyait être une concrétion de l'urine du lynx.

PIERRE DE MANSFELD. Schiste bitumineux cuprifère, à empreintes de poissons, exploité en Saxe, dans le comté de Mansfeld.

PIERRE DE MARMAROSCH. Variété terreuse de *phosphate de chaux*, dans laquelle Klaproth a signalé la presence de l'acide fluorique.

PIERRE DE MATRICE, Pierre hystérique, moule intérieur de térébratule fossile, ayant une forme particulière qui lui a valu son nom, et auquel les anciens attribuaient des vertus médicales en rapport avec sa figure.

PIERRE DE MEMPHIS. Nom donné par les anciens à une pierre qu'on croit être une agate onyx.

PIERRE DE MÉROPE, OU DE SIPNÉE. Pierre ollaire dont parle Théophraste, et qu'on tirait de Sipnus ou de Mérope. C'est le *lapis sipnius* de Pline.

PIERRE DE MIEL. *Mellate d'alumine hydraté*, mellite.

PIERRE DE MOCHE. *Quartz agate* arborisé. C'est la même chose que la pierre qui suit.

PIERRE DE MOKA. Agate renfermant des dendrites; *agate arborisée*, dont on fait un grand commerce en Arabie.

PIERRE DE MORAVIE. Roche granitoïde renfermant des grenats, susceptible de poli, et présentant des zones rubanées d'un aspect agréable. On l'exploite à Nauriest, en Moravie.

PIERRE DE MUNDIC. Pyrite, *sulfure de fer* à larges faces.

PIERRE DE NORMANDIE. Pierre à aiguiser, faite dans le genre de la poterie de grès, avec de la poussière de grès, dont on forme une pâte, et que l'on moule comme des briques. La pièce est ensuite mise au four de potier et cuite. Cette fabrication a lieu à Bayeux, à Sainte-Use dans l'Isère, où ces grès portent le nom vulgaire de *fusils* ; à Aleth (Aude), où elles sont faites d'un grès jaune, à grains fins ; et à Vieil-Salm, près de Malmédy, où l'on emploie un grès verdâtre micacé, un peu feuilleté.

PIERRE DE PAILLE. *Hydro-silicate alumineux de manganèse ferro-calcifère.* Composé de fibres très-minces qui se croisent en tous sens, et ressemblent à un assemblage de brins de paille.

PIERRE DE PANTHÈRE. Jaspe moucheté, qui a l'apparence de la robe d'une panthère.

PIERRE DE PAPPENHEIM. Calcaire compacte ; nom donné anciennement à des pierres lithographiques.

PIERRE DE PARANGON. *Voy.* PIERRE DE TOUCHE. C'est un basalte noir.

PIERRE DE PÉRIGUEUX. Nom vulgaire donné à des oxydes de manganèse qui se rencontrent dans le Périgord, notamment à Saint-Martin de Fressengeas. Ces oxydes sont fortement chargés d'oxyde de fer, et sont souvent jaunâtres ou rougeâtres, ce qui les fait nommer, dans le patois du pays, *peyre de coulouro,* pierre de couleur. Ils sont en rognons ou en veinules dans le calcaire oolitique inférieur.

PIERRE DE PHRYGIE. *Lapis phrygius,* nom donné par les anciens au marbre cipolin antique.

PIERRE DE POIS. *Carbonate calcaire* pisiforme, en concrétions arrondies, ayant pour centre de l'air ou une substance étrangère que le carbonate de chaux recouvre en couches concentriques. Blanc-jaunâtre, mate, opaque, tendre ; cassure unie. P. S. : 2.532.

PIERRE DE POIX. *Résinite,* ayant l'aspect de la poix ; c'est le *pechstein* des Allemands.

PIERRE DE PORC. *Carbonate de chaux fetide.*

PIERRE DE PORTLAND. Pierre calcaire d'appareil employée aux constructions à Londres, et qu'on tire de l'île de Portland, dans la Manche.

PIERRE DE PORTUGAL. Marcassite ; sulfure de fer qui se taille en bijoux.

PIERRE DE PROVIDENCE. Calcaire renfermant des nummulites.

PIERRE DE RIZ. Prétendue pierre apportée de la Chine, et qui n'est autre chose qu'un émail blanchâtre fabriqué au Japon.

PIERRE DE ROCHE. Calcaire grossier, variété à texture fine et solide.

PIERRE DE RUINES. *Pierre de Florence.*

PIERRE DE SABLE. *Grès, sandstein* des Allemands.

PIERRE DE SAINT-ÉTIENNE. Stigmite perlaire, *perlite.*

PIERRE DE SAINT-PAUL. Nom emprunté aux Italiens : *pietra di San Paolo,* par lequel on désignait anciennement la terre samienne.

PIERRE DES AMAZONES. *Feldspath de potasse* trouvé sur le bord du fleuve des Amazones ; il est remarquable par sa belle couleur verte.

PIERRE DE SAMOS. Nom donné par les anciens à une agate dont les orfèvres se servaient pour brunir l'or.

PIERRE DE SANG. Jaspe marqueté de taches obscures avec de petits points rouges. Les anciens lui attribuaient la propriété d'arrêter l'hémorragie.

PIERRE DE SARCOPHAGE. Pierre citée par les anciens, et dont la nature est inconnue. Ils s'en servaient pour dessécher et conserver les cadavres.

PIERRE DE SARDE. *Sardoine.*

PIERRE DE SASSENAGE. *Pierre d'hirondelle.*

PIERRE DE SAVON. Hydro-silicate de magnésie et d'alumine ; *stéatite ; néphrite ; talc.* Substance grisâtre ou bleuâtre, onctueuse, se coupant comme du savon ; trouvée dans une serpentine du comté de Cornwall.

PIERRE D'ESCARGOT. Nom donné aux nodules de *coprolites* par les lapidaires, à cause de l'enroulement en spirale de ces singuliers fossiles. C'est le *beetle-stone* des Anglais.

PIERRE DES CHARPENTIERS. *Ampélite graphique,* crayon noir, pierre noire, pierre salée, craie noire.

PIERRE DE SERIN. Akanticone, arendalite.

PIERRE DE SERPENT. Nom vulgaire donné anciennement à la serpentine, à laquelle les bramines de l'Inde attribuaient la propriété de guérir des morsures de serpent. Le père Feyjoo y Montenegro, dans ses *Lettres érudites,* prouve que la prétendue pierre n'était que de la corne de cerf calcinée.

PIERRE DES INCAS. Sorte de pyrite blanche dont les Incas faisaient des bagues, et qu'ils faisaient tailler à facettes. On a cru longtemps que c'était le platine.

PIERRE DES OS ROMPUS, OU PIERRE DES ROMPUS. Nom trivial donné anciennement à des concrétions calcaires creuses, ou à des tubulites, auxquelles on attribuait la vertu de remettre les os rompus.

PIERRE DES REMOULEURS. Grès plus ou moins fin, dont on fait des meules à aiguiser.

PIERRE DE STOLPEN. Nom donné dans le Nord au basalte prismatique en colonnes.

PIERRE DE SUCRE. *Albite.*

PIERRE DE SYÈNE. *Syénite.*

PIERRE DE SYRIE. *Pierre de Judée.*

PIERRE DE TAILLE. Nom donné à toutes les roches assez dures pour être employées dans l'architecture aux entablements et autres ouvrages à arêtes prononcées. *Voy.* PIERRE D'APPAREIL.

PIERRE D'ÉTAIN. *Voy.* OXYDE D'ÉTAIN.

PIERRE DE THRACE. Nom donné par Théophraste à un lignite très-sulfureux qui s'échauffait dans l'eau, et donnait une odeur d'hydrogène sulfuré désagréable.

PIERRE DE THUM. Nom vulgaire donné anciennement à une variété d'*axinite*, nommée aussi *thumite*. C'est le *thumerstein* des Allemands, ainsi appelé à cause de son abondance dans les environs de Thum, en Saxe.

PIERRE DE TIBLE. Nom donné dans le Limousin à des schistes ardoisiers dont on se sert pour couvrir les maisons dans les campagnes.

PIERRE DE TIBUR. *Travertin.*

PIERRE DE TIVOLI. *Travertin.*

PIERRE DE TOUCHE. Syn. : *quartz lydien* de Werner, *lapis metallorum* des anciens. *Quartz jaspe* noir, coloré par le charbon. Les qualités de cette pierre sont d'avoir un grain fin et de résister à l'acide nitrique. Lorsqu'on veut essayer un bijou d'or sur cette pierre, on le frotte légèrement, de manière à ce qu'il laisse une trace qui ressort parfaitement sur le noir du minéral; on répand ensuite sur cette trace une goutte d'acide nitrique. Si le bijou est d'or pur, la trace subsiste sans altération; s'il est allié, la couleur de la trace indiquera par comparaison quelle est la proportion de l'alliage. Les essayeurs arrivent par ce moyen à une approximation presque rigoureuse. La pierre de touche se trouve en Lydie; on la recueille en cailloux roulés à la surface du sol.

PIERRE DE TRASS. Tuf volcanique que les Hollandais font entrer dans la composition du ciment qui leur sert pour la construction des digues.

PIERRE DE TRIPES. Nom vulgaire d'une variété de *sulfate de chaux anhydre*, en petites masses repliées sur elles-mêmes à plusieurs reprises, et ressemblant à des intestins.

PIERRE DE TRUFFE. *Tartufoli* des Italiens; madrépore qui répand par le choc une odeur de truffe prononcée. On le trouve à Monteviale, dans le Vicentin, au milieu de déjections volcaniques, sur un terroir qui répand également une odeur de truffe après les pluies.

PIERRE DE VARIOLE OU DE LA PETITE VÉROLE. *Voy.* VARIOLITE.

PIERRE D'ÉVÊQUE. *Améthyste*; pierre précieuse que portent ordinairement les évêques à leur anneau.

PIERRE DE VERBERIE. Nom donné par les ouvriers à des *fongites* qui se trouvent dans les pierres de constructions des environs de Paris.

PIERRE DE VÉRONE. Calcaire compacte en tables qui renferment les plus belles empreintes de poissons connues. On le trouve à Vestena-Nova, près de Vérone. Cette roche contient également des empreintes de plantes et des noyaux de succin.

PIERRE DE VIOLETTE. Nom donné au gneiss de Mittelberg et au granite des Vosges, à cause de l'odeur prononcée de violette que ces roches exhalent, et qu'elles ne doivent à la présence d'aucune plante cryptogame.

PIERRE DE VOLCAN OU DE VULCAIN. *Lave.*

PIERRE DE VOLVIC. Lave lithoïde basaltique, employée pour bâtir, pour faire des trottoirs, et même pour la sculpture.

PIERRE DE VULPINO. Nom vulgaire donné à une variété quartzifère du *sulfate de chaux anhydre*.

PIERRE D'HÉRACLÉE. Nom donné par Platon à l'*aimant*, ou à un oxyde de fer de la ville d'Héraclée, en Lydie. C'est aussi la pierre nommée *pierre de Lydie* par Sophocle.

PIERRE D'ITALIE. *Ampelite graphique.*

PIERRE DIVINE. *Pierre néphrétique.*

PIERRE D'OPALE. *Quartz opalisant*, variété de *quartz hyalin*.

PIERRE DU LEVANT. Chaux carbonatée compacte, qui sert aux couteliers comme pierre à aiguiser. Son nom lui a été donné parce qu'elle vient du port de Joppé, d'où les navires l'apportent comme lest en Europe. On dit aussi qu'elle se trouve à Smyrne; M. Bergeron la fait venir de Candie. On la polit avec une pierre ponce, en lui donnant une face plate; puis, on la fait imbiber dans l'huile pendant plusieurs mois. C'est pour cela qu'elle est connue dans le commerce sous le nom de *pierre à l'huile*. Cette préparation lui donne une teinte verdâtre et la durcit beaucoup, quoiqu'elle se laisse pénétrer difficilement. On rejette du commerce de la coutellerie celle qui a quelques veines noirâtres, surtout lorsque ces veines sont transversales. Comme elles sont plus dures que le reste de la pâte, elles nuisent à la facilité de l'affilage, et demandent beaucoup d'attention. La pierre du Levant sans défaut est précieuse pour l'affilage de la lancette. Ordinairement la pierre préparée a deux faces, l'une plate, l'autre un peu arrondie. Sur l'une on aiguise les ciseaux, les grattoirs, les couteaux, etc.; sur l'autre, les serpettes, les coupe-cors, et tout ce qui porte un tranchant courbe.

PIERRE DU SOLEIL. *Feldspath* à reflets dorés, d'Archangel, désigné dans quelques minéralogies sous le nom d'*aventurine jaune à pluie d'or*. Ce minéral fort rare, et qu'on n'a encore trouvé que dans l'île de Cedlovatoï, près d'Archangel, paraît parsemé d'une infinité de points brillants sur un fond jaune d'or. M. Schéerer a trouvé que ces reflets dorés sont dus à l'interposition de petits cristaux de fer oligiste. La pierre du soleil soumise à l'action des acides devient blanche comme le feldspath ordinaire. On peut rapporter à cette dénomination l'*agate* dite *girasol*, ou *solis gemma* des anciens; et la *pierre du soleil* (gusguneche) des Turcs.

PIERRE DU TONNERRE. *Pierre de foudre*, météorite.

PIERRE ÉCUMANTE. *Cæstein* des Suédois; mésotype compacte altérée, analogue à la crokalite, qui se boursoufle au chalumeau en un verre blanc écumeux. On donne aussi ce nom à certaines obsidiennes.

PIERRE ÉLÉMENTAIRE. Ancien nom de l'*opale*.

PIERRE ENCHASSEUSE. Pierre à aiguiser, du genre de la pierre à faux, et dont se servent les corroyeurs, qui les fixent dans des châssis de bois à deux manches pour préparer les cuirs, en même temps que pour aiguiser leurs outils.

PIERRE ÉTOILÉE. *Carbonate de chaux*. *Voy*. MARBRE MADRÉPORE. C'est la *pietra stellaria* des Italiens. C'est aussi le surnom de la variété *astérie* du *saphir*.

PIERRE FIGURÉE. Pierre fine sur laquelle on remarque des espèces de figures, de plantes, de paysages, etc. On les imite en traçant des dessins avec des dissolutions métalliques.

PIERRE FILTRANTE. Grès dont le tissu est assez lâche pour permettre à l'eau de le traverser, sans donner passage aux corps étrangers qui troublent sa limpidité. On en tire des carrières de Saint-Leu, de Vergelet, de Gentilly, des environs de Saint-Sébastien dans le Guipuscoa, de la Bohême. La pierre ponce de Ténériffe est très-propre à cet usage.

PIERRE FINE. *Pierre précieuse* qui, sous un petit volume, jouit d'un brillant éclat, d'une vive couleur, d'une grande transparence, et d'une dureté remarquable.

PIERRE FROIDE. *Pierre d'appareil* calcaire qui se tire des environs d'Aix. On donne aussi ce nom à la *marne caillouteuse* des carrières de Paris.

PIERRE FROMENTAIRE. Fossiles qui ressemblent à des grains de blé. On donne également ce nom aux roches qui les contiennent. Tel est le marbre isabelle du Roussillon, employé à Toulouse.

PIERRE FULMINAIRE. *Voy*. FULMINITE.

PIERRE GEMME. *Pierre fine*.

PIERRE GRAPHIQUE. *Granite graphique*.

PIERRE GRASSE. Nom vulgaire de l'*éléolite*, à cause de son éclat gras et résineux.

PIERRE HÉBRAÏQUE. *Granite graphique*.

PIERRE HÉPATIQUE. *Berstein* des Allemands; gypse mélangé de bitume; sulfate de baryte; certains carbonates de chaux.

PIERRE HERCULIENNE. Nom donné anciennement à l'oxydule de fer alimentaire.

PIERRE HYGROMÉTRIQUE. Nom proposé par M. Brard pour désigner les pierres d'appareil qui ont la propriété de se couvrir d'humidité à l'approche du changement de temps, et de se sécher ensuite. Le but de ce célèbre minéralogiste, en proposant ce nom, a été d'appeler l'attention des observateurs sur ce phénomène, dont la cause est encore inconnue.

PIERRE IDIOMORPHE. Pétrifications, pierres figurées accidentellement.

PIERRE INDIENNE. Variété de *tourmaline* bleue, à laquelle on a donné le nom d'*indicolite*, de deux mots grecs : *indikos*, indien; *lithos*, pierre. Cette étymologie, qui n'est pas d'accord avec celle que je donne au mot *indicolite*, me semble d'autant plus naturelle, que des tourmalines qui proviennent des Indes, aucune n'offre la couleur bleu indigo.

PIERRE JUDAÏQUE. Pierre blanche, dure, ayant la forme d'une olive, citée par Langius et Kleinius.

PIERRE LITHOGRAPHIQUE. *Carbonate de chaux argileux*; calcaire compacte de la formation jurassique. Celle de Solenhofen, en Bavière, appartient au groupe de l'oolithe supérieure. La pierre lithographique est jaune, blanchâtre ou grise; elle a le grain fin et serré; elle fait effervescence avec l'acide nitrique, et laisse un résidu considérable dans les acides; sa cassure est lisse et écailleuse; elle est susceptible d'un beau poli.

PIERRE LYDIENNE. Voir PIERRE DE LYDIE.

PIERRE MÉLIENNE. Nom donné par Pline à une ocre qui brunissait au feu, et que les peintres tiraient de l'île de Mélos.

PIERRES MÉTÉORIQUES. Pierres qui tombent de l'atmosphère, et qu'on a décrites à l'article AÉROLITES.

PIERRE MEULIÈRE. Variété de *silex* propre à la mouture des grains. *Voy*. SILEX.

PIERRE MEULIÈRE DU RHIN. *Téphrine* de Niedermemirg, près de Coblentz, employée à faire des meules.

PIERRE MURIATIQUE. Nom donné par Hæpfer à un jade contenant six pour cent de soude, trouvé sur les bords du lac de Genève.

PIERRE NAXIENNE, OU DE NAXOS. Sorte de *pierre à aiguiser*, présentant deux couleurs. C'est une argile schisteuse très-compacte, et à grains très-fins dans sa partie grise, et plus tendres dans sa partie noire.

PIERRE NÉPHRÉTIQUE. *Albite; jade; serpentine*.

PIERRE NOIRE. *Ampélite graphique*; crayon noir, pierre salée, pierre des charpentiers, craie noire.

PIERRE NOVACULAIRE. Pierre à aiguiser. *Voy*. COTICULE.

PIERRE NUMISMALE OU NUMMULAIRE (*Paléont*.). Nom ancien des *nummulites*.

PIERRE OBSIDIENNE (*Minér*.). Lave vitreuse. Quelques anciens auteurs ont donné ce nom à l'asphalte, qu'ils prétendent avoir été découverte en Éthiopie par *Obsidius*. *Voy*. aussi OBSIDIENNE.

PIERRE OLLAIRE. Roche d'un gris verdâtre, à poussière blanchâtre, mate, à cassure terreuse, tendre, onctueuse comme le talc, disposée en lamelles comme la ripidolite. Elle est infusible; elle se laisse tailler et tourner sous forme de vases, de poëles, de marmites. Sa composition est, d'après Wiegler :

Silice.	38.12
Magnésie.	38.54
Protoxyde de fer.	15.62
Chaux.	0.41
Alumine.	6.60
Acide fluorique.	0.41
	99.70

qui conduit à la formule : $Al^2O^3\ SiO^3 + 6\,(MgO, FeO)^3\ SiO^3$; ou, en tenant compte du fluorure de chaux, $[Al^2O^3\ SiO^3 + 6\,(bO^3)\,SiO^3]^2 + CaF^2$.

PIERRE OVAIRE. *Voy.* OOLITE.

PIERRE PESANTE. *Sulfate de baryte, tungstate de chaux.*

PIERRE PHILOSOPHALE. Minéral dont la propriété était, suivant les alchimistes, de changer les métaux imparfaits en or. Le cinabre, le soufre, l'arsenic, la cadmie, etc., ont tour à tour et séparément été employés par les adeptes, sans qu'il en soit résulté rien de positif.

PIERRE PONCE. *Voy.* PONCE.

PIERRE POURRIE. Tuf calcaire d'un gris sale, tendre, friable, employé à polir les métaux.

PIERRE PRÉCIEUSE. Substance minérale rare, employée dans la bijouterie et dans les arts délicats.

PIERRE PUANTE. Nom donné à la variété laminaire fétide du *sulfate de baryte*, dont l'odeur est due à la présence de matières bitumineuses.

PIERRE PYROMAQUE. Nom donné par Haüy au silex *pierre à fusil*; du grec *pyr*, *pyros*, feu; *machê*, combat.

PIERRE RÉFRACTAIRE. Pierre qui peut soutenir un grand coup de feu sans fondre. Ce sont en général des grès quartzeux, des granites micacés, quelques stéatites.

PIERRE RÉTICULAIRE. *Voy.* RÉTEPORITE.

PIERRE SALÉE. *Ampélite*; variété efflorescente, ainsi nommée parce que ses efflorescences ont un goût prononcé de sulfate d'alumine (alun).

PIERRE SAMIENNE. *Pierre de Samos.*

PIERRE SAPONAIRE. *Pierre de savon.*

PIERRE SAVONEUSE. *Stéatite*, pierre de savon.

PIERRE SONORE. *Phonolite.* On donne aussi ce nom à la *marne caillouteuse* des carrières de Paris.

PIERRE SPÉCULAIRE. Du latin *speculum*, miroir, parce qu'elle réfléchit les objets. *Voy.* SÉLÉNITE.

PIERRE THÉBAÏQUE. Granite qui se tire des carrières voisines de l'ancienne Thèbes, en Égypte. On en distingue trois variétés : celui qui est entièrement noir; celui qui est gris tacheté de noir; et le troisième, tacheté de rouge.

PIERRE TUBERCULEUSE. Variété de *mellinite*, qui présente une forme arrondie et contournée.

PIERRE VERTE PORPHYRIQUE. *Porphyre pyroxénique.*

PIERRE VITRIOLIQUE. Schiste noir, lignite chargé de sulfure de fer, et qui se couvre d'efflorescences sulfureuses.

PIERRE VOLANTE. *Arsenic natif*, amorphe, qui, dans sa fracture, présente une multitude de petites écailles à reflets satinés, lorsqu'on les fait mouvoir à la lumière.

PIERRE VOLCANIQUE. Basaltes, laves, pierre de Volvic, etc., employées à la bâtisse, aux routes, etc., quelquefois à la sculpture. On donne ce nom générique aux produits lithoïdes des volcans.

PIERRERIES, f. *Pierres précieuses.*

PIETRA FORTA (*Minér.*), f. Lave grise ou d'un brun sombre qui est employée au pavage de Naples.

PIETRA STELLARIA (*Minér.*), f. *Pierre étoilée; marbre mudréporique.*

PIGOTITE (*Minér.*), f. Substance résultant de la combinaison de l'alumine avec un acide organique, en incrustation de couleur brune sur les granites de Cornouailles; elle brûle avec difficulté; sa poussière est jaune, et elle est insoluble dans l'eau et dans l'alcool.

PIKROLITE (*Minér.*), f. Du grec *pikros*, amer; *lithos*, pierre; variété de serpentine très-chargée de magnésie, d'un vert de montagne.

PIKROPHYLLITE (*Minér.*), f. Silicate de magnésie et de fer décrit au mot SERPENTINE, et provenant de Sala, en Suède.

PILÉ MARIN (*Exploit.*), m. Nom donné par les carriers à la pierre d'appareil dite *lambourde*, à cause de sa texture, qui semble un amas de coquilles brisées, pilées et entassées.

PILÉOLE (*Paléont.*), m. Genre fossile de néritacés, formant quatre espèces dans les terrains inférieurs et supérieurs à la craie. Ce genre n'existe qu'à l'état fossile.

PILIER DE COEUR (*Métall.*), m. Masse du double muraillement des hauts-fourneaux.

PILIERS (*Exploit.*), m. Massifs laissés entre des galeries croisées pour soutenir le toit d'une couche.

PIMÉLITE (*Minér.*), m. Nom donné par Karsten à un *silicate de nickel.*

PINCHBECK (*Métall.*), m. Alliage de cuivre et de zinc, dans la proportion de

Cuivre.	84
Zinc.	16
	100

Ce métal s'employait anciennement dans la fausse bijouterie, à cause de sa couleur d'or. Il est facile à travailler.

PINGUITE (*Minér.*), f. Nom donné par Breithaupt à un minéral vert serin, dont la description se trouve au mot SILICATE DE FER.

On a aussi donné le nom de *pinguite* à une variété de *néphéline.*

PINITE (*Minér.*), f. Ce minéral, observé pour la première fois dans la mine de Pini, près de Schnéeberg, et retrouvé depuis dans une foule de localités, présente de grandes différences dans ses diverses analyses, et quelque incertitude dans sa forme cristalline. En Auvergne, la pinite est hydratée; en Saxe, elle est anhydre; ce qui avait, outre sa constitution atomique, conduit M. Beudant à en faire deux espèces différentes. Haüy et Lévy ont adopté pour forme primitive des pinites le prisme régulier à six faces; M. Dufrénoy leur donne pour cristal le prisme droit non symétrique, sous l'angle de 91° 20. — Le nom de *pinite* a été, je pense, donné à des minéraux très-différents, et l'embarras des minéralogistes pour les ramener à une seule espèce est fort concevable. M. Dufrénoy croit que la différence qu'on remarque dans la composition des pinites tient à une altération que ces minéraux ont éprouvée après leur formation ; il fonde son opinion sur leur peu de dureté et leur complète opacité, contrairement à ce qui a lieu pour les silicates ; il comprend même dans cette altération la *gigantolite*. A ce dernier titre, nous avons combattu cette opinion.

La pinite est constamment cristallisée, et ses cristaux atteignent souvent des dimensions de 0m.015 à 0m.02 ; sa couleur est le gris de cendre, ou le gris rougeâtre ; elle est opaque, sans éclat : elle raye à peine le carbonate de chaux, et est rayée par la fluorine ; sa densité est 2.78 à 2.98 ; elle blanchit au chalumeau, et fond difficilement, sur le charbon, en un verre blanc et bulleux ; elle donne une odeur fortement argileuse.

Voici deux analyses de pinites qui présentent des formules à peu près identiques.

	LOCALITÉS :	
	Neustadt.	Auvergne.
Silice.	48.00	55.96
Alumine.	30.00	25.41
Peroxyde de fer.	12.60	5.51
Magnésie.	»	3.76
Potasse.	12.40	7.89
Soude.	»	0.39
Eau.	»	1.41
	100.00	100.40

Les formules qui appartiennent à ces deux analyses sont :

Neustadt : $3(Al^2O^3, Fe^2O^3)SiO^3 + KO\,SiO^3$;

Auvergne : $3(Al^2O^3, Fe^2O^3)SiO^3 + 2\ (KO, MgO)(SiO^3)^2 + Aq.$

Cette dernière diffère de la pinite de Neustadt par la présence d'un atome de trisilicate de magnésie, et peut être mise sous cette forme : $[3\ (Al^2O^3, Fe^2O^3)\ SiO^3 + KO\ SiO^3] + MgO\ (SiO^3)^3 + Aq.$

L'eau est probablement hydroscopique.

La pinite appartient aux terrains anciens ; elle se trouve dans le granite de la Saxe, dans le Maine, à Sainte-Honorine, dans le Calvados, à Saint-Pardoux et à Morat, en Auvergne ; dans le Tyrol, le Connecticut, etc. Elle est disséminée dans la roche primordiale, dont elle semble être contemporaine ; en Auvergne, elle appartient à un porphyre altéré, argiliforme ; il en est de même de la pinite de Salzbourg.

Depuis longtemps M. Léonhard a réuni à la pinite une substance d'un brun foncé extérieurement, et d'un vert olive dans la cassure. C'est la *gieseckite* du Groënland ; elle est en prismes hexaèdres réguliers ; sa cassure est granulaire et esquilleuse ; elle raye le carbonate de chaux, mais se laisse rayer par la fluorine ; sa densité est de 2.832, et sa composition, d'après M. Stromeyer :

Silice.	46.07
Alumine.	33.82
Potasse.	6.20
Magnésie.	1.20
Oxyde de fer.	3.35
— de manganèse.	1.15
	91.79

En considérant l'oxyde de fer et de manganèse comme un maximum, on approche beaucoup de la formule de la pinite de Neustadt, et l'on trouve : $3\ (Al^2O^3, Fe^2O^3)\ SiO^3 + (KO, MgO)\ SiO^3$.

La formule générale des pinites serait donc $3\ Al^2O^3\ SiO^3 + KO\ SiO^3$, expression qui se rencontre déjà dans la *nacrite*, malgré la différence des caractères extérieurs.

M. Dufrénoy a rangé parmi les pinites un minéral de Schnéeberg, auquel les minéralogistes ont donné le nom de *pinite de Saxe* ; il est en gros cristaux rouges formant des prismes à six faces, dont les bases sont nettes, mais les faces irrégulières. Ces cristaux se divisent par lames feuilletées parallèlement à la base ; ces lamelles semblent empilées les unes sur les autres, mais séparées par un enduit rougeâtre, analogue à du talc ou à du mica. La composition de la pinite de Saxe est, suivant Klaproth :

Silice.	29.50
Alumine.	63.75
Peroxyde de fer.	6.75
	100.00

La formule qui en résulte : $(Al^2O^3)^2\ SiO^3$ n'offre aucune analogie avec celles qui précèdent. M. Beudant a donc eu raison d'en faire une espèce particulière.

PINNITES (*Paléont.*), f. Coquille fossile du genre *pinne* ; genre de mytilacées, dont six espèces se rencontrent à l'état fossile dans les terrains immédiatement inférieurs et supérieurs à la craie.

PINNULAIRE (*Paléont.*), m. Nom donné anciennement aux nageoires de poissons pétrifiés.

PINTADINE (*Paléont.*), f. Genre de malléacées, dont trois espèces fossiles appartiennent à des couches antérieures à la craie.

PINUS (*Paléont.*), m. Genre de végétaux fossiles qui se trouvent dans la craie et dans le terrain qui lui est supérieur.

PIOTINE (*Minér.*), f. Variété de *saponite*.

PIPERNO (*Exploit.*), m. Terme employé par les architectes de Naples pour désigner une pierre d'appareil grise, légère et sonore, qui s'extrait d'un courant de lave des environs.

PIQUADE (*Métall.*), f. Barre de métal cochée, afin de la couper plus facilement.

PIQUE-MINE (*Métall.*), m. Ouvrier qui bocarde.

PIQUOT (*Métall.*), m. Crochet qui sert à enlever le massé dans les forges catalanes.

PIRGO (*Paléont.*), m. Petite coquille bivalve, que M. de France croit être fossile.

PIRGOPOLE (*Paléont.*), m. *Voy.* ENTALE.

PISOLITE (*Minér.*), f. Variété de calcaire compacte, en grains plus gros que l'oolite, formés de couches concentriques de carbonate de chaux accumulés autour d'un noyau de sable. Du grec *pison*, pois; *lithos*, pierre. *Voy.* les mots CONCRÉTION et GRAINS.

PISSASPHALTE (*Minér.*), m. *Malthe* ou bitume visqueux ; du grec *pissa*, poix ; *asphaltos*, asphalte.

PISSÉE (*Métall.*), f. Écoulement des scories.

PISSITE (*Minér.*), m. *Quartz résinite.*

PISSOPHANE (*Minér.*), m. Nom donné par M. Breithaupt à une sorte de sulfate double d'alumine et de fer en décomposition. *Voy.* SULFATE D'ALUMINE.

PISTACITE ou **PISTAZITE** (*Minér.*), f. Du grec *pistakion*, pistache; nom donné par les Allemands à une variété d'*épidote* vert de pistache.

PISTOLET (*Exploit.*), m. Outil de mineur. *Voy.* FLEURET.

PISTOMÉSITE (*Minér.*), f. Nom donné par M. Breithaupt à un carbonate double de magnésie et de fer trouvé à Flackau, dans le district de Salzbourg. Il est jaune pâle : l'angle du rhomboèdre de clivage est de 107° 18'; il raye le carbonate de chaux, et se laisse rayer par la phosphorite ; sa pesanteur spécifique est de 3.40 ; d'après M. Fritzche, il serait composé de $FeO\,CO^2 + MgO\,CO^2$; ce qui suppose en chiffres :

Acide carbonique.	33.12
Protoxyde de fer.	48.23
Magnésie.	18.65
	100.00

En considérant les deux protoxydes comme isomorphes, la formule serait ramenée à $(FeO, MgO)\,CO^2$, qui est analogue à celle des carbonates magnésiques ; la forme et l'angle de ce minéral autorisent cette supposition.

PITITE ou **PITYTE** (*Paléont.*), m. Variété de *stéléchite*, imitant le bois de pin.

PITTIZITE (*Minér.*), f. Nom donné par Hausmann à une variété de *sulfate de fer*, décrite sous ce dernier titre. La pittizite, proprement dite, est un sulfate de peroxyde de fer et d'eau.

PITYLE (*Paléont.*), m. Nom donné anciennement au bois fossile dont la structure a quelque analogie avec celle du sapin.

PLACENTÆ (*Paléont.*), f. Nom donné quelquefois aux scutelles fossiles.

PLACODINE (*Minér.*), f. *Voy.* PLAKODINE.

PLACUNE (*Paléont.*), m. Genre d'ostracées, dont deux espèces fossiles appartiennent au terrain antérieur à la craie.

PLAGIÈDRE (*Cristall.*), adj. Quartz plagièdre ; du grec *plagios*, de travers, oblique. C'est un cristal qui porte une facette dissymétrique, inégalement inclinée sur les angles du prisme à six faces. On dit que le *plagièdre est de droite* ou *de gauche*, suivant que la dissymétrie a lieu de l'un ou de l'autre côté.

PLAGIONITE (*Minér.*), f. Variété de sulfure de plomb et d'antimoine, dont la forme primitive est un prisme rhomboïdal oblique ; d'où lui vient son nom (en grec *plagiòs*, oblique). Elle est décrite au mot SULFURES MÉTALLIQUES.

PLAGIOSTOME (*Paléont.*), f. Genre fossile de coquilles pectidines, dont on trouve trois espèces dans la craie.

PLAINE (*Métall.*), f. Fers de la plaine ; nom donné, dans le commerce, aux meilleurs fers de la Côte-d'Or.

PLAKODINE (*Minér.*), f. Sous-arséniure de nickel, en petites tables aplaties ; du grec *plakos*, table. Cette espèce est décrite au mot ARSÉNIURE DE NICKEL.

PLAN DE JOINTS (*Exploit.*), m. Surface des couches dans les roches stratifiées.

PLANCHE (*Exploit.*), f. Terme des ouvriers des ardoisières de Charleville, par lequel ils désignent le banc qui renferme les belles ardoises. C'est le *franc-quartier* des ardoisières d'Angers.

PLANEURE (*Exploit.*), f. Nom donné dans les mines du Nord aux couches peu inclinées. C'est le synonyme de *plateure*.

PLANORBE (*Paléont.*), m. Genre de lymnéens, dont dix-huit espèces se trouvent à l'état fossile dans les terrains modernes.

PLANOSPIRITE (*Paléont.*), m. Corps plat, oblong, mince, tourné en spirale de gauche à droite, qu'on rencontre dans les couches de craie des environs de Paris, attaché à des débris d'inocérame et à des échinides, et qu'on croit être la partie d'une coquille fossile dont le reste a disparu.

PLANULAIRE (*Paléont.*), f. Petite coquille fossile, très-aplatie, un peu courbée dans sa longueur et surtout vers le sommet, sillonnée obliquement des deux côtés, et portant une sorte d'arête sur le dos. On l'a trouvée dans des sables en Italie.

PLANULITE (*Paléont.*), f. Coquille spirale fossile.

PLANURE. *Voy.* PLANEURE.

PLAQUE DE FOND (*Métall.*), f. Pierre du fond du creuset.

PLAQUE SONNANTE (*Minér.*), f. Nom vulgaire donné à une variété de *trémolite compacte* qui résonne comme le *phonolite*.

PLAQUETTES (*Géogn.*), f. Plaques de calcaire schisteux. *Voy.* LAVES.

PLASME (*Minér.*), m. *Quartz agate*, variété d'*agate* verdâtre, dont la couleur tient le milieu entre le vert pré et le vert poireau. Ce nom lui vient de ce qu'anciennement on le broyait pour le faire entrer dans certains médicaments ; du grec *plassô*, j'enduis. Quelques auteurs ont appliqué ce nom et sa faculté médicinale à l'émeraude brute.

PLASTIQUE (ARGILE) (*Minér.*), adj. Argile qui sert aux potiers pour la faïence, aux sculpteurs pour modeler, aux fabricants de pipes, etc. ; du grec *plastikos*, fait de *plassein*, façonner. *Voy.* ARGILE.

PLATEURE ou **PLATURE** (*Exploit.*), f.

Couche ou filon qui, après s'être enfoncé presque verticalement ou dans une forte inclinaison, prend une allure horizontale.

PLATINE (*Minér.*), m. Métal élémentaire, trouvé dans les sables aurifères du fleuve Pinto. Sa couleur blanche, assez semblable à celle de l'argent, lui fit donner son nom, qui est un diminutif du mot espagnol *plata*, argent; on l'appela dans l'origine *platina del Pinto*; l'Anglais Wood l'apporta en Europe en 1741, et Antonio Ulloa le décrivit avec détail; en 1752, Scheffer reconnut que c'était un métal particulier, et en 1784 Lewis le décrivit dans les *Transactions philosophiques*.

Le platine est gris de fer ou d'acier; il passe au gris de plomb; son éclat est métallique; il appartient au système cristallographique régulier; il se laisse rayer par le fer, mais il raye tous les autres métaux; à l'état natif, il est cassant et peu ductile, mais il devient ductile par l'affinage et l'écrouissement. Sa pesanteur spécifique varie de 16.33 à 19.40; purifié et écroui, il pèse 21.83. Il se trouve en grains irréguliers, arrondis, aplatis, de grosseur variable, dans lesquels on trouve quelquefois des indices de cristallisation; M. de Humboldt a rapporté d'Amérique un morceau de platine pesant 1080 grains; on en a trouvé un, dans l'Oural, qui pèse 1.78 kilogrammes.

Le platine ne se rencontre presque jamais pur; les analyses suivantes montrent quels métaux se trouvent associés dans les grains de platine natif :

	LOCALITÉS.		
	Oural.		Colombie.
Platine.	78.94	73.58	84.30
Rhodium.	0 86	1.18	3.46
Palladium.	0.28	0.30	1.06
Iridium.	4.97	2.35	1.46
Osmium.	1.96	»	1.03
Fer.	11.04	12.98	5.31
Cuivre.	0.70	2.30	0.74
	98.75	92.86	97 36

Ces proportions d'alliages natifs varient beaucoup. Le minerai de platine le plus riche en fer se trouve à Nischne-Tagilsk, dans l'Oural; il est d'un gris foncé, et renferme 11 à 13 pour cent de fer; celui qui contient le moins d'iridium, et donne le plus facilement du platine pur, est le minerai de Goroblagodat (Oural).

M. Dœbereiner a trouvé du platine dans du sable aurifère du Rhin; il y est en très-petite quantité; il accompagne souvent l'or en Sibérie, et se trouve associé à l'or et aux diamants dans les contrées méridionales de Bornéo, sur le versant occidental du mont Ratoos.

PLATINE (*Métall.*), f. Bandes qui lient l'arbre de la roue près des cames.

PLATINAGE (*Métall.*), f. Parage du métal destiné à être mis en feuilles ou en plaques minces.

PLATINIRIDIUM, m. Nom donné par M. Glocker à l'iridium natif, mêlé de platine, de palladium et souvent de cuivre. Voir le mot PLATINE.

PLÂTRE (*Exploit.*), m. Gypse calciné, *sulfate de chaux* calciné, réduit en poudre, et ayant perdu au feu son eau de cristallisation. Cette roche ainsi préparée sert à l'amendement des terres, à la fabrication de certains mortiers, au moulage des statues, etc. La variété calcarifère qu'on rencontre dans les terrains de Paris a la propriété de durcir beaucoup, et d'être moins accessible à l'humidité. Le plâtre cuit et battu pèse 1.199 à 1.228; tamisé : 1.242 à 1.287; gâché humide : 1.871 à 1.899; sec : 1.399 à 1.414. Le mot plâtre est emprunté du grec *plastêr*, modeleur.

Le sulfate de chaux possède la singulière propriété de perdre son eau de cristallisation à une assez faible température, et de la reprendre ensuite, si on le délaye avec de l'eau froide. C'est sur ce phénomène qu'est fondé l'emploi du plâtre comme mortier.

On cuit le sulfate de chaux hydraté sous un hangar, ou dans des fours analogues à ceux employés pour la cuisson du calcaire. On forme, avec les plus gros morceaux, des voûtes sur lesquelles on entasse le reste de la pierre à cuire; on place du bois ou des broussailles sous ces voûtes, et on y met le feu. La flamme, conduite avec modération et lentement, traverse toute la masse. Lorsque le tout est suffisamment cuit, on retire le plâtre, on le réduit en poussière, et on le crible. Il est propre à être livré au commerce et à la construction.

Le plâtre de Paris a la réputation de durcir beaucoup plus que les variétés des autres pays, et de prendre moins l'humidité. Quelques architectes pensent que cela vient de ce qu'il est plus cuit que dans les autres pays; mais il faut plutôt chercher cette différence dans la petite quantité de carbonate de chaux qui entre dans sa composition. Il contient en effet :

Sulfate de chaux.	70 39
Carbonate de chaux.	18.77
Eau.	7.63
Argile.	3 21
	100 00

Le plâtre employé au moulage et aux objets d'art est choisi avec soin dans les variétés pures et cristallisées; à Paris, on emploie celle connue sous le nom de *fer de lance*. On la concasse en petits morceaux et on la cuit dans des fours, hors du contact de la flamme et du combustible.

PLÂTRE-CIMENT (*Minér.*), m. Variété de *carbonate de chaux compacte*, mêlé avec beaucoup d'argile et d'oxyde de fer. *Voy.* CARBONATE DE CHAUX et MORTIERS CALCAIRES.

PLATTEURE, f. *Voy.* PLATEURE.

PLATYCRINITE (*Paléont.*), m. Genre de

polypiers fossiles, dont on connait cinq espèces dans les terrains antérieurs à la craie.

PLATYRINCHUS (*Paleont.*), m. Ossement fossile de poisson.

PLECTORITE (*Paléont.*), f. Grazirrinche, variété de *glossopètre*, ayant la forme d'un bec d'oiseau.

PLEISTOCÈNE, adj. Du grec *pleiston*, le plus, et *kainos*, récent. Dénomination employée par M. Lyell pour désigner le *pliocène* moderne.

PLENGITE (*Minér.*), f. Variété de *sulfate de chaux anhydre*.

PLÉNITE (*Minér.*), f. Nom donné par Werner au *schorlite*.

PLÉOCHROÏSME (*Minér.*), m. Propriété qu'ont certains minéraux d'offrir des couleurs différentes dans plusieurs directions. Ce mot, proposé par Haidinger, vient du grec *polys*, plusieurs; *chroa*, couleur. De là, les expressions *dichroïsme, trichroïsme, polychroïsme*.

PLÉONASTE (*Minér.*), m. Variété noire d'*aluminate de magnésie*, dont la forme est un dodécaèdre régulier.

PLESIOSAURUS (*Paléont.*), m. Reptile fossile des terrains anciens.

PLEUROCLASE (*Minér.*), m. *Phosphate de magnésie; wagnérite*.

PLEURONECTE (*Paleont.*), m. Genre fossile de poissons, dont trois espèces ont été trouvées dans la craie et dans les terrains supérieurs.

PLEUROTOMAIRE (*Paléont.*), f. Genre fossile de scalariens, formant trois espèces dans les terrains antérieurs à la craie.

PLEUROTOME (*Paléont.*), m. Genre de coquilles canalifères, dont quatre-vingt-quinze espèces se trouvent à l'état fossile dans les couches supercrétacées.

PLICATULE (*Paléont.*), f. Genre de pectidines, dont on rencontre dix espèces dans les roches qui avoisinent la craie, au-dessus et au-dessous.

PLIE (*Métall.*), f. Doublon, languette doublée; taque du chio qui le recouvre horizontalement.

PLINIAN (*Minér.*), m. Nom donné par M. Breithaupt, en l'honneur de Pline le Naturaliste, à une pyrite arsénicale ou *arsénio-sulfure de fer* du Saint-Gothard. Elle parait cristalliser dans une forme différente des deux pyrites connues, quoique ayant la même composition et la même densité; ce qui indiquerait un trimorphisme dans la pyrite. Celle d'Ehrenfriedsdorf présente aussi cette forme cristalline particulière.

PLINTHITE (*Minér.*), f. Nom donné par M. Thomson à une *argile ferrugineuse*, par allusion à sa couleur rouge de brique (du grec *plinthos*, brique). Il provient du comté d'Antrim, en Irlande; il raye le sulfate de chaux, et est rayé par le carbonate; sa densité est 2.312; il est infusible au chalumeau; sa composition est, d'après Thomson :

Silice.	30.88
Alumine.	20.76
Peroxyde de fer.	26.16
Chaux.	2.60
Eau.	19.60
	100.00

d'où la formule $Al^2O^3\ SiO^3 + Fe^2O^3\ (SiO^3)^3 + 14\ Aq.$

PLIOCÈNE (*Géogn.*), adj. Groupe pliocène; dénomination employée par Lyell pour désigner la formation tertiaire la plus abondante en débris organiques analogues aux espèces vivantes. Ce mot vient du grec *plein*, plus, et *kainos*, récent. M. Lyell divise encore la formation pliocène en deux groupes : le nouveau et l'ancien pliocène.

PLIONNAGE (*Exploit.*), m. Sorte de boisage des puits de petites dimensions, de forme circulaire. Il consiste à plier de force des branches d'arbres de peu de diamètre, pendant qu'elles sont vertes, et à les disposer horizontalement le long des parois du petit puits, de manière que le petit bout d'une branche corresponde au gros bout d'une autre. Ces bois économiques tendent à se redresser, font ressort, et suffisent souvent pour arrêter la poussée des terres.

Le plionnage n'est employé que pour l'extraction des minerais d'alluvion, ou pour l'exploitation des marnes. Brard assure cependant qu'il a été exécuté à la mine de plomb de Védrin, où l'on faisait anciennement usage de puits jumeaux de 0 m. 82 de diamètre, que l'on poussait quelquefois jusqu'à 100 m. de profondeur.

PLOMBAGINE (*Minér.*), f. Nom vulgaire du *graphite* décrit au mot CARBONE. Les anciens donnaient le nom de *molybdène* à la plombagine; ils la nommaient aussi *plomb de mer*.

PLOMB (*Métall.*), m. Métal simple connu de tout temps, et que les alchimistes avaient consacré à *Saturne*. Les Grecs le nommaient *molybdos*, les Latins, *plumbum nigrum*, par opposition au *plumbum album*, qui semble avoir désigné l'étain; c'est le *bley* de Werner et le *lead* des Anglais. Il est d'une couleur grisâtre, livide; il est très-mou; sa trace reste sur le papier; il se laisse entamer par l'ongle; sa fusion a lieu de + 323 à + 334°; à une température beaucoup plus élevée, il entre en ébullition et se volatilise; il cristallise, par un refroidissement lent, en une pyramide à quatre faces, ou en octaèdres; l'acide nitrique le dissout parfaitement; sa solution donne, par l'acide sulfurique, un précipité blanc de sulfate de plomb; par l'hydrogène sulfuré, un précipité noir de sulfure de plomb; sa pesanteur spécifique est 11.445. C'est le moins dur, le moins éclatant et le moins tenace des métaux; le nickel et le zinc seuls sont moins ductiles; il donne, par le frottement, une odeur particulière, désagréable. Le *sulfure de plomb*, ou *galène*, est très-répandu; c'est ce minerai qui fournit la plus grande partie du plomb consommé; il existe en filons ou en gîtes de contact dans les granites, dans les terrains schisteux, dans les calcaires anciens, dans les roches houillères, etc.; il est souvent accompagné de sulfures de cuivre, d'antimoine, d'*oxyde de plomb*, d'*arséniate*, de *chromate*, de *vanadiate*, de *tungstate*, de *carbonate*, de *phosphate*, de *molybdate* et de *sulfate de plomb*, de *séléniure* et de *chlorure* de plomb, et quelquefois, quoique rarement, de la singulière variété dite *plomb-gomme* ou *hydro-aluminate* de plomb.

Le plomb natif est un des métaux les plus rares; on a longtemps douté de son existence; et le seul fait qui soit incontestable, c'est sa présence dans une roche quartzeuse de Alstoon-Moore, dans le Cumberland, où il se trouve accompagné de galène.

M. Rathké a découvert le plomb natif dans les laves tendres de l'île de Madère, où il l'a trouvé engagé sous forme de petites masses contournées.

Les usages du plomb sont très-nombreux: on le réduit en planches minces, et l'on en fait des couvertures d'édifices, des réservoirs, des enveloppes; on en coule des tuyaux de conduite; on le moule en balles, en grenaille, en cendrée; on s'en sert pour sceller le fer dans les murs; il entre pour huit à neuf dixièmes dans la fabrication des caractères d'imprimerie; à l'état d'oxyde il est employé pour la production du cristal, et pour celle du flint-glass des lunettes achromatiques; à l'état de céruse et de litharge, il sert dans la peinture.

Le véritable et seul minerai de plomb est la *galène* ou *sulfure de plomb* (*voyez* SULFURES MÉTALLIQUES); toutes les autres combinaisons de ce métal ne peuvent fournir matière à une opération continue et d'une certaine importance.

Le carbonate de plomb provient de la décomposition du sulfure, et l'accompagne souvent, sans former aucun gîte puissant. Il ne se rencontre même dans les filons de galène qu'aux endroits où l'altération a pu être causée, soit par le contact de l'air, soit par l'humidité. Cependant, comme il est fort riche en plomb, et que celui de couleur noire est ordinairement très-argentifère, il est bon de le conserver dans le triage.

Quelquefois néanmoins le carbonate est assez abondant pour fournir à une ou deux opérations, dans un fourneau de réduction à réverbère. C'est ce qui arrive dans le Cumberland; mais cette réduction ne peut être continue et sur grande échelle.

La galène, au contraire, se présente en abondance dans la nature; mais sa réduction offre d'assez grandes difficultés: il faut la griller sur la sole inclinée d'un four à réverbère, où on la mélange avec des fondants appropriés aux terres qu'elle contient. Le grillage prolongé chasse le soufre; les fondants vitrifient les terres, et on obtient ainsi le *plomb d'œuvre*, qui presque toujours renferme de l'argent. Pour extraire ce dernier, on le soumet à la *coupellation* (*voyez* ce mot); tandis que le plomb est porté sous des laminoirs, ou refondu et coulé en lingots.

Les laminoirs sous lesquels on réduit le plomb en feuilles sont généralement maintenus à la température ordinaire; mais, depuis quelque temps, on les chauffe, afin d'éviter le déchet que donne le premier laminage. Ces cylindres creux reçoivent de l'air chaud ou de la vapeur d'eau à une pression un peu inférieure à celle de l'atmosphère.

Le laminage augmente beaucoup la ductilité du plomb: il résulte, d'expériences bien faites, que la ductilité du métal laminé est à celle du métal fondu comme 7 : 5; et que celle du plomb laminé est en raison inverse de l'épaisseur des lames, tandis que celle du plomb coulé est invariable pour toutes les épaisseurs.

Quant à la ténacité, les expériences sont beaucoup moins favorables au plomb laminé; elles constatent que deux barres de plomb, au bout desquelles on a suspendu des poids égaux, rompent au même instant et cèdent à la même tension. On remarque seulement que le plomb coulé cède tout à coup à l'effort, et présente une cassure nette et grenue; tandis que le plomb laminé s'allonge avant de rompre, et se file, pour ainsi dire, en ciseau.

Ce n'est qu'en mélangeant avec le plomb pur du sulfure jaune ou rouge d'arsenic, qu'on parvient à donner au métal la propriété de se granuler en plomb de chasse. 1 kil. 1/2 de sulfure d'arsenic suffit pour 1000 kil. de plomb pur.

PLOMB ALUMINATÉ-HYDRATÉ. Plomb-gomme, *hydro-aluminate de plomb hydraté*.

PLOMB ANTIMONIÉ. *Voy*. ANTIMONIATE DE PLOMB.

PLOMB ANTIMONIÉ SULFURÉ. Sulfure décrit à l'article SULFURES MÉTALLIQUES sous le nom de *boulangerite* et de *bournonite*.

PLOMB ARSÉNIATÉ. *Voy*. ARSÉNIATE DE PLOMB.

PLOMB ARSÉNIO-SULFURÉ. Arsénio-sulfure de plomb, décrit à l'article des SULFURES MÉTALLIQUES.

PLOMB BLANC. Nom vulgaire donné au *carbonate de plomb*, à cause de sa couleur; on applique celui de *plomb blanc rhomboédrique* à un carbonate associé à du sulfate de plomb, et que nous avons décrit sous le nom de *leadhillite*, au mot CARBONATE DE PLOMB; et cette dénomination le distingue du plomb blanc ordinaire, qui a pour forme primitive un prisme rhomboïdal droit; le carbonate de plomb étant dimorphe.

PLOMB BLEU. *Phosphate de plomb*, passé à l'état de sulfure.

PLOMB BRUN. Variété de *phosphate de plomb*, couleur brun-girofle.

PLOMB CARBONATÉ. *Voy.* CARBONATE DE PLOMB.

PLOMB CHLORO-CARBONATÉ. *Voy.* CHLORURE DE PLOMB.

PLOMB CHLORURÉ. *Voy.* CHLORURE DE PLOMB.

PLOMB CHROMATÉ. *Voy.* CHROMATE DE PLOMB.

PLOMB CHROMÉ. Chromate bi-plombique, décrit au mot CHROMATE DE PLOMB.

PLOMB CORNÉ. *Chlorure de plomb.*

PLOMB DE MER. Vernis composé en grande partie de *plombagine*, dont les Anglais recouvrent certaines pièces de fonte.

PLOMB D'ÉPREUVE. Plomb très-pur qui sert dans la coupellation pour séparer l'alliage de l'or. On lui donne aussi le nom de *plomb de gueux*.

PLOMB D'OEUVRE. Plomb qui a été fondu en contact avec un minerai contenant de l'argent, et qui s'est emparé de tout ou partie de ce métal. Ce plomb est soumis ensuite à la coupellation, pour obtenir l'argent qu'il contient.

PLOMB ÉPIGÈNE. Cristaux de *phosphate de plomb* qui sont passés à l'état de sulfure, tout en conservant leur forme.

PLOMB-GOMME. Nom donné à l'*aluminate de plomb hydraté*, à cause de sa ressemblance avec des gouttes de gomme.

PLOMB HYDRO-ALUMINEUX. *Voy.* ALUMINATE DE PLOMB HYDRATÉ.

PLOMB JAUNE. *Molybdate de plomb* d'un jaune plus ou moins orangé.

PLOMB MICACÉ. (*Bley glimmer* des Allemands); *carbonate de plomb* blanc, en petites paillettes superficielles, brillantes, qui se trouve près d'Andreasberg, au Hartz.

PLOMB MOLYBDATÉ. *Voy.* MOLYBDATE DE PLOMB.

PLOMB MURIO-CARBONATÉ. Nom par lequel M. Lévy désigne le *chloro carbonate de plomb*, décrit au mot CHLORURE DE PLOMB.

PLOMB NOIR. *Phosphate de plomb* passé à l'état de sulfure. On donne aussi ce nom à un *carbonate de plomb* corrodé, dont la couleur primitive a été altérée.

PLOMB OXYDÉ. *Voy.* OXYDE DE PLOMB.

PLOMB PHOSPHATÉ. *Voy.* PHOSPHATE DE PLOMB.

PLOMB ROUGE. Nom donné par les minéralogistes au *chromate de plomb*, à cause de sa belle couleur rouge de feu.

PLOMB SÉLÉNIÉ. *Voy.* SÉLÉNIURE DE PLOMB, à l'article des SÉLÉNIURES MÉTALLIQUES.

PLOMB SPATHIQUE. *Phosphate de plomb.*

PLOMB SULFATÉ. *Voy.* SULFATE DE PLOMB.

PLOMB SULFATO-CARBONATÉ CUPRIFÈRE. *Voy.* SULFATE DE PLOMB.

PLOMB SULFATO TRICARBONATÉ. Espèce de *carbonate de plomb*, composé de trois atomes de carbonate associés à un atome de sulfate.

PLOMB SULFO CARBONATÉ. Espèce de plomb carbonaté allié avec du sulfate, et décrit au mot CARBONATE DE PLOMB.

PLOMB SULFURÉ. *Sulfure de plomb*, décrit à l'article SULFURES MÉTALLIQUES.

PLOMB TELLURÉ. *Voy.* TELLURURE DE PLOMB, au mot *Tellurures métalliques.*

PLOMB TUNGSTATÉ. *Voy.* TUNGSTATE DE PLOMB.

PLOMB VANADIATÉ. *Voy.* VANADIATE DE PLOMB.

PLOMB VERT. Variété de *phosphate de plomb.*

PLOMB VITREUX (*Minér.*), m. *Sulfate de plomb* qui, étant pur, est limpide, avec la transparence du verre et l'éclat du diamant.

PLOMGOMME (*Minér.*), m. Nom donné par M. Beudant à l'*aluminate de plomb hydraté*, par corruption du mot *plomb-gomme.*

PLONGEMENT (*Exploit.*), m. Inclinaison d'une couche.

PLUIE (*Géol.*), f. *Voy.* EAU.

PLUMBO-CALCITE (*Minér.*), m. Nom donné par M. Johnston à un *carbonate de chaux* associé à du carbonate de plomb.

PLUMBOSTIBE (*Minér.*), m. Nom donné par Breithaupt à la *boulangérite* décrite à l'article SULFURES MÉTALLIQUES.

PLUME-SEUIL (*Métall.*), m. Pièce de bois qui supporte une empoise.

PLUTONIQUE (*Géogn.*), adj. Série plutonique. Série de roches d'origine ignée, dont la base est le granite. Roches non stratifiées, cristallines, dépourvues de débris organiques. Les principaux membres de cette série sont le granite, la syénite, la pegmatite, l'eurite, la protogine et le diorite; la série plutonique vue sous un coup d'œil géologique plus étendu comprend toutes les roches d'origine ignée, et se divise en trois terrains : celui granitique, qui renferme les six formations ci-dessus; celui pyroïde, et celui volcanique.

PNIGITE (*Minér.*), f. Argile noire, glutineuse, quelquefois cendrée, happant la langue, froide au toucher, que les anciens tiraient du bourg de *Pnigé*, en Libye.

POACITE (*Paléont.*), f. Genre de végétaux fossiles appartenant aux roches supercrétacées.

POCHE À CRISTAUX (*Exploit.*), f. Nom donné par les mineurs à des cavités quartzeuses renfermant des cristaux plus ou moins développés de quartz hyalin.

PODOPHTHALME (*Paléont.*), m. Genre de crustacés fossiles.

PODOPSIDE (*Paléont.*), m. Genre de pectidine fossile, dont on connaît deux espèces dans la craie-tuffau.

POECILIE (*Paléont.*), f. Genre fossile de poissons, dont on connaît deux espèces dans les couches postérieures à la craie.

POECILIEN (*Géogn.*), adj. Du grec *poikilos*, bigarré. On donne ce nom à une formation appartenant au *terrain triasique*, et comprenant le grès bigarré et le grès vosgien.

POIDS ATOMIQUE, m. Poids spécifique d'un atome de matière, comparé à un atome d'oxygène, dont le poids a été pris arbitrairement pour unité. *Voy.* ATOME.

POIKILITIQUE (**GROUPE**) (*Géogn.*), adj. Du grec *poikilos*, bigarré. Nom donné par Werner aux strates du grès bigarré, à cause des taches et des raies vertes, bleu pâle et couleur fauve, qu'elles présentent dans une base rouge.

POIL (*Exploit.*), m. Terme de mineur. *Voy.* CORDON.

POINT DE FUSION, m. Degré de chaleur auquel les corps solides passent à l'état de liquidité.

POINT D'INCLINAISON (*Exploit.*), m Point de la boussole vers lequel plonge une couche.

POINTE (*Exploit.*), f. Morceau de fer pointu dont on se sert dans les mines pour commencer un trou de mine.

POINTE INGÉNUE, f. Nom donné anciennement au diamant qui, cristallisé en octaèdre, offrait une pointe ou pyramide naturelle.

POINTE NAÏVE, f. *Voy.* POINTE INGÉNUE.

POINTEMENT (*Cristall.*), m. *Voy.* BISEAU.

POINTROLLES (*Exploit.*), f. Petit marteau pointu d'un côté et plat de l'autre, avec lequel on commence le trou de mine, en frappant dessus avec une masse.

POIRE, f. Taille du diamant en poire à facettes. Cette taille, qui est propre aux pendeloques, aux pendants d'oreille, etc., a été imaginée dans l'Inde, et porte aussi le nom de *poire à l'indienne*.

POITÉS (*Exploit.*), m. *Voy.* POTE.

POITRINE (*Métall.*), f. Poitrine d'un fourneau, *marâtres*.

POIX DE MONTAGNE (*Minér.*), f. *Malthe.*

POIX ÉLASTIQUE (*Minér.*), f. *Voy.* BITUME ÉLASTIQUE.

POIX JUIVE (*Minér.*), f. *Asphalte*, bitume de Judée.

POIX MINÉRALE (*Minér.*), f. Nom vulgaire du *malthe*, décrit au mot BITUME.

POLARISATION DE LA LUMIÈRE (*Physique minér.*), f. La polarisation de la lumière tient de trop près à la réfraction des minéraux et à l'arrangement mécanique de leurs molécules, pour que nous ne devions pas donner ici une idée succincte de ce singulier phénomène, bien que la polarisation proprement dite dépende plus de la physique que de la minéralogie, et qu'au contraire la réfraction soit presque entièrement du domaine de cette dernière. Nous serons court.

Si un rayon lumineux traverse un cristal rhomboédrique de carbonate de chaux connu sous le nom de *spath calcaire*, ou *spath d'Islande*, il se dédouble en entrant dans le minéral, et s'y divise en deux rayons : l'un traverse le cristal sans se dévier; l'autre se réfracte sensiblement. On nomme le premier *rayon ordinaire ;* le second, *rayon extraordinaire.*

Ces deux rayons restent dans un même plan perpendiculaire à la face du cristal. Ce plan s'appelle *section principale.*

Cette division du rayon lumineux en deux rayons ordinaire et extraordinaire est facile à distinguer, si l'on place le cristal de spath sur un papier noir; ils viennent s'y peindre tous deux très-distinctement.

Soulevons un peu le cristal réfracteur, éloignons-le du papier noir, et entre le papier et le spath plaçons un nouveau cristal de spath d'Islande, réfracteur comme le premier. Nous supposons, bien entendu, que les sections principales des deux minéraux sont orientées de la même manière, du nord au sud, par exemple.

Le rayon lumineux, en traversant le premier cristal, s'est dédoublé; il projette sur la surface du second spath deux rayons. Chacun de ces nouveaux rayons, en traversant le second cristal, semblerait, en vertu de la même loi, devoir se dédoubler également, et devoir être soumis à une double réfraction, ce qui pour les deux rayons en produirait quatre nouveaux sur le papier noir. Il n'en est rien : les deux rayons ne se bifurquent pas une seconde fois : le rayon ordinaire reste rayon ordinaire; le rayon extraordinaire se réfracte seul, mais ne se dédouble point.

Ils ont perdu dans le premier trajet, à travers le spath calcaire, la faculté réfractive qu'ils possédaient en entrant dans ce cristal.

Mais pourquoi l'un d'eux se réfracte-t-il encore, tandis que l'autre reste constamment rayon ordinaire? Est-ce que leurs propriétés sont différentes? et le rayon lumineux serait-il composé de deux faisceaux dont l'un est destiné à n'avoir d'autre réfraction que celle ordinaire, tandis que l'autre doit toujours dévier extraordinairement?

Non; car si l'on fait faire un quart de tour au cristal inférieur, de manière que ce que nous avons appelé la section principale de celui-ci fasse angle droit avec la section principale du premier, les deux faisceaux lumineux échangent leurs propriétés réfractrices : le rayon ordinaire, qui, avant ce quart de tour, restait constamment rayon ordinaire, se réfracte extraordinairement à présent; tandis que le rayon qui se réfractait ainsi auparavant devient rayon ordinaire.

Si l'on suppose une étendue quelconque au rayon lumineux, et qu'on nomme longueur la réunion de toutes les lignes qui s'étendent du nord au sud, par exemple; et largeur, la réunion de toutes celles qui s'étendent de l'est à l'ouest, il faudra bien admettre les singulières déductions suivantes :

Les deux faisceaux lumineux produits par le passage du rayon à travers un premier cristal ont des propriétés entièrement différentes : l'un se réfracte suivant le sens de sa longueur, l'autre suivant le sens de sa largeur; ou, en admettant des côtés, le faisceau extraordinaire se réfracte suivant son côté nord-sud, tandis que celui ordinaire se réfracte suivant son côté est-ouest.

C'est là ce que l'on appelle la *polarisation de la lumière.*

Ainsi, cette double réfraction modifie les propriétés de la lumière.

Cette modification est telle que la lumière polarisée n'est plus susceptible de réflexion, lorsqu'elle tombe, suivant un certain angle, sur une surface plane réfléchissante.

Mais il n'est pas nécessaire toujours de faire passer la lumière à travers un spath d'Irlande, un morceau de tourmaline, ou un minéral susceptible de la double réfraction, pour qu'elle soit polarisée; la réflexion en offre un autre moyen aussi simple que le premier.

Lorsqu'un rayon lumineux se réfléchit à la surface de l'eau sous l'angle de 37° 15', il se polarise d'une manière aussi complète que dans le spath. La polarisation obtenue dans l'un comme dans l'autre cas est identique, et le rayon possède exactement les mêmes propriétés, qu'il soit réfléchi ou qu'il ait traversé un spath d'Islande.

Les angles de réflexion sous lesquels le rayon se polarise varient avec la composition de chaque substance : pour le verre, il est de 35° 25'.

Voyons maintenant quel effet produit un rayon lumineux blanc tombant sur un miroir de verre sous cette inclinaison.

Remarquons, en supposant que le rayon tombe verticalement, que l'angle fait avec le miroir peut être porté à droite, à gauche, en avant, en arrière, du rayon, dans tous les sens, en un mot, suivant l'inclinaison de la surface vitrée. Eh bien! aucun de ces angles ne produit le même effet : d'un côté, le rayon réfléchi est rouge, de l'autre il est vert; ici c'est le bleu qu'on obtient; là, c'est le jaune : c'est enfin une série circulaire de colorisation qui est le résultat de la décomposition du rayon incident, et par conséquent ne produit jamais un rayon réfléchi blanc.

La première polarisation, celle qui a lieu à travers un rhombe calcaire, a été découverte par Huyghens; aussi porte-t-elle son nom. La dernière appartient à Fresnel, et a été nommée *polarisation coloree*.

Nous n'entrerons pas dans de plus grands détails sur ce phénomène, qui nous conduirait aux *interférences* et aux propriétés les plus curieuses de la lumière. Cette matière si vaste et si neuve appartient aux physiciens et non aux minéralogistes.

POLIANITE (*Minér.*), f. Variété de *pyrolusite*, décrite au mot OXYDE DE MANGANÈSE.

POLIERSCHIEFER (*Minér.*), m. Nom allemand du schiste à polir. *Voy.* PIERRE A POLIR.

POLINIUM, m. Nouveau métal que M. Osann a trouvé, en 1843, dans le minerai de platine; il est gris, pulvérulent, sans éclat métallique; soluble dans l'acide hydro-chlorique, avec solution bleu foncé.

POLIXÈNE (*Paléont.*), m. Coquille fossile.

POLLUX (*Minér.*), m. Nom donné par M. Breithaupt à un triple silicate d'alumine, de potasse et de soude trouvé dans le granite de l'île d'Elbe, en société du minéral qu'il a nommé castor, avec des tourmalines et des béryls.

Le pollux est incolore, transparent, à éclat vitreux comme le castor; il a, comme ce dernier, quelques facettes cristallines; sa pesanteur spécifique est de 2.89 à 2.86; il contient de l'eau, et devient opalin lorsqu'il la perd; il fond difficilement et en paillettes minces, au chalumeau, en un émail bulleux, et colore la flamme extérieure en jaune rouge. Il se décompose dans l'acide hydrochlorique, et met en liberté de la silice pulvérulente. Sa composition, suivant M. Plattner, est :

Silice.	46.20
Alumine.	16.39
Oxyde de fer.	0.86
Potasse.	16.51
Soude et trace de lithine.	10.47
Eau.	2.23
	92.66

Malgré la perte considérable que donne cette analyse, on peut en déduire la formule $Al^2O^3 SiO^3 + 2 (KO, NaO) SiO^3$.

POLYADELPHITE (*Minér.*), f. Variété de *silicate de fer*.

POLYALITE ou **POLYHALITE** (*Minér.*), f. Du grec *polys*, plusieurs; *als*, sel. Ce nom appartient à des sulfates compliqués. On l'a appliqué, peut-être à tort, à la *glaubérite* de Vic (France) : il convient beaucoup mieux au sulfate quintuple d'Ischel, en Autriche.

Ce minéral existe en rognons de couleur rouge, au milieu des argiles salifères d'Ischel et dans le Salzbourg; leur texture est compacte ou fibreuse. Stromeyer a trouvé qu'ils étaient composés de la manière suivante :

Sulfate de potasse.	27.63	anhydres.
— de chaux.	22.22	
— de magnésie.	20.03	
— de fer.	0.29	
— de chaux hydraté.	28.46	
Chlorure de sodium.	0.19	
— de magnésie.	0.01	
Peroxyde de fer.	0.19	
	99.02	

La formule qui répond à cette analyse est : $(KO, MgO) SiO^3 + 2 (CaO SiO^3 + 3 Aq)$.

POLYARGITE ou **POLYARGILITE** (*Minér.*), f. *Silicate d'alumine* et de bases protoxydées, décrit au mot ROSITE. Ce minéral tire son nom de ce qu'il contient plusieurs terres; du grec *polys*, plusieurs.

POLYBASITE (*Minér.*), f. Nom donné par M. G. Rose à un sulfure d'argent et de plusieurs autres bases; du grec *polys*, plusieurs; *basis*, base. *Voy.* au mot *Sulfure d'argent* de l'article SULFURES MÉTALLIQUES.

POLYCHROÏLITE (*Minér.*), f. Du grec *polys*, plusieurs; *chroïzô*, je colore; *lithos*, pierre. Pierre de plusieurs couleurs; minéral analogue à la *saussurite*, à cassure esquilleuse, rayant le verre, mais s'écrasant en même temps, et laissant de la poussière sur le corps rayé. Sa couleur est le gris clair, avec des parties rosâtres; ce qui lui donne l'aspect varié de certains pétrosilex. La polychroïlite a été trouvée à Brevig, en Norwége.

POLYCHROÏSME (*Minér.*), m. Du grec *polys*, plusieurs; *chroizô*, je colore. Propriété qu'ont certains corps, doués de la double réfraction, de présenter plusieurs couleurs suivant le sens dans lesquels on les regarde, et conséquemment la direction dans laquelle les rayons lumineux les traversent. Ce phénomène est intimement lié à celui de la double réfraction : aussi les minéraux qui cristallisent dans le système cubique n'y sont point soumis, et offrent la même couleur, quel que soit le sens dans lequel ils se présentent à l'œil; ceux qui n'ont qu'un axe de double réfraction manifestent le phénomène du *dichroïsme*, c'est-à-dire qu'ils sont de deux couleurs, quand on les regarde dans une direction qui n'est pas parallèle aux axes. Les minéraux doués de deux axes de double réfraction ont la propriété de présenter trois couleurs, et sont conséquemment des exemples de *trichroïsme*. La *topaze du Brésil* est particulièrement remarquable sous ce rapport. De ces trois nuances, deux sont dominantes et tranchées; la troisième n'est que le résultat du mélange des deux autres. La cause du polychroïsme paraît être tout entière dans les phénomènes de la double réfraction : en effet, parallèlement aux axes du cristal, aucune lumière n'est polarisée; le minéral ne donne qu'une seule couleur, parce que la lumière est pure et sans altération; mais dans les positions de double réfraction il y a production de lumière polarisée, et alors l'émersion provient du mélange de la lumière polarisée et de la lumière ordinaire.

POLYCHROÏTE (*Minér.*), f. Du grec *polys*, beaucoup; *chroizô*, je colore; à cause de sa couleur d'un beau violet rougeâtre qui distingue ce minéral de la *cordiérite*, avec laquelle il a de l'analogie. C'est un minéral hyalin, ou très-translucide, à cassure vitreuse, et qui raye le feldspath. On l'a trouvé à Arendal, en Norwége.

POLYCHROME (*Minér.*), m. *Chloro-phosphate de plomb.*

POLYÈDRE (*Cristall.*), m. Cristal terminé par des plans ou des surfaces planes. On compte cinq polyèdres réguliers : le tétraèdre, l'hexaèdre, l'octaèdre, le dodécaèdre et l'icosaèdre. Le tétraèdre, l'octaèdre et l'icosaèdre sont terminés par des triangles, l'hexaèdre par des carrés, et le dodécaèdre par des pentagones. Ce nom vient du grec *polys*, plusieurs; *hedra*, base.

POLYGMITE (*Minér.*), f. *Voy.* POLYMIGNITE.

POLYGRAMME (*Minér.*), m. Jaspe rouge, taché de blanc, formant des traits ou lignes tranchées sur le fond; du grec *polys*, plusieurs; *gramma*, trait.

POLYHYDRITE (*Minér.*), m. Silicate de peroxyde de fer, de couleur brun de foie, opaque, à éclat résineux. Sa pesanteur spécifique est de 2.10 à 2.142; il contient vingt-neuf pour cent d'eau. Il provient de Schwartzemberg; du grec *polys*, beaucoup; *hydôr*, eau.

POLYKRASE (*Minér.*), f. *Titanate de zircone*, décrit sous ce dernier nom.

POLYLITE (*Minér.*), f. Du grec *polys*, plusieurs; *lithos*, pierre; qui ressemble à plusieurs pierres. En effet, la polylite ressemble, par sa couleur et son éclat, à la hornblende; mais sa composition l'en éloigne beaucoup. Elle est opaque et brillante, raye à peine le feldspath, et se laisse rayer par le quartz; sa densité est de 32.31; elle ne fond pas, mais devient plus claire au chalumeau. Sa composition est, suivant M. Thomson :

Silice.	40.04
Alumine.	9.43
Protoxyde de fer.	34.08
Magnésie.	6.60
Chaux.	11.54
Eau.	0.40
	102.09

La formule qui se tire immédiatement de cette analyse est $Al^2O^3(SiO^3)^2 + 2(FeO, MgO, CaO)^3 SiO^3$; mais, attendu l'isomorphisme de la magnésie, qui lui permet de se faire remplacer par environ trois fois autant d'atomes d'eau, on peut ramener cette expression à $Al^2O^3 SiO^3 + 2(FeO, CaO)^3 (SiO^3)^2 + 9 Aq$; formule qui tendrait à corroborer l'opinion de M. Marignac, d'après laquelle il faudrait réunir la polylite à la *gigantolite*.

POLYMIGNITE (*Minér.*), f. Titanate double de zircone et de bases protoxydées, ainsi nommé parce que ces bases sont en grand nombre; du grec *polys*, beaucoup, et *mignuô*, je mélange. *Voy.* TITANATE DE ZIRCONE.

POLYMNITE (*Minér.*), f. Pierre marquée de dendrites présentant des apparences de caractères musicaux; du grec *polys*, plusieurs; *hymnos*, chant, musique.

POLYMORPHE (*Cristall.*), adj. Nom donné par M. Breithaupt à un cristal rhomboédrique de carbonate de chaux, dont l'angle est de 103° 8', et la densité 2.708 à 2.712; il est rayé par la phosphorite, et raye le carbonate de chaux.

POLYMORPHISME, m. Propriété de certains corps de cristalliser sous plusieurs formes; du grec *polys*, plusieurs; *morphê*, forme.

POLYPIERS (*Paléont.*), m. Famille qui possède 102 genres vivants, dispersés, savoir : 47 dans les terrains antérieurs à la craie; 19 dans la craie; 36 dans les terrains supérieurs. Les 102 genres forment 414 espèces distinctes.

POLYSPHOERITE (*Minér.*), f. Variété brune de *phosphate de plomb* qui contient du phosphate de chaux et du fluorure de calcium. Elle est décrite au mot PHOSPHATE DE PLOMB.

POLYTRIPE (*Paléont.*), m. Genre de polypiers fossiles formant cinq espèces, qui toutes appartiennent aux terrains postérieurs à la craie.

POLYTHRIX (*Minér. anc.*), m. Nom ancien de l'agate arborisée, présentant des traits fins capillaires; du grec *polys*, plusieurs; *thrix*, cheveu.

POLYXÈNE (*Minér.*), m. Nom donné par Hausmann au *platine natif ferrifère*.

POLZEVERE (*Minér.*), m. Nom italien d'un marbre vert des environs de Gênes.

POMPHOLIX (*Métall.*), m. Nom donné par les anciens métallurgistes à la *cadmie*.

PONCE (*Géogn.* et *Minér.*), f. Roche légère, spongieuse, rude au toucher, à tissu fibreux, criblée de cavités, rayant le verre et l'acier. Sa couleur est le blanc grisâtre, le gris perlé et le gris bleuâtre; elle a quelquefois un éclat soyeux. Sa pesanteur varie de 0.914 à....; en poudre, elle pèse 2.2 à 2.4; elle est fusible au chalumeau en un émail blanc. La pierre ponce paraît être une obsidienne qui a passé à l'état spongieux; dans les îles Ponces, cette dernière roche s'éclaircit à l'air, se charge de bulles, et prend un tissu filamenteux. La ponce doit évidemment son origine à des éruptions volcaniques; à une époque postérieure, le terrain tertiaire s'est formé aux dépens des tufs ponceux qui, entraînés par les eaux, se sont ensuite déposés en couches régulières composées de parties incohérentes, et renfermant quelquefois des coquilles fossiles. La composition des ponces est aussi variable que celle des obsidiennes, et les rapports de ces deux roches sont assez difficiles à établir. Les analyses suivantes conduisent aux résultats les plus réguliers; elles sont dues à

	M. Berthier.	M. Brandes.
Silice.	70.00	69.25
Alumine.	16.00	12.75
Chaux.	2.50	5.50
Oxyde de fer.	0.50	4.50
Potasse.	6.30	0.88
Soude.	»	0.88
Eau.	3.00	7.00
	98.30	98.76

La première analyse donne $Al^2O^3\ (SiO^3)^3 + (CaO,\ FeO,\ KO)\ (SiO^3)^3 + Aq$; la seconde : $Al^2O^3\ (SiO^3)^3 + (CaO,\ FeO,\ KO,\ NaO)\ (SiO^3)^3 + 3\ Aq$; expressions qui ont beaucoup d'analogie avec celles des granites, des pétrosilex, etc.

Les Grecs ont connu la pierre de ponce sous le nom de *kiséris*, qui lui fut donné par Dioscoride, du mot *kis*, petit ver qui ronge le blé, et y produit des cavités semblables à celles de la ponce. Pline désigne cette roche sous le nom de *pumex*; c'est le *faneche* des Arabes.

La pierre ponce a une couleur gris blanc, satinée; elle présente une texture fibreuse et allongée dans un sens, vitreuse et inégale dans un autre; elle est âpre au toucher, se fond au chalumeau, et offre une pesanteur spécifique moindre que celle de l'eau.

C'est des îles Ponces et de Lipari que vient la pierre ponce du commerce; elle est connue des Chinois, qui l'ont nommée la *pierre qui nage*; elle est employée dans la Chine aux mêmes usages qu'en Europe.

Tous les volcans ne produisent pas de la pierre ponce; on n'en trouve point dans les environs de l'Etna; le Vivarais et le Velay n'en offrent point de traces; le Vésuve même n'en fournit que très-peu. C'est dans les anciens terrains volcaniques qu'on la trouve de préférence; on la recueille en Auvergne, sur les bords du Rhin, dans les îles de Milo et de Santorin, à Ischia, à Civita-Castellane, à Santa-Fiora, etc., mais surtout aux îles de Lipari et à Volcano.

Comme les ponces sont le produit de la vitrification des obsidiennes, elles diffèrent beaucoup en qualité. Dans les arts, la plus légère et la plus blanche est la plus estimée.

La pierre ponce est principalement employée au polissage grossier; dans le dégrossissage des lames métalliques, il faut s'en servir à contre-fil, et en employant quelquefois l'eau; lorsqu'elle est en poudre, on en tire mieux parti en tournant continuellement.

PONTAL (*Exploit.*), m. *Voy.* POTE.

PONTE (*Exploit.*) f. *Voy.* SALBANDE.

POONAHLITE (*Minér.*), f. Variété de *mesotype*, en masses fibreuses rayonnées, blanches, à éclat nacré, adhérentes à des cristaux d'apophyllite, qui forment des rognons dans une amygdaloïde de Poonach ou Punah, dans les Indes orientales. Sa formule atomique est : $6\ Al^2O^3\ SiO^3 + 3\ CaOS + 12\ Aq$.

PORCELAINE (*Paléont.*), f. Genre de coquilles columellaires, dont on trouve dix-neuf espèces à l'état fossile dans les terrains sup.r-crétacés.

PORCELANITE (*Géogn.*), f. Thermantide, nom donné par Kirwan au jaspe porcelaine; c'est aujourd'hui une roche d'un rouge de brique, grise, jaunâtre, quelquefois rubanée; à éclat luisant; à texture schisto-compacte; à cassure imparfaitement conchoïde; rayée par le quartz; en couches dans les houillères incendiées provenant de la calcination de roches argileuses qui, une fois cuites, ont l'aspect du jaspe. Cette substance est âpre au toucher, luisante comme la porcelaine et susceptible d'un beau poli. On donne aussi le nom de porcelanite à une coquille univalve fossile.

Composition, suivant M. Rose :

Silice.	60.80
Alumine.	27.30
Chaux.	3.00
Potasse.	3.70
Oxyde de fer.	2.50
	97.30

PORES (*Minér.*), m. Nom donné dans les arts à une pierre poreuse employée pour filtrer les eaux; du grec *peirô*, je passe.

PORGES (*Métall.*), m. Varme ou côté de la tuyère dans les fours catalans. Dans le pays basque, les porges s'appellent *aïcia en aldea*.

PORITE (*Paléont.*), m. Madrépore fossile agatisé ; du grec *pôroô*, j'endurcis.

PORODRAGUE (*Paléont.*), m. Coquille fossile univalve particulière.

PORPHYRE (*Géogn.*), m. Roche dont la pâte est rougeâtre, brun rouge, violâtre, rosâtre, gris-rougeâtre, verdâtre, généralement foncée ; et les cristaux de feldspath blanc. Ce nom est donné principalement aux roches à pâte fine contenant des cristaux empâtés. Le porphyre renferme quelquefois des grains de quartz, du mica, de l'amphibole et du calcaire ; il est fusible en émail gris ou noir ; il forme des amas, des masses non stratifiées, des filons, etc. Le porphyre est une roche dure, susceptible de poli ; variétés : quartzifère, micacée syénitique, calcarifère. Le mot porphyre vient du grec *porphyra*, pourpre, par allusion à la couleur des anciens porphyres.

PORPHYRE ANTIQUE. Roche feldspathique brun rouge vif, renfermant de petits cristaux de feldspath blanchâtre.

PORPHYRE ARGILEUX. *Argilophyre.*

PORPHYRE BRUN ANTIQUE. *Porphyre* susceptible de poli, employé comme *marbre dur* ; la base est d'un brun de foie foncé, et les taches de feldspath verdâtre.

PORPHYRE DE BRIANÇON. *Porphyre* d'un gris foncé verdâtre, à taches blanches.

PORPHYRE DE CORDOUE. *Porphyre* rouge foncé, dont les cristaux de feldspath sont peu apparents, et qui renferme des taches anguleuses qui se distinguent sur le fond par leur couleur plus claire ou plus foncée que la pâte.

PORPHYRE DE CORSE. *Porphyre* d'un noir assez intense, dont les taches sont lavées d'une teinte rose ; autre d'un vert de bouteille foncé, avec des taches blanches ; autre d'un rose incarnat, avec des cristaux de feldspath d'un blanc rosé, des grains de quartz gris et de l'amphibole noir ; autre d'un brun noirâtre, à taches d'un rouge incarnat éclatant ; autre lilas foncé, à taches rouges et brunes, avec quelques linéaments de stéatite verte ; autre d'un gris foncé avec des cristaux blancs et de petits points noirs.

PORPHYRE DE ROANNE. *Porphyre* d'un brun rougeâtre, à grands cristaux de feldspath blanc, dont le centre est grisâtre.

PORPHYRE DE SIDÉRIE. *Porphyre* d'un noir peu intense, renfermant des cristaux de feldspath blanc, et des grains distincts de quartz.

PORPHYRE DES PYRÉNÉES. *Porphyre* vert, variété d'*ophite*.

PORPHYRE DE SUÈDE. *Porphyre* brun employé dans les arts d'architecture comme *marbre dur* susceptible de poli ; autre d'un rouge foncé passant au violet avec des cristaux de feldspath blanc.

PORPHYRE DES VOSGES. *Porphyre* d'un vert obscur, renfermant des cristaux de feldspath d'un vert pâle ; autre de couleur chocolat, dont les taches sont d'un blanc mat, et le centre presque vitreux ; autre d'un violet foncé, avec des taches vertes ; autre d'un gris de fer foncé, avec cristaux jaunâtres.

PORPHYRE DU MONT VISO. *Porphyre* du Piémont, d'un vert poireau, taché de blanc et de grenats rouges.

PORPHYRE EURITIQUE. Eurite fragmentaire.

PORPHYRE GLOBAIRE. *Pyroméride.*

PORPHYRE GLOBULEUX. *Pyroméride.*

PORPHYRE GRANITIQUE. Espèce de granite imparfait ; roche à grains serrés, composée d'éléments du granite, dans lesquels sont disséminés de gros cristaux de quartz ou de feldspath. Les caractères qui distinguent les porphyres granitiques des marbres, c'est que les acides n'ont aucune prise sur les premiers, ne les tachent point, et qu'ils ne se laissent point rayer par l'acier.

PORPHYRE NAPOLÉON. *Pyroméride.*

PORPHYRE NOIR. Nom donné à l'hédenbergite, au mélaphyre, etc.

PORPHYRE NOIR ANTIQUE. Cornéenne noire ; porphyre susceptible de poli, employé dans les arts comme *marbre dur* ; sa pâte est noire, parsemée de petits cristaux blancs ou rosés de feldspath.

PORPHYRE OPHITE. *Ophite* pâle verdâtre, renfermant des cristaux de feldspath de même couleur.

PORPHYRE ORBICULAIRE. *Voy.* PYROMÉRIDE.

PORPHYRE QUARTZIFÈRE. Espèce de granite à gros cristaux de quartz.

PORPHYRE PYROXÉNIQUE. *Mélaphyre*, pâte grenue très-fine, avec gros cristaux de feldspath colorés en vert par la hornblende.

PORPHYRE ROUGE ANTIQUE. Cornéenne rouge, *porphyre* employé par les anciens à faire des vases, des statues, des colonnes, etc. La pâte en est rouge ou brun rougeâtre, quelquefois violette, parsemée de petits cristaux blancs, légèrement rosés, qui sont un feldspath granuliforme. On le trouve en Égypte, entre le Nil et la mer Rouge. L'obélisque de Sixte-Quint, à Rome ; les colonnes de Sainte-Sophie, à Constantinople ; plusieurs tombeaux, etc., en sont faits.

PORPHYRE SCHISTEUX. *Porphirschiefer* de Werner ; porphyre à texture schisteuse, à fragments de feldspath.

PORPHYRE TRAPPÉEN. *Trachyte.*

PORPHYRE VERT. *Mélaphyre ophite.* Roche d'un vert olive, passant au vert foncé, renfermant des cristaux de feldspath d'un blanc légèrement verdâtre, ayant quelque ressemblance avec la peau de certains serpents ; de là son nom d'ophite ou *ophyte*, et de *serpentin*.

PORPHYRE VERT ANTIQUE. *Porphyre* employé dans les arts d'ornement comme *marbre dur*, susceptible d'un beau poli ; pâte vert olive foncé, parsemée de petits cristaux blanchâtres.

PORPHYRITE (*Géogn.*), f. Poudingue qui passe au porphyre.

PORPITE (*Paléont.*), m. Sorte de cunolite ou de nummulite, ayant une surface convexe et l'autre plate, offrant des cercles concentriques et des rayons divergents nettement marqués.

PORTÉES (*Métall.*), f. Tasseaux ajoutés aux modèles pour supporter l'about des noyaux.

PORTELLAIRE (*Paléont.*), f. Variété de *glossopètre*, à l'état de marbre.

PORTEUR (*Exploit.*), m. Nom de l'ouvrier employé aux transports dans l'intérieur des mines, et qui effectue ce transport au moyen de hottes, de sacs, ou de corbeilles. *Voy.* l'article TRANSPORT DANS LES MINES.

PORTE-VENT (*Métall.*), m. Tuyau qui sert à conduire le vent des machines soufflantes.

PORTOR (*Minér.*), m. *Marbre portor.*

PORTUNE (*Paléont.*), m. Genre de crustacés fossiles formant deux espèces.

PORYDROSTÈRE, m. Instrument inventé par Paucton, propre à prendre la pesanteur spécifique des corps solides; du grec *porô*, je donne; *hydôr*, eau; *stéreos*, solide.

POST-DILUVIEN (*Géogn.*), adj. Terrain qui renferme les roches postérieures ou diluviennes, et qui comprend celles formées pendant les temps historiques.

POSTE (*Exploit.*), m. Nombre d'heures pendant lequel le même mineur reste au travail sans être relevé.

POSTÉRIOCRINITE (*Paléont.*), m. Genre fossile de polypiers appartenant aux terrains antérieurs à la craie.

POTAMIDE (*Paléont.*), f. Genre fossile de coquilles canalifères, formant quatre espèces dans le terrain postérieur à la craie.

POTASSE, f. *Oxyde de potassium.* Alcali qu'on obtenait anciennement en faisant brûler des végétaux dans un pot, et en en recueillant les cendres; d'où vient le mot potasse, de l'allemand *pott*, pot; *asche*, cendre.

Composition théorique:

Potassium.	83.05
Oxygène.	16.95
	100.00

Formule atomique: KO.

Poids atomique = 588.856.

POTASSE NITRATÉE (*Minér.*), f. *Voy.* NITRATE DE POTASSE.

POTASSE SULFATÉE (*Minér.*), f. *Voy.* SULFATE DE POTASSE.

POTE (*Exploit.*), f. Bois placé debout pour soutenir une galerie de mine. Dans le boisage de cette galerie, il y a deux *potes* qui soutiennent le chapeau, ou pièce horizontale.

POTÉE, f. *Oxyde d'étain* surcalciné; c'est un mélange d'étain fondu avec du verre, qui sert à faire l'émail blanc de la faïence, et à polir les pierres sur la meule du lapidaire. Dans la poterie commune, c'est une eau épaissie par de l'ocre pour faire prendre le plomb au pot.

POTÉE DE MONTAGNE (*Minér.*), f. *Voy.* PIERRE POURRIE.

POTÉE ROUGE (*Minér.*), f. *Oxyde de fer. Voy.* COLCOTAR.

POTELOT (*Minér.*), m. *Sulfure de molybdène.* Ce nom a été quelquefois donné par quelques anciens auteurs à la *plombagine.*

POTERIE (*Métall.*), f. Ustensiles de ménage en métal. Il se dit particulièrement de ceux en fonte.

POTIN (*Métall.*), m. Alliage de cuivre, d'étain, de zinc, de plomb et de fer. Couleur gris de fer, résistant, dur.

POUDINGIFORME (*Géogn.*), adj. Dont la texture est modifiée par la conglomération de cailloux arrondis.

POUDINGUE (*Géogn.*), m. Conglomérat, roche composée de fragments arrondis, réunis par un ciment et même sans ciment visible de couleurs extrêmement variées; plus ou moins cohérente; en couches, en amas, en filons, en blocs, dans les terrains neptuniens; formant souvent la transition du terrain neptunien au terrain plutonique. Ce nom vient de l'anglais *pudding*, pâté, sorte de mets à pâte fine, dans lequel sont incrustés des grains de raisin sec et de baies de corinde.

POUDINGUE DE LA HAUTE ÉGYPTE. *Voy.* BRÈCHE D'ÉGYPTE.

POUDINGUE GRANITIQUE, m. Roche composée de cailloux ovoïdes de granite, à grains fins, bruns ou verdâtres, réunis par une pâte grise de petits fragments ronds de différents granites. On le trouve en Corse.

POUDINGUE JASPIQUE, m. Conglomérat de galets d'agate, de silex, etc., dans une pâte d'agate, de silex ou de jaspe; ou bien de galets de jaspe jaune et brun, cimentés par un grès quartzeux lustré.

POUDINGUE POLYGÉNIQUE, m. *Compholite.*

POUDINGUE PSAMMITIQUE, m. Conglomérat de galets siliceux dans une pâte de psammite.

POUDINGUE SILICEUX, m. Conglomérat de galets siliceux dans une pâte de grès.

POUDRE À MOUCHE (*Minér.*), f. *Voy.* PIERRE VOLANTE.

POUDRE D'ARGENT (*Exploit.*), f. Poudre faite de mica blanc argentin, mêlé avec du sable.

POUDRE D'ALGAROTTI (*Minér.*), f. *Oxyde blanc d'antimoine.*

POUDRE DE SENTINELLY (*Minér.*), f. *Carbonate de magnésie.*

POUDRE D'OR (*Exploit.*), f. Paillettes d'or qui se rencontrent dans le sable de certaines rivières. *Voy.* PAILLETTES D'OR. Poudre de mica jaune mêlée avec du sable; mica jaune calciné pour le rendre plus friable et plus brillant, et qu'on emploie pour sécher l'écriture.

POUDRE DU COMTE DE PARME, f. *Poudre de Sentinelly.*

POULETTE (*Métall.*), f. Minerai de fer en grains de l'île d'Elbe.

POUNABLITE (*Minér.*), f. Substance blanche, cristallisant en petits prismes rhomboédriques, trouvée près de Punah, dans l'Hindoustan. *Voy.* POONAHLITE.

POUNXA (*Minér.*), m. *Sous-borate de soude.*

POURPRE (*Paléont.*), f. Genre de coquilles purpurifères, dont neuf espèces se trouvent à l'état fossile dans les couches supercrétacées.

POURPRE DE CASSIUS, m. *Oxyde d'or* obtenu artificiellement par la précipitation de l'or de ses dissolutions, au moyen du protochlore d'étain contenant un peu de perchlorure. Sans cette dernière condition le précipité serait vert ou marron, au lieu d'être d'un beau rouge pourpre. L'oxyde d'or artificiel a reçu son nom de Cassius, chimiste à Leyde, qui en fit la découverte en 1683.

POURRI (*Exploit.*), m. Se dit d'un filon composé d'argile qui provient de la décomposition sur place des roches qui le remplissaient. Il arrive souvent qu'un filon n'est pourri et stérile que dans certaines parties, et qu'il est sain dans certaines autres.

POURTANELLE (*Métall.*), m. Terme employé dans les Pyrénées pour désigner l'empellement de la huche d'une roue hydraulique.

POUSSIER (*Métall.*), m. Charbon réduit en poudre, et dont on se sert dans les ateliers de moulage pour mêler avec le sable et faire la substance des moules.

POUZZOLANE (*Minér.*), f. *Silicate d'alumine, de fer et de chaux ;* variété de *tuf volcanique*, dont le nom vient de la campagne de Pouzzole, au pied du Vésuve. Réduite en poudre grossière, cette roche forme, avec le sable ordinaire et la chaux, un excellent ciment hydraulique; sa pesanteur spécifique est entre 1.187 et 1.228 ; la pouzzolane du Vivarais ne pèse que 1.085 à 1.128. Les ingénieurs et les architectes donnent le nom de pouzzolane à toute substance minérale qui a été soumise à l'action du feu, et forme avec la chaux et le sable des mortiers qui durcissent sous l'eau. Ce sont, en général, des doubles ou triples silicates.

Composition, suivant M. Berthier :

Alumine.	40.00
Silice.	35.00
Chaux.	5.00
Fer.	20.00
	100.00

Formule atomique : $(Al^2O^3)^2\ SiO^3 + Fe^2O^3\ SiO^3 + CaO\ (SiO^3)^3$.

POUZZOLANE DU VIVARAIS, m. Pouzzolane composée de fragments de lave basaltique d'un gris sale ou d'un rouge de brique, qui se trouve dans le voisinage des volcans éteints.

Composition :

	Grise.	Rouge.
Silice.	32	29
Alumine.	47	54
Chaux.	5	5
Oxyde de fer.	7	4
	91	92

PRAMMION (*Minér.*), m. *Quartz hyalin* noir; *prammium*, ou *morion* de Pline, du nom d'un rocher de l'île d'Icaria sur lequel on recueillait un vin célèbre dans l'antiquité.

PRASE (*Minér.*), f. Variété du *quartz hyalin.* Quartz vert, quartz amphiboleux, à cassure terne, unie, plus ou moins translucide ; la couleur verte provient de matières fibreuses, en petits grains, qui sont ou de l'actinote, ou des hydro-silicates alumineux de fer. *Prase* vient du grec *prason*, poireau ; par allusion à la couleur du minéral.

PRASE DU CAP (*Minér.*), f. *Prehnite.*

PRASÉOLITE (*Minér.*), f. Variété d'*esmarkite*, décrite sous ce dernier titre. Son nom vient de deux mots grecs : *prasios*, vert de poireau ; *lithos*, pierre.

PRASOÏDE (*Minér.*), f. Chrysolite d'un vert pâle et aqueux ; espèce de topaze.

PRASOPALE (*Minér.*), f. Variété de la chrysoprase.

PRASOPHYRE (*Minér.*), f. Variété d'*ophite*, porphyre vert antique. Nom donné par M. Boblaye aux porphyres verts de la Morée.

PRÉCIPITATION, f. Opération chimique par laquelle on rend, à un corps devenu liquide dans une dissolution, sa forme solide, et on le force ainsi à descendre au fond du vase, en vertu de sa pesanteur spécifique. *Voy.* CRISTALLISATION.

PRÉDAZZITE (*Minér.*), f. Calcaire magnésien ou *dolomie* provenant de Predazzo, dans le Tyrol. Il est décrit au mot CARBONATE DE CHAUX.

PREHNITE (*Minér.*), f. Nom donné par Werner à un silicate hydraté d'alumine et de chaux apporté, en 1780, du cap de Bonne-Espérance, par le colonel Prehn. Syn. : *chrysolite du Cap*, *koupholite*, *edélite*, *clitonite.* La prehnite est d'un vert d'asperge ou d'un jaune verdâtre ; celle qui vient de la Chine est incolore ; son éclat est vitreux ; elle est translucide, quelquefois diaphane ; elle raye la fluorine, mais se laisse rayer par le feldspath ; sa densité est de 2.926. Au chalumeau, elle fond en une scorie blanche qui se transforme en un globule compacte ; elle est soluble en gelée par les acides. Sa forme primitive est un prisme rhomboïdal droit ; elle se trouve ordinairement en lamelles très-petites et en masses fibreuses radiées, à structure souvent réniforme.

La *koupholite* est une variété de prehnite en petites tables à six faces, qu'on rencontre à Dumbarton en Écosse, et à Baréges dans les Pyrénées. Les cristaux de cette dernière localité sont extrêmement minces et en paillettes anguleuses.

La prehnite est électrique, et présente la singulière propriété d'avoir des pôles centraux, en sorte que les axes sont pour ainsi dire tournés en sens contraire.

La composition de la prehnite résulte des analyses suivantes :

	LOCALITÉS.			
	Dum-barton.	Kou-pholite.	Rats-chinges.	Oi-sans.
Silice.	44.10	44.71	45.00	41.50
Alumine.	24.26	23.99	23.28	23.14
Chaux.	26.43	25.41	26.00	23.47
Prot. de fer.	0.74	1.25	2.00	4.61
— de mang.	»	0.19	0.23	»
Eau.	4.18	4.45	4.30	4.41
	99.71	100.00	99.00	100.45

On en tire la formule : $Al^2O^3\ SiO^3 + (CaO)^2\ SiO^3 + Aq.$

PRESTADOR (*Métall.*), m. Ouvrier fondeur des forges catalanes espagnoles.

PRIAPOLITE (*Minér.*), m. Concrétion pierreuse ainsi nommée par les anciens, à cause de sa ressemblance avec le membre viril.

PRIMAIRE (*Géogn.*), adj. Nom donné par M. Boué aux couches fossilifères les plus anciennes.

PRIME, f. Nom donné par les lapidaires à la gangue, la matrice ou l'enveloppe des cristaux, des pierres précieuses.

PRIME D'AMÉTHYSTE (*Minér.*), f. *Quartz hyalin* violet; *fluorure de chaux*, variété violette.

PRIME D'ÉMERAUDE (*Minér.*), f. *Fluorure de chaux*, variété verte; diallage; feldspath vert.

PRIME D'OPALE (*Minér.*), f. Gangue d'opale; matière argileuse remplie de petits nids d'opale.

PRIME DE RUBIS (*Minér.*), f. *Quartz hyalin rose.*

PRIME D'OPALE (*Minér.*), f. *Voy.* OPALE PRIME.

PRIMÉRITE (*Minér.*), m. *Oxyde de nickel* uni au chrysoprase.

PRIMITIF (*Géogn.*), adj. *Voy.* TERRAIN PRIMITIF.

PRIMORDIAL (*Géogn.*), adj. *Voy.* TERRAIN PRIMORDIAL.

PRINCE (*Métall.*), m. Une des principales pièces de l'ordon d'un marteau.

PRISMATIQUE (*Cristall.*), adj. Système prismatique; troisième type de la classification cristallographique de M. Mohs. Il comprend le prisme à base rectangle, le prisme oblique symétrique et le prisme oblique non symétrique, et les cristaux qui en dérivent.

PRISMATIQUE DROIT À BASE CARRÉE (*Cristall.*), m. Système prismatique droit à base carrée de Beudant. C'est le *prisme droit à base carrée* de Dufrénoy, celui que nous avons adopté comme type du second système cristallin.

PRISMATIQUE OBLIQUE (SYSTÈME) (*Cristall.*), m. Dans le système de M. Beudant, ce solide forme le cinquième et le sixième types cristallins; dans le cinquième, il est à base rectangle; et alors il répond au *prisme oblique rhomboïdal*; dans le sixième, il est à base oblique non symétrique, et correspond au *prisme oblique non symétrique.*

PRISME (*Cristall.*), m. Solide à deux bases, dont toutes les faces sont parallèles à un axe et ordonnées symétriquement, soit toutes ensemble, soit par parties, autour de ce même axe.

M. Dufrénoy a rapporté tous les types cristallins à la forme prismatique; et, combinant les axes des cristaux entre eux, il en a tiré naturellement les six types cristallins qui forment la division des systèmes cristallographiques. On peut voir au mot AXE DES CRISTAUX ce que nous avons dit à ce sujet.

Le plus régulier de tous les prismes est celui qui forme le premier type cristallin, et dont tous les axes sont égaux. C'est le *cube*, que nous avons décrit sous ce titre.

Après lui vient le *prisme droit à base carrée.* C'est un solide dont les deux axes sont, comme dans le cube, perpendiculaires l'un à l'autre, quoique de longueur différente; dont tous les angles dièdres sont droits. Il est formé de six faces, dont deux, celles des bases, sont égales entre elles, et quatre, celles des côtés, sont inégales aux bases, mais égales aussi entre elles. Tous les sommets des angles trièdres sont également distants du point central formé par l'intersection des deux axes symétriques. De ses douze arêtes, huit sont horizontales et égales; quatre sont verticales et de même longueur, quoique différentes des huit autres. Ces deux longueurs différentes peuvent varier à l'infini, et donnent lieu à des rapports dans lesquels le côté de la base est représenté par B, et la hauteur, ou l'arête verticale, par H; c'est ainsi qu'on exprime le rapport des arêtes du cuivre pyriteux par l'expression B : H :: 8 : 7, ou plus simplement :: 8 : 7, qui apprend que l'arête de la base est à l'arête de la hauteur comme le nombre 8 est au nombre 7.

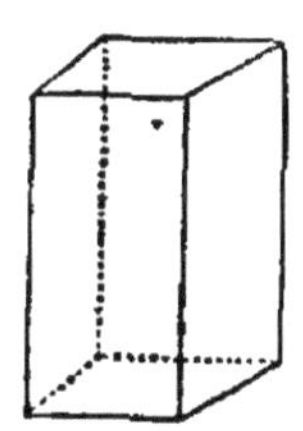

Le prisme droit à base carrée est le type du second système cristallin; c'est l'*octaèdre à base carrée* d'Haüy, le système *bino-singulaxe* de Weiss, celui *tétragonal* de Naumann. Les cristaux qui en dérivent sont : l'*octaèdre à base carrée*; le *prisme à huit faces symétriques*; les *prismes à douze faces*, *à seize faces*, etc; le *dioctaèdre* et le *tétraèdre* provenant d'hémiédrie, comme dans le système cubique.

Le *prisme droit rectangulaire* est un solide dont la base offre un rectangle, et dont les trois axes sont inégaux. Des douze arêtes de ce polyèdre, huit appartiennent aux deux bases et sont égales deux par deux; quatre sont verticales et sont égales entre elles, et placées semblablement par rapport aux axes. Les angles dièdres sont égaux entre eux.

Le prisme droit rectangulaire sert de type pour le troisième système cristallin; c'est le *système prismatique droit à base rectangle* de Beudant; l'*octaèdre à base rectangle* d'Haüy; le *rhomboctaèdre* de G. Rose, et le *système rhombique* de Naumann.

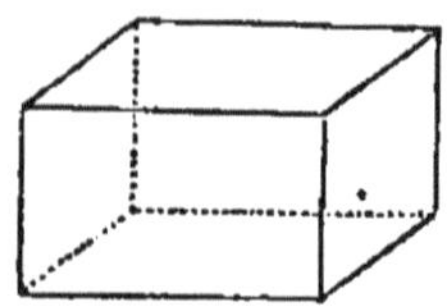

Les principaux cristaux qui dérivent de ce type sont : le *prisme rhomboïdal droit*, l'*octaèdre rectangulaire*. Le premier a pour base un rhombe; les quatre arêtes de la base sont égales; deux angles sont aigus, deux autres obtus : le second est décrit au mot OCTAÈDRE.

Le *rhomboèdre* est un prisme à six faces rhombiques, ayant deux angles-sommets et six angles latéraux; six arêtes culminantes, dont trois se réunissent au sommet supérieur et trois au sommet inférieur, et six arêtes latérales disposées en zig-zag autour de l'axe. Cette description suppose que l'axe est vertical, et passe par les deux angles sommets : il en résulte alors une symétrie complète, puisque les faces, les arêtes et les angles sont disposés autour de la diagonale, qui sert d'axe essentiel au cristal d'une manière symétrique. C'est cette disposition qui lui a valu le nom de rhomboèdre de la part d'Haüy, qui en avait fait le second type de son système cristallographique. M. Dufrénoy, en établissant une marche progressive plus naturelle, a considéré le rhomboèdre, ou prisme rhomboïdal oblique, comme le quatrième type cristallin. Ce type répond au système *rhomboédrique* de Beudant, à celui *terno-singulaxe* de Weiss, à l'*hexagondodécaèdre* de G. Rose, et au système *hexagonal* de Naumann.

Si l'on conçoit qu'en dehors du rhomboèdre primitif on inscrive un rhomboèdre extérieur et tangent; et qu'au contraire dans l intérieur du même solide primitif on inscrive deux autres rhomboèdres l'un dans l'autre, toujours d'une manière tangentielle, on a une série de rhomboèdres qui tous quatre appartiennent à la chaux carbonatée, et forment les modifications qu'Haüy a nommées *contrastant*, *inverse*, *primitif* et *equiaxe*. (*Voyez* ces mots.)

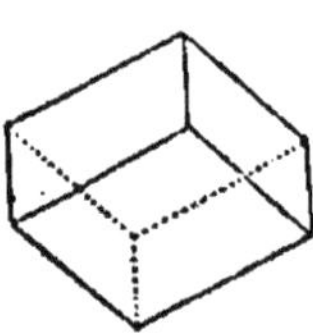

Les diverses modifications du rhomboèdre conduisent à des cristaux nombreux : les principaux sont les *rhomboèdres* dont on vient de parler; les *métastatiques* ou *dodécaèdres triangulaires scalènes*, deux *prismes réguliers à six faces*, des *dodécaèdres triangulaires isocèles*. Ce sont là les quatre formes dominantes, que l'on divise en deux catégories : la première comprend les *rhomboèdres* et les *métastatiques*, qui sont liés intimement par leur forme; la seconde renferme les *prismes à six faces* et les *dodécaèdres triangulaires isocèles*. Cette division est naturelle, et l'on en déduit deux formes primitives, quoique appartenant au même type cristallin, savoir : le *rhomboèdre*, qui distingue le *carbonate de chaux*, la *chabasie*, la *tourmaline*, etc.; le prisme à six faces, qui appartient au *phosphate de chaux*, à l'*émeraude*, au *sulfure de cuivre*, etc.

LE PRISME RHOMBOÏDAL OBLIQUE, OU PRISME OBLIQUE SYMÉTRIQUE, a trois axes obliques, dont deux sont égaux entre eux, les côtés des bases aussi égaux, et dont les coupes transversales sont des rhombes. Ce polyèdre possède huit angles et douze arêtes; c'est le type cristallin du cinquième système cristallographique, ou le *prisme oblique symétrique* d'Haüy; il répond au *système prismatique oblique à base rectangle* de Beudant; à celui *unito-singulaxe* de Weiss; à l'*octaèdre* de G. Rose, et au *monoclinoïdrique* de Naumann.

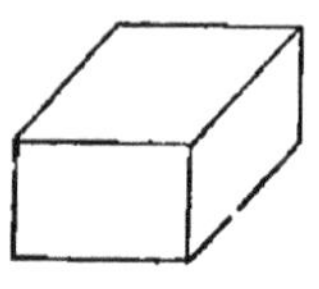

Les modifications auxquelles ce solide peut être sujet sont de sept espèces, conformément aux sept éléments qu'il renferme : elles ont lieu sur les angles, sur les arêtes verticales, ou sur les arêtes de la base : les premières se font à l'aide de troncatures sur deux angles diagonaux, comme on le voit dans le *pyroxène*, le *feldspath*, etc., ou parallèlement à la diagonale de la base, ou parallèlement à la diagonale des faces latérales; les secondes sont parallèles au plan diagonal, et fournissent un *prisme à six faces symétriques*, un *prisme rectangulaire oblique*, et un *prisme à huit faces;* les modifications sur les arêtes de la base sont des pointements à trois ou à quatre faces.

Le *prisme à six faces symétriques* (fig. 1 et 2) en dérive au moyen de deux facettes qui naissent sur deux arêtes opposées parallèlement au plan diagonal. Le *pyroxène* et l'*amphibole* fournissent des exemples de cette modification.

Fig. 1.

Fig. 2

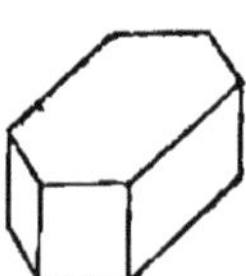

Comme rien ne limite, jusqu'à un certain point toutefois, l'inclinaison des faces latérales, on conçoit qu'il est possible, avec ces polyèdres, de créer une foule de positions différentes qui donnent naissance à autant de prismes rhomboïdaux particuliers. Ceux-ci peuvent se trouver tellement groupés ensemble, qu'il en résulte des prismes à dix et douze pans.

Le *prisme rectangulaire oblique* (fig. 3) est dû à des modifications sur les arêtes verticales, parallèlement aux deux plans diagonaux. On trouve dans le *pyroxène* ce cristal, qui a entièrement remplacé le prisme primitif.

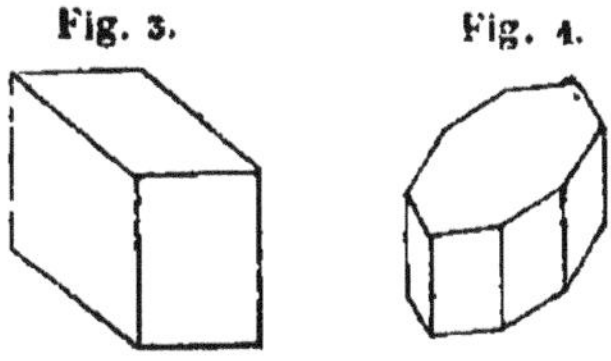
Fig. 3. Fig. 4.

Dans le *prisme à huit faces* (fig. 4), deux troncatures existent en même temps que les faces primitives. Le *diopside* présente cette modification.

Le PRISME OBLIQUE NON SYMÉTRIQUE offre un solide à trois axes obliques inégaux, dont les coupes ne sont soumises à aucune loi symétrique, et dont tous les éléments sont différents; il présente quatre espèces d'angles et six espèces d'arêtes, et admet conséquemment dix genres de modifications. L'une des principales donne lieu à des *octaèdres scalènes non symétriques*, dont toutes les coupes sont des parallélogrammes. — Le *prisme oblique non symétrique* forme le sixième type cristallin d'Haüy; il répond au *système prismatique oblique à base de parallélogramme obliquangle* de Beudant; à celui *terno-singulaxe* de Weiss; il fait partie du *système prismatique* de Mohs, et comprend les deux types *diclinoïdrique* et *triclinoïdrique* de Naumann.

PRODUCTUS (*Paléont.*), m. Genre fossile de coquilles brachiopodes, dont on trouve quatorze espèces dans les terrains secondaires. Le caractère de ces coquilles bivalves est d'avoir une valve plus courte que l'autre.

PROSILITE (*Minér.*), f. Nom donné par Thomson à un hydro-silicate d'alumine de fer et de magnésie, que Rammelsberg a considéré à tort comme une variété de *praséolite*. Sa composition est :

Silice.	38.55
Alumine.	5.65
Peroxyde de fer.	14.90
Magnésie.	15.55
Oxyde de manganèse.	2.50
Chaux.	2.55
Eau.	18.00
	97.70

d'où l'on tire la formule : $(Fe^2O^3, Al^2O^3)\,SiO^3 + (MgO)^3\,(SiO^3)^2 + 7\,Aq$, expression qui n'a que fort peu d'analogie avec la praséolite, et qu'on peut ramener à $(Al^2O^3\,SiO^3 + 8\,Aq) + [(MgO)^3\,(SiO^3)^2 + Aq.]$

PROTHÉITE (*Minér.*), f. Nom donné par M. Ure à une variété d'*idocrase* bacillaire du Zillerthal, dans le Tyrol. Elle est d'un vert olive. Ce nom devrait s'écrire *protéite*, de *prôteus*, protée, par allusion aux stries profondes qui existent sur ses faces verticales et qui lui donnent une forme douteuse, quoique, pour un œil exercé, elle soit visiblement rectangulaire. — On a aussi appliqué ce nom au *pyroxène* nommé *diopside*, sur la mesure qu'a donnée de son angle M. Descloiseaux.

PROTOCARBURE D'HYDROGÈNE (*Minér.*), m. *Voy.* HYDROGÈNE CARBONÉ.

PROTOGINE (*Géogn.*), f. Roche composée de feldspath ordinairement blanc, et de silicates de magnésie verdâtres en couches, en amas, en filons dans les terrains granitiques. C'est, à proprement parler, un granite dans lequel le mica est remplacé par le talc; ce qui fait aussi donner à cette roche le nom de *granite talqueux*. C'est un mélange de feldspath, de quartz et de talc. Son nom vient du grec *prôtos*, premier; *gonéia*, origine; première formation.

Composition :

Silice.	75.24
Alumine.	6.89
Magnésie.	9.26
Chaux.	0.55
Potasse.	4.55
Oxyde de fer.	1 08
Eau.	1 50
	98.55

PROTOXYDE DE CUIVRE (*Minér.*), m. *Voy.* OXYDE DE CUIVRE.

PROTOXYDE DE MANGANÈSE (*Minér.*), m. *Voy.* OXYDE DE MANGANÈSE.

PROUSTITE (*Minér.*), f. Nom donné par M. Beudant à un *sulfure d'arsenic et d'argent* que Proust avait signalé comme arsénifère avant les travaux de H. Rose, qui en a fait l'analyse. *Voy.* le mot *Sulfure d'argent*, à l'article SULFURES MÉTALLIQUES.

PRZIBRAMITE (*Minér.*), f. *Sulfure de zinc* provenant de Przibram, en Bohême.

PSAMMÉRYTHRIQUE (Terrain) (*Géogn.*). adj. Du grec *psammos*, sable, et *érythros*, rouge. Synonyme de *triasique*; terrain comprenant les grès rouges modernes, et les terrains supérieurs jusqu'au lias.

PSAMMITE (*Géogn.*), m. Grès argileux, grès houiller; roche formée d'argile grenue, en couches, en amas, rarement en filons, à texture schisto-grésiforme, rougeâtre, grisâtre, jaune, verdâtre, brunâtre, noirâtre, blanchâtre, etc., quelquefois bigarrée. Elle appartient aux terrains fossilifères, et surtout au terrain houiller.

PSATUROSE (*Minér.*), f. Nom donné par M. Beudant à l'*argent noir* ou *sulfure d'argent et d'antimoine*, décrit au mot *Sulfure d'argent*, de l'article SULFURES MÉTALLIQUES.

PSÉPHITE (*Géogn.*), m. Grès rudimentaire; roche à texture grenue, rougeâtre ou verdâtre, composée d'une pâte schisteuse ou d'un ciment argiloïde, renfermant divers fragments de schiste et de phillade; friable, meuble ou tenace, en couches, en amas, en filons, accompagnant souvent les poudingues et les porphyres rouges.

PSEUDAMANTES, f. Pierres artificielles qui imitent les pierres précieuses naturelles; du grec *pseudês*, faux; *adamas*, diamant.

PSEUDO-ALBÂTRE (*Minér.*), m. *Alabastrite.*

PSEUDO-AMÉTHYSTE (*Minér.*), f. Fluorure de chaux violette.

PSEUDO-BÉRIL (*Minér.*), m. *Quartz hyalin* verdâtre.

PSEUDO-COBALT (*Minér.*), m. *Arseniure de nickel.*

PSEUDO-CRISTAL, m. Forme cristalline qui n'appartient pas au minéral qui l'affecte.

PSEUDOÉDRIQUE, adj. Masses polyédriques dont les faces semblent être l'effet de leur pression mutuelle.

PSEUDO-ÉMERAUDE (*Minér.*), f. *Quartz hyalin* vert; prehnite; aigue-marine.

PSEUDO-GALÈNE (*Minér.*), f. Fausse galène; nom donné par Bergman au *sulfure de zinc*, à cause de sa ressemblance avec le sulfure de plomb, ou galène. Du grec *pseudês*, faux; *galênê*, mine de plomb.

PSEUDO-GRENAT (*Minér.*), m. *Quartz hyalin* orangé.

PSEUDO-HÉMITROPE, adj. Cristal dont un des sommets seulement offre le phénomène de l'hémitropie.

PSEUDO MALACHITE (*Minér.*), f. Phosphate de cuivre, *ypoléine.*

PSEUDO-MORPHIQUE, adj. Qualité d'un minéral qui a pris la place et la forme d'un autre minéral cristallisé, ou qui s'est modelé sur un corps jadis organisé; du grec *pseudês*, faux; *morphê*, forme.

PSEUDO-NÉPHÉLINE (*Minér.*), f. Variété de *néphéline* trouvée dans les laves de Capo di Bove, près de Rome, en petits cristaux prismatiques à six faces.

PSEUDO-OPALE (*Minér.*), f. *Quartz opalisant.*

PSEUDO-RUBIS (*Minér.*), m. *Quartz rose*, rubis de Bohême.

PSEUDO-SAPHIR (*Minér.*), m. *Cordiérite.*

PSEUDO-SOMMITE (*Minér.*), f. *Pseudo-néphéline.*

PSEUDO-TOPASE (*Minér.*), f. *Quartz hyalin* jaune.

PSEUDO-VOLCANIQUE, adj. Altéré par l'action ignée.

PSILOMELANE (*Minér.*), f. Nom donné par M. Haidinger à un *peroxyde de manganèse barytifère*, décrit au mot OXYDE DE MANGANÈSE. Ce nom a été également employé pour désigner des *manganates de cuivre* et de *cobalt*, dont la description se trouve aux mots MANGANATE DE COBALT et MANGANATE DE CUIVRE.

PTÉROCÈRE (*Paléont.*), f. Genre de coquille fossile, dont une espèce a été trouvée par M. Maraschini au Monte Guerni, près de Castel Gomberto (Italie).

PTÉRODACTYLE (*Paléont.*), m. Reptile fossile, dont on connaît trois espèces dans les terrains supercrétacés.

PTÉROPODES (*Paléont.*), m. Famille de mollusques formant quatre genres, dont un seul est fossile et appartient au terrain supercrétacé.

PUDLAGE (*Métall.*), m. Nous avons vu, à l'article MAZÉAGE, qu'on obtenait par cette opération un fer à demi affiné, qu'on coulait à l'état liquide dans un moule ou lit de fonte. Ce métal est refroidi, cassé en morceaux, et porté ensuite dans un four à réverbère pour être soumis à une nouvelle manipulation qu'on nomme pudlage, qui complète l'affinage du fer. Nous croyons devoir entrer ici dans quelques détails sur cette opération.

Le foyer du four à réverbère doit être allumé, et l'intérieur du fourneau doit avoir atteint une certaine température avant de placer le métal sur la sole. Alors l'ouvrier dispose en créneaux les morceaux de fine-métal ou métal mazé de manière à exposer le plus de surface possible à la flamme. Pendant qu'il opère cette charge, il a soin de tenir la porte ouverte le moins possible, et de la refermer aussitôt que les morceaux sont placés. On jette ensuite du combustible sur la grille, on ferme de toutes parts et on bouche les fentes des portes et les moindres ouvertures avec de l'argile détrempée, ou mieux de la houille menue.

Le fine-métal ainsi disposé reste une demi-heure ou trois quarts d'heure avant de changer d'etat; mais bientôt sa force de cohésion diminue sensiblement; il se granule et passe à l'état grossièrement pâteux. C'est le moment du travail du pudleur. Comme il faut empêcher la liquéfaction, il modère le feu, en arrêtant le tirage et ouvrant les portes; puis, à mesure que le métal se liquéfie, il l'étend sur la sole, l'approche ou l'éloigne du pont, en expose toutes les parties à l'air, qui entre abondamment. C'est ainsi qu'il oxyde à la fois une partie de la masse qu'il reporte vivement au milieu du reste, afin de faire épaissir le tout; il redouble alors d'activité, et voit bientôt la matière se granuler et s'étendre comme une espèce de sable. C'est là ce qu'on appelle *pudler*, du mot anglais *to puddle*, brasser, patrouiller, et ce qui exige, de la part de l'ouvrier, beaucoup d'adresse, de promptitude et d'expérience.

On conçoit très-bien que l'état du métal soumis au pudlage doit influer singulièrement sur le travail du pudleur : s'il contient encore beaucoup de carbone, il se maintient plus longtemps liquide, se granule plus difficilement, et plus tard il rend le pudlage long et difficile; s'il est, au contraire, trop décarburé, il ne se granule pas, prend mal le vent, et donne un fer d'une qualité inférieuré. Avec le métal trop carburé, il faut un violent coup de feu et un travail rapide près du pont. Des battitures jetées à propos facilitent la viscosité et hâtent l'affinage. Le moyen de remédier au second défaut, la trop grande sécheresse du métal, consiste à l'éloigner du feu et à l'arroser d'un peu d'eau. Chacun sait que la fonte contient une assez grande quantité de silicium, qui s'oxyde pendant l'affinage, produit de la silice et rend le fer cassant. Or, la silice, au moment de sa formation, a la propriété de se dissoudre dans l'eau. C'est donc un très-bon moyen de favoriser l'affinage du métal, que de jeter dessus de l'eau en certaine quantité.

L'opération de sécher le métal (*to dry the metal*) se renouvelle jusqu'à trois fois. Dès la troisième, le fer commence à bouillonner, à lancer des étincelles; les gaz se dégagent violemment et avec bruit, le laitier coule vers l'extrémité de la sole, la masse résiste au ringard. Il est temps de commencer la *loupe*.

Le pudleur quitte alors le ringard pour prendre une espèce de crochet nommé *croard*, qui lui sert à réunir la matière, à en rapprocher les parties, et à lui donner la forme d'une boule; il la rend ensuite plus compacte à l'aide d'une masse nommée *doli*, avec laquelle il la frappe dans tous les sens, en la retournant au fur et à mesure qu'il le juge à propos; puis il reprend le croard, ajoute un peu de matière à sa boule, recommence à frapper et à retourner jusqu'à ce que la loupe ait acquis la grosseur convenable. Il prépare de cette manière toute la charge qu'il a pudlée.

Lorsque cette préparation est faite, il prend une des loupes, et lui ajoute les parties qui sont restées sur la porte du four; ou bien encore il réunit deux loupes, qu'il frappe du doli et expose à la chaleur du pont; puis il la livre à son aide, qui la saisit avec les tenailles à cingler, et la porte sous le marteau ou sous le laminoir.

En examinant bien attentivement ce qui se passe dans le *mazéage* et dans le *pudlage*, on s'aperçoit que l'affinage proprement dit a principalement lieu dans la première opération. Dans le pudlage, une portion de l'oxyde de fer est reproduite, à cause de la grande abondance d'oxygène due à l'air et à l'eau introduite dans le fourneau; le silicium ne s'oxyde qu'à la surface, attendu qu'aucune réaction chimique ne peut avoir lieu dans un métal presque toujours solide : *Corpora non agunt, nisi soluta*. La couleur, le brillant, le tissu du fer pudlé, tout indique que le fer n'est point à l'état de pureté parfaite.

C'est dans le mazéage qu'il faut se délivrer du silicium; là tout est à l'état le plus convenable aux réactions. Si on ne parvient pas à le chasser pendant que le métal est liquide, on ne le fera jamais après; et si on obtient ce résultat dans la mazerie, un léger travail de plus suffira pour réduire le métal à l'état de fer affiné.

Je répéterai donc ici ce que j'écrivais en 1829 : Le pudlage est un procédé oiseux, dont il est facile de se passer. Mais j'ajouterai aujourd'hui que le mazéage doit être modifié, et que ce n'est que par l'emploi de fondants alumineux et calcaires qu'on parviendra à affiner complétement la fonte dans les mazeries et les renardières.

PUISSANCE (*Exploit.*), f. Épaisseur d'une couche, d'une masse ou d'un système de couches.

PUITS ARTÉSIENS (*Géol.*), m. Puits forés, ainsi nommés parce qu'ils sont pratiqués depuis longtemps dans l'Artois. On emploie pour les obtenir une grande tarière, et un procédé semblable à celui des sondages ordinaires. Le trou a ordinairement de 0 m. 07 à 0.10 de diamètre.

Le plus ancien puits artésien en France date de 1126; il existe à Lillers, en Artois, dans le couvent des Chartreux; il paraît que, vers le milieu du sixième siècle, on creusait dans l'Oasis des puits de 200, 300 et même 500 aunes de profondeur, et qu'on en obtenait des eaux jaillissantes employées à l'agriculture. On a cru trouver dans l'ancienne ville de Modène des tuyaux destinés à un pareil résultat. Ce qu'il y a de certain, c'est que, dans le désert du Sahara, depuis longtemps les habitants se procurent de l'eau par ce moyen. Il n'est pas encore bien prouvé que les Chinois connaissent les fontaines jaillissantes.

Il existe dans les terrains stratifiés d'immenses nappes d'eau souterraines dues probablement à l'accumulation des eaux de pluie, qui s'infiltrent à travers les couches terrestres et vont se rassembler sur celles imperméables. Ces nappes renferment des poissons, et l'on cite même des canards qui sont venus à la surface. C'est dans les eaux souterraines de la Carniole que l'on a trouvé le *proteus anguinus*, qui a si vivement excité l'attention des naturalistes. La *fontaine sans fond* de Sablé, en Anjou, citée par le secrétaire de l'Académie en 1741, vomissait une quantité prodigieuse de brochets truités; et le *frais puits* de Vesoul, lorsqu'il déborde, jette dans les champs des brochets d'une grande dimension. On peut voir ce que nous disons, au mot NIVEAU, des nappes souterraines, qui forment des lacs et quelquefois même des rivières qui se meuvent dans l'intérieur de la terre.

Il est évident que les eaux qui jaillissent par les puits forés proviennent de ces nappes, qui elles-mêmes doivent leur origine aux eaux de pluie; les infiltrations dans les fissures des roches jouent le rôle de vastes siphons qui alimentent les niveaux. En beaucoup de cas, les couches des roches pèsent sur ces niveaux et les compriment; en sorte que, lorsqu'on vient à leur offrir une issue, les eaux sont sollicitées par leur tendance à rétablir l'équilibre de niveau; et par la pression des roches elles jaillissent alors à une certaine hauteur.

Ces siphons naturels ont été imités par l'art avec tout le succès désirable, pour se procurer des eaux à une distance quelquefois considérable : les jets d'eau de Versailles, de Saint-Cloud, sont alimentés par des conduits souterrains qui suivent la pente des vallées qu'ils traversent, et reportent les eaux à une hauteur presque égale à celle où ils les prennent : le conduit qui porte le liquide au grand jet des Tuileries part d'un réservoir établi sur les hauteurs de Chaillot. Les Romains, qui n'étaient pas forts en hydraulique, construisaient à grands frais d'immenses aqueducs dans le même but : les Turcs, beaucoup plus habiles sous ce rapport, établissent le long des coteaux un tuyau en maçonnerie, en terre cuite ou en métal, qui traverse les vallées, se modèle sur les inflexions du terrain, et remonte sur la pente d'autres coteaux. Le nom de ces siphons, *souterazi*, équilibre d'eau, peint parfaitement la théorie de cette conduite d'eau.

La température des fontaines artésiennes est supérieure à celle de la surface du sol. M. Arago, qui s'occupe d'un grand travail sur la chaleur du globe, a constaté, dans sa belle notice de 1834, que la chaleur des puits forés augmentait à raison de 1° par 20 ou 30 mètres de profondeur. Cette chaleur est un peu inférieure à celle obtenue par d'autres moyens ; mais il faut considérer que l'eau, dans son trajet de la profondeur au sol, perd un peu de sa température. Quoi qu'il en soit, voici quelques données sur cette augmentation :

L'eau de la fontaine jaillissante de Saint-Ouen arrive à la surface avec 12°.9 de chaleur ; elle a 66 mètres de profondeur ; et comme la température moyenne de Paris, à la surface, est de 10°.6, il en résulte une augmentation de 2°.3, qui, répartis sur les 66 mètres, donnent 1° par 28 m. 69.

L'eau du puits de *Marquette*, dans le Nord, marque 12° 5 en arrivant à la surface ; la température moyenne de la localité est de 10°.3 ; la différence 2°.2, répartie sur la profondeur des puits de 56 mèt., donne 1° pour 28 m. 45.

Cette différence est de 3° à la fontaine artésienne d'*Aire*, dont la profondeur est de 63 m. ; le résultat est donc de 1° pour 21 mètres.

L'excès est de 3°.7 au puits de *Saint-Vincent*, pour une profondeur de 100 mètres ; c'est 1° pour un peu plus de 27 mètres.

A Scheernell, près de la Tamise, le puits artésien a 15°.8 de chaleur à la surface, tandis que la température moyenne du pays est de 10°.8. Les cinq degrés de différence répartis sur 110 mètres de profondeur donnent 1° pour 22°.

A Tours, cette différence est de 6° pour 140 mètres de profondeur ; c'est conséquemment 1° pour 23 m. $\frac{1}{3}$.

Le produit des puits artésiens diffère avec les localités : la source du Loiret, connue sous le nom de *Bouillon*, près d'Orléans, est une fontaine artésienne qui jette, dans les plus grandes sécheresses, 3,300 litres d'eau par minute. A Bagès, près de Perpignan, le produit est de 2,000 litres d'eau par minute ; à Tours, dans le quartier de la cavalerie, il ne donne que 1110 litres dans le même temps ; à Liliers, Pas-de-Calais, 700 litres ; à Merton, en Surrey, en Angleterre, 900 litres ; à Rivesaltes, 800 litres ; etc. L'industrie a mis à profit, comme moteur, quelques-unes des sources artésiennes : à Béthune, quatre puits forés font marcher le moulin de *Couchem* ; le moulin de *Saint-Pol* a pour moteur cinq fontaines jaillissantes ; les meules du grand moulin de *Fontès*, près d'Aire, marchent à l'aide de dix sources de cette nature, qui font, en outre, aller les soufflets et les marteaux d'une clouterie ; une manufacture de soie de Tours, dont la roue a 7 mètres de diamètre, est mue par un puits de 140 mètres, donnant 1100 litres d'eau par minute. La nappe jaillissante de Tooting, près de Londres, fait mouvoir une roue de 1 m. 6 de diamètre, et monte l'eau à trois étages, à l'aide d'une pompe mise en action par la roue.

Les eaux pluviales pénètrent à travers les couches de tous les terrains stratifiés, notamment des formations secondaire et tertiaire ; mais l'énorme épaisseur des premières rend cette pénétration plus difficile, quoique les cours d'eau qui y circulent soient d'un volume plus considérable. Aussi a-t-on remarqué que les sources qui surgissent des terrains secondaires sont plus rares, en même temps que plus abondantes. L'eau circule, au contraire, facilement à toutes les profondeurs du calcaire crayeux ; aussi la voit-on s'élancer de toutes les fissures des falaises du Pas-de-Calais. C'est dans ces formations que les puits artésiens peuvent être établis avec le plus de certitude de succès.

Cependant toute l'étendue du terrain tertiaire ne donne pas indifféremment de l'eau jaillissante. Dans la vallée de *Ternoise*, sur trois puits très-voisins forés en 1820, un seul a réussi ; à *Béthune*, un trou de sonde de 33 mèt. a donné un beau jet d'eau, dans le jardin contigu, on a creusé à 24 mètres plus bas sans succès.

Les nappes d'eau d'une certaine étendue n'existent qu'à la surface de séparation de deux couches minéralogiques distinctes ; il faut toujours pousser les sondages jusqu'à la couche imperméable inférieure à la craie, sous peine de ne trouver que des filets liquides de peu d'importance.

PUITS DE RECHERCHE (*Exploit.*), m. Puits fait pour reconnaître la richesse ou l'allure d'un gîte de minéral.

PULVÉRULENT, adj. Tombant en poussière ou en fragments très-petits.

PULVINITE (*Paléont.*), f. Genre fossile de la famille des malléacées, appartenant à la craie inférieure.

PUMITE ou PUMICITE (*Minér.*), f. *Voy.* PONCE. M. Fisher a confondu sous le nom de pumicite la ponce et la pumite. Cette dernière est plus particulièrement une roche composée à base de ponce. Le nom de pumicite, fait du latin *pumex*, ponce, semble inutile.

PURETTE (*Minér.*), f. Nom donné à un sable titanique ferrugineux qui se trouve sur le bord de la mer, à Mortuo, près de Gênes, et dont on se sert pour sécher l'écriture.

PURPURITE (*Paléont.*), f. Pourpre fossile.

PUSCHINITE (*Minér.*), f. Nom donné par M. Wagner à une variété d'*épidote* décrite sous ce dernier titre.

PYCNITE (*Minér.*), m. Variété de *topaze*, décrite au mot SILICO-FLUATE D'ALUMINE.

PYCNOTROPE (*Minér.*), m. Minéral très-peu connu, de couleur grise ou rosée, mélangé de talc. Son nom paraît venir du grec *pyknos*, compacte; *tropos*, tour, tournure; par allusion sans doute à sa forme peu déterminée et à sa structure compacte.

PYRALLOLITE (*Minér.*), f. *Silicate hydraté de magnésie*, d'une couleur blanche légèrement verdâtre, opaque, à peine translucide sur les bords, à aspect gras et résineux. Elle se trouve en Finlande, en masse cristalline et en cristaux qui semblent ressortir d'un prisme doublement oblique; ses cristaux sont opaques, tendres, et à cassure unie ou esquilleuse, caractères qui indiquent une altération; elle raye le gypse, et est rayée par la fluorine; sa densité est de 2.555 à 2.594; elle donne une poussière blanche; elle blanchit au chalumeau, et fond sur les bords en un émail blanc. Sa composition est, d'après Nordenskiold:

Silice.	56.62
Magnésie.	23.38
Chaux.	5 38
Protox. de fer.	0.99
— de manganèse.	0.99
Alumine.	3.38
Eau.	3.58
	94.32

Composition qui peut s'exprimer par $(MgO)^6 (SiO^3)^5 + 2$ Aq, formule que nous avons assignée au talc de Rhode-Island et au schiste talqueux.

La pyrallolite a été recueillie par M. de Steinheit, près de Pargas, en Finlande; à Kingbridge, près de New-York, par le professeur Nutall; et à Franklin, dans le New-Jersey, en Finlande. Elle est disséminée dans le calcaire, et associée à du pyroxène, de la wernérite et du sphène; à New-York, elle est dans un calcaire grenu, et à Franklin, dans une syénite.

PYRAMIDAL (*Cristall.*), adj. Système pyramidal; second type de la classification cristallographique de M. Mohs. Il comprend l'octaèdre, ou prisme à base carrée, qui peut être considéré comme le résultat de deux pyramides opposées par leurs bases. Les cristaux de ce type se présentent le plus ordinairement sous la forme pyramidale.

PYRAMIDELLE (*Paléont.*), f. Genre de plicacés, dont cinq espèces se trouvent à l'état fossile dans les terrains modernes.

PYRAPHROLITE (*Minér.*), f. Variété de *résinite* et d'*obsidienne*.

PYRARGILITE (*Minér.*), f. Nom donné par M. Nordenskiold à une variété de *triclasite* qui a la propriété de donner une odeur argileuse quand elle est chauffée; du grec *pyr*, feu; et du mot *argile*.

PYRÉNÉITE (*Minér.*), f. Nom appliqué par Werner à un *grenat mélanite*, noir des Pyrénées, dont l'analyse a été donnée au mot GRENAT.

PYRGOME (*Minér.*), m. *Pyroxène*.

PYRGOPOLET (*Paléont.*), m. Coquille fossile.

PYRHOLITE (*Minér.*), f. Minéral peu connu, et dont il n'existe pas d'analyse; il est d'un violet sombre, compacte, à cassure esquilleuse; il raye le verre, et a beaucoup de ressemblance avec certain quartz qui est un peu plus vitreux, tandis que l'éclat de la pyrholite est gras Il provient de Brévig, en Suède.

PYRITE (*Minér.*), f. Ancien nom de certains sulfures métalliques. Presque tous font feu au briquet, et quelques-uns s'enflamment avec facilité; ce qui leur a valu le nom de pyrite, du grec *pyr*, feu.

PYRITE A GORGE DE PIGEON. Ancienne dénomination du *cuivre panaché*.

PYRITE A QUEUE DE PAON. Ancien nom du *cuivre panaché*.

PYRITE ARGENTIFÈRE. Sulfure de fer argentifère.

PYRITE ARSENICALE. *Arsenio-sulfure de fer*, décrit à l'article SULFURES MÉTALLIQUES.

PYRITE BLANCHE. *Sulfure de fer* cristallisant en prisme rhomboïdal. On donne également ce nom à l'*arsenio-sulfure de fer*. *Voir* SULFURES MÉTALLIQUES.

PYRITE CAPILLAIRE. *Sulfure de nickel* en filaments capillaires. Il est décrit au mot SULFURES MÉTALLIQUES.

PYRITE CRÊTE DE COQ. Nom donné par Delisle au *sulfure de fer-blanc*; variété dont les cristaux octaédriques sont très-aplatis, terminés par une ligne, et réunis en groupes divergents.

PYRITE CUIVREUSE. Nom donné par Bergman au *sulfure de cuivre ferrifère*.

PYRITE DE FER. *Sulfure de fer*.

PYRITE D'ÉTAIN. *Sulfure d'étain*.

PYRITE D'ORPIMENT. Ancien nom donné par quelques minéralogistes à une variété du *sulfure d'arsenic*.

PYRITE HÉPATIQUE. *Sulfure de fer*. *Voy.* FER HÉPATIQUE.

PYRITE JAUNE. Variété de *sulfure de fer*, décrite au mot SULFURES MÉTALLIQUES.

PYRITE MAGNÉTIQUE. *Sulfure de fer magnétique*, décrit au mot SULFURES MÉTALLIQUES.

PYRITE MARTIALE. *Sulfure de fer* jaune, décrit à l'article SULFURES MÉTALLIQUES. Le nom de Martial lui a été donné à cause du nom de Mars, que les anciens appliquaient au fer.

PYRITE RAYONNÉE. Variété de *sulfure de fer*, en masses ou en globules sphéroïdaux hérissés par des portions de cristaux, et composés par une réunion d'aiguilles divergentes qui sont dues au prolongement des cristaux prismatiques.

PYRITE SULFUREUSE. Nom donné par de Born au *sulfure de fer*.

PYRITOLOGIE, f. Traité des pyrites; du grec *pyrités*, pyrite; *logos*, discours.

PYROCHLORE (*Minér.*), m. *Titanate de chaux* et de bases isomorphes, décrit sous ce dernier titre.

PYRODMALITE (*Minér.*), m. *Silicate de fer et de manganèse hydraté.*

PYROLUSITE ou **PYROLUZITE** (*Minéralogie*), f. *Voy.* OXYDE DE MANGANÈSE.

PYROMAKE ou **PYROMAQUE** (*Minér.*), adj. Quartz-agate, ou silex pyromaque. Variété de quartz, décrite au mot SILEX. C'est la *pierre à fusil.* Du grec *pyr*, *pyros*, feu ; *machè*, combat ; par allusion à l'application du silex pyromaque aux carabines.

PYROMÉRIDE (*Géogn.*), m. Porphyre orbiculaire ; roche composée d'eurite et de quartz ; brune, rougeâtre, tachetée, à pâte grenue, renfermant des noyaux sphéroïdaux à texture radiée ; cassure raboteuse. Gisement : à Girolata, en Corse. Cette roche, employée comme pierre d'ornement, conserve mal le poli.

PYROMÈTRE (*Métall.*), m. Instrument propre à mesurer les hauts degrés de température, et dont le 0° correspond à 598° du thermomètre centigrade. Le pyromètre de Wedgwood est fondé sur la propriété contractile de l'argile à une haute chaleur : c'est un petit cylindre de cette terre qui glisse entre deux règles de cuivre, et avance à mesure que la chaleur le contracte. Cet instrument fort imparfait est divisé en 240 degrés égaux, dont chacun est évalué à 72° du thermomètre. Mais cette évaluation est erronée au moins au-dessus de 20°, attendu que la dilatation de l'argile, dans les hautes températures, est inégale, et n'est point proportionnelle à la chaleur.

PYROMORPHITE (*Minér.*), f. Nom donné par Haussmann à une variété de *phosphate de plomb* ; du grec *pyr*, feu ; *morphé*, forme ; parce que ce minéral prend la forme cristalline par la fusion.

PYROPE (*Minér.*), m. Du grec *pyr*, feu, et *ops*, œil ; œil de feu, escarboucle. *Grenat pyrope*, *grenat de magnésie*, d'une belle couleur rouge.

PYROPE D'ÉLIE (*Minér.*), m. C'est le nom qu'a donné M. Connel à un grenat qui se trouve sur les bords du lac Élie, en Écosse ; il est rouge foncé, et possède tous les caractères d'un grenat. Il est, comme le pyrope de Bohême, privé de la faculté de cristalliser régulièrement, attendu sa constitution atomique. Il pèse 3,061. Sa composition est, suivant M. Connel :

Silice.	42.80
Alumine.	28.65
Peroxyde de fer.	9.31
Oxyde de manganèse.	0.25
Chaux.	4.78
Magnésie.	10.67
	96.46

correspondant à la formule $2\,(Al^2O^3, Fe^2O^3)\,SiO^3 + (MgO, CaO)^3\,SiO^3$, qui diffère essentiellement de celle des grenats.

PYROPHANE (*Minér.*), m. Nom donné par de Born à une variété d'opale qui devient transparente quand on la plonge dans la cire fondue, et qu'on applique à toute substance minérale qui acquiert la transparence par la chaleur ; du grec *pyr*, *puros*, feu ; *phainô*, je brille.

PYROPHYLLITE (*Minér.*), f. Silicate hydraté d'alumine et de magnésie, d'un vert d'herbe ou vert de gris, quelquefois blanc, à éclat nacré, à poussière blanche, tendre comme le talc. Sa texture est fibreuse ; sa densité est de 2.70 à 2.80. A la flamme d'une bougie, une lame mince s'exfolie, se gonfle, se transforme en un faisceau de filets minces, à éclat soyeux ; au chalumeau, la pyrophyllite donne une lumière blanche phosphorescente, et les filets se soudent par la pointe. Une analyse de M. Hermann a donné :

Silice.	59.79	66.14
Alumine.	29.46	25.87
Magnésie.	4.00	1.49
Protoxyde de fer.	1.80	0.39
Argent.	trace	»
Eau.	5.62	5.59
	100.67	99.48

dont l'expression atomique est $Al^2O^3\,(SiO^3)^3 + Aq$, en regardant les bases protoxydées comme étrangères au minéral.

La pyrophyllite, qu'on a réunie à tort au talc, se trouve près de Beresford, plus loin que le pont de Blagodad.

PYROPHYSALITE (*Minér.*), f. Variété de *topaze*, décrite au mot SILICO-FLUATE D'ALUMINE.

PYROPHYTOLITE (*Minér.*), f. *Topaze*, variété laminaire.

PYRORTHITE (*Minér.*), f. Variété d'*orthite*, décrite au mot SILICATE DE CÉRIUM, et qui possède la propriété de brûler comme un combustible.

PYROSCLÉRITE (*Minér.*), f. Silicate d'alumine et de magnésie d'un vert pomme très-clair, analogue à la couleur du talc, en petites plaques cristallines. Ce minéral raye le sel gemme, mais il est rayé par la fluorine et par une pointe d'acier ; sa poussière est blanche, sa cassure inégale et lamelleuse ; il a l'éclat nacré et translucide sur les bords ; il possède un double clivage à angle droit ; au chalumeau, il fond difficilement en un verre transparent, légèrement coloré par l'oxyde de chrôme.

Quoique les caractères extérieurs de la *kammérérite* présentent des différences avec la pyrosclérite, sa composition néanmoins est tellement analogue, qu'il est difficile de les séparer. La kammérérite est généralement d'un bleu violet, mais quelques échantillons sont verdâtres, ou d'un gris verdâtre ; elle est composée de lames fines ; sa cassure est grenue et compacte, son éclat gras et luisant ; elle est translucide sur les bords, surtout quand elle a été plongée dans l'eau. Ses caractères cristallographiques ne sont pas encore bien connus, quoique M. Nordenskiold pense qu'elle cristallise en rhomboèdre ; ce qu'il déduit de l'effet produit par une plaque mince soumise à la tourmaline, laquelle montre la croix noire ; elle prend une couleur plus foncée au chalumeau, mais elle ne fond pas ; elle donne avec le borax la réaction de l'oxyde de chrôme. — La kammérérite appartient aux terrains anciens de l'Oural ; elle a été trouvée à douze werstes de Bissensk. — La pyrosclérite est disséminée dans une roche feldspathique de l'île d'Elbe.

La composition de ces deux minéraux est, suivant MM.

	Kobell,	Hartwall,
Silice.	37.03	37.00
Alumine.	13.50	14.20
Oxyde de chrôme.	1.43	1.00
Magnésie.	31.62	31.50
Protox. de fer.	3.52	»
Chaux.	»	1.50
Eau.	11.00	13.00
	98.10	98.20

qui répondent à la formule $Al^2O^3\,SiO^3 + 2\,(MgO)^3\,SiO^3 + 5$ Aq. Si l'on voulait tenir compte de l'oxyde de chrôme, on aurait

$$3\,Al^2O^3\,SiO^3 + 7\,(MgO)^3\,SiO^3 + \left\{ \begin{array}{l} (Fe^2O^3)^2\,CrO^3 \text{ (pyrosclérite)} \\ (CaO)^2\,CrO^3 \text{ (kammérérite)} \end{array} \right\} + 16\,Aq;$$

ce qui explique la différence des deux variétés.

PYROSMALITE (*Minér.*), f. Nom donné par Hausmann à une variété de *silicate de fer*, qui exhale au chalumeau une forte odeur d'acide hydrochlorique.

PYROSMARAGDITE (*Minér.*), m. *Chlorophane* verte.

PYROXÈNE (*Géogn.* et *Minér.*), m. *Silicate de chaux* et *de magnésie, de fer* ou *de manganèse*, qu'on a cru longtemps n'appartenir qu'aux terrains volcaniques ; ce qui lui a fait donner son nom ; du grec *pyr*, feu ; *xénos*, étranger. Minéral gris verdâtre, vert clair, vert obscur, vert noirâtre, brunâtre, olivâtre, vert jaunâtre, blanc, translucide ou transparent, cristallisant en prisme rhomboïdal oblique sous les angles de 100° 25′ et 87° 5′ ; à cassure transversale et raboteuse ; ayant la réfraction double à un haut degré. Tous les pyroxènes sont fusibles, quoiqu'à différents degrés et avec plus ou moins de difficulté ; le globule de verre qui en résulte a une couleur en rapport avec celle de l'échantillon essayé.

La formule générale des pyroxènes est : $m\,CaO\,SiO^3 + (bO)^2\,SiO^3$

Il leur manque donc pour donner la formule de l'amphibole $bO\,SiO^3$, ce qui donne $m\,CaO\,SiO^3 + (bO)^3\,(SiO^3)^2$.

Toutefois que $m = 1$, comme dans l'augite ou pyroxène noir ; mais dans la plupart des cas $m = 2$, d'où il suit que la différence entre les deux minéraux est, le plus ordinairement, $CaO\,SiO^3 + bO\,SiO^3$, ou plus simplement, à cause des bases isomorphes, $bO\,SiO^3$, en généralisant b davantage.

Quoi qu'il en soit, la composition des pyroxènes semble indiquer qu'ils forment trois variétés très-distinctes : dans toutes la chaux reste comme élément constant, et toutes les formules permettent de la considérer comme étant à l'état de silicate de chaux simple. Voilà donc un membre de la formule parfaitement distinct : quant à l'autre, il se compose tour à tour de magnésie, de fer et de manganèse à l'état de silicate bibasique. La présence de ces trois bases isomorphes permet donc d'établir les trois variétés suivantes :

1° Le *diopside*, dont la formule est $2\,CaO\,SiO^3 + (MgO)^2\,SiO^3$;

2° L'*hedenbergite*, représentée par $2\,CaO\,SiO^3 + (MgO, FeO)^2\,SiO^3$;

3° La *jeffersonite*, s'exprimant par $2\,CaO\,SiO^3 + (FeO, MnO)^2\,SiO^3$.

1° Le *diopside* est le plus pur des pyroxènes ; il est blanc, vert clair, vert olive et même vert noirâtre, mais jamais noir ; c'est un minéral presque toujours cristallisé, et qui possède quatre clivages ; sa cassure est lamelleuse dans le sens de l'axe, conchoïde et inégale en travers ; sa densité est de 3.25 à 3.349 ; il raye la chaux phosphatée, et est rayé par le quartz ; il fond au chalumeau en un verre incolore ou peu coloré ; il est insoluble dans les acides. Il présente de nombreuses variétés, parmi lesquelles on distingue le diopside primitif en prisme rhomboïdal oblique ; le périhexaèdre ; le bisunitaire ; le dihexaèdre ; le prisme à huit pans ; le triunitaire ; la *mussite*, ou variété d'un vert grisâtre, en baguettes plates allongées ; la variété lamellaire, qui comprend la *sahlite*, la *malacolite*, la *lherzolite* ; la variété en grains verts, dite *coccolite* ; l'*alalite*, ou variété gris verte transparente du Piémont ; la *pargassite* verte de Dalécarlie ; la *baïkalite*, qui présente un biseau particulier ; etc.

Les analyses ci-après expriment la composition de ces diverses variétés :

	Pargasite.	Alalite.	Mussite.	Malacolite de Orrijerfvi.	Malacolite de Tammara.
Silice.	33.40	55.48	57.50	54.64	54.83
Chaux.	13.70	22.60	16.50	24.94	24.76
Magnésie.	22.57	16.75	18.25	18.00	18.55
Ox. de fer.	2.30	3.85	6.00	1.08	0.99
— de mangan.	0.43	0.75		2.00	»
Alumine.	2.83	»	»	»	0.28
	99.43	99.40	98.25	100.66	99.41

qui conduisent à la formule : $2\ CaO\ SiO^3 + (MgO)^2\ SiO^3$.

Les minéraux ci-dessus sont presque incolores : ils ne contiennent que peu de fer et de manganèse ; dans ceux dont les analyses vont suivre, la présence du protoxyde de fer donne à la substance une couleur verte plus ou moins intense.

	Coccolite.	Baïkalite.	Pargasite.
Silice.	50.00	53.55	54.08
Chaux.	24.00	22.21	23.47
Magnésie.	10.00	15.25	11.47
Protox. de fer.	7.00	8.14	10 02
— de manganèse.	3.00	0.73	0.61
Alumine.	1.50	0.14	»
	95.50	100.02	99.65

donnant la formule $2\ CaO\ SiO^3 + (MgO, FeO)^2\ SiO^3$, dans laquelle MgO et FeO sont moyennement entre eux comme les nombres atomiques 7 : 3 ; c'est, comme on va le voir, le passage du diopside à l'hedenbergite, ou pyroxène ferrugineux.

2° L'*hedenbergite* présente avec le diopside, outre la différence de composition, une différence d'angles de quelques minutes : 100° 10' à 12' et 87° 15', au lieu de 100° 25' et 87° 5'. La couleur de ce minéral varie beaucoup : celui de Taberg est d'un vert noir ; la malacolite de Dageroë est brune, celle de Tunaberg est verte, celle du lac Champlain est olive. Il est probable que l'aspect brun rouge de la malacolite est dû à la suroxydation d'une partie du fer. L'hedenbergite est fusible en émail noir ; sa densité est 3.10.

	LOCALITÉS.			
	Taberg.	Dageroë.	Lac Champlain.	Tunaberg.
Silice.	52.36	50.00	50.38	49.01
Chaux.	22.19	20.00	19.33	20.87
Magnésie.	4.99	4.50	6.83	2.98
Protox. de fer.	17.38	18.85	20.40	26.08
— de mangan.	0.09	3.00	»	»
Alumine.	»	»	1.83	»
	97.01	96.35	98.77	98.94

Dans ces analyses, dont la formule moyenne est $2\ CaO\ SiO^3 + (FeO, MgO)^2\ SiO^3$, la quantité de magnésie diminue à mesure que la proportion de protoxyde de fer augmente ; FeO était à MgO, dans les précédents minéraux,

Dans la baïkalite, :: 3 : 9
Dans la coccolite, :: 3 : 7
Dans la pargasite, :: 3 : 6

Le rapport atomique dans la dernière formule est :

Dans l'échantillon de Champlain et dans celui de Taberg, :: 4 : 2
Dans celui de Dageroë, :: 5 : 2
Dans celui de Tunaberg, :: 10 : 2

L'*hypersthène* est considérée par les minéralogistes modernes comme un pyroxène, quoique la présence d'une petite quantité d'eau semble indiquer une espèce à part. L'angle de l'hypersthène, 87°, ne diffère que de 5' avec celui du diopside ; sa couleur est noire, son éclat métalloïde ; elle est quelquefois rouge cuivreux, avec éclat bronzé ; elle raye le verre, et est rayée par le quartz ; sa densité est de 3.389. La composition des hypersthènes est :

	LOCALITÉS.		
	Ile St.-Paul.	Labrador.	Ile de Sky.
Silice.	46.11	54.25	51.35
Chaux.	5.38	1.50	1.84
Magnésie.	25.87	14.00	11.09
Protox. de fer.	12.70	24.50	33.92
— de manganèse.	5.29	»	»
Alumine.	4.07	2.25	»
Eau.	0.46	1.00	0.50
	99.90	97.50	98.70

La formule que l'on tire de ces analyses, $2\ MgO\ SiO^3 + (FeO, CaO, MnO)^2\ SiO^3$, présente un autre exemple d'isomorphisme, dans lequel la magnésie remplace la chaux du premier membre de la formule. Cette substitution n'est pas égale dans chaque analyse, elle suit une progression analogue à celle que nous avons fait remarquer pour le fer et la magnésie dans les minéraux précédents ; c'est ainsi que les formules prennent tour à tour les expressions suivantes :

Échantillon du Labrador :

$$2\ MgO\ SiO^3 + (Fe, Mg)^2\ SiO^3.$$

Échantillon de l'île de Saint-Paul :

$$2\ (MgO, CaO)\ SiO^3 + (FeO, MnO, MgO)^2\ SiO^3.$$

Échantillon de l'île de Sky :

$$2\ (MgO, CaO, FeO)\ SiO^3 + (FeO)^2\ SiO^3.$$

L'*asbeste*, que l'on réunit généralement à l'hedenbergite, offre la double singularité d'être, comme l'hypersthène, un passage du pyroxène de magnésie au pyroxène de fer, et d'indiquer, en outre, le passage du pyroxène à l'amphibole. Les analyses ci-après en fournissent la preuve :

	LOCALITÉS.	
	Petit Saint-Bernard.	Tarentaise.
Silice.	48.70	58.20
Magnésie.	9.90	22.40
Chaux.	14.60	15.55
Peroxyde de fer.	20.30	3.29
Alumine.	1.60	0.14
Eau.	2.20	0.14
Acide fluorique.	»	0.66
	97.30	100.38

La formule moyenne qui résulte de ces deux analyses est : $2\ (CaO, MgO)\ SiO^3 + (FeO, MgO)^2\ SiO^3$, qui appartient au pyroxène ; c'est également la formule de l'échantillon de la Tarentaise ; mais si l'on cherche à part celle de l'asbeste du petit Saint-Bernard, analysée par Bonsdorf, on trouve les rapports : 3.2.2 et 3.1.3, qui sont aussi voisins l'un que l'autre de la vérité, et qui donnent,

ou 2 (CaO MgO) SiO^3 + (FeO, MgO $)^2$ SiO^3
= *pyroxène ;*
ou CaO SiO^3 + (FeO MgO $)^3$ (SiO^3 $)^2$
= *amphibole.*

Nous faisons ici abstraction de l'eau qui se trouve dans l'asbeste du petit Saint-Bernard, et qui pourrait la faire considérer comme une variété de plusieurs autres asbestes dont il a été parlé sous le titre de *baltimorite.*

L'*augite,* dont on a fait une espèce sous la dénomination de pyroxène des volcans, n'est qu'une variété de l'hedenbergite ; elle a la forme cristalline primitive du diopside, mais sa couleur est d'un noir foncé, opaque, même pour les lames minces ; sa poussière est brune ; elle raye à peine le verre ; sa densité varie ; elle est pour les pyroxènes de :

L'Etna.	3.359
Rhongebridge.	3.347
Eiffel.	3.356
Fassa.	3.358

La composition de l'augite est représentée par les analyses suivantes :

	LOCALITÉS.				
	Rhongebridge.	L'Eiffel.	Fassa.	L'Etna.	La Somma.
Silice.	52.00	49.79	50.15	52.00	50.27
Chaux.	14.90	22.34	19.57	13.20	12.20
Oxyde de fer.	12.25	8.02	12.04	14.66	20.66
Magnésie.	12.75	12.12	13.48	10.00	10.44
Ox. de mang.	0.25	»	»	2.00	»
Alumine.	5.75	6.67	4.02	3.34	3.67
	97.90	99.14	99.26	95.20	97.25

On en tire la formule 2 CaO SiO^3 + (MgO, FeO, CaO $)^2$ SiO^3.

3° Nous avons vu jusqu'à présent, dans ces différents pyroxènes, apparaître à peine un peu de manganèse comme l'une des bases isomorphes ; dans la *jeffersonite,* cet oxyde métallique joue un des rôles principaux, et vient partager avec le fer le chiffre bibasique du silicate. La jeffersonite est d'un vert olive quand elle est cristallisée, et d'un brun foncé lorsqu'elle est en masses lamelleuses ; elle a, dans ce dernier cas, un éclat métalloïde ; ses clivages sont faciles, et sont au nombre de trois ; sa densité est de 3.50. L'analyse suivante, faite dans le laboratoire de l'École des mines de Paris, sur un échantillon très-lamelleux, d'un brun rougeâtre, est la seule qui présente quelque certitude :

Silice.	48 60
Chaux.	18.20
Protoxyde de fer.	13.60
— de manganèse.	12.30
Alumine.	3.40
	96.30

Cette composition donne l'expression : 2 CaO SiO^3 + (FeO, MnO, CaO$)^2$ SiO^3, ou (CaO, FeO, Mg, MnO) SiO^3 + (MnO $)^2$ SiO^3.

C'est à cette dernière variété qu'il faut rapporter le pyroxène magnésifère qui s'exploite dans les environs d'Alger ; il est en masse cristallisée, rose, pesant 3.559, dont la composition est, suivant M. Ebelmen, de :

Silice.	45.49
Protoxyde de manganèse.	39.46
— de fer.	6.42
Chaux.	4.66
Magnésie.	2.60
	98.63

De ce qui précède il faut conclure que, quoiqu'on puisse avec raison diviser l'espèce pyroxène en trois variétés :

Le *pyroxène de magnésie,*
Le *pyroxène de fer,*
Le *pyroxène de manganèse,*

il est très-difficile de préciser la limite qui sépare l'une de l'autre ; elles se confondent souvent en passant par des nuances insensibles, et en se substituant des éléments isomorphes.

En parlant de l'*asbeste*, nous avons montré que sa composition se prêtait également à la formule du pyroxène et à celle de l'amphibole. M. G. Rose a trouvé, dans certains diorites, des cristaux de pyroxène dont le clivage de 124° 30' est celui de l'amphibole ; quelques-uns de ces cristaux se divisent sous l'angle de 124° jusqu'à une certaine épaisseur, mais ils renferment un noyau central dont le clivage devient de 87° 5l', qui caractérise le pyroxène. Ce serait donc, suivant l'expression du savant cristallographe, ou de l'amphibole ayant la forme du pyroxène, ou du pyroxène ayant les clivages de l'amphibole. Dès 1831, M. Weiss avait établi des rapports simples entre les formes primitives des deux minéraux, et ses observations ainsi que les propres travaux de M. Rose avaient conduit celui-ci à considérer le pyroxène et l'amphibole comme deux variétés d'une même espèce, à laquelle il donnait le nom d'*ouralite*. A ce dernier mot nous avons énoncé les motifs qui n'ont pas permis d'opérer cette réunion.

PYROXÉNITE (*Minér.*), f. *Voy.* LHERZOLITE.

PYRRHITE (*Minér.*), m. Minéral encore peu connu, et que l'on croit être un minéral de zinc. Il est en cristaux jaune orangé. Cette couleur est la cause de son nom (du grec *pyrrhos,* jaune) ; son éclat vitreux est faible ; il est translucide sur les bords ; il raye la phosphorite, et est rayé par le quartz ; il change de couleur au chalumeau, sans fondre ; avec la soude, il fond, s'étale et s'enfonce dans le charbon, qu'il recouvre d'un dépôt blanc que M. G. Rose croit être de l'oxyde de zinc. Ses cristaux paraissent appartenir au système régulier.

PYRRHOPOECILE (*Minér. anc.*), m. Nom donné par les anciens à un marbre rouge nuancé de diverses couleurs ; du grec *pyrrhos*, rougeâtre ; *poikilos*, bigarré, marbré. On croit que c'est un granite, ou une syénite analogue au *marbre de Thèbes*.

PYRRHOSIDÉRITE (*Minér.*), f. *Hydrate de fer*. Ullmann a désigné par ce nom un fer oligiste d'Eisenzeche, en Nassausiegen.

PYRULE (*Paléont.*), f. Genre de coquilles canalifères, dont douze espèces se trouvent à l'état fossile dans les couches supercrétacées.

Q

QUADRIOCTONAL (*Cristall.*), adj. Forme d'un prisme à quatre pans, avec deux pyramides à quatre faces ; ou prisme octogone à sommets dièdres.

QUADRISILICATE D'ALUMINE (*Minér.*), m. Nom donné par M. Thomson à un minéral dont la composition est inconnue, et qu'on avait cru appartenir à l'espèce *dipyre*. Ce minéral est en prismes hexaèdres bacillaires blancs, à éclat soyeux et à faces aplaties ; il gonfle au feu et blanchit sans se fondre ; sa densité est 2.602. M. Bustamente l'a rencontré au Mexique, où il est accompagné de pyrite et de mica argenté. Le mica est intimement mélangé dans la pâte du silicate, de sorte qu'on ne peut l'isoler, et obtenir un fragment pur qui puisse donner une analyse exacte.

QUADROCTAÈDRE (*Cristall.*), adj. Deuxième type cristallin de la classification de M. G. Rose. Ce mot est la traduction de l'octaèdre à base carrée d'Haüy.

QUARREAU, m. Pierre d'appareil, tendre, presque carrée, et qui se pose toute brute dans l'épaisseur d'un mur avec la boutisse, pour faire liaison.

QUARTZ (*Minér.*), m. *Quartzum* des Latins, *silice* des chimistes. On donne plus particulièrement ce nom à trois variétés ou sous-espèces de silice, auxquelles on ajoute l'épithète d'*hyalin*, de *terreux* ou de *résinite*, mots que justifient leur plus ou moins de transparence et la diversité de leurs couleurs.

Tous les quartz ont deux caractères communs : le premier, d'être infusibles au chalumeau ; le second, de rayer le verre et l'acier, et d'être rayés par la topaze.

Le *quartzite*, l'*agate*, le *silex* et le *jaspe* sont également des quartz que nous avons décrits ou que nous décrirons sous ces noms spéciaux.

Le **QUARTZ HYALIN**, ou première sous-espèce de la *silice*, est remarquable par sa transparence ; il est presque uniquement composé de silice pure ; il cristallise en rhomboèdre, et a pour forme habituelle le prisme hexagonal régulier ; il possède la double réfraction, est électrique par frottement, et devient ainsi quelquefois phosphorescent ; sa pesanteur spécifique est 2.654 ; sa cassure est vitreuse.

On distingue deux variétés de quartz hyalin : le *cristal de roche* et l'*améthyste*.

Le *cristal de roche* est parfaitement limpide, incolore, diaphane ; l'*améthyste* est violette. Cette couleur paraît due à la présence de l'oxyde de manganèse, comme on peut le voir par les analyses suivantes :

	Cristal de roche.	Améthyste.
Silice.	99.37	98.80
Alumine.	trace	0.25
Oxyde de manganèse.	»	0.75
	99.37	99.80

Ces deux minéraux ont pour formule générale SiO^3.

Le quartz hyalin primitif est rare ; mais on le trouve en dodécaèdre à faces triangulaires, formé de deux pyramides hexaèdres opposées base à base ; en prisme hexaèdre, terminé à chaque extrémité par une pyramide à six faces triangulaires ; quelquefois il est en lames isolées, ou en cailloux roulés ; en Sibérie, à Abo, il est sublaminaire et d'un beau bleu foncé : à Angers, on le trouve en aiguilles radiées ; le *muller glass* des environs de Francfort, du Puy, de Béziers, de Santa-Fiora, en Toscane, est un quartz hyalin perlé, fistulaire ou mamelonné ; au cap de Gate, en Espagne, il présente des ondulations curieuses ; souvent même il est moiré, comme dans le bassin de la Vezère : à l'état granulaire, il sert de gangue au disthène, en Espagne ; on en trouve de bleus de lavande, bleus sombres, bleus verdâtres, jaunes, brunâtres, orangés, verts obscurs, laiteux, noirs, etc. Le *diamant d'Alençon* est un quartz hyalin enfumé ; l'*hyacinthe de Compostelle* est un quartz hématoïde en cristaux nets, d'un rouge sombre ; le *girasol* présente un fond laiteux, à reflets bleuâtres et aurore ; l'*œil de-chat* est un quartz chatoyant qu'on trouve à Madagascar, à Ceylan, etc. ; l'*aventurine* renferme des parties brillantes qui scintillent et jettent un vif éclat ; l'*aéro-hydre* contient des bulles formées par un liquide et un gaz.

Le quartz hyalin limpide renferme parfois divers minéraux engagés dans sa pâte, et présentant des accidents très-curieux : l'asbeste, l'amianthoïde, le titane rouge, le manganèse, l'oxydule de fer, l'oligiste, le sulfure de fer natif, la tourmaline, la topaze, etc., se voient souvent dans l'intérieur des cristaux de quartz.

Le quartz hyalin forme des géodes dans presque tous les terrains ; le marbre de Carrare en contient qui sont tapissées de cristaux remarquables pour leur limpidité. Il traverse souvent des terrains anciens, et y constitue des filons qui servent parfois de gangue à des sulfures métalliques. Il entre dans la composition des roches cristallines, et forme une partie importante du granite, du gneiss et des roches métamorphiques, dans lesquelles sa cristallisation paraît très-confuse. Dans les *porphyres quartzifères*, au contraire, ses cristaux sont souvent réguliers et complets. Il se trouve en galets dans certains *poudingues*, dans des grès, dans les terrains neptuniens ; il provient alors de la destruction de roches cristallines anciennes.

Le QUARTZ TERREUX, ou cinquième sous-espèce de la silice, se trouve ordinairement en couche blanche terreuse, peu épaisse, et recouvre les rognons de silex disséminés dans le terrain de craie : cette enveloppe terreuse est mélangée d'un peu de carbonate de chaux, qu'on en peut séparer mécaniquement à l'aide d'une brosse. La partie restante est le quartz *terreux*, qu'on reconnaît à sa dureté, à la rudesse de sa poussière, à sa cassure mate et opaque.

Le quartz terreux peut être divisé en trois variétés : le *quartz nectique*, le *tripoli*, et le *quartz thermogène*.

Le *quartz nectique*, ou *schwimmstein* de Werner, se trouve en masses noueuses, d'un blanc sale, opaque ; sa cassure est terne et inégale. Il est probable qu'il est dû à des infiltrations de silice au milieu de parties calcaires ; que celles-ci ont ensuite été détruites, et qu'il en est résulté une masse poreuse qui quelquefois nage sur l'eau. Souvent l'intérieur de ces nodules est de silex compacte. Vauquelin a trouvé qu'il était composé de :

Silice.	98.00
Carbonate de chaux.	2.00
	100.00

Le *tripoli* est une roche composée de particules fines de silice, qu'on regarde comme le résultat du dépôt d'infusoires en couches schisteuses, d'un blanc jaunâtre. Ces particules sont réunies par la seule force de cohésion. Peut-être le ciment qui a servi à les lier a-t-il disparu, par une cause analogue à celle qui forme le grès bitumineux de la butte de Cœur, près de Clermont-Ferrand. La pesanteur spécifique des tripolis est de 2.2 ; ils contiennent 93 pour cent de silice.

Le *quartz thermogène* est le produit de la silice dissoute dans l'eau, qui se dépose aussitôt qu'elle est en contact avec l'atmosphère. Il a tous les caractères d'un tuf, et forme des masses stalagmitiques ondulées, concrétionnées ou testacées. C'est de cette substance qu'est formé le bassin du Geyser, en Islande. Quelquefois, comme dans les pays volcaniques anciens, elle filtre à travers les roches, et vient se déposer en gouttelettes à la surface du sol. C'est ce qui est arrivé au Puy-de-Celle, en Auvergne.

C'est au quartz terreux qu'il faut rapporter ces masses terreuses jaunâtres, friables, qui se trouvent dans les environs de Vouziers (Ardennes), de Randan (Puy-de-Dôme), et dans l'Allier. On a nommé le minéral qui les compose *silice gélatineuse*, ou *randanite*. M. Dufrénoy l'a examiné au microscope, et a trouvé qu'il était entièrement composé d'infusoires semblables à ceux signalés dans le *tripoli*. La randanite trace comme la craie, se réduit en poudre impalpable sous la pression des doigts, et polit l'argent. Elle fait, avec un peu d'argile, des briques réfractaires excellentes, qui ne pèsent que 0.93 ; elle a beaucoup d'analogie avec le quartz thermogène du Geyser. Le grès vert des environs de Vouziers contient jusqu'à 56 pour cent de silice gélatineuse ; mais la terre de Randan en contient 87.20.

Les deux terres siliceuses nommées *malthacite* et *michaëlite* appartiennent aussi à la silice gélatineuse, et sont probablement composées d'infusoires. Kobell a donné pour la composition de la *michaëlite* :

Silice.	83.63
Eau.	16.38
	100.00

Cette analyse répond exactement à la formule de l'hydrate silicique : $SiO^3\ H^2O$.

Le QUARTZ RÉSINITE, ou sixième sous-espèce de la *silice*, est de couleur verdâtre ou brunâtre, quelquefois d'un blanc laiteux, parfois avec des reflets irisés très-vifs. Les variétés de couleur foncée sont généralement opaques ; celles d'un blanc laiteux sont translucides, souvent transparentes. Elles ne possèdent que la réfraction simple. La résinite est luisante, et sa cassure largement conchoïde a beaucoup d'analogie avec celle de la résine ; sa pesanteur spécifique varie entre 2.11 et 2.33, et est d'autant plus grande que sa couleur est plus foncée. Les diverses analyses de quartz résinite ont donné :

					Opale.	
	Résinite.	Hyalite.	Fiorite.	Ménilite.	Commune.	Noble.
Silice.	85.50	91.30	90.00	85.50	93.50	90.00
Eau.	8.00	8.68	6.33	11.00	5.00	10.00
Ox. de fer.	1.75	»	»	0.50	1.00	»
Alumine.	3.00	»	»	1.50	»	»
Chaux.	»	»	»	0.50	»	»
	98.25	99.98	96.33	99.00	99.50	100.00

Les deux éléments de cette composition sont la silice et l'eau, mais non pas à l'état d'hydrate silicique, comme MM. Beudant et Brongniart l'ont pensé : l'eau se trouve ici dans des proportions extrêmement variées ; elle s'échappe en partie par la dessiccation : le quartz résinite possède, en outre, une fissilité qui explique son état hygrométrique ; et enfin il n'est pas soluble dans les acides, comme la plupart des hydrates de silice.

La couleur de ces minéraux paraît due à la présence de corps étrangers à leur composition : leur transparence paraît aussi tenir à l'absence de ces corps : l'*hyalite*, dont la formule atomique est $2\ SiO^3 + Aq.$, est presque limpide ; un peu d'alumine et d'oxyde de fer la rendent brune, comme l'échantillon de *résinite* de la première colonne des analyses qui précèdent, dont la composition peut être exprimée par (2 SiO^3 + Aq) + (FeO Al^2O^3) n, formule dans laquelle $n = \frac{1}{27}$. Cependant la *florite* qui est opaque a pour expression 3 SiO^3 + Aq ; ce qui tendrait à faire penser que la transparence est due principalement à l'eau.

L'*opale noble* contient un peu plus d'eau qu'il ne faut pour répondre à la formule 2 SiO^3 + Aq, de l'*hyalite*. C'est peut-être à cette circonstance qu'elle doit ses jolis reflets, analogues à celui des anneaux colorés de Newton; l'*opale de feu* contient un peu trop de silice pour qu'on puisse lui appliquer cette formule, et doit à la présence d'un peu d'oxyde de fer son éclat rougeâtre et ses reflets ignés; l'*opale commune* enfin, outre qu'elle renferme plus d'oxyde ferreux, contient le double de silice de l'hyalite. Presque toutes renferment du bitume en très-petite quantité.

Il existe une variété de quartz résinite de couleur blanche, ou jaune rougeâtre, qui acquiert de la transparence quand on la plonge dans l'eau, et laisse échapper des bulles d'air à mesure qu'elle s'en imbibe. On la nomme *hydrophane*; elle est assez rare pour que les anciens l'aient considérée comme une merveille, et lui aient donné le nom d'*oculus mundi*.

Les gisements d'opale sont assez communs; elle se trouve en petits nids ou veines de peu d'épaisseur dans les terrains volcaniques ou porphyriques. On la rencontre à Cservenitza, à Tokai et Telkebanya, dans le tuf trachytique; l'hyalite de Bohüniez, en Hongrie, et la fiorite de Toscane, offrent des gisements semblables. La ménilite se trouve en petites plaques ou masses noduleuses dans les schistes argilo-marneux de Ménilmontant, de Pantin et de Saint-Ouen, près de Paris.

Les quartz offrent un grand nombre de variétés, dont quelques-unes sont fort curieuses et très-recherchées; elles sont dues ou aux formes cristallines, ou aux différences de texture, ou aux variations de couleurs, ou au jeu de la lumière, ou enfin à l'intercallation de corps étrangers.

Les variétés qui résultent de la forme sont les suivantes :

QUARTZ PRIMITIF, nommé à tort *quartz cubique*. C'est un rhomboèdre rarement pur, ordinairement très-petit. On le trouve à Chaud-Fontaine, près de Liége; à Schnéeberg, en Saxe, à Wolfsinsel, sur le lac Onéga. Ce quartz présente une belle couleur bleue un peu laiteuse à Tresztya, en Transylvanie.

QUARTZ DODÉCAÈDRE, formé de deux pyramides hexaèdres, opposées par les bases. Il est noir ou grisâtre dans le calcaire de Lecceto, de Prado, de San-Salvadore, près de Sienne; blanc, dans les environs de Valence, en Espagne; blanc-jaunâtre, dans un porphyre de Ténériffe; rouge de sang, dans de la marne en Aragon.

QUARTZ PRISMÉ, ou quartz dodécaèdre, dont les deux pyramides sont séparées par un prisme hexaèdre. C'est la variété la plus commune. On en cite des cristaux de 0 m. 8 de long, venant de Fisckbach, en Valais, de Madagascar, de Sibérie, etc. Le quartz prismé présente des modifications qui forment des sous-variétés nombreuses.

QUARTZ RHOMBIFÈRE, variété produite par une modification sur les angles latéraux du rhomboèdre primitif.

QUARTZ PLAGIÈDRE, dans lequel les six angles formés par les arêtes de la pyramide et du prisme sont remplacés par des faces trapézoïdales.

QUARTZ PENTAHEXAÈDRE, qui porte, au lieu d'arêtes séparant les faces des pyramides et du prisme, des facettes qui quelquefois sont striées profondément, et produisent la sous-variété *fusiforme*.

Quant aux variétés pseudomorphiques, elles n'appartiennent pas au quartz proprement dit, mais bien à des substances dont la silice a pris la place. Les principales sont :

QUARTZ BOTRYOÏDE. En petites sphères à structure radiée, jointes ensemble comme des grappes de raisin. Le centre est un quartz hyalin limpide. M. Dubuisson a rencontré cette variété près de Nantes.

QUARTZ CONCRÉTIONNÉ. En stalactites cylindroïdes, formées de petits cristaux agrégés, convergeant vers l'axe. Il se trouve à la mine de cuivre de Huëlalfred, en Cornouailles.

QUARTZ CUBIQUE. Nom donné à tort au *borate de magnesie*, à cause de sa dureté siliceuse et de sa forme cubique.

QUARTZ EN CRÊTES DE COQ. Trouvé par Delisle à Passy, près Paris.

QUARTZ EN CAPUCHON. Cristal prismé, formé de deux cristaux, dont l'un, très-petit, a été formé le premier et est blanc et opaque, tandis qu'il est enveloppé d'un autre cristal transparent qui lui a servi comme de moule. Cette singulière variété vient de Beeralston, dans le Devonshire (Angleterre).

QUARTZ FUSIFORME. En prismes renflés vers le milieu. On les a recueillis à Guanaxuato, au Mexique.

QUARTZ EN ROSES. En petites rosaces adhérentes à des silex pyromaques, dans la forêt de Compiègne. On en trouve sur la Wacke, dans les environs de Clermont-Ferrand.

Les variétés dues à la texture sont :

QUARTZ BACILLAIRE. En longs prismes déliés, parallèles et serrés les uns contre les autres. Lorsque ces prismes sont convergents, la variété s'appelle *radiée*. S'ils sont très-déliés, ils constituent celle *fibreuse*.

QUARTZ CARIÉ. Variété cellulaire, présentant des cavités séparées les unes des autres par des cloisons qui lui donnent une apparence spongieuse et une grande légèreté.

QUARTZ FENDILLÉ OU HACHÉ. En forme de *ludus*, en lames parallèles, comme si elles résultaient d'un corps tranchant.

QUARTZ LAMELLAIRE. En petites lames planes.

QUARTZ LAMINAIRE. En grandes lames, aux environs de Limoges.

QUARTZ TREILLISSÉ. Quartz vitreux, à stries courbes, croisées assez régulièrement.

Les variétés de couleurs sont extrêmement nombreuses.

QUARTZ AMÉTHYSTE. Quartz violet, décrit déjà.

QUARTZ BLEU. *Sidérite, saphir d'eau*, dont la couleur est très-sensible par réfraction. On le nomme aussi *quartz saphirin*.

QUARTZ CANTALITE. Quartz hyalin vert jaunâtre, venant du Cantal.

QUARTZ ENFUMÉ. *Topaze enfumée*. Quartz hyalin, offusqué par une teinte brune plus ou moins foncée. On le trouve en abondance à Madagascar, au Brésil, et à Chanteloube près de Limoges.

QUARTZ JAUNE. *Fausse topaze* du Brésil, *citrine*, etc., translucide, d'un jaune roussâtre. Il se distingue de la topaze en ce qu'il se laisse rayer par elle.

QUARTZ HÉMATOÏDE. *Sinople*, *hyacinthe de Compostelle*, d'un rouge sanguin, presque opaque. On le rencontre à Saint-Jacques de Compostelle, en Galice; à Molina d'Aragon; à Bastennes, près de Dax; à Bristol, en Angleterre, etc.

QUARTZ LAITEUX. Translucide, ayant l'apparence de lait délayé dans la pâte. A l'île d'Alliortok, dans le Groënland; à Bowdoinham, aux États-Unis.

QUARTZ NOIR. D'un beau noir et opaque. On le rencontre dans l'Isère, à Grauppen en Bohême, à Casa-Nuova, près de Sienne en Toscane, etc.

QUARTZ PRASE. D'un vert plus ou moins foncé. Il vient de Bohême et de Saxe.

QUARTZ ROSE. *Rhodite*.

Quelquefois la couleur est due au jeu de la lumière. Telles sont les variétés suivantes :

QUARTZ AVENTURINÉ. Quartz translucide, entre les grains duquel la lumière se décompose. Il est souvent brun rougeâtre. Il est commun dans les environs de Nantes et de Rennes, à Glenfernat en Écosse, etc.

QUARTZ CHATOYANT. *OEil-de-chat*, variété à reflets satinés, dus à l'interposition dans l'intérieur de filaments soyeux d'asbeste. Quelques échantillons offrent des astéries. Ce quartz vient de Ceylan, de Madagascar, etc.

QUARTZ IRISÉ. *Iris*, dont l'effet est dû à la décomposition de la lumière dans les fissures. On peut l'obtenir artificiellement, en frappant d'une certaine manière le quartz hyalin limpide, et y formant des fissures.

QUARTZ OPALISSANT. Pseudo-opale à cassure conchoïde, de peu d'éclat, translucide sur les bords.

Il existe deux variétés de quartz qui sont remarquables par leur odeur particulière, qui s'exhale par le frottement. Ce sont :

QUARTZ FÉTIDE. De couleur grisâtre, donnant l'odeur de l'hydrogène sulfuré. Il se trouve à Chanteloube, près de Limoges, aux environs de Rennes et de Nantes, à l'île d'Elbe, près d'Autun, etc. Il est phosphorescent par le choc.

QUARTZ ODORANT. Hyalin, exhalant une odeur d'ail prononcée.

Le quartz renferme souvent, dans son intérieur, des substances qui lui sont étrangères, et dont il paraît s'être emparé lorsqu'il était à l'état mou ou gélatineux. C'est de l'*actinote*, du *titane ruthile*, de l'*asbeste* en longues aiguilles, de la *chlorite* qui lui donne une nuance verdâtre, de la *baryte sulfatée* en forme de nébulosité blanche, de l'*hyacinthe* en petits cristaux, de la *tourmaline* noire et verte, du *mica*, de l'*aigue-marine*, de la *topaze*, des fers *oligiste* et *hydraté*, du *manganèse*, etc. La plus curieuse de ces variétés est la suivante :

QUARTZ AÉRO-HYDRE. Variété de quartz hyalin remarquable par de petites bulles intérieures, généralement disposées dans un même plan, renfermant un liquide qui s'y meut librement. Ce liquide est limpide comme de l'eau, ou noir comme du bitume; il diffère avec les échantillons. Davy a trouvé de l'azote et de l'eau dans les bulles d'un quartz de Hongrie et du Vicentin; un quartz hyalin de la Gardette, en Oysans, renfermait du naphte. Ces curieux minéraux se trouvent principalement à Madagascar, à Ceylan, à Guanaxuato (Mexique), à Minas-Geraës (Brésil), à Schemnitz (Hongrie), à Carrare, à Meylan (Isère), dans les montagnes de la Gardette, de la Suisse, etc.

Les autres minéraux qui se rapportent au quartz sont désignés sous les dénominations suivantes :

QUARTZ ARÉNACÉ. Variété de *sable* siliceux.

QUARTZ ARGENTIN. Variété hyaline qui contient du mica nacré et quelquefois jaune.

QUARTZ DRUSENS. Groupe de cristaux de quartz et d'orthose.

QUARTZ FERRUGINEUX. Variété opaque, colorée en brun jaunâtre par de l'oxyde de fer.

QUARTZ GRENU. Assemblage de petits cristaux entassés sans symétrie. C'est une variété de *quartzite*. Lorsqu'elle est colorée, elle prend souvent le nom de *quartz grenat*.

QUARTZ LYDIEN. Ce nom a été donné par Werner à un jaspe noir, qui se trouve dans la Lydie en cailloux roulés.

QUARTZ NECTIQUE. Variété de quartz terreux qui surnage quelquefois dans l'eau, et auquel on a donné ce nom, du grec *nêchô*, je nage.

QUARTZ NÉOPÈTRE. Agate grossière, ainsi nommée par Werner.

QUARTZ THERMOGÈNE. Quartz terreux produit par les eaux thermales, et déposé à la surface du sol.

QUARTZ TOPAZOSÈME. C'est le *topasfels* des Allemands dont nous avons parlé, et qui renferme de la topaze, de la tourmaline, et peut-être du leptynite.

QUARTZ XYLOÏDE. Bois agatisé.

QUARTZITE (*Géogn.*), m. Seconde sous-espèce de la *silice*; quartz compacte, à cassure tantôt esquilleuse, tantôt grenue, de couleur qui varie du gris blanc au jaune sale, à peine translucide sur les bords. Cette roche est quelquefois composée de quartz hyalin, en grains agglomérés par un ciment siliceux; les grains deviennent souvent imperceptibles, et lui donnent la texture grenue et même compacte. Elle se trouve fréquemment en fragments rhomboïdaux pseudomorphes, dans les terrains cambriens des Asturies, où elle alterne souvent avec le calcaire carbonifère. Certains grès sont entièrement formés de quartzite.

A la butte de Cœur, près de Clermont-Ferrand, il existe une colline remarquable par une couche puissante de molasse asphaltique. Cette couche, qui se développe sur une centaine de mètres, et renferme, à l'une de ses extrémités, jusqu'à dix-sept pour cent de bitume, perd peu à peu son asphalte, et passe à un grès à structure grenue, composé de petits grains de quartz arrondis, agglomérés sans ciment visible, là où le bitume a été entièrement vaporisé. On peut suivre cette métamorphose de la molasse bitumineuse en grès grossier siliceux très-pur, sur une assez grande étendue. Ce singulier phénomène, que j'ai le premier signalé dans la *Gazette de Madrid* de 1847, peut servir à expliquer la formation de certains grès sans ciment apparent.

QUARTZITE FELDSPATHIQUE. Roche formée à parties égales de quartz et de feldspath. La composition chimique de cette roche est :

Silice.	82.12
Alumine.	9 47
Potasse.	6 03
Chaux.	0.38
Oxyde de fer.	0.30
	98.30

QUARTZITE MICACÉ. Roche composée de quartz hyalin et de mica disséminé. Texture grenue, structure schistoïde.

QUARTZITE SIDÉROCRISTE. Itabirite; roche à base de quartz, renfermant du fer oligiste spéculaire. C'est l'eisenglimmerschiefer des Allemands.

QUARTZITE TALQUEUX. Roche composée de quartz et de talc.

QUARTZITE TOPAZOSÈME. *Voy.* QUARTZ TOPAZOSÈME.

QUATERNAIRE (Terrain) (*Géogn.*), adj. *Voy.* le mot TERRAIN QUATERNAIRE.

QUEUE, f. *Voy.* QUEUX. Ce mot se dit aussi du mercure mal purifié, dont les globules, placés sur une table de marbre ou de substance polie, sont peu mobiles et non arrondis : *ils font la queue.* — Chez les carriers, la *queue* d'une pierre est la partie opposée au parement.

QUEUE-D'ÉCREVISSE (*Paléont.*), f. Orthocératite que Breynius et d'autres ont prise pour une queue-d'écrevisse, et qu'on croit être un trilobite.

QUEUE-DE-PAON (*Minér.*), f. Nom donné par les mineurs au *cuivre panache.*

QUEURSE ou QUERCE, f. Pierre à aiguiser, que les tanneurs emploient à dépiler les cuirs.

QUEUX, f. *Pierre à aiguiser* très-fine; du latin *cos*. Elle est jaune chamois, d'un grain extrêmement fin, et appartient aux roches argilo-siliceuses feuilletées. Elle s'emploie à l'huile, et est très-bonne pour affûter la coutellerie fine et surtout les rasoirs.

QUERCE ou QUEURSE, f. Pierre à aiguiser, dont se servent les corroyeurs; elle est longue, et pointue à chaque extrémité.

QUINCYTE (*Minér.*), f. Variété de *magnésite*, couleur rouge fleur de pêcher, trouvée à Quincy, et décrite au mot SILICATE DE MAGNÉSIE. Ce nom est appliqué par quelques minéralogistes au *quartz résinite* rouge de Mehun.

QUIOSSE, f. Sorte de pierre à aiguiser avec laquelle on quiosse le cuir; du latin *cos*, pierre à aiguiser.

QUIS (*Exploit.*), m. Nom donné par les anciens mineurs à la pyrite de fer exploitée pour acide sulfurique.

QUOCOLO (*Minér.*), m. Pierre d'Italie, d'une vitrification facile et complète.

R

RÂBLE (*Métall.*), m. Ringard recourbé à son extrémité, dont se servent les ouvriers pour ramener les matières et les combustibles d'une place à une autre.

RABOT (*Métall.*), m. Instrument pour remuer les minerais dans les eaux de lavage.

RACINE D'ÉMERAUDE (*Minér.*), f. *Prase.*

RACLOIR (*Métall.*), m. Lame de fer pour racler le sable des moules.

RACLURE (*Minér.*), f. Opération par laquelle on gratte un minéral pour en obtenir un petit sillon et une poussière. La raclure sert à distinguer certains minéraux qui pourraient être confondus l'un avec l'autre : ainsi, dans les oxydes de fer, il est facile de confondre certains *hydrates* avec les fers *oligistes* ou *oxydulés*; la poussière les distingue à l'instant : dans l'hydrate ou fer hématite, la raclure et la poussière sont jaunes d'ocre; dans le fer oligiste, elles sont rouges; dans le fer oxydulé, la poussière est noire : mais la poussière ne suffit pas toujours, et, sous ce rapport, le fer oxydulé pourrait être confondu avec certains minerais de manganèse dont la poussière est également noire. Le barreau aimanté sert de moyen de distinction : il attire la poussière du fer oxydulé, et non celle des oxydes de manganèse.

RADIÉ, adj. En calotte composée de rayons divergents.

RADIOLI LAPIDEI (*Paléont.*), m. Nom donné anciennement à des pointes d'oursin fossile.

RADIOLITE (*Minér.*), f. Variété radiée de *mésotype* trouvée à Brevig, en Norwége.

RADIOLITE (*Paléont.*), f. Genre fossile de rudistes, dont on connait trois espèces dans les terrains antérieurs à la craie.

RAFFAUD (*Exploit.*), m. Nom donné, dans les exploitations de la Loire, à certaine houille bitumineuse.

RAFFINAGE DE L'ACIER (*Métall.*), m. Purification, rapprochement des molécules, corroyage de l'acier.

RAIE FOSSILE (*Paléont.*), f. Poisson qui se trouve dans les terrains modernes.

RAJACE ou **RAJASSE**, f. Sorte de pierre très-blanche et très-nette, dont les anciens se servaient en guise de crayon. C'était une espèce de craie.

RAMPANT (*Métall.*), m. Espèce de conduit placé entre la *voûte* d'un *fourneau à réverbère* et la *cheminée*, par lequel s'échappe la fumée. La section du rampant a une grande influence sur le plus ou moins de vitesse de la fumée, conséquemment du *tirage* et de la combustion. C'est pour cela que certains rampants sont pourvus d'une plaque en fonte, qui peut être mue du dehors, et rétrécit la section à volonté.

RAMPE (*Paléont.*), f. Galerie de descente, dont l'ouverture affleure à la surface.

RANDANITE (*Minér.*), f. Nom donné par quelques minéralogistes à de la silice gélatineuse, ou *quartz terreux* qui se rencontre dans les environs de Randan, à Ceyssat (Puy-de-Dôme).

RANELLE (*Paléont.*), f. Genre de canalifères avec bourrelet au bord droit, dont cinq espèces sont fossiles et se trouvent dans les terrains modernes.

RANGETTE (*Métall.*) f. Tôle de grandes dimensions.

RANINE (*Paléont.*), f. Genre de crustacé fossile.

RAPAKIVI (*Géogn.*), m. Nom donné en Finlande à une roche primordiale, composée de feldspath et de mica.

RAPASSE, f. *Voy.* RAJACE.

RÂPE (*Métall.*), f. Outil de débardeur pour ôter le sable attaché ou brasé aux objets coulés en métal.

RAPHANISTRE (*Paléont.*), m. Fossile signalé par Denys de Montfort, et qu'on croit être une variété d'orthocératite.

RAPHILITE (*Minér.*), f. Nom donné par Fisher à un silicate de chaux, de fer et de potasse en masses aciculaires radiées, qui tire son nom du grec *raphis*, aiguille. Ce minéral est d'un gris verdâtre; son éclat est soyeux, et ses aiguilles fines et soudées ensemble laissent entrevoir la forme rectangulaire. Lorsqu'elles sont isolées, elles ont l'aspect vitreux et hyalin. La raphilite raye le carbonate de chaux, et est rayée par la fluorine; sa densité est 2.88. Elle devient blanche et opaque au chalumeau, mais elle ne fond qu'aux extrémités des aiguilles; avec le borax, elle produit un verre transparent. Son analyse donne :

Silice.	56.48
Alumine.	6.16
Chaux.	14.78
Protoxyde de fer.	8.39
— de manganèse.	0.48
Magnésie.	8 43
Potasse.	10.55
Eau.	0.50
	99.71

Cette analyse ne fournit qu'une formule peu rationnelle, si le fer est à l'état de protoxyde : on en tire alors $Al^2O^3 (SiO^3)^2 + 7$ (CaO, FeO, MgO, KO); mais si l'on ajoute à l'alumine les 8.39 comme peroxyde, l'analyse se simplifie, et l'on trouve alors (Al^2O^3, Fe^2O^3) $(SiO^3)^2 +$ 4 (CaO, MgO, KO) SiO^3.

La raphilite se trouve dans le haut Canada, dans les environs de Perth.

RAPIDOLITE (*Minér.*), f. Nom donné par Abilgaard à un *silicate d'alumine et de chaux*, synonyme de *wernérite*. Ce mot, qui s'applique à la variété bacillaire, est mal formé : il vient du grec *rhabdos*, baguette; *lithos*, pierre; pierre bacillaire. On devrait donc dire *rhabdolite*.

RAPILLI (*Minér.*), m. Nom donné par de Buch à une *ponce* en filaments capillaires. C'est aussi un sable résultant de la désagrégation du *peperino*.

RASER (*Métall.*), m. Faire raser la tuyère dans un fourneau, c'est diminuer son inclinaison.

RASPE (*Métall.*), f. Espèce de ringard.

RASSES (*Métall.*), f. Paniers ou corbeilles dans lesquelles on mesure le combustible versé dans les feux, foyers ou fourneaux.

RASTELLUM (*Paléont.*), m. Huître fossile, dont les bords sont plissés.

RÂTEAU (*Métall.*), m. Espèce de fourche propre à charger le charbon.

RAT FOSSILE (*Paléont.*), m. Mammifère trouvé dans les terrains postérieurs à la craie.

RATOFKITE (*Minér.*), m. Nom donné au *fluorure de calcium*.

RAUHKALK ou **RAUCHKALK** (*Minér.*), m. Nom allemand de la dolomie, ou d'un calcaire compacte particulier.

RAYURE (*Minér.*), f. Trace que fait sur un minéral un corps plus dur avec lequel on le raye fortement. C'est un moyen de reconnaissance pour quelques substances minérales, telles que celles qui suivent :

RAYANT LE QUARTZ. Substances qui rayent le quartz : ces substances étincellent ordinairement sous le choc du briquet. Diamant, corindon, télésie, cynophane, rubis, topaze, zircon, grenat, tourmaline, pléonaste, émeraude.

RAYANT LE VERRE. Substances qui rayent le verre. Celles qui étincellent ordinairement sous le briquet sont : quartz, péridot, idocrase, euclase, axinite, feldspath, épidote, gadolinite, wernérite, borate de magnésie, meïonite, staurotide.

Celles qui n'étincellent pas toujours sont : pycnite, sphène, amphigène, amphibole, pyroxène, prehnite, macle, disthène, actinote, grammatite, dipyre, asbeste roide.

RAYANT LE CARBONATE DE CHAUX. Ces substances n'étincellent point sous le briquet : diallage, lazulite, phosphate de chaux, harmotome, grammatite, néphéline, anatase, analcime, chabasie, mésotype, stilbite, fluate de chaux, sulfate et carbonate de baryte, sulfate et carbonate de strontiane, fluorure de sodium et d'aluminium.

RAYÉ PAR LE CARBONATE DE CHAUX. Substances qui ne rayent pas le carbonate de chaux, et qui en sont rayées : talc, sulfate de chaux, arséniate de chaux, mica.

Elles n'étincellent pas par le choc du briquet. *Voy.* le mot DURETÉ.

RAYONNANTE (*Minér.*), f. Nom donné par de Saussure à l'*actinote*. On désigne l'actinote aciculaire par le nom de *rayonnante asbestiforme*; l'actinote hexaèdre, par celui de *rayonnante commune*; l'épidote, par la dénomination de *rayonnante vitreuse*.

RAYONNANTE EN GOUTTIÈRE (*Minér.*), f. Variété canaliculée de *sphène*, ou *silicotitanate de chaux*, en cristaux réunis par deux ou par quatre dans le sens de leur longueur, et formant ainsi un sillon simple ou double, ou gouttière adossée.

RAZOUMOFFSKINE (*Minér.*), f. *Hydrosilicate d'alumine*, variété d'*argile plastique* blanche ou vert pomme, trouvée à Kosemütz, en Silésie. Ce minéral est décrit au mot ARGILE.

RÉALGAL ou RÉALGAR, m. C'est ainsi que Lemery et Daubenton désignent le sulfure rouge d'arsenic, nommé plus communément *réalgar*.

RECEPTACULITE (*Paléont.*), f. Fossile d'un genre peu connu, qui se trouve dans les terrains antérieurs à la craie.

RÉCIF-BARRIÈRE (*Géogn.*), m. Bande de rochers madréporiques, décrite aux mots ATOLL et ILES MADRÉPORIQUES.

RÉDUCTION (*Docimasie*), f. Opération qui ramène à l'état de métal pur une substance qui était oxydée. Voyez, pour les essais au chalumeau, les mots CHALUMEAU et surtout FEU DE RÉDUCTION.

REFONTE (*Métall.*), f. Seconde fusion.

RÉFRACTAIRE, adj. Qui résiste au feu; qui soutient l'action d'un feu très-violent sans se fondre.

RÉFRACTION (*Minér.*), f. Propriété qu'a tout rayon lumineux qui passe par un milieu quelconque, ou à travers un solide transparent, de dévier de la ligne droite au moment où il entre dans le milieu ou le corps solide, et de former un angle plus ou moins grand avec la ligne de sa direction naturelle. Cet angle donne au rayon lumineux l'apparence d'une ligne brisée; ce qui a fait nommer le phénomène *réfraction*, du latin *refringere*, briser.

L'angle de réfraction est en rapport avec la densité du milieu que traverse le rayon de lumière; il est formé par le rayon brisé et la normale menée au point où le rayon incident frappe la surface réfringente, et les deux lignes sont dans un plan perpendiculaire à la surface de réfraction : il existe, pour une même substance, entre le sinus de l'angle d'incidence et le sinus de l'angle de réfraction, un rapport qu'on exprime par $n = \frac{\sin. a}{\sin. b}$; c'est ce qu'on appelle l'*indice de réfraction*.

L'indice de réfraction, constant pour une même substance, est variable pour chacune d'elles; celui du *plomb chromaté* est 2,500 à 2,874; celui du *fluorure de chaux*, de 1,436 : entre ces deux chiffres extrêmes de l'échelle des indices connus, se placent la plupart des minéraux. Il est bon de faire observer néanmoins que ces chiffres éprouvent, pour une même espèce, des variations qui paraissent dues à la couleur accidentelle des variétés : c'est ainsi que l'indice du *corindon blanc* est 1,768; celui du *corindon rouge* ou *rubis*, 1,779; celui du *corindon bleu*, 1,794; la *topaze incolore* a pour indice 1,610; la *topaze jaune*, 1,632. Les minéraux qui cristallisent dans deux systèmes ont deux indices différents : le *carbonate de chaux* a pour indices 1,654 et 1,483; l'*arragonite*, 1,693 et 1,535. L'arrangement moléculaire exerce donc une certaine influence sur cette propriété, en même temps que la nature propre des minéraux.

Très-souvent, en regardant un objet à travers un cristal, on aperçoit une double image de cet objet : l'une suit les lois ordinaires de la réfraction, et constitue un faisceau que l'on nomme *faisceau ordinaire*; l'autre suit des lois différentes, et forme le *faisceau extraordinaire*. La variété hyaline du carbonate calcaire, connue sous le nom de *spath d'Islande*, peut servir d'exemple de cette propriété : une ligne tracée sur le papier paraît double, lorsqu'elle est observée à travers un rhomboèdre de clivage de cette substance.

Si l'on regarde dans le sens de l'axe cristallographique, la *double réfraction* n'a pas lieu : le rayon lumineux arrive à l'œil sans se diviser. On donne à cet axe le nom d'*axe de double réfraction*.

Les cristaux dont toutes les faces verticales sont ordonnées symétriquement autour d'une ligne unique, comme le *prisme à base carrée*, le *rhomboèdre* et le *prisme à six faces régulier*, n'ont qu'un axe de double réfraction, et cet axe se confond avec l'axe cristallographique. Cela existe pour le *zircon*, la *néphéline*, l'*idocrase*, le *corindon*, l'*émeraude*, le *carbonate de chaux*, etc.

Les minéraux qui cristallisent dans le système régulier, tels que le *diamant*, le *grenat*, l'*oxydule de cuivre*, ne possèdent pas la propriété de la double réfraction.

Enfin les corps qui appartiennent aux troisième, cinquième et sixième systèmes cristallins, dont les faces ne sont pas toutes ordonnées de la même manière symétrique, possèdent deux axes de double réfraction ; c'est-à-dire qu'un rayon lumineux peut les traverser dans deux directions sans se diviser. Ces deux axes qui se croisent déterminent un plan autour duquel les faces du cristal sont symétriquement ordonnées, et dans lequel se trouve l'axe cristallographique. Les deux axes suivant lesquels il ne s'opère point de réfraction sont dits *lignes neutres*. Les deux rayons sont réfractés extraordinairement, ce qui rend ici la marche de la lumière assez compliquée ; mais il existe dans les cristaux deux coupes qui présentent des circonstances analogues, et permettent de mesurer les indices de réfraction des deux rayons, qui se conforment aux lois générales de la réfraction C'est ainsi que l'angle de la *strontiane carbonatée* a été trouvé de 6° 56', tandis que celui du *sulfate de strontiane* est de 50° ; l'angle du mica varie de 6° à 37° ; etc.

Les relations entre la forme cristalline et la double réfraction conduisent à reconnaître le type cristallin auquel appartient une substance imparfaitement cristallisée, ou taillée en plaque et en lames, pourvu toutefois qu'elle soit assez translucide pour permettre de déterminer la nature de ses propriétés optiques. C'est ainsi que M. Brewster a ramené au système régulier l'*essonite* qu'Haüy avait cru appartenir au prisme à base carrée. Le premier savant avait préalablement constaté que l'essonite ne jouissait pas de la double réfraction. Dans la réfraction simple, l'intensité de celle-ci varie avec les mélanges ou la composition ; tandis que la constitution chimique n'a aucune influence dans la double réfraction. M. Biot a parfaitement rendu cette différence, en disant que les phénomènes de réfraction simple sont d'intégrale, et ceux de double réfraction des effets différentiels. *Voy.*, pour plus de détails, le mot POLARISATION.

RÉGENT, m. Nom du plus gros diamant de la couronne de France. Il pèse 136 karats, et a 0 m. 02 d'épaisseur, sur 0 m. 029 et 0 m. 031 de diamètre. Il est taillé en brillant, et est remarquable par sa perfection. Il provient de la mine de Pastéal, en Golconde, et tire son nom du régent, le duc d'Orléans, qui l'acheta 2,250,000 livres. Il est estimé le double.

REGISTRE (*Métall.*), m. Obturateur qui donne à la cheminée ou à son rampant une section plus ou moins grande, et sert ainsi de régulateur au tirage des fourneaux.

RÉGULATEUR DE SOUFFLET (*Métall.*), m. Réservoir d'air, caisse ou chambre dans laquelle se condense l'air qui sort des soufflets avant d'être lancé dans le porte-vent.

RÉGULE (*Métall.*), m. Métal épuré à l'aide de la fusion.

REINMANITE (*Minér.*), f. Nom donné par les minéralogistes allemands à l'*allophane*, en l'honneur de M. Reinmann, qui, avec M. Rœpert, a trouvé cette substance, en 1818, à Saalfield, en Thuringe.

REJET (*Exploit.*), m. Position de couches dont une faille a dérangé le plan de stratification, de manière qu'une partie de la formation est plus élevée d'un côté de la faille que de l'autre.

REMBLAIS (*Exploit.*), m. *Voy.* EXPLOITATION PAR REMBLAIS.

RENARD (*Métall.*), m. Fonte affinée dans le creuset d'un fourneau, ou formée en loupe dans celui d'une affinerie.

RENARDÉ, m. Nom donné par les parfumeurs au succin de couleur noirâtre.

RENARDIÈRE (*Métall.*), f. Feu d'affinerie où s'affine le métal.

RENFLEMENT (*Exploit.*), m. Accident d'une couche dont le toit et le mur s'éloignent en s'écartant de leur parallélisme ordinaire, quelquefois brusquement : dans ce dernier cas, c'est le signe précurseur d'un prochain étranglement.

RÉNULITE (*Paléont.*), f. Genre fossile de crustacés appartenant aux terrains supercrétacés.

REPARTONS (*Exploit.*), m. Terme des ouvriers des ardoisières de Charleville, par lequel ils désignent les feuillets épais taillés d'un bloc nommé *faix*.

REPERCÉE (*Exploit.*), f. Galerie qui revient sur une couche déjà traversée par le puits, ou qui traverse un crain pour rejoindre la couche par le mur.

REPTILES FOSSILES (*Paléont.*), m. On en connaît huit genres, qui forment vingt-trois espèces, savoir : six tortues, six crocodiles, quatre ichthyosaurus, trois ptérodactyles, un plesiosaurus, une grenouille, un mosasaurus, et une salamandre.

RÉSINES FOSSILES (*Minér.*), f. Les résines fossiles présentent deux classes, qui n'ont de commun que quelques caractères extérieurs : c'est le *mellite* et les résines proprement dites.

Le MELLITE est un *mellate d'alumine hydraté ;* ce qui le distingue de suite des autres résines, qui sont des composés de carbone, d'hydrogène et d'oxygène à la manière des bitumes ; il est d'un brun jaunâtre, transparent ou translucide ; son éclat est résineux ; sa cassure est conchoïde ; il raye le gypse, et se laisse rayer par le carbonate de chaux ; sa densité est de 1.597 ; exposé à l'action d'un charbon ardent, il blanchit et perd de sa transparence, et par un feu prolongé il tombe en poussière, sans répandre ni flamme ni odeur ; il donne avec l'acide nitrique une solution qui précipite par l'ammoniaque. Le mellite est ordinairement en octaèdre à base carrée, dérivant d'un prisme dont le rapport est : : 2 : 3 ; sa composition est, suivant

	M. Klaproth,	M. Wohler,
Acide mellique.	46.00	41.40
Alumine.	16.00	14.50
Eau.	38.00	44.10
	100.00	100.00

qu'on représente par $Al^2O^3 [(C^2O^3)^2]^3 + 16$ Aq.

Le mellite a été trouvé à Artern, en Thuringe, et dans la mine d'Eugénia, à Walchow, en Moravie, dans une argile noire carbonisée du grès vert.

Les résines proprement dites sont composées de carbone, d'hydrogène et d'oxygène, dans des proportions extrêmement variées; ce qui fait qu'on ne peut les soumettre à aucune classification constante.

Le SUCCIN est d'un jaune orangé, blanchâtre, jaune brunâtre, grisâtre, rougeâtre; il est demi-transparent, translucide, diaphane, ou opaque; sa densité est de 1.081; il entre en fusion à 287°, et brûle avec flamme, fumée et odeur agréable; il est électrique par le frottement. Le succin forme des rognons dans les terrains de lignite, ou dans les argiles qui contiennent des résidus d'arbres fossiles; il est fragile, et sa cassure est conchoïde. Sa composition n'est point uniforme : il renferme de l'acide succinique, une huile volatile, deux résines, et un corps bitumineux qui constitue la masse principale. Drapiez a trouvé pour son analyse :

Carbone.	80.59
Hydrogène.	7.31
Oxygène.	6.73
Cendres.	3.27
Perte.	2.10
	100.00

qui ne répond à aucune formule atomique.

La RÉTINITE a les mêmes gisements que le succin, et se trouve en rognons dans le lignite; elle est gris jaunâtre, brune ou rouge; ses globules sont entourées d'une écorce raboteuse d'un gris sale; sa cassure est résineuse : elle s'enflamme facilement, brûle avec une flamme luisante et fuligineuse, et répand une odeur analogue à celle du succin; la rétinite contient, comme ce dernier, deux résines, dont l'une est soluble dans l'alcool. Nous ne possédons point d'analyse complète de la rétinite; Bucholz a essayé celle de Halle, nommée *retinasphalte*, et Thomson celle de Bovey; il résulte de ces essais que la rétinite contient un peu plus de cinquante pour cent d'une huile soluble dans l'alcool, unie à de l'asphalte insoluble.

Le COPALE FOSSILE, ou résine de Highgate, a beaucoup d'analogie avec la rétinite; il est en masses considérables dans une couche d'argile bleue de Highgate, près de Londres; il forme des fragments irréguliers d'un jaune brunâtre, ou gris brunâtre; il est quelquefois translucide; son éclat est résineux; il brûle avec flamme sans laisser de résidu, et répand une odeur agréable. On trouve à Settling-Stones, dans le Northumberland, une résine qui paraît n'être qu'une variété de la précédente; elle est dure, mais fragile; sa couleur varie du jaune pâle au rouge foncé; sa densité est de 1.16; elle brûle à la flamme d'une bougie. Les analyses de Johnston ont donné pour la composition de ces deux résines :

	LOCALITES.	
	Highgate.	Settling-Stones.
Carbone.	85.41	85.13
Hydrogène.	11 79	10.85
Oxygène.	2.67	»
Cendres.	0.13	3 25
	100.00	99.23

dont la formule est C^2H^3.

On donne le nom de BÉRENGÉLITE à une résine analogue à la précédente; sa couleur est le brun sombre avec une teinte verdâtre; sa poussière est jaune; sa cassure et son éclat sont résineux; elle se dissout dans l'alcool et dans l'éther, qu'elle colore en brun. Sa composition est, suivant Johnston :

Carbone.	72.17	72 34
Hydrogène.	9.20	9.36
Oxygène.	18.53	18.30
	100 00	100.00

dont la formule est C^5H^8O, qui est bien voisine de celle : $3\ C^2H^3 + O$.

Johnston a décrit une variété de résine brune, ou d'un jaune clair, à laquelle il a donné le nom de GUYAQUILLITE. Elle est en amas considérables; elle offre deux variétés : l'une homogène, opaque, et présentant une cassure grenue; l'autre, mélangée de matières bitumineuses; elle commence à fondre à 73°, mais sa fusion n'est complète qu'à 110°; elle est friable et facile à réduire en poudre. Johnston a obtenu les deux analyses suivantes :

Carbone.	76.67	77.35
Hydrogène.	8.17	8.20
Oxygène.	15.16	14.45
	100.00	100.00

d'où l'on tire $C^7\ H^{10}O$, et très-approximativement $3\ C^2\ H^3 + O$.

A Middleton, dans le Yorkshire, on rencontre une résine en rognons arrondis ou en veinules; sa couleur est brun rougeâtre par réflexion, et rouge foncé par réfraction; son éclat est résineux, sa poussière est brun clair; les petits fragments en sont transparents; elle est dure et fragile; sa densité est 1.60; elle est soluble dans l'alcool; elle brûle comme les autres résines. Johnston l'a trouvée composée de :

Carbone.	86.13	85.44	86 74
Hydrogène.	8.01	8.03	8.05
Oxygène.	5.56	6.53	5.21
	99 70	100.00	100 00

Ces analyses conduisent à $C^{23}\ H^{26}\ O$.

Il existe encore à Piauze, près de Neustadt, une résine fossile, d'un brun noir clair, très-fragile; elle fond à 315°, et brûle avec une odeur aromatique et une flamme fuligineuse; sa densité est de 1.22; elle contient 5.23 pour cent d'eau hygroscopique et 5.96 de cendres. Elle porte le nom de PIAUZITE.

M. Savi a décrit une nouvelle résine minérale qui se trouve dans une couche de lignite à Monte-Vaso, en Toscane : elle est incolore, transparente, inodore, insipide, grasse au toucher; sa cassure est inégale; elle fond à 75°, et brûle à une température supérieure; sa pesanteur spécifique est 1.00; elle se dissout dans l'alcool. Elle porte le nom de BRANCHITE.

Les résines minérales se trouvent dans les terrains modernes : le succin est rejeté sur les côtes de la mer Baltique, entre Kœnigsberg et Memel; il se rencontre dans les lignites du Soissonnais, d'Auteuil, du Pont-Saint-Esprit (Gard), de Saint-Lon, près de Dax; dans ceux du Groënland; à Santander; dans les Asturies. Les côtes de la Sicile sont riches en succin; le rétinite, ou rétinasphalte, a été trouvé à Halle, dans une couche de lignite brun, et à Bovey, dans le Devonshire; le copale fossile se recueille à Highgate, près de Londres, et à Settling-Stones, dans le Northumberland; la berengélite provient de San-Juan de Berengela, dans l'Amérique du sud, où elle sert à calfater les navires; la guyaquillite est ainsi nommée parce qu'elle forme un vaste amas à Guyaquil, dans l'Amérique méridionale; la middletonite est engagée dans la houille de Middleton, près de Leeds, dans le Yorkshire.

RÉSINE DE HIGHGATE (*Minér.*), f. *Copal fossile* décrit au mot RÉSINES FOSSILES, et qu'on trouve à Highgate, près de Londres.

RÉSINE DE TERRE (*Minér.*), f. Nom donné dans la mer Caspienne au bitume noirâtre qu'on y trouve.

RÉSINEUX (Éclat), m. *Voy.* ÉCLAT RÉSINEUX.

RÉSINITE (*Minér.*), m. Sorte de *pechstein*, ainsi nommé à cause de son éclat résineux, qu'il paraît devoir à la présence de l'eau, dont il contient toujours une forte proportion. Sa couleur est verte ou rouge; il se distingue du *pétrosilex* par son peu de ténacité et sa densité beaucoup moindre. Nous avons donné l'analyse du résinite de Newry au mot PECHSTEIN. On nomme vulgairement *résinite du pic* une variété d'*obsidienne* qui se trouve dans l'île de Ténériffe.

Composition, suivant Klaproth :

Silice.	43.50
Eau.	7.50
Peroxyde de fer.	47.00
	98.00

RÉSINITE FERRUGINEUX (*Minér.*), m. Variété du *silicate de fer*, opale ferrugineuse de Hongrie; substance opaque, à cassure conchoïde, ayant l'aspect du jaspe.

RÉSINITE JASPOÏDE (*Minér.*), m. *Résinite ferrugineux*.

RESSERREMENT (*Exploit.*), m. Étranglement d'un filon ou d'une couche, partie plus resserrée.

RESSORT DU MARTEAU (*Métall.*), m. Pièce de bois ou de fer sur laquelle frappe l'extrémité du manche du marteau des affineries, et qui le repousse à la manière d'un ressort.

RÉTÉPORITE (*Minér.*), m. Rétépore, pierre réticulaire. Nom donné par M. Rose à une variété de coralloïde en forme d'écorce, ou de tissu grossier, piqué de petits points comme des trous d'aiguilles, ou comme un ouvrage à réseau; de là vient son nom, du latin *rete*, rets, réseau; *porus*, pore. Les terrains modernes présentent jusqu'à dix espèces fossiles de rétéporite. On donne vulgairement le nom de *point d'Angleterre* ou *manchettes de Neptune* au rétéporite, qui ressemble à de la dentelle.

RETICELLATO ANTIQUO (*Minér.*), m. Nom italien d'un jaspe antique, blanc laiteux, avec des taches brunes, accompagné de rayures et veines de même couleur. Il en existe de très-belles tables dans la villa de Mandragone.

RÉTICULÉ, adj. Qui imite un réseau par l'arrangement de ses fibres, qui sont entrelacées et croisées d'une manière quelquefois fort régulière, et assez serrées pour imiter un tissu.

RÉTINALITE (*Minér.*), f. Silicate alcalin de magnésie, provenant de Granville, dans le bas Canada; il est d'un jaune brunâtre, son éclat est résineux, sa cassure conchoïde et luisante; il a l'apparence d'une masse de résine, et c'est de là qu'il tire son nom; il raye le carbonate de chaux, et est rayé par la phosphorite; sa densité est de 2.493; il est infusible au chalumeau, et y devient blanc et friable. Son analyse a donné à Thomson :

Silice.	40.55
Magnésie.	18.86
Soude.	18.83
Protoxyde de fer.	0.62
Alumine.	0.30
Eau.	20.00
	99.16

Cette composition s'exprime par la formule : $(MgO)^3 SiO^3 + 2 NaO SiO^3 + 8 Aq$.

RÉTINASPHALTE (*Minér.*), m. Variété de *résine fossile* contenant jusqu'à quarante pour cent d'asphalte.

RÉTINITE (*Minér.*), m. Sorte de *résine fossile*, décrite sous ce dernier titre.

RÉTINITE DU CANTAL, m. *Lave vitreuse du Cantal*.

RÉTINITE PERLÉ, m. *Voy.* PERLITE.

RETRAITE (*Exploit.*), f. Exploitation en dépilant, en enlevant les piliers et abandonnant les galeries au fur et à mesure.

REUSSELÆRITE (*Minér.*), f. Silicate de magnésie hydraté, brun et lamello-fibreux, trouvé à Perth, dans le haut Canada, et ayant l'apparence de l'amphibole ou du pyroxène. Il raye le calcaire, et se laisse rayer par la fluorine; sa densité est très-voisine de la stéatite et du talc. Beck a trouvé qu'il contenait :

Silice.	59.75
Magnésie.	32.90
Chaux.	1.00
Peroxyde de fer.	3.40
Eau.	2.85
	99.90

qui répond à la formule du talc de Bareuth :

$$(MgO)^5 (SiO^3)^4 + Aq;$$

ou, plus exactement :

$$3 MgO SiO^3 + (MgO)^2 SiO^3 + Aq.$$

Un autre échantillon, trouvé sur les bords du Saint-Laurent, a été associé par Dana au talc stéatite.

RÉUSSINE (*Minér.*), f. Nom donné par Karsten à un *sulfate de soude* trouvé en Bohême, et qu'il a dédié à Reuss. Voir SULFATE DE SOUDE. Quelques minéralogistes disent *réussite*, d'après Jameson.

REVIVIFICATION DES LITHARGES (*Métall.*), f. On revivifie les litharges à l'aide du charbon. On les place sur la sole d'un four à réverbère pêle-mêle avec du charbon menu, et on pousse la chaleur jusqu'à leur fusion. On couvre alors le bain de poussier de charbon, et l'on ne tarde pas à voir couler le plomb dans une lingotière, où on le laisse se solidifier.

REVOLTURA (*Métall.*), f. Expression employée au Mexique pour désigner le mélange de fondants ajoutés au minerai d'argent grillé avant de procéder à la fonte.

RHABDOLITE (*Minér.*), m. *Voy.* RAPIDOLITE.

RHÉNITE (*Minér.*), f. Variété de *phosphate de cuivre* qui se trouve dans les provinces rhénanes, à Virneberg, près Reinbreitbach.

RHÉTIZITE ou **RHOETIZITE** (*Minér.*), m. Nom donné par Werner à une variété blanche de *disthène*. *Voy.* ce dernier mot.

RHINCOLITE (*Paléont.*), m. Nom donné à des pointes d'oursin fossiles. On écrit aussi *rhyncolite*.

RHINOCÉROS FOSSILE (*Paléont.*), m. Mammifère dont on a trouvé quatre espèces dans les terrains modernes.

RHINOCURE (*Paléont.*), m. Genre de coquille polythalame que Denys de Montfort assure exister à l'état fossile à la Caroline.

RHIZOLITES (*Paléont.*), f. Racines d'arbres pétrifiées ; du grec *rhiza*, racine ; *lithos*, pierre.

RHODALITE (*Minér.*), f. Silicate hydraté d'alumine et de fer de couleur rose (du grec *rhodon*, rose), disséminé dans une amygdaloïde d'Irlande. Sa cassure est terreuse ; sa dureté est celle du gypse ; elle est rayée par le carbonate de chaux et de fer ; sa densité est de 2.0. La rhodalite se réduit en poudre, au chalumeau ; mais elle ne fond pas. Son analyse a donné à M. Richardson :

Silice.	55.90
Alumine.	8.50
Oxyde de fer.	11.40
Protoxyde de manganèse.	trace
Chaux.	1.10
Magnésie.	0.60
Eau.	22.00
	99.50

Quoique M. Richardson ait pensé que le fer était ici au maximum d'oxydation, comme il est impossible, dans cette supposition, d'obtenir une formule atomique rationnelle, nous le considérons comme un protoxyde ; alors l'analyse conduit à la formule $Al^2O^3 (SiO^3)^2 + 2 (FeO, MgO, CaO) (SiO^3)^2 + 10$ Aq.

RHODALOSE ou **RHODALITE** (*Minér.*), f. Nom donné par M. Beudant au *sulfate de cobalt*, à cause de sa couleur rose ; du grec *rhodon*, rose.

RHODITE (*Minér.*), f. Pierre qui, par sa couleur et par sa forme, imite la rose ; du grec *rhodon*, rose. *Voy.* RODOLITE.

RHODIUM (*Minér.*), m. Métal découvert en 1803 par Wollaston dans le minerai de platine. Il ressemble beaucoup à ce corps ; il est cassant, très-dur, mais peut être pulvérisé. Il a l'éclat de l'argent ; sa pesanteur spécifique est de 11.00 ; il est insoluble dans les acides. Son symbole atomique est R = 651.962.

RHODIZITE (*Minér.*), f. Nom donné par M. G. Rose à une espèce de *borate de magnésie* trouvée en petits octaèdres sur des échantillons de tourmaline rouge de Sibérie

RHODOCHLORITE (*Minér.*), m. Synonyme de *carbonate de manganèse*.

RHODOCHRÔME (*Minér.*), m. Variété de *serpentine*, ainsi nommée du grec *rhodon*, rose, parce que sa cassure présente souvent des écailles fines et de couleur de fleur de pêcher ; et du mot *chrôme*, métal dont l'oxyde se trouve en forte proportion dans cette roche.

RHODOCHROSITE (*Minér.*), m. *Carbonate de manganèse*.

RHODOCRINITE (*Paléont.*), m. Nom donné par M. Miller à un genre de polypiers fossiles de la famille des encrines.

RHODOISE (*Minér.*), m. Nom donné par M. Beudant à l'*arséniate de cobalt* terreux, à cause de sa couleur (du grec *rhodon*, rose).

RHODOLITE ou **RHODONITE** (*Minér.*), m. Nom donné par M. Itner au silicate rose de manganèse, du grec *rhodon*, rose. *Voy.* SILICATE DE MANGANÈSE.

RHOMBIQUE (*Cristall.*), adj. Système rhombique, nom donné par Naumann à un système cristallin qui répond au *prisme droit rectangulaire*.

RHOMBISQUE (*Paléont.*), m. Variété rhomboïdale de *glossopètre* ; nom donné anciennement à des dents rhomboïdales de poissons fossiles.

RHOMBITE, f. Nom donné par Aldrovandus au turbot fossile, ou à son empreinte (du grec *rhombos*, turbot); par Agricola, au carbonate de chaux limpide, dit spath d'Islande; et par divers minéralogistes, à la cylindrite.

RHOMBOCTAÈDRE (*Cristall.*), m. Nom donné par G. Rose à un système cristallin qui répond au *prisme droit rectangulaire.* Ce mot est la traduction de l'octaèdre à base rhombe, dérivé de l'octaèdre à base rectangle d'Haüy.

RHOMBOÈDRE (*Cristall.*), m. *Voy.* PRISME.

RHOMBOÉDRIQUE (*Cristall.*), adj. *Système rhomboédrique* de Beudant. C'est le second type cristallin de sa classification; il répond au *rhomboèdre* de M. Dufrénoy, que nous avons adopté comme type du quatrième système.

RHOMBOÏDAL (*Cristall.*), adj. Système rhomboïdal; premier type de la classification géométrique de M. Mohs; il comprend le rhomboèdre et les formes qui en dérivent.

RHOTOFITE (*Minér.*), m. *Grenat manganésien.*

RHYACOLITE (*Minér.*), f. Variété de *feldspath*, silicate d'alumine, de soude et de potasse; substance d'un beau blanc, compacte, vitreuse, cristallisant en prismes de 119° 21'. P. s. : 2.618 ; gisement : à la Somma du Vésuve, et dans les roches ignées de l'Eiffel.

Composition, suivant M. Rose :

Silice.	50.31
Alumine.	29.44
Soude.	10.56
Potasse.	5.92
Oxyde de fer.	0.28
Chaux.	1.07
Magnésie.	0.23
	97 81

RHYNCHONELLE (*Paleont.*), f. Coquille fossile.

RHYNCOLITE (*Paléont.*), m. Baguettes ou aiguilles calcaires qu'on croit être des pointes d'oursin fossiles.

RIBLONS (*Métall.*), m. Rognures de fer, bouts de barres, etc., plus considérables que la menue ferraille.

RICIN (*Paléont.*), m. *Voy.* CARINULE.

RIEMANNITE (*Minér.*), f. Silicate d'alumine, *allophane*; substance blanche, jaunâtre ou verdâtre, demi transparente, à cassure conchoïde, infusible, soluble en gelée dans les acides, rayant le sulfate de chaux, rayée par le fluate. P. s. : 1.88 à 1.9. Gisement : près Saalfeld, et à Schneeberg, en Saxe. Ce minéral a été dédié à Riemann.

Composition, suivant M. Stromeyer :

Silice.	21 922
Alumine.	32.202
Eau.	41 301
Chaux.	0.630
Gypse.	0.517
Azurite.	3.058
Hydroxyde de fer.	0 270
	99.900

RIMULAIRE (*Paléont.*), m. Genre fossile de calyptraciens, dont deux espèces se rencontrent dans les terrains supercrétacés.

RINGARD (*Métall.*), m. Grande barre de fer, levier dont se servent les ouvriers pour travailler dans un fourneau et remuer le métal.

RIOLITE OU RIONITE (*Minér.*), f. Nom donné au *séléniure de zinc*, en l'honneur de M. del Rio, à qui la découverte en est due.

RIPIDOLITE (*Minér.*), f. Nom donné par Kobell à une variété de *chlorite*, décrite sous ce dernier titre.

RISIGAL, m. *Réalgar.*

RISSOA (*Paléont.*), f. Genre de lymnéens, dont on connaît six espèces à l'état fossile dans les terrains postérieurs à la craie.

RIVES (*Métall.*), m. Nom que l'on donne dans l'Isère à la variété du minerai de fer carbonaté à petites lames, pour la distinguer des grandes lames, nommées *maillat*, et des lames moyennes, appelées *rives orgueilleux.*

RIVES ORGUEILLEUX (*Métall.*), m. Nom donné à Allevard (Isère) à la variété de fer carbonaté à lames moyennes, pour la distinguer des petites lames, nommées simplement *rives*, et des grandes lames, appelées *maillat.*

RIVIÈRES SOUTERRAINES (*Géol.*), f. Cours d'eau qui sont en partie cachés sous la surface des terrains, et qui sortent ensuite immédiatement des rochers, tantôt latéralement, comme les rivières de Vaucluse, d'Orbe, de Baigne, etc., tantôt verticalement, comme le Loiret, sous un volume quelquefois assez considérable pour porter bateau. M. de Humboldt cite, dans la vallée de Caripe, en Amérique, une rivière de dix mètres de large qui parcourt la caverne de Guacharo. La rivière de Poick, en Carniole, s'engouffre dans la caverne d'Adelsberg, où ses eaux se perdent et renaissent à plusieurs reprises; la Sorgue est une rivière produite par la fontaine de Vaucluse, qui verse huit cent quatre-vingt-dix mètres cubes d'eau par minute. D'autres rivières se perdent subitement, et deviennent souterraines pendant un temps plus ou moins long; telles sont la Guadiana, en Espagne, qui disparaît au milieu d'une vaste prairie; la Meuse, qui se perd à Bazoilles; la Drôme, qui s'engouffre dans la fosse de Soucy; la Rille, l'Iton, l'Aure, en Normandie, etc.

RIZOLITE (*Minér.*), f. Pierre qui a la forme et quelquefois la structure de racines d'arbre ou de plante.

ROC-TORDU (*Géogn.*), m. Nom donné par les ouvriers à des roches fissiles qui présentent des replis en forme de cornes de bélier.

ROCHE (*Géogn.*), f. Masse minérale distincte, molle, solide ou pulvérulente, homogène ou hétérogène, formant seule, ou par sa réunion avec d'autres roches, ce que l'on nomme en géologie une formation. Les roches dominantes dans la croûte terrestre sont siliceuses (arénacées), argileuses (alumineuses) ou calcaires. M. d'Omalius d'Halloy, considérant les roches minéralogiquement, en a formé trois classes : 1° les roches pierreuses ; 2° celles métalliques ; 3° celles combustibles.

Ce nom est aussi donné en certaines provinces à une *chaux carbonatée grossière*, très-dure, employée dans les grandes constructions. Elle est remarquable par une espèce d'huître qu'elle renferme, dont les analogues n'existent plus. Elle est très-dure, et peut s'employer et se placer dans tous les sens. Elle a fourni les fûts de colonne de la cour du Louvre, qui sont d'une seule pièce et ont quinze à dix-huit pieds de hauteur.

ROCHES AQUEUSES. Roches formées par les matières minérales que les eaux ont déposées.

ROCHE D'AGRÉGATION. Roche formée de parties hétérogènes réunies mécaniquement.

ROCHE DE CORNE. *Trapp noir* uni.

ROCHE DE DIALLAGE. Roche composée de feldspath et de diallage.

ROCHE D'HYPERSTHÈNE. Roche composée de feldspath et d'hypersthène, à structure granitoïde. C'est, à proprement parler, un grunstein, dans lequel l'amphibole est remplacé par l'hypersthène.

ROCHE DURE. Nom que quelques minéralogistes donnent aux roches qui étincellent sous le choc du briquet, telles que les porphyres, les granites, etc.

ROCHES FOSSILIFÈRES. *Roches aqueuses* contenant des corps organisés fossilifiés.

ROCHES MÉTAMORPHIQUES. Ancien terrain de transition ; roches en couches cristallines, qui, après avoir été déposées par l'eau, ont cristallisé sous l'influence de la chaleur et de diverses autres causes ignées.

ROCHES NEPTUNIENNES. Roches formées par la voie aqueuse. *Voy.* SÉRIE NEPTUNIENNE.

ROCHES PLUTONIQUES. Roches dues à l'action ignée ; terrain primordial. Elles forment la charpente primitive du globe, et présentent une série cristallisée, mais sans aucune stratification.

ROCHES SÉDIMENTAIRES. *Voy.* le mot SÉDIMENT.

ROCHES SOUS-JACENTES. *Voy.* le mot SOUS-JACENTES.

ROCHES STRATIFIÉES. Ensemble de roches divisées en couches ou en strates.

ROCHES SURJACENTES. *Voy.* le mot SURJACENTES.

ROCHES TENDRES. Nom donné par quelques minéralogistes à des roches qui se laissent rayer par une pointe de fer, telles que les marbres, les albâtres, les serpentines, etc.

ROCHE TUILLIÈRE (*Minér.*), f. Nom donné dans le mont Dore au *phonolite*, dont la structure schisteuse permet de le débiter en tuiles grossières.

ROCHER (*Paléont.*), m. Genre de canalifères à bourrelet au bord droit, dont cinquante espèces se rencontrent à l'état fossile dans les terrains postérieurs à la craie.

ROCHER POLI (*Géogn.*), m. *Brèche siliceuse* du grand Saint-Bernard, très-dure, d'un brun noirâtre, avec de grandes taches blanches ou d'un blanc presque uni.

ROCHWAND ou **ROUWAND** (*Exploit.*), m. Nom donné en Silésie au calcaire compacte qui accompagne les mines de fer du pays.

RODOCRINITES (*Paléont.*), m. Genre de polypiers fossiles des terrains antérieurs à la craie.

RODOLITE (*Minér.*), f. Nom proposé par M. Fischer (avec cette orthographe) pour designer la variété rose de l'*éléolite*.

ROGNON (*Géogn.*), m. Concrétion qui s'est formée en boule dans un milieu de matières molles. *Voy.* CONCRÉTION.

ROISSE (*Exploit.*), f. Terme des mineurs du Nord pour désigner une couche fortement inclinée.

ROMANZOVITE (*Minér.*), f. Nom donné à une variété de *grenat grossulaire* qui se trouve à Kulla, en Finlande.

ROMÉINE ou **ROMÉITE** (*Minér.*), f. Nom donné par M. Beudant à l'*antimoniate de chaux*, en l'honneur de Romé de l'Isle.

RONDINETTA (*Paléont.*), f. Nom donné par Volta à un poisson fossile du genre des exocets, qui se rencontre à Monte-Bolca.

ROSE, f. Taille du diamant sans *culasse*, dans laquelle la *table* du brillant est remplacée par une pyramide à plusieurs facettes. Cette taille convient aux diamants minces, et n'a pas l'éclat du brillant. Le plus gros diamant connu, celui du Grand Mogol, est taillé en rose.

ROSÉLITE (*Minér.*), f. *Arséniate de cobalt* dédié par M. Lévy à M. Rose, dans lequel un quart du protoxyde de cobalt est remplacé par de la chaux. La forme primitive de ce minéral diffère un peu de celle des autres arséniates ; mais tous les autres caractères, y compris la composition, sont semblables ; ce qui nous a engagé, après MM. Haidinger et Dufrénoy, à réunir ce minéral à l'*arséniate de cobalt*, article auquel nous renvoyons le lecteur. L'analyse qui y est donnée a été faite par M. Kersten sur une rosite de la mine de Daniel, à Schnéeberg. C'est, du reste, une substance fort rare.

ROSES D'ACIER (*Métall.*), f. Taches irisées qu'on remarque quelquefois dans la cassure de l'acier trempé.

ROSETTE (*Métall.*), f. Plaque de cuivre d'un beau rouge, obtenue dans la dernière fusion du cuivre noir.

ROSIQUE (*Cristall.*), adj. Calcaire rosique. Nom donné par M. Breithaupt à un cristal rhomboédrique de carbonate de chaux, dont l'angle est de 106° 51′, et la pesanteur spécifique de 3.588. Il raye la fluorine, et est rayé par le feldspath.

ROSITE ou **ROSELANE** (*Minér.*), f. Silicate d'alumine et de bases protoxydées, disséminé en grains cristallins d'un rose clair ou rose brunâtre, dans un calcaire cristallin d'Aker, en Südarmanland. Ces grains sont translucides, leur cassure est esquilleuse ; ils ont quelquefois une disposition lamelleuse. La rosite raye le gypse; elle se laisse rayer par le carbonate de chaux; sa densité est de 2.72; elle est infusible au chalumeau.

Il existe une variété de rosite à laquelle Svanberg a donné le nom de *polyargite*, et qui ne diffère de la rosite que parce qu'elle contient un atome d'eau. Ce minéral est rose, passant au violet, et se trouve dans le granite de Tunaberg, en grains un peu plus gros que ceux de la rosite; il raye le carbonate de chaux, et est rayé par l'apatite; sa densité est de 2.75.

La composition de ces deux minéraux est :

	Rosite.	Polyargite.
Silice.	44.90	44.13
Alumine.	34.51	35.12
Perox. de fer.	0.69	0.96
— de manganèse.	0.19	»
Chaux.	3.59	5.33
Magnésie.	2.43	1.45
Potasse.	6.63	6.73
Eau.	6.53	5.29
	99.49	99.21

d'où l'on tire les formules :

Rosite :

$4\,Al^2O^3\,SiO^3 + (CaO, KO, MgO)^2\,SiO^3 + 4\,Aq.$

Polyargite :

$4\,Al^2O^3\,SiO^3 + (CaO, KO, MgO)^2\,SiO^3 + 3\,Aq.$

ROSSICLER ou **ROSICLER** (*Minér.*), m. Nom donné dans le Pérou à la mine d'argent rouge (*sulfantimoniure d'argent*); de *roso*, rouge, et *claro*, clair.

ROSSO ANTICO (*Minér.*), m. Nom italien du marbre rouge antique.

ROSTELLAIRE (*Paléont.*), f. Genre d'ailées, dont treize espèces fossiles appartiennent au terrain supercrétacé.

ROSTRAGE (*Paléont.*), m. Variété de *glossopètre*; grazirringe, plectorite.

ROTALITE (*Paléont.*), f. Genre de radiolées fossiles appartenant aux terrains postérieurs à la craie.

ROTHHOFFITE (*Minér.*), f. Variété de *grenat* mélanite trouvée à Langbanshyttan, en Suède, et que Rothhoff a analysée.

ROTULAIRE (*Paléont.*), f. Genre de serpulées fossiles, dont on connaît sept espèces dans les terrains anciens.

ROUBSCHITE (*Minér.*), f. Nom donné par de la Métherie à une variété de carbonate de magnésie provenant de Hrubschitz (pron. roubschitz), en Moravie.

ROUGE D'ALMAGRA (*Minér.*), m. Ocre calciné analogue au *rouge de Prusse.*

ROUGE D'ANGLETERRE (*Minér.*), m. Argile ocreuse, passée à l'état de peroxyde de fer par la calcination, et dont on se sert pour polir les métaux et les glaces. Il porte aussi le nom de *colcolar*. Il est d'un beau rouge, un peu violet, insoluble dans l'eau, soluble dans les acides. On l'emploie dans la peinture. On l'obtient aussi artificiellement par la calcination en vase clos du sulfate de fer.

ROUGE D'ESPAGNE (*Minér.*), m. Variété d'ocre rouge qui se trouve à Murcie, en Espagne. On en rencontre aussi au Japon, ce qui lui a fait donner anciennement le nom de *rouge d'Inde*. C'est le *brun-rouge* de la peinture grossière. On l'appelait anciennement *rouge de montagne*.

ROUGE DE HOLLANDE. *Voy.* ROUGE DE PRUSSE.

ROUGE DE PRUSSE, m. Ocre calciné; argile qui, contenant beaucoup d'hydroxyde de fer, se trouve amenée, par la calcination et la perte de son eau, à l'état de peroxyde. On s'en sert pour polir et pour peindre. Tous les ocres n'ont pas la propriété de rougir par la calcination : celui d'Auxerre la possède au suprême degré.

ROUGE DE SATURNE, m. Oxyde de plomb, *minium*.

ROUGE D'INDE, m. *Voy.* TERRE DE PERSE et ROUGE D'ESPAGNE.

ROUILLE (*Minér.*), f. Oxyde naturel ou artificiel de fer, qui se forme à l'aide de l'humidité de l'air.

ROULEMENT (*Métall.*), m. Campagne d'un fourneau, temps que dure le travail depuis la mise en feu jusqu'à la cessation, causée ordinairement par le manque d'eau ou de combustible.

ROULEUR (*Exploit.*), m. Ouvrier employé, dans l'intérieur des mines, à pousser ou à traîner de petits chariots, soit sur le sol de la galerie, soit sur des chemins de fer ou de bois, pour le transport des minerais. On le nomme *herscheur* dans quelques localités. *Voy.* le mot TRANSPORT.

ROUSSARD (*Exploit.*), m. Nom donné dans le Perche à une *pierre d'appareil* de grès blanc.

ROUSSETTE (*Exploit.*), f. Nom donné par les carriers de Montmartre au *gypse* grenu et jaunâtre qui sert à mouler les statues, après qu'il a été réduit en plâtre.

ROUSSIER DE PONTOISE (*Minér.*), m. Ancien nom donné à l'hydroxyde de fer dit *limonite.*

ROUVERIN (*Métall.*), adj. Fer de couleur. *Voy.* COULEUR.

ROVIGIO (*Minér.*), m. *Carbonate de chaux*; nom italien du marbre de Padoue.

RUBACE, f. *Voy.* RUBICELLE. Ce nom se donne plus particulièrement chez les lapidaires à un cristal coloré artificiellement. On l'écrit aussi *rubasse*. *Voy.* ce dernier mot.

RUBACELLE, f. *Voy.* RUBICELLE.

RUBASSE, f. Quartz limpide que les lapidaires font chauffer fortement, et qu'ils jettent ensuite dans une liqueur froide, colorée ordinairement en rouge; il se forme des fissures dans lesquelles la liqueur s'introduit, et présente des veines d'un effet agréable.

RUBELLANE (*Minér.*), f. Nom donné par Breithaupt à un minéral ayant l'aspect d'un *mica* brun rougeâtre, opaque tendre, et à éclat nacré. Ses lames ne sont pas flexibles, ce qu'on attribue à une altération. Sa composition est :

Silice.	45.00
Alumine.	10.00
Peroxyde de fer.	20.00
Chaux.	10 00
Potasse et soude.	10.00
Matières volatiles.	5.00
	100.00

ce qui répond à la formule 2 (Al^2O^3, Fe^2O^3) SiO^3 + 3 (CaO, NaO, KO) SiO^3.

La rubellane a été trouvée à Schima, en Bohême, avec de l'augite.

RUBELLITE (*Minér.*), f. Nom donné par Kirwan à une variété de *tourmaline* de Sibérie, d'un beau rouge cramoisi.

RUBETITE, f. *Voy.* BUFONITÉ.

RUBICELLE (*Minér.*), f. *Spinelle*, aluminate de magnésie, topaze jaune rougeâtre.

RUBINE (*Minér.*), f. Nom appliqué anciennement à certaines substances métalliques d'un rouge plus ou moins vif. On disait *rubine d'argent*, pour argent rouge; *rubine de zinc*, pour la blende rouge; *rubine de soufre*, pour le *réalgar* ou sulfure rouge d'arsenic; etc.

RUBIS (*Minér.*), m. Variété rouge ou rose du *corindon hyalin* décrit au mot ALUMINE.

RUBIS BALAIS. Variété rose violacée de l'*aluminate de magnésie*. Le nom de balais est grec : *balên*, roi; *balênaios*, royal. D'autres étymologistes font venir ce nom de la corruption du mot *balaxiam*, contrée d'Asie, ou de *balaccham*, nom persan de Pégu, lieu où l'on trouve des rubis.

RUBIS CALCÉDONIEUX. Variété laiteuse du *corindon hyalin*; masse rouge dans laquelle est répandu un léger nuage laiteux.

RUBIS DE BARBARIE. *Grenat.*

RUBIS DE BOHÊME. Pseudo-rubis, quartz rose.

RUBIS DE ROCHE. Quartz d'un rouge mélangé de violet; *rubino di rocca* des Italiens.

RUBIS DES CARTHAGINOIS. Silicate alumineux. Grenat cramoisi.

RUBIS DE SILÉSIE. *Quartz hyalin* rose.

RUBIS DE SOUFRE. *Rubine d'arsenic, sulfure rouge d'arsenic*, réalgar.

RUBIS D'ORIENT. Nom donné par Delisle à la *télésie*. Les lapidaires désignent ainsi la télésie d'un rouge très-intense.

RUBIS DU BRÉSIL. *Topaze* violette, ou rougeâtre.

RUBIS FAUX. *Fluorure rouge de calcium.*

RUBIS ORIENTAL. Variété rouge du *corindon hyalin*; *saphir rouge*; *tourmaline rose de Sibérie.*

RUBIS PLÉONASTE. *Pléonaste.*

RUBIS SPINELLE. Variété rouge-ponceau de l'*aluminate de magnésie*. Le mot de spinelle vient probablement de *spinon*, nom donné par Théophraste à une variété d'escarboucle.

RUBRIQUE (*Minér.*), f. Nom donné par les ouvriers aux crayons de sanguine qui servent à tracer.

RUBULE (*Paléont.*), f. Fossile désigné par M. de France comme appartenant à l'ordre des polypiers.

RUSMA (*Minér.*), m. Nom donné par les anciens minéralogistes à un sulfure ou peut-être un sulfate de fer contenant beaucoup d'arsenic. Le rusma que les Turcs emploient comme dépilatoire est un produit artificiel composé d'orpiment, de chaux vive et d'amidon.

RUSTINE (*Métall.*), f. Côté d'un foyer opposé à celui du travail, dit *la tympe*. Dans les petites forges à la catalane ou à l'allemande, la rustine est appuyée au mur, à droite de la tuyère.

RUTELLE (*Paléont.*), f. Variété de *glossopètre* à pointe noire.

RUTHÉNIUM (*Minér.*), m. Nouveau métal découvert dans l'osmiure d'iridium, qui en contient jusqu'à six pour cent. On ne l'a encore obtenu que dans les laboratoires : il ressemble beaucoup à l'iridium; il est, comme lui, cassant, difficile à fondre, et presque insoluble dans l'eau régale; il a une plus grande affinité pour l'oxygène.

RUTILE (*Minér.*), m. *Oxyde de titane* décrit sous ce dernier titre.

RUTILE LAMELLIFORME (*Minér.*), m. *Brookite*, oxyde de titane.

RUTILITE (*Minér.*), f. Nom donné par M. Pfaff à une variété de *grenat* ou *silico titanate* de chaux.

RUTOFKITE (*Minér.*), m. *Voy.* FLUORURE DE CALCIUM.

RUZ (*Géol.*), m. Nom donné dans le Jura aux vallons transversaux.

RYACOLITE (*Minér.*), f. Variété d'*oligocluse* à base de potasse, décrite sous ce dernier titre.

S

SABAG (*Minér.*), m. Nom persan de l'*obsidienne.*

SABINITE (*Paléont.*), f. Plante fossile. Cette pierre, citée par Aldrovandus, a une forme irrégulière, et ressemble à un amas de feuilles. On nomme plus particulièrement *sabinite* une pierre qui porte l'empreinte d'une feuille de sabine.

SABLE (*Minér.*), m. Substance minérale pulvérulente, en grains apparents, sensibles au toucher, et qui paraissent être le produit de la désagrégation de certaines roches cristallisées.

Une opinion commence à s'accréditer parmi les géologues : c'est l'abaissement progressif des montagnes. Quelle que soit la cause qui le produit, il est certain du moins qu'il existe une espèce de destruction lente des roches élevées; la terre est agitée par un mouvement séculaire, qui ne laisse de points de repère qu'à des intervalles éloignés; il y a soulèvement dans certaines parties, et affaissement dans certaines autres. L'atmosphère agit sur les roches, et les corrode; l'eau, ce puissant dissolvant, apporte à son tour, dans ces changements qui paraissent une des conditions de l'équilibre du globe, son influence tout à la fois chimique et mécanique. Les montagnes ouvrent leurs strates à ces éléments de destruction; les filons, plus à l'aise dans leurs fentes, se désagrègent; leurs matériaux se séparent, et se trouvent isolés ou sans force contre la violence des eaux qui les entraînent; ils descendent pêle-mêle dans le lit des torrents, et forment des sables qui se déposent au bas des gisements primitifs, aussitôt que la puissance de transport du cours d'eau cède à la pesanteur spécifique des matières qu'il entraîne.

On conçoit très-bien que ces causes de destruction se renouvelant sans cesse depuis des milliers de siècles, il a pu arriver que la masse de montagnes qui fournissait le sable a été rongée au point de disparaître; de là vient qu'on rencontre quelquefois, dans certaines plaines, des sables qui ont appartenu à des roches qui n'existent plus. Ces sables ont été nommés *sables antiques* par Brard, qui a donné le nom de *sables modernes* à ceux qui se forment journellement sous nos yeux.

Le nom de sable antique est suffisamment justifié pour celui qui se trouve isolé sans qu'aucune roche voisine indique son mode de formation, ainsi que pour celui qui a été postérieurement recouvert de strates d'une formation plus moderne; mais je pense que M. Brard est dans l'erreur, en classant parmi les sables antiques tous les *sables aurifères* du nouveau monde. Je crois devoir renvoyer cette question aux chapitres II et IV de mon *Traité sur l'or*, publié en 1881.

M. Brard reconnaît une troisième espèce de sables qu'il nomme *sables cristallins*, parce qu'ils paraissent avoir été le produit immédiat d'une cristallisation plus ou moins précipitée. Ces sables forment les masses immenses qui couvrent les grands déserts de la Syrie, de l'Arabie, les steppes de la Pologne, les dunes de la France, le Sahara de l'Afrique, etc.; ils sont extrêmement fins et très-secs; soulevés par les vents, ils forment des tourbillons brûlants qui vont s'abattre au loin et envahissent les pays voisins.

On donne le nom de *sable-arène* ou simplement *arène* à une espèce de sable employée pour les mortiers hydrauliques, et qui se compose de grains de quartz hyalin irréguliers, anguleux, de la grosseur d'un pois, réunis par une argile rougeâtre ou jaunâtre. Ce sable précieux se trouve dans la Dordogne.

On extrait aussi pour les constructions un sable, dit *sable de carrière*, qui a quelque analogie avec le sable-arène; mais le premier est souvent mélangé de terre, dont il faut le débarrasser par un lavage préliminaire. Celui dont se servent les maçons est assez généralement tiré des rivières, et conséquemment fort pur. Il ne doit pas être très-fin pour les mortiers de maçonnerie courante, mais il ne saurait l'être trop pour le recrépissage.

Le *sable des mouleurs* ou fondeurs se divise en deux classes : le sable maigre et le sable gras.

Le sable fin, celui qui est répandu sur le sol de l'usine, enfin le sable le plus pur et le plus sec, est dit *sable maigre* parce qu'il est peu liant, et qu'il faut le rendre humide pour lui donner quelque consistance.

Si on ajoute de l'argile au sable maigre, on lui donne du corps; il peut mieux se constituer en une espèce de pâte, et conserve plus facilement l'empreinte des modèles. C'est alors ce que l'on appelle *sable gras.*

Le sable maigre est rarement d'un bon usage; le peu de cohérence qu'il possède lorsqu'il est sec oblige à l'humecter; il est difficile de ménager le degré d'humidité convenable. S'il est trop chargé d'eau, il fait bouillonner la fonte et la blanchit; s'il n'est pas assez humide, il s'éboule et n'est pas propre au moulage. Cependant, il est fort utile pour mouler sur le sol de la fonderie, principalement pour le coulage des plaques et des objets moulés à découvert.

Le sable gras, dans lequel néanmoins il entre peu d'argile, est préférable pour la refonte sous châssis; il doit être fin, mais on doit en sentir le grain en le frottant entre les doigts. On le calcine avant de l'employer, puis on le passe au tamis. S'il est trop maigre, on l'humecte et on le mélange avec du sable plus gras, jusqu'à ce qu'étant pétri dans la main, il en conserve l'empreinte.

Le sable maigre sèche plus facilement que le sable gras, mais il a moins de consistance. C'est donc en ce dernier sable qu'il convient de mouler les pièces d'un grand poids. Plus il entre d'argile dans le mélange du sable gras, plus il est sujet à se fendiller lorsqu'on le calcine. Il est important d'éviter de faire entrer dans sa composition des terres trop fusibles, et qui pourraient être entraînées lors du coulage.

Le *sable des verriers* est un sable quartzeux plus ou moins pur. A l'état de pureté parfaite, il sert à la fabrication du verre blanc et du cristal; autrement, il est employé pour celle du verre noir ou vert.

SABLERIE (*Métall.*), f. Partie d'une fonderie dans laquelle on prépare les matières qui servent à former les moules, et on opère les réparations qu'exigent les moules avant la fusion.

SABLEUR (*Métall.*), m. Ouvrier employé dans la fonderie à la préparation du sable.

SABLON, m. *Sable* fin dont on se sert pour écurer les ustensiles de cuisine; lorsqu'il est très-fin et coloré, on l'emploie pour sécher l'encre.

SACCHARITE (*Minér.*), f. Silicate alcalin

d'alumine et de chaux en masses amorphes, à grains très-fins. Ce minéral, qui accompagne la *pimélite* en Silésie, varie du blanc pur au vert pomme; sa densité est de 2.668; il devient blanc grisâtre opaque au chalumeau, sans s'y fondre; avec le borax, il donne une perle incolore; il n'est soluble qu'en partie dans les acides hydrochlorique et sulfurique. Sa composition est, suivant Schmidt:

Silice.	58.95
Alumine.	23.30
Soude.	7.42
Peroxyde de fer.	1.27
Chaux.	5.67
Magnésie.	0.36
Potasse.	0.03
Eau.	2.21
Oxyde de nickel.	0.39
	100.00

Cette composition répond à la formule:
$2\,Al^2O^3\,(SiO^3)^2 + 2\,(NaO, CaO, MgO)\,SiO^3 + Aq.$

SACCHAROÏDE (*Minér.*), adj.; de *saccharum*, sucre. Structure ou cassure saccharoïde, qui est grenue comme du sucre. *Voy.* le mot CASSURE.

SACCULITE OU SACCULUS (*Paléont.*), m. Térébratule fossile.

SACONDIOS (*Minér. anc.*), m. Nom donné par Pline à une variété bleuâtre d'améthyste, plus foncée que le *sapenos*.

SAFLOR, m. *Voy.* SAFRE.

SAFRE, m. Oxyde de cobalt, colorant le borax en bleu. Il est d'un gris obscur. Fondu avec du sable siliceux, il donne le *smalt*, verre d'un beau bleu, qu'on pulvérise ensuite pour en faire le *bleu d'azur*. Regis prétend que le mot *safre* vient de *saphir*, parce qu'il en donne la couleur.

SAGENAIRE (*Paléont.*), f. Plante fossile des terrains anciens, qui a beaucoup d'analogie avec les lycopodes.

SAGÉNITE (*Minér.*), f. Nom donné par de Saussure à une variété réticulée de l'*oxyde de titane*, connu sous le nom de *rutile*; du latin *sagena*, filet. Ce sont des cristaux ou aiguilles de rutile très-déliés, qui, en se croisant, forment une espèce de réseau dans le quartz où ils se trouvent engagés.

SAGITATI (*Paléont.*), m. Nom donné par Luid à des dents de poissons fossiles, pointues, aplaties, ayant des rebords tranchants.

SAHLITE (*Minér.*), f. Variété verte laminaire de *diopside*, décrite au mot PYROXÈNE.

SALAÏTE (*Minér.*), f. Variété de *pyroxène*.

SALAMANDRE FOSSILE (*Paléont.*), f. On a trouvé ce reptile dans les terrains supercrétacés.

SALARD (*Exploit.*), m. Nom donné en Savoie à certains granites micacés qui ont la propriété de résister au feu le plus violent. Les fourneaux de Conflans sont faits avec cette roche.

SALBANDE (*Exploit.*), f. De l'allemand *sahlband*, lisière. Paroi d'un filon ou d'une couche qui touche au toit et au mur.

SALDANITE (*Minér.*), f. *Sulfate d'alumine* observé par M. Boussingault dans le terrain schisteux qui borde le rio Saldana, dans la Colombie. Voyez-en l'analyse au mot SULFATE D'ALUMINE.

SALÈGRE (*Minér.*), f. Pierre provenant d'une exploitation de sel gemme, que certains fermiers suspendent dans les étables pour les faire lécher par les bœufs ou les moutons.

SALICITE (*Paléont.*), f. Variété de *stéléchite* imitant le bois de saule; du latin *salix*, saule.

SALICOR, m. Nom donné à la soude en Languedoc et dans le Roussillon.

SALITRE (*Minér.*), m. Nom donné vulgairement au sulfate de magnésie.

SALMARE (*Minér.*), m. Nom donné par M. Beudant au sel marin ou *chlorure de sodium*.

SALMIAC (*Minér.*), m. Nom donné par M. Beudant à l'*hydrochlorate d'ammoniaque*.

SALMONCINO (*Paléont.*), m. Nom donné par Volta à un poisson fossile de Montefalco.

SALON (*Exploit.*), m. Excavation creusée dans l'argile salifère, pour y rassembler l'eau nécessaire à la dissolution du sel que ces roches contiennent.

SALPÊTRE (*Minér.*), m. *Nitrate de potasse*.

SALPÊTRE TERREUX (*Minér.*), m. Nom donné au nitrate de chaux qui est en efflorescences salines sur les murs humides.

SALSE (*Géol.*), f. Volcan boueux; espèce de source de boue dans laquelle des matières terreuses sont délayées avec de l'eau salée, et de laquelle s'échappe du gaz hydrogène carboné.

La cause qui produit les salses ne paraît pas avoir une analogie bien grande avec celle qui produit les volcans ignés; elle n'est probablement pas située au-dessous des granites ni des terrains cristallisés; on présume qu'elle n'atteint guère, comme position, plus bas que les terrains de sédiment les plus anciens.

Les éruptions habituelles, mais très-variées en intensité, ont lieu au moyen de gaz qui forment des bulles et soulèvent la boue liquide; celle-ci se répand de toutes parts aux alentours, coule sur les parois, forme un cône qui devient à la longue une colline. Le cône est remarquable par un entonnoir creusé à son sommet. C'est par cette cuve que les gaz sortent avec plus ou moins de force.

Quelquefois l'éruption devient plus abondante; elle s'élève en gerbe, et atteint une hauteur de 60 à 75 mètres; les gaz sifflent; la terre tremble; un bruit souterrain se fait entendre comme pour les volcans ordinaires. Il arrive aussi que le dégagement d'air est si violent qu'il élève les boues à 100 mètres, comme à la salse de Girgenti, en Sicile, et lance au loin des matières pierreuses.

En général, la température des salses est inférieure à celle de l'air.

La pente septentrionale des Apennins, dans les environs de Parme, Reggio, Modène et Bologne, présente un grand nombre de salses remarquables. La plus célèbre est celle qui appartient au Modénois, et qui est voisine des sources de pétrole du mont Zibio. La source de Girgenti (Agrigente) a été décrite par Dolomieu, qui l'a nommée volcan d'air de Maccaluba. L'île de Taman, en Crimée, possède des salses et des sources de bitume au lieu nommé *Kuku-obo* (colline bleue); on en trouve une sur les bords de la mer Caspienne, dans la presqu'île d'Okorena, près de Baku; une autre dans l'île de Java, décrite par le docteur Horsfield. Le volcan d'air de Turbaco, non loin de Carthagène, au Mexique, a été visité par M. de Humboldt, de même que la salse de Cumacatar, sur la côte de Paria, entre le lac asphaltique de la Trinité et la source de pétrole de Maniquarez.

SALTZTHON (*Minér.*), m. Nom donné dans la Meurthe à des couches de marnes grises ou bleuâtres pénétrées de sel gemme fibreux, ou de marnes chargées de sel. Le saltzthon est l'annonce certaine de la proximité du sel gemme.

SAMIENNE (PIERRE), f. *Voy.* PIERRE SAMIENNE. Pierre qui vient de Samos.

SANDALIOLITE (*Paléont.*), f. Madrépore fossile imitant un pied humain; du grec *sandalon*, chaussure de femme.

SANDALITE (*Paléont.*), f. Bois de sandal pétrifié.

SANDARAC (*Minér.*), m. Nom donné par de Born au *sulfure rouge d'arsenic*. C'est le *sandaracha* de Théophraste et de Pline.

SANDARÈSE (*Minér.*), f. Nom donné par les anciens à une pierre précieuse qu'on trouvait à Sandarèse (Indes orientales). Elle était, suivant Pline, claire et lumineuse, et semée intérieurement de gouttes d'or qui brillaient à travers.

SANDASTRE (*Minér.*), m. *Sandastres* des Grecs; sorte d'agate de couleur vert obscur, translucide, à éclat vitreux, marquée de petites taches dorées, que les anciens regardaient comme une pierre précieuse. Le sandastre se trouvait en Éthiopie et dans l'île de Ceylan.

SANGENON (*Minér. anc.*), m. Nom donné dans l'Inde, suivant Pline, à une variété d'opale.

SANGUINE (*Minér.*), f. Roche composée d'oligiste rouge et d'argile, ocre rouge, bols, crayon rouge, etc. Couleur rouge, couleur de brique, brunâtre; tenace, friable ou meuble; se délayant quelquefois dans l'eau; écrivante; en bancs, en amas, en filons; intercalée dans les schistes; texture compacte, terreuse ou grenue. *Voy.* au mot CRAYON ROUGE la manière dont on s'en sert pour dessiner.

SANGUINOLAIRE (*Paléont.*), f. Coquille fossile appartenant au terrain de Paris.

SANIDIN OU SANIDINE (*Minér.*), f. *Voy.* FELDSPATH DE SOUDE. Ce nom a été proposé par M. Rose.

SANTILITE (*Minér.*), f. Nom donné à une variété de quartz hyalin, en l'honneur du docteur Santi de Pise.

SAPENOS (*Minér. anc.*), m. Variété de l'améthyste citée par Pline; elle est d'un bleu plus clair que le *sacondios*.

SAPHIR (*Minér.*), m. Variété bleue du *corindon* décrit au mot ALUMINE. On nomme *saphir blanc* celui qui est incolore; *saphir oriental*, ou *saphir mâle*, le corindon bleu d'azur; *saphir femelle*, celui qui a la couleur pâle. Le nom de saphir paraît venir du syriaque *saphilah*, qui signifie la même pierre précieuse. Le saphir faisait partie des douze pierres du pectoral d'Aaron.

SAPHIR-ASTÉRIE. Variété du *corindon hyalin*; *saphir* bleu clair à reflets argentés qui se divisent en une étoile à six rayons perpendiculaires à l'axe de la pierre, qui présente un prisme hexagone; les extrémités des rayons tombent sur le milieu des côtés du prisme. L'étoile semble changer de place, lorsqu'en taillant le saphir on fait varier l'inclinaison des plans.

SAPHIR BLANC. Variété incolore du *corindon hyalin*; télésie sans couleur, assez semblable au diamant, mais moins pesante et moins dure.

SAPHIR BLEU. *Corindon hyalin*; couleur bleu clair, bleu barbot, bleu indigo. Le premier, nommé par les lapidaires *saphir femelle*, ne présente qu'une teinte très-légère, et est très-limpide; le second a une teinte veloutée très-agréable; le troisième, ou *saphir mâle* des lapidaires, est d'un beau bleu ni trop clair ni trop foncé.

SAPHIR CALCÉDONIEUX. Variété laiteuse du *corindon hyalin*, masse bleue dans laquelle est répandu un nuage légèrement laiteux.

SAPHIR CHATOYANT. *Corindon hyalin*; *saphir* à reflets nacrés, très-vifs, sur un fond rouge ou bleu. On lui donne aussi le nom d'œil-de-chat.

SAPHIR D'EAU. Variété de *cordiérite* venant de Ceylan, répandue dans le commerce des pierreries, et qui donne le dichroïsme le plus parfait.

SAPHIR DE CHAT. *Voy.* SAPHIR ŒIL-DE-CHAT.

SAPHIR DU BRÉSIL. Nom donné par les lapidaires à une variété de *tourmaline* bleue, qui provient du Brésil et du Massachusets.

SAPHIR DU PUY. Télésie trouvée près de la ville du Puy, dans le sable du village d'Expailly, mêlée avec des grenats, des zircons et des grains de fer.

SAPHIR ÉTOILÉ. *Saphir astérie.*

SAPHIR (FAUX). *Tourmaline rose* de Sibérie.

SAPHIR FEMELLE. Variété bleu d'azur du *corindon hyalin*; saphir bleu clair.

SAPHIR GIRASOL. *Corindon hyalin*; *saphir*

à reflets, lançant des reflets vifs, de teinte rouge et bleue, sur un fond transparent.

SAPHIR JAUNE. *Corindon hyalin;* topaze orientale des lapidaires; d'un jaune pur, tirant sur la topaze; quelquefois couleur d'abricot, de jonquille, de citron.

SAPHIR MALE. Variété d'un beau bleu du *corindon hyalin*; bleu indigo.

SAPHIR ŒIL-DE-CHAT. Variété bleue chatoyante du *corindon hyalin; saphir chatoyant; saphir asterie.*

SAPHIR ORIENTAL. Variété bleue du *corindon hyalin; saphir bleu,* saphir femelle.

SAPHIR ROUGE. *Corindon hyalin;* rubis oriental des lapidaires. Pierre précieuse très-estimée, d'un rouge très-vif, avec une légère nuance de violet, passant à la couleur fleur de pêcher et à la teinte de giroflée.

SAPHIR VERMEIL. *Corindon hyalin; rubis calcedonieux* des lapidaires, d'un rouge un peu laiteux, légèrement chatoyant.

SAPHIR VERT. *Corindon hyalin*; *émeraude* orientale des lapidaires; de couleur vert pâle, ayant quelquefois la teinte du péridot. Cette pierre précieuse est très-rare.

SAPHIR VIOLET. *Corindon hyalin;* améthyste orientale des lapidaires; d'un violet pur, et plus éclatant que l'améthyste ordinaire.

SAPHIRIN (*Minér.*), m. Nom donné à la fois à la *cordiérite* et à l'*haüyne*.

SAPHIRINE (*Minér.*), f. Variété d'agate d'un bleu de ciel uniforme et pâle, qui se trouve en cristaux cubiques. Cette forme cristalline n'est qu'un pseudo-cristal : c'est un polyèdre de fluate de chaux, dont la matière a été remplacée par de la silice.

SAPINETTE (*Paléont.*), f. *Voy.* TELLINITE.

SAPOLINE (*Minér.*), f. Nom donné par divers minéralogistes à l'*acide borique*.

SAPONITE (*Minér.*), f. Synonyme : *pierre de savon; seifenstein* et *wachstein* des Allemands; silicate d'alumine et de magnésie, de couleur grisâtre ou blanchâtre, onctueux comme du savon, très-tendre, et se coupant au couteau. Ses analyses ont donné :

	LOCALITÉS.		
	Cornouailles.		Swardsjo.
Silice.	45.00	46.80	50.89
Alumine.	9.25	8.00	9.40
Magnésie.	24.75	33.30	26.52
Protoxyde de fer.	1.00	0 40	2.06
Potasse.	0.75	»	»
Chaux.	»	0.70	0.78
Eau.	18.00	11.00	10.50
	98.75	100.20	100.15

répondant à la formule atomique : $Al^2O^3 (SiO^3)^2 + 4 (MgO)^2 SiO^3 + m$ Aq, ou plutôt $Al^2O^3 SiO^3 + (MgO)^2 SiO^3 + 2 (MgO)^3 (SiO^3)^2 + m$ Aq, qui rentre dans la constitution des silicates magnésiens onctueux : *m* représente le chiffre 10 à 12. Dans la seconde analyse la quantité de magnésie est plus forte que dans les deux autres; mais si l'on considère que la magnésie et l'eau sont isomorphes dans certaines proportions, on verra que la formule qui en résulte peut être facilement ramenée à l'expression générale.

La PIOTINE de *Svanberg* doit être rapportée à la saponite de Swardsjo, dont elle a tous les caractères; peut-être doit-il en être de même de la pierre de savon décrite par Pfaff sous le nom de *cérolite*, dont la composition présente quelques différences.

La CÉROLITE ou *kérolite* se trouve à Frankenstein, en Silésie. Ce minéral possède, comme la saponite, une sorte d'onctuosité, quoique à un moindre degré; il est compacte, à cassure esquilleuse ou opaque, translucide sur les bords, et fragile. Sa densité est de 2.91, et sa composition de :

Silice.	37.95
Alumine.	12.18
Magnésie.	18.01
Eau.	31.00
	99.14

dont la formule : $Al^2O^3 SiO^3 + MgO SiO^3 + (MgO)^3 SiO^3 + 15$ Aq, présente assez d'analogie avec la *saponite*, mais qui pourrait bien n'être qu'un silicate de magnésie $(MgO)^3 (SiO^3)^2 +$ Aq, analogue au talc, mélangé avec un silicate tri aluminique hydraté $Al^2O^3 SiO^3 + 12$ Aq.

MM. Delesse et Melling ont analysé un silicate magnésien de Zoblitz, que M. Dufrénoy range parmi les cérolites. La petite quantité d'alumine qui y est contenue ne permet guère ce rapprochement. Les deux analyses ont donné :

Silice.	53.50	47.15
Alumine.	0.90	2.57
Magnésie.	28.60	36.15
Protoxyde de fer.	»	2.92
Eau.	16.40	11.50
	99.40	100.25

La première donne la formule du talc avec un peu d'eau :

$$2 MgO SiO^3 + (MgO)^3 SiO^3 + 5 Aq;$$

la seconde :

$$MgO SiO^3 + (MgO)^3 SiO^3 + 3 Aq,$$

qui me paraissent rentrer dans la constitution générale des silicates magnésiens onctueux.

M. Breithaupt a nommé MÉLOPSITE un silicate qui présente tous les caractères de la saponite, et qui est terreux, jaunâtre, brunâtre, ou verdâtre; il est légèrement ammoniacal; il raye le gypse, et est rayé par la fluorine; sa pesanteur spécifique est de 2.50 à 2.60; il provient de Neudeck en Bohême.

SAPONOLITE (*Minér.*), f. Synonyme de *saponite*; nom proposé par M. Fischer.

SAPPARE (*Minér.*), m. Nom donné par de Saussure au *disthène*.

SAPPARITE (*Minér.*), f. Nom donné par M. de Schlotheim à une variété de *disthène* bleue, éclatante, transparente, à cassure conchoïde, cristallisant en prisme rectangulaire, rayant le fluate de chaux; elle se trouve dans l'île de Ceylan, avec la spinelle.

SARACENAIRE (*Paléont.*), f. Genre de polypiers fossiles appartenant aux terrains supercrétacés.

SARCINULE (*Paléont.*), f. Genre de polypiers fossiles.

SARCITE (*Paléont.*), f. Pierre couleur de chair; du grec *sarx*, chair. Ce nom, qu'on trouve dans Pline, a été appliqué par le docteur Townson à un minéral qui paraît être une variété d'*analcime* ou d'*hydrolite*.

SARCOLITE (*Minér.*), f. Silicate d'alumine et de chaux de couleur de chair, d'où lui vient son nom (*sarkos*, de chair; *lithos*, pierre), proposé pour la première fois par Thomson. Il est quelquefois rouge, comme l'analcime d'Haüy; son éclat est nacré; sa cassure est conchoïde et vitreuse, analogue au quartz; il raye la chaux phosphatée; sa densité est 2.545, et il est fusible au chalumeau. Ce minéral cristallise en prisme à base carrée, dont les dimensions : : 62 : 88 diffèrent du prisme de la humboldtilite. Haüy lui avait assigné le cube pour forme primitive, et l'avait réuni à l'analcime. Sa composition est :

Silice.	42.11
Alumine.	24.50
Chaux.	32.43
Soude.	2.93
	101.97

d'où l'on tire la formule $Al^2O^3\ SiO^3 + (CaO, NaO)^3\ SiO^3$, analogue à celle du grenat.

La sarcolite se trouve dans les cavités des laves de la Somma, comme la humboldtilite.

Vauquelin, qui le premier analysa l'*hydrolite*, avait donné à ce minéral le nom de sarcolite, et avait confondu les deux substances à cause de leur couleur commune.

SARCOPHAGE (*Minér.*), m. Nom donné anciennement à l'*assienne*, de deux mots grecs *sarx* (chair) et *phagô* (je mange), à cause de la vertu corrosive attribuée par les anciens à l'assienne.

SARDACHATE (*Minér.*), f. Agate avec des veines d'un rouge pâle.

SARDAGATE (*Minér.*) f. *Voy.* SARDACHATE. C'est ainsi que les lapidaires désignent une pierre qui, par ses couleurs, tient de la cornaline et de l'agate.

SARDE (*Minér.*), f. Nom donné par les anciens à certaine variété d'agate trouvée en Sardaigne. Ce mot, qui est l'origine de ceux de sardoine, sardonyx, etc., paraît venir de l'hébreu *sered*, qui, suivant Braunius, signifie la couleur rouge.

SARDE-AGATE (*Minér.*), f. *Sardachates* de Pline; agate de couleurs orangée et rouge pâle, distribuées d'une manière égale.

SARDOINE, f., ou **SARDONIX**, m. (*Minér.*). Variété d'*agate* de couleur orange, passant au brun marron dans les échantillons épais. Ce nom donné par les anciens à une agate colorée de blanc, qui avait quelque ressemblance avec un ongle, est composé de *sarda*, agate, et du grec *onyx*, ongle.

SARIGUE FOSSILE (*Paléont.*), m. On en connaît deux espèces dans les terrains supercrétacés.

SARIS (*Exploit.*), m. Nom donné dans les environs de Turin au micaschiste et au schiste quartzeux exploités dans le Piémont.

SAROCHE (*Minér.*), m. Nom donné par Barba à un sulfure de plomb argentifère.

SARRASIN (*Métall.*), m. Mélange de scories, de cendres et de menu charbon que le vent projette, et qui s'attachent aux parois des feux d'affinerie.

SASSOLIN, m., ou **SASSOLINE**, f. (*Minér.*). Nom donné par Mascagni à l'acide borique hydraté trouvé au bord d'une fontaine chaude qui coule aux environs de *Sasso*, dans le comté de Sienne (Toscane).

SATURNE, m. Nom que les alchimistes et les anciens minéralogistes donnaient au *plomb*.

SATURNITE (*Minér.*), f. Nom donné par Forster au *sulfure de plomb* épigène, ou *blanbleierz* des Allemands.

SAUALPITE (*Minér.*), f. Variété d'*épidote* trouvée dans le Saualp, en Carinthie.

SAUMON (*Métall.*), m. Pièce de métal coulée en forme de prisme.

SAUMON FOSSILE (*Paléont.*), m. On en a rencontré deux espèces fossiles dans les terrains supercrétacés.

SAURITE, f. Nom donné par Pline à une pierre qu'il prétendait se trouver dans le ventre d'un lézard. Du grec *sauros*, lézard.

SAUSSURITE (*Minér.*), f. Nom donné par M. Beudant à un silicate alcalin d'alumine et de chaux qu'il a dédié à de Saussure. Ce minéral est décrit par certains auteurs sous le nom de *jade* et de *feldspath tenace*; sa couleur est le blanc laiteux, jaunâtre ou grisâtre; sa texture est grenue, quelquefois lamellaire et à apparence cristalline; son éclat est gras et luisant; il est translucide dans les fragments minces; il raye le verre et a beaucoup de ténacité; sa pesanteur spécifique est 2.861 à 3.18, et sa composition :

	LOCALITÉS.		
	Alpes.	Mont Genèvre.	Orezza.
Silice.	49.00	44.60	43.60
Alumine.	24 00	30.40	32.00
Chaux.	10.50	15.30	21.00
Oxyde de fer.	6.50	»	»
Magnésie.	3.75	2.30	2.40
Soude.	5.50	7.50	»
Potasse.	»	»	1.60
	99.25	100.30	100.60

correspondant à la formule $2\ Al^2\ SiO^3 + (bO)^3\ (SiO^3)^2$; bO représentant CAO, NaO et les autres protoxydes isomorphes.

La saussurite se rencontre dans les euphotides en compagnie du diallage, avec lequel elle contribue à la formation de la masse de la roche.

SAUVE-TERRE (*Minér.*), m. *Brèche*, marbre dont le fond est noir, avec des taches et des veines blanchâtres et jaunâtres. Il vient du comté de Comminges.

SAVODINSKITE (*Minér.*), f. Variété de *tellurure d'argent* provenant de la mine de Savodinski, dans l'Altaï.

SAVON DE MONTAGNE (*Minér.*), m. *Hydro-silicate d'alumine*, variété d'*halloysite* contenant du fer. Il est onctueux comme les argiles smectiques, se délaye dans l'eau, et prend de l'éclat par la raclure. Sa composition est, suivant Bucholz :

Silice.	44.00
Alumine.	26.50
Eau.	20.50
Oxyde de fer.	8.00
	99.00

répondant à la formule $(Al^2O^3)^3$ $(SiO^3)^3$ + FeO SiO^3 + 9 Aq, analogue à la composition des argiles plastiques dans lesquelles se trouverait un atome de silicate ferreux.

SAVON DE SOLDAT (*Minér.*), m. *Argile smectique*, pierre à détacher.

SAVON DES VERRIERS (*Minér.*), m. Oxyde de manganèse, dont les verriers se servent pour corriger la teinte verdâtre que donne au verre l'oxyde de fer contenu dans les sables employés. Il en résulte une teinte bleuâtre qui se remarque souvent sur les verres communs. Si l'oxyde est ajouté en trop forte dose, il colore le verre en violet.

SAVON MINÉRAL (*Minér.*), m. *Pierre à detacher*, argile smectique.

SAXICAVE (*Paléont.*), m. Genre de coquilles fossiles appartenant à des terrains postérieurs à la craie.

SCALAIRE (*Paléont.*), f. Genre de scalariens, dont on connait douze espèces fossiles dans les terrains supercrétacés.

SCALÉNOÈDRE (*Cristall.*), m. Nom donné par les minéralogistes allemands au dodécaèdre triangulaire scalène associé au rhomboèdre. *Voy.* MÉTASTATIQUE.

SCALPEL (*Paléont.*), m. Variété de *glossopètre*.

SCAPHANDRE (*Paléont.*), m. Coquille dont trois espèces ont été trouvées à l'état fossile dans les environs de Nice.

SCAPHITE (*Paléont.*), f. Genre de coquilles ammonées fossiles, dont on connait deux espèces dans la craie inférieure.

SCAPHOÏDE (*Paléont.*), m. Nom donné anciennement à des dents de poissons fossiles qui ont la forme d'un bateau.

SCAPOLITE (*Minér.*), f. *Silicate d'alumine et de chaux* décrit au mot WERNÉRITE ; c'est une variété fibreuse, dont les cristaux allongés ressemblent à des tiges blanchâtres (du grec *skapos*, tige ; et *lithos*, pierre).

SCAPOLITE DU KAISERSTUHL, f. *Ittnérite*, hydro-silicate d'alumine, de soude et de chaux, qui s'est rencontré dans les roches basaltiques du Kaiserstuhl, en Brisgau.

SCARABÉE (*Paléont.*), m. Genre d'insecte qui se trouve à l'état fossile dans les pierres fissiles des anciens.

SCARBROÏTE (*Minér.*), f. Hydrosilicate d'alumine analogue à la *collyrite*, et décrit à ce mot.

SCÉLITE, f. Pierre figurée qui a la forme d'une jambe humaine ; du grec *skélos*, jambe.

SCHEEK-STEIN (*Minér.*), m. *Chaux carbonatée compacte*, noirâtre, à cassure conchoïde ou écailleuse.

SCHÉELATE DE CHAUX (*Minér.*), m. *Tungstate de chaux*.

SCHÉELIN (*Minér.*), m. Métal qui fut d'abord dédié à Schéele, et qu'ensuite on a nommé *tungstène* et *wolfram*.

SCHÉELIN CALCAIRE (*Minér.*), m. Ancien nom du *tungstate de chaux*.

SCHÉELIN FERRUGINÉ (*Minér.*), m. *Tungstate de fer*.

SCHÉELITE (*Minér.*), f. Nom donné par M. Beudant au *tungstate de chaux*, en l'honneur de Schéele.

SCHÉELITINE (*Minér.*), f. Nom donné par M. Beudant au *tungstate de plomb*.

SCHEERÉRITE (*Minér.*), f. Variété de *suif de montagne*, décrite à la suite du mot BITUME.

SCHELOT, m. Dépôt gypseux et insoluble qui se forme au fond des bassins où l'on opère l'évaporation des eaux salées, et cause souvent la fusion des chaudières.

SCHILLER SPATH (*Minér.*), m. Variété de *diallage* contenant de la chaux.

SCHISOLITE (*Minér.*), f. Nom donné par Hausmann à un genre de minéraux composé de silice, d'alumine et de potasse, ayant pour forme primitive un prisme droit dont les angles sont de 60 et 120°.

SCHISTE (*Géogn.*), m. Roche dont le type minéralogique n'est pas bien déterminé, mais dont le caractère empirique est d'être en couche mince, ou en feuillets plus ou moins épais. Du grec *schizein*, diviser.

SCHISTE-ACTINOTE. Roche schisteuse foliacée, appartenant à la série métamorphique ; elle est composée de feldspath, d'actinote, de quartz et de mica.

SCHISTE A DESSINER. *Ampélite graphique*.

SCHISTE ALUMINEUX. Schiste terreux, contenant quelquefois du pétrole et des pyrites de fer. Il est noirâtre, mat ou brillant ; cassure schistoïde, s'effleurissant à l'air et difficile à casser. L'efflorescence saline détermine quelquefois son exfoliation, et donne de l'alun.

SCHISTE ALUMINEUX LUSTRÉ. *Schiste alumineux*, noir bleuâtre, en masse, présentant des teintes pourpres dans ses fentes, et se recouvrant d'efflorescences salines comme le schiste alumineux ordinaire.

SCHISTE AMPHIBOLIQUE. Roche ancienne, appartenant à la série métamorphique ; composée de feldspath et d'amphibole; elle contient quelquefois du quartz. Sa couleur est noirâtre, et sa structure schisteuse.

SCHISTE A POLIR. Sorte de schiste argileux qui sert à donner le douci, et à préparer les bijoux d'or au poli vif.

SCHISTE A RASOIR. Substance dure, fine, homogène, subordonnée au schiste argileux, et très-propre à aiguiser les tranchants fins

SCHISTE ARDOISIER. *Voy.* ARDOISE.

SCHISTE ARGILEUX. Schiste fragile, schiste ordinaire de Cordier. Nom donné par Brongniart à une roche de couleurs très-variées, unies ou bigarrées, à texture feuilletée, plus rarement compacte, tendre, terne, quelquefois luisante; en couches dans les terrains carbonifères, où elle prend une couleur brunâtre, d'autant plus foncée qu'elle approche plus de la houille.

SCHISTE ARGILEUX FERRUGINEUX. *Ardoise* employée comme pouzzolane dans la fabrication des ciments hydrauliques. Voici la composition de celui de Hainneville, près Cherbourg :

Alumine.	26.00
Silice.	46.00
Magnésie.	8.00
Chaux.	4.00
Oxyde de fer.	14.00
Perte et eau.	2.00
	100.00

SCHISTE BITUMINEUX. *Hydro-silicate d'alumine;* substance grise tirant sur le noir; poussière grise, renfermant un grand nombre d'empreintes de poissons et de plantes; appartenant à la formation houillère; facile à enflammer, et donnant de la fumée et une odeur bitumineuses; soluble en partie dans l'acide sulfurique; qui laisse de la silice gélatineuse; donnant de l'eau à la distillation, et jusqu'à quatorze pour cent d'huile bitumineuse; brune par réflexion, verte olive par réfraction, devenant butyreuse à 0°. P. s. : 1.82 à 2.41.

Composition, suivant M. P. Berthier :

Silice.	44.10
Alumine.	25.30
Oxyde de fer.	8.90
Matières volatiles.	20.30
	100.00

SCHISTE CALCARIFÈRE. *Voy.* CALSCHISTE.

SCHISTE CARBURÉ. Schiste argileux très-doux, très-fin, imprégné d'une certaine quantité de graphite, servant à faire des crayons.

SCHISTES CHIASTOLITIQUES. Schistes maclifères du système cambrien.

SCHISTE CHLORITEUX OU CHLORITIQUE (*Minér.* et *Géogn.*), m. Roche feuilletée plus ou moins verdâtre, ayant l'onctuosité du talc et paraissant formée de l'union mécanique, en proportions diverses, de plusieurs minéraux, notamment de chlorite. De là naissent des aspects variés, toujours en rapport avec sa composition, qui lui ont fait donner les diverses dénominations de *talc stéatite*, *talc schistoïde*, *talc chlorite*, *chlorite schisteuse*, *steaschiste*, *schiste chloritique*, etc.

Lorsque le schiste ne contient point d'alumine, il passe au talc et présente une composition uniforme et régulière, analogue à celle du talc de Rhode-Island. Il reçoit alors le nom de *schiste talqueux*. Nous en avons cité trois analyses à l'article TALC.

Lorsqu'il contient de l'alumine, il forme un véritable *schiste chloriteux*, et l'on n'a pas trouvé jusqu'à présent qu'il offrît une constitution atomique régulière. Les différentes analyses ont donné les résultats suivants :

	LOCALITÉS.		
	Zillerthall.	Coray.	Saint-Gothard.
Silice.	40.69	45.60	50.20
Alumine.	18.15	28.10	35.90
Protoxyde de fer.	8.23	8.40	2.36
Soude.	1.25	6.50	8.45
Potasse.	11.16		
Magnésie.	»	16.10	»
Eau.	0.60	»	2.15
Carbonate de chaux.	22.74	»	»
	99.82	98.70	99.36

Ces analyses répondent aux formules ci-après :

1° Schiste de Zillerthall :

$Al^2O^3\,SiO^3 + (KO, FeO, NaO)SiO^3 + CaO\,CO^2$;

2° Schiste de Coray, près de Quimper, qui contient les staurotides de Bretagne :

$Al^2O^3\,SiO^3 + (MgO, FeO, KO, NaO)^2\,SiO^3$;

3° Schiste du Saint-Gothard :

$2\,Al^2O^3\,SiO^3 + (KO, NaO, FeO)\,SiO^3 + Aq.$

SCHISTE CORNÉ (*Minér.*). *Phonolite.*

SCHISTES CRISTALLINS. Nom donné par quelques géologues aux roches stratifiées de la *série métamorphique* et de l'étage inférieur du terrain *cambrien*.

SCHISTES CUIVREUX. *Kupferschiefer* des Allemands; sulfure de cuivre existant dans le grès rouge, ou dans les schistes bitumineux des premiers dépôts de la période secondaire.

SCHISTE DE BOUE. De l'anglais *mudstone*. Schistes argileux de la partie supérieure de la formation silurienne, ayant une grande tendance à se réduire en boue lorsqu'ils sont exposés à l'action atmosphérique.

SCHISTE DE STONESFIELD. Calcaire fissile de la formation *oolitique*.

SCHISTE GRAPHIQUE. *Ampélite graphique.*

SCHISTE HAPPANT. Nom donné par d'Omalius d'Halloy à l'argile feuilletée, *klebschiefer* des Allemands. Roche grisâtre, brunâtre, blanchâtre, à aspect terne; tendre, onctueuse lorsqu'elle est mouillée, rude au toucher lorsqu'elle est sèche; happant la langue avec force; absorbant l'eau avec sifflement; texture schistoïde, divisible en feuillets très-minces. P. s. : 2.08. En banc dans les terrains très-modernes; servant de gangue à la ménilite des environs de Paris.

Composition, suivant Bucholz :

Silice.	58
Alumine.	6
Magnésie.	7
Chaux.	2
Oxyde de fer.	9
Manganèse.	19
	100

SCHISTE MACLIFÈRE. *Schiste argileux* renfermant de nombreux cristaux de macle en cristaux rhomboïdaux, minces et allongés.

SCHISTE MARNO BITUMINEUX. Variété bitumilifère de calschiste noirâtre ou brune, quelquefois mélangée de pyrite de cuivre, assez abondante pour présenter un minerai de cuivre. C'est alors le kupferschiefer des Allemands qu'on exploite en Thuringe. Dénué de cuivre, il se nomme mergelschiefer.

SCHISTE MICACÉ. *Voy.* MICASCHISTE.

SCHISTE ONYX DES CHINOIS. Plaques de roches analogues à certaines variétés très-denses des ardoises, qui présentent trois ou quatre couches de couleurs différentes, sur lesquelles les Chinois sculptent divers sujets en camées ou en bas-relief. Le fond de ces pierres feuilletées est couleur chocolat, et les couches en sont brunes, verdâtres et jaune d'ocre. Il existe deux tableaux faits avec cette roche à l'école des mines de Paris ; on en cite un très-beau au cabinet impérial de Pétersbourg.

SCHISTE SILICEUX. Grès quartzeux schistoïde, couleur gris cendré, taché, rayé, traversé par des dessins divers ; cassure schisteuse ou esquilleuse. P. s. : 2.65.

SCHISTE TABULAIRE. *Voy.* ARDOISE.

SCHISTE TALQUEUX. *Voy.* TALC.

SCHISTE TÉGULAIRE. *Voy.* ARDOISE.

SCHLICH (*Métall.*), m. Mot emprunté de l'allemand pour désigner le minerai de plomb, de cuivre, etc., cassé, lavé, et préparé pour la fusion.

SCHOCS (*Métall.*), m. Réunion de feuilles de tôle destinées à la ferblanterie, et assorties d'après leurs dimensions.

SCHOHARITE (*Minér.*), f. Nom donné par M. Mæneven à une variété silicifère de *sulfate de baryte*.

SCHORL (*Minér.*), m. Nom donné par Cronstedt à toutes les pierres scapiformes, dures, et d'un poids spécifique de 3 à 3.4 ; mais ramené par Werner à une seule espèce, la tourmaline de potasse, de magnésie ou de chaux. Ce mot vient du suédois *scoerl*, qui a la même signification. Ce nom a été appliqué à une foule de minéraux, comme on le voit par les dénominations suivantes :

SCHORL AIGUE-MARINE. Nom donné quelquefois à l'épidote du Saint-Gothard.

SCHORL APYRE. Variété rouge de *tourmaline* infusible au chalumeau.

SCHORL ARGILEUX. Variété d'amphibole.

SCHORL BASALTIQUE. Amphibole en cristaux prismatiques, et pyroxène volcanique.

SCHORL BLANC. Synonyme de *néphéline*.

SCHORL BLANC PRISMATIQUE. *Pycnite*.

SCHORL BLEU. Nom donné 1° à une variété bleue d'*anatase*, ou *oxyde de titane* ; 2° à une variété bleue de *vivianite*, ou *phosphate hydraté de fer* ; 3° au silicate alumineux décrit sous la dénomination de *disthène*.

SCHORL BLOND. Variété d'amphibole.

SCHORL COMMUN. Tourmaline.

SCHORL CRISTALLISÉ. Tourmaline, épidote, amphibole.

SCHORL CRUCIFORME. Nom donne par quelques anciens auteurs à la *staurotide*.

SCHORL DE MADAGASCAR. Ancien nom donné à une variété noire de *tourmaline*, provenant de Madagascar.

SCHORL DE SIBÉRIE. *Voy.* SIBÉRITE.

SCHORL DES VOLCANS. *Pyroxène*.

SCHORL ÉLECTRIQUE. Nom donné à la *tourmaline*, à cause de ses propriétés électriques.

SCHORL EN GERBE. Prehnite.

SCHORL EN MACLE. Staurotide.

SCHORL FEUILLETÉ. Diallage, axinite.

SCHORL FIBREUX. Granatite.

SCHORL GRANATIQUE. Axinite, amphigène, tourmaline.

SCHORL LAMELLEUX. Amphibole noire ou verte. On donnait anciennement le nom de *schorl lamelleux chatoyant* au diallage.

SCHORL NOIR. Nom ancien de l'*amphibole*.

SCHORL OCTAÈDRE. *Oxyde de titane*, variété octaédrique de l'*anatase*.

SCHORL OLIVATRE. Péridot granulaire.

SCHORL OPAQUE. Amphibole.

SCHORL POURPRE. *Oxyde de titane*.

SCHORL RADIÉ. Actinote, épidote.

SCHORL RHOMBOÏDAL. Axinite.

SCHORL-ROCK (*Géogn.*), m. Roche composée de quartz et de tourmaline.

SCHORL ROUGE (*Minér.*), m. *Oxyde de titane*.

SCHORL SPATHEUX. Triphane.

SCHORL SPATHIQUE. Diallage, amphibole.

SCHORL TRANSPARENT. Axinite.

SCHORL TRICOTÉ. *Oxyde de titane*, épidote.

SCHORL DE SIBÉRIE. Tourmaline apyre.

SCHORL VERT. Dénomination ancienne appliquée à l'*épidote* et à l'*amphibole*.

SCHORL VIOLET. Nom donné anciennement à l'*axinite*, qui contient du peroxyde de manganèse et prend en conséquence des teintes violettes, ainsi qu'à une variété de *sphène*, qui renferme du protoxyde du même métal.

SCHORL VITREUX. Axinite, épidote.

SCHORL VOLCANIQUE. *Pyroxène*.

SCHORLITE (*Minér.*), f. Nom donné par Kirwan à un minéral jaune paille, éclat résineux, cassure conchoïde, cassant, infusible, translucide sur les bords, électrique par la chaleur, et dont la pesanteur spécifique est de 3.53.

Composition, suivant Berzelius :

Alumine.	51.00
Silice.	38.43
Acide fluorique.	8.84
	8.27

SCHROTTERITE (*Minér.*), f. Variété opaline de l'*allophane*, dédiée par Glocker à Schrotter, qui en a fait l'analyse. Elle se trouve à Freienstein.

SCHUTZITE (*Minér.*), f. Nom donné à une variété de *sulfate de strontiane* en l'honneur de Schütz, qui l'a décrite.

SCHWER-SPATH (*Minér.*), m. *Sulfate de baryte.*

SCINTILLANT, adj. Faisant feu sous le briquet.

SCISSILE, adj. Facile à diviser; minéral à fibres allongées comme l'*alun de plume.*

SCOLEXÉROSE (*Minér.*), m. Nom donné par M. Beudant à une variété de *paranthine*, ou *wernérite*, provenant de Pargas. Elle est blanche, et présente deux clivages rectangulaires; on en a même rencontré en prisme à base carrée; en sorte que sa réunion avec la wernérite ne présenterait aucun doute, si sa composition n'offrait des différences remarquables. En effet, l'analyse a donné à M. Nordenskiold :

Silice.	54.13
Alumine.	29.23
Chaux.	15.45
Eau.	1.07
	99.88

dont la formule atomique Al^2O^3 SiO^3 + CaO SiO^3 est exactement celle de l'*ekebergite* et de la *barsowite*, minéraux dont la forme extérieure a de l'analogie avec celle de la wernérite, dont la composition cependant est représentée par l'expression 2 Al^2O^3 SiO^3 + CaO SiO^3.

SCOLÉZITE (*Minér.*), f. Variété de *mésotype* contenant de la chaux, et qui se trouve en masses *capillaires* (du grec *scolès*, cheveux).

SCOLOPENDRITE (*Paléont.*), f. Genre d'insecte que les anciens ont trouvé à l'état fossile dans les pierres fissiles; nom donné par Mercati aux échinites.

SCOMBÉROÏDE (*Paléont.*), m. Genre de poisson qu'on trouve à l'état fossile dans les terrains modernes.

SCOMBRE FOSSILE (*Paléont.*), m. Genre de poisson dont on a trouvé huit espèces dans les terrains modernes.

SCORIE (*Géogn.* et *Métall.*), f. Variété de *basalte* criblée de petites ouvertures spongieuses, renfermant quelquefois des cristaux de pyroxène; production volcanique constituant l'écume des laves basaltiques ou pyroxéniques. Du grec *skôria*, fait de *skôr*, ordure. — En métallurgie, c'est le produit de la vitrification des terres qui accompagnent le minerai. Les scories du haut-fourneau se nomment plus particulièrement laitier.

SCORIES BLANCHES (*Métall.*), m. Dernières scories obtenues dans l'affinage des minerais de plomb au four à réverbère. Ces scories sont extrêmement pauvres, et ordinairement employées seulement à faire la sole du fourneau.

SCORILITE (*Minér.*), f. Nom donné par M. Thomson à un silicate alumineux de fer et de chaux ressemblant à une scorie, et qui provient de Mexico. Il est d'un brun rougeâtre, criblé de cavités, opaque, et donnant une poussière blanche. Il raye le talc et est rayé par le gypse; sa densité est de 1.708; il blanchit au chalumeau, mais ne fond pas. Sa composition est

Silice.	58 02
Alumine.	16.78
Protoxyde de fer.	13.32
Chaux.	8.62
Eau.	2 00
	98.74

elle répond à la formule Al^2O^3 $(SiO^3)^2$ + 2 (FeO, CaO) SiO^3.

SCORODITE (*Minér.*), f. Nom donné par M. Breithaupt à une variété d'*arseniate de fer*, décrite sous ce dernier titre.

SCORPION (*Paléont.*), m. Insecte qui s'est trouvé dans le succin.

SCORZA (*Minér.*), m. Nom donné en Transylvanie à un sable verdâtre rayant le verre, et fusible en un verre dont la composition se rapproche beaucoup de l'*epidote*. Il se rencontre sur les bords de l'Aranios, près de Muska, en Transylvanie.

SCOULÉRITE (*Minér.*), f. Syn. : *terre à pipes; pfeifenstein* des Allemands; *pipestone* des Anglais. Minéral argileux, rapporté de l'Amérique du nord par le docteur Scouler, à qui M. Dana l'a dédié. La scoulérite est d'un gris bleuâtre, et sa poussière d'un gris clair; elle est tendre, et douce au toucher; elle se moule et se coupe facilement; sa densité est de 2.608; elle est infusible au chalumeau et insoluble dans les acides. Sa composition moyenne est, d'après Thomson :

Silice.	56.11
Alumine.	17.31
Peroxyde de fer.	6.96
Soude.	12.48
Chaux.	2.17
Magnésie.	0.20
Eau.	4.08
	99.31

La formule Al^2O^3 SiO^3 + NaO $(SiO^3)^2$ + Aq, qui en résulte, a beaucoup d'analogie avec certaines chabasies.

SCUTELLE (*Paléont.*), f. Genre d'échinides, dont douze espèces se trouvent à l'état fossile dans les terrains antérieurs à la craie.

SCUTELLITES (*Paléont.*), f. Patelle fossile.

SCYLLARE (*Paléont.*), m. Genre fossile de crustacés.

SCYPHOÏDE, m. *Voy.* GRAMMAROLITE.

SECALINE (*Paléont.*), f. Nom donné par Luid à une empreinte d'épi sur une roche.

SÈCHE FOSSILE (*Paléont.*), f. Genre de céphalopodes sépiaires, dont on trouve des débris dans les terrains postérieurs à la craie.

SECOUEUR (*Métall.*), m. Outil de bois à l'aide duquel on rompt la chape d'un moule, après y avoir coulé le métal.

SÉDIMENT (Roches de) (*Géogn.*), m. Roches stratifiées et fossilifères, qui originairement furent déposées par l'eau. Cette dénomination comprend toute la *série neptunienne*.

SÉDIMENTAIRE (Roche), m. *Voy.* le mot SÉDIMENT.

SEL ADMIRABLE (*Minér.*), m. *Sulfate de soude*.

SEL AMER (*Minér.*), m. Nom ancien du *sulfate de magnésie*.

SEL AMMONIAC (*Minér.*), m. Nom vulgaire de l'*hydro-chlorate d'ammoniaque*.

SEL AMMONIACAL SECRET DE GLAUBER (*Minér.*), m. *Sulfate d'ammoniaque*.

SEL COMMUN (*Minér.*), m. *Chlorure de sodium*; sel gemme, sel marin.

SEL D'ANGLETERRE (*Minér.*), m. *Sulfate de magnésie*.

SEL DE CUISINE, m. Sel commun, *chlorure de sodium*.

SEL DE DIMANCHE (*Exploit.*), m. Nom donné par les ouvriers au sel obtenu dans les bassines d'évaporation pendant le jour du dimanche, où l'évaporation est calme et prolongée, à cause du repos des usines, ce qui rend le sel plus gras, plus pur et plus estimé.

SEL DE DUOBUS (*Minér.*), m. Nom donné par les anciens chimistes au *sulfate de potasse*.

SEL D'EPSOM (*Minér.*), m. *Sulfate de magnésie* dissous dans les eaux d'Epsom, en Angleterre.

SEL DE GLAUBER (*Minér.*), m. Synonyme de *sulfate de soude*.

SEL DE NITRE (*Minér.*), m. *Nitrate de potasse*.

SEL DE SATURNE, m. Combinaison d'oxyde de plomb et d'acide acétique.

SEL DE SEDLITZ (*Minér.*), m. *Sulfate de magnésie* en état de dissolution dans les eaux de Sedlitz, en Bohême.

SEL DE TARTARIE (*Minér.*), m. Nom ancien donné à l'*hydro-chlorate d'ammoniaque*, parce que le commerce recevait autrefois le sel de cette partie de l'Asie.

SEL GEMME (*Minér.*), m. *Chlorure de sodium*, vulgairement *sel marin*. Ce minéral, dont nous avons donné la description au mot CHLORURE DE SODIUM, se trouve en couches ou en amas couchés dans le sens de la stratification du terrain; il est ordinairement accompagné d'amas de gypse qui ont été intercalés en même temps dans des dépôts sédimentaires appartenant aux périodes secondaire et tertiaire. Le gisement du sel gemme semble avoir pour conditions essentielles l'abondance du calcaire dolomitique et la présence des marnes irisées, dont le bariolage rouge est surtout frappant.

M. Burat, en remarquant la faculté génératrice des soufflards de vapeur nommés *lagonis*, qui pénètrent les roches, les désagrègent, et les imprègnent de gypse cristallin, et concrétionné accidentellement de soufre et d'acide borique, fait très-bien entrevoir quel serait le résultat de la puissance évaporatrice de ces phénomènes dans l'alternance et la pénétration du gypse et du sel gemme au milieu des dépôts vaseux de l'époque tertiaire. Les couches gypseuses représenteraient alors les périodes d'activité des vapeurs et de perturbation des eaux, tandis que les couches salifères représenteraient les périodes tranquilles de refroidissement et de dépôt des matières dissoutes.

Cette théorie des dépôts salifères a besoin d'un plus grand nombre de faits à l'appui pour être admise, malgré tout le talent d'observation de l'habile géologue. Elle est cependant tellement ingénieuse, que nous ne devions pas la passer ici sous silence.

Voyez, pour plus de détails, les articles CHLORURE DE SODIUM et EAU.

SEL HALOTRIC (*Minér.*), m. *Sulfate d'alumine*, variété fibreuse; alun de plume de Tournefort.

SEL MARIN (*Minér.*), m. Nom vulgaire du *chlorure de sodium*, que l'on extrait des eaux de la mer.

SEL NARCOTIQUE (*Minér.*), m. *Sassoline*, acide borique.

SEL POLYCRESTE (*Minér.*), m. Nom donné par Glaser au *sulfate de potasse*.

SEL SÉDATIF (*Minér.*), m. *Sassoline*, acide borique.

SEL VOLATIL (*Minér.*), m. Nom ancien de l'*hydro-chlorate d'ammoniaque*, donné par allusion à sa faculté de se volatiliser facilement au feu.

SÉLAGITE (*Géogn.*), f. Nom donné par Haüy à une roche composée d'*aphanite* et de *mica*. M. Cordier a désigné sous ce nom une espèce d'*hyperstenite*.

SELCE ROMANO, m. Lave qui est employée au pavage de la ville de Rome.

SÉLÉNIDES, m. Famille minéralogique qui a pour base le sélénium.

SÉLÉNITE (*Minér.*), f. Du grec *selênê*, lune; nom donné par Dioscoride à une variété cristalline du gypse, qui reflète la figure de la lune. C'est la *pierre spéculaire* des anciens, et le *miroir d'âne* du vulgaire.

SÉLÉNIUM, m. Du grec *selênê*, lune; par opposition au *tellure* (la terre) qu'on cherchait quand on a trouvé le premier métal simple, découvert en 1817 par Berzelius. Brun rougeâtre à éclat métallique; cassure d'un gris plombé, conchoïde, vitreuse; très-fragile, inodore à froid, mais donnant une odeur de rave au feu; insipide, facile à pulvériser; très-mauvais conducteur du calorique et du fluide électrique; fusible de 100 à 180°; vaporisable. P. s. : 4.30. Ce métal, qui a une grande analogie avec le soufre, brûle à l'air et donne naissance à de l'acide sélénieux, en répandant une odeur de chou pourri; il accompagne ordinairement le soufre, avec lequel il est isomorphe, et qu'il peut remplacer au besoin. Formule atomique : Se; poids atomique : 494.582.

SÉLÉNIURES MÉTALLIQUES (*Minér.*), m.

Le sélénium, qui est isomorphe avec le soufre, forme plusieurs combinaisons ou alliages avec les métaux. Ces corps, nommés séléniures, sont isomorphes avec les sulfures métalliques, et répondent tous à la formule BSe, ou séléniures simples.

L'alliage du sélénium et du plomb, connu sous le nom de *séléniure de plomb*, ne se présente pas dans la nature à l'état de pureté; il est presque toujours accompagné d'autres séléniures. Sa forme primitive, qui n'a encore pu être déterminée que par ses clivages, est le cube; sa texture est lamelleuse ou grenue; il est gris de plomb, et possède l'éclat métallique de la galène. On n'est pas bien d'accord sur sa pesanteur spécifique, que Silliman évalue à 6.8, Lévy à 7.697, et Haidinger de 8.2 à 8.8. Ce minéral est fusible au chalumeau sur le charbon, et répand l'odeur de raves propre au sélénium; il est extrêmement rare, et ne s'est encore trouvé que dans le Hartz. Sa composition est, suivant

	M. H. Rose,	M. Stromeyer,
Sélénium.	31.42	28.11
Plomb.	63.92	70.98
Cobalt.	3.14	0.83
Fer.	0.45	»
	98.93	99. 2

Cette composition répond à la formule Pb Se, qui est, comme la forme cristalline, analogue à celle du sulfure de plomb.

Souvent le séléniure de plomb est allié à un séléniure de mercure, sans que la forme cubique du minéral soit altérée; sa couleur alors passe au gris d'acier, en conservant toutefois l'éclat métallique; sa pesanteur spécifique est de 7.3, et il se laisse rayer par une pointe d'acier. M. H. Rose a trouvé que ce *séléniure de plomb et de mercure* était composé de :

Sélénium.	24.97
Plomb.	55.84
Mercure.	16 94
	97.75

d'où l'on tire la formule 3 Pb Se + Hg Se.

Parfois aussi le séléniure de plomb est uni à un séléniure de cuivre analogue au sulfure connu sous le nom de *covelline*. La couleur de ce *séléniure de plomb* et *de cuivre* tire un peu sur le jaune, et son éclat n'est plus que métalloïde; il est ductile, et se laisse couper au couteau; sa pesanteur spécifique varie. Il est fusible au chalumeau. L'analyse de deux échantillons a donné à M. H. Rose :

Sélénium.	34.26	29.96
Plomb.	47.43	59 67
Cuivre.	15.45	7.86
Argent.	1.29	»
Fer.	»	0.33
Oxydes métalliques.	2.08	0.44
	100.51	98.26

La première analyse donne la formule :

Pb Se + Cu Se;

la seconde répond à

2 Pb Se + Cu Se.

La pesanteur spécifique de la première est de 7.00; celle de la seconde, = 5.60.

Le *séléniure de cuivre* Cu Se se trouve en Smolande, dans la mine de Skrickerum, en petits nodules dans un calcaire lamellaire; il est gris d'argent ou d'étain, se laisse couper au couteau, et est fusible au chalumeau. Il se dissout dans l'acide nitrique. Sa composition est, suivant Berzelius :

Sélénium.	54.55
Cuivre.	45.45
	100.00

Il répond à la formule Cu Se.

Berzelius a trouvé dans des échantillons de la même mine de petites masses cristallines d'un gris de plomb, à éclat métallique : elles se laissent couper au couteau, fondent au chalumeau en dégageant une vapeur et une odeur de sélénium, et colorent l'acide nitrique en vert. Ce minéral, auquel on a donné le nom d'*eukairite*, est composé de :

Sélénium.	26.00
Cuivre.	23.05
Argent.	38.93
Gangue.	
	96.88

Cette analyse répond à la formule Cu^2 Se + Ag Se, analogue à celle de la constitution atomique de la *stromeyerine*, dans laquelle le sélénium aurait remplacé le soufre.

Le *séléniure d'argent* est composé essentiellement d'argent et de sélénium, mais il est le plus souvent formé de plusieurs atomes de séléniure d'argent unis à un atome de séléniure de plomb. Ce minéral est d'un noir de fer, à éclat métallique, opaque et lamelleux dans sa cassure, qui est quelquefois grenue; sa forme cristalline est le cube, qui se déduit de trois clivages particuliers à ce séléniure. Il est malléable; il raye le gypse, et se laisse rayer par le carbonate de chaux; au chalumeau il fond sur le charbon, se grille, et donne un bouton d'argent. Il est soluble dans l'acide nitrique. Sa composition fournit :

Argent.	65.56
Plomb.	4.91
Sélénium.	25.93
	96.40

répondant à la formule : 12 Ag Se + Pb Se; ou, en faisant remplacer une partie de l'argent par son isomorphe le plomb : Ag Se. Ce minéral provient des mines de Tilkerode, dans le Hartz; il a été décrit et analysé par M. Rose. — M. Del Rio annonce qu'il l'a découvert à l'état de *biséléniure* dans les mines d'argent de Tasco, au Mexique; il y est en petites tables hexagonales d'un gris de plomb, et très-ductiles.

M. Del Rio a trouvé dans les mines de Mexico

un séléniure de zinc et de mercure qui n'est encore connu que par la description qu'il en a donnée. Il est en masse amorphe grise, à éclat métallique et à cassure grenue; sa pesanteur spécifique est de 5.56; sa dureté est celle de la blende; il brûle au chalumeau avec une flamme violette et une forte odeur de chou pourri; il est soluble dans les acides. Sa composition assez compliquée est :

Sélénium.	49.00
Zinc.	24.00
Mercure.	19.00
Calcium.	6.00
Soufre.	1.50
	99.50

En faisant abstraction du soufre, la formule qui répond à cette analyse est 3 Zn Se + Hg Se + Ca Se, qui donne au séléniure de zinc une constitution atomique analogue à celle de son sulfure.

Le *séléniure de palladium* est encore très-peu connu; il a été découvert par M. Zinken, et se trouve uni à du séléniure de plomb, dans une mine, à Tikerode, dans le Hartz. Il est en petits cristaux prismatiques à six faces; leur structure est lamelleuse, parallèlement à l'axe du prisme. Au chalumeau, ils deviennent colorés et brillants; avec le borax, ils donnent un verre transparent et un globule métallique; ils colorent l'acide nitrique en rouge en s'y dissolvant.

SELLE (*Exploit.*), f. Courbure convexe d'une ou plusieurs couches; espèce d'angle curviligne que forme un groupe de strates, et dont le sommet est élevé et les côtés descendent obliquement.

SÉMÉLINE (*Minér.*), f. Nom donné par M. Fleuriau de Bellevue à une variété de *sphène* de couleur jaune orangée, ou jaune citron, qui se trouve dans des roches volcaniques, et ressemble à de la graine de lin.

SEMELLE (*Exploit.*), f. Pièce de bois qu'on place sous les potes, afin de les empêcher de s'enfoncer dans un terrain meuble ou tendre.

SEMELLES (*Métall.*), f. Feuilles de tôle qui doivent être repliées en deux, réchauffées et soumises à un troisième laminage pour produire la tôle marchande. — On donne aussi ce nom à des pièces d'appui de l'ordon d'un marteau.

SEMI-OPALE, f. *Résinite.*

SENGUI (*Minér.*), f. Nom donné dans la Perse aux turquoises pierreuses incrustées dans leur gangue. *Voy.* TURQUOISE.

SENISSE (*Métall.*), f. Poussière de charbon entraînée avec la fumée.

SÉPITE (*Paléont.*), f. Os de sèche fossile, suivant Aldrovandus.

SEPTARIA (*Minér.*), m. Nom donné par les minéralogistes anglais aux *ludus Helmontii.*

SERANCOLIN (*Minér.*), m. Marbre estimé, du genre *ophicalce.*

SERAPHE (*Paléont.*), m. Coquille du genre *tarrière*, dont une espèce se trouve dans le calcaire grossier.

SERIATOPORE (*Paléont.*), m. Genre de polypiers, dont quatre espèces se trouvent à l'état fossile.

SÉRIES GÉOLOGIQUES (*Géol.*), f. On entend par ce mot la réunion dans un même système de plusieurs formations de terrains dues à une cause particulière, et sans analogie avec la série qui la suit ou avec celle qui la précède. On distingue quatre séries géologiques : celle *plutonique*, celle *pluto-neptunienne* ou *métamorphique*, celle *neptunienne*, et celle *volcanique*.

La *série plutonique* est une réunion de roches ignées, ou de terrains dus à l'action ignée. C'est la série la plus ancienne du globe, et celle qui en forme, pour ainsi dire, la charpente. Les roches qui la composent sont cristallisées, sans aucune stratification, et ne renferment aucun débris fossilifère.

La *série pluto-neptunienne* est la réunion de roches dues à l'action de l'eau et d'une haute température. Cette série repose immédiatement sur la série plutonique, à laquelle elle passe par des altérations presque insensibles. Elle est très-connue sous le nom de *série métamorphique*. Elle se distingue de la série plutonique par sa stratification.

La *série neptunienne* est une série de terrains formés par la voie aqueuse. Cet ensemble de formations, quoique supérieur, par son origine, aux deux autres séries plutonique et métamorphique, renferme néanmoins quelquefois des roches qui ont été modifiées par le feu, et même des roches d'origine ignée; aussi quelques géologues comprennent-ils la plupart des roches métamorphiques dans cette série.

La *série volcanique*, quatrième série géologique, est la série plutonique remontée à la surface du globe par les fissures qu'il renferme. Les roches qui forment cette série sont analogues à celles des formations granitiques; mais elles sont altérées dans leur passage à travers les autres séries, quant à leurs couleurs et leurs formes extérieures.

SERPENTIN (*Minér.*), m. *Porphyre vert, ophyte;* nom donné également au granite qui sert à faire des meulières.

SERPENTINE (*Minér.* et *Géogn.*), f. Syn. : *ophite*, *néphrite*, *pierre ollaire*, *stéatite*, *gymnite*, *kypholite*, *baltimorite*; *silicate hydraté de magnésie* d'un vert clair ou foncé, de couleur homogène, comme la *serpentine noble* de la Corse; ou bien d'un vert taché de bandes, d'une couleur plus tendre ou plus brune, assez semblable à la peau des serpents. La serpentine est tendre, se laisse couper avec facilité, et sert à faire des objets d'ornement; sa cassure est esquilleuse, et son éclat gras; elle est douce au toucher, mais n'est point savonneuse, ce qui la distingue du talc et de la stéatite; elle est tenace, et reçoit l'empreinte du marteau; sa densité est de 2.66; elle est infusible au chalumeau, et attaquable en par-

33.

lie par les acides. Ses diverses analyses ont donné :

	LOCALITÉS.			
	De Hoboken.	Jaune de Finlande.	De Gulsjo.	Cristallisée de Snarum.
Silice.	41.67	42.01	42.34	42.97
Magnésie.	41.25	38.14	44.20	41.96
Chaux.	»	3.22	»	»
Protox. de fer.	»	1.30	0.18	2.48
Cérium.	»	2.24	»	»
Ox. de chrôme.	1.04	»	»	0.87
Alumine.	»	»	»	»
Eau.	13.80	12.13	12.38	12.02
	98.36	99.06	99.10	100.30

On en tire la formule atomique :

$$(2\,MgO\ SiO^3 + Aq) + 2\,MgO\ H^2O.$$

La couleur de la serpentine paraît due à la présence de l'oxyde de chrôme ; cependant on n'a pas trouvé ce métal dans tous les échantillons : celle jaunâtre de Finlande est due au cérium ; celle noirâtre de Schwarzemberg renferme de l'oxyde de fer magnétique qu'on peut enlever au barreau.

On cite, parmi les variétés de la serpentine, la *pikrolite*, la *picrophylle*, la *pikrophyllite*, le *rhodochrôme*. Je pense qu'il faut y réunir l'*hydrophite*.

L'*hydrophite* est d'un vert de montagne, tendre, à cassure inégale, et dont la densité est de 2.66. Ce minéral est amorphe, ou en globules formés par la réunion de fibres grossières ; il raye le gypse, et se laisse rayer par le carbonate de chaux.

Sa composition donne :

Silice.	36.19
Magnésie.	21.08
Protoxyde de fer.	22.73
— de mangan.	1.66
Alumine.	2.89
Acide vanadique.	0.11
Eau.	16.08
	100.74

Cette analyse conduit à l'expression atomique $[2\,(MgO,\ FeO)\ SiO^3 + Aq] + 2\,MgO\ H^2O$.

La *pikrolite* est une serpentine d'un vert de montagne, décrite par Haussmann ; ses analyses donnent :

	LOCALITÉS.	
	Phillipstadt.	Taberg.
Silice.	41.66	40.98
Magnésie.	37.16	40.64
Protoxyde de fer.	4.08	2.22
— de mangan.	2.23	»
Alumine.	»	0.37
Eau.	14.72	12.86
	99.84	97.07

dont les relations atomiques sont :

$$[2\,(MgO,\ FeO)\ SiO^3 + Aq] + {}^3(MgO.\ FeO)\ H^2O.$$

La *picrophylle* ou *pikrophyllite* est une variété de la serpentine. Ce minéral très rare a été trouvé par Svanberg à Sala ; il est amorphe, à texture feuilletée, et a l'apparence cristalline ; sa couleur est le gris verdâtre foncé, à éclat gras, un peu nacré ; il a un clivage facile, mais pas assez net pour être lamelleux ; sa densité est de 2.73 ; il blanchit au chalumeau sans se fondre. Sa composition est, suivant Svanberg :

Silice.	49.80
Alumine.	1.11
Chaux.	0.78
Magnésie.	30 10
Protoxyde de fer.	6.86
Eau.	9 83
	98.48

On tire de cette analyse :

$$[2\,(MgO, FeO)\ SiO^3 + Aq] + (MgO, FeO)\ H^2O.$$

Le *rhodochrôme* est d'un vert foncé, et ressemble à une serpentine très-chargée de chrôme ; il est compacte, quelquefois grenu et en petites paillettes ; sa cassure est esquilleuse, nacrée, et en écailles fines ordinairement vertes, quelquefois rose violâtre ; sa poussière est blanche ; il se laisse rayer par le carbonate de chaux ; sa densité est de 2.668. On n'en connaît pas d'analyse ; on sait seulement, d'après les essais de M. G. Rose, que le rhodochrôme est composé de silice, de magnésie, d'oxyde de chrôme, et d'un peu d'alumine ; il blanchit au chalumeau et donne de l'eau. Il a été rencontré dans de la serpentine entre Syssersk et Kyschtimsk, dans l'Oural.

SERPENTINO VERDE ANTICO (*Minér.*), m. Nom italien du *mélaphyre*.

SERPULE (*Paléont.*), f. Genre de serpulées, dont on connaît six espèces fossiles.

SERPULÉES (*Paléont.*), f. Famille de vers marins qui renferme six genres, dont trois fossiles, formant soixante-neuf espèces.

SERRAGE (*Exploit.*), m. Action de consolider les diverses pièces d'un boisage de mine. — Pièce de bois en forme de coin, qui reçoit un pontal dans le boisage des puits.

SERRATULE (*Paléont.*), m. Nom donné par Luid à un moule intérieur de coquille bivalve.

SERRELLE (*Paléont.*), f. Variété de *glossopètre* à côtés crénelés ou en dents de scie. Cette variété se nomme aussi *glossopètre* de Malte.

SERVANTE (*Métall.*), f. Anneau de fer pour serrer les tenailles d'une forge.

SÉVÉRITE (*Minér.*), f. *Hydro-silicate d'alumine* des environs de Saint-Sever, formant des rognons dans le grès vert.

Sa composition est, suivant M. Pelletier :

Silice.	50.00
Alumine.	22.00
Eau.	26.00
	98.00

dont la formule est $(Al^2O^3)^2\ (SiO^3)^5 + 14\,Aq$;

composition assignée aux terres à foulon par M. Dufrénoy.

SEXOCTONAL (*Cristall.*), adj. Forme d'un prisme à quatre pans avec deux pyramides à quatre faces, mais dans lequel deux arêtes du prisme sont remplacées par deux facettes.

SEYBERTITE (*Minér.*), f. Alumino-silicate hydraté de magnésie et de chaux, en lames d'un beau rouge, transparentes quand elles sont minces. Ce minéral, qui a été trouvé à Amity (New-York), est disséminé dans une roche composée de chaux carbonatée, d'amphibole, de graphite et de spinelle noir; il possède deux clivages, dont l'un est facile; il se laisse rayer par une pointe d'acier, et pèse 3.16. Il devient jaune à la calcination, mais est infusible au chalumeau; sa poussière est soluble dans les acides. La seybertite avait été décrite par Finch comme une variété de *bronzite;* Richardson l'a analysée sous le nom de *clintonite;* d'autres enfin l'ont appelée *holmite.* M. Rose a décrit sous le nom de *xantophyllite* une variété que Meitzendorf a analysée et qui se trouve à Slatoust, dans l'Oural, où elle forme des masses arrondies et colonnaires d'une structure feuilletée; son clivage répond à un prisme régulier à six faces; elle est d'un brun rougeâtre, et a l'éclat nacré. Ses faces sont rayées par l'apatite, qui, à son tour, est rayée par ses angles; elle est infusible au chalumeau, qui la rend opaque et trouble; elle n'est qu'à peine attaquée par l'acide hydrochlorique bouillant. Les analyses donnent :

	Seybertite.	Clintonite.	Xantophyllite.
Silice.	17.00	19.38	16.30
Alumine.	37.60	44.75	43.95
Magnésie.	21,30	9.03	13.26
Chaux.	10.70	11.43	19.31
Protox. de fer.	8.00	»	»
Peroxyde de fer.	»	4.80	2.53
Soude.	»	»	0.61
Eau.	3,60	4.85	4.35
Zircone.	»	2.05	»
Oxyde de mangan.	»	1 35	»
Acide fluorique.	»	0.90	»
	98.20	98.25	100.29

Résultats qui répondent à la formule $2(CaO, MgO) Al^2O^3 + (MgO, CaO) SiO^3 + Aq$, dans laquelle la silice et l'alumine jouent le rôle d'acide.

SHOHARITE (*Minér.*), f. *Barytine quartzifère.*

SIBÉRITE (*Minér.*), f. Nom donné par quelques minéralogistes à une variété rouge de *tourmaline* qui provient de la Sibérie. Ce mot est synonyme de *daourite.*

SICILE (*Minér.*), m. Nom vulgaire du *marbre rubané de Sicile.*

SICILE ANTIQUE, m. *Marbre rubané de Sicile.*

SIDÉRIDES, m. Famille minéralogique de corps solides qui ont pour base le fer. Substances attaquées par l'acide nitrique, colorant légèrement la solution en vert pâle, et donnant un précipité bleu avec l'hydro-ferrocyanate de potasse.

SIDÉRIQUE (*Cristall.*), adj. Calcaire sidérique; nom donné par M. Breithaupt à un cristal rhomboédrique de carbonate de chaux, dont l'angle est de 106° 48', et la pesanteur spécifique de 3.849 : il raye la fluorine, et est rayé par le feldspath.

SIDÉRITE (*Minér.*), f. Nom donné au *phosphate d'alumine*, connu sous celui de *klaprothine.*

SIDÉRITINE ou **SIDÉRÉTINE** (*Minér.*), f. Nom donné par M. Beudant à une variété de sulfate de fer uni à de l'arséniate du même métal. *Voy.* SULFATE DE FER. Ce nom vient du grec *sidêros*, fer; *rêtinê*, résine; par allusion à son aspect et à sa composition.

SIDÉROBORINE (*Minér.*), f. Nom proposé par M. Huot pour le *borate de fer*, qui déjà porte celui de lagonite.

SIDÉROCALCITE (*Minér.*), f. *Carbonate de chaux, manganèse et fer;* carbonate de chaux et magnésie; dolomie.

SIDÉROCHRÔME (*Minér.*), m. *Chrômate de fer.*

SIDÉROCLEPTE (*Minér.*), m. Nom donné par de Saussure (du grec *sidêros*, fer; *kleptô*, je dérobe) à une variété de *péridot* chargée de fer.

SIDÉROCRISTE (*Géogn.*), m. Nom proposé par Brongniart pour désigner un quartzite sidérochriste, quartzite ferrifère, itabirite; quartzite formée de quartz et d'oligiste spéculaire; texture généralement schistoïde. C'est le *eisenglimmerschiefer* des Allemands.

SIDÉROLITE (*Paléont.*), f. Genre de coquilles nautilacées qu'on rencontre à l'état fossile dans les couches inférieures de la craie.

SIDÉROSCHISOLITE (*Minér.*), f. Variété de *cronstedtite*, décrite au mot SILICATE DE FER.

SIDÉROSE (*Minér.*), f. Nom donné par M. Beudant au *carbonate de fer.*

SIDÉROTECHNIE (*Metall.*), f. Art de travailler le fer.

SIDÉROTÈTE (*Minér.*), m. *Phosphure de fer;* du grec *sidêros*, fer.

SIDÉRURGIE, f. Art d'extraire le fer des minerais.

SIFFLETS (*Métall.*), m. Scories qui s'attachent au ringard dans l'opération de l'affinage.

SIFONE (*Paleont.*), m. Spare fossile de Monte-Bolca, ainsi nommé par Volta.

SIGARET (*Paléont.*), m. Genre de macrostomes, dont on connaît trois espèces fossiles dans les terrains modernes.

SIGILLAIRE (*Paleont.*), f. Plante fossile des terrains anciens, et qu'on croit être une fougère en arbre.

SIGILLÉE (TERRE) (*Minér.*), f. Sorte de terre glaise venant de l'Archipel, avec la marque d'un sceau; du latin *sigillum*, sceau.

SIL, m. Terre ocracée, dont se servaient les anciens pour faire des couleurs jaune et rouge; du latin *sil*, qui a la même signification.

SILEX (*Minér.*), m. Quatrième sous-espèce

de la silice, *quartz silex*. Ce minéral, dont la couleur varie du jaune blond et même du blanc grisâtre au noir bleuâtre, a beaucoup moins de transparence que l'agate ; son éclat est nul ; sa cassure conchoïde présente quelques esquilles larges, rares et mal terminées. Il se trouve ou en masses tuberculeuses, en rognons dont le tissu est lâche ou carrié, et il porte alors le nom de *quartz pyromaque*, ou *pierre à fusil*; ou bien il forme des amas dans les couches argileuses ou calcaires de la formation tertiaire, et porte le nom de *pierre meulière*. La première variété se trouve dans la plupart des terrains tertiaires de la basse Seine et des environs de Paris ; la seconde est surtout exploitée à la Ferté-sous-Jouarre, dans l'Aisne, à Domme, et près de Bergerac (Dordogne). Les meulières de la Ferté-sous Jouarre sont surtout recherchées, parce qu'elles présentent de nombreuses cavités, peu étendues, et qui font subir au grain l'action de la meule sans qu'il s'engage dans les vides.

On donne aussi le nom de meulière à des masses irrégulières disséminées dans l'argile grossière de l'assise supérieure des terrains de Paris. Le tissu de cette roche est lâche, et ne contient point de matière calcaire ; il est, au contraire, remarquable par un grand nombre de coquilles, et par des gyrogonites, ou graines de charas. Cette meulière coquillière est exploitée dans tous les environs de Paris.

Nous donnons plus bas la liste de quelques minéraux désignés par le nom de silex.

SILEX CONCRÉTIONNÉ. Variété incrustante de l'*hyalite*.

SILEX CORNÉ. *Calcédoine* à cassure plate. Quartz grossier, jaune pâle, gris rougeâtre, gris jaunâtre, gris cendré; texture compacte passant au grenu.

SILEX MOLAIRE. *Agate molaire ;* meulière poreuse, quartz à texture celluleuse, d'un blanc laiteux et bleuâtre, criblé de cavités irrégulières remplies d'une argile ocreuse rougeâtre ou gris cendré, résistant aux acides, ne se laissant pas rayer par le fer, étincelant sous le briquet. Les bancs sont horizontaux, ou en blocs épars. Les meules faites avec ce silex sont très-estimées.

SILEX NECTIQUE OU SILICE NECTIQUE. *Calcédoine* terreuse et friable.

SILEX PYROMAQUE. *Agate pyromaque ;* variété du *quartz agate*, pierre à fusil ; quartz noir, noirâtre ou brun, texture compacte, cassure conchoïde, bords très-tranchants.

SILEX RÉSINITE. *Résinite*.

SILICATES (*Minér. chim.*), m. Substances composées de silice et d'une ou plusieurs bases. Ces minéraux sont en très-grand nombre, et se trouvent le plus souvent cristallisés ; ils ont tous l'aspect plus ou moins pierreux. Lorsqu'ils sont *anhydres*, ils sont en général durs, insolubles, mais attaquables par les acides ; ceux hydratés sont plus tendres ; la plupart se laissent rayer par une pointe d'acier, et se dissolvent avec facilité dans les acides. — Tout silicate réduit en poudre fine, et chauffé fortement avec cinq fois son poids de carbonate de soude, se dissout dans l'acide nitrique étendu d'eau. Par l'évaporation, la dissolution se prend en gelée, se dessèche entièrement, et ne se redissout plus qu'en partie dans les acides. La partie insoluble est la silice, qui est blanche et pulvérulente, infusible et irréductible au chalumeau, mais qui donne une perle vitreuse, transparente, avec le sel de soude, et une perle opaque avec le sel de phosphore. — Les silicates sont trop multipliés pour qu'une classification claire et précise puisse en être faite. Cependant, pour l'ordre seulement, les minéralogistes modernes les rangent en certaines classes, qui sont :

1° Les silicates alumineux,

2° Les silicates non alumineux ;

3° Les silicates dans lesquels la silice ne joue pas seule le rôle d'acide.

Les *silicates alumineux* sont *anhydres* ou hydratés.

Les silicates anhydres sont des substances d'une composition assez simple : — ou ils sont formés d'un atome d'alumine uni à un atome de silice, comme la *sillimanite*, la *fibrolite* et la *bucholzite*, dont la formule atomique est Al^2O^3 SiO^3 ; — ou ils sont composés de deux atomes d'alumine combinés avec trois atomes de silice, comme dans la *bamlite*, qui renferme, d'après cela, moins d'alumine que les autres silicates alumineux ; — ou ils contiennent trois atomes d'alumine combinés avec deux atomes de silice, comme le *disthène*, l'*andalousite*, les *mâches*, et le *steinmark* des Allemands. La formule atomique de ces minéraux est $(Al^2O^3)^3$ $(SiO^3)^2$, qui approche singulièrement de la formule simple de la *sillimanite*, et n'en diffère que par un peu plus d'alumine ; — ou enfin la proportion d'alumine augmente, et ils contiennent alors deux atomes d'alumine pour un atome de silice. La *staurotide* est le seul minéral qui réponde à cette composition ; encore contient-elle une proportion notable de peroxyde de fer : sa formule est $(Al^2O^3, Fe^2O^3)^2$ SiO^3 ; d'où l'on tire, par l'isomorphisme, $(Al^2O^3)^2$ SiO^3.

La composition des silicates alumineux hydratés est beaucoup plus compliquée, en même temps que leurs caractères extérieurs présentent de très-grandes différences, et sont rarement déterminés d'une manière nette. Tandis que les silicates anhydres d'alumine se trouvent fréquemment en prismes, il n'y a qu'un petit nombre de silicates hydratés qui se rencontrent à l'état cristallin ; la plupart se présentent en masses terreuses, onctueuses, tendres. Les premiers sont durs, insolubles dans les acides ; les seconds se laissent rayer par l'acier, et se dissolvent avec facilité.

La classification des hydro-silicates d'alumine est à peu près arbitraire ; mais comme je dois en donner une, j'ai pris la composition pour moyen de comparaison, en admettant, avec MM. Brongniart et Malagutti, que, dans la plupart des cas, il y a une certaine proportion de silice non combinée.

Le *silicate trialumineux* de Berzelius est celui dont la formule atomique (Al^2O^3 SiO^3) est la plus simple ; on ne le trouve pas dans la nature uni à un seul atome d'eau, mais il forme certains minéraux dans lesquels un atome de silicate est uni à un demi-atome d'eau, sous la forme $2\ Al^2O^3\ SiO^3 + Aq$; tels sont l'*hydro-bucholzite*, la *worthite*, la *gilbertite*.

Après lui, viennent les substances à composition inverse, c'est-à-dire celles qui sont formées d'un atome de silicate uni à deux atomes d'eau, et qui ont pour formule : $Al^2O^3\ SiO^3 + 2\ Aq$. Dans cette classe se rangent la *pholérite*, quelques *argiles* et les *kaolins purs ;* la *lenzinite* ne diffère de cette composition que parce qu'elle contient quatre atomes d'eau, au lieu de deux.

Dans les *argiles plastiques*, ou terres à poterie, la composition générale est un silicate bialumineux uni a quatre et quelquefois à cinq atomes d'eau. Les terres kaoliniques, telles qu'elles existent dans la nature, se trouvent dans cette classe, qui a pour formule atomique : $(Al^2O^3)^2\ (SiO^3)^3 + 4\ Aq$ et $(Al^2O^3)^2\ SiO^3 + 8\ Aq$.

Les *halloysites* semblent avoir une composition plus compliquée, puisqu'ils donnent la formule $[(Al^2O^3)^2\ (SiO^3)^3]^2 + m\ Aq$ $m = 8, 10, 14, 17$ et 18 ; mais ils peuvent être facilement ramenés à la formule générale anhydre des argiles et des kaolins : $(Al^2O^3)^2\ (SiO^3)^3$.

Quant aux *argiles smectiques*, ou *terres à foulon*, auxquelles des caractères extérieurs réunissent les halloysites, leur composition rationnelle générale est représentée par l'expression $(Al^2O^3)^2\ (SiO^3)^5$, avec douze, quatorze et seize atomes d'eau.

Les *allophanes* ont pour formule naturelle : $[(Al^2O^3)^3\ (SiO^3)^2]^2 + 30, 31$ et $38\ Aq$, et pour expression rationnelle $(Al^2O^3)^3\ (SiO^3)^2$.

A partir de là, on voit dominer dans les formules les atomes d'alumine : la *scarbroite* n'en contient pas moins de quatre pour un seul de silice.

Malgré cette régularité de composition de certaines espèces, il existe dans les silicates alumineux hydratés de nombreuses différences. Pour se rendre compte de ces anomalies, il faut remarquer que la plupart de ces minéraux appartiennent à une époque où les roches de sédiment se formaient au milieu des dépôts mécaniques argileux composés de grains d'une grande ténuité, qui avaient appartenu à des substances différentes. Il a donc pu se déposer des espèces bien définies par voie de cristallisation ; mais aussi, et dans le même temps, il a dû se former des dépôts de composition variable, des argiles mixtes qui donnent des formules tout à fait anomales. La composition de la pâte des porphyres est propre à donner une idée de ces formations : les cristaux offrent des proportions définies régulières, tandis que le ciment ne présente le plus souvent qu'un mélange étranger, mixte, sans détermination fixe et sans uniformité de composition. Dans cette circonstance, ce qui convient le mieux, c'est de diviser les roches hydratées ainsi formées en deux classes distinctes : dans la première, on range tous les minéraux qui, pris en diverses places et ayant des caractères extérieurs analogues, offrent une composition semblable, en proportions bien définies ; dans la seconde, on met, à peu près arbitrairement, les magmas de composition variable, et dont les formules s'éloignent du mode naturel de la combinaison des corps. On peut alors classer les hydro-silicates alumineux d'après le tableau suivant :

Silicates hydratés en proportions définies.

Formule	Eau	Minéraux
$2\ Al^2O^3\ SiO^3 + Aq$		Hydro-bucholzite. Worthite. Gilbertite.
$Al^2O^3\ SiO^3$.	+ 2 Aq.	Pholérite. Kaolins purs.
	+ 4 Aq.	Lenzinite de Kall.
$Al^2O^3\ (SiO^3)^2$.	+ 3 Aq.	Triclasite. Argile de Vauvres. Razoumoffskine.
	+ 4 Aq.	Argile d'Andennes.
	+ 6 Aq.	Terre à foulon, citée par Thomson.
$Al^2O^3\ (SiO^3)^3$.	+ 3 Aq.	Argile d'Arcueil. Cymolite.
	+ 8 Aq.	Érinite.
$2\ Al^2O^3\ (SiO^3)^3$.	+ 3 Aq.	Argiles de Valendar. Harfort.
	+ 4 Aq.	Argile bitumineuse de Bavière.
	+ 8 Aq.	Argile bitumineuse de Sheffield. Argiles de Stourbridge. Montereau. Forges-les-Eaux.
	+ 16 Aq.	Halloysite de Silésie.

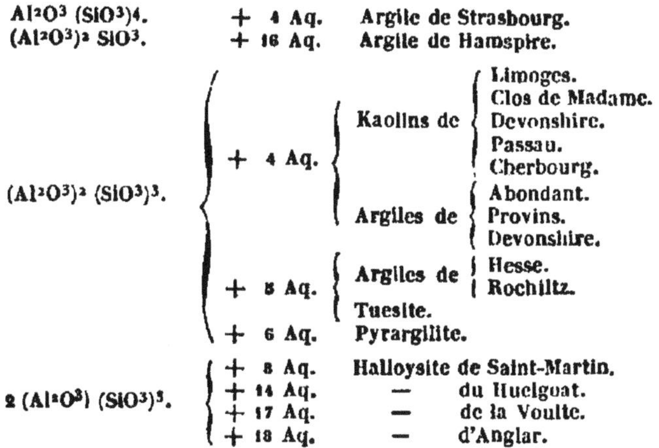

$Al^2O^3\ (SiO^3)^4$.	+ 4 Aq.	Argile de Strasbourg.	
$(Al^2O^3)^2\ SiO^3$.	+ 16 Aq.	Argile de Hamspire.	
$(Al^2O^3)^2\ (SiO^3)^3$.	+ 4 Aq.	Kaolins de	Limoges.
			Clos de Madame.
			Devonshire.
			Passau.
			Cherbourg.
		Argiles de	Abondant.
			Provins.
			Devonshire.
	+ 5 Aq.	Argiles de	Hesse.
			Rochlitz.
		Tuesite.	
	+ 6 Aq.	Pyrargilite.	
$2\ (Al^2O^3)\ (SiO^3)^3$.	+ 8 Aq.	Halloysite de Saint-Martin.	
	+ 14 Aq.	—	du Huelgoat.
	+ 17 Aq.	—	de la Voulte.
	+ 18 Aq.	—	d'Anglar.

SILICATE DE BISMUTH (*Miner.*), m. Syn. : *bismuth silicaté ; wismuth blende* des Allemands, etc. Minéral d'un brun clair, ou jaune de cire, à poussière d'un gris jaunâtre, en cristaux demi-transparents, quelquefois opaques ; il est fragile ; il raye la fluorine et se laisse rayer par le feldspath ; sa pesanteur spécifique varie entre 5.96 et 6.60 ; il fond au chalumeau en une masse noire, et donne avec la soude un bouton d'un vert jaunâtre, qui passe au rouge jaunâtre. Sa forme est, suivant Breithaupt, un tétraèdre régulier, portant sur chacune de ses faces une pyramide triangulaire, dont les angles sont de 146° 26'. Sa composition est, d'après Kersten :

Silice.	22.23
Oxyde de bismuth.	69.38
Acide phosphorique.	3.31
Oxyde de fer.	2.40
— de manganèse.	0.30
Eau et acide fluorique.	1.01
	98.63

Cette composition conduit à la formule atomique $8\ BiO\ SiO^3 + (BiO)^2\ PO^5$, silicate de bismuth uni à un huitième de phosphate bismuthique.

Le bismuth silicaté provient de Schneeberg, où il se trouve associé à d'autres minerais de bismuth.

On trouve dans la même localité un silicate d'une constitution atomique très-compliquée, et qu'on a nommé **HYPOCHLORITE** ; il est d'un jaune verdâtre, son aspect est terreux ; il est associé à du minerai de fer argileux. Sa composition est, suivant Schüler :

Silice.	50.24
Oxyde de bismuth.	13.00
Alumine.	14.65
Oxyde de fer.	10.24
Acide phosphorique.	9.62
	97.75

On en tire la formule : $2\ BiO\ SiO^3 + (BiO)^2\ P^2O^5 + 9\ Al^2\ SiO^3 + 2\ FeO(SiO^3)^2 + 3\ FeO\ P^2O^5$; l'hypochlorite se trouve aussi à Ullerfreuth et à Braünsdorf, en Saxe.

Les *silicates de cerium* n'ont pas été suffisamment étudiés pour qu'il soit possible de leur assigner une constitution atomique exacte. Ce sont en général des silicates de protoxyde, qui doivent leurs caractères généraux aux bases. Quant à la forme primitive, si propre à aider dans la classification des espèces, elle est à peine connue pour un petit nombre de variétés.

On peut néanmoins classer, d'après leur composition, les silicates de cérium en deux espèces : l'une bibasique, et qui se rapporte à la *cérine* ; l'autre tribasique, et qui a pour type la *cérite*.

La **CÉRINE** est anhydre ou hydratée ; dans ce dernier cas, elle est plus connue sous le nom d'**ALLANITE**. On n'est pas d'accord sur la forme cristalline du silicate anhydre, qui, d'après M. Lévy, dériverait du prisme hexaèdre régulier, tandis que celle de l'allanite est, d'après M. Thomson, un prisme oblique non symétrique.

La cérine est d'un noir brunâtre, quelquefois fort intense ; l'allanite tire un peu sur le vert. Les deux minéraux sont opaques ; leur éclat est vitreux, quelquefois résineux, demi-métallique à la surface ; ils rayent l'apatite et sont rayés par le quartz. Leur pesanteur spécifique diffère, en raison de la présence de l'eau dans la plus légère : la cérine pèse 4.173 ; l'allanite, 3.20 à 3.70 ; elles sont toutes deux attaquables par les acides, mais elles se comportent différemment au chalumeau : l'allanite donne de l'eau par calcination, et ne fond que difficilement en une scorie noire ; la cérine fond avec facilité, se boursoufle, et donne un globule noir, éclatant ; l'allanite forme gelée dans l'acide nitrique ; sa composition est, suivant MM. Thomson et Stromeyer, de

	LOCALITÉS.	
	Groënland.	Indoustan.
Silice.	33.40	33.02
Alumine.	4.10	15.23
Protox. de cérium.	31.48	21.60
— de fer.	22.80	15.10
— de magnésie.	»	0.41
Chaux.	9.20	11.08
Eau et perte.	3.98	3.00
	108.96	99.44

Les formules qui résultent de ces deux analyses sont :

Pour la première : $Al^2O^3 SiO^3 + 3(CeO, FeO, CaO)^2 SiO^3 + 2 FeO H^2O$;

Pour la seconde : $8 Al^2O^3 SiO^3 + 7 (CeO, FeO, Cao)^2 SiO^3 + 8 FeO H^2O$.

On doit rapporter à l'allanite le minéral que M. Wollaston a analysé, et qui provient du pays de Mysore ; il est composé de

Silice.	34.00
Alumine.	9.00
Protoxyde de cérium.	19.80
— de fer.	32.00
	94.80

Cette composition donne $Al^2O^3 SiO^3 + 3 (CeO, FeO)^2 SiO^3$, qui est la formule de l'allanite du Groënland, moins l'hydrate de fer. Il est probable que l'expression du minéral de Mysore est celle véritable de la cérine pure.

Peut-être est-on autorisé, par la composition de l'ORTHITE, à ranger ce minéral à la suite de l'allanite ; sa dureté est un peu plus forte, sa pesanteur spécifique un peu moindre ; il offre d'ailleurs tous les caractères extérieurs de l'allanite, excepté la forme, qui est bacillaire dans l'orthite. M. Hisinger a trouvé pour sa composition :

Silice.	36.25
Alumine.	14.00
Oxyde de cérium.	17.39
— de fer.	11.42
— de manganèse.	1.36
Chaux.	4.89
Yttria.	3.80
Eau et perte.	8.70
	97.81

répondant à la formule : $Al^2O^3 SiO^3 + 2 (CeO, FeO, CaO, YO)^2 SiO^3$.

La PYRORTHITE a la forme bacillaire de l'orthite ; mais elle est beaucoup moins dure, puisqu'elle est rayée par le carbonate de chaux ; sa densité n'est que de 2.19 ; sa cassure est inégale, conchoïde ; elle possède la singulière propriété de brûler comme un combustible, ce qui est dû à une forte proportion de charbon qui s'y trouve à l'état de mélange ; le résultat de la combustion est un émail noir. Berzelius a trouvé qu'elle contenait :

Silice.	10.43
Alumine.	3.59
Chaux.	1.81
Protoxyde de cérium.	13.92
— de fer.	6.08
— de manganèse.	1.39
Yttria.	4.87
Eau et matière volatile.	26.30
Carbone et perte.	31.41
	99.80

d'où l'on tire : $Al^2O^3 SiO^3 + 6 (CeO, FeO, YO, CuO)^2 SiO^3 + \ldots$..

La TSCHEWKINITE diffère des minéraux qui précèdent par la présence du lanthane et du didyme ; elle est d'un brun noirâtre foncé presque opaque ; son éclat est vitreux, passant à l'éclat résineux ; sa poussière est d'un brun sombre ; elle raye la phosphorite, et se laisse rayer par le feldspath ; sa densité est de 4.508 à 4.549 ; elle fond au chalumeau en un globule noir. M. H. Rose en a donné l'analyse suivante :

Silice.	21.04
Chaux.	3.50
Magnésie.	0.22
Oxyde de manganèse.	0.83
Soude et potasse.	0.12
Oxydes de cérium, lanthane et didyme.	47.29
Oxydes ferreux.	11.21
Acide titanique.	20.17
	104.38

qui répond à la formule : $(CeO, FeO, CaO)^2 SiO^3 + (CeO, FeO, CaO) TiO^3$.

La CÉRITE est d'un rouge brunâtre passant au violet ; sa poussière est blanche, sa cassure est inégale et à éclat gras ; elle raye la fluorine, et se laisse rayer par le feldspath ; sa densité est de 4.912 ; elle donne de l'eau par calcination, est infusible au chalumeau, et forme avec le borax un globule jaune orange. M. Hisinger l'a trouvée composée de :

Silice.	18.00
Oxyde de cérium.	68.59
— de fer.	2.00
Chaux.	1.23
Eau.	9.60
	99.44

La formule qui répond le mieux à cette analyse est $(CaO, FeO, CaO)^2 SiO^3 + (CeO, FeO, CaO) H^2O + Aq$.

La cérite se rencontre dans les mines de cuivre de Nya-Bastnaès, près de Riddarhyttan, en Suède ; la cérine l'accompagne. On a trouvé la tschewkinite dans le granite des environs de Miask et de Slatoust ; l'allanite du Groënland, du pays de Mysore et de l'Indoustan, appartient aux terrains anciens ; l'orthite provient de Fimbo, en Suède ; M. Hermann l'a trouvée dans l'Oural ; à Hitterven, elle accompagne la gadolinite ; M. Berlin a recueilli l'orthite dans les environs de Stockholm, au Parc, et à Kullberg.

Près de la même capitale, à Ériksberg, on en trouve une variété jaune de pois, diaphane sur les bords; dans les collines qui avoisinent le lac Danviken, près de Stockholm, M. Svanberg a rencontré une variété d'orthite rouge de cinabre. La ville de Stockholm, du reste, paraît très-riche en orthite; on en signale la présence à Waxholm et à Upsala, qui sont dans le voisinage.

SILICATE DE CUIVRE (*Minér.*), m. Syn.: *dioptase*, *achirite*, *cuivre hydro-siliceux*, *sommervillite*, *chrysocale* de Beudant, *chrysocale* de Dioscoride, etc. Minéral d'un beau vert, de couleur bleue verdâtre, verte bleuâtre, quelquefois brunâtre; M. Dufrénoy en a fait deux espèces. la *dioptase* et le *cuivre hydro-siliceux*. Je ferai remarquer qu'en l'absence de renseignements cristallographiques sur cette dernière espèce, la composition ne suffit pas pour cette distinction, puisque celle de la dioptase peut être ramenée à une constitution atomique analogue à celle du cuivre hydro-siliceux; la couleur seule présente quelque différence. Tous les silicates de cuivre sont hydratés.

Le CUIVRE HYDRO-SILICEUX est plutôt bleu que vert; il a l'éclat résineux; il raye le carbonate de chaux, et est rayé par la fluorine; il est très-fragile; sa densité varie entre 2.031 à 2.159; il noircit au feu sans se fondre, et laisse un résidu siliceux en se dissolvant dans l'acide nitrique. Sa composition est extrêmement variée, et quoiqu'elle soit toujours le résultat de l'union de silicate cuprique, d'hydrate de cuivre et d'eau, dont les monomes appartiennent à la même classe de combinaison, elle n'en conduit pas moins à des formules assez différentes, grâce à la diversité des coefficients; la présence de l'acide carbonique, qui manque dans plusieurs échantillons, tandis qu'elle se manifeste dans d'autres, vient encore compliquer la question, que la cristallisation seule peut simplifier. Les analyses ci-après, faites par Klaproth et John sur des silicates de Sibérie, en donnent une idée.

Silice.	26.00	28.37
Oxyde de cuivre.	50.00	49.63
Eau.	17.00	17.50
Acide carbonique.	6.00	5.00
	99.00	98.70

Ces deux analyses conduisent aux formules :

1° $(CuO)^3 (SiO^3)^2 + CuO CO^2 + 6 Aq$;
2° $(CuO)^3 (SiO^3)^2 + \frac{1}{2} CuO CO^2 + 6 Aq$.

Mais il faut remarquer que le membre n $CuO CO^2$ est extrêmement variable. On peut donc le considérer comme un mélange; et alors la formule se réduit à $(CuO)^3 (SiO^3)^2 + 6 Aq$, qui appartient à la constitution atomique de la dioptase, et répond à un silicate sesqui-cuprique hydraté.

On peut encore envisager le résultat atomique de l'analyse sous un autre aspect : comme l'effet de l'union d'un silicate cuprique avec un hydrate de cuivre, et l'on est conduit à la formule $CuO SiO^3 + CuO H^2O + 2 Aq$, qui rentre d'une manière plus générale dans la constitution atomique de tous les silicates de cuivre.

La *dioptase* elle-même se prête à cette forme; sa composition a été déduite des deux analyses suivantes par MM. Hesse et Damour :

Silice.	36.60	36.47
Oxyde de cuivre.	48.89	50.10
Eau.	12.29	11.40
Protoxyde de fer.	2.00	»
	99.78	97.97

On en déduit, ou $(CuO)^3 (SiO^3)^2 + 5 Aq$, expression adoptée par Berzelius; ou $2 CuO SiO^3 + CuO H^2O + 2 Aq$, qui ne diffère du silicate de Sibérie que par un atome de silicate cuprique.

La dioptase diffère aussi de ce dernier minéral par sa couleur, qui est d'un beau vert émeraude. Sa forme primitive est connue : c'est un rhomboèdre obtus de 126° 17'; elle possède des clivages parallèles aux faces du cristal primitif; sa cassure est conchoïde et inégale; elle raye la fluorine et le verre, et se laisse rayer par le feldspath; sa densité est de 3.278.

Des analyses qui précèdent, on pourrait induire que les trois monomes s'unissent en deux proportions distinctes, et forment deux espèces; les quatre analyses qui vont suivre prouvent que ces mélanges varient singulièrement dans le silicate hydro-siliceux; elles sont dues à MM. Berthier, Ulmann et Kobell :

	LOCALITÉS.			
	Cornouailles.	Bogolowsk.	Siegen.	Sommerville.
Silice.	26.00	36.34	40.00	34.40
Oxyde de cuivre.	41.20	40.00	40.00	35.10
Eau.	23.50	20.20	12.00	28.50
Acide carbonique.	3.70	2.10	8.00	»
Oxyde de fer.	2.50	1.00	»	1.00
	97.50	99.84	100.00	100.00

Les expressions atomiques qui ressortent de ces quatre analyses sont :

Cornouailles : $CuO SiO^3 + CuO H^2O + 4 Aq$,
Bogolowsk : $3 CuO SiO^3 + CuO H^2O + 8 Aq$,
Siegen : $7 CuO SiO^3 + CuO H^2O + 10 Aq$,
Sommerville : $6 CuO SiO^3 + CuO H^2O + 24 Aq$.

Ces différences ne peuvent provenir que d'un mélange en proportions indéfinies. Il faut donc attendre, pour bien distinguer la dioptase du cuivre hydro-siliceux, que quelque découverte vienne déterminer la forme cristallographique de celui-ci.

L'oxyde de fer domine quelquefois tellement dans la constitution des minéraux qui contiennent du silicate de cuivre, qu'on serait tenté de croire qu'ils appartiennent à un silicate de fer cuprifère, de l'espèce de la *xylite*; mais un examen attentif des rapports atomiques des analyses conduit à admettre le minéral comme un silicate de cuivre associé à un hydrate de fer. C'est ce qui arrive pour un hydro-silicate de Sibérie, dans lequel M. Damour a trouvé :

Silice.	17.70
Oxyde de cuivre.	12.00
Peroxyde de fer.	49.20
Eau.	20.60
	99.50

On en tire la formule : $CuO\ SiO^3 + (Fe^2O^3)^2 (H^2O)^3 + 3\ Aq$.

Le cuivre résineux de Turinsk, analysé par M. Kobell, lui a fourni une constitution atomique qui approche de celle-ci ; il a trouvé :

Silice.	9.66
Oxyde de cuivre.	13.00
— de fer.	59.00
Eau.	18.00
	99.66

Cette analyse conduit à la formule : $[(CuO)^3 (SiO^3)^2 + 3\ Aq] + 3\ (Fe^2O^3)^2 (H^2O)^3 + 4\ Aq$, qui offre un silicate sesqui-cuprique hydraté, allié à de l'hydrate biferrique et à de l'eau.

Peut-être faut-il rapporter au silicate de cuivre, d'après un essai de M. Brooke, de petits globules sphériques, ou des houppes formées de fibres capillaires très-déliées, d'un bleu céleste, qui accompagnent le cuivre carbonaté bleu de Moldawa, dans le Bannat. On lui a donné le nom de *cuivre velouté*.

Le silicate de cuivre se trouve à Katherinbourg, en Sibérie, dans un fer oxydé brun qui lui sert de gangue ; il est en petites masses mamelonnées dans un quartz hyalin massif d'Ehl, près de Reihnbreisenbach, sur le Rhin ; il existe dans le Chili et au cap de Gate, en Gallice (Espagne) ; il se trouve en masse compacte près de Potes, dans la Liébana ; il constitue en grande partie la kieselmalachite exploitée à la mine de Canaveilles, dans les Pyrénées.

SILICATES DE FER (*Minér.*), m. Minéraux de caractères extrêmement variés, attendu la facilité qu'a la silice de s'allier en toutes proportions avec le fer, soit peroxydé, soit à l'état de protoxyde. Dans cette classe de minéraux l'eau figure également et à l'état hygrométrique et à l'état d'hydrate ; l'alumine, en formant ou des aluminates de fer ou des hydrates aluminiques, vient encore compliquer la composition. Ces circonstances rendent à peu près impossible toute classification simple, et obligent à considérer les individus qui composent la classe nombreuse des silicates de fer comme des mélanges, et souvent comme le résultat de la décomposition de roches ferrifères. D'un autre côté, quelques erreurs se sont glissées dans l'évaluation du degré d'oxydation du métal, ainsi que nous le ferons voir plus tard. La description des silicates de fer pourrait donc, à la rigueur, être faite au hasard et sans ordre, d'autant plus qu'à l'inconstance des caractères chimiques se joint l'absence presque totale de renseignements sur la forme cristalline.

Quoi qu'il en soit, comme il est important de mettre un peu d'ordre dans l'examen qui va suivre, nous établirons provisoirement, et sans entendre donner aux divisions que nous adoptons la prétention d'une classification, quatre espèces de silicates de fer, en prenant pour chacune d'elles un type autour duquel se grouperont les autres combinaisons. C'est ainsi que nous parlerons d'abord du *silicate ferreux*, qui est presque toujours accompagné d'eau, quelquefois d'alumine, et accidentellement de bisilicate ; cette espèce sera suivie du *bisilicate ferreux* hydraté ; puis du *silicate triferreux* avec les divers mélanges qui l'accompagnent ; et enfin du *trisilicate ferrique* simple, ou associé à un silicate d'alumine, à un aluminate de fer et à de l'eau.

De tous les *silicates ferreux*, le plus simple dans sa composition, c'est la *stilpnomélane*, minéral en masses noires, à texture feuilletée ; sa poussière est verdâtre ; il raye le gypse, et est rayé par la fluorine ; sa densité est de 3.30 à 3.40 ; il fond difficilement au chalumeau sans addition, et donne une perle noire. La stilpnomélane n'est attaquée qu'en partie par les acides. On ne l'a encore rencontrée qu'à Obergründ (Silésie autrichienne). Sa composition moyenne est :

Silice.	45.32
Protoxyde de fer.	35.54
Alumine.	6.76
Magnésie.	2.27
Chaux.	0.37
Potasse.	0.19
Eau.	7.96
	98.40

analyse dont on tire : $(FeO, MgO, CaO)\ SiO^3 + Aq$.

La *chloropale*, qui vient ensuite, présente deux couleurs distinctes : ou elle est d'un vert brunâtre, et sa cassure est résineuse ; ou elle est d'un vert pré, et sa cassure est terreuse ; elle devient noire au chalumeau, puis passe au brun, mais sans se fondre. Elle semble provenir d'une décomposition, et se trouve, en effet, dans les trachytes désagrégés de Ceylan. Elle a beaucoup d'analogie avec le fer résinite. Ses analyses donnent :

	VARIÉTÉS.		
	Esquilleuse.	Terreuse.	De Ceylan.
Silice.	45.00	45.00	53.00
Protoxyde de fer.	33.00	32.00	26.04
Alumine.	1.00	0.75	1.80
Magnésie.	2.00	2.00	1.40
Eau.	18.00	20.00	18.00
	99.00	99.75	100.24

Les deux premières analyses répondent à la formule : $(FeO, MgO)\ SiO^3 + 2\ Aq$; la troisième présente déjà une altération, et ne peut s'exprimer que par (FeO, MgO) SiO^3 + (FeO, MgO) $(SiO^3)^2$ + 5 Aq.

La *chlorophæite* est un silicate en nœuds ou en grains dans une roche amygdaloïde verdâtre, liée aux basaltes de l'île de Rum, dans le Fifeshire (Écosse); elle est d'un vert pistache; les grains en sont transparents; ils brunissent à l'air; leur cassure est conchoïdale, passant à la cassure terreuse. La densité de ce minéral est de 1.809 à 2.02; il se laisse rayer par l'acier. M. Forchhammer, qui l'a rencontré dans les roches volcaniques de Faroë, l'a trouvé composé de

Silice.	32.85	32.85
Protoxyde de fer.	22.08	21.56
Magnésie.	3.44	3.44
Eau.	41.63	42.15
	100.00	100.00

L'expression atomique qui résulte de cette analyse est : (FeO, MgO) SiO^3 + 6 Aq.

Comme on le voit, la proportion d'eau varie beaucoup dans ces minéraux; celui qui va suivre est anhydre.

C'est un minéral en masses amorphes, qu'on a nommé *chloritspath* ou *chloritoïde;* il est d'un noir verdâtre, et devient tout à fait noir à la flamme désoxydante du chalumeau; il est alors attirable à l'aimant; il raye la phosphorite, et est rayé par le feldspath; sa densité est de 3.55. C'est un silico-aluminate de fer provenant de l'Oural, dans lequel Erdmann a trouvé :

Silice.	24.90	24.96
Alumine.	46.20	43.83
Protoxyde de fer.	28.89	31 21
	99.99	100.00

Il répond à la formule :

$$2\,FeO\,SiO^3 + FeO\,(Al^2O^3)^3.$$

Souvent le silicate ferreux est alcalin, comme il arrive dans la *terre de Vérone*, la *commingtonite* et la *krokidolite*.

La *terre de Vérone* est en masses terreuses d'un vert foncé, à cassure unie, à grains très-fins; elle n'est point onctueuse au toucher, comme pourrait le faire supposer le nom de *talc zographique* que lui avait donné Haüy; seulement elle se polit sous le doigt. Elle est employée dans la peinture. Sa composition est, suivant Klaproth :

Silice.	53.00
Protoxyde de fer.	28.00
Magnésie.	2.00
Potasse.	10.00
Eau.	6.00
	99.00

On en déduit la formule : 3 (FeO, MgO, KO) SiO^3 + 2 Aq.

La *commingtonite* est gris blanchâtre; elle est imparfaitement cristallisée en aiguilles divergentes; son éclat est soyeux, opaque, ou seulement translucide sur les bords; elle raye le gypse, et se laisse rayer par le carbonate de chaux; sa densité est de 3.201; elle est infusible au chalumeau; elle a été trouvée dans une roche composée de quartz, de grenat et de commingtonite. Elle a fourni à M. Thomas Muir l'analyse suivante :

Silice.	56.54
Protoxyde de fer.	21.66
— de manganèse.	7.81
Soude.	8.44
Eau.	3.18
	97.63

Cette analyse conduit à la formule : (FeO, NaO, MnO) SiO^3 + 2 (FeO, NaO, MnO) $(SiO^3)^2$ + 2 Aq.

La *krokidolite* ou *blaueisenstein* de Klaproth est d'un bleu de lavande; sa poussière est également bleue; elle est fibreuse; son éclat est nacré, chatoyant; elle raye le carbonate de chaux, et se laisse rayer par le phosphate; sa densité est de 3.20; elle donne au chalumeau une scorie noire attirable; elle est soluble dans l'acide nitrique; elle provient du fleuve Orange, près du cap de Bonne-Espérance. Sa composition est, suivant Klaproth et Stromeyer :

	VARIÉTÉS.		
	Compacte.	Asbestiforme.	En filaments soyeux.
Silice.	50.00	50.81	51.64
Protox. de fer.	40.50	33.88	34.38
— de mangan.	»	0 17	0 02
Chaux.	1.50	0.02	0.05
Magnésie.	»	2.32	2.64
Soude.	5.00	7.03	7.11
Eau.	3.00	5.58	4.01
	100.00	99.81	99.85

d'où l'on tire : 2 (FeO, MaO, CaO) SiO^3 + 2 (FeO, NaO, CaO) $(SiO^3)^3$ + 8 Aq.

On a découvert dans la mine de Bjelke, près de Nordmark, dans le Wermland, un silicate que M. Hausmann a nommé *pyrosmalite*. Il est en cristaux imparfaits d'un gris verdâtre, et possède un clivage facile parallèlement à la base, ce qui le rapprocherait du prisme hexaèdre régulier; il raye la fluorine, et se laisse rayer par la phosphorite; sa densité est de 3.081; il a l'éclat nacré; il donne au chalumeau une forte odeur d'acide hydrochlorique. Son analyse a fourni à M. Hisinger :

Silice.	35.85
Protoxyde de fer.	21.81
— de manganèse.	21.14
Hydrochlorate de fer.	14.10
Chaux.	1.21
Eau.	5.89
	100.00

L'expression atomique de cette analyse est : 3 (FeO, MnO, CaO)² SiO^3 + $FeCl^2$ + 3 Aq, ou, en élaguant le chlorure de fer comme étant accidentel : $(FeO, MnO, CaO)^2\ SiO^3$ + Aq. C'est, comme on le voit, un silicate biferreux hydraté.

Les *silicates triferreux* sont très-nombreux; ils peuvent former deux divisions : l'une, dans laquelle le fer n'est que peroxydé; tels sont l'*ilvaïte*, la *chamoisite* et la *berthiérine*; l'autre, dans laquelle les deux oxydes sont en présence, comme dans la *wehrlite*, une variété d'*ilvaïte*, la *sidéroschisolite*, le minerai de *Montcontour*, celui des *Vignes*, la *cronstedtite*, et la *polyadelphite*.

L'*ilvaïte* se trouve en cristaux, en masses bacillaires, en masses amorphes; elle est d'un noir foncé tirant quelquefois sur le brun; sa cassure est résineuse et éclatante; elle raye le verre, et est rayée par le feldspath; sa densité varie entre 3.825 et 3.994; elle devient magnétique au feu, même à la simple flamme d'une bougie; elle fond au chalumeau en un verre noir opaque; elle est soluble dans l'acide hydrochlorique. Sa forme primitive est un prisme rhomboïdal droit, sous l'angle de 111° 10' et avec le rapport : : 4 : 3. Sa composition est, suivant

	M. Vauquelin,	M. Descotils,
Silice.	30.00	29.00
Protoxyde de fer.	57.50	55.00
Peroxyde de manganèse.	»	3.00
Chaux.	12.50	12.00
Alumine.	»	0.60
	100.00	99.60

Ces deux analyses fournissent la formule : $(CaO)^2\ SiO^3 + 3\ (FeO)^3\ SiO^3$, qui ne contient que du fer protoxydé; mais MM. Rammelsberg et Kobell ont trouvé les deux oxydes dans un grand nombre d'échantillons, et en ont tiré les deux analyses qui suivent :

Silice.	29.83	29.28
Protoxyde de fer.	32.70	31.92
Peroxyde de fer.	22.85	23.00
— de mangan.	1.51	1.58
Chaux.	12.43	13.78
Alumine.	»	0.61
Eau.	»	1 26
	99.32	101.43

Composition qui conduit à l'expression : $2\ (FeO, CaO)^3\ SiO^3 + Fe^2O^3\ SiO^3$.

La *chamoisite*, qui s'exploite dans les grès verts du Valais, est un minerai oolitique, de couleur gris verdâtre, attirable à l'aimant; elle raye le gypse, mais se laisse rayer par la fluorine; sa densité est de 3.40; elle est fusible au chalumeau comme la sidéroschisolite, et laisse dans les acides de la silice gélatineuse.

Le silico-aluminate auquel M. Beudant a donné le nom de *berthiérine* n'est qu'une variété de chamoisite qui se trouve mêlée, à Hayanges, avec du carbonate de fer et du calcaire. Quant au minerai découvert par M. Puilhon-Boblaie, et qui est exploité par les forges du Pas (Morbihan), c'est une chamoisite bleuâtre, attirable, et soluble avec gelée.

Les analyses faites par MM. Berthier et Dufrénoy ont donné :

	Chamoisite du Valais.	Berthiérine de Hayanges.
Silice.	14.30	12.40
Oxyde de fer.	60.50	74.70
Alumine.	7.80	7.80
Eau.	17.40	3 10
	100.00	98.00

Ces analyses conduisent aux formules suivantes :

Chamoisite : $3\ (FeO)^3\ SiO^3 + 4\ (FeO)^2\ Al^2O^3 + 4$ Aq;

Berthiérine : $3\ (FeO)^3\ SiO^3 + 2\ (FeO)^3\ Al^2O^3 + 6\ FeO\ H^2O$.

La *wehrlite* commence la série des minéraux contenant les deux oxydes de fer. C'est un minéral noir, en masse granulaire, ayant beaucoup d'analogie avec l'oxydule de fer : il est légèrement magnétique; son éclat est vif, gras et résineux; sa poussière est d'un vert brunâtre; il raye le feldspath, et est rayé par le quartz; sa densité est de 3.90; il fond au chalumeau en une scorie noire, et devient magnétique : sa composition est, suivant *Wehrle* :

Silice.	34.60
Protoxyde de fer.	13 78
Peroxyde de fer.	43.30
Chaux.	5.84
Alumine.	0.12
Oxyde de manganèse.	0.28
Eau.	1.00
	100.92

La formule qui ressort de cette analyse : $(FeO, CaO)^3\ SiO^3 + 3\ Fe^2O^3\ SiO^3$, a beaucoup d'analogie avec celle de l'ilvaïte; il en est de même des caractères extérieurs de ces deux minéraux; aussi plusieurs minéralogistes regardent-ils la werhlite comme une ilvaïte granulaire.

La *sidéroschisolite* est en petits prismes à six faces, qui paraissent dériver d'un rhomboèdre; elle possède un clivage facile, parallèlement à la base; elle est opaque, de couleur noir de velours, mais sa poussière est verte; sa dureté approche de celle de la cronstedtite, et sa densité est de 3 00. La sidéroschisolite diffère de la cronstedtite qui va suivre par sa facile fusibilité au chalumeau, et parce que la scorie noire qu'on en obtient est attirable à l'aimant. L'analyse suivante, due à M. Wernekink, a été faite sur une trop petite quantité pour qu'on la considère comme définitive. Il est donc permis de croire qu'une erreur s'est glissée dans le calcul de l'oxydation du fer.

Silice.	16.30		
Oxyde de fer.	75.50	Protoxyde.	41.64
		Peroxyde.	33.86
Alumine.	4.10		
Eau.	7 30		
	103.20		

En rétablissant les deux oxydes comme nous le faisons plus haut, la formule atomique est ramenée à : $2\,(FeO)^3\,SiO^3 + (Fe^2O^3)^2(H^2O)^3 + Aq.$

La sidéroschisolite se trouve à Conghonas do Campo (Brésil) dans les cavités d'une pyrite magnétique, où elle est associée à du fer spathique.

La *cronstedtite* est d'un brun foncé ou d'un vert noirâtre très-luisant ; elle raye le talc, et est rayée par le calcaire ; sa poussière est d'un vert poireau foncé ; son éclat est résineux ; ce minéral est opaque en lames minces, et sa densité est de 3.348. La cronstedtite paraît avoir un rhomboèdre aigu pour forme primitive ; elle est quelquefois en masse cristalline et réniforme ; on la trouve aussi en prisme régulier à six faces, ainsi qu'en cristaux radiés ou pyramides triangulaires, formant des groupes orbiculaires. Au chalumeau, elle ne se fond pas, et ne se scorifie que légèrement ; elle est soluble avec gelée dans les acides. Sa composition est, suivant MM.

	Steinmann,	Thomson,		Kobell,
Silice.	22.45	22.61		22.45
Oxyde de fer.	58.85	58.25	FeO	33.55
			Fe^2O^3	27.11
Prot. de mang.	2.88	6.38		2.86
Magnésie.	5.08	4.17		5.07
Eau.	10.70	10.70		10 70
	99.94	101.06		101.56

La formule qui exprime le mieux ce mélange est : $6\,(FeO)^3\,SiO^3 + (FeO)^2\,SiO^3 + 3\,(FeO)^2\,(H^2O)^3 + 9\,Aq.$

M. Puilhon-Boblaye a découvert dans le terrain de transition de Montcontour (Morbihan), une couche de deux mètres de puissance d'un silicate de fer exploité pour les forges du Pas ; ce minéral est formé de grains oolitiques soudés ensemble ; il est bleuâtre, attirable et soluble dans les acides, en formant gelée. Sa composition est, suivant M. Dufrénoy :

Peroxyde de fer.	49.10
Protoxyde de fer.	23.60
Alumine.	14.10
Silice.	10.85
Perte.	2.35
	100.00

Elle répond à la formule :
$$7\,(FeO)^3\,SiO^3 + 9\,(Fe^2O^3)^2\,Al^2O^3 + (Fe^2O^3)^2\,(H^2O)^3 + 5\,Aq.$$

On trouve dans la mine de fer de Saalfeld un minéral vert olive, en masses granulaires, auquel on a donné le nom de *thuringite* ; il a l'éclat nacré, et possède un clivage facile dans un sens. M. Rammelsberg, qui l'a analysé, a trouvé qu'il était composé de :

Silice.	22.41
Peroxyde de fer.	21.94
Protoxyde de fer.	42.60
Magnésie.	1.16
Eau.	11.89
	100.00

Sa formule approchée est :
$$3\,(FeO)^3\,SiO^3 + (Fe^2O^3)^2\,SiO^3 + 10\,Aq.$$

Pour expliquer la constitution atomique du minéral des Vignes (Moselle), décrit par Karsten dans les *Archives métallurgiques* de 1827, et qui a reçu le nom de *vignite*, M. Thomson a dû le considérer comme formé de carbonate et de phosphate de fer, ce qui, comme on le verra plus bas, ne peut entièrement s'accorder avec son analyse ; M. Dufrénoy le regarde comme un mélange de peroxyde de fer, de carbonate et de berthiérine, ce qui n'est guère d'accord non plus avec le résultat chimique. Sa composition est, en effet :

Silice.	6.99	
Peroxyde de fer.	41.12	49.03
Protoxyde de fer.	29.98	35.75
Chaux.	2.14	»
Magnésie.	0.77	»
Acide carbonique.	11.87	11.19
— phosphorique.	3.38	4.03
Eau.	2.90	»
	99.15	100.00

Ce minéral est beaucoup trop compliqué pour donner une formule uniforme ; mais on voit que sa constitution atomique se prête aux formes de la chamoisite. En effet, le minéral des Vignes a tous les caractères extérieurs de la berthiérine : il est oolitique, d'un bleu verdâtre, ainsi que sa poussière, et en partie magnétique. Sa densité est de 3.71.

La *polyadelphite* accompagne la franklinite à Franklin, dans le New-Jersey ; elle forme des masses composées de grains arrondis, imparfaitement lamelleux, de couleur jaune verdâtre ou jaune de vin ; les petits grains sont translucides, leur éclat est résineux. Ce minéral raye le carbonate, et est rayé par le phosphate de chaux ; sa densité est de 3.767 ; il noircit au chalumeau sans se fondre. Thomson a trouvé pour son analyse :

Silice.	36.82
Chaux.	24.72
Protoxyde de fer.	22.95
— de manganèse.	4.45
Magnésie.	7.95
Alumine.	3.38
Eau.	1.88
	101.77

En considérant l'alumine comme ayant pris la place du peroxyde de fer, on est conduit à la formule : $11\,(FeO, CaO, MnO, MgO)^3\,SiO^3 + Al^2O^3\,(SiO^3)^2.$

L'*achmite* est un silicate alcalin de peroxyde de fer anhydre ; il est d'un vert foncé, en longues aiguilles prismatiques, rhomboïdes et cannelées ; son éclat est résineux ; sa cassure est conchoïde et inégale ; il raye le verre, et pèse 3.24 à 3.598 ; sa forme primitive est un prisme rhomboïdal oblique. Au chalumeau, l'achmite fond en un émail noir ; elle n'est pas attaquée par les acides ; la solution qui provient du traitement de la silice, etc., précipite en rouge brique par l'ammoniaque. Sa composition est, suivant MM.

	Le Hunt.	Stromeyer.	Berzelius.
Silice.	52 02	54.27	55 25
Perox. de fer.	28 08	34.44	31.25
Perox. de mang.	3.48		1.08
Soude.	13.35	9.74	10.40
Chaux.	0.88	»	0.72
Magnésie.	0.51	»	»
Alumine.	0.66	»	»
	98.96	98.45	98.70

d'où l'on tire la formule :

$$4\,(Fe^2O^3)\,(SiO^3)^3 + (NaO)^3\,SiO^3$$

M. de Kobell a trouvé, en 1847, de l'oxyde ferreux dans l'achmite ; mais comme en même temps il y a rencontré de l'acide titanique, il est probable que c'était un titanate de fer que renfermait le minéral à l'état de mélange.

Après l'achmite, dans l'ordre de la simplicité de composition, est l'*anthosidérite*. Ce minéral se trouve mélangé avec de la pyrite magnétique, en filaments déliés, dans le fer oligiste de Minas Geraës, au Brésil. Sa couleur est d'un brun grisâtre ; ses filaments, qui forment quelquefois des espèces de rosaces, ont l'éclat de la soie et sont souvent irisés. L'anthosidérite raye le feldspath, et est rayée par le quartz ; sa densité est de 3.00 ; elle fait feu au briquet ; elle fond difficilement au chalumeau en une scorie noire à éclat métallique. Sa composition est, suivant Schnedermann :

Silice.	60.08
Peroxyde de fer.	34.99
Eau.	3.54
	98.61

dont l'expression atomique est :

$$Fe^2O^3\,(SiO^3)^3 + Aq.$$

Le *fetbol*, qu'on avait d'abord rangé parmi les argiles ferrugineuses, est un silicate de fer uni à une petite portion de silicate trialuminique et à beaucoup d'eau ; sa densité est conséquemment plus faible que celle de l'anthosidérite ; elle ne s'élève qu'à 2.249 ; c'est un minéral tendre, onctueux au toucher, qui prend un certain éclat par le frottement ; il se dissout dans les acides, et donne de la silice gélatineuse. Il est composé, suivant Kersten, de :

Silice.	46.40
Peroxyde de fer.	23.50
Alumine.	3.01
Eau.	24.50
	97.41

donnant la formule :

$$3\,Fe^2O^3\,(SiO^3)^3 + Al^2O^3\,SiO^3 + 42\,Aq.$$

La *pinguite* est d'un vert serin terreux ; sa cassure est conchoïde ou inégale ; elle est facile à rayer. Sa densité est de 2.315 ; elle devient noire en se calcinant, et laisse un résidu gélatineux dans les acides ; elle se trouve près de Wolkenstein, dans l'Erzgebirge, et porte tous les caractères d'un résultat de décomposition.

L'*hisingérite* est d'un noir brunâtre, et sa poussière d'un jaune brun ; elle est en nodules arrondis, à clivage facile qui lui donne une texture feuilletée ; elle est terreuse, peu dure, et a une cassure conchoïde ; sa densité est de 3.04 ; elle devient magnétique au chalumeau, et donne quelques signes de fusion.

L'analyse de ces variétés a fourni :

	Hisingérite. Riddarhyttan.	Hisingérite. Bodennais.	Pinguite.
Silice.	36.30	31.77	36.90
Fer. Protoxyde.	44.39	49.87	6.10
Fer. Peroxyde.			29.50
Alumine.	»	»	1.80
Magnésie.	»	»	0.45
Protox. de mangan.	»	»	0.15
Eau.	20.70	20.00	25.10
	101.39	101.64	100.00

Ces analyses répondent aux formules ci-après :

Hisingérite : $2\ Fe^2O^3(SiO^3)^3 + (Fe^2O^3)^2\,(H^2O)^3 + 2\,FeO\,SiO^3 + 21\,Aq.$

Pinguite : $4\ Fe^2O^3(SiO^3)^3 + (Fe^2O^3)^2\,(H^2O)^3 + (FeO)^3SiO^3 + 42\,Aq.$

La NONTRONITE est une variété de terre de Vérone, d'une couleur jaune paille passant au vert ; elle est onctueuse au toucher, et se laisse rayer par l'ongle ; elle forme gelée dans l'acide hydrochlorique, qui la dissout avec facilité ; elle se trouve en petits rognons dans les amas de peroxyde de manganèse de Saint-Pardoux (Dordogne). Sa composition est, suivant M. Berthier :

Silice.	44.00
Peroxyde de fer.	29.00
Alumine.	3.60
Magnésie.	2.10
Eau.	18.70
	97.40

d'où l'on est conduit à la formule : $3\ Fe^2O^3\,(SiO^3)^3 + Fe^2O^3Al^2O^3 + 30\,Aq.$

Le GELBERDE que Kühn a analysé, et qui a toute l'apparence d'une argile ocreuse, paraît devoir être réuni à ces variétés ; il contient

Silice.	33.23
Oxyde de fer.	37.76
Alumine.	14.21
Magnésie.	1.38
Eau.	13 24
	99.82

dont la formule est : $Fe^2O^3\,(SiO^3)^3 + 2\,FeO\,H^2O + Al^2O^3\,H^2O + Aq.$

Peut-être est-ce ici la place de la XYLITE, minéral qui contient un peu d'oxyde de cuivre, et dont la localité est inconnue. Il a la texture fibreuse assez semblable à celle du bois ; sa couleur est le brun marron, devenant noir au chalumeau ; avec la soude, il donne un verre noir ; il est opaque, chatoyant ; il raye le gypse, et se laisse rayer par la fluorine ; sa pesanteur spécifique est de 2.935 ; sa composition est, d'après Hermann :

Silice.	44.06
Peroxyde de fer.	37.84
Chaux.	6.58
Magnésie.	5.42
Oxyde de cuivre.	1.36
Eau.	4.70
	99.96

qui conduit à la formule : $Fe^2O^3\ (SiO^3)^3 + 3\ (CaO,MgO)\ SiO^3 + (Fe^2O^3)^2(H^2O)^3$.

SILICATE DE MAGNÉSIE (*Minér.*), m. Syn. : *magnésite*, *écume de mer*, *aphrodite*, *dermatine*, *quincyte*. Ce minéral, qu'on a nommé à tort *magnésie carbonatée silicifère*, puisqu'il ne contient pas un atome d'acide carbonique, est blanc ou légèrement rosé ; il est poreux, et conséquemment assez léger ; il a l'aspect d'une craie solidifiée ; il happe fortement la langue, donne de l'eau par calcination, et fond au chalumeau en un émail blanc ; il ne fait point effervescence dans les acides, et sa solution dans l'acide sulfurique donne, par l'évaporation, des cristaux de sulfate de magnésie. Sa pesanteur spécifique est 2.17 à 2.60, sa composition est :

	LOCALITÉS.	
	Vallecas.	Chenevières.
Magnésie.	23.80	23.66
Silice.	53.80	54.16
Eau.	20.00	19.91
Alumine.	1.20	Sable 1.33
	98.80	99.06

La formule qui répond à cette composition est celle de l'hydro-silicate magnésique des chimistes : $MgO\ SiO^3 + 2\ Aq$.

L'**APHRODITE** est un hydro-silicate de magnésie d'une constitution atomique beaucoup plus compliquée ; sa composition a donné à M. Berthier le résultat suivant :

Silice.	51.55
Magnésie.	33.72
Oxyde de manganèse.	1.62
— de fer.	0.59
Alumine.	0.20
Eau.	12.32
	100.00

La formule qui répondrait à cette composition serait : $9\ MgO\ SiO^3 + 4\ MgO\ H^2O + 7\ Aq$; mais il est plus exact de considérer l'hydrate de magnésie comme étant ici à l'état de mélange. Alors l'expression générique reste la même. Cette opinion a d'autant plus de probabilité, que le silicate qui précède et ceux qui vont suivre forment des dépôts dans des circonstances analogues aux argiles, ce qui peut faire varier les mélanges d'une manière indéfinie. A Gratz, en Styrie, on construit l'ouvrage des hauts-fourneaux avec une magnésite dont M. Berthier a donné l'analyse suivante :

Silice.	36.80
Magnésie.	40.60
Alumine.	12.30
Oxyde de fer.	1.40
Eau.	8.40
	99.20

ce qui conduirait à : $3\ MgO\ SiO^3 + 4\ MgO\ H^2O + MgO\ Al^2O^3$.

Il faut rapporter à cette espèce la **SPADAÏTE** en petites masses compactes amorphes, engagées dans la wollastonite del Capo di Bove : ce minéral est rougeâtre, tirant sur le rouge de chair ; sa raclure est blanche, sa cassure imparfaitement conchoïdale et écailleuse ; il a l'éclat gras, et est translucide sur les bords. Sa densité est de 2.50. La spadaïte est fusible au chalumeau en un émail blanc ; sa poussière est soluble dans l'acide hydrochlorique concentré, et y dépose des flocons de silice. Son analyse donne :

Silice.	56.00
Magnésie.	30.67
Oxyde de fer.	0.66
Alumine.	0.66
Eau.	11.34
	99.33

dont la formule atomique est $4\ MgO\ SiO^3 + MgO\ H^2O + 3\ Aq$.

La constitution atomique de la **DERMATINE** est beaucoup plus régulière, quoiqu'elle se présente en masses terreuses ayant l'apparence de stalactites grossières. Sa pesanteur spécifique est 2.136 ; sa dureté est celle de la magnésite primitive ; elle est composée, suivant Ficinus, de :

Silice.	35.80
Magnésie.	23.70
Protoxyde de fer.	11.33
— de manganèse.	2.25
Alumine.	0.42
Chaux.	0 83
Soude.	0.50
Eau et acide carbonique.	25.50
	100.33

On en déduit, en faisant abstraction de l'acide carbonique qui est en petite quantité, la formule générique $(MgO,FeO,MnO)\ SiO^3 + 2\ Aq$.

On a donné le nom de **QUINCYTE** à un silicate magnésien, couleur fleur de pêcher, dont la composition est, suivant M. Berthier, de :

Magnésie.	19.00
Protoxyde de fer.	2.00
Silice.	54.00
Eau.	17.00
	92.00

Cette composition, qui présente 16 atomes de bases protoxydées, 19 de silice et 28 d'eau, ne peut être réduite en formule rationnelle qu'en admettant l'isomorphisme de trois atomes d'eau pour un atome de magnésie ; elle donne alors $(MgO,FeO,Aq)\ SiO^3 + Aq$, expression à laquelle il manque un atome d'eau pour atteindre la formule du silicate hydraté ; mais comme le rapport isomorphique : : 3 : 1 n'est pas encore bien établi, et qu'il y a lieu de penser qu'il est un peu trop élevé, peut-être faudra-t-il chercher dans la différence l'atome d'eau qui manque ici.

Le silicate de magnésie auquel on a donné le nom de DEVEYLITE est d'une constitution atomique beaucoup plus compliquée, quoiqu'il ne renferme que trois substances. Shepard l'a trouvé composé de :

Silice.	40.00
Magnésie.	40.00
Eau.	20.00
	100.00

qui conduit à la formule : $7\ (MgO)^2\ SiO^3 + 2\ MgO\ H^2O + 18\ Aq$. Ce minéral est blanc, un peu jaunâtre ou grisâtre ; sa poussière est blanche ; son éclat est vitreux, passant à l'éclat résineux. Il est translucide sur les bords ; il acquiert de la fragilité par l'immersion dans l'eau. Sa cassure est imparfaitement conchoïde. Il forme une veine irrégulière à Middelfield, dans le Massachusets.

Le silicate de magnésie se rencontre en une vaste couche qui couvre tout le pays de Vallejas, à deux lieues de Madrid ; il a été anciennement exploité pour une sorte de porcelaine, à laquelle il fallait ajouter du kaolin ; à Chenevières, près de Champigny (Seine-et-Oise), la couche de magnésite ressemble tellement à de l'argile, qu'on a essayé à plusieurs fois d'en faire des briques et des tuiles ; elle a 0 m. 32 d'épaisseur. L'aphrodite a été rencontrée à Langbanshystan, en Suède, et à Gratz, en Styrie ; la quincyte se trouve au milieu des calcaires d'eau douce de Mehun et de Quincy ; c'est à ces terrains et aux formations serpentineuses qu'appartient en général la magnésite ; elle est intercalée dans les marnes supérieures du calcaire de la Brie ; celle de Salinelle, qui est d'un gris violet prononcé, est dans une position analogue ; en Piémont et à Castellamonte, elle forme des veines dans la serpentine. La magnésite qui sert dans l'Orient à la fabrication des pipes provient de Négrepont, dans la Crimée, et de Konic, en Anatolie.

SILICATES DE MANGANÈSE (*Minér.*), m. Substances composées principalement d'oxyde de manganèse et de silice, dans la classification desquelles il règne une certaine obscurité. Les minéralogistes chimistes cherchent dans les combinaisons des deux éléments des proportions constantes et définies, très-difficiles à établir ; les cristallographes appellent en vain au secours de l'analyse les formes extérieures ; d'autres, ne voyant qu'un seul silicate bien déterminé par le double caractère de la composition et de la forme, supposent que la plupart des autres proviennent de l'altération de celui-là, et de la perte d'un peu de silice qui le plus souvent laisse un minéral si pauvre en acide, qu'il échappe aux lois atomiques. — M. Berthier a trouvé néanmoins, dans les nombreuses analyses qu'on a faites des silicates manganésiens, le moyen d'établir une classification, en avouant cependant que tous les silicates n'ont pas été rigoureusement spécifiés. Après avoir fait deux grandes divisions de ces corps : les *silicates de protoxyde* et les *silicates de deutoxyde*, il divise les premiers en six espèces qui sont :

Le bisilicate de protoxyde :

$MnO\ (SiO^3)^2$;

Le silicate de protoxyde anhydre :

$MnO\ \ SiO^3$;

Le silicate de protoxyde hydreux :

$MnO\ \ SiO^3 + Aq$;

Le sesquisilicate de protoxyde anhydre :

$(MnO,FeO)^2\ (SiO^3)^3$;

Le sous-silicate de Pesillo :

$(MnO)^2\ SiO^3$;

Le trisilicate de protoxyde :

$MnO\ (SiO^3)^3$.

Puis il range dans la formule $Mn^2O^3SiO^3$, d'après l'analyse de Berzelius, tous les silicates de deutoxyde.

Cette classification, qui est loin de répondre à toutes les analyses, ne saurait contenter un esprit sérieux qui veut aller au fond des choses. On serait donc ramené à l'idée de M. Ebelmen, qui a étudié la question sous un autre point de vue, et d'admettre avec lui, jusqu'à nouvel ordre, un type principal d'où partent toutes les variétés connues, lesquelles ne seraient, suivant ce chimiste, que le résultat des altérations dues à la perte de la silice et de certaines bases.

J'avoue que j'ai de la peine à me conformer à cette opinion, malgré la juste réputation du savant qui l'a énoncée. En examinant de près la constitution atomique des silicates de manganèse et tenant compte de quelques mélanges accidentels d'oxydes et de silicates, il est possible, ce me semble, de ramener la plupart, sinon tous les échantillons, à des proportions définies, d'accord avec le mode des combinaisons chimiques naturelles.

Le premier qui se présente, dans l'ordre de simplicité, est le silicate de Kapnick, qu'on nomme *manganèse concrétionné*, *manganèse corné*, et qui est le *kiesel mangan* des Allemands. Ce minéral est rose, et forme des zones ondulées à la manière des concrétions, et de certaines agates ; ces zones passent au jaunâtre, et au verdâtre panaché, rubané, tacheté. Il est compacte, à éclat souvent résineux, et à cassure conchoïde. Il raye le verre, et se brise comme le quartz résinite. Sa pesanteur spécifique est 2.80. M. Brands a trouvé qu'il était composé de

Protoxyde de manganèse.	41.33
Peroxyde de fer.	1.00
Silice.	53.50
Alumine.	1.24
Eau.	3.00
	100.07

qui répond à la formule : $MnO SiO^3$, en laissant de côté la petite quantité de silicate et d'hydrate de fer contenue dans le minéral.

Vient ensuite un silicate sesqui-manganeux, nommé tour à tour *hydropite*, *manganèse rose* et *rhodonite*. Il se trouve en masses cristallines, grenues ou compactes, d'un rose foncé ; sa cassure est esquilleuse, translucide sur les bords ; et son éclat est légèrement nacré. Il est assez dur pour rayer facilement le verre, et même pour faire feu sous le briquet. Sa pesanteur spécifique est 3.53 à 3.68. Il devient brun noirâtre au chalumeau, et fond en émail rose au feu de réduction ; sa forme primitive est un prisme rhomboïdal oblique, dont l'angle 87° 5' est exactement le même que celui du pyroxène. Sa composition se rapporte aussi à ce minéral, de sorte qu'il conviendrait de le reporter au *pyroxène manganésien*. Berzelius a trouvé que le *rhodonite* renferme :

Protoxyde de manganèse.	49.04	44.00
Silice.	48.00	48.00
Chaux.	3.12	3.10
Peroxyde de fer.	»	2.20
Magnésie.	0.22	»
	100.38	97.30

ce qui conduit à la formule : $(MnO)^3 (SiO^3)^2$.

Ce minéral, qui est complétement attaquable par les acides, provient de Langbanshytta, en Suède. Il n'est pas toujours pur comme les deux échantillons qui précèdent, et contient souvent du carbonate de manganèse qui donne lieu à une espèce particulière nommée *carbosilicate de manganèse* par M. Thomson, *photizite* par M. Duménil, et *allagite* par plusieurs auteurs.

Le silicate de Saint-Marcel, en Piémont, dans son état de pureté, est parfaitement identique avec le rhodonite ; mais on le trouve rarement dans cet état : il passe par des nuances insensibles à un silicate noirâtre, insoluble, beaucoup plus dur et plus pesant que le rhodonite. Il n'est pas rare de trouver des échantillons qui présentent ces nuances, depuis le rose le plus pur qui occupe l'une des extrémités du morceau, jusqu'au noir qui distingue l'autre extrémité, en passant par les couleurs intermédiaires, qui présentent le brun au centre. La partie rose est le *rhodonite* resté pur ; la partie noire donne à l'analyse tous les caractères de la *braunite* ; l'état intermédiaire ou brun constitue un minéral qui n'appartient point à une espèce définie, et qu'on a nommé néanmoins *marceline*. La différence de composition des deux extrémités rose et noire d'un même minerai confirme assez bien cette idée.

Comme on le verra par les analyses qui vont suivre, la composition des deux parties rose et noire du minéral diffère non-seulement par la quantité de silice, mais encore par l'état d'oxydation du métal. Les résultats de l'analyse sont tout à fait anormaux.

	Marceline de Saint-Marcel.		Marceline de Alger.	
	Rose.	Noire.	Rose.	Noire.
Silice.	46.37	8.00	46.49	2.40
Protox. de mangan.	47.38	»	39.46	»
Deutox. de mangan.	»	47.71	»	58.84
Chaux.	5.48	0.90	4.66	1.32
Protoxyde de fer.	»	»	6.42	»
Peroxyde de fer.	»	»	»	6.60
Magnésie.	»	»	2.60	»
Rhodonite.	»	41.47	»	27.20
	99.23	98.08	99.63	96.06

Les deux rhodonites présentent un silicate sesqui-manganeux rose, avec excès d'acide silicique ; les deux extrémités noires donnent un rhodonite $(MnO)^3 (SiO^3)^2$ uni à une braunite MnO^3 : seulement, dans l'échantillon de Saint-Marcel, la décomposition est moins avancée, et donne encore deux atomes du minerai rose uni à trois atomes du minéral noir, tandis que dans celui d'Alger les deux atomes roses sont unis à cinq atomes noirs ; la décomposition est plus complète : un peu de silice, de la chaux et toute la magnésie ont été entraînés, tandis que le protoxyde de fer s'est suroxydé.

Le minéral qu'on appelle *bustamite* admet un peu plus de chaux dans sa composition ; mais il rentre dans la formule générique : $(MnO)^3 (SiO^3)^2$. En effet, une analyse de la bustamite du Mexique faite par M. Ebelmen donne :

Silice.	44.45
Protoxyde de manganèse.	26.96
— de fer.	1.15
Magnésie.	0.64
Chaux.	21.30
Perte au feu.	5.40
	99 90

La *bustamite* est d'un gris rosé, légèrement transparente dans ses parties minces ; elle raye le feldspath ; sa texture est fibreuse et radiée, et sa pesanteur spécifique s'élève de 3.12 à 3.35 ; elle se trouve en rognons dans la province de Pullo, au Mexique.

Le silicate de Pesillo est dans un état de décomposition beaucoup plus avancé. Sa couleur est noire, quelquefois rouge violacée ; il a perdu son éclat métallique, et est intimement uni au carbonate de chaux. Sa composition n'est cependant pas compliquée ; elle répond à un silicate sesqui-manganeux, uni à un double oxyde, sous la forme $(MnO)^3 (SiO^3)^2 + 4\, MnO\, Mn^2O^3$; formule qui résulte de l'analyse suivante de M. Berthier :

Silice.	6.80
Oxyde rouge de manganèse.	84.20
Oxygène en excès et eau.	6.70
Peroxyde de fer.	2 80
Oxyde de cobalt.	6.80
	97.30

Lorsque ce minerai contient de l'oxyde de cobalt comme le précédent, il est employé avec avantage pour colorer les verres en bleu.

La *dyssnite* offre une nouvelle forme atomique; son aspect est grenu, et sa couleur d'un noir de fer métalloïde, analogue au noir de la marceline; celle-ci est cependant plus dure. La dyssnite renferme des parties noires disséminées dans sa pâte, qui semblent être des cristaux de pyrolusite et tachent les doigts. La composition de ce minéral est :

Protoxyde de manganèse.	51.70
— de fer.	9.40
Silice.	38.40
	99.50

d'où l'on tire la formule : $(MnO, FeO)^2 SiO^3$, dans laquelle le protoxyde de fer a remplacé une partie du protoxyde de manganèse.

L'*opsimose* de Franklin présente également une constitution atomique nouvelle; elle est attaquable par l'acide hydrochlorique, et a des clivages qui se coupent sous le même angle que le *rhodonite*. Elle est lamelleuse et d'un brun rougeâtre; sa pesanteur spécifique est 4.078, et sa composition, suivant M. Thomson :

Protoxyde de manganèse.	66.60
— de fer.	0.90
Silice.	29.60
Eau.	2.70
	99.80

qui conduit assez exactement à la formule : $(MnO)^3 SiO^3 + Aq$, ou au silicate trimanganésé de Berzelius; formule dont l'exactitude est peut-être accidentelle, et qui peut se rencontrer dans un des degrés de détérioration dont la diminution de silice est la condition principale.

La *troostite*, ou *troolite* de Rammelsberg, donne encore lieu à une nouvelle formule, qui diffère de celles qui précèdent par la présence de silicates et d'hydrates ferriques. Ce minéral, plus connu sous la dénomination de *silicate ferrugineux de manganèse*, semble s'être formé aux dépens d'un grenat mangan-nésien : il se présente en octaèdre rhomboïdal, et possède le clivage cubique des grenats. Sa décomposition est tellement avancée, qu'il se laisse facilement rayer par l'ongle et se dissout dans l'acide hydrochlorique. Il a la couleur brun rouge du grenat, et, sauf l'eau qu'il contient, sa composition est analogue. Le docteur Torrey a trouvé :

Silice.	30.66
Protoxyde de manganèse.	46.22
Peroxyde de fer.	15.45
Eau et acide carbonique.	7.30
	99.62

d'où l'on est amené à tirer la formule du mélange : $7\ (MnO)^3\ SiO^3 + Fe^2O^3\ (SiO^3)^3 + (Fe^2O^3)\ (H^2O)^3$.

Dans un minerai de Franklin (New-Jersey) que nous a fait connaître M. Thomson sous le nom de *fowlérite*, le même mélange existe, dans une proportion un peu différente; son analyse a donné :

Silice.	29.48
Protoxyde de manganèse.	50.59
Peroxyde de fer.	13.22
Eau.	3.17
	96.46

d'où se tire la formule : $11\ (MnO)^3\ SiO^3 + Fe^2O^3\ (SiO^3)^3 + (Fe^2O^3)^2\ (H^2O)^3$.

De tout ce qui précède, on est peut-être en droit de conclure que si tous les silicates de manganèse ne sont pas identiques, ils n'en rentrent pas moins dans des constitutions atomiques tout à fait en rapport avec le mode de formation qu'emploie la nature dans les proportions définies. C'est ainsi qu'on peut tirer des analyses précédentes la série suivante de ces silicates si variés :

Kiesel-mangan. :	MnO	SiO^3		Silicate manganeux.
Rhodonite rose :	$(MnO)^3$	$(SiO^3)^2$		Silicate sesquimanganeux.
Bustamite :	$(MnO, CaO)^3$	$(SiO^3)^2$		
Rhodonite noir :	$2(MnO)^3$	$(SiO^3)^2 +$	$3\ Mn^2O^3$ / $8\ Mn^2O^3$	
Pesillite :	$(MnO)^3$	$(SiO^3)^2 +$	$4\ MnO\ Mn^2O^3$	
Dyssnite :	$(MnO)^2$	SiO^3		Silicate bimangan.
Opsimose :	$(MnO)^3$	SiO^3		Silicate trimanganeux.
Troolite :	$7(MnO)^3$	$SiO^3 + Fe^2O^3\ (SiO^3)^3 + (Fe^2O^3)^2\ (H^2O)^3$		
Fowlérite :	$11(MnO, FeO)^3$	$SiO^3 + Fe^2O^3\ (SiO^3)^3 + (Fe^2O^3)^2\ (H^2O)^3$		

Faut-il, après des constitutions aussi simples et aussi conformes à la science, considérer les silicates manganeux comme formant une série de décompositions en toutes proportions analogue à celle des feldspath, ainsi qu'on est tenté de le faire sur l'autorité de M. Ebelmen? Je ne le pense pas. L'opinion de ce savant est de nature à jeter de la confusion sur la nomenclature; tandis que, si je ne me trompe, le résultat des calculs précédents y ramène l'ordre, qu'il faut toujours admettre de préférence dans les œuvres de la nature.

Les caractères distinctifs des silicates de manganèse sont remarquables : fondus avec de la potasse, ils donnent une coloration verte très-apparente; ils colorent le borax en violet, au feu d'oxydation du chalumeau ; enfin, traités par la soude, le sulfhydrate d'ammoniaque précipite un sulfure de manganèse rose.

Les silicates de manganèse se trouvent en filons, en veines, en amas, dans les terrains anciens : le rhodonite a été trouvé en Suède ; les autres bisilicates se rencontrent au Hartz, dans le Cornouailles, aux États-Unis, dans le pays des Grisons. Jusqu'ici le trisilicate n'a paru abondamment que dans la Transylvanie. M. Schweitzer a signalé à Tinzen, dans le canton des Grisons, un minéral qui paraît être un mélange de silicates manganique, calcique et ferrique unis à de l'hydrate de manganèse.

SILICATE DE NICKEL (*Minér.*), m. Syn. : *pimélite*. Minéral d'un vert jaunâtre ou d'un vert d'émeraude, selon qu'il appartient à une roche micacée, ou qu'il forme des rognons dans de la serpentine ; opaque, gras au toucher ; sa cassure est unie et terne ; il est rayé par la chaux carbonatée. La pimélite est infusible au chalumeau ; elle est attaquable par les acides, et donne un précipité vert par l'ammoniaque. Sa composition est, suivant Klaproth :

Oxyde de nickel.	15.62
Magnésie.	2.25
Chaux.	0.40
Alumine.	5.10
Silice.	35.00
Eau.	37.28
	95.65

Elle conduit à la formule :

$$3\ NiO\ SiO^3 + Al^2O^3\ SiO^3 + 33\,Aq.$$

Le silicate de nickel n'a encore été trouvé qu'à Kosemuth, en Silésie.

SILICATE D'YTTRIA (*Minér.*), m. Syn. : *gadolinite, yttrite, itterbite*. Minéral noir ou d'un vert noirâtre, opaque ou translucide sur les bords ; à éclat vitreux ou résineux ; il raye la phosphorite, et se laisse rayer par le quartz ; sa densité est de 4.149 à 4.238 ; il fond au chalumeau en un verre opaque, quelquefois avec boursouflement ; il fait gelée dans les acides. Les cristaux de gadolinite dérivent d'un prisme rhomboïdal oblique, dont les angles sont de 115° et 95° 22', et le rapport : : 25 : 24. Sa composition résulte des deux analyses suivantes :

	LOCALITÉS.	
	Fimbo.	Brodbo.
Silice.	25 80	24.16
Yttria.	45.00	45.93
Protox. de cérium.	17 92	16.90
— de fer.	11.43	12.63
	100.15	100.92

qui, en admettant 402.514 pour poids de l'atome d'yttrium, conduisent à la formule : $(YO)^4\ SiO^3$; mais il faut remarquer que le poids de l'atome Y, et conséquemment d'YO, est inconnu, et qu'il n'a été établi que comme poids commun à l'yttrium, à l'erbium et au terbium ; de même que l'oxyde n'est calculé que par analogie avec le protoxyde de cérium. Je ferai observer en passant que si ce poids était double du chiffre adopté par Berzelius dans sa quatrième édition, la constitution chimique se simplifierait singulièrement, et l'on pourrait adopter pour formule l'expression : $(YO)^3\ SiO^3$.

Souvent la gadolinite contient de la glucine, comme on peut le voir par les deux analyses suivantes, faites par MM. Ekerberg et Thomson :

Silice.	25.00	24.33
Yttria.	55.30	45.33
Protoxyde de fer.	16.50	13.89
Glucine.	4.50	10 60
Protox. de cérium.	»	4.33
Eau.	»	0.98
	99.50	99.16

Dans l'état actuel de la science, outre l'embarras que présente la fixation du poids de l'atome d'yttria, la glucine vient encore compliquer la question. Cette terre est-elle un protoxyde GlO, comme le prétend M. Adjew ? Est-ce un peroxyde Gl^2O^3, comme le veut Berzelius ? L'analogie, dans les deux analyses qui précèdent, veut que la glucine soit isomorphe des bases protoxydées, et alors on est conduit à la formule $(bO)^4\ SiO^3$; ou peut-être, en doublant le poids de l'yttria, à $(bO)^3\ SiO^3$.

La gadolinite a été trouvée à Ytterby, à douze kilomètres de Stockholm.

SILICATE DE ZINC (*Minér.*), m. Syn. : *calamine, zinc oxydé silicifère, zinkiglas* des Allemands. Minéral blanc ou blanc grisâtre, quelquefois coloré en bleu par du carbonate de cuivre ; cristallisé, lamellaire, fibreux, en concrétions et en masses compactes ; il raye la fluorine, et se laisse rayer par le feldspath ; sa densité est de 3.379 ; il est soluble sans effervescence dans les acides, avec gelée ; infusible au chalumeau ; avec le borax, il donne un verre incolore ; il convertit le cuivre rouge en laiton ; ses cristaux sont dans un état habituel d'électricité ; ils dérivent d'un prisme droit rhomboïdal sous l'angle de 103° 56', avec le rapport : : 14 : 5. Sa composition est, suivant MM. Smithson, Berthier et Berzelius :

	LOCALITÉS.		
	Resbanya.	Limbourg.	
Silice.	23 00	25.00	24.89
Oxyde de zinc.	68.30	66.00	66.84
Eau.	4 40	9.00	7.46
Matières étrangères.	»	»	0.82
	97.70	100.00	100.01

Ces analyses conduisent aux formules :

La première : $4\,(ZnO)^3\ SiO^3 + Aq$;

Les deux autres : $2\,(ZnO)^3\ SiO^3 + Aq$.

Cette dernière est l'expression du silicate trizincique hydraté des chimistes ; il manque un atome d'eau dans la première.

Il existe une autre espèce de silicate de zinc connu sous le nom de *willemite*, dont la forme cristalline est celle d'un rhomboèdre sous l'angle de 138° 30'. Ce minéral est jaunâtre, jaune brun et même rouge brun; il est quelquefois, quoique rarement, blanc. La willemite raye le verre, et se laisse rayer par une pointe d'acier; sa pesanteur spécifique est de 4.18; au chalumeau, les cristaux perdent leur transparence; avec le borax, ils donnent un globule transparent, où flotte un nuage de silice. La composition de cette substance est, suivant M. Lévy :

Silice.	27.50
Oxyde de zinc.	68.40
— de fer.	0.70
Perte au feu.	0.30
	96.90

On en tire la formule : $(ZnO)^3 SiO^3$, qui indique un silicate trizincique anhydre.

Le silicate de zinc se trouve dans les mêmes gîtes que le carbonate; la willemite se rencontre en petites masses irrégulièrement engagées dans la calamine de Moresnet.

SILICATE DE ZIRCONE (*Minér.*), f. Syn. : *zircon*, *hyacinthe*, *jargon*, *volhérite*, *eudialite*, etc. Minéral formé de la combinaison de la silice avec l'oxyde de *zirconium*, métal qui ne paraît pas exister dans la nature, et qu'on ne connaît que par les expériences de laboratoire.

Le silicate de zircone a pour constitution atomique : $Zr^2O^3 SiO^3$; mais il n'existe à cet état de pureté que dans le zircon. Dans les autres minéraux il est associé à des silicates de bases protoxydées.

Le zircon se présente sous deux couleurs : ou il est d'un jaune brunâtre ou verdâtre, et alors il conserve son nom; ou il est d'un rouge brunâtre, et alors il porte le nom d'*hyacinthe;* les lapidaires nomment le premier *jargon de Ceylan*. Le zircon se présente plus communément sous la forme d'un prisme à base carrée; l'hyacinthe se rapproche du dodécaèdre.

Quoi qu'il en soit de ces distinctions, l'un et l'autre ne sont que des variétés d'un même minéral désigné sous la dénomination de zircon, dont la forme primitive est un prisme à base carrée, et le rapport B : H :: 10 : 9. Ce minéral a généralement l'aspect gras, et se décolore au chalumeau sans y fondre; il est toujours cristallisé; sa cassure est conchoïde, ondulée, brillante; il possède la double réfraction; il raye le quartz, et est rayé par la topaze; sa pesanteur spécifique est de 4 072 à 4.681; il est inattaquable par les acides. Sa composition est :

	LOCALITÉS.				
	Ceylan.	Norwège.	Oural.	Expailly.	
Silice.	32.60	33.00	32.50	33.48	31.00
Zircone.	64.50	66.00	64.50	66.52	66.00
Oxyde de fer.	2.00	»	1.50	»	2.00
	99.10	99.00	98.50	100.00	99.00

La formule atomique qui répond à ces analyses est : $Zr^2O^3 SiO^3$.

Quelquefois le zircon renferme un peu d'eau, ce qui rend plus faible sa pesanteur spécifique, et diminue sa dureté. Il constitue alors une variété à laquelle on a donné le nom de *malakon*; mais sa forme cristalline appartient au même système, et sa constitution atomique est la même. M. Scheerer a trouvé par son analyse :

Silice.	31.31
Zircone.	63.40
Oxyde de fer.	0.41
Yttria.	0.39
Chaux.	0.39
Magnésie.	0.11
Eau.	3.03
	99.04

dans laquelle deux atomes de zircon sont unis à un atome d'eau, sous la forme : $2\ Zr^2O^3 SiO^3 + Aq$.

La WOHLÉRITE est un zircon associé à un silicate bibasique. Ce minéral est ordinairement en grains anguleux, rarement en tables prismatiques; on n'a pu déterminer la forme des cristaux. Il est d'un jaune vineux, ou de miel, quelquefois brunâtre; sa poussière est jaune blanchâtre; sa cassure est conchoïdale, passant à la cassure granuleuse. Cette variété fond au chalumeau en un verre jaunâtre, ce qui est dû à la chaux et à la soude qu'elle contient. Ses éléments sont, suivant Scheerer :

Silice.	30.62
Acide tantalique.	14.47
Zircone.	15.17
Chaux.	26.19
Soude.	7.78
Protoxyde de fer.	2.12
— de manganèse.	1.55
Magnésie.	0.40
Eau.	0.24
	98.54

conduisant à la formule : $Zr^2O^3 SiO^3 + 3\ (CaO, NaO)^2 SiO^3$.

L'EUDIALITE paraît être un silicate de zircone allié à d'autres silicates de bases protoxydées. Elle est en masse violette, lamelleuse, translucide sur les bords; sa cassure est lamelleuse, passant à la cassure inégale et grenue; sa pesanteur spécifique est de 2.903; elle fond au chalumeau comme la précédente et par la même raison, et donne un verre de couleur verte foncée; elle fait gelée avec les acides. Ses diverses analyses offrent quelques différences, et donnent :

Silice.	49.92	44.09	52.48	37.02
Zircone.	16.88	15.60	10.89	12.53
Protox. de fer.	6.97	7.74	6.16	13.60
— de mangan.	1.15	»	2 31	»
Chaux.	11.11	»	10.14	15.22
Soude.	12.28	15.92	13 92	17.77
Potasse.	0.65	0.85	»	1.06
Chlore.	1.19	»	1.00	»
	100.15	84.20	96.90	97.20

Les deux premières analyses donnnent la formule : $Zr^2O^3\,SiO^3 + 8\,bO\,SiO^3$;
la troisième : $Zr^2O^3\,SiO^3 + 9\,bO\,SiO^3$;
la quatrième : $Zr^2O^3\,SiO^3 + 8(bO)^2\,SiO^3$;
bO est ici pour représenter les protoxydes FeO, MnO, CaO, NaO, KO.

M. Henneberg a remarqué que les zircons colorés deviennent phosphorescents par la chaleur, et que cette propriété appartient surtout à ceux qui se décolorent par cette opération; il a trouvé également que la pesanteur spécifique augmentait par l'échauffement, de manière à s'élever de 4.615 à 4.71.

Le zircon se trouve dans l'Oural, près de Miask, en cristaux prismatiques; dans les sables granitiques des côtes de Bretagne, dans ceux volcaniques d'Expailly (Haute-Loire); dans la syénite de Frederichwern (Norwége); dans les roches granitoïdes de New-Jersey (États-Unis) et de Tulle (Corrèze); l'hyacinthe de Ceylan existe dans le sable des rivières; celle de Bastennes, près de Dax, dans un sable terreux; le malakon a été trouvé dans les filons de Hitteroë; la wohlérite se rencontre dans l'île de Largesund-Fjord (Norwége), et dans la syénite de l'île de Lovoé, avec l'éléolite et le pyrochlore; l'eudialite a été découverte à Kangerdluarsuk, au Groënland.

SILICE (*Minér.*), f. Syn. : *quartz*. Ce minéral, que les chimistes considèrent avec raison comme un oxyde de silicium, et qui suivant eux est composé de 48.08 de ce métal et 51.92 d'oxygène, est, après l'oxygène, la substance la plus répandue dans la croûte terrestre; elle joue le rôle d'un acide dans la composition des roches, et se trouve abondamment à l'état de pureté.

La forme primitive de la silice est un rhomboèdre dont les angles sont 94° 15' et 85° 45'. Ses caractères sont l'infusibilité, l'insolubilité, et la faculté de rayer le verre et de faire feu au briquet. Le quartz est rayé par la topaze, la télésie et le diamant; sa densité est de 2.65 à 2.80. Il est l'acide de tous les silicates, et c'est pour cela qu'on lui donne souvent le nom d'acide silicique. Il possède la réfraction double à un degré moyen, et est phosphorescent par collision. Sa cassure est vitreuse.

A l'état de pureté plus ou moins absolue, la silice est divisée par les minéralogistes en sept sous-espèces, qui sont :

1° Le *quartz hyalin ;*
2° Le *quartzite ;*
3° L'*agate ;*
4° Le *silex ;*
5° Le *quartz terreux ;*
6° Le *quartz résinite ;*
7° Le *jaspe.*

La silice est la base du verre. On se sert ordinairement de sable quartzeux blanc, mais toutes les substances à base de silice sont bonnes; elles ne diffèrent que par la pureté de leurs couleurs. En Bohême, on emploie le quartz hyalin qui se trouve en cailloux dans les champs ou dans le lit des torrents. La silice est rendue fusible par l'addition du carbonate de soude, de la chaux vive et de débris de verre. Quand on veut faire du verre blanc, on apporte un grand soin au choix de ces matières.

Celles-ci, après avoir été calcinées préalablement sous forme de *fritte*, sont placées dans des creusets réfractaires capables de contenir 4 à 500 kilog. de verre. La proportion observée est :

Silice.	100 parties.
Carbonate de chaux.	35 à 40
— de soude.	30 à 35
Débris de verre.	50 à 150

On pousse d'abord le feu pour opérer la fusion, puis on abandonne la matière à elle-même pendant quelques heures; on écume pour enlever les matières étrangères, nommées *fiel de verre :* on regarde de temps en temps, en retirant un peu de matière fondue à l'aide d'une éprouvette appelée *cordeline ;* et lorsqu'on juge que l'affinage est suffisant, on cesse d'alimenter le feu, afin de donner au verre une consistance pâteuse, et l'on procède à la confection des pièces.

Pour la fabrication des bouteilles, on emploie des sables chargés d'oxyde de fer et conséquemment plus facilement fusibles, des soudes communes de varech, et des cendres de bois. Le cristal est fait avec du sable siliceux très-pur, du minium, et du carbonate de potasse purifié.

SILICE FLUATÉE ALUMINEUSE (*Minér.*), f. *Voy.* SILICO-FLUATE D'ALUMINE.

SILICE GÉLATINEUSE (*Minér.*), f. Amas de quartz pulvérulent abondamment répandu dans certaines localités, et qui se trouve dans les eaux thermales en couches puissantes, ou mélangé avec du carbonate de chaux. Cette silice est décrite au mot QUARTZ TERREUX.

SILICE HYDRATÉE (*Minér.*), f. *Hydrate de silice*, opale.

SILICE NECTIQUÉE (*Minér.*), f. *Résinite calcédoine* terreuse. Silex nectique.

SILICE PULVÉRULENTE (*Minér.*), f. Variété de jaspe, en couche dans les dépôts formés par certaines sources minérales.

SILICE TERREUSE (*Minér.*), f. *Voy.* SILICE NECTIQUE, SILICE PULVÉRULENTE.

SILICIFICATION, f. Minéralisation d'un corps organique, dans laquelle la silice prend la place de la substance organique au fur et à mesure de sa décomposition.

SILICITE (*Minér.*), f. Nom donné par M. Thomson à un minéral très-riche en silice trouvé à Antrim, en Irlande; il est blanc légèrement jaunâtre; son éclat est vitreux, sa cassure est conchoïde; il a la dureté du quartz, dont il possède d'ailleurs les caractères extérieurs; sa densité est 2.666. Il est composé de :

Silice.	54.80
Alumine.	28.40
Protoxyde de fer.	4.00
Chaux.	12.40
Eau.	0.64
	100.24

dont la formule paraît représenter deux atomes de quartz unis à un atome d'aluminate de fer et de chaux, dans les proportions de $2\,SiO^3 + (FeO, CaO)\,Al^2O^3$.

SILICIUM, m. Métal simple, découvert en 1807 par Berzelius; substance qu'on ne rencontre pas à l'état de pureté dans la nature, attendu sa grande affinité pour l'oxygène, ce qui le fait ranger dans la classe des acides. Il est brun noisette, et prend l'éclat métallique par le frottement. Il est infusible. P. s. : 2.

Formule atomique : Si.

Poids atomique : 277.778.

Le silicium est, après l'oxygène, le corps le plus abondant répandu dans les roches qui forment la croûte du globe.

SILICO-ALUMINATE DE FER (*Minér.*), m. Substance noire, compacte, tachant les doigts, rayant le verre, rencontrée à Bavalon (Côtes-du-Nord).

Espèce composée essentiellement de silice, d'alumine et d'oxyde de fer; bavalite.

Composition, suivant M. Berthier :

Peroxyde de fer.	48.80
Protoxyde de fer.	23.40
Silice.	13.00
Alumine.	12.00
Oxyde de chrôme.	0.30
Charbon et eau.	2.80
	100.00

SILICO-BORATES (*Minér.*), m. Substances dans la composition desquelles la silice et l'acide borique forment des sels qui, réduits en poudre, calcinés avec la soude et dissous dans l'acide nitrique, donnent, après l'évaporation jusqu'à siccité, un résidu de silice insoluble dans l'eau acidulée. — On connaît trois espèces de silico-borates naturels : 1° La *datholite*, qui paraît avoir pour forme primitive un prisme rhomboïdal droit, et est composée de silicate de chaux et de borate de chaux hydratés; l'*axinite*, dont la forme primitive est un prisme rhomboïdal non symétrique, et dont la composition offre un borate de chaux uni à deux silicates : l'un de bases peroxydées, l'autre de bases protoxydées; enfin, la *tourmaline*, qui présente un prisme rhomboïdal obtus, et dans laquelle la silice et l'acide borique sont isomorphes, et saturent ensemble des bases au maximum et au minimum d'oxydation. En représentant donc par $\mathfrak{G}^2O^3$ les bases peroxydées, et par bO celles protoxydées, on a, pour les formules des trois silico-borates, les expressions suivantes :

Datholite, $m\,bO\,SiO^3 + n\,bO\,B^2O^3 + p\ Aq$;

Axinite, $m\,bO\,SiO^3 + n\,bO\,B^2O^3 + p\,\mathfrak{G}^2O^3\,SiO^3$;

Tourmaline, $m\,bO\,SiO^3 + n\,bO\,B^2O^3 + p\,\mathfrak{G}^2O^3\,SiO^3 + q\,\mathfrak{G}^2O^3\,B^2O^3$.

La **DATHOLITE** est d'un blanc légèrement verdâtre ou jaunâtre; ses cristaux sont quelquefois hyalins, quelquefois d'un blanc laiteux; dans les cristaux hyalins les faces sont miroitantes; dans les autres, elles ont un aspect mat et gras. La cassure de la datholite est vitreuse; elle raye la fluorine, et est rayée par le feldspath; sa densité est 2.989. Exposée à la flamme d'une bougie, elle perd sa transparence, devient opaque, se désagrège, et se réduit en poussière; à la flamme du chalumeau, elle fond en se boursouflant, et donne un globule rose pâle; réduite en poudre, elle fait gelée avec les acides. — On n'est pas encore bien d'accord sur la forme primitive de ce minéral : M. Lévy lui donne le prisme rhomboïdal droit, sous l'angle de 103° 25'; M. Haidinger, le prisme rhomboïdal oblique. Mohs partage cette dernière opinion; M. Dufrénoy s'est rangé du côté de la première. La composition de la datholite d'Andréasberg a donné à Rammelsberg :

Silice.	38.48
Chaux.	35.64
Acide borique.	20.32
Eau.	5.58
	100.02

d'où l'on tire la formule : $3\,CaO\,SiO^3 + CaO\,B^2O^3 + 2\,\frac{1}{2}\,Aq$.

On rapporte ordinairement à la datholite un minéral en petits cristaux d'un blanc jaunâtre ou laiteux qu'on a trouvé dans le Tyrol, à Geiseralp, et que M. Lévy a nommé *humboldtite*. Au premier coup d'œil, la forme de ces cristaux diffère de celle de la datholite; mais, en mesurant les angles et en examinant dans un certain sens le minéral, on trouve que toutes les faces correspondent à celles de la datholite, et que les angles ne diffèrent que de quelques minutes.

M. Lévy a encore associé à l'espèce que nous décrivons un minéral siliceux, presque exclusivement composé de silice, qui a été recueilli dans la mine de fer de Haytor (Devonshire), et auquel on a donné le nom de *haytorite*. Il donne les angles de la humboldtite, et présente la forme de la datholite d'Andréasberg. Ses cristaux sont aplatis, jaunâtres, et contiennent 98.30 de silice; leur cassure esquilleuse ressemble à celle de l'agate, et ils sont carriés comme la plupart des pseudo-morphoses.

La **BOTRYOLITE** est encore considérée par la plupart des minéralogistes comme une variété de la datholite, quoiqu'elle contienne un peu plus d'eau que ce type de l'espèce : elle est en concrétions globulaires, d'un blanc verdâtre, à cassure fibreuse, passant à la cassure vitreuse. Aucune cristallisation ne conduit à réunir la *botryolite* à l'espèce datholite; mais sa composition, indiquée depuis longtemps par Klaproth, et que l'analyse ci-après de Rammelsberg confirme, ne laisse point de doute sur sa classification; il a trouvé :

Silice.	36.09
Chaux.	35.22
Acide borique.	19.34
Eau.	8.64
	99.29

La formule qui ressort de cette analyse est $3\,CaO\,SiO^3 + 2\,CaO\,B^2O^3 + 4\,Aq$, qui ne diffère de celle de la datholite que parce qu'elle contient un peu plus d'eau.

La datholite se rencontre à Arendal, en Norwége, associée au talc verdâtre et à la chaux carbonatée laminaire; elle appartient à du trapp, dans le Connecticut, et à une roche amphibolique de Geiseralp, au Tyrol. On la trouve encore à Andréasberg, au Hartz, dans la vallée de Gleufarg du comté de Perth, en Écosse.

L'AXINITE, qu'on nomme aussi *schorl violet*, *yanolite*, *thumite*, et qui est le *thumerstein* des Allemands, diffère totalement de la datholite, et forme une espèce à part : son cristal primitif est un prisme rhomboïdal non symétrique, et sa composition est assez compliquée; elle est anhydre. L'axinite est ordinairement hyaline : lorsqu'elle contient de la chlorite, elle prend une couleur verdâtre; quand c'est du manganèse, elle est violette; son éclat est vitreux; elle raye le feldspath et le verre, et se laisse rayer par le quartz; sa densité est 3.271. — Au chalumeau, elle fond avec bouillonnement en un émail d'un vert foncé, et colore la flamme en vert; elle est insoluble dans les acides. Sa composition est, suivant Rammelsberg :

			LOCALITÉS.		
			Dauphiné.	Tresebourg.	Miask.
		Silice.	43.68	43.74	43.72
Bases	peroxydées.	Alumine.	15.63	15.66	16.92
		Perox. de fer.	9.45	11.94	10.21
		— de manganèse.	3.05	1.37	1.10
	protoxydées.	Chaux.	20.67	18.90	19.97
		Magnésie.	1.70	1.77	2.21
		Potasse.	0.64	»	»
		Acide borique.	8.61	6.62	8.81
			100.45	100.00	100.00

La formule qui répond à ces analyses est : $3\,(Al^2O^3, Fe^2O^3, Mn^2O^3)\,SiO^3 + 3\,(CaO, MgO, KO)\,SiO^3 + (CaO)^2\,B^2O^3$, c'est-à-dire trois atomes de silicates peroxydés unis à trois atomes de trisilicates protoxydés, combinés avec un atome de borate bicalcaire; ou, en représentant par $\ddot{R}^2O^3$ et bO les bases, $3\,\ddot{R}^2O^3\,SiO^3 + 3\,bO\,SiO^3 + (CaO)^2\,B^2O^3$.

L'axinite se rencontre avec abondance à Thum, en Saxe; elle est en masses formées de lames croisées; mais les plus beaux cristaux proviennent des montagnes d'Oisans, dans l'Isère; ils font partie de filons de quartz qui traversent les roches amphiboliques : dans le Cornouailles, elle tapisse les géodes d'un filon stannifère. On la trouve encore à Kongsberg en Norwége, au pic d'Ereslids dans les Pyrénées, etc.

La *tourmaline*, qu'on nomme aussi *schorl électrique*, *aphryzite*, *apyrite*, *indicolite*, *daourite*, *rubellite*, *sibérite*, *turmalina* de Pline, etc., est un des minéraux les plus anciennement connus; elle est en masses bacillaires, ou présentant une structure fibreuse : sa couleur est ordinairement le noir ou noir brunâtre; mais elle est quelquefois incolore ou légèrement rosée, rouge cerise, bleue, verte, etc. Son aspect est vitreux, et son éclat très-vif; elle cristallise en prisme allongé qui appartient au système rhomboédrique; sa cassure transversale est conchoïde, à petites évasures, quelquefois articulée; elle raye le verre, et pèse 3 à 3.4. — Au chalumeau, les variétés noires et brunes fondent en un émail noir ou gris, en se boursouflant un peu; celles vertes et rouges se boursouflent, mais ne se fondent pas; celle rouge est complétement infusible. C'est ce qui avait engagé Haüy à la séparer de l'espèce, sous le nom de *tourmaline apyre*. Plongée dans l'eau bouillante, la tourmaline s'électrise et prend deux pôles, comme un barreau aimanté; elle les conserve tant qu'on la chauffe; mais si on la laisse refroidir, les deux pôles disparaissent un instant, puis reviennent en sens inverse; c'est-à-dire qu'alors le pôle positif occupe la place qu'occupait le pôle négatif dans le cristal, *et vice versa*. En chauffant une moitié seulement du cristal, on n'obtient qu'une électricité : l'autre reste à l'état naturel. — La tourmaline n'est pas moins remarquable par ses propriétés optiques. Si l'on prend deux plaques minces de tourmaline et qu'on les applique l'une sur l'autre, dans le sens des axes, elles laissent passer la lumière; mais si on les entre-croise, elles l'interceptent tant qu'elles se touchent : un corps transparent mince, tel qu'une feuille de gypse intercallée entre les deux tourmalines, rétablit le passage de la lumière.

Haüy a décrit dix-neuf variétés de tourmaline, qui toutes sont des prismes allongés, terminés par des sommets dissemblables, dont la différence paraît due à la différence d'électricité; la plupart de ces cristaux sont transparents dans le sens de leur épaisseur, et opaques dans celui de leur longueur; ils possèdent la réfraction double à un degré médiocre. Quelquefois les aiguilles de tourmaline ont les arêtes arrondies, ou déformées par de nombreuses cannelures, ce qui leur donne une forme cylindroïde ; quelquefois aussi elles forment des masses bacillaires, dont les aiguilles divergent ; ou bien elles se présentent en filets capillaires excessivement déliés. Quant à la couleur, elle est extrêmement variée : elle est incolore, rosée ou violette en Sibérie ; blanche, au Saint-Gothard ; violâtre, en Moravie ; rouge, en Sibérie et au Brésil ; bleu violâtre, en Suède ; verte, au Massachusets, etc., etc. Les lapidaires ont donné à la plupart de ces variétés des noms qui les distinguent, et proviennent de ces couleurs : c'est ainsi qu'ils ont nommé *rubellite* la tourmaline rouge de Sibérie ; *indicolite*, celle bleue d'Uton, en Suède ; *émeraude du Brésil*, la variété verte obscure de Ceylan, du Brésil et du Massachusets ; *saphir du Brésil*, celle bleue des deux dernières localités ; *péridot de Ceylan*, celle verdâtre qui provient de cette île, etc., etc. La variété la plus ordinaire est celle noire, ou d'un noir brunâtre par transparence ; elle est la plus commune et la plus anciennement connue.

Quelques auteurs ont tenté de classer les tourmalines d'après leur couleur : c'est ainsi que Brongniart a établi trois variétés, dont l'une, qu'il nomme *schorl*, est brune ou noire, et contient du fer et du manganèse ; l'autre, dite *brésilienne*, est verte ou bleuâtre, et renferme plus d'alcalis et moins d'oxyde de fer ; la troisième enfin est rose, rouge ou violâtre, et porte le nom de *rubellite* ; elle renferme plus d'oxyde de manganèse et de lithine que les deux autres. Plusieurs autres minéralogistes, considérant la qualité des alcalis qui entrent dans la composition de ces minéraux, ont établi trois variétés, fondées sur la prépondérance de chacune de ces substances : c'est ainsi qu'ils ont fait trois classes, qu'ils établissent comme il suit :

	Silice.	Alumine.	Alcalis. Soude.	Lithine.	Potasse ou magnésie.	Total.
Rubellite.	43	47	10	»	»	100
Indicolite.	45	49	»	6	»	100
Schorl.	44	52	»	»	4	100

Ces analyses, d'ailleurs peu constatées, rentreraient dans la formule générale simple $(Al^2O^3)^3 (SiO^3)^2 + bO\ SiO^3$; mais on n'a pas fait attention à la présence de l'acide borique qui se trouve dans toutes les tourmalines et les caractérise : d'ailleurs, en désignant les trois variétés par les noms de rubellite, d'indicolite et de schorl, qui sont synonymes de rouge, bleue ou verte, et noire ou brune, et qui sont caractérisés ici par la présence de la soude pour la variété rouge, la lithine pour celle bleue, et la potasse pour celle noire, on a commis une grande erreur. En effet, la variété rouge de Rosena ne contient point de soude, mais bien de la potasse et de la lithine ; il en est de même de celle de Pern ; les variétés noires de Bovery, du Groenland, d'Elbenstock, et celle verte de Chesterfield, ne contiennent ni lithine ni potasse, mais sont tout à fait sodifères. D'un autre côté, d'autres contiennent à la fois de la lithine et de la magnésie, comme la tourmaline verte du Groënland, ou de la soude et de la magnésie, comme l'échantillon noir de Bovery, analysé par Gmelin. Il n'est donc pas plus possible d'établir une classification des tourmalines fondée sur leurs couleurs si variées, depuis la couleur hyaline jusqu'au noir le plus intense, qu'il ne l'est de les soumettre à un classement méthodique fondé sur des relations de couleurs et de composition qui n'existent pas.

Il convient néanmoins de faire observer que si la présence de tel ou tel alcali n'influe pas sur la couleur, il n'en est pas de même des oxydes métalliques, notamment de ceux du fer et du manganèse. En effet, le manganèse domine dans les bases protoxydées de la tourmaline rouge ; il s'allie au protoxyde de fer, dans la proportion d'un à deux, dans les cristaux verts, et de un à quatre dans le cristal bleu d'Uto : enfin, le protoxyde de fer est évidemment l'élément principal de la couleur noire, puisqu'il entre pour plus de vingt-trois pour cent dans la tourmaline d'Eibenstock. Dans celle de Westmanland et du Groënland, la magnésie partage avec le fer cette propriété colorante.

L'apparition constante de l'acide borique et de la silice dans les tourmalines semble indiquer que des borates et des silicates sont en présence ; mais si l'on cherche dans quelle proportion ces deux sels se trouvent séparément dans ces minéraux, on tombe dans une grande confusion, que vient encore augmenter la nécessité de séparer les sels des bases protoxydées de ceux des bases peroxydées. Aussi a-t-on trouvé jusqu'à ce jour beaucoup d'incertitude dans la composition de la tourmaline, et a-t-on regardé comme impossible la réunion de toutes les variétés dans une même formule atomique. En considérant comme isomorphes l'acide borique et la silice, et les faisant conséquemment se remplacer dans toutes les proportions, suivant les lois de l'isomorphisme, on arrive à deux divisions, dans l'une desquelles la tourmaline présente la combinaison de deux silico-borates : l'un trialumineux, l'autre simple, correspondant à la formule $Al^2O^3\ (SiO^3, B^2O^3) + bO\ (SiO^3, B^2O^3)$, dans laquelle bO représente les bases protoxydées FeO, MgO, MnO, et les alcalis. L'autre silico-borate donne une combinaison du même sel trialumineux avec un silico-borate bibasique, telle que $Al^2O^3\ (SiO^3, B^2O^3) + (bO)^2\ (SiO^3, B^2O^3)$. Dans toutes les analyses que j'ai soumises à l'une comme à l'autre de ces deux formules, le second membre de chacune des deux est resté à l'état d'unité, tandis que le premier prend les coefficients 1, 2 ou 3. Les analyses ci-après donneront une idée de cette classification :

1re DIVISION.

	Verte du Groënland.	Noire de Macugnaga.	Rouge de Rosena.	Noire de Karingbricka.	Rouge de Peru.	Verte du Brésil.	Blanc d'Uto.
Silice.	41.00	44.10	43.12	37.65	39.37	39.16	40.30
Acide borique.	9.00	5.72	5.74	3.83	4.18	4.59	1.10
Alumine.	32.00	26.36	36.43	33.46	44.00	40.00	40.50
Oxyde de fer.	5.00	11.96	»	9.38	»	5.96	4.85
— de manganèse.	1.00	»	6.32	»	5.02	2.14	1.50
Chaux.	»	6.50	1.20	0.25	»	»	»
Magnésie.	3.00	6.96	»	10.98	»	»	»
Potasse.	»	2.32	2.41	2.53	1.29	»	»
Soude.	»		»		»	»	»
Lithine.	5.00	»	2.04	»	2.52	3.59	4.30
	96.00	103.92	97.26	98.08	96.38	95.44	92.55

Formules.
- Les deux premières analyses : $Al^2O^3 (SiO^3, B^2O^3) + bO (SiO^3, B^2O^3)$,
- Les deux suivantes : $2 Al^2O^3 (SiO^3, B^2O^3) + bO (SiO^3, B^2O^3)$,
- Les trois dernières : $3 Al^2O^3 (SiO^3, B^2O^3) + bO (SiO^3, B^2O^3)$.

2e DIVISION.

	Noire d'Eibenstock.	Noire de Bovey.	Verte de Chesterfield.	Noire du Groënland.	Noire du Spessart.	Brune de Rabenstein.
Silice.	36.75	35.20	38.80	38.79	36.50	35.48
Acide borique.	»	4.11	3.88	3.63	2.64	4.02
Alumine.	34.50	35.05	39.61	37.19	31.00	34.73
Oxyde de fer.	21.00	17.86	7.43	5.81	23.50	17.44
— de manganèse.	»	0.43	2.88	»	»	1.89
Chaux.	»	0.55	»	»	»	»
Magnésie.	0.25	0.70	»	5.86	1.25	4.68
Potasse.	6.00	»	»	»	5.50	2.25
Soude.	»	2.09	4.95	»	»	
Fer.	»	»	»	3.85	»	»
	98.50	95.99	97.55	95.13	100.39	100.49

La première analyse donne pour formule atomique : $2 Al^2O^3 (SiO^3, B^2O^3) + (bO)^2 (SiO^3, B^2O^3)$,
et les cinq autres : $3 Al^2O^3 (SiO^3, B^2O^3) + (bO)^2 (SiO^3, B^2O^3)$.

On peut remarquer que dans la seconde division l'oxyde de fer domine parmi les protoxydes : aussi toutes les variétés appartenant à ces formules sont de couleurs foncées ; tous les silico-borates appartenant à l'autre division contiennent de la lithine, qui ne se trouve dans aucune variété noire.

La tourmaline appartient aux terrains de la plus ancienne formation, au granite, au gneiss et au micaschiste ; on l'a cependant trouvée, au Saint-Gothard, dans la dolomie saccharoïde. En Suède, en Bretagne, dans le Devonshire, elle est disséminée dans les granites ; dans la Castille et le Zillerthal, elle se rencontre dans le gneiss d'une manière irrégulière ; à Madagascar, dans les monts Ourals et au Massachusets, elle accompagne les quartz, qui sont en filons dans le granite ; à Rosena, en Moravie, elle est associée à la lépidolite. Les beaux cristaux de Ceylan et du Brésil sont dans des sables d'alluvion provenant de la décomposition des roches métamorphiques.

Les joailliers font un grand commerce de celles qui ont de belles teintes ou des reflets nacrés et chatoyants ; ses propriétés électriques la rendent utile dans les laboratoires. On se sert de plaques vertes pour observer, en astronomie, les corps célestes qui jettent une trop vive lumière.

SILICO-FLUATE D'ALUMINE (*Minér.*), m. Syn. : *topaze*, *phengite*, *silice fluatée alumineuse*, *physalite*, etc. Ce minérai est d'un jaune connu sous le nom de jaune de topaze ; il passe au jaune orangé, au jaune de lie, au jaune de paille ; il y en a de bleuâtres, de verdâtres ; il raye le quartz, et est rayé par le corindon ; il est électrique par la chaleur, infusible au chalumeau ; dans un creuset, il passe au rouge et au rouge violet, et fournit la *topaze brûlée*. La forme primitive de la topaze est un prisme rhomboïdal droit, sous l'angle de 124° 20', et avec le rapport : : 25 : 42. Ce minéral est électrique par la chaleur, et prend l'électricité par le frottement et par la pression ; sa densité est de 3.53 à 3.56 ; il possède deux axes de double réfraction, dont l'angle n'est pas constant dans toutes les variétés ; il a un clivage très-facile, suivant la base des prismes.

On distingue plusieurs variétés de topaze : celle jaune orangé appartient aux topazes du Brésil ; celle jaune paille, aux topazes de Saxe ; celles bleuâtres ou verdâtres, aux topazes de Sibérie et d'Écosse. La variété cannelée ou cylindroïde est formée de prismes accolés qui lui donnent une disposition bacillaire ; elle est d'un blanc jaunâtre, quelquefois violacée, et porte le nom de *pycnite :* lorsque les cristaux sont volumineux, opaques ou translucides sur les bords, ils constituent la variété verdâtre dite *pyrophysalite*, ou *pyrophytolite ;* les *topazes roulées* du Brésil sont d'un blanc verdâtre, et ressemblent à du quartz.

La composition des silico-fluates d'alumine est assez uniforme ; M. Forchhammer a trouvé qu'elle était :

	Topaze		Pycnite.	Pyrophysalite de Finbo.
	du Brésil.	de Saxe.		
Silice.	34.01	35.52	39.04	35.66
Alumine.	54.88	55.14	51.25	55.16
Fluor.	7.33	7.21	8.18	7.79
	96.22	97.87	98.47	98.61

Ces analyses répondent à l'expression atomique : $3\ Al^2O^3\ SiO^3 + Al^2O^3\ F^2O^3$.

Le silico-fluate d'alumine appartient, comme l'émeraude, aux formations anciennes. A Altenberg, en Saxe, il constitue, au milieu de la pegmatite, une roche que les minéralogistes allemands ont nommée *topasfels*, à cause de l'abondance de la topaze. En Sibérie, la topaze est associée au quartz hyalin et au béril ; à Ehrenfriedersdorf, en Saxe, elle accompagne l'étain oxydé et le fer arsénical. Les topazes du Brésil se trouvent dans la chlorite schisteuse ; on en recueille beaucoup dans les alluvions qui avoisinent ces roches, à l'endroit nommé Capao, dans la province de Minas-Geraës.

La topaze est une pierre précieuse très-estimée ; on cite celle de M. Ratte, bijoutier à Paris, évaluée 25,000 francs. L'une des plus belles topazes connues est celle qu'on conservait en France dans les diamants de la couronne.

SILICO-SULFATES (*Minér.*), m. Genre de minéraux dont la composition et les caractères extérieurs n'ont pas encore été bien étudiés. On ne connaît guère, dans ce genre, que l'*haüyne*, le *spinellane* et l'*helvine*.

L'*haüyne* se trouve en petits grains cristallins bleus, bleus verdâtres, disséminés dans les roches volcaniques ; ils sont transparents ou translucides ; leur éclat est vitreux ; leur cassure est inégale et conchoïde ; leur forme est le dodécaèdre régulier. L'haüyne raye la phosphorite et le verre ; elle est rayée par le quartz. Sa pesanteur spécifique est de 2.60 à 3.30 ; elle est soluble en gelée dans les acides ; elle perd sa couleur au chalumeau, et fond en un verre bulleux ; avec le borax elle fait effervescence, et donne un verre transparent qui devient jaune par refroidissement. Les trois analyses suivantes, dues à MM. Gmelin et Bergmann, montrent sa composition :

	LOCALITÉS.	
	Vésuve.	Lac de Laach.
Silice.	35.48	37.00
Acide sulfurique.	12.39	11.56
Alumine.	18.87	27.50
Potasse.	15.45	»
Soude.	»	12.24
Chaux.	12.00	8.14
Oxyde de fer.	1.16	1.15
— de manganèse.	»	0.50
Eau.	1.20	1.50
	96.55	99.59

Ces deux analyses conduisent :

La première, à :

$$Al^2O^3\ SiO^3 + (CaO,KO)\ SiO^3 + CaO\ SO^3,$$

la seconde, à :

$$Al^2O^3\ SiO^3 + NaO\ SiO^3 + CaO\ SO^3,$$

qui diffèrent par la constitution atomique du silicate de protoxyde, et parce que dans la seconde la soude remplace la potasse.

Rammelsberg, d'Alger, et plusieurs autres minéralogistes, ont réuni à l'haüyne un minéral nommé *spinellane*, qui appartient également au système régulier, et renferme, dans sa composition, les mêmes éléments que la haüyne, quoique avec des dispositions atomiques différentes. Sa pesanteur spécifique 2.282 diffère cependant de celle de la haüyne, ainsi que ses formes secondaires ; la spinellane est brunâtre ou brun verdâtre ; son éclat est vitreux ; sa cassure est inégale et conchoïde ; elle raye le verre ; elle blanchit au chalumeau, fond en un émail blanc, et fait gelée dans les acides. Sa composition est, suivant Bergmann et Warrentrapp :

Silice.	38.50	36.00
Acide sulfurique.	8.16	9.17
Alumine.	29.35	33.56
Soude.	16.56	17.84
Chaux.	1.14	1.11
Oxyde de fer.	1.50	»
— de manganèse.	1.00	»
Eau.	3.00	1.85
Chlorure de fer.	»	0.69
	99.21	100.22

Ces deux analyses diffèrent très-peu ; l'une donne la formule :

$$3\ Al^2O^3\ SiO^3 + (NaO,FeO,MnO)^2\ SiO^3 + (NaO,CaO)\ SO^3;$$

l'autre :

$$3\ Al^2O^3\ SiO^3 + (NaO,CaO)^2\ SiO^3 + NaO\ SO^3.$$

Il est vrai que Klaproth, dans une analyse, n'a point trouvé d'acide sulfurique. La formule qui résulte de son travail est : $3 Al^2O^3 SiO^3 + 2 (NaO)^2 SiO^3$, qui se rapporte à tout autre minéral, la *sodalite*, par exemple, qui a cependant une forme cristalline différente.

L'*helvine* est un sulfo-silicate de manganèse uni à du sulfate de glucine. Il a été trouvé en Saxe par Mohs, en 1816, dans une veine de schiste talqueux, encaissée dans le gneiss. Il est d'une couleur jaune de cire, un peu brunâtre, et se trouve en petits cristaux tétraédriques; sa cassure est inégale; son éclat est résineux; il est légèrement translucide sur les bords; il raye le feldspath et le verre, mais se laisse rayer par le quartz; sa pesanteur est de 3.10; il fond sur le charbon avec effervescence en un globule jaune de cire, à la flamme de réduction, et plus foncé au feu d'oxydation; avec le borax il donne un verre transparent, coloré par le manganèse; sa poussière se dissout avec fumée dans l'acide sulfurique. Sa composition est, d'après Gmelin :

Silice.	33.26	35.27
Glucine.	12.03	8.03
Alumine.	»	1.44
Oxyde de mangan.	31.82	29.34
Sulfure de mangan.	14.00	14.00
Oxyde de fer.	5.56	7.99
Résidu.	1.15	1.15
	97.82	97.22

On tire de ces analyses la formule :

$$2 MnO SiO^3 + Gl^2O^3 SiO^3 + MnS.$$

SILICO-TITANATE (*Minér.*), m. Genre de minéraux dans lesquels il entre de la silice et de l'acide titanique. On n'en connaît encore que deux espèces : l'une, qui est un *silico-titanate de chaux* et de ses isomorphes; l'autre, qui est un *silico-titanate de manganèse*. Le premier porte le nom de *sphène*, le second, de *mosandrite*.

Le *sphène*, dont les synonymes sont la *titanite*, la *pictite*, la *séméline*, la *ligurite*, le *spinthère*, etc., et que quelques auteurs désignent sous le nom de *titane calcaréo-siliceux*, ou *titane silicéo-calcaire*, présente des couleurs assez variées : le gris verdâtre, le vert grisâtre, le vert rougeâtre, caractérisent ordinairement les cristaux du Saint-Gothard; le jaune orangé est plus commun dans ceux du lac de Laach, et ceux d'Arendal sont plus souvent d'un vert olive foncé ou même d'un brun noirâtre; les variétés claires sont transparentes, les brunes sont opaques. L'éclat du sphène est vif et adamantin; sa cassure est inégale et légèrement conchoïde; il raye l'apatite, mais se laisse rayer par le feldspath; il est fragile, mais difficile à broyer; sa densité est 3.468 à 3.60 : au chalumeau, toutes les variétés deviennent jaunes, et fondent légèrement sur les bords en un verre d'une couleur foncée. La forme primitive du sphène est un prisme rhomboïdal oblique. La plupart de ses cristaux sont électriques par la chaleur. Les diverses analyses de ce minéral ont donné :

LOCALITÉS.

	Zillerthal.	Arendal.	Passau.
Silice.	32.29	31.20	30.63
Acide titanique.	41.58	40.92	42.56
Protoxyde de fer.	1.07	5.62	3.93
Chaux.	26.61	22.25	25.00
	101.55	99.99	102.12

On en tire la formule : $2 CaO SiO^3 + CaO (TiO^2)^3$, ou la réunion de deux atomes de silicate avec un de trititanate de chaux.

La *greenovite*, qui admet dans sa composition du protoxyde de manganèse, et qui, pour cette raison, présente la couleur rose du silicate de manganèse, possède la même forme cristalline et les mêmes clivages que le sphène, dont elle n'est d'ailleurs qu'une variété. Sa composition conduit à la même formule atomique; elle est, suivant

	M. Marignac,	M. Delesse,
Silice.	32.26	30.40
Acide titanique.	38.57	42.00
Protoxyde de fer.	0.76	»
— de mang.	0.76	3.80
Chaux.	27.65	24.30
	100.00	100 50

d'où l'on tire : $2 (CaO, FeO, MnO) SiO^3 + (CaO, FeO, MnO) (TiO^2)^3$, analogue à la formule du sphène, grâce à la théorie de l'isomorphisme.

On regarde encore comme des variétés du sphène le *pictite*, dont les cristaux sont d'un gris sale avec des reflets jaunâtres, à faces brillantes, quoique striées; la *séméline*, dont la couleur est le jaune orangé ou citron, et qui appartient aux roches volcaniques d'Andernach; la *spinelline*, variété jaune orangée semblable au spinelle, et que M. Rose a rencontrée dans le trachyte vitreux des bords du lac de Laach.

La *mosandrite* n'a encore été soumise à aucune analyse régulière : on sait seulement, par essai, qu'elle contient de la silice, de l'acide titanique, et des oxydes de manganèse, de cérium, de lanthane, de magnésie, de chaux, d'alcali, et de l'eau. On ne l'a pas non plus rencontrée en cristaux parfaits, mais bien en masses lamelleuses d'un rouge foncé; elle raye le talc, et se laisse rayer par le carbonate de chaux; sa densité est 2.93. Au chalumeau, elle fond en un verre d'un brun verdâtre, en dégageant de l'eau; elle donne avec le borax un globule violet, et avec le sel de phosphore les réactions du titane. Quoique les minéralogistes paraissent pencher pour la réunir au sphène, auquel elle ressemble par quelques caractères extérieurs, il est difficile d'admettre encore cette réunion.

Le sphène est disséminé dans les granites; il se trouve dans la syénite rouge d'Égypte, dont est fait l'obélisque de Louqsor; au Saint-Gothard et dans les Alpes, il appartient aux roches feldspathiques; il se trouve dans les fers oxydulés de la Norwége; il a été rencontré dans les diorites de Passau, d'Uzerche, de la Corrèze, de Nantes ; dans les protogines de la Roche en Savoie, des environs du mont Blanc, et enfin dans certaines déjections volcaniques.

SILIQUAIRE (*Paléont.*), f. Genre d'annelides, dont on connait sept espèces fossiles dans les terrains modernes.

SILLIMANITE (*Minér.*), f. Silicate d'alumine anhydre, dédié à M. Silliman ; il est d'un gris foncé passant au brun ; il raye le phosphate de chaux, et est rayé par le quartz ; sa pesanteur spécifique est 3.41 ; il est infusible au chalumeau. — Cette substance cristallise en prisme rhomboïdal oblique, dont les faces verticales font entre elles un angle de 106° 30', ce qui donne précisément l'angle du *disthène* ; mais l'axe est incliné sur sa base de 113°, ce qui en diffère beaucoup. Les cristaux de la sillimanite sont allongés, et leurs faces striées en longueur. M. Bowen, qui a séparé cette espèce du disthène, a trouvé pour sa composition :

Silice.	43.00
Alumine.	54 21
Protoxyde de fer.	2.00
Eau.	0.51
	99.72

qui donne la formule : $Al^2O^3\ SiO^3$, analogue à celle de la *bucholzite*. Une analyse faite récemment par M. Thomson s'accorde exactement avec celle de M. Bowen ; mais M. Muir prétend que la sillimanite est un silicate double de zircone et d'alumine. M. Connel, d'un autre côté, lui assigne pour formule : $(Al^2O^3)^3\ (SiO^3)^2$, et se trouve d'accord sur ce point avec M. Staaf. Enfin, Berzelius range la sillimanite parmi les *disthènes*. Il règne donc encore beaucoup d'incertitude sur la véritable composition de la sillimanite, qui pourrait, avec plus de rigueur, être mise sous la forme atomique : $(Al^2O^3)^2\ (SiO^3)^3 + Al^2O^3\ (SiO^3)^2$, association régulière du bisilicate alumineux avec le silicate sesquialumineux des chimistes.

SILPHA (*Paléont.*), m. Genre d'insecte qui se trouve dans le lignite à l'état fossile.

SILURIEN (Groupe ou Système) (*Géogn.*), m. Nom donné par M. Murchison à un système de roches neptuniennes très-développé, dans l'ancien royaume britannique des silures. Ce groupe est placé immédiatement au-dessus du groupe cambrien. C'est l'étage supérieur du terrain schisteux, formé de schistes bruns, calcarifères, grès et schistes noirâtres, verts ou rouges, quartzite, calcaire cristallin, gris, bleuâtre, noirâtre, compacte, fissile, souvent feuilleté, grès carbonifère, psammites micacés, etc., renfermant des mollusques, des coraux, des crinoïdes et des trilobites.

SILVANE (*Minér.*), m. *Voy.* TELLURE.

SILVANITE (*Minér.*), f. Nom donné par Kirwan au tellure natif de la Transylvanie, où il a été trouvé.

SIMILOR (*Métall.*), m. Métal du prince Robert, or de Manheim ; alliage artificiel du cuivre et de zinc, imitant l'or : des mots *similis*, semblable ; *auro*, à l'or. Il contient :

Cuivre.	67
Zinc.	33
	100

SINAÏTE (*Géogn.*), f. Nom donné à la syénite du mont Sinaï.

SINGE FOSSILE (*Géogn.*), m. Les quadrumanes n'ont été découverts que fort tard à l'état fossile ; ce n'est qu'en 1836 qu'on en a trouvé quelques restes près de Sarahunpore, dans l'Inde : ils appartenaient à des espèces éteintes. Dans le bassin de Riodas Valhas, au Brésil, on a rencontré, en 1837, un singe appartenant à un genre qui se rapproche du genre callithrix, mais dont l'espèce est perdue. Dans le midi de la France, le crâne et les ossements découverts en 1837 appartiennent à un gibbon, ou singe sans queue, placé, dans la classification, immédiatement après l'ourang ; ils étaient accompagnés d'ossements de mastodontes, de dinothérium, de paléothérium, etc. En 1839, enfin, on a trouvé dans le comté de Suffolk un singe du genre macacus.

Les restes de quadrumanes découverts dans l'Inde étaient engagés dans des couches tertiaires de conglomérat, de sable, de marne et d'argile du versant de l'Himalaya ; ceux de la France étaient enfouis près d'Auch, dans une marne d'eau douce mêlée de calcaire et de sable.

SINGULAXE (*Cristall.*), adj. Système singulaxe de Weiss ; type cristallin qui répond à la troisième et quatrième division de M. Dufrénoy, à la seconde et à la quatrième d'Haüy. Dans ce système, chacun des trois axes fondamentaux joue un rôle différent et à part (*singulo*).

SINOPE (*Minér.*), m. *Voy.* TERRE DE SINOPE. Ce nom vient de la ville de Sinope, sur la mer Noire.

SINOPLE (*Minér.*), m. Variété de *quartz hyalin* d'un beau rouge. Ce nom est aussi donné à un jaspe, ainsi qu'à un quartz hématoïde renfermant de l'or associé à de la galène et de la blende.

SINTER (*Minér.*), m. Nom allemand donné à des concrétions siliceuses dues à la précipitation des eaux du val de Furnas, dans les Açores. *Voy.* le mot SOURCES.

SIPHUNCULUS (*Paléont.*), m. Nom donné par Lind à une espèce de serpule ou vermilie fossile.

SISMONDINE (*Minér.*), f. Hydro-silicate d'alumine et de fer dédié par M. Bertrand de Lom, qui l'a découvert à Saint-Marcel en Piémont, à M. de Sismonda, professeur à Turin. Ce minéral est en masses lamelleuses, d'un vert noirâtre ou grisâtre ; il a trois clivages, qui semblent conduire à un prisme rhomboïdal oblique. Un de ces clivages a beaucoup d'éclat, tandis que la cassure en travers est irrégulière, terne et résineuse. La sismondine est engagée dans une espèce de chlorite schisteuse, avec des grenats rouges et du fer titané ; elle est infusible au chalumeau, mais elle y brunit ; elle est soluble, en poussière dans les acides nitrique, sulfurique ou hydrochlorique. M. Delesse a trouvé qu'elle contenait :

Silice.	24.10
Alumine.	40.71
Protoxyde de fer.	27.10
Eau.	7.28
Titane.	trace
	99.16

ce qui répond à la formule

$$(FeO)^3 (SiO^3)^2 + 3\ Al^2O^3\ H^2O.$$

M. Delesse considère la sismondine comme formée d'un atome de pyroxène à base de fer, combiné à trois atomes de diaspore. Cette opinion serait parfaitement exacte, si l'analyse avait donné un peu plus de silicate ferreux. En effet,

1 atome de pyroxène ferreux =	$(FeO)^4 (SiO^3)^3$
3 atomes de diaspore donnent	$3\ Al^2O^3\ H^2O$
Total.	$(FeO)^4 (SiO^3)^3 + 3\ Al^2O^3\ H^2O,$
qui diffère de la sismondine de	$FeO \quad SiO^3$
Parité.	$(FeO)^3 (SiO^3)^2 + 3\ Al^2O^3\ H^2O.$

SISSITE (*Minér.*), f. *Aëtite* à noyau détaché et mobile. C'est le *cittites* de Pline.

SITITE (*Minér.*), f. Nom donné par les anciens à une variété de rubis d'un éclat particulier, et fort estimé des Latins.

SKARBROÏTE (*Minér.*), m. *Voy.* SCARBROÏTE.

SKIDDAWNIEN (Terrain) (*Géognosie*), adj. Étage inférieur du groupe cambrien, composé de schistes chloriteux et argileux, reposant immédiatement sur la formation micaschisteuse et gneisseuse. Ce nom vient de la montagne de Kiddaw, dans le Cumberland, où le professeur Sedwick a trouvé le type de ce système.

SKORODITE (*Minér.*), f. *Voy.* SCORODITE. Le premier mot est plus conforme à l'étymologie.

SKORZA, f. *Voy.* SCORZA.

SLICKENSIDE (*Minér.*), m. Nom donné par plusieurs auteurs à une variété spéculaire de *sulfure de plomb*, en couches minces et brillantes sur des roches polies par le glissement.

SMALT, m. Produit artificiel obtenu avec du peroxyde de cobalt, de la potasse, et du sable blanc ou du feldspath. Bleu, et servant à colorer le verre, le papier, la porcelaine, etc.

Ce mot vient de l'italien *smalto*, verre.

SMALTINE (*Minér.*), f. Nom donné par M. Beudant à l'arséniure de cobalt.

SMARAGD, OU SMARAGDITE (*Minér.*), f. Du grec *smaragdos*, émeraude ; variété d'émeraude, ainsi appelée par de Saussure. On donne aussi ce nom à une amphibole associée à d'autres minéraux, et à une variété de diallage à reflets satinés et nacrés.

SMARAGDO-CHALCITE (*Minér.*), f. Nom proposé par MM. Haussmann et Freiesleben pour désigner la variété de *chlorure* de cuivre appelée *atakamite* par M. Beudant.

SMARAGDO-PRASE (*Minér.*), m. Nom donné par les anciens lapidaires à l'*émeraude* et à divers minéraux qui en ont la couleur et l'éclat, tels que la *fluorine*.

SMECTIN (*Minér. industrielle*), m. *Voy.* SMECTITE et ARGILE SMECTIQUE.

SMECTITE (*Minér.*), f. Du grec *smêchô*, je nettoie ; *argile smectique*. Ce nom se donne plus particulièrement à une concrétion argileuse formée dans la glaise smectique, qui a tous les caractères de l'argile à foulon.

SMÉLITE (*Minér.*), f. Silicate hydraté d'alumine, d'un gris blanchâtre, en masse amorphe, onctueux au toucher et comme savonneux, ce qui lui a fait donner ce nom par M. Glocker ; du grec *smêlê*, savon. La smélite raye le gypse, et se laisse rayer par le carbonate de chaux ; elle résiste sous le marteau ; sa cassure est conchoïde ; elle se coupe au couteau en copeaux minces ; sa densité est 2.168 ; elle ne happe que peu la langue, et n'a presque pas d'odeur argileuse ; elle se délaye dans l'eau à la manière des argiles, et forme une bouillie homogène. Sa composition donne, suivant M. Oswald :

Silice.	50.00
Alumine.	32.00
Soude.	2.10
Peroxyde de fer.	2.00
Eau.	13.00
	99.10

répondant à l'expression atomique : $Al^2O^3 (SiO^3)^2 + 3\ Aq$, analogue à la formule de certaines argiles.

SMIRGEL (*Minér.*), f. Variété de *corindon*.

SMITHSONITE (*Minér.*), f. Nom donné par M. Beudant au *carbonate de zinc*, en l'honneur du chimiste Smithson.

SMODITE, f. Matière pulvérulente lancée par les volcans.

SMUTITE (*Minér.*), f. Nom donné par Woltersdorff à la *pagodite* et à des variétés de *stéatite* faciles à travailler.

SMYRIS (*Minér. ancienne*), f. Roche dont les Latins se servaient comme de notre émeri, et qui probablement était un corindon.

SNOWDONIEN (Groupe) (*Géognosie*), adj. Nom donné à la formation du grès schisteux cambrien, à cause de son développement dans les environs de Snowdon (pays de Galles). Ce terrain se distingue par ses coquilles brachiopodites et par quelques zoophites.

SOAGA (*Minér.*), m. Nom thibétain du *borax* ou *hydro-borate de soude*. On le recueille dans de petits réservoirs que l'on creuse au bord d'un lac d'eau chaude.

SODAÏTE (*Minér.*), f. *Ekebergite*, variété de *wernérite*.

SODALITE (*Minér.*), f. Silicate d'alumine et de soude, recueilli par M. Giesecke dans une roche micacée du Groënland. C'est un minéral vert grisâtre, blanc, ou d'un beau bleu de saphir; il est translucide, et quelquefois transparent; son éclat est gras ou vitreux; il raye l'apatite, mais se laisse rayer par le quartz; sa densité est de 2,287 à 2.370. Au chalumeau, la sodalite ne fond que difficilement en un verre bulleux; elle donne avec le borax un verre clair, et est soluble par digestion dans l'acide nitrique. Sa composition est :

	Verte du Groënland.	Blanche du Vésuve.	Bleue de l'Oural.
Silice.	36.00	35.09	37.60
Alumine.	32.00	32.59	31.37
Soude.	25.00	26.55	25.45
Protox. de fer.	0.15	»	»
Acide hydrochl.	6.75	5.30	5.58
	99.90	99.53	100,00

correspondant à la formule $2\ Al^2O^3\ SiO^3 + (NaO)^2\ SiO^3 + NaOCl^2O^5$.

La **CANCRINITE**, dont M. Rose a fait une espèce à part, n'est qu'une variété de la sodalite, dans laquelle un atome de carbonate de chaux remplace un atome d'hydrochlorate de soude. La cancrinite est rose, en petites masses compactes ou disséminées dans une roche micacée qui lui sert de gangue, ou en petits fragments enchevêtrés les uns dans les autres; elle possède trois clivages, qui donnent des angles de 120°, et répondent à un prisme régulier à six faces. Elle est translucide et même transparente dans les fragments minces; son éclat est nacré sur les faces de clivage; elle raye la fluorine et l'apatite, mais se laisse rayer par le feldspath; sa densité est 2.453; elle se dissout avec bruissement dans les acides nitrique et hydrochlorique; au chalumeau, les fragments minces fondent avec facilité en un verre blanc bulleux.

La **STROGONOWITE** est également une variété de sodalite. C'est une cancrinite dans laquelle une certaine quantité de chaux remplace une quantité équivalente de soude. La strogonowite est en masses cristallines d'un vert pâle, à cassure lamelleuse; les faces de clivage ont un éclat gras et vitreux; sa cassure transversale est inégale et chatoyante. Sa densité est de 2.79. M. Dufrénoy la décrit comme étant en petits grains hyalins, d'un blanc bleuâtre, soudés ensemble, et ne se distinguant du quartz que par sa disposition granuliforme.

La composition de la cancrinite et de la strogonowite est :

	Cancrinite de l'Oural.			Strogonowite de Finlande.
Silice.	40.59	40.26	39.11	40.58
Alumine.	28.29	28.21	28.98	28.57
Chaux.	7.06	6.34	8.05	20.20
Soude.	17.38	17.66	17.65	3.50
Potasse.	0.57	0.82	»	»
Ox. de fer.	»	»	»	0.89
Acide carbon.	6.38	6.38	6.25	6.40
	100.27	99.70	100.00	100.14

Ces analyses répondent aux deux formules ci-après :

1° Cancrinite :

$2\ Al^2O^3\ SiO^3 + (NaO)^2\ SiO^3 + CaO\ CO^2$;

2° Strogonowite :

$2\ Al^2O^3\ SiO^3 + (CaO, NaO)^2\ SiO^3 + CaO\ CO^2$,

parfaitement analogues, grâce à l'isomorphisme des bases Ca et Na.

Cette constitution atomique des sodalites répond à un atome de néphéline, plus un atome d'hydrochlorate de soude dans la sodalite proprement dite, ou de carbonate de chaux dans la cancrinite.

La sodalite avait d'abord été trouvée seulement dans un micaschiste du Groënland; depuis, M. de Borkowsky l'a reconnue dans les roches de la Somma; enfin M. Rose a réuni à cette espèce la cancrinite du mont Ilmen, dans l'Oural. La strogonowite se rencontre parmi les cailloux que roule la rivière Sludenka, et associée avec de la worthite, et quelquefois avec de la parenthine de Blocke.

M. Breithaupt a essayé de prouver qu'il fallait rapporter la *davyne* à la cancrinite, et il a donné pour raison que l'acide carbonique trouvé par les chimistes italiens dans le premier minéral avait été attribué par eux à tort à un mélange fortuit de chaux carbonatée. Nous ne pensons pas devoir entrer dans la discussion de cette opinion : la formule atomique : $3\ Al^2O^3\ SiO^3 + 2\ CaOSiO^3 + 4\ Aq$, que nous avons donnée pour la composition de la davyne éloigne toute idée de confusion, puisque celle-ci est hydratée, et que l'autre est anhydre.

SODIUM, m. Métal simple, découvert en 1807 par Davy; base de la soude. Il est blanc d'argent éclatant, métallique, inodore, mou et ductile; s'enflammant dans l'eau chauffée à 40° centigr. au moins; décomposant une plus grande quantité d'eau que son propre poids; p. s., 0,972; fusible à + 90° c.; s'obtenant dans les laboratoires de la même manière que le potassium, dont, au reste, il partage les autres propriétés. Berzelius donne à ce métal le nom de natrium, qui est le nom latin de la soude : c'est de là que vient l'usage de donner à sa formule atomique les deux lettres Na.

Poids atomique : 289.729.

SOFFIONI (*Géol.*), m. Espèce de fumaroles qui ne traversent pas des flaques d'eau, et contiennent de l'*acide borique*, qu'elles déposent dans les fissures des roches et dans les sables à travers lesquels elles passent.

SOFFRE (*Métall.*), m. Anneau de fer qu'on place sous la pièce qu'il s'agit de percer.

SOLDANIE (*Paléont.*), f. Nom donné par M. Dorbigny à un genre de coquilles microscopiques fossiles.

SOLE (*Exploit.*), f. Terme d'exploitation; pièce de bois qui joint par le pied les deux potes dans le boisage d'une galerie.

SOLE (*Métall.*), f. Partie principale et à peu près horizontale d'un fourneau à réverbère, sur laquelle se dépose la substance qui est l'objet du travail.

SOLEARIA (*Paléont.*), m. Fossile numismal.

SOLEIL, m. Nom donné par les anciens alchimistes à l'*or*.

SOLÉNITE (*Paléont.*), f. Fossile appartenant au genre solen, dont on connait neuf espèces dans les terrains modernes.

SOLÉTARD (*Minér.*), m. Nom d'une variété de terre à foulon qui se trouve en Angleterre.

SOLFATARE (*Géolog.*), f. Nom italien qui signifie soufrière. Terrain volcanique d'où s'exhalent des vapeurs sulfureuses qui déposent du soufre sur les parois des roches. Ces vapeurs acides réagissent sur l'alumine des trachytes, et produisent de l'alun. La plus célèbre solfatare est celle de Pouzzoles, près de Naples; elle était déjà exploitée du temps de Pline.

SOLIÈRE (*Métall.*), f. Espèce de verge aplatie.

SOLUTION. *Voy.* DISSOLUTION.

SOMERVILLITE (*Minér.*), f. Nom donné par M. de Brooke à une variété de *humboldtilite*, décrite à ce dernier mot. On a aussi donné ce nom à une variété d'*hydro-silicate de cuivre*.

SOMMITE (*Minér.*), f. Variété de *néphéline* provenant de la Somma, et dont l'analyse est à ce mot.

SOMOINITE (*Minér.*), f. Minéral trouvé dans les sables de l'Oural avec le platine, et qui ressemble au saphir.

SONDAGE (*Exploit.*), m. Percée artificielle faite dans les roches, soit pour découvrir la nature des substances souterraines, soit pour aérer des mines, soit pour faire monter les eaux à la surface.

SONDAGE ARTÉSIEN, m. Percée artificielle faite, à l'aide de la sonde, pour attirer à la surface de la terre des eaux qui, étant comprimées dans l'intérieur, s'élancent, par la voie qu'on leur offre, avec une force proportionnelle à la compression qu'elles éprouvaient.

SONDE DE MINEUR, f. Barre de fer qui se termine par un instrument aciéré, destiné à percer les roches. Cette barre se compose de plusieurs allonges qui s'unissent les unes aux autres, soit à l'aide de clavettes, soit à vis, soit à manchons. On distingue dans la sonde trois parties: la *tête*, le *corps*, et la *queue*.

SORDAWALITE (*Minér.*), f. Silicate hydraté d'alumine, de fer et de magnésie, trouvé en petit filon ou en petite plaque dans une roche trappéenne, à Sordawala, en Finlande. Cette substance est noire, et a l'apparence du bitume; elle a l'éclat vitreux et demi-métallique; sa cassure est conchoïde; elle raye la fluorine, mais elle se désagrége facilement, à cause de sa texture fendillée, qui la rend friable; sa pesanteur est 2.58. Au chalumeau, elle fond avec difficulté en un globule noir, qui prend l'éclat métallique au feu de réduction; elle donne un verre transparent avec le borax. M. de Nordenskiold a trouvé qu'elle était composée de

Silice.	49.40
Alumine.	13.80
Protoxyde de fer.	18.17
— de magnésie.	10.67
Acide phosphorique.	2.68
Eau.	4.38
	99.10

dont la formule me paraît être : $Al^2O^3\ SiO^3 + 4\ (MgO, FeO)\ (SiO^3)^2 + 2\ Aq$; formule qui est, du reste, d'une bien plus grande simplicité que celle calculée par MM. Berzelius et Beudant, qui admettent l'existence d'un phosphate de magnésie, et expriment la composition de la sordawalite par $Al^2O^3\ (SiO^3)^2 +$ $(MgO,FeO)\ (SiO)^2$, plus le phosphate $MgOP^2O^5 + 3\ Aq$; le calcul donne exactement $(MgO)^2$ $(SiO^3)^4 + (FeO)^2\ (SiO^3)^4$, et ne laisse ni magnésie ni fer pour former un phosphate. Je fais d'ailleurs observer que c'est à tort que cette formule, répétée par M. Dufrénoy, porte un peroxyde de fer : l'analyse et l'analogie indiquent que ce métal est à l'état de protoxyde.

La sordawalite a été rencontrée à Sordawa, en Finlande.

On a désigné aussi sous le nom de *sordawalite* un minéral noir friable, à cassure conchoïde, trouvé en Bavière; M. Dufrénoy pense que c'est un *fer résinite*.

SORNE (*Métall.*), f. Schwal. Scorie douce durcie qui reste dans le feu d'affinerie, et dont une partie adhère à la loupe.

SORY, m. Nom donné par les anciens à une espèce de *misy*, à une efflorescence grossière qui provient probablement de quelque sulfate alumineux. Le sory se distingue du misy par sa couleur grise, tandis que ce dernier est plus généralement jaune.

SOUBARBE (*Métall.*), f. Pièce placée sous le tenon du manche du marteau.

SOUC (*Métall.*), m. L'une des principales pièces de l'ordon.

SOUCHERIE (*Métall.*), f. L'ensemble des pièces de charpenterie qui composent l'équipage d'un gros marteau.

SOUCHET (*Exploit.*), m. Pierre d'appareil qui se tire au-dessous du dernier banc, dans les carrières de Paris.

SOUCHEVER (*Exploit.*), m. Terme de carrier; *souchet*, ou pierre d'appareil qu'on tire par-dessous, pour faire tomber les bancs supérieurs.

SOUCHONS (*Métall.*), m. Barres de fer de quarante-huit lignes sur dix-huit.

SOUDABILITÉ, f. Propriété qu'ont certains corps de s'unir avec eux-mêmes. Dans le fer la soudure s'effectue à la chaleur blanche : c'est pour cela qu'on l'appelle le blanc soudant. Pour opérer facilement le soudage, il faut : 1° préserver le feu du contact de l'air pendant la chauffe, soit en faisant voûter les charbons dans la forge, soit en esquivant l'œil de la tuyère ; 2° éviter les battitures, et, s'il s'en produisait, écrouir et remettre au feu avant de continuer à corroyer ; 3° empêcher l'oxydation des surfaces en contact, à l'aide de sable, d'argile ou de borax ; 4° ménager le feu et éviter les vides, dits *chambres à louer*. C'est un préjugé de croire que le fer et le platine jouissent seuls de la soudabilité: M. Fournet est parvenu à souder l'argent, l'or et le cuivre.

SOUDE, f. Oxyde de sodium ; substance confondue jusqu'à Bergman avec la potasse, avec laquelle elle a une grande ressemblance, déliquescente, soluble dans l'eau, y déposant des cristaux d'hydrate de soude ; fondant au rouge obscur, se volatilisant à une plus haute température. P. s. : 1.336.

Composition :

Sodium.	74.42
Oxigène.	25.58
	100.00

Formule atomique : NaO.

Poids atomique = 389.729.

SOUDE BORATÉE. *Hydro-borate de soude.*

SOUDE CARBONATÉE. *Voy.* CARBONATE DE SOUDE.

SOUDE CHLORURÉE. *Voy.* CHLORURE DE SODIUM.

SOUDE DE VAREC. Soude tirée d'une espèce d'algue nommée varec, varech ou vrac.

SOUDE MURIATÉE. *Voy.* CHLORURE DE SODIUM.

SOUDE NITRATÉE. *Voy.* NITRATE DE SOUDE.

SOUDE SULFATÉE. *Voy.* SULFATE DE SOUDE.

SOUDURE (*Métall.*), f. Propriété qu'ont quelques métaux de s'unir à eux-mêmes à une haute température. Le fer, le platine et le plomb sont, jusqu'à présent, les seuls corps auxquels on ait généralement reconnu cet avantage. Il semble que la nature, qui, en répandant le fer avec profusion, lui a refusé la facilité de se fondre comme les autres métaux, a voulu établir une compensation en le rendant propre à la soudure.

Cette propriété étant une des qualités du bon fer, tout fer qui n'a pas de soudabilité rentre dans la classe des mauvais métaux. Celui qui ne se soude point est *rouverin*. Certains *fers de couleur* se soudent à une haute température, au blanc soudant ; mais ils ne peuvent redescendre au rouge cerise sans se fendiller et se criquer sur les arêtes : cela se remarque surtout dans le fer mal affiné. Le fer dur se soude beaucoup mieux que le fer mou ; s'il est tendre, il faut ménager la chaude et chauffer rapidement.

Comme le fer s'oxyde avec facilité, la difficulté de la soudure est en raison directe de sa surface. Nous avons dit, au mot SOUDABILITÉ, quelles sont les précautions à prendre pour que la soudure réussisse.

La soudure de l'acier fondu présente plus de difficulté en raison du degré de fusion du métal. Voici comme on doit s'y prendre pour l'opérer :

On donne aux deux barres qu'il s'agit de réunir la forme nécessaire à leur rapprochement ; on les lime soigneusement sur les faces qui doivent être juxtaposées ; on les couvre de verre de borax, et on les place dans le feu pour faire fondre le borate de soude ou le verre de bouteille, si on l'a employé ; on les trempe de nouveau dans ces mêmes substances pulvérisées, et on donne la chaude convenable pour opérer la soudure. Il faut avoir grand soin, pendant l'opération, de placer des combustibles entre la tuyère de la forge et les pièces d'acier, sans quoi on oxyderait le métal et on pourrait le détériorer.

C'est à l'aide de ces précautions et de l'expérience due à de nombreux essais, que plusieurs forgerons sont parvenus à souder ensemble la fonte et le fer forgé, le fer et l'acier de toutes qualités. Ici la difficulté augmente à cause de la différence des degrés de fusion des deux substances. Aussi arrive-t-il presque toujours que la qualité de l'acier est un peu altérée dans cette opération. Il faut faire chauffer le fer quelques instants avant l'acier, et ne tenter qu'ensuite de réunir les deux métaux.

On a souvent besoin de souder ou réunir deux pièces de fonte ou de fer. On emploie pour cela un ciment composé de :

Limaille de fer.	16 kilog.
Sel ammoniac.	2
Soufre en fleurs.	1

On mêle ces matières ensemble, on les broie dans un mortier jusqu'à ce que le tout soit réduit en poudre fine.

Lorsqu'on veut employer le ciment, on ajoute à chaque kilog. de poudre 10 à 12 kilog. de limaille fraîche ; on délaye dans de l'eau, on fait bouillir jusqu'à ce que le mélange soit pâteux ; on l'applique alors sur les joints de la fonte, et on laisse refroidir. Ce ciment devient aussi dur que la fonte, et adhère fortement au métal.

SOUFFLETS (*Métall.*), m. Machines propres à produire du vent par la compression de l'air, et à l'envoyer dans les fourneaux pour alimenter la combustion.

SOUFFLEUR (*Exploit.*), m. Nom que les mineurs donnent à des jets de gaz hydrogène carboné, qui s'échappent avec abondance par une petite ouverture.

SOUFRE (*Minér.*), m. Combustible d'une belle couleur jaune, quelquefois rouge, brunâtre ou verdâtre par suite de mélanges ; en cristaux, en stalactites, ou à l'état compacte. Il brûle avec une flamme bleue, et en répandant l'odeur sulfureuse par excellence. Il raye le gypse, et se laisse rayer par le carbonate de chaux; il est très-fragile; lorsqu'on l'échauffe dans la main, il fait entendre un léger petillement; sa cassure est conchoïde, vitreuse, éclatante; il est souvent hyalin; il possède la double réfraction à un haut degré; il fond à la température de 170°; sa densité est de 2.033; il acquiert, par le frottement, l'électricité résineuse; son atome pèse 200.75, et s'exprime par S. Le soufre possède deux formes primitives cristallines : la première est, selon Haüy, un octaèdre, que M. Dufrénoy ne regarde que comme une forme secondaire; ce dernier savant adopte le prisme droit rhomboïdal sous l'angle de 101° 47′ 20″, avec le rapport :: 100 : 296; la seconde forme s'obtient artificiellement en fondant du soufre, et en le laissant cristalliser par le simple refroidissement; c'est alors un prisme rhomboïdal oblique, dont les angles sont 85° 58′ 30″ et 90° 32′. Le soufre a plusieurs variétés : celle concrétionnée est due ou à la fusion, comme à Vulcano, en Sicile, où on le rencontre en stalactites d'un beau jaune, passant à l'orangé; ou en concrétions grossières, caverneuses, friables, presque blanches; le soufre compacte se trouve dans les terrains tertiaires des environs de Narbonne, en rognons disséminés au milieu des feuillets de marnes d'eau douce; ils ressemblent à un calcaire terreux : enfin on rencontre le soufre en poussière fine, sublimée, à la surface de certaines laves, comme on le voit à la solfatare de la Guadeloupe; il est terreux et peu coloré. Les géologues accordent trois gisements au soufre : 1° en rognons disséminés au milieu des couches des terrains de sédiment : tel est le gisement de Malvesi, près de Narbonne, qui appartient à l'étage moyen des formations tertiaires; le soufre en rognons est au milieu des marnes schisteuses grises; 2° en amas irréguliers, associés à des marnes bleuâtres du terrain de la craie. Le soufre a été introduit postérieurement à la formation des couches, comme à Teruel, dans l'Aragon; en Sicile, les marnes schisteuses noires, reposant sur le calcaire à hippurites de la craie, sont le véritable gîte du soufre, qui est associé à des amas de gypse, de sel gemme et de succin; on trouve des gisements analogues à Conilla, en Catalogne, et à Salies, dans les Basses-Pyrénées. Cette association constante du soufre, du sel gemme et de la chaux sulfatée, appartient à l'époque de la craie supérieure. M. Lilienbach l'a observé sur le cours du Dniester, et M. Delesse près de Cracovie. 3° Le troisième genre de gisement du soufre est ordinaire aux terrains volcaniques; il est dû à la sublimation : telles sont les solfatares de Bourbon, de Pouzzoles, de la Guadeloupe. Presque tous les volcans produisent du soufre, que l'on croit résulter de la décomposition de l'hydrogène sulfuré

SOUFRE DORÉ, m. *Sulfure d'antimoine.*

SOUFRE ROUGE DES VOLCANS, m. *Arsenic sulfuré rouge*, réalgar. *Voy.* SULFURE D'ARSENIC.

SOULÈVEMENTS (*Géol.*), m. A l'article MONTAGNES, nous avons donné le résumé de la théorie des soulèvements dus à l'action ignée qui a couvert la surface du sol de rides élevées, dont les lignes de direction ont déjà été soumises à certains calculs encore un peu hypothétiques.

Les soulèvements cependant n'ont pas eu toujours pour effet de détruire l'horizontalité des strates, ou du moins leur parallélisme; il existe certaines contrées dont le sol s'est soulevé sur une immense étendue, en masse, et de manière à former des plateaux élevés au-dessus de leur niveau ancien.

L'Espagne offre un des plus beaux exemples de ces soulèvements par plateaux. A l'époque du grand mouvement des Alpes, le plateau de la Vieille-Castille, plateau culminant de la Péninsule, s'est soulevé entre les Pyrénées et le Guadarrama, deux chaînes parallèles qui lui servent de talus; Burgos est le point habité le plus élevé de ce plateau; au-dessous, et au bas de la chaîne de Guadarrama, s'est formé un second plateau à un niveau inférieur, dont Madrid peut être considéré comme hauteur moyenne; puis vient la Manche, comprise entre la Vieille-Castille et la Sierra-Morena, et enfin l'Andalousie, dernier plateau placé en pente jusqu'à la Méditerranée; en sorte que le sol de l'Espagne est formé en escalier, dont les hauteurs moyennes peuvent être représentées par le niveau au-dessus de l'Océan des villes suivantes, prises depuis la Méditerranée jusqu'au point culminant :

1er plateau.		Motril.	0 mètres.
2e	—	Bailen.	317
3e	—	Aranjuez.	624
4e	—	Madrid.	608
5e	—	Burgos.	879

Quelquefois le soulèvement des contrées sur une certaine étendue a lieu d'une manière lente et insensible. Toute la région comprise entre Frédérickshall, en Norwége, et Abo, en Finlande, et peut-être même Saint-Pétersbourg, s'élève encore actuellement. M. Lyell a constaté que ce changement de niveau a été de 1 m. à 1 m. 20 en quatorze années (de 1820 à 1834). Quelquefois aussi l'exhaussement a lieu d'une manière subite, à la suite d'une violente commotion du sol. En 1822, toute la côte du Chili fut exhaussée de plus d'un mètre en certains endroits, de 3 mètres 50 en certains autres, à la suite d'un tremblement de terre.

Il arrive parfois aussi que le soulèvement est suivi d'un abaissement équivalent, et que cette succession d'élévations et d'abaissements alternatifs se renouvelle plusieurs fois dans les mêmes lieux. Niccolini a constaté que le célèbre temple de Sérapis, situé sur la côte de Pouzzoles, se trouvait, quatre-vingts ans avant l'ère chrétienne, de 3 mèt. 60 plus élevé qu'en 1838; que dans le premier siècle de cette ère il avait déjà baissé de 1 mètre 80; qu'à la fin du quatrième siècle il était à peu près au même niveau qu'aujourd'hui; que dans les siècles suivants il était descendu jusqu'à 8 mètres 80 au-dessous du niveau actuel; que vers le commencement du siècle il était remonté à 6 mètres 46 au-dessus de cet affaissement; et qu'en trente-huit ans environ jusqu'en 1838, il était redescendu de 2 mètres 86.

SOUPAPE (*Métall.*), f. Diaphragme qui permet ou défend l'entrée ou la sortie d'un fluide, en bouchant ou ouvrant le canal par lequel il doit passer. *Voy.* le mot MACHINE SOUFFLANTE.

SOUPAPE D'ASPIRATION (*Métall.*), f. Soupape de machine soufflante s'ouvrant pour laisser entrer l'air dans l'intérieur.

SOUPIRAUX (*Métall.*), m. Ouvertures pratiquées dans le bouge des meules de carbonisation.

SOURCES (*Géogn.*), f. Eau qui *sourt* de la terre; du latin *surgere*, sortir. Percée naturelle qui laisse écouler l'eau, soit à la surface de la terre, soit dans les mines. On attribue généralement le phénomène des sources à la pénétration de l'eau de pluie à travers les sols perméables et à sa circulation dans les fissures des terrains, d'où elles jaillissent ensuite à la surface, sur le flanc des collines ou du sein des rochers. L'intermittence de leur cours, qui s'affaiblit ordinairement dans les temps secs et devient abondant après des pluies continues, prouve, en effet, que les sources ont un rapport direct avec les phénomènes de l'atmosphère : quelques-unes s'arrêtent entièrement à certains moments, pour reprendre ensuite leurs cours naturels; elles portent le nom de *fontaines* ou *sources intermittentes*; mais il en est quelques-unes qui présentent dans leur volume une uniformité et une constance qui ne se démentent dans aucun temps. L'origine de celles-ci n'a pas été jusqu'à ce jour expliquée d'une manière suffisamment satisfaisante. Peut-être faut-il avoir recours, pour s'en rendre compte, à l'une des causes qui rendent l'eau verticalement jaillissante dans les *puits artésiens*. On peut voir ce que nous avons dit à ce mot.

Les sources froides sont d'autant plus rares qu'on s'éloigne davantage de la superficie; elles conservent toujours la même température dans un même climat, parce que la croûte terrestre, à une petite distance verticale qui semble être le maximum de la profondeur des sources ordinaires, a une température moyenne qui ne varie guère. Ce phénomène gêne beaucoup les travaux d'exploitation dans les mines, et oblige à se servir de pompes pour enlever l'eau qui filtre de toutes parts dans les galeries et les puits.

On a constaté l'existence de *sources sous-marines* qui jaillissent au-dessous de la surface de la mer. Il s'en trouve une de cette sorte dans la mer des Indes, à quarante lieues de la côte; elle entretient une masse considérable d'eau douce, au milieu de l'eau salée dans laquelle elle apparaît.

Les sources thermales sont généralement moins sujettes à varier de volume; leurs eaux viennent aussi d'une plus grande profondeur que celles des sources froides. Elles sont plus abondantes dans les pays volcaniques que partout ailleurs, et lorsqu'elles en sont éloignées elles appartiennent à des terrains fortement accidentés, et sortent de couches remarquables par des failles ou de grandes fissures. Dans les hautes régions, les eaux chaudes sortent toujours de roches granitiques ou ignée. Elles ont une sorte de communication avec les causes des tremblements de terre; car, lors de la célèbre catastrophe de Lisbonne, on remarqua que les sources de l'Allier furent momentanément arrêtées.

Les sources ont une importance géologique assez grande sous le rapport des matières qu'elles élèvent à la surface de la terre; elles tiennent en suspension du carbonate de chaux, des acides carbonique et sulfurique, du fer, de la silice, de la magnésie, de l'alumine, du sel gemme et des bitumes.

Nous avons déjà parlé ailleurs des sources calcaires de l'Auvergne. L'eau de pluie a la propriété de dissoudre les roches de carbonate de chaux sur lesquelles elle coule; il en est de même des sources chargées d'acide carbonique : lorsque cet acide s'échappe, la matière calcaire se précipite, et forme des tufs et des travertins. Ces dépôts sont beaucoup plus communs qu'on ne le pense : outre les sources incrustantes de Sainte-Allyre et de Saint-Nectaire, à Clermont, on peut citer celle de Chaluzet, près de Pont-Gibaud, qui jaillit du gneiss; celles de la vallée de l'Elsa, en Toscane, qui s'échappent du grès, des schistes et du vieux calcaire apennins; de San-Vignone, près de Radicofani, source chaude qui sort d'une argile schisteuse mêlée de serpentine; des Bains de San-Filippo, situés sur les strates de la formation apennine; de Bulicami de Viterbo, où les eaux ont formé un monticule qu'on exploite pour faire de la chaux; de Civita-Vecchia, près de Rome; de Silaro, près de Pestum; du Velino, à Terni; du Lago di Zolfo, entre Rome et Tivoli; de Tivoli même, dont les eaux donnent naissance à de belles stalactites; de Maragha, dans le Caucase, etc.; et notamment de Saint-Cloud, près de Paris, où j'ai fait pétrifier divers objets en peu de temps.

Un petit nombre de sources, au lieu de déposer du carbonate de chaux, laissent des résidus de plâtre. Cela vient de l'acide sulfurique et de l'hydrogène sulfuré qu'elles contiennent. Nous citerons les eaux de Baden, qui déposent une poudre fine composée de soufre, de sulfate et de muriate de chaux; à la Puente-del-Inca, dans les Andes, une source thermale dépose tout à la fois du carbonate et du sulfate de chaux. Ces sources sont rares néanmoins.

Les eaux siliceuses sont plus communes : au val de Furnas, dans l'île Saint-Michel, des Açores, les roches volcaniques laissent échapper une immense quantité d'une concrétion siliceuse à laquelle les Anglais ont donné le nom de *sinter*. L'alumine que contiennent aussi ces sources thermales sert de principe minéralisateur, et aide à la pétrification quelquefois complète des plantes exposées à l'action de ces eaux. Le Geyser d'Islande offre des exemples de même nature : l'eau, chaude à 100 et 108° dans la profondeur, se charge de silice dont la solution est activée par la présence de la soude ; arrivée au contact de l'atmosphère, le refroidissement diminue la faculté absorbante de l'eau ; il se précipite de la silice. L'évaporation vient encore aider à cette réaction, en décomposant le sel de soude et de silice ; la soude se charge de l'acide carbonique de l'air, ou se dissout simplement dans l'eau qui l'entraîne. On a prétendu que le Danube avait converti en silice la partie extérieure des piles du pont de Trajan : cette assertion n'est pas suffisamment appuyée. C'est à des phénomènes semblables que sont dues les jolies rosaces de calcédoine que les minéralogistes vont recueillir dans la grauwake du Puy de Celle, près de Clermont en Auvergne.

Un grand nombre de sources colorent les concrétions calcaires et les roches sur lesquelles elles passent, d'une teinte jaune, due à la présence de l'oxyde de fer qu'elles tiennent en dissolution. Dans la baie de Santander, du côté de l'Astillero, on remarque des plantes dont les racines, qui ont pénétré à travers des roches meubles de sable consolidé, sont tellement imprégnées d'oxyde de fer, qu'elles ont changé de nature et sont minéralisées à un ou deux mètres de profondeur, tandis que la plante végète encore à la surface.

Les sources qui contiennent du sel gemme en dissolution sont très-répandues ; il en est qui fournissent jusqu'à un quart de leur poids en sel ; elles annoncent ordinairement la présence des bancs de chlorure de sodium ; elles sont fréquentes dans les régions volcaniques. Ordinairement elles accompagnent les formations des marnes irisées et du gypse. L'eau de la source salée de Schœnbeck, en Allemagne, contient :

Chlorure de sodium.	9.62
Sulfate de soude.	0.21
— de magnésie.	0.01
— de chaux.	0.33
Chlorure de magnésium.	0.06
Carbonate de chaux.	0.02
Sulfate de potasse.	0.01
Eau.	89.72
	100.00

Mon fils a été propriétaire d'une source d'eau chargée de sulfate de soude, à La Madrid, dans la Castille-Nouvelle. Cette source marquait 14° à l'aréomètre ; elle était traitée pour obtenir du carbonate de soude. J'ai trouvé de pareilles sources dans les environs de Sijena, en Aragon.

L'acide carbonique se dégage aussi d'une foule de sources. C'est à sa présence sans doute qu'est due la solution de l'oxyde de fer dans l'eau. On a remarqué qu'il abondait surtout dans les districts volcaniques : il y est la cause de l'altération d'une foule de roches, notamment du granite, dont les éléments sont décomposés, et produisent un changement que nous avons décrit sous le nom de *maladie du granite* : la disparition de certains éléments des roches, celle du calcaire, de certaines coquilles changées en carbonate de fer, en pyrites, etc., sont dues à l'action dissolvante et pétrifiante de ce gaz.

Beaucoup de sources enfin ramènent à la surface de la terre du pétrole et du malthe, qui coule alors comme de l'eau, et forme des flasques bitumineuses à la longue. Tel est le Puy de la Poix, près de Clermont-Ferrant, d'où s'écoule, pendant les chaleurs, quelques kilogrammes de malthe liquide ; les sources de pétrole de Parme et de Modène, dont les produits servent à éclairer cette dernière ville ; celles de l'Iraouaddi, dans le Birman, qui fournissent matière à cinq cents puits donnant annuellement quatre cent mille muids de pétrole. Le tourbillon du cap de la Braye, dans l'île de la Trinité, couvre, en temps d'orage, une assez grande surface d'une couche de pétrole.

Voyez, pour les *sources inflammables*, ce que nous avons dit au mot FEUX NATURELS ; et, pour les *sources jaillissantes*, l'article des PUITS ARTÉSIENS.

SOUS-JACENTES (Roches) (*Geogn.*), adj. Nom donné aux roches granitiques pour distinguer leur position relative, par comparaison avec les roches volcaniques dites *sur-jacentes* ou reposant sur d'autres roches, comme si elles y avaient été répandues.

SPADAÏTE (*Minér.*), f. Nom donné à un *silicate de magnésie* décrit sous ce titre, et dédié à monseigneur Medici Spada par Kobell.

SPADÈLE (*Métall.*), f. Espèce de ringard plat, dont se servent les fondeurs pour remuer les métaux dans les fours à réverbère.

SPAGIRIQUE, adj. Art spagirique ; nom donné par Paracelse à l'application des minéraux à la médecine.

SPALT (*Minér.*), m. Nom donné par les artistes à l'*asphalte*, ou *bitume de Judée*.

SPAR OU SPARS, m. *Voy.* SPATH.

SPARE (*Paléont.*), m. Genre de poisson fossile appartenant aux terrains modernes.

SPARTOPOLE (*Minér.*), m. Nom donné par d'anciens auteurs à l'asbeste.

SPATANGUE (*Paléont.*), m. Genre de polypier, dont on trouve vingt et une espèces fossiles dans la craie inférieure et dans les terrains plus anciens. Klein nomme ces fossiles SPATAGOÏDES.

SPATH (*Minér.*), m. Mot allemand qui signifie pierre, et qu'on avait employé, dans l'ancienne minéralogie, pour désigner une multitude de minéraux différents; ce qui a été la cause d'une foule d'erreurs. Il n'est plus conservé que dans le mot *feldspath*.

SPATH ADAMANTIN. Nom donné par quelques auteurs à l'*andalousite*, et par Werner à la variété hyaline de *corindon* décrite au mot HYDRATE D'ALUMINE.

SPATH ADULAIRE. *Orthose*.

SPATH AMER. Spath rhombe, *carbonate de chaux et de magnésie*.

SPATH BORACIQUE. *Borate de magnésie*.

SPATH BRUNISSANT. *Carbonate de chaux, manganèse* et *fer*.

SPATH CALCAIRE. Variété hyaline de *carbonate de chaux cristallisé*.

SPATH CUBIQUE. Nom donné anciennement au *sulfate de chaux anhydre*; variété lamellaire, dont on avait cru que la forme primitive était un cube. Cette variété a trois clivages faciles, perpendiculaires entre eux.

SPATH DE BOLOGNE. Variété radiée du *sulfate de baryte*, en petites masses arrondies ou ovoïdes, dont l'intérieur renferme une multitude de petites aiguilles divergentes.

SPATH DE GLACE. *Icespar*.

SPATH D'ISLANDE. Variété hyaline du *carbonate de chaux cristallisé*.

SPATH DOUBLANT. *Doppelspath* des Allemands; spath calcaire à double réfraction.

SPATH DES CHAMPS. *Feldspath*.

SPATH EN TABLES. Nom donné en 1793 par Strüz à la *wollastonite*, à cause de sa texture éminemment lamelleuse.

SPATH ÉTINCELANT. *Feldspath de potasse*.

SPATH FLUOR. Nom ancien du *fluorure de calcium*.

SPATH FUSIBLE. *Voy.* FELDSPATH. C'est la variété *orthose*, qui est à peine fusible au chalumeau. On donne également ce nom au *fluorure de calcium*, qui sert de fondant pour le traitement de certains minerais.

SPATH GYPSEUX. Nom donné par Woltersdorff à la *sélénite*.

SPATH MAGNÉSIEN. *Spath rhombe*; carbonate de chaux et de magnésie.

SPATH PERLÉ. Nom donné à une variété de *dolomie*, à cause de son éclat perlé.

SPATH PESANT. Nom ancien du *sulfate de baryte*, donné par allusion à sa grande pesanteur spécifique.

SPATH PESANT AÉRÉ. Nom donné par les anciens minéralogistes au *carbonate de baryte*.

SPATH RHOMBE. Carbonate de chaux et de magnésie, dans lequel le carbonate de chaux varie de 52 à 73, et celui de magnésie de 25 à 48. Il est blanc jaunâtre ou grisâtre, cristallisé en rhombes; cassure lamelleuse; rayant le spath calcaire; cassant. P. s. : 2.48.

Composition, suivant Klaproth :

Carbonate de chaux.	59.50
— de magnésie.	37.50
Oxyde de fer.	3.06
	100.06

SPATH SÉLÉNITEUX. *Sulfate de chaux*.

SPATH SOYEUX. *Voy.* CARBONATE DE CHAUX SOYEUX.

SPATH TALQUEUX. Nom donné par Estner au spath magnésien; *carbonate de chaux et de magnésie*.

SPATULE (*Métall.*), f. Espèce de couteau ou de cuiller plat. — Pelle qui sert dans les affineries à jeter les scories et les crasses.

SPÉCULAIRE, adj. Réfléchissant les objets à la manière d'un miroir; du latin *speculum*, miroir.

SPEO (*Paléont.*), m. Nom donné par M. Risso à un genre de coquilles enroulées, dont une espèce se trouve à l'état fossile à la Trinité, près de Nice.

SPERKISE (*Minér.*), f. Variété blanche et radiée du *sulfure de fer*.

SPESSARTINE (*Minér.*), f. Nom donné par M. Beudant à un *grenat* du Spessart, à base de manganèse. La première analyse de grenat manganésien a été faite par Klaproth sur cette variété.

SPHÈNE (*Minér.*), m. *Silico-titanate de chaux*, en cristaux assez semblables à des coins; du grec *sphèn*, coin; décrit au mot SILICO-TITANATE.

SPHÉRITE (*Géog.*), f. Module de calcaire compacte et ferrugineux, divisé en prismes irréguliers, dont les intervalles sont remplis de calcaire spathique. Ces sphérites se rencontrent dans l'argile d'Oxford appartenant à la formation *oolitique*.

SPHÉROÉDRIQUE (*Cristall.*), adj. Système sphéroédrique; nom donné par M. Weiss au système cubique ou régulier, parce qu'on peut inscrire le cube dans une sphère qui passe par tous les angles solides, ou construire dans le même cube des sphères tangentes aux arêtes ou aux faces. Dans le système régulier, l'octaèdre, par exemple, tous les angles sont ordonnés par rapport à un centre, comme dans la sphère tous les axes sont égaux. M. Weiss a fait deux sous-divisions dans ce système : 1° celle *homosphéroédrique*, qui comprend les cristaux complets; 2° celle *hemisphéroédrique*, qui renferme les *tetraèdres, dodécaèdres pentagonaux*, etc.

SPHÉROÏDAL (Diamant), m. Diamant à quarante-huit faces bombées.

SPHÉROÏDINE (*Paléont.*), f. Nom donné par M. d'Orbigny à un genre de coquilles cloisonnées qui se trouve fossile aux environs de Sien e.

SPHÉROLITE ou **SPHÉRULITE** (*Minér.*), f. Du grec *sphaira*, sphère; *lithos*, pierre sphéroïdale. Sorte de *pechstein* en forme de noyau arrondi, dont nous avons donné la description au mot PECHSTEIN. La sphérolite a pour synonyme l'*æquinolite*.

SPHÉROME (*Paléont.*), m. Genre fossile de crustacés.

SPHÉROSIDÉRITE (*Minér.*), f. Nom donné à une variété fibreuse du *carbonate de fer* en rognons, dont la cassure est fibreuse et radiée; du grec *sphaira*, sphère; *sideros*, fer.

SPHÉROSTILBITE (*Minér.*), f. Variété de *stilbite* en globules brillants; du grec *sphaira*, sphère; *stilbê*, éclat.

SPHÉRULITE (*Paléont.*), f. Genre fossile de rudistes appartenant aux terrains antérieurs à la craie.

SPHOENA (*Paléont.*), m. Genre de corbulées qui existe à l'état fossile dans les terrains modernes.

SPHOENOPHYLLITE (*Paléont.*), f. Genre de plante fossile des terrains anciens, voisin du genre ceratophyllum.

SPHRAGIDE (*Minér.*), m. *Terre de Lemnos*, argile ocreuse, terre sigillée des anciens.

SPILITE (*Géog.*), f. Nom donné par Brongniart à une roche tendre, espèce de vake renfermant des noyaux de calcaire et souvent d'agate verte, rougeâtre ou violâtre, veinée quelquefois. Elle se désagrège facilement, et en perdant ses nodules elle prend l'aspect d'une lave poreuse.

SPILITE PORPHYRIQUE, f. *Spilite* ou vake renfermant des nodules calcaires et des cristaux de feldspath.

SPILITE VEINÉE, f. Roche tendre, semblable à la spilite ordinaire, mais présentant des veines et des grains calcaires-spathiques.

SPILITE ZOOTIQUE, f. Roche tendre comme la spilite ordinaire, à pâte calcaire, à noyaux de même nature, mélangée avec des portions d'entroques.

SPINELLANE (*Minér.*), m. Nom donné par M. Rose à un *silico-sulfate alcalin d'alumine*, décrit au mot SILICO-SULFATE.

SPINELLE (*Minér.*), m. Nom donné par les lapidaires à certaines variétés d'*aluminate de magnésie*. *Voy.* ce mot.

SPINELLE ZINCIFÈRE (*Minér.*), m. *Aluminate de zinc* qui, par sa cristallisation et sa composition, est analogue au spinelle magnésifère.

SPINELLINE (*Minér.*), f. Variété de *sphène* assez semblable au spinelle, et que M. Rose a trouvée dans les trachytes vitreux des bords du lac Laach.

SPINTHÈRE (*Minér.*), m. Nom donné par Haüy à une variété de *sphène* à reflets étincelants; du grec *spinthêr*, étincelle.

SPIRIFER (*Paleont.*), m. Genre fossile de brachiopodes, dont on connaît dix espèces dans les terrains antérieurs à la craie.

SPIROLINE (*Paléont.*), f. Genre de lituolées, dont on connaît sept espèces fossiles dans les terrains supercrétacés.

SPIROPORE (*Paléont.*), f. Genre fossile de polypiers, dont on a trouvé trois espèces dans les terrains antérieurs à la craie.

SPIRORBE (*Paléont.*), m. Genre de serpulées, dont on connaît onze espèces fossiles dans les terrains crétacés et supercrétacés.

SPIRULE (*Paléont.*), f. Genre de lituolées, que l'on trouve à l'état fossile dans les terrains antérieurs à la craie.

SPODITE, f. *Voy.* TUTIE; cendre blanche des volcans, ainsi nommée par M. Cordier.

SPODUMÈNE (*Minér.*), m. *Triphane*; variété de *feldspath de lithine*. On dit aussi *spodumène à soude*, pour désigner un minéral connu sous la dénomination d'*oligoclase*.

SPONDYLE (*Paléont.*), m. Genre de pectidines, dont on connaît cinq espèces fossiles qui appartiennent aux terrains crétacés et supercrétacés.

SPONDYLOLITE (*Paléont.*), m. Fossile en forme d'articulation, ou parties de vertèbres que les anciens auteurs ont cru longtemps appartenir à des brisements de l'ammonite, et qui paraissent être les vertèbres fossiles d'un poisson. *Spondylos*, vertèbre; *lithos*, pierre.

SPONDYNOÏTE (*Paléont.*), m. Pétrification de baculite.

SPONGIOLITE (*Paléont.*), f. Polypier fossile qui ressemble à une éponge. C'est une *fongite* qui se rencontre dans les campagnes de Bologne.

SPONGITE (*Paléont.*), f. Pierre poreuse qui imite l'éponge; du latin *spongia*, éponge.

SPONTIO (*Minér.*), m. *Émeril* fin de Venise.

SPROGLAUZERZ (*Minér.*), m. *Sulfure d'arsenic et d'argent*.

SPURINE (*Géogn.*), f. Nom donné par Jurine à un porphyre composé d'une pâte de stéatite enveloppant des grains de quartz et des cristaux de feldspath.

SPUTER (*Métall.*), m. Métal blanc, aigre et cassant.

SQUALE (*Paléont.*), m. Genre de poissons dont on trouve dix espèces dans les terrains crétacés et supercrétacés.

STAHLBERG (*Minér.*), m. *Carbonate de fer*; nom donné dans le pays de Berg à cette variété de mine de fer.

STALACTITE (*Géogn.*), f. Concrétion due à des dépôts formés, dans des cavités souterraines, par des eaux chargées de substances minérales en solution. *Voy.* le mot CONCRÉTION.

STALAGMITE (*Géogn.*), f. Concrétion due à des dépôts formés par des eaux chargées de matières inorganiques qui tombent sur le sol des cavités souterraines. Cette formation est décrite au mot CONCRÉTION.

STANILITE (*Minér.*), f. Nom donné par Struve à l'étain concrétionné fibreux.

STANNINE (*Minér.*), f. *Voy.* SULFURE D'ÉTAIN. Ce nom vient du latin *stannum*, adopté pour désigner l'étain, ou *kassiteros* des Grecs.

STANNITE (*Minér.*), f. Nom donné par M. Breithaupt à un silicate d'alumine et d'étain trouvé dans les mines d'étain de Cornouailles, et qui contient trente-six pour cent d'oxyde stannique. Il est blanc jaunâtre, ou jaune isabelle pâle; il est compacte, et ressemble à un grenat; ses bords minces sont translucides. Il est un peu plus dur que la topaze, et sa densité est de 3.550 à 3.558.

STANNOLITE (*Minér.*), f. Nom donné à l'*oxyde d'étain*.

STANNUM (*Minér. anc.*), m. Nom latin de l'étain.

STANZAÏTE (*Minér.*), f. *Andalousite*; du nom de Stanz, ville de Suisse, où on l'a rencontrée; d'autres disent de la montagne de Stanzen, en Bavière.

STAPPES (*Exploit.*), f. Piliers de minerai laissés dans une couche pour en soutenir le toit, à défaut de bois de bout.

STAUROBARYTE (*Minér.*), f. Nom donné par de Saussure à l'*harmotome*, à cause de la forme de ses cristaux et de sa composition, dont la baryte est l'un des principes essentiels.

STAUROLITE (*Minér.*), f. Nom donné par Werner et de la Metterie à la *staurotide*, et par Kirwan à l'*harmotome*.

STAUROTIDE (*Minér.*), f. Minéral ainsi nommé par Haüy; du grec *stayros*, croix; à cause de sa forme la plus ordinaire. Synonymes : *schorl cruciforme, pierre de croix, croisette, grenatite, staurolite* de Werner, etc. Cette substance est d'un brun rougeâtre ou grisâtre, opaque ou translucide; à éclat vitreux et résineux; sa cassure est raboteuse dans les cristaux opaques, et luisante dans les cristaux translucides; elle raye le feldspath adulaire et le quartz hyalin, mais avec peine; elle est rayée par la topaze; sa pesanteur spécifique est 3.28 à 3.70; elle brunit au chalumeau, et y donne une simple fritte noirâtre, dont la couleur est d'autant plus foncée que le cristal contient plus d'oxyde de fer. — La forme primitive de la staurotide est un prisme rhomboïdal droit, sous l'angle de 129° 30'; elle se rencontre très-rarement. La variété *géminée*, c'est-à-dire celle dans laquelle deux cristaux se croisent en angle, est la plus commune; quelquefois le croisement est rectangulaire, et les deux prismes hexaèdres font des angles droits (*fig.* 1); quelquefois il est obliquangle (*fig.* 2); plus rarement trois cristaux se trouvent croisés, et présentent la disposition des six rayons d'une roue hexagonale (*fig.* 3).

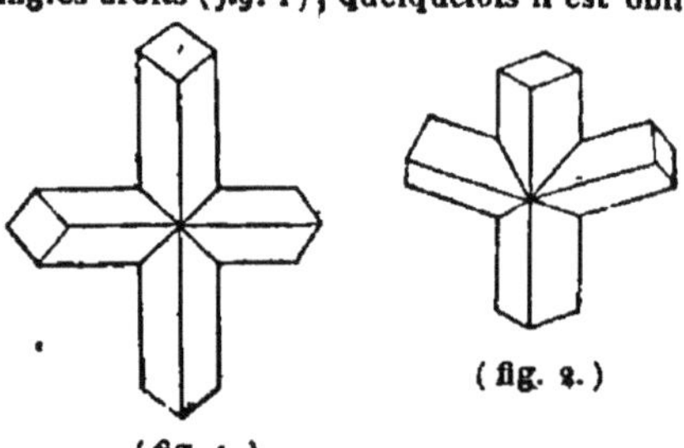

(fig. 1.) (fig. 2.)

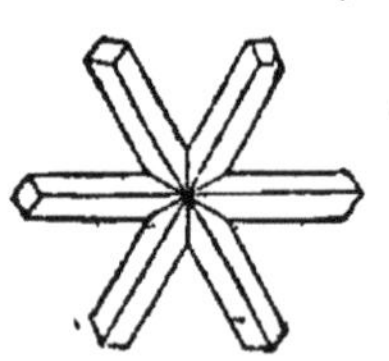

(fig. 3.)

La proportion variable du fer dans les staurotides donne à leur composition un aspect très-différent, si on la considère sous le point de vue du poids des matières constituantes; mais, sous le rapport atomique, elle devient très-régulière et uniforme, dès qu'on admet l'isomorphisme du peroxyde de fer et de l'alumine. On peut s'en rendre compte au moyen des analyses ci-après, dont les relations atomiques sont identiques.

Composition, suivant MM.

	Klaproth.	Marignac.	Lobmeyer.	Jacobsen.	
Silice.	27.00	28.47	27.02	29.72	29.13
Alumine.	52.25	53.34	49.96	54.72	52.10
Perox. de fer.	18.50	17.41	20.07	15 69	17.51
Magnésie.	»	0.72	»	1.85	1.28
Ox. de mangan.	0.25	0.31	0 28	»	»
	98.00	100.25	97.33	101.98	100.02
$Al^2O^3+Fe^2O^3=$	70.75	70.75	70.03	70.41	69.61

La formule générale qu'on en doit conséquemment tirer est : $B^2O^3\ SiO^3 = (Al^2O^3, Fe^2O^3)\ SiO^3$; composition véritable de la staurotide. — C'est dans les terrains schisteux qu'on trouve ce singulier minéral : à Coray, près de Quimper (Bretagne), il existe dans le schiste chloriteux et le micaschiste; au Saint-Gothard, il est dans le schiste talqueux associé avec des cristaux de disthène et de grenat : c'est ainsi qu'on le rencontre à l'Escurial, près de Madrid; à Saint-Jacques de Compostelle, dans la Galice; à Saint-Tropez (Var); à Cayenne, aux environs de Philadelphie et de New-Jersey, etc., etc. — On s'est longtemps servi des staurotides comme d'amulettes religieux : on trouve encore en Espagne de vieux chapelets qui en sont ornés.

STÉASCHISTE, m. Schiste talqueux, talcite; roche ordinairement verte, mais souvent de couleurs très-variées, à éclat luisant; à texture feuilletée, douce et onctueuse au toucher, quelquefois rude; roche à base de silicates magnésiens, contenant quelquefois des grenats, passant d'autres fois, par l'apparition du quartz, à la protogine; ce qui forme deux variétés : l'une grenatique, l'autre quartzeuse.

Composition :

Silice.	78.13
Alumine.	5.30
Magnésie.	12.60
Chaux.	2.00
Oxyde de fer.	1 89
	99.92

STÉATITE (*Minér.*), f. Silicate de magnésie, d'un blanc plus ou moins pur, le plus souvent schisteux, se laissant rayer au couteau et très-souvent à l'ongle, et que l'on confond avec le talc, à cause de l'espèce d'onctuosité ou douceur au toucher des deux minéraux (d'où vient le mot *stéatite*, du grec *stéatos*, suif). Les caractères extérieurs ne suffisant pas pour distinguer les diverses variétés de stéatite, il a fallu avoir égard à la composition interne : je pense que la présence ou l'absence de l'eau suffisent pour cette classification, et j'ai en conséquence divisé le minéral en *stéatite anhydre* et *stéatite hydratée*.

La *stéatite anhydre* ne présente peut-être ce caractère que parce qu'on n'a pas cherché l'eau dans les analyses qui vont suivre, et qui toutes appartiennent à Lychnelle. Celle de Chine est le type le plus simple, puisqu'il n'est composé que de silice et de magnésie; dans les stéatites du Canigou et de l'Écosse, une portion d'oxyde ferreux s'est substituée à la magnésie.

	LOCALITÉS.		
	Chine.	Écosse.	Canigou.
Silice.	66.83	64.53	66.70
Magnésie.	33.42	27.70	30.23
Protoxyde de fer.	»	6.83	2.41
	99.95	99.06	99.34

Ces analyses donnent la formule du silicate simple MgO SiO^3; il est cependant bon de remarquer, en passant, qu'un calcul plus rigoureux conduit à l'expression $(MgO)^6$ $(SiO^3)^5$, qui est celle adoptée par Kobell pour le talc de Rhode-Island, qu'il regarde comme anhydre. Cette analogie, du reste, n'a rien d'étonnant, comme on le voit à l'article du talc.

La stéatite hydratée, ou *craie de Briançon*, est d'un blanc de lait prononcé; son éclat est nacré; elle est légèrement schisteuse et à feuillets contournés; elle se divise souvent en écailles, comme le talc du Petit-Saint-Bernard; elle a quelquefois une teinte verte claire. Sa pesanteur spécifique varie de 2.65 à 2.80; au chalumeau, elle s'exfolie, devient d'un blanc plus mat, perd de son onctuosité, et se fritte légèrement sur les bords minces. Ses diverses analyses donnent :

	LOCALITÉS.		
	Briançon.	Nyntsch.	Ingenis.
Silice.	62.25	64.85	63.95
Magnésie.	27.25	28.45	28.25
Protoxyde de fer.	1.00	1.40	0.60
Eau.	6.00	5.22	2.71
	96.50	99.90	95.51

Ces analyses répondent aux formules atomiques :

1° Stéatite de Briançon : 2 MgO SiO^3 + Aq;
2° — de Nyntsch : 8 MgO SiO^3 + 2 Aq;
3° — d'Ingenis : 8 MgO SiO^3 + Aq,

dans lesquelles l'eau va diminuant comme les nombres : 8 : 4 : 2.

La stéatite se trouve quelquefois en bancs énormes, qu'on exploite pour l'exécution d'objets d'ornements, de vases, de magots chinois; sa contexture serrée permet de la tourner et de la polir; celle de Briançon sert aux tailleurs comme pierre à tracer. Elle n'est pas toujours blanche ou grisâtre : elle passe souvent au vert pâle olivâtre, comme dans le *faux jade*; ou elle prend la couleur incarnat, comme dans la *pagodite*, ou *pierre à magots*. On en connaît une variété d'un beau vert émeraude, qui est fort rare.

STÉATITE DES LAVES (*Minér.*), f. *Voy.* CÉRÉOLITE.

STEINHEILITE (*Minér.*), f. Nom donné par M. Pausner, en l'honneur du comte de Steinheil, à une variété de *cordiérite* trouvée près d'Albo, en Finlande, accompagnant le cuivre pyriteux à Orrijersvoi. Nous en avons donné l'analyse au mot CORDIÉRITE.

STEINMANNITE (*Minér.*), f. *Sulfure de plomb* qui contient de l'antimoine, quoiqu'il cristallise en cube. *Voy.* SULFURES MÉTALLIQUES.

STEINMARK (*Minér.*), m. Silicate alumineux anhydre de l'espèce de l'*andalousite*. *Voy.* ce mot.

STÉLÉCHITE (*Paléont.*), m. Nom donné à des pétrifications de troncs d'arbres; du grec *stéléchos*, tronc d'arbre.

STELLÉRIDES (*Paléont.*), m. Famille de zoophytes qui renferme quatre genres fossiles qui ont leurs analogues vivants. Ces quatre genres appartiennent aux terrains postérieurs à la craie; deux descendent jusque dans la craie.

STELLITE (*Minér.*), f. Silicate de chaux, connu anciennement sous le nom de *zéolite calcaire*, présentant une disposition radiée. Ce minéral est d'un blanc de neige, à éclat soyeux et changeant : il est fortement translucide; ses petits cristaux aciculaires divergent de plusieurs centres, et forment divers groupes; ils paraissent appartenir à des prismes à quatre faces, dont les angles ne sont pas droits. La stellite raye la chaux carbonatée, et est rayée par la fluorine; elle pèse 2.612. Au chalumeau, elle donne un émail blanc très-pur. Son analyse a fourni à M. Thomson :

Silice.	48.47
Alumine.	5.30
Chaux.	30.96
Magnésie.	5.58
Protoxyde de fer.	3.55
Eau.	6.11
	99.96

Analyse qui répond à deux formules : CaO SiO^3 + (CaO, MgO, FeO)^3 $(SiO^3)^2$ + 3 Aq; et 2 CaO SiO^3 + (CaO, MgO, FeO)^2 SiO^3 + 3 Aq; dont la première est une amphibole, et la seconde un pyroxène, tous deux hydratés.

La stellite ne s'est encore rencontrée que sur les bords du Forth, dans le canal de la Clyde; elle y est en petits filons dans une amphibole verte.

STEMPEL, m. *Voy.* TAMPAGE.

STÉNONOME (*Cristall.*), m. Nom donné par Haüy à une variété de *carbonate de chaux* en dodécaèdre composé de douze triangles isocèles, et dont la base est un hexaèdre régulier. C'est le passage du dodécaèdre triangulaire scalène au dodécaèdre triangulaire isocèle.

STÉRILE (*Exploit.*), adj. Se dit d'un filon ou d'une couche remplie de poudingues, de roches fragmentaires appartenant aux roches encaissantes, ou d'argile et de grès.

STERLINGITE (*Minér.*), f. Nom donné à une variété d'*oxydule de fer* trouvée à Sterling, dans le Massachusets.

STERNBERGITE (*Minér.*), f. Nom donné

par M. Haidinger à un *sulfure d'argent et de fer* dédié à M. de Sternberg, à qui la géologie doit d'intéressants travaux sur la botanique fossile. Voyez la description de ce minéral à l'article SULFURES MÉTALLIQUES.

STIBICONISE (*Minér.*), f. Nom donné par M. Beudant à l'*acide antimonieux*, décrit au mot OXYDE D'ANTIMOINE.

STIBINE (*Minér.*), f. *Sulfure d'antimoine*. Du latin *stibium*, antimoine.

STIBIUM, m. Nom latin de l'antimoine, employé par Berzelius dans la désignation des formules atomiques; ce qui est cause qu'on représente l'antimoine par le signe Sb = 806.452.

STIBLITE (*Minér.*), f. Nom donné par M. Blum à un *oxyde d'antimoine* qu'il a recueilli à Losacio, en Espagne.

STIGAR (*Métall.*), m. Mesure de charbon.

STIGMAIRE (*Paléont.*), f. Plante fossile des terrains anciens, qui a quelques rapports avec les pothos ou les euphorbes.

STIGMITE (*Paléont.*), f. Du grec *stigma*, point, tache. Coralloïde, fossile, roche dont la surface est parsemée de petits points dus à des grains de feldspath.

STIGMITE PERLAIRE (*Minér.*), f. *Perlite*, variété perlée de l'obsidienne.

STIGMITE RÉSINOÏDE (*Minér.*), f. *Voy.* RÉTINITE.

STIGNITE (*Géogn.*), m. Granite rose, *syénite*.

STILBINE (*Minér.*), f. Nom donné par M. Beudant au *sulfure d'antimoine* pur décrit au mot SULFURES MÉTALLIQUES.

STILBITE (*Minér.*), f. Du grec *stilbô*, je brille. Je comprends sous ce titre des silicates d'alumine et de bases protoxydées ayant un grand éclat, cristallisant en prisme rhomboïdal droit, et donnant pour formule générale : $Al^2O^3\ (SiO^3)^2 + bO\ (SiO^3)^2 + m$ Aq. Cette espèce comprend alors divers bisilicates protoxydés $bO\ (SiO^3)^2$, qui ont pour base tantôt la chaux, comme la *heulandite*; tantôt la baryte, comme l'*harmotome* désigné par les Allemands par le nom de *barytharmotom*; tantôt la strontiane, comme la *brewstérite*. Il arrive parfois que la simplicité de la composition est altérée par la substitution de bases isomorphes, comme dans la *stilbite* et ses sous-variétés, où la soude vient remplacer une partie de la chaux; le *kalkarmotome*, où la potasse joue le rôle de la soude; l'*œdelforsite*, qui admet le protoxyde de fer avec la chaux, et même la *brewstérite*, dans laquelle la baryte est accompagnée de potasse; mais ce changement des éléments isomorphes dans bO n'altère point la formule générale que nous avons admise comme expression distinctive des minéraux qui nous occupent.

La STILBITE proprement dite est blanche, ou d'un blanc laiteux, quelquefois sale et jaunâtre, plus rarement brune. On en connaît une variété rouge à l'île d'Égroë, en Finlande. Sa forme primitive est un prisme rhomboïdal droit, sous l'angle de 94° 11'; elle cristallise ordinairement en prisme à six faces très-aplati. Son éclat est nacré sur les faces, et vitreux dans sa cassure transversale. Elle raye le carbonate de chaux, et est rayée par l'apatite; sa densité est 2.16. Au chalumeau, elle fond en se boursouflant à la manière des zéolites, et paraît phosphorescente; elle donne un verre bulleux et incolore; elle se dissout dans les acides, mais n'y fait que difficilement gelée, et seulement après qu'on l'a chauffée à plusieurs reprises; elle est précipitée de sa solution par l'oxalate d'ammoniaque. La stilbite, que Werner a nommée *blatterzeolith*, est en lamelles cristallines formant des tables minces, et en masses mamelonnées, à structure fibreuse radiée. Sa composition est :

	LOCALITÉS.			
	Naalsoë.	Inconnue.	Vagoë.	Rodefjords.
Silice.	56.06	50.50	56.50	58.00
Alumine.	17.22	16.70	16.30	16.10
Chaux.	6.95	6.50	8.48	9.20
Soude.	2.17	»	»	»
Potasse.	»	3.00	1.30	»
Eau.	18.35	18.80	18.50	17.40
	100.77	95.50	101.48	100.70

La formule qui correspond à ces analyses est : $Al^2O^3\ (SiO^3)^2 + (CaO, NaO)\ (SiO^3)^2 + 6$ Aq.

Quelquefois la stilbite est en globules analogues à la variété de *mésotype* connue sous le nom de *mésole* : ces globules sont blancs, à structure fibro-radiée, d'un éclat brillant et nacré; ils ont une densité un peu plus forte que celle de la stilbite, mais la composition en est la même. Ils portent le nom de SPHÉROSTILBITE. — Lorsque ces globules sont mats et peu éclatants, que leurs fibres sont très-fines et passent à la structure compacte, ils prennent le nom d'HYPOSTILBITE. Ils ont d'ailleurs tous les caractères extérieurs de la stilbite, et sont composés de :

	Sphérostilbite.		Hypostilbite.	
	Faroë.	Dalsnypen.	Faroë.	Dalsnypen.
Silice.	55.91	56.50	52.43	52.23
Alumine.	16.61	16.50	18.32	18.75
Chaux.	9.03	8.25	8.10	7.36
Soude.	0.68	1.58	2.41	2.39
Eau.	17.84	18.30	18.70	18.75
	100.07	101.11	99.96	99.50

On en tire la formule : $Al^2O^3\ (SiO^3)^2 + (CaO, NaO)\ (SiO^3)^2 + 6$ Aq.

L'HARMOTOME ne diffère point par sa constitution atomique de la stilbite; mais, quoique appartenant au même système cristallin, sa forme primitive présente quelque différence. C'est aussi un prisme rhomboïdal droit; mais son angle est de 110° 30', et ses dimensions, au lieu d'être, comme dans la stilbite :: 100 à 111, sont :: 89 : 93. Il existe en outre, dans l'harmotome, une disposition particulière, d'après laquelle les cristaux sont accolés et croisés régulièrement et à angles droits, de manière à ce que leurs axes restent parallèles, contrairement à la staurotide, dans laquelle les axes se croisent à angles droits. Cette disposition avait fait donner à l'harmotome, par Wallerius, le nom de *kreutzstein*, pierre de croix. — L'harmotome est d'un blanc laiteux, quelquefois jaunâtre et même rosâtre; les cristaux provenant de Strontian sont hyalins; son éclat est vitreux, sa cassure inégale et raboteuse; il raye la fluorine et le verre, et se laisse rayer par le phosphate de chaux; sa pesanteur spécifique est de 2.33. Au chalumeau, il fond en un verre demi-transparent et non bulleux: il devient phosphorescent sur des charbons et dans l'obscurité; sa poussière est soluble dans l'acide hydrochlorique, mais n'y forme point gelée; il s'y dépose seulement de la silice pulvérulente très-blanche. Il présente deux variétés: l'une, dans laquelle les cristaux sont rarement simples; c'est l'harmotome proprement dit; l'autre, qui ne présente point d'angles rentrants, et que Thomson a désignée sous le nom de *morvénite*. La composition de ces deux variétés est:

	Morvénite.		Harmotome. Norwége.	Andréasberg.	
Silice.	47.60	47.39	44.10	48.14	48.68
Alumine.	16.39	16.71	20.14	17.85	16.83
Baryte.	20.86	20.45	18.27	19.94	20.08
Oxyde de fer.	0.65	0.56	»	»	»
Potasse.	0.81	»	»	»	»
Soude.	0.74	»	»	»	»
Eau.	14.16	14.16	17.19	14.07	14.68
	101.21	99.47	99.70	100.00	100.27

Ces analyses conduisent à la formule : $Al^2O^3 (SiO^3)^2 + bO (SiO^3)^2 + 6 Aq$, que les minéralogistes modernes allemands attribuent au *barytharmotome*. Dans les analyses suivantes, qui sont faites sur le *kalkarmotome* des mêmes savants, la chaux se substitue à la baryte:

LOCALITÉS.	Annerode.	Stempel.	Habichtswalde.
Silice.	53.07	48.51	48.22
Alumine.	21.31	21.76	23.33
Baryte.	0.39	»	»
Chaux.	6.67	6.96	7.22
Potasse.	5	6.33	3.89
Oxydes de fer, etc.	0.86	0.99	»
Eau.	17.09	17.23	17.55
	99.09	101.08	100.21

La moyenne de ces analyses donne l'expression $Al^2O^3 (SiO^3)^2 + (CaO,KO) (SiO^3)^2 + 6 Aq$.

C'est à cette variété qu'il faut rapporter l'ÉPISTILBITE, minéral dont les cristaux dérivent, suivant M. Rose, d'un prisme droit rectangulaire, sous l'angle de 135° 10'; sa couleur est le blanc pur ou le blanc-jaunâtre, à éclat vitreux et même nacré sur la surface de clivage; elle est translucide; elle raye la chaux carbonatée, et se laisse rayer par le phosphate de chaux; sa densité est de 2.249. Au chalumeau, elle fond, avec bouillonnement et phosphorescence, en un globule blanc et opaque; elle ne forme pas de gelée dans les acides; sa composition est, suivant

	M. Rose.	M. Beudant.
Silice.	58.59	58.61
Alumine.	17.52	17.05
Chaux.	7.56	8.21
Soude.	1.78	1.20
Eau.	14.48	13.80
	99.93	98.85

qu'on doit exprimer par $Al^2O^3 (SiO^3)^2 + (CaO, NaO) (SiO^3)^2 + 5 Aq$; formule à laquelle il manque seulement un atome d'eau pour être parfaitement égale à celle du kalkarmotome.

La HEULANDITE est analogue à l'épistilbite; les angles de leurs cristaux ne diffèrent que de quelques minutes, et leur constitution atomique est la même. La couleur de la heulandite est le blanc de neige; il existe cependant des cristaux, tels que ceux d'Écosse, qui sont rouges de chair. Sa dureté est moins grande que celle de l'épistilbite, et se rapporte à la dureté de la stilbite; elle pèse 2.195 à 2.200; elle se comporte au feu et dans les acides comme la variété qui précède. Ses analyses donnent, d'après MM.

	Thomson,	Rammelsberg,	Walmstedt,	OEdelforsite,
Silice.	59.15	58.20	60.07	60.28
Alumine.	17.92	17.60	17.08	15.42
Chaux.	7.65	7.20	7.13	8.18
Oxyde de fer, etc.	»	»	0.20	4.38
Eau.	15.40	16.00	15.10	11.07
	100.12	99.00	99.58	99.35

d'où se déduit la formule : $Al^2O^3 (SiO^3)^2 + CaO (SiO^3)^2 + 5 Aq$; la dernière analyse faite sur la zéolite rouge d'OEdelsfors, nommée quelquefois ÆDELFORSITE, donne la formule : $Al^2O^3 (SiO^3)^2 + (CaO, FeO) (SiO^3)^2 + 4 Aq$, ce qui constitue une variété particulière.

La BREWSTÉRITE cristallise suivant un prisme rhomboïdal dont l'angle est de 136°, approchant de celui de l'épistilbite; elle est blanche ou d'un gris jaunâtre, translucide, à éclat vitreux, ou nacré sur les faces de clivage; elle raye la fluorine, et est rayée par l'apatite; sa densité est 2.23 à 2.40; au chalumeau, elle devient opaque, et fond en se boursouflant; elle est soluble dans les acides. Les analyses de la brewstérite ont donné à

	M. Thomson,	M. Connell,
Silice.	53.04	53.66
Alumine.	16.54	17.49
Chaux.	0 80	1.35
Baryte.	6.05	6.75
Strontiane.	9.00	8.33
Eau.	14.73	12.59
	100.16	100.17

Ces deux analyses conduisent à la formule : $Al^2O^3(SiO^3)^2 + (BO, SrO)(SiO^3)^2 + 5 Aq$.

Les analyses qui précèdent nous portent à conclure que la *stilbite* comprend six variétés bien distinctes, qu'il convient de ranger dans l'ordre ci-après, pour plus de clarté :

1° La *heulandite*, ou stilbite de chaux, dont la formule atomique est : $Al^2O^3(SiO^3)^2 + CaO(SiO^3)^2 + 5 Aq$;

2° La *stilbite* proprement dite, ou stilbite de chaux et de soude, exprimée par $Al^2O^3(SiO^3)^2 + (CaO, NaO)(SiO^3)^2 + 6 Aq$; les sous-variétés sont la *sphérostilbite*, l'*hypostilbite*, l'*épistilbite*; elles ne contiennent que cinq atomes d'eau;

3° Le *kalkharmotome*, ou stilbite de chaux et de potasse, conduisant à $Al^2O^3(SiO^3)^2 + (CaO, KO)(SiO^3)^2 + 6 Aq$;

4° L'*ædelforsite*, ou stilbite de chaux et de fer, donnant pour formule : $Al^2O^3(SiO^3)^2 + (CaO, FeO)(SiO^3)^2 + 4 Aq$;

5° Le *barytharmotome*, ou stilbite de baryte, représenté par $Al^2O^3(SiO^3)^2 + BaO(SiO^2)^2 + 6 Aq$;

6° Enfin, la *brewstérite*, ou stilbite de baryte et de strontiane, dont la composition s'exprime par $Al^2O^3(SiO^3)^2 + (BaO, SrO)(SiO^3)^2 + 5 Aq$.

Cette réunion de minéraux en apparence si différents, et dont les auteurs ont fait autant d'espèces, a été proposée par M. Damour, quoique d'après des formules autres que les nôtres.

La stilbite, comme la mésotype, appartient aux terrains volcaniques; elle est très-abondante en Irlande. La stilbite proprement dite se trouve souvent sur des cristaux rhomboédriques de la variété du carbonate de chaux connue sous la dénomination de spath d'Islande; à Arendal en Norwége, et à Andréasberg au Hartz : elle tapisse de petits filons dans le gneiss de l'Oisans, et recouvre, au Saint-Gothard, des cristaux de grenats adulaires. La heulandite forme des géodes dans les basaltes ou les tufs volcaniques de l'île de Faroë en Islande; elle se trouve dans les amygdaloïdes de Fassa dans le Tyrol, et accompagne le carbonate de chaux du Saint-Gothard de la même manière que la stilbite en Islande. Quant à l'harmotome, il garnit l'intérieur des géodes de roches amygdaloïdes d'Oberstein (Prusse rhenane); ou bien il est disséminé dans des filons, au Hartz et au cap Strontian en Écosse; à Kongsberg, il tapisse les cavités de la roche amphibolique dans laquelle on exploite l'argent.

STILPNOMÉLANE (*Minér.*), f. Variété de silicate ferrique hydraté, décrite sous le titre de *silicate de fer*.

STILPNOSIDÉRITE (*Minér.*), f. Nom donné par M. Breithaupt à une variété de fer résineux, ou de phosphate de fer hydraté.

STIPITE (*Minér.*), f. Nom d'une certaine houille appartenant aux dépôts supérieurs à la formation carbonifère, dans lesquels les fougères sont accompagnées de cycadées. Quelques minéralogistes donnent le nom de stipite à une variété de *fer résinite*.

STOCK ou **BILLOT** (*Métall.*), m. Grosse pièce de bois ou de pierre qui supporte l'enclume.

STOCKWERK (*Exploit.*), m. Nom emprunté aux Allemands, pour désigner un assemblage de nombreux petits filons qui se croisent dans tous les sens.

STOMATE (*Paléont.*), m. Genre de coquilles univalves, dont deux espèces fossiles ont été trouvées dans le Plaisantin par M. Brocchi.

STOROMESSITE (*Minér.*), f. *Barystrontianite.*

STRAHLITE (*Minér.*), f. *Voy.* STRALITE.

STRAHLZÉOLITE (*Minér.*), f. Variété de *stilbite.*

STRALITE (*Minér.*), f. *Strahlstein* des Allemands; dénomination employée par Napione pour désigner une variété d'*épidote* et d'*amphibole.*

STRASS, m. Cristal artificiel qui imite le diamant.

STRATE (*Géogn.*), f. Expression employée par les géologues français pour désigner les assises d'un même terrain stratifié. Ce mot vient du latin *stratum*; c'est le *schichstein des gesteins* des Allemands. Les strates sont des assises de même nature que le terrain, tandis que les couches (*lager*, *floetze*) sont de nature différente. Telles sont les strates du gneiss et les couches de houille. Les *strates* dont la structure approche de celle feuilletée prennent le nom de *schistes.*

STRATIFICATION (*Géogn.*), f. Manière d'être de certaines roches étendues en surface parallèlement les unes aux autres, et formant des couches ou des strates mutuellement superposées. On dit que la stratification est *concordante* lorsque les couches conservent un parallélisme plus ou moins parfait (fig. A), et qu'elle est *discordante* ou *transgressive* lorsqu'elles sont inclinées les unes sur les autres, et forment des angles entre elles (fig. B).

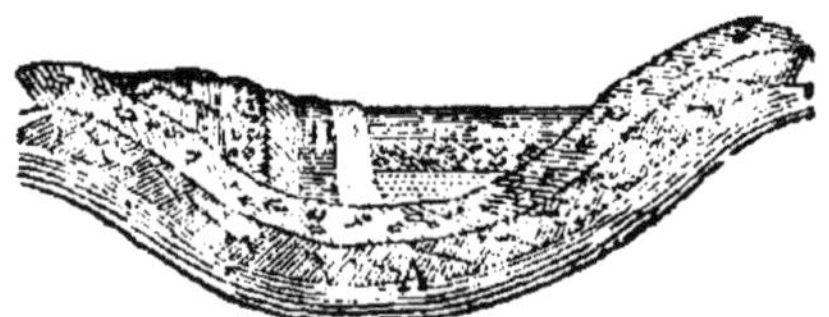

La stratification est le propre des couches aqueuses; elle appartient spécialement à tous les dépôts qui se sont formés au fond des lacs ou des mers; elle a lieu très-souvent entre des couches d'une nature très-différente, quoique appartenant à la même série ou à la même formation; elle affecte la forme de bassin, de bateau, lorsque le terrain a fléchi au centre de l'ensemble des couches, ou s'est relevé aux extrémités, comme dans les houillères de Rive-de-Gier; elle s'étend quelquefois en calotte, en bateau renversé, comme dans certaines couches du Jura qui recouvrent toute une montagne, et ont été soulevées au centre même de la gibbosité; parfois elle est verticale, et provient d'une dislocation due au soulèvement de montagnes plus anciennes : telle est l'allure des couches carbonifères du terrain des Asturies, où le calcaire silurien, en s'élevant, a rejeté sur les flancs de ses roches calcaires toute la formation houillère réduite en lambeaux détachés. Les couches d'Anzin, recourbées en zigzags et revenant plusieurs fois sur elles-mêmes, sont un exemple de stratification très-remarquable.

Il n'est pas rare de trouver, dans une même série de couches, des strates diversement inclinées présenter un tel caractère de ressemblance, et par leur nature et par leurs phénomènes d'alternance, qu'il est impossible d'admettre que ce ne sont pas les mêmes couches qui ont été contournées, ou se sont repliées sur elles-mêmes. Ces exemples sont fréquents dans les Alpes et dans les Pyrénées. La figure suivante suffira pour faire comprendre ces accidents : les mêmes strates y sont tracées avec les mêmes hachures, et, pour plus de clartés, portent des numéros semblables La partie su-

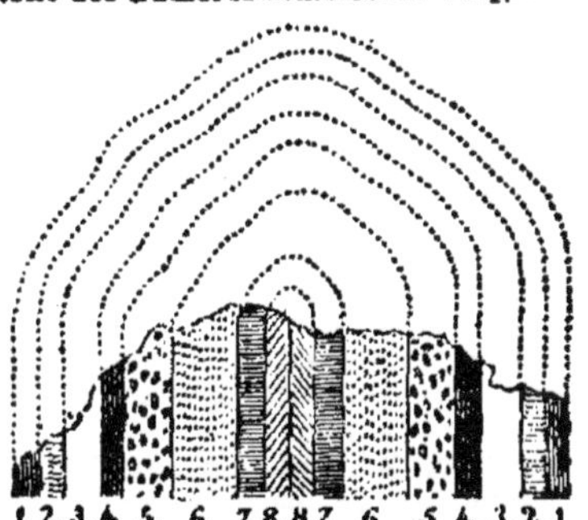

périeure de la montagne a été enlevée par une catastrophe ou par la dénudation, et la continuation des couches qui ont disparu y est marquée par des lignes ponctuées.

On attribue à la pression latérale le contournement des couches de certaines falaises. Sir James Hall est parvenu à imiter cette singulière stratification, en pressant par leurs extrémités opposées un certain nombre de couches d'argiles maintenues horizontalement par un poids.

STRATIFORME, adj. Composé de couches parallèles.

STRÉLITE (*Minér.*), f. Variété d'*anthophyllite* de Chesterfield, dans le Massachusets.

STRIÉ, adj. Cannelé en petites goutières parallèles.

STRIEGISAN ou **STRIGISANE** (*Minér.*), m. Nom donné par M. Breithaupt à une substance qui a quelque ressemblance avec le *phosphate d'alumine* hydraté nommé *wavellite*, mais qui ne paraît pas contenir d'acide phosphorique. M. Dufrénoy pense que c'est un *silicate d'alumine* analogue à l'hydrargillite de Franckenberg, en Saxe.

STROGONOWITE (*Minér.*), f. Nom donné par M. Hermann à une variété vert pâle de *sodalite*, qu'il a dédiée à un comte Strogonow.

STROMATÉE (*Paléont.*), m. Genre de poissons, dont trois espèces se rencontrent à l'état fossile dans les terrains inférieurs et supérieurs à la craie.

STROMBITE (*Paléont.*), f. Coquille fossile univalve, à spirales peu profondes, dont on connaît cinq espèces fossiles.

STROMEYÉRINE (*Minér.*), f. *Sulfure de cuivre argentifère* dédié à M. Stromeyer, et décrit à l'article SULFURES MÉTALLIQUES.

STROMITE (*Minér.*), m. Nom donné par M. Hope à un minéral composé de sulfate de baryte et de carbonate de strontiane.

STROMNITE (*Minér.*), f. Nom donné par le docteur Troll à une variété de *carbonate de strontiane* associée à du sulfate de baryte, trouvée à Stromness, dans les Orcades. Elle est décrite au mot CARBONATE DE STRONTIANE.

STRONTIANE (*Chim. minér.*), f. Oxyde de *strontium*, qui ne se rencontre dans la nature que dans les deux états ci-après. *Voy.* STRONTIUM.

STRONTIANE CARBONATÉE (*Minér.*), f. *Voy.* CARBONATE DE STRONTIANE.

STRONTIANE SULFATÉE (*Minér.*), f. *Voy.* SULFATE DE STRONTIANE.

STRONTIANITE (*Minér.*), f. Nom donné au *carbonate de strontiane*, rencontré pour la première fois au cap Strontian, en Écosse.

STRONTITE (*Minér.*), f. *Strontianite.*

STRONTIUM (*Chim. Minér.*), m. Métal simple, élémentaire, grisâtre, brillant, ressemblant au baryum et à l'argent; il s'oxyde facilement dans sa combustion à l'air, et lentement à la température ordinaire. Son oxyde est la strontiane, qui ne se trouve dans la nature qu'à l'état de carbonate ou de sulfate, et qui est composé de

Strontium.	84.84
Oxygène.	15.48
	100.00

Le signe atomique du strontium est Sr = 545.929; celui de la strontiane, SrO.

Le strontium est plus pesant que l'eau et que l'acide sulfurique.

STROPHOMÈNE (*Paléont.*), f. Genre fossile de brachiopodes appartenant au terrain antérieur à la craie.

STROSS (*Exploitation*), m. Synonyme de *gradins.*

STRUCTURE DES MINÉRAUX (*Minér.*), f. Arrangement mécanique qui donne une forme particulière aux substances minérales, inhérent à leur manière d'être, mais qui dépend souvent d'une multitude de circonstances accidentelles, du groupement irrégulier des cristaux, de l'agrégation confuse des particules matérielles, de l'accroissement des corps par la superposition de couches successives, du retrait des masses desséchées, du dégagement des matières gazeuses, etc.

Les structures les plus remarquables dans l'existence des masses minérales considérées sous le point de vue géognostique, sont celle prismatique ou en colonne, celle globulaire et par joints, et la structure concretionnaire, dont nous avons déjà parlé aux mots CONCRÉTION et STALACTITE.

La structure *prismatique*, *colonnaire*, ou *cylindrique*, appartient à certaines masses ignées qu'on rencontre le plus ordinairement sous forme de colonnes prismatiques régulières ayant de cinq à sept côtés, et dont la section est un pentagone ou un heptagone. Ces colonnes naturelles sont de toutes longueurs, depuis 3 centimètres jusqu'à 122 mètres de long; elles ont de 2 centimètres à 3 mètres de diamètre; elles sont généralement droites, mais on en rencontre fréquemment de courbes; elles affectent toutes sortes de positions : dans la fameuse grotte de Fingal, de l'île de Staffa, au nord de l'Écosse, les prismes basaltiques sont verticaux; le beau dyke de Sainte-Hélène, connu sous le nom de *la Cheminée*, est formé de prismes hexagones horizontaux.

La figure ci-jointe montre, d'un seul coup d'œil, comment se sont cristallisés les basaltes formés par une cascade de laves descendue du cratère de *la Coupe*, près d'Entraigues.

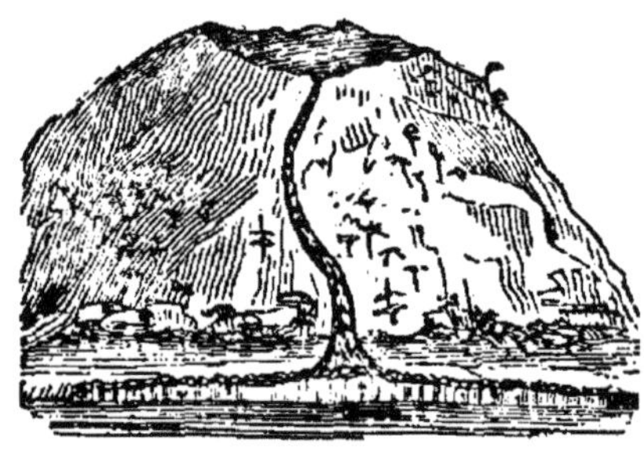

La structure colonnaire, si remarquable et si étudiée dans les dépôts basaltiques, n'appartient pas cependant uniquement à ces produits volcaniques; on cite des masses de granite qui se sont formées en prismes; des grès même, en Saxe, ont pris cette forme à l'approche de basaltes qu'ils supportent. Une forte chaleur paraît la cause de cette transformation des roches; on a vu des pierres employées à la construction de hauts-fourneaux acquérir la structure prismatique, sans cependant entrer en fusion.

Il arrive quelquefois que la colonne basaltique, au lieu de prendre une forme angulaire, affecte une structure cylindrique, et se divise en fragments dont les bases sont sphéroïdales et les extrémités supérieures concaves, de manière à ce que plusieurs fragments s'emboitent les uns dans les autres. Cette manière d'être, qui ne semble pas due au même mode de cristallisation, passe à la structure globulaire, dont nous allons parler. A Bertrich-Baden, on rencontre une grotte dite *de la Kasegrotte*, dans laquelle cette structure globulaire et par joints est remarquable.

Au Mezenc, dans le Valais, les globes de basalte sont curieux par leur accumulation confuse et irrégulière; ils ressemblent à un amas d'énormes boulets de canon. Dans le trachyte résineux des îles Ponces, le diamètre de ces sphéroïdes a depuis quelques centimètres jusqu'à un mètre, ils sont composés de couches concentriques, qui ne peuvent être dues ici qu'à un phénomène de refroidissement.

Souvent les colonnes basaltiques sont divisées en fragments par des joints plans transversaux; mais le plus ordinairement les fragments s'emboitent les uns dans les autres, de manière que la surface convexe de l'un entre dans la surface concave de l'autre.

STRUVITE (*Minér.*), f. Phosphate d'ammoniaque et de magnésie, dérivant d'un prisme droit rhomboïdal sous l'angle de 83° 20', trouvé à Hambourg, et dont la formation paraît due à la réaction des substances organiques sur les matières terreuses du sol. Il a été dédié par M. Hulex au ministre Struve. La struvite a été trouvée depuis par M. Teschmacker dans la couche de guano de la baie de Saldaha; il lui a, en conséquence, donné le nom de *guanite*.

STRYGOCÉPHALE (*Paléont.*), m. Genre fossile de brachiopodes appartenant au terrain antérieur à la craie.

STUC, m. Mélange de chaux vive, de plâtre et de poudre de marbre, que l'on colore et que l'on délaye dans de l'eau qui tient un mucilage animal en dissolution.

STUCK (*Métall.*), m. Masse de fer demi-affiné, retirée du fourneau allemand, dit *stückofen*.

STUCKOFEN (*Métall.*), m. Fourneau peu élevé, dans lequel on obtenait le fer à l'état pâteux.

STYLOBITE OU STYLOBATE (*Minér.*), f. Synonyme de *gehlénite*, proposé par M. Breithaupt.

SUBLIMATION, f. Action volcanique qui produit diverses substances minérales, telles que le soufre, l'hydrochlorate d'ammoniaque, le sulfure d'arsenic, le fer oligiste, etc.

SUBORDONNÉ (*Géogn.*), adj. On dit qu'une roche ou une couche est subordonnée à un groupe de couches ou de roches, lorsqu'elle s'y trouve intercalée.

SUBSTANCE ROSE DE CONFOLENS (*Minér.*), f. *Pagodite* de Confolens.

SUCCIN (*Minér.*), m. Sorte de *résine fossile*, décrite sous ce titre.

SUCCIN CRISTALLISÉ. *Hydro-mellate d'alumine.*

SUCCIN DE L'ILE D'AIX. Variété de *succin* brunâtre, grisâtre, jaune roussâtre, qu'on rencontre dans les sables et marnes lignitifères de l'île d'Aix, appartenant à la partie inférieure du terrain crétacé.

SUCCIN INSECTIFÈRE. Succin qui renferme des insectes parfaitement conservés, et qui appartiennent en grande partie à des genres qui ont leurs analogues vivants.

SUCCINITE (*Minér.*), f. Variété de *grenat grossulaire*, couleur de succin, à éclat et cassure résineuse ; elle est en grains arrondis, présentant cependant des formes faciles à discerner. Elle se trouve à Bonvoisin, en Piémont.

SUDES (*Paléont.*), m. Pointe d'oursins cylindriques à l'état fossile.

SUER (*Métall.*). On dit *suer le fer*, pour exprimer qu'on lui donne une chaude complète.

SUIF DE MONTAGNE (*Minér.*), m. Classe de minéraux décrits à la suite du mot BITUME.

SUIF MINÉRAL (*Minér.*), m. Ce nom, qui s'applique plus spécialement à la *hatchetine*, s'emploie quelquefois pour désigner le *suif de montagne*.

SULFATES (*Minér. chimiq.*), m. L'acide sulfurique forme des combinaisons très-variées avec les alcalis, les terres alcalines, et un grand nombre de bases métalliques. La plus simple est celle qui consiste dans l'union d'un atome de protoxyde basique avec un atome d'acide, et qu'on peut représenter par la formule $BO\,SO^3$; mais cette constitution anhydre est assez rare dans la nature, puisqu'on ne rencontre guère que le sulfate de soude, dit *thenardite*, et ceux de baryte, de chaux et de strontiane, qui soient dans ce cas, comme expression monome. On peut y joindre les binomes qui portent les noms de *glaubérite*, de *reussine*, de *baryto-sulfate*, de *dréelite*, etc., et la constitution plus compliquée du *calstron-baryte*. Les sulfates hydratés sont en plus grand nombre ; mais on n'en compte que douze qui soient à l'état de protoxydes. Quant aux sulfates peroxydés, le fer et l'alumine en sont les bases principales : le fer, sous la forme générique

$$(Fe^2O^3)^2(SO^3)^3 + 2Fe^2O^3 \left\{ \begin{matrix} AsO^5 \\ PO^5 \end{matrix} \right\} + 30\,Aq ;$$

l'alumine, sous celle

$$Al^2O^3(SO^3)^3 + \left\{ \begin{matrix} NaO(H^2O)^4 \\ NaO \\ KO \end{matrix} \right\} SO^3 + \left\{ \begin{matrix} 20 \\ 21 \\ 24 \end{matrix} \right\} Aq.$$

La première formule appartient aux variétés de *pittizites*, ou fer sous-sulfaté ; la seconde, aux *aluns*.

Le caractère distinctif des sulfates est facile à trouver : mis dans un vase fermé avec de la poudre de charbon, le sel se transforme en sulfure, ou bien dégage de l'acide sulfureux qui s'échappe en laissant la base à l'état d'oxyde. Quant à la présence de l'acide sulfurique, elle est facilement constatable : une dissolution de sulfate mêlée avec une dissolution d'un sel barytique donne un précipité de sulfate de baryte, insoluble dans l'eau et les acides.

SULFATE D'ALUMINE (*Minér.*), m. Substance composée d'acide sulfurique et d'alumine. Dans les laboratoires, on l'obtient à l'état anhydre ; mais dans la nature elle est toujours associée à des quantités plus ou moins considérables d'eau de cristallisation.

L'acide sulfurique se combine en deux proportions avec l'alumine : ou il forme un sous-sulfate, nommé par les chimistes *sulfate trialuminique*, dans lequel un atome d'acide est uni à un atome de base ; ou il forme un sulfate aluminique, dans lequel la proportion d'acide est triple de celle de la base.

Le sous-sulfate, ou *websterite*, est blanc, terreux, tachant les doigts ; sa pesanteur spécifique est de 1.66 à 1.82 ; il donne de l'eau par calcination, est difficilement fusible au chalumeau, et attaquable par les acides ; il happe la langue, et n'a point de saveur. Sa composition est, suivant Stromeyer, Dufrénoy et Dumas :

	Hall.	New-Haven.	Lunel-Vieil.	Auteuil.
Alumine.	30.26	29.86	29.72	30
Acide sulf.	23.36	23.37	23.48	23
Eau.	46.32	46.76	46.80	47
	99.94	99.99	99.97	100

La formule qui répond à ces analyses est :

$$Al^2O^3\,SO^3 + 9\,Aq.$$

La webstérite appartient aux terrains de craie : on la trouve à *Hall* (*Saxe*), à *New-Haven* (Sussex) ; dans les terrains tertiaires d'Auteuil ; dans ceux contemporains de Lunel-Vieil (Gard). La webstérite de Hall et de New-Haven est en masse d'une texture réniforme grossière ; celle d'Auteuil et de Lunel-Vieil possède une *structure oolitique*, à cassure fibreuse rayonnée, un peu nacrée.

Le *sulfate d'alumine*, ou *alunogène* de Beudant, est blanc, en houppes concrétionnées à la surface des roches, ou en fibres déliées ; il est soluble dans l'eau, fortement astringent, et donne à l'analyse :

Acide sulfurique.	36.40
Alumine.	17.00
Eau.	46.60
Oxyde de fer.	0.04
Chaux.	0.02
Argile.	0.04
	100.10

correspondant à l'expression : $Al^2O^3(SO^3)^3 + 16\,Aq$, des chimistes.

Le sulfate nommé *saldanite* répond à cette formule. M. Boussingault l'a trouvé composé de :

Acide sulfurique.	35.68
Alumine.	14.98
Eau.	49.34
	100.00

Le sulfate d'alumine se rencontre fréquemment dans les solfatares ; il est produit par l'altération des trachytes, au moyen des vapeurs qui les traversent ; il se forme sur les parois des galeries de certaines mines ; il existe dans certaines argiles, dans des lignites que l'on traite pour alun et sulfate de fer. M. Herapath l'a trouvé cristallisé dans la Nouvelle-Galles du sud, où il est très-abondant.

On rencontre à Bogota un sulfate d'alumine que l'on a nommé *davyte*, et que plusieurs minéralogistes ont rangé parmi les *aluns de plume*. Ce sel est en fibres soyeuses ; il a le goût styptique de l'encre, à cause d'un peu de sulfate de fer qu'il contient. Si l'on verse de l'ammoniaque dans sa solution, il donne un précipité bleu verdâtre de protoxyde de fer plus ou moins abondant. M. Mill a trouvé pour sa composition :

Acide sulfurique.	29.00
Alumine.	15.00
Protoxyde de fer.	1.20
Eau et perte.	48.80
Matière terreuse.	3.00
	97.00

d'où la formule :

$$Al^2O^3\ (SO^3)^3 + 18\ Aq.$$

M. Dufrénoy place à la suite de l'alun de plume un minéral désigné par M. Breithaupt sous le nom de *pissophane*. Il est amorphe, vert olive, et sa cassure est conchoïde. Sa composition est :

Alumine.	35.25
Protoxyde de fer.	9.77
Acide sulfurique.	12.80
Eau.	41.70
	99.20

La formule qui répond le mieux à cette analyse est : $(Al^2O^3\ SO^3 + 18\ Aq) + 2\ [(FeO)^3\ SO^3 + 6\ Aq] + 9\ Al^2O^3\ (H^2O)^3 + 18\ Aq$; expression qui pourrait bien expliquer le résultat d'une double décomposition.

Le *sulfate alcalin d'alumine*, ou pierre d'alun, est un sulfate aluminique hydraté uni à un sulfate alcalin, qui peut être représenté par l'expression $Al^2O^3\ SO^3 + bO\ SO^3 + m.$ Aq (bO exprimant l'alcali). Cette formule répond, en effet, aux trois sortes d'alun : celui *ammonique*, celui *sodique* et celui *potassique*. La forme primitive de l'alun est le cube, et ses cristaux les plus ordinaires sont l'octaèdre.

Le sulfate ammonique, ou ammoniacal, est en petite masse fibreuse, blanche, d'une saveur acerbe, soluble. Un peu d'alcali caustique jeté dans sa solution en dégage une odeur prononcée d'ammoniaque. Au chalumeau, ce minéral se fond avec boursouflement, et donne une masse spongieuse ; sa composition est, suivant Lampadius :

Acide sulfurique.	38.58
Alumine.	12.34
Ammoniaque.	4.12
Eau.	44.96
	100.00

répondant à la formule : $Al^2O^3\ (SO^3)^3 + N^2O\ (H^2O)^4\ SO^3 + 20\ Aq.$

Ce minéral n'a encore été rencontré que dans les dépôts de lignite de Tchermig, en Bohême.

Le sulfate d'alumine sodifère est blanc, fibreux ; il raye le gypse ; sa surface blanchit à l'air ; sa pesanteur spécifique est 1.88 ; il est soluble dans l'eau, et se comporte au feu comme le sulfate précédent. Il se trouve dans la province de Saint-Jean, au nord de Mendoza, sur le revers est des Andes. M. Thomson, qui l'a analysé, a trouvé pour sa composition :

Acide sulfurique.	20.00	ou	36.20
Alumine.	6.36		11.51
Soude.	4.00		7.24
Eau.	24.21		43.82
Silice.	0.01		0.02
Chaux.	0.14		0.25
Protoxyde de fer.	0.42		0.76
Peroxyde de fer.	0.11		0.20
	55.25		100.00

Rapport atomique : $Al^2O^3\ (So^3)^3 + NaO\ SO^3 + 21\ Aq.$

L'alun de potasse, ou le *sulfate aluminico potassique* des chimistes, qui fournit l'alun du commerce, est incolore lorsqu'il est pur ; souvent il prend une couleur rosée qu'il doit à la présence d'une petite quantité de fer. Ses cristaux sont transparents, et leur cassure vitreuse et conchoïde. Ils sont ordinairement octaèdres, et dérivent du cube. Souvent ils sont empilés de manière à former des colonnes hérissées de pointes à leurs extrémités. Le caractère distinctif de l'alun, outre sa saveur astringente, est de se fondre dans son eau de cristallisation avec bruissement et boursouflement, lorsqu'on met l'échantillon sur un corps chaud. Ce sel est soluble dans neuf fois son poids d'eau froide, et moins de moitié de son poids d'eau bouillante. La pesanteur spécifique de l'alun est de 1.753 ; il raye le gypse, et est rayé par le carbonate de chaux. Sa composition est :

Acide sulfurique.	33.77
Alumine.	10.82
Potasse.	9.94
Eau.	45.47
	100.00

d'où le rapport atomique : $Al^2O^3\ (SO^3)^3 + KOSO^3 + 24\ Aq.$

L'alun natif se trouve en filament et en efflorescence dans une des grottes de l'île de Milo (archipel grec) ; les roches altérées de la solfatare de Pouzzoles en fournissent abondamment par le lessivage. Ce sel s'effleurit à la surface de certains schistes qui renferment des pyrites. On en tire des houillères embrasées d'Aubin (Aveyron), des environs de Sarrebruck, de la Hongrie, des États romains, etc.

L'alun de la Tolfa, dit **ALUNITE**, est un sulfate potassique anhydre uni à un hydrate d'alumine; il est blanc, à cassure compacte ou terreuse; sa dureté varie. La pierre d'alun qui le contient est une roche feldspathique, plus ou moins riche en alunite; sa pesanteur spécifique est 2.694 à 2.752; elle décrépite au chalumeau sans se fondre; sa poussière se dissout dans l'acide sulfurique; elle donne de l'eau par calcination, et devient alors en partie soluble. Sa composition est suffisamment établie par les trois analyses suivantes, dues à MM. Descotils, Cordier et Berthier :

	De Montioni.	Cristallisée.	De Hongrie.
Alumine.	40.00	39.66	26.00
Potasse.	13.80	10.02	7.30
Acide sulfurique.	36.60	35.49	27.00
Eau.	10.60	14.83	8.20
Quartz.	»	»	26.30
Oxyde de fer.	»	»	4.00
	101.00	99.99	98.80

Ces analyses répondent exactement à l'expression : $Al^2O^3\ (SO^3)^3 + KOSO^3 + 2\ Al^2O^3\ (H^2O)^3$.

M. Stromeyer a fait connaître un *alun magnésien* provenant du sud de l'Amérique; il est en masse fibreuse, assez éclatant. Sa constitution chimique est identique avec celle des aluns que nous avons décrits, ce qui prouve l'isomorphisme de la magnésie avec les alcalis. M. Kastner est parvenu également à obtenir un *alun de lithine* en cristaux octaédriques, en mélangeant du sulfate lithique avec du sulfate d'alumine.

Rammelsberg a fait connaître un alun ferrugineux de Morsfeldt, dans la Bavière rhénane, que Forchhammer a étudié aussi en Islande. Le protoxyde de fer y remplace en grande partie l'alcali, et constitue ainsi une nouvelle variété, à laquelle Forchhammer a donné le nom d'**HALOTRICHITE**.

SULFATE D'AMMONIAQUE (*Minér.*), m. Cette substance, qui se trouve à l'état de stalactite jaunâtre près des lagoni de Toscane, et qui est recouverte d'une poussière blanchâtre, est assez rare. On la rencontre encore dans les laves récentes de quelques volcans, mais on ne l'obtient cristallisée que dans les laboratoires; elle offre alors des prismes hexaèdres aplatis, terminés par des pyramides à six faces. La forme primitive est un prisme rhomboïdal droit.

L'ammoniaque sulfaté est aigre et amer; il se dissout dans deux fois son poids d'eau froide, ou la moitié d'eau bouillante. Au chalumeau, il décrépite, entre en fusion, et perd son eau de cristallisation. Le sulfate naturel paraît différer de celui des chimistes : il contient plus d'eau et d'acide que ce dernier. Son analyse donne :

Ammoniaque.	22.60
Acide sulfurique.	53.10
Eau.	24.30
	100.00

Sa constitution atomique paraît être : $[NO^2\ (H^2O)^4\ (SO^3)^3 + 6\ Aq] + [N^2O\ (H^2O)^3 + Aq]$, formule qui répond à un atome de sulfate hydraté uni à un atome d'oxyde $N^2O\ (H^2O)^4$.

SULFATE DE BARYTE (*Minér.*), m. Synonymie : *baroselénite, spath pesant, hépatite, pierre de Bologne, barytine de Beudant*, etc. Substance composée d'oxyde de *baryum* et d'acide sulfurique, blanche ou légèrement grisâtre, pesant 4.30 à 4.866; rayant le carbonate de chaux, rayée par la fluorine; fondant difficilement au chalumeau en émail blanc; insoluble dans les acides. Sa forme primitive est un prisme droit rhomboïdal, sous l'angle de 101° 42'; le rapport d'un côté de la base à la hauteur est : : 80 : 81; elle possède un triple clivage. La baryte sulfatée du Cumberland donne à l'analyse :

Baryte.	65.33
Acide sulfurique.	34.22
Alumine et eau.	0.45
	100.00

qui répond à la formule $BaO\ SO^3$.

Outre les variétés cristallines nombreuses de la baryte sulfatée, ce minéral présente encore des variétés qui ont une texture différente, mais offrent une composition identique. Nous citerons la variété laminaire fétide de Kongsberg (Norwége). Cette substance est ordinairement colorée en gris par la présence du bitume, qui lui communique une odeur désagréable, ou en rouge par un peu d'oxyde de fer; elle est testacée, et est le résultat de concrétions. Son analyse donne :

Sulfate de baryte.	98.20
Oxyde de fer, alumine.	0.60
Matière bitumineuse.	1.20
	100.00

Le sulfate de baryte fibreux et bacillaire est blanc, et en baguettes accolées; il a l'éclat nacré ou soyeux; ses fibres sont tantôt droites, tantôt contournées. Il est composé de :

	Fibreux de Bologne.	Bacillaire du Hartz.
Sulfate de baryte.	94.10	97.50
— de strontiane.	»	0.85
— de chaux.	3.40	0.80
Oxyde de fer, etc.	2.50	0.15
Eau.	»	0.70
	100.00	100.00

Au mont Paterno, près de Bologne, la variété fibreuse est en boules tuberculeuses, dans une marne argileuse grise; sa cassure est fibreuse et radiée; réduite en poudre et chauffée, elle devient phosphorescente dans l'obscurité.

On trouve à Chaude-Fontaine, près de Liége,

le sulfate de baryte en petites couches testacées, formées de filaments très-déliés, accolés les uns aux autres; sa couleur est d'un gris bleuâtre, et sa pesanteur spécifique est de 4.24; elle donne à l'analyse :

Sulfate de baryte.	92.60
— de chaux.	5.40
Oxydes terreux.	1.50
Eau.	0.50
	100.00

La variété saccharoïde se trouve en abondance dans la mine de plomb de Pezey, en Savoie; elle y forme la gangue du filon; elle est d'un blanc grisâtre, avec des veines nuancées de teintes différentes; la masse est perlée, formée de grains cristallins qui s'égrènent facilement entre les doigts; elle est translucide sur les bords. Sa pesanteur spécifique est de 4.38, et sa composition :

Sulfate de baryte.	97.80
— de chaux.	1.40
Oydes terreux.	0.10
Matières bitumineuses.	0.60
	99.90

Cette variété n'est pas rare : on la trouve à Peggau (Styrie), à Freyberg (Saxe), à Schlangenberg (Sibérie), etc.

A Curban, dans les basses Alpes, on rencontre une variété compacte du sulfate de baryte d'un gris clair, translucide, à cassure esquilleuse, quelquefois unie. Son analyse a donné :

Sulfate de baryte.	86.50
— de chaux.	8.60
Oxydes terreux.	3.20
Matières bitumineuses.	1.40
	99.70

Cette variété forme un filon dans le schiste argileux. Elle existe encore au Hartz et à Servoz, en Savoie, dans le filon de bournonite.

M. Rammelsberg a analysé un sulfate de baryte de la mine de lignite de Goerzig, dans l'Anhalt-Goethen; il est en petits cristaux confus, composés de :

Sulfate de baryte.	85.48
— de strontiane.	13.12
— de chaux.	0.89
	99.49

Il existe à Unterwirbach, près Saalfeld, un sulfate de baryte qui contient un peu de sulfate de chaux; il est jaunâtre, grisâtre, ou blanchâtre; son éclat est vitreux, un peu nacré; il est translucide sur les bords; il raye le carbonate calcaire, et est rayé par la fluorine; sa pesanteur spécifique est de 4.268; il ne donne point d'eau par la calcination, et fond seulement sur les bords au chalumeau. Il produit une perle incolore avec le borax et le sel de phosphore; fondu avec la soude, il développe une odeur hépatique très-prononcée. On l'a nommé ALLOMORPHITE. L'analyse chimique a donné pour sa composition :

Sulfate de baryte.	98.08
— de chaux.	1.90
	99.98

C'est à tort qu'on a confondu, dans les variétés du sulfate de baryte, le minéral du Derbyshire, qui donne des traces de fluor, et se rencontre, en petites masses réniformes et jaunâtres, dans certains minerais de plomb. Cette substance est un mélange de deux sulfates; celui de chaux domine sur celui de baryte, ainsi que le montre l'analyse suivante :

Sulfate de baryte.	51.50
— de chaux.	48.50
	100.00

d'où l'on tire la formule : $2\,BaO\,SO^3 + 3\,CaO\,SO^3$.

La proportion de chaux est ici trop considérable pour que le minéral puisse être rangé parmi les sulfates de baryte; il mériterait qu'on lui donnât un nom à part. On n'a pas balancé à le faire pour le double sulfate de la Nuissière, dont la description va suivre.

Ce minéral, qu'on a nommé DRÉELITE, se trouve près de Beaujeu (Saône-et-Loire), adhérent à du quartz et à de l'halloysite, et mélangé avec des lamelles de carbonate de chaux; il est en petits cristaux blancs nacrés; sa cassure jette un vif éclat, quoiqu'il soit mat à la surface; il possède un clivage triple, suivant les faces du rhomboèdre; sa forme primitive est un rhomboèdre obtus, sous l'angle de 93 à 94°; sa pesanteur spécifique est de 3.20 à 3.40; il raye légèrement le carbonate de chaux. Au chalumeau, il fond en un verre blanc et bulleux, qui se colore en bleu par le nitrate de potasse; il fait effervescence dans l'acide nitrique, et s'y dissout en partie. M. Dufrénoy a trouvé qu'il était composé de :

Sulfate de baryte.	61.73
— de chaux.	14.27
Carbonate de chaux.	8.03
Silice.	9.71
Alumine.	2.41
Chaux.	1.52
Eau.	2.31
	100 00

Cette analyse conduit à la formule : $3\,BaO\,SO^3 + CaO\,SO^3$, en considérant comme à l'état de mélange les autres substances trouvées dans l'échantillon analysé.

On a donné le nom de CALSTRON-BARYTE à un sulfate de baryte associé à de la chaux carbonatée et à du carbonate de strontiane. C'est une substance lamellaire, dont la forme primitive est un prisme rhomboïdal droit de 102° 30'; sa pesanteur spécifique est de 4.22; elle fond au chalumeau en un émail blanc. Sa composition est :

Sulfate de baryte.	68.53
Carbonate de strontiane.	22.50
— de chaux.	12.50
	100.53

qui se rapporte à la formule : $2\,BaO\,SO^3 + SrO\,CO^2 + CaO\,CO^2$.

Le sulfate de baryte forme des filons plus ou moins puissants, qui accompagnent ordinairement des filons métalliques et leur servent de gangue. A Almaden (Espagne) et dans le Palatinat, il renferme le cinabre; en Hongrie, à Felsobanya, il est uni au minéral de tellure argentifère; à Hiendelaencina (Espagne), il sert de gangue au sulfure d'argent; à Freyberg (Saxe), à Iberg, au Hartz, à Pezey (Savoie), il annonce la présence de la galène, avec laquelle la baryte sulfatée paraît avoir le plus de rapport. On a même remarqué que, dans les filons de plomb, la blende s'appauvrissait et la galène s'enrichissait à mesure que la baryte devenait plus dominante. Elle paraît être antérieure au calcaire jurassique inférieur et à l'arkose, dans laquelle on la rencontre quelquefois; dans les Asturies, elle paraît appartenir au terrain calcaire silurien.

SULFATE DE CHAUX (*Minér.*), m. Syn. : *gypse* de Beudant, *sélénite* de Dioscoride, *pierre à plâtre*, *anhydrite*, etc. Cette substance, qui est le moins dur des minéraux solides lorsqu'elle renferme de l'eau, puisqu'elle se laisse rayer par l'ongle, et qui raye la chaux carbonatée lorsqu'elle est anhydre, est blanche, quelquefois colorée par des teintes légères ; elle fond difficilement au chalumeau en un émail blanc ; elle s'y délite, et donne une matière hépatique blanche qui, dans l'espèce hydratée, est le plâtre ; elle est insoluble dans les acides, et fond avec le fluate de chaux en un verre qui devient opaque en refroidissant.

On distingue deux espèces de sulfate de chaux : celle *anhydre* et celle *hydratée*.

La *chaux anhydro-sulfatée* raye le carbonate de chaux, pèse 2.899, et ne donne point d'eau par la calcination. Klaproth a trouvé que l'*anhydrite* de Sully contenait :

Chaux.	42.00
Acide sulfurique.	57.00
Oxyde de fer.	0.10
Silice.	0.25
	99.35

composition qui répond à l'expression atomique : $CaO\,SO^3$.

La variété lamelleuse de ce minéral admet trois clivages faciles et perpendiculaires entre eux, et deux autres plus difficiles, parallèles aux diagonales, sous l'angle de 100° environ. Comme le sulfate de chaux anhydre possède la double réfraction à deux axes, sa forme primitive est nécessairement un prisme droit rectangulaire; ce qui résulte d'ailleurs de l'examen des cristaux trouvés à Hall (Tyrol) et à Ischel (Autriche). Cette variété est d'un blanc laiteux, quelquefois grisâtre, souvent rosâtre ou légèrement violette; elle est éclatante sur les lames, et parfois nacrée. Lorsque les lames sont peu épaisses, elle est diaphane. Souvent cette variété s'altère à l'air, perd sa transparence, et devient d'un blanc mat et nacré, en se fendillant; elle se charge alors d'une certaine quantité d'eau. On donne, en ce cas, à cette sous-variété le nom de *chaux sulfatée épigène*.

La variété fibreuse est en petites masses fibreuses droites, d'un rouge de chair ou de briques, sans éclat soyeux ; celle de Wieliczka, en Pologne, est d'un gris clair, en petites masses repliées sur elles-mêmes, en fibres très-déliées, et qui, au premier coup d'œil, présentent une texture compacte.

La variété la plus commune est celle saccharoïde, qui ressemble beaucoup au marbre statuaire : elle est grossièrement grenue, pailletée, et tendant à la texture lamellaire des marbres grecs. Ses nuances sont le bleuâtre, le rosâtre, le gris blanchâtre ou clair ; elle raye la chaux carbonatée.

La chaux anhydro-sulfatée ne donne point de plâtre ; elle est quelquefois assez dure pour être employée comme marbre. A Milan, elle est connue sous le nom de *marbre bardiglio de Bergame*.

Elle se trouve en abondance dans les Alpes. La variété fibreuse existe à Hall (Tyrol), dans les salines d'Ischel (Autriche), à Wieliczka (Pologne); celle épigène se rencontre à Bex, dans le pays de Vaud.

Le *sulfate de chaux hydraté*, ou pierre à plâtre, pèse 2.264 à 2.380; il donne du plâtre au feu ; lorsqu'il est cristallin, il offre un clivage tellement facile, qu'on en sépare des feuillets très-minces. Sa forme primitive est un prisme rectangulaire droit; son éclat est vif, sa transparence souvent hyaline; elle possède la double réfraction à deux axes ; sa couleur blanche est quelquefois laiteuse, jaune de miel, ou grisâtre. Sa composition donne pour trois variétés :

	Cristallisée.	Saccharoïde.
Chaux.	33.00	33.88
Acide sulfurique.	46.00	44.16
Eau.	21.00	21.00
	100.00	99.04

On en tire la formule simple : $CaO\,SO^3 + 2\,Aq$.

La variété calcarifère de Paris répond à la même formule, quoiqu'elle soit mélangée à du carbonate de chaux et à de l'argile. Son analyse donne :

Chaux.	29.39
Acide sulfurique.	41.00
Eau.	18.77
Carbonate de chaux.	7.63
Argile.	3.21
	100.00

La variété fibreuse est nacrée et soyeuse ; ses fibres sont tantôt droites, tantôt contournées ; elle est d'un blanc laiteux et translucide. Quelquefois elle offre de petites paillettes cristallines, et ressemble assez à de la neige, ce qui l'a fait désigner sous le nom de *chaux sulfatée niviforme*.

Celle saccharoïde porte le nom commun

d'albâtre; elle est grenue comme le marbre statuaire, mais plus translucide; elle se laisse rayer à l'ongle, et se taille facilement en pendules, statuettes et autres objets d'ornement.

La chaux sulfatée calcarifère tient le milieu entre la variété cristallisée et celle saccharoïde; sa texture, qui paraît grenue, est composée de petits cristaux visibles à la loupe. Elle est d'un blanc jaunâtre, et presque toujours grossièrement schisteuse.

Le sulfate anhydre a une certaine tendance à passer au sulfate hydraté par l'absorption de l'eau contenue dans l'atmosphère. Il en résulte une altération dans la couleur, qui devient d'un blanc mat et nacré, et dans la transparence en même temps que dans la composition. On donne à la roche qui résulte de cette altération, le nom de *chaux sulfatée epigène*.

Le sulfate de chaux hydraté appartient aux terrains tertiaires et aux marnes irisées; il a été déposé aussi dans les terrains secondaires après la formation de ceux-ci. Il est souvent associé à la dolomie, au sel gemme, au bitume, au soufre.

SULFATE DE COBALT (*Minér.*), m. Syn.: *rhodalose* de Beudant, *kobalt vitriol* des Allemands. Cette substance, essentiellement composée d'oxyde de cobalt, d'acide sulfurique et d'eau, est de couleur rose, sous forme d'efflorescence ou de stalactite; sa saveur est styptique; elle est soluble dans l'eau, et sa forme cristalline est un prisme rhomboïdal oblique de 97° 38', dont la base est inclinée sur les faces verticales d'environ 108°; elle tapisse ordinairement les parois des mines, et communique au borax une belle couleur bleue. On n'est pas encore bien d'accord sur les proportions des sulfates de cobalt, qui paraissent dus à la décomposition des sulfures: les deux analyses ci-après sembleraient indiquer qu'il existe dans la nature deux combinaisons différentes de l'acide sulfurique avec le protoxyde de cobalt: l'une a été faite par M. Beudant sur un minéral rose cristallin de Bieber; l'autre provient d'un minéral de la même localité, essayé par M. Kopp: le premier est un sulfate cobaltique, le second un sous-sulfate.

Acide sulfurique.	30.20	19.74
Protoxyde de cobalt.	28.70	38.71
Oxyde de fer.	0.90	»
Eau.	41.20	41.88
	101.00	100.00

Formules:

Première analyse: $CoO\ SO^3 + 6\ Aq.$

Deuxième analyse: $(CoO)^2\ SO^3 + 9\ Aq.$

La première est analogue au sulfate vert de protoxyde de fer. Peut-être la seconde n'est-elle qu'une union de la première à un hydrate avec excès d'eau, supposition qui s'exprimerait alors par $(CoO\ SO^3 + 6\ Aq) + CoO\ H^2O + 2\ Aq.$

SULFATE DE CUIVRE (*Minér.*), m. Syn.: *couperose bleue* du commerce, *cyanose* de Beudant. Substance qui provient de la décomposition des pyrites de cuivre, et dont par conséquent la constitution atomique n'est pas bien déterminée. Ce minéral se trouve dans les galeries de mines, en croûtes cristallines, en masses fibreuses, et même en cristaux; il est d'un beau bleu céleste, translucide lorsqu'il est pur, mais se couvrant à l'air d'un enduit farineux; sa cassure est conchoïde et brillante. La forme cristalline est un prisme doublement oblique, incliné de 109° 30' et 128° 30'; l'angle des faces verticales est de 124°. Sa pesanteur spécifique est 2.19. Mis sur des charbons ardents, il y fond et blanchit; il donne une saveur fortement styptique. Si on le frotte sur une lame de fer poli, il y laisse des traces de cuivre rouge. Sa composition est:

Acide sulfurique.	32.14
Oxyde de cuivre.	31.80
Eau.	36.06
	100.00

dont la formule $CuO\ SO^3 + 8\ Aq$ répond au sulfate cuprique hydraté des chimistes.

On donne le nom de BROCHANTITE à un sous-sulfate de cuivre d'un beau vert d'émeraude qu'on trouve dans l'Oural, en Hongrie, au Mexique, etc. Ce minéral est ou cristallisé ou amorphe. Dans l'Oural et à Retzbanya, il est cristallisé en prisme à six faces; sa forme primitive est un prisme rhomboïdal droit, sous l'angle de 104° 10'; ses faces sont très-brillantes et à éclat vitreux; il raye le carbonate de chaux; sa pesanteur spécifique est de 3.87 à 3.906; il est soluble dans les acides, et se noircit au chalumeau sans se fondre.

La brochantite amorphe du Mexique est d'un vert clair, grenue, mate et terreuse; elle se dissout lentement dans l'ammoniaque. Celle du Chili est d'un beau vert pomme, nuancé de vert bleuâtre. Les analyses de ces minéraux ont donné:

	Cristallisée.		Amorphe.	
Oxyde de cuivre.	66.94	62.65	67.90	68.10
Acide sulfurique.	17.43	17.13	17.07	17.20
Eau.	11.92	11.89	15.03	14.70
Oxyde de zinc.	3.15	8.18	»	»
— de plomb.	0.05	0.03	»	»
	99.49	99.86	100.00	100.00

Ces analyses répondent aux formules suivantes:

Minéral cristallisé: $(Cu^2O)^3\ SO^3 + 3\ Aq.$

— amorphe: $(Cu^2O)^3\ SO^3 + 4\ Aq.$

D'où il résulte que la variété amorphe contient un atome d'eau plus que celle en cristaux.

M. Dufrénoy range parmi les variétés de brochantite un minéral décrit par M. Lévy, et qu'on a nommé *kœnigite* ou *konigine*. Sa cristallisation, sa composition et sa couleur justifient cette réunion; il provient de Werchoturi, en Sibérie.

La *krisuvigite* d'Islande est aussi un sulfate hydraté de cuivre, dont la composition se rapporte à la brochantite; il est accompagné d'un minéral vert émeraude et d'un autre bleu noir, que Forchhammer a désigné sous le nom d'indigo de cuivre. La composition de la *krisuvigite* est :

Acide sulfurique.	18.88
Oxyde de cuivre.	67.75
Eau.	12.81
Oxyde de fer et alumine.	0.56
	100.00

dont la formule est $(CuO)^3 SO^3 + 3$ Aq.

SULFATE DE FER (*Minér.*), m. L'acide sulfurique se combine avec tous les oxydes de fer ; les sulfates qui en résultent sont le produit de la décomposition des pyrites ; lorsque c'est un sulfate de protoxyde, sa couleur est verte s'il est pur, et blanche s'il contient du sulfate d'alumine ; la présence du peroxyde le rend au contraire rouge ou jaune.

Le sulfate vert a un goût styptique très-prononcé ; il est très-soluble, se trouve rarement en cristaux, et se présente en efflorescences verdâtres. Sa forme primitive est un prisme rhomboïdal oblique sous l'angle de 99° 30′, dont l'inclinaison est de 108° ; sa pesanteur spécifique est de 1.84 à 1.97. Il donne à l'analyse :

Acide sulfurique.	28.80
Protoxyde de fer.	25.70
Eau.	45.40
	99.90

répondant à la formule $FeO\ SO^3 + 6$ Aq.

Quelquefois il admet le mélange de plusieurs sulfates ; il passe alors au vert serin clair, et donne une cassure terreuse ; tel est le *misy*, que M. Duménil a trouvé au Rammelsberg près de Goslar, et dont la composition est :

Sulfate de fer.	42.55
— de zinc.	5.98
— d'alumine.	5.41
— de manganèse.	3.42
— de cuivre.	3.11
Eau.	39.53
	100.00

Le sulfate ferreux uni à un sulfate aluminique prend une disposition fibreuse qui lui a fait donner le nom d'*alun de plume*. Il se distingue de plusieurs variétés filamenteuses de sulfates d'alumine par son goût styptique et son précipité bleu verdâtre, à l'aide de l'ammoniaque. Ses analyses donnent :

Acide sulfurique.	34.40	30.90
Alumine.	8.80	5.20
Protoxyde de fer.	12.00	20.70
Eau et perte.	44.00	43.20
Magnésie.	0.80	»
	100.00	100.00

La première analyse donne l'expression atomique $2(FeO\ SO^3 + 6\ Aq) + (Al^2O^3\ SO^3 + 18\ Aq)$; la seconde est un mélange des deux monomes avec excès d'eau ; elle répond à $2(FeO\ SO^3 + 6\ Aq) + (Al^2O^3\ SO^3 + 18\ Aq) + 6$ Aq.

Le sulfate rouge de fer, ou sulfate de peroxyde, n'est pas toujours d'un rouge très-prononcé : celui de Coquimbo, que M. H. Rose a nommé *coquimbite*, est jaune, transparent, et à éclat perlé ; il cristallise en prisme à six pans, surmonté d'un pointement à six faces. Il forme au Chili une couche très-puissante, dont la masse est tantôt à grains fins et tantôt cristallisée. Sa composition est :

Acide sulfurique.	43.02
Peroxyde de fer.	28.00
Eau.	28.98
	100.00

dont la formule est $Fe^2O^3\ (SO^3)^3 + 9$ Aq.

M. Beudant a donné le nom de *pittizite* à un sulfate hydraté qui répond au sulfate seferrique des chimistes. C'est le résultat de la décomposition des pyrites. Il est d'un rouge brun très-foncé, et accompagne ordinairement le sulfate ferrique ; il est quelquefois globulaire, et forme des enveloppes criblées de fibres dans l'intérieur. Il contient, suivant Berzelius :

Acide sulfurique.	15.90
Peroxyde de fer.	62.40
Eau.	21.70
	100.00

et donne le rapport atomique $(Fe^2O^3)\ (SO^3)^2 + 6$ Aq.

Le minéral nommé *copiapite*, et qui se trouve en masses cristallines, dans lesquelles on aperçoit des tables à six faces, contient un peu plus d'eau que la variété précédente ; il est composé de :

Acide sulfurique.	37.00
Peroxyde de fer.	33.00
Eau.	30.00
	100.00

dont l'expression atomique est $(Fe^2O^3)^2\ SO^3 + 8$ Aq.

On a désigné sous le nom d'*apatélite* un minéral trouvé en masses réniformes et terreuses dans l'argile d'Auteuil, près Paris. Il est composé de :

Acide sulfurique.	43.00
Peroxyde de fer.	53.00
Eau.	4.00
	100.00

et répond à la formule : $(Fe^2O^3)^2\ (SO^3)^3 + 6$ Aq.

Le *fibro-ferrite* du Chili contient un excès d'eau ; il a été analysé par M. Prideaux, et lui a donné :

Peroxyde de fer.	34.40
Acide sulfurique.	28.90
Eau.	36.70
	100.00

d'où l'on tire $(Fe^2O^3)^2\ (SO^3)^3 + 18$ Aq.

Quelquefois le sulfate de fer est accompagné

d'arséniate de fer; alors l'un est à l'état de sulfate biferrique, et l'autre à celui d'arséniate sesqui-ferrique. C'est ce qui arrive pour la *sidéritine*, substance dont les caractères extérieurs sont les mêmes que ceux de la pittizite. C'est probablement le résultat de la décomposition d'arsénio-sulfure. Sa composition est, suivant Stromeyer :

Acide arsénique.	26.06
— sulfurique.	10.04
Peroxyde de fer.	33.10
— de manganèse.	0.64
Eau.	29.26
	99.10

donnant $(Fe^2O^3)^2 (SO^3)^3 + 2 Fe^2O^3 AsO^5 + 30$ Aq.

Dans la *diadochite*, l'acide phosphorique a remplacé l'acide arsénique; mais la constitution atomique reste la même. On en peut juger par l'analyse suivante, due à M. Berthier :

Acide phosphorique.	17.00
— sulfurique.	13.80
Peroxyde de fer.	38.80
Eau.	30.20
Acide antimonieux.	0.80
	100,00

dont le rapport atomique est $(Fe^2O^3)^2 (SO^3)^3 + 2 Fe^2O^3 PO^5 + 30$ Aq.

La *diadochite* est d'un rouge brun, compacte, fragile, transparente, à cassure vitreuse, ressemblant beaucoup à une résine; elle se forme journellement dans les galeries des mines du Huelgoat, en Bretagne.

Enfin, il existe un sulfate de fer rouge trouvé dans la mine de cuivre de Falhun, où il forme des dépôts sur le gypse et sur la pyrite de fer. Ce minéral, d'un rouge hyacinthe ou jaune d'ocre, est tendre, et se polit sous le couteau; il a pour forme primitive un prisme rhomboïdal oblique, dont l'angle obtus est de 119° 66', et l'inclinaison de 113° 37'; sa pesanteur spécifique est de 2.039; il s'altère à l'air humide, et se dissout lentement dans l'eau. Sa composition est, suivant Berzelius :

Acide sulfurique.	32.88
Protoxyde de fer.	10.71
Peroxyde de fer.	23.86
Eau.	32.88
	100,00

dont la formule atomique est $(Fe^2O^3)^2 (SO^3)^3 + 2 FeO SO^3 + 24$ Aq; expression qui indique la réunion d'un sulfate sesqui ferrique avec un sulfate ferreux, et que l'on peut encore mettre sous cette forme : $2 (FeO SO^3 + 6 Aq) + (Fe^2O^3)^2 (SO^3)^3 + 12$ Aq.

SULFATE DE MAGNÉSIE (*Minér.*), m. Syn. : *sel d'Epsom*, *sel d'Angleterre*, *sel de Sedlitz*, *epsomite* de Beudant, etc. Substance solide comme le sel gemme, ou en dissolution dans les eaux, de couleur blanche, s'efflorissant à l'air, en masses fibreuses, translucides, à éclat vitreux et brillant. Elle est soluble dans moitié de son poids d'eau chaude ou deux fois son poids d'eau froide, à laquelle elle communique sa saveur amère; fusible à une faible chaleur, elle donne de l'eau par calcination; elle jouit de la réfraction double; sa pesanteur spécifique est de 1.751. Le sulfate de magnésie dérive d'un prisme rhomboïdal droit, dont l'angle est de 90° 38', et le rapport :: 8 : 4; il a une action très-purgative; sa composition est :

Magnésie.	16.20
Chaux.	2 10
Acide sulfurique.	34 07
Eau.	47.20
	99.57

et répond à la formule :

$$MgO SO^3 + 6 Aq.$$

La magnésie sulfatée se trouve en efflorescence dans les galeries de mines; elle est souvent colorée par de l'oxyde de fer, du sulfate de cuivre et du sulfate de cobalt; elle accompagne les dépôts de sel gemme, et se trouve à la surface des schistes magnésiens, qui renferment des pyrites à l'état de décomposition. Ses gisements sont la Sibérie, où ce sel recouvre la terre d'efflorescences; Catalayud (Espagne), à l'état solide; à Fitou (Aude), en filon encaissé dans le gypse; et à l'état de dissolution dans les eaux d'Epsom (Angleterre), de Sedlitz, Pultna et Egra (Bohême).

SULFATE DE PLOMB (*Minér.*), m. *Anglesite* de Beudant, *blei-vitriol* des Allemands. Ce sel est blanc, ou légèrement coloré de teintes claires; son éclat est vitreux et adamantin; il est tendre et facile à écraser; il raye le gypse, et est rayé par le carbonate de chaux; il est insoluble dans l'acide nitrique; au chalumeau et à la flamme extérieure, sa fusion donne une perle laiteuse, et il se réduit facilement à la flamme bleue, en se couvrant de globules de plomb métallique. Enfin, il se comporte avec les réactifs comme l'oxyde de plomb pur. Sa pesanteur spécifique est 6.228 à 6.318. La forme primitive du sulfate de plomb est le prisme droit rhomboïdal, dont le rapport est :: 100 : 101. Ses analyses, dues à Klaproth et Stromeyer, donnent :

	LOCALITÉS.		
	Anglesea.	Wanlockead.	Zellerfeld.
Ox. de plomb.	71.00	70.80	72.47
Ac. sulfurique.	24 80	25.75	26.09
Ox. de fer.	1.00	»	0.09
— de mang.	»	»	0.07
Eau.	2.00	2.25	0.51
	98.80	98 80	99.23

La formule atomique moyenne qui répond à ces trois analyses est : $PbO SO^3 + n$ Aq, dans laquelle n n'ayant point de proportion fixe, le sel ne contient point d'eau combinée.

On trouve le sulfate de plomb dans l'île d'Anglesea, sous forme d'un octaèdre cunéiforme; c'est ainsi qu'il existe au Hartz, à Huel-

Maggot (Cornouailles); à Badenweiler; à Leadhills, en Écosse; à Hausbaden, dans le pays de Baden. A Nertschinski, en Sibérie, se trouve la variété concrétionnée, d'un gris clair, à cassure terreuse, et en couches concentriques.

M. Beudant a donné le nom de *calédonite* à un sulfate de plomb uni à du carbonate de plomb et de cuivre, que M. Dufrénoy a décrit sous la dénomination de *plomb sulfato-carbonaté cuprifère;* il est en petits cristaux d'un vert foncé ou bleu verdâtre; il est transparent, et d'un éclat vitreux très-vif. Sa dureté est très-faible; il pèse 6.40; il est réductible au chalumeau, soluble dans l'acide nitrique avec effervescence, et laisse un résidu abondant de plomb sulfaté. Sa forme primitive est le prisme droit rhomboïdal sous l'angle de 95°, et avec le rapport de 1 : 2. Sa composition est, suivant M. Brooke :

Sulfate de plomb.	55.80
Carbonate de plomb.	32.80
— de cuivre.	11.40
	100.00

d'où l'on tire l'expression atomique :

$$2\ PbO\ SO^3 + 2\ PbO\ CO^2 + CuO\ CO^2.$$

La calédonite provient des mines de plomb de Leadhills; elle y est accompagnée d'un sulfate de plomb cuprifère, dans lequel le cuivre est à l'état d'hydrate. Ce minéral, qui est d'un beau bleu, à éclat vif, presque adamantin, se trouve en cristaux disséminés dans des cavités que laissent les rognons de sulfate et de carbonate de plomb. Sa forme primitive est un prisme rhomboïdal oblique, avec inclinaison de 61° sur les faces et de 96° 25' sur la base; le rapport des hauteurs et du côté de la base est :: 19 : 8. La pesanteur spécifique du sulfate cuprifère est de 5.30 à 5.40; il raye le gypse, et est rayé par la chaux carbonatée. M. Brooke l'a analysé, et a trouvé qu'il contenait :

Sulfate de plomb.	74.40
Oxyde de cuivre.	18.00
Eau.	4.70
	97.10

composition qui conduit à la formule :

$$PbO\ SO^3 + CuO\ H^2O.$$

SULFATE DE POTASSE (*Miner.*), m. Syn. : *sel de duobus, apthtalose* de Beudant, etc. Ce sel est d'un gris blanchâtre sale, en masses composées de couches superposées et stratiformes, dont la surface est colorée de nuances verdâtres et bleuâtres; il est légèrement amer, inaltérable à l'air, soluble dans cinq fois son poids d'eau bouillante; sa forme primitive est un prisme droit rectangulaire, dont le rapport est :: 50 : 32. Il possède des clivages peu distincts parallèlement aux faces de la forme primitive; sa densité est de 1.731; sa composition est :

Potasse.	54.07
Acide sulfurique.	45.93
	100.00

qu'on exprime par : $KO\ SO^3$.

Le sulfate de potasse est très-rare; il ne s'est encore trouvé que sur des laves récentes du Vésuve.

SULFATE DE SOUDE (*Minér.*), m. Substance composée d'un atome d'oxyde de sodium, ou soude, et d'un atome d'acide sulfurique. Sa formule atomique est conséquemment $NaO\ SO^3$.

Le sulfate de soude est ou anhydre ou hydraté.

Anhydre, il est connu sous le nom de *thénardite*, et ne s'est encore rencontré que dans les salines d'Espartine, à cinq lieues de Madrid, dans la direction d'Aranjuez; il se dépose, dans l'hiver, dans un bassin, et se concentre pendant l'été. Ses cristaux sont un octaèdre rhomboïdal surbaissé, ayant souvent une troncature au sommet; ses clivages, au nombre de trois, conduisent au prisme droit rhomboïdal, dont les angles sont de 125 et 55°; le rapport de la hauteur du prisme au côté de la base est :: 7 : 5. Lorsque ces cristaux sont fraîchement recueillis, ils sont transparents; mais ils ne tardent pas à se couvrir d'efflorescences blanches, et à se ternir à la surface. La thénardite est soluble dans l'eau; elle ne donne pas d'eau par la calcination; son poids spécifique est de 2.73. L'analyse en a été faite par M. Casaseca, de Madrid, qui a trouvé pour sa composition :

Sulfate de soude.	99.78
Sous-carbonate de soude.	0.22
	100.00

composition qui conduit à la formule :

$$NaO\ SO^3.$$

Le sulfate de soude hydraté prend les noms de *sel de Glauber, sel admirable, exanthalose* de Beudant, etc. C'est une substance blanche, amère en même temps que salée, ne faisant point effervescence avec les acides. Elle est très-soluble dans l'eau et facile à cristalliser. Ses cristaux dérivent d'un prisme rhomboïdal oblique, dont les incidences latérales sont de 80° 24'; celle de la base, de 101° 20'; et le rapport de la base à la hauteur :: 100 à 148. Sa pesanteur spécifique est de 1.462; elle fond facilement, et donne de l'eau par évaporation. On la trouve ordinairement en petites masses terreuses blanches, ou en efflorescences d'un blanc jaunâtre ou grisâtre : c'est en ce dernier état qu'on rencontre ce sel sur des laves du Vésuve, sur les trachytes altérés de la solfatare de Pouzzoles, sur les parois des mines de sel d'Ischel (Autriche). Il est en dissolution dans les eaux de certains lacs de l'Autriche et de la basse Hongrie, dans certaines fontaines près de Madrid, à Cerezo, dans la province de Burgos. On ne l'a jamais trouvé en cristaux naturels déterminables.

La composition du sulfate de soude cristallisé ou efflorescent diffère par la quantité d'eau. Les cristaux contiennent cinq fois plus d'atomes d'eau que l'autre variété. C'est du moins ce qui paraît résulter des deux analyses suivantes, dues, la première à Berzelius, la seconde à Beudant :

	En cristaux.	En efflorescence.
Soude.	19,20	35.00
Acide sulfurique.	24.80	44.80
Eau.	56.00	20.20
	100.00	100.00

Ces analyses conduisent aux formules :

1° En cristaux, $NaO\ SO^3 + 10\ Aq$.
2° En efflorescence. $NaO\ SO^3 + 2\ Aq$.

Le sulfate de soude hydraté est souvent accompagné d'autres sels, notamment de sulfate de magnésie, avec lequel il paraît être à l'état de mélange, et s'unit conséquemment dans des proportions variées. On a essayé d'en faire des espèces particulières chaque fois que la simplicité des proportions l'a permis; mais rien jusqu'à présent n'a justifié ces hypothèses d'une manière certaine.

C'est ainsi que la BLOEDITE d'Ischel, en Autriche, présente une composition qui répond à la formule atomique : $(NaO\ SO^3 + 4\ Aq) + MgO\ SO^3$, dans laquelle un atome de sulfate de soude est uni à un atome de sulfate de magnésie. L'expression $NaO\ SO^3 + 4\ Aq$ tendrait à faire penser que la proportion d'eau varie singulièrement, comparativement aux analyses qui précèdent; mais si l'on admet l'isomorphisme des deux sels, l'expression atomique se réduira à $(NaO\ MgO)\ SO^3 + 2\ Aq$, analogue à celle du sulfate en efflorescence. Voici, au reste, l'analyse de John :

Sulfate de soude.	33.34
— de magnésie.	36.66
— de manganèse.	0.33
— de fer.	0.34
Muriate de soude.	0.33
Eau.	22.00
	93.00

La blœdite n'a aucun des caractères extérieurs du sulfate de soude pur : elle est d'une couleur rouge de brique, en fibres grossières.

On doit rapporter à l'espèce anhydre la RÉUSSINE, substance efflorescente, et que M. Beudant considère comme un sulfate de soude ordinaire, mélangé à de petits cristaux de sels doubles. L'analyse suivante pourrait bien n'être pas d'accord avec l'hypothèse de ce savant :

Sulfate de soude.	66.04
— de magnésie.	31.35
— de chaux.	0.42
Chlorure de magnésie.	2.19
	100.00

d'où l'on tire le rapport simple : $2\ NaO\ SO^3 + MgO\ SO^3$.

La GLAUBÉRITE est un double sulfate anhydre, dans lequel la chaux remplace la magnésie de la réussine; sa forme primitive est un prisme rhomboïdal oblique, dont les faces latérales présentent un angle de 116° 30', et dont la base est inclinée sur ces faces de 136° 48'; le rapport des côtés à la hauteur est : : 10 : 13 ; elle possède un clivage très-facile. Ses cristaux très-brillants, quand ils sont frais, se ternissent à l'air; ceux de Villa-Rubia sont limpides et d'un gris jaunâtre; ceux de Vic sont tachés par l'argile ferrugineuse. La pesanteur spécifique de la glaubérite est 2.72 à 2.73; elle raye la chaux sulfatée, elle décrépite au feu, et fond en un émail blanc. M. Brongniart a trouvé pour sa composition :

Sulfate de soude.	51
— de chaux.	49
	100

qui répond à l'expression atomique : $NaO\ SO^3 + CaO\ SO^3$.

La glaubérite de Vic présente une composition identique quand elle est pure; mais c'est un cas fort rare : elle est le plus ordinairement accompagnée de muriate de soude, de sulfate de magnésie, et d'argile. Cette complication d'éléments lui a fait donner le nom de POLYALITE, quoique ce nom soit bien mieux appliqué au sulfate quintuple d'Ishel. La composition de la glaubérite ressort de l'analyse suivante ;

Sulfate de soude.	48.50
— de chaux.	46.60
Muriate de soude.	1.20
Argile ferrugineuse.	2.70
	99.00

et donne la formule : $NaO\ SO^3 + CaO\ SO^3$.

La glaubérite se rencontre ordinairement avec le sel commun, en cristaux disséminés; elle existe à Villa-Rubia (province de Tolède), à Vic (Meurthe). Lorsqu'elle est associée à l'argile et à beaucoup de sel, ses cristaux sont imparfaits, et ne présentent que des nodules irréguliers.

Le principal usage du sulfate de soude est sa conversion en carbonate, connue sous le nom de *soude* du commerce. C'est à cet état qu'on l'emploie dans les verreries, dans la saponification, et dans une foule d'autres industries.

Le sulfate de soude peut être converti en carbonate ou soude du commerce, en le mettant en présence du carbonate de chaux et soumettant le tout à une certaine chaleur. Il se forme alors du sulfate de chaux et du carbonate de soude, par l'échange des deux acides; mais comme le sulfate de chaux est plus soluble que son carbonate, il se forme toujours du sulfate de soude lorsqu'on essaye de séparer les deux produits à l'aide de la dissolution. Pour éviter cette réaction, on ajoute du charbon, qu'on mélange avec le carbonate de chaux. Les quantités à mélanger sont :

Sulfate de soude anhydre.	1000
Carbonate de chaux.	1040
Charbon.	530

ou, en formules chimiques :

$$2\,NaO\,SO^3 + 3\,CaO\,CO^2 + 9\,C.$$

On place le tout sur la sole d'un fourneau à réverbère en briques; on chauffe jusqu'à fusion, et l'on remue continuellement les matières. Il se forme du sulfure de calcium = 2 CaS, qui se combine avec de la chaux et forme un oxysulfure de calcium = 2 CaS + CaO ; les neuf parties de charbon se convertissent en dix d'oxyde de carbone = 10 CO, qui se dégagent et viennent brûler en petites flammèches bleues, et toute la soude est convertie en carbonate = 2 NaO CO^2 ; ce qu'il s'agissait d'obtenir. On retire ensuite la matière pâteuse, on la fait refroidir pour la réduire en poudre, on la lessive, et on fait cristalliser par les méthodes connues.

SULFATE DE STRONTIANE (*Minér.*), m. Substance incolore, bleu de ciel ou d'un blanc laiteux, qui se trouve généralement en cristaux réguliers avec les mêmes variétés de texture que le sulfate de baryte; son éclat est vitreux et nacré ; elle raye la chaux carbonatée; sa pesanteur spécifique 3.88 à 3.96 approche de celle de la baryte; elle décrépite au chalumeau, fond en un émail blanc laiteux, et colore la flamme en rouge. Après la calcination, la strontiane passe à l'état caustique, et donne une saveur aigre et cuisante. Sa forme primitive est un prisme droit rhomboïdal sous l'angle de 104°, avec les rapports :: 31 : 30. Son analyse a donné à Stromeyer :

Strontiane.	56.04
Acide sulfurique.	43.39
Ox. de fer et d'alumine.	0.03
Eau.	0.18
	99.64

d'où l'on tire la formule : SrO SO^3.

Le sulfate de strontiane présente plusieurs variétés remarquables : celle lamelleuse donne le plus souvent la forme primitive, bleuâtre, quelquefois fortement striée par des lignes; la variété fibreuse forme des filons ou de petites veines composés de fibres accolées, perpendiculaires à la surface du filon ou au plan des veines. Parfois ce minéral se trouve en masses sphéroïdales aplaties, d'un gris verdâtre, à cassure compacte, un peu esquilleuse. Lorsque ces rognons sont à l'état de géode, leur intérieur est tapissé d'aiguilles de strontiane sulfatée. Leur pesanteur spécifique est 3.30 à 3.50.

Malgré l'analogie qui existe entre la baryte sulfatée et le sulfate de strontiane, leurs gisements sont loin d'être les mêmes : le dernier est ordinairement associé au gypse et au sel gemme; il y forme des filons et des veines. On le trouve à Bristol (Angleterre), à Salzbourg, à Bex (Suisse), près de Toul (Meurthe), en Sicile, dans les marnes vertes de Montmartre.

Le sulfate de strontiane est souvent accompagné de sulfate de chaux. M. Thomson a décrit une de ces variétés des environs de Bristol, qu'il a nommée *calcaréo-sulfate de strontiane*, et dont il a donné l'analyse suivante :

Sulfate de strontiane.	83.20
— de chaux.	16.73
	99.93

qui approche beaucoup de la formule atomique : 3 SrO SO^3 + CaO SO^3.

Cette variété doit être rapportée au sulfate de strontiane, attendu que sa forme primitive n'est point altérée. Il en est de même de la variété dans laquelle le carbonate de chaux se trouve associé à la strontiane sulfatée. M. Dufrénoy, qui en a analysé trois échantillons différents, a trouvé qu'ils contenaient :

	VARIÉTÉS.		
	Opaque.	Demi-transp.	Hyaline.
Sulfate de strontiane.	82.40	91.63	96.80
Carbonate de chaux.	17.15	8.20	3.60
	99.55	99.83	100.40

analyses dans lesquelles le carbonate de chaux est évidemment à l'état de mélange.

Il en est probablement de même de la variété que M. Thomson a nommée *barito-sulfate de strontiane*. Elle est blanche, légèrement bleuâtre; elle possède trois clivages, et présente les mêmes caractères que la strontiane sulfatée. Sa pesanteur spécifique est 3.921. M. Thomson a trouvé pour sa composition :

Sulfate de strontiane.	63.20
— de baryte.	35.20
Protoxyde de fer.	0.59
Eau.	0.72
	99.71

dans laquelle deux atomes de sulfate de strontiane sont accompagnés d'un atome de sulfate de baryte.

SULFATE D'URANE (*Minér.*), m. Synonymes : *johanite, urane, vitriol*. Ce minéral forme deux variétés : le sous-sulfate et le sulfate proprement dit. — Le *sous-sulfate d'urane*, découvert par John, et appelé pour cela *johannite*, est d'un brun jaunâtre, à cassure résineuse ou terreuse; il est insoluble dans l'eau, et fragile comme le fer résinite; sa densité est 3.19 ; il donne de l'eau par calcination. Soluble dans les acides, sa solution précipite en rouge brun par l'hydro-ferro-cyanate de potasse. — Le *sulfate* ou *urane vitriol* est, au contraire, soluble dans l'eau, et forme de petites aiguilles cristallines d'un beau vert d'herbe. Les essais donnent des réactions qui annoncent la présence du cuivre. Ces minéraux ont été rencontrés dans les mines de Joachimsthal, en Bohême.

SULFATE DE ZINC (*Minér.*), m. Syn. : *zinc sulfaté*, *couperose blanche* du commerce, *zinc vitriol*, *gallitzine* de Beudant, etc. Substance blanche, en aiguilles ou croûtes cristallines, provenant de la décomposition du sulfure de zinc soluble dans l'eau; cristallisant facilement. Il est incolore dans l'état de pureté, mais il se recouvre à l'air d'un enduit farineux; il ne se trouve jamais à l'état anhydre; il fond avec boursouflement en une scorie grise, en laissant échapper une flamme brillante, accompagnée de flocons blancs; sa saveur est styptique. Sa forme primitive est un prisme rhomboïdal droit sous l'angle de 91° 7', et ses cristaux ordinaires sont des prismes droits rectangulaires, surmontés d'un pointement à quatre faces. La pesanteur spécifique du zinc sulfaté est de 2.00; il produit de l'eau par la calcination. Sa solution dans l'eau donne par l'ammoniaque un précipité gélatineux, qui se redissout dans un excès de réactif, et qui donne un précipité jaune orangé par le cyanure rouge de potasse et de fer. MM. Beudant et Schaub ont trouvé pour sa composition :

	LOCALITÉS.	
	Schemnitz.	Cornouailles.
Acide sulfurique.	29.80	21.00
Oxyde de zinc.	28.80	28.00
— de manganèse.	0.70	1.00
— de fer.	0.40	»
Eau.	40.80	46.00
	100.20	96.00

correspondant aux formules : $ZnO\,SO^3 + 6\,Aq$, et $ZnO\,SO^3 + 10\,Aq$.

Le sulfate de zinc se trouve sous forme de concrétions ou à l'état aciculaire dans les travaux souterrains où abonde le sulfure de zinc; il paraît être le résultat de la décomposition de ce minéral, ou peut-être de celle des sulfures de fer en contact avec de l'oxyde de zinc. Il demande une préparation pour être livré au commerce; c'est ainsi qu'on traite le sulfate de zinc à Idria (Carinthie), à Schemnitz (Hongrie), près de Goslar (Suisse), au Cornouailles (Angleterre), etc., avant de le livrer aux industries de la teinture, du corroyage, de la pharmacie, et même du chaulage des grains.

SULFATO-CARBONATE DE BARYTE (*Miner.*), m. Nom donné par M. Thomson à un *carbonate de baryte* associé à un sulfate de la même terre, dont il avait fait une espèce. *Voy.* CARBONATE DE BARYTE.

SULFO-STIBIURE DE CUIVRE (*Minér.*), m. Sulfure décrit à l'article SULFURES MÉTALLIQUES.

SULFO-STIBIURE DE PLOMB (*Minér.*), m. Nom donné par les chimistes à un *sulfure de plomb antimonifère*, décrit à l'article SULFURES MÉTALLIQUES.

SULFURES MÉTALLIQUES. Le soufre se combine avec les métaux dans certaines proportions.

L'argent, le plomb, l'étain, le zinc et le manganèse forment avec le fer des sulfures simples, dont l'expression générique est BS (B représentant le métal). Cette formule, simple se rapporte, dans ses alliages, à la forme cristalline régulière du cube. Elle n'est cependant pas exclusive, et offre, au contraire, de singulières anomalies, sur lesquelles on ne peut rien dire encore de positif. Nous en citerons quelques-unes.

Le sulfure cuprique CuS, qui appartient, quant à la constitution atomique, à la formule simple BS, cristallise en prisme droit à base carrée, forme bien voisine du cube, puisque le rapport de la base à la hauteur est : : 10 : 7, mais qui cependant s'éloigne assez du système régulier. Cette anomalie est d'autant plus remarquable que quelques autres combinaisons du cuivre avec le soufre, telles que la philipsite, le sulfo-stibiure et la tennantite, se rattachent au système du cube, et que le métal pur lui-même cristallise dans cette forme.

La non-altération de la forme cristalline dans la tennantite et ses équivalents, par l'introduction de l'antimoine ou de l'arsenic, mérite d'être remarquée; car il existe une foule d'alliages de sulfo-stibiures et sulfo-antimoniures dans lesquels le système du métal basique est sensiblement altéré. C'est ainsi que l'expression cubique PbS passe au prisme droit rhomboédrique dans la zinkénite, $PbS + Sb^2 S^3$, et au prisme oblique dans la plagionite, $4\,PbS + 2\,Sb^2 S^3$, qui en est si voisine; et cela se conçoit, puisque la forme du sulfure d'antimoine est un prisme rhomboïdal.

Ce sulfure d'antimoine $Sb^2 S^3$ est isomorphe du sulfure d'arsenic $As^2 S^3$; sa forme appartient également au troisième système cristallin; tous deux imposent la forme rhomboédrique au métal qu'ils accompagnent, comme on le voit dans l'argent rouge et la proustite, dans la combinaison desquels ils entrent en même proportion.

L'alliance du cobalt et du bismuth avec le soufre ne s'est encore présentée dans la nature que sous la forme de sesqui-sulfures $B^2 S^3$; ils ont pour type cristallin le cube.

Enfin, le molybdène et le fer offrent des bisulfures BS^2 de formes très-différentes : celle du molybdène est un prisme hexaèdre régulier; celle du fer est dimorphe, et donne le cube et le prisme droit rhomboïdal

Comme on le voit, il est difficile d'établir des rapports généraux entre la composition et la forme cristalline des sulfures métalliques, dans l'état des connaissances actuelles. Ces corps ont perdu les propriétés caractéristiques du métal, et ne se distinguent des oxydes que par leur conductibilité. Les sulfures opaques qui ont conservé l'aspect métallique prennent plus spécialement le nom de *pyrite*; ceux qui sont translucides portent celui de *blende*.

Le SULFURE D'ARGENT ou *argent vitreux* a la forme simple du plomb cubique, et possède une constitution atomique semblable; il est d'un gris de plomb ou d'acier, quelquefois noir par altération. Sa cassure fraîche a beaucoup d'éclat; elle est légèrement conchoïde, un peu vitreuse; il raye le gypse, mais il se laisse rayer par la fluorine; on peut le couper au couteau ; il est sensiblement malléable, et Klaproth affirme qu'on en a frappé des médailles à l'effigie du roi Auguste Ier ; sa densité est de 6.90 à 7.20 ; il se réduit, à la simple flamme d'une bougie, en un bouton d'argent ; au chalumeau, il dégage des vapeurs sulfureuses avant de se réduire ; isolé et frotté, il acquiert l'électricité résineuse ; il est soluble dans l'acide nitrique. Sa forme primitive est le cube, mais on le trouve en octaèdre, en cubo-octaèdre, en dodécaèdre, etc. ; il est quelquefois en masses amorphes, et ne se distingue alors que par sa cassure conchoïdale et vitreuse ; on en a trouvé en dendrites, en lamelles, en rameaux. Si on l'expose pendant quelque temps à une chaleur douce et constante, il laisse échapper de son intérieur des filaments contournés d'argent natif ; ce qui a fait penser que les aiguilles d'argent qui enveloppent les cristaux d'argent sulfuré pourraient bien être dues à une cause analogue, peut-être à la chaleur provenant de la décomposition des pyrites. La composition de ce minéral est d'une grande simplicité ; elle donne, suivant Klaproth :

	LOCALITÉS.	
	Himmelsfurst.	Joachimsthal.
Argent.	86.50	86.39
Soufre.	13.50	13.61
	100.00	100.00

ou AgS, formule des sulfures simples.

L'argent sulfuré est l'un des minerais les plus riches et les plus abondants ; il se trouve en grande quantité dans les mines de Guanaxato et de Zacatecas ; on l'exploite également à New-Morgenstein, près de Freyberg, à Joachimsthal (Bohême), à Schemnitz (Hongrie).

Lorsqu'il est accompagné de sulfure de fer, comme dans la STERNBERGITE, la forme cristalline est altérée, et passe au prisme droit

C'est en effet la forme de la sternbergite, dont l'angle est de 119° 30' ; elle possède un clivage facile parallèlement à la base, et ses lames sont flexibles comme des feuilles d'étain. Ce minéral est d'un brun de tombac foncé, à éclat métallique ; il est souvent irisé par une teinte bleuâtre ; c'est, après le talc laminaire, le moins dur des minéraux ; aussi laisse-t-il des traces sur le papier, comme la plombagine. Sa densité est de 4.215 ; chauffé dans un tube, il donne l'odeur du soufre, perd son éclat, et devient noir et friable ; il brûle sur le charbon avec une flamme bleue, et donne un bouton métallique jaunâtre, parsemé de grenailles d'argent, qui agit fortement sur le barreau aimanté ; avec le borax le fer se dissout, et laisse isolé le bouton d'argent. La composition de la sternbergite, d'après l'analyse de M. Zippe de Prague, est :

Argent.	33.20
Fer.	36.00
Soufre.	30.00
	99.20

M. Dufrénoy admet, pour l'expression de cette analyse, la formule $Ag S^2 + 4 FeS$, laquelle indique la réunion de quatre atomes de sulfure de fer avec un bisulfure d'argent qui n'existe point dans la science.

L'association de la galène au sulfure d'argent n'en change point la forme cristalline primitive, comme on l'a vu dans le sulfure de Schemnitz et dans la première analyse du weissgültigerz de Klaproth ; mais, en présence du sulfure d'antimoine, cette forme persiste beaucoup moins que dans le sulfure d'argent, et passe plus facilement au prisme rhomboïdal droit. On peut citer comme exemple le *sulfure d'argent aigre*, connu sous le nom d'*argent aigre* ou *fragile*, et nommé, par quelques minéralogistes, *argent noir*. Les cristaux de ce minerai résultent d'un prisme rhomboïdal droit, sous l'angle de 115° 39', dont le rapport est :: 8 : 6, quoique cependant le sulfure d'argent domine dans la composition de ce sulfo-stibiure, qui peut être rapporté à la formule $6 AgS + Sb^2 S^3$.

C'est une substance d'un gris de fer foncé, passant au noirâtre ; sa poussière est noire ; elle a l'éclat métallique, et la cassure inégale et conchoïde ; elle est aigre, fragile et cependant peu dure, puisqu'elle raye à peine le carbonate de chaux ; sa densité varie entre 62.69 et 59 ; elle se comporte au chalumeau comme le plomb antimonié. Sa composition est, suivant

	Klaproth.	H. Rose.
Argent.	66.50	68.54
Cuivre et arsenic.	0.50	0.64
Fer.	5.00	»
Antimoine.	10.00	14.68
Soufre.	12.00	16.42
	94.00	100.28

dont l'expression atomique moyenne est $6 AgS + FeS + Sb^2 S^3$, ou, en négligeant l'atome de sulfure ferreux avec H. Rose, $6 AgS + Sb^2 S^3$.

Le SCHILFGLASER, ou *argent gris*, a une constitution atomique plus prononcée et plus nette que celle de l'*argent aigre* : il cristallise également dans le système du sulfo-antimoniure, et sa forme primitive est un prisme droit rhomboïdal sous l'angle de 100°, dont le rapport est :: 20 : 7. Sa cassure est lamelleuse et granulaire ; il est tendre, et se laisse entamer par le couteau ; sa densité est de 6.194 à 6.38. Au chalumeau, il se comporte comme le sulfure antimonié ; mais sur le charbon il produit une auréole jaune d'oxyde d'antimoine et de plomb, puis un globule d'argent qui, traité par le borax, donne quelquefois une réaction cuivreuse. Sa composition est, suivant Wohler :

Argent.	22.93
Plomb.	30.27
Antimoine.	27.38
Soufre.	18.74
	99.32

répondant à la formule : $AgS + PbS + Sb^2 S^3$, ou plus exactement : $2 (Ag, Pb) S + Sb^2 S^3$.

Cette facilité d'altération des cristaux par la présence de l'antimoine fait qu'une plus grande proportion de ce sulfure, dans la *miargyrite*, par exemple, donne pour forme primitive le prisme rhomboïdal oblique.

La MIARGYRITE, en effet, se présente le plus communément en prismes aplatis à quatre faces, qui dérivent d'un prisme rhomboïdal oblique de 93° 56', dont la base est inclinée sur l'axe de 101° 6'. Sa composition est, suivant H. Rose :

Argent.	36.40
Cuivre.	1.06
Fer.	0.62
Soufre.	21.95
Antimoine.	39.14
	99.17

on en tire la formule : $AgS + Sb^2 S^3$.

La miargyrite ressemble extérieurement à l'argent noir ; elle s'en distingue par sa poussière, qui est d'un rouge cerise foncé ; sa pesanteur spécifique est de 52.54 ; elle offre, lorsqu'elle est en fragments minces, des reflets rouges, sans rien perdre de son opacité ; elle donne un bouton d'argent au chalumeau, après avoir jeté des vapeurs blanches abondantes ; elle laisse dans l'acide nitrique un précipité ammoniacal.

L'ARGENT ROUGE se distingue des autres sulfures par une belle couleur cerise foncée, ou par sa poussière d'un beau rouge ; lorsqu'il est opaque, il est d'un gris d'acier métalloïde ; il est très-fragile, et se laisse rayer par le carbonate de chaux ; sa pesanteur spécifique est de 57.20 à 58.46 ; il est fusible au chalumeau avec vapeurs antimoniales, et y produit un bouton d'argent ; il se comporte dans l'acide nitrique comme la miargyrite. Ses analyses donnent :

	LOCALITÉS.		
	Mexique.	Zacatecas.	Andréasberg.
Argent.	60.20	57.45	58.95
Antimoine.	21.80	24.59	22.85
Soufre.	18 00	17.76	16.61
	100.00	99.80	98.41

Ces analyses repondent à la formule : $3\,AgS + Sb^2S^3$.

L'argent rouge a la teinte foncée, et c'est pour cela que Werner lui avait donné le nom de *dunklees rothgültigerz*, pour le distinguer du *lichtes rothgültigerz*, minéral à poussière rouge-claire, qui, au lieu d'antimoine, contient de l'arsenic. Ce sulfure qu'avait déjà séparé Proust, et auquel on a donné le nom de *proustite*, est un véritable *sulfure d'argent et d'arsenic*, moins pesant que l'argent rouge, mais ayant la même dureté. Sa couleur est le gris de fer pour les cristaux opaques, et le rouge cochenille pour les cristaux transparents ; ses cristaux dérivent d'un rhomboèdre très-rapproché de celui qui caractérise l'argent rouge. Il est assez rare, et se trouve généralement avec l'argent rouge ordinaire. Sa composition est, suivant H. Rose :

Argent.	64.67
Arsenic.	15.09
Antimoine.	0.69
Soufre.	19.51
	99.96

La formule qu'on en retire $3\,AgS + As^2 S^3$ se trouve corroborée par l'analyse de Proust, qui avait trouvé :

Sulfure d'argent.	74.35	$= 3\,AgS$
— d'arsenic.	25.00	$= As^2 S^3$
	99.35	

Ici l'arsenic remplace l'antimoine, comme isomorphe.

On a nommé *xanthokon* un sulfure d'argent et d'arsenic en tables hexagonales très-minces et en petits cristaux groupés, qui paraissent appartenir au système rhomboédrique. Ce minéral est d'un rouge brunâtre ou jaunâtre, passant au brun de girofle dans les masses réniformes, et d'un jaune orangé par réfraction dans les cristaux. La poussière en est jaune. Il est composé, suivant Plattner, de :

Argent.	63.88
Arsenic.	14.32
Soufre.	21.80
	100.00

Il contient un peu trop de soufre pour être ramené exactement à la formule de la proustite, mais il s'en rapproche beaucoup. Sa pesanteur spécifique est 5.106. On le rencontre dans la mine de Himmelfürst, en Saxe, et à Erbisdorff, près de Freyberg.

Le sulfure d'argent le plus compliqué est celui qu'on a nommé *polybasite*, et qui est un *sulfure d'argent, d'antimoine, d'arsenic et de cuivre*. Il est d'un noir de fer, à éclat métallique ; dans les cristaux, cet éclat est vif sur les faces verticales, et mat sur la base ; sa cassure est grenue et inégale ; sa poussière est noire. On le trouve ordinairement en petites tables à six faces, comme les cristaux de l'argent noir ; on n'y aperçoit pas de clivage ; sa forme primitive paraît être un rhomboèdre. La polybasite raye le gypse, et est rayée par la fluorine ; la densité de ses cristaux est de 6.214 ; elle donne au chalumeau une forte odeur d'ail, outre les réactions de l'argent noir. Son analyse a fourni à M. H. Rose :

	LOCALITÉS.		
	Schemnitz.	Freyberg.	Guarisamey.
Argent.	72.43	69.99	64.29
Antimoine.	0.25	8 39	5.09
Arsenic.	6.23	1.17	3.74
Soufre.	16.83	16.35	17.04
Cuivre.	3 04	4.11	9.93
Fer.	0.33	0.29	0.06
Zinc.	0.59	»	»
	99.70	100.30	100.15

Ces analyses répondent à la formule : $10\,AgS + Cu^2S + 2\,(Sb, As)^2\,S^3$, dans laquelle l'arsenic et l'antimoine achèvent de prouver leur isomorphisme. Il peut être mis sous la forme : $[(Sb,AS)^2S^3+10AgS]+[(Sb,AS)^2S^3+Cu^2S]$.

Le *sulfure d'arsenic* ou *réalgar, orpiment*, etc., présente deux espèces dont les caractères sont différents : l'un est rouge, et est connu sous le nom de *réalgar*; l'autre est jaune, et se nomme communément *orpiment* : le premier cristallise suivant des formes qui dérivent du prisme rhomboïdal oblique; le second a pour forme primitive le prisme rhomboïdal droit.

Le RÉALGAR est d'un beau rouge cochenille ou rouge orangé; sa poussière est jaune orangé; il est rarement en masses grenues, et presque toujours en cristaux; il s'écrase facilement sous les doigts; il est moins dur que le gypse, et raye le talc; sa densité est de 3.3 à 3.6; il se volatilise sur le charbon, avec fumée et odeur d'ail; sa forme primitive est un prisme rhomboïdal oblique, sous l'angle de 104° 12', avec le rapport :: 167 : 47. M. Laugier a trouvé pour sa composition :

Arsenic.	69.57
Soufre.	30.43
	100.00

ce qui donne la formule : AsS.

L'ORPIMENT est d'un jaune citron très-vif, très-éclatant. Il se rencontre le plus souvent en masses cristallines lamelleuses et fibreuses, dont les lames se séparent avec facilité, sont flexibles, et se plient sans se casser. Cette disposition et sa couleur sont les caractères distinctifs de l'orpiment. Sa dureté est la même que celle du réalgar; sa densité est un peu moindre. Il brûle de la même manière. La forme primitive de l'orpiment est un prisme rhomboïdal droit, sous l'angle de 117° 49', et avec le rapport :: 80 : 29. Il possède deux clivages faciles, perpendiculaires entre eux. Son analyse a donné à M. Laugier :

Arsenic.	61.86
Soufre.	38.14
	100.00

On en déduit la formule : As^2S^3.

Le réalgar se trouve dans les filons de tellure et d'or de la Transylvanie; en Hongrie; à Andréasberg (Hartz); dans la dolomie du Saint-Gothard, et dans les crevasses des volcans et des solfatares qui brûlent encore. L'orpiment ne se rencontre pas dans les terrains volcaniques; mais il existe en Hongrie, dans les mêmes gisements que le réalgar.

L'orpiment est employé en peinture, et donne une couleur éclatante qui ne change qu'à la longue; le réalgar, mélangé au plomb, le rend plus propre à se convertir en grains ronds. Les Turcs le mélangent avec la chaux, et le font entrer dans la composition du *rusma*, ou savon dépilatoire.

Le *sulfure de bismuth* paraît avoir le cube pour forme primitive; il est d'un gris de plomb, ou d'un gris d'acier fort brillant; on le trouve en petits cristaux aciculaires imparfaits, ou en masses lamellaires d'un blanc d'étain éclatant. Il raye le gypse, et se laisse rayer par le carbonate de chaux; sa densité est de 6.549. Il est fusible à la flamme d'une bougie, et projette, au chalumeau, des goutelettes incandescentes, en déposant de l'oxyde jaune de bismuth sur le charbon. Il se dissout sans effervescence dans l'acide nitrique. Sa composition est :

	LOCALITÉS :		
	Cornouailles.	Retzbanya.	Riddarhyttan.
Bismuth.	72.49	80.96	80.98
Fer.	3.70	»	»
Cuivre.	3.81	»	»
Soufre.	20.00	18.28	18.72
	100.00	99.24	99.79

d'où l'on tire la formule $(Bi, Fe, Cu)^2S^3$ et Bi^2S^3, si l'on prend pour poids de l'atome de bismuth 1330.377, et seulement Bi S, si l'atome ne pèse que 886.92.

Le plomb étant isomorphe avec le bismuth, sa présence à l'état de sulfure ne change rien ni à la forme cristalline, ni à la constitution atomique. Le *bismuth sulfuré plombo-cuprifère* est seulement plus dur que le sulfure précédent, et n'est rayé que par la fluorine; il est aussi en cristaux aciculaires déliés, mais avec une teinte jaunâtre; cette disposition lui a valu en allemand le nom de *nadelerz*. Sa densité est un peu moindre que celle du sulfure pur (6.128), et il fait effervescence en se dissolvant dans l'acide nitrique; au chalumeau, on obtient un bouton de plomb cuprifère. On le trouve près de Beresof, en Sibérie. Ses analyses ont donné à M. Frick :

Bismuth.	34.62	36.45
Plomb.	35.69	36.05
Cuivre.	11.70	10.59
Soufre.	16.05	16.61
	96.06	99.70

Ces deux analyses présentent la disposition atomique (Bi, Pb, Cu) S, ou mieux $Bi^2S^3+Cu^2S+PbS$.

Lorsque ce sulfure contient de l'argent, comme dans la mine de Friedrich-Christian, dans la principauté de Fürstenberg, il est d'un blanc d'étain, et donne un bouton d'argent au chalumeau. Sa forme aciculaire est d'ailleurs conservée presque toujours ; les aiguilles sont alors implantées dans une gangue siliceuse. A Friedrich-Christian, il est en masses amorphes disséminées dans du quartz, et associé à du sulfure de cuivre. Son analyse donne :

Bismuth.	27.00
Plomb.	33.00
Argent.	15.00
Fer.	4.30
Cuivre.	0.90
Soufre.	16.30
	96.50

qui répond à la formule $2Bi^2S^3+8$ (Pb, Ag, Fe) S, dans laquelle les éléments isomorphes se remplacent dans des proportions telles, qu'il serait très-difficile d'en tirer une division détaillée un peu simple.

Le *kupfer-wisumtherz* des Allemands, ou *bismuth sulfuré cuprifère*, est également en aiguilles cristallines formant de petits nids ; sa couleur est le gris d'acier ; son éclat est métalloïde ; sa composition est donnée sous le nom de *sulfure de cuivre bismuthifère*, et répond à la formule : $BiS + Cu^2S$.

Le *sulfure de cadmium*, connu sous le nom de *greenockite*, se trouve en petits cristaux dans les cavités d'une roche amygdaloïde de Bidhopton, dans le comté de Renfrow (Angleterre). Leur forme fondamentale est, suivant M. Descloizeaux, un prisme hexaèdre régulier, qui a un clivage distinct parallèlement aux bases, et des clivages moins distincts parallèlement aux faces latérales. Ordinairement, le prisme est terminé par des facettes de deux ou trois pyramides tronquées, et dont le sommet est remplacé par une face.

La couleur de la greenockite varie entre le jaune de miel et l'orangé ; elle a l'éclat vif et résineux ; elle est fortement translucide, et ses lames sont transparentes ; elle raye le gypse, et se laisse rayer par la fluorine ; sa densité est de 4 8 ; elle décrépite au feu, passe à la couleur rouge, mais redevient jaune par le refroidissement ; sa poussière se dissout dans l'acide hydrochlorique. Ce minéral possède à un haut degré le pouvoir de réfracter la lumière, mais ne présente que très-faiblement le phénomène de la double réfraction. MM. Jameson et Connel ont trouvé qu'elle contenait :

Cadmium.	77.59
Soufre.	22.41
	100.00

répondant à l'expression atomique : CdS.

Le *sulfure de cobalt*, ou *koboldine* de Beudant, est d'un gris d'acier, ayant quelquefois une teinte rougeâtre ; sa cassure est inégale, et il ne présente aucun clivage ; il appartient au système cubique, et cristallise ordinairement en octaèdre régulier ; il raye l'apatite, et est rayé par le feldspath ; sa densité est de 4.90 à 5.20 ; il fond au chalumeau en un globule métalloïde gris, ne donne point d'odeur arsenicale, et colore le borax en un bleu intense ; sa solution dans l'acide nitrique est rose, et dégage du gaz nitreux. Trois analyses, dues à M. Hisinger et à M. Wernckink, ont donné pour sa composition :

Soufre.	42.52	38.50	41.00
Cobalt.	53.35	43.20	43.86
Cuivre.	0.97	14.40	4.10
Fer.	2.30	3.53	5.31
Gangue.	»	0.33	0.67
	99.14	99.96	94.94

Ces trois analyses donnent :

1° $CO^2 S^3$,

2° $CO^2 S^3 + (Cu, Fe) S$,

3° $5 (Co^2 S^3) + 2 (Cu Fe) S$;

d'où il faut conclure que le sesqui-sulfure de cobalt pur a pour formule atomique $Co^2 S^3$.

Ce sesqui-sulfure est assez rare, puisqu'il ne s'est encore trouvé qu'à Bastenaës (Suède), et à Jungfergrübe, près de Siegen.

Les chimistes admettent encore deux sulfures de cobalt : le *bisulfure*, exprimé par CoS^2, et le *sulfure cobaltique*, dont la formule est CoS.

Le premier ne s'est pas encore trouvé seul et à l'état de pureté dans la nature : il est toujours uni à l'arséniure de cobalt. Le second a été trouvé récemment à Ragpootanah (Indoustan), à l'état amorphe, tantôt en veines, tantôt en grains disséminés, et d'un gris d'acier un peu jaunâtre ; il est accompagné mécaniquement de pyrite magnétique, qu'on peut enlever facilement au moyen du barreau aimanté, et qui forme environ 9.22 pour cent du minéral. Les joailliers indiens s'en servent pour donner à l'or une couleur rose tendre. Sa composition est :

Cobalt.	64.72
Soufre.	35.28
	100.00

L'*arsénio-sulfure de cobalt* est beaucoup plus commun, puisqu'il fournit presque tout le safre employé dans les arts ; il est plus connu sous le nom de *cobalt gris*, et a été longtemps confondu avec l'arséniure ; mais ses cristaux sont plus éclatants et plus nets ; sa couleur grise est altérée par une teinte rougeâtre, et il possède des clivages parallèlement aux trois faces du cube. Le cobalt gris et le fer sulfuré présentent les mêmes variétés de formes. Le sulfure de cobalt raye l'apatite, et est rayé par le feldspath ; sa densité est 6.298 ; il étincelle sous le choc du briquet ; il fond au chalumeau avec dégagement abondant de vapeurs arsénicales, et colore le verre de borax en un bleu intense ; sa solution dans l'acide nitrique se colore en rose. M. Stromeyer a analysé des cristaux provenant de Skuterrud, en Norwége, et a trouvé que leur composition était :

Soufre.	20.08
Arsenic.	43.47
Cobalt.	33.10
Fer.	3.23
	99.88

d'où l'on tire $CoS^2 + Co As^2$, formule analogue à celle de l'arsénio-sulfure de fer et de l'arsénio-sulfure de nickel.

SULFURE DE CUIVRE. Le cuivre s'allie avec le soufre en deux proportions distinctes qui se trouvent toutes deux dans la nature : ou un atome de l'un est combiné avec un atome de l'autre, ce qui donne lieu au *sulfure simple* ; ou deux atomes de cuivre s'unissent à un atome de soufre, et donnent ainsi naissance au *sous-sulfure*. La covelline est le type de l'un ; le cuivre vitreux est le type de l'autre.

La *covelline*, ou *indigo de cuivre*, est un

sulfure cuprique de couleur noire ou bleu foncé, qui forme enduit sur certaines laves, ou se trouve en lames minces dans des roches volcaniques. Il accompagne souvent le sulfate hydraté de cuivre désigné sous le nom de *krisuvigite*, et paraît dû à l'action de l'hydrogène sulfuré sur ce dernier. La covelline est friable, elle tache les doigts, et sa dureté est celle du gypse ; elle a été trouvée au Vésuve. Walchner a décrit, sous le nom de *kupferindig*, une covelline rencontrée en Thuringe, à Badenweiller, en masses sphéroïdales présentant quelques traces de cristallisation ; sa couleur est d'un bleu d'indigo foncé ; elle est opaque et d'un éclat résineux ; sa raclure est gris de plomb ; elle pèse 3.80 à 3.82. Au chalumeau, elle brûle avant d'être chauffée au rouge, fond en émettant des étincelles, et se transforme en un bouton de cuivre métallique. Sa composition est :

Cuivre.	66.00	64.97
Soufre.	32.00	32.64
Fer.	»	0.46
Plomb.	»	1.04
	98.00	99.11

On en tire la formule du sulfure cuprique : CuS.

La seconde analyse contient un peu de fer et de plomb. C'est celle du *kupferindig* de Walchner, dont la couleur est plus claire que dans la covelline du Vésuve. A mesure que la proportion de fer devient plus grande, cette couleur s'éclaircit : elle finit par devenir d'un jaune de laiton foncé un peu verdâtre, comme dans le *cuivre pyriteux*, sulfure cuprique allié au sulfure ferreux. On trouve souvent ce dernier sous forme de tétraèdre simple ou modifié, qu'on a cru longtemps appartenir au système régulier, mais que Phillips a démontré appartenir au prisme droit à base carrée. Cette pyrite cuivreuse, que M. Beudant a nommée *chalkopyrite*, raye la chaux carbonatée, mais est rayée par l'apatite ; elle est un peu moins dure que la fluorine ; on la trouve en masses amorphes, à cassure inégale et conchoïde, en concrétions mamelonnées, en dendrites et en cristaux assez nets ; les masses concrétionnées sont souvent d'un gris bronzé plus ou moins sombre ; les masses amorphes portent quelquefois le nom de pyrite à queue de paon ou à gorge de pigeon, à cause de leur irisation qui n'est que superficielle, ce qui les distingue du cuivre panaché, dont l'irisation pénètre dans la masse intérieure, et dont la constitution atomique est différente. Sa densité est de 4.169 ; elle fond, au chalumeau, en un globule noir attirable à l'aimant ; avec le carbonate de soude, elle produit un globule de cuivre ; sa solution dans l'acide nitrique est verte, et donne avec l'ammoniaque la réaction du fer. Ses analyses fournissent :

LOCALITÉS.

	Allevard.	Cornouailles.	Finlande.	Furstemberg.	Ramberg.
Soufre.	32.00	35.16	36.33	36.52	35.87
Cuivre.	33.30	30.00	32.20	33.12	34.40
Fer.	30.00	32.20	30.03	30.00	30.47
Gangue.	2.60	2.64	2.25	0.39	0.27
	97.90	100.00	100.79	100.03	101.01

Sa composition peut donc être exprimée par la formule :

$$CuS + FeS, \text{ ou } (Cu\ Fe)\ S.$$

M. Scheidhauer a décrit un minéral cuivreux de l'île de Cuba, auquel Breithaupt avait donné le nom de *cuban*. C'est un sulfure cuprique allié à un sulfure ferreux, dans lequel les éléments atomiques sont : : 2 : 5. Sa composition est :

Cuivre.	22.96
Fer.	42.51
Soufre.	34.78
Plomb.	trace
	100.25

d'où l'on tire la formule ; CuS + 2 FeS, ou bien (Cu, Fe) S.

La couleur de ce minéral est d'un jaune de laiton pâle, à éclat métallique ; il est rayé par le feldspath et non par l'apatite ; sa raclure est noire ; sa pesanteur spécifique est de 4.026.

Le *cuivre vitreux* a pour forme primitive un prisme hexaèdre régulier, et sa composition conduit à la formule : Cu^2S. C'est un sulfure cupreux. Il est d'un gris de fer, quelquefois irisé à la surface ; on le rencontre en cristaux, en masses lamellaires et compactes, en pseudomorphoses ; il est un peu plus dur que le gypse, et peut être, lorsqu'il est pur, coupé avec un couteau ; il prend de l'éclat par la raclure. Sa densité est de 5.795. Il possède des clivages parallèles aux faces du prisme. Il fond avec facilité, et même à la flamme d'une bougie, lorsqu'il est pur, en donnant une odeur sulfureuse et un bouton de cuivre ; sa solution dans l'acide nitrique est verte. Sa composition est :

LOCALITÉS.

	Rothenbourg.	Siegen.	Cornouailles.	Sibérie.
Soufre.	22.00	19.00	20.62	20.50
Cuivre.	76.50	79.50	77.16	74.50
Fer.	0.50	0.50	1.15	1.50
	99.00	99.00	98.93	96.50

Le sulfure de cuivre contient souvent une forte proportion d'argent. C'est ainsi qu'on le trouve en petites masses aplaties, sous forme d'écailles allongées et disposées en petites tiges ; ce qui a fait donner à cette variété le nom d'*argent en épis*. A mesure que ce métal précieux augmente dans la combinaison, le minéral devient plus clair ; il est d'un gris de plomb tant que la proportion d'argent est faible ; il devient d'un gris d'acier très-éclatant lorsque l'argent forme ou dépasse cinquante pour cent. C'est alors un sulfure argentique uni à un sulfure cupreux, auquel on a donné le nom de *stromeyérine*.

La *stromeyérine*, ou *silberkupferglanz* des Allemands, paraît différer du cuivre sulfuré par sa cristallisation, quoiqu'au premier aspect elle ait pour forme celle d'un prisme hexaèdre; mais ce polyèdre présente un angle de 119° 35 entre deux faces contiguës, en sorte que, malgré sa ressemblance avec le prisme régulier, le cristal de la stromeyérine est seulement symétrique, et conduit au prisme droit rhomboïdal.

La stromeyérine est d'un gris d'acier brillant; son éclat est métalloïde, quelquefois métallique; sa cassure est imparfaitement conchoïdale, rarement lamelleuse; elle raye à peine le carbonate de chaux, et est rayée par la chaux fluatée; sa densité est de 6.255; elle ne bouillonne pas au chalumeau comme le cuivre pyriteux, mais elle est presque aussi fusible, et donne une solution nitrique verte : en y ajoutant une petite quantité d'acide hydrochlorique, on obtient un précipité abondant de chlorure d'argent. Cette solution précipite du cuivre sur une lame de fer, et de l'argent sur une lame de cuivre. MM. Sander et Stromeyer ont trouvé pour sa composition :

	LOCALITÉS.	
	Rudelstadt.	Schlangenberg.
Argent.	52.71	52.27
Cuivre.	30.95	30.48
Fer.	0.24	0.33
Soufre.	15.92	15.78
	99.82	98.86

répondant à la formule $Cu^2S + AgS$.

Le *sulfure de cuivre bismuthifère* a une constitution atomique analogue; il présente une teinte gris d'acier, légèrement colorée en rouge; il est ductile et très-fusible. Il se trouve à Wittichen, dans le Fürstenberg. Sa composition est, d'après Klaproth :

Cuivre.	31.66
Bismuth.	47.24
Soufre.	21.58
	100.48

conduisant à l'expression $Cu^2S + BiS$, dans laquelle le bismuth remplace l'argent.

Enfin le *cuivre panaché*, sulfure auquel on a donné à tort le nom de *philipsite*, qui appartient également à plusieurs autres minéraux, présente une constitution atomique particulière, et est composé de deux atomes de cuivre unis à un atome de soufre; sa forme primitive est un cube; il est ordinairement d'un brun rougeâtre, irisé de bleu, de jaune et de rouge; il raye le gypse, mais se laisse rayer par la fluorine; sa densité est de 5.003; sa cassure est rougeâtre, inégale et conchoïde. Il fond au chalumeau en un globule gris, métalloïde, attirable à l'aimant; sa solution dans l'acide nitrique est verte, et fournit, par l'ammoniaque, un précipité d'oxyde de fer. Ses diverses analyses ont donné :

	LOCALITÉS.			
	Aude.	Cornouailles.	Sibérie.	Ross-Island.
Cuivre.	59.20	58.20	61.63	61.07
Fer.	13.00	14.84	12.75	14.00
Soufre.	22.00	26.98	21.66	27.75
Gangue.	5.00	»	3.50	0.50
	99.20	100.02	99.54	103.32

On en déduit la formule $2\,Cu^2S + FeS$.

On a trouvé au Chili et à Sanger-Hausen un sulfure de cuivre, dont la composition serait, suivant un essai au chalumeau de M. Breithaupt :

Cuivre.	70.02
Argent.	0.24
Soufre.	28.56
	98.82

qu'il représente par la formule $Cu^5\,S^4$. Je crois que ce minéral n'est qu'une réunion d'un atome de sulfure covelline avec trois atomes de bisulfure, et qu'il doit être représenté par l'expression : $3\,Cu\,S + Cu^2\,S = Cu^5\,S^4$. Cette opinion est appuyée sur la pesanteur spécifique, qui, pour la *digénite*, est de 4.568 à 4.68, chiffre très-voisin de celui donné par la combinaison des deux sulfures.

Lorsque le sulfure de cuivre se trouve allié aux sulfures d'antimoine ou d'arsenic, il prend la couleur grise d'acier ou de fer, et il dégage, au chalumeau, des vapeurs abondantes antimoniales ou arsenicales, ou les deux à la fois. On lui donne alors le nom générique de *cuivre gris*.

Le cuivre gris appartient au système régulier; mais il affecte deux formes distinctes : lorsqu'il est antimonifère, ses cristaux sont généralement tétraédriques ; lorsqu'il est arsenifère, ils sont plus particulièrement en rapport avec le cube. Les minéralogistes en distinguent donc deux variétés : la première, qui est celle tétraédrique, a conservé le nom de *cuivre gris*; la seconde, ou variété cubique, a pris celui de *tennantite*. Il me semble qu'il serait plus conforme à la science de les nommer *sulfo-stibiure* et *arsenio-sulfure de cuivre*.

Le *sulfo-stibiure de cuivre* est gris de plomb; il a l'éclat métalloïde vif, et la surface de ses cristaux est très-brillante; sa cassure est inégale, passant à celle conchoïde. Quand il contient du plomb, comme dans les échantillons du Bannat, il prend une teinte bleuâtre; il raye le gypse, et se laisse rayer par l'apatite; sa fragilité est très-grande, et sa pesanteur spécifique est de 4.6 à 5.1. Au chalumeau, il se scorifie; mais avec le carbonate de soude il donne un bouton de cuivre. Sa composition est :

	LOCALITÉS.		
	Kapnick.	Corbières.	Dillenburg.
Cuivre.	37.98	34.30	38.42
Fer.	0.86	1.70	1.52
Zinc.	7.29	6.30	6.85
Argent.	0.62	0.70	0.83
Antimoine.	23.94	25.00	25.27
Arsenic.	2.88	1.50	2.26
Soufre.	25.77	25.30	25.03
	99.34	94.80	100.18

La formule qui résulte de ces analyses est : $(Sb^2 S^3 + 8 Cu^2 S) + (Sb^2 S^3 + 2 Zn S)$.

L'*arsenio-sulfure de cuivre*, nommé *tennantite*, est d'un gris de fer foncé et presque noir; il est brillant dans sa cassure, qui est inégale, quelquefois lamellaire, mais jamais conchoïde; ses cristaux sont moins éclatants que ceux du cuivre gris; ils sont même souvent mats; sa pesanteur spécifique est aussi plus faible : elle n'est que de 4.375. La tennantite décrépite au chalumeau, et fond en une scorie noire qui agit sur l'aiguille aimantée. Sa composition est :

Soufre.	27.76	30.25
Arsenic.	19.10	12.46
Cuivre.	48.94	47.70
Fer.	3.57	9.75
Argent.	traces	»
	99.37	100.16

Ces analyses conduisent à l'expression atomique : $(As^2 S^3 + 8 Cu^2 S) + (As^2 S^3 + 6 FeS)$.

Les cristaux dodécaèdres du Tyrol et de Salzbourg, que M. Dufrénoy considère comme des variétés de tennantite, sont d'un noir de fer, ternes à leur surface et brillants dans leur cassure. Ils sont composés de :

Soufre.	22.80
Arsenic.	25.00
Antimoine.	4.50
Cuivre.	39.20
Fer.	4.50
Argent.	1.00
	97.00

Cette analyse donne : $(As^2 S^3 + 8 Cu^2 S) + (As^2 S^3 + Fe As^2)$.

On a donné le nom de *tennantite zincifère* à un arsenio-sulfure de cuivre de Freyberg. C'est le *kupferblende* des Allemands. M. Plattner l'a trouvé composé de :

Cuivre.	41.07
Zinc.	8.89
Fer.	2.22
Plomb.	0.34
Arsenic.	18.87
Soufre.	28.11
	99.50

La formule qu'on en déduit est : $(As^2 S^3 + 8 Cu^2 S) + (As^2 S^3 + 3 (Zn, Fe) S$.

Le *cuivre gris mercurifère*, analysé par M. Scheidshauer, est beaucoup plus compliqué, puisqu'il est composé du sulfo-stibiure ordinaire, uni à deux atomes de sulfure ferreux et à quatre atomes de sulfure cuivreux. Sa composition est de :

Antimoine.	18.48
Arsenic.	3.98
Fer.	4.90
Zinc.	1.01
Cuivre.	35.90
Mercure.	7.52
Soufre.	23.34
Corps étrangers.	2.73
	97.86

Cette analyse conduit à la formule $(Sb^2 S^3 + 6 (Cu, Hg)^2 S) + (Sb^2 S^3 + 2 Fe S^2)$, dans laquelle le mercure figure à côté du cuivre comme substance isomorphe.

M. Svanberg a trouvé dans la commune de Wermskog (Wermland) un sulfo-stibiure de cuivre assez riche en argent, auquel il a donné le nom d'*aftonite*. Il est d'un gris d'acier; sa rayure est noire; il est cassant et peu dur : il raye le gypse, mais est rayé par la fluorine; sa pesanteur spécifique est de 4.87; il fond facilement au chalumeau. Il est composé de :

Cuivre.	32.91
Zinc.	6.40
Argent.	3.09
Fer.	1.34
Cobalt.	0.49
Plomb.	0.04
Antimoine.	21.77
Soufre.	30.05
Gangue.	1.29
	100.35

Cette composition donne : $(Sb^2 S^3 + 6 Cu^2 S) + (Sb^2 S^3 + 4 (Zn, Fe) S^2)$.

Le sulfure de cuivre se trouve le plus souvent en filons; c'est ainsi que sont constituées les mines de Cornouailles, de la Saxe, du Hartz; elles renferment accidentellement d'autres minerais de cuivre, notamment dans les mines de Sibérie; à Frankenberg, en Hesse, la variété spiciforme se trouve dans un filon contenu dans l'argile; le cuivre s'y est concentré sur des empreintes de poissons et de graminées ou de conifères, et est conséquemment postérieur au terrain qui dépend de la formation du grès rouge.

Le *sulfure d'étain* ne s'est pas encore rencontré dans la nature à l'état de pureté absolue; il n'existe guère que dans la mine de Wheal-Rock, et dans le granite du Saint-Michel, en Cornouailles, associé avec des sulfures de cuivre et de fer. Sa composition est analogue à celle du plomb et de l'argent, et sa forme primitive est également un cube. Il se trouve en masse amorphe, grenue ou laminaire, à éclat métallique. Il est gris jaunâtre ou verdâtre, ou gris d'acier bronzé, à éclat métallique, fragile; il raye le carbonate de chaux, et se laisse rayer par l'apatite; il pèse 4.35. Il est facile à pulvériser, et sa poussière est noire. Au chalumeau, il répand une odeur de soufre, et fond en une scorie noirâtre irréductible, couvrant le charbon d'une poussière blanche; il se dissout dans l'acide nitrique avec effervescence, et en dégageant des vapeurs rouges d'acide nitreux; il donne un précipité blanc immédiat; le reste de la solution prend une teinte d'un beau bleu par l'addition de l'ammoniaque, ce qui indique la présence du cuivre. Deux analyses ont donné :

Étain.	25.55	26.50
Cuivre.	29.39	30.00
Fer.	12.44	12 00
Soufre.	29.64	30.50
	97.02	99.00

On en tire la formule : Sn S + 3 (Cu, Fe) S, qui annonce l'union d'un sulfure stanneux avec un sulfure de cuivre et de fer.

Dans l'étain sulfuré de Zinnwald, il existe du zinc et un peu de plomb. Rammelsberg l'a trouvé composé de :

Étain.	28.94
Cuivre.	26.31
Fer.	6.30
Zinc.	6.93
Plomb.	0.41
Soufre.	29.39
	99.28

analyse qui répond à la formule générale · Sn S + 3 (CuO, FeO, ZnO) S.

Dans le *sulfure de fer*, le soufre se combine dans deux proportions avec le métal : ou il présente un atome de fer uni à un atome de soufre, et alors il constitue le sulfure ferreux Fe S des chimistes, lequel ne se rencontre point isolé dans la nature ; ou il offre la réunion d'un atome de fer avec deux atomes de soufre, et donne le bisulfure Fe S^2. Ce dernier est extrêmement abondant ; il donne deux variétés distinctes : l'une jaune, et l'autre blanche.

Quoique ces deux variétés aient la même composition et la même constitution atomique, elles offrent un exemple de dimorphisme très-singulier : la variété jaune a pour forme primitive le cube; la variété blanche dérive d'un prisme droit rhomboïdal de 106° 2'. Leurs analyses donnent :

	Pyrite	
	Jaune.	Blanche.
Soufre.	51,26	54.00
Fer.	45.74	46 00
	100.00	100.00

d'où l'on ne peut tirer qu'une formule unique Fe S^2, quoique leurs poids spécifiques atomiques soient : : 1389 : 1375. Il est très-probable que cette formule est erronée, et que l'identité d'expression atomique tient uniquement à l'imperfection de nos moyens d'appréciation. En effet, ce n'est pas le dimorphisme seulement qui indique une différence dans les deux sulfures; c'est aussi leurs rapports atomiques. On trouve que ces rapports sont :

	Pyrite	
	Jaune.	Blanche.
Soufre.	66.58	65.85
Fer.	33.42	34.15
	100.00	100.00

résultats qui ont peu d'identité.

L'hypothèse de M. Frankenkeim, d'après laquelle le fer serait combiné dans les deux sulfures avec le soufre dans des états différents, explique assez bien le dimorphisme de la pyrite, et peut-être est une voie ouverte pour la recherche des différences chimiques que nous venons de signaler.

La pyrite jaune est couleur d'or; son éclat est métallique, et ne se ternit point à l'air; elle fait feu au briquet, et donne alors une odeur prononcée de soufre ; elle raye le feldspath, et est rayée par le quartz; sa poussière est d'un vert noirâtre; sa pesanteur spécifique, de 5.00. Au feu, elle perd sa couleur, devient d'un brun rougeâtre et attirable à l'aimant; elle est presque toujours cristallisée, soit en cube, soit en dodécaèdre pentagonal, soit en icosaèdre, soit enfin dans plusieurs formes appartenant au système régulier, avec des modifications sur les angles ou sur les arêtes.

La pyrite blanche, ou *sperkise* de Beudant, est d'un blanc jaunâtre, ou verdâtre livide; elle a également l'éclat métallique ; elle fait feu au briquet, et se comporte à la bougie comme la pyrite jaune ; sa dureté est égale, mais sa pesanteur spécifique n'est que de 4.7 à 4.847. Exposée à l'humidité, elle se décompose avec une facilité plus grande que la pyrite jaune, et forme des sulfates en développant une grande chaleur; quelquefois le soufre disparait sans passer à l'état d'acide, et le fer se suroxyde, et devient un minerai connu sous le nom de *fer hépatique*. La pyrite blanche appartient au système rhomboïdal, et cristallise suivant ce système.

M. Thomson a décrit un minéral qu'il a nommé *crucite*, et que M. Dufrénoy rapporte au *fer sulfuré épigène*, ou *hépatique*; il se présente en cristaux pyriteux dodécaédriques très-allongés, et qui se croisent sous l'angle de 60°, et forment quelquefois des rosettes de trois cristaux contenus dans un schiste argileux. Souvent ces cristaux sont de peroxyde de fer.

Le sulfure de fer existe dans la plupart des formations; il n'y forme pas de roches, et s'y trouve disséminé, soit en cristaux isolés, soit en masses arrondies et mamelonnées, soit en grains imperceptibles, etc. Quelquefois le sulfure de fer semble faire partie d'un granite, comme dans les environs de Nantes; souvent il accompagne les autres sulfures métalliques dans des filons de quartz ou de baryte; il existe dans les schistes, dans les grès houillers, dans la houille, dans la craie, dans le lignite, etc. Sa combustion spontanée donne lieu à des sulfates de fer dont on extrait des *cendres végétatives.*

Le *sulfure de fer magnétique* est composé de sulfure ferreux et de bisulfure de fer ; il a pour forme primitive le prisme hexaèdre régulier. Sa couleur est le bronze un peu rougeâtre ; il a plutôt l'éclat métalloïde que métallique ; il se trouve en masses lamelleuses, dont la texture est due à un clivage facile dans le sens de la base ; il est beaucoup moins dur que les deux sulfures précédents, puisqu'il est rayé par l'apatite ; sa densité varie entre 4.631 et 4.660 ; il agit sensiblement sur l'aiguille aimantée, et est quelquefois polaire ; il se transforme au chalumeau et sur le charbon en un oxyde de fer ; il appartient aux terrains anciens. Sa composition est, d'après M. Stromeyer :

Soufre.	40.15
Fer.	59.85
	100.00

Cette analyse répond à la formule :

$$3\,FeS + FeS^2.$$

Dans les mines d'étain et de cuivre, on trouve fréquemment un sulfure blanc d'argent ou d'étain à éclat métallique, qui se rencontre ou en cristaux, ou en masses amorphes. C'est un *arsenio-sulfure de fer* qui étincelle sous le choc du briquet, et répand alors une odeur d'ail prononcée. Il est beaucoup plus dur que les autres sulfures, et n'est rayé que par le feldspath ; sa pesanteur spécifique est 6.127 ; au chalumeau, il donne des vapeurs et une odeur arsénicale, et produit un bouton attirable à l'aimant ; il est soluble dans l'acide nitrique, en laissant un résidu blanchâtre. Sa forme primitive est un prisme rhomboïdal droit, sous l'angle de 111° 12', et dans le rapport de 100 : 99. M. Chevreul a trouvé qu'il contenait :

Fer.	34.94
Soufre.	20.13
Arsenic.	43.42
	98.49

Cette analyse donne l'expression :

$$FeS^2 + Fe\,As^2.$$

C'est à cette formule qu'appartient la *danaïte,* dont M. Auguste Hayes avait fait une espèce particulière, et qu'on a, à tort, rapportée aux minerais de cobalt. Ses cristaux, en effet, ont l'éclat et la forme du *cobalt gris*, et leur pesanteur spécifique = 6.214 les en rapproche ; mais l'analyse les en sépare, et permet de regarder la danaïte comme un arsenio-sulfure de fer allié à un sous-sulfure de fer, et à un arséniure de cobalt en décomposition. C'est une substance d'un gris métallique très-brillant, donnant une odeur arsénicale sous le briquet. M. Hayes a trouvé :

Soufre.	17.84
Arsenic.	41.44
Fer.	33.94
Cobalt.	6.45
Gangue.	1.01
Perte.	0.32
	101.00

On en tire la formule :

$$5\,(FeS^2 + Fe\,As^2) + (CoS^2 + Co\,As^2).$$

Cette expression se retrouve en effet dans le *mispickel,* arsenio-sulfure de fer à teinte rougeâtre, allié à un arséniure cobaltique, et dont la composition est, d'après M. Wohler :

Fer.	30.91
Cobalt.	4.75
Soufre.	17.78
Arsenic.	47.45
	100.89

Cette analyse doit être exprimée par :

$$5\,(FeS^2 + FeAs^2) + CoAs.$$

M. Breithaupt a trouvé que la pyrite arsénicale du Saint-Gothard, à laquelle il a donné le nom de *plinian*, cristallise dans une forme différente des deux pyrites décrites plus haut : ce serait un trimorphisme très-remarquable. Ce minéral a, du reste, la même composition et la même densité que la pyrite dimorphe. Il paraît que celle d'Ehrenfriedsdorf présente la même forme cristalline que l'arsénio-sulfure du Saint-Gothard.

Le *sulfure de manganèse* est un minéral fort rare, et qu'on n'a encore rencontré que dans la Transylvanie et au Mexique ; il est d'un gris foncé lorsqu'il est fraîchement extrait de la mine, mais il passe rapidement au noir de fer ; sa couleur est imparfaitement métallique ; sa poussière est d'un vert obscur, et passe au violet sur une lame de fer rougie au feu ; au chalumeau, cette poussière, traitée par le nitrate de potasse, donne du sulfate et du manganate de potasse. Le sulfure de manganèse est facile à entamer, en s'égrenant, avec le couteau, quoique certaines variétés rayent le carbonate de chaux ; sa pesanteur spécifique est de 4.014. Il est soluble dans l'acide nitrique, avec dégagement de gaz nitreux. Il se fond difficilement au chalumeau, et seulement sur les bords. Il est ordinairement associé au carbonate rose de manganèse, et se trouve en masses lamelleuses et amorphes et en cristaux cubiques. Les lamelles ont un triple clivage à angles droits, ce qui indique que sa forme primitive est le cube ; sa composition s'accorde avec cette indication. M. Arfvedson a trouvé qu'elle était

Manganèse.	62.00
Soufre.	37.60
	99.60

répondant à la formule : MnS.

Le manganèse sulfuré du Mexique paraît, d'après l'analyse de M. Del Rio, contenir beaucoup plus de soufre. M. Dufrénoy soupçonne qu'il contient du sulfure de fer. Il a donné :

Manganèse.	54.50
Soufre.	39.00
Silice.	6.50
	100.00

d'où l'on tirerait : $MnS + Mn^2S^3$, formule inconnue dans la science.

Le *sulfure de mercure*, ou *cinabre*, est d'une belle couleur rouge vermillon ; il se trouve en cristaux, qu'on rapporte à un rhomboèdre aigu de 71° 48', ou en masses lamelleuses quelquefois grenues ; il est plus rarement fibreux ou pulvérulent. Sa couleur est souvent altérée, et passe au violet gorge de pigeon et même au brun d'oxyde de fer ; mais sa poussière est toujours rouge de carmin. Il est rayé par le carbonate de chaux, et raye le gypse ; sa densité, à l'état de pureté, est 8.098 ; en le frottant sur le cuivre, il laisse un enduit blanc métallique ; il se volatilise avec fumée au chalumeau, et n'est soluble que dans l'eau régale. Sa composition est :

	LOCALITÉS.	
	Japon.	Almaden.
Mercure.	84.50	85.00
Soufre.	14.75	14.25
	99.25	99.25

Ces analyses conduisent assez exactement à la formule HgS, qui laisse cependant présager un autre système cristallin que celui indiqué par Haüy.

On trouve souvent dans les mines de mercure une variété de cinabre très-chargée de bitume et de charbon, que les mineurs appellent *mercure hépatique*, et qui est le *quecksilber lebererz* de Werner. Ce sulfure est d'une couleur plus ou moins brune, selon la quantité de mercure qu'il contient ; au-dessus de soixante pour cent, il conserve sa couleur rouge ; il a un éclat métalloïde lustré, et donne une forte odeur bitumineuse quand on l'expose au feu. Les mines d'Idria en sont presque entièrement composées. Son analyse fournit :

Mercure.	81.80
Soufre.	8.20
Bitume et charbon.	6.80
Gangue.	32.00
Eau.	1.20
	100.00

d'où l'on tire l'expression exacte : HgS.

Les gisements de mercure commencent dans la série des terrains secondaires : à Menildot (Manche), dans l'ancien duché des Deux-Ponts ; à Almaden (Espagne), Durasno (Mexique), Cuença (Nouvelle-Grenade), Cerros (Pérou), ils appartiennent à la formation de l'âge carbonifère ; à San-Juan de la Chica, au Cerro del Frayle, ils se trouvent dans les porphyres subordonnés ; les belles exploitations d'Idria, en Carniole, sont placées dans les schistes bitumineux qui recouvrent le terrain houiller ; celles de Huancavelica, au Pérou, sont foncées dans le grès quartzeux.

Le calcaire silurien des Asturies présente de singuliers gîtes de mercure qui méritent d'être étudiés sur place. A Mières, le sulfure apparaît dans la formation houillère, et donne lieu à quelques maigres exploitations ; mais à l'est de la province, la plupart des minerais de cuivre et de fer sont imprégnés de mercure natif que la chaleur accumule dans les petites cavités des roches, et qu'on peut facilement recueillir de temps en temps. La montagne de Po, en Mier, présente à ce sujet des phénomènes géologiques des plus curieux. On avait essayé d'y établir une exploitation, mais elle n'a pas eu de suite.

C'est du sulfure qu'on extrait la plus grande partie du mercure employé dans le commerce. On suit, pour en chasser le soufre, plusieurs procédés différents, suivant qu'on opère sur grande ou sur petite échelle. Dans les mines du Palatinat, on pulvérise le cinabre, et on le calcine dans des cornues de fonte, avec une égale portion de chaux vive ; on opère la distillation dans des réfrigérents qui contiennent de l'eau ; il se forme un sulfure de calcium aux dépens du soufre du cinabre ; le mercure libre se dégage, et va se condenser dans des récipients.

Les cristaux du *sulfure de nickel* n'ont pu encore être soumis à une mesure exacte ; et quoique M. Brooke ait admis qu'ils dérivaient d'un rhomboèdre, on peut douter, d'après la constitution atomique de ce minéral, que ce soit là sa forme primitive, d'autant plus que le sulfure de nickel bismuthifère et le sulfo-stibiure de nickel appartiennent au système régulier.

Le sulfure pur, que M. Beudant a nommé harkise, est d'un jaune de laiton verdâtre, et d'un éclat métallique tel qu'on l'avait pris pour du nickel natif ; il est en filaments capillaires, très-fragiles, dont la poussière raye la fluorine ; sa pesanteur spécifique est de 5.278. Au chalumeau, on obtient une fritte métalloïde attirable à l'aimant ; ce minéral est soluble dans l'acide nitrique. Sa composition est, suivant Arfvedson :

Nickel.	64.80
Soufre.	35.20
	100.00

On en tire la formule : NiS.

Le *sulfure de nickel bismuthifère* présente beaucoup de différence avec le sulfure précédent : il est d'un gris d'acier, rarement blanc d'argent ; il a l'éclat métallique ; sa poussière est d'un gris foncé, et sa cassure inégale et grenue ; il raye la fluorine, et est rayé par l'apatite ; sa pesanteur spécifique est de 5.13 ; il donne au chalumeau une odeur sulfureuse très-prononcée, et se réduit ensuite en un globule attirable ; sa solution dans l'acide nitrique est colorée en vert par le nickel, et précipite en blanc par l'eau. Kobell en a donné l'analyse suivante :

Nickel.	40.65
Bismuth.	14.11
Fer.	3.18
Cobalt.	0.28
Cuivre.	1.68
Plomb.	1.58
Soufre.	38.46
	99.94

Cette composition conduit à la formule : 11 Ni S + Cu S^5 + Bi S + Fe S^2.

Le sulfure de nickel se rencontre dans les mines de Johanne-Georgen-Stapt ; près de Salzbourg, dans le Hartz ; dans les mines de Huelchance, en Cornouailles : celui bismuthifère provient de Grünau, dans le comté de Sayn-Alterkirch.

M. Rammelsberg a décrit et analysé un sulfure de nickel antimonifère des environs de Mœgdesprung, dans le Hartz. Ce minéral, dont la pesanteur spécifique est de 6.506, est composé de :

Nickel.	29.43
Antimoine.	50.84
Arsenic.	2.65
Soufre.	17.38
Fer.	1.85
	102.13

En considérant l'antimoine et l'arsenic comme isomorphes, on est amené à déduire de cette analyse un sulfo-stibiure de nickel analogue à l'arsenio-sulfure des chimistes, et l'on peut représenter la composition de ce minéral par la formule : 8 (Ni, Fe) S + 12 (Ni Sb^2 + Ni S^2) + (Ni As^2 + Ni S^2).

Dans une mine abandonnée près de Harzgerode, M. Zinken a trouvé un minéral blanc d'argent, à éclat métallique très-vif ; il a la dureté de l'arseniure de nickel ; sa densité est de 6.45 ; sa forme primitive est le cube. Au chalumeau, il donne des vapeurs abondantes d'antimoine. Sa composition résulte des analyses suivantes, de

	M. Thomson.	M. Rose.
Soufre.	15.76	15.98
Antimoine.	55.11	55.76
Nickel.	27.70	27.36
	98.57	99.10

Ces analyses conduisent très-approximativement à la formule Ni S^2 + Ni Sb^2.

Dans une variété que Klaproth et Ulmann ont fait connaître, et qui provient de Fransberg, l'antimoine et l'arsenic se substituent l'un à l'autre, suivant

	M. Klaproth.	M. Ulmann.
Nickel.	25.25	26.10
Soufre.	15.25	16.40
Antimoine.	47.75	47.56
Arsenic.	11.75	9.94
	100.00	100.00

d'où l'on tire : Ni S^2 + Ni (As, Sb)^2.

Cette constitution atomique est le passage à l'arsenio-sulfure de nickel, dit *nickel gris*, dans lequel l'arsenic remplace complétement l'antimoine Ce minéral, qui se rencontre en Styrie, est gris d'acier ou d'étain : il se ternit un peu à l'air ; sa pesanteur spécifique varie entre 6.20, qui est la densité de la variété amorphe, et 6.70, qui est celle des cristaux dérivant du cube ; il décrépite au feu, et donne une forte odeur d'ail. Sa composition résulte des analyses suivantes, dues à MM. Dobereiner, Lowe, Pfaff et Berzelius :

	LOCALITÉS.			
	Kamsdorf.	Schladning.	Loos	
Arsenic.	48.00	42.52	45.90	45.37
Soufre.	14.00	14.22	12.36	19.34
Nickel.	27.00	38.42	24.42	29.94
Cobalt.	»	trace	»	0.92
Fer.	11.00	2.09	10.46	4.11
Gangue.	»	1.87	»	0.90
	100.00	99.12	93.14	100.58

d'où l'on déduit la formule : (Ni, Fe) S^2 + (Ni, Fe) As^2.

M. Wackenroder a donné l'analyse d'un nickel arsenio-sulfuré qui provient d'une mine près d'Œlsnitz, dans le Voigtland, associé avec du sulfure de cuivre et des carbonates de cuivre et de chaux dans de la chlorite de Grauwacke. Il est compacte, d'un gris bleu, avec des chatoiements rougeâtres, et quelquefois recouvert d'arseniure de nickel. Sa composition est, suivant M. Wackenroder :

Nickel.	32.18
Soufre.	54.20
Arsenic.	13.62
	100.00

qui répond à la formule : 3 Ni S^2 + $As^2 S^3$.

Le *sulfure de molybdène*, ou *molybdénite* de Beudant, cristallise dans le système du prisme hexaèdre régulier ; il est d'un gris de plomb bleuâtre, à éclat métallique, et ne se trouve qu'en cristaux ; il se laisse rayer à l'ongle, et raye seulement le talc ; il laisse sur le papier une trace noirâtre, qui est verte sur la porcelaine ; sa cassure est lamelleuse et inégale ; sa densité, 4.55 à 4.65 ; il est soluble dans l'acide nitrique, et donne, au chalumeau et sur le charbon, un dépôt blanc pulvérulent. Sa composition est :

	LOCALITÉS.		
	Altenberg.	Saxe.	Pensylvanie.
Soufre.	40.00	40.40	39.68
Molybdène.	60.00	59.60	59.42
	100.00	100.00	99.10

Cela conduit à la formule : Mb S^2.

Le sulfure de molybdène paraît être un des minéraux les plus anciens, puisqu'il appartient aux granites et aux roches métamorphiques ; on le trouve dans le mont Blanc, au pied du Talèfre ; dans le granite de l'Arbresle, près de Lyon ; dans le gisement gneissique d'étain des environs de Limoges. Il existe en outre en Suède, en Saxe, en Hongrie, dans les environs de Bain, en Bretagne, et jusque dans les îles vierges de l'Amérique septentrionale. Il forme de petites veines et de petits amas, et est souvent accompagné de schéelin ferruginé, d'émeraude, etc.

Le *sulfure de plomb* est ordinairement lamelleux ; mais il se divise facilement en cubes, qui sont les types de sa forme primitive ; la texture compacte qu'on remarque dans quelques échantillons paraît due au mélange d'autres minéraux ; il est quelquefois strié ou grenu. Ses cristaux les plus ordinaires sont le cube, l'octaèdre, le cubo-octaèdre et le cubo-dodécaèdre. — La couleur du sulfure de plomb, ou *galène*, est le gris métallique brillant ; sa poussière est grise ; il raye le gypse, mais est rayé par la chaux carbonatée ; il est aigre et cassant ; sa densité est de 7.568 ; il est fusible au chalumeau, et se réduit sur le charbon en un globule de plomb ; l'acide nitrique le dissout avec facilité. La composition du plomb sulfuré est :

Plomb.	13.02	16.00
Soufre.	85.13	84.00
Fer.	0.50	0.00
	98.65	100.00

qui répond à la formule atomique Pb S.

Comme on le voit par la première analyse, due à Thomson, le sulfure de plomb est souvent accompagné d'un autre sulfure métallique ; le plus ordinairement c'est l'argent qui joue ce rôle. L'analyse suivante, faite par M. Beudant sur une galène de Schemnitz, en offre un exemple :

Plomb.	79.60
Argent.	7 00
Soufre.	13.40
	100.00

La formule atomique devient alors : (Pb, Ag) S, dans laquelle la proportion des atomes Pb et Ag est : : 12 : 1.

La *zinkénite* de Wolfsberg est le type de la composition du sulfo-stibiure de plomb ; c'est un minéral gris d'acier et à éclat métallique. Sa dureté est égale à celle de la chaux carbonatée, et sa pesanteur spécifique est de 5.303 ; elle décrépite au chalumeau sur le charbon, et donne des vapeurs antimoniales ; elle se comporte dans l'acide nitrique comme tous les sulfures d'antimoine. Quoiqu'on ait assigné à ce sulfure le prisme à six faces pour forme cristalline, les calculs de M. Rose sont d'accord, avec sa composition, pour le rapporter au prisme droit rhomboïdal sous l'angle de 120° 39'. En effet, son analyse a donné :

Plomb.	31.84
Antimoine.	44.39
Cuivre.	0.42
Soufre.	22.58
	99.23

répondant à la formule Pb S + $Sb^2 S^3$.

L'angle de la *jamesonite* (101° 20') du prisme rhomboïdal diffère de celui de la zinkénite ; mais les caractères physiques et la composition sont presque identiques. La dureté de la jamesonite est celle de la galène ; mais sa pesanteur spécifique en diffère beaucoup, et est un peu plus forte que celle de la zinkénite. Sa couleur est plus grise que la couleur des sulfo-arséniures ordinaires, mais son éclat métallique est plus vif. Elle est attaquable par l'acide nitrique, et produit un précipité blanc antimonifère. Ses analyses ont donné :

	LOCALITÉS.		
	Valencia de Alcantara.	Cornouailles.	
Pomb.	39.97	38.71	40.75
Antimoine.	32.62	34.90	34.40
Fer.	3.62	2.65	2.30
Bismuth.	1.06	»	»
Cuivre.	»	0.19	0.13
Zinc.	1.42	»	»
Soufre.	21.78	22.53	22.15
	90.47	98.98	99.73

d'où la formule : 3 (Pb, Fe) S + 2 $Sb^2 S^3$.

La jamesonite se trouve en masses cristallines dans les mines de Cornwall. En France, à Tauves, près d'Issoire, on rencontre un filon de jamesonite contenant de l'antimoine, du plomb, de l'argent et même de l'or, jusqu'à 0.00003.

Le minéral qui existe près de Tauves, sur la route de Clermont-Ferrand à Aurillac, est une jamesonite renfermant de l'or. Il se présente en masse compacte, presque grenue, mêlée à une gangue pierreuse, d'un gris foncé.

Le prisme de la *plagionite* est oblique, ce qui lui a fait donner son nom ; mais sa constitution géologique est la même que celle précédente. Sa couleur est le gris foncé ; sa dureté est un peu plus faible que celle de la jamesonite, de même que sa pesanteur spécifique (5.49) ; elle se comporte au chalumeau comme la zinkénite. Les analyses faites par MM. Rose et Kudernatsch donnent la composition suivante :

Plomb.	40.52	40.98
Antimoine.	37.94	37.53
Soufre.	21.53	21.49
	99.99	100.00

conforme à la formule : 4 Pb S + 3 $Sb^2 S^3$.

C'est à cette variété qu'il faut rapporter le *federerz* de Wolfsberg, ou *antimoine en plume*, qui provient du même gisement que la zinkénite. Sa composition est, d'après M. Rose :

Plomb.	46.87
Antimoine.	31.04
Fer.	1.30
Zinc.	0.08
Soufre.	19.72
	99.01

d'où l'on tire : 2 Pb S + $Sb^2 S^3$, qui contient

un atome de sulfure plombique de plus que la zinkénite.

La *boulangérite* est encore plus riche en plomb que le minéral précédent. Elle est d'un gris bleuâtre clair, à éclat métallique : sa cassure est fibro-lamellaire contournée ; souvent sa surface est altérée, et il se forme de petites taches d'oxydes de plomb et d'antimoine de couleur jaunâtre ; elle raye le gypse, et est rayée par la fluorine et à peine par le carbonate de chaux ; sa densité est de 5.97. Au chalumeau, elle développe une odeur sulfureuse et des vapeurs antimoniales, et laisse sur le charbon un cercle jaunâtre qui indique le plomb Elle forme dans l'acide nitrique un dépôt d'antimonite de plomb. Sa composition est :

	LOCALITÉS.		
	Nasafjeld.	Nertschinski.	Ober-Lahr.
Plomb.	55.57	56.29	55.60
Antimoine.	24.60	25.04	25.40
Soufre.	18.86	18.21	19.05
	99,05	99.54	100.05

répondant à la formule : $3\ PbS + Sb^2\ S^3$.

Si l'on remplace un des atomes de plomb par un atome de sulfure cupreux, on aura un nouveau minéral, que l'on avait d'abord nommé *endellione*, et qui depuis a pris le nom de *bournonite*. C'est un sulfure gris de fer ou d'acier, à cassure claire, inégale ou conchoïde ; il raye à peine le gypse ; sa densité varie entre 5.7 et 5.848 ; il appartient au système du prisme droit rhomboïdal, sous l'angle de 93° 40', et dans le rapport :: 105 : 47 ; il produit au chalumeau des vapeurs blanches et épaisses, et fond en un bouton qui contient du plomb et du cuivre ; ses analyses donnent :

	LOCALITÉS.		
	Clausthal.	Nausio.	Neudorf.
Plomb.	42.50	39.00	40.84
Cuivre.	11.75	15.50	12.65
Antimoine.	19.75	28.50	26.28
Soufre.	18.00	16.00	20.31
Fer.	5.00	1 00	»
	97.00	98.00	100.08

répondant à la formule : $(Sb^2\ S^3 + 4\ Pb\ S) + (Sb^2\ S^3 + 2\ Cu^2S)$.

Avant d'aller plus loin, faisons remarquer qu'à mesure que le sulfure de plomb s'allie avec une quantité plus grande d'antimoine, sa forme cristalline change, de manière à passer du cube, qui est la forme primitive de la galène, au prisme rhomboïdal, qui est celle du sulfure d'antimoine : c'est à cette substitution qu'est due la tendance fibreuse de ces doubles sulfures.

Il faut sans doute, pour cela, que la proportion d'antimoine sulfuré soit suffisante ; car, dans la *steinmannite*, M. Zippe a montré qu'il existait une certaine quantité d'antimoine, et cependant le cristal a conservé la forme cubique de la galène : or, la pesanteur spécifique du minéral (6.830) indique que la proportion d'antimoine y est très-faible.

La composition, la forme cristalline et les caractères physiques du *sulfure d'antimoine* viennent à l'appui des opinions qui précèdent : c'est un minéral d'un gris de plomb métallique, ayant une teinte légèrement bleuâtre, qui augmente avec l'exposition à l'air ; il est en masses fibreuses, et sa disposition allongée se trahit même dans les échantillons compactes et grenus ; elle va jusqu'à la texture bacillaire dans certaines variétés. Sa dureté est celle du gypse, et sa densité ne s'élève qu'à 4.620. Il est extrêmement fusible, et donne, en se vaporisant, des vapeurs blanches abondantes et d'une odeur sulfureuse. Il laisse un résidu jaunâtre dans l'acide nitrique. Sa composition est, suivant Berzelius, de

Antimoine.	72.77
Soufre.	27.23
	100.00

d'où l'on tire la formule : $Sb^2\ S^3$, que nous avons indiquée, et qui correspond au prisme rhomboïdal droit.

La KILBRICKÉNITE est une preuve de ce que nous venons d'avancer ; elle contient six atomes de sulfure plombique pour un atome de sulfure d'antimoine ; aussi M. Dufrénoy rapporte-t-il cette variété au cube. C'est un sulfure à petites lames courbes passant à la texture grenue, dont la dureté ne diffère guère de celle de la galène, mais auquel la présence du sulfure d'antimoine donne une densité moindre (6.407) ; il est d'un bleu grisâtre ; il se dissout lentement dans l'acide hydrochlorique chaud, avec dégagement d'hydrogène sulfuré. Son analyse, faite par M. Apjhone, a donné :

Plomb.	68.87
Antimoine.	14.39
Fer.	0.38
Soufre.	16.36
	100.00

d'où l'on tire : $6\ Pb\ S + Sb^2\ S^3$.

Il arrive souvent que l'antimoine est remplacé, en partie ou en tout, par son isomorphe l'arsenic dans le membre de la formule qui représente le sulfure stibique ; de même que le plomb admet au partage du premier membre les métaux qui peuvent le remplacer. Le minéral qui va suivre donne un exemple de ce double échange de bases.

La GÉOCRONITE est une *kilbrickénite* dans laquelle une portion d'antimoine est remplacée par de l'arsenic. Comme ce minéral ne présente point de trace de cristallisation, il est difficile de le classer autrement que par ses caractères chimiques. Il est gris de plomb ou d'acier, compacte, amorphe, sans clivage, et à cassure inégale, grenue ou écailleuse ; il raye le gypse, et est rayé par le carbonate calcaire ; sa pesanteur spécifique est de 5.88 ; il fond au chalumeau, et donne les réactions de l'antimoine, de l'arsenic et du plomb. Sa composition est :

	LOCALITÉS.	
	Toscane.	Dalécarlie
Plomb.	66.84	66.48
Cuivre.	1.15	1.51
Fer.	1.74	0.41
Zinc.	»	0.11
Antimoine.	9.68	9.88
Arsenic.	4.72	4.69
Soufre.	17.32	16.26
	101.15	99.01

Ces deux analyses, dues à MM. Rose et Svanberg, conduisent à la formule : 5 (Pb, Cu, Fe) S + (As, Sb)² S³.

Dans la BERTHIÉRITE cet isomorphisme est beaucoup mieux marqué ; son analyse donne :

Soufre.	30.30
Antimoine.	52 00
Fer.	16 00
Zinc.	0.30
	98.60

qui répond à la formule : $Sb^2 S^3 + 4 FeS$.

Ce sulfure est gris de fer ; sa surface est souvent irisée ; son éclat dans la cassure est moins vif que celui du sulfure d'antimoine ; il raye le talc, et se laisse rayer par le carbonate de chaux ; sa poudre fond facilement au chalumeau ; il se dissout dans l'acide hydrochlorique sans dépôt de soufre. Il se trouve le plus ordinairement en masses confusément lamellaires ; sa cristallisation n'est donc pas suffisamment connue, quoiqu'on pense, d'après quelques indices, qu'il cristallise en prisme rhomboïdal. Il a été rencontré au village de Chazelles, dans le Puy-de-Dôme.

La *dufrénoysite* présente une constitution atomique analogue à celle de la *zinkénite* ; seulement dans cette dernière l'arsenic a pris entièrement la place de l'antimoine, et le minéral est un sulfide arsenieux, au lieu d'un sulfide hypo-stibieux, uni à deux atomes de sulfure plombique.

La dufrénoysite est grise, à éclat métallique ; elle est fragile, et sa cassure est résineuse ; sa poussière est d'un brun rouge ; sa pesanteur spécifique est de 5.549 ; elle fond facilement au chalumeau, et répand une odeur sulfureuse et arsenicale ; elle se dissout lentement dans l'acide hydrochlorique, et dégage de l'hydrogène sulfuré. Elle se trouve dans la dolomie du Saint-Gothard. Sa composition est, d'après M. Damour :

Plomb.	55.40	57.09
Argent.	0.21	»
Cuivre.	0.31	»
Fer.	0.44	»
Soufre.	22.49	22.18
Arsenic.	20.69	20.73
	99.54	100.00

ce qui donne la formule : $2 PbS + As^2 S^3$.

A Nertschink, dans la Sibérie, on a rencontré un alliage naturel de sulfure de plomb et de sulfure d'antimoine, qui, outre les éléments ci-dessus, contient un arseniure biplombique. C'est le *bleischimmer* des Allemands, que M. Huot a proposé de nommer PFAFFITE, du nom de M. Pfaff, qui l'a fait connaître : il est gris de plomb, et a l'éclat métalloïde, presque métallique ; il est fragile ; sa cassure est grenue, et sa densité est de 5.98. Pfaff a trouvé pour sa composition :

Antimoine.	35.47
Arsenic.	3.56
Soufre.	17.20
Plomb.	43.44
	99.67

La formule qui répond le mieux à cette analyse est : $5 PbS + 4 Sb^2 S^3 + Pb As^2$.

Le *sulfure de zinc*, ou *blende* de Werner, est jaune citron, quand il est pur ; mais il offre sous le rapport de la couleur une foule de nuances, telles que le rouge, le verdâtre, le brun, le noirâtre, le gris métallique, etc. Il est rarement transparent, et se trouve alors dans son état de pureté : les variétés brunes ne sont que translucides ; celles concrétionnées sont opaques ; sa texture est extrêmement variée : on le trouve en masses lamelleuses ou grenues, en petits fragments agglomérés à la manière du mica, ou des éléments du granite, et en cristaux. Sa cassure fraîche est très-éclatante, spéculaire et résineuse ; il est très-facile à cliver : sa forme primitive est le cube, mais on le trouve le plus souvent en tétraèdre régulier ; ses cristaux n'ont pas la double réfraction. La blende raye le carbonate calcaire, et est rayée par la fluorine et par une pointe d'acier ; sa densité est de 4.16 ; sa poussière est grise et terne ; elle donne une odeur de soufre dans l'acide sulfurique ; elle est phosphorescente par frottement dans l'obscurité ; au chalumeau, elle est infusible ; sur le charbon, elle se décompose, donne une odeur d'acide sulfureux, et couvre le support d'oxyde blanc de zinc. Sa solution est facile dans l'acide sulfurique, très-difficile dans l'acide nitrique, même après un long grillage : cette dernière dissolution précipite en rouge orangé par le cyano-ferrure de potasse, et en blanc par l'ammoniaque, qui redissout le précipité par excès. Le sulfure de zinc pur a été longtemps mis en doute par les chimistes, à cause de la difficulté de combiner le soufre avec le métal volatil dans les laboratoires. Sa composition, à l'état de pureté et en cristaux, est, suivant l'analyse de M. Arfvedson :

Zinc.	66.34
Soufre.	33.66
	100.00

Cette composition répond à l'expression Zn S, la plus simple des formules des sulfures, qui, dans la plupart de ces minéraux, répond à la forme cubique. La blende conserve les traces de ce type cristallin, même lorsqu'elle est associée à du sulfure de fer en proportion souvent considérable. C'est ce qui résulte des analyses ci-après :

	VARIÉTÉS.				
	Lamelleuse.	Concrétionnée.		De Candado.	
Zinc.	61.50	61.63	62.62	43.00	41.80
Fer.	4.00	3 20	2.20	15.70	13.90
Soufre.	33.00	33.15	32.75	28.60	27.90
Plomb.	»	1.50	»	»	»
Cadmium.	»	»	1.78	»	»
Pyrite.	»	»	»	1.70	4.60
Quartz.	»	»	»	8.00	8.70
Alumine.	»	»	»	»	0.90
Ox. de mang.	»	»	»	»	0.20
Oxygène.	»	»	»	1.00	0.90
	98.50	99.50	99.35	98.00	98.80

Ces analyses répondent toutes à la formule : (Zn, Fe) S, expression de la *blende ferrugineuse*. Les deux dernières ont été faites par M. Boussingault sur un sulfure provenant des environs de Marmato, lequel a reçu le nom de *marmatite*. Cette variété ferrifère est en général d'une couleur plus foncée que les autres ; sa structure est lamellaire ; elle n'est pas magnétique ; elle est soluble en poussière dans l'acide hydrochlorique bouillant et concentré. La proportion de fer qu'elle contient est sujette à varier. Ce n'est donc qu'un mélange, et la formule ci-dessus doit être ramenée à ZnS + *n* FeS ; on en peut juger par l'analyse suivante, de la même localité :

Sulfure de zinc.	77.50
Sulfure de fer.	22 50
	100.00

équivalant à la formule : 3 ZnS + FeS, dans laquelle le sulfure de fer n'offre plus que la proportion de vingt-cinq pour cent.

La blende se trouve quelquefois en filons, mais elle accompagne plus communément les filons de galène ; il est rare que les mines de plomb ne contiennent pas du sulfure de zinc. A la Bodera, dans le Guadalaxara (Espagne), elle se trouve associée à la galène et au sulfure d'argent.

Très-souvent le sulfure de zinc admet dans son association du sulfure de cadmium, ainsi qu'on le voit dans une blende trouvée à Przibram, en Bohême, et qu'on a proposé de nommer *przibramite*. Son analyse, due à M. Lœve, est la troisième de celles qui précèdent. Cette substance est de couleur brune ou rougeâtre ; elle présente une texture radiée ou en petites lamelles ; elle cristallise en octaèdres réguliers, ou en dodécaèdres à faces rhomboïdales ; elle répand une odeur d'œufs gâtés lorsqu'on la pulvérise, et s'entoure d'un anneau brunâtre sur le charbon.

M. Fournet a signalé un sulfure de zinc associé à de l'oxyde du même métal ; ce qui forme un *oxysulfure*, que nous avons décrit au mot OXYSULFURE DE ZINC.

Le sulfure de zinc présente de nombreuses variétés de formes ; l'octaèdre est son cristal le plus ordinaire ; mais on le rencontre sous forme de tétraèdre, en dodécaèdre, en cubo-octaèdre ; biforme, c'est-à-dire offrant une combinaison de l'octaèdre régulier et du dodécaèdre rhomboïdal ; triforme, ou réunissant sous le même polyèdre l'octaèdre, le cube et le dodécaèdre rhomboïdal. Il a parfois de grandes facettes miroitantes ; il est lamellaire, globuliforme ou mamelonné ; à cassure terne, à structure radiée. Ses couleurs varient beaucoup ; mais les plus ordinaires sont le rouge, le verdâtre, le brun, le noirâtre. C'est un minerai extrêmement répandu, et qui accompagne presque toujours la galène et quelques autres sulfures métalliques. Pour le fondre, on est obligé de l'amener à l'état d'oxyde, au moyen de grillages quelquefois prolongés. On lui applique ensuite le même traitement qu'à la calamine.

SUPERLIASIQUE (GRÈS) (*Géogn.*), adj. Grès calcarifère de l'étage supérieur de la formation *liasique*.

SURCHAUFFER (*Métall.*). C'est donner au métal une chaude forcée, l'oxyder.

SUR-JACENTES (ROCHES) (*Géogn.*), adj. Nom donné aux roches volcaniques, parce qu'elles reposent ordinairement sur d'autres roches, pour les distinguer des roches granitiques qu'on nomme *sous-jacentes*.

SUTURBANDE (*Minér.*), m. *Bois fossile.*

SUZANITE (*Minér.*), f. Synonyme de *leadhillite.*

SWAGA (*Minér.*), m. Nom local du *borax.*

SYÉNILITE (*Géogn.*), f. Nom donné par M. Haberlé à une sorte de syénite, dont la texture grenue a disparu.

SYÉNITE (*Géogn.*), f. Roche composée de feldspath laminaire et de hornblende ; granitel, granite amphibolique, sinaïte. Le feldspath de cette roche est blanc ou rougeâtre, et la hornblende, d'un vert foncé ; sa texture est granitoïde, quelquefois porphyroïde, quand les cristaux de feldspath sont volumineux ; lorsque la texture devient schistoïde, la roche passe au diorite. Cette roche appartient aux terrains granitique et porphyroïde ; elle paraît être le résultat d'une modification du granite par l'action ignée : c'est en effet une roche dans laquelle l'amphibole a remplacé le mica. Elle forme la matière des obélisques égyptiens les plus remarquables. Son nom vient de la ville de Syène, en Égypte.

SYLVANE et SYLVANITE (*Minér.*), m. Nom donné au *tellure* par Werner, qui appliquait plus spécialement le nom de *sylvan* au tellure, et celui de *sylvanite* à ses minerais.

SYLVINE (*Minér.*), f. *Chlorure de potassium.*

SYMPLÉSITE (*Minér.*), f. Nom donné par M. Breithaupt à une variété de *scorodite* très-hydratée, dont les caractères ne sont pas encore suffisamment déterminés. C'est un *arséniate de fer.*

SYNCLINALE (LIGNE) (*Géogn.*), f. Ligne qui passe par le sommet des angles que fait une couche inclinée dans deux sens opposés, en forme de bateau ou de toit renversé.

SYNGNATHE (*Paléont.*), m. Genre de poisson, dont deux espèces fossiles sont désignées dans les terrains modernes.

SYRINGITE (*Paléont.* et *Minér. anc.*), f. *Calamite* qui représente l'intervalle entre deux nœuds de roseau. C'était aussi le nom d'une pierre précieuse chez les anciens.

SYRINGODENDRON (*Paléont.*), m. Plante fossile des terrains antérieurs à la craie.

SYSTÈME CAMBRIEN de M. Sedgwich (*Géogn.*), m. *Formation cambrienne*.

SYSTÈME CRÉTACÉ. Nom donné par M. Phillips au terrain crétacé (*cretaceous system*).

SYSTÈME CRISTALLIN. Ensemble des formes primitives et secondaires d'un minéral. *Voyez* le mot CRISTALLOGRAPHIE.

SYSTÈME DU SKIDDAW de M. Sedgwick. Partie inférieure de la *formation cambrienne*.

SYSTÈME OOLITIQUE. Nom donné par M. Phillips à la formation *oolitique*.

SYSTÈME SALIFÈRE. Nom donné par M Phillips au terrain *triasique*.

SYSTÈME SILURIEN de M. Murchison. *Formation silurienne*.

T

TABARIN ou **TABURIN** (*Métall.*), m. Pièce de l'ordon du marteau, qui forme la clef de la charpente.

TABLE. Forme plate de certains cristaux, large face entourée de facettes obliques; diamant en table, diamant taillé de manière que la surface en soit plane; table de rubis, table d'émeraudes, etc. On donne le nom de montagne de la Table à un amas de couches horizontales dont l'épaisseur est de 1,067 mètres, situé au cap de Bonne Espérance, et qui consiste en grès très-ancien, pénétré par des veines de granite qui se ramifient et s'entre-croisent.

TACHYLITE (*Minér.*), f. Silicate d'alumine et de bases protoxydées, trouvé à Sasebülh dans le basalte et la wacke. C'est un minéral noir ou brun noirâtre, compacte, et ne présentant aucune trace de clivage; il a l'éclat vitreux, quelquefois gras; il raye le feldspath, et se laisse rayer par le quartz; sa densité est de 2.50 à 2.54; il fond au chalumeau en une scorie brune; il est attaquable par l'acide sulfurique. Sa composition est, suivant M. Klett, de Stuttgard :

Silice.	50.22
Alumine.	17.84
Protoxyde de fer.	10.27
Chaux.	8.25
Soude.	5.18
Potasse.	3.06
Magnésie.	3.37
Oxyde de manganèse.	0.39
Eau ammoniacale.	0.50
Acide titanique.	1.41
	101.29

On en tire la formule :

$$3\ Al^2O^3\ SiO^3 + 6\ (FeO, CaO, NaO, KO, MgO, MnO)\ SiO^3 + FeO\ TiO^2;$$

ou, en laissant de côté le titanate :

$$Al^2O_3\ SiO^3 + 2\ bO\ SiO^3.$$

TACOUL (*Métall.*), m. Pièce de fer encastrée à l'extrémité du manche d'un marteau de forge, et sur laquelle portent les cames.

TAGILITE (*Minér.*), f. Variété de *phosphate de cuivre*, trouvée dans les environs de Tagilsk. Elle forme quelquefois des végétations verruqueuses, ou en forme de chou-fleur vert-émeraude, et friables.

TAILLANTS (*Métall*), m. Rondelles ou disques en acier ou aciérés, destinés à couper les bidons de fenderie. Ces taillants sont séparés par de fausses rondelles, et ont l'épaisseur qu'on désire donner à la verge.

TAILLE (*Exploit.*), f. Petite galerie pratiquée dans un massif de minerai.

TAILLE DE FENDERIE (*Métall.*), f. Plan sur lequel glissent les tenailles.

TAIN (*Métall.*), m. Amalgame employé dans la fabrication des glaces, et qui se fait au moyen d'une feuille d'étain étendue horizontalement, et sur laquelle on verse du mercure. La glace étant appliquée dessus, l'adhésion a lieu.

Composition :

Étain.	25
Mercure.	75
	100

TAIN (*Métall.*), m. Bain d'étain dans lequel on plonge le fer noir après le décapage.

TALC (*Minér.* et *Géogn.*), m. *Silicate hydraté de magnésie*, analogue à la *stéalite*, d'un blanc plus ou moins sale, grisâtre, jaunâtre, verdâtre, onctueux et doux au toucher, comme la stéalite, à éclat nacré et un peu gras; infusible au chalumeau, insoluble dans les acides; se laissant rayer à l'ongle, et pesant 2.565 à 2.580. Il est le plus souvent lamelleux, et donne en ce cas, comme le talc de Rhode-Island, des clivages qui ont laissé penser à M. Delesse que sa forme primitive est un prisme rhomboïdal droit, sous l'angle de 113° 30'; aussi a-t-il deux axes de double réfraction. Il s'électrise résineusement par le frottement. — La composition des diverses variétés de talc paraît être très-compliquée, et ne laisse pas d'embarrasser les classificateurs. Un caractère tranché cependant les sépare de la *chlorite* et des schistes chloriteux : c'est l'absence de l'alumine. Le talc qui montre le plus de simplicité dans sa constitution atomique est le talc de Chamouni, analysé par Marignac, et qui contient :

Silice.	62.58
Magnésie.	35.40
Protoxyde de fer.	1.98
Eau.	0.04
	100.00

C'est le silicate sesqui-magnésien des chimistes, dont la formule est : $(MgO)^3 (SiO^3)^2$; plus, une très-petite quantité d'eau. — Après lui viennent les talcs de Zillerthall, analysé par Beudant, et du Petit Saint-Bernard, analysé par Berthier, qui donnent la composition suivante :

	LOCALITÉS.	
	Zillerthall.	Petit St-Bernard.
Silice.	63.00	58.20
Magnésie.	33.60	32.20
Protox. de fer.	»	4.60
Eau.	3.40	3.50
	100.00	98.50

repondant à la formule :

$$(MgO)^4 (SiO^3)^3 + Aq.$$

Ces deux talcs sont lamelleux : celui du Petit St.-Bernard a été désigné sous le nom de *talc écailleux*, à cause de sa facilité à se diviser en petits feuillets sans continuité, et comme en écailles partielles; celui de Zillerthall passe au schiste talqueux de la même localité.

Le talc de Bareuth, qu'on a pris pour une stéatite, est compacte, mais sa cassure est esquilleuse. Il est d'un blanc sale, grisâtre, jaunâtre ou rougeâtre ; sa composition, plus compliquée encore que celle des talcs précedents, a été trouvée, par Brandes, de :

Silice.	60.12
Magnésie.	30.13
Protoxyde de fer.	3.02
Eau.	6 65
	98.92

d'où l'on tire la formule :

$$(MgO)^5 (SiO^3)^4 + 2 Aq.$$

Après le talc de Bareuth vient celui de Rhode-Island, étudié par M. Delesse. Sa texture lamelleuse le rapproche fortement du *schiste talqueux*.

Celui-ci est une roche d'un vert clair à éclat argentin, infusible au chalumeau ; il ne diffère du talc pur que par la présence de l'alumine, qui ne paraît s'y trouver qu'accidentellement et à l'état de mélange mécanique.

Les analyses du talc de Rhode-Island et du schiste talqueux ont donné :

	Talc de Rhode-Island.	Schiste talqueux de *Hof-Gastein.*	*Greisner.*	*Pouslansk.*
Silice.	61 78	57.85	62.80	62.60
Magnésie.	31.68	25.58	32 40	31 92
Protox. de fer.	1.70	9.45	1.60	1.10
Eau.	4.63	»	2.30	1.92
Alumine.	»	7.06	1.00	0.60
	99.96	99.92	100.10	98.34

Elles répondent à la formule : $(MgO)^6 (SiO^3)^5 + 2 Aq$, qui est celle adoptée par Kobell pour l'expression du talc de Rhode-Island, qu'il suppose anhydre, quoique les expériences de M. Delesse tendent à prouver que l'eau est un élément essentiel du talc. — Cette formule est également celle de la *pyrallolite*, qui paraît cependant, par d'autres caractères, s'éloigner de l'espèce *talc*.

Quoi qu'il en soit, excepté l'expression du talc de Chamouni, qui paraît être le type de la constitution la plus simple du silicate magnésien, après toutefois la forme atomique $MgO\ SiO^3$ de la *stéatite*, aucune des formules qui précèdent n'est conforme aux principes chimiques qui régissent la composition des substances minérales. Il faut donc chercher, dans la forme mécanique même des silicates analysés, la cause de cette espèce d'*anomalie* Or, un simple calcul y conduit assez facilement.

La formule du talc de Chamouny est,	$(MgO)^3 (SiO^3)^2 + n Aq,$
n étant au-dessous de l'unité; si l'on y ajoute un atome de *stéatite* anhydre, ou peu chargée d'eau,	$MgO\ SiO^3 + n\ Aq.$
l'addition donne	$(MgO)^4 (SiO^3)^3 + Aq,$
expression identique avec celles des talcs de Zillerthall et du Petit Saint-Bernard.	
Ajoutant de nouveau un atome de *stéatite*	$MgO\ SiO^3 + n\ Aq,$
le résultat de l'addition représente le talc de Bareuth.	$(MgO)^5 (SiO^3)^4 + 2 Aq$
Enfin, un dernier atome de *stéatite*	$MgO\ SiO^3 + n\ Aq$
donne	$(MgO)^6 (SiO^3)^5 + 2 Aq,$

ou la *formule* du talc de Rhodé-Island et du schiste talqueux.

Les talcs de Zillerthall et du Petit Saint-Bernard ne seraient donc qu'un mélange, par égale portion, du silicate sesqui-magnésique avec le silicate magnésique simple ou la stéatite ; le talc de Bareuth proviendrait de l'union mécanique de deux atomes de stéatite avec un atome de silicate sesqui-magnésique ; et le talc de Rhode-Island, comme le schiste talqueux, serait *formé de trois atomes* du premier avec un seul atome du second.

Ces mélanges par superposition sont également vraisemblables, si l'on ramène les formules anormales ci-dessus à la véritable expression chimique des *silicates* ; il suffit pour cela de considérer le talc de Chamouny comme formé de la réunion de deux silicates magnésiens : le silicate simple et le silicate bimagnésien. Ajoutant ensuite et par degré un, deux ou trois atomes du premier au talc de Chamouny, on forme tour à tour les talcs de Zillerthall, de Bareuth et de Rhode-Island.

Talc de Chamouny $= MgO\ SiO^3 + (MgO)^2\ SiO^3$

$+ MgO\ SiO^3 = \begin{cases} 2\ MgO\ SiO^3 + (MgO)^2\ SiO^3 \\ ou\ (MgO)^4\ (SiO^3)^3 \end{cases} =$ Zillerthall.

$+ 2\ MgO\ SiO^3 = \begin{cases} 3\ MgO\ SiO^3 + (MgO)^2\ SiO^3 \\ ou\ (MgO)^5\ (SiO^3)^4 \end{cases} =$ Bareuth.

$+ 3\ MgO\ SiO^3 = \begin{cases} 4\ MgO\ SiO^3 + (MgO)^2\ SiO^3 \\ ou\ (MgO)^6\ (SiO^3)^5 \end{cases} =$ R. Island.

Les expressions résultantes sont toutes composées d'un atome de silicate bimagnésique, élément invariable uni à un ou plusieurs atomes de silicate simple, élément variable du talc, comme l'eau, dont nous n'avons pas tenu compte dans les formules.

Ces calculs s'appliquent également à la *boltonite*, que nous n'avons pas réuni au talc à cause de l'incertitude qui règne encore sur la différence des formes primitives, mais dont la composition est identique avec celle du talc, et présente les mêmes phénomènes de composition par série.

La texture lamelleuse de la plupart des talcs, la forme schisteuse surtout des schistes talqueux, semble corroborer et expliquer cette supposition; elle permet de considérer les minéraux magnésiens onctueux comme des superpositions mécaniques, ou des alternations en proportions déterminées de stéatite et de talc, et rend compte de l'analogie qui règne entre ces deux substances, considérées encore aujourd'hui comme des espèces particulières.

Il convient de rapporter au talc divers minéraux dont la composition offre une grande analogie avec ce minéral : telles sont la *reusselærite*, la *cérolite*, etc.

On donne à quelques autres substances le nom de talc, à cause de caractères extérieurs qui présentent une ressemblance avec les roches talqueuses. Nous avons cru devoir les renvoyer à des titres plus analogues à leur composition. C'est ainsi qu'on trouvera les dénominations ci-après :

TALC STÉATITE, au mot STÉATITE.

TALC ENDURCI, TALC COMPACTE, } au mot PIERRE OLLAIRE.

TALC GLAPHIQUE, au mot AGALMATOLITE.

TALC ÉCAILLEUX, TALC GRANULAIRE, } au mot NACRITE.

TALC EN LAMES. Variété de *mica* en grandes feuilles.

TALC BLEU. *Disthène.*

TALC CHLORITE. Silicates de magnésie, de fer et d'alumine ; chlorite de Werner ; substance verdâtre, brunâtre, composée de petites écailles minces, agglutinées, pulvérulentes ; maigre au toucher ; ne happant point la langue ; donnant l'odeur argileuse par expiration ; fusible au chalumeau en un émail gris noirâtre ; gisement : en Saxe, en Suisse, en Savoie.

TALC DE MONTMARTRE. *Sélénite.*

TALC DE MOSCOVIE. *Mica*, variété foliacée ou laminaire.

TALC DE VENISE. *Hydro-silicate de magnésie et de fer, talc laminaire ;* substance d'un blanc nacré, légèrement colorée en rose ou en jaune ; très-douce et savonneuse au toucher ; se laissant rayer à l'ongle et couper au canif. La propriété de ce minéral, de rendre la peau lisse et luisante, le fait employer comme cosmétique, en le colorant avec le *carthamus tinctorius* de Linné ; on en fait des pastels pour la peinture. Il est tiré des montagnes de Saltzbourg et du Tyrol. Il s'en trouve également en Saxe et en Silésie.

TALC ÉCAILLEUX. Silicate alumineux, ressemblant au talc ou silicate magnésien. Talcite de Kirvan. En écailles nacrées, peu adhérentes, tachant les doigts, blanc ou gris verdâtre, très-fusible, rendant la peau luisante.

TALC FIBREUX. *Pyrophillite.*

TALC GLAPHIQUE. *Voy.* TALC GLYPHIQUE.

TALC GLYPHIQUE. *Pagodite ;* talc propre à être sculpté, à être gravé ; du grec *glyphô*, je grave.

TALC HYDRATÉ. Nom donné à une variété d'*hydrate de magnésie*, douce au toucher comme le talc, et se laisssant rayer par l'ongle.

TALC ZOGRAPHIQUE. Nom donné par Haüy à la terre de Vérone, à cause de son emploi en peinture. Cette terre verte ne possède cependant aucun des caractères du talc. Elle est décrite sous le nom de *silicate ferrique hydraté.*

TALC OLLAIRE. *Pierre ollaire.*

TALC RADIÉ. *Pyrophillite.*

TALCITE (*Minér.*), f. Synonyme de *nacrite.*

TALCSHISTE. *Schiste talqueux.*

TALKSTEINMARK (*Minér.*), m. *Voy.* ANDALOUSITE.

TAMPAGE (*Exploit.*), m. Pièce de bois qui se place en travers du filon pour soutenir un plancher que le mineur laisse en arrière dans l'exploitation en gradins droits.

TAMPAIL (*Métall.*), m. Fermeture en bois qui sert de toit à la sentinelle de la trompe.

TANA-AMPO. *Voy.* AMPO.

TANGUE, f. Nom donné dans la baie du mont Saint-Michel au sable de mer employé dans l'agriculture.

TANKÉLITE (*Minér.*), f. Variété de *phosphate d'yttria.*

TANKITE (*Minér.*), m. Nom donné à un minéral amorphe, d'un gris verdâtre, à cassure esquilleuse, dur, et à éclat gras comme celui de l'éléolite. On l'a trouvé associé avec du feldspath et de l'amphibole de Norwége. Sa composition est inconnue.

TANOS (*Minér. anc.*), m. Pierre précieuse verte, connue des anciens, et qu'on croit être un fluorure de calcium.

TANTALATES, m. Genre de substances essentiellement composées d'acide tantalique et de bases métalliques : on en connait plusieurs espèces.

TANTALATE DE FER ET DE MANGANÈSE (*Minér.*), m. Syn. *tantalite*; *tantale oxydé*; *columbite* de Beudant, etc. Combinaison d'acide tantalique et de bases protoxydées, dans lesquelles le fer joue le premier rôle.

Ce minéral est noirâtre, presque noir; il a l'éclat métalloïde, la cassure inégale et conchoïde; il raye le verre et l'apatite, mais il se laisse rayer par le quartz; sa pesanteur spécifique varie selon la proportion relative des bases isomorphes; elle parait comprise entre 5.70 et 7.655. Il est insoluble dans les acides, et cette propriété est la cause de son nom; il est infusible au chalumeau, et donne avec la soude, le borax et le phosphore, les réactions du manganèse et du fer. On n'est pas encore bien d'accord sur sa forme primitive, d'après laquelle M. Dufrénoy fait deux espèces du tantalate de fer, savoir, le *tantalite de Suède* et la *baiérine de Bavière*, ou le prisme rhomboïdal oblique et le prisme rhomboïdal droit, en laissant soupçonner qu'il pourrait bien y avoir une troisième espèce, ayant pour forme le prisme oblique non symétrique. La composition, en effet, conduit à faire trois divisions, en rapport avec ces trois formes.

La première est le tantalite de Suède, dont l'analyse a donné à MM. Wollaston et Klaproth :

Acide tantalique.	85.00	88.00
Protoxyde de fer.	10.00	10.00
— de manganèse.	4.00	5.00
	99.00	103.00

répondant à la formule $(FeO, MnO)\,Ta^2O^3$.

La seconde est la *baiérine*, ou tantalite de Bavière, dont la composition donne :

Acide tantalique.	75.00	75.20	66.99
Protoxyde de fer.	17.00	20.00	7.07
— de manganèse.	5.00	4.00	7.98
— d'étain.	1.00	0.50	16.75
	98.00	99.70	99.39

dont la formule est : $(FeO, MnO, SnO)^2\,Ta^2O^3$.

Enfin, la troisième, qui appartiendrait au prisme oblique non symétrique, serait une réunion par parties égales des deux espèces précédentes, si l'on s'en rapporte à la composition ci-après :

	LOCALITÉS.			
	Finlande.	Amérique.	Suède.	États-Unis.
Acide tantalique.	83.20	80.00	83.00	77.50
Protox. de fer.	7 20	15.00	12.00	13.00
— de mangan.	7.40	5.00	8.00	9.50
— d'étain.	0.60	»	»	0.50
	97.40	100.00	103.00	100.50

dont l'expression atomique est : $(FeO, MnO, SnO)\,Ta^2O^3 + (FeO, MnO, SnO)^2\,Ta^2O^3$.

Un échantillon, provenant de Brodbo, a donné à Berzelius de l'acide tungstique; il appartient à la seconde espèce, et donne à l'analyse :

Acide tantalique.	66.35
Protox. de fer.	11.07
— de manganèse.	6.60
— d'étain.	8.40
Acide tungstique.	6.12
Chaux.	1.50
	100.04

On en tire la formule : $2\,(FeO, MnO, CaO, SnO)\,Ta^2O^3 + bO\,(WO^3)^2$, en appliquant à la lettre *b* une ou plusieurs des bases protoxydées. M. Hermann a trouvé la columbite à l'est du lac Ilmen; l'analyse y a constaté la présence de la magnésie, de l'yttria, et d'un peu d'oxyde d'urane.

Le tantalite se trouve en Suède, en Amérique, en Finlande; celui des États-Unis est adhérent à du mica et à du feldspath; la baiérine provient de Bodennais, en Bavière.

TANTALATE DE CHAUX (*Minér.*), m. Ce minéral, qu'on a fait entrer dans l'espèce des *titanates de chaux*, parce que l'acide tantalique et celui titanique sont isomorphes, présente des différences notables dans sa composition; il est beaucoup plus pesant que le *pyrochlore* de Brevig, puisque sa densité s'élève de 4.203 à 4.320. Sa composition est, suivant

	M. Hermann,	M. Wohler,
Acide tantalique.	62.25	67.38
— titanique.	2.25	traces
Chaux.	13.54	10.93
Oxyde de cérium.	3.52	15.15
— de lanthane.	2.00	»
— de manganèse.	0.70	0.14
— de fer.	5.68	1.25
Yttria.	»	0.80
Sodium-potassium.	3.72	3.93
Fluor.	3.23	3.23
Eau.	0.50	1.16
	97.17	101.93

Ces analyses conduisent à la formule : $2\,(CaO, CeO, LaO, MnO, FeO, YO)^2\,Ta^2O^3 + NaO\,F^2$; ou, en négligeant le fluorure, à $(bO)^2, Ta^2O^3$, bO étant ici l'expression des bases protoxydées.

La **MICROLITE** est un tantalate de chaux dont la composition n'est pas encore bien exactement déterminée : elle est en octaèdres reguliers; sa couleur est le jaune de miel ou le brun rougeâtre : sa poussière est jaune; elle raye la phosphorite, et se laisse rayer par le feldspath; sa pesanteur spécifique est de 7.87. Elle parait composée de :

Acide tantalique.	75.70
Chaux.	14.84
Acide tungstique. Yttria. Oxyde d'urane.	7.40
Mélange.	2 04
	99.98

On en tire l'expression atomique :

$(CaO, YO, UO)^2\,Ta^2O^3$.

Les cristaux de tantalate de chaux ont été rencontrés à Miask, en Sibérie, et à Brevig, en Norwége.

TANTALATE D'URANE (*Minér.*), m. Syn.: *urano-tantale*; substance composée d'acide tantalique et de protoxyde d'urane. Minéral d'un noir velouté, à cassure brillante, imparfaitement métallique, opaque, à poussière d'un brun rougeâtre; rayant la chaux phosphatée, rayé par le feldspath; densité: 5.625. L'urano-tantale décrépite dans le tube et dégage de l'eau. Au chalumeau, il fond en un verre noir opaque, en formant des ramifications; il donne un verre jaune dans la flamme extérieure, et vert jaunâtre dans la flamme intérieure; avec le sel de phosphore, il forme un verre de couleur émeraude; en poudre, il se dissout lentement dans l'acide hydrochlorique; la solution verdâtre, étendue d'eau, se trouble par l'addition de l'acide sulfurique, et donne un précipité blanc d'acide tantalique. Le tantalate d'urane se trouve dans les monts Ilmen (Oural), disséminé avec l'æschinite cristallisée dans un feldspath brun rougeâtre.

TANTALATE D'YTTRIA (*Minér.*), m. Syn.: *yttrotantalite*, *yttrocolumbite*, *yttertantal* des Allemands. Minéral composé principalement d'acide tantalique et d'yttria, mais dans lequel d'autres sels masquent les caractères absolus, ce qui, joint au manque de cristallisation, n'a pas permis jusqu'à présent d'en établir une classification exacte.

Le tantalate d'yttria est jaune, brun noirâtre, ou même totalement noir; son éclat est résineux, vitreux, ou imparfaitement métalloïde; il raye la phosphorite, et se laisse rayer par le feldspath; sa pesanteur spécifique varie entre 5.39 et 5.88.

La variété jaune existe en petites veines minces ou en petits grains dans le feldspath; elle est jaune brunâtre passant au jaune verdâtre, sa poussière est d'un blanc sale; elle présente un seul clivage peu net; sa cassure en travers est inégale; elle décrépite au chalumeau sans se fondre, et devient d'un jaune paille; avec le borax et au feu de réduction, elle donne un verre jaune clair, qui devient plus foncé en refroidissant; elle est insoluble dans les acides. Sa composition est, suivant Berzelius:

Acide tantalique.	60 12
Yttria.	29.78
Chaux.	0 50
Oxyde d'urane.	6.62
Peroxyde de fer.	1.15
Acide tungstique et étain.	1.04
	99.21

d'où l'on tire la formule: $(YO)^3\ Ta^2O^3$.

La variété noire présente une cassure lamellaire ou granulaire, mate et terne, quoique vitreuse; elle est infusible au chalumeau, et s'y comporte comme la variété jaune. Elle donne à l'analyse:

Acide tantalique.	57.00
Yttria.	20.25
Chaux.	6.25
Acide tungstique.	8.25
Peroxyde de fer.	3.50
Oxyde d'urane.	0.50
	95.75

La formule qui approche le plus de cette constitution chimique est: $4\,(YO, CaO)^3\ Ta^2O^3 + Fe^2O^3\ WO^3$, dans laquelle quatre atomes de tantalate d'yttria et de son isomorphe sont unis à un atome de tungstate ferrique.

On nomme **EUXÉNITE** une variété d'un brun foncé, amorphe, et à éclat métalloïde et résineux; sa poussière est rouge pâle; en lames minces, elle est transparente et de couleur rouge brun; elle donne au chalumeau les mêmes réactions que les autres variétés. M. Anderson en a fait l'analyse, et a trouvé:

Acide tantalique.	49.66
— titanique.	7.94
Yttria.	25.09
Protoxyde d'urane.	6 24
— de cérium.	2.18
Oxyde de lanthane.	0.96
Chaux.	2.47
Magnésie.	0.29
Eau.	3.97
	98.00

ce qui peut se rendre par l'expression:

$$4\,(YO, UO, CeO, CaO)^3\ Ta^2O^3 + 3\,(YO, UO, CeO, CaO)\ TiO^2 + 6\ Aq.$$

Jusqu'ici les variétés d'yttro-tantalite ont été trouvées sous la forme atomique $(YO)^3\ Ta^2O^3$, qui est un double tantalate sesqui-basique; les deux espèces qui vont suivre ont une constitution atomique différente, et répondent à la formule $(YO)^4\ Ta^2O^3$, dont la relation atomique n'est pas encore admise dans la science.

Telle est la **FERGUSONITE**, minéral d'un brun noirâtre opaque, à éclat métalloïde; sa cassure est conchoïde; elle est cristallisée, et sa forme primitive est un prisme droit à base carrée, dont le rapport est :: 100 : 212. Sa composition a été déterminée par l'analyse suivante, de M. V. Hartwall:

Acide tantalique.	47.75
Yttria.	41.91
Protoxyde de cérium.	4.68
Zircone.	3.02
Oxyde d'étain.	1.00
— d'urane.	0.95
Peroxyde de fer.	0.34
	99.65

La formule qui répond à cette analyse est: $(YO)^4\ Ta^2O^3$.

Il en est de même d'une variété brun noirâtre foncée qui se trouve associée à l'yttrotantalite jaune, et dont la poussière est d'un gris clair; sa cassure est grenue et à grains fins. Sa composition est, suivant Berzelius.

Acide tantalique.	51.81
Yttria.	38.51
Chaux.	3.96
Oxyde d'urane.	1.11
Acide tungstique et un peu d'étain.	2.59
Peroxyde de fer.	0.55
	97.83

analyse qui répond à la formule : 8 (YO, CaO, UO)^4 Ta^2O^3 + (YO, CaO, UO) WO^3 ; ou, en négligeant les tungstates comme étant à l'état de mélange : (YO, CaO, UO)^4 Ta^2O^3.

Le tantalate d'yttria a été trouvé à Ytterby, dans une roche composée de feldspath rouge et de mica argenté ; l'euxénite se rencontre à Jolster, en Norwége ; et la fergusonite, à Kikertansak, dans le Groënland.

TANTALE, m. Métal découvert en 1802 ; infusible, inattaquable par tous les acides, irréductible dans ses oxydes par cémentation. Il ne se trouve dans la nature qu'à l'état d'acide, et constitue des tantalates. Sa couleur est le gris de fer.

Formule atomique : Ta ;

Poids atomique : 1142.365 ;

Sa densité est encore inconnue ; mais, en comparant celle des différents minéraux qui contiennent de l'acide tantalique, on voit que leur pesanteur spécifique est d'autant plus grande qu'ils renferment plus de tantale ; d'où on doit conclure que ce métal est très-lourd. Comme il reste au milieu des acides sans être dissous, M. Ekebert, qui l'a découvert, a cru devoir le nommer tantale, du nom du roi de Lydie, condamné à mourir de soif au milieu des eaux.

TANTALE OXYDÉ (*Minér.*), m. *Voy.* TANTALATE DE FER ET DE MANGANÈSE.

TANTALE OXYDÉ YTTRIFÈRE (*Minér.*), m. *Voy.* TANTALATE D'YTTRIA.

TANTALITE (*Minér.*), m. *Voy.* TANTALATE DE FER ET DE MANGANÈSE.

TANTOKLINIQUE (*Cristall.*), adj. Calcaire tantoklinique ; nom donné par M. Breithaupt à un cristal rhomboédrique de carbonate de chaux, dont l'angle est de 106° 10' 48", et la pesanteur spécifique de 2.963 à 2.964 ; il raye la fluorine, et se laisse rayer par le feldspath.

TAOS (*Minér. anc.*), m. Pierre à reflets chatoyants, décrite par Pline.

TAPIR (*Paleont.*), m. Genre de mammifère fossile appartenant aux roches supérieures à la craie, mais dont les analogues sont encore vivants.

TAQUERET (*Métall.*), m. Plaque de fonte posée sur la tympe pour soutenir les étalages.

TAQUERIE (*Métall.*), f. Ouverture par laquelle on introduit le combustible dans les fourneaux à réverbère.

TAQUES (*Métall.*), f. Plaque de fonte qui entourent les creusets d'affinerie.

TARET (*Paléont.*), m. Genre de mollusques fossiles de l'ordre des tubicolées, dont trois espèces appartiennent aux terrains supercrétacés.

TARIÈRE (*Paleont.*), f. Genre de coquilles fossiles de l'ordre des enroulées, et dont une espèce appartient à la formation supercrétacée.

TARIÈRE DE SONDE (*Exploit.*). Instrument qui s'ajuste à la dernière allonge d'une sonde, et qui agit en tournant pour percer les roches tendres et meubles. Il est composé d'un *corps* en forme de tube plus ou moins ferme, qui se termine brusquement dans une de ses extrémités par un *mentonnet* ou surface plane, à angle droit avec le corps ; et dans une autre partie par une surface inclinée appelée *mèche*, saillante d'au moins 0 m. 02 au-dessus du mentonnet, laquelle force les matières à venir se loger dans l'intérieur de l'instrument. On distingue cinq sortes de tarrières : 1° celle ouverte ; 2° celle à glaise ; 3° celle à deux tiers fermée ; 4° celle à trépan rubané ; 5° celle fermée. On donne ordinairement deux pouces et demi à trois pouces de diamètre aux tarières, sur une longueur de 0.80 à 1 m. L'épaisseur au dos est de 0 m. 1 à 0 m. 12 ; les bords sont aciérés, burinés et limés. On leur donne la trempe au rouge naissant, et le recuit au gorge pigeon. Un des deux bords, celui qui tranche, doit avoir une saillie de 0 m. 007 à 0 m. 008 au-dessus de l'autre. Une tarière de deux pouces et demi de diamètre sur 0 m. 80 de longueur pèse huit à huit kilog. et demi. Un forgeron et deux aides peuvent en forger deux par jour, et un ajusteur en lime et en pare une dans sa journée.

TARIÈRE A GLAISE. *Tarière* destinée à enlever les terres grasses. On ne lui fait pas de mèche, parce que la glaise y adhère assez fortement et ne glisse pas. On lui donne une ligne à une ligne et demi d'épaisseur. On la remplace ordinairement par la tarière ouverte.

TARIÈRE A SOUPAPE. Tarière cylindrique de deux mètres environ, qui n'est ouverte que sur neuf pouces y compris la mèche, et qui porte une soupape ouvrant en dedans. Elle est faite avec une feuille de tôle de un quart à une demi-ligne d'épaisseur, brasée sur toute la longueur. On lui donne tous les diamètres, depuis trois jusqu'à vingt pouces.

TARIÈRE A SOUPAPE A BOULET. *Tarière* ayant au fond une ouverture qu'un boulet mobile ferme lorsqu'on remonte l'instrument. Cette tarière bien faite peut enlever plus d'un mètre cube dans un jour, d'une profondeur de cent mètres. Quelquefois on la termine par un trépan rubané.

TARIÈRE A TRÉPAN RUBANÉ. *Tarière* qui, au lieu d'une mèche, porte une portion de trépan rubané. On s'en sert dans les sables gros et fins un peu serrés.

TARIÈRE DE MONTAGNE. *Voy.* SONDE DE MINEUR.

TARNOWIZITE (*Minér.*), f. Variété d'*aragonite* contenant 3.86 pour cent de carbonate de plomb.

TARSE (*Exploit.*), m. Nom donné par les carriers de Florence aux enduits et veines de calcaire spathique qui recouvrent les parois des fissures du calcaire compacte des environs de cette ville.

TARTARO (*Géogn.*), m. Nom italien d'un tuf d'une extrême finesse et d'une grande blancheur, qui est déposé par les eaux d'une source aux bains de Saint-Philippe, en Toscane.

TARTRE VITRIOLÉ (*Minér.*), m. Nom donné anciennement au *sulfate de potasse*.

TARTUFFITE (*Minér.*), m. Bois fossile appartenant au terrain de sédiment supérieur, au lias et au terrain salifère, et répandant une odeur de truffes.

TASCINE (*Minér.*), f. *Séléniure d'argent.*

TAULE (*Métall.*), f. Table de l'enclume.

TAUTOLITE (*Minér.*), f. Variété de *péridot*, disséminée dans les roches volcaniques des bords du lac de Laach, sur les rives du Rhin.

TAYS (*Exploit.*), f. Terme de mineur pour désigner la *tombée*. La tays ne se dit que dans certaines localités.

TECHNOLITE, f. Pierre figurée.

TÉCOLITE (*Paléont.*), f. Pointe d'oursin fossile se terminant en massue. Les anciens donnaient aussi ce nom à une pierre qui se trouve dans l'intérieur des éponges, et à laquelle ils attribuaient la faculté de dissoudre les calculs des reins.

TEKTICITE (*Minér.*), m. Nom donné par M. Breithaupt à un *sulfate de fer hydraté* dont les proportions paraissent différentes de celles du sulfate de fer ordinaire, mais dont on n'a pas encore fait d'analyse exacte. Il provient de Braünsdorf.

TÉLÉSIE (*Minér.*), f. Nom donné par Werner au *corindon hyalin* décrit au mot ALUMINE.

TÉLÉSIE LIMPIDE (*Minér.*), f. *Saphir blanc* des lapidaires.

TÉLÉSIE VIOLETTE (*Minér.*), f. *Saphir violet*, *améthyste orientale*; variété du *corindon hyalin*.

TELLINITE (*Paléont.*), f. Telline, conque anatifère, etc. Coquille bivalve fossile, à valves égales, appartenant au terrain supercrétacé.

TELLURE NATIF (*Minér.*), m. Syn. : *sylvane*, *aurum problematicum*, *gediegentellur* des Allemands. Ce minéral est gris d'étain, gris de plomb ou gris d'acier; son éclat est métallique; il raye le sulfate et se laisse rayer par le carbonate de chaux; sa pesanteur spécifique est de 5.70 à 6.115; il est très-fusible, brûle avec une flamme bleue très-vive, et se volatilise entièrement; il est soluble dans l'acide nitrique. Il n'a encore été trouvé que dans la mine de Maria-Loretto, à Fatzebay, près de Zalathna, en Transylvanie, dans une roche de quartz. Klaproth a donné l'analyse de ce minéral, qui contient :

Tellure.	92.55
Fer.	7.20
Or.	0.25
	100.00

dans lequel le fer n'est qu'à l'état de mélange.

D'autres échantillons ont donné des traces de fer et de soufre.

Le tellure fut découvert en 1782 par M. Müller, Reichenstein; Klaproth l'a consacré à la terre (*tellus*), et lui a donné le nom qu'il porte actuellement.

TELLURE BISMUTHIFÈRE, m. *Tellurure de bismuth.*

TELLURE CARBONATÉ (*Minér.*), m. *Voy.* CARBONATE DE TELLURE.

TELLURE GRAPHIQUE, m. *Tellurure d'or argentifère*, en aiguilles prismatiques, imitant, par leur disposition, des caractères d'imprimerie.

TELLURE PLOMBÉ, m. *Tellurure de plomb.*

TELLURURES MÉTALLIQUES (*Minér.*), m. Syn. : *sylvane*, *mullerine*, *élasmose*, *bornine*, etc. Ces minéraux, dont la plupart sont des tellurures d'or et d'argent, ne sont pas encore bien définis.

Le plus simple de tous est le *tellurure de plomb* qui provient de la mine de Sawodinski, dans l'Altaï; il est en masse compacte, d'un aspect métalloïde et d'un blanc d'étain; il se clive avec difficulté dans trois directions distinctes; sa pesanteur spécifique est de 8.159; M. Rose l'a trouvé composé de :

Tellure.	38.37
Plomb.	60.35
Argent.	1.28
	100.00

ce qui donne la formule Pb Te.

La constitution atomique du *tellurure d'argent* offre la même simplicité; son analyse a donné à MM. G. Rose et Petz :

Tellure.	36.92	37.76
Argent.	62.42	61.55
Fer.	0.24	»
Or.	»	0.69
	99.58	100.00

répondant à la formule Ag Te.

L'argent telluré est gris de plomb ou gris d'acier; il se trouve en masse, à gros grains d'un aspect métalloïde; il est malléable; sa pesanteur spécifique est de 8.412 à 8.565; au chalumeau, il donne un bouton d'argent et les réactions du tellure.

Les tellurures d'argent et de plomb n'ont encore été trouvés que dans une seule localité, et à l'état amorphe; on ne connaît donc point leur forme primitive, et par conséquent la place qu'ils doivent occuper dans la nomenclature.

Le *tellurure de bismuth*, nommé par M. Beudant *bornine*, est toujours associé à un sulfure qui probablement ne s'y trouve qu'à l'état de mélange; il est gris d'acier ou blanc de zinc; son éclat est métallique; il raye le carbonate de chaux, et se laisse rayer par la fluorine; il fond au chalumeau en un globule métallique qui couvre le charbon d'un oxyde orangé, et donne l'odeur de rave du sélenium ; il est soluble dans l'acide nitrique, et précipite par l'eau. Le bismuth telluré de Mosnapomdal a fourni à MM. Wehrle et Berzelius les analyses suivantes :

Tellure.	34.60	36.05
Bismuth.	60.00	58.30
Soufre.	4.80	4.32
Sélénium.	traces	0.75
	99.40	99.42

qui donnent Bi Te^2 + Bi S.

Le bismuth telluré de Mariana est plus foncé en couleur ; son éclat est demi-métallique ; il ressemble au fer oligiste. Sa pesanteur spécifique est de 7.924 à 7.936 ; il est fragile, et fond facilement au chalumeau. M. Damour l'a trouvé composé de :

Tellure.	15.93
Bismuth.	79.15
Soufre.	3.15
Sélénium.	1.48
	99.71

d'où l'on tire la formule : Bi Te + Bi^2 (S, Se), qui est fort différente de celle qui précède.

Les tellurures d'or présentent quelquefois des compositions beaucoup plus compliquées ; ils sont alliés avec des tellurures et des sulfures d'argent, de plomb, d'antimoine et de cuivre, et ne peuvent être considérés que comme des mélanges en proportions très-diverses.

Le *tellurure d'or argentifère* est gris d'étain ou d'argent ; il a beaucoup d'éclat ; sa cassure est grenue, inégale ; il est rayé par le carbonate de chaux, et raye le gypse ; sa densité est de 5.70 à 7.60 ; sa forme primitive est un prisme rhomboïdal droit, sous l'angle de 108° ; il possède deux clivages, dont l'un est facile ; au chalumeau, il fond facilement et donne des goutelettes d'or ; soluble dans l'acide nitrique, il laisse un résidu jaune d'or. Sa composition est, d'après Klaproth et Petz :

Tellure.	60.00	59.97
Or.	30.00	26.97
Argent.	10.00	11.47
Plomb, antimoine et cuivre.	»	1.59
	100.00	100.00

Ces deux analyses conduisent à l'expression 2 Au Te^3 + Ag Te.

Dans le tellurure nommé *mullerine*, le tellure sature une quantité d'atomes d'or et d'argent unis au plomb ; l'angle du prisme rhomboïdal droit en est altéré : il n'est plus que de 105° 30', avec le rapport : : 3 : 9. Klaproth a trouvé pour sa composition :

Tellure.	44 75
Or.	26.75
Plomb.	19.50
Argent.	8 50
Soufre.	0.50
	100.00

dont le rapport atomique est : Au^2 Te^3 + 2 (Pb, Ag) Te.

La mullerine, dont M. Petz a donné plusieurs analyses, est également un tellure aureux, d'une constitution atomique analogue ; sa couleur est le gris d'étain, avec une petite teinte jaunâtre clair ; il est en cristaux ou en masses compactes. Cinq analyses ont donné en moyenne :

Tellure.	49 84
Antimoine.	3.80
Or.	27.20
Argent.	9.20
Plomb.	7.85
	99.59

d'où l'on tire la formule : 2 Au^2 Te^3 + 3 (Pb, Aq) Te^2.

Le tellurure de plomb aurifère est encore beaucoup plus compliqué : c'est un mélange de tellurure d'or avec beaucoup de tellurure de plomb et de sulfures de plomb et de cuivre. Les analyses en varient beaucoup ; cependant les deux suivantes, dues à Klaproth et à Brandes, ont un caractère d'uniformité assez remarquable :

Tellure.	32.20	31.96
Plomb.	54.00	55.45
Or.	9.00	8.44
Cuivre.	1.30	1.14
Argent.	0.50	traces
Soufre.	3.00	3.07
	100.00	100.06

Ces deux analyses conduisent à la formule : Au^2 Te^3 + 8 (Pb, Cu) Te + (Pb, Cu) S.

Les tellurures métalliques sont assez rares ; l'argent et le plomb tellurés ne se sont encore rencontrés que dans la mine de Sawodinski, dans l'Altaï ; le sylvane de M. Beudant se recueille à Offenbanya, dans la Transylvanie ; à Nagyag, on trouve l'argent telluré et le tellure auro-plombifère ; le tellure bismuthifère provient de la mine de Mosnapomdal, en Norwége ; on a également trouvé de la bornine à Forquim, près de Mariana, au Brésil.

TEMESQUITATE (*Métall.*), m. Nom donné au Mexique à une scorie qui surnage sur le bain de plomb dans lequel on traite directement le minerai d'argent riche, réduit en poudre.

TÉMOIN (*Métall.*), m. Nom donné par les essayeurs au grain de retour qu'ils obtiennent par la coupellation du plomb d'œuvre, lorsqu'ils veulent s'assurer de sa qualité avant de coupeller.

TEMPÉRATURE DE LA TERRE (*Géol.*), f. Le changement de situation du soleil par rapport à l'équateur a conduit les physiciens à diviser le globe terrestre en trente climats, de la zone torride aux pôles ; savoir : 24 de l'équateur au cercle polaire, pendant lesquels la durée du jour croît de demi-heure, jusqu'à la limite extrême où le soleil reste vingt-quatre heures sur l'horizon, au solstice d'été, et six à partir du cercle polaire, dans chacun desquels la durée de la présence du soleil croît d'un mois jusqu'au pôle, où le jour dure conséquemment six mois. La longueur du jour, comparée à celle de la nuit, est sans cesse variable pour chacun de ces climats; il n'y a qu'une seule région où elle soit constamment la même : c'est sous l'équateur.

L'époque des longs jours dans un climat est l'époque de la plus haute température de ce climat; mais il n'en faut pas conclure que plus longtemps le soleil demeure dans une région, plus élevée est la chaleur du pays : cette conclusion ne serait vraie que par rapport à la température moyenne de la région, et non comparativement avec les autres climats.

Il est également vrai que la chaleur d'un lieu quelconque de la terre ne dépend pas d'une manière absolue de sa distance du soleil : les plus hautes montagnes du globe sont couvertes de neiges perpétuelles, et, à cet égard, la zone torride n'offre pas même d'exception. La diminution de la température à mesure qu'on s'élève dans l'atmosphère paraît être en proportion avec la distance parcourue, mais elle n'est pas la même pour les hauts comme pour les bas degrés du thermomètre. M. de Humboldt, s'élevant sur les chaînes de la zone torride et de la zone tempérée, a trouvé qu'elle était de 1° pour 187 mètres, lorsque la température de la terre est de 26°. C'est ce que M. Gay-Lussac avait déduit de ses observations dans son ascension aérostatique de l'an 12. Avec une température de 16° environ au niveau de l'Océan, la diminution n'est plus que de 1° pour 174 mètres; entre 6 ou 7°, elle descend à 164 mètres.

Le terme inférieur des neiges perpétuelles sur les hautes montagnes diffère avec la latitude et la température de la plaine. Sous l'équateur, il est de 4,800 mètres d'élévation : le thermomètre marque 27° dans les vallées inférieures; à 20° de latitude et à 26° de chaleur dans la plaine, il descend à 4,600 mètres; à 45° de latitude et 12° 7 de température, il n'est plus que de 2,550 mètres; à 62° lat. et 4° therm., il ne s'élève plus qu'à 1,750 m.; enfin à 65° lat. et 0° chaleur, il est réduit à 950 mètres.

La distribution de la chaleur sur le globe n'est point régulièrement proportionnée à la latitude : la température moyenne de Québec et de Genève, situés entre le 46e et le 47e degré diffère de 4° centigrades; au contraire, celle de Stockholm et de Québec, dont la latitude diffère de 12°, ne présente qu'une différence d'un dixième de degré. Ces inégalités de température comparativement à la latitude présentent une suite de lignes courbes qui ne sont point parallèles à l'équateur, et constituent les lignes *isothermes*, déterminées pour la première fois par M. de Humboldt.

Les observations ont conduit à penser que le plus haut degré auquel parvient la température moyenne sous l'équateur est de 27°.5, tandis que celui atteint au pôle est de 32 au-dessous de zéro.

La chaleur du soleil ne pénètre qu'à une petite profondeur dans l'écorce terrestre : Haller a trouvé que lorsque la température était de 31°.1 à la surface de la terre, elle n'était plus que de 29.4 à 0 m.08; de 21°.1 à 0 m.43; de 20° à 0 m. 65. Mais au delà de ces petites profondeurs les variations de température sont presque insensibles. De Saussure a démontré qu'à 9 m. 42 au-dessous de la surface du sol, le maximum d'élévation de la chaleur était de 11°.2, et le minimum de 9°.7; et qu'il fallait près de six mois pour que les variations de température de la surface se fissent sentir à cette profondeur. Dans les caves de l'Observatoire, dont la profondeur est de 28 mètres, Cassini a trouvé que la température moyenne 11°.48 ne variait pas de 0°.075 pendant trois ou quatre mois; suivant les observations de M. Arago, ces variations ne diffèrent d'une année à l'autre que de 0°.006.

A une profondeur plus considérable, la chaleur va sans cesse augmentant en raison de la distance. Cette augmentation pour les caves de l'Observatoire est de 1°.1, ce qui répond à 1° par 28 mètres; c'est à peu près le résultat que donnent les eaux des puits artésiens.

Partant de ce résultat, et considérant l'accroissement de température comme proportionnel à la profondeur, la chaleur du globe à dix myriamètres de la surface serait telle, que toutes les matières s'y trouveraient à l'état de fluidité ignée.

TÉNACITÉ (*Métall.*), f. Résistance qu'opposent toutes les parties d'un corps à la force qui tend à en rompre la continuité. D'après les expériences de Katmash, un fil dont le diamètre a été réduit de 42 à 20, présente les deux ténacités relatives de 81.488 et 161.886, c'est-à-dire qu'il gagne près du double par l'étirage à froid. Par le recuit, le contraire arrive. Cependant cela ne dépend pas seulement du dernier recuit, mais encore du nombre de fois que cette opération a eu lieu pendant les étirages successifs. La perte de ténacité par les chaudes est évaluée, par Katmash, de 44 à 6. D'après cela, un fil dont la ténacité aurait été altérée par des recuits peut la recouvrer par l'étirage à froid. Si on le recuit de nouveau après cet étirage, il perd encore de sa ténacité, mais toutefois moins qu'auparavant. La ténacité d'un corps s'estime d'après la faculté qu'a un fil de métal, d'un diamètre donné, de résister sans se rompre à la force qui le tire par une extrémité, tandis qu'il est fixé par l'autre.

TENAILLES (*Métall.*), f. Outils à deux branches, qui servent à manier le fer.

TENDRE, adj. Qualité des substances faciles à entamer, à rayer, à couper; qui cèdent quelquefois à la pression; dont le tissu est lâche, sans pour cela être fragile.

TENELLES ou **TENETTES** (*Métall.*), f. Petites tenailles qui servent pour l'étamage.

TENNANTITE (*Minér.*), f. Sulfure de cuivre

arséniière, décrit à l'article **Sulfures métalliques.**

Ténonrite (*Minér.*), m. Minéral désigné par M. Semmola, de Naples ; il est en petites lames noires, très-minces, ou en poussière noire recouvrant des laves du Vésuve. C'est un oxyde ou un sulfure de cuivre, encore peu connu.

Téphrine (*Géogn.*), f. Lave téphrinique, greystone, partie des basanites de Cordier ; roche qui renferme beaucoup de feldspath ; de couleur grisâtre ; terne ; à texture bulleuse ; fusible en émail blanc pointillé de noir ou de verdâtre ; tenace, rude au toucher, en coulée, en filons ou en fragments scoriacés dans les terrains volcaniques. On l'emploie au dallage, aux constructions, et à faire des meules. Variétés feldspathique, pyroxénique, amphibolique, etc. Le nom de téphrine a été créé par de La Métherie.

Téphrite (*Minér. anc.*), f. Dénomination employée par Pline pour désigner deux pierres qui n'ont de caractère commun que leur couleur gris de cendre.

Téphroïte (*Minér.*), f. Nom donné par Breithaupt à une substance gris de cendre, compacte, à cassure conchoïde, à éclat adamantin, fusible au chalumeau en une substance noire ; rayant le phosphate de chaux. P. s. : 4.116 ; trouvée près de Sparta, aux États-Unis.

Tequezquite (*Minér.*), m. Nom donné, au Mexique, au carbonate de soude naturel qui se trouve à l'état d'efflorescence dans les plaines ou sur le bord des lacs.

Tératolite (*Minér.*), f. Silicate hydraté d'alumine et de chaux, découvert par Schüler près de Zwickau, en Saxe, en masses amorphes d'un bleu de lavande, d'un gris de perle ou d'un gris rougeâtre, à cassure inégale, unie et plate : il raye le gypse, et est rayé par le carbonate calcaire ; sa densité est de 2.80 ; sa composition, d'après Schüler, est :

Silice.	41.70
Alumine.	22.80
Protoxyde de fer.	13.00
Chaux.	3.00
Magnésie.	2.80
Oxyde de manganèse.	1.70
Eau.	14.90
	98.90

répondant à la formule : $Al^2O^3 \, SiO^3 + (FeO, MgO, CuO), SiO^3 + 4 \, Aq.$

Terbium, m. Nouveau métal découvert tout récemment par M. Mosander dans l'yttria.

Térébellaire (*Paléont.*), f. Nom donné par Lamouroux à un genre de polypiers fossiles, dont deux espèces se rencontrent dans les terrains antérieurs à la craie.

Térébratule (*Paléont.*), f. Anomite, pectonculite ; coquille bivalve, dans laquelle une des valves est recourbée sur l'autre en forme de bec. On en cite cent quatre-vingts espèces fossiles.

Térébratulite (*Paléont.*), f. Coquille fossile du genre *térébratule.*

Térédine (*Paléont.*), f. Genre fossile de l'ordre des tubicolées, dont quatre espèces se trouvent dans les roches supercrétacées.

Térénite (*Minér.*), f. Variété de *wernérite*, qui paraît être une altération de la *paranthine*, d'un blanc jaunâtre, ou d'un jaune verdâtre, à éclat gras et nacré. Ce minéral est peu dur, ce qui lui a mérité son nom ; du grec *térên*, tendre : il raye la chaux sulfatée, et est rayé par le carbonate : sa densité est 2.53 ; il fond au chalumeau en un émail blanc ; ses clivages sont parallèles aux faces d'un prisme à base carrée ; il se trouve en petites veines dans un calcaire blanc grenu d'Antwerp, en New-Jersey.

Terno-singulaxe (*Cristall.*), adj. Système terno-singulaxe de Weiss : c'est le quatrième type cristallin de la classification de cet auteur ; il répond au *prisme oblique non symétrique*. Il comprend les cristaux à quatre axes, savoir : trois axes horizontaux égaux (*trino*), faisant entre eux un angle de 60° et un axe vertical (*singulo*).

Terrain (*Géol.*), m. En géologie, c'est la réunion de plusieurs formations qui ont une analogie d'ancienneté, de forme ou de composition.

La division la plus large des terrains est celle qui les classe, d'après leur origine, en *terrains ignés* et *terrains aqueux* ; classification qui répond aux anciennes dénominations : *vulcaniens* et *neptuniens*, noms qui ont longtemps divisé les géologues. Quelques savants disent *terrains non stratifiés* et *terrains stratifiés*, et considèrent ces deux termes comme synonymes d'ignés et d'aqueux.

Dans l'ancienne géologie, les terrains formaient deux classes : *primitifs* et *secondaires*, d'après la circonstance de leur origine. Werner donna aux roches qui offrent le passage d'un de ces terrains à l'autre, le nom de *terrains intermédiaires* ou *terrains de transition* ; plus tard, on adopta la dénomination de *tertiaire* pour désigner les terrains placés au-dessus de la *craie* qui forme l'étage supérieur des groupes secondaires.

La classification de Werner, modifiée par l'expérience, suit, en partant de la surface du sol, l'ordre suivant :

1er groupe. { Alluvion. / Diluvium et anciennes alluvions. / Terrain tertiaire.

Ce premier groupe, qui forme l'*ordre supérieur* de la classification de Conybeare, répond aux *terrains modernes* et aux *terrains tertiaires* de d'Omalius d'Halloy, aux terrains *alluviens* et *clysmiens* de la *période jovienne* de Brongniart, et à une partie de ceux *yzémiens thalassiques* de la *période saturnienne* du même auteur.

L'*alluvion* comprend les détritus produits journellement, les îles madréporiques, le travertino, etc. ; le *diluvium*, les blocs de transports dits erratiques, et les graviers de la même époque ; le *terrain tertiaire* embrasse les roches du groupe supercrétacé, telles que la craie, les couches de l'île de Wight, l'argile de Londres, celle plastique, les couches marines et d'eau douce des environs de Paris.

Le deuxième groupe, ou terrain secondaire de Werner, forme l'*ordre supra-moyen* de Conybeare, et répond aux *terrains ammonéens* d'Omalius d'Halloy. Dans le système de Brongniart, il fait partie des terrains *yzémiens pélagique et abyssique*. C'est ce que les géologues modernes appellent formation *crétacée*, *oolitique, grès-rouge* et *terrain carbonifère*, dans l'ordre des superpositions.

Le troisième groupe, nommé terrain de transition, répond à l'*ordre moyen* et *sous-moyen* de Conybeare, à la formation *hémilysienne* d'Omalius d'Halloy, et comprend l'étage inférieur du groupe *yzémien* et celui *hémilysien* de Brongniart. Il commence à la grauwacke, comprend le calcaire contemporain, le schiste argileux, et les différents schistes inférieurs fossilifères.

Le groupe primitif commence aux roches stratifiées non fossilifères, et comprend les strates cristallines du gneiss, de la protogine, etc., pour se terminer au granite. C'est l'*ordre inférieur* de Conybeare, ceux *primordiaux* et *pyroïdes* d'Omalius d'Halloy, les *terrains agalysiens* et *typhoniens* de Brongniart.

Werner comprend dans le terrain primitif les roches *volcaniques trappéennes* et *serpentineuses* que Brongniart a nommées pyrogènes.

TERRAIN ANTHRAXIFÈRE. *Voy.* TERRAIN CARBONIFÈRE.

TERRAIN ARDENT. *Voy.* FEUX NATURELS.

TERRAIN CARBONIFÈRE. Partie inférieure du terrain secondaire, comprenant les formations de vieux grès rouge, de calcaire carbonifère, et le terrain houiller. Le premier étage renferme la houille ; le second, l'anthracite ; et celui inférieur, la formation calcaire et quartziteuse appartenant aux roches siluriennes.

TERRAIN CLYSMIEN. *Terrain diluvien.*

TERRAIN CRAYEUX. *Terrain crétacé.*

TERRAIN CRÉTACÉ. Partie supérieure du terrain secondaire, placée entre le terrain jurassique et le terrain tertiaire. La craie, la glauconie, le grès vert, les argiles et le calcaire de Purbeck sont les principales roches de cette formation, qui repose souvent sur l'oolite.

TERRAIN D'ALLUVION. Ensemble des roches les plus modernes et des détritus produits par des causes qui agissent encore aujourd'hui, depuis les dépôts salins et la tourbe (inclusivement) jusqu'aux rochers de madrépores et aux bancs de sable.

TERRAIN DE COMBLEMENT. *Terrain d'alluvion.*

TERRAIN DE SÉDIMENTS SUPÉRIEURS. *Terrain supercrétacé.*

TERRAIN DE TRANSITION. *Voy.* TERRAIN INTERMÉDIAIRE, et le mot TRANSITION.

TERRAIN DE TRANSITION INFÉRIEUR. *Formation cambrienne.*

TERRAIN DE TRANSITION SUPÉRIEUR. *Formation silurienne.*

TERRAIN DE TRANSPORT. *Terrain diluvien.*

TERRAIN DE WEALD. *Voy.* FORMATION WEALDIENNE.

TERRAIN DILUVIEN. Ancienne dénomination qui comprenait le *diluvium* et le *terrain d'alluvion.*

TERRAIN D'ORIGINE IGNÉE. *Terrain plutonique.*

TERRAIN GRANITIQUE. Partie de la série plutonique qui renferme le granite, la syénite, la pegmatite, l'eurite, la protogine et le diorite.

TERRAIN HOUILLER. *Voy.* TERRAIN CARBONIFÈRE.

TERRAIN INTERMÉDIAIRE. Ensemble de roches qui, sous le rapport des particularités minéralogiques, offrent un caractère intermédiaire entre le schiste micacé et les roches secondaires. Le terrain intermédiaire renferme le schiste argileux, la grauwacke et quelques calcaires.

TERRAIN JURACRÉTACÉ. Terrain de la *formation néocomienne.*

TERRAIN JURASSIQUE. Terrain calcaire dont le type appartient aux montagnes du Jura. Il forme l'étage moyen du terrain secondaire, et se compose des *formations liasique* et *oolitique.*

TERRAIN MODERNE. Terrain qui se forme encore.

TERRAIN MORT. Couches d'argile et de calcaire qui recouvrent le terrain houiller des environs de Valenciennes.

TERRAIN NÉOMASTONIEN. *Terrain quaternaire.*

TERRAIN NEPTUNIEN. *Voy.* SÉRIE NEPTUNIENNE.

TERRAIN PÉNÉEN. *Voy.* le mot PÉNÉEN.

TERRAIN PŒCILIEN. *Voy.* le mot PŒCILIEN.

TERRAIN PRIMAIRE. *Voy.* TERRAIN PRIMITIF.

TERRAIN PRIMITIF. Nom donné anciennement à la formation plutonique, et à quelques roches de la série métamorphique.

TERRAIN PRIMORDIAL. Formation composée de roches plutoniques.

TERRAIN PSAMMÉRYTHRIQUE. *Voy.* le mot PSAMMÉRYTHRIQUE.

TERRAIN PYROÏDE. Partie de la *série plutonique.*

TERRAIN QUATERNAIRE. Ensemble de roches qui comprend toutes les formations supérieures au calcaire d'eau douce jusqu'aux cailloux roulés et aux blocs erratiques, ou environ la moitié supérieure du terrain supercrétacé. On divise quelquefois la période de formation quaternaire en historique et antéhistorique.

TERRAIN SCHISTEUX. Terrain qui embrasse les formations *micaschisteuse-cambrienne* et *silurienne*, dont les strates sont plus ou moins déliées, et qui comprend des schistes à tous ses étages. C'est le *terrain de transition* de l'ancienne géologie.

TERRAIN SECONDAIRE. Ensemble de roches qui comprend le terrain carbonifère et toutes les formations supérieures jusques et y compris la craie, telles que le terrain crétacé, le terrain jurassique, et celui triasique.

TERRAIN SUBATLANTIQUE. Nom donné par M. Rozet à un ensemble de marnes et de calcaires de la partie supérieure du terrain quaternaire. Ce sont en général des marnes bleues subordonnées à un calcaire marneux grisâtre, et des strates de grès calcarifère, alternant avec des sables jaunes ou rouges.

TERRAIN SUPERCRÉTACÉ. Partie de la croûte terrestre qui comprend les terrains tertiaire et quaternaire, et qui a pour assise inférieure la craie.

TERRAIN TERTIAIRE. Ensemble de roches qui comprend toutes les formations supérieures à la craie, jusques et y compris les calcaires d'eau douce et les mollasses, ou environ la moitié du terrain supercrétacé.

TERRAIN TRIASIQUE. *Voy.* le mot TRIASIQUE.

TERRAIN VOLCANIQUE. Partie de la série plutonique qui comprend les roches produites par l'action du feu ou de la chaleur souterraine, et qui ont apparu à la surface de la terre après que cette surface a été consolidée.

TERRE (*Géol.*), f. Planète que nous habitons. La forme de la terre est celle d'un sphéroïde, solide de révolution qui appartient aux masses fluides douées d'un mouvement de rotation dans l'espace. Elle possède donc deux diamètres, celui équatorial et celui polaire, qui sont l'un à l'autre :: 305 : 304.

	Mètres.
La longueur du premier est de	12,753,702
Celle du second, ou de l'axe terrestre, de	12,711,886
Différence.	41,816

La surface du globe terrestre est conséquemment de 5,098,857 myriamètres carrés, et son volume, de 1,082,634,000 myriamètres cubes.

Toutes les observations faites pour arriver à déterminer la densité de la terre tendent à prouver que celle intérieure est plus grande que celle de la surface. D'après les expériences de Maskelyne, de Playfair et de Cavendish, la densité moyenne serait environ cinq fois plus grande que celle de l'eau, et par conséquent presque double de celle de l'écorce minérale. Laplace, comparant la densité de la surface et celle moyenne, a trouvé qu'elles étaient l'une à l'autre :: 1 : 1.55; Bailly, dans ses *Tables astronomiques*, veut que la densité terrestre soit à celle de l'eau :: 11 : 2; il la fait 3.9320 fois plus grande que celle du soleil.

La surface de la terre est divisée en continents et en mers. Celles-ci occupent près des trois quarts de cette surface; elles sont plus étendues dans l'hémisphère sud que dans celui nord.

Quelle a été l'origine de la terre, et comment sa forme actuelle lui a-t-elle été donnée? C'est ce qu'il est difficile d'expliquer autrement que par des hypothèses plus ou moins plausibles. C'est une belle et simple idée que celle de la condensation des matières gazeuses pour former les sphéroïdes de notre système solaire; mais, quoique toutes les probabilités soient en faveur de cette explication, il n'y a pas encore aujourd'hui assez de preuves pour qu'il soit permis d'en faire la base de la géogonie. Une masse de vapeurs condensées passe à l'état fluide avant de se solidifier. Dans cet état intermédiaire, elle est sollicitée par les forces résultantes de sa rotation, et prend la figure d'équilibre qui leur correspond. C'est ainsi qu'elle s'aplatit dans le sens de son axe de rotation, et qu'elle éprouve un renflement à l'équateur. Sa figure finale devient un ellipsoïde. Jupiter, Mars, Saturne, sont aplatis aux pôles; il en est de même de la terre : il est donc très-probable qu'ils ont été fluides.

Quelle est la cause de cette fluidité? Est-ce la dissolution dans l'eau? Ce n'est guère probable. En tout cas, il ne reste aucun indice qui puisse mettre sur cette voie : tout, au contraire, tend à faire croire que c'est la chaleur. L'accroissement régulier de température à mesure qu'on pénètre dans l'intérieur du globe, les eaux thermales, les solfares, les volcans eux-mêmes, concourent à prouver qu'il existe à une certaine profondeur un foyer de chaleur immense, reste de l'incandescence qui autrefois remontait jusqu'à la surface, aujourd'hui refroidie.

L'état de fluidité ignée existant encore sous la croûte terrestre peut servir à rendre compte des tremblements de terre, de l'abaissement de certaines localités au-dessous de l'eau, et même du soulèvement d'une montagne isolée; mais il ne saurait suffire pour l'explication de la formation des longues chaînes, non plus que pour l'extinction subite des races d'animaux. Il a donc fallu avoir recours à une autre hypothèse; et l'on a pensé que la terre avait changé plusieurs fois d'axe, soit par le choc d'une comète, soit par la suite de l'inclinaison progressive de l'axe sur l'écliptique. Comme il n'y a rien que de vague dans ces opinions, nous ne faisons que les indiquer ici.

TERRE (*Géogn.*), f. Substance minérale pulvérulente, friable, incombustible, se mêlant facilement avec l'eau, et de composition très-variée. En minéralogie, on donne plus particulièrement le nom de terres à des oxydes métalliques terreux, tels que la silice, l'alumine, la chaux, la magnésie, la zircone, la baryte, la strontiane, la glucine et l'yttria, qui ont des gîtes spéciaux et appartiennent à des formations distinctes. La terre, dans le langage ordinaire et dans les arts agricoles, n'a point de caractère minéralogique bien établi; elle est de couleur, d'aspect, de texture très-différents. Sa pesanteur spécifique est également très-variable : pour la terre végétale ordinaire, c'est 1.214 à 1.285; pour celle de bruyère, 0.614 à 0.643; la terre forte graveleuse, 1.357 à 1.428; l'argile et la glaise, 1.636 à 1.736; la vase, 1.612; la grosse terre mêlée de sable et de graviers,

1.800 ; celle mêlée de petites pierres, 1.910 ; celle grasse mêlée de cailloux, 2.290, etc.

Les terres qui forment la pellicule superficielle du globe ont deux sortes d'influence sur la végétation des plantes : elles servent de plancher, d'appui, de soutien, ce qui est le propre de leur action mécanique ; ou bien, par leur action chimique, elles facilitent les réactions qui donnent la vie aux végétaux et les font se développer.

On pourrait donc les diviser en deux classes, si l'action mécanique des terres d'appui ne se présentait pas sous un double aspect, et n'obligeait à considérer la terre végétale comme appartenant à trois classes différentes :

La terre *végétale sableuse*,

La terre *végétale argileuse*,

La terre *végétale calcaire*.

La TERRE VÉGÉTALE SABLEUSE est composée de petits grains plus ou moins fins de silice qui, n'ayant aucune tendance à s'agglomérer, ont une mobilité extrême, une sécheresse excessive, et offrent plus d'une difficulté pour retenir les semences des plantes. Ce sol est d'un labour facile et économique ; il demande beaucoup d'eau ; il est essentiellement propre à la culture des racines, telles que les betteraves, les navets, les carottes, les tubercules ; il convient au seigle, et est très-favorable au développement des arbres pivotants, comme le pin. Les plaines des environs de Paris offrent de beaux exemples de jardinage dans cette espèce de terre ; les landes de Gascogne en présentent de non moins remarquables pour la culture des conifères.

A l'article AIR de ce dictionnaire, nous avons fait pressentir comment s'étaient formés et se formaient encore de nos jours les grands dépôts sableux des landes, ceux du Sahara d'Afrique, etc. Dans le voisinage des terrains granitiques, ces sables sont dus au détritus des granites ; ils renferment alors des paillettes brillantes de mica, qui leur servent de signe caractéristique ; ils ont généralement peu de profondeur, mais ils activent la végétation, lorsque surtout l'amphibole y domine, attendu que sa couleur rembrunie leur permet de s'échauffer facilement. Les terres sablonneuses micacées sont propres à la culture du seigle, de l'épeautre, des turneps, et à la plantation des arbres. On peut voir de semblables cultures dans les environs d'Autun et de Limoges.

Les laves et les pierres volcaniques s'usent à la longue, et produisent une couche friable d'une couleur foncée, dont la fertilité est extrême ; elles forment plus tard une terre fertile et agraire, dont la campagne de Naples, les îles Fortunées et la Limagne fournissent de beaux exemples.

La TERRE VÉGÉTALE ARGILEUSE est connue sous le nom de *terre forte*, *terre franche*, et finalement de *terre à blé*. Elle est d'une couleur foncée, et absorbe puissamment les rayons du soleil. Comme elle retient facilement l'eau pluviale, qu'elle s'y délaye, forme une pâte épaisse qui se referme sur les semences et les prive souvent d'air et de lumière, on la laboure en sillons profonds, afin d'accumuler l'eau dans les creux, et de laisser à sec les parties saillantes sur lesquelles la graine se développe à l'aise. C'est pour ces espèces de terres surtout que le marnage est nécessaire ; nous engageons nos lecteurs à recourir à l'article MARNE pour cet objet. Avec des amendements et des engrais bien entendus, les terres fortes deviennent d'excellentes terres à froment et à toutes sortes de céréales ; les plaines de la Beauce, la basse Normandie, et surtout les beaux pâturages de la vallée d'Auge, appartiennent à cette classe de terrain.

La TERRE VÉGÉTALE CALCAIRE est le sol par excellence de la vigne. Les parties qui la constituent sont rarement égales, excepté dans les sables calcaires presque entièrement composés de débris de coquilles. Le sol calcaire exige des engrais forts en ammoniaque, et une certaine humidité ; il est assez généralement stérile et peu propre à la culture des céréales, à moins qu'il ne soit appuyé sur des couches argileuses qui, retenant les eaux à une faible profondeur, le rendent susceptible d'une certaine abondance. Les plaines de l'Aragon, de la Manche et de la Vieille-Castille, en Espagne, doivent leur fertilité à cette dernière circonstance. Il en est de même de la partie calcaire de la Limagne, arrosée par l'Allier.

La terre végétale appartient aux dernières catastrophes du globe ; elle a été charriée par les eaux, qui en tenaient les particules les plus déliées à l'état de suspension. Quelques vallées ont été comblées par les détritus des roches de montagnes voisines. Dans certaines localités, elles se comblent encore ; et l'on est souvent obligé de maintenir, par des terrasses ou des tranchées, les terres qui tendent à descendre sur les versants. Les couches de terre agraire appartiennent à des époques différentes. Elles existaient déjà dans l'ancien monde des terrains secondaires, ainsi que l'atteste la végétation active de la Flore houillère ; elles étaient foulées par les grands ruminants, avant le dernier changement d'axe de la terre, comme semblent le prouver les vastes dépôts fossiles de la Sibérie. Aujourd'hui d'autres dépôts se préparent sous les mers, où les ruisseaux, les torrents, les fleuves apportent chaque jour leur tribut, riche en limon. Vienne encore un changement d'axe, et ces terres, enfouies pendant tant de siècles, viendront offrir une source de richesse nouvelle aux races qui survivront à la catastrophe.

Au mot ATOLL, nous avons parlé de nouvelles îles qui se formaient au sein de la mer par le travail des polypiers et des coraux. Quelques-unes de ces îles sont aujourd'hui couvertes d'une végétation brillante. Il n'y a point là de transport possible, d'atterrissement. Il faut admettre que la terre végétale s'est formée sur place. Mais comment ? D'où vient l'engrais qui a fourni l'aliment des plantes? D'où vient la semence qui a développé les arbres vigoureux qu'on y remarque ?

TERRE ADAMIQUE (*Minér.*), f. On n'est pas bien d'accord sur la nature de cette terre, et sur ce que les anciens ont entendu par ce nom (*terra adamica*). Les uns l'appliquent à un ocre rouge qu'on nommait aussi *almagra;* les autres, à un terreau, ou humus limoneux; quelques-uns, au limon que laisse la mer à son reflux. Cette dernière opinion se trouve dans les Mémoires de l'Académie des Sciences de 1700. Enfin, un petit nombre pense que le nom de terre adamique s'applique aux terres ocreuses dans lesquelles se trouve souvent le diamant, appelé par les anciens *adamas*.

TERRE A BRIQUES (*Exploit.*), f. Argile grossière des terrains de sédiment et d'alluvion, contenant ordinairement de l'oxyde de fer; ce qui fait que les briques et carreaux fabriqués avec cette terre rougissent à la cuisson.

Rien n'est plus simple que la fabrication des briques, tuiles ou carreaux. On expose la terre extraite dans des fosses, où on la soumet au marchage. Si elle est trop grasse, on la dégraisse avec du sable qu'on y ajoute; on moule ensuite, et on fait sécher à l'air. Puis on les fait cuire dans une espèce de four, d'une construction extrêmement simple. Quelquefois on dispose tout simplement les briques en tas, dans lesquels on ménage des issues pour la flamme, et des espaces pour brûler le combustible.

Le four le plus convenable est composé de quatre murailles voûtées; il a deux étages, séparés par un plancher en briques de grande dimension, en forme de grilles; les carreaux ou briques à cuire sont placés sur champ et entassés les uns sur les autres, en ayant soin de les espacer pour que la flamme les traverse. Le foyer est une grille sur laquelle on brûle des broussailles ou du combustible de peu de valeur.

Les briques réfractaires doivent être faites avec de l'argile pure, et exempte d'oxyde de fer et de carbonate de chaux. Les plus estimées se fabriquent à Langeais (Maine-et-Loire) et en Bourgogne. On ajoute presque toujours du sable quartzeux à l'argile.

TERRE A CHALUMEAU (*Minér.*), f. Nom donné vulgairement à la *magnésite*, ou écume de mer.

TERRE A CRIQUET (*Géogn.*), f. Terre végétale forte et argileuse qui se fendille et se crevasse dans les sécheresses, et donne passage aux insectes.

TERRE A CUIRE (*Minér.*), f. *Terre à poterie*, argile qui sert à faire les vases dans lesquels on fait cuire les aliments.

TERRE A DÉGRAISSER (*Minér. industrielle*), m. *Voy.* ARGILE SMECTIQUE.

TERRE A FOULON (*Miner.*), f. *Voy.* ARGILE SMECTIQUE.

TERRE A FOUR. *Argile* sablonneuse, susceptible de très-peu de retrait.

TERRE ALCALINE. *Carbonate de chaux.*

TERRE AMÈRE. *Magnésie.*

TERRE ANGLAISE. *Argile plastique.*

TERRE A PIPES. *Argile* propre à mouler des pipes. Les Américains du Nord emploient à cet usage la *scoulérite*, ou *pipe stone* de Thomson.

TERRE A PISÉ. *Argile* sableuse qui sert aux constructions dans lesquelles on n'emploie point de roche dure.

TERRE A PORCELAINE. *Voy.* KAOLIN.

TERRE A POTERIE (*Minér. industrielle*), f. *Voy.* ARGILE PLASTIQUE.

TERRE APYRE (*Minér.*), f. *Voy.* TERRE RÉFRACTAIRE.

TERRE A VIGNE. Variété d'*ampélite alunifère*, à laquelle le vulgaire attache la propriété de détruire les vers dans les vignobles, mais qui favorise simplement la végétation de la vigne.

TERRE BALDOGÉE. *Voy.* TERRE DE VÉRONE.

TERRE BITUMINEUSE FEUILLETÉE. *Dusodile.*

TERRE BLANCHE. *Argile plastique.* On donne aussi ce nom, à Saint-Yriex, aux gîtes de *kaolin*.

TERRE BLANCHE DE COLOGNE. *Argile plastique, argile de Cologne.*

TERRE BOLAIRE. Argile propre à faire des *bols*. Sa qualité est d'être fine, douce au toucher, même savonneuse, tendre, se divisant facilement dans la bouche.

TERRE BOLAIRE DU BERRY. Terre jaune qui sert à préparer le rouge dit *d'Angleterre*. C'est une ocre très-fine.

TERRE CALCAIRE. *Carbonate de chaux.* Ce nom était anciennement donné à tous les calcaires.

TERRE CALCAIRE AÉRÉE. *Carbonate de chaux.*

TERRE CALCAIRE CAUSTIQUE. Ancien nom de l'*oxyde de calcium*, ou *chaux* pure.

TERRE CIMOLÉE. *Voy.* CIMOLÉE.

TERRE CUIVREUSE. *Peroxyde de cuivre*, cuivre oxydé noir.

TERRE D'ALLAGNE. Stéatite, *pierre olaire* du val Sesia, près le mont Rose, avec laquelle on fait des marmites connues en Italie sous le nom de *lavezzi*, et qui se vendent par assortiment de sept, s'emboîtant les unes dans les autres, depuis treize pouces jusqu'à quatre de diamètre.

TERRE D'ARMÉNIE. Nom de certain *bol* venant de l'Orient.

TERRE DE BERRY. *Ocre jaune.*

TERRE DE BRESSE. *Terre à poterie* très-propre à faire des vases de cuisine qui résistent au feu.

TERRE DE BRUYÈRE. Terre végétale remarquable par la quantité de quartz grenu qu'elle contient, et les nombreuses racines fibreuses de végétaux qui y sont répandues. Elle est très-propre aux semis et à la culture des oignons. On a cru remarquer qu'elle changeait en bleu la couleur rose de la fleur de l'hortensia. La base de la composition de la terre de bruyère est un sable siliceux très-fin, chargé d'une proportion notable d'humus. Les deux analyses ci-après ont été faites par M. Brand sur deux terres, l'une prise à Sannoy, près Pontoise, l'autre dans la forêt de Senart.

	Sannoy.	Senart.
Sable siliceux.	43.80	48.79
Carbonate de chaux.	7 10	4.98
Humus.	31.70	40.25
Sels déliquescents.	1.10	0.10
Fer métallique.	0.15	0.02
Parties végét. non décomposées.	13 25	3.34
	97.08	96.76

TERRE DE BUCAROS. *Argile* propre à la poterie. Elle est employée en Portugal.

TERRE DE CASSEL. *Terre de Cologne.*

TERRE DE CHIO. *Terre sigillée*, à laquelle les anciens attribuaient la vertu de conserver la fraîcheur des femmes, et d'effacer les rides; elle est grasse, d'un blond cendré, et sert, suivant Césalpinus, à dégraisser les étoffes.

TERRE DE CILICIE. Terre bitumineuse citée par Théophraste, et qui servait à entourer les vignes pour les préserver des insectes.

TERRE DE CIMETIÈRE. *Voy.* HUMUS.

TERRE DE COLOGNE, ou TERRE D'OMBRE. *Combustible minéral* décrit sous ce dernier titre.

TERRE DE CRÈTE. *Cimolite.*

TERRE DE DAMAS. Terre bolaire, employée par les anciens dans la médecine; terre adamique.

TERRE DE FORGES. *Voy.* ARGILE DE FORGES.

TERRE DE HOLLANDE. Substance argileuse verte, un peu jaunâtre, employée dans la peinture.

TERRE DE LEMNOS. Espèce de *sanguine*, argile ocreuse, *bol* dont les prêtres de Diane avaient seuls la manipulation, et sur laquelle ils apposaient leur cachet sacré. *Voy.* TERRE SIGILÉE. Galien la cite comme contre-poison et remède contre les ulcères et les morsures de chien enragé. Les anciens, qui la nommaient *lemnia sphragis*, en distinguaient trois espèces : *rubrica lemnia*, *rubrica febrilis*, dont se servaient les artisans, et *rubrica abstergens*, avec laquelle ils nettoyaient les habits.

TERRE DE MALTE. Terre sigillée, employée dans la médecine des anciens. Blanche, rude au toucher, astringente.

TERRE DE MARMAROSCH. *Phosphate de chaux*, variété pulvérulente; phosphorite.

TERRE DE MÉLOS. Argile blanche ou cendrée, célèbre chez les anciens pour certains usages.

TERRE DE PATNA. *Argile* grisâtre et jaunâtre, qui sert, dans le Mogol, à faire des vases et ustensiles de ménage.

TERRE DE PERSE. *Ocre* rouge, sèche, assez dure, dont on se sert en Perse pour rougir les talons des souliers.

TERRE DE PÉRIGUEUX. *Manganèse oxydé* noir, formant masse avec diverses substances, et notamment avec l'oxyde de fer; elle est quelquefois aimantaire.

TERRE DE PNIGNITIS. Terre bolaire employée par les anciens comme médicament.

TERRE DE SAINT-PAUL. *Voy.* TERRE DE MALTE.

TERRE DE SAMOS. Terre bolaire blanchâtre. *Bol* qui, suivant Dioscoride, arrêtait les vomissements de sang. Molle, blanche, friable, happant la langue.

TERRE DES GEMMES. *Alumine.*

TERRE DE SIENNE. *Ocre* jaune, d'un grain très-fin, composée d'argile et de limonite. Elle se trouve en petites masses, dont la surface est recouverte d'une pellicule foncée qui se polit sous l'ongle. A la calcination elle devient d'un rouge d'acajou très-brillant, qui donne des tons chauds dans la peinture. Elle se trouve dans les environs de Sienne, en Italie.

TERRE DE SINOPE. Espèce d'ocre rouge employée par les peintres. Théophraste en cite trois variétés.

TERRE DE STRIGAU. *Argile* ocreuse des environs de Liegnitz et Strigau, en Silésie.

TERRE DE VALACHIE. Terre d'Alana; *argile* dure, brillante, de couleur cendrée; servant à polir l'or comme le tripoli.

TERRE DE VALCHIAVENA. *Stéatite, pierre ollaire* du Valais, d'un gris azuré, d'une dureté moyenne et d'une grande consistance.

TERRE DE VÉRONE. Terre verte, provenant de Vérone (Lombardie), et employée en peinture. Elle est décrite sous le titre de SILICATE DE FER.

TERRE DE VICENCE. *Kaolin de Vicence.*

TERRE D'ITALIE. Variété d'*ocre*.

TERRE D'OMBRE. Lignite terreux; substance friable, à grains fins, douce au toucher, presque aussi légère que l'eau, et brûlant à la manière de l'amadou, en répandant une odeur désagréable; elle est d'un brun clair, et sert dans la peinture. On la tirait anciennement d'*Ombrie*, d'où lui est venu son nom : *umbra*, ou *Umbriæ terra*. Aujourd'hui on la tire de Cologne, sous le nom de terre de Cologne.

TERRE DU DEVONSHIRE. *Argile plastique*. *Voy.* ARGILE DE DEVONSHIRE.

TERRE DU JAPON. *Argile* rougeâtre, amère, qu'on croit être le *masquiqui* des Indiens.

TERRE DURE. Nom donné, dans les environs de Limoges, au *kaolin* qui contient du feldspath non entièrement décomposé.

TERRE D'YTTRIA. *Voy.* YTTRIA.

TERRE ÉRÉTRIENNE. Terre bolaire employée en médecine par les anciens; blanche ou cendrée, astringente. Son nom lui vient d'*Eretria*, ville de l'île d Eubée.

TERRE FRANCHE. *Argile* grasse, propre à la fabrication des briques et de la poterie commune.

TERRE GLAISE. *Argile*, terre dans laquelle prédomine le sable et l'argile.

TERRE GYPSEUSE. *Sulfate de chaux.*

TERRE MARTIALE BLEUE. *Phosphate de fer.*

TERRE MÉLIENNE. Terre sigillée, employée par les anciens comme médicament; elle est jaunâtre ou rougeâtre, rude au toucher. C'est une ocre proprement dite.

TERRE MIRACULEUSE. Nom donné en Saxe à une roche talqueuse rouge violacée, entremêlée de taches grises, qui se trouve dans les environs de Freyberg, et qui était employée anciennement en médecine.

TERRE NOIRE. Terre pyriteuse, appartenant à la formation du calcaire à cérites du bassin de Paris.

TERRE PESANTE. *Baryte.*

TERRE PESANTE AÉRÉE. Ancien nom du *carbonate de baryte.*

TERRE PESANTE VITRIOLÉE. Ancien nom du *sulfate de baryte.*

TERRE RÉFRACTAIRE. Terre qui résiste à un feu violent sans se vitrifier ou se fondre; argile blanche ou grise très-chargée de silice, se colorant très-peu par le feu. On en fait des briques de fourneaux, des creusets, etc.

Le grès qui accompagne l'anthracite de certains gisements, et qui a une couleur d'un gris sombre, perd cette couleur au feu, et devient très-réfractaire; il peut remplacer les briques employées à la chemise intérieure des fourneaux. Il en est de même de la stéatite, qui a, en outre, l'avantage d'être très-facile à tailler.

TERRE ROUGE. Terre ferrugineuse du Huelgoat, en Bretagne, contenant de un à quatre millièmes d'argent; elle est analogue aux *pacos* et aux *colorados* du Chili et du Mexique.

TERRE SAMIENNE. Argile blanche, employée en médecine par les anciens. Celle dont parle Dioscoride était légère, molle et fraîche; elle happait la langue. On l'employait principalement dans les hémorragies et les écoulements sanguins.

TERRE SAPONAIRE. *Voy.* TERRE A FOULON.

TERRE SAVONNEUSE. *Terre à foulon*; on donne aussi ce nom, dans les environs de Limoges, à certaines couches de *kaolin.*

TERRE SÉLINEUSIENNE. *Voy.* TERRE DE CHIO. Aldrovandus a confondu cette terre avec la craie.

TERRE SÉLÉNITEUSE. Nom donné au carbonate calcaire dont les dépôts forment des incrustations.

TERRE SIGILLÉE. Bol, espèce de *sanguine.* Le nom de sigillée vient du latin *sigillum*, sceau, cachet; parce que cette argile ocreuse était autrefois employée comme astringent, sous la forme de tablettes rondes, auxquelles on appliquait un cachet. La *terre sigillée* que les anciens tiraient de l'île de Cimolis (aujourd'hui île d'Argentière), dans l'archipel grec, est une espèce de *pierre à détacher.*

TERRE SMECTIQUE. *Terre à foulon*; du grec *smêchô*, je nettoie.

TERRE SYNOPIQUE. *Cicerculum* de Pline, *sanguine.*

TERRE TALQUEUSE. *Magnésie.*

TERRE TIMPHAÏQUE. Espèce d'argile employée, suivant les anciens, comme plâtre et comme terre à foulon.

TERRE VÉGÉTALE. *Voy.* le mot TERRE.

TERRES VERTES ALUMINEUSES. Hydro-silicates d'alumine, de fer et de magnésie, verts, terreux, donnant de l'eau par la calcination, assez tendres, et tachant quelquefois le papier, quoique, dans d'autres cas, leur dureté dépasse celle du gypse. Leur pesanteur spécifique est de 2.80 à 3.20. Ces terres, plus ou moins agrégées, sont fusibles en un émail noir, ou en une scorie vert-bouteille; elles sont solubles dans les acides. Leur composition est assez uniforme; elle résulte des analyses suivantes :

	LOCALITÉS.				
	Glaris.	Lossosna.	Du grès vert du Havre.	Timor.	Du calcaire grossier.
Silice.	52.30	51.50	49.70	46.00	46.50
Alumine.	5.60	12 00	6.90	11.70	7.60
Protox. de fer.	23.00	17.00	19.30	17.40	22.50
Magnésie.	4.90	3.50	»	8.00	6.00
Chaux.	»	2.50	»	3.60	3.00
Potasse.	3.00	»	10.60	»	»
Soude.	»	4.50	»	»	»
Eau.	8.50	9.00	12.00	13.90	15.00
	97.30	100 00	98.70	100 60	100.20
Atomes d'eau.	4	5	7	8	8

La formule générale des terres vertes est: $Al^2O^3 SiO^3 + 6 (FeO, MgO, CaO, KO) SiO^3 + n Aq$, qui peut être considérée comme le résultat de la désagrégation d'un atome de *pricosmine*, dans laquelle le fer et la magnésie se remplaceraient, unis à un atome de *lenzinite.*

TERREAU (*Géogn.*), m. Matière terreuse, de couleur noirâtre, brunâtre, brûlant en dégageant une odeur végétale ou animale, contenant du carbone dans le plus grand état de division : composition extrêmement variée, conséquemment pesanteur qui varie entre 0,828 et 0,857. Le terreau se forme continuellement, et se mélange aux matières terreuses du sol; il existe surtout dans les forêts, et forme quelquefois des couches tout à fait superficielles de un mètre d'épaisseur. Voici la composition de deux sortes de terreaux, l'un provenant de couches, l'autre de feuilles.

	Couches.	Feuilles.
Silice.	23.49	30.40
Carbonate de chaux.	9.39	21.57
Humus.	22 66	11.07
Parties végétales non décomposées.	43.75	30.40
Sels déliquescents.	0.00	0.92
	99.29	97.36

TERREAU DE BRUYÈRE, m. *Voy.* TERRE DE BRUYÈRE.

TERREAU NOIR DE RUSSIE, m. Formation considérable qui s'étend dans la Russie européenne, depuis le gouvernement de Kasan jusqu'au Caucase, et à l'ouest jusqu'à la Hongrie, ayant de un à trois pieds d'épaisseur; espèce de tourbe formée à l'air.

Composition, suivant M. Hermann :

Sable.	51.84	53.58	52.72
Argile. Silice.	17 80	17.76	18.63
Argile. Alumine.	8.90	8.40	8.85
Argile. Oxyde de fer.	5.47	5.66	5.33
Argile. Chaux.	0.87	0.93	1.13
Argile. Magnésie.	»	0.77	0.67
Argile. Eau.	4.03	3.73	4.01
Acide phosphorique.	0.46	0.46	0.46
— crénique.	2.12	1 67	2.86
— apocrénique.	1.77	2.31	1.87
— ulmique.	1.77	0.78	1 87
Extrait de terreau.	3.10	2.20	»
Débris de végétaux et ulcium.	1.66	1.66	1.66
	99.34	99.76	99.81

TERRÉES (*Exploit.*), f. Portions d'argile schisteuse noire très-pyriteuse, qu'on rencontre souvent interposées entre les couches de houille ou d'anthracite.

TERROU (*Exploit.*), m. *Voy.* GRISOU.

TERUÉLITE (*Minér.*), f. Nom donné par M. Amalio Maestre à un silicate alcalin d'alumine trouvé dans les environs de Téruel, en Aragon.

TESSÉLITE (*Minér.*), f. Nom donné par M. Brewster à une variété d'*apophyllite* qui présente le phénomène de la polarisation lamellaire.

TESSÉRAL (*Cristall.*), adj. Système tesséral ; premier type cristallin de la classification de M. Naumann. Il répond au système cubique ou régulier, et doit son nom à la forme cubique primitive ; du grec *tessara*, dé.

TESSULAIRE (*Cristall.*), adj. Système tessulaire ; nom donné par Mohs au système cubique, à cause de la ressemblance du cube avec un dé à jouer. C'est le système *tesséral* de Naumann.

TEST (*Métall.*), m. Vase dans lequel on grille les minerais avant de les essayer.

TESTACÉ, adj. En feuillets curvilignes, analogues aux écailles d'huitres, aux pelures d'oignons.

TETARTIN OU TETARTINE (*Minér.*), f. Nom proposé par Breithaupt pour le *feldspath de soude*.

TÊTE DE CLOU (*Cristall.*), m. Forme raccourcie du dodécaèdre, dans laquelle les pans du prisme sont des triangles isocèles qui tantôt se touchent par leurs angles latéraux, ce qui rend pentagones les faces terminales, et tantôt sont séparés par la longueur d'un des côtés de ces faces, qui alors deviennent heptagones. Cette forme appartient au carbonate de chaux dodécaèdre raccourci d'Haüy.

TÊTE DE FILON (*Exploit.*), f. *Voy.* CHAPEAU DE FILON.

TÊTE DE MOQUETTE (*Métall.*), f. Lorsque le massiau a été en partie soumis au martelage, la portion qui n'a pas encore été frappée s'appelle tête de moquette.

TÊTE DE SONDE (*Exploit.*), f. Pièce supérieure de la sonde, qui porte un anneau mobile destiné à attacher le câble qui sert à la soulever, et qui est disposée de manière à recevoir un petit levier qui fait tourner le corps de la sonde sans que l'anneau se meuve.

TÊTE DU MARTEAU (*Métall.*), f. Partie opposée à la panne.

TÊTIÈRE (*Métall.*), f. Têtière d'un soufflet, masse du fût où est le centre d'oscillation.

TÉTON (*Paléont.*), m. Fossile organique du genre *oursin*.

TÉTRADYMITE (*Minér.*), m. *Bornine*, ou *tellurures de bismuth*. *Voy.* TELLURURES MÉTALLIQUES.

TÉTRAÈDRE (*Cristall.*), m. Solide à quatre faces triangulaires équilatérales. Le tétraèdre

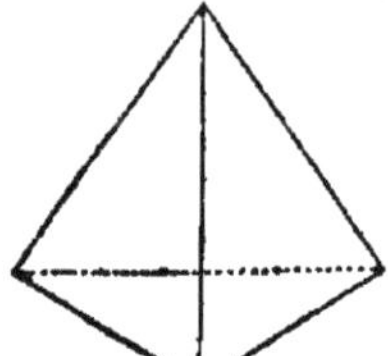

régulier est le résultat de l'hémiédrie de l'octaèdre : c'est le cristal qui contient le moins de faces. Dans le second système cristallin, la pyrite de cuivre présente la forme d'un tétraèdre qu'on a nommé symétrique, et dont les faces triangulaires sont isocèles.

TÉTRAGONAL (*Cristall.*), adj. Système tétragonal de Naumann, répondant au second type cristallin, ou *prisme droit à base carrée*. Ce nom, fait du grec *tettares*, attique pour *tessares*, quatre, *gônia*, angle ou face, indique le prisme à quatre faces égales.

TÉTRAGONALIKOSITÉTRAÈDRE À DEUX ARÊTES (*Cristall.*), m. Nom donné par Mohs au *trapézoèdre*.

TÉTRAKISHEXAÈDRE (*Cristall.*), m. Nom donné par M. G. Rose à l'*hexatétraèdre*, qu'il considère comme engendré par un pointement quadruple placé sur chaque face du dodécaèdre régulier.

TÉTRAKLASITE (*Minér.*), m. Synonyme de *wernérite*.

TÉTRAKONTAOCTAÈDRE (*Cristall.*), m. Nom donné par Mohs à un polyèdre à quarante-huit faces, dérivant du *cube*.

TÉTRAPHYLLINE (*Minér.*), f. Variété de *triphylline*, décrite au mot PHOSPHATE DE FER. Son nom vient de ce qu'elle contient quatre sels, et est en masses lamelleuses ; du grec *tettares*, quatre ; *phyllon*, feuille.

TÉTRAPODOLITE (*Paléont.*), m. Pétrification de quadrupèdes.

TÉTRODON (*Paléont.*), m. Genre de poissons fossiles, dont on trouve deux espèces dans les terrains supérieurs à la craie.

TÉVERTIN (*Exploit.*), m. *Voy.* TRAVERTIN. Pierre employée à bâtir à Rome et dans les environs. On la tire de Tivoli.

TEXTILE, adj. Qui présente des filets minces et allongés.

TEXTULAIRE (*Paléont.*), f. Genre de polypiers fossiles, dont deux espèces se trouvent dans les terrains supercrétacés.

TEXTURE, f. Disposition particulière des molécules qui forment le tissu d'un corps.

THALICTRUM (*Paléont.*), m. Genre de végétaux fossiles appartenant aux couches postérieures à la craie.

THALLITE (*Minér.*), f. De *thallos* (grec); branche d'olivier, par allusion à la couleur de ce minéral, que nous avons décrit au mot EPIDOTE.

THAMNASTÉRIE (*Paléont.*). Genre de polypiers fossiles, dont une espèce se rencontre dans les terrains antérieurs à la craie.

THARANDITE (*Minér.*), f. Variété cristallisée de *dolomie*, provenant de Tharand, en Saxe. Elle réunit le rhomboèdre primitif, l'inverse et la base du prisme hexaèdre. Sa couleur est d'un beau jaune verdâtre.

THÉAMÈDE (*Minér. anc.*), m. Minéral dont la nature nous est inconnue, et à laquelle les anciens attribuaient la vertu de repousserle fer.

THÉCIDÉE (*Paléont.*), f. Genre de testacées bivalves, de l'ordre des brachiopodes, dont quatre espèces appartiennent à la craie inférieure.

THÉNARDITE (*Minér.*), f. Nom donné par M. Casaseca au sulfate de soude anhydre, en l'honneur du chimiste français. *Voy.* SULFATE DE SOUDE.

THÉONÉE (*Paléont.*), f. Genre de polypiers fossiles, dont on trouve une espèce dans les terrains antérieurs à la craie.

THERMANTIDE (*Géogn.*), f. *Porcelanite*; nom donné par Haüy à une roche luisante composée de silice et d'un peu d'alumine; sorte de pouzzolane; du grec *thermantos*, qui a été chauffé; parce que cette substance a été exposée à la chaleur volcanique. On en a fait deux variétés : celle cimentaire, qui est une pouzzolane; et celle pulvérulente, qui a été décrite par de Lisle, sous le nom de *cendres volcaniques*.

THERMOLITE (*Géogn.*), f. Schiste argileux qui se trouve entre les ardoises, notamment dans les carrières de Cornouailles.

THERMONATRITE (*Minér.*), m. Synonyme de *natron*, ou *carbonate de soude*.

THÉTIS (*Paléont.*), f. Coquille bivalve fossile des environs de Dovins, et du sable vert de Parham.

THOMSONITE (*Minér.*), f. Silicate hydraté d'alumine et de chaux, dédié à M. Thomson par M. Brooke. Synonyme : *comptonite*, *zeolite en aiguilles*. Minéral d'un blanc laiteux, translucide ou transparent, à éclat vitreux, à cassure inégale, rayant l'apatite, mais rayé par la fluorine, et pesant 2.29 à 2.37; infusible au chalumeau, mais y blanchissant. La thomsonite cristallise en prisme rhomboïdal droit sous l'angle de 90° 40', et avec les rapports : : 25 : 43; ses cristaux sont ordinairement allongés, aplatis et réunis; elle est quelquefois aciculaire radiée. La variété dite *comptonite* présente des prismes à huit faces, dérivant d'un prisme rhomboïdal droit de 91°; elle se distingue par un biseau très-obtus qui n'existe pas dans la thompsonite. Les diverses analyses de thomsonite ont donné :

	Thomsonite.			Comptonite de		
	Kilpotrick.	Dalsnypen.	Lochwinnok.	Elbogen.	Vésuve.	Seeberg.
Silice.	38.30	39.20	36.80	37.80	37.00	38.74
Alumine.	30.20	30.05	31.36	31.60	31.07	30.83
Chaux.	13.54	10.58	15.40	13.25	12.60	13.43
Soude.	4.53	8.11	2.64	3.62	6.25	3.35
Potasse.	»	»	»	0.65	»	0.54
Magnésie.	»	»	0.20	»	»	»
Ox. de fer.	»	0.50	»	»	»	»
Eau.	13.10	13.40	13.00	13.27	12.24	13.10
	99.67	101.84	99.40	100.19	99.16	99.99

d'où l'on tire la formule : $2\ Al^2O^3\ SiO^3 + (CaO, NaO)^2\ SiO^3 + 6\ Aq.$

La thomsonite se rencontre à Kilpatrick et à Lochwinnok, en Écosse; à Dalsnypen, aux îles Faroé; à Seeberg, près Kaden, et au Vésuve. M. de Compton a recueilli la comptonite dans les cavités d'une roche amygdaloïde, au Vésuve. Quelques auteurs réunissent à la thomsonite la *scoulérite*, dont la composition est cependant assez différente.

THORITE (*Minér.*), f. Ce nom, qui a été donné à tort au phosphate d'yttria, et que Berzelius a emprunté à l'ancien dieu scandinave *Thor*, appartient à un silicate de thorine hydraté. Ce minéral fut découvert, en 1828, par le ministre Esmarck dans une syénite de l'île de Löv-ön (Norwége). Il est noir, amorphe; sa cassure est conchoïde, luisante, un peu résineuse. Il ne possède pas de clivages. Sa composition, suivant Berzelius, est :

Silice.	18.98
Thorine.	57.91
Chaux.	2.58
Protoxyde de fer.	3.40
— de manganèse.	2.39
Magnésie.	0.36
Oxyde d'urane.	1.61
— de plomb.	0.80
— d'étain.	0.01
Potasse.	0.14
Soude.	0.10
Alumine.	0.06
Eau.	9.50
Parties non attaquées.	1.70
	99.54

d'où l'on peut tirer : $(ThO, bO)^2\ SiO^3 + 2\ Aq.$

THORIUM, m. Métal simple, découvert en 1828 par Berzelius, qui lui a donné le nom de *Thor*, divinité scandinave; substance d'un gris de plomb foncé, pulvérulente, acquérant par le frottement un éclat métallique; brûlant avec éclat lorsqu'on le chauffe dans l'air, et se changeant en thorine blanche comme de la neige; soluble dans l'acide hydro-chlorique. On le trouve dans la thorite, en Norwége; dans les monts Ourals, etc.

Formule atomique : Th;

Poids atomique : 743.860.

THRAULITE (*Minér.*), f. Nom donné par

Kobell à une variété d'*hisingérite* recueillie à Bodenmais, en Bavière.

THULITE (*Minér.*), f. Variété d'*épidote* d'un rose vif, rayant le verre, pesant 3.105, rayant le phosphate de chaux, mais rayée par le quartz; d'un facile clivage, et offrant des incidences qui s'accordent parfaitement avec les angles de l'épidote. Sa composition est, suivant

	M. Esmark,	M. Gmelin,
Silice.	42.50	42.81
Alumine.	25.10	31.15
Chaux.	19.40	18.73
Magnésie.	0.65	»
Protoxyde de fer.	»	2.99
— de magnésie.	»	1.64
Soude.	»	1.89
Eau.	»	0.69
	87.65	99.90

d'où l'on tire la formule : $2\,Al^2O^3\,SiO^3 + (CaO)^2\,SiO^3$, qui ne diffère point de celles de la *thallite* et de la *zoïsite*.

M. Thomson a donné le nom de thulite à un silicate de cérium composé de :

Silice.	46.10
Peroxyde de cérium.	25.95
Peroxyde de fer.	5.45
Chaux.	12.50
Potasse.	6.00
Eau.	1.85
	99.35

correspondant à la formule : $2(Ce^2O^3, Fe^2O^3)\,SiO^3 + (CaO, KO)^2\,SiO^3$, qui rentre aussi dans l'expression générique de l'*épidote*.

THUMITE (*Minér.*), f. *Pierre de thum*; variété d'*axinite* qu'on rencontre en masses, composées de lames croisées, dans les environs de Thum, en Saxe. C'est le *thumerstein* des Allemands.

THURINGITE (*Minér.*), f. Minéral que Dana considère comme une variété de la *pinguite*, décrite au mot SILICATE FERRIQUE HYDRATÉ. Il est d'un vert olive, a l'éclat nacré, et possède un clivage facile dans un sens. La thuringite se trouve en masses granulaires dans la mine de fer de Saalfeld.

THYITE (*Minér. anc.*), m. Nom donné par Dioscoride à une argile verdâtre endurcie; marbre panaché de vert.

THYRISITE (*Minér.*), f. Stalactite imitant le corail.

THYSITE (*Minér.*), m. Marbre panaché de vert.

TIBIR ou **TIBBAR**, m. Nom donné sur la côte d'Afrique à la poudre d'or.

TICAL, m. Titre de l'or et de l'argent au Bengale et dans les États du Grand Mogol. Le tical de l'or se divise à Pondichéry en dix toques, et la toque en cent vingt-huit parties; dans le titre de l'argent, la toque n'est divisée qu'en cent parties.

TIGE (*Métall.*), f. Tige de laminoir, partie carrée qui se trouve en dehors du tourillon, et sur laquelle s'adaptent les intermédiaires du mouvement.

TILÉSIE (*Paléont.*), f. Polypier fossile des terrains antérieurs à la craie.

TINE (*Exploit.*), f. Espèce de tonnes ouvertes par un des fonds, lesquelles servent à contenir le minerai ou les eaux qu'on élève au-dessus d'un puits de mine. Dans certaines contrées, la tine porte plus ordinairement le nom de benne; elle contient 2 à 3 hectolitres de houille dans les petites exploitations de Saint-Étienne qui ont moins de 100 mètres de profondeur; de 3 à 4 hectolitres pour celles de 150 à 200 mètres; de 5 à 6 hectolitres dans les travaux plus profonds. On augmente encore leur capacité lorsqu'il s'agit d'élever l'eau. La première espèce de benne exige un ou deux chevaux de force motrice au manége; la seconde, deux ou trois; la dernière, trois ou quatre.

TINKAL (*Minér.*), m. Nom indien du *borax*, ou *borate de soude*.

TINTENAQUE (*Métall.*), m. *Voy.* TOUTENAGUE. C'est le nom que donnent les Hollandais au toutenague, après qu'ils y ont ajouté du plomb, de l'étain ou du cuivre.

TIPULE (*Paléont.*), f. Genre d'insecte fossile trouvé dans les terrains supercrétacés.

TIRADOR (*Métall.*), m. Nom espagnol du maître forgeur d'une forge catalane; c'est le *maillet* des Pyrénées françaises.

TIRAGE (*Métall.*), m. Opération par laquelle on produit du fil métallique.

Nous avons déjà décrit aux mots FIL DE FER, FILIÈRE et FILERIE, quelques-unes des principales manipulations de cette fabrication. Nous complétons ce travail par la description du recuit des fils et du passage à la filière.

Le fil qui passe à la filière s'aigrit comme s'il avait été écroui; il prend du nerf, il est vrai, mais ses fibres sont peu cohérentes, et les probabilités de rupture augmentent aux premiers trous. Bientôt, à la vérité, elles diminuent; mais on ne pourrait continuer de filer sans que le fer ne perdît rapidement sa ténacité. On est donc obligé de lui donner des recuits, dont le nombre dépend entièrement de la qualité du métal.

Il est important de garantir de l'oxydation le fil qu'on veut recuire. Cette attention est surtout nécessaire pour les échantillons minces : ceux-ci, lorsque le diamètre est très-faible, demandent à être recuits dans des vases clos. Quant aux diamètres plus forts, on peut les chauffer dans un four ordinaire, au milieu des charbons; mais il serait bien préférable d'adopter pour tous les calibres le procédé des vases hermétiquement fermés, parce qu'il est toujours très-difficile de bien nettoyer la surface du fil.

L'ouvrier chargé d'enlever l'oxyde qui résulte du chauffage au contact de l'air atmosphérique, porte le nom d'*écrieur* ou *ébrouleur*; il commence par battre avec un maillet de bois les paquets de fil de fer, et il enlève ensuite ce qui reste, en frottant les fils avec une toile écrue et du grès pilé.

A mesure que le diamètre du fer diminue, les recuits deviennent plus rares ; le chauffage est aussi moins long, car il faut moins de chaleur pour en élever la température. Les difficultés du tirage diminuent donc à mesure que le travail avance, et le métal prend de l'élasticité et du corps.

On a soin de préparer et forger la pointe des gros fils avant de les engager dans le trou de la filière. On doit donc avoir, à cet effet, une forge à main dans laquelle on puisse les faire chauffer. On refait leurs pointes à chaque recuit, parce qu'elles se déforment plus ou moins pendant le chauffage.

On a remarqué que du fil de fer qui a été plongé dans une liqueur acide dont on a élevé la température par l'immersion d'un lingot de cuivre très-échauffé, passe ensuite par les trous de la filière avec une facilité remarquable, et cela en raison de la précipitation d'une partie du cuivre de la dissolution sur sa surface. Ce fil n'a plus besoin d'être recuit aussi souvent qu'auparavant, sans doute parce que le cuivre empêche le déchirement de la superficie du fer par la filière. La légère couche de cuivre qui le recouvre est entièrement enlevée dans le dernier recuit.

C'est un usage assez avantageux que celui de certains fabricants qui donnent un recuit au fer destiné à la tréfilerie, et qu'on nomme *forgis*, avant de le faire passer dans le premier trou conique. Les angles saillants de ces barres fatiguent singulièrement la filière, et la détériorent en peu de temps. Le meilleur moyen d'obvier à cet inconvénient consiste à les passer, avant tout, dans les cannelures rondes d'un laminoir. Il faut, autant que possible, éviter de multiplier les chaudes, parce que l'acier des filières s'altère à la longue et se ramollit quelquefois.

Pour diminuer le frottement qui a lieu dans le tirage, on graisse les trous des filières avec du suif ou de l'huile. Quelques fabricants appliquent aussi à la filière un sachet ou linge rempli de graisse, à travers lequel passe la verge qu'il s'agit de tirer ; par ce moyen, ils refroidissent l'ouverture conique, en même temps qu'ils facilitent le passage du fil dans cette ouverture.

TIRANITE (*Paléont.*), m. Genre de coquille univalve fossile, signalé par Denys de Montfort, et trouvé dans la craie de Rouen.

TIRASSE (*Exploit.*), f. *Pouzzolane* ; nom donné par les Hollandais au *trass* réduit en poussière, employé à la construction des digues.

TIRE-BOURRE DE SONDE (*Exploit.*), m. Branche qui s'adapte à la dernière allonge, et qui est destinée à ramener les parties de la sonde qui seraient restées dans l'ouvrage, ainsi que certains cailloux que le trépan n'a pas brisés. Il ressemble au tire-bourre des fusils, et est aussi composé de deux lames en hélices. L'intérieur de ces hélices est aciéré et tranchant. Lorsqu'il s'agit de retirer de gros graviers ou des cailloux qui encombrent le trou de sonde, on empâte l'intérieur des hélices avec de la glaise.

TIRE-CENDRE (*Minér.*), m. Nom vulgaire donné anciennement à la tourmaline, à cause de sa propriété d'attirer les cendres et autres corps légers, lorsqu'elle est chauffée.

TIRE-PAILLE (*Minér.*), m. Nom vulgaire donné anciennement au succin à cause de sa propriété d'attirer les corps légers, tels que la paille, lorsqu'il est frotté et échauffé.

TIRER (*Métall.*), m. Réduire en fil plus ou moins gros à l'aide de la filière. Voyez plus haut le mot TIRAGE.

TIRERIE (*Métall.*), f. Usine où l'on fabrique du fil de fer de petite dimension. On donne plus particulièrement le nom de *tréfilerie* à celle où l'on produit du fil de gros diamètre.

Dans les tréfileries, on se sert de tenailles qui se meuvent sur un banc à tirer, s'ouvrent d'elles-mêmes en avançant pour saisir le fil, le prennent, et le serrent dans leur mouvement rétrograde. Dans des tireries, on remplace les tenailles par les *bobines*, ou petits cylindres tournants, sur lesquels le fil s'enroule à mesure qu'il sort de la filière.

Les tenailles laissent sur le fil des traces de l'effort qu'elles ont fait pour tirer le fil de fer, tandis que les bobines lui conservent toute la régularité qu'il a acquise en sortant de la filière : celles-ci sont donc préférables sous ce rapport. On ferait bien de substituer partout ces ingénieuses machines à l'ancien procédé de tirage aux tenailles, qui est presque entièrement abandonné en Angleterre.

Il est évident que les tenailles et les bobines doivent avoir des vitesses proportionnelles à la vitesse du fil. Quant aux tenailles, cette progression rigoureuse serait impossible ; mais on y supplée par des bobines qui tournent à bras d'homme, et sont soumises aux variations qu'on juge nécessaires.

TITANATE DE CHAUX (*Minér.*), m. Syn. : *pérowskite*. Minéral d'un noir de fer, à éclat métallique ; opaque. Sa poussière est d'un blanc grisâtre ; il est rayé par le feldspath, et raye la fluorine ; sa densité est de 4.017 ; il est infusible ; sa poussière se dissout dans le borax, et produit avec le sel de phosphore un verre clair, de la couleur du titane. Il se rencontre en cristaux cubiques engagés dans un schiste chloriteux, et accompagné de cristaux de pennine, de fer magnétique et de calcaire. La pérowskite provient d'Achmatowsk, près de Slatoust, dans l'Oural. M. H. Rose a trouvé pour sa composition :

Acide titanique.	59.00	58.96
Chaux.	36.76	39.20
Protoxyde de fer et magnésie.	4.79	2.06
	100,83	100.22

ce qui répond à la formule : (CaO, FeO MgO) TiO^2.

Le *pyrochlore* est un bititanate de chaux et de bases isomorphes que l'on croit appartenir au système régulier, quoique sa composition l'en éloigne; il a tous les caractères du titanate de chaux; il est d'un brun rougeâtre ou noirâtre, opaque; son éclat est vitreux et résineux; il raye la phosphorite, et est rayé par le feldspath; l'acide sulfurique le dissout entièrement; il est infusible au chalumeau, y devient d'un jaune verdâtre, et perd une certaine quantité d'eau. Le pyrochlore de Friedrichswarn, analysé par Wohler, lui a donné :

Acide titanique.	62.75
Chaux.	12.85
Protoxyde de manganèse.	2.75
Oxyde de fer.	2.16
— d'urane.	6.10
— de cérium.	6.80
— d'étain.	0.61
Eau.	4.20
	98.50

dont la formule est : 2 (CaO, MnO, FeO, UO, CeO, SnO) $(TiO^2)^2$ + Aq.

TITANATE DE FER (*Minér.*), m. Substance composée d'oxyde de titane, jouant le rôle d'acide et de protoxyde de fer. Ces sels existent dans la nature en masses noirâtres, ou en petits grains noirs dans un sable volcanique; ils se rencontrent plus rarement cristallisés, et leur forme est celle du peroxyde de fer. La composition atomistique des deux corps est en effet la même; de là résultent des mélanges isomorphes, dans lesquels l'oxyde de fer paraît entrer en diverses proportions. — Le titanate de fer pur est composé de :

Acide titanique.	53.42
Protoxyde de fer.	46.58
	100.00

ou, en atomes, de : FeO, TiO^2; son poids atomique est 982.77. Dans le règne minéral, le titanate de fer est souvent mélangé d'une certaine quantité de peroxyde de fer; en outre, l'acide titanique ne change ni la forme du fer oxydulé (FeO Fe^2O^3) ni celle du fer oligiste (Fe^2O^3); aussi M. Mosander a-t-il proposé l'isomorphisme du titanate de protoxyde de fer et du peroxyde de ce dernier métal. Cette manière de considérer les minerais titaniques, qui ramènerait la plupart des compositions à l'expression générale $(FeO\ TiO^2)^m + (Fe^2O^3)^n$, dans laquelle $m + n = 1$, simplifie singulièrement les formules. Nous l'adopterons, malgré tout ce qu'elle a peut-être de hasardé, et nous y ajoutons l'isomorphisme des bases protoxydées dans le premier membre de la formule, sans laquelle addition beaucoup d'analyses sont inexplicables. La formule générale devient donc, grâce à cette dernière admission, $(bO\ TiO^2)^m + (Fe^2O^3)^n$. — Les premiers titanates dans lesquels s'introduit le peroxyde de fer donnent les analyses suivantes :

	Chrictonite.	Ilménite
Acide titanique.	52.27	46.92
Protoxyde de fer.	46.55	37.86
Peroxyde de fer.	1.20	10.74
Protoxyde de manganèse.	»	2.73
Magnésie.	»	1.14
	100.00	99.39

Dans la *chrictonique*, la quantité de peroxyde est insignifiante, et sa formule est : FeO TiO^2, comme pour le titanate à l'état de pureté. — Dans *l'ilménite*, il y a déjà un atome d'oxyde de fer au maximum mêlé avec huit atomes de titanate de fer; ce qui donne la formule : 8 FeO TiO^2 + Fe^2O^3, ou, en faisant le nombre des atomes = 1, 0,889 (FeO TiO^2) + 0,111 Fe^2O^3 TiO^2, ou enfin en négligeant Fe^2O^3 TiO^2, qui sont une anomalie, on arrive au résultat normal FeO TiO^2. — Les autres variétés de titanate ferreux peuvent être ramenées à cette expression caractéristique.

La *chrictonite*, *craitonite*, *fer oxydulé titané*, ou *mohsite*, est d'un noir éclatant, opaque et à éclat métallique; sa cassure est conchoïde; elle raye la fluorine, et est rayée par le phosphate de chaux; elle est infusible au chalumeau, mais donne, avec le sel de phosphore, un verre coloré d'oxyde de fer, qui devient rouge en se refroidissant. La chrictonite est inattaquable par les acides. Elle se trouve en petits cristaux rhomboédriques très-aigus, sous l'angle de 61° 27'; sa variété lamelleuse n'est qu'un fer oligiste contenant un peu de titane. La variété en petites tables aplaties, qu'on appelle *mohsite*, présente des cristaux presque circulaires avec des angles alternativement rentrants et saillants; ils sont noir de fer, à éclat métallique, et rayent le verre. Cette circonstance, jointe à l'ouverture de son angle, qui est de 73° 43', laisse du doute sur la justesse de la réunion des deux minéraux. La mohsite possède des macles très-remarquables.

La couleur noir de fer et l'éclat métallique caractérisent aussi l'*ilménite*. Sa poussière est d'un beau noir; sa densité varie de 46.75 à 47.66; elle raye l'apatite, et est rayée par le feldspath; au chalumeau, elle change seulement de couleur, et devient d'un brun noirâtre; avec le sel de phosphore, elle fond en un émail vert tant qu'il est chaud, mais qui devient d'un rouge brun en se refroidissant; elle est soluble dans les acides, après avoir été réduite en poussière. La forme primitive de l'ilménite est un rhomboèdre sous l'angle de 86° 5'.

La WASHINGTONITE se rapproche beaucoup de l'ilménite; elle est en prismes hexagonaux aplatis, modifiés sur leurs angles par des facettes qui conduisent à un rhomboèdre de 86° environ, presque identique avec l'angle de l'ilménite; elle raye également l'apatite, et est rayée par le feldspath; sa densité est 4.992; sa couleur noire a une teinte brune, mais elle contient trop de peroxyde de fer pour être considérée comme un simple titanate de fer; il est beaucoup plus convenable de la classer près de la *ménachanite*, ou *fer titané*, qui se rattache aux titanates par la forme octaédrique de ses cristaux, sa couleur, etc., mais qui se rapproche du fer oxydulé titanifère par l'existence de la propriété magnétique.

Le *fer titané*, en effet, est d'un beau noir, et a l'éclat métalloïde, quelquefois très-brillant; il est souvent en grains ou en sable; il raye légèrement le verre; sa cassure est conchoïde et inégale; sa densité varie entre 4.026 et 4.89 : il est infusible au chalumeau, et donne, avec le borax et le sel de phosphore, les réactions du titane. Sa composition est tellement identique avec celle de la washingtonite, que je ne conçois pas qu'on ait eu l'idée de les séparer. On en peut juger par les analyses ci-après :

	Washingtonite, suivant Marignac.	F r titané	d'Arendal.
Acide titanique.	22.21	24.19	23.59
Protox. de fer.	18 72	19.91	13.90
Chaux.	»	0.35	0.26
Magnésie.	»	0.68	4.10
Perox. de fer.	59.07	53.01	58.51
Ox. de chrôme.	»	»	0.44
Silice.	»	1.17	1.88
	100.00	99.29	103.28

Ces analyses donnent : $FeO\ TiO^2 + Fe^2O^3$.

M. Dufrénoy range parmi les titanates de fer divers minéraux dont la composition est assez irrégulière, et dont quelques-uns tendraient à faire penser que les proportions d'acide varient quelquefois dans la saturation du protoxyde de fer. Tels sont les *sables titanifères* de Bretagne, la *nigrine*, la *menachanite*, la *mengite*, etc. La difficulté qu'on rencontre à expliquer leur composition nous les a fait renvoyer à leurs diverses lettres respectives. — Mais il est une autre variété de fer titané que le même savant classe parmi l'*oxydule de fer*, sans qu'il y ait, pour le faire, d'autre différence de caractère que la propriété d'être attirable à l'aimant. M. Dufrénoy me semble n'avoir pas suffisamment fait attention à la composition de ces minéraux, qui rentrent dans la categorie des fers titanés avec peroxyde de fer. Les analyses ci-après en font foi :

		LOCALITÉS.		
		Baltique.	Niedermenich.	Le Puy.
Acide titanique.		14.00	15.90	12.60
Oxydule.	Prot. de fer.	26 30	21.65	23.40
	Perox. de fer.	59.00	54.95	56.60
Oxyde de manganèse.		0.30	2.60	4.60
Silice et alumine.		»	1.00	0.60
		100.00	99.10	99.80

répondant à la formule : $(FeO)^2\ TiO^2 + 2 Fe^2O^3$.

TITANATE DE ZIRCON (*Minér.*), m. Syn. : *œrstédite, polykrase, æschinite, polymignite*. On n'est pas encore bien d'accord sur la constitution atomique des composés d'acide titanique et de zircone : il est conséquemment assez difficile d'établir une bonne classification des espèces. La forme cristalline et la composition diffèrent pour les trois espèces connues dont la description va suivre ; le seul caractère qui leur soit commun est que la formule atomique qui les représente est un binome dont le premier membre, ou titanate de zircon, est à base peroxydée, et le second à base de protoxyde.

La première espèce est un titanate de zircone, accompagné d'un silicate de chaux et de magnésie ; il porte le nom d'*œrstedtite*. Il est en cristaux bruns, brillants, ressemblant beaucoup à ceux du zircon ; ce sont des prismes à quatre faces, surmontés d'un octaèdre dont l'angle, de 123° 16' 30'', diffère peu de celui du zircon, qui est de 123° 19'. L'œrstedtite raye le phosphate de chaux, et est rayée par le feldspath ; sa pesanteur spécifique est de 3.629 ; elle est infusible au chalumeau, et donne de l'eau dans le tube d'essai ; elle est composée, suivant Forchhammer, de :

Titanate de zircone.	68.96
Silice.	19 71
Chaux.	2.61
Magnésie.	2.05
Protoxyde de fer.	1.13
Eau.	5.33
	99.79

dont la forme atomique est : $2\ Zr^2O^3\ (TiO^2)^3 + (CaO, MgO)\ (SiO^3)^2 + 3\ Aq$; ou, en isomorphant $3\ Aq = MgO : Zr^2O^3\ (TiO^2)^3 + (CaO, MgO)\ SiO^3$.

Ce minéral ne s'est encore rencontré qu'à Arendal, en Norwége, sur du pyroxène.

La POLYMIGNITE est un double titanate de zircone et de bases protoxydées, dans lesquelles figure l'yttria ; ce qui l'a fait considérer, par quelques minéralogistes, comme un titanate de zircone et d'yttria. C'est un minéral d'un noir foncé, à éclat métalloïde ; sa poussière est brune ; sa cassure est conchoïde, presque vitreuse ; il raye le verre et le feldspath, et se laisse rayer par le quartz ; sa pesanteur spécifique est de 4.806 ; il cristallise en prisme allongé, cannelé ; sa forme primitive est un prisme rhomboïdal droit sous l'angle de 113° 10', et avec le rapport B : H :: 47 : 80. La polymignite est infusible et inaltérable au chalumeau ; avec le borax, elle fond en un verre coloré par le fer ; avec le sel de phosphore, elle donne un verre rouge ; elle se trouve dans la syénite de Friedrischwarn (Norwége). Elle est composée de :

Acide titanique.	46.30
Zircone.	14.14
Yttria.	11.50
Protoxyde de fer.	12.20
Chaux.	4.20
Protoxyde de manganèse.	2.70
Oxyde de cerium.	5.00
	96 01

répondant à la formule : $Zr^2O^3\ (TiO^2)^3 + 6\ 69$

TiO^2, *b*O représentant : YO, FeO, CaO, MnO, CeO, protoxydes isomorphes.

Le titanate de zircone est quelquefois accompagné de divers tantalates, dont les proportions atomiques ne sont pas encore bien appréciées. Cette espèce constitue l'*œschynite*, minéral d'un noir foncé, à éclat demi-métallique et résineux ; sa cassure est imparfaitement conchoïde ; il raye l'apatite, et se laisse rayer par le feldspath ; sa pesanteur spécifique est de 5.008 à 5.14 ; sa forme primitive est un prisme rhomboïdal droit de 129°, dont le rapport est B : H :: 11 : 13. Dans le tube d'essai l'œschynite donne un peu d'eau ; au chalumeau, elle se boursoufle et jaunit ; avec le borax, elle donne un verre d'un jaune foncé, et avec le sel de phosphore, un verre incolore et transparent. Sa composition est, suivant Hartwall :

Acide tantalique.	33.39
— titanique.	11.94
Zircone.	17.52
Protoxyde de fer.	17.03
Yttria.	9.53
Oxyde de lanthane.	4.76
— de cerium.	2.48
Chaux.	2.40
Eau.	1.86
	101.08

d'où l'on tire : $Zr^2O^3 (TiO^2)^2 + (bO)^6 Ta^2O^3$. J'avoue que le terme $(bO)^6$ Ta^2O^3 n'est guère conforme à la simplicité des formes atomiques ; mais la formule donnée par Hermann n'est pas meilleure, et n'est nullement justifiée par le calcul.

C'est à cette espèce qu'il faut rapporter le titanate noir nommé *polykrase*, qui cristallise aussi en prisme rhomboïdal, et contient les mêmes éléments que le minéral qui précède. Son éclat est métalloïde ; sa poussière, d'un brun grisâtre. La polykrase ne présente point de clivage ; elle raye le verre ; sa pesanteur spécifique est de 5.105 ; elle est infusible au chalumeau ; elle donne, avec le verre de borax, dans la flamme oxydante, un verre jaune, et, au feu de réduction, un verre brunâtre ; elle est inattaquable par les acides.

TITANE (*Minér.*), m. Métal découvert par W. Gregor, en 1791, dans les sables noirs de Menachan, et qu'il nomme *ménachanite* ou plutôt *ménachin* : trois ans plus tard, Klaproth, en examinant le *rutile*, trouva que ce minéral était un oxyde métallique, dont il nomma le radical *titane*, du grec *Titan*, fils de la Terre. On ne tarda pas à découvrir que le ménachin et le titane étaient identiques.

Le titane est d'un beau rouge cuivré, dur, rayant le verre, l'acier et l'agate ; il est absolument infusible, et ne s'oxyde au feu que très-lentement, sans détonation, et à l'aide du nitre ; avec le sel de phosphore, il donne un verre violet ; pulvérisé et mêlé avec du carbonate de soude, il donne un produit qui se dissout à froid dans l'acide hydro-chlorique : la solution ainsi obtenue devient rouge, si l'on y plonge un fil d'étain ; bleue, si l'on y plonge un fil de zinc ; et elle donne un précipité rouge de sang par l'infusion récente de noix de galle ; un précipité rouge brun, par l'hydro-ferro-cyanate de potasse ; un précipité vert foncé, par le sulfure de potasse ; et un précipité blanc d'acide titanique, par l'ammoniaque. Sa pesanteur spécifique est de 5.3 ; il a pour formule Ti, et pour poids atomique 301.55. — Les minéraux qui renferment du titane sont : 1° l'*oxyde de titane* ou *acide titanique*, qu'on rencontre dans la nature sous trois formes différentes, mais qui ont toutes pour formule générale TiO^2 ; 2° le *titanate de fer*, qui est une combinaison d'oxyde de titane et de protoxyde de fer, sous la forme atomique FeO TiO^2 ; 3° le *fer titané*, qui n'est qu'un titanate de fer uni à plus ou moins de peroxyde de fer, et s'exprime par $(FeO\ TiO^2)^m + (Fe^2O^3)^n$, $m + n$ égalant l'unité. — En suivant attentivement le passage d'un de ces minéraux à l'autre, on voit s'introduire peu à peu le peroxyde de fer pour tenir la place d'une quantité correspondante de titanate ; à mesure que l'élément Fe^2O^3 prend de plus grandes dimensions, le titanate passe à l'état de fer titané, sans qu'il soit possible de déterminer la limite qui sépare une des variétés de l'autre : c'est ainsi qu'il arrive jusqu'à l'*oxydule de fer titanifère*, terme où le titanate de fer prend un caractère nouveau, celui d'être attirable à l'aimant, et entre dans la catégorie des minerais de fer.

TITANE-ANATASE (*Minér.*), m. *Anatase*, oxyde de titane.

TITANE CALCARÉO-SILICEUX ou **TITANE SILICÉO-CALCAIRE** (*Minér.*), m. *Sphène*, décrit au mot SILICO-TITANATES.

TITANE EN OXYDE (*Minér.*), m. Nom donné par Daubenton à l'*oxyde de titane*.

TITANE FERRIFÈRE (*Minér.*), m. *Voy.* TITANATE DE FER.

TITANE OXYDÉ (*Minér.*), m. *Voy.* OXYDE DE TITANE.

TITANE RUTILE (*Exploit.*), m. *Oxyde de titane.*

TITANITE (*Minér.*), f. Nom donné au *sphène* ou *silico-titanate de chaux*, et au *rutile* ou *oxyde de titane*.

TITRE, m. Expression de la proportion d'or et d'argent qui entre dans l'alliage des monnaies, des bijoux et de la vaisselle. L'alliage de la monnaie d'or anglaise est de $\frac{1}{12}$ de cuivre, ou de cuivre et argent. En France, il est de $\frac{1}{10}$, soit pour les monnaies d'or, soit pour celles d'argent. Pour la bijouterie et l'orfévrerie, il y a trois titres légaux pour l'or : $\frac{920}{1,000}$, $\frac{840}{1,000}$, $\frac{750}{1,000}$, c'est-à-dire que l'alliage est de $\frac{2}{25}$, $\frac{4}{25}$, $\frac{1}{4}$. Les ouvrages d'argent ont deux titres : $\frac{950}{1,000}$ et $\frac{800}{1,000}$, ou un alliage de $\frac{1}{20}$ et $\frac{1}{5}$. Les titres les plus élevés en Europe sont ceux du sequin et demi-sequin de Rome, du sequin de Parme, de celui du Piémont et de Gênes, des sequins et ruspone de Toscane, dans lesquels il n'entre point d'alliage, et qui sont conséquemment au titre de 1,000; les plus faibles sont les titres des monnaies d'or de Turquie, qui ne vont qu'à 802. On croit généralement que l'once d'or d'Espagne est à un titre très-élevé; c'est une erreur. Depuis 1786, les monnaies d'or de la Péninsule n'atteignent que le titre de 875. Le napoléon de France est à celui de 900, et la guinée anglaise à 917. La piastre d'Espagne seule est à un titre plus élevé que celui de l'argent monnayé français (:: 903 : 900); aussi est-elle devenue extrêmement rare.

TOCAGE (*Métall.*), m. Action de jeter le combustible par la toquerie.

TOC-FEU (*Exploit.*), m. Grille à feu que l'on descend dans les mines pour en faciliter l'aérage.

TOIOAIÉ (*Minér.*), m. Nom donné par les habitants d'Otaïti à l'*obsidienne*. Ils appellent le *basalte* oïoaïe.

TOIT (*Exploit.*), m. Partie qui recouvre une couche ou un filon.

TÔLE (*Métall.*), m. Feuille de métal non étamée.

TOMBAC (*Métall.*), m. Alliage de cuivre et de zinc dans la proportion de :

Cuivre.	91.67
Zinc.	8.33
	100.00

en d'autres termes, 11 kilog. de cuivre et 1 kilog. de zinc. Ce métal, dont le nom est oriental, est rouge, plus brillant et plus durable que le cuivre. Il se travaille facilement au marteau et à la filière. *Voy.* le mot CUIVRE JAUNE.

TOMBAZITE (*Minér.*), f. Nom imposé par M. Breithaupt à un arséniate de nickel contenant du cobalt et du fer probablement à l'état d'oxyde, et dégageant une odeur d'acide sulfureux.

TOMBÉE (*Exploit.*), f. Terme d'exploitation des mines de houille; masse de houille abattue à l'aide de coins.

TOMOSITE (*Minér.*), f. Variété de *silicate de manganèse* amorphe, trouvée dans le Hartz.

TONNE (*Paléont.*), f. Genre de coquille fossile de l'ordre des purpurifères, dont on trouve quatre espèces dans les terrains supercrétacés.

TOPAZE (*Minér.*), f. Pierre précieuse, décrite au mot SILICO-FLUATE D'ALUMINE.

TOPAZE BRULÉE. *Topaze* dont la couleur a été modifiée par l'action de la chaleur. C'est une topaze jaune roussâtre qu'on trouve au Brésil, et qui a la propriété de changer sa couleur en un rose assez vif, lorsqu'elle est exposée à une chaleur modérée. Elle ressemble beaucoup alors au rubis.

TOPAZE DE BOHÊME. Fausse topaze, *quartz hyalin jaune.*

TOPAZE DES ANCIENS. *Silicate magnésien*, chrysolite.

TOPAZE DE SIBÉRIE. Topaze qu'on rencontre dans les monts Ourals et dans la Daourie Dans la première localité elle est groupée avec des cristaux de quartz noirâtre, et a pour gangue un granite graphique; elle est bleu verdâtre, presque limpide.

TOPAZE D'INDE. *Topaze* jaune safranée.

TOPAZE ENFUMÉE. *Quartz hyalin brun*, quartz enfumé.

TOPAZE FAUSSE. *Quartz hyalin* jaune; *fluorure de calcium* jaune.

TOPAZE GOUTTE D'EAU. *Topaze du Brésil*, limpide, ayant l'éclat du diamant.

TOPAZE HYALINE. *Zircon.*

TOPAZE OCCIDENTALE. *Quartz hyalin* jaune.

TOPAZE ORIENTALE. Variété jaune du *corindon hyalin*, décrit au mot ALUMINE.

TOPAZE SCHORLIFORME. *Schorlite.*

TOPAZOLITE (*Minér.*), f. Nom donné par le docteur Bonvoisin à une variété de *grenat grossulaire* ayant la couleur de la topaze.

TOPAZOSEME (*Miner.*), m. *Quartz topazosème.* Nom donné par Haüy à une roche composée d'un mélange de quartz et de topaze, renfermant du feldspath granulaire et de la tourmaline.

TOQUE (*Minér.*), f. *Voy.* TICAL.

TORBÉRITE (*Minér.*), f. Nom donné par Werner au *phosphate d'urane*, en l'honneur de Torbern Bergman.

TORCHETTE (*Métall.*), f. Ringard de fer terminé en pelle.

TORCIN (*Exploit.*), m. Terme de carrier; banc qui divise les schistes ardoisiers.

TORNATELLE (*Paléont.*), f. Genre de fossiles de l'ordre des plicacés, dont cinq espèces appartiennent aux roches supercrétacées.

TORRÉLITE (*Minér.*), f. *Silicate de manganèse*, qui renferme de la chaux et du cerium.

TORRÉLITE OU TORREYLITE (*Minér.*), f. Nom donné par Renwick à un *tantalate de fer et de manganèse* qu'il a dédié à M. Torrey.

TORTUE (*Paléont.*), f. Genre de reptile fossile, dont on trouve six espèces dans le terrain crétacé et dans les roches qui lui sont postérieures.

TOUCHAUX (*Métall.*), m. Morceaux d'alliage d'or, dont on se sert pour apprendre à reconnaître le titre de ce métal sur la pierre de touche. Ces morceaux sont alliés à différents degrés progressifs, de manière à laisser voir clairement à la touche le passage de l'or pur à l'or le plus allié. Les touchaux servent dans les hôtels de monnaie, et pour former des élèves.

TOUCHE. *Voy.* PIERRE DE TOUCHE.

TOUCHEUR (*Exploit.*), m. Nom donné,

dans les houillères de la Loire, au conducteur de chevaux dans les galeries souterraines.

TOURBE (*Minér.*), f. Combustible terreux, décrit au mot COMBUSTIBLES MINÉRAUX.

TOURBE ANCIENNE. *Tourbe* sous-marine, renfermant des troncs d'arbres et des végétaux sans équivalents dans le pays où elle existe, des coquilles terrestres et lacustres, et des ossements de grands ruminants. Le lignite compacte avec sulfure de fer s'y rencontre fréquemment.

TOURBE DES MONTAGNES. Combustible composé de mousses, de lichens et de graminées, qu'on rencontre sur le flanc et quelquefois sur le sommet des hautes montagnes.

TOURBE DES VALLÉES. Combustible composé de plantes herbacées, marécageuses, qui se rencontre dans les étangs et les marais, ou sur le bord de certaines rivières, à peu de profondeur de la terre végétale; en couches superposées, quelquefois séparées par de l'argile et du sable. La tourbe est d'autant plus compacte qu'elle est plus profonde; ell est brune, spongieuse et tendre; cassure filamenteuse quand elle est sèche; brûlant facilement, sans odeur de soufre, avec une fumée épaisse et fétide.

TOURBE DU HAUT PAYS. Terme commercial employé pour désigner la *tourbe pyriteuse.*

TOURBE LIGNEUSE. Nom improprement donné à une variété de *lignite terreux* ou *fibreux.*

TOURBE MARINE. *Tourbe ancienne.*

TOURBE MOUSSEUSE. Tourbe de qualité inférieure, très-peu compacte, et qui ne semble composée que de lichens.

TOURBE PROFONDE. *Tourbe pyriteuse*, ainsi nommée parce qu'elle se trouve à une certaine profondeur sous des couches de sable, d'argile ou de craie.

TOURBE PYRITEUSE. *Tourbe* profonde, associée souvent à des coquilles différentes de celles actuelles, recouverte de sable et de calcaire, quelquefois de dépôts marins. Tissu compacte, couleur brune, noirâtre, aspect ligniteux, contenant beaucoup de sulfure de fer.

TOURBIÈRE (*Exploit.*), f. Lieu d'où l'on tire la tourbe.

TOURILLON (*Métall.*), m. Partie cylindrique d'un laminoir ou autre corps qui tourne horizontalement ou oscille sur une crapaudine.

TOURMALINE (*Minér.*), f. *Turmalina* de Pline; minéral décrit au mot SILICO-BORATE.

TOURMALINE APYRE. *Tourmaline rubellite.*

TOURMALINE BLEUE. Variété d'*haüyne.*

TOURMALINE DU BRÉSIL. Tourmaline alcalifère, tourmaline verte.

TOURNAMAL (*Minér.*), m. Nom donné dans l'île de Ceylan à la *tourmaline.*

TOURNE-À-GAUCHE (*Exploit.*), m. Instrument de sondage formé d'une barre de fer recourbée, destiné à faire tourner le corps de la sonde.

TOURQUE (*Métall.*), f. Mesure pour charger les minerais.

TOURTE (*Métall.*), f. Espèce de pain provenant de la réduction du minerai d'argent en poudre et du broyage dans l'eau. La pâte, lorsque l'eau est évaporée, prend une certaine consistance, et sert à faire les tourtes.

TOURTIA (*Exploit.*), m. Nom donné par les mineurs de la Flandre à une espèce de gompholite, formée d'une pâte composée de sable, d'argile, de calcaire et de limonite, et d'une grande quantité de cailloux arrondis de quartz et de silex. Le tourtia fait partie de l'étage moyen du terrain crétacé.

TOUTENAGUE (*Métall.*), m. Syn. : *cuivre blanc* des Chinois; alliage de cuivre, de nickel et de zinc, d'un blanc d'argent très-sonore, susceptible d'un beau poli; malléable à la température ordinaire et à la chaleur rouge, mais fragile à la chaleur blanche; sa densité est 8.43, et sa composition, suivant M. Fife :

Cuivre.	40.4
Nickel.	31.6
Zinc.	25.4
Fer.	2.6
	100.0

Les Chinois obtiennent le toutenague en fondant un minerai qui contient tous les métaux désignés ci-dessus. Il vaut en Chine à peu près le quart de l'argent.

TRACE D'UN FILON (*Exploit.*), f. Petite fente qui se conserve dans l'amincissement ou l'étranglement d'un filon, et sert à le retrouver en conduisant à son redressement.

TRACHYTE (*Géogn.*), m. Nécrolite, leucostine granulaire, téphrine endurcie, lave pétrosiliceuse, porphyre trappéen, granite chauffé, masegna des Italiens; roche grisâtre ou rougeâtre; à aspect terne ou vitreux; à texture compacte, grenue, quelquefois bulleuse ou bréchiforme; rude au toucher (*trachos*, rude); fusible au chalumeau; base du terrain trachytique; employé comme pierre de construction; en amas, en filons, en couches dans les terrains pyroïdes. Il existe une très-grande analogie entre le trachyte et le granite, et souvent cette roche volcanique passe au granite vers le bas de sa masse. Lorsque le basalte et le trachyte se rencontrent simultanément dans les formations plutoniques, c'est le trachyte qui occupe la position inférieure.

TRAÎNEUR (*Exploit.*), m. Ouvrier employé au transport des minerais dans l'intérieur des mines, et qui tire ou pousse devant lui des traîneaux à patins. *Voy.* TRANSPORT dans les mines.

TRANCHÉE (*Exploit.*), f. Ouverture plus ou moins horizontale, faite dans un terrain à une profondeur plus ou moins grande, mais toujours la même. La tranchée diffère de la galerie en ce que celle-ci s'enfonce dans le sein de la terre, tandis que la tranchée est toujours faite à découvert.

TRANCHER (*Métall.*). Forger un métal sur la partie droite de la panne du marteau.

TRANCHET (*Métall.*), m. Instrument pour mouler en sable.

TRANSITION (*Géogn.*), f. Nom donné par Werner à une formation de roches, qu'il a intercalée entre les terrains primitifs et les roches secondaires de Lehman, à cause de leur caractère intermédiaire, qui participe de la nature cristalline du schiste micacé et argileux et des formations d'origine mécanique, dans lesquelles se rencontrent des traces organiques. Cette formation de transition aurait donc marqué le passage des roches métamorphiques aux couches fossilifères.

TRANSLUCIDITÉ, f. Transparence qui ressemble à celle de la corne ou de l'écaille; demi-transparence.

TRANSPARENCE, f. Arrangement des molécules du corps, qui permet à la lumière de les traverser, et à l'œil de voir à travers.

TRANSPORT (*Géogn.*), m. *Terrain de transport, terrain d'alluvion.*

TRANSPORT DANS LES MINES (*Exploit.*), m. Le transport dans l'intérieur des mines se fait par l'homme ou par le cheval; il a lieu sur le sol des galeries, ou sur des chemins à ornière en fer ou en bois.

L'homme agit comme *porteur*, c'est-à-dire, comme chargé de hottes ou de sacs; comme *brouetteur*, ou roulant une brouette; comme *traineur*, en tirant un traîneau à patins; et comme *rouleur* ou *herscheur*, en poussant ou tirant des chariots à roues.

La charge d'un porteur est de 40 à 60 kilog.; la pente maximum du sol sur lequel il marche doit être de 45°; à partir de 15°, il ne monte avec facilité qu'à condition que le sol soit taillé transversalement en escalier. La marche est aussi pénible à la descente qu'à la montée, lorsque l'inclinaison excède 20°; les pentes de descentes ne sont avantageuses qu'au-dessous de 12°; les relais ne doivent pas excéder 60 à 80 mètres. Dans de bonnes conditions, un bon porteur produit un effet utile de 500 kilog. portés à 1000 mètres de distance; sur une inclinaison de 20°, cet effet se réduit à 190 kilog. L'effet utile d'un enfant de douze à quatorze ans, portant dans des galeries inclinées et en escalier, est de 48 kilog. à 1000 mètres. Cet effet varie d'ailleurs singulièrement avec les localités: à Roche-la-Molière (Loire), où l'inclinaison est de 20° sur 24 mètres, l'ouvrier fait cent trente-cinq voyages, chargé de 50 kilog., à 45 mètres de distance: c'est un effet utile de 304 kilog. à 1 kilom.; à Salomon (même localité), il porte 55 kilog. à 80 mètres, et fait cinquante voyages. Ici il y a distribution moins avantageuse, et l'effet est déjà réduit à 220 kilog. par kilom.; à Monrambert (même localité), 40 kilog. sont transportés à 150 mètres, et le porteur ne fait que trente-deux voyages sur un chemin bien entretenu: l'effet n'est plus que de 192 kilog. Si le chemin était mauvais, comme il l'est à Charles, le poids transporté à 1000 mètres dans le même temps ne serait plus que de 66 kilog.

La brouette est déjà plus avantageuse que le portage à dos d'homme: l'effet utile est de 80 kilog. portés à 1000 mètres en huit à dix heures. Sur un sol peu favorable, il descend à 360 kilog.; avec une voie garnie de plateaux, il s'élève à 1000 et 1100 kilog. L'inclinaison des chemins ne doit pas dépasser 4 à 5°; au delà, la brouette, dont la charge est ordinairement de 60 kilog., pèse trop sur l'ouvrier dans les montées, et l'entraîne dans les descentes.

C'est pour cela qu'on préfère généralement le traînage; il s'exécute au moyen de bricolles. Le poids du chariot est ordinairement de 33 kilog.; la charge, de 60 à 80 kilog. dans les galeries basses; du double, dans celles élevées. Les relais doivent être de 100 mètres environ. On peut porter l'inclinaison du sol jusqu'à 16°. L'effet utile d'un traîneur varie suivant la hauteur des galeries et l'état du chemin. Voici des exemples tirés des exploitations de houille de la Loire: aux Prêcheurs, où les galeries n'ont que 0 m. 80, le traîneur fait cinquante-six voyages, et porte 60 kilog. à 60 mètres à la fois; c'est 201 kilog. à 1 kilom.: à la Roche, il ne fait que vingt-huit voyages de 210 mètres, et porte 90 kilog. par voyage; c'est 529 kilog. d'effet utile; les galeries ont 1 m. 60: au Treuil, où les galeries ont 1 m. 30 et les chemins sont excellents, l'ouvrier fait quatre-vingt-cinq voyages de 120 kilog. à 100 mètres de distance. C'est un effet utile de 1020 kilog. à 1 kilom. Il faut ajouter que ce transport se fait à forfait.

Dans les grandes galeries, lorsque les distances dépassent 100 mètres, on préfère employer des chevaux, qu'on attelle à une benne double ou à deux bennes. Voici le résultat obtenu, dans la Loire, par ce mode de transport. A l'exploitation de Martoret (Rive-de-Gier), dans des chemins en mauvais état, un cheval fait trente-six voyages de 200 kilog., à 100 mètres de distance; c'est 720 kilog. à 1000 mètres: à la Grand'Croix, il fait trente et un voyages de 200 kilog., à 150 mètres de relais; c'est 930 kilog. à 1 kilom.: à Côte-Thiolière (Saint-Étienne), il porte 240 kilog. à 213 mètres, et fait trente-six voyages; ici, l'effet utile s'élève déjà à 1,858 kilog.: au Gagne-Petit, la distance à parcourir n'est plus que de 150 mètres, la charge 440 kilog.; aussi le cheval fait trente-deux voyages, et produit un effet de 2,112 kilog.: dans une autre galerie de la même exploitation, la distance à parcourir par voyage est de 350 mètres; le cheval ne fait plus que dix-huit voyages avec la même charge de 440 kilog., l'effet utile s'élève à 2,772 kilog. à 1 kilom. Ajoutons que dans les galeries de Saint-Étienne les chemins sont généralement meilleurs que dans les houillères de Rive-de-Gier.

Sur les chemins à ornières en bois, on se sert de petits chariots appelés *chiens*, qu'on charge de 150 à 250 kilog. Ils sont traînés par un rouleur aidé d'un enfant; les relais sont ordinairement de 80 à 100 mètres; l'effet utile est de 1400 à 1600 kilog., portés à 1000 mètres. Quelques exploitations ont des chiens qui peuvent porter le double, et sont traînés par deux rouleurs; ce mode de transport atteint, dans de bonnes conditions, l'effet de 3,000 à 3,500 kilog.

Sur les chemins de fer, l'effet utile est augmenté d'une manière remarquable : à Saint-Étienne, un rouleur produit un effet utile de 8,800 kilog. à 1 kilom.; à Anzin, un herscheur porte 6,000 kilog. à la même distance. Un bon cheval transporte, dans sa journée, de 30,000 à 40,000 kilog. à 1 kilom., suivant l'état des voies et la bonté du matériel.

Enfin, pour achever de compléter ces notions sur le transport dans les mines, nous donnerons ici le prix comparatif de chaque mode employé, en supposant le prix de la journée, ou poste de huit heures de l'ouvrier, égal à 2 francs.

	f. c.
Porteurs.	0.08
Brouetteurs. / Traineurs.	0.05
Chevaux, sol ordinaire.	0.017
Rouleurs, chemins de fer.	0.0048
Chevaux, idem.	0.0012

pour 100 kilog. transportés à 100 mètres, sur des pentes à peu près horizontales.

TRAPÉZOÈDRE (*Cristall.*), m. Solide à vingt-quatre faces, quarante-huit arêtes, vingt-six angles solides. Les faces sont des quadrilatères symétriques, dont les côtés contigus sont égaux, et les angles égaux entre eux; les vingt-quatre plus longues arêtes joignent deux à deux les angles de l'*octaèdre*; les vingt-quatre plus courtes joignent de la même manière les angles du cube; six angles quadruples sont réguliers, et se confondent avec les angles de l'octaèdre, dont le trapézoèdre dérive. On décrit huit polyèdres de cette espèce. L'*amphigène*, l'*analcime*, le *grenat*, ont pour forme habituelle le trapézoèdre.

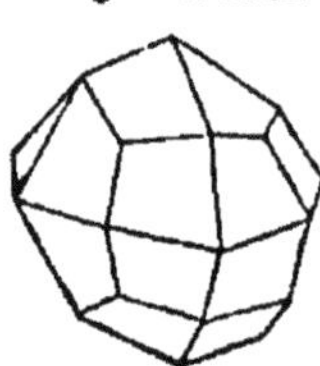

TRAPP (*Géogn.*), m. Trappite, dolérite, mimosite, cornéenne; roche de couleur verte, foncée, ou noire verdâtre, quelquefois noire bleuâtre, très-dure et très-tenace, en filons, en amas ou en couches, ayant la forme d'un escalier, d'où vient le nom de trapp, du suédois *trappa*, escalier. Cette roche appartient aux terrains porphyriques, et se trouve dans les terrains neptuniens et granitiques. Le trapp n'a ni la forme prismatique, ni la texture bulleuse du basalte, avec lequel il a une grande analogie de composition; il ne contient pas non plus de péridot, substance qui abonde dans le basalte. Les roches sur lesquelles le trapp et le basalte ont coulé sont altérées vers le contact, et modifiées à une certaine épaisseur; le trapp lui-même passe au granite, et l'on rencontre alors ce dernier, dans lequel l'amphibole, en remplaçant deux éléments du granite, devient une véritable roche trappéenne, par son alliance avec le feldspath et sa texture à grains fins. Le trapp fond au chalumeau en un bel émail blanc; il se laisse difficilement rayer par une pointe de fer, et donne une poussière grise; ce qui le distingue du basalte : il ne fait point effervescence dans l'acide nitrique, ce qui le distingue des marbres noirs.

Composition, suivant Vauquelin :

Silice.	56
Alumine.	12
Chaux.	7
Oxyde de fer et de manganèse.	16
Alcali.	6
	97

TRAPP NOIR UNI. Trapp de couleur noire plus ou moins intense, à cassure évasée, écailleuse, présentant de petits points et des écailles brillantes dans son intérieur. Cette roche sert de *pierre de touche*.

TRAPP PORPHYRIQUE. Roche de *trapp* contenant de gros cristaux de feldspath, quelquefois du quartz.

TRAPP-TUF. *Tuf volcanique*.

TRAPPITE (*Minér.*), f. *Voy.* TRAPP.

TRASS (*Géogn.*), m. Du hollandais *tiras*, ciment. Trassoïte, tuf ponceux, asclérine, partie des roches pépérines; roche grisâtre ou blanchâtre, grenue, friable, meuble, d'aspect terne, et d'une composition analogue à la ponce; appartenant principalement au terrain trachytique. Le trass fait d'excellents mortiers hydrauliques : on mélange pour cela une partie de trass avec une demi de chaux et une demi d'eau. Cette roche a été séparée de l'espèce des pépérines, roches pyroxéniques, parce qu'elle paraît se rapprocher davantage de la ponce. Sa composition est :

Alumine.	28.00
Silice.	57.00
Carbonate de chaux.	6.50
Fer.	8.50
	100.00

TRASSOÏTE, f. *Voy.* TRASS.

TRAULITE (*Minér.*), f. Substance trouvée près de Bodennais, en Bavière, et qu'on ne connaît que par l'analyse de M. Kobell.

Composition, suivant M. Kobell :

Silice.	31.30
Oxyde de fer.	33.90
Eau.	19.10
	84.30

TRAUMATE (*Géogn.*), m. Nom donné par M. d'Aubuisson à des roches de *psammite*; terrains semi-cristallisés, composés de phyllade pailleté, de pséphite et d'anagénite.

TRAVAIL À COL TORDU (*Exploit.*), m. Exploitation de petites couches ou petits filons, dans laquelle les mineurs travaillent couchés sur le côté, ou à genoux, dans des espèces de galeries très-peu élevées.

TRAVAILLER (*Exploit.*). Se dit d'un toit qui s'affaisse tout doucement, en forçant les bois de soutènement.

TRAVERTIN (*Géogn.*), m. Tuf calcaire,

travertino des Italiens. Carbonate de chaux jaunâtre, se durcissant à l'air et acquérant une teinte rougeâtre. Cette roche, qui a servi à fournir les plus beaux monuments de Rome et la plupart de ses maisons, se forme encore aujourd'hui par les dépôts des rivières. On la tire de Tivoli, d'où elle prend son nom, *Tibur*, Tivoli, ayant formé le latin *tiburtinus*, et, par corruption, l'italien *travertino*. Le travertin est le *tophus* des anciens.

Nous avons montré, à l'article SOURCE, comment le travertin était déposé à la surface de la terre par les eaux chargées de carbonate calcaire. Ces dépôts acquièrent souvent une grande importance : à San-Vignone, en Toscane, la précipitation est si rapide, que le fond d'un conduit destiné à amener l'eau aux bains est chargé chaque année d'une couche de travertin de 0 m. 15 en été ; la roche déposée a coulé le long de la colline, jusqu'à la distance de 1,000 à 1,200 mètres de la source, en strates superposées ; l'une d'elles a jusqu'à 4 m. 2 d'épaisseur, et atteint, dans certaines localités, 60 mètres dans certains endroits. On trouve quelquefois dans l'intérieur de cette roche moderne des tuiles romaines à la profondeur de 1 à 2 mètres.

Le travertin de Viterbo, que le Dante chantait dès l'an 1300 (*quale del bulicame esce'l ruscello*), est déposé en feuillets très-minces, ondulés, et présentant tout à la fois une structure concentrique et radiée.

La cascade de Tivoli a donné naissance à une couche de travertin, en lits horizontaux de 120 à 150 mètres d'épaisseur. Il est déposé en sphéroïdes de 1 mètre 80 à 2 m. 40 de diamètre, formés de couches concentriques de 0 m. 003 d'épaisseur. Il est probable que ces sphéroïdes ont été produits dans un lac qui a disparu depuis, dans lequel des noyaux quelconques étaient mis en mouvement par la chute d'une cascade ou le passage d'un torrent, et présentaient alternativement chacune de leurs faces à l'action incrustante du carbonate calcaire. Cette opinion est fortement appuyée par les ondulations remarquables des couches du travertin.

TRÉFILERIE (*Métall.*), f. Usine dans laquelle on fabrique du fil de fer de forte dimension, par opposition à la *tirerie*, qui désigne plus spécialement celle où s'étirent les petits fils. *Voy.* ce dernier mot, et pour les diverses phases de la fabrication, ceux FIL DE FER, FILIÈRE, et TIRAGE.

TREMBLEMENT DE TERRE (*Géol.*), m. Mouvement du sol dû à une cause souterraine, et qui s'opère tantôt en ondulations, tantôt en trépidation.

Il existe une grande connexion entre les volcans et les tremblements de terre, et presque toujours ceux-ci sont l'accompagnement obligé des premiers. Ils sont indépendants des circonstances de l'atmosphère, quoiqu'à la rigueur ils puissent avoir quelque influence sur son état électrique.

La cause d'un tremblement de terre n'est pas limitée au lieu où il fait sentir sa plus violente commotion : l'effet s'en ressent souvent à de grandes distances. Le fameux tremblement de terre de Lisbonne eut du retentissement dans toute l'Europe, et même aux Indes occidentales. Il se transmit à la mer même, car les vagues s'élevèrent à Cadix jusqu'à soixante pieds ; à Madère, elles avaient encore dix-huit pieds de haut.

D'après quelques observations récentes, il paraîtrait que les vibrations souterraines se feraient plus violemment sentir dans les terrains de roches anciennes et compactes, que dans les plaines meubles et sablonneuses. Suivant M. de Humboldt, le tremblement de terre de Caraccas, en 1812, agita bien plus violemment la chaîne des Andes, dont les contre-forts sont formés de micaschistes et de gneiss, que les plaines voisines. M. la Bèche ressentit, à la Jamaïque, une secousse assez violente dans la maison qu'il habitait sur des roches de calcaire blanc, tandis que les nègres de la plaine de gravier voisine n'en eurent aucune connaissance.

Il arrive fréquemment, à la suite de ces commotions, que le sol s'élève sur un espace plus ou moins considérable. Le tremblement de terre du Chili a produit l'exhaussement de la contrée sur une longueur de plus de 100 milles. Quelquefois, au contraire, le sol s'affaisse : c'est une cause semblable qui a fait engloutir le Fort-Royal de la Jamaïque, dans la secousse de 1692.

Après le tremblement de terre, il se forme très-souvent dans les vallées des excavations circulaires, ayant la figure d'entonnoir ou de cône renversé, par lequel jaillissent des eaux chargées de vase, d'eau salée, quelquefois de coquilles marines. Ces phénomènes se sont produits, en 1783, dans la Calabre ; en 1809, au cap de Bonne-Espérance ; en 1829, dans la province de Murcie, en Espagne. Le tremblement de terre du Chili donna lieu à la formation de cônes de sable dont l'intérieur était creux.

TRÉMIE D'ÉGRAPPOIR (*Métall.*), f. Espèce d'entonnoir dans lequel on jette le minerai.

TRÉMOLITE (*Minér.*), f. Nom donné par le père Pini et de Saussure à une variété blanche ou grise de l'*amphibole*, disséminée, sous forme cristalline, dans les roches de calcaire et dans celles schisteuses. *Voy.* le mot AMPHIBOLE. M. Damour a proposé de nommer *trémolite compacte* le jade oriental ou *néphrite* décrit au mot AMPHIBOLE. Le nom de trémolite vient du mont *Tremola*, où ce minéral a été d'abord rencontré.

TREMPE (*Métall.*), f. Opération qui consiste à durcir l'acier par un refroidissement subit. En se trempant, l'acier augmente de volume et diminue de densité ; celui qui se dilate le plus ainsi perd le plus de sa ténacité et de son élasticité.

On a essayé d'expliquer de bien des manières le phénomène de la trempe de l'acier. Réaumur y a consacré un mémoire remarquable, qui n'a pas résolu la question; aucun de ceux qui l'ont imité n'a été plus heureux, et nous n'essayerons pas de suivre leurs traces. Les hypothèses, les théories ne manquent pas pour expliquer la dureté et la fragilité acquises par l'acier dans la trempe; mais sitôt qu'on recherche pourquoi les autres métaux ne se durcissent pas par le refroidissement subit, tout l'échafaudage de raisonnements tombe, et on se retrouve dans la même incertitude qu'auparavant.

Le fer pur et les autres métaux ne se trempent point; la fonte refroidie subitement devient blanche, et ressemble à l'acier sous quelques rapports. Cette considération conduirait à penser que le phénomène de la trempe est dû à la manière d'être du carbone dans le fer, si l'on n'avait obtenu de l'acier durci à la trempe sans une trace de carbone, et que du fer dans lequel se trouvait du carbone n'eût résisté à la trempe. M. d'Arcet a appris d'ailleurs que certains alliages deviennent ductiles par le refroidissement subit, tandis qu'en refroidissant lentement ils se trempent réellement, et acquièrent de la dureté.

Quoi qu'il en soit, tout le monde sait que l'acier se durcit par un refroidissement subit. La trempe lui conserve le volume qu'il avait étant chauffé; sa pesanteur spécifique diminue en conséquence; sa texture change, et son grain devient très-fin; sa couleur s'éclaircit, sa dureté augmente; enfin, sa ténacité s'accroît.

Une barre d'acier de 144 millimètres acquiert par la trempe une ligne de plus. Il est probable que cette augmentation dépend en grande partie de la température à laquelle l'acier se trouve au moment de la trempe. En augmentant de volume, l'acier diminue de densité; mais la dilatation n'a lieu, suivant Rinmann, que pour l'acier cémenté; et Karsten pense que l'acier qui s'étend le plus est le moins tenace et le moins élastique.

La ténacité, la dureté et l'élasticité de l'acier sont trois qualités qui demandent des considérations diverses, et ne dépendent pas toujours l'une de l'autre. Un acier trop faiblement trempé perd de son élasticité, mais devient plus tenace. L'élasticité d'ailleurs ne résulte pas uniquement de la dureté, quoique les deux propriétés dépendent bien souvent l'une de l'autre. La fonte blanche, en durcissant, ne devient pas pour cela élastique: l'acier trop trempé perd par là son élasticité. Il est donc une certaine limite qu'il ne faut pas dépasser, et un degré de température auquel la trempe doit avoir lieu pour assurer au métal l'élasticité *maximum*.

Les burins, les forets, les marteaux, les ciseaux, etc., doivent être trempés fortement, afin d'acquér de la dureté; les lames de sabre, les rasoirs, les hache-paille, etc., demandent une trempe moins forte; les couteaux de table, les ressorts, etc., reçoivent encore un degré de dureté moins considérable. En général, on voit qu'on peut modifier à volonté les qualités de l'acier, selon les usages auxquels il est destiné; mais il se rencontre souvent de grandes difficultés dans l'application: il faut une bien longue expérience pour déterminer avec exactitude les degrés de chaleur convenable à chaque acier. Et comme les aciers varient beaucoup, que divers accidents peuvent donner le change à l'ouvrier, le problème se complique bien souvent d'une foule de difficultés.

Le liquide le plus généralement employé pour la trempe, c'est l'eau froide. Il faut éviter qu'elle ne s'échauffe; et, pour cela, on trempe dans l'eau courante, lorsque les objets à durcir sont d'une certaine grosseur. On y ajoute au besoin quelques sels, parce qu'ils donnent plus de dureté. C'est peut-être à cette solution qu'est dû le préjugé qui attribuait anciennement à telles ou telles fontaines des propriétés merveilleuses pour la trempe. Aujourd'hui, tous les métallurgistes sont bien convaincus que le principal secret de l'opération consiste dans le degré de température de l'eau.

On peut tremper dans le mercure; mais on a cru remarquer que l'acier acquérait ainsi de l'aigreur. Les burins se trempent dans l'acide nitrique, et tous les acides ont la propriété de durcir l'acier plus que ne fait l'eau. Les trempes moins fortes peuvent être obtenues à l'aide de l'huile et des corps gras. On dit que les Orientaux portent dans l'air, au galop d'un cheval, les lames de damas chauffées à une température connue. Ce qui est certain, c'est que l'air est un milieu réfrigérant quelquefois fort utile, et dans lequel on peut tremper, en les y agitant, des objets d'une petite dimension.

L'acier ne doit pas être chauffé aussi fortement lorsque l'eau est très froide; car le proto-carbure, élevé à une haute température, perd la finesse de son grain, ainsi que sa ténacité. La plus basse température possible à laquelle on trempe l'acier est sans contredit la meilleure.

TRÉPAN DE SONDE (*Exploit.*), m. Instrument qui s'ajuste à la dernière allonge d'une sonde, et qui agit par percussion, pour pénétrer dans les roches dures. L'extrémité perforante du trépan est un couteau dont le tranchant est droit (frappant suivant une ligne horizontale), convexe (frappant d'abord par un point de la courbe), concave (frappant par les deux extrémités du diamètre), pointu (frappant par la pointe d'un angle), ou à deux biseaux, dont un forme pointe comme le précédent, et l'autre vient frapper plus tard, lorsque la pointe première a suffisamment pénétré. Le trépan à deux biseaux paraît le meilleur; il est plus difficile à établir. On lui donne généralement 0 m. 28 à 0 m. 33 de longueur; 0 m. 018 à 0 m. 022 d'épaisseur au centre; 0 m. 01 d'épaisseur sur les bords, et 0 m. 007 à 0 m. 008 vers la pointe. Les trépans doivent être aciérés sur la moitié de leur longueur, et trempés au rouge naissant; ils pèsent généralement 12 à 13 kil. chacun.

TRÉPAN À LANGUE DE SERPENT (*Exploit.*), m. *Trépan rubané*.

TRÉPAN À RESSORT (*Exploit.*), m. Trépan élargisseur; trépan qui porte dans son intérieur deux lames d'acier mobiles sur deux boulons, lesquelles s'écartent par la pression d'un ressort d'étau intérieur. Il est destiné à être descendu au-dessous d'une colonne de tuyaux, et à élargir la roche inférieure pour que cette colonne descende.

TRÉPAN CANNELÉ (*Exploit.*), m. Égalisoir; trépan ayant six à huit cannelures dans toute sa longueur, et se terminant par une pointe. Il sert à agrandir ou à égaliser le trou de sonde, lorsque quelque obstacle gêne la remonte de la sonde. Il doit être aciéré sur toutes ses arêtes. La réparation de cet instrument est très-coûteuse et très-difficile; aussi le remplace-t-on généralement par une tige carrée ou triangulaire.

TRÉPAN À ÉLARGISSEUR (*Exploit.*), m. *Trépan à ressort*.

TRÉPAN RUBANÉ (*Exploit.*), m. Trépan formé d'une feuille de métal tournée en spirale, et dont les spires doivent être dans un même plan tangent. Cet instrument est utile pour désagréger les sables fins agglutinés et les graviers non cimentés. Sa longueur totale est de 0 m. 80; et l'intervalle qui existe entre chaque spire, de 0 m. 10; il se termine par deux languettes; il va en diminuant d'épaisseur du centre à l'extrémité circonférentielle, de manière à avoir 0 m. 02 d'épaisseur au milieu de sa largeur, afin de lui donner plus de corps; les bords en sont tranchants et aciérés, ainsi que la pointe. On lui donne la trempe des tarières, et on le recuit *gorge de pigeon*.

TRÉPIZITE (*Minér.*), f. Nom proposé par M. le diacre Dürr pour désigner une stalactite du village de Trépiz, en Saxe, accompagnée de silex corné de jaspe et de quartz.

TREUIL (*Exploit.*), m. Cylindre placé horizontalement, auquel on applique, à une de ses extrémités ou aux deux à la fois, un mouvement de rotation qui fait enrouler une corde destinée à soulever ou à tirer un poids.

TRIACONTAÈDRE (*Cristall.*), m. Cristal qui a trente faces rhomboïdales; du grec *triakonta*, trente; *hédra*, base.

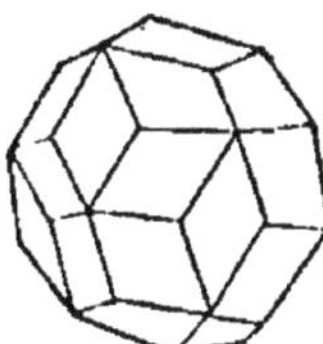

TRIAGE (*Exploit.*), m. Séparation de la gangue et de la roche qui accompagnent une substance utile.

TRIAKISOCTAÈDRE (*Cristall.*), m. Nom donné par M. Rose à l'*octotriaèdre*.

TRIANGLE MENSURATEUR (*Cristall.*), m. Triangle fait sur la forme primitive d'un cristal, au moyen de lignes prises sur deux côtés adjacents d'une molécule secondaire et sur la surface décroissante d'un cristal secondaire, dont le triangle mesure l'inclinaison ou le décroissement.

TRIAS (*Géogn.*), f. Nom donné par M. Alberti aux trois formations des marnes irisées, du calcaire conchylien et du grès bigarré. Le sel gemme, les gypses, les calcaires et schistes bitumineux, le schiste cuivreux, etc., appartiennent au terrain jurassique.

TRICHITE (*Paléont.*), f. Coquille fossile. Les anciens ont donné aussi ce nom à l'argent natif, variété capillaire, à l'adiantum fossile, etc., et à plusieurs roches capillaires déliées comme des cheveux; du grec *trichos*, de cheveu.

TRICHROÏSME (*Minér.*), m. Du grec *treis*, trois; *chroa*, couleur; propriété qui appartient aux minéraux doués de deux axes de double réfraction, qui offrent trois couleurs différentes lorsqu'on les regarde dans plusieurs sens. *Voy.* POLYCHROÏSME.

TRICLASITE ou TRIKLASITE (*Minér.*), f. Du grec *treis*, trois; *klaô*, je brise; parce que, suivant Hausmann, ce minéral se clive dans trois sens différents. Synonymes : *pyrargillite, fahlunite tendre, fahlunite* d'Hisinger, *hydro-silicate d'alumine et de magnésie* d'un brun rougeâtre foncé, à cassure conchoïde ou esquilleuse, translucide sur les bords, ayant un peu l'éclat de la cire; quelquefois vitreuse; pesant 2.62 à 2.79. Exposée au chalumeau, elle blanchit et fond, sur les bords, en un verre blanc et bulleux; avec le borax, elle donne un verre légèrement coloré par le fer. Sa forme primitive est, suivant Haüy, un prisme rhomboïdal oblique; mais on la trouve rarement cristallisée. Elle a été découverte par Wallman, dans une mine de cuivre d'Éric Math, à Fahlun, en Suède. Sa composition est :

	Brune verte.	Brune noire.	Cristallisée.	
Silice.	43.81	44.60	44.93	46.79
Alumine.	25.81	30.10	30.70	26.73
Protoxyde de fer.	6.35	3.86	7.22	8.01
Magnésie.	6.53	6.78	6.04	2.97
Protox. de mangan.	1.72	2.24	1.90	0.43
Soude.	4.43	»	»	»
Potasse.	6.94	1.98	1.38	»
Chaux.	»	1.38	0.93	»
Acide fluorique.	0.16	»	»	»
Eau.	11.66	9.35	5.68	13.80
	101.13	100.23	101.79	93.43

Ces analyses répondent à la formule $Al^2O^3SiO^3 + (MgO, FeO, NaO)SiO^3 + 2 Aq$.

On réunit ordinairement à la triclasite un minéral rouge, brun rougeâtre, ou noir, que M. Nordenskiold a nommé *pyrargillite*. C'est un silicate à poussière blanche, se laissant entamer par le couteau, et rayant néanmoins le carbonate de chaux. Sa cassure est matte et esquilleuse, et sa densité 2.808; il cristallise comme la triclasite, et est composé, comme l'échantillon de la dernière analyse, suivant M. Nordenskiold :

Silice.	43.93
Alumine.	28.93
Protoxyde de fer.	5.50
Magnésie.	2.90
Potasse et soude.	2.90
Eau.	15 47
	99.63

Composition qui répond à la formule : Al^2O^3 SiO^3 + (MgO, FeO, NaO) SiO^3 + 6 Aq.

La triclasite forme des noyaux et de petites veines qui coupent le schiste talqueux dans le sens des feuillets. Dans le Groënland, elle est associée à du feldspath lamelleux et à du mica; la pyrargillite se trouve dans le granite d'Helsingford; elle y forme des rognons et des nœuds irréguliers de 1 à 2 centimètres.

TRICLINOÏDRIQUE (*Cristall.*), adj. Système triclinoïdre; septième division de la classification cristallographique de Naumann, répondant au *prisme oblique non symétrique*.

TRICOLIE (*Paléont.*), f. Coquille fossile des environs de Nice.

TRIDENTULE (*Paléont.*), f. Variété de *glossopètre* à trois points.

TRIÈDRE (*Cristall.*), m. Pyramide terminée par trois faces; du grec *treis*, trois; *hédra*, base.

TRIGLYPHE (*Cristall.*), adj. Nom donné par Haüy à une variété de *sulfure de fer* en cubes isolés, dont les faces sont couvertes de stries disposées dans trois sens perpendiculaires l'un à l'autre, lesquelles indiquent un premier pas vers le dodécaèdre pentagonal.

TRIGONALIKOSITÉTRAÈDRE HEXAÉDRIQUE (*Cristall.*), m. Nom donné par M. Mohs à l'*hexatétraèdre* : il nomme *trigonalikositétraèdre octaédrique* l'octotriaèdre.

TRIGONELLITE (*Paléont.*), f. Genre de coquilles fossiles, dont une espèce a été trouvée dans les roches antérieures à la craie.

TRIGONIE (*Paléont.*), f. Genre de fossiles de l'ordre des trigonées, dont vingt et une espèces appartiennent à la craie inférieure et au terrain supercrétacé.

TRIHEXAÈDRE (*Cristall.*), m. Nom donné par Haüy à un solide résultant de la réunion de deux rhomboèdres égaux, placés d'une manière symétrique. C'est un prisme à six faces, surmonté d'un pointement à six faces. Cette forme appartient à certains cristaux de *carbonate de chaux*.

TRILITE (*Minér. archéolog.*), m. Du grec *treis*, trois; *lithos*, pierre. Monument celtique formant une espèce de porte composée de deux pierres verticales, en supportant une troisième horizontale et en forme de linteau. On trouve une de ces constructions antiques à Sainte-Radegonde, dans le Rouergue. La *pierre frite*, près de Maintenon (Eure-et-Loir), la *peyre levade*, près Pujols (Gironde), sont des trilites. A ce sujet nous ferons observer que le mot PIERRE FRITE n'est qu'une corruption de *Pierre-fite*, qui a donné son nom à plusieurs villages et bourgs français, et qui correspond à *peyre levade*, patois gascon qui signifie pierre levée; c'est la *Piedra-hitta*, nom d'une foule de localités espagnoles.

TRILOBITE (*Paléont.*), m. Fossile organique, qui appartient aux terrains schisteux anciens; espèce d'insectes ou de mollusques, dont le corps est divisé longitudinalement en trois parties ou lobes par deux sillons profonds, et parallèles à l'axe du corps. On en a formé cinq genres : le *calymène*, l'*asaphe*, l'*ogygie*, le *paradoxyde*, et l'*agnoste*. Il n'existe dans la nature vivante aucune espèce analogue à ces animaux.

TRIMORPHE, adj. Corps qui présente trois formes cristallines différentes, qu'on ne peut déduire l'une de l'autre. On ne connait encore d'exemple de cette trimorphie que dans trois minéraux essentiellement composés d'acide titanique : le *rutile*, la *brookite*, et l'*anatase*.

TRIOPHTHALME (*Minér. anc.*), m. Nom donné par les anciens à une variété d'*agate* présentant trois couches concentriques, orbiculaires, variées de couleurs, ressemblant à la prunelle d'un œil. Le mot TRIOPHTHALME vient du grec *treis*, trois; *ophthalmos*, œil. C'est l'agate œillée des lapidaires.

TRIORCHITE (*Minér.*), f. Variété d'*aétite*.

TRIPHANE (*Minér.*), m. Variété de *feldspath de lithine*.

TRIPHANITE (*Minér.*), f. Variété de *mésotype* analogue à la *cluthalite*, de couleur rose, à cassure esquilleuse. Elle provient de Kilpatrick, en Écosse.

TRIPHYLLINE (*Minér.*), f. Variété de *phosphate de fer* en masses lamelleuses, composé de trois sels. Du grec *treis*, trois; *phyllon*, feuille.

TRIPLANTE (*Cristall.*), m. Nom donné par Haüy à une variété de cristaux de *wernérite* ayant des faces qui forment des troncatures étroites sur les arêtes.

TRIPLITE (*Minér.*), m. Nom donné par M. Beudant à une substance décrite au mot PHOSPHATE DE MANGANÈSE.

TRIPOLI (*Géogn.*), m. Roche siliceuse, jaunâtre, grisâtre, blanchâtre, rougeâtre; à aspect terne, à texture grenue, à grains très-fins; presque compacte, souvent schistoïde, rude au toucher, friable, pulvérulente, infusible. M. Ehrenberg a reconnu que cette roche était composée de carapaces d'animaux infusoires; il a trouvé, dans un pouce cube du tripoli de Bilin, 41 milliards d'individus, ou 23.786.831 par ligne cube.

Composition, suivant M. Haase :

Silice.	90
Alumine.	7
Oxyde de fer.	3
	100

Quelques minéralogistes pensent que le tripoli est une roche altérée par le feu ou par la décomposition des pyrites; les petites cavités qu'on y remarque seraient dues à la disparition de parcelles de sulfures de fer, qui y ont laissé des espèces de cellules. Cette roche est rude au toucher, en raison de la grande quantité de silice qu'elle contient; elle ne fait point pâte avec l'eau; elle est d'une couleur tendre, rosée ou jaunâtre, de peu d'intensité.

On prétend que, dans l'origine, cette pierre fut extraite des environs de Tripoli, en Afrique; d'autres disent qu'elle venait de Tripoli, en Syrie. C'est de là qu'elle a pris son nom.

Elle est d'un grand usage pour le polissage du bois, de la nacre, de la corne, de l'ivoire, du cuivre, etc., mais elle exige des précautions particulières.

Pour la nacre, la corne, l'ébène et les bois durs, elle doit être mêlée avec de l'huile; pour les bois tendres, c'est avec le suif qu'il faut l'employer; pour le bois de la Chine, on la délaye avec de l'eau; pour l'écaille, l'ivoire, l'os, la baleine, il convient d'employer de l'eau-de-vie ou du vinaigre.

Le tripoli le plus généralement répandu dans le commerce vient d'Italie, d'Auvergne ou de la Bretagne; celui de Corfou, dit *tripoli de Venise*, est plus estimé, mais rare et cher. Le tripoli d'Auvergne est une argile schisteuse, vitriolisée par la décomposition des pyrites; celui de Bretagne a la même origine; et c'est à tort que M. Brard l'attribue à l'embrasement d'une houillère : il vient des environs de Rennes, où il n'y a aucun terrain de cette nature. Ce n'est pas que quelquefois le schiste qui sert de toit aux couches de houille ne puisse passer, par suite d'un embrasement, à l'état de tripoli : nous avons plusieurs exemples de cette transformation, notamment à la montagne brûlante de Douthweiler, près de Sarbruck, et près d'Aubin, dans le département de l'Aveyron.

TRITICITE (*Minér.*), f. Variété spiciforme du *sulfure de cuivre;* pierre figurée qui imite les grains ou les épis de blé. Du latin *triticum*, blé.

TRITON (*Paléont.*), m. Genre de fossiles canalifères, dont dix espèces appartiennent au terrain supérieur à la craie.

TROCHILITE (*Minér.*), f. Pierre siliceuse ayant la forme d'un sabot.

TROCHITE (*Paléont.*), f. Coquille fossile, univalve, à spirale et à forme conique; troque fossile. Du grec *trochos*, roue.

TROMBOLITE (*Minér*), f. Nom donné par Plattner à une variété fibreuse de *phosphate de cuivre*, décrite sous ce dernier titre.

TROMPE (*Métall.*), f. Machine soufflante composée d'un canal vertical qui reçoit, à sa partie supérieure, l'eau d'un bassin, et communique en bas avec un porte-vent. L'eau, en tombant, entraîne avec elle une certaine quantité d'air qui se trouve comprimé dans une caisse, et arrive à la base avec une densité acquise.

TRONA (*Minér.*), m. Sesqui-carbonate de soude, décrit au mot CARBONATE DE SOUDE.

TRONCATURE (*Cristall.*), f. Expression de Delisle pour exprimer ce que Haüy a nommé le décroissement. Delisle suppose que le cristal primitif a été tronqué sur ses arêtes; Haüy raisonne comme si la forme primitive, après avoir été donnée, avait été enveloppée de lames successives, à chacune desquelles il manque un certain nombre de molécules, qui décroissent, en un mot, suivant certaines lois.

TROOSTITE (*Minér.*), f. Nom donné par M. Rammelsberg à un *silicate de manganèse* de Sparta, dans le New-Jersey, du nom du docteur Troost. Quelques auteurs écrivent à tort *troolite*.

TROQUE (*Paléont.*), m. Genre de turbinacées, dont cinquante-six espèces sont connues à l'état fossile.

TROUSSE À PICOTER (*Exploit.*), f. Châssis de bois placé au fond du cuvelage dans le boisage à travers les niveaux.

TROUSSE-PLATE (*Exploit.*), f. Dernière trousse à picoter, celle qui supporte toutes les autres. On lui donne ce nom, parce qu'elle a une hauteur moindre que les autres.

TSAO-CHOUI-NE, m. Nom chinois du *mercure* qu'on prétend tiré des feuilles de pourpier.

TSCHEWKINITE (*Minér.*), f. Nom donné par M. G. Rose à un *silicate de cérium* dédié au général Tschewkin, major général du corps des mines de Russie. Ce minéral, qui est décrit au mot SILICATE DE CÉRIUM, provient des environs de Miask et de Slatout.

TSEIN ou TSIN, m. Mot chinois; substance minérale qui fournit le violet foncé sur la porcelaine; *voy.* TSIN. Les uns croient que *tsein* désigne le cobalt, et *tsin* l'oxyde de manganèse.

TSIN, m. Minéral de la Chine qui colore le verre et les émaux en violet, et qui entre dans la composition des émaux noirs. On croit que c'est l'oxyde de manganèse.

TUBERCULEUX, adj. En petits mamelons concrétionnés, allongés en forme demi-cylindrique.

TUBES FULMINAIRES (*Minér.*), m. *Astrapyalite.*

TUBICOLÉES (*Paléont.*), f. Famille de mollusques, possédant six genres, dont cinq sont à l'état fossile dans les terrains postérieurs à la craie, qui en renferment quatorze espèces.

TUBIPORE (*Paleont.*), m. Polypier qui se trouve à l'état fossile dans les terrains qui paraissent antérieurs à la craie.

TUBULITE, m. Canalite, dentalite, orgues pétrifiées, etc.; fossile en tubes ou tuyaux irréguliers, quelquefois droits, quelquefois legèrement recourbés, souvent à branches latérales. C'est une variété des *coralloïdes*.

TUÉSITE (*Minér.*), f. *Hydro-silicate d'alumine*; variété d'*halloysite* ou d'*argile smectique* trouvée par Thomson sur les bords de la Tweed, et dont l'analyse a été donnée au mot HALLOYSITE, sous le nom d'argile de la Tweed.

TUF (*Géogn.*), m. Du latin *tofus*; roche jaunâtre déposée à peu de distance de la terre végétale, et dont la contexture est lâche, grossière, et un peu spongieuse. La plupart des tufs sont dus à des phénomènes volcaniques, à la poussière des scories et des ponces, à de petits fragments anguleux de ces substances. Lorsque ces matériaux tombent dans la mer, le tuf y devient stratifié, s'y mêle avec des coquilles, y emprunte un ciment calcaire, et offre une roche compacte susceptible de poli; quelquefois il forme un grès dont les grains anguleux sont remarquables; ils passent même à des brèches lorsque les fragments ont un certain volume, et à des poudingues lorsque les fragments sont roulés. Le tuf est aussi le résultat du dépôt de certaines eaux de source sur les pierres ou les objets baignés par l'eau, dans son lit ou près de sa naissance.

TUF BASALTIQUE. *Tuf volcanique. Pépérine.*

TUF CALCAIRE. *Chaux, carbonatée* gris jaunâtre; mat, non susceptible de poli; cassure à grains et terreuse; léger, contenant souvent des corps organisés.

TUF CALCAIRE MOLAIRE. Tuf caverneux, roussâtre ou blanc, dont on fait des *meulières* poreuses.

TUF DE GEYSER. *Hyalite*, variété incrustante.

TUF PONCEUX. Silicate alcalin d'alumine hydraté; substance de couleur blonde, nuancée de jaune d'ocre pâle; compacte, à structure terreuse; tendre, facile à écraser; tachant les doigts; légère; devenant jaune de brique par la calcination; attaquée par l'acide hydrochlorique. Ce minéral compose la grotte de Pausilippe, près de Naples; c'est sous un tuf semblable qu'est ensevelie la ville d'Herculanum.

Composition, suivant M. Berthier :

Silice.	44.8
Alumine.	12.0
Magnésie.	0.7
Potasse.	8.8
Soude.	1.8
Peroxyde de fer.	6.8
Eau.	11.0
Partie inattaquable.	16.4
	98.1

TUF VOLCANIQUE. *Pépérine* due à la poussière des scories et des cendres. Cette roche, qui a enseveli Herculanum, est légère, et se coupe facilement. Quelquefois elle a pénétré des formations modernes, comme on le voit dans le terrain crétacé de Dax, où des couches minces de tuf volcanique alternent avec des lits crétacés verticaux parfaitement concordants; elle renferme souvent des restes organiques, même des coquilles d'eau douce : et cela n'a rien d'étonnant, puisqu'on cite des tufs volcaniques qui, dans un rayon de huit lieues du cratère principal, ont formé des couches de trois mètres d'épaisseur, sous lesquelles tout ce qui était vivant a été enseveli.

TUFA (*Géogn.*), m. Variété de *pépérine*. Assez généralement les géologues italiens réservent ce mot pour les mélanges feldspathiques, et ne donnent le nom de pépérine qu'aux tufs basaltiques.

TUFAÏTE (*Géogn.*), f. Variété de *pépérine*.

TUFAU (*Géogn.*), m. Craie-tufau, carbonate de chaux grossière, ainsi nommé parce que sa faible consistance le rapproche des tufs. Cette roche est blanchâtre, ou jaunâtre; elle a la texture lâche, grenue ou grossière, et appartient au terrain crétacé et à l'étage tertiaire. Elle est presque entièrement dépourvue de la propriété traçante.

TULAXODE, f. Coquille fossile.

TUNGSTATES, m. Sels formés d'acide tungstique et d'une base. Les tungstates alcalins et ceux de magnésie sont seuls solubles; dans les tungstates neutres, l'oxygène de la base est à celui de l'acide : : 1 : 3. Les tungstates solubles précipitent tous les sels terreux et métalliques; ils sont précipités en jaune de soufre par la noix de galle.

TUNGSTATE DE CHAUX (*Minér.*), m. Syn. : *scheelin calcaire*, *wolfram blanc*, *scheelite* de Beudant. Ce minéral, de couleur blanchâtre, à reflets vifs et brillants, a la poussière de même couleur, qui jaunit dans l'acide nitrique chauffé : il est à l'état cristallin, et sa forme primitive est un prisme à base carrée, dont le rapport est : : 21 à 10. Sa densité est de 6.076; il raye la fluorine, et se laisse rayer par le phosphate de chaux; il ne fond qu'avec difficulté au chalumeau, et donne un verre transparent: sa cassure est imparfaitement conchoïde; il possède des clivages difficiles. Sa composition est, suivant Berzelius :

Chaux.	19.40
Acide tungstique.	80.42
	99.82

répondant à la formule : $CaO\ WO^3$.

Le tungstate de chaux appartient aux formations anciennes; il accompagne souvent les mines d'étain; les plus beaux cristaux viennent de Zinwald et de Kenwald, en Bohême; on en trouve également à Marienberg et à Altenberg, en Saxe; ainsi qu'en Cornouailles; il en a été rencontré dans les environs de Limoges, à Puy-les-Vignes.

TUNGSTATE DE PLOMB (*Minér.*), m. Syn. : *plomb tungstaté*, *scheelitine* de Beudant, *wolfram bleierz* des Allemands. Minéral d'un gris brunâtre ou jaunâtre, en petits cristaux ou pyramides allongées, que M. Lévy considère comme dérivés d'un prisme à base carrée, dont le rapport est : : 8 : 1. Ils possèdent un clivage parallèle à la base. Ce minéral raye le gypse, et se laisse rayer par la fluorine; au chalumeau, le tungstate de plomb fond, et donne des vapeurs plombeuses; il a été recueilli à Zinwald, en Bohême. Sa composition est, suivant Lampadius :

Oxyde de plomb.	48.25
Acide tungstique.	51.75
	100.00

On tire de cette analyse la formule : PbO WO^3.

TUNGSTÈNE (*Minér.*), m. Ce minéral ne se présente point dans la nature à l'état de métal simple; il ne se trouve qu'à l'état d'oxyde saturant des bases, et y jouant le rôle d'acide. Scheele le découvrit le premier dans le scheelin calcaire, et lui donna le nom d'*acide tungstique;* Bergmann se douta de sa nature métallique, et les frères d'Elhujart le réduisirent à l'état de métal sous le nom de *tungstène.* On lui avait donné également celui de *scheelium,* en l'honneur de Scheele; puis celui de *wolfram,* d'après le nom allemand du minéral dans lequel d'Elhujart l'avait trouvé. Le tungstène qu'on obtient dans les laboratoires a la couleur et l'éclat du fer; il est si dur, que la lime a de la peine à l'attaquer; il est aigre, à cassure cristalline, et très-difficile à fondre; sa pesanteur spécifique est de 17.22 à 17.60. Chauffé au rouge à l'état pulvérulent, il s'enflamme, et continue de brûler. Le symbole atomique du tungstène est W, qui est la première lettre de wolfram; son poids est 1183.36.

TUNGSTÉNITE (*Minér.*), f. *Tungstate de chaux.*

TURBINITE (*Paléont.*), f. Coquille fossile turbinée, contournée en spirale.

TURBINOLIE (*Paléont.*), f. Polypier à l'état fossile dans les couches de terrain supercrétacé.

TURBINOLOPSE (*Paléont.*), m. Genre de polypiers fossiles, dont une espèce se trouve dans les terrains antérieurs à la craie.

TURBO (*Paléont.*), m. Genre de fossiles turbinacées, dont vingt-huit espèces appartiennent au terrain postérieur à la craie.

TURFA (*Minér.*), f. Nom donné, dans les environs de Cologne, à un lignite terreux situé à Bruhl et à Liblar, qui sert au chauffage et à faire des cendres végétatives.

TURGITE ou **TURGILITE** (*Minér.*), f. Nom donné à un *hydrate de fer* décrit au mot OXYDE DE FER. Il accompagne le cuivre carbonaté bleu et vert de Gumeschewk, dans l'Oural, et tire son nom du fleuve *Turga,* qui passe près de Bogoslaw.

TURNÉRITE (*Minér.*), f. Minéral dédié par M. Lévy à M. Turner, et dont les caractères ne sont pas tous exactement connus. Il paraît résulter, d'un essai de Children, que la turnérite est un aluminate de chaux; tandis que M. Lévy la rapporte au silicate connu sous le nom de *pictite.* Elle est en petits cristaux jaunes brunâtres, brillants, hyalins ou translucides; sa forme primitive est un prisme rhomboïdal oblique, dont les angles sont de 99° 40′ et 96° 10′; elle possède un clivage facile; elle est disséminée sur un quartz du mont Sorel, en Dauphiné, et est associée à la chrictonite lamelleuse.

TURPELINE (*Minér.*), f. Syn. de *tourmaline.*

TURQUOISE (*Minér.*), f. Substance d'un beau bleu ciel, légèrement verdâtre, qui contient de l'eau et des phosphates. On en distingue deux sortes : l'une minérale, et qui porte les noms de *turquoise pierreuse, turquoise orientale, turquoise de vieille roche,* dont l'origine est tout à fait minérale; l'autre, au contraire, qui a une origine animale, et s'appelle *turquoise osseuse, turquoise occidentale, turquoise de nouvelle roche.*

La turquoise pierreuse est un hydro-phosphate de cuivre, qui, outre les réactions de l'acide phosphorique et du cuivre, donne encore celles de l'alumine, de la chaux et du fer. Elle est d'un bleu céleste, tirant un peu sur le vert céladon; son aspect est légèrement laiteux; elle raye l'apatite et le verre, et se laisse rayer par le quartz; sa pesanteur spécifique est de 2.86 à 3.60; elle est inattaquable par les acides, et infusible au chalumeau; elle y décrépite, donne un peu d'eau, se décolore, et noircit sans répandre d'odeur. Elle est électrique quand elle est isolée.

La turquoise pierreuse se trouve à *Méadène,* village du Khorassan, situé près de la ville de Nichapour; elle présente deux gisements bien distincts : l'un dans le calcaire qui lui sert de gangue, et qui présente çà et là des traces de phosphate de cuivre; l'autre dans des sables d'alluvion formés de fragments de la roche à turquoise. La première classe porte le nom de *sengui,* ou turquoises pierreuses; elle est quelquefois tellement incrustée dans sa gangue, qu'on est obligé d'employer le marteau pour l'en faire sortir; elle est petite, et d'un bleu plus foncé. La seconde classe porte le nom de *khali,* ou turquoise terreuse; elle est isolée au milieu des sables, et s'obtient à l'aide du lavage; ses dimensions sont beaucoup plus grandes que celles des *senguis,* mais elle est d'une couleur plus pâle, et mêlée souvent de taches blanches qui lui ôtent de sa valeur.

Les *senguis* sont empâtées dans leur gangue, au nombre de vingt-cinq ou trente, plus ou moins; elles sont recouvertes alors d'une enveloppe calcaire blanche à l'extérieur, et brune vers la gangue.

Les *khalis* se trouvent pêle-mêle avec les graviers et les cailloux roulés du terrain d'alluvion de Méadène. On lave les sables dans un tamis pour les débarrasser de la terre qui les recouvre, et on en retire ensuite les turquoises dont l'eau a relevé la couleur, ce qui les fait facilement distinguer.

Celles-ci sont quelquefois d'une grosseur monstrueuse. Le roi de Perse en avait une taillée en coupe à boire ; le trésor de Venise en possède qui pèsent plusieurs livres.

La turquoise osseuse, qu'on nomme aussi quelquefois *turquoise odontholite*, est un phosphate de chaux, de fer et de magnésie, qui provient de dents fossiles de mastodonte et autres mammifères, colorées par le phosphate de fer ; elle est d'un bleu verdâtre, et présente, quand on l'examine de près, le tissu de l'ivoire et des os. Elle s'électrise par le frottement, sans être isolée, et fait effervescence avec les acides. Sa composition est, suivant Bouillon-Lagrange :

Phosphate de chaux.	80.00
— de fer.	2.00
— de magnésie.	2.00
Carbonate de chaux.	8.00
Alumine.	1.50
Eau.	6.00
	99.50

Elle est assez commune : on la rencontre à Lissa, en Bohême, en Suisse, en Russie, en Sibérie, en Cornwall, etc., et en France, à Simorre, à Auch et à Lombez, dans le Gers.

Les turquoises servent d'ornements de toilettes ; elles se taillent en cabochon pour épingles, colliers, etc., et produisent un très-bon effet lorsqu'elles sont entourées de petits diamants ou de rubis. Elles sont recherchées dans le commerce : une turquoise de 5 lignes à 5 lignes et demie ($11^{mm} 279$ à $12^{mm} 407$), d'un bleu clair avec teinte verdâtre, s'est vendue au cabinet de M. Drée 500 francs ; une autre de même taille, d'un beau bleu ciel, 241 fr. Les turquoises osseuses ne valent guère que le quart de celles pierreuses.

TURRILITE (*Paléont.*), f. Genre de coquilles fossiles de l'ordre des ammonées, dont deux espèces appartiennent au terrain de la craie inférieure.

TURRITELLE (*Paléont.*), f. Genre de coquilles fossiles turbinacées, dont trente-sept espèces appartiennent aux roches antérieures et postérieures à la craie.

TUSÈBE (*Minér.*), m. Nom donné par certains marbriers à une variété de marbre noir.

TUTIE (*Métall.*), f. Oxyde de zinc qui se forme dans la cheminée des fourneaux où l'on traite des minerais qui renferment du zinc, soit dans leur composition même, soit dans leur gangue. Ce mot a quelque affinité avec celui des Chinois *tutenag*, qui signifie zinc. — C'est aussi le nom qu'on donne à de la cendre ou scorie métallique qui s'attache aux outils des fondeurs, et y forme une sorte de *cadmie* bulleuse.

TUYAU (*Paléont.*), m. Sorte de pholade qui se rencontre en Champagne.

TUYAU D'AÉRAGE (*Exploit.*), m. Conduits en planches, en arbre foré, en plomb, etc., qui portent dans l'intérieur des mines l'air atmosphérique pur, projeté par des machines soufflantes.

TUYAU D'ASCENSION (*Exploit.*), m. Tuyau destiné à laisser monter les eaux dans les puits artésiens. L'expérience a démontré que les tuyaux en fer étaient mis hors de service au bout de quatre à cinq ans. Pour les eaux sulfureuses les tuyaux en zinc sont les meilleurs ; on leur donne 0 m. 008 à 0 m. 010 d'épaisseur.

TUYAU DE RETENUE (*Exploit.*), m. Tuyau qu'on descend dans un trou de sonde pour empêcher les éboulements et les resserrements. Ces tuyaux, qui ont à supporter le frottement continuel des tiges de sonde qui s'élèvent et retombent douze à quinze mille fois par jour, doivent être faits avec de la tôle de bonne qualité, de 2 mètres de longueur, de 0 m. 002 à 0,003 d'épaisseur, suivant le diamètre, qui varie entre 0 m. 19 et 0 m. 33 ; les rivés doivent être aplatis en goutte de suif.

TUYÈRE (*Métall.*), f. C'est le vide ou canal pratiqué dans un fourneau pour y placer la *buse* des soufflets. On donne aussi ce nom à la buse elle-même, et enfin au côté du fourneau où elle est placée.

TYMPE (*Métall.*), f. Côté du fourneau où s'opère le travail du fondeur, et où est placée la dame. La *tympe* est opposée à la *rustine* qui constitue le fond du fourneau, celui appuyé au mur dans les feux de forges.

TYPOLITE (*Paléont.*), f. Pierre à empreintes ; pierre figurée qui porte des empreintes de plantes ou d'animaux. Du grec *typos*, image ; *lithos*, pierre.

TYROLITE (*Minér.*), f. *Klaprothine* ; hydrophosphate d'alumine et de magnésie trouvé dans le Tyrol.

TYROMORPHITE (*Minér.*), f. Pierre figurée qui imite un morceau de fromage. Du grec *tyros*, fromage ; *morphê*, forme.

U

ULTRAMARINE (*Minér.*), f. Syn. d'*outremer*.

UMBILICITE (*Paléont.*), f. Nom donné anciennement aux cyclostomes et aux hélices fossiles.

UNICHROÏSME (*Minér.*), m. Propriété de certains minéraux de donner toujours la même couleur, quel que soit le sens dans lequel les rayons lumineux les traversent. Du latin *unus*, un seul ; et du grec *chroa*, couleur. On remarque que les substances qui cristallisent dans le système régulier sont *unichroïtes*.

UNITAIRE (*Cristall.*), adj. Système singulaxe unitaire, sixième type cristallin de Weiss, répondant au *prisme rhomboïdal oblique* de Dufrénoy.

URACONISE (*Minér.*), f. Nom donné par M. Beudant au *peroxyde d'urane*, à cause de l'état pulvérulent dans lequel il se trouve; du grec *konis*, poussière. *Voy.* OXYDE D'URANE.

URALITE (*Minér.*), f. *Voy.* OURALITE.

URANATE DE CHAUX (*Minér.*), m. Nom donné anciennement à la variété de *phosphate d'urane* qui contient du phosphate de chaux.

URANE (*Minér.*), m. Ce métal, qui fut découvert en 1789 par Klaproth, a reçu son nom du grec *ouranos*, qui signifie ciel (*uranus*, en latin); c'est aussi le nom de la planète *Uranus*, qui fut découverte à la même époque. Il se rencontre dans la *pechblende*, à l'état d'oxyde. Le métal pur n'existe pas dans la nature, mais on l'obtient dans les laboratoires; il est d'un gris foncé un peu éclatant, se laisse entamer au couteau, et se dissout dans l'acide nitrique; ses cristaux sont transparents, ont un grand éclat métallique, et affectent la forme octaédrique. Leur pesanteur spécifique est un peu moins de 9.

Il se rencontre dans la nature à l'état d'*oxyde*, de *phosphate*, de *sulfate* et de *tantalate*. — Ces différentes espèces portent diverses dénominations, pour lesquelles nous renvoyons aux titres suivants :

URANE OXYDÉ et **OXYDE HYDRATÉ**. *Voy.* OXYDES D'URANE.

URANE OXYDULÉ. *Voy.* OXYDES D'URANE.

URANE PHOSPHATÉ. *Voy.* PHOSPHATE D'URANE.

URANE SOUS-SULFATÉ. *Voy.* SULFATE D'URANE.

URANE SULFATÉ. *Voy.* SULFATE D'URANE.

URANE VITRIOL. *Voy* SULFATE D'URANE.

URANE OXYDULÉ (*Minér.*), m. Nom donné par Haüy au *protoxyde d'urane*. *Voy.* le titre OXYDES D'URANE.

URANITE (*Minér.*), f. Nom donné par Beudant au *phosphate d'urane et de chaux*.

URANIUM, m. Métal qui sert de base à l'oxyde nommé *urane*, et qui fut découvert, en 1789, par Klaproth, dans une analyse du pechblende. On a longtemps confondu l'uranium avec l'urane; ce n'est qu'en 1842 que M. Péligot a découvert que l'urane était un oxyde d'uranium. Ce métal est très-combustible; il brûle à une basse température au contact de l'air, avec une lumière très-blanche. On ne le connaît que dans les laboratoires, où on l'obtient à l'état de poudre noire, qui n'offre aucun indice de cristallisation ni de fusion; il ne s'oxyde pas dans l'eau; il est soluble dans les acides avec un vif dégagement d'hydrogène. P. s. : 9,000.

Formule atomique : U.

Poids atomique : = 742,875.

URANOCRE (*Minér.*), m. Nom traduit de l'allemand *uranocker*, pour désigner le *peroxyde d'urane* en poussière jaune et pulvérulente comme l'ocre. *Voy.* OXYDE D'URANE.

URANOLITE (*Paléont.*), m. *Météorite*.

URANOMORPHITE (*Minér.*), m. Nom donné anciennement à des pierres ornées de dendrites, qui ont quelque apparence de corps célestes : du grec *ouranos*, ciel; *morphê*, forme.

URANO-TANTALE (*Minér.*), m. *Voy.* TANTALATE D'URANE.

URANPHYLLITE (*Minér.*), m. *Phosphate d'urane et de chaux*, ainsi nommé à cause de sa texture éminemment lamelleuse et presque foliacée; du grec *phullon*, feuille.

URAO (*Minér.*), m. Mot employé par M. Beudant pour désigner le sesqui-carbonate de soude décrit au mot CARBONATE DE SOUDE.

URATE DE CHAUX (*Minér.*), m. *Voy.* GUANO.

URATE NATUREL (*Minér.*), m. Guano, *urate de chaux*.

UWAROWITE (*Minér.*), f. *Voy.* OUWAROVITE.

V

VACHE (*Métall.*), f. Branloire d'un soufflet.

VAGINOPORE (*Paléont.*), m. Genre de polypiers fossiles des terrains supercrétacés.

VAKE (*Géogn.*), f. Roche tendre et friable, grisâtre, brunâtre, rougeâtre, jaunâtre, verdâtre, opaque, fragile, facile à diviser, se délayant dans l'eau sans y faire pâte. P. s. : 2.5 à 2.893.

VAKE BITUMINEUSE, f. Vake renfermant du bitume et des matières organiques, et qu'on rencontre à Malintrat, dans le Puy-de-Dôme.

VAKITE (*Géogn.*), f. Roche hétérogène, à base de vake.

VALENCIANITE (*Minér.*), f. Nom donné par Breithaupt à un minéral qu'il a cru nouveau, et qui n'est qu'un *feldspath*. Ce nom doit disparaître du vocabulaire.

VALET (*Métall.*), m. Ouvrier d'une forge catalane, dont l'office est d'aider les autres.

VALLÉE (*Géol.*), f. Espace de terrain compris entre des montagnes. On attribue la formation des vallées à plusieurs causes : Bourguet veut que des courants d'eau très-considérables aient creusé ces vastes gorges; Lamanon les attribue à l'écoulement des lacs vers le continent; les Égyptiens lui donnaient pour cause les affaissements de terrains; c'était aussi l'opinion des épicuriens. Woodvart a supposé que les eaux souterraines ont formé le relief des montagnes, en brisant la croûte du globe, et sont conséquemment la cause des vallées; Deluc adopte les affaissements des anciens philosophes. La théorie des soulèvements rend un compte plausible de la plupart des vallées.

VALLON (*Métall.*), m. Fers du vallon; nom sous lequel sont connus dans le commerce les fers supérieurs de la Côte-d'Or.

VAN (*Métall.*), m. Vase qui sert à mesurer le charbon.

VANADIATE DE CUIVRE (*Minér.*), m. Syn. : *cuivre vanadiaté*, *volborthite*. Minéral de couleur olive, ou d'un vert jaunâtre;

en petits cristaux réunis, lamellaires, souvent striés, qui semblent dériver d'un rhomboèdre. Il possède un clivage facile parallèlement à la base des lames; il est très-friable; sa poussière raye le gypse; sa densité est de 3,33; au chalumeau, il donne une scorie noire, au milieu de laquelle on aperçoit de petits grains de cuivre; avec le sel de phosphore, il donne un verre transparent de couleur verte, qui caractérise le vanadium. On n'en connaît point d'analyse.

VANADIATE DE PLOMB (*Minér.*), m. Syn.: *plomb vanadié*, *vanadinite*, *vanadinbleirz* des Allemands. Minéral d'un brun clair jaunâtre; poussière d'un blanc jaunâtre; il raye la chaux carbonatée; sa densité est 6.60 à 6.90; il fond au chalumeau avec boursouflement, et se réduit en une scorie semblable à la plombagine; avec le borax, il donne un globule transparent, qui devient opaque en refroidissant. Ce globule est bleu lorsque la proportion de vanadiate est forte, et vert lorsqu'il n'y en a qu'une petite quantité; avec le sel de phosphore il est d'un beau vert émeraude. Sa composition est, suivant Thomson :

Acide vanadique.	23.44
Oxyde de plomb.	66.33
— de zinc.	9.51
— de fer.	0.16
	99.44

En considérant comme isomorphes les oxydes de plomb et de zinc, cette analyse répond à la formule $(PbO)^3 VO^3$.

Presque toujours le vanadiate est accompagné de chlorure. C'est ce qui arrive pour le minéral de Zimapan, analysé par Berzelius, lequel contient :

Vanadiate de plomb.	74.00
Chlorure de plomb.	25.33
Hydrate et oxyde de fer.	0.67
Arséniate de plomb.	trace
	100.00

d'où l'on déduit : $2 (PbO)^3 VO^3 + Pb Cl^2$.

Le vanadiate de plomb fut d'abord découvert par M. del Rio, à Zimapan (Mexique); M. Rose le trouva ensuite à Beresoff (Sibérie); enfin, il a été rencontré abondamment à Wanlockhead, en Écosse, en petits mamelons ou globules, sur une calamine concrétionnée.

VANADINE ou **VANADINITE** (*Minér.*), f. Syn. de *vanadiate de plomb*.

VANADIUM, m. Métal simple, découvert en 1801, par M. del Rio, dans une galène de Zimapan, dans le Mexique, et présenté dans tout son jour, en 1830, par Sepstrom, qui l'avait rencontré dans un fer de Suède; trouvé depuis en Écosse. Substance blanche, légèrement rougeâtre, ressemblant au molybdène; poussière gris-de-fer, facilement pulvérisable; brûlant au feu, et se changeant en oxyde bien cristallin; soluble dans l'acide nitrique et l'eau régale; solution colorée en bleu. Gisement : dans le minerai de fer de Taberg, en Suède; à South-Bridge, en Angleterre; à Zimapan, au Mexique. Son nom vient de *vanadis*, épithète de *Freia*, divinité scandinave.

Poids atomique : 856,892.

VARGASSITE (*Minér.*), f. Minéral dédié à M. Vargas de Bedemar, dont la composition n'est pas bien connue, et qu'on a rencontré dans l'île de Tourholm, en Finlande, en masses amorphes, d'un vert pâle ou gris jaunâtre, à cassure lamelleuse ou compacte, associées à de l'amphibole ou à un calcaire gris bleuâtre.

VARIATIONS DES FORMES CRISTALLINES (*Cristall.*), f. Modifications accidentelles des formes des cristaux, au milieu desquelles les incidences mutuelles des faces du cristal sont constantes. Quelques-unes de ces variations troublent la symétrie et la régularité cristalline, au point de présenter de grandes difficultés pour un œil peu exercé à démêler le type de la véritable forme.

VARIOLINE (*Minér.*), f. Nom donné par de la Méthrie à la base de la *variolite de la Durance*.

VARIOLITE (*Géogn.*), f. Roche qui est formée de feldspath en nœuds cristallins, engagés dans une pâte de feldspath compacte : ses nœuds sont souvent striés du centre à la circonférence. Elle est ordinairement verte, présentant des taches rondes plus pâles, souvent protubérancées, comme des grains de la petite vérole; c'est de cette apparence que lui vient son nom.

VARIOLITE DE CORSE, f. Roche d'un rouge de brique, avec des taches plus foncées, passant au brun. On en connaît une autre variété tout à fait brune, dont les taches rondes sont d'un rouge pâle.

VARIOLITE DE LA DURANCE, f. *Cornéenne*, variété noirâtre, amygdaloïde, à globules de pétrosilex gris verdâtre, sous forme de galets; les taches sont quelquefois violâtres au centre. Brongniart a nommé cette roche *spilite*.

VARIOLITE DU DRAC, f. *Spilite*.

VARISCITE (*Minér.*), f. Minéral d'un vert bleuâtre, passant au vert pomme; encore peu connu; il est en petites masses amorphes, concrétionnées, à cassure compacte; son éclat est gras, sa poussière est blanche; il a beaucoup des caractères de la *turquoise*. Sa densité est de 2.345 à 2.379; il raye la fluorine, et se laisse rayer par le feldspath; il est composé, suivant Plattner, d'acide phosphorique, d'alumine, avec trace d'ammoniaque, de magnésie, d'oxydes de fer et de chrôme, et d'eau. Il est infusible au chalumeau, et donne avec le borax un verre d'un jaune verdâtre; on obtient dans le tube d'essai de l'eau alcaline.

VARME (*Métall.*), f. Côté où est la tuyère dans un foyer d'affinage.

VASCULITE (*Paléont.*), f. Genre de coquilles radiolées fossiles des terrains postérieurs à la craie.

VASES (*Métall.*), m. Fers de casserie.

VASO (*Métall.*), m. Nom donné dans le Mexique au fourneau de coupelle employé dans le traitement de l'argent.

VAUQUELINITE (*Minér.*), f. Nom donné, en l'honneur de Vauquelin, au chromate biplombique décrit au mot CHROMATE DE PLOMB.

VÉGÉTAUX FOSSILES (*Paléont.*), m. On en compte vingt-quatre genres, dont quatorze ont des analogues vivants. De ces vingt-quatre, douze appartiennent à des terrains antérieurs à la craie : un seul se trouve dans le terrain crétacé même, et quinze dans des roches supérieures.

VEINE (*Exploit.*), f. Filon très-mince.

VÉLITE, m. Nom donné par les anciens au sable quartzeux avec lequel ils faisaient le verre.

VÉNÉRICARDE (*Paléont.*), f. Genre de conques marines, dont vingt-cinq espèces fossiles appartiennent au terrain supercrétacé.

VÉNÉRUPE (*Paléont.*), f. Genre de lithophages, dont on trouve cinq espèces à l'état fossile dans les terrains postérieurs à la craie.

VENTEAUX (*Métall.*), m. Ouvertures par lesquelles l'air s'introduit dans les soufflets.

VENTILATEUR (*Exploit.*), m. Appareil destiné à refouler l'air dans les travaux souterrains, au moyen de conduits appelés *canards*.

VENTILATION (*Exploit.*), f. Opération qui consiste à envoyer de l'air dans les mines.

VENTILLONS (*Métall.*), m. Soupapes qui ferment les *venteaux*.

VENTOUSES (*Métall.*), f. Ouverture des canaux d'évaporation dans les fourneaux.

VENTRE (*Métall.*), m. C'est la partie la plus large du *haut-fourneau*, et l'endroit où se réunissent les *etalages* et la *cuve*. Le but de cet élargissement est de dispenser la chaleur à la cuve, et de faciliter le passage du vent, en empêchant le tassement des minerais.

VENTRICULITES (*Paléont.*), f. Genre de polypiers fossiles, dont on connaît deux espèces dans la craie.

VÉNUS, f. Nom donné par les anciens alchimistes au *cuivre*.

VÉNUS (*Paleont.*), f. Genre de l'ordre des conques marines, dont quarante espèces sont fossiles et appartiennent aux roches supercrétacées.

VERDE ANTICO (*Minér.*), m. Nom italien du *marbre vert antique*. C'est aussi le nom qu'on donne quelquefois à l'*euphotide verte* et au *mélaphyre*.

VERDE DI CORSICA (*Minér.* et *Géogn.*), m. Nom italien d'une belle roche formée de la réunion de lames d'amphibole, de pyroxène ou de diallage.

VERDE DI SUZA (*Minér.*), m. *Carbonate de chaux; marbre vert de Suze.*

VERDE PAGLIOCCO (*Minér.*), m. Nom donné par les Italiens à un marbre jaune verdâtre antique que l'on trouve dans les ruines de l'ancienne Rome.

VERDET NATUREL (*Minér.*), m. Nom vulgaire du *carbonate de cuivre.*

VERGE (*Métall.*), f. Fer en verge, petites barres, rondin, carrillon. Dans le commerce des fers, on donne plutôt le nom de verge au carrillon obtenu dans la *fenderie*.

VERGE CRÉNELÉE (*Métall.*), f. Barre de métal sur laquelle est conservée l'empreinte des coups de marteau, et qui n'a pas été parée.

VERMEIL, m. Métal doré, soit à chaud, soit par le procédé galvanique.

VERMEILLE (*Minér.*), f. Nom donné par les lapidaires à plusieurs gemmes d'un beau rouge. C'est ainsi qu'on nomme *vermeille orientale* le *corindon télésie; vermeille occidentale*, le *grenat pyrope*; et *vermeille hyacinthe*, le *zircon*.

VERMET (*Paléont.*), m. Genre de fossiles scalariens, dont une espèce appartient aux terrains supercrétacés.

VERMICULITE (*Minér.*), f. Silicate hydraté d'alumine, de magnésie et de fer, de couleur verte foncée, lamelleux et très-tendre, se décomposant à la surface et passant au blanc nacré. Son éclat est savonneux; il est doux au toucher, et se laisse rayer, comme le talc, par le gypse; sa densité est 2.525. Au feu, la vermiculite projette des lumières rougeâtres, en se contractant et se contournant comme ferait une masse de petits vers en mouvement. C'est à cette propriété qu'elle doit son nom; elle est infusible au chalumeau, mais elle y prend un aspect argenté, avec une légère teinte de rouge ou de jaune. Son analyse a donné à M. Thomson :

Silice.	49.08
Alumine.	7.28
Peroxyde de fer.	16.12
Magnésie.	16.96
Eau.	10.28
	99.72

répondant à la formule :

$$(Al^2O^3, Fe^2O^3)\ SiO^3 + 2\ MgO\ SiO^3 + 3\ Aq.$$

On ne connaît pas le gisement de la vermiculite, qui a été rapportée en Angleterre par M. Holmes de Montréal. On cite un minéral de Millbury, trouvé par M. Teschemaker, et dont les caractères extérieurs et le mode de fusion se rapportent à la même espèce; mais il n'en a point été fait d'analyse.

Le nom de vermiculite est aussi donné à une coquille fossile univalve qui a la forme de petits tuyaux allongés.

VERMILIE (*Paléont.*), f. Genre de serpulées, dont on trouve quarante-cinq espèces dans la craie et dans les terrains qui l'avoisinent, soit supérieurement, soit inférieurement.

VERMILLON NATIF (*Minér.*), m. Variété pulvérulente du *sulfure de mercure*, qui se rencontre dans les cavités des gangues caverneuses argilo-ferrugineuses.

VERNAILLE (*Minér.*), f. *Télésie.*

VERNIS, m. *Voy.* COUVERTE.

VERNIS EN CARTON, m. Terme de potier. Sulfure de plomb parfaitement nettoyé, en fragments cuboïdes, sans mélange de matières étrangères, et propre à faire une bonne couverte de fayence ou poterie.

VERNIS SEC, m. Terme de potier en argile. Sulfure de plomb qui renferme des parties étrangères, telles que du sulfure de zinc, et qui fait une très-mauvaise couverte pour la faïence. Au lieu de former une couche vitreuse, brillante et dure, il se volatilise au feu et fait manquer la cuite.

VERRE (*Minér.*), m. Nom donné par les anciens Germains au *succin* : ils nommaient *îles du Verre* les îles sur les bords desquelles on en recueillait.

VERRE D'ARSENIC NATIF (*Minér.*), m. Nom donné par Sage à une variété limpide d'oxyde d'arsenic.

VERRE DE CUIVRE (*Minér.*), m. Nom donné anciennement à une variété d'oxydule de cuivre.

VERRE DE MOSCOVIE (*Minér.*), m. Feuilles de *mica*, dont les dimensions atteignent jusqu'à 0 m. 80 de diamètre, et dont on se sert, dans certaines parties de la Russie, comme de carreaux de vitres.

VERRE DE VOLCAN (*Minér.*), m. *Voy.* OBSIDIENNE.

VERRE D'ISLANDE (*Minér.*), m. Nom donné vulgairement à l'*obsidienne* d'Islande.

VERRE TIGRÉ DES VOLCANS (*Minér.*), m. Variété d'*obsidienne*, contenant de petits noyaux compactes ou radiés, d'une substance encore peu connue.

VERRE DE PLOMB (*Minér.*), m. *Carbonate de plomb.*

VERT ANTIQUE (*Minér.*), m. *Marbre vert antique* : roche serpentineuse verte, avec calcaire blanc.

VERT DE CHRÔME, m. Oxyde de chrôme obtenu artificiellement du chromate de fer ou de potasse, par une opération assez compliquée. Il est employé dans la peinture.

VERT DE CORSE (*Géogn.*), m. *Euphotide*, verde di Corsica des Italiens.

VERT DE CUIVRE (*Minér.*), m. *Carbonate de cuivre.*

VERT DE FLORENCE (*Minér.*), m. *Marbre vert antique.*

VERT-DE-GRIS, m. Oxyde de cuivre. Le vert-de-gris du commerce est un acétate de cuivre qui s'obtient avec le marc du raisin, et qui porte, dans le commerce, le nom de verdet.

VERT D'ÉGYPTE (*Minér.*), m. *Marbre de Polcheverra*, *marbre vert d'Égypte.*

VERT DE HONGRIE (*Minér.*), m. Vert de montagne.

VERT DE MER (*Minér.*), m. *Marbre de Polcheverra*, *marbre vert antique.*

VERT DE MONTAGNE (*Minér.*), m. Variété bleue et terreuse du *carbonate de cuivre.*

VERT DE SCHEELE (*Minér.*), m. *Voy.* CENDRE VERTE. Il existe aussi une substance employée dans la fabrication des papiers peints sous le nom de *vert de Scheele*, qui est une combinaison de cuivre et d'arsenic, obtenue artificiellement par la voie humide.

VERT DE SUZE (*Minér.*), m. *Marbre vert antique.*

VERTÉBRITE (*Paléont.*), m. Nom donné à des vertèbres fossiles et à des articulations de coquilles cloisonnées.

VERTE-FRAÎCHE (*Métall.*), f. Cadmie verdâtre.

VERTICILLITE (*Paléont.*), m. Nom proposé par M. de France pour désigner un polypier fossile des couches crayeuses de Néhou (Manche).

VÉSUVIENNE (*Minér.*), f. Variété d'*idocrase*, de couleur brune, trouvée dans des roches calcaires intercalées dans le tuf ponceux de la Somma, près de Naples. Les bijoutiers de cette ville la taillent et la polissent pour la vendre sous le nom de *gemme du Vésuve* ; elle a peu d'éclat. On trouvera son analyse et sa description au mot IDOCRASE.

VEYS (*Exploit.*), m. Petits chariots des mines de Liége, employés particulièrement au transport de minerais dans les fonderies.

VIDE (*Métall.*), m. Frapper à vide, frapper sur l'enclume et non sur la pièce.

VIDE D'UN FOURNEAU (*Métall.*), m. La *cuve.*

VIEIL HOMME (*Exploit.*), m. Nom donné par les mineurs allemands aux pierres qui proviennent d'une ancienne exploitation.

VIF-ARGENT (*Minér.*), m. *Mercure.*

VIGNITE (*Minér.*), f. Nom donné à un silico-carbonate de fer, décrit au mot SILICATE DE FER. Il se trouve à Vignes, dans la Moselle.

VILLARSITE (*Minér.*), f. Silicate hydraté de magnésie, trouvé par M. Bertrand de Lom dans la mine de fer de Traverselle en Piémont. Ce minéral est d'un vert jaunâtre ; sa cassure est grenue ; il a la dureté et la demi-transparence de la serpentine, avec laquelle il a beaucoup de ressemblance ; il est fragile, et facile à rayer ; il est infusible au chalumeau, et donne, avec le borax, un émail vert ; il est attaquable par les acides forts ; sa pesanteur spécifique est de 2.975 ; sa forme primitive est, d'après M. Dufrénoy, un prisme rhomboïdal droit, sous l'angle de 119° 59', et dans le rapport de 10 : 4.48. La villarsite, qui a été dédiée par ce minéralogiste à M. Villars, auteur d'une Histoire naturelle du Piémont, se trouve en grains arrondis dans la dolomie, dans les granites du Forez et dans ceux du Morvan ; elle forme de petites veines irrégulières et cristallines dans le filon de fer de Traverselle ; ses analyses ont donné à M. Dufrénoy

	LOCALITÉS.	
	Le Forez.	Saint-Marcel.
Silice.	40.52	39.61
Magnésie.	43.73	47.37
Chaux.	1.70	0.53
Protoxyde de fer.	6.23	3.59
— de manganèse.	»	2.42
Potasse.	0.72	0.46
Eau.	6.21	5.80
	99.13	99.78

Cela répond à la formule $(MgO)^2 SiO^3 + (MgO)^3 SiO^3 + 2 Aq$, qui contient autant d'atomes d'eau que la serpentine, et qui approche beaucoup du péridot avec de l'eau de cristallisation.

VINCULAIRE (*Paléont.*), f. Genre de polypiers fossiles des terrains modernes.

VIOLAN, m., ou **VIOLANE**, f. (*Minér.*). Nom donné par M. Breithaupt à une variété d'*épidote* manganésifère de Saint-Marcel en Piémont, laquelle a éprouvé un commencement de décomposition.

VIRESCITE (*Minér.*), m. Nom donné par de la Méthrie à une variété d'*augite*, du latin *viridis*, vert, à cause de sa couleur vert d'émeraude.

VIS (*Paléont.*), f. Genre de coquilles fossiles de l'ordre des purpurifères, dont on trouve dix-sept espèces dans les roches antérieures et postérieures à la craie.

VITREUSE (Cassure), adj. Qui a l'aspect du verre en masse.

VITRIÈRE (*Métall.*), f. Fer plat dont la largeur excède 0 m. 07.

VITRIOL BLANC (*Minér.*), m. Nom donné anciennement au *sulfate de zinc*.

VITRIOL BLEU (*Minér.*), m. Combinaison de l'acide sulfurique avec le cuivre; *sulfate de cuivre*.

VITRIOL CALCAIRE (*Minér.*), m. *Sulfate de chaux*.

VITRIOL DE COBALT (*Minér.*), m *Sulfate de cobalt*.

VITRIOL DE CUIVRE (*Minér.*), m. Nom ancien du *sulfate de cuivre*.

VITRIOL DE GOSLAR (*Minér.*), m. Nom anciennement donné au *sulfate de zinc* qu'on tirait de Goslar en Suisse.

VITRIOL DE MAGNÉSIE (*Minér.*), m. *Hydro-sulfate de magnésie*.

VITRIOL DE MARS (*Minér.*), m. *Hydro-sulfate de fer*.

VITRIOL DE PLOMB (*Minér.*), m. *Sulfate de plomb*.

VITRIOL DE SOUDE (*Minér.*), m. *Hydro-sulfate de soude*.

VITRIOL DE ZINC (*Minér.*), m. Nom donné par Kirwan à l'*hydro-sulfate de zinc*.

VITRIOL MARTIAL (*Minér.*), m. Ancien nom du *sulfate de fer vert*.

VITRIOL MIXTE (*Minér.*), m. Réunion des sulfates de fer, de cuivre et de zinc dans une même espèce. Cette réunion est due à Werner, qui a décrit seul ce minéral; les minéralogistes qui l'ont suivi n'ont pas imité son exemple, et ont fait une espèce particulière de chacun des trois sulfates. C'est une substance blanchâtre, verdâtre ou bleue, suivant que le zinc, le cuivre ou le fer y dominent; elle est éclatante, soyeuse ou vitreuse, rude, inégale, à cassure fibreuse, lamelleuse ou conchoïde, saveur acerbe et astringente.

VITRIOL VERT (*Minér.*), m. *Sulfate de fer*, mélanterie.

VITRIOLISATION (*Minér.*), f. Efflorescence blanchâtre et filamenteuse qui se produit dans les pyrites en décomposition, par l'oxydation du fer et la formation de l'acide sulfurique. Ces efflorescences salines sont de véritables sulfates de fer, qu'on peut entraîner en dissolution en versant de l'eau dessus, et qu'on reproduit ensuite par l'évaporation.

VIVES (Fontes vives) (*Métall.*), f. On donne ce nom aux fontes qui, une fois en liquéfaction, se tiennent liquides très-longtemps.

VIVIANITE (*Minér.*), f. *Phosphate de fer* bleu et cristallisé, décrit au mot PHOSPHATE DE FER.

VOILER (*Métall.*), ou *se voiler*, se tourmenter à la trempe.

VOILURE (*Métall.*), f. Voilure de l'acier; sa courbure lorsqu'on le trempe.

VOLANT (*Métall.*), m. Caisse supérieure d'un soufflet, celle qui est mise en mouvement. — Roue qui sert de régulateur du mouvement.

VOLBORTITE (*Minér.*), f. *Vanadiate de cuivre*, qui consiste en un amas de petits cristaux rassemblés sous forme globuleuse, d'une extrême petitesse et de couleur olive. Les fragments sont translucides, avec éclat cristallin à la lumière réfléchie. La couleur de la volbortite est d'un jaune vert-pâle. P. s. : 3.55.

VOLCAN (*Géol.*), m. Montagne qui vomit des laves, des flammes ou de la boue. En géologie, c'est un terrain dans lequel se sont passés ou se passent encore des phénomènes dus à l'action ignée du globe, et qui émet, avec mouvement, bruit, vapeurs et chaleur, des matières fluides ou solides, incandescentes, ou altérées par le feu. Cette émission porte le nom d'*éruption*; l'ouverture par laquelle elle a lieu, dans les volcans en activité ou dans les volcans éteints, porte le nom de *cratère*.

VOLCANS EN ACTIVITÉ (*Géol.*), m. On en compte cent soixante-dix, dont les principaux sont, en Europe : le Vésuve, le Monte-Nuovo la Solfatare, l'Etna, le Stromboli, le Vulcano, Ischia, Santorin, l'Hécla, Kattlagiaa, Eyaflalla-Jokul, Skaptaa-Jokul, Skaptaa-Syssel, Esk; en Afrique : Saint-Michel, dans les Açores; Lancerote; en Amérique : dans le Groënland et dans la Californie, Colima, Tustla. M. de Humboldt en compte vingt et un dans les provinces de Guatimala et de Nicaragua; la province de Grenade en renferme quatre; celle de Los-Pastos, trois; celle de Quito, trois; Arequipa, au Pérou; le Chili en possède quinze à Saint Vincent,

Sainte-Lucie, la Guadeloupe, Nevis, Mont-Serrat, Saint-Christophe, la Martinique, la Dominique, Saint-Eustache; les îles Aleutiennes en renferment six; l'île de la Trinité, un. En Asie,' les montagnes de Tourfan et de Bisch-Balikh, Awatscha, le Kamskaikoï-Sopka, le Tobalschink, Alaid; dix dans les îles du Japon; Mindanao, Kalagan, l'île Barren, Ternate, Matin, Sanguir, Tomboro, Flores, Daumer, Arjuna, Galven-Gong; quatre à Sumatra; neuf dans les îles Mariannes; un dans l'île d'Amsterdam.

VOLCANS ÉTEINTS (*Géol.*), m. Volcans qui étaient en activité avant l'état actuel du globe. Ils se retrouvent dans toutes les parties du monde, et sont beaucoup plus nombreux que ceux en activité. Presque tous sont dans l'intérieur des terres; les basanites et les trachytes sont les roches qui dominent dans ces terrains, et qui passent, par des nuances insensibles, aux roches granitiques; ce qui rend l'étude des terrains pyrogènes très-difficile. L'extinction des volcans est presque toujours due à quelque grande convulsion du globe; souvent ils reprennent leur activité après des siècles de repos, comme l'a fait le Vésuve, qui, au commencement de notre ère, semblait éteint depuis l'origine des temps historiques. Dans l'Abruzze, un volcan éteint reprit son activité en 1702, puis s'écroula et ne reparut plus. Il en fut de même, en 1772, du plus haut des volcans de Java; en 1646, de la montagne de Machian, dans les Moluques.

VOLCAN DE LEMERY (*Minér.*), m. Nom donné par les anciens chimistes au *sulfure de fer* fait artificiellement avec de la limaille de fer et de la fleur de soufre. Si on enterre une masse un peu considérable de cette composition et qu'on l'arrose avec de l'eau, il se produit un déchirement du sol, et un soulèvement qui avait fait croire que les volcans étaient dus à des réactions analogues.

VOLCANISTES, m. Nom donné aux géologues qui attribuent l'origine des basaltes et des laves à l'action du feu.

VOLCANITE (*Minér.*), m. Nom donné par la Méthrie au *pyroxène.*

VOLÉE (*Métall.*), f. *Volée d'un marteau;* la distance qui se trouve entre son point le plus élevé et l'enclume.

VOLTAÏTE (*Minér.*), f. Nom donné par M. Scacchi à un *sulfure de fer épigène* trouvé aux environs de Volterra, près de Naples.

VOLTZINE (*Minér.*), f. Nom donné par M. Fournet à un *oxysulfure de zinc,* en l'honneur de M. Voltz.

VOLUTITE (*Paléont.*), f. Volute fossile; genre de coquilles de l'ordre des columellaires, dont on trouve quarante espèces dans les roches supérieures à la craie.

VOLVAIRE (*Paléont.*), f. Genre de coquilles fossiles de l'ordre des columellaires, dont on trouve une espèce dans le terrain supercrétacé.

VORANLITE (*Minér.*), f. Variété de la *klaprothine;* phosphate bleu d'alumine.

VOUTE (*Métall.*), f. Voûte d'un fourneau à réverbère; partie supérieure qui est léchée par la flamme, et qui réfléchit la chaleur sur la sole. La voûte qui est ordinairement élevée en partant de la *chauffe*, au-dessus de l'*autel*, s'infléchit à mesure qu'elle s'approche de la cheminée, jusqu'au passage qui forme le *rampant.*

VULCANIENS, m. Géologues qui attribuent la formation du globe, et les principales révolutions qui ont modifié sa surface, à l'action du feu central.

VULCANITE (*Minér.*), f. *Pyroxène* des volcans, variété d'*augite.* La Méthrie écrit *volcanite.*

VULPINITE (*Minér.*), f. Variété de *sulfate de chaux anhydre* qui contient de la silice, et conséquemment est plus dure que le sulfate ordinaire.

VULSELLE (*Paléont.*), f. Genre de pectidines fossiles, dont une espèce appartient aux roches supercrétacées.

W

WAD OU BLACKWAD (*Minér.*), m. Nom donné par les Anglais à une variété de *peroxyde hydraté de manganèse,* et décrite au mot OXYDE DE MANGANÈSE.

WAGNÉRITE (*Minér.*), f. Nom donné au *phosphate de magnésie* dédié à M. Wagner de Munich.

WAKE (*Géogn.*), f. *Voy.* VAKE.

WALKERDE (*Minér.*), m. Silicate d'alumine et de chaux; substance terreuse, opaque, fissile, à cassure unie, onctueuse au toucher, se délayant dans l'eau. P. s.: 2.443; gisement: dans le grès vert et la formation oolithique, en Allemagne.

WALLÉRITE (*Minér.*), f. *Silicate d'alumine.*

WALMSTÉDITE (*Minér.*), f. Variété de *carbonate de magnésie.*

WALONNE (*Métall.*), f. Sorte d'affinage à l'allemande.

WARVICITE OU WARWICITE (*Minér.*), f. Nom donné par M. Phillips à un minéral trouvé dans le comté de Warwick, et qui est décrit au mot OXYDE DE MANGANÈSE. Quelques auteurs écrivent à tort *varvicite* et même *varvacite*, ce qui n'est nullement d'accord avec l'origine du mot.

WARWICKITE (*Minér.*), f. Synonyme de *fluorure de titane et de fer.*

WASHINGTONITE (*Minér.*), f. Nom donné par M. Shepard à une variété de *titanate de fer,* décrite sous ce dernier titre.

WAVELLITE (*Minér.*), f. Variété de *phosphate d'alumine*, contenant du *fluate* de la même terre. Elle a été découverte dans le Devonshire par le docteur Wavelle, et se trouve décrite au mot PHOSPHATE D'ALUMINE.

WEALDIEN (*Géogn.*), adj. Terrain wealdien. *Voy.* FORMATION WEALDIENNE.

WEBSTÉRITE (*Minér.*), f. *Sulfate d'alumine,* ainsi nommé en l'honneur de M. Webster, qui, en 1813, en a découvert un gisement dans le terrain de craie de Sussex.

WEISSGULTIGERZ (*Minér.*), m. Nom donné par Klaproth à un *sulfure de plomb* décrit à l'article SULFURES MÉTALLIQUES. C'est l'*argent blanc* des anciens minéralogistes.

WEISSITE (*Minér.*), m. *Silicate de magnésie et de fer*, dédié au docteur Weiss; en petites masses grises ou brunâtres, de la grosseur d'une noisette, disséminées dans un schiste talqueux : ces masses sont quelquefois couvertes d'un enduit brun. Cette substance, qui offre ordinairement une cassure grenue, mais qui donne aussi parfois un clivage indiquant un prisme rhomboïdal droit, a l'éclat nacré et gras comme la cire; elle raye la fluorine, mais se laisse rayer par l'acier; sa poussière est blanche; sa densité est de 2.808; au chalumeau, elle fond sur les bords, perd sa couleur, et devient blanche. Sa composition est :

	LOCALITÉS.	
	Fahlun.	Canada.
Silice.	53.69	55.05
Alumine.	21.70	22.60
Magnésie.	8.09	5.70
Protox. de fer.	1.43	12.60
— de mang.	0.63	trace
Potasse.	4.10	»
Chaux.	»	1.40
Soude.	0.68	»
Oxyde de zinc.	0.30	»
Eau.	3.20	2.25
	93.82	99.60

d'où l'on tire la formule : $3\ Al^2O^3\ (SiO^3)^2 + 2\ MgO\ SiO^3 + (MgO)^2\ SiO^3 + 2\ Aq$, analogue à celle de quelques variétés de saponite.

WERHLITE (*Minér.*), f. Nom donné, en l'honneur de Werhle, à un *silicate de fer* décrit sous ce dernier titre.

WERNÉRITE (*Minér.*), f. M. Dufrénoy a réuni sous cette dénomination, qui rappelle l'illustre professeur de Freiberg, Werner, les minéraux connus sous les noms de *wernérite*, *paranthine* et *méionite*, dont les synonymes sont : *scapolite*, *rapidolite*, *arktizite*, *pargassite*, *mettalite*, *ekebergite*, *gabronite*, *barsowite*, *bergmanite*, *sodaite*, *natrolite*, etc. — Ces variétés cristallisent, en effet, de la même manière, et leur composition n'est différente que pour la *méionite*, dont la plupart des auteurs font une espèce à part. Ces substances sont des silicates d'alumine et de chaux analogues au grenat, à l'idocrase, et surtout à l'épidote; elles ont pour forme secondaire commune un prisme carré tronqué sur ses arêtes verticales, et portant un pointement octaédrique sur les arêtes de la base; quelquefois le prisme de la méionite est cannelé.

La *wernérite*, proprement dite, est d'un vert plus ou moins brillant; le pointement est placé sur les arêtes du prisme dérivé; elle raye le verre, et sa pesanteur spécifique est 2.75.

La *paranthine* est d'un blanc sale, d'un blanc métalloïde, blanc laiteux, grisâtre, quelquefois d'un beau rose ou d'un rouge de brique; ses cristaux sont quelquefois d'assez grande dimension; ils sont allongés, minces, et souvent aciculaires; sa cassure est lamelleuse, comme celle de la wernérite; elle raye le verre, et pèse 2.638.

La *méionite* se présente en très-petits cristaux hyalins, blancs laiteux, ou simplement translucides; son éclat est ordinairement gras et vitreux; sa cassure est inégale et brillante; sa densité est 2.612.

Ces trois minéraux sont fusibles au chalumeau avec boursouflement : la méionite, en un verre spongieux blanc; les deux autres, en un verre blanc légèrement verdâtre. Les acides attaquent difficilement ces deux derniers, tandis que la méionite se dissout en laissant une gelée siliceuse; dans les trois cas, la liqueur précipite en blanc par l'oxalate d'ammoniaque. La composition de ces substances est :

	Wernérite.	Paranthine.	Méionite.
Silice.	45.83	45.83	39.92
Alumine.	33.43	33.28	31.97
Chaux.	18.96	19.37	23.86
Soude et lithine.	»	»	0.89
Protox. de fer.	»	0.61	2.24
	98.22	99.09	98.88

Les deux premières analyses répondent à la formule : $2\ Al^2O^3\ SiO^3 + (CaO)^2\ SiO^3$; la troisième, à celle $2\ Al^2O^3\ SiO^3 + (CaO)^3\ SiO^3$, qui offrent, comme on le voit, très peu de différences. Stromeyer a d'ailleurs fait connaître la composition d'une méionite de Sterzing, dont la formule rentre exactement dans celles de la wernérite et de la paranthine.

Les variétés de *wernérite* sont parfois cylindroïdes, aciculaires, laminaires et amorphes. A Franklin, dans le New-Jersey, les cristaux sont engagés dans une masse lamelleuse de même nature; c'est une roche tantôt violette, tantôt d'un blanc grisâtre, en masses considérables, contenant des géodes tapissées de cristaux. — En général, la wernérite appartient aux terrains de cristallisation; dans la Norwége, elle est associée à des roches amphiboliques; dans le New-Jersey, aux terrains feldspathiques; la paranthine se trouve dans les mines de fer, avec du quartz, du mica brun, de l'épidote, du calcaire, de l'amphibole et du grenat; la méionite des géodes existe dans la dolomie de la Somma, au Vésuve.

WERNÉRITE VERTE (*Minér.*), f. Silicate d'alumine et de chaux ferrifère; *arktizite*; wernérite colorée en vert par l'épidote ferrugineux.

WICHTINE (*Minér.*), f. Silicate d'alumine, de fer, de chaux et de magnésie, provenant de Wichty, en Finlande. Ce minéral est noir; sa cassure est terne et faiblement conchoïde; ses clivages, suivant M. Laurent, conduisent à un prisme rhomboïdal presque rectangulaire; il raye le verre. Au chalumeau, il fond en un émail noir, et devient magnétique; sa densité est 3.02; il est inattaquable par les acides. Sa composition est, d'après M. Laurent :

Silice.	56.30
Alumine.	13.30
Peroxyde de fer.	4.00
Protoxyde de fer.	13.00
Chaux.	6.00
Magnésie.	3.00
Soude.	3.50
	99.10

répondant à la formule :

$$Al^2O^3\ SiO^3 + 3\,(FeO, CaO, MgO)\ SiO^3.$$

WILLELMINE (*Minér.*), f. Nom donné à un *silicate de zinc anhydre* trouvé dans les mines de la Vieille-Montagne (Limbourg), au milieu de la calamine. *Voy.* le mot SILICATE DE ZINC.

WILLEMITE OU WILLIAMSITE (*Minér.*), f. Espèce de *silicate de zinc*, décrite sous ce dernier titre.

WILUITE, WILLUITE, OU WILLOUITE (*Minér.*), f. *Silicate d'alumine et de chaux, grenat grossulaire*, trouvé sur les bords du fleuve Wilui, en Sibérie. Cette substance est verte, et pèse 3.71. Nous en avons donné à l'article des GRENATS l'analyse faite par M. Wachmeister dans les annales de Poggendorf.

WISMUTH BLEIERZ (*Minér.*), m. *Sulfure de bismuth, plomb et argent.*

WITHAMITE (*Minér.*), f. Variété d'*épidote*, ainsi nommée du nom de M. Witham qui l'a découverte. Elle est en petits cristaux d'un jaune rougeâtre, dans une amygdaloïde de Glenco (Écosse); sa forme est celle d'un prisme à six faces surmonté d'un biseau, dont les angles correspondent à ceux de l'*épidote* : elle a été analysée par M. Coverdale, qui, n'ayant opéré que sur une quantité très-petite, n'a pas trouvé exactement la composition du silicate, auquel elle ressemble par sa forme.

WITHÉRINE OU WITHÉRITE (*Minér.*), f. Nom donné par Werner au *carbonate de baryte* découvert par le docteur Withering dans la mine de plomb de Snailbach, dans le Shropshire, en Angleterre.

WOERTHITE (*Minér.*), f. Silicate d'alumine; substance blanche, massive, à texture lamellaire cristalline; rayant à peine le quartz. P. s. : 3; gisement : dans la Finlande et la Suède.

Composition, suivant M. Hesse :

Silice.	40.79
Alumine.	54.45
Eau.	4.76
	100.00

WOHLÉRITE (*Minér.*), f. Nom donné par M. Scheerer de Christiana à une variété de *silicate de zircon*, dédié à M. Wohler. Ce nom a été également donné par M. Haidinger à un *sulfure de cobalt* décrit par le même professeur Wohler.

WOLFORT, m. *Wolfram.*

WOLFRAM (*Minér.*), m. Ancien nom du *tungstate*, emprunté au nom allemand du minéral dans lequel Elhujart avait trouvé cette substance.

Les anciens minéralogistes donnaient ce nom à un fer oligiste lamelleux strié, que Vallérius a nommé *spuma lupi striata*. Romé Delisle pense que le wolfram d'Attenberg n'est autre chose qu'un schorl noir, prismatique et strié

WOLFRAM BLANC (*Minér.*), m. Nom donné par quelques minéralogistes au *tungstate de chaux*.

WOLFSBERGITE (*Minér.*), f. *Sulfure de plomb et d'antimoine ferro-zincifère.* Son nom vient de Wolfsberg, dans le Hartz.

WOLKONSKITE OU WOLKONSKOÏTE (*Minér.*), f. Variété d'*oxyde de chrôme*, décrite sous ce dernier titre; elle provient des environs de Perme, en Russie.

WOLLASTONITE (*Minér.*), f. Syn. : *spath en tables* de Strütz; *zurlite* ou *zurlonite*, *grammite*; *schaalstein* des Allemands, sesqui-silicate de chaux, d'un blanc plus ou moins pur, jaunâtre, grisâtre avec éclat nacré, dédié à Wollaston. Il est éminemment lamelleux, et possède trois clivages qui conduisent à un prisme rhomboïdal oblique, sous des angles de 104° 48′ et de 95° 38′, et avec le rapport :: 40 : 23. Ce sont des tables aplaties, chargées de facettes. La dureté de la wollastonite est entre le carbonate calcaire et la fluorine; sa densité varie de 2.805 à 2.860; elle donne au chalumeau et à un feu très-ardent une perle incolore demi-transparente; elle est plus ou moins soluble dans les acides, et cette solubilité parait dépendre de la texture : c'est ainsi que la wollastonite de Pargas, qui a les fibres et l'éclat soyeux de l'asbeste, est à peine soluble, tandis que celle lamellaire du Vésuve donne facilement une gelée abondante; les échantillons de Bannat tiennent le milieu, et présentent une forme fibro-laminaire, tandis que ceux de Castle-Hill sont à fibres divergentes. La composition de ces diverses variétés est, du reste, parfaitement identique.

	LOCALITÉS.				
	Cziklowa.	Lac Champlain.	Pargas.	Capo-di-Bove.	Perhonie mi.
Silice.	53.10	51.10	52.58	51.50	51.60
Chaux.	45.10	46.00	45.45	45.45	46.41
Magnesie.	1.80	1.30	0.68	0.35	»
Protox. de fer.	»	»	1.13	»	trace
Eau.	»	1.00	0.99	2.00	»
	100.00	99.40	100.83	99.30	98.01

analyses qui répondent à la formule : $(CaO)^3$

$(SiO^3)^2$ du silicate sesqui-calcique, laquelle n'a aucune analogie avec celle du pyroxène.

La wollastonite se rencontre dans les roches anciennes du Bannat, de la Finlande, des États-Unis, etc.; elle appartient aux terrains volcaniques du Vésuve et des environs de Rome, et se trouve dans les roches basaltiques de Castle-Hill, près d'Édimbourg.

Thomson a rencontré dans une roche amphibolique, près du Forth, dans le canal de la Clyde, un minéral dont les caractères extérieurs sont les mêmes que ceux des variétés précédentes, mais qui contient une certaine quantité de soude. On lui a donné le nom de *wollastonite de Thomson*. Sa composition conduit à la formule atomique $(CaO, NaO)^3 (SiO^3)^2$, analogue à celle que nous avons déduite pour les wollastonites en général.

On a rapporté à cette espèce un minéral en prismes rectangulaires droits, de couleur vert d'asperge, passant au gris blanchâtre, auquel on a donné le nom de *zurlite*. Ce silicate est opaque, à éclat résineux, sans clivage distinct, et à cassure conchoïdale. Il est plus dur que l'apatite, et pèse 3.27. Son infusibilité au chalumeau, et sa facile solution dans l'acide nitrique, sont des caractères qui ne permettent guère de le considérer comme une variété de wollastonite, ainsi que l'a fait M. Dufrénoy. On n'en connaît pas d'analyse.

La *chelmsfordite* de Dana porte plus les caractères de la wollastonite, puisqu'elle se trouve dans le Massachusets en masses lamelleuses, et qu'on a recueilli des cristaux en prismes rhomboïdaux obliques; mais elle paraît contenir 76 pour cent de silice et 25 de chaux, ce qui indique un bisilicate d'une espèce particulière.

La cristallisation de la wollastonite la rapproche beaucoup du pyroxène; mais, outre qu'elle ne renferme pas assez de magnésie, sa constitution atomique s'oppose à cette réunion d'une manière nette et tranchée. Il me paraît donc impossible d'adopter l'opinion de M. Dufrénoy, qui, n'ayant trouvé qu'une différence de 3° entre les angles de la base sur les faces verticales, est disposé à voir dans l'une une variété de l'autre.

WOLNYNE (*Minér.*), f. Syn. de *sulfate de baryte*.

WORTHITE, WOERTHITE ou **WOERDHITE** (*Minér.*), f. Ce minéral, trouvé en 1830, par M. *de Worth*, près de Pétersbourg, est un *hydro-silicate d'alumine* de couleur blanche, translucide, ayant un éclat analogue à celui du disthène. Sa structure est lamelleuse; il raye difficilement le quartz, et est rayé par la topaze; sa pesanteur spécifique est 3.00. Il a été rencontré en fragments roulés au milieu des blocs erratiques de la Finlande; il forme une masse fibreuse, ou finement bacillaire. M. Hess a trouvé que la worthite était composée de :

Silice.	40.58	41.00
Alumine.	53.50	52.63
Eau.	4.63	4.63
Magnésie.	1.00	0.76
Oxyde de fer.	traces	»
	99.71	99.02

qui donne la formule : $2\,Al^2O^3\,SiO^3 + Aq$.

X

XANTHITE (*Minér.*), f. Du grec *xanthos*, jaune. Minéral d'un jaune un peu verdâtre, en grains et en petits cristaux, dans un calcaire saccharoïde d'Amity, dans l'État de New-York; rayant avec peine le gypse, et pesant 3.221. M. Thomson en a distingué deux variétés : l'une en grains soudés ensemble, l'autre en petits cristaux dérivant d'un prisme oblique non symétrique; les grains sont translucides, et les cristaux transparents. Ils sont composés de :

	Grains.	Cristaux.
Silice.	32.71	38.09
Alumine.	12.28	17.42
Peroxyde de fer.	12.00	6.37
Chaux.	36.31	33.08
Protoxyde de magnésie.	3.68	2.80
Magnésie.	»	2.00
Eau.	0.60	1.68
	97 58	98.44

La formule qui répond à ces deux analyses est : $(Al^2O^3, Fe^2O^3)\,SiO^3 + (CaO, MgO)^3\,SiO^3$, qui a quelque rapport avec les *grenats melanites*.

Dans le Journal des sciences d'Édimbourg, M. Thomson a fait l'analyse d'un minéral auquel il donne également le nom de *xanthite*; les grains sont d'un gris jaunâtre clair, peu adhérents, et en masse distinctement lamelleuse dans la même roche; sa densité est 3.201. Le clivage a donné à M. Mather des angles égaux à ceux du prisme de la substance ci-dessus décrite, qui, du reste, est fusible au chalumeau comme celle-ci; à cette différence près que le premier minéral donne un verre transparent jaunâtre, et le dernier une perle verdâtre. Il y a évidemment ici confusion, et M. Thomson aura opéré sur une même substance : rien ne le prouve mieux que les deux analyses de la variété en grains : celle ci-dessus prise dans la Minéralogie de Thomson, et l'autre citée dans le Jahresbericht de Berzelius. M. Dufrénoy, qui ne s'est pas aperçu de l'erreur, cite, sous le même nom (t. III, p. 310 et 628), le même minéral avec deux formules différentes. Tout cela pourrait bien provenir d'une faute de typographie.

XANTHOCON (*Minér.*), m. Nom donné par

Breithaupt à un *sulfure d'argent et d'arsenic*, de couleur jaune ou jaune orangé, du grec *xanthos*, jaune. Ce minéral se trouve décrit au mot SULFURE D'ARGENT.

XANTOPHYLLITE (*Minér.*), f. Variété de *seybertite*, décrite à ce mot.

XÉNOLITE (*Minér.*), f. *Silicate d'alumine* analogue par ses caractères extérieurs à la *wœrthite*, formant des masses fibreuses, qui paraissent des cristaux allongés, dans les blocs erratiques de Pétersbourg. Ce gisement étranger au pays a fait donner, par M. Nordenskiold, à ce minéral le nom de *xénolite*, du grec *xénos*, étranger. Il est incolore, gris ou jaune grisâtre; sa cassure est inégale et grenue; sa dureté est celle du quartz; sa densité est de 3.58; il ne fond pas au chalumeau, et donne une couleur bleue avec le cobalt.

Il est composé, suivant Kommer, de :

Silice.	47.11
Alumine.	52.54
	99.65

dont la formule atomique est : Al^2O^3 SiO^3.

XÉNOTIME (*Minér.*), m. Nom donné par M. Beudant au *phosphate d'yttria*.

XÉRASITE (*Minér.*), m. *Spilite*.

XILOPALE (*Minér.*), m. Variété de *quartz résinite* qui remplace du bois fossile. M. Brandes a trouvé que cette variété contenait :

Silice.	93.00
Eau.	6.15
Oxyde de fer.	0.38
Alumine.	0.15
	99.64

Ce mot s'écrit mieux *xylopale*, du grec *xylon*, bois; *opalos*, opale.

XIPHODON (*Paléont.*), m. Genre de mammifère fossile appartenant aux roches du terrain postérieur à la craie.

XYLITE (*Minér.*), f. Nom donné par M. Hermann à un *silicate de fer* ayant une texture analogue à celle du bois.

XYLOCRIPTITE (*Paléont.*), m. Nom donné par M. Becquerel à une sorte de *mellite* trouvée dans le lignite d'Auteuil.

XYLOÏDE, adj. Du grec *xulon*, bois. Substance qui présente, dans sa texture, des fibres végétales, et qui est, en effet, d'origine organique.

XYLOLITE (*Paléont.*), m. Nom donné par de la Méthrie au bois pétrifié; du grec *xylon*, bois; *lithos*, pierre.

Y

YANOLITE (*Minér.*), f. Syn. d'*axinite*.

YÉNITE (*Minér.*), f. Variété de *silicate de fer*, contenant de la chaux.

YESCHM (*Minér.*), m. Nom donné dans l'Orient à l'albite.

YLIN ou **YLYN** (*Minér.*), m. *Grunstein*.

YOU (*Minér.*), m. Nom chinois de l'onyx. L'empereur seul avait le droit d'en porter.

YPOLÉINE (*Minér.*), f. Nom donné par M. Beudant au *phosphate de cuivre* prismatique.

YTTERBITE (*Minér.*), f. Nom donné au *silicate d'yttria*, provenant d'Ytterby, en Suède.

YTTÉRITE (*Minér.*), f. *Voy.* YTTERBITE.

YTTRIA (*Minér.*), f. Oxyde d'yttrium, découvert par le capitaine Arthenius dans une carrière d'Ytterby, à 12 kilomètres de Stockholm, dans laquelle on exploitait du feldspath. Ce minéral fut analysé en 1794 par le professeur Gadolin, qui y découvrit une nouvelle terre que, trois ans plus tard, Ekeberg nomma *yttria*, nom qu'il fit dériver d'Ytterby.

YTTRIA FLUATÉE (*Minér.*), f. Nom donné par M. Beudant au *fluorure d'yttrium*.

YTTRIA PHOSPHATÉE (*Minér.*), f. *Voy.* PHOSPHATE D'YTTRIA.

YTTRITE (*Minér.*), f. Nom donné au *silicate d'yttria*.

YTTROCÉRITE (*Minér.*), f. Variété de *fluorure d'yttrium*, dans laquelle le *cérium* joue le rôle d'isomorphe. *Voy.* FLUORURE D'YTTRIUM.

YTTROCOLOMBITE (*Minér.*), f. *Voy.* TANTALATE D'YTTRIA.

YTTROILMÉNITE (*Minér.*), m. Nom donné par M. Hermann à un minéral trouvé dans un filon de granite sur la côte orientale du lac Ilmen, où il est associé avec de la niobite et de la monazite. Le savant naturaliste l'avait déjà mentionné sous le nom d'*yttrotantalite* d'Ilmen. Ce minéral est tantôt cristallisé, tantôt compacte; la variété compacte ressemble à l'uranotantalite; celle cristalline est en grains ou en prismes droits, terminés par un octaèdre à base rhombe; ils paraissent être isomorphes avec les cristaux de niobite; la couleur de l'yttroilménite est le brun gris; sa cassure est noire et vitreuse; il raye l'apatite, et est rayé par le feldspath; sa densité est entre 5.398 et 5.45; il est fragile; il décrépite dans le tube, dégage de l'eau, et brunit; avec le borax, il donne, au chalumeau, une perle limpide qui devient jaune dans la flamme extérieure et verte dans la flamme intérieure; avec la soude il donne une scorie brune. Sa composition résulte des deux analyses suivantes :

Acide ilménique.	57.81	61.33
— titanique.	5.90	1.30 (titanique, cérium et lanthane)
Oxyde de cérium. / — de lanthane.	2.27	
Yttria.	18.30	19.74
Oxyde uraneux.	1.87	5.64
— ferreux.	13.61	8.06
— manganeux.	0.33	1.00
Chaux.	0.80	2.06
Eau.	»	1.66
	100.89	101.01

YTTROTANTALITE (*Minér.*), m. *Voy.* TANTALATE D'YTTRIA et YTTROILMÉNITE.

YU, m. Nom donné par les Chinois au *jade* ou *nephrite*. Cette jolie roche, qui se trouve dans le lit des torrents de la province de Yun-Nan, est envoyée toute taillée en Europe; les Chinois la donnent en cadeau, comme un Jou-i, ou emblème d'amitié. Elle est assez dure pour qu'il soit nécessaire d'employer le corindon à la tailler.

Z

ZALA (*Minér.*), m. Nom local du *borax*, ou *borate de soude*.

ZÉAGONITE (*Minér.*), f. Variété de *gismondine*, décrite sous ce dernier titre.

ZÉASITE (*Minér.*), f. Nom donné par M. Engelbach-Larivière à une variété de silex résinite noir.

ZÉE (*Paléont.*), m. Poisson fossile, dont on trouve cinq espèces dans les roches antérieures et postérieures à la craie.

ZELLKISE (*Minér.*), m. *Sulfure de fer*; variété cellulaire.

ZÉOLITE (*Minér.*), f. Sous ce nom on comprenait, dans l'ancienne minéralogie, des *silicates alcalins* et *hydratés*, qui se fondaient au chalumeau en bouillonnant et en se boursouflant (du grec *zéô*, je bous; *lithos*, pierre). Appuyé sur cette seule propriété, ce genre embrassait des espèces très-différentes, dont la cristallisation appartenait à plusieurs systèmes et la composition n'avait que peu d'analogie. C'est ainsi qu'on nommait :

ZÉOLITE DE SUÈDE, une variété de *feldspath de lithine*, ou *triphane*, découverte par Andrada dans la mine de fer d'Utoé, en Suède;

ZÉOLITE RADIÉE, OU ZÉOLITE EN AIGUILLES (*fatterzéolith* de Werner), la *mésotype* ou zéolite par excellence;

ZÉOLITE NACRÉE (*blatterzéolith* du même), la *stilbite*;

ZÉOLITE EFFLORESCENTE, ou

ZÉOLITE DE BRETAGNE, la *laumonite*;

ZÉOLITE BLEUE, la *lazulite*;

ZÉOLITE CALCAIRE, la *stellite*;

ZÉOLITE CUBIQUE, la *chabasie*;

ZÉOLITE D'HELLESTA, l'*apophyllite*;

ZÉOLITE DURE, l'*analcime*;

ZÉOLITE ROUGE, l'*ædelforsite*;

ZÉOLITE TENACE, la *disclasite*.

Les deux premières substances cristallisent en prismes rhomboïdaux droits, les deux secondes en prismes obliques, les trois dernières en cubes; les différences de compositions sont, en outre, telles qu'il est impossible de conserver le nom général de *zéolite*, qui d'ailleurs, d'après l'étymologie, s'appliquerait à une foule de minéraux étrangers au genre. Nous renvoyons, en conséquence, à chacun des titres cités ci-dessus la description de chacune des espèces.

ZÉOLITE BRONZÉE. *Stilbite*, variété brune; zéolite d'Abildgaard.

ZÉOLITE CRISTALLISÉE. *Zéolite radiée*.

ZÉOLITE DE SUDERMANIE. *Triphane*, zéolite de Suède.

ZÉOLITE DU CAP. *Prehnite*.

ZÉOLITE FEUILLETÉE. *Stilbite*, trisilicate d'alumine et de chaux.

ZÉOLITE FIBREUSE. Hydro-silicate d'alumine et de chaux; substance d'un blanc jaunâtre, blanc de neige, jaune de miel, ou brun jaunâtre; en masse, ou en morceaux arrondis, composés de cristaux capillaires divergents, rayonnés, allant du centre à la circonférence; très-brillante; éclat nacré et soyeux, cassure fibreuse ou en étoiles, translucide, aigre, facile à casser, légère.

ZEUXITE (*Minér.*), f. Nom donné par M. Thomson à un *silicate d'alumine et de fer* en filaments comme l'amiante, qui provient de la mine de Huel-Unity, dans le Cornouailles. Quoique ses caractères extérieurs rapprochent beaucoup la zeuxite de l'*asbeste* et de la *baltimorite*, sa composition l'en sépare complétement. Elle est brune, avec une teinte verte; son éclat est chatoyant; elle raye la fluorine, et est rayée par l'apatite; sa densité est de 3.081. Au chalumeau, elle se scorifie et perd cinq pour cent de son poids. Thomson a trouvé qu'elle contenait :

Silice.	33.48
Magnésie.	2.46
Protoxyde de fer.	26.01
Alumine.	31.85
Eau.	8.28
	99.08

ce qui conduit à l'expression atomique :

$$2(Al^2O^3)^2SiO^3 + 3(FeO,MgO)^2SiO^3 + 4Aq.$$

ZIÉGÉLINE (*Minér.*), f. Variété terreuse, et d'un rouge de brique, de l'*oxydule de cuivre*. C'est le *ziegelerz* des Allemands, fait des mots *ziegel*, brique; *erz*, terre.

ZILLERTHITE (*Minér.*), m. Nom donné par la Méthrie à l'*actinote* trouvé au Zillerthal.

ZINC (*Métall.*), m. Syn. : *cadmea* de Galien et de Dioscoride, du nom de Cadmus, qui paraît avoir fait connaître ce métal aux Grecs; *cadmia lapidosa* des Latins; *cadmia fossilis* d'Agricola; *spianter* des anciens commerçants. Ce n'est qu'au commencement du seizième siècle que ce métal a reçu de Paracelse le nom de *zinc*; de l'allemand *zinn*, étain avec lequel on l'a confondu longtemps. Il n'existe pas dans la nature à l'état de pureté; mais on l'extrait de deux minéraux différents : l'un qui est un *sulfure de zinc*, ou *blende*; l'autre que l'on appelle *calamine*, ou un *silicate de zinc* (*Voy.* ces mots). Le caractère distinctif de tous les minerais de zinc est de donner des vapeurs blanches après une forte calcination, et en restant exposés longtemps à la chaleur sur un charbon avec du sel de soude. Le zinc est d'un blanc éclatant, tirant sur le bleu ; il est peu flexible, et présente une cassure cristalline, lamelleuse; il est très-malléable, et se réduit très-facilement en feuilles minces, lorsqu'on élève sa température un peu au-dessus de l'eau bouillante; il est difficile à briser par la percussion; il s'électrise vitreusement par le frottement, lorsqu'il est isolé; il fond à 360°, et se volatilise à une chaleur plus élevée. Suivant Daniell, il prend feu à 503° ; il brûle alors avec une flamme brillante, en répandant une épaisse fumée blanche et des vapeurs irisées très-intenses. Sa densité est de 6.862 lorsqu'il est fondu, et de 7.215 après avoir été martelé; il ne se laisse pas rayer par une épingle; il cristallise par refroidissement en prisme à quatre ou six pans; l'acide sulfurique, étendu de cinquante à soixante-dix fois son poids d'eau, l'attaque facilement. Les chimistes donnent au zinc, pour poids atomique, 406.591, et pour formule, Zn.

Ce métal est devenu aujourd'hui d'une grande utilité, quoiqu'il n'ait pas de propriété bien caractéristique; il se lamine avec facilité, et remplace avantageusement le fer blanc et la tôle dans les usages domestiques; il est employé dans les constructions à recouvrir les maisons; mélangé avec le cuivre, il donne le laiton; il entre dans la composition des piles voltaïques, dont il est l'un des éléments, à cause de sa propriété de développer le fluide électrique lorsqu'il est en contact avec le cuivre; il forme le pôle positif de la pile; on le moule comme la fonte de fer; il produit les belles étincelles de nos feux d'artifice, et donne le vitriol blanc par sa combinaison avec l'acide sulfurique.

Le zinc ne figure dans la production indigène de la métallurgie française qu'à dater de 1846. L'Allemagne, la Belgique, les villes Anséatiques, les Pays-Bas et l'Angleterre nous ont fourni jusqu'à présent les douze à treize millions de kilogrammes qui forment l'importance de notre consommation. — Les mines de zinc ne manquent pas en France : nous citerons celle de *Carboire*, dans l'Ariége, qui présente deux filons parallèles de deux mètres de puissance; celle de Montalet (Gard), gîte puissant de calamine; de la *Croix de Palières*, dans le même département, où la blende est associée à la galène; la mine de la *Poipe*, qui produit journellement mille kilogrammes de zinc en lingots; les gîtes des *Ruines*, de la *Grand'-Combe*, de *Pierre-Housse* et de *Sapey* (Isère); la couche de *Combe-Cave* (Lot), contenant 0.0002 d'argent; les mines de l'*Éponne*, de *Ringadis*, de *Chèze*, de *Myavat*, de *Coutre*, de *Batz*, d'*Espujos* (Hautes-Pyrénées); etc., etc.

Des deux minerais de zinc, le sulfure est celui qui est le moins employé à la production du métal, attendu que ses gisements, très-fréquents dans les terrains métallurgiques, ne sont pas aussi abondants que ceux du silicate ou *calamine*. Le sulfure peut cependant fournir un minerai très-riche.

Le traitement de la calamine pour en obtenir du zinc pur est une suite d'opérations qui peuvent se réduire à deux procédés distincts : 1° ramener la calamine à l'état d'oxyde; 2° réduire l'oxyde par le charbon. Si le minerai contient de l'argile, comme à la Vieille-Montagne, dans la province de Liége, on l'en débarrasse par une longue exposition à l'air, par le tamisage et le criblage, par le lavage et les moyens ordinaires. On calcine le minerai lavé et séché dans des fours coniques, semblables aux fours à chaux, dans des fours à réverbère, ou dans des fours elliptiques verticaux *ad hoc;* on le broie ensuite pour le réduire en poudre fine. Après la calcination, le minerai ne doit plus contenir que de l'argile forte en silice, de l'oxyde de zinc, et quelque oxyde métallique étranger, tel que le fer. On place ce minerai préparé dans des creusets, des moufles ou des cylindres, en le mélangeant avec son volume de charbon de houille; les creusets sont exposés au feu d'un four de réduction, et le zinc est recueilli pour être refondu dans un four à réverbère à sole elliptique, et inclinée vers l'arrière. On coule enfin le métal refondu dans des lingotières découvertes, et l'on obtient des lingots dont le poids varie suivant les plaques ou feuilles qu'il s'agit d'obtenir sous le laminoir. Le laminage et l'ébarbage sont faits ensuite d'une manière analogue au travail de la tôle de fer.

Les diverses combinaisons de zinc reçoivent des dénominations pour lesquelles nous renvoyons aux titres suivants :

ZINC AÉRÉ. C'est l'ancien nom donné au *carbonate de zinc*.

ZINC BROMURÉ, décrit sous le titre de *bromure de zinc*.

ZINC CARBONATÉ. *Voy.* CARBONATE DE ZINC.

ZINC HYDRATÉ CUPRIFÈRE. Se trouve au mot HYDRATE DE ZINC.

ZINC HYDRO-CARBONATÉ. *Voy.* CARBONATE DE ZINC.

ZINC IODURÉ. *Voy.* IODURE DE ZINC.

ZINC OXYDÉ. Nom donné anciennement au *carbonate* et au *silicate de zinc*.

ZINC OXYDÉ ROUGE. *Voy.* OXYDE DE ZINC.

ZINC OXYDÉ SILICIFÈRE. *Voy.* SILICATE DE ZINC.

ZINC OXY-SULFURÉ. *Voy.* OXY-SULFURE DE ZINC.

ZINC SÉLÉNIÉ ou SÉLÉNIURÉ. *Voy.* SÉLÉNIURE DE ZINC.

ZINC SILICATÉ. *Voy.* SILICATE DE ZINC.

ZINC-SPATH ou SPATHIQUE. Nom donné par Leonhard au *carbonate de zinc*.

ZINC SULFATÉ. *Voy.* SULFATE DE ZINC.

ZINC SULFURÉ. *Voy.* *Sulfure de zinc*, au mot SULFURES MÉTALLIQUES.

ZINC VITRIOL. Ancien nom du sulfate de zinc.

ZINCIQUE (*Cristall.*), adj. Calcaire zincique; nom donné par M. Breithaupt à un cristal rhomboédrique de carbonate de chaux, dont l'angle est de 107° 40′, et la densité de 3.177 à 4.40. Il raye la phosphorite, et se laisse rayer par le quartz.

ZINCONISE (*Minér.*), f. Nom donné par M. Beudant au *carbonate de zinc* hydraté. Ce mot est formé du nom du métal *zinc* et du grec *konis*, poussière, par allusion à l'état pulvérulent de cette variété.

ZINCOXYDE (*Minér.*), m. *Voy.* OXYDE DE ZINC.

ZINKÉNITE (*Minér.*), f. Sulfure d'antimoine et de plomb, décrit au mot SULFURES MÉTALLIQUES et dédié à M. Zinken.

ZINKISE (*Minér.*), f. *Zinnkies* des Allemands; nom donné par Werner au *sulfure d'étain*, décrit au mot SULFURES MÉTALLIQUES.

ZINOPEL (*Minér.*), m. Jaspe rougeâtre de Hongrie, entremêlé de pyrites aurifères.

ZIRCON (*Minér.*), m. *Voy.* SILICATE DE ZIRCON.

ZIRCON DIOCTAÈDRE (*Minér.*), m. *Hyacinthe* de R. de Lille; chrysolite de Born.

ZIRCONE (*Minér.*), f. Oxyde de zirconium; substance trouvée par Klaproth et Vauquelin, en 1789, dans le jargon de Ceylan; et par Guyton-Morveau, dans l'hyacinthe; blanche, insipide, inodore, rude au toucher, insoluble dans l'eau; avide d'humidité, et en absorbant à l'air le tiers de son poids. P. s. : 4.3. Elle n'existe pas à l'état de pureté dans la nature; au chalumeau, elle fond en un émail blanc.

Composition :

Zirconium.	73.69
Oxygène.	26.31
	100.00

Formule atomique : ZrO^3.

ZIRCON-HYACINTHE (*Minér.*), m. *Silicate de zircone*; rouge ou brun jaune orangé, bleuâtre, verdâtre. Se décolore par le feu; éclat vif.

ZIRCON-JARGON (*Minér.*), m. *Silicate de zirconium*; variété du *zircon*, roulé dans les sables; gris, jaunâtre, verdâtre, bleuâtre, brun; couleur un peu terne.

ZIRCON PRISMÉ (*Minér.*), m. *Jargon de Ceylan*.

ZIRCONITE (*Minér.*), f. Synonyme de *zircon*, ou *silicate de zircone*.

ZOÏSITE (*Minér.*), f. Variété grise d'*épidote*, décrite sous ce dernier nom.

ZONE HOUILLÈRE (*Géol.*), f. Nom donné à une suite de bassins houillers, formant une espèce de zone allongée.

ZOOGLYPHITE (*Minér.*), f. Pierre figurée représentant des empreintes d'animaux; du grec *zôon*, animal; *glyphô*, je grave.

ZOOLITE (*Paléont.*), m. Nom générique donné aux pétrifications qui représentent certains animaux ou même des parties d'êtres organisés; du grec *zôon*, animal; *lithos*, pierre. On les nomme aussi *zooglyphites*, du grec *glyphô*, je grave, parce que ces pétrifications semblent être sculptées ou gravées; ou bien *zoomorphites*, du mot *morphê* forme. Les pétrifications de zoophytes prennent en paléontologie les noms de *zoophytolites*, *zoophytomorphites*, ou *zootypolites*.

ZOOMORPHITE (*Minér.*), m. Substance minérale qui a pris la forme d'un animal ou de l'une de ses parties; du grec *zôon*, animal; *morphê*, forme.

ZOOPHYTE (*Paléont.*), m. Animal non vertébré, qui n'a ni nerfs ni membres, et qui semble végéter et vivre sur certaines pierres, d'une manière analogue à la vie des plantes; du grec *zôon*, animal; et *phyton*, plante.

ZOOPHYTOLITE (*Paléont.*), f. Pétrification de zoophytes en forme d'arbrisseaux; grec *zôophyton*, zoophyte; *lithos*, pierre.

ZOOTYPOLITE (*Paléont.*), f. Empreinte d'animal sur quelques roches; du grec *zôon*, animal; *typos*, empreinte; *lithos*, pierre.

ZOROCHE (*Minér.*), m. Minerai d'argent assez semblable au talc.

ZUNDERERZ (*Minér.*), m. Mine d'amadou, amadou de montagne; variété de cuir de montagne, rouge cerise passant au brun rougeâtre, en croûte superficielle plus ou moins épaisse. Il renferme jusqu'à quinze pour cent d'argent.

ZURLITE ou **ZURLONITE** (*Minér.*), f. Nom donné par M. Monticelli à un silicate de chaux qu'il a dédié au ministre Zurlo, et qu'on a cru à tort être une variété de *wollastonite*. Ce minéral est décrit sous ce dernier titre, faute d'analyse et de caractères suffisants pour lui assigner une place plus convenable.

ZWISÉLITE ou **ZWIÉSÉLITE** (*Minér.*), f. Variété d'*eisenapatite* trouvée à Zwisel, en Bavière, et décrite, avec le *triplite*, au mot PHOSPHATE DE MANGANÈSE.

ZYGADITE (*Minér.*), f. Nom donné par M. Breithaupt à un silicate anhydre d'alumine et de lithine trouvé à Catharina-Neufang, près de Zellerfeld, dans le Hartz; il cristallise en prismes rhomboïdaux aplatis qui ressemblent à la stilbite; il raye le quartz, et sa pesanteur spécifique est de 2.511 à 2.512. Son nom, tiré du grec *zugaden*, par couples, fait allusion à ses cristaux, qui sont presque tous des macles.

FIN.

www.ingramcontent.com/pod-product-compliance
Ingram Content Group UK Ltd.
Pitfield, Milton Keynes, MK11 3LW, UK
UKHW020255230726
13925UKWH00001B/58